E. Rutherford

Die Radioaktivität

E. Rutherford

Die Radioaktivität

ISBN/EAN: 9783955623517

Auflage: 1

Erscheinungsjahr: 2013

Erscheinungsort: Bremen, Deutschland

@ Bremen-university-press in Access Verlag GmbH, Fahrenheitstr. 1, 28359 Bremen. Alle Rechte beim Verlag und bei den jeweiligen Lizenzgebern.

Die Radioaktivität.

Von

E. **Rutherford,** D. Sc., F. R. S., F. R. S. C.,
Professor der Physik an der Mc Gill-Universität
zu Montreal.

Unter Mitwirkung des Verfassers
ergänzte autorisierte deutsche Ausgabe

von

Professor **Dr. E. Aschkinass,**
Privatdozent an der Universität Berlin.

Berlin.
Verlag von Julius Springer.
1907.

Vorrede zur deutschen Ausgabe.

Im Laufe der letzten Jahre sind zahlreiche Publikationen gröfseren Umfangs erschienen, in denen die merkwürdigen Eigenschaften der radioaktiven Substanzen zusammenfassend beschrieben werden. Unter allen diesen Werken nimmt Rutherfords „Radioactivity" unstreitig die erste Stelle ein. Was dieses Buch vor anderen auszeichnet, ist insbesondere die konsequent durchgeführte logische Verknüpfung sämtlicher beobachteten Tatsachen mit Hilfe der vom Verfasser zuerst aufgestellten, ebenso kühnen wie fruchtbaren Theorie vom Zerfall der Atome. Hierzu kommt, dafs der Gegenstand an keiner anderen Stelle eine gleich erschöpfende und übersichtliche Behandlung erfahren hat. Es war daher begreiflich, dafs in deutschen Besprechungen vielfach dem Wunsche nach einer Übersetzung des ausgezeichneten Werkes Ausdruck gegeben wurde. Mit der vorliegenden Bearbeitung, der die vor Jahresfrist erschienene zweite Auflage des englischen Originals zugrunde liegt, soll diesem Wunsche Rechnung getragen werden.

Im Texte wurden keine wesentlichen Änderungen vorgenommen. Kleinere Irrtümer und Druckfehler, die mir auffielen, habe ich im Einverständnisse mit dem Verfasser berichtigt. Hinzugekommen ist eine Reihe von Anmerkungen, in denen über die wichtigsten Resultate der neuesten Untersuchungen auf dem Gebiete der Radioaktivität berichtet wird. Herr Rutherford war so gütig, selbst den gröfsten Teil dieser Ergänzungen zur deutschen Ausgabe beizusteuern; sie sind durch Kursivdruck als Zusätze besonders gekennzeichnet worden.

Bekanntlich stammt die herrschende Nomenklatur in der Lehre von der Radioaktivität grofsenteils von englischen und französischen Autoren. Die Verdeutschung der von diesen eingeführten Ausdrücke war hie und da mit einigen Schwierigkeiten verknüpft. In der einschlägigen Literatur unseres Sprachgebietes begegnet man leider nicht selten einer Terminologie, die geeignet ist, zu Mifsverständnissen Anlafs zu geben und bisweilen selbst gegen elementare Regeln der deutschen Sprache verstöfst. Ich erwähne beispielsweise den Gebrauch der Worte „Aktivität" und „Induktion" zur Kennzeichnung radioaktiver Substanzen; ferner die offenbar sinnentstellende Wortverbindung „induzierte Thoriumaktivität" usw. Ich habe mich in diesem Buche bemüht, derartige Fehler im sprachlichen Ausdrucke zu vermeiden, ohne indessen die Anlehnung an die englischen Bezeichnungen preiszugeben.

Berlin, September 1906.

E. Aschkinass.

Vorwort zur ersten (englischen) Auflage.

Nur wenige Jahre sind seit der Entdeckung der Radioaktivität verflossen. Dennoch hat sich unsere Kenntnis von den Eigenschaften der radioaktiven Substanzen in dieser kurzen Zeit aufserordentlich schnell entwickelt und, in zahlreichen wissenschaftlichen Zeitschriften verstreut, ist bereits eine umfangreiche Literatur dieses neuen Forschungsgebietes entstanden. In dem vorliegenden Werke habe ich mir die Aufgabe gestellt, nach einheitlichen physikalischen Gesichtspunkten eine erschöpfende und zusammenfassende Darstellung der gesamten Erscheinungen zu geben, die uns bei der Untersuchung der radioaktiven Körper entgegentreten.

Diese Erscheinungen sind ungemein komplizierter Natur, so dafs man genötigt ist, ihrer Beschreibung eine Theorie zugrunde zu legen, um die zahllosen einzelnen Tatsachen, deren Kenntnis wir der experimentellen Forschung verdanken, in übersichtlicher Weise miteinander verknüpfen zu können. Vorzügliche Dienste leistete mir in dieser Beziehung die Annahme, dafs sich die Atome der radioaktiven Substanzen in einem spontanen Zersetzungsprozesse befinden. Diese Vorstellung ermöglicht es nicht nur, alle bekannten Erscheinungen in einen Zusammenhang zu bringen, sondern sie hat auch bereits in vielen Fällen der Forschung die Bahnen gewiesen, die zu neuen Erkenntnissen führten.

Demgemäfs wurde in diesem Buche jene Desaggregationstheorie in weitem Umfange zur Deutung der Beobachtungsergebnisse herangezogen und in ihren logischen Konsequenzen weiter verfolgt.

Die schon früher gewonnene Einsicht in den Mechanismus der Elektrizitätsleitung in Gasen hat wesentlich dazu beigetragen, dafs sich unser Wissen auf dem Gebiete der Radioaktivität so rasch ausbreiten konnte. Eine der Wirkungen, die von den Strahlen der aktiven Körper hervorgerufen werden, besteht nämlich darin, in gasförmigen Medien elektrisch geladene Träger, Ionen, zu erzeugen. Gerade dieser Effekt lieferte eine zuverlässige quantitative Methode zur Untersuchung der

Eigenschaften jener Strahlen sowie des Verlaufs der radioaktiven Umwandlungsprozesse; er ermöglichte es ferner, die verschiedenen hier in Betracht kommenden Zahlengrößen mit erheblicher Genauigkeit zu bestimmen.

Unter diesen Umständen schien es angebracht zu sein, an besonderer Stelle eine knappe Darstellung von den elektrischen Eigenschaften der Gase zu geben, soweit die Kenntnis der einschlägigen Tatsachen zum Verständnis der Beobachtungsresultate erforderlich war. Erst nach der Niederschrift des betreffenden Abschnittes erschien das Werk von J. J. Thomson: „Conduction of Electricity through Gases". In diesem Buche hat der Gegenstand eine ausführliche und erschöpfende Behandlung gefunden.

Im dritten Kapitel werden die Untersuchungsmethoden beschrieben, die sich nach den vom Verfasser und von anderen Experimentatoren gesammelten Erfahrungen für genaue Aktivitätsmessungen am besten eignen. Diese Schilderung dürfte für solche Leser von einigem Nutzen sein, die auch die Praxis der Forschungsmethoden auf dem Gebiete der Radioaktivität kennen zu lernen wünschen.

Macdonald Physics Building, Montreal,
Februar 1904.

E. Rutherford.

Vorwort zur zweiten (englischen) Auflage.

Es bedarf wohl einiger Worte der Rechtfertigung, daß ich schon nach Jahresfrist eine zweite Auflage erscheinen lasse, die so viel neues Material enthält und in der Anordnung des Stoffes so wesentliche Änderungen aufweist, daß das Buch nunmehr eine ganz andere Gestalt angenommen hat. Ich mußte mich dazu entschließen, weil gerade in dem letzten Jahre eine außerordentlich große Zahl wichtiger Untersuchungen über die Eigenschaften der radioaktiven Substanzen veröffentlicht wurde, so daß ein bloßer Neudruck kein richtiges Bild von dem augenblicklichen Stande der Forschung gegeben haben würde.

Neu hinzugekommen sind vor allem drei Kapitel, in denen die Theorie der Umwandlungsreihen vollständig entwickelt und zur Analyse der eigenartigen Zersetzungsvorgänge, die sich in den Radioelementen abspielen, verwertet wird.

In der ersten Auflage wurde die Desaggregationstheorie im großen und ganzen nur zu einer allgemeinen Erklärung der radioaktiven Erscheinungen herangezogen. Seither hat sie sich indessen weiter bewährt als wertvollstes Hilfsmittel zur Erforschung der Beziehungen zwischen den zahlreichen Substanzen, die durch Umwandlung der Radioelemente entstehen. So hat sie uns Aufschlufs gegeben über den Ursprung des Radiums, des Radiobleis, des Radiotellurs und des Poloniums. Mit einer Unzahl verschiedenartiger Tatsachen, zwischen denen vielfach keinerlei Beziehungen zu existieren schienen, hat uns die experimentelle Forschung seit der ersten Entdeckung der Radioaktivität im Jahre 1896 bekannt gemacht. Alle diese Erscheinungen werden nunmehr durch jene Theorie zu einem zusammenhängenden Ganzen verbunden. Zahlreich sind die Fälle, in denen die neueren Untersuchungen die Theorie in auffallender Weise bestätigten, und oft genug war sie imstande, nicht nur in qualitativer, sondern auch in quantitativer Hinsicht die mannigfaltigen Beziehungen zwischen den verschiedenen Eigenschaften der radioaktiven Substanzen zu klären. Die Lehre von der Radioaktivität bildet heutzutage ein selbständiges Gebiet der Naturwissenschaft, von welchem breite Pfade einerseits zur Physik, andererseits zur Chemie hinüberführen.

Auch die Abschnitte, die von der physikalischen Natur und den Wirkungen der Strahlen handeln, sowie das Kapitel über die radioaktiven Emanationen sind in der neuen Auflage beträchtlich erweitert worden. Dahingegen konnte, wenn der ursprüngliche Charakter des Werkes gewahrt bleiben sollte, nur mit wenigen Worten auf die physiologischen Effekte der Strahlung eingegangen werden, obwohl bereits eine reiche Literatur dieses Gegenstandes existiert. Ebenso mufste ich mich, um den Umfang des Buches nicht übermäfsig anschwellen zu lassen, darauf beschränken, aus der grofsen Zahl von Abhandlungen, die über die Aktivität der natürlichen Gewässer, der Quellsedimente und Erdarten erschienen sind, lediglich eine kurze Zusammenstellung der wichtigsten Beobachtungsresultate zu geben.

Von weiteren Ergänzungen seien einige dem zweiten Kapitel eingefügte Abschnitte genannt, welche die Einwirkung äufserer elektrischer und magnetischer Kräfte auf das in Bewegung begriffene Ion, das eigene magnetische Feld des letzteren und die Bestimmung der Masse und Geschwindigkeit der Kathodenstrahlteilchen zum Gegenstande haben.

Ein Anhang A enthält die Ergebnisse einiger neuerer Untersuchungen über das Verhalten der α-Strahlen, die bei der Fertigstellung des Haupttextes noch nicht zum Abschlufs gediehen waren. Hieran schliefst sich endlich ein Anhang B, in dem sich einige Angaben finden über das geologische Alter, die wichtigsten Fundorte und die chemische Konstitution der radioaktiven Mineralien. Die an dieser Stelle angeführten Daten verdanke ich meinem Freunde Dr. Boltwood in New Haven, der selbst die meisten dieser Mineralien auf ihren Uran- und Radiumgehalt hin untersucht hat. Für diejenigen

Leser, die der Frage nach den Beziehungen zwischen den verschiedenen radioaktiven Substanzen und ihren inaktiven Umwandlungsprodukten weiter nachzugehen beabsichtigen, dürfte jene Übersicht über die aktiven Mineralien nicht ohne Wert sein.

Mein Streben war darauf gerichtet, in diesem Werke eine möglichst erschöpfende Darstellung des vorliegenden Gegenstandes zu geben. Begreiflicherweise war dies keine leichte Aufgabe, da ja fast täglich neue Arbeiten auf dem Gebiete der Radioaktivität zur Veröffentlichung gelangen. Daher mußte der Text auch noch während der Drucklegung immer wieder aufs neue einer Durchsicht unterzogen werden.

Mc Gill University, Montreal,
9. Mai 1905.

E. Rutherford.

Inhaltsverzeichnis.

		Seite
Kapitel I.	Die radioaktiven Substanzen	1
II.	Die Ionisation der Gase.	32
III.	Mefsmethoden.....	85
IV.	Die physikalische Natur der Strahlen .	111
V.	Wirkungen der Strahlen	208
VI.	Kontinuierliche Erzeugung radioaktiver Materie.	227
VII.	Radioaktive Emanationen.	248
VIII.	Erregte Radioaktivität	305
IX.	Theorie der Umwandlungsreihen .	335
X.	Die Umwandlungsprodukte von Uran, Thorium und Aktinium . .	356
XI.	Die Umwandlungsprodukte des Radiums	383
XII.	Die Energieentwickelung .	433
XIII.	Radioaktive Prozesse . .	452
XIV.	Atmosphärische Aktivität. Die Radioaktivität als allgemeine Eigenschaft der Materie .	514
Anhang A.	Eigenschaften der α-Strahlen .	555
B.	Die radioaktiven Mineralien.	568

Abkürzungen der Titel mehrfach zitierter Zeitschriften.

Ann. d. Phys.	= Annalen der Physik, hrsgeg. von Drude. Leipzig.
Ber. d. D. Chem. Ges.	= Berichte der Deutschen Chemischen Gesellschaft. Berlin.
C. R.	= Comptes Rendus des Séances de l'Académie des Sciences. Paris.
Chem. News.	= Chemical News. London.
Phil. Mag.	= Philosophical Magazine and Journal of Science. London.
Phil. Trans.	= Philosophical Transactions of the Royal Society of London.
Phys. Rev.	= Physical Review. New York.
Physik. Ztschr.	= Physikalische Zeitschrift. Leipzig.
Proc. Camb. Phil. Soc.	= Proceedings of the Cambridge Philosophical Society. Cambridge.
Proc. Roy. Soc.	= Proceedings of the Royal Society. London.
Wied. Ann.	= Annalen der Physik und Chemie, hrsgeg. von Wiedemann. Leipzig.

Erstes Kapitel.
Die radioaktiven Substanzen.

1. Einleitung. Das letzte Dezennium physikalischer Forschung stand im Zeichen eines noch verhältnismäfsig jungen, aber doch höchst bedeutungsvollen Problems: der Frage nach den Beziehungen zwischen Elektrizität und Materie. Gerade während dieses Zeitraumes, an der Wende des neunzehnten und zwanzigsten Jahrhunderts, hat sich zum ersten Male ein tiefer Einblick in jenen wichtigen Zusammenhang gewinnen lassen. Auf keinem anderen Felde der Naturwissenschaften wurden während der genannten Epoche so reiche Früchte geerntet: die Entdeckung einer Reihe merkwürdiger Phänomene und die Feststellung ihrer Gesetze förderten immer neue Überraschungen zutage. Eine Erklärung der beobachteten Tatsachen war aber nur möglich auf Grund der Annahme einer eigenartigen Konstitution der Materie, und je weiter unsere Erkenntnis fortschritt, desto komplizierter erschien im Rahmen dieser Hypothese der Bau der ponderablen Substanz. Die Ergebnisse jener neuen Untersuchungen führten nämlich allmählich zu der Anschauung, dafs schon die Atome selbst keine einfachen, sondern aus einer grofsen Zahl kleinerer Teilchen zusammengesetzte Gebilde seien. Andererseits lieferten sie aber auch eine weitere, wertvolle Bestätigung der überkommenen Theorie von der diskontinuierlichen oder atomistischen Struktur der Materie. Ja, gerade durch das Studium der radioaktiven Substanzen und durch die neueren Beobachtungen über elektrische Entladungen in Gasen erhielten die Grundvorstellungen unserer alten Atomtheorie erst ein experimentell gesichertes Fundament.

Die ursprüngliche Veranlassung zu einer näheren Beschäftigung mit diesen Dingen gaben insbesondere die Lenardschen Versuche über Kathodenstrahlen und die Entdeckung der X-Strahlen durch Röntgen. Studien über das Leitvermögen, das gasförmige Medien unter dem Einflusse der X-Strahlen annehmen, führten alsbald zu einem klaren Einblick in den Mechanismus des Elektrizitätstransportes durch Gase. Die

Ionisationstheorie lieferte eine befriedigende Erklärung nicht nur für die Erscheinungen des Durchgangs der Elektrizität durch Flammen und Dämpfe, sondern auch für die verwickelten Phänomene, die bei elektrischen Entladungen in evakuierten Röhren beobachtet worden waren. Gleichzeitig ergab sich aus weiteren Untersuchungen über Kathodenstrahlen, dafs diese letzteren aus einem Schwarm materieller, mit grofser Geschwindigkeit fortgeschleuderter Teilchen bestehen, deren scheinbare Masse nur klein im Vergleich zu derjenigen eines Wasserstoffatoms ist. Auch der Zusammenhang zwischen Kathoden- und Röntgenstrahlen sowie die wahre Natur der letzteren wurde einigermafsen klargestellt. Diese glänzenden Untersuchungen über das Wesen der elektrischen Entladung sind zum gröfsten Teil von Herrn Professor J. J. Thomson und seinen Schülern im Cavendish-Laboratorium zu Cambridge ausgeführt worden.

Man fragte sich sodann, ob auch gewisse, natürlich vorkommende Substanzen den Röntgenstrahlen ähnliche, unsichtbare Strahlungen emittierten. Diesbezügliche Versuche führten zur Entdeckung der radioaktiven Stoffe, die in der Tat spontan eine eigentümliche Art von Strahlen aussenden. Dem Auge unmittelbar nicht erkennbar, liefsen sich diese Strahlen doch leicht durch ihren photographischen Effekt und ihre Fähigkeit, elektrisierte Körper zu entladen, nachweisen. Dabei lernte man alsbald eine Reihe neuer, merkwürdiger Erscheinungen kennen, die nicht allein auf die Natur der Strahlen selbst, sondern auch auf die im Innern der wirksamen Substanzen sich abspielenden Vorgänge ein helles Licht warfen. Ungeachtet der aufserordentlich verwickelten Verhältnisse, um die es sich bei jenen Phänomenen handelt, hat unser Wissen auf diesem Gebiete doch bereits rapide Fortschritte gemacht, und schon heute steht uns ein reiches Material an experimentellen Daten zur Verfügung.

Von Rutherford und Soddy wurde eine Theorie der radioaktiven Erscheinungen aufgestellt, nach welcher die Atome der aktiven Elemente eine spontane Zersetzung erleiden, derart, dafs dabei eine Reihe neuer radioaktiver Stoffe entsteht, deren chemische Eigenschaften sich von denjenigen der Muttersubstanzen wohl unterscheiden. Die unmittelbar zu beobachtende Emission von Strahlen wird lediglich als eine Begleiterscheinung jenes Atomzerfalles aufgefafst; doch liefert uns die Intensität der Strahlung ein relatives Mafs für die Geschwindigkeit, mit welcher der „Desaggregationsprozefs" verläuft. Wie sich gezeigt hat, vermag diese Theorie von allen bekannten Erscheinungen der Radioaktivität in befriedigender Weise Rechenschaft zu geben, so dafs sich mit ihrer Hilfe zahlreiche, zunächst unvermittelt nebeneinanderstehende Tatsachen zu einem geordneten Ganzen verknüpfen liefsen. Nach jener Auffassung vollzieht sich die beständige Energieabgabe seitens der radioaktiven Körper auf Kosten der im Innern der Atome aufgespeicherten

Erstes Kapitel. Die radioaktiven Substanzen.

Energie, es besteht also nicht der geringste Widerspruch gegen das Prinzip von der Erhaltung der Energie. Die radioaktiven Atome müssen demnach selbst einen ungeheuren Vorrat an latenter Energie enthalten, eine Tatsache, die uns bisher aus dem Grunde verborgen blieb, weil wir nicht imstande sind, die Atome der Elemente mit Hilfe chemischer oder physikalischer Kräfte gewöhnlicher Art willkürlich in ihre einfacheren Bestandteile zu zerlegen.

Gemäfs unserer Theorie findet also in den radioaktiven Stoffen gewissermafsen vor unseren Augen eine tatsächliche Umwandlung von Materie statt. Die merkwürdigen Zersetzungsprozesse, um die es sich dabei handelt, lassen sich übrigens nicht mittels direkter, chemischer Methoden verfolgen; dies gelingt vielmehr nur durch quantitative Untersuchungen über das Strahlungsvermögen der betreffenden radioaktiven Substanzen. Sieht man nämlich von dem Verhalten aufserordentlich stark aktiver Elemente, wie z. B. des Radiums, ab, so verläuft der Prozefs des Atomzerfalles so langsam, dafs die umgewandelten Substanzmengen erst nach Hunderten, wenn nicht Tausenden, von Jahren genügend grofs werden, um sich durch Wägung oder auf spektroskopischem Wege nachweisen zu lassen. Beim Radium müfste man indessen auch nach den gewöhnlichen Methoden der Chemie schon innerhalb wesentlich kürzerer Fristen deutliche Veränderungen, die jenen Zersetzungsvorgängen entsprechen, feststellen können, da der Atomzerfall in diesem Elemente sehr viel schneller verläuft. Eine wertvolle Bestätigung der ganzen Theorie liegt in der kürzlich entdeckten Tatsache, dafs sich aus Radiumsalzen Helium gewinnen läfst; denn schon bevor der experimentelle Nachweis gelungen war, hatte man vorausgesagt, dafs wahrscheinlich eines der Zerfallsprodukte der radioaktiven Elemente aus Helium bestände. Man hat in den letzten Jahren bereits mehrere solcher Umwandlungsprodukte der radioaktiven Körper untersucht, und von dem weiteren Studium dieser Substanzen darf die chemische Forschung manche neuen und wichtigen Aufschlüsse erwarten.

In dem vorliegenden Buche sollen die experimentell erwiesenen Tatsachen aus der Lehre von der Radioaktivität und die Beziehungen der einzelnen Erscheinungen zueinander an der Hand jener Theorie des Atomzerfalles dargestellt werden. Viele der beobachteten Phänomene lassen sich in ihrem Verlaufe zahlenmäfsig untersuchen. Wo es angängig war, wurde der Darstellung quantitativer Verhältnisse stets der Vorzug gegeben; denn für die Frage, ob eine Theorie von den Vorgängen, die sie erklären will, in befriedigender Weise Rechenschaft zu geben vermag, kommt doch in letzter Linie den Resultaten zuverlässiger und genauer Messungen die ausschlaggebende Bedeutung zu.

Der Wert einer jeden physikalischen Theorie hängt ab von der Menge der experimentell ermittelten Tatsachen, die sie in einen Zusammenhang zu bringen gestattet, und von dem Grade ihrer Fruchtbarkeit in der Erschliefsung neuer Forschungsbahnen. In diesem doppelten Sinne hat die Theorie des Atomzerfalles, mag sie sich schliefslich als richtig oder falsch erweisen, bereits die Probe bestanden.

2. Radioaktive Substanzen. Mit dem Ausdruck „radioaktiv" bezeichnet man heutzutage allgemein eine Klasse von Substanzen, welche, wie z. B. das Uranium, Thorium, Radium und die Verbindungen dieser Elemente, die Eigenschaft besitzen, spontan Strahlungen auszusenden, die durch Schichten von Metall und anderem für gewöhnliches Licht undurchlässigem Material hindurchzudringen vermögen. Charakteristisch für diese Strahlungsarten ist neben ihrem Durchdringungsvermögen ihre Wirkung auf die photographische Platte und ihre Fähigkeit, elektrisierte Körper zu entladen. Ferner vermag ein stark aktiver Stoff, wie Radium, gewisse Substanzen in seiner Umgebung zu lebhafter Phosphoreszenz oder Fluoreszenz zu erregen. Es besteht somit in mancher Hinsicht eine auffallende Analogie zwischen der Strahlung eines radioaktiven Körpers und derjenigen einer Röntgenröhre; wir werden jedoch bald sehen, dafs diese Ähnlichkeit, wenigstens für den bei weitem gröfsten Teil der gesamten Emission, nur mehr äufserlicher Art ist.

Merkwürdig ist vor allen Dingen der Umstand, dafs jene Energieausstrahlung seitens der radioaktiven Substanzen spontan und unaufhörlich in unveränderlicher Stärke erfolgt, ohne dafs sich hierfür eine äufsere Ursache feststellen liefse. Auf den ersten Blick scheint dieses Phänomen in direktem Widerspruch zu dem Gesetze von der Erhaltung der Energie zu stehen, zumal da auch die strahlende Materie selbst keine merkliche Veränderung im Laufe der Zeit erleidet. Und der Eindruck des Wunderbaren wird noch verstärkt, wenn man bedenkt, dafs die radioaktiven Körper schon seit der Zeit ihrer Entstehung in der Erdkruste beständig Energie durch Strahlung abgegeben haben müssen.

Unmittelbar nach Röntgens Entdeckung der X-Strahlen beschäftigten sich verschiedene Physiker mit der Frage, ob nicht manche Körper auch ohne elektrische Erregung die Eigenschaft besäfsen, Strahlungen auszusenden, die imstande wären, durch Metalle und andere undurchsichtige Substanzen hindurchzudringen. Da die Entstehung der X-Strahlen in irgendeiner Weise an das Auftreten von Kathodenstrahlen gebunden zu sein schien und diese letzteren bekanntermafsen zahlreiche Körper zu lebhafter Phosphoreszenz erregen, so prüfte man zunächst solche Substanzen, die unter dem Einflusse gewöhnlichen Lichtes phosphoreszieren. Die erste Beobachtung, durch welche die aufgeworfene Frage in bejahendem Sinne beantwortet zu werden schien, stammt von Niewenglowski[1]). Dieser fand, dafs Calciumsulfid, wenn es dem Sonnenlichte ausgesetzt wird, selbst Strahlen aussendet, die durch schwarzes Papier

---

[1]) G. H. Niewenglowski, C. R. 122, p. 385. 1896.

Erstes Kapitel. Die radioaktiven Substanzen.

hindurchzudringen vermögen. Bald darauf erhielten H. Becquerel[1]) mit Calciumsulfid, das auf besondere Weise bereitet war, und Troost[2]) mit einem Stück hexagonaler Blende ähnliche Resultate. Diese Ergebnisse wurden später durch eine Arbeit von Arnold[3]) bestätigt und erweitert. Eine befriedigende Erklärung dieser allerdings nicht völlig sicher gestellten Resultate steht bislang noch aus; freilich erscheint es nicht ausgeschlossen, daſs die beobachteten Effekte von gewissen Strahlen des Spektrums herrührten, die von dem schwarzen Papier hindurchgelassen wurden. Auch Le Bon[4]) zeigte damals, daſs bestimmte Körper unter der Einwirkung des Sonnenlichtes eine dem Auge unsichtbare, aber photographisch wirksame Strahlung emittieren. Es waren dies Beobachtungen, über die seinerzeit viel diskutiert worden ist; heute scheint es ziemlich sicher zu sein, daſs jene Effekte durch die Wirkung kurzwelliger ultravioletter Strahlen bedingt waren, die ja, wie man weiſs, eine Reihe von für gewöhnliches Licht undurchdringlichen Substanzen zu durchsetzen vermögen. So interessant diese Erscheinungen aber auch an und für sich sind, so unterscheiden sie sich doch völlig von denjenigen, die von den radioaktiven Körpern hervorgerufen werden, und zu deren Besprechung wir uns nunmehr wenden wollen.

3. Uranium. Die erste wichtige Entdeckung auf dem Gebiete der Radioaktivität verdanken wir Herrn Henri Becquerel[5]). Er fand nämlich im Februar des Jahres 1896, daſs ein gewisses Doppelsalz des Uraniums, das Urankaliumsulfat, Strahlen aussendet, die auf eine in schwarzes Papier eingewickelte photographische Platte einwirken. Es zeigte sich ferner, daſs diese Strahlen auch dünne Metallplatten und andere lichtundurchlässige Körper zu durchdringen vermögen. Durch Dämpfe, die sich möglicherweise aus der wirksamen Substanz entwickelt haben mochten, konnten die photographischen Effekte nicht hervorgerufen worden sein, da die Erscheinungen unverändert bestehen blieben, wenn das Salz nicht unmittelbar auf das schwarze Papier, sondern auf eine zwischengeschaltete dünne Glasplatte gelegt wurde.

Später erkannte Becquerel, daſs alle Uranverbindungen und auch metallisches Uran solche Wirkungen entfalten, und daſs die Stärke der photographischen Eindrücke, die von verschiedenen Uranverbindungen erhalten werden, zwar ein wenig variiert, aber doch in allen Fällen ungefähr von gleicher Gröſsenordnung ist. Es lag zunächst nahe, anzunehmen, daſs jene Emission unsichtbarer Strahlen mit der bekannten Eigenschaft vieler Uranverbindungen, lebhaft zu phosphoreszieren, in

---

[1]) H. Becquerel, C. R. 122, p. 559. 1896.
[2]) Troost, C. R. 122, p. 564. 1896.
[3]) Arnold, Wied. Ann. 61, p. 316. 1897.
[4]) G. Le Bon, C. R. 122, p. 188, 233, 386, 462. 1896.
[5]) H. Becquerel, C. R. 122, p. 420, 501, 559, 689, 762, 1086. 1896.

einem Zusammenhange stände; spätere Beobachtungen zeigten jedoch, dafs beide Erscheinungen nichts miteinander zu tun haben. Es phosphoreszieren ja auch nur die Oxydverbindungen des Urans, während seine Oxydulverbindungen nicht selbst leuchten. Untersucht man übrigens das Verhalten der Oxydsalze bei Bestrahlung mit ultraviolettem Licht im Phosphoroskop, so bemerkt man, dafs ihre Phosphoreszenz nur etwa ein Hundertstel Sekunde lang anhält; für die wässerigen Lösungen dieser Salze ist die Dauer des Nachleuchtens sogar noch geringer. Dahingegen ist die Stärke des neuentdeckten photographischen Effektes unabhängig von der speziellen Wahl der zu den Versuchen benutzten Uranverbindungen, vielmehr lediglich durch die Menge des in der betreffenden Verbindung enthaltenen Urans bestimmt. Die nicht phosphoreszierenden Salze sind ebenso wirksam wie die phosphoreszierenden. Die Intensität der ausgesandten Strahlung bleibt ferner ungeändert, wenn der aktive Körper beständig im Dunkeln gehalten wird. Auch Lösungen emittieren solche Strahlen; desgleichen Kristalle, die im Dunkeln aus Lösungen abgeschieden und niemals vom Lichte getroffen worden sind. Diese Tatsache beweist, dafs die Strahlung unmöglich einem Energievorrate entstammen kann, der erst durch vorangegangene Belichtung dem Kristalle einverleibt wird und später allmählich wieder zur Ausgabe gelangt.

4. Jenes merkwürdige Strahlungsvermögen scheint also eine spezifische Eigenschaft des Elementes Uranium zu sein, da es ja sowohl dem metallischen Uran als auch sämtlichen chemischen Verbindungen dieses Elementes eigentümlich ist. Die Strahlung wird vom Uran andauernd emittiert und erleidet im Laufe der Zeit — wenigstens soweit die bisherigen Beobachtungen reichen — keine Veränderung, weder in ihrer Intensität noch in ihrer Qualität. Von Becquerel sind besondere Versuche angestellt worden, um die Konstanz des Strahlungsvermögens während langer Zeitabschnitte zu prüfen. Zu diesem Zwecke wurden Proben verschiedener Uransalze in eine doppelte Hülle aus dickem Blei eingeschlossen und das Ganze, vor Lichtzutritt geschützt, aufbewahrt. Mittels einer einfachen Anordnung konnte eine photographische Platte in eine bestimmte Lage oberhalb der Uransalze gebracht werden, wobei die letzteren mit einem Blatt schwarzen Papiers bedeckt waren. Die Exposition dauerte jedesmal 48 Stunden. Nach der Entwickelung wurde die Intensität des photographischen Eindrucks gemessen. Während eines Zeitraumes von vier Jahren konnte auf diese Weise keine merkliche Abnahme des Strahlungsvermögens konstatiert werden. Ebenso hat Frau Curie[1]) die Aktivität von Uranium fünf

---

[1]) Mme. S. Curie, Untersuchungen über die radioaktiven Substanzen. Übers. v. W. Kaufmann. Braunschweig 1904.

Jahre lang zahlenmäfsig bestimmt, und zwar nach einer später zu beschreibenden elektrischen Methode; auch in diesen Versuchen zeigte sich niemals eine Veränderlichkeit des Emissionsvermögens.

Das Uran stellt somit ein dauernd und selbständig wirksames Strahlungszentrum dar, ohne dafs sich eine äufsere Energiequelle, aus der es gespeist würde, nachweisen liefse. Es entsteht nun aber die Frage, ob sein Emissionsvermögen durch irgendein bekanntes Agens beeinflufst werden kann. Eine derartige Wirkung war jedoch nicht zu beobachten, als man die Substanz z. B. einer Bestrahlung durch ultraviolettes Licht, durch ultrarote oder Röntgenstrahlen unterwarf. Becquerel fand zwar beim Urankaliumsulfat eine geringe Verstärkung des Effektes, als er das Salz dem Bogen- oder Funkenlicht aussetzte, indessen rührte diese Erscheinung seiner Ansicht nach von einer anderen Wirkung her, die zu der konstanten Strahlung des Uraniums noch hinzugetreten war. Die Intensität der Uranstrahlung bleibt ferner unverändert, wenn die Temperatur der aktiven Substanz zwischen 200 Grad Celsius und dem Siedepunkt der flüssigen Luft variiert wird. Die zuletzt berührte Frage wird übrigens an anderer Stelle noch ausführlicher behandelt werden.

5. Neben ihrer schon erwähnten photographischen Wirksamkeit besitzen die Uranstrahlen, wie gleichfalls von Becquerel zuerst gezeigt wurde, gleich den Röntgenstrahlen die bemerkenswerte Eigenschaft, sowohl positiv wie negativ elektrisierte Körper zu entladen. Becquerels diesbezügliche Beobachtungen wurden durch Lord Kelvin, Smolan und Beattie[1]) bestätigt und erweitert. Über die Natur dieses Entladungsvorganges, im Vergleich zu der durch Röntgenstrahlen hervorgerufenen analogen Erscheinung, wurden vom Verfasser eingehende Untersuchungen ausgeführt[2]); wie sich aus ihnen ergab, rührt das Entladungsvermögen des Urans davon her, dafs durch die von letzterem ausgesandten Strahlen in dem den Raum erfüllenden Gase geladene Ionen erzeugt werden. Dieser Effekt bildet die Grundlage einer Methode zur qualitativen und quantitativen Untersuchung der Strahlungen sämtlicher radioaktiven Körper. Ausführliches findet sich hierüber im zweiten Kapitel.

Die Uranstrahlen zeigen also, wie man sieht, hinsichtlich ihrer photographischen und ihrer elektrischen Wirksamkeit ein den X-Strahlen analoges Verhalten; nur ist die Intensität ihrer Wirkungen im Vergleich zu denjenigen der von einer gewöhnlichen Röntgenröhre ausgesandten Strahlen aufserordentlich gering. Während man von Röntgenstrahlen schon in wenigen Minuten oder gar Sekunden einen kräftigen Eindruck

---

[1]) Nature, 56, 1897; Phil. Mag. 43, p. 418. 1897; 45, p. 277. 1898.
[2]) E. Rutherford, Phil. Mag. Jan. 1899.

auf der photographischen Platte erhält, bedarf es bei den Uranstrahlen einer Exposition von mehreren Tagen, um eine deutliche Wirkung zu erzielen, selbst wenn die betreffende Uranverbindung, in einer Hülle von schwarzem Papier, direkt auf die Platte aufgelegt wird. Auch ihre entladende Wirkung erscheint im Vergleich zu den von Röntgenstrahlen erzeugten Effekten sehr klein, wenn sie sich auch mittels geeigneter Untersuchungsmethoden sehr leicht messen läfst.

6. Die Uranstrahlen lassen sich nicht regelmäfsig reflektieren, noch zeigen sich an ihnen die Erscheinungen der Brechung oder der Polarisation[1]). Während also eine reguläre Reflexion nicht vorhanden ist, findet doch scheinbar eine diffuse Reflexion statt, wenn die Strahlen auf ein festes Hindernis treffen. Hierbei handelt es sich aber in Wahrheit um eine sekundäre Strahlung, die stets zutage tritt, wenn die primären Strahlen auf materielle Körper aufprallen. Das Vorhandensein dieser Sekundärstrahlen gab die Veranlassung, dafs man anfangs irrtümlicherweise glaubte, die Strahlen könnten wie gewöhnliches Licht gebrochen und reflektiert werden. Dafs aber Reflexion, Brechung und Polarisation tatsächlich fehlen, erscheint heutzutage im Lichte unserer vorgeschrittenen Kenntnisse auf diesem Gebiete selbstverständlich. Denn wir wissen jetzt, dafs die Uranstrahlen — wenigstens die Strahlen von relativ schwacher Absorbierbarkeit, denen die photographische Wirkung hauptsächlich zuzuschreiben ist — in einem magnetischen Felde eine Ablenkung erfahren und auch in allen anderen Beziehungen den Kathodenstrahlen gleichen, d. h., dafs sie aus kleinen mit grofser Geschwindigkeit fortgeschleuderten Teilchen bestehen. Es ist daher von vornherein zu erwarten, dafs ihnen die gewöhnlichen Eigenschaften transversaler Lichtwellen fehlen werden.

7. Die gesamte Strahlung des Urans besitzt keinen einheitlichen Charakter. Aufser den wenig absorbierbaren und ziemlich leicht ablenkbaren Strahlen werden nämlich noch solche anderer Art emittiert, die beim Durchgang durch dünne Metallblätter oder durch Luftschichten von wenigen Zentimetern Dicke schon sehr stark in ihrer Intensität geschwächt werden. Die photographische Wirksamkeit dieser Strahlengattung ist, verglichen mit derjenigen der Strahlen erstgenannter Art, sehr gering, während andererseits die entladende Wirkung auf elektrisierte Körper gerade hauptsächlich dieser Gruppe der stark absorbierbaren Strahlen zuzuschreiben ist. Neben jenen beiden Gattungen gibt es auch noch eine dritte Art von Strahlen, die ein aufserordentlich hohes Durchdringungsvermögen besitzen und keine Ablenkung im Magnetfelde erleiden. Diese Strahlen sind nur mit grofser Mühe auf photographischem

---

[1]) E. Rutherford, Phil. Mag. Jan. 1899.

Wege nachzuweisen; sie lassen sich aber ohne Schwierigkeit nach der elektrischen Methode untersuchen.

8. Es entsteht nun offenbar die Frage, ob jene Eigenschaft des Urans und seiner Verbindungen, spontan gewisse unsichtbare Strahlungen auszusenden, ausschließlich dieser Körperklasse zukommt, oder ob sie sich bis zu einem gewissen Grade auch bei anderen Substanzen wiederfindet.

Zur experimentellen Prüfung dieser Frage bedient man sich am zweckmäßigsten der elektrischen Untersuchungsmethode. Denn nach diesem Verfahren läßt sich eine etwa vorhandene Aktivität eines Körpers bei Verwendung eines Elektrometers mittlerer Empfindlichkeit noch bequem nachweisen, auch wenn sie hundertmal so schwach wie diejenige des Urans ist. Ja, mit Hilfe eines Elektroskops besonderer Bauart, z. B. des von C. T. R. Wilson für seine Versuche über die natürliche Ionisation der Luft konstruierten Instrumentes, kann man selbst Aktivitäten von $1/10000$ bis $1/100000$ des Betrages der Uranaktivität messen.

Bei dieser Gelegenheit sei noch auf folgenden Umstand hingewiesen: Mischt man einen aktiven Körper, wie Uran, mit einer inaktiven Substanz, so wird die Aktivität des resultierenden Gemenges im allgemeinen bedeutend kleiner als die des aktiven Körpers allein. Diese Erscheinung rührt von der Absorption her, welche die Strahlen in dem inaktiven Material erleiden. Die Größe jener Intensitätsabnahme hängt daher auch wesentlich von der Dicke der in Frage kommenden Schichten ab.

Frau Curie prüfte nun mittels der elektrischen Methode fast alle bekannten Substanzen, unter anderem auch die allerseltensten chemischen Elemente, um zu ermitteln, welche Stoffe sich neben dem Uran gleichfalls als radioaktiv erweisen. Soweit es möglich war, wurden stets mehrere Verbindungen eines und desselben Elementes untersucht. Mit Ausnahme des Thoriums und des Phosphors zeigte aber keine dieser Substanzen eine Aktivität, die auch nur den hundertsten Teil der Uranaktivität erreichte.

Was die ionisierende Wirkung des Phosphors betrifft, so scheint auch diese nicht durch eine unsichtbare Strahlung zustande zu kommen, wie in dem Falle des Urans, sondern durch einen an der Oberfläche des Phosphors vor sich gehenden chemischen Prozeß bedingt zu sein. Diese Ansicht steht auch im Einklang mit der Tatsache, daß die Verbindungen des Phosphors — entgegen dem Verhalten der Verbindungen des Urans und der übrigen aktiven Elemente — keine Aktivität erkennen lassen.

Le Bon[1]) beobachtete, daß auch Chininsulfat, wenn man es erhitzt und dann sich abkühlen läßt, eine kurze Zeit lang elektrische Ladungen beiderlei Vorzeichens zerstreut. Man muß jedoch alle der-

---

[1]) G. Le Bon, C. R. 130, p. 891. 1900.

Erstes Kapitel. Die radioaktiven Substanzen.

artigen Phänomene wohl unterscheiden von den Erscheinungen, die für die von Natur radioaktiven Körper charakteristisch sind. Wohl handelt es sich hier wie dort um eine Ionisierung des umgebenden Gases, aber es zeigen sich in dem einen und dem anderen Falle ganz verschiedene Gesetzmäfsigkeiten. So findet sich jene Eigenschaft nur bei einer einzigen Verbindung des Chinins, und auch bei dieser nur nach vorangegangener Erhitzung. Die Wirksamkeit des Phosphors hängt wieder von der Natur des jeweilig vorhandenen Gases ab und ändert sich mit seiner Temperatur. Demgegenüber ist die Aktivität der natürlich radioaktiven Körper, wie wir sahen, eine ihnen immanente und dauernde Eigenschaft, die sämtlichen Verbindungen der betreffenden Elemente zukommt und, soweit die bisherige Erfahrung reicht, von physikalischen oder chemischen Veränderungen der Substanz unbeeinflufst bleibt.

9. Aus dem Nachweise des Vorhandenseins der photographischen Wirkung und der Elektrizitätszerstreuung folgt also noch nicht ohne weiteres, dafs die betreffende Substanz radioaktiv ist. Es mufs stets eine Untersuchung der Qualität der auftretenden Strahlungen hinzutreten; man hat unter anderem zu prüfen, ob jene Wirkungen auch durch beliebige für gewöhnliches Licht undurchlässige Körper von erheblicher Schichtdicke hindurch dringen. So verhält sich z. B. ein Körper, von dem ultraviolette Strahlen von sehr geringer Wellenlänge ausgehen, in vielen Beziehungen wie eine radioaktive Substanz. Nach Untersuchungen von Lenard[1]) vermögen solche kurzwelligen ultravioletten Strahlen Gase zu ionisieren, wobei sie in diesen letzteren sehr stark absorbiert werden; sie rufen ferner intensive photographische Wirkungen hervor und können sogar durch einige für gewöhnliches Licht nicht durchlässige Substanzen hindurchtreten. Sie ähneln also hinsichtlich der erwähnten Eigenschaften vollkommen den Strahlen eines radioaktiven Körpers. Allein im Gegensatze zu den letzteren hängt die Emission jener ultravioletten Strahlen in hohem Mafse von dem Molekularzustande, der Temperatur und sonstigen physikalischen Bedingungen der Strahlungsquelle ab. Der Hauptunterschied liegt aber in der physikalischen Natur beider Strahlengattungen. Im einen Falle haben wir es mit transversalen Wellen zu tun — die ultravioletten Strahlen folgen daher den bekannten Gesetzen der Lichtwellen —, während die Strahlung eines radioaktiven Körpers zum überwiegenden Teile aus einem kontinuierlichen Strome mit grofser Geschwindigkeit fortgeschleuderter materieller Teilchen besteht. Bevor man eine Substanz im wahren Sinne des Wortes als „radioaktiv" bezeichnen darf, mufs man demnach unter allen Umständen eine sorgfältige Untersuchung ihrer Strahlung vorangehen lassen; denn es wäre durchaus unzweckmäfsig, jene Be-

---

[1]) P. Lenard, Ann. d. Phys. 1, p. 498; 3, p. 298. 1900.

zeichnung auch auf andere Substanzen anzuwenden, die nicht die obengenannten charakteristischen Strahlungseigenschaften der wahren radioaktiven Elemente besitzen, und die auch nicht, wie letztere, aktive Umwandlungsprodukte liefern. Von einigen jener pseudo-aktiven Körper wird jedoch später, im neunten Kapitel, nochmals die Rede sein.

10. Thorium. Bei der Prüfung einer grofsen Zahl verschiedenartiger Substanzen fand Herr Schmidt[1]), dafs das Thorium nebst seinen Verbindungen sowie thorhaltige Mineralien ähnliche Eigenschaften wie Uran besitzen. Unabhängig von dem genannten Autor wurde die gleiche Tatsache auch von Frau Curie entdeckt[2]). Die Strahlen der Thorverbindungen entladen gleich den Uranstrahlen elektrisch geladene Körper und wirken auch auf die photographische Platte ein. Unter gleichen Bedingungen ist ihre entladende Wirkung ungefähr gleichgrofs wie die der Uranstrahlen; ihr photographischer Effekt ist dagegen wesentlich schwächer.

Beim Thorium treten noch kompliziertere Verhältnisse auf als beim Uran. Schon frühzeitig war es verschiedenen Forschern aufgefallen, dafs die Strahlung der Thorverbindungen, insbesondere des Thoroxyds, sich bei der Untersuchung auf elektrometrischem Wege als in hohem Grade veränderlich erweist und unregelmäfsigen Schwankungen unterworfen zu sein scheint. Wie eine nähere Untersuchung von Owens[3]) ergab, in der die Versuchsbedingungen in mannigfacher Weise variiert wurden, vermag das Thoroxyd, vor allem wenn es in beträchtlicher Schichtdicke verwandt wird, dem umgebenden Gase eine hohe Leitfähigkeit zu erteilen, selbst wenn die Substanz mit einer dicken Papierschicht bedeckt wird; die Gröfse dieser Leitfähigkeit ändert sich aber sehr beträchtlich, sobald ein Luftstrom durch das Gas hindurchgeblasen wird. Der Verfasser[4]), der den Effekt eines solchen Luftstromes weiterverfolgte, zeigte hierauf, dafs Thorverbindungen eine materielle Emanation abgeben, die aus sehr kleinen und ihrerseits selbst radioaktiven Teilchen besteht. Die Emanation verhält sich demgemäfs wie ein radioaktives Gas; sie diffundiert durch poröse Substanzen, wie Papier, leicht hindurch und wird von einem Luftstrom mitgeführt. Die Beweise für die Existenz dieser Emanation sollen später im achten Kapitel wiedergegeben werden; daselbst wird auch von ihren physikalischen und chemischen Eigenschaften noch ausführlicher die Rede sein. Abgesehen von jener ständigen Entwickelung der Emanation sendet das Thorium auch noch drei verschiedene Strahlungsgattungen aus, die in ihren Eigen-

---

[1]) G. C. Schmidt, Wied. Ann. 65, p. 141. 1898.
[2]) S. Curie, C. R. 126, p. 1101. 1898.
[3]) R. B. Owens, Phil. Mag., Okt. 1899.
[4]) E. Rutherford, Phil. Mag., Jan. 1900.

12   Erstes Kapitel. Die radioaktiven Substanzen.

schaften den drei analogen Strahlenkomplexen des Urans völlig entsprechen.

11. Radioaktive Mineralien. Von Frau Curie wurde die Radioaktivität zahlreicher uran- und thorhaltiger Mineralien untersucht. Die Beobachtungen geschahen mittels der elektrischen Methode, indem der Ionisationsstrom zwischen zwei parallelen, in 3 cm Entfernung einander gegenüberstehenden Platten von 8 cm Durchmesser, deren eine mit einer gleichmäfsigen Schicht des aktiven Materials bedeckt war, gemessen wurde. Die folgenden Zahlen stellen die Gröfse der beobachteten Sättigungsströme i in Ampere dar:

	i
Pechblende aus Johanngeorgenstadt	$8{,}3 \times 10^{-11}$
„ Joachimsthal	$7{,}0 \times 10^{-11}$
„ Przibram	$6{,}5 \times 10^{-11}$
„ Cornwall	$1{,}6 \times 10^{-11}$
Cleveit	$1{,}4 \times 10^{-11}$
Chalkolit	$5{,}2 \times 10^{-11}$
Autunit	$2{,}7 \times 10^{-11}$
Thorit	$0{,}3$ bis $1{,}4 \times 10^{-11}$
Orangit	$2{,}0 \times 10^{-11}$
Monazit	$0{,}5 \times 10^{-11}$
Xenotim	$0{,}03 \times 10^{-11}$
Äschynit	$0{,}7 \times 10^{-11}$
Fergusonit	$0{,}4 \times 10^{-11}$
Samarskit	$1{,}1 \times 10^{-11}$
Niobit	$0{,}3 \times 10^{-11}$
Carnotit	$6{,}2 \times 10^{-11}$

Von allen diesen Mineralien durfte man erwarten, dafs sie sich als radioaktiv erweisen würden, da sie sämtlich entweder Uran oder Thor oder beide Stoffe zugleich enthalten. Mit demselben Apparate und unter den gleichen Bedingungen wurden auch eine Anzahl Uranverbindungen untersucht. Dabei ergaben sich folgende Resultate:

	i	
Metallisches Uran (etwas kohlehaltig)	$2{,}3 \times 10^{-11}$	Amp.
Schwarzes Uranoxyd	$2{,}6 \times 10^{-11}$	„
Grünes Uranoxyd	$1{,}8 \times 10^{-11}$	„
Uransäurehydrat	$0{,}6 \times 10^{-11}$	„
Natriumuranat	$1{,}2 \times 10^{-11}$	„
Kaliumuranat	$1{,}2 \times 10^{-11}$	„
Ammoniumuranat	$1{,}3 \times 10^{-11}$	„
Uranosulfat	$0{,}7 \times 10^{-11}$	„
Urankaliumsulfat	$0{,}7 \times 10^{-11}$	„

Erstes Kapitel. Die radioaktiven Substanzen. 13

Uranylnitrat . . . . $0,7 \times 10^{-11}$ Amp.
Urankupferphosphat . $0,9 \times 10^{-11}$ „
Uranylsulfat $1,2 \times 10^{-11}$ „

Wie man aus den Zahlen der beiden Tabellen erkennt, ist die Aktivität gewisser Sorten von Pechblende seltsamerweise viermal so grofs als die von metallischem Uranium; auch der Chalkolit, d. i. kristallisiertes Urankupferphosphat, ist doppelt so stark und der Autunit, ein Urancalciumphosphat, gleichstark radioaktiv wie Uranmetall. Im Hinblick auf die früheren Überlegungen widerspricht dieses Resultat allen Erwartungen; denn danach dürfte keine der untersuchten Substanzen dem Uran oder Thor selbst an Aktivität gleichkommen. Um sich zu vergewissern, dafs jene hohen Aktivitätszahlen nicht durch die chemische Natur der betreffenden Minerale bedingt wären, untersuchte Frau Curie auch künstlichen Chalkolit, den sie aus reinen Ausgangsmaterialien hergestellt hatte. Seine Aktivität war nun durchaus nicht auffallend hoch, sie betrug vielmehr etwa 0,4 von der des Urans, d. h. sie war gerade so grofs, wie man sie nach der chemischen Zusammensetzung des Körpers zu erwarten hatte. Der natürliche Chalkolit ist mithin fünfmal so stark radioaktiv wie das künstliche Mineral.

Es war demnach wahrscheinlich, dafs die obengenannten Mineralien ihre unerwartet hohe Aktivität geringen Beimengungen einer stark aktiven, mit den bekannten Elementen Thorium und Uran nicht identischen Substanz verdankten.

Diese Annahme fand eine vollkommene Bestätigung durch weitere Untersuchungen von Herrn und Frau Curie, indem es den letzteren gelang, mittels rein chemischer Methoden aus der Pechblende zwei neue aktive Stoffe zu extrahieren, deren einer in reinem Zustande das Uranmetall um mehr als das Millionenfache an Aktivität übertraf.

Die wichtige Entdeckung dieser beiden neuen chemischen Substanzen verdanken wir ausschliefslich dem Umstande, dafs sie die Eigenschaft der Radioaktivität besitzen. Ihre allmähliche Isolierung gelang an der Hand eines Verfahrens, bei dem einzig und allein die Aktivität der dargestellten Produkte als Wegweiser diente. In dieser Hinsicht stellt sich uns die Entdeckung jener neuen Körper als eine völlige Analogie zur Auffindung seltener Elemente mit Hilfe der spektralanalytischen Methode dar. Das im vorliegenden Falle benutzte Trennungsverfahren bestand in einer Prüfung der relativen Aktivität der einzelnen Produkte, nachdem sie einer chemischen Behandlung unterworfen worden waren. Auf diese Weise konnte man erkennen, an welchem der beiden Trennungsprodukte die Radioaktivität haften blieb, und, falls sie noch beide eine Strahlung emittierten, in welchem Verhältnisse sich die Aktivität auf die einzelnen Produkte verteilte.

Die Aktivität der chemischen Präparate diente also tatsächlich als

14 Erstes Kapitel. Die radioaktiven Substanzen.

Grundlage der qualitativen und quantitativen Analyse in analoger Weise, wie man in anderen Fällen zum gleichen Zwecke die Spektralreaktionen zu verwerten pflegt. Es sei noch bemerkt, dafs alle Trennungsprodukte, um vergleichbare Zahlen zu erhalten, in trockenem Zustande untersucht werden mufsten. Die Hauptschwierigkeit des ganzen Verfahrens lag übrigens in dem Umstande, dafs man in der Pechblende ein Mineral von aufserordentlich komplizierter chemischer Zusammensetzung vor sich hatte; sie enthält nämlich in wechselnden Mengen fast sämtliche bekannten Metalle.

12. Radium. Die chemische Zerlegung der Pechblende nach dem oben angedeuteten Verfahren führte, wie gesagt, zur Entdeckung zweier ungemein stark radioaktiver Körper. Die erste dieser beiden Substanzen wurde von Frau Curie aufgefunden; daher gab man ihr zu Ehren des Heimatlandes der Entdeckerin den Namen Polonium. Der zweite Körper wurde von Herrn und Frau Curie Radium genannt, — eine sehr glücklich gewählte Bezeichnung, da gerade diese Substanz im reinen Zustande die Eigenschaft der Radioaktivität in einem erstaunlich hohen Mafse besitzt.

Man gewinnt das Radium aus der Pechblende, indem man aus dieser zunächst das Baryum abscheidet, dem das Radium in seinen chemischen Eigenschaften aufserordentlich nahesteht[1]). Es bleibt daher nach der Abspaltung aller übrigen Bestandteile ein Gemisch von Baryum und Radium zurück, und diese beiden lassen sich alsdann dadurch voneinander trennen, dafs ihre Chloride in Wasser, Alkohol und Salzsäure verschiedene Löslichkeiten besitzen. Radiumchlorid ist nämlich weniger löslich als Baryumchlorid, und so kann die Trennung durch fraktionierte Kristallisation bewirkt werden. Durch eine sehr grofse Zahl solcher Fraktionierungen läfst sich das Radium so gut wie vollständig vom Baryum befreien.

Sowohl das Polonium als auch das Radium finden sich in der Pechblende nur in unendlich geringen Mengen. Um z. B. einige Dezigramme hochaktiven Radiums zu gewinnen, mufs man mehrere Tonnen von Pechblende oder von Rückständen der Uranfabrikation verarbeiten. Leider erfordert demnach die Herstellung selbst eines winzigen Quantums Radium einen aufserordentlich hohen Aufwand an Kosten und Arbeit.

Herr und Frau Curie verdankten die Beschaffung ihres Ausgangsmaterials dem Entgegenkommen der österreichischen Regierung, welche ihnen in hochherziger Weise die erste Tonne vorbehandelter Uranrückstände aus den staatlichen Fabriken zu Joachimsthal in Böhmen zur Verfügung stellte. Unter Beihilfe der Pariser Akademie der Wissen-

---

[1]) P. und S. Curie und G. Bémont, C. R. 127, p. 1215. 1898.

Erstes Kapitel. Die radioaktiven Substanzen.

schaften und einiger anderer französischer Gesellschaften wurden sodann die Mittel zusammengebracht, die zur Ausführung der mannigfachen Arbeiten im chemischen Laboratorium erforderlich waren. Später erhielten die Curies noch eine Tonne Rohmaterial von der Société Centrale de Produits Chimiques zu Paris. Die freigebige Unterstützung, die man ihnen bei diesen wichtigen Untersuchungen zuteil werden ließ, ist als ein erfreuliches Zeichen des lebhaften Interesses zu begrüßen, das man in jenen Ländern dem Fortschritte der reinen Wissenschaft entgegenbringt.

Zunächst wurde nun eine rohe Trennung der wirksamen Bestandteile der Uranrückstände vorgenommen, und hieran schloß sich ein äußerst mühsamer und langwieriger Reinigungsprozeß, der zu einer immer weitergehenden Konzentrierung der aktiven Substanz führte. Auf diese Weise erhielten die Curies eine kleine Menge Radium, das sich als überaus stark radioaktiv erwies. Vorläufig fehlen aber noch definitive Zahlenangaben über die wahre Aktivität des reinen Radiums; nach einer Schätzung von Herrn und Frau Curie ist sie wenigstens eine Million mal so groß wie diejenige des Urans. Es ist recht schwierig, die Aktivität eines so stark emittierenden Körpers zahlenmäßig festzustellen. Benutzt man nämlich zur Vergleichung der Aktivitäten die elektrische Untersuchungsmethode, so hat man die relative Intensität des Maximal- oder Sättigungsstromes zwischen zwei parallelen Platten, auf deren einer die aktive Substanz ausgebreitet wird, zu messen. Infolge der starken Ionisation des zwischen den Platten befindlichen Gases kann man den Sättigungszustand aber nur bei Anlegung außerordentlich hoher Spannungen erreichen. Eine angenäherte Bestimmung läßt sich indessen in der Weise ausführen, daß man die Substanz mit Metallschirmen umgibt, so daß die Intensität der zur Geltung kommenden Strahlung eine erhebliche Schwächung erleidet, und durch besondere Versuche mit unreinem Material, dessen Aktivität sich bequem messen läßt, den Grad der Durchlässigkeit jener Schirme feststellt. Der Wert, der sich nach der einen oder anderen Methode für die relative Aktivität des Radiums ergibt, hängt übrigens noch davon ab, welche der drei Strahlengattungen bei den betreffenden Messungen in Wirksamkeit tritt.

Es ist unter diesen Umständen kaum möglich, die letzten Stadien des Reinigungsprozesses lediglich an der Hand von Aktivitätsmessungen zu verfolgen. Dazu kommt noch, daß das Radium unmittelbar nach der Herstellung viel weniger aktiv ist als später, wenn es längere Zeit in trockenem Zustande aufbewahrt worden ist. Die Aktivität eines trockenen Radiumsalzes wächst allmählich bis zu einem Maximalwerte, der erst nach ungefähr einem Monate erreicht wird. Bei der Herstellung der Präparate empfiehlt es sich, die Prüfung der fortschreitenden Reinheit durch Messung der Anfangsaktivitäten vorzunehmen.

Als Prüfungsmittel für die letzten Stadien jenes Anreicherungsprozesses benutzte Frau Curie die Färbung radiumhaltiger Baryumsalze. Ihrem Aussehen nach sind die Kristalle der Radium- und Baryumsalze, die sich aus sauren Lösungen niederschlagen, nicht voneinander zu unterscheiden. Die Kristalle von radiumhaltigem Baryum erscheinen zunächst farblos, nehmen aber nach einigen Stunden eine gelbe Farbe an, die allmählich ins Orange, manchmal auch noch vom Orange ins Rosenrot übergeht. Die Schnelligkeit, mit der diese Färbungen auftreten, hängt von der Menge des vorhandenen Baryums ab. Reine Radiumkristalle färben sich nicht oder doch sehr viel langsamer als die baryumhaltigen. Bei einer bestimmten Konzentration des Radiums ist die Färbung am intensivsten, und so kann man diese Erscheinung benutzen, um den Baryumgehalt der Kristalle zu kontrollieren. Werden die letzteren wieder in Wasser gelöst, so verschwindet die Färbung.

Giesel[1]) beobachtete, dafs die Flamme des Bunsenschen Brenners von reinem Radiumbromid prachtvoll karminrot gefärbt wird. Ist aber noch eine Spur Baryum in dem Salze enthalten, so erscheint nur das von letzterem herrührende Grün, und im Spektroskop sieht man lediglich Baryumlinien. Die Karminfärbung der Bunsenflamme ist demnach ein sicheres Kennzeichen für die Reinheit des Radiums.

Nachdem die erste Veröffentlichung über die Entdeckung des Radiums erschienen war, beschäftigte sich auch Giesel[2]) sehr eifrig mit der Extraktion von Radium, Polonium und anderen aktiven Substanzen aus dem Uranpecherz. Er erhielt sein Rohmaterial — eine Tonne Uranrückstände — von der Firma P. de Haën in Hannover. Indem er die Trennung des Radiums vom Baryum durch fraktionierte Kristallisation der Bromide anstatt durch die der Chloride bewirkte, gelang es ihm, beträchtliche Mengen reinen Radiumsalzes zu gewinnen. Durch dieses Verfahren wird nämlich die äufserste Reinigung wesentlich vereinfacht. Giesel gibt an, dafs schon eine sechs- bis achtmalige Kristallisation der Bromide genügt, um das Radium so gut wie vollständig vom Baryum zu trennen.

13. Spektrum des Radiums. Es war offenbar von hervorragender Bedeutung, so bald als möglich zu prüfen, ob das Radium tatsächlich ein neues chemisches Element sei oder etwa nur eine modifizierte Form des Baryums. Im ersteren Falle war zu erwarten, dafs es ein ihm charakteristisches Spektrum liefern würde. Zur Ausführung diesbezüglicher Spektraluntersuchungen stellten die Curies Herrn Demarçay, einer Autorität auf diesem Gebiete, eine Anzahl Proben von Radiumchlorid zur Verfügung. Das erste Präparat, das Demarçay[3]) unter-

---
[1]) F. Giesel, Physik. Ztschr. 3, p. 578. 1902.
[2]) F. Giesel, Wied. Ann. 69, p. 91. 1899. Ber. d. D. Chem. Ges. p. 3608. 1902.
[3]) E. Demarçay, C. R. 127, p. 1218. 1898; 129, p. 716. 1899; 131, p. 258. 1900.

Erstes Kapitel. Die radioaktiven Substanzen.

suchte, war noch nicht sehr stark radioaktiv, zeigte aber doch neben den Baryumlinien eine neue Linie von hoher Intensität im ultravioletten Teile des Spektrums. Bei einem zweiten Quantum stärker aktiven Radiumchlorids wurde diese Linie noch deutlicher, und gleichzeitig kamen noch weitere neue Linien zum Vorschein; die Intensität der Radiumlinien war jetzt bereits derjenigen der aufserdem vorhandenen Baryumlinien vergleichbar. Ein Präparat von noch höherer Aktivität, das wohl beinahe rein war, lieferte ein sehr helles neues Spektrum, während daneben nur noch die drei stärksten Baryumlinien zu erkennen waren. In folgender Tabelle sind die Wellenlängen jener neuen Radiumlinien angegeben, und zwar in Ångströmschen Einheiten; die relative Intensität jeder Linie ist durch eine beigefügte Zahl gekennzeichnet, indem die Intensität der stärksten Linie gleich 16 gesetzt wurde.

Wellenlänge	Intensität	Wellenlänge	Intensität
4826,3	10	4600,3	3
4726,9	5	4533,5	9
4699,6	3	4436,1	6
4692,1	7	4340,6	12
4683,0	14	3814,7	16
4641,9	4	3649,6	12

Alle diese Linien haben vollkommen scharfe Ränder; die hellsten — es sind deren drei bis vier — stehen an Intensität hinter keiner Linie eines anderen Elementes zurück. Es zeigen sich in dem Spektrum aufserdem noch zwei starke verwaschene Banden. In dem nicht photographierten Teile des sichtbaren Gebietes sieht man nur noch eine sehr schwache Linie von der Wellenlänge 5665. In seinem allgemeinen Aussehen ähnelt das Radiumspektrum den Spektren der Erdalkalimetalle, die ja bekanntlich gleichfalls aus starken Linien und verwaschenen Banden bestehen.

Ein unreines Präparat läfst die Hauptlinie des Radiums erst deutlich hervortreten, wenn seine Aktivität wenigstens fünfzigmal so grofs ist wie die des metallischen Urans. Mittels der elektrischen Methode kann man sich dagegen von dem Vorhandensein des Radiums bereits überzeugen, wenn die Aktivität der betreffenden Substanz nicht mehr als $1/100$ oder, falls mit einem hochempfindlichen Elektrometer beobachtet wird, sogar nur $1/1000$ einer Uraneinheit beträgt. Zum Nachweise geringer Radiummengen bildet demnach die Aktivitätsmessung ein fast millionenmal so empfindliches Verfahren wie die Spektralanalyse.

Später haben noch Runge[1]) sowie Exner und Haschek[2]) an Gieselschen Präparaten Spektraluntersuchungen ausgeführt. Von Crookes[3]) wurde insbesondere das ultraviolette Gebiet photographisch

---

[1]) C. Runge, Astrophys. Journal 1900, p. 1; Ann. d. Phys. 10, p. 407. 1903.
[2]) F. Exner und E. Haschek, Wien. Ber. 4. Juli 1901.
[3]) W. Crookes, Proc. Roy. Soc. 72, p. 295. 1904.

aufgenommen; ferner fanden Runge und Precht[1]) auch in dem Funkenspektrum eines aufserordentlich reinen Radiumpräparates noch eine weitere Anzahl neuer Linien. Es war bereits erwähnt worden, dafs das Bromid des Radiums der Bunsenflamme eine charakteristische tief karminrote Färbung erteilt. Das Spektrum einer solchen Flamme zeigt zwei helle breite Banden im Orangerot, die von Demarçay in seinem Spektrum nicht beobachtet worden waren; aufserdem enthält es noch eine Linie im Blaugrün und zwei weitere violette Linien von geringer Intensität.

14. Atomgewicht des Radiums. An den allmählich immer reiner werdenden Präparaten wurden von Frau Curie fortlaufende Atomgewichtsbestimmungen für das neue Element ausgeführt. Bei der ersten Messung enthielt die Substanz noch in weit überwiegender Menge Baryum, so dafs sich als Atomgewicht die für Baryum gültige Zahl 137,5 ergab. Weitere Präparate von zunehmender Reinheit lieferten für die Atomgewichte der Gemische die Werte 146 und 175. Der definitive, zuletzt gefundene Wert betrug dann 225, und diese Zahl kann unter der Annahme, dafs Radium zweiwertig ist, als sein wahres Atomgewicht angesehen werden.

Zu den letzten Versuchen dienten etwa 0,1 Gramm reinen Radiumchlorids, das man als Endprodukt zahlreicher Fraktionierungen erhalten hatte. Die Schwierigkeit, mit der die Herstellung eines solchen zur Atomgewichtsbestimmung ausreichenden Quantums reinen Chlorradiums verknüpft ist, mag man daran ermessen, dafs man aus zwei Tonnen des Ausgangsminerals nur einige Zentigramm nahezu reines Salz gewinnen kann.

Runge und Precht[2]) untersuchten das Radiumspektrum auch im magnetischen Felde; dabei erkannten sie das Vorhandensein von Serien analoger Art, wie sie die Spektren von Calcium, Baryum und Strontium aufweisen. Die Serien stehen in einem Zusammenhange mit den Atomgewichten der betreffenden Elemente; aus dieser Beziehung berechneten nun Runge und Precht für Radium das Atomgewicht 258, also einen Wert, der bedeutend gröfser ist als die Zahl 225, die von Frau Curie durch chemische Analyse gefunden wurde. Unter Zugrundelegung einer anderen Formel für die Verteilung der Spektrallinien berechnete indessen Marshall Watts[3]) einen mit dem Curieschen übereinstimmenden Wert. Runge[4]) bemängelte freilich das von Marshall Watts benutzte Rechnungsverfahren, da die von ihm zum

---

[1]) C. Runge und J. Precht, Ann. d. Phys. 14, p. 418. 1904.
[2]) C. Runge und J. Precht, Physik. Ztschr. 4, p. 285. 1903.
[3]) W. M. Watts, Phil. Mag. Juli 1903; August 1904.
[4]) C. Runge, Phil. Mag. Dezember 1903.

Vergleich herangezogenen Linien der verschiedenen Spektra einander nicht homolog wären. Bedenkt man aber, dafs die von Frau Curie ermittelte Zahl sich vorzüglich in das periodische System einordnen läfst, so wird man gut daran tun, diesen auf experimentellem Wege gefundenen Wert einstweilen für zuverlässiger anzusehen als das von Runge und Precht aus einer Spektralformel hergeleitete Resultat.

Jedenfalls kann es aber keinem Zweifel mehr unterliegen, dafs wir in dem Radium ein neues chemisches Element von wohldefinierten physikalischen Eigenschaften vor uns haben. Die Abscheidung dieser nur in minimalen Mengen in der Pechblende enthaltenen Substanz konnte erst gelingen, als die wesentlichste ihrer Eigenschaften erkannt worden war. Die Entdeckung des Radiums war somit der erste Triumph, den die junge Wissenschaft der Radioaktivität zu verzeichnen hatte. Wir werden jedoch später sehen, dafs die Radioaktivität nicht allein der gewöhnlichen Chemie wertvolle Dienste zu leisten vermag, sondern dafs sie uns auch eine aufserordentlich feine Methode liefert, um chemische Veränderungen einer neuen, besonderen Art nachzuweisen.

15. Die Strahlung des Radiums. Entsprechend seiner bedeutenden Aktivität sendet das Radium sehr intensive Strahlen aus: Nähert man im dunkeln Zimmer einen Zinksulfidschirm einem Präparat von einigen Zentigrammen Radiumbromid, so leuchtet er hell auf, und geradezu glänzend ist die Fluoreszenz auf einem Baryumplatincyanürschirm. Ein geladenes Elektroskop wird in geringem Abstande von dem Radiumsalz fast augenblicklich entladen. Ebenso wird eine photographische Platte sofort geschwärzt; noch in einer Entfernung von einem Meter erhält man bei eintägiger Exposition einen intensiven photographischen Effekt. Die Gesamtemission des Radiums besteht, wie die des Urans, aus drei Strahlenarten verschiedener Absorbierbarkeit. Es entwickelt ferner, ähnlich wie das Thorium, eine Emanation, deren Aktivität indessen viel langsamer abklingt. Die Aktivität der Radiumemanation bleibt nämlich mehrere Wochen lang erhalten, während diejenige der Thoremanation schon binnen weniger Minuten verschwindet. Die Emanation, die von einigen Zentigrammen Radium entwickelt wird, bringt einen Schirm von Zinksulfid zu lebhaftem Leuchten. Die Radiumstrahlen vom höchsten Durchdringungsvermögen rufen auf einem Röntgenschirme noch eine deutliche Fluoreszenz hervor, selbst wenn sie durch Eisen- oder Bleiplatten von mehreren Zentimetern Dicke hindurchgegangen sind.

Wie beim Uran und Thorium rührt die photographische Wirkung im wesentlichen von den Strahlen mittlerer Durchdringungsfähigkeit her. Die von Radium erzeugten Radiographien haben grofse Ähnlichkeit mit denen, die man mit Röntgenstrahlen erhält, besitzen jedoch nicht die gleiche Schärfe und lassen nicht so viele Einzelheiten wie die letzteren erkennen. Die Strahlen werden zwar gleichfalls von verschiedenen

Stoffen verschieden stark absorbiert — angenähert ist das Absorptionsvermögen der Dichtigkeit proportional —, aber es treten beispielsweise auf Radiumphotographien der Hand die Knochen nicht wie auf den Röntgenbildern deutlich hervor.

Von Curie und Laborde wurde die weitere interessante Tatsache festgestellt, dafs Radiumverbindungen stets eine um mehrere Grade höhere Temperatur als ihre Umgebung aufweisen. Jedes Gramm Radium entwickelt dabei eine Wärmemenge von 100 Grammkalorieen pro Stunde. Diese und verwandte Eigenschaften des Radiums sollen im Kapitel V und XII noch im einzelnen besprochen werden.

16. Verbindungen des Radiums. Alle Radiumsalze — das Chlorid, Bromid, Azetat, Sulfat und Karbonat — zeigen in festem Zustande unmittelbar nach ihrer Darstellung zunächst grofse Ähnlichkeit mit den entsprechenden Baryumverbindungen; allmählich nehmen sie aber eine Färbung an. Ihr chemisches Verhalten stimmt völlig mit dem der Baryumsalze überein, abgesehen von der Löslichkeit der Cloride und Bromide in Wasser, die, wie schon bemerkt, im Falle des Baryums ein wenig gröfser ist. Sämtliche Radiumsalze sind natürliche Phosphore. Die Phosphoreszenz unreiner Radiumpräparate ist unter Umständen aufserordentlich intensiv.

Weifses Glas färbt sich in Gegenwart von Radiumsalzen. Unter der Einwirkung einer schwach aktiven Substanz ist die Farbe in der Regel violett: durch stärkere Präparate wird sie gelbbraun und schliefslich schwarz.

17. Aktinium. Die Entdeckung des Radiums in der Pechblende gab den Anstofs, dafs man sich mit grofsem Eifer der chemischen Untersuchung der Uranrückstände zuwandte; diese systematischen Studien führten alsbald zur Isolierung einer Anzahl weiterer radioaktiver Stoffe. Ihre radioaktiven Eigenschaften lassen sich zwar sehr deutlich beobachten, doch hat man bisher noch keine von ihnen genügend rein darstellen können, um, wie beim Radium, charakteristische Spektra zu erhalten. Eine der interessantesten und wichtigsten dieser Substanzen wurde von Debierne[1]) bei der Aufbereitung der Uranrückstände, die Herr und Frau Curie von der österreichischen Regierung erhalten hatten, entdeckt und von ihm Aktinium genannt. Dieser Stoff scheidet sich zusammen mit den Elementen der Eisengruppe aus und scheint in chemischer Hinsicht dem Thorium sehr nahe verwandt zu sein, übertrifft das letztere aber viele tausend Mal an Aktivität. Seine Trennung vom Thor und von den seltenen Erden ist ungemein schwierig. Bisher ist es Debierne nur gelungen, eine partielle Trennung zu erzielen, und zwar nach folgenden Methoden:

---

[1]) A. Debierne, C. R. 129, p. 593. 1899; 130, p. 906. 1900.

Erstes Kapitel. Die radioaktiven Substanzen.

1. Man fügt zu einer durch Salzsäure schwach angesäuerten, heifsen Lösung des Rohmaterials unterschwefligsaures Natron im Überschufs hinzu; es entsteht ein Niederschlag, mit dem fast die gesamte Menge der aktiven Substanz ausgefällt wird.

2. Auf die frisch ausgefällten, in Wasser suspendierten Hydrate läfst man Fluorwasserstoffsäure einwirken. Der in Lösung gehende Anteil der Suspension enthält nur sehr wenig aktive Substanz. Auf diese Weise beseitigt man das Titan.

3. Durch Zusatz von Wasserstoffsuperoxyd zu einer neutralen Lösung der Nitrate entsteht ein Niederschlag, in dem der aktive Körper verbleibt.

4. Fällung der Sulfate. Fällt man z. B. Baryumsulfat aus einer die aktive Substanz enthaltenden Lösung, so begleitet der radioaktive Bestandteil das Baryumsalz. Thorium und Aktinium können dann vom Baryum getrennt werden, indem man das Sulfat in Chlorid verwandelt und eine Fällung mit Ammoniak ausführt.

Auf diesem Wege erhielt Debierne ein Produkt, dessen Aktivität fast die des Radiums erreichte. Aber dieses schwierige und mühselige Trennungsverfahren hat bisher doch noch nicht dahin geführt, neue Spektrallinien erkennen zu lassen.

18. Nach einer ersten vorläufigen Mitteilung über die Entdeckung des Aktiniums vergingen mehrere Jahre, bevor nähere Einzelheiten über diesen neuen Körper von Debierne veröffentlicht wurden. Inzwischen hatte auch Giesel[1]) eine neue radioaktive Substanz aus der Pechblende extrahiert, die dem Debierneschen Aktinium in mancher Beziehung verwandt zu sein schien. Ihrem chemischen Verhalten nach gehört sie zur Gruppe des Cers; sie wird zusammen mit diesen seltenen Erden ausgefällt. Durch eine Reihe chemischer Prozesse läfst sich die aktive Substanz von der Mehrzahl der übrigen Bestandteile trennen und bleibt mit Lanthan vereinigt zurück. In seinen radioaktiven Eigenschaften hat der so gewonnene Körper grofse Ähnlichkeit mit Thorium; nach Mafsgabe der zu seiner Herstellung benutzten Trennungsmethoden kann aber Thorium höchstens in minimaler Menge in ihm enthalten sein, und aufserdem ist seine Aktivität viel gröfser als die des letzteren Elementes. Bemerkenswert ist ferner, dafs er, wie Giesel sehr bald feststellen konnte, aufsergewöhnlich grofse Mengen einer radioaktiven Emanation entwickelt. Wegen dieser Eigentümlichkeit nannte Giesel seine neue Substanz „Emanationskörper". Neuerdings wird sie als „Emanium" bezeichnet und ist unter diesem Namen auch schon in den Handel gekommen.

---

[1]) F. Giesel, Ber. d. D. Chem. Ges. 1902, p. 3608; 1903, p. 342.

Giesel erkannte auch, dafs die Aktivität der Substanz dauernd erhalten bleibt und während der ersten sechs Monate nach der Abscheidung wahrscheinlich noch eine Zunahme erfährt. In dieser Beziehung zeigt sie also ein ähnliches Verhalten wie eine Radiumverbindung, deren Aktivität ja im Laufe des ersten Monats auf das Vierfache ihres Anfangswertes steigt.

Es kann keinem Zweifel mehr unterliegen, dafs das „Aktinium" Debiernes und das Gieselsche „Emanium" den gleichen radioaktiven Elementarbestandteil enthalten. Aus neueren Untersuchungen[1]) geht nämlich hervor, dafs beide ganz identische radioaktive Eigenschaften besitzen. Beide emittieren sowohl leicht absorbierbare Strahlen wie solche von hohem Durchdringungsvermögen und erzeugen eine charakteristische Emanation, deren Abklingungskonstante für beide Substanzen die nämliche ist. Der Aktivitätsabfall der Emanation bildet das einfachste Kennzeichen, um Aktinium und Thorium, die in ihren radioaktiven wie in ihren chemischen Eigenschaften so nahe übereinstimmen, voneinander zu unterscheiden. Die Emanation des Aktiniums verliert nämlich ihr Strahlungsvermögen viel schneller als die des Thoriums: die Zeiten, in denen die Aktivität auf den halben Wert sinkt, betragen im ersten Falle 3,7 und im zweiten Falle 52 Sekunden.

Die beständige Abgabe bedeutender Mengen jener kurzlebigen Emanation bildet die auffallendste radioaktive Eigenschaft des Aktiniums. In ruhiger Luft machen sich die radioaktiven Wirkungen dieser Emanation nur bis auf eine Entfernung von wenigen Zentimetern von dem Aktiniumpräparat bemerkbar, da ihr Strahlungsvermögen bereits erloschen ist, wenn sie sich durch Diffusion auf eine weitere Strecke in der Luft ausgebreitet hat. Sehr starke Aktiniumpräparate erscheinen von einem durch die Emanation hervorgerufenen leuchtenden Nebel eingehüllt. Auch die Aktiniumstrahlen erzeugen in einigen Substanzen lebhafte Fluoreszenz, z. B. in Zinksulfid, Willemit oder Baryumplatincyanür. Am hellsten leuchten mit Zinksulfid bestrichene Schirme; indessen rührt dieser starke Effekt zum grofsen Teil von der Emanation her; bläst man nämlich Luft über das auf dem Schirme liegende Präparat hinweg, so verschiebt sich der Lichtfleck in Richtung des Luftstromes. Auf einem solchen Zinksulfidschirm ruft Aktinium ferner Scintillationserscheinungen hervor, wie sie auch, aber weit weniger intensiv, unter der Einwirkung von Radium auftreten.

Emaniumpräparate sind bisweilen selbstleuchtend; im Spektroskop zeigt dieses Eigenlicht eine Anzahl heller Linien[2]).

---

[1]) A. Debierne, C. R. 139, p. 538. 1904. Miss Brooks, Phil. Mag. Sept. 1904. F. Giesel, Physik. Ztschr. 5, p. 822. 1904. Jahrbuch d. Radioaktivität, Nr. 4, p. 345. 1904.

[2]) F. Giesel, Ber. d. D. Chem. Ges. 37, p. 1696. 1904; J. Hartmann, Physik. Ztschr. 5, p. 570. 1904.

Erstes Kapitel. Die radioaktiven Substanzen.

In Anbetracht der charakteristischen Eigenschaften der Emanation und der übrigen radioaktiven Produkte des Aktiniums sowie der Unvergänglichkeit seiner Aktivität ist es sehr wahrscheinlich, daſs wir in dem Aktinium tatsächlich ein neues radioaktives Element, und zwar eines von sehr hoher Aktivität, vor uns haben. Obwohl man aber schon sehr starke Aktiniumpräparate hergestellt hat, war es doch noch nicht möglich, sie von Verunreinigungen gänzlich zu befreien. Demgemäſs fehlen auch noch nähere Untersuchungen über die chemischen Eigenschaften dieses Stoffes, und ebensowenig hat man bisher in seinem Spektrum neue Linien finden können.

19. Polonium. Von den in der Pechblende enthaltenen radioaktiven Substanzen wurde als erste das Polonium extrahiert. Frau Curie [1]), der wir die Entdeckung des Poloniums verdanken, hat sich eingehend mit der Untersuchung dieses Körpers beschäftigt. Nachdem die Pechblende in Säure gelöst war, wurde Schwefelwasserstoff hinzugesetzt. Die hierdurch niedergeschlagenen Sulfide enthalten eine aktive Substanz, die nach Abscheidung anderer Verunreinigungen mit Wismut vereinigt zurückbleibt. Diese Substanz, das Polonium, ist in chemischer Hinsicht dem Wismut so nahe verwandt, daſs es bisher nicht möglich war, beide Stoffe vollständig voneinander zu trennen. Eine partielle Trennung läſst sich nach einer der folgenden Fraktionierungsmethoden bewirken:

1. Destillation im Vakuum. Das aktive Sulfid ist flüchtiger als die Wismutverbindung. Es setzt sich als schwarze Masse an den Wänden des Behälters da ab, wo die Temperatur 250 bis 300° C. beträgt. Auf diese Weise wurden Poloniumpräparate von der Aktivität 700 — diejenige des Uranmetalles gleich 1 gesetzt — erhalten.

2. Salpetersaure Lösungen werden mit Wasser versetzt, so daſs ein Niederschlag entsteht. Die gefällten Subnitrate sind viel aktiver als die in Lösung verbleibenden Bestandteile.

3. Man bewirkt in einer starken salzsauren Lösung eine Fällung durch Schwefelwasserstoff. Es schlagen sich dann Sulfide nieder, deren Aktivität sich als weit gröſser erweist als die der gelöst zurückbleibenden Salze.

Bei der Darstellung ihrer hochkonzentrierten Präparate ging Frau Curie von der an zweiter Stelle genannten Methode aus [2]). Das ganze weitere Trennungsverfahren ist überaus umständlich und langwierig, um so mehr, als sich sehr leicht Niederschläge bilden, die sich weder in starken noch in schwachen Säuren lösen lassen. Nach zahlreichen Fraktionierungen erhielt Frau Curie schlieſslich eine kleine Menge einer auſserordentlich stark aktiven Substanz. Gleichwohl zeigte die letztere

---

[1]) S. Curie, C. R. 127, p. 175. 1898.
[2]) Mme. Curie, Untersuchungen usw. Braunschweig 1904.

im Spektroskop lediglich die Linien des Wismuts. Auch Demarçay, sowie Runge und Exner konnten bei der spektroskopischen Untersuchung dieser wismuthaltigen aktiven Präparate keine neuen Linien erkennen. Sir William Crookes[1]) gibt freilich an, dafs er im Ultraviolett eine neue Linie gefunden hätte, und ebenso behauptet Berndt[2]), der Polonium von der Aktivität 300 untersuchte, in diesem unsichtbaren Spektralgebiete eine grofse Zahl neuer Linien beobachtet zu haben. Diese Resultate harren aber noch ihrer Bestätigung.

Die von Frau Curie hergestellten Poloniumpräparate unterscheiden sich in mehrfacher Hinsicht von den übrigen radioaktiven Körpern. Zunächst emittieren sie ausschliefslich leicht absorbierbare Strahlen; die beiden Gattungen durchdringender Strahlen, wie sie neben jenen von Uran, Thorium und Radium ausgesandt werden, fehlen hier gänzlich. Ferner ist ihre Aktivität nicht konstant, sondern nimmt im Laufe der Zeit beständig ab. Dieser Aktivitätsabfall ist, wie Frau Curie fand, bei Poloniumpräparaten verschiedener Art von ungleicher Gröfse. In manchen Fällen sinkt die Aktivität nämlich in etwa sechs Monaten, in anderen Fällen erst in elf Monaten auf die Hälfte des ursprünglichen Wertes.

20. Auf den ersten Blick könnte es scheinen, als ob sich das Polonium durch diese allmähliche Abnahme seiner Aktivität von jenen anderen Substanzen, die, wie Uran und Radium, scheinbar eine konstante Aktivität besitzen, wesentlich unterschiede. Es handelt sich dabei jedoch tatsächlich nicht um einen Unterschied qualitativer, sondern nur um einen solchen quantitativer Art. Wie wir später sehen werden, enthält die Pechblende eben eine Anzahl radioaktiver Substanzen, deren Aktivität in keinem Falle unveränderlich ist. Nur variiert die Zeit, in der sie die Hälfte ihrer Aktivität einbüfsen, für die verschiedenen Körper von einigen Sekunden bis zu mehreren hundert Millionen Jahren. Diese Erscheinung des allmählichen Aktivitätsverlustes verleiht gerade unserer theoretischen Betrachtungsweise der radioaktiven Vorgänge ihr charakteristisches Gepräge. Kein radioaktiver Körper kann, sich selbst überlassen, bis in alle Ewigkeit Strahlen aussenden; vielmehr mufs seine Aktivität nach einer gewissen Zeit verschwunden sein. Bei einigen Körpern, z. B. bei Uran und Radium, geht der Verlust freilich so langsam vor sich, dafs innerhalb eines Zeitraumes von mehreren Jahren keine merkliche Veränderung ihrer Aktivität beobachtet werden kann. Aus der Theorie läfst sich indessen ableiten, dafs beim Radium die Aktivität nach etwa tausend Jahren auf den halben Wert gesunken sein wird; bei einer nur schwach radioaktiven Substanz, wie Uranium, mufs

---

[1]) W. Crookes, Proc. Roy. Soc., Mai 1900.
[2]) G. Berndt, Physik. Ztschr. 2, p. 180. 1900.

dagegen eine Zeit von mehr als hundert Millionen Jahren verstreichen, ehe eine merkliche Aktivitätsabnahme eingetreten ist.

Es mag angebracht sein, an dieser Stelle die verschiedenen Hypothesen, die zur Erklärung des temporären Charakters der Poloniumaktivität hie und da aufgestellt worden sind, kurz zu erwähnen. Da das Polonium stets im Verein mit Wismut auftrat, so vermutete man, dafs es gar keine neue aktive Substanz, sondern lediglich aktiviertes Wismut sei, d. h. Wismut, welches unter dem Einflusse eines echten radioaktiven Körpers selbst aktiv geworden wäre. Es ist ja bekannt, dafs jeder Körper in der Nachbarschaft von Thorium oder Radium temporär aktiv wird. Die gleiche Wirkung, so nahm man an, würde auch stattfinden, wenn sich eine inaktive Substanz zusammen mit aktiver Materie in Lösung befände. Das inaktive Wismut sollte auf diese Weise infolge seines innigen Kontaktes mit aktiven Stoffen sogenannte „induzierte Aktivität" erworben haben.

Demgegenüber mufs jedoch betont werden, dafs Beweise für die Richtigkeit dieser Auffassung nicht geliefert worden sind. Vielmehr weisen die Erscheinungen darauf hin, dafs die Aktivität der Poloniumpräparate nicht von einer Veränderung eines an sich inaktiven Bestandteiles herrührt, sondern von einer sehr geringen Beimengung einer aufserordentlich stark aktiven Substanz, die sich aus der Pechblende mit Wismut zusammen abscheidet, aber keineswegs mit diesem Elemente in chemischer Hinsicht identisch ist.

An dieser Stelle kann die eben berührte Frage indessen noch nicht ausführlich erörtert werden; das soll erst später, im elften Kapitel, geschehen. Daselbst wird der Nachweis erbracht werden, dafs das Polonium, d. h. der dem Wismut beigemengte radioaktive Bestandteil, tatsächlich als ein besonderer chemischer Körper anzusehen ist, der zwar dem Wismut chemisch sehr nahe steht, aber bei gewissen analytischen Prozessen doch ein abweichendes Verhalten zeigt, so dafs eine partielle Trennung beider Stoffe möglich ist.

Im reinen Zustande würde Polonium mehrere hundert Mal so stark aktiv sein wie Radium. Aber diese Aktivität ist nicht konstant; sie nimmt allmählich ab, indem sie innerhalb eines Zeitraumes von etwa sechs Monaten auf die Hälfte des ursprünglichen Wertes sinkt.

Dafs in dem Spektrum des radioaktiven Wismuts keine neuen Linien beobachtet worden sind, kann nicht wundernehmen, da selbst die stärksten dieser Wismutpräparate nur minimale Mengen des radioaktiven Bestandteiles enthalten.

21. Die Frage nach der Natur des Poloniums gewann ein erneutes Interesse durch die Entdeckung Marckwalds[1]), dafs sich eine dem

---

[1]) W. Marckwald, Physik. Ztschr. 4, p. 51. 1903.

Polonium ähnliche Substanz, deren Aktivität jedoch keine zeitliche Abnahme von merklichem Betrage zu erleiden schien, aus der Pechblende abscheiden läfst. Marckwald benutzte ein sehr einfaches Verfahren, um jenen Körper vom Wismut zu trennen. Er ging aus von einer Wismutchloridlösung; das Salz war aus Uranrückständen gewonnen. Wurde nun ein Wismut- oder Antimonstab in jene aktive Lösung eingetaucht, so entstand auf ihm sehr bald ein schwarzer Niederschlag, der sich als stark radioaktiv erwies. Bleibt der Stab lange genug in der Lösung, so geht die ganze Aktivität der letzteren vollständig auf ihn über. Der Überzug, mit dem er sich bedeckt, emittiert, wie das Polonium der Frau Curie, lediglich leicht absorbierbare Strahlen.

Da sich nun zeigte, dafs die ausgeschiedene aktive Substanz der Hauptsache nach aus Tellur bestand, so wurde sie von Marckwald Radiotellur genannt. Später erkannte Marckwald[1]) jedoch, dafs der radioaktive Bestandteil mit dem Elemente Tellur nichts zu tun hat, sondern durch ein einfaches chemisches Verfahren von diesem stets getrennt werden kann.

Um eine gröfsere Menge dieser aktiven Substanz zu gewinnen, wurden sodann 2000 Kilogramm Pechblende verarbeitet. Diese lieferten sechs Kilogramm Wismutoxychlorid, aus denen 1,5 Gramm Radiotellur abgeschieden wurden. Das vorhandene Tellur wurde nun aus salzsaurer Lösung durch Hydrazinhydrochlorid gefällt; der Niederschlag zeigte zwar zunächst noch eine geringe Aktivität, doch liefs sich auch dieser Rest durch wiederholte Anwendung des geschilderten Verfahrens vollkommen entfernen. Die ganze aktive Materie blieb in dem Filtrat zurück; nach dem Abdampfen wurden einige Tropfen Zinnchlorid hinzugesetzt, und dadurch entstand eine kleine Menge eines schwarzen Pulvers von sehr hoher Aktivität, das, auf einem Filter gesammelt, insgesamt vier Milligramm wog.

Dieser aktive Körper konnte in Salzsäure gelöst werden. Wurden Kupfer-, Zinn- oder Wismutplatten in eine solche Lösung eingetaucht, so bedeckten sie sich alsbald mit einem äufserst fein verteilten Niederschlage und wurden stark radioaktiv, so dafs sie deutliche Fluoreszenz und photographische Effekte hervorriefen. Marckwald gibt als Beispiel für die enorme Aktivität dieser Präparate an, dafs ein Niederschlag von $^1/_{100}$ Milligramm, auf einer vier Quadratzentimeter grofsen Kupferplatte verteilt, einen Zinksulfidschirm zu so hellem Leuchten erregt, dafs man die Erscheinung einem Auditorium von mehreren hundert Personen deutlich demonstrieren kann.

Die Marckwaldsche Substanz ist dem Polonium der Frau Curie sehr nahe verwandt, sowohl bezüglich ihrer chemischen wie ihrer radioaktiven Eigenschaften. Beide Stoffe scheiden sich zusammen mit Wis-

---

[1]) W. Marckwald, Ber. d. D. Chem. Ges. 1903, Nr. 12, p. 2662.

mut ab, und beide senden nur leicht absorbierbare Strahlen aus, während durchdringende Strahlen, wie sie von Uran, Radium oder Thor emittiert werden, vollständig fehlen.

Dennoch wurde viel darüber gestritten, ob der von Marckwald extrahierte Körper mit dem wirksamen Bestandteil des Curieschen Poloniums identisch wäre. Marckwald selbst gibt zwar an, dafs die Aktivität seiner Präparate nach Ablauf von sechs Monaten keine merkliche Abnahme aufweise; doch mag es dahingestellt bleiben, ob die von ihm benutzte Beobachtungsmethode den erforderlichen Grad von Zuverlässigkeit besafs.

Von dem Verfasser wurde jedenfalls beobachtet, dafs Radiotellurpräparate mittlerer Stärke, die nach dem Marckwaldschen Verfahren hergestellt und von Dr. Sthamer in Hamburg bezogen worden waren, eine deutliche zeitliche Abnahme ihrer Aktivität erleiden. Die Präparate kommen als feine Niederschläge auf blanken Stäben oder Platten aus Wismut in den Handel. Ein solcher Wismutstab mit Radiotellurüberzug verlor nun die Hälfte seiner Aktivität in etwa 150 Tagen, und zu ähnlichen Resultaten sind auch andere Beobachter gelangt.

Es besteht also auch in dieser Hinsicht eine grofse Ähnlichkeit zwischen den beiden Substanzen, und so kann man vernünftigerweise nicht mehr daran zweifeln, dafs beide den gleichen Körper als wirksamen Bestandteil enthalten. Im elften Kapitel, in dem diese Auffassung ausführlich begründet werden wird, werden wir zeigen, dafs der radioaktive Bestandteil des Marckwaldschen Radiotellurs als ein langsam entstehendes Umwandlungsprodukt des Radiums anzusehen ist.

22. Radioaktives Blei. Von verschiedenen Forschern wurde schon vor längerer Zeit festgestellt, dafs auch das aus der Pechblende abgeschiedene Blei deutlich radioaktive Eigenschaften besitzt. Ob es sich aber in diesem Falle um eine dauernde Aktivität handelte, darüber gingen die Meinungen wesentlich auseinander. Elster und Geitel[1]) bemerkten zuerst, dafs aus Uranpecherz gewonnenes Bleisulfat stark radioaktiv war; ihrer Ansicht nach rührte diese Aktivität aber wahrscheinlich von einer Beimengung von Radium oder Polonium her, und es gelang ihnen in der Tat, das Bleisulfat durch geeignete chemische Behandlung von seiner Aktivität zu befreien. Auch Giesel[2]) stellte radioaktives Blei dar, fand jedoch, dafs dessen Aktivität im Laufe der Zeit abnahm. Andererseits schien aber ein analoges Bleipräparat, das Hofmann und Straufs[3]) aus demselben Uranerz gewannen, nach den Beobachtungen dieser Autoren eine durchaus konstante Aktivität zu

---

[1]) J. Elster und H. Geitel, Wied. Ann. 69, p. 83. 1899.
[2]) F. Giesel, Ber. d. D. Chem. Ges. 1901, p. 3775.
[3]) K. A. Hofmann und E. Straufs, Ber. d. D. Chem. Ges. 1901, p. 3035.

besitzen. Sie geben an, dafs fast alle Reaktionen dieses aktiven Bleis mit den analogen Reaktionen des inaktiven Metalles übereinstimmten, dafs sich aber in dem Verhalten der Sulfide und Sulfate Unterschiede zeigten. Das aktive Sulfat war z. B. stark phosphoreszierend. Die Resultate von Hofmann und Straufs wurden seinerzeit sehr kritisch aufgenommen. Es unterliegt auch keinem Zweifel, dafs das Blei an und für sich kein radioaktives Element ist, sondern dafs jene Bleipräparate ihre Aktivität einer geringen Beimengung einer aktiven Substanz verdanken, die sich in Gemeinschaft mit dem Blei abscheidet. Aus späteren Untersuchungen[1]) geht denn auch hervor, dafs sich von Zeit zu Zeit durch geeignete chemische Prozesse mehrere solcher radioaktiver Bestandteile von dem Radioblei trennen lassen.

Als erwiesen darf wohl gelten, dafs dem der Pechblende entstammenden Blei eine beträchtliche und ziemlich konstante Aktivität eigentümlich ist. Die radioaktiven Umwandlungen, die in dem Radioblei vor sich gehen, sind jedoch recht verwickelter Natur. Es wird sich später zeigen, dafs wir in dem primär wirksamen Bestandteile des Radiobleis ein Umwandlungsprodukt des Radiums vor uns haben, und dafs aus dieser Substanz, gleichfalls durch einen langsamen Umwandlungsprozefs, allmählich ein anderer Körper entsteht, der mit dem ausschliefslich leicht absorbierbare Strahlen liefernden aktiven Bestandteil des Poloniums identisch ist.

Dieses Polonium läfst sich durch ein geeignetes chemisches Verfahren von dem Blei trennen; in der zurückbleibenden Substanz entwickelt sich dann aber auch noch weiterhin Polonium, — so dafs man nach einer Pause von mehreren Monaten aufs neue eine gewisse Poloniummenge extrahieren kann.

Rechnerisch läfst sich nachweisen, dafs die Aktivität des Radiobleis aller Wahrscheinlichkeit nach innerhalb eines Zeitraumes von 40 Jahren auf die Hälfte ihres Anfangswertes sinkt.

Man hat den aktiven Bestandteil des Radiobleis bisher noch nicht isoliert; in reinem Zustande müfste seine Aktivität, wie wir sehen werden, noch viel gröfser als die des Radiums sein. Schon aus diesem Grunde erscheint es wünschenswert, jener Substanz ein erhöhtes Interesse zu widmen; gelänge es, sie von allen Verunreinigungen zu befreien, so würde ihr in wissenschaftlicher Beziehung eine nicht geringere Bedeutung als dem Radium zukommen. Und da sie überdies die Muttersubstanz des Poloniums darstellt, so könnte man aus einem solchen reinen Präparate von Zeit zu Zeit eine gewisse Menge hochaktiven Poloniums gewinnen, in analoger Weise, wie man sich heute aus Radium die Radiumemanation zu verschaffen pflegt.

Hofmann und Straufs beobachteten eine eigentümliche Wir-

---

[1]) K. A. Hofmann, L. Gonder und V. Wölfl, Ann. d. Phys. 15, p. 615. 1904.

kung der Kathodenstrahlen auf das von ihnen hergestellte Bleisulfat. Sie bemerkten nämlich, daſs die Aktivität des letzteren, wenn es sich selbst überlassen bleibt, im Laufe der Zeit nachläſst, daſs die Substanz sich aber wieder erholt, wenn man sie nur eine kurze Zeit lang den Kathodenstrahlen exponiert. Eine solche Wirkung zeigt sich indessen nicht bei dem aktiven Bleisulfid. Wahrscheinlich rührt jener Effekt von der durch Kathodenstrahlen in dem Bleisulfat erregten Phosphoreszenz her, ohne mit der eigenen Radioaktivität der Substanz etwas zu tun zu haben.

23. Ist Thorium ein radioaktives Element? Aktinium und Thorium sind in chemischer Beziehung einander sehr ähnlich. Dieser Umstand ließ mehrfach die Vermutung aufkommen, daſs die Aktivität der Thorpräparate nur durch einen winzigen Gehalt an Aktinium veranlaſst sei, daſs dagegen das Thorium selbst gar kein radioaktives Element wäre. Diese Auffassung ist jedoch nicht gerechtfertigt, da die Aktivitäten der Emanationen beider Substanzen mit verschiedenen Geschwindigkeiten abnehmen. Verdankte das Thor sein Strahlungsvermögen dem Aktinium, so müſsten die beiden Emanationen sowie die übrigen Umwandlungsprodukte dieser Körper notwendigerweise die gleichen Abklingungskonstanten besitzen; und da nicht der geringste Beweis dafür vorliegt, daſs der zeitliche Abfall der Aktivität durch irgendwelche chemischen oder physikalischen Einflüsse sich ändern kann, so dürfen wir getrost behaupten, daſs die Thoraktivität, von welcher radioaktiven Grundsubstanz sie auch im übrigen herrühren mag, sicherlich nicht vom Aktinium stammt. Für die Entscheidung einer derartigen Frage, ob zwei Körper den gleichen radioaktiven Stoff enthalten, kommt der Feststellung einer Differenz in den Abklingungsgesetzen eine weit höhere Beweiskraft zu als der Beobachtung etwaiger Unterschiede in ihrem chemischen Verhalten. Denn aller Wahrscheinlichkeit nach werden die zu prüfenden Körper in solchen Fällen stets nur winzige Spuren der aktiven Materie enthalten; unter diesen Umständen wird aber das Ergebnis einer direkten chemischen Untersuchung nur von geringem Werte sein.

Aus neueren Versuchen von Hofmann und Zerban und von Baskerville scheint allerdings hervorzugehen, daſs das Thorium selbst kein radioaktives Element ist, sondern daſs die Aktivität der gewöhnlichen Thorverbindungen von einer Beimengung eines noch unbekannten aktiven Elementes herrührt. Hofmann und Zerban[1]) prüften nämlich systematisch die Aktivität von Thorpräparaten, die verschiedenen Mineralien entstammten, und fanden, daſs, wenn die Minerale

---

[1]) K. A. Hofmann und F. Zerban, Ber. d. D. Chem. Ges. 1903, Nr. 12, p. 3093.

einen hohen Gehalt an Uran besafsen, das aus ihnen extrahierte Thor im allgemeinen stärker radioaktiv war, als wenn die Stammsubstanzen nahezu uranfrei waren. Dies scheint darauf hinzudeuten, dafs die dem Thorium anhaftende Aktivität vielleicht von einem Umwandlungsprodukte des Urans hervorgerufen wird, das dem Thor chemisch nahe verwandt ist und sich stets mit ihm zusammen abscheidet. Hofmann verschaffte sich u. a. aus Gadolinit ein kleines Quantum Thorium; dieses Produkt erwies sich bei der Prüfung auf elektrischem oder photographischem Wege als fast völlig inaktiv. Später fanden Baskerville und Zerban[1]), dafs auch ein brasilianisches Mineral inaktives Thorium liefert.*)

Von Interesse sind daher die neuesten Untersuchungen von Baskerville, welche die komplexe Natur des gewöhnlichen Thoriums zu beweisen scheinen. Es gelang ihm, mittels besonderer chemischer Methoden aus diesem Körper zwei verschiedene neue Substanzen abzuscheiden, die er Carolinium und Berzelium nannte. Beide sind stark radioaktiv, und demnach ist es nicht unwahrscheinlich, dafs eines dieser Elemente den wahren aktiven Bestandteil des gewöhnlichen Thoriums darstellt.

Besitzt das Thorium keine eigene Aktivität, wie wir nach den letzterwähnten Resultaten Ursache haben anzunehmen, so erscheint es höchst bemerkenswert, dafs das gewöhnliche Thorium des Handels und andererseits solches von höchster chemischer Reinheit sich stets als nahezu gleichstark radioaktiv erweisen. Daraus geht hervor, dafs der von Anfang an vorhandene aktive Bestandteil durch die chemischen Reinigungsprozesse nicht beseitigt wird.

Welche Substanz wir aber auch schliefslich als den wahren aktiven Bestandteil des Thoriums anzusehen haben werden, so viel ist sicher: es kann dies weder Radium, noch Aktinium, noch ein anderes der bisher bekannten radioaktiven Elemente sein.

Wir werden auch weiterhin der Einfachheit halber die Aktivität des Thoriums so, als ob es selbst ein radioaktives Element sei, besprechen. Die Analyse der dabei in Betracht kommenden Vorgänge bezieht sich jedoch im Grunde nicht auf das Thorium selbst, sondern auf die aktive Primärsubstanz, die sich gewöhnlich mit jenem Körper vereinigt findet. Die Schlüsse, die wir aus der Untersuchung des Verlaufs der radioaktiven Prozesse zu ziehen haben werden, sind indessen gröfstenteils von jener Frage, ob Thorium selbst radioaktiv ist oder seine Aktivität nur einem anderen, unbekannten Elemente verdankt, unabhängig. Sollte die zweite Alternative zutreffen, so kann man freilich vorderhand über die zeitliche Dauer seiner primären Radioaktivität nichts

---

[1]) Ch. Baskerville und F. Zerban, Amer. Chem. Soc. 26, p. 1642. 1904.
*) *Wie diese Resultate zu deuten sind, erhellt aus gewissen neueren Beobachtungen. Vgl. Anmerkung zu Paragraph 126.*

Gewisses aussagen. Das würde erst möglich sein, sobald uns die Menge des in dem Thorium enthaltenen radioaktiven Elementarstoffes endgültig bekannt wäre.

24. Falls Elemente von noch höherem Atomgewichte als dem des Uraniums existierten, würden sie wahrscheinlich ebenfalls radioaktiv sein; und da die Radioaktivität, wie wir sahen, eine so aufserordentlich feine Methode der chemischen Analyse abgibt, so würde diese Eigenschaft uns in den Stand setzen, derartige Elemente aufzufinden, selbst wenn sie nur in unendlich kleinen Mengen vorkämen. Es ist wohl anzunehmen, dafs es tatsächlich viel mehr als jene drei oder vier bisher entdeckten Elemente dieser Art gibt, die in minimalen Quantitäten existieren, und dafs man künftighin auch eine gröfsere Zahl von ihnen als heutzutage kennen lernen wird. Will man darauf ausgehen, solche neuen Elemente zu finden, so werden rein chemische Methoden zunächst wohl nicht zum Ziele führen; denn es ist kaum wahrscheinlich, dafs jene Stoffe von vornherein in genügenden Mengen auftreten, um sich mittels chemischer oder spektroskopischer Analyse nachweisen zu lassen. Man hätte vielmehr vorerst zu prüfen, ob charakteristische Strahlungen oder Emanationen zu beobachten sind, und ob gegebenenfalls die Radioaktivität dauernd erhalten bleibt. Würde sich zeigen, dafs eine radioaktive Emanation vorhanden wäre, die eine andere Abklingungskonstante besäfse als eine der bereits bekannten Emanationen, so läge hierin ein strikter Beweis, dafs man es in der Tat mit einem neuen radioaktiven Körper zu tun hat. So entscheidet man auch sehr leicht, ob eine aktive Substanz Thorium oder Radium enthält, indem man den zeitlichen Aktivitätsabfall ihrer Emanation einer Messung unterwirft. Lassen nun die Ergebnisse der nach dem angedeuteten Verfahren vorgenommenen Untersuchung auf die Existenz eines neuen Radioelementes schliefsen, so hätte man alsdann zu versuchen, auf chemischem Wege eine Trennung herbeizuführen, indem man sich bei den qualitativen und quantitativen Analysen wiederum von den radioaktiven Eigenschaften der einzelnen Produkte leiten liefse.

Zweites Kapitel.
Die Ionisation der Gase.

25. Ionisierung der Gase durch Bestrahlung. Die wichtigste Eigenschaft der von radioaktiven Substanzen ausgehenden Strahlungen besteht darin, dafs sie sowohl positiv wie negativ elektrisch geladene Körper entladen. Diese Wirkung bildet die Grundlage einer sehr genauen Mefsmethode zur Untersuchung aller jener Strahlenarten. Wir wollen uns daher im folgenden mit jenem Entladungsvorgange sowie mit den Gesetzen, denen er unterworfen ist, etwas eingehender beschäftigen.

Ein analoger Effekt wird bekanntlich auch durch Röntgenstrahlen hervorgerufen. Für diesen Fall hat man zur Erklärung des Phänomens die Theorie aufgestellt[1]), dafs die Strahlen in der ganzen Masse des den geladenen Körper umgebenden Gases positiv und negativ elektrische Träger erzeugen, und dafs die Zahl der pro Zeiteinheit entstehenden Teilchen der Intensität der Strahlung proportional sei. Diese Träger oder Ionen[2]), wie sie genannt wurden, bewegen sich in dem Gase unter der Einwirkung eines konstanten elektrischen Feldes mit gleichförmiger Geschwindigkeit, und diese letztere ist der Stärke des Feldes direkt proportional.

Nehmen wir an, es befände sich das den wirksamen Strahlen ausgesetzte Gasvolumen zwischen zwei Metallplatten A und B (Fig. 1), die auf einer konstanten Potentialdifferenz gehalten würden. Die Strahlen erzeugen dann in jeder Sekunde eine bestimmte Anzahl Ionen, und diese Zahl hängt im allgemeinen von der Natur und dem Drucke des Gases ab. In dem elektrischen Felde wandern die positiven Ionen nach der negativen und die negativen Ionen nach der positiven Platte hin, und so kommt ein elektrischer Strom in dem Gase zustande. Einige

---
[1]) J. J. Thomson und E. Rutherford, Phil. Mag., Nov. 1896.
[2]) Der Ausdruck „Ion" hat sich in der Literatur dieses Gebietes heutzutage allgemein eingebürgert. Damit wird jedoch keineswegs behauptet, dafs diese Gasionen mit den elektrolytischen Ionen identisch wären.

der freien Ionen müssen sich alsbald wieder vereinigen, und zwar ist die Stärke dieses Effektes dem Quadrate der vorhandenen Ionenzahl proportional. Bleibt die Intensität der Strahlung konstant, und variiert man die Potentialdifferenz der beiden Platten, so wächst die Intensität des das Gas durchfliefsenden Stromes anfangs mit zunehmender Stärke des elektrischen Feldes, erreicht jedoch schliefslich einen Grenzwert, sobald nämlich die Potentialdifferenz grofs genug geworden ist, um alle Ionen, bevor eine Wiedervereinigung stattfindet, aus dem Felde herauszuschaffen.

Auch in den Fällen, in denen die Leitfähigkeit der Gase durch die Strahlen von radioaktiven Substanzen hervorgerufen wird, vermag jene Theorie von allen dabei in Betracht kommenden Erscheinungen Rechenschaft zu geben, wenn sich auch im einzelnen gewisse Unterschiede zeigen. Diese Unterschiede rühren jedoch in der Hauptsache nur von der ungleichen Absorbierbarkeit der verschiedenen Strahlenarten her. Im Gegensatze zu den Röntgenstrahlen besteht ja die Ge-

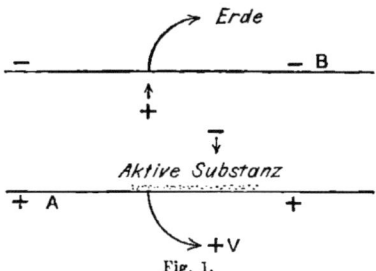

Fig. 1.

samtemission eines aktiven Körpers zum grofsen Teile aus solchen Strahlen, die beim Durchgange durch Luftschichten von wenigen Zentimetern Dicke schon vollständig absorbiert werden. Die Ionisierung ist daher in diesem Falle nicht in dem ganzen Volumen des Gases gleichstark, sondern sie nimmt mit wachsender Entfernung von der aktiven Substanz ziemlich schnell ab.

26. Abhängigkeit der Stromstärke von der Spannung. Die strahlende Materie sei auf der unteren der bei den horizontalen Platten A und B (Fig. 1) gleichmäfsig ausgebreitet. Diese Platte A werde mit dem einen Pole einer Akkumulatorenbatterie, deren anderer Pol zur Erde abgeleitet sei, verbunden. Die Platte B möge dann mit dem einen Quadrantenpaare eines Elektrometers in leitende Verbindung gebracht und das andere Quadrantenpaar geerdet werden.

Die Intensität des elektrischen Stromes zwischen den Platten[1]) wird

---

[1]) Einen ganz schwachen Strom beobachtet man auch in dem Falle, dafs sich kein radioaktives Präparat zwischen den Platten befindet. Dieser

durch die Geschwindigkeit, mit der sich die Elektrometernadel bewegt, gemessen, und man beobachtet, dafs sie mit zunehmender Spannung zunächst schnell, dann langsamer ansteigt, schliefslich aber einen Wert erreicht, der sich nur sehr wenig ändert, wenn man die Spannung noch weiter erhöht. Diese Erscheinung läfst sich, wie bereits angedeutet wurde, im Rahmen der Ionisationstheorie sehr einfach erklären.

Die Strahlen erzeugen in jeder Zeiteinheit eine bestimmte Anzahl Ionen. Falls keine elektrische Kraft wirksam ist, wächst daher die Zahl der in der Volumeneinheit enthaltenen Ionen so lange, bis durch Wiedervereinigung schon vorhandener Träger ebenso viele Ionen verschwinden, als durch weitere Bestrahlung neue hinzukommen. Läfst man ein schwaches elektrisches Feld einwirken, so wandern die positiven Teilchen zur negativen Platte und die negativen zur positiven Elektrode. Da die Geschwindigkeit der Ionen zwischen den Platten der Intensität des elektrischen Feldes proportional ist, so bewegen sie sich in einem schwachen Felde so langsam, dafs sie sich längs ihrer Bahn zum gröfsten Teile wieder vereinigt haben, bevor sie die Elektroden erreichen.

Man beobachtet daher in diesen Fällen nur Ströme von geringer Intensität. Mit steigender Potentialdifferenz wächst aber die Geschwindigkeit der Ionen, und demgemäfs gelangt nur eine kleinere Zahl zur Wiedervereinigung. Infolgedessen nimmt die Stromstärke zu, und sie erreicht einen maximalen Wert, wenn die Intensität des Feldes so grofs geworden ist, dafs alle Ionen die Elektroden erreichen, bevor eine Wiedervereinigung in merklichem Betrage stattgefunden hat. Die Stromstärke bleibt dann bei noch so starker Erhöhung der Spannung konstant.

Dieser Maximalstrom soll „Sättigungsstrom" genannt werden und derjenige Wert der Potentialdifferenz, der gerade erforderlich ist, um diesen maximalen Strom zu liefern, die „Sättigungs-Potentialdifferenz"[1].

Die Abhängigkeit der Stromstärke von der Spannung, wie sie im allgemeinen beobachtet wird, veranschaulicht die Kurve der Fig. 2, in der die Ordinaten die Stromintensitäten und die Abszissen die Voltzahlen bezeichnen.

Die Art und Weise, wie sich die Stromstärke mit der Spannung

Elektrizitätsübergang wird der Hauptsache nach durch eine schwache natürliche Radioaktivität der Metalle, aus denen die Platten bestehen, veranlafst (vgl. 14. Kap.).

[1]) Diese Bezeichnungsweise ist seinerzeit mit Rücksicht auf die Ähnlichkeit der Stromkurven (Strom als Funktion der Spannung) mit den Magnetisierungskurven des Eisens eingeführt worden. Da jedoch nach der Ionentheorie der Maximalstrom einem Zustande entspricht, in welchem sämtliche Ionen, bevor eine Wiedervereinigung eintritt, aus dem Gase verschwinden, so erscheinen jene Ausdrücke nicht sehr glücklich gewählt. Sie werden aber heutzutage allgemein verwendet, und daher sollen sie auch in dem vorliegenden Werke beibehalten werden.

Zweites Kapitel. Die Ionisation der Gase. 35

ändert, ist allein durch die Geschwindigkeit der Ionen und durch die Zahl derer, die sich innerhalb einer gewissen Zeit wieder vereinigen, schon vollständig bestimmt. Dennoch wird die mathematische Theorie dieser Vorgänge in ihrer allgemeinen Form sehr kompliziert, so dafs sich die Differentialgleichungen, welche den Zusammenhang zwischen Strom und Spannung darstellen, lediglich für den Fall der gleichförmigen Ionisierung integrieren lassen. Die Schwierigkeiten entstehen dadurch, dafs die Träger beiderlei Vorzeichens verschiedene Geschwindigkeiten annehmen und dafs die Potentialverteilung zwischen den Elektroden infolge der Ionenbewegung selbst eine wesentliche Änderung erleidet. Der Fall der gleichförmigen Ionisierung zwischen zwei parallelen Platten ist jedoch von J. J. Thomson[1]) erschöpfend behandelt worden. Es ergab

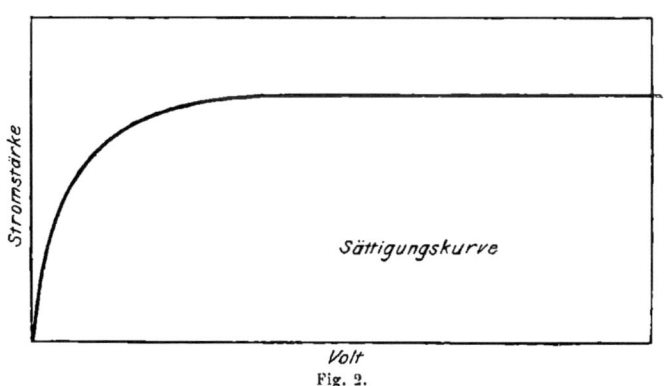

Fig. 2.

sich dabei für die Beziehung zwischen der Stromstärke i und der angelegten Potentialdifferenz V der Ausdruck

$$Ai^2 + Bi = V,$$

worin A und B bei einer gegebenen Strahlungsintensität und einer bestimmten Plattendistanz konstante Gröfsen bezeichnen.

Gehen die wirksamen Strahlen von radioaktiven Substanzen aus, so kann jedoch eine unsymmetrische Ionisation auftreten, und dann wird die Beziehung zwischen Strom und Spannung eine ganz andere, als wie sie der obigen Gleichung entspricht. Einige dieser Fälle sollen im Paragraph 47 besprochen werden.

27. Die allgemeine Form des Strom-Spannungs-Diagrammes für Gase, die der Einwirkung der Strahlung radioaktiver Körper unterliegen, ist in Fig. 3 dargestellt.

---

[1]) J. J. Thomson, Phil. Mag. 47, p. 253. 1899. Conduction of Electricity through Gases, p. 73. 1903.

3*

36   Zweites Kapitel. Die Ionisation der Gase.

In dem speziellen Falle, für welchen diese Kurve aufgenommen wurde, gelangten 0,45 g unreinen Radiumchlorids von der Aktivität 1000 (auf diejenige des metallischen Urans als Einheit bezogen) zur Verwendung; die ionisierte Luft befand sich zwischen zwei grofsen, parallelen, in 4,5 cm Entfernung übereinander angeordneten Metallplatten, auf deren unterer das aktive Salz ausgebreitet war, indem es einen Flächenraum von 33 qcm bedeckte. Der unter diesen Umständen beobachtete Maximalwert des Stromes — in der Figur ist er gleich 100 gesetzt — betrug $1,2 \times 10^{-8}$ Ampere; bei niedrigen Spannungen

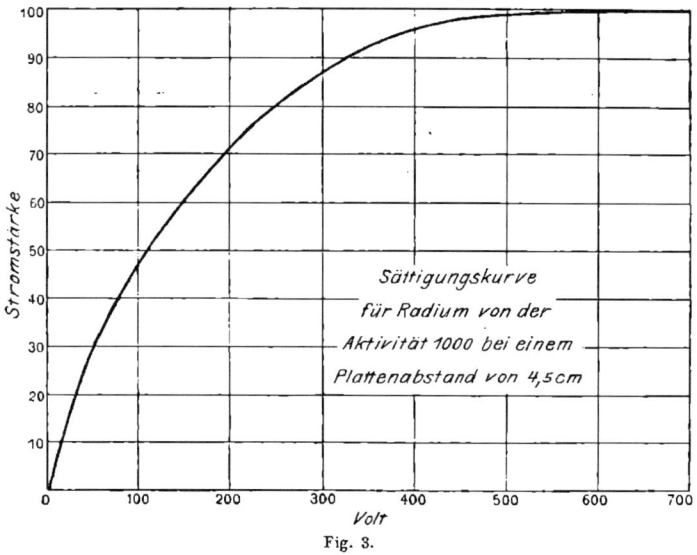

Fig. 3.

war die Stromstärke, wie man sieht, der Potentialdifferenz nahezu proportional, und etwa 600 Volt waren erforderlich, um den Sättigungsstrom zu liefern.

Läfst man schwach aktive Körper, wie Uran oder Thorium, einwirken, so erhält man ziemlich vollständige Sättigung schon bei viel niedrigeren Spannungen. Die Tabellen I und II enthalten die Ergebnisse einiger diesbezüglicher Beobachtungen: die Plattenabstände betrugen im vorliegenden Falle 0,5 bezw. 2,5 cm; die untere Elektrode war gleichmäfsig mit einer dünnen Schicht Uransalz bedeckt.

(Siehe Tabelle I und II auf nächster Seite.)

Die Resultate dieser Messungen sind in Fig. 4 graphisch dargestellt.

Man erkennt aus den Tabellen, dafs die Stromstärke anfangs nahezu proportional zur Voltzahl ansteigt. Völlige Sättigung ist zwar innerhalb des wiedergegebenen Mefsbereiches noch nicht erzielt worden,

Zweites Kapitel. Die Ionisation der Gase.

Tabelle I.	
Plattenabstand 0,5 cm	
Volt	Stromstärke
0,125	18
0,25	36
0,5	55
1	67
2	72
4	79
8	85
16	88
100	94
335	100

Tabelle II.	
Plattenabstand 2,5 cm	
Volt	Stromstärke
0,5	7,3
1	14
2	27
4	47
8	64
16	73
37,5	81
112	90
375	97
800	100

aber immerhin wächst die Stromstärke schliefslich nur sehr wenig, wenn die Spannung um grofse Beträge zunimmt. So steigt z. B. nach Tab. I

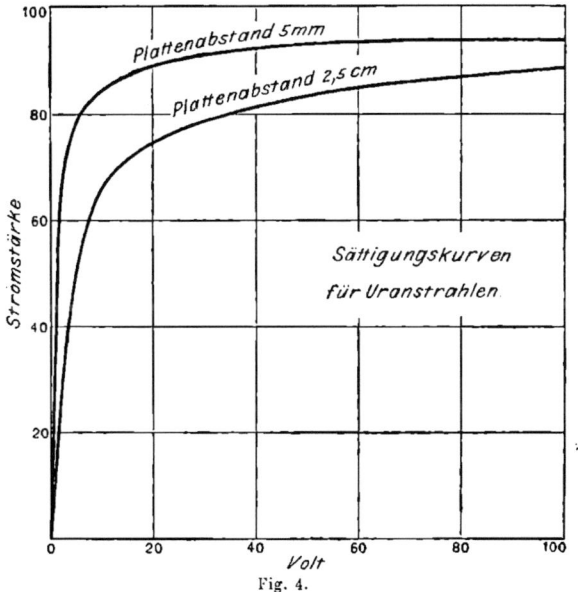

Fig. 4.

der Strom bei einer Spannungsänderung von 100 auf 335 Volt nur um 6 % seines maximalen Wertes, während er bei einem Spannungszuwachs von 0,125 auf 0,25 Volt von 18 bis auf 36 % zunimmt. Die Stromänderung pro 1 Volt ist demnach (unter der Annahme, dafs sie innerhalb der hier in Betracht kommenden Spannungsintervalle gleichmäfsig erfolgt) im letzteren Falle etwa 5000 mal so grofs wie bei jenen hohen Potentialwerten.

Bei näherer Betrachtung der Kurven (Fig. 4) zeigt sich, dafs der Strom nicht so schnell seinem Sättigungswerte zustrebt, wie man nach der Ionisationstheorie in ihrer einfachen Gestalt erwarten sollte. Wahrscheinlich rührt der restierende schwache Anstieg der Stromstärke bei den hohen Voltzahlen davon her, dafs entweder das elektrische Feld selbst sich an der Ionenerzeugung beteiligt, oder dafs die in unmittelbarer Nähe der Uranschicht entstehenden Ionen nicht schnell genug verschwinden können, ehe es zu einer Wiedervereinigung kommt. Zur Ionisierung bedarf es stets einer gewissen Kraft, damit die ursprünglich miteinander verbundenen Teilchen ihre gegenseitige Anziehungssphäre verlassen können. Es mag wohl sein, dafs die Trennung der Ionen voneinander in starken elektrischen Feldern leichter vonstatten geht, als wenn nur ein geringes Potentialgefälle in dem Gase vorhanden ist. Man könnte auch daran denken, dafs sich jener langsame Anstieg der Stromkurven auf eine ionisierende Wirkung der wandernden Träger zurückführen lasse; diese Erklärung scheint jedoch im Hinblick auf die einschlägigen Untersuchungen von Townsend nicht stichhaltig zu sein.

28. Für den Zusammenhang zwischen Strom und Spannung ergibt die strenge Theorie schon in dem Falle, dafs in jeder Sekunde und in jeder Volumeneinheit die gleiche Zahl von Ionen erzeugt wird, eine sehr komplizierte Gleichung. Wenn man jedoch die Störung der normalen Potentialverteilung zwischen den Elektroden vernachlässigt und die Ionisation in dem gasgefüllten Raume als gleichförmig betrachtet, kann man eine angenähert gültige Beziehung ableiten, die sich zur Deutung der Versuchsergebnisse als brauchbar erweist.

Es möge in jeder Sekunde die konstante Anzahl q Ionen pro Kubikzentimeter erzeugt werden; das Gas befinde sich zwischen zwei l cm voneinander entfernten, parallelen Platten. Wenn kein elektrisches Feld wirksam ist und in gleichen Zeiten ebensoviele Ionen durch Wiedervereinigung verschwinden, als durch Bestrahlung neue gebildet werden, so ist die Zahl N der in jedem Kubikzentimeter vorhandenen Ionen durch den Ausdruck $q = a N^2$ gegeben, wenn unter a eine konstante Gröfse verstanden wird.

Wird nun eine kleine Potentialdifferenz V angelegt, die nur einen geringen Bruchteil des Maximalstromes liefert, so dafs der Wert von N keine merkliche Änderung erleidet, so erhält man für die Stromstärke i pro Quadratzentimeter der Elektrodenoberfläche den Ausdruck

$$i = \frac{N e u V}{l},$$

Zweites Kapitel. Die Ionisation der Gase.

worin u die Summe der Geschwindigkeiten, welche die Ionen beider Vorzeichen unter dem Einfluſs der Einheit des Potentialgefälles annehmen, und e die Ladung eines Ions bedeutet. $\dfrac{uV}{e}$ ist also die Geschwindigkeit der Ionen in dem Felde von der Stärke $\dfrac{V}{l}$.

In einem prismatischen Raume von der Länge l und der Einheit des Querschnittes werden pro Sekunde ql Ionen erzeugt. Der Sättigungsstrom, den man erhält, falls sämtliche Ionen, bevor eine Wiedervereinigung erfolgt, bis an die Metallplatten gelangen, sei pro Quadratzentimeter der Elektrodenoberfläche gleich I. Dann wird

$$I = q \cdot l \cdot e$$

und

$$\frac{i}{I} = \frac{NuV}{ql^2} = \frac{uV}{l^2\sqrt{q\alpha}}.$$

Diese Gleichung sagt aus, daſs, wie schon oben erwähnt wurde, die Stromstärke bei niedrigen Spannungen der Gröſse V proportional ist.

Setzen wir

$$\frac{i}{I} = \varrho,$$

so wird

$$V = \frac{\varrho \cdot l^2 \sqrt{q\alpha}}{u}.$$

Je gröſser nun der Wert von V sein muſs, um einen bestimmten Wert von ϱ — der aber nach unserer Voraussetzung stets klein gegen 1 sein sollte — zu liefern, um so gröſser ist auch das zur Hervorbringung des Sättigungszustandes erforderliche Potential.

Demnach ergibt sich aus der letzten Gleichung folgendes:

1. Bei konstanter Strahlungsintensität wächst die Sättigungs-Potentialdifferenz mit dem Abstande der Elektrodenplatten. Bleibt ϱ klein, so ist V proportional l^2. Dieser Satz gilt für den Fall der gleichförmigen Ionisierung; bei ungleichförmiger Ionisierung ist er nur angenähert erfüllt.

2. Bei gegebenem Plattenabstande ist die Sättigungs-Potentialdifferenz um so gröſser, je stärker das Gas zwischen den Elektroden ionisiert wird. In der Tat: läſst man eine Substanz von sehr starker Aktivität, etwa Radium, auf ein Gas einwirken, so tritt eine so intensive Ionisierung ein, daſs auſserordentlich hohe Spannungen erforderlich werden, um Sättigung zu erzielen. Auf der anderen Seite bedarf es hierzu bei sehr schwacher Ionisierung oft nur eines Bruchteils von einem Volt pro Zentimeter, z. B. wenn man die natürliche Leitfähigkeit der Gase in geschlossenen Behältern unter Ausschluſs radioaktiver Stoffe untersucht.

Wird die Intensität der Strahlung konstant gehalten, so nimmt die Sättigungs-Potentialdifferenz mit Erniedrigung des Gasdruckes ab, weil in diesem Falle erstens die Ionisierung schwächer wird und zweitens die Geschwindigkeit der Ionen zunimmt. Beide Umstände beeinflussen die Sättigungsspannung in gleichem Sinne. Der Grenzzustand wird eher erreicht, da sich die Ionen nur in geringerer Anzahl wieder vereinigen und da sie jetzt schneller zu den Elektroden hinüberwandern.

Für Wasserstoff und Kohlensäure[1]) haben die Stromkurven eine ganz ähnliche Form wie für gewöhnliche Luft. Bei gleicher Strahlungsintensität wird aber der Sättigungszustand in Wasserstoff leichter erreicht als in Luft, weil dort die Ionisation infolge der größeren Ionengeschwindigkeit schwächer ist. In Kohlensäure bedarf es dagegen einer größeren Potentialdifferenz, um Sättigung zu erzielen, als in Luft, weil sich in jenem Gase die Ionen langsamer bewegen und daher eine stärkere Ionisation eintritt.

29. Wie Townsend[2]) gezeigt hat, ist die Abhängigkeit des Stromes von der Spannung bei niedrigen Drucken eine wesentlich andere als bei atmosphärischem Drucke. Läßt man Röntgenstrahlen auf ein Gas bei etwa 1 mm Quecksilberdruck einwirken und verfolgt das Anwachsen des Stromes mit zunehmender Spannung, so erhält man innerhalb eines Bereiches geringer Potentialdifferenzen die gewöhnlichen Sättigungskurven; erhöht man aber die angelegte Spannung bis über einen bestimmten, von dem Druck und der Natur des Gases sowie von dem Abstande der Elektroden abhängigen Wert hinaus, so beginnt die Stromstärke aufs neue zu wachsen, und zwar zunächst nur langsam, weiterhin aber, sobald das Funkenpotential erreicht ist, außerordentlich schnell. Die allgemeine Form solcher Stromkurven ist in Fig. 5 dargestellt.

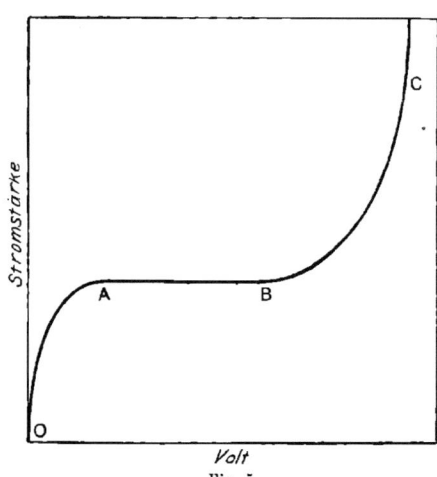

Fig. 5.

Die Kurve entspricht in ihrem ersten Teile OAB einer gewöhnlichen Sättigungskurve. Im Punkte B beginnt sie weiter zu steigen.

---

[1]) E. Rutherford, Phil. Mag. Jan. 1899.
[2]) J. S. Townsend, Phil. Mag. Febr. 1901.

Das Anwachsen der Stromintensität in jenem letzten Stadium rührt von einer eigenartigen Wirkung der negativen Ionen her, die sich erst bei geringen Drucken deutlich bemerkbar macht; indem sie nämlich mit den Gasmolekülen, die auf ihrem Wege liegen, zusammenstofsen, erzeugen sie neue Ionen. Oberhalb 30 mm Quecksilberdruck, tritt der zweite Anstieg der Stromkurve erst ein, wenn die Spannung dem Funkenpotentiale beinahe gleich geworden ist. Die Entstehung von Ionen durch Stofs wird im Paragraph 41 noch eingehender besprochen werden.

30. Gesetz der Wiedervereinigung von Ionen. Ein durch Bestrahlung ionisiertes Gas behält sein Leitvermögen noch einige Zeit, nachdem es der Einwirkung der Strahlungsquelle entzogen worden ist. Bläst man einen Luftstrom an einer radioaktiven Substanz vorbei, so werden demgemäfs elektrisierte Körper, die von ihm getroffen werden, noch in einiger Entfernung leicht entladen. Die Zeitdauer, während welcher

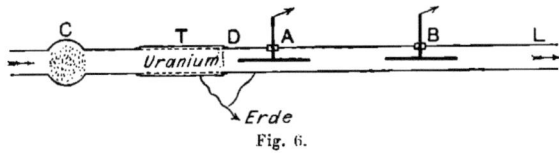

Fig. 6.

diese Leitfähigkeit erhalten bleibt, läfst sich sehr bequem mit Hilfe eines Apparates, wie ihn Fig. 6 zeigt, bestimmen.

Ein Strom von trockener Luft (oder einem beliebigen anderen Gase) streicht mit konstanter Geschwindigkeit durch eine lange Metallröhre TL. Die Luft passiert zunächst einen Wattepfropf C, um von Staubteilchen befreit zu werden und gelangt dann in einen Behälter T, in dem sich ein radioaktiver Körper, der aber keine aktive Emanation abgeben darf, also z. B. Uranmetall, befindet. Durch die Wandung des anschliefsenden Rohrteiles sind eine Anzahl Elektroden A, B isoliert hindurchgeführt; diese werden zu einem passenden Potentiale geladen, und so kann man den Strom zwischen dem Metallmantel und der Zylinderachse an verschiedenen Stellen der Röhre messen.

Bei D befindet sich noch ein Drahtnetz, das den ganzen Querschnitt der Röhre erfüllt und dazu dient, eine direkte Wirkung des elektrischen Feldes auf die in der Umgebung des aktiven Körpers bei T entstehenden Ionen zu verhüten; ohne diese Schutzvorrichtung könnte ja das Feld selbst Ionen in sich hineinziehen.

Ist die wirksame Potentialdifferenz sehr grofs, so gelangen sämtliche Ionen schon bei A an die Elektroden, so dafs bereits bei B ein Strom nicht mehr wahrzunehmen ist. Mifst man bei geringeren Feldstärken die Stromintensität nacheinander an den verschiedenen Elektroden des Beobachtungsrohres, indem man jedesmal alle anderen Elektroden zur

Zweites Kapitel. Die Ionisation der Gase.

Erde ableitet, so zeigt sich, dafs der Strom mit wachsender Entfernung von dem aktiven Körper abnimmt. Falls das Rohr nun einen nicht zu kleinen Querschnitt besitzt, verschwindet durch Diffusion nur eine sehr geringe Anzahl von Ionen, so dafs die allmähliche Abnahme der Leitfähigkeit so gut wie ausschliefslich der Wiedervereinigung der Ionen zuzuschreiben ist.

Nach der Ionisationstheorie ist die Zahl dn der Ionen in der Volumeinheit, die in der Zeit dt zur Wiedervereinigung gelangen, dem Quadrate der vorhandenen Anzahl proportional. Es ist also, wenn a eine Konstante bezeichnet,

$$\frac{dn}{dt} = a\,n^2.$$

Durch Integration dieser Gleichung ergibt sich

$$\frac{1}{n} - \frac{1}{N} = a\,t, \qquad n < N.$$

wenn N die zur Zeit Null und n die zur Zeit t vorhandene Ionenzahl darstellt.

Mit dieser Formel stimmten die Versuchsergebnisse[1]) vortrefflich überein.

So lieferte z. B. eine Beobachtung mit einer der in Fig. 6 dargestellten ähnlichen Anordnung, wobei Uranoxyd als Strahlungsquelle diente, folgendes Resultat: innerhalb 2,4 Sekunden hatte sich die Hälfte der in dem Gase anfangs vorhandenen Ionen wieder vereinigt und nach 8 Sekunden war nur noch der vierte Teil von ihnen vorhanden.

Da die Geschwindigkeit der Wiedervereinigung stets dem Quadrate der vorhandenen Ionenzahl proportional ist, so nimmt die Zeit, in welcher die Hälfte der Ionen verschwindet, sehr rasch mit wachsender Ionisierung ab. Läfst man Radiumstrahlen auf ein Gas einwirken, so erhält man sehr hohe Ionenkonzentrationen; infolgedessen findet auch eine aufserordentlich schnelle Wiedervereinigung statt. Darin liegt die Ursache der bekannten Erscheinung, dafs man sehr hohe Spannungen braucht, um in Gasen, die man mit hochaktiven Radiumpräparaten bestrahlt, den Sättigungszustand zu erreichen.

Für die Gröfse a, die als „Koeffizient der Wiedervereinigung" bezeichnet werden mag, liegen absolute Messungen von Townsend[2]), Mc Clung[3]) und Langevin[4]) vor. Die genannten Forscher bedienten sich verschiedener Untersuchungsmethoden, kamen jedoch zu untereinander sehr gut übereinstimmenden Resultaten. Nehmen wir an, es sei z. B. mit Hilfe des Apparates der Fig. 6 die Zeit T ermittelt

---

[1]) E. Rutherford, Phil. Mag. Nov. 1897; Jan. 1899.
[2]) J. S. Townsend, Phil. Trans. A, p. 157. 1899.
[3]) R. K. Mc Clung, Phil. Mag. März 1902.
[4]) P. Langevin, Thèse présentée à la Faculté des Sciences, p. 151, Paris 1902.

worden, innerhalb welcher die Hälfte der Ionen nach dem Passieren der Elektrode A zur Wiedervereinigung gelangt, und N bezeichne die Zahl der bei A in jedem Kubikzentimeter enthaltenen Teilchen; dann ist $\frac{1}{N} = \alpha T$. Von dem gleichförmig ionisierten Gase bewege sich ferner pro Sekunde ein Volumen V an der Elektrode A vorbei, und es werde noch der Sättigungsstrom i an dieser Elektrode gemessen. Wenn dann e die Ladung eines Ions bezeichnet, so wird $i = NVe$ und folglich ergibt sich $\alpha = \dfrac{Ve}{iT}$.

Folgende Tabelle enthält die Werte von α für einige Gase.

Werte von α.

Gas	Townsend	Mc Clung	Langevin
Luft . . .	$3420 \times e$	$3384 \times e$	$3200 \times e$
Kohlensäure	$3500 \times e$	$3492 \times e$	$3400 \times e$
Wasserstoff	$3020 \times e$		

Nach den neuesten Bestimmungen besitzt die Gröfse e (s. Paragraph 36) den Wert $3,4 \cdot 10^{-10}$ elektrostatische Einheiten; demnach wäre also in Luft $\alpha = 1,1 \times 10^{-6}$.

Wird dieser Wert in unsere obige Gleichung eingesetzt, so folgt, dafs sich, falls z. B. die Volumeneinheit zu Anfang 10^6 Ionen enthält, in 0,9 Sek. die Hälfte und in 90 Sekunden 99 % wieder vereinigen.

Nach weiteren Beobachtungen von Mc Clung (loc. cit.) ist der Wert von α zwischen 0,125 und 3 Atmosphären vom Druck des Gases nahezu unabhängig. Später fand jedoch Langevin, dafs α sehr stark abnimmt, wenn der Druck unterhalb jener Beträge, die in den Mc. Clungschen Messungen zur Verwendung kamen, noch weiter erniedrigt wird.

31. Bei derartigen Untersuchungen über die Wiedervereinigung der Ionen mufs man sorgfältig darauf achten, dafs die Gase keinen Staub oder ähnliche suspendierte Teilchen enthalten. In staubhaltiger Luft findet nämlich eine viel lebhaftere Wiedervereinigung statt, da die Ionen hier durch Diffusion sehr rasch zu den verhältnismäfsig grofsen Staubteilchen hingelangen. Diese Wirkung suspendierter Partikel auf das Verhalten eines leitenden Gases läfst sich durch einen von Owens[1]) angegebenen Versuch sehr hübsch demonstrieren. Bläst man Tabakrauch in einen Luftkondensator (vgl. Fig. 1) hinein, so sinkt

---

[1]) R. B. Owens, Phil. Mag. Okt. 1899.

der Strom plötzlich auf einen geringen Bruchteil seines unsprünglichen Wertes, selbst wenn die angelegte Potentialdifferenz ausreicht, um unter gewöhnlichen Bedingungen den Sättigungsstrom zu liefern. Jetzt erhält man den Sättigungszustand erst bei viel höheren Spannungen. Sobald man aber den Tabakrauch durch einen Strom frischer Luft verjagt, kehrt die Stromstärke sofort zu ihrem früheren Werte zurück.

32. Beweglichkeit der Ionen. In Gasen, die der Einwirkung von Röntgenstrahlen unterliegen, ist auch die Beweglichkeit der Ionen, d. h. diejenige Geschwindigkeit, die sie unter dem Einflusse eines Potentialgefälles von 1 Volt pro Zentimeter annehmen, gemessen worden, und zwar von Rutherford[1), Zeleny[2]) und Langevin[3]). Obwohl in diesen Untersuchungen durchaus verschiedene Beobachtungsmethoden zur Verwendung kamen, stimmen die Ergebnisse doch sehr gut miteinander überein; zugleich liefern sie den Beweis, dafs die Geschwindigkeit, mit der sich die Ionen in einem elektrischen Felde bewegen, der Stärke dieses Feldes proportional ist. Läfst man plötzlich eine bestimmte Potentialdifferenz einwirken, so nehmen die Ionen fast momentan die Geschwindigkeit an, die der Intensität des betreffenden Feldes entspricht, und bewegen sich von nun an gleichförmig weiter.

Aus Versuchen von Zeleny[4]) hatte sich zuerst die wichtige Tatsache ergeben, dafs die positiven und negativen Ionen verschieden grofse Geschwindigkeiten besitzen. Die Geschwindigkeit der negativen ist stets gröfser als die der positiven; sie variiert aber mit dem Wasserdampfgehalt des Gases.

Wenngleich aus den bisher besprochenen Untersuchungen hervorgeht, dafs, hinsichtlich der Abhängigkeit des Ionisationsstromes von der Spannung sowie der Geschwindigkeit der Wiedervereinigung, für die unter der Einwirkung radioaktiver Körper in Gasen entstehenden Träger und für die durch Röntgenstrahlen erzeugten Ionen die gleichen Gesetzmäfsigkeiten gelten, so folgt doch hieraus noch keineswegs, dafs beide Ionenarten miteinander identisch sind. Durch jene Übereinstimmung wird lediglich bewiesen, dafs die Leitung der Elektrizität in beiden Fällen durch die Annahme, dafs in dem ganzen Gasvolumen geladene Träger erzeugt werden, eine befriedigende Erklärung findet. Es würden sich daher auch die gleichen allgemeinen Beziehungen ergeben, falls die nach der einen und der anderen Methode erzeugten Ionen von wesentlich verschiedener Art wären und verschiedene Geschwindigkeiten besäfsen. Zur Beantwortung der Frage, ob es sich in den beiden

---

[1]) E. Rutherford, Phil. Mag. p. 429, Nov. 1897.
[2]) J. Zeleny, Phil. Trans. A, p. 193. 1901.
[3]) P. Langevin, C. R. 134, p. 646. 1902.
[4]) J. Zeleny, Phil. Mag., Juli 1898.

Zweites Kapitel. Die Ionisation der Gase.

Fällen um gleichartige Ionen handelt, erschien es am zweckmäfsigsten, die Geschwindigkeiten zu bestimmen, die sie unter im übrigen gleichen Bedingungen annehmen, wenn sie das eine Mal von den Strahlen eines aktiven Körpers, das andere Mal von denen einer Röntgenröhre erzeugt werden.

Zur Ausführung derartiger Messungen bediente sich der Verfasser[1]) eines Apparates von ähnlicher Form, wie ihn Fig. 6 zeigt.

Die Ionen wurden durch einen konstanten starken Luftstrom an der geladenen Elektrode A vorbei geblasen; dicht dahinter befand sich die Elektrode B und an dieser wurde die Leitfähigkeit des Gases untersucht. A und B ragten isoliert bis in die Mitte der Metallröhre L hinein, die ihrerseits mit der Erde verbunden war.

Zur Vereinfachung der Rechnung werde angenommen, dafs das elektrische Feld im Innern des Zylinders mit demjenigen in einem unendlich langen Zylinder übereinstimme.

Es seien a und b bezw. die Radien der Elektrode A und des Rohres L und V sei das Potential von A.

Für die Feldintensität X in einem Abstande r von der Achse des Rohres gilt, abgesehen vom Vorzeichen, der Ausdruck

$$X = \frac{V}{r \log \text{nat} \frac{b}{a}}.$$

Mit u_1 und u_2 mögen die Geschwindigkeiten der positiven und negativen Ionen bei einem Potentialgefälle von 1 Volt pro Zentimeter bezeichnet werden. Ist nun die Geschwindigkeit überall der elektrischen Kraft proportional, so erhalten wir für die Strecke dr, die das negative Ion in der Zeit dt zurücklegt, die Gleichung

$$dr = X u_2 \, dt.$$

Folglich wird

$$dt = \frac{\log \text{nat} \frac{b}{a} \, r \, dr}{V u_2}.$$

Bedeutet ferner r_2 den gröfsten Abstand senkrecht zur Rohrachse, in welchem sich das negative Ion im Anfange der Zeit befinden darf, um die Elektrode A in der Zeit t, die die Luft braucht, um an dieser Elektrode vorbeizustreichen, gerade noch zu erreichen, so ergibt sich für die Länge dieser Zeit

$$t = \frac{r_2^2 - a^2}{2 V u_2} \log \text{nat} \frac{b}{a}.$$

---

[1]) E. Rutherford, Phil. Mag., Febr. 1899.

46   Zweites Kapitel. Die Ionisation der Gase.

Nennen wir nun das Verhältnis zwischen derjenigen Anzahl negativer Ionen, die bis an die Elektrode A gelangt, und der gesamten Zahl, die sich dort vorbeibewegt, ϱ_2, so ist offenbar

$$\varrho_2 = \frac{r_2^2 - a^2}{b^2 - a^2}.$$

Folglich wird

$$u_2 = \frac{\varrho_2 (b^2 - a^2) \log \mathrm{nat} \frac{b}{a}}{2 V t}. \qquad . \ (1).$$

In analoger Weise ergibt sich aus dem Verhältnis ϱ_1 — der Anzahl positiver Ionen, die ihre Ladung an den äufseren Zylinder abgeben, zur gesamten Zahl der Teilchen dieses Vorzeichens — die Geschwindigkeit der positiven Ionen:

$$u_1 = \frac{\varrho_1 (b^2 - a^2) \log \mathrm{nat} \frac{b}{a}}{2 V t}.$$

Diese Entwickelungen gelten unter der Voraussetzung, dafs die Luftströmung an allen Punkten des Röhrenquerschnittes gleich stark ist, dafs sich ferner auch die Ionen gleichförmig über den ganzen Querschnitt verteilen, und dafs das elektrische Feld durch die Ionenbewegung keine merkliche Veränderung erleidet. Der Wert von t ergibt sich unmittelbar aus der Geschwindigkeit des Luftstromes und der Länge der Elektrode, so dafs man, abgesehen von den Dimensionen a und b und dem Potentiale V, nur noch die Gröfsen ϱ_1 und ϱ_2 zu messen braucht, um die Geschwindigkeiten der Ionen für die Einheit des Potentialgefälles nach den obigen Formeln berechnen zu können.

Im Einklange mit den Versuchsergebnissen lehrt uns die Gleichung (1), dafs ϱ_2, also die Entladungsgeschwindigkeit der Elektrode A, — vorausgesetzt, dafs der Wert von V nicht grofs genug ist, um dem Gase, wenn es an A vorbeistreicht, sämtliche Ionen zu entziehen — dem Potentiale V proportional ist.

Bei der Ausführung der Messungen erhielt das Potential V einen solchen Wert, dafs ϱ_2 ungefähr gleich $^1/_2$ wurde, falls sich Uranoxyd als Ionisierungsquelle in der Röhre bei T befand. Für die Versuche mit Röntgenstrahlen wurde der Messingzylinder, der zur Aufnahme der radioaktiven Substanz gedient hatte, durch einen Aluminiumzylinder ersetzt. In die Mitte des letzteren liefs man dann die X-Strahlen einfallen, und deren Intensität wurde so reguliert, dafs sie dem Gase nahezu die gleiche Leitfähigkeit wie das Uranoxyd erteilten. Unter diesen Bedingungen ergab sich für ϱ_2 in beiden Fällen der gleiche Wert.

Es folgt demnach aus den Versuchen, dafs sich die von Röntgenstrahlen und von Uranstrahlen erzeugten Ionen mit gleich grofsen Geschwindigkeiten bewegen und wahrscheinlich in jeder Beziehung miteinander identisch sind. Die soeben beschriebene Versuchsmethode gestattete freilich nicht, sehr genaue Bestimmungen der Ionengeschwindigkeiten auszuführen; sie lieferte für die positiven Ionen Werte von ungefähr 1,4 cm pro Sekunde bei einem Gefälle von 1 Volt pro Zentimeter und etwas höhere Beträge für die negativen Ionen.

33. Die genauesten Messungen über die Beweglichkeit der durch Röntgenstrahlen erzeugten Ionen stammen von Zeleny[1]) und von Langevin[2]). Der erstere bediente sich einer Untersuchungsmethode, die sich im Prinzip an das zuletzt beschriebene Verfahren anschloſs. Seine Resultate sind in der folgenden Tabelle zusammengestellt, in der die Beweglichkeiten des positiven und des negativen Ions bezw. mit K_1 und K_2 bezeichnet werden.

Gas	K_1	K_2	$\dfrac{K_2}{K_1}$	Temperatur
Luft, trocken	1,36	1,87	1,375	13,5° C
„ feucht . . .	1,37	1,51	1,10	14°
Sauerstoff, trocken	1,36	1,80	1,32	17°
„ feucht . .	1,29	1,52	1,18	16°
Kohlensäure, trocken	0,76	0,81	1,07	17,5°
„ feucht . .	0,81	0,75	0,915	17°
Wasserstoff, trocken . .	6,70	7,95	1,15	20°
„ feucht .	5,30	5,60	1,05	20°

Langevin arbeitete nach einer direkten Methode, indem er unmittelbar die Zeit beobachtete, welche die Ionen brauchen, um eine Strecke von bekannter Länge zurückzulegen.

Zum Vergleich seien im folgenden die nach beiden Methoden erhaltenen Zahlen für Luft und Kohlensäure einander gegenübergestellt.

	Luft			CO_2		
	K_1	K_2	$\dfrac{K_2}{K_1}$	K_1	K_2	$\dfrac{K_2}{K_1}$
Direkte Methode (Langevin)	1,40	1,70	1,22	0,86	0,90	1,05
Gasstrommethode (Zeleny)	1,36	1,87	1,375	0,76	0,81	1,07

Die wiedergegebenen Zahlenreihen lassen erkennen, daſs die spezifische Geschwindigkeit des negativen Ions in allen Gasen, auſser in Kohlensäure, durch Feuchtigkeit merklich erniedrigt wird, daſs sie aber, selbst in feuchten Gasen, die Geschwindigkeit des positiven Ions stets

---

[1]) J. Zeleny, Phil. Trans. 195, p. 193. 1900.
[2]) P. Langevin, C. R. 134, p. 646. 1902 und Thèse, p. 191. 1902.

48 Zweites Kapitel. Die Ionisation der Gase.

übertrifft. Die Bewegung der letzteren wird, wie man sieht, durch Feuchtigkeit nicht erheblich beeinflußt.

Zu erwähnen wäre schließlich noch, daß die Ionengeschwindigkeiten mit abnehmendem Druck der Gase stets wachsen. Diese Tatsache wurde festgestellt erstens von Rutherford[1]) für die negativen Träger, die entstehen, wenn ultraviolette Strahlung auf negativ geladene Oberflächen fällt, und zweitens von Langevin[2]) für durch Röntgenstrahlen erzeugte Ionen beider Vorzeichen. Langevin konnte auch nachweisen, daß die Beweglichkeit des positiven weniger stark als diejenige des negativen Ions mit Verringerung des Gasdruckes wächst. Es hat den Anschein, als ob, insbesondere bei Drucken von etwa 10 mm Quecksilber, die Dimensionen des negativen Ions anfingen, kleiner zu werden.

34. Ionen als Kondensationskerne. Die im folgenden zu beschreibenden Versuche liefern eine direkte Bestätigung unserer Theorie, nach welcher das Leitvermögen, das die Gase unter der Einwirkung der verschiedenen Strahlenarten annehmen, dadurch zustande kommen soll, daß in dem ganzen bestrahlten Volumen elektrisch geladene Teilchen in Freiheit gesetzt werden. Unter geeigneten Bedingungen bilden die Ionen nämlich Kerne, an denen sich der Wasserdampf kondensiert; dadurch wird es aber möglich, die einzelnen Ionen eines Gases als Individuen zu erkennen und ihre jeweilige Anzahl unmittelbar zu bestimmen.

Bekanntlich findet in mit Wasserdampf gesättigter Luft bei plötzlicher Expansion Nebelbildung statt. Die Wassertröpfchen, aus denen der Nebel besteht, scheiden sich unter gewöhnlichen Verhältnissen an den in dem Gase vorhandenen Staubteilchen aus, indem diese letzteren als Kondensationskerne wirken. Nach Versuchen von R. von Helmholtz und Richarz[3]) wird nun die Kondensation in einem Dampfstrahl durch chemische Prozesse, die in seiner Nähe vor sich gehen, z. B. durch die Verbrennung von Gasen in Flammen, befördert. Lenard zeigte, daß eine ähnliche Wirkung auftritt, wenn eine nahe dem Dampfstrahl aufgestellte, negativ geladene Zinkplatte von ultravioletten Strahlen getroffen wird. Diese Tatsachen weisen darauf hin, daß die Dampfkondensation erleichtert wird, wenn das Gas freie elektrische Ladungen enthält.

In sehr eingehender Weise wurden dann diese Kondensationserscheinungen und insbesondere die Rolle, welche die Kondensationskerne dabei spielen, von C. T. R. Wilson[4]) untersucht. Zu diesem

---

[1]) E. Rutherford, Proc. Camb. Phil. Soc. 9, p. 410. 1898.
[2]) P. Langevin, Thèse, p. 190. 1902.
[3]) R. v. Helmholtz und F. Richarz, Wied. Ann. 40, p. 161. 1890.
[4]) C. T. R. Wilson, Phil. Trans. 1897, p. 265; 1899, p. 403; 1900, p. 289.

Zweites Kapitel. Die Ionisation der Gase.

Zwecke wurde ein besonderer Apparat konstruiert, in dem die Expansion der Luft innerhalb eines weiten Druckintervalles aufserordentlich schnell vorgenommen werden konnte. Zur Bestimmung der kondensierten Mengen diente ein Glasgefäfs, durch welches man ein intensives Lichtbündel hindurchtreten liefs, so dafs man die einzelnen Tropfen leicht mit dem Auge erkennen konnte.

Zunächst wurde die Luft schwach expandiert; dadurch trat eine Kondensation des Wasserdampfes an den vorhandenen Staubkernen ein. Die entstehenden Tropfen liefs man vollständig hinuntersinken; auf diese Weise wurden die Staubteilchen beseitigt. Nachdem die Luft mehrmals hintereinander in geringem Grade expandiert worden war, erwies sie sich als vollkommen staubfrei, so dafs weiterhin unter gleichen Verhältnissen keine Kondensation mehr erfolgte.

Wir wollen mit v_1 das Anfangsvolumen des in dem Glasgefäfse enthaltenen Gases, mit v_2 sein Volumen nach erfolgter Ausdehnung bezeichnen.

Ist $\dfrac{v_2}{v_1} < 1{,}25$, so tritt in staubfreier Luft keine Kondensation ein.

Ist jedoch $\dfrac{v_2}{v_1} > 1{,}25$ und $< 1{,}38$, so scheiden sich einige Tropfen aus. Ihre Zahl bleibt innerhalb der genannten Grenzen nahezu konstant; sobald aber das Volumenverhältnis den Wert 1,38 erreicht, wird die Tropfenzahl plötzlich gröfser, und es entsteht ein sehr dichter Nebel von winzigen Wasserteilchen.

Läfst man nun die Strahlen einer Röntgenröhre oder einer radioaktiven Substanz in das Kondensationsgefäfs gelangen, so beobachtet man beim Expandieren andere Erscheinungen. Wie zuvor zeigen sich keine Wassertropfen, wenn $\dfrac{v_2}{v_1} < 1{,}25$ ist; wenn das Volumenverhältnis aber gleich 1,25 ist, bildet sich plötzlich eine Wolke. Die Wassertröpfchen, aus denen die letztere besteht, werden um so feiner und um so zahlreicher, eine je gröfsere Intensität die einfallende Strahlung besitzt. Das Volumenverhältnis, bei welchem die Kondensation beginnt, ist sehr scharf bestimmt: erreicht die Ausdehnung des Gases einen nur wenig stärkeren oder geringeren Grad, so zeigt sich im einen Falle bereits eine dichte Wolke, im anderen tritt überhaupt keine Nebelbildung ein.

Dafs die Kondensation des Wasserdampfes, die man unter der Einwirkung der genannten Strahlenarten beobachtet, nun tatsächlich, wie oben behauptet wurde, durch die in dem Gase entstehenden Ionen hervorgerufen wird, das wird durch folgende Erscheinungen bewiesen. Man bringe in das Kondensationsgefäfs ein Paar paralleler Platten und lade diese auf eine gewisse Potentialdifferenz; dann nimmt die Zahl der

50 Zweites Kapitel. Die Ionisation der Gase.

Tropfen, die sich bei der Ausdehnung des Gases unter gleichzeitiger Einwirkung der Strahlen bilden, ab, und zwar um so mehr, je gröfser die Intensität des elektrischen Feldes ist. Ein solcher Effekt mufs offenbar eintreten, falls tatsächlich Ionen die Kondensationszentra darstellen. Denn in einem starken elektrischen Felde wandern die Ionen sehr schnell an die Elektroden und verschwinden somit aus der Masse des Gases. Ohne Feld kann auch noch einige Zeit nach der Bestrahlung Nebelbildung erfolgen; eine derartige Erscheinung zeigt sich indessen niemals, wenn starke elektrische Kräfte wirksam sind. Dieses Verhalten entspricht durchaus unserer Erfahrung hinsichtlich der Geschwindigkeit, mit der die spontane Wiedervereinigung der Ionen vor sich geht. Es läfst sich ferner auch direkt beobachten, dafs jedes Nebeltröpfchen eine elektrische Ladung mit sich führt und demgemäfs in einem starken elektrischen Felde eine gewisse Geschwindigkeit annimmt.

Die schwache Nebelbildung, die auch ohne Bestrahlung eintritt, falls $\frac{v_2}{v_1}$ den Wert 1,25 überschreitet, rührt von einem stets vorhandenen geringfügigen Ionengehalt des Gases her. Die Existenz einer solchen natürlichen Ionisation läfst sich auf elektrometrischem Wege unzweideutig nachweisen (vgl. Paragraph 284).

Aus den angeführten Beobachtungen ergibt sich demnach mit völliger Sicherheit, dafs in der Tat die Ionen selbst als Kondensationskerne dienen können. Auch diese Versuche liefern ferner den Beweis dafür, dafs der Durchgang der Elektrizität durch Gase durch Vermittelung geladener, in dem ganzen Gasvolumen zerstreuter Teilchen erfolgt, und somit bestätigen sie zugleich in höchst bemerkenswerter Weise die Richtigkeit der Hypothese von der diskontinuierlichen Struktur der elektrischen Ladungen materieller Träger.

Jene Eigenschaft, als Kondensationskerne zu wirken, liefert eine äufserst empfindliche Methode, das Vorhandensein von Ionen in einem Gase nachzuweisen. Enthält ein Gas nicht mehr als ein oder zwei Ionen pro Kubikzentimeter, so braucht man es nur einer Expansion zu unterwerfen, und sofort wird sich dieser geringe Ionengehalt durch Tröpfchenbildung zu erkennen geben. Auf diese Weise läfst sich z. B. die schwache Ionisation beobachten, die eintritt, wenn eine kleine Menge Uranmetall dem Kondensationsgefäfs nur bis auf ein Meter genähert wird.

35. Unterschied im Verhalten der positiven und negativen Ionen.
Gelegentlich seiner Untersuchungen über die Gröfse der von einem Ion mitgeführten elektrischen Ladung beobachtete J. J. Thomson[1]),

---

[1]) J. J. Thomson, Phil. Mag., Dez. 1898, p. 528.

Zweites Kapitel. Die Ionisation der Gase. 51

dafs der unter dem Einflusse von Röntgenstrahlen entstehende Nebel an Dichtigkeit zunahm, wenn das Expansionsverhältnis etwa 1,31 betrug. Zur Erklärung dieser Erscheinung nahm er an, dafs den positiven und negativen Ionen verschiedene Kondensationspunkte zukämen.

Ein solcher Unterschied zeigte sich tatsächlich, als das Phänomen von C. T. R. Wilson[1]) weiter verfolgt wurde. Der Letztgenannte bediente sich bei seinen Versuchen eines Kondensationsgefäfses (Fig. 7), das durch eine Metallplatte AB in zwei gleiche Räume geteilt war. In die eine oder die andere Hälfte konnte man nach Belieben ein schmales Bündel Röntgenstrahlen eintreten lassen. Symmetrisch zur Scheidewand AB waren zwei einander parallele Platten C und D angebracht. Diese wurden mit den beiden Polen einer Akkumulatorenbatterie verbunden, deren Mitte, gleichwie die Platte AB, zur Erde abgeleitet war. Ist C positiv geladen, so besitzen sämtliche Ionen, die sich in geringem Abstande von AB in dem Raume CA befinden, negatives Vorzeichen. Auf der anderen Seite der Scheidewand zeigen sich entsprechend nur positive Ionen. Man beobachtete nun, dafs, wenn $\dfrac{v_2}{v_1}$ den Wert 1,25 besafs, eine Kondensation ausschliefslich bei den negativen

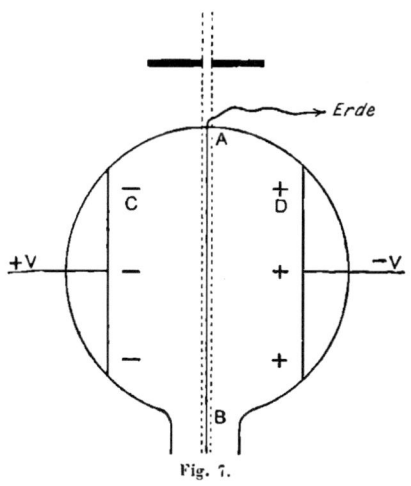

Fig. 7.

Ionen eintrat; erst als $\dfrac{v_2}{v_1} = 1,31$ wurde, riefen auch die positiven Teilchen in AD Nebelbildung hervor.

Die Fähigkeit, als Kondensationskerne zu wirken, kommt also den negativen Ionen in einem höheren Grade zu als den positiven. Vermutlich erklärt sich hierdurch die Tatsache, dafs in den oberen Schichten der Atmosphäre stets positive Ladungen anzutreffen sind. Denn es werden sich vorzugsweise an den negativen Teilchen unter geeigneten Bedingungen Wassertröpfchen ausscheiden und, indem diese der Schwere folgen, werden sie ihre negativen Kerne zur Erde hinabführen, während die positiven Ionen oben in der Atmosphäre verbleiben.

Mit Hilfe der zuletzt beschriebenen Anordnung wurde auch festgestellt, dafs bei der Gas-Dissoziation gleich viel positive wie negative Ionen entstehen. Läfst man nämlich eine sehr starke Expansion ein-

---

[1]) C. T. R. Wilson, Phil. Trans. A, 193, p. 289. 1899.

treten, so dafs beide Ionenarten kondensierend wirken, so bilden sich in den beiden Hälften des Versuchsgefäfses der Fig. 7 gleich viel Tropfen, und weiter zeigt sich, dafs diese letzteren hier wie dort mit derselben Geschwindigkeit zu Boden sinken, dafs sie also auch in beiden Fällen gleiche Dimensionen besitzen.

Durch diesen Versuch wird zugleich bewiesen, dafs die positiven und negativen Ionen, die aus einem elektrisch neutralen Gase entstehen, gleiche und dem Vorzeichen nach entgegengesetzte Ladungen mit sich führen.

36. Die elektrische Ladung eines Ions. Kennt man die Stärke der Expansion, die ein mit Wasserdampf gesättigtes Gas erleidet, so läfst sich die Masse der an einem Ion sich ausscheidenden Flüssigkeit leicht bestimmen. Die Gröfse der Tröpfchen ergibt sich aus der Geschwindigkeit, mit der die Wolke unter der Wirkung der Schwere zu Boden sinkt. Fällt nämlich eine kleine Kugel vom Radius r und der Dichte d in einem Gase herab, das den Reibungskoeffizienten μ besitzt, und bezeichnet g die Beschleunigung der Schwere, so nimmt sie eine Grenzgeschwindigkeit u an, die durch folgende, von Stokes abgeleitete Formel gegeben ist:

$$u = \frac{2}{9} \frac{d g r^2}{\mu}.$$

Hieraus läfst sich der Radius und demnach auch das Gewicht eines einzelnen Tropfens berechnen. Da man ferner das Gewicht der insgesamt ausgeschiedenen Wassermenge bestimmen kann, so erhält man zugleich die Zahl der vorhandenen Tropfen.

Diese Methode benutzte J. J. Thomson[1], um die Gröfse der von einem Ion mitgeführten Ladung zu ermitteln. Ist das Expansionsverhältnis gröfser als 1,31, so wirken sowohl positive wie negative Ionen als Kondensationszentra. Aus der Beobachtung der Fallgeschwindigkeit erkennt man, dafs sämtliche Tropfen nahezu von gleicher Gröfse sind.

Das Kondensationsgefäfs hatte eine ähnliche Form wie das von C. T. R. Wilson benutzte. Es enthielt zwei parallele, horizontal gelagerte Platten, zwischen denen das Gas durch die Strahlung einer Röntgenröhre oder einer radioaktiven Substanz ionisiert wurde. Die Platten befanden sich in einem gegenseitigen Abstande von l cm und wurden auf eine im Vergleich zur Sättigungsspannung kleine Potentialdifferenz V geladen. Das Gas wurde also von einem schwachen Strome durchflossen, dessen Intensität i nach Paragraph 28 durch den Ausdruck

$$i = \frac{N u V e}{l}$$

---

[1] J. J. Thomson, Phil. Mag., Dez. 1898, p. 528 und März 1903. Conduction of Electricity through Gases, Camb. Univ. Press. 1903, p. 121.

Zweites Kapitel. Die Ionisation der Gase. 53

gegeben war, wenn N die Zahl der vorhandenen Ionen, u die Summe der Geschwindigkeiten der positiven und negativen Teilchen und e die Ladung jedes einzelnen Ions bezeichnet. Nach dieser Formel läfst sich e berechnen, da u bekannt ist und der Wert von N mit demjenigen der Tropfenzahl identisch ist.

Die neuesten Messungen Thomsons lieferten als Resultat

$$e = 3,4 \times 10^{-10} \text{ elektrostatische Einheiten.}$$

In guter Übereinstimmung mit dieser Zahl steht der Wert, der nach einer etwas abweichenden Methode von H. A. Wilson[1]) gefunden wurde: $3,1 \times 10^{-10}$. Wilson bestimmte zunächst, gleichfalls aus der Fallgeschwindigkeit, die Gröfse der Nebelbläschen; alsdann liefs er ein starkes, elektrisches Feld im gleichen oder entgegengesetzten Sinne wie die Schwerkraft auf die Tropfen einwirken. Aus der hierdurch bedingten Geschwindigkeitsänderung, der Feldstärke und der Masse der Tröpfchen ergab sich dann die gesuchte Gröfse e.

Von J. J. Thomson wurde ferner nachgewiesen, dafs, wenn die Ionen anstatt in Luft in Wasserstoff oder Sauerstoff erzeugt werden, ihre Ladung doch stets dieselbe bleibt. Daraus ersieht man, dafs sich die Ionisation der Gase von dem analogen Vorgange, dem man bei der Elektrolyse von Lösungen begegnet, wesentlich unterscheidet; denn im letzteren Falle transportiert das Sauerstoffion stets eine doppelt so grofse Ladung wie das Wasserstoffion.

37. Diffusion der Ionen. Schon bald, nachdem man angefangen hatte, sich mit dem Verhalten ionisierter Gase näher zu beschäftigen, bemerkte man, dafs ein solches Gas seine Leitfähigkeit verliert, wenn es poröse Substanzen, z. B. einen Wattepfropf, passiert, oder wenn es durch Wasser hindurchperlt. Unter diesen Umständen kommt nämlich ein weiterer Vorgang zur Geltung: die Diffusion der Ionen. Dadurch gelangen die letzteren an die Wände der Hohlräume; sie bleiben dort entweder haften oder geben doch ihre Ladungen ab.

Eine experimentelle Bestimmung der Diffusionskoeffizienten von Gasionen — zu deren Erzeugung dienten Röntgenstrahlen oder radioaktive Substanzen — wurde von Townsend[2]) ausgeführt. Er benutzte zu diesem Zwecke ein Diffusionsgefäfs, das aus einer Anzahl enger parallel angeordneter Metallröhren bestand. Durch diese liefs er einen Strom des ionisierten Gases hindurchstreichen. Dabei diffundiert ein Teil der Ionen an die Rohrwandungen, und zwar eine um so gröfsere Menge, je langsamer sich das Gas bewegt und je geringere Weite die Röhren besitzen. Vor und nach dem Durchgang durch dieses Rohrsystem wurde die Leitfähigkeit des Gases gemessen.

---

[1]) H. A. Wilson, Phil. Mag., April 1903.
[2]) J. S. Townsend, Phil. Trans. A., 193, p. 129. 1900.

54 Zweites Kapitel. Die Ionisation der Gase.

Auf diese Weise ergab sich — erforderlichenfalls unter Berücksichtigung einer Korrektion für die während der Beobachtungszeit vor sich gehende Wiedervereinigung — der Bruchteil R von positiven bezw. negativen Ionen, der durch Diffusion verschwunden war. Die Gröfse R läfst sich mathematisch durch folgende Gleichung als Funktion von K, des Diffusionskoeffizienten der Ionen für das betreffende Gas, in welchem sie verteilt sind, darstellen[1]:

$$R = 4\left(0{,}195\, e^{-\frac{3{,}66\, K Z}{a^2 V}} + 0{,}243\, e^{-\frac{22{,}3\, K Z}{a^2 V}} + \ldots \right).$$

Hierin bedeutet a den Radius, Z die Länge des Rohres und V die mittlere Geschwindigkeit, mit welcher das Gas durch das Diffusionsgefäfs hindurchströmt.

Wenn man mit ziemlich engen Röhren arbeitet, braucht man nur die ersten zwei Glieder der obigen Reihenentwicklung zu berücksichtigen.

Die Gröfsen R, V und a werden direkt beobachtet, so dafs sich die Diffusionskoeffizienten K berechnen lassen.

Die folgende Tabelle enthält die von Townsend unter Verwendung von X-Strahlen ermittelten Werte. Als die Röntgenröhre späterhin durch eine radioaktive Substanz ersetzt wurde, ergaben sich nahezu die nämlichen Zahlen.

Diffusionskoeffizienten der Ionen in Gasen.

Gas	K für + Ionen	K für − Ionen	Mittelwert von K	Verhältnis der K-Werte
Luft, trocken	0,028	0,043	0,0347	1,54
„ feucht	0,032	0,035	0,0335	1,09
Sauerstoff, trocken	0,025	0,0396	0,0323	1,58
„ feucht	0,0288	0,0358	0,0323	1,24
Kohlensäure, trocken	0,023	0,026	0,0245	1,13
„ feucht	0,0245	0,0255	0,025	1,04
Wasserstoff, trocken	0,123	0,190	0,156	1,54
„ feucht	0,128	0,142	0,135	1,11

Die „feuchten" Gase waren bei 15^0 C. mit Wasserdampf gesättigt.

Wie man sieht, diffundieren die negativen Ionen in allen Fällen leichter als die positiven. Dieses Resultat steht in guter Übereinstimmung mit den früher erwähnten Beobachtungen über die Geschwindigkeit der negativen Teilchen, die ja ebenfalls stets gröfser ist als diejenige der positiven Träger. Nach der Theorie müssen nämlich die Diffusionskoeffizienten den Geschwindigkeiten proportional sein.

---

[1] J. S. Townsend, loc. cit., p. 139.

Zweites Kapitel. Die Ionisation der Gase. 55

Durch jenen Unterschied der K-Werte für die Ionen beider Vorzeichen erklärt sich auch folgende interessante Erscheinung: Bläst man ein ionisiertes Gas durch eine Metallröhre, so lädt sich die letztere mit negativer Elektrizität, während das Gas selbst eine positive Ladung annimmt. Ursprünglich enthält das Gas zwar gleichviel positive und negative Ionen; aber infolge der stärkeren Diffusion der negativen Teilchen geben in gleichen Zeiten mehr negative als positive Ionen ihre Ladungen an die Rohrwand ab, und so wird die letztere negativ elektrisch, während im Gase ein Überschuſs an positiver Elektrizität zurückbleibt.

38. Die Kenntnis der Geschwindigkeiten und Diffusionskoeffizienten setzt uns in den Stand, eine weitere Frage von groſser Wichtigkeit zu beantworten. Die Bewegungsgleichung der Ionen lautet, wie Townsend (loc. cit.) gezeigt hat, folgendermaſsen:

$$\frac{1}{K} p u = -\frac{dp}{dx} + nXe.$$

Es bezeichnet hierin e die Ladung eines Teilchens, n die Zahl der in einem Kubikzentimeter enthaltenen Ionen, p ihren Partialdruck und u die Geschwindigkeit, die sie unter der Einwirkung einer elektrischen Kraft X in Richtung der X-Achse annehmen. Ist ein stationärer Zustand eingetreten, so wird

$$\frac{dp}{dx} = 0,$$

also

$$u = \frac{nXeK}{p}.$$

Es sei nun N die Zahl der Moleküle in einem Kubikzentimeter des Gases bei dem Drucke P und der Temperatur 15^0 C.; für den gleichen Gaszustand mögen auch die Werte von u und K bestimmt worden sein. Dann kann man die Gröſse $\frac{n}{p}$ durch den Quotienten $\frac{N}{P}$ ersetzen. Befindet sich das Gas unter Atmosphärendruck, ist also P gleich 10^6, so wird daher

$$Ne = \frac{3 \times 10^8 u_1}{K} \text{ elektrostatische Einheiten,}$$

wenn u_1 die Geschwindigkeit für 1 Volt (= $^1/_{300}$ elektrostatische Einheiten) pro Zentimeter bezeichnet.

Bei der Elektrolyse des Wassers werden bekanntlich von jeder absoluten elektromagnetischen Einheit der Ladung 1,23 ccm Wasserstoff von 15^0 C. und normalem Drucke in Freiheit gesetzt. Die Zahl der Wasserstoffatome in diesem Volumen beträgt $2,46 N$. Bedeutet e' die Ladung eines solchen elektrolytisch abgeschiedenen Atoms, so ist demgemäſs

56 Zweites Kapitel. Die Ionisation der Gase.

also
$$2{,}46\ Ne' = 3 \times 10^{10}\ \text{elektrostatische Einheiten},$$

$$Ne' = 1{,}22 \times 10^{10}\ \text{elektrostatische Einheiten}.$$

Folglich ergibt sich

$$\frac{e}{e'} = 2{,}46 \times 10^{-2}\frac{u_1}{K}.$$

Setzen wir nun in diesem Ausdruck für u_1 und K z. B. die für das positive Ion in feuchter Luft gültigen Werte ein, so erhalten wir

$$\frac{e}{e'} = \frac{2{,}46}{100} \times \frac{1{,}37}{0{,}032} = 1{,}04.$$

Ebenso ergeben sich auch bei Benutzung der Zahlen für die positiven oder negativen Ionen von Wasserstoff, Sauerstoff und Kohlensäure für jenen Quotienten Werte, die sich nur wenig von Eins unterscheiden. Unter Berücksichtigung der den experimentell ermittelten u_1- und K-Werten anhaftenden Unsicherheit kann man daher aus diesem Ergebnis die Schlußfolgerung ziehen, daß die von einem Ion mitgeführte Ladung in allen Gasen die gleiche Größe besitzt und daß sie mit der Ladung des elektrolytischen Wasserstoffions übereinstimmt.

39. Zahl der Ionen.
Die Townsendschen Messungen führen demgemäß zu der Beziehung

$$Ne = 1{,}22 \times 10^{10}.$$

Da nun e, die Ladung eines Ions, $3{,}4 \times 10^{-10}$ elektrostatische Einheiten beträgt, so ergibt sich für die in einem Kubikzentimeter bei 15° C. und normalem Drucke vorhandene Zahl N der Gasmoleküle

$$N = 3{,}6 \times 10^{19}.$$

Bezeichnen wir ferner mit J die Intensität des Sättigungsstromes in einem Gase und mit q die gesamte Zahl der pro Sekunde in letzterem erzeugten Ionen, so ist, wie wir wissen,

$$q = \frac{J}{e}.$$

Es betrug z. B. der Sättigungsstrom in Luft zwischen parallelen, 4,5 cm voneinander entfernten Platten $1{,}2 \times 10^{-8}$ Ampere, d. h. 36 elektrostatische Einheiten, wenn die 33 qcm große Fläche der unteren Kondensatorplatte mit 0,45 g Radium von der Aktivität 1000 — diejenige von metallischem Uran gleich 1 gesetzt — bedeckt worden war. Diese Stromstärke entspricht also einem Zustande, in welchem 10^{11} Ionen pro Sekunde erzeugt werden. Nehmen wir der Einfachheit halber an, daß die Ionisierung in dem ganzen Kondensatorraume gleichförmig stattfände, so würden demnach, da das bestrahlte Luftvolumen 148 ccm beträgt, in einem Kubikzentimeter pro Sekunde etwa 7×10^8

Ionen entstehen. Falls sich nun aus einem Molekül nur zwei Ionen bilden, so folgt hieraus, da $N = 3,6 \times 10^{19}$ ist, daſs in jeder Sekunde von sämtlichen vorhandenen Molekülen nur der Bruchteil 10^{-11} in Ionen zerfällt. Für Uranmetall beträgt dieser Bruchteil etwa 10^{-14} und für reines Radium, wenn dessen Aktivität zu einer Million Uraneinheiten angenommen wird, ungefähr 10^{-8}. Also selbst in dem Falle, daſs reines Radium als Strahlungsquelle verwandt wird, wird pro Sekunde von je 100 Millionen Molekülen nur ein einziges in Ionen gespalten.

Unsere elektrischen Meſsmethoden sind so empfindlich, daſs sich die Ionisierung noch leicht nachweisen läſst, wenn pro Sekunde und Kubikzentimeter nur ein Ion erzeugt wird. In diesem Falle wird also nur ein einziges von je 10^{19} Molekülen dissoziiert.

40. Gröſse und Natur der Ionen. Die Kenntnis der Diffusionskoeffizienten K gibt uns die Möglichkeit, die Masse eines Ions mit derjenigen der Moleküle des Gases, in welchem es entstanden ist, zu vergleichen und seine Gröſse angenähert zu schätzen. Für positive Ionen in feuchter Kohlensäure ist K, wie oben angegeben wurde, gleich 0,0245; andererseits besitzt dieser Koeffizient für den Fall, daſs Kohlensäure und Luft ineinander diffundieren, den Wert 0,14. Nun ist aber die Gröſse K für verschiedene Gase angenähert der Quadratwurzel aus dem Produkte der beiden Massen der ineinander diffundierenden Molekülarten umgekehrt proportional; das positive Ion verhält sich demnach in Kohlensäure so, als wenn seine eigene Masse groſs wäre im Vergleich mit derjenigen des Kohlensäuremoleküls. Ähnliche Schlüsse ergeben sich auch für die anderen Gase, und zwar in allen Fällen sowohl für die positiven als auch für die negativen Ionen.

Dieses Resultat hat zu der Auffassung geführt, daſs ein solches Gasion stets ein komplexes Gebilde darstellt: es mag z. B. einen elektrisch geladenen Kern enthalten, der von einem Schwarm von Molekülen umgeben ist; die letzteren — nach einer rohen Schätzung ungefähr 30 an der Zahl — werden durch elektrische Kräfte in ihren Lagen relativ zu dem Zentrum festgehalten, so daſs sie sich gemeinsam mit dem geladenen Kerne fortbewegen. Diese Vorstellung findet eine Stütze in der Tatsache, daſs die Geschwindigkeit des negativen Ions, folglich auch seine Gröſse, bei gleichzeitigem Vorhandensein von Wasserdampf eine Änderung erleidet; es besitzt in feuchten Gasen eine gröſsere Masse als in trockenen. Dessenungeachtet ist es nicht unmöglich, daſs die Ionenmasse bei den Diffusionsvorgängen — wenigstens teilweise — aus dem Grunde so groſs erscheint, weil jedes Ion eine freie Ladung mit sich führt. Infolge des Vorhandenseins dieser Ladungen muſs nämlich die Häufigkeit der Zusammenstöſse mit den Gasmolekülen zunehmen, so daſs die Diffusionskonstanten kleiner werden. Unter diesem Gesichtspunkte brauchte die Masse der Ionen in Wahrheit nicht größer zu sein als diejenige der Moleküle, aus denen sie entstanden sind.

In jedem Falle besitzen aber die negativen Ionen eine andere Größe als die positiven; dieser Unterschied wird bei geringen Gasdrucken sehr beträchtlich. Bei Atmosphärendruck hat das durch Bestrahlung eines negativ elektrischen Körpers mit ultraviolettem Licht freiwerdende negative Ion die gleiche Größe wie das durch Röntgenstrahlen erzeugte Ion. Für das erstere wurde aber von J. J. Thomson nachgewiesen, daß es bei niedrigen Drucken mit dem Elektron identisch sei, das eine scheinbare Masse von etwa $1/1000$ derjenigen des Wasserstoffatoms besitzt; und dasselbe gilt nach den Untersuchungen von Townsend auch für das bei niedrigem Gasdrucke unter der Einwirkung der X-Strahlen entstehende negative Ion. Es scheint demnach, daß das negative Ion bei geringem Drucke die ihm anhaftende Molekülhülle abwirft. Aus Beobachtungen von Langevin — dieser fand, daß mit abnehmendem Gasdrucke die Geschwindigkeit der negativen Ionen schneller wächst als diejenige der positiven — geht hervor, daß jener Molekülschwarm schon bei 10 mm Quecksilberdruck merklich anfängt, sich aufzulösen.

Wir dürfen demnach annehmen, daß der Ionisierungsvorgang darin besteht, daß zunächst von dem Gasmolekül eine negative Korpuskel — ein Elektron — abgespalten wird. Dieses Elektron bildet einen Kern, an den sich bei Atmosphärendruck sofort Moleküle anlagern, die sich mit ihm zusammen fortbewegen; dieses ganze Gebilde stellt dann das negative Ion dar. Nachdem die Abscheidung der negativen Korpuskel stattgefunden hat, behält der Rest des ursprünglichen Moleküls eine positive Ladung und wird wahrscheinlich gleichfalls zu einem Kondensationszentrum für weitere Moleküle.

Die in diesem Werke vielfach gebrauchten Begriffe „Elektron" und „Ion" lassen sich nunmehr nach dem Gesagten folgendermaßen definieren:

Das Elektron oder die Korpuskel ist ein Gebilde, das die kleinste Masse besitzt, welche uns bisher bei der wissenschaftlichen Forschung begegnet ist. Es trägt eine negative elektrische Ladung von $3{,}4 \times 10^{-10}$ elektrostatischen Einheiten. Nur wenn es sich in schneller Bewegung befindet, hat man bislang seine Existenz nachweisen können; in diesem Falle besitzt es bei Geschwindigkeiten bis zu ungefähr 10^{10} cm pro Sekunde eine scheinbare Masse m, die uns durch den Ausdruck $e/m = 1{,}86 \times 10^7$ elektromagnetische Einheiten gegeben ist. Diese scheinbare Masse wächst aber mit der Geschwindigkeit, wenn sich die letztere derjenigen des Lichtes nähert (vergl. Paragraph 82).

Die Masse der in Gasen von gewöhnlichem Drucke erzeugten Ionen erscheint, soweit sie sich aus ihren Diffusionskoeffizienten bestimmen läßt, groß im Vergleich zu der Masse der Gasmoleküle, aus denen sie entstanden sind. Das negative Ion besteht aus einem Elektron nebst einer an ihm haftenden und mit ihm wandernden Hülle von Molekülen. Das positive Ion besteht aus einem Molekül, von dem ein Elektron abgespalten worden ist, und steckt gleichfalls in einer Hülle gewöhnlicher Moleküle. Bei niedrigen Drucken heften sich im elektrischen Felde keine Moleküle an das Elektron. Das positive Ion ist stets, auch bei geringem Gasdrucke, von atomistischer Gröfse. Jedes der beiden Ionen besitzt eine Ladung von dem Betrage $3,4 \times 10^{-10}$ elektrostatische Einheiten.

41. Ionisierung durch Stofs. Die von den radioaktiven Körpern ausgesandte Strahlung besteht zum überwiegenden Teile aus einem Strome elektrisch geladener Teilchen, die sich mit grofser Geschwindigkeit fortbewegen. Dabei haben wir es in den α-Teilchen, denen der Hauptanteil der gesamten ionisierenden Wirkung zukommt, mit positiv geladenen Körpern zu tun, die mit einer Geschwindigkeit von etwa einem Zehntel derjenigen des Lichtes fortgeschleudert werden. Die β-Strahlen bestehen dagegen aus negativ elektrischen Teilchen; sie sind identisch mit den in einer Vakuumröhre entstehenden Kathodenstrahlen und bewegen sich ungefähr mit halber Lichtgeschwindigkeit (4. Kap.). Die kinetische Energie der von den aktiven Stoffen fortgeschleuderten Partikel, und zwar sowohl der positiven wie der negativen Träger, ist demnach aufserordentlich grofs. Stofsen sie nun auf ihrer Bahn mit Gasmolekülen zusammen, so werden infolgedessen zahlreiche Ionen in Freiheit gesetzt. Fehlt es auch noch an definitiven Messungen, die uns darüber Aufschlufs geben, wieviel Ionen von jedem einzelnen Teilchen auf diese Weise erzeugt werden und wie die Stärke der Ionisierung hierbei von der Geschwindigkeit der letzteren abhängt, so kann man doch als sicher annehmen, dafs ein jedes dieser fortgeschleuderten Teilchen längs seines ganzen Weges zur Entstehung vieler Tausende von Ionen Veranlassung gibt, bevor seine Bewegungsenergie völlig erschöpft ist.

Schon an früherer Stelle (Paragraph 29) war davon die Rede, dafs auch Ionen, wenn sie unter der Einwirkung eines elektrischen Feldes eine Geschwindigkeit erlangen, bei geringen Drucken durch Zusammenstofs mit Gasmolekülen neue Ionen erzeugen können. Bei niederen Drucken ist das negative Ion aber identisch mit dem Elektron, wie es uns in den Kathodenstrahlen einer Vakuumröhre und in den β-Strahlen der radioaktiven Substanzen begegnet.

Die mittlere freie Weglänge eines Ions ist umgekehrt proportional dem Drucke des betreffenden Gases. Es wächst infolgedessen mit abnehmendem Gasdrucke die Geschwindigkeit, die das Ion zwischen zwei Zusammenstöfsen in einem elektrischen Felde annimmt. Bewegt sich ein negatives Ion frei zwischen zwei Punkten, die eine Potentialdifferenz von 10 Volt gegeneinander aufweisen, so tritt, wie von Townsend nachgewiesen wurde, nur hin und wieder bei den Zusammenstöfsen eine weitere Ionisierung ein. Beträgt jene Potentialdifferenz aber ungefähr $V = 20$ Volt, so werden bereits bei jedem Zusammenstofse neue Ionen erzeugt [1]).

Nun ist die Energie W, die das Ion empfängt, wenn es sich mit der Ladung e zwischen zwei Punkten von der Potentialdifferenz V frei bewegt,
$$W = Ve.$$

Setzen wir hierin $V = 20$ Volt $= \frac{20}{300}$ elektrostatische Einheiten und $e = 3{,}4 \times 10^{-10}$, so erhalten wir für die Energie, die ein negatives Ion braucht, um durch Zusammenstofs ein neues Ion in Freiheit zu setzen, den Betrag
$$W = 2{,}3 \times 10^{-11} \text{ Erg}.$$

Die Geschwindigkeit u, die das Teilchen von der Masse m unmittelbar vor dem Zusammenstofse besitzt, ergibt sich aus der Beziehung
$$\tfrac{1}{2} m u^2 = Ve$$
zu
$$u = \sqrt{\frac{2 V e}{m}}.$$

Für das Elektron gilt bei nicht zu grofsen Geschwindigkeiten (s. Paragraph 82) $\frac{e}{m} = 1{,}86 \times 10^7$ elektromagnetische Einheiten. Daher wird, wenn wir $V = 20$ Volt setzen,
$$u = 2{,}7 \times 10^8 \frac{\text{cm}}{\text{sec}}.$$

Dieser Wert ist im Vergleich zur Geschwindigkeit der Molekularbewegung in Gasen sehr bedeutend.

In schwachen elektrischen Feldern vermögen nur die negativen Ionen durch Zusammenstofs neue Ionen zu erzeugen. Das positive Ion besitzt ja eine mindestens 1000 mal so grofse Masse wie das Elektron, so dafs es in jenen Fällen keine genügend hohe Geschwindigkeit erreicht, um selbst ionisierend zu wirken; das geschieht erst, wenn das Feld nahezu so stark wird, dafs eine Funkenentladung in dem Gase zustande kommt.

Rutherford und Mc Clung haben schätzungsweise die Energiemenge angegeben, die zur Erzeugung eines Ions durch Röntgenstrahlen erforderlich ist. Die Energie der Strahlen wurde durch ihre Wärme-

---

[1]) Bezüglich der Gröfse des Minimalwertes von V, der erforderlich ist, damit bei jedem Zusammenstofs eine Ionisierung erfolgt, gehen die Meinungen ein wenig auseinander. Nach Townsend beträgt dieser Wert ungefähr 20 Volt, nach Langevin 60 und nach Stark etwa 50 Volt.

wirkung gemessen und ferner die gesamte Zahl der erzeugten Ionen ermittelt. Unter der Annahme, dafs die ganze Strahlenenergie bei der Ionisierung verbraucht würde, ergab sich in diesem Falle $V = 175$ Volt, also ein erheblich gröfserer Wert als derjenige, der von Townsend für den Fall der Ionisierung durch Stofs beobachtet wurde. Es ist jedoch zu bedenken, dafs die Ionisierung in den beiden betrachteten Fällen unter ganz verschiedenen Bedingungen vor sich geht, und dafs wir nicht wissen, ein wie grofser Bruchteil der Strahlungsenergie tatsächlich in Form von Wärme zum Vorschein kommt.

42. Werden Gase einer Bestrahlung durch radioaktive Substanzen unterworfen und mifst man den Sättigungsstrom zwischen zwei Elektroden, so zeigt sich, dafs die Intensität des letzteren sich mit dem Drucke und der Natur des betreffenden Gases sowie mit dem Elektrodenabstande ändert. Einige besonders wichtige Fälle dieser Art mögen im folgenden etwas näher betrachtet werden. Arbeitet man mit unbedeckten Präparaten, so ist die zutage tretende Ionisation grofsenteils der Einwirkung der α-Strahlen zuzuschreiben. Diese werden aber schon in Luftschichten von wenigen Zentimetern Dicke aufserordentlich stark absorbiert. Infolgedessen nimmt die Ionisation mit wachsender Entfernung von der Oberfläche des aktiven Körpers sehr schnell ab, so dafs sich die Leitungsvorgänge hier wesentlich anders gestalten, als wenn man Röntgenstrahlen auf das Gas einwirken läfst, da diese in den meisten Fällen eine gleichförmige Ionisierung hervorrufen.

43. Abhängigkeit der Stromstärke vom Abstande der Elektrodenplatten.
Versuche haben ergeben [1]), dafs die Stärke der Ionisierung, wenn die aktive Substanz auf einer grofsen ebenen Platte ausgebreitet wird, nahezu nach einem Exponentialgesetz mit wachsendem Abstande von der Strahlungsquelle abnimmt. Wir nehmen an, dafs der Betrag der Ionisation an jedem Punkte der daselbst vorhandenen Strahlungsintensität J proportional sei. Dann ist mithin $J = J_0 \, e^{-\lambda x}$, wenn wir mit λ eine Konstante, mit x den betreffenden Abstand von der Platte und mit J_0 die Strahlungsintensität an der Oberfläche der Platte bezeichnen.

Die Exponentialformel erweist sich in einigen Fällen mit ziemlicher Annäherung als gültig, bisweilen treten aber auch erhebliche Abweichungen von dieser einfachen Gesetzmäfsigkeit auf. Die von einer ebenen Schicht Polonium herrührende Ionisierung nimmt z. B. mit der Entfernung weit schneller ab, als wie es der Exponentialformel entsprechen würde. Bei anderen aktiven Substanzen, z. B. Radium, ist die α-Strahlung aufserordentlich inhomogen; demzufolge läfst sich hier überhaupt kein einfaches Entfernungsgesetz aufstellen und seine

---

[1]) E. Rutherford, Phil. Mag., Jan. 1899.

Form hängt wesentlich von den jeweiligen Versuchsbedingungen ab. So ist die räumliche Verteilung der Ionisation eine ganz verschiedene, je nachdem, ob eine dünne oder dicke Schicht der aktiven Materie als Strahlungsquelle verwandt wird. Am Ende des vierten Kapitels soll das Problem in erschöpfender Weise behandelt werden; einstweilen wollen wir aber, der Einfachheit halber, das Exponentialgesetz den folgenden Rechnungen zugrunde legen.

Betrachten wir einen Fall, wie er in Fig. 1 dargestellt ist: es seien also zwei parallele Platten vorhanden, von denen die eine mit einer gleichförmigen Schicht einer radioaktiven Substanz bedeckt sei. Sind die Dimensionen der Platten grofs im Vergleich zu ihrem gegenseitigen Abstande d, so wird die Ionisierung zwischen den Platten innerhalb jeder parallel zu ihnen verlaufenden Ebene merklich gleichförmig sein, falls wir nur solche Punkte betrachten, die den Plattenrändern nicht zu nahe liegen. Ist q_0 die Menge der an der Oberfläche und q diejenige der in einem Abstande x pro Sekunde erzeugten Ionen, so ist $q = q_0 e^{-\lambda x}$. Für den Sättigungsstrom i pro Flächeneinheit ergibt sich dann der Ausdruck

$$i = \int_0^d q\, e'\, dx,$$

wenn e' die Ladung eines Ions bezeichnet, oder

$$i = q_0 e' \int_0^d e^{-\lambda x}\, dx = \frac{q_0 e'}{\lambda}\left(1 - e^{-\lambda d}\right).$$

Ist nun λd relativ klein, d. h. die Ionisation zwischen den Platten angenähert konstant, so folgt demnach

$$i = q_0 e' d.$$

Die Stromstärke ist also dem Plattenabstande proportional. Ist andererseits λd relativ grofs, so wird der entsprechende Sättigungsstrom $i_0 = \dfrac{q_0 e'}{\lambda}$, er ändert sich also nicht mehr, wenn der Wert von d noch weiter zunimmt. In diesem Falle werden die Strahlen, indem sie Ionen erzeugen, zwischen den Platten vollständig absorbiert und es gilt die Beziehung

$$\frac{i}{i_0} = 1 - e^{-\lambda d}.$$

Zur Illustrierung dieser Gesetzmäfsigkeiten diene die folgende Beobachtungsreihe, bei der die eine Kondensatorplatte mit einer dünnen Schicht Uranoxyd bedeckt war. In diesem Falle wird die Ionisation im wesentlichen von solchen Strahlen hervorgebracht, deren Intensität

Zweites Kapitel. Die Ionisation der Gase. 63

beim Durchgang durch eine 4,3 mm dicke Luftschicht auf den halben Wert sinkt, d. h. λ ist hier gleich 1,6.

Entfernung	Sättigungsstrom
2,5 mm	32
5,0 „	55
7,5 „	72
10,0 „	85
12,5 „	96
15,0 „	100

Wenn die gegenseitige Entfernung der Platten um gleich grofse Beträge wächst, erfolgt, wie man sieht, eine Stromsteigerung, die immer geringfügiger wird, einen je längeren Weg die Strahlen zurückzulegen haben. Die Maximaldistanz war aber noch nicht grofs genug, um eine vollkommene Absorption der Strahlung zu bewirken, so dafs der Strom auch für $d = 15$ mm noch nicht seinen Grenzwert erreichte.

Hat man es mit mehr als einer Strahlungsart zu tun, so erhält man für den Sättigungsstrom den Ausdruck

$$i = A\left(1 - e^{-\lambda d}\right) + A_1\left(1 - e^{-\lambda_1 d}\right) + \cdot$$

in welchem A, A_1, ... konstante Gröfsen und λ, λ_1, ... die Absorptionskoffizienten der einzelnen Strahlungstypen in dem betreffenden Gase bezeichnen.

Die Absorption der Strahlen ist in verschiedenen Gasen verschieden grofs, infolgedessen ändert sich auch die Stromstärke mit der Entfernung in verschiedener Weise, je nach der Art des Gases, das den Raum zwischen den Kondensatorplatten erfüllt.

44. Abhängigkeit der Stromstärke vom Gasdrucke. Die Menge der von den Strahlen aktiver Körper pro Kubikzentimeter und Sekunde erzeugten Ionen ist dem Gasdrucke direkt proportional. Ferner ist auch die Absorption der Strahlen in einem Gase seinem Drucke proportional. Die letztgenannte Beziehung ergibt sich mit Notwendigkeit, falls die zur Erzeugung eines Ions erforderliche Energiemenge von dem Gasdrucke unabhängig ist.

In dem Falle der gleichförmigen Ionisierung besteht denn auch zwischen Stromstärke und Druck eine direkte Proportionalität; das gilt aber wegen des Einflusses der Absorption, welche die Strahlen im Gase erleiden, nicht mehr, wenn man es mit ungleichförmiger Ionisation zu tun hat, es sei denn, dafs der Druck bereits so klein geworden wäre, dafs die Verteilung der Ionen im Gase sich nicht mehr merklich von dem Zustande der Gleichförmigkeit unterschiede. Untersuchen wir nun allgemein, wie sich der Sättigungsstrom i zwischen zwei grofsen parallelen Platten, auf deren einer die aktive Materie in gleichmäfsiger Schicht ausgebreitet ist, mit dem Gasdrucke ändert.

Es sei λ_1 die Absorptionskonstante der wirksamen Strahlung, wenn das Gas den Druck Eins besitzt. Bei einem Drucke p herrscht dann an einem beliebigen Punkte x die Strahlungsintensität $J = J_0 \, e^{-p \lambda_1 x}$. Der Sättigungsstrom i ist demnach proportional der Größe

$$\int_0^d p \, J \, dx = \int_0^d p \, J_0 \, e^{-p \lambda_1 x} \, dx = \frac{J_0}{\lambda_1} \left(1 - e^{-p \lambda_1 d}\right).$$

Folglich ergibt sich für das Verhältnis r der Sättigungsströme bei den Drucken p_1 und p_2

$$r = \frac{1 - e^{-p_1 \lambda_1 d}}{1 - e^{-p_2 \lambda_1 d}}.$$

Der Wert dieses Quotienten hängt also ab von dem Plattenstande d und der Absorption der Strahlen im Gase.

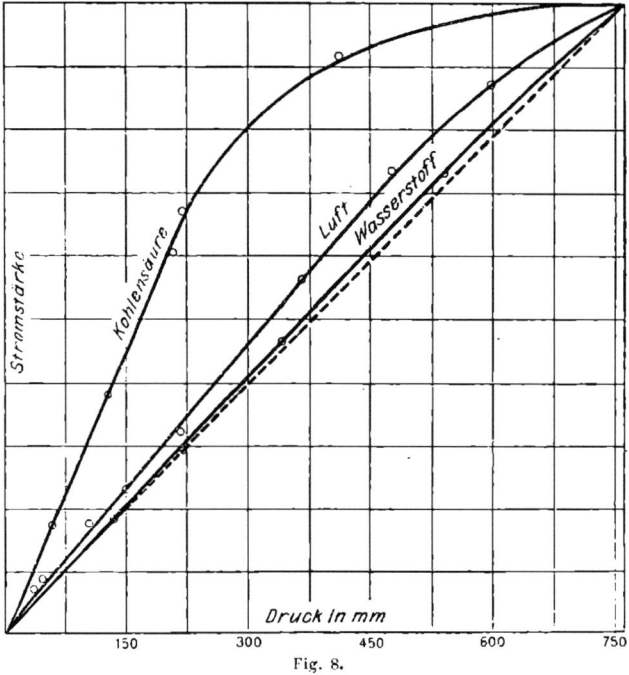

Fig. 8.

Fig. 8 enthält einige Kurven[1]), welche die Abhängigkeit des Sättigungsstromes vom Drucke veranschaulichen. Die entsprechenden Beobachtungen wurden an 3,5 cm weit voneinander entfernten Platten angestellt. Wie man sieht, besitzen die Kurven für die einzelnen unter-

---

[1]) E. Rutherford, Phil. Mag., Jan. 1899.

Zweites Kapitel. Die Ionisation der Gase.

suchten Gase — Wasserstoff, Luft und Kohlensäure — eine verschiedene Gestalt. Zur besseren Übersicht ist die Stromstärke bei normalem Druck und gewöhnlicher Temperatur in jedem Falle als Einheit gewählt worden. Der absolute Stromwert war indessen am gröfsten für Kohlensäure und am kleinsten für Wasserstoff. In dem letzteren Gase ist die Absorption der Strahlung gering, und daher ist der Strom hier in dem ganzen Beobachtungsbereiche dem Drucke nahezu proportional. Im Falle der Kohlensäure, die ein hohes Absorptionsvermögen besitzt, nimmt der Strom dagegen anfangs nur langsam mit kleiner werdendem Drucke ab, und erst unterhalb 235 mm Quecksilberdruck herrscht wieder Proportionalität zwischen den beiden Gröfsen. Eine mittlere Lage nimmt die Kurve der Luft ein.

Wird die Plattendistanz sehr grofs gewählt, so bleibt der Sättigungsstrom bei abnehmendem Drucke so lange konstant, bis die Absorption schwach genug geworden ist, dafs die Strahlen die zweite Kondensatorplatte noch erreichen können.

Interessant ist eine weitere Konsequenz, die sich mit Rücksicht auf die starke Absorption der wirksamen Strahlen aus unseren obigen Betrachtungen ergibt. Nehmen wir an, die Kondensatorplatten befänden sich in unveränderlichen Entfernungen d_1 bezw. d_2, beide oberhalb der radioaktiven Substanz, und diese sei auf einer grofsen Fläche ausgebreitet. Die untere Platte wird man in diesem Falle zweckmäfsigerweise durch dünne Metallfolie oder Drahtgaze ersetzen, damit die Strahlen möglichst wenig geschwächt in den Kondensatorraum gelangen können. Beobachtet man nun wieder die Stärke des Sättigungsstromes, so mufs sich zeigen, dafs seine Intensität mit abnehmendem Gasdrucke anfangs gröfser wird, ein Maximum erreicht und dann erst zu kleineren Werten herabsinkt.

Der Sättigungsstrom i ist ja bei dieser Anordnung offenbar der Gröfse

$$\int_{d_1}^{d_2} p\, J_0\, e^{-p\lambda_1 x}\, dx = \frac{J_0}{\lambda_1}\left(e^{-p\lambda_1 d_1} - e^{-p\lambda_1 d_2}\right)$$

proportional, und diese Funktion von p erreicht ein Maximum, wenn

$$\log\operatorname{nat} \frac{d_1}{d_2} = -p\,\lambda_1(d_2 - d_1)$$

ist.

Für die α-Strahlen des Uraniums beträgt z. B. bei Atmosphärendruck $p\lambda_1 = 1{,}6$. Ist dann $d_2 = 3$ und $d_1 = 1$, so müfste der Sättigungsstrom einen maximalen Wert erreichen, wenn der Luftdruck auf $1/3$ Atmosphäre verringert wird. Diesbezügliche Versuche zeigten, dafs dies in der Tat der Fall war.

45. Größe der durch Bestrahlung hervorgerufenen Leitfähigkeit in verschiedenen Gasen.

Bei konstanter Strahlungsintensität ist die Stärke der Ionisierung in verschiedenen Gasen verschieden groß; sie nimmt mit der Dichte der letzteren zu. Eingehende Untersuchungen über die relative Größe der von den einzelnen Strahlenarten hervorgerufenen Leitfähigkeit wurden für eine Reihe von Gasen von Strutt[1]) ausgeführt. Der Gasdruck wurde dabei in allen Fällen so weit erniedrigt, daß der Ionisationsgrad stets dem Drucke proportional war. Wie wir oben sahen, herrscht dann in der ganzen Gasmasse eine gleichförmige Ionisierung, so daß man die Verschiedenheit des Absorptionsvermögens der einzelne Gase für die in Frage kommenden Strahlen nicht zu berücksichtigen braucht. Für jede Strahlengattung wurde die zugehörige Ionisation der Luft als Einheit gewählt. Die Stromstärken wurden zwar bei verschiedenen Drucken gemessen, aber sämtlich nach dem Proportionalitätsgesetze auf gleichen Druck reduziert.

Arbeitet man mit unbedeckten Radiumpräparaten, so rührt fast die gesamte Ionisation von der Einwirkung der α-Strahlen her. Wird die aktive Substanz mit einem 0,01 cm dicken Aluminiumblättchen bedeckt, so erhält man im wesentlichen eine Ionisierung durch β-Strahlen, und bei Verwendung eines Bleideckels von 1 cm Dicke hat man es ausschließlich mit dem Ionisierungseffekte der γ-Strahlen zu tun. Für diese am stärksten durchdringungsfähigen Strahlen des Radiums wurden die Messungen mit Hilfe eines Goldblattelektroskopes besonderer Art ausgeführt, indem die Größe seiner Ladungsverluste innerhalb bestimmter Zeiten beobachtet wurde; der Apparat konnte mit den verschiedenen Gasen gefüllt werden. Folgende Tabelle enthält die relativen Leitfähigkeiten, wie sie sich für die untersuchten Gase unter dem Einfluß der verschiedenen Strahlungsarten aus den Struttschen Beobachtungen ergaben.

Gase	Relative Dichte	Relative Leitfähigkeit			
		α-Strahlen	β-Strahlen	γ-Strahlen	Röntgenstrahlen
Wasserstoff .	0,0693	0,226	0,157	0,169	0,114
Luft	1,00	1,00	1,00	1,00	1,00
Sauerstoff . .	1,11	1,16	1,21	1,17	1,39
Kohlensäure .	1,53	1,54	1,57	1,53	1,60
Cyangas	1,86	1,94	1,86	1,71	1,05
Schwefeldioxyd. .	2,19	2,04	2,31	2,13	7,97
Chloroform .	4,32	4,44	4,89	4,88	31,9
Methyljodid . . .	5,05	3,51	5,18	4,80	72,0
Kohlenstofftetrachlorid .	5,31	5,34	5,83	5,67	45,3

[1]) R. J. Strutt, Phil. Trans. A., p. 507, 1901 und Proc. Roy. Soc., p. 208, 1903.

Zweites Kapitel. Die Ionisation der Gase.

Wie man erkennt, ist die Ionisierung durch die α-, β- und γ-Strahlen des Radiums, wenn wir vom Wasserstoff absehen, der Dichte der Gase angenähert proportional. Diese Regel gilt jedoch nach den Messungen Strutts keineswegs für Röntgenstrahlen; diese liefern z. B. in Methyljodid eine relative Leitfähigkeit, die mehr als vierzehnmal so grofs ist, als wenn das Gas mit Radium bestrahlt wird. Neuerdings sind solche Messungen über die von X-Strahlen in verschiedenen Gasen erzeugte Ionisation auch von Mc Clung[1]) und Eve[2]) angestellt worden; aus diesen Beobachtungen, die später (s. Paragraph 107) noch näher besprochen werden sollen, ergab sich, dafs die Gröfse der resultierenden Leitfähigkeit von dem Durchdringungsvermögen der zur Verwendung gelangenden Röntgenstrahlen abhängt.

Die Unterschiede der Leitfähigkeiten verschiedener Gase sind durch die ungleiche Absorption der wirksamen Strahlen bedingt. Der Verfasser konnte nämlich nachweisen[3]) dafs die gesamte Menge der erzeugten Ionen — die Versuche wurden mit den α-Strahlen des Urans angestellt — sich von Gas zu Gas nicht wesentlich ändert, falls man dafür sorgt, dafs die dissoziierenden Strahlen in jedem Falle vollständig absorbiert werden. Zum Belege dessen seien die folgenden Beobachtungsresultate wiedergegeben:

Gas	Gesamtionisation
Luft . . .	100
Wasserstoff . .	95
Sauerstoff .	106
Kohlensäure . . .	96
Chlorwasserstoff .	102
Ammoniak .	101

Obwohl die angeführten Werte ihrer Natur nach keine absolut gültigen Zahlen darstellen, so scheint doch aus ihnen hervorzugehen, dafs zur Erzeugung eines Ions in den verschiedenen Gasen stets nahezu die gleiche Energiemenge erforderlich ist. Daraus würde folgen, dafs die relative Leitfähigkeit dem relativen Absorptionsvermögen für die wirksame Strahlenart proportional sein müfste.

Für Kathodenstrahlen gelangte Mc Lennan zu einem ähnlichen Resultate. Er fand, dafs die Stärke der Ionisierung dem Absorptionsvermögen für diese Strahlen proportional war und bewies damit, dafs in allen von ihm untersuchten Gasen zur Erzeugung eines Ions gleich grofse Energiemengen verbraucht wurden.

---

[1]) R. K. Mc Clung, Phil. Mag., Sept. 1904.
[2]) Eve, Phil. Mag., Dez. 1904.
[3]) E. Rutherford, Phil. Mag., p. 137, Jan. 1899.

46. Der Potentialgradient. Das normale Potentialgefälle zwischen zwei geladenen Elektroden erleidet stets eine Störung, wenn das Gas in dem von ihnen begrenzten Raume ionisiert wird. Bestehen die Elektroden aus zwei einander parallelen Platten und wird die Gasmasse zwischen ihnen gleichförmig ionisiert, so existiert, wie von Child und Zeleny nachgewiesen wurde, nahe den Oberflächen beider Platten ein plötzlicher Potentialabfall, während das elektrische Feld in der mittleren Gasstrecke im wesentlichen gleichförmig verläuft. Diese Änderung der Potentialverteilung hängt ihrem Betrage nach von der angelegten Potentialdifferenz ab, und der Spannungsabfall ist an den beiden Platten verschieden grofs.

Bei den meisten Untersuchungen über Radioaktivität pflegt man die aktiven Substanzen nur auf einer der zwei Kondensatorplatten auszubreiten. In diesen Fällen erstreckt sich die Ionisation gewöhnlich der Hauptsache nach nur auf die jener Platte unmittelbar benachbarte Luftschicht. Dann erhält man eine Potentialverteilung, wie sie in Fig. 9 dargestellt ist: die punktierte Linie entspricht dem Falle, dafs die Luft zwischen den Platten keine Ionen enthält, Curve A gilt für schwache Ionisierung — wenn z. B. metallisches Uran einwirkt — und Curve B für starke Ionisierung — wenn also eine hochaktive Substanz zur Verwendung gelangt. In beiden letztgenannten Fällen ist der Potentialgradient am kleinsten in der Nähe der aktiven Platte und am gröfsten an der gegenüberstehenden Elektrode. Bei sehr starker Ionisierung kann er an der ersteren aufserordentlich kleine Beträge erreichen. Zu bemerken ist noch, dafs sich sein Wert mit dem Vorzeichen der den Platten erteilten Ladungen nur wenig ändert.

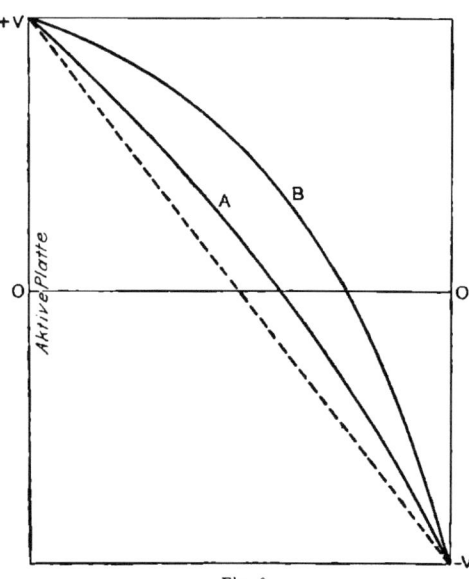

Fig. 9.

47. Zusammenhang zwischen Stromstärke und Spannung bei Oberflächenionisierung. Interessante Erscheinungen, die durch den eigenartigen Zusammenhang zwischen Stromstärke und Spannung bedingt werden, lassen sich beobachten, wenn die Ionisierung eine be-

Zweites Kapitel. Die Ionisation der Gase.

trächtliche Gröfse besitzt und sich nur auf die unmittelbare Nähe der einen oder auch beider Elektrodenplatten, zwischen denen der Strom gemessen wird, beschränkt.

Child[1]) und Rutherford[2]) haben, unabhängig voneinander, diesen Fall theoretisch behandelt. Es sei V die Potentialdifferenz zwischen zwei parallelen Platten, und diese mögen sich in einem Abstande d gegenüberstehen. Wir nehmen an, dafs sich die Ionisierung nur auf eine dünne, der Platte A (s. Fig. 1) unmittelbar anliegende Luftschicht erstrecke, und dafs A positiv geladen sei. Unter dem Einflusse des Feldes verteilen sich dann die geladenen Träger in bestimmter Weise zwischen den Platten A und B.

Wir bezeichnen mit n_1 die Zahl der in einem Abstande x von der Platte A in der Volumeinheit enthaltenen positiven Ionen, mit K_1 die Beweglichkeit derselben Teilchen und mit e die Ladung eines Ions.

Ferner sei i_1 die Stromintensität pro Quadratzentimeter; diese Gröfse ist innerhalb der gesamten hier in Frage kommenden Gasmasse für alle Werte von x konstant, und zwar ist

$$i_1 = K_1 n_1 e \frac{dV}{dx}.$$

Nach der Poissonschen Gleichung wird nun

$$\frac{d^2 V}{dx^2} = 4\pi n_1 e,$$

folglich

$$i_1 = \frac{K_1}{4\pi} \frac{dV}{dx} \frac{d^2 V}{dx^2}.$$

Durch Integration ergibt sich hieraus

$$\left(\frac{dV}{dx}\right)^2 = \frac{8\pi i_1 x}{K_1} + A.$$

Die Integrationskonstante A ist gleich dem Werte, den $\left(\frac{dV}{dx}\right)^2$ für $x = 0$ besitzt. Die Ionisierung sollte nun sehr intensiv sein, so dafs $\frac{dV}{dx}$ für $x = o$ einen aufserordentlich kleinen Wert annimmt. Wir dürfen daher $A = 0$ setzen und erhalten dann

$$\frac{dV}{dx} = \pm \sqrt{\frac{8\pi i_1 x}{K_1}}$$

als Potentialgradienten für beliebige Werte von x zwischen den Kondensatorplatten.

---

[1]) O. Child, Phys. Rev. 12. 1901.
[2]) E. Rutherford, Phil. Mag., p. 210, August 1901; Phys. Rev. 13. 1901.

Indem wir die letzte Gleichung noch zwischen den Grenzen o und d integrieren, ergibt sich

$$V = \pm \frac{2}{3} \sqrt{\frac{8 \pi i_1}{K_1}} d^{\frac{3}{2}},$$

also

$$i_1 = \frac{9 V^2}{32 \pi d^3} K_1.$$

Bedeutet i_2 die Stromintensität pro Flächeneinheit, wenn das Feld kommutiert wird, und K_2 die Beweglichkeit der negativen Ionen, so erhalten wir in analoger Weise

$$i_2 = \frac{9 V^2}{32 \pi d^3} K_2,$$

folglich wird

$$\frac{i_1}{i_2} = \frac{K_1}{K_2}.$$

Der Strom in den beiden Richtungen ist demnach den bez. Geschwindigkeiten der positiven und negativen Teilchen proportional. Seine Intensität müfste ferner dem Quadrate der angelegten Potentialdifferenz direkt und der dritten Potenz des Plattenabstandes umgekehrt proportional sein.

Freilich läfst sich die theoretische Voraussetzung einer reinen Oberflächen-Ionisierung, die der obigen Ableitung zugrunde liegt, nicht streng erfüllen, wenn man mit radioaktiven Stoffen arbeitet, da sich die Ionisation in diesem Falle wenigstens einige Zentimeter weit in den Kondensatorraum hinein erstreckt. Wählt man jedoch den Plattenabstand grofs gegen den Ionisationsbereich, so mufs sich immerhin eine rohe Übereinstimmung mit der obigen Theorie ergeben. Vom Verfasser wurden diesbezügliche Versuche[1] unter Benutzung eines Radiumpräparates angestellt; der gegenseitige Abstand der parallelen Platten betrug dabei 10 cm. Die Beobachtungen lieferten folgende Resultate:

1. Der das Gas durchfliefsende Strom wächst bei kleinen Spannungen schneller als die angelegte Potentialdifferenz; die Zunahme erfolgt indessen nicht in so starkem Mafse, wie es der quadratischen Formel entsprechen würde.

2. Die Intensität des Stromes hängt von der Richtung des elektrischen Feldes ab; der Strom ist stets etwas schwächer, wenn die Ladung der aktiven Platte positives Vorzeichen besitzt — gemäfs der geringeren Beweglichkeit der positiven Ionen. Der Unterschied zwischen den i_1- und i_2-Werten wird am gröfsten, wenn das Gas trocken ist; in diesem Falle ist ja auch die Geschwindigkeitsdifferenz der positiven und negativen Ionen am bedeutendsten.

---

[1] E. Rutherford, Phil. Mag., Aug. 1901.

Zweites Kapitel. Die Ionisation der Gase. 71

Die obige Theorie führt noch zu einer weiteren interessanten Folgerung. Wie man sieht, kann die Stromstärke, wenn V und d gegeben sind, einen bestimmten Grenzwert niemals überschreiten, wie weit auch die Ionisierung zunehmen mag. Diese Erscheinung läfst sich tatsächlich beobachten, wenn man bei konstanter Spannung und konstantem Plattenabstande allmählich immer stärkere Radiumpräparate zur Oberflächen-Ionisierung benutzt.

48. Das magnetische Feld eines in Bewegung begriffenen Ions.
Die beiden wichtigsten Arten der von den radioaktiven Substanzen ausgehenden Strahlen bestehen aus elektrischen Teilchen, die spontan mit grofser Geschwindigkeit fortgeschleudert werden. Die leicht absorbierbaren oder α-Strahlen bestehen aus positiv elektrischen materiellen Atomen; die anderen, die β-Strahlen, die ein beträchtliches Durchdringungsvermögen besitzen, tragen negative Ladungen und sind, wie sich gezeigt hat, identisch mit den Kathodenstrahlen, die durch elektrische Entladungen im hohen Vakuum entstehen.

Durch Beobachtungen über die Ablenkbarkeit der Kathodenstrahlen war von J. J. Thomson zuerst der Nachweis erbracht worden, dafs diese letzteren die Bahnen von negativ elektrischen, mit grofser Geschwindigkeit fortgeschleuderten Teilchen bezeichnen; nach ganz ähnlichen Versuchsmethoden hat man auch über das Wesen der α- und β-Strahlen Klarheit gewonnen.

Jener Nachweis bezeichnete den Anfang einer neuen Epoche in der physikalischen Wissenschaft. Denn indem sich ergab, dafs die Kathodenstrahlen korpuskularen Charakter besitzen und dafs die Masse ihrer Träger viel kleiner ist als die eines Wasserstoffatoms, wurden mit einem Schlage der Forschung neue und fruchtbare Gebiete erschlossen, und überdies mufsten nunmehr unsere früheren Anschauungen über die Konstitution der Materie wesentlich modifiziert werden.

Wir wollen uns daher an dieser Stelle in kurzen Zügen klar zu machen suchen, welche Effekte durch einen in Bewegung begriffenen geladenen Körper hervorgerufen werden, und es mögen im Anschlusse hieran die wichtigsten Methoden beschrieben werden, nach denen die Masse und Geschwindigkeit der Kathodenstrahlteilchen bestimmt worden sind[1]).

---

[1]) Eine ausgezeichnete und einfache Darstellung der Elektronentheorie der Materie sowie der Wirkungen eines bewegten geladenen Ions findet man in einer Abhandlung, die Sir Oliver Lodge im Jahre 1903 unter dem Titel „Electrons" veröffentlicht hat (Proceedings of the Institution of Electrical Engineers, Part. 159, Vol. 32, 1903). Siehe auch J. J. Thomson, Elektrizität und Materie, übers. von G. Siebert. (Braunschweig 1904, F. Vieweg & Sohn.)

72   Zweites Kapitel. Die Ionisation der Gase.

Ein Ion vom Radius a trage eine elektrische Ladung e und bewege sich mit einer Geschwindigkeit u, die klein gegen die Lichtgeschwindigkeit sein möge. Infolge der Bewegung entsteht in der Umgebung des Teilchens ein magnetisches Feld, das von diesem mitgeführt wird. Das in Bewegung befindliche Ion repräsentiert ein Stromelement von der Größe eu; die Intensität H des entsprechenden magnetischen Feldes ist in einer beliebigen Entfernung r von dem geladenen Teilchen:

$$H = \frac{e\, u\, \sin \Theta}{r^2},$$

wenn mit Θ der Winkel zwischen dem Radiusvektor und der Bewegungsrichtung bezeichnet wird. Die magnetischen Kraftlinien verlaufen in konzentrischen Kreisen um die Achse der fortschreitenden Bewegung. Die elektrischen Kraftlinien sind nahezu radial gerichtet, wenn die Geschwindigkeit des Ions klein gegen die Lichtgeschwindigkeit ist; nähert sie sich aber der letzteren, so suchen sich die Kraftlinien von der Achse zu entfernen und nach dem Äquator hin zu krümmen. Bleibt die Geschwindigkeit nur noch wenig hinter derjenigen des Lichtes zurück, so konzentriert sich der Hauptteil des elektrischen und magnetischen Feldes auf die Äquatorialebene.

Die Existenz des Magnetfeldes besagt, daß in dem umgebenden Medium eine gewisse Menge magnetischer Energie enthalten sein muß. Ihr Betrag läßt sich für geringe Geschwindigkeiten sehr leicht berechnen.

In einem magnetischen Felde von der Intensität H umschließt nämlich die Volumeneinheit des betreffenden Mediums, wenn dessen Permeabilität gleich Eins gesetzt wird, die magnetische Energie $\dfrac{H^2}{8\pi}$.

Das Ion denken wir uns von kugelförmiger Gestalt: sein Radius sollte gleich a sein. Wenn wir also den Ausdruck $\dfrac{H^2}{8\pi}$ über den ganzen außerhalb der Kugel gelegenen Raum integrieren, so erhalten wir die gesamte magnetische Energie, die von der Bewegung des geladenen Körpers herrührt, nämlich

$$\int_a^\infty \frac{H^2}{8\pi}\, d(\mathrm{Vol}) = \frac{e^2 u^2}{8\pi} \int_0^{2\pi}\!\!\int_0^\pi\!\!\int_a^\infty \frac{\sin^2 \Theta}{r^4}\, r^2 \sin\Theta\, d\varphi\, d\Theta\, dr$$

$$= \frac{e^2 u^2}{4} \int_0^\pi\!\!\int_a^\infty \frac{1-\cos^2 \Theta}{r^2} \sin\Theta\, d\Theta\, dr$$

$$= \frac{e^2 u^2}{3} \int_a^\infty \frac{dr}{r^2} = \frac{e^2 u^2}{3a}$$

Zweites Kapitel. Die Ionisation der Gase.

Diese magnetische Energie ist von der Art einer kinetischen Energie, denn sie ist dem Quadrate der Geschwindigkeit des bewegten Körpers proportional. Es tritt also infolge der von dem Ion mitgeführten Ladung zu seiner mechanischen Bewegungsenergie noch ein weiterer Betrag an kinetischer Energie hinzu. Ändert sich die Geschwindigkeit des Ions, so treten elektrische und magnetische Kräfte auf, welche dieser Bewegungsänderung entgegen wirken, so dafs man, um eine solche Änderung hervorzubringen, mehr Arbeit leisten mufs, als wenn das Teilchen ungeladen wäre. Der bewegte Körper besitzt zunächst eine normale kinetische Energie von der Gröfse $1/2\, m\, u^2$. Hierzu kommt wegen seiner Ladung noch die Energiemenge $\dfrac{e^2 u^2}{3a}$. Das Teilchen verhält sich daher gerade so, als wenn es eine Masse $m + m_1$ besäfse, worin der Gröfse m_1, seiner „elektrischen Masse", der Wert $\dfrac{2e^2}{3a}$ zukommt.

Die bisherigen Betrachtungen bezogen sich auf den Fall, dafs sich das Ion mit verhältnismäfsig kleiner Geschwindigkeit bewegt. Nähert sich die letztere aber der Lichtgeschwindigkeit, so bleibt der oben abgeleitete Ausdruck für die magnetische Energie nicht länger gültig. Eine allgemeine Formel für die elektrische Masse eines geladenen Körpers bei beliebiger Geschwindigkeit wurde zuerst von J. J. Thomson[1]) im Jahre 1887 aufgestellt. Noch eingehender wurde das Problem im Jahre 1889 von Heaviside[2]) bearbeitet, und von Searle[3]) wurde der Fall des geladenen Ellipsoids durchgerechnet. Neuerdings ist die Frage wieder von Abraham[4]) behandelt worden. Je nach den der Rechnung zugrunde gelegten Annahmen über die räumliche Verteilung der Elektrizität auf dem geladenen Körper ergeben sich etwas verschiedene Ausdrücke für die Abhängigkeit der elektrischen Masse von der Geschwindigkeit. Die Abrahamsche Formel, nach der sich aus den Versuchen von Kaufmann ergibt, dafs die ganze Masse des Elektrons elektromagnetischen Ursprungs ist, soll später (Paragraph 82) mitgeteilt werden.

Sämtliche Formeln führen übereinstimmend zu dem Resultate, dafs die elektrische Masse für geringe Geschwindigkeiten praktisch konstant ist, mit Annäherung an die Lichtgeschwindigkeit aber zunimmt und theoretisch unendlich grofs wird, wenn die Geschwindigkeit des Lichtes erreicht ist. Je weiter man sich nämlich dieser Geschwindigkeit nähert, um so stärker werden die Kräfte, die einer Bewegungsänderung widerstreben, und es würde eine unendlich grofse Kraft er-

---

[1]) J. J. Thomson, Phil. Mag., April 1887.
[2]) O. Heaviside, Collected Papers, Vol. II, p. 514.
[3]) Searle, Phil. Mag., Okt. 1897.
[4]) M. Abraham, Phys. Zeitschr. 4, p. 57, 1902. Ann. d. Phys. 10, p. 105. 1903.

forderlich sein, um ein Elektron tatsächlich auf Lichtgeschwindigkeit zu bringen. Nach der Theorie kann sich daher ein Elektron unmöglich schneller bewegen als das Licht, d. h. nicht schneller als sich eine elektromagnetische Störung im Äther ausbreitet.

Als wichtigstes Ergebnis dieser Überlegungen hat sich also die Tatsache herausgestellt, dafs eine bewegte elektrische Ladung, ganz abgesehen von der materiellen Masse ihres etwaigen Trägers, lediglich infolge ihrer Bewegung eine scheinbare Masse besitzt, deren Gröfse sich mit der Geschwindigkeit ändert. Wir werden später sehen (vgl. Paragraph 82), dafs sich bei den Kathodenstrahlteilchen die gesamte in die Erscheinung tretende Masse auf den Effekt ihrer mit Geschwindigkeit begabten Ladungen zurückführen läfst, ohne dafs man nötig hätte, noch aufserdem die Existenz eines materiellen Trägers anzunehmen. Dadurch wird die Vermutung nahe gelegt, dafs vielleicht jede Masse elektrischen Ursprungs sei, d. h. auf die Wirkungen bewegter Elektrizitätsmengen zurückgeführt werden könne.

49. Einflufs magnetischer Felder auf die Bewegung der Ionen.
Ein Ion von der Masse m trage eine Ladung e und bewege sich frei mit der Geschwindigkeit u; u sei klein gegen die Lichtgeschwindigkeit. Dann ist das in Bewegung befindliche Ion einem Stromelement von der Gröfse $e u$ äquivalent. Fliegt das Ion durch ein von aufsen erzeugtes magnetisches Feld von der Intensität H, so unterliegt es der Einwirkung einer Kraft, die sowohl auf der Bahn des Teilchens wie auf der Feldrichtung senkrecht steht; die Gröfse dieser Kraft ist gleich $H e u \sin \Theta$, wenn Θ den Winkel zwischen der Richtung des Feldes und derjenigen der Bahn bezeichnet. Da die Kraft mit der Bewegungsrichtung stets einen rechten Winkel bildet, so übt sie keinen Einflufs auf die Geschwindigkeit des Teilchens aus, sondern vermag nur die Richtung seiner Bahn zu ändern.

Ist ϱ der Krümmungsradius der Bahnkurve, die das Ion beschreibt, so wirkt längs der Normalen die Kraft $\dfrac{m u^2}{\varrho}$ und dieser wird durch die Kraft $H e u \sin \Theta$ das Gleichgewicht gehalten.

In dem Falle, dafs Θ den Wert $\dfrac{\pi}{2}$ besitzt, das Ion sich also senkrecht zur Feldrichtung bewegt, wird demnach $H e u = \dfrac{m u^2}{\varrho}$ oder $H \varrho = \dfrac{m}{e} u$. Da u konstant ist, bleibt auch ϱ konstant, d. h. das Teilchen beschreibt einen Kreisbogen vom Radius ϱ. Der Radius seiner kreisförmigen Bahn ist also der Geschwindigkeit u direkt und der Feldstärke H umgekehrt proportional.

Bewegt sich das Ion unter einem Winkel Θ gegen die Richtung des magnetischen Feldes, so beschreibt es eine Kurve, deren Form

Zweites Kapitel. Die Ionisation der Gase.

sich ergibt, wenn wir seine Bewegung in zwei Komponenten zerlegen, nämlich in eine Bewegung senkrecht zum Felde mit der Geschwindigkeit $u \sin \Theta$ und eine zweite in der Richtung des Feldes mit der Geschwindigkeit $u \cos \Theta$. Die erste Komponente liefert eine Kreisbahn vom Radius ϱ, für dessen Gröfse die Bezeichnung $H \varrho = \dfrac{m}{e} u \sin \Theta$ gilt; die zweite Komponente wird dagegen vom Magnetfeld nicht beeinflufst, und ihr entspricht eine Bewegung in der Feldrichtung mit einer gleichförmigen Geschwindigkeit $u \cos \Theta$. Als resultierende Bahn des Teilchens erhalten wir daher eine Schraube, die um einen Zylinder vom Radius $\varrho = \dfrac{m u \sin \Theta}{e H}$ herumläuft, wobei die Achse dieses Zylinders sich in der Richtung des Magnetfeldes erstreckt. Ein Ion bewegt sich also stets auf einer solchen schraubenförmigen Bahn, wenn es schief gegen die Kraftlinien eines gleichförmigen magnetischen Feldes fortgeschleudert wird [1]).

50. Bestimmung des Quotienten $\dfrac{e}{m}$ für Kathodenstrahlen. Die Kathodenstrahlen sind zuerst von Varley beobachtet worden; später wurden ihre Eigenschaften eingehender von Crookes erforscht. Sie werden von der Kathode einer Entladungsröhre bei hohem Vakuum ausgesandt und bewegen sich in geradlinigen Bahnen. Durch einen Magneten lassen sie sich leicht ablenken. Zahlreiche Substanzen werden, wenn sie von diesen Strahlen getroffen werden, zu lebhaftem Leuchten erregt. Die Ablenkung im magnetischen Felde erfolgt nach derselben Richtung, wie sie bei negativ elektrisch geladenen, von der Kathode fortgeschleuderten Teilchen eintreten würde. Zur Erklärung des eigenartigen Verhaltens dieser Kathodenstrahlen nahm Crookes an, dafs sie tatsächlich aus negativ elektrisierten Teilchen beständen, die sich mit grofser Geschwindigkeit bewegten und, wie er es passend bezeichnete, „einen neuen oder vierten Zustand der Materie" darstellten. Über die wahre Natur dieser Strahlen wurde aber noch zwanzig Jahre lang viel gestritten; denn, während die einen an der Crookes schen Auffassung, dafs sie materieller Natur wären, festhielten, waren andere der Meinung, dafs man es hier mit einer besonderen Form einer Wellenbewegung im Äther zu tun hätte.

Von Perrin und von J. J. Thomson wurde später der experimentelle Nachweis erbracht, dafs die Strahlen stets eine negative Ladung mit sich führen. Eine wichtige Entdeckung wurde ferner von

---

[1]) Eine vollständige Berechnung der Bahnkurven, die ein Ion unter verschiedenen Bedingungen beschreibt, findet man in dem Werke von J. J. Thomson, Conduction of Electricity through Gases (Cambr. Univ. Press. 1903), pp. 79—90.

Heinrich Hertz gemacht; er fand nämlich, dafs die Kathodenstrahlen durch dünne Schichten von Metallen und anderen für gewöhnliches Licht völlig undurchlässigen Substanzen hindurchdringen können. Diese Eigenschaft benutzte Lenard, um das Verhalten der Strahlen, nachdem sie ein dünnes Fenster durchsetzt hatten, aufserhalb der Entladungsröhre, in der sie entstanden, zu untersuchen.

Aus den Lenardschen Versuchen ergab sich u. a., dafs das Absorptionsvermögen verschiedener Substanzen für diese Strahlen innerhalb eines sehr weiten Gültigkeitsbereiches der Dichtigkeit proportional und von der chemischen Zusammensetzung der betreffenden Körper gänzlich unabhängig ist.

Wesentliche Klarheit über die wahre Natur der Kathodenstrahlen brachten dann im Jahre 1897 die Versuche von J. J. Thomson[1]). Wenn jene Strahlen wirklich aus negativ geladenen Teilchen bestehen, so müssen sie sich ebensowohl durch elektrische wie durch magne-

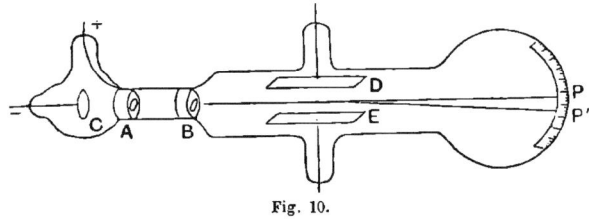

Fig. 10.

tische Kräfte aus ihrer normalen Bahn ablenken lassen. Ein dahinzielender Versuch war schon von Hertz angestellt worden, jedoch mit negativem Resultat. J. J. Thomson fand nun, dafs die Strahlen tatsächlich auch in elektrischen Feldern eine Ablenkung erleiden, und zwar in dem Sinne, wie man es für negativ geladene Teilchen zu erwarten hat. Er zeigte ferner, dafs das Mifslingen des eben erwähnten Versuches von Hertz durch die starke Ionisationswirkung der Kathodenstrahlen veranlafst worden war, indem das Gas in seiner Entladungsröhre leitend wurde und ein elektrisches Feld infolgedessen nicht bestehen bleiben konnte. Thomson beseitigte diesen schädlichen Effekt, indem er das Versuchsrohr aufserordentlich stark evakuierte.

Die von ihm benutzte Versuchsanordnung ist in Fig. 10 wiedergegeben.

Die Kathodenstrahlen entstehen an der negativen Elektrode C und durchsetzen zunächst zwei Diaphragmen A und B, so dafs man ein schmales Strahlenbündel erhält. In der Mitte des Rohres befinden sich zwei isolierte parallele Platten D und E, die sich in einem gegen-

---

[1]) J. J. Thomson, Phil. Mag., p. 293. 1897.

Zweites Kapitel. Die Ionisation der Gase.

seitigen Abstande von d Zentimetern gegenüberstehen und auf einer konstanten Potentialdifferenz V gehalten werden. Zwischen diesen geht das Strahlenbündel hindurch, und wo es das Rohrende trifft, erzeugt es auf einem daselbst befindlichen Fluoreszenzschirm PP' einen Leuchtfleck.

Jedes Kathodenstrahlteilchen transportiert eine Elektrizitätsmenge e von negativem Vorzeichen und unterliegt demgemäfs auf der Wegstrecke zwischen den geladenen Platten einer Kraft Xe, die nach der positiven Platte hin gerichtet ist; $X = \dfrac{V}{d}$ bezeichnet die Intensität des elektrischen Feldes.

Unter der Einwirkung des elektrischen Feldes verschiebt sich daher der Lichtfleck auf dem Fluoreszenzschirm nach der Seite der positiven Platte. Erzeugt man nun gleichzeitig ein magnetisches Feld in dem Raume zwischen D und E, und zwar parallel zur Ebene der Platten und senkrecht zu dem Strahlenbündel, in der Weise, dafs die elektrischen und magnetischen Kräfte einander entgegenwirken, so läfst sich der Lichtfleck durch passende Regulierung der magnetischen Feldstärke wieder in seine ursprüngliche, unabgelenkte Lage zurückbringen.

Ist H gleich der Intensität des magnetischen Feldes, so übt es, wie wir wissen, auf das Kathodenstrahlteilchen eine Kraft von der Gröfse $H\,e\,u$ aus. Wenn sich also die Kräfte der beiden Felder das Gleichgewicht halten, besteht die Beziehung

$$H\,e\,u = X\,e,$$

folglich ist

$$u = \frac{X}{H}. \qquad (1).$$

Läfst man nunmehr das magnetische Feld allein einwirken, so tritt eine Verschiebung des Lichtfleckes ein; die Strahlen verlaufen jetzt in krummer Bahn, und aus der Gröfse der Ablenkung des Fluoreszenzfleckes läfst sich der zugehörige Krümmungsradius ϱ berechnen. Es gilt aber, wie wir oben sahen, die Beziehung

$$H\,\varrho = \frac{m\,u}{e} \qquad (2).$$

Die beiden Gleichungen (1) und (2) liefern uns offenbar die Werte für u und $\dfrac{e}{m}$.

Die Geschwindigkeit u ist nicht konstant, sondern variiert mit der Potentialdifferenz der Elektroden, und diese hängt ihrerseits von dem Druck und der chemischen Natur des Gasrestes in der Entladungsröhre ab.

78   Zweites Kapitel. Die Ionisation der Gase.

Unter verschiedenen Versuchsbedingungen dieser Art erhält man für die Kathodenstrahlteilchen Geschwindigkeiten, die zwischen den Grenzen 10^9 und 10^{10} cm pro Sekunde liegen. Es handelt sich hier also um aufserordentlich schnelle Bewegungen, wenn wir vergleichsweise an Geschwindigkeiten denken, wie wir sie gewöhnlichen materiellen Körpern auf mechanischem Wege erteilen. Was den Quotienten $\frac{e}{m}$ betrifft, so bleibt sein Wert für verschiedene Geschwindigkeiten konstant.

Thomsons Messungen lieferten den Mittelwert $\frac{e}{m} = 7{,}7 \times 10^6$, der sich als unabhängig erwies sowohl von der Natur und dem Druck des Gases in der Vakuumröhre als auch von dem Material der metallischen Kathode. Einen ähnlichen Wert für $\frac{e}{m}$ erhielten auch Lenard[1]) und andere.

Kaufmann[2]) und Simon[3]) benutzten zur Ermittelung jenes Quotienten eine andere Methode. Sie maſsen die Potentialdifferenz V zwischen den Enden des Entladungsrohres. Die Arbeit, die an dem geladenen Teilchen geleistet wird, wenn es sich von dem einen Rohrende zum anderen hin bewegt, ist gleich Ve; dieser Ausdruck muſs aber gleich der kinetischen Energie $\frac{1}{2} m u^2$ sein, die das Teilchen auf seiner Flugbahn gewinnt. Es gilt daher die Beziehung

$$\frac{e}{m} = \frac{u^2}{2V} \qquad (3).$$

Wird nun noch die magnetische Ablenkung beobachtet, so erhält man durch Kombination der Gleichungen (2) und (3) sowohl u als auch $\frac{e}{m}$. Nach dieser Methode fand Simon den Wert

$$\frac{e}{m} = 1{.}865 \times 10^7.$$

Wir werden später sehen (Paragraph 82), daſs ein ähnlicher Wert von Kaufmann auch für die vom Radium ausgestrahlten Elektronen beobachtet worden ist.

Die aus der magnetischen und elektrischen Ablenkbarkeit abgeleiteten Resultate erfuhren eine Bestätigung durch eine Untersuchung von Wiechert, der auf direkte Weise die Zeit bestimmte, welche die Kathodenstrahlen brauchen, um eine bestimmte Wegstrecke zurückzulegen.

---

[1]) Ph. Lenard, Wied. Ann. 64, p. 279. 1898.
[2]) W. Kaufmann, Wied Ann. 61, p. 544; 62, p. 596. 1897; 65, p. 431. 1898.
[3]) S. Simon, Wied. Ann. 69, p. 589. 1899.

Zweites Kapitel. Die Ionisation der Gase. 79

Die Teilchen, aus denen die Kathodenstrahlen bestehen, wurden von J. J. Thomson „Korpuskeln" genannt. Statt dessen gebraucht man heute wohl allgemein die Bezeichnung „Elektronen", ein Ausdruck, der zuerst von Johnstone Stoney benutzt worden ist[1]).

Die oben beschriebenen Methoden liefern uns immer nur das Verhältnis zwischen Ladung und Masse des Elektrons, es bleibt aber zunächst noch eine offene Frage, wie grofs seine Masse selbst ist. Direkt miteinander vergleichen lassen sich die Werte, die der Quotient $\frac{e}{m}$ einerseits beim Elektron und andererseits beim freien Wasserstoffion, wie es durch Elektrolyse des Wassers gewonnen wird, besitzt. Bekanntlich bedarf es einer Elektrizitätsmenge von 96 000 Coulomb oder in runder Zahl von 10^4 elektromagnetischen Einheiten, um ein Gramm Wasserstoff in Freiheit zu setzen. Ist also e die Ladung eines Wasserstoffatoms, und sind in einem Gramm N solcher Atome enthalten, so ist $Ne = 10^4$. Bezeichnen wir ferner die Masse eines Wasserstoffatoms mit m, so wird $Nm = 1$, so dafs sich durch Division für diesen Fall $\frac{e}{m} = 10^4$ ergibt. Wir hatten bereits erkannt, dafs die Ladung eines Gasions mit derjenigen des Wasserstoffatoms übereinstimmt; auf indirektem Wege läfst sich aber zeigen, dafs ein Elektron eine ebenso grofse Elektrizitätsmenge mit sich führt wie ein Gasion; folglich ist die Ladung e beim Elektron die gleiche wie beim Wasserstoffatom. Demgemäfs kann die scheinbare Masse des Elektrons nur etwa $1/1000$ von derjenigen des Wasserstoffatoms betragen. Die Elektronen erscheinen somit als die kleinsten körperlichen Gebilde, mit denen die Wissenschaft zu operieren hat.

Von J. J. Thomson wurden später analoge Messungen angestellt für die negativen Ionen, die von glühenden Kohlenfäden bei geringen Gasdrucken emittiert werden, und ferner für die negativen Teilchen, die an einer mit ultraviolettem Lichte bestrahlten Zinkplatte entstehen. In beiden Fällen erhielt er für den Quotienten $\frac{e}{m}$ den gleichen Wert wie für die negativen Elektronen der Kathodenstrahlen. Im Hinblick auf diese Ergebnisse durfte man sich wohl sagen, dafs Elektronen wahrscheinlich in allen materiellen Körpern enthalten wären. Durch Untersuchungen auf einem ganz anderen Gebiete erhielt diese Auffassung eine wesentliche Stütze. Im Jahre 1897 hatte nämlich Zeeman beobachtet, dafs die Linien im Emissionsspektrum einer Flamme

---

[1]) Eine vollständige Darstellung der verschiedenen Methoden, die zur Bestimmung der Masse und Geschwindigkeit der Elektronen gedient haben, sowie ihrer theoretischen Grundlagen findet man in J. J. Thomsons Werk: Conduction of Electricity through Gases.

eine Verschiebung erlitten und sich verdoppelten, wenn er ein starkes magnetisches Feld auf die Lichtquelle einwirken liefs. Spätere Untersuchungen zeigten, dafs die Linien sich unter Umständen auch verdreifachen, in anderen Fällen auch versechsfachen können, ja bisweilen tritt noch eine stärkere Zerlegung ein. Eine allgemeine Erklärung dieser Erscheinungen ergab sich auf Grund der schon vorher entwickelten Strahlungstheorien von Lorentz und Larmor, denen folgende Annahme zugrunde liegt: jede Strahlung der hier in Betracht kommenden Art verdankt ihr Entstehen einer zirkularen oder oszillatorischen Bewegung der geladenen Elementarteilchen der Atome. Da nun die Bewegung eines jeden Ions durch äufsere magnetische Kräfte beeinflufst wird, so erleiden auch in diesem Falle, wenn die Lichtquelle etwa zwischen die Pole eines kräftigen Magneten gebracht wird, die Schwingungen der geladenen Teilchen eine Störung. Es ändert sich auf diese Weise die Periode des ausgesandten Lichtes, d. h. eben, die entsprechende Emmissionslinie verschiebt sich im Spektrum unter der Einwirkung des magnetischen Feldes. Nach der Theorie hängt der Betrag der Wellenlängenänderung von der Stärke des Feldes ab, sowie von dem Verhältnisse der Ladung des schwingenden Teilchens zu seiner Masse, also von der Gröfse unseres Quotienten $\frac{e}{m}$. Indem man nun den experimentellen Befund mit der Theorie verglich, wurde man zu der Schlufsfolgerung geführt, dafs die Ladung des Ions im vorliegenden Falle negatives Vorzeichen besitzt, und dafs der Wert von $\frac{e}{m}$ etwa 10^7 beträgt. Jene schwingenden Ionen, welche die Strahlungszentren in einem leuchtenden Körper repräsentieren, sind demnach gleichfalls identisch mit den Elektronen, die uns als Kathodenstrahlen in Vakuumröhren begegnen.

Es erscheint daher wohl zweckmäfsig, anzunehmen, dafs wir es in den Atomen sämtlicher Körper mit zusammengesetzten Gebilden zu tun haben, und dafs sie sich, zum Teil wenigstens, aus Elektronen aufbauen, deren scheinbare Masse viel kleiner ist als die eines Wasserstoffatoms. Man mag sich denken, dafs diese Elektronen aus freien Ladungen bestehen, die an materielle Träger überhaupt nicht mehr gebunden sind. Die charakteristischen Eigenschaften solcher Elektrizitätsteilchen sind auf mathematischem Wege u. a. von Larmor untersucht worden. Nach seiner Ansicht führen jene Vorstellungen zu den letzten Grundlagen einer Theorie der Materie. In demselben Sinne haben auch J. J. Thomson und Lord Kelvin gewisse aus einer gröfseren Zahl von Elektronen zusammengesetzte Systeme erdacht, von denen sie beweisen konnten, dafs sie geringen Störungen gegenüber eine beträchtliche Stabilität besitzen. (Näheres hierüber s. w. u. Paragraph 270.)

51. Kanalstrahlen. Benutzt man in einer Vakuumröhre eine durchlöcherte Kathode, so sieht man, falls der Gasdruck innerhalb gewisser Grenzen gehalten wird, beim Durchgang der Entladung ein Strahlenbündel, das sich von der Kathode, durch die Löcher hindurchtretend, nach der von der Anode abgewandten Seite hin ausbreitet. Diese Strahlen wurden zuerst von Goldstein[1]) beobachtet und von ihm „Kanalstrahlen" genannt. Sie pflanzen sich geradlinig fort und rufen in verschiedenen Substanzen Phosphoreszenz hervor.

Wie von W. Wien[2]) gezeigt wurde, werden die Kanalstrahlen durch magnetische und elektrische Kräfte abgelenkt, jedoch um sehr viel kleinere Beträge, als es unter gleichen Bedingungen bei den Kathodenstrahlen der Fall ist. Die Ablenkungen erfolgen bei den ersteren nach entgegengesetzter Richtung wie bei den Kathodenstrahlen, woraus zu schliefsen ist, dafs die Kanalstrahlen aus positiven Ionen bestehen. Aus der Gröfse ihrer magnetischen und elektrischen Ablenkbarkeit bestimmte Wien ihre Geschwindigkeit und das Verhältnis $\frac{e}{m}$. Es zeigte sich, dafs dieser Quotient hier nicht konstant war, sondern sich mit der Natur des in der Röhre befindlichen Gases änderte; der gröfste Wert, der für $\frac{e}{m}$ beobachtet wurde, betrug 10^4. Daraus geht hervor, dafs das positive Ion in keinem Falle eine kleinere Masse als das Wasserstoffatom besitzt. Man hat sich nun wohl vorzustellen, dafs diese positiven Ionen, aus denen die Kanalstrahlen bestehen, aus der Materie der Elektroden oder des Gasrestes stammen, und dafs sie, indem sie nach der negativen Elektrode hin wandern, eine genügend hohe Geschwindigkeit erreichen, um durch die Löcher der Kathode hindurchzufliegen und so in den hinteren Raum der Röhre zu gelangen.

Es verdient hervorgehoben zu werden, dafs für die Träger einer positiven Ladung noch niemals eine scheinbare Masse von kleinerem Betrage als der des Wasserstoffatoms beobachtet worden ist. Positive Elektrizität scheint daher stets an Körper von atomistischer Gröfse gebunden zu sein. Nach unseren Annahmen besteht nun der Ionisierungsprozefs in Gasen in der Abspaltung eines Elektrons von dem Atom. Die äquivalente positive Ladung bleibt also an dem Atome haften und mufs mit ihm zusammen wandern. Es handelt sich hier, wie es scheint, um einen fundamentalen Unterschied zwischen positiver und negativer Elektrizität, ohne dafs sich dafür bisher eine weitere Erklärung geben liefse.

---

[1]) E. Goldstein, Berl. Sitzungsber. 39, p. 691. 1886; Wied. Ann. 64, p. 45. 1898.
[2]) W. Wien, Wied. Ann. 65, p. 440. 1898.

52. Ausstrahlung von Energie.

Bewegt sich ein Elektron gleichförmig und geradlinig mit unveränderlicher Geschwindigkeit, so bleibt auch das magnetische Feld, das mit ihm wandert, konstant, und es findet kein Energieverlust durch Strahlung statt. Wenn seine Bewegung jedoch beschleunigt oder verzögert wird, ändert sich sein magnetisches Feld, und dadurch entsteht eine elektromagnetische Strahlung, so daſs das Elektron Energie einbüſst. Die Gröſse des Energieverlustes, den ein Elektron bei einer Geschwindigkeitsänderung erleidet, wurde zuerst von Larmor[1]) berechnet; sie beträgt $\dfrac{2\,e^2}{3\,V}\,b^2$, wenn e seine Ladung in elektromagnetischen Einheiten, b seine Beschleunigung und V die Lichtgeschwindigkeit bezeichnet.

Wenn sich demnach irgendeine elektrische Ladung bewegt, so ist jede Geschwindigkeitsänderung von einer Ausstrahlung elektromagnetischer Energie begleitet. Ein Elektron, das in einer Vakuumröhre von der Kathode zur Anode hinüberfliegt, muſs daher gleichfalls Energie ausstrahlen, da es ja in dem elektrischen Felde zwischen den Elektroden beschleunigt wird. Der entsprechende Energieverlust ist jedoch unter diesen Umständen, wie sich leicht berechnen läſst, gewöhnlich nur klein gegen die kinetische Energie, die das Elektron beim Durchgang durch das elektrische Feld gewinnt.

Eine sehr kräftige Strahlung wird von einem Elektron emittiert, wenn es sich auf einer Kreisbahn bewegt, da es in diesem Falle fortwährend eine Beschleunigung nach dem Zentrum hin erleidet. Ist z. B. der Kreisradius gleich dem Radius eines Atoms (etwa 10^{-8} cm), so würde das Elektron schon innerhalb eines kleinen Bruchteils einer Sekunde den gröſsten Teil seiner Bewegungsenergie verlieren, selbst wenn es sich ursprünglich nahezu mit Lichtgeschwindigkeit bewegte. Setzen wir aber den Fall, es seien mehrere Elektronen in gleichen Winkelabständen längs des Umfanges eines Kreises verteilt, und sie rotierten alle mit konstanter Geschwindigkeit: dann ist die Energiestrahlung viel geringer als bei einem einzelnen Elektron, und sie nimmt mit wachsender Zahl der Teilchen sehr schnell ab. Dieses Resultat wurde von J. J. Thomson abgeleitet; wir werden darauf noch zurückkommen, wenn von der Stabilität der aus rotierenden Elektronen zusammengesetzten Systeme die Rede sein wird.

Die Strahlungsintensität ist dem Quadrate der Beschleunigung proportional. Je schneller sich also ein Elektron in Bewegung setzt, oder je plötzlicher es aufgehalten wird, um so gröſser ist die relative Gesamtenergie, die zur Ausstrahlung gelangt. Wenn z. B. Kathodenstrahlen auf ein Metallblech auffallen, wird ihre Bewegung mit einem Schlage gehemmt; dann müssen die heranfliegenden Elektronen offenbar einen

---

[1]) Larmor, Phil. Mag. 44, p. 593. 1897.

Zweites Kapitel. Die Ionisation der Gase.

Teil ihrer kinetischen Energie in Form elektromagnetischer Strahlung abgeben. Stokes und Wiechert nehmen an, dafs auf diese Weise die Röntgenstrahlen entstehen, von denen man ja weifs, dafs sie von Oberflächen ausgehen, auf welche Kathodenstrahlen fallen. Die mathematische Theorie dieses Vorganges ist von J. J. Thomson[1]) entwickelt worden. Durch die plötzliche Hemmung der heranfliegenden Elektronen entsteht im Äther ein schmaler sphärischer Impuls äufserst intensiver elektrischer und magnetischer Kräfte, der sich von dem Punkte aus, wo die Teilchen aufschlagen, mit Lichtgeschwindigkeit durch den Raum hin fortpflanzt. Je plötzlicher das Elektron aufgehalten wird, um so schmaler und stärker ist der resultierende Impuls. Nach dieser Auffassung sind die Röntgenstrahlen also nicht korpuskularer Natur wie die Kathodenstrahlen, von denen sie erzeugt werden, sondern bestehen aus transversalen Störungen im Äther; sie besitzen mithin eine gewisse Verwandtschaft mit sehr kurzen Lichtwellen. Bei den Röntgenstrahlen handelt es sich jedoch nicht um einen periodischen Vorgang, sondern nur um eine Anzahl einzelner Impulse, die in unregelmäfsigen Abständen aufeinander folgen.

Vom Standpunkte dieser Theorie aus erscheint es selbstverständlich, dafs bei den Röntgenstrahlen weder eine regelmäfsige Reflexion noch Brechung oder Polarisation zu bemerken ist, so lange wenigstens die Impulsbreite klein gegen den Atomdurchmesser bleibt. Ebenso erklärt sich auch das Fehlen einer elektrischen oder magnetischen Ablenkbarkeit. Die elektrischen und magnetischen Kräfte der Röntgenimpulse sind sehr grofs; daher sind sie imstande, aus Gasatomen, die von ihnen getroffen werden, Elektronen auszutreiben, und auf diese Weise kommt die Ionisierung der Gase durch Röntgenstrahlen zustande.

Erzeugt werden die X-Strahlen durch Kathodenstrahlen; sie selbst geben aber ihrerseits zum Auftreten einer sekundären Strahlung Veranlassung, wenn sie auf einen festen Körper auffallen. Diese Sekundärstrahlung wird gleichmäfsig nach allen Richtungen hin ausgesandt und besteht einesteils selbst wieder aus einer Art X-Strahlen, anderenteils aus mit grofser Geschwindigkeit fortgeschleuderten Elektronen. Die Sekundärstrahlung vermag dann wieder Tertiärstrahlen zu erzeugen und so geht es weiter.

Auch ein Gas, in welchem sich Röntgenstrahlen ausbreiten, kann eine Sekundärstrahlung aussenden. Die letztere besteht in diesem Falle, wie Barkla[2]) gezeigt hat, zum Teil aus diffus zerstreuten X-Strahlen von ziemlich gleicher Durchdringungsfähigkeit wie derjenigen der Primärstrahlen, aufserdem enthält sie aber noch leicht absorbierbare Strahlen.

Ein Teil der Kathodenstrahlen, die auf einen festen Körper fallen,

---

[1]) J. J. Thomson, Phil. Mag., Febr. 1897.
[2]) Barkla, Phil. Mag., Juni 1903.

84 Zweites Kapitel. Die Ionisation der Gase.

erfährt eine diffuse Reflexion. Diese unregelmäfsig zerstreute Strahlung besteht auch wiederum aus zwei Teilen: wir finden hier sowohl Elektronen, welche sich mit der gleichen Geschwindigkeit wie die Teilchen des primären Strahlenbüschels bewegen, als auch solche Träger, die eine viel geringere Geschwindigkeit besitzen. Die relative Gröfse jener diffusen Reflexion hängt von dem Material der Kathode sowie von dem Einfallswinkel der primären Strahlen ab.

Ähnliche Erscheinungen zeigen sich, wenn die Strahlen radioaktiver Substanzen auf feste Körper fallen (vergl. Kapitel IV).

Wir haben nunmehr in diesem Kapitel die Theorie der Ionisation der Gase in ihren allgemeinen Umrissen kennen gelernt, wenigstens so weit, als es für das Verständnis der elektrischen Mefsmethoden beim Studium der Radioaktivität erforderlich ist. Es läge jedoch aufserhalb des Rahmens dieses Buches, an dieser Stelle auf nähere Einzelheiten jener Theorie und auf ihre Nutzanwendung zur Erklärung einer Reihe weiterer Phänomene einzugehen. Es mögen daher die Erscheinungen der Elektrizitätsleitung in Flammen und Dämpfen, der Entladung erhitzter Körper sowie die höchst komplizierten Vorgänge, die sich beim Durchgange der Elektrizität durch evakuierte Räume abspielen, hier unberücksichtigt bleiben.

Wer sich über diese Dinge näher unterrichten will, sei auf das umfassende Werk von J. J. Thomson, „Conduction of Electricity through Gases", (autor. Übers. von E. Marx, B. G. Teubner, Leipzig, 1906), hingewiesen, wo jenes wichtige Kapitel der modernen Physik eine ausführliche Behandlung erfahren hat. Eine einfache Darstellung der durch Bewegung elektrischer Ladungen hervorgerufenen Erscheinungen sowie der Elektronentheorie der Materie findet man in den „Silliman-Lectures" desselben Verfassers, die unter dem Titel „Elektrizität und Materie" (autor. Übers. von G. Siebert, Fr. Vieweg & Sohn, Braunschweig 1904) erschienen sind.

Drittes Kapitel.
Meſsmethoden.

53. Meſsmethoden. Zur Untersuchung der Strahlungen radioaktiver Körper sind drei prinzipiell verschiedene Methoden im Gebrauch. Diese basieren
1. auf der photographischen Wirkung der Strahlen,
2. auf der Ionisation, die sie in Gasen erzeugen,
3. auf der Fluoreszenzerregung eines Leuchtschirmes aus Baryumplatincyanür, Zinksulfid oder ähnlichen Substanzen.

Der Anwendungsbereich der dritten Methode ist freilich sehr beschränkt, da nur sehr stark aktive Stoffe, wie Radium oder Polonium imstande sind, eine deutliche Fluoreszenz hervorzurufen.

Was die photographische Methode betrifft, so hat man sich ihrer, zumal im frühesten Entwicklungsstadium dieses Forschungsgebietes, in ausgedehntem Maſse bedient; allmählich ist sie jedoch immer mehr von der elektrischen Methode verdrängt worden, da sich im Laufe der Zeit vor allem quantitative Strahlungsmessungen als notwendig erwiesen. Dennoch besitzt sie in gewissen Fällen nicht zu leugnende Vorteile gegenüber der elektrischen Methode. Die photographische Platte liefert uns z. B. ein sehr wertvolles Mittel, um die Krümmung der Strahlenbahn in elektrischen oder magnetischen Feldern festzustellen, und zwar läſst sich gerade auf diesem Wege die Konstantenbestimmung für die zu untersuchenden Strahlen mit groſser Genauigkeit ausführen.

Andererseits stöſst man aber in manchen Fällen auf Schwierigkeiten, die eine ausschlieſsliche Verwendung der photographischen Platte beim Studium der Radioaktivität nicht empfehlenswert erscheinen lassen. So bedarf es beim Arbeiten mit schwachen Strahlungsquellen, wie Uran oder Thorium, einer Exposition von wenigstens 24 Stunden, um eine merkliche Schwärzung der empfindlichen Schicht hervorzurufen. Infolgedessen ist es unmöglich, auf diesem Wege die Strahlung von solchen aktiven Stoffen nachzuweisen, die ihre Aktivität innerhalb sehr kurzer Zeiten verlieren. Eine weitere Schwierigkeit ist darin zu erblicken, dafs es, wie wir seit den Beobachtungen von W. J. Russell wissen, mannigfache Agentien gibt, die, ohne nach Art der radioaktiven Körper Strahlen auszusenden, dennoch eine Schwärzung der photographischen Platte bewirken. Mit Rücksicht auf diesen Effekt, der unter den verschiedensten Bedingungen zutage treten kann, bedarf es sehr sorgfältiger Vorsichtsmafsregeln, um aus dem photographischen Eindrucke einer schwachen Strahlungsquelle, der durch lang dauernde Exposition gewonnen werden mufs, zuverlässige Schlüsse ziehen zu können.

Der Haupteinwand gegen die Zulässigkeit der photographischen Mefsmethode liegt jedoch in dem Umstande, dafs gerade die Strahlungsarten, durch welche die Gase am stärksten ionisiert werden, photographisch nur sehr wenig wirksam sind. So hat z. B. Soddy[1]) direkt nachgewiesen, dafs die photographische Wirksamkeit des Urans so gut wie ausschliefslich von dem schwach absorbierbaren Strahlungsanteile herrührt, während die Strahlen geringer Durchdringungsfähigkeit nur ganz geringe Schwärzungen der photographischen Platte hervorrufen. Man kann ganz allgemein behaupten, dafs die photographischen Eindrücke, die man unter gewöhnlichen Bedingungen erhält, fast allein durch Strahlen geringer Absorbierbarkeit zustande kommen.

Die photographisch wenig wirksamen, stark absorbierbaren Strahlen enthalten aber den Hauptteil der gesamten Strahlungsenergie, die von den radioaktiven Substanzen geliefert wird. Auch bei den Umwandlungsvorgängen im Innern dieser Körper spielen sie eine viel wichtigere Rolle als jene anderen Strahlen, für welche die Materie gut durchlässig ist. Viele von den radioaktiven Präparaten phosphoreszieren. Will man in diesen Fällen die Aktivität auf photographischem Wege studieren, so ist man genötigt, die photographische Platte durch Umhüllung mit schwarzem Papier vor der Einwirkung des Phosphoreszenzlichtes zu schützen. Dadurch erwächst eine weitere Schwierigkeit, falls man gerade die stark absorbierbaren Strahlen untersuchen will; denn diese können ebensowenig wie das Phosphoreszenzlicht die Papierhülle durchdringen.

Die elektrische Methode liefert uns demgegenüber ein bequemes Mittel, um genaue quantitative Aktivitätsmessungen in kürzester Zeit auszuführen. Sie läfst sich für alle in Betracht kommenden Strahlungsgattungen mit gleich gutem Erfolge verwenden und bietet noch den besonderen Vorteil, für Lichtwellen völlig zu versagen. Um so empfindlicher ist sie für die Strahlen der radioaktiven Substanzen, so dafs man auf elektrischem Wege ganz aufserordentlich schwache Aktivitäten noch leicht messen kann.

---

[1]) F. Soddy, Trans. Chem. Soc. Vol. 81, p. 860. 1902.

Drittes Kapitel. Meſsmethoden. 87

54. Die elektrischen Methoden. Die für das Studium der Radioaktivität geeigneten elektrischen Methoden gründen sich sämtlich auf die ionisierende Wirkung, welche die hier in Frage kommenden Strahlen auf Gase ausüben, indem sie nämlich positiv und negativ geladene Träger in der ganzen durchstrahlten Gasmasse erzeugen. Wir sahen bereits im vorigen Kapitel, welche Konsequenzen sich aus der Ionisationstheorie für elektrometrische Aktivitätsmessungen ergeben. Eine wesentliche Bedingung, die stets erfüllt sein muſs, wenn es sich darum handelt, vergleichende Messungen auszuführen, besteht darin, die Intensität der elektrischen Felder so hoch zu wählen, daſs in jedem Falle der Maximal- oder Sättigungsstrom im Gase zustande kommt.

Die hierzu erforderliche Feldstärke hängt von dem Grade der zu messenden Ionisierung, also von der Aktivität der in Frage kommenden Präparate, ab. Beträgt die Aktivität der letzteren nicht mehr als 500 — diejenige von metallischem Uran gleich Eins gesetzt —, so genügt im allgemeinen ein Feld von 100 Volt pro Zentimeter, um praktische Sättigung zu erzielen. Mit stark aktiven Radiumpräparaten gelingt es indessen häufig nicht, die elektromotorische Kraft mit den zur Verfügung stehenden Mitteln so hoch zu treiben, daſs auch nur angenäherte Sättigung eintritt. In solchen Fällen kann man sich dadurch helfen, daſs man den Druck des Gases verringert; dann läſst sich nämlich der Sättigungszustand leichter erreichen.

Zur eigentlichen Strommessung lassen sich, je nach der Intensität der resultierenden Ströme, verschiedene Instrumente verwenden. Benutzt man als Strahlungsquelle ein hochaktives Radiumsalz, das etwa wie in Fig. 1 auf der unteren Platte eines Kondensators ausgebreitet sein möge, so kann man den Strom bei Anlegung der Sättigungsspannung ohne Schwierigkeit mit einem empfindlichen Galvanometer von hohem Widerstande messen. Als Beispiel sei folgender Fall angeführt: 0,45 Gramm Radiumchlorid von einer Aktivität, die 1000mal so groſs war als die des Uranoxyds, wurden auf einer Fläche von 33 qcm ausgebreitet; es ergab sich ein Maximalstrom von $1,1 \times 10^{-8}$ Ampere, wenn die Entfernung der Kondensatorplatten 4,5 cm betrug; dabei war eine Potentialdifferenz von etwa 600 Volt erforderlich, um praktisch den Sättigungszustand hervorzubringen. Da die Ionisation zum gröſsten Teile von solchen Strahlen herrührt, die bereits in einer Luftschicht von wenigen Zentimetern Dicke zur Absorption gelangen, so wächst der Strom nicht mehr erheblich, wenn der Plattenabstand vergröſsert wird. Reicht die Stromstärke nicht völlig aus, um sich unmittelbar galvanometrisch messen zu lassen, so mag man die obere Platte mit einem gut isolierenden Hilfskondensator verbinden; man läſst dann die Elektrizität eine bestimmte Zeit lang, etwa während einer oder zwei Minuten, übergehen und entlädt hierauf den Kondensator durch das Galvanometer; auf diese Weise erhält man dann eine bequem meſsbare Stromintensität.

55. In den meisten Fällen, wenn man mit schwach aktiven Substanzen wie Uran oder Thorium zu arbeiten hat oder auch mit geringen Mengen hochaktiver Präparate, ist man jedoch genötigt, sich anderer Methoden zu bedienen, die noch weit schwächere Ströme zu messen gestatten, als wie sie sich durch Galvanometerausschläge zu erkennen geben. Man benutzt dann am zweckmäfsigsten eine der zahlreichen Formen des Quadrantelektrometers oder ein Elektroskop von besonderer Konstruktion. Für viele Beobachtungen, wenn z. B. die Aktivitäten zweier Substanzen unter konstanten Bedingungen miteinander verglichen werden sollen, empfiehlt sich vor allem das Elektroskop als zuverlässiges und leicht zu handhabendes Instrument. Als Beispiel einer einfachen Ausführungsform dieses Apparates möge hier das Elektroskop, dessen sich Herr und Frau Curie bei vielen ihrer älteren Untersuchungen bedienten, beschrieben werden.

Die Einzelheiten lassen sich deutlich aus Fig. 11 erkennen. Die aktive Materie wird auf einen Teller gelegt, der auf der festen kreis-

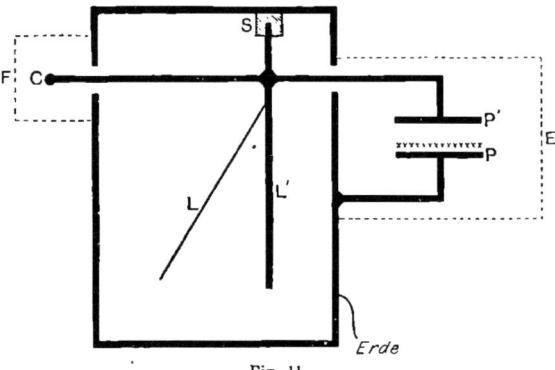

Fig. 11.

förmigen Platte P ruht; diese ist mit dem Gehäuse des Elektroskops und mit der Erde metallisch verbunden. Die obere isolierte Platte P' steht mit dem Goldblattsystem LL' in Verbindung, das von dem Isolator S getragen wird; L ist das bewegliche Goldblättchen.

Das System wird zunächst auf ein geeignetes Potential geladen; dabei dient das herausragende Stäbchen C als Zuführung. Mit Hilfe eines Mikroskops verfolgt man dann den Rückgang des Goldblättchens. Um die Aktivitäten zweier Präparate miteinander zu vergleichen, beobachtet man die Zeiten, innerhalb deren sich das Blättchen an einer bestimmten Anzahl Teilstrichen einer im Mikroskopokular befindlichen Mikrometerskala vorbeibewegt. Da die Kapazität des geladenen Systems konstant bleibt, ist die mittlere Geschwindigkeit des Blättchens direkt der Stärke des Ionisationsstromes zwischen P und P', also der Intensität der von dem aktiven Körper ausgesandten Strahlung, proportional.

Drittes Kapitel. Meſsmethoden. 89

Sofern die Aktivität des zu untersuchenden Materials nicht auſsergewöhnlich groſs ist, läſst sich die Potentialdifferenz zwischen den Platten leicht auf einen so hohen Wert bringen, daſs der Sättigungszustand eintritt. Erforderlichenfalls hat man noch eine Korrektion anzubringen wegen des Elektrizitätsverlustes, der sich auch ohne aktive Substanzen bemerkbar macht. Zur Fernhaltung äuſserer Störungen umgibt man die Platten PP' sowie den Stab C zweckmäſsigerweise mit geerdeten Metallzylindern E, F.

56. Das Goldblattelektroskop erweist sich in modifizierter Form auch als sehr geeignet, um auſserordentlich schwache Ionisierungen mit beträchtlicher Genauigkeit zu messen. Bisweilen leistet es sogar in Fällen, wo empfindliche Elektrometer bereits versagen, noch gute Dienste. Ein Instrument dieser Art wurde von Elster und Geitel angegeben und mit gutem Erfolge zu Untersuchungen über die natürliche Ionisation der Atmosphäre benutzt. Eine andere, zur Messung schwächster Ionisationsströme sehr geeignete Form des Goldblattelektroskops zeigt Fig. 12.

Dieser Apparat wurde zuerst von C. T. R. Wilson[1]) zur Beobachtung der natürlichen Leitfähigkeit der Luft in geschlossenen Gefäſsen benutzt. Er hat folgende Einrichtung: ein zylindrisches Messinggefäſs von etwa 1 Liter Inhalt umschlieſst das zu elektrisierende System. Dieses besteht aus einem flachen Metallstab R, an dem ein schmaler Goldblattstreifen L befestigt ist. Zur Isolierung dient ein

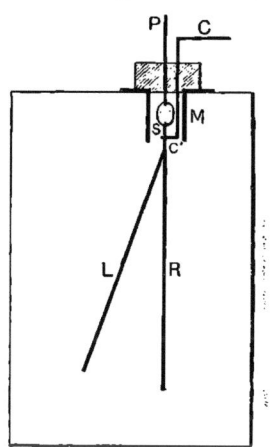

Fig. 12.

Schwefelkügelchen oder ein kleines Stück Bernstein S — in trockenen Gasen sind diese Substanzen beinahe vollkommene Isolatoren —, das im Innern des Gefäſses von dem Drahte P getragen wird. Die Ladung kann durch ein rechtwinklig gebogenes, in einem Ebonitpfropfen sitzendes Drahtstück CC' zugeführt werden[2]). Man verbindet C z. B. mit dem einen Pole einer Batterie kleiner Akkumulatoren von 200—300 Volt. Wo eine solche nicht vorhanden ist, genügt auch die Berührung mit einer geriebenen Siegellackstange. Nach erfolgter Ladung wird der Draht CC' zur Seite gedreht, wodurch der Kontakt mit dem Goldblattsystem gelöst

---

[1]) C. T. R. Wilson, Proc. Roy. Soc. Vol. 68, p. 152. 1901.
[2]) Soll der Apparat vollkommen luftdicht sein, so mag man zur Ladung einen kurzen magnetisierten Stahldraht benutzen, der durch Annäherung eines Magneten von auſsen mit dem Stabe R zur Berührung gebracht wird.

wird. Die Drähte P und C sowie der Messingzylinder werden alsdann mit der Erde verbunden.

In dem Zylindermantel befinden sich noch zwei mit dünnen Glimmerfenstern verschlossene Öffnungen, um die Bewegung des Goldblättchens mittels eines Ablesemikroskops beobachten zu können. Soll die natürliche Ionisation der in dem Gefäfse enthaltenen Luft mit möglichster Genauigkeit gemessen werden, so empfiehlt es sich, die inneren Teile der Drähte P und CC' nebst dem Isolator S in einen kleinen geerdeten Metallzylinder einzuschliefsen, damit lediglich das geladene System der Einwirkung der zu untersuchenden Luftmasse unterliegt.

Der geringe Elektrizitätsverlust infolge des Überkriechens eines Teils der Ladung über die Schwefelkugel läfst sich bei diesem Apparate fast vollkommen dadurch eliminieren, dafs man dem Drahte P das mittlere Potential des Goldblattsystems während der Beobachtungszeit erteilt. Dieses Verfahren hat sich bei den Versuchen von C. T. R. Wilson (loc. cit.) als äufserst zweckmäfsig erwiesen. Solche Vorsichtsmafsregeln sind indessen im allgemeinen überflüssig, es sei denn, dafs man die natürliche Ionisation von Gasen bei geringen Drucken untersuchen will; in diesem Falle kommt allerdings der Elektrizitätsverlust am Isolator gegenüber der Entladung durch Ionen wohl in Betracht.

57. Die elektrische Kapazität C eines Goldblattsystems von etwa 4 cm Länge beträgt in der Regel ungefähr 1 elektrostatische Einheit. Nimmt sein Potential in t Sekunden um V Einheiten ab, so entspricht diesem Potentialabfall im Gase ein Strom von der Intensität

$$i = \frac{CV}{t}.$$

Es zeigte sich z. B. unter dem Einflusse der natürlichen Ionisation der Luft in einem sorgfältig gereinigten Messingelektroskop von 1 Liter Inhalt ein Potentialverlust von etwa 6 Volt pro Stunde. Für $C = 1$ ergibt sich daher in diesem Falle

$$i = \frac{1 \times 6}{3600 \times 300} = 5{,}6 \times 10^{-6} \text{ elektrostatische Einheiten}$$

oder

$$i = 1{,}9 \times 10^{-15} \text{ Ampere.}$$

Unter Beachtung besonderer Vorsichtsmafsregeln lassen sich noch Ströme von $1/10 - 1/100$ dieses Betrages genau messen.

Die Zahl der in dem Gase entstehenden Ionen läfst sich berechnen, wenn man die Ladung e eines Ions kennt. Diese beträgt aber nach J. J. Thomson $3{,}4 \times 10^{-10}$ elektrostatische Einheiten oder $1{,}13 \times 10^{-19}$ Coulomb.

Es bezeichne q die Anzahl der in jedem Kubikzentimeter der das Elektroskop erfüllenden Gasmasse pro Sekunde erzeugten Ionen und S die Gröfse des Elektroskopvolumens in Kubikzentimetern. Für den Fall der gleichförmigen Ionisierung läfst sich dann der Sättigungsstrom i darstellen durch den Ausdruck

$$i = q\,S\,e.$$

Nun betrug der Sättigungsstrom in dem Elektroskop von 1000 ccm Inhalt ungefähr $1{,}9 \times 10^{-15}$ Ampere. Setzen wir diesen Wert in die letzte Formel ein, so erhalten wir

$$q = 17$$

als Zahl der erzeugten Ionen pro Kubikzentimeter und Sekunde.

Unter günstigen Bedingungen kann man demnach mit Hilfe eines Elektroskops noch leicht solche Ströme messen, die dem Falle entsprechen, dafs pro Sekunde nur 1 Ion im Kubikzentimeter entsteht.

In dem Wilsonschen Apparate macht sich stets nur die Ionisation im Innern des Gefäfses bemerkbar. Von den in der äufseren Luft vorhandenen Ionen bleibt er unbeeinflufst; ebensowenig ist er elektrostatischen Störungen[1]) ausgesetzt. Darin liegt ein grofser Vorzug dieses Elektroskops. Sehr geeignet ist es auch für Untersuchungen über die am wenigsten absorbierbaren Strahlen der Radioelemente, da diese durch die Wände des Gehäuses leicht hindurchdringen. Zu diesem Zwecke stellt man den Apparat z. B. auf eine Bleiplatte von 3—4 mm Dicke und setzt den radioaktiven Körper darunter; dann können nur jene γ-Strahlen in das Innere des Elektroskops gelangen, während die beiden anderen Strahlenarten in der Bleischicht vollständig absorbiert werden. In analoger Weise lassen sich aber auch messende Versuche über die β-Strahlen ausführen, indem man in den Boden des Gehäuses ein kreisförmiges Loch schneidet und dieses mit einem dünnen Aluminiumblech verschliefst, das gerade dick genug ist, um die α-Strahlen fernzuhalten.

58. Noch empfindlicher als der eben beschriebene Apparat scheint eine andere Form des Goldblattelektroskops zu sein, die erst kürzlich von C. T. R. Wilson[2]) angegeben wurde. Dieses Instrument, von dem Fig. 13 eine Abbildung gibt, dürfte gerade für die Messung äufserst schwacher Ströme von grofsem Nutzen sein.

Sein Gehäuse besteht aus einer Messingbüchse von rechteckigem Querschnitt und ist $4 \times 4 \times 3$ cm grofs. Das schmale Goldblättchen

---

[1]) Bisweilen treten unmittelbar nach dem Laden unregelmäfsige Bewegungen des Goldblättchens auf. Nicht selten sind diese Störungen auf Luftströmungen zurückzuführen, die dadurch zustande kommen, dafs die Beleuchtungsvorrichtung eine unsymmetrische Erwärmung des Elektroskops veranlafst.

[2]) C. T. R. Wilson, Proc. Camb. Phil. Soc. Vol. 12, Part. II. 1903.

L ist an einem Drahte R befestigt, der in einem sauberen Schwefelpfropf steckt. 1 mm vor der gegenüberliegenden Kastenwand befindet sich eine isolierte Messingplatte P. Zwei kleine Fenster gestatten mit Hilfe eines mit Mikrometerskala versehenen Mikroskops die Bewegung des Goldblättchens zu beobachten. Die Platte P wird auf einem konstanten Potential gehalten (gewöhnlich auf etwa 200 Volt). Der ganze Kasten wird, wie es die Abbildung zeigt, in eine schiefe Stellung gebracht. Man reguliert den Neigungswinkel sowie das Plattenpotential je nach der gewünschten Empfindlichkeit. Zunächst wird das Goldblättchen mit dem Gehäuse leitend verbunden und das Mikroskop so eingestellt, dafs das Blättchen in der Mitte der Skala erscheint. Bei gegebenem Plattenpotential hängt die Empfindlichkeit von dem Neigungs-

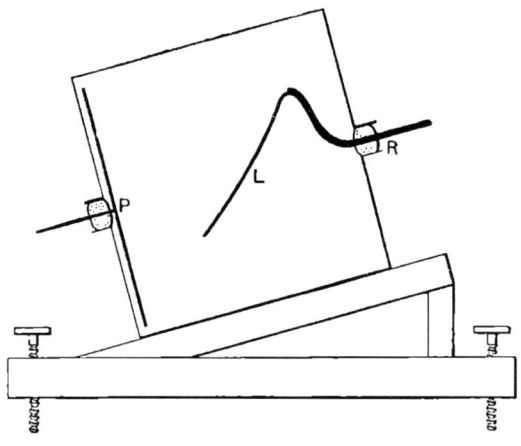

Fig. 13.

winkel des Kastens ab. Unterhalb einer bestimmten kritischen Neigung ist das Goldblättchen jedoch nicht mehr stabil. Wenn der Winkel aber gerade ein wenig gröfser ist als dieser kritische Wert, erhält man die allerempfindlichste Stellung. Wilson gibt beispielsweise an, dafs bei einem Neigungswinkel von 30° und einem konstanten Plattenpotential von 207 Volt eine Ladung des Blättchens auf 1 Volt einen Ausschlag von 200 Skalenteilen hervorrief, wobei 54 Teilstriche der Okularskala einer Länge von 1 mm entsprachen.

Beim praktischen Gebrauch verbindet man den Draht R mit dem aufsen aufgestellten isolierten Leiter, dessen Potentialänderung gemessen werden soll. Wegen der kleinen Kapazität des Systems und der beträchtlichen Ausschläge für geringe Potentialdifferenzen eignet sich der Apparat gerade zur Beobachtung aufserordentlich schwacher Ströme. Hierzu kommt, dafs er sich leicht transportieren läfst, zumal wenn man

Drittes Kapitel. Meſsmethoden. 93

zuvor die Platte P mit dem einen Pole einer Trockensäule verbindet, so daſs das Goldblättchen während des Transportes gestreckt bleibt.

59. Die Elektrometer. Besitzt das Elektroskop in manchen Fällen auch groſse Vorzüge, so läſst es sich doch zumeist nur innerhalb eines beschränkten Meſsbereiches in bequemer Weise benutzen. Demgegenüber sind die Quadrantelektrometer, von denen es auch wieder zahlreiche Ausführungsformen gibt, einer ganz allgemeinen Anwendung fähig. Verfügt man noch über eine Anzahl Hilfskapazitäten, so kann man mit diesen Instrumenten Ionisationsströme von jeder beliebigen Stärke untersuchen, und überhaupt fast jegliche Art von Messungen ausführen, die beim Studium der Radioaktivität in Frage kommen.

Die elementare Theorie des symmetrischen Quadrantelektrometers, wie sie in den physikalischen Lehrbüchern dargestellt zu werden pflegt, vermag über die wahren Eigenschaften dieses Instrumentes nur in sehr unvollkommener Weise Aufschluſs zu geben. So wird z. B. bewiesen, daſs seine Empfindlichkeit, d. h. die Gröſse des Nadelausschlags für 1 Volt Potentialdifferenz zwischen den Quadranten, dem Nadelpotentiale direkt proportional sei, falls dieses letztere groſs gegen die Differenz der Quadrantenpotentiale ist. Bei den meisten Elektrometern liegt die Sache indessen tatsächlich so, daſs die Empfindlichkeit mit wachsendem Nadelpotentiale zunächst bis zu einem Maximalwert ansteigt, um weiterhin allmählich wieder abzunehmen.

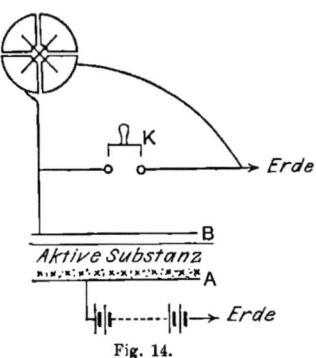

Fig. 14.

Bei solchen Instrumenten, in denen die Nadel von den Quadranten eng umschlossen wird, tritt sogar schon für ein verhältnismäſsig niedriges Nadelpotential jene Maximalempfindlichkeit ein. Eine Theorie des Quadrantelektrometers, die dieser Eigentümlichkeit Rechnung trägt, ist kürzlich von G. W. Walker[1]) entwickelt worden. Wahrscheinlich ist der Effekt durch den Einfluſs der nicht zu umgehenden Luftschlitze zwischen den benachbarten Quadranten bedingt.

Nehmen wir an, es solle nun mittels eines Elektrometers die Ionisation zwischen zwei horizontalen Metallblechen A und B (Fig. 14) gemessen werden, wenn die untere der beiden Platten mit aktiver Materie bedeckt ist. Man verbindet dann wieder die Platte A mit dem einen Pole einer Batterie, deren anderer Pol zur Erde abgeleitet wird. Die elektromotorische Kraft dieser Elektrizitätsquelle muſs, wie

---

[1]) G. W. Walker, Phil. Mag., Aug. 1903.

stets, genügend grofs sein, um den Sättigungsstrom zu liefern. Von der oberen Platte B führt man eine Leitung zu dem einen Quadrantenpaare des Elektrometers, während die anderen Quadranten mit der Erde verbunden werden. Ein zweckmäfsig konstruierter Schlüssel K gestattet, auch die Platte B samt dem mit ihr verbundenen Quadrantenpaare zur Erde abzuleiten. Für gewöhnlich bleibt dieser Schlüssel geschlossen. Man öffnet ihn, wenn man eine Messung ausführen will. Alsdann beginnt sofort die Platte B sich zu laden — z. B. positiv, wenn A am positiven Batteriepole liegt — und ihr Potential steigt, falls man das System sich selbst überläfst, stetig bis nahezu auf den Potentialwert von A. Sobald der Ladungsvorgang beginnt, setzt sich die Nadel des Elektrometers in gleichförmige Bewegung. Ihre Winkelablenkung beobachtet man in üblicher Weise mit Fernrohr und Skala oder objektiv durch Projektion eines Lichtzeigers. Besitzt die Nadel eine passende Dämpfung, so dafs eine gleichförmige Bewegung erfolgt, so kann ihre Geschwindigkeit, d. h. die Zahl der pro Sekunde durchmessenen Skalenteile, als Mafs der Stromintensität im Gase dienen. Die Beobachtungen werden am einfachsten in der Weise ausgeführt, dafs man, sobald die Bewegung gleichförmig geworden ist, mit Hilfe einer Stopp-Uhr die Zeit mifst, die der Lichtzeiger braucht, um 100 Skalenteile zurückzulegen. Nach Beendigung einer jeden Ablesung wird die Platte B wieder mit der Erde verbunden, wodurch die Elektrometernadel in ihre ursprüngliche Stellung zurückgebracht wird.

Bei den meisten Versuchen über Radioaktivität hat man bezüglich der Intensität der Sättigungsströme nur Vergleichsmessungen auszuführen. Bisweilen erstrecken sich solche Untersuchungen aber über Wochen und Monate. In diesen Fällen mufs man Einrichtungen treffen, die eine bequeme Eichung des Elektrometers ermöglichen, damit man die täglichen Schwankungen seiner Empfindlichkeit in Rechnung setzen kann. Am einfachsten geschieht dies in der Weise, dafs man mit dem Elektrometer noch einen zweiten Kondensator verbindet, der in unveränderlicher Anordnung eine gewisse Menge Uranoxyd enthält. Die Ionisation in diesem Hilfskondensator kann dann als Normalmafs dienen, da das Uranoxyd eine sehr konstante Strahlungsquelle darstellt, und man vergleicht nun jedesmal den zu messenden Strom mit dem Sättigungsstrome jenes Normalpräparates. Arbeitet man nach diesem Verfahren, so kann man die Aktivitätsänderungen einer Substanz lange Zeit hindurch sehr genau verfolgen, selbst wenn die Empfindlichkeit des Elektrometers während der ganzen Versuchsreihe innerhalb weiter Grenzen schwankt.

60. Konstruktion der Elektrometer. Es herrscht vielfach die Ansicht, das Quadrantelektrometer sei ein ziemlich unzuverlässiger Apparat, und es sei nicht leicht, mit ihm genaue Strommessungen auszuführen. Daher mag es nicht überflüssig sein, noch einige spezielle Angaben

Drittes Kapitel. Meſsmethoden.

über die zweckmäſsigste Art seiner Konstruktion und Isolierung hinzuzufügen. In den älteren Formen des Quadrantelektrometers pflegte man gewöhnlich unnötig schwere Nadeln zu verwenden. Infolgedessen muſste man die mit der Nadel verbundene Leydener Flasche auf ein ziemlich hohes Potential laden, wenn man eine einigermaſsen groſse Empfindlichkeit, z. B. 100 mm Ausschlag für ein Volt, erreichen wollte. Dieses Verfahren führt aber zu besonderen Schwierigkeiten, da es nicht leicht ist, einer Leydener Flasche Tag für Tag das gleiche hohe Potential zu erteilen und auſserdem ihre Isolierung unter diesen Umständen groſse Mühe macht. Es leidet also vor allem die Konstanz des Nadelpotentials. Dieser Übelstand ist zum groſsen Teile beseitigt worden in dem Whiteschen Modell des Kelvinschen Quadrantelektrometers durch eine Vorrichtung (den sogenannten Replenisher in Verbindung mit einer beweglichen Scheibe), mit deren Hilfe man das Nadelpotential regulieren und jedesmal auf denselben Wert bringen kann. Die Aufstellung und Isolierung des Instrumentes erfordert zwar einige Mühe; doch wenn man diese nicht scheut, bedarf es fernerhin auf lange Zeit hinaus keiner besonderen Wartung und ist für mäſsige Empfindlichkeiten zu empfehlen.

Man kann sich jedoch für genaue Messungen auch einfachere Elektrometer von höherer Empfindlichkeit bequem verschaffen. Ein Quadrantelektrometer älterer Gattung, wie es sich in jedem Laboratorium vorfindet, läſst sich z. B. leicht so umbauen, daſs ein praktischer und zuverlässiger Apparat aus ihm wird. Für Nadeln, die recht leicht sein sollen, verwendet man dünnes Aluminium oder Silberpapier oder ein Glimmerblättchen, das man, um es leitend zu machen, mit Goldschaum belegt. Ferner muſs man darauf achten, daſs der Aluminiumdraht, der den Spiegel trägt, und dieser selbst möglichst geringes Gewicht haben. Zur Aufhängung der Nadel eignet sich am besten ein Quarzfaden oder eine Bifilarsuspension aus Kokon. Auch sehr dünne Drähte aus Phosphorbronze erweisen sich als brauchbar. Nicht zweckmäſsig ist die Verwendung von Magneten, um dem Systeme eine Richtkraft zu erteilen, weil es dann zu leicht Störungen ausgesetzt ist, wenn in der Nähe Induktionsapparate oder Dynamomaschinen arbeiten. Die Ruhelage des Nullpunktes ist viel besser, wenn man als Richtkraft nur die Torsion der Aufhängung benutzt.

Will man ein Elektrometer in der oben geschilderten Weise verwenden, um aus der Geschwindigkeit, mit der sich die Nadel bewegt, Stromstärken zu bestimmen, so kommt es wesentlich darauf an, daſs sie eine geeignete Dämpfung besitzt; anderenfalls erhält man keine gleichförmige Bewegung des Lichtzeigers auf der Skala. Die Gröſse der Dämpfung muſs daher ziemlich sorgfältig reguliert werden. Ist sie zu klein, so lagern sich Oszillationen über die gleichmäſsig fortschreitende Bewegung; andererseits wird die Nadel bei zu starker Dämpfung zu träge, so dafs sie ihre Ruhelage sehr langsam verläfst und einige Zeit braucht, um einen gleichförmigen Bewegungszustand anzunehmen. Eine leichte Nadel bedarf übrigens höchstens einer sehr geringen künstlichen Dämpfung; es genügt dann ein feiner Platindraht, der, zu einer einzigen Windung gebogen, in Schwefelsäure eintaucht.

Leichte und empfindlich aufgehängte Nadeln brauchen nur ein Hilfspotential von einigen hundert Volt, um Ausschläge von mehreren tausend Skalenteilen pro 1 Volt zu liefern. Bei so niedrigen Spannungen macht die Isolierung des mit der Nadel in Verbindung stehenden Kondensators viel weniger Schwierigkeiten. Man kann es dann dahin bringen, dafs das Nadelpotential während eines ganzen Tages von selber blofs um wenige Prozente abnimmt. Eine so gute Isolation erreicht man freilich mit den gewöhnlichen Anordnungen nur selten; es empfiehlt sich, einen Kondensator aus Ebonit (oder Schwefel) in der in Figur 15 dargestellten Schaltungsweise zu verwenden [1]).

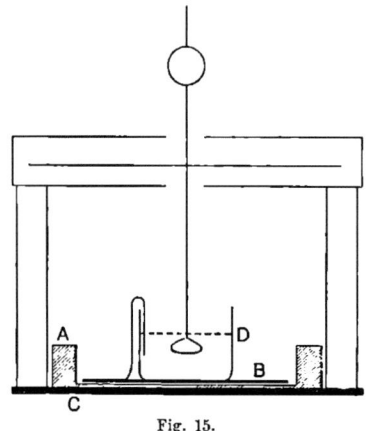

Fig. 15.

Eine runde, ungefähr 1 cm starke Ebonitplatte ist in der Mitte bis auf $1/2$ mm Dicke ausgedreht. In der kreisförmigen Vertiefung liegt eine lose eingepafste Messingscheibe B, und das Ebonitstück ruht auf einer zweiten Messingplatte C, die mit der Erde verbunden wird. Ein solcher Kondensator besitzt eine beträchtliche Kapazität und hält seine Ladung ziemlich lange. Auf der Platte B steht ein Glasschälchen D, das bis zu einer gewissen Höhe mit Schwefelsäure gefüllt ist; in diese taucht der zur Dämpfung dienende Verlängerungsdraht der Elektrometernadel. Ein dünner Platindraht stellt eine leitende Verbindung zwischen der Schwefelsäure und der oberen Kondensatorbelegung her. Der spontane Ladungsverlust beträgt bei einer derartigen Kondensatoranordnung, falls die Luft trocken ist, nicht mehr als 20 % innerhalb einer ganzen Woche. Verschlechtert sich die Isolation im Laufe der Zeit, so braucht man nur die Ränder A des Ebonitkästchens mit Sandpapier abzureiben oder auf der Bank frisch abzudrehen, um dem Schaden abzuhelfen.

Den gleichen Zweck, dem diese Anordnung dienen soll, erreicht man jedoch viel besser, wenn man die Nadel dauernd mit einer Akkumulatorenbatterie verbindet und von dem Gebrauche eines Kon-

---

[1]) R. J. Strutt, Phil. Trans. A, p. 507. 1901.

Drittes Kapitel. Meſsmethoden. 97

densators gänzlich absieht. Solche Batterieen besitzen ein sehr konstantes Potential, so daſs auch die Empfindlichkeit des Elektrometers in dieser Anordnung lange Zeit konstant bleibt.

61. Sehr brauchbar zur Messung kleinster Potentialdifferenzen ist das Elektrometer von Dolezalek[1]). Es enthält eine auſserordentlich leichte, spindelförmige Nadel aus Silberpapier, die ziemlich eng von den Quadranten umschlossen wird. Zur Aufhängung dient ein sehr feiner Quarzfaden. Wegen des geringen Gewichtes der Nadel und ihres engen Spielraumes in der Quadrantenschachtel bedarf es hier keiner besonderen Dämpfungsvorrichtung. Das ist ein groſser Vorzug dieses Instrumentes, weil eine Schwefelsäuredämpfung stets Unbequemlichkeiten im Gefolge hat. Auf der Oberfläche der Säure bildet sich nämlich nach einiger Zeit eine zusammenhängende Haut, durch welche die Bewegung des eintauchenden Platindrahtes gehemmt wird; man muſs daher von Zeit zu Zeit diese Haut entfernen. Das Dolezaleksche Elektrometer läſst sich bei einem Nadelpotential von etwa 100 Volt leicht auf eine Empfindlichkeit von mehreren tausend Skalenteilen Ausschlag pro Volt bringen. Mit wachsendem Nadelpotential nähert sich aber auch hier die Empfindlichkeit einem Maximum, und es ist stets ratsam, die Nadel bis auf diesen kritischen Potentialwert zu laden. Die Kapazität des Instrumentes ist im allgemeinen — unbeschadet seiner Empfindlichkeit — ziemlich groſs (ungefähr 50 elektrostatische Einheiten). Um die Nadel zu laden, berührt man sie vorsichtig mit dem einen Batteriepol, oder man stellt mittels des Quarzfadens eine dauernde Verbindung mit der Spannungsquelle her.

Im letzteren Falle soll es nach Dolezaleks Angaben genügen, den Quarzfaden durch Eintauchen in eine verdünnte Lösung von Chlorcalcium oder Phosphorsäure leitend zu machen. Nach meinen Erfahrungen erhält man jedoch in trockenen Klimaten auf diese Weise keine befriedigenden Resultate; es kommt dann nämlich oft vor, daſs der Faden schon in wenigen Tagen seine Leitfähigkeit so gut wie vollständig verliert.

Die Vorzüge des Dolezalekschen Elektrometers bestehen zunächst in seiner groſsen Empfindlichkeit; hierzu kommt dann eine vorzügliche Ruhelage sowie das Fehlen jeglicher künstlichen Dämpfung. Es gelingt bei diesem Instrumente, wenn man den Quarzfaden auſserordentlich dünn wählt, die Empfindlichkeit so hoch zu treiben, daſs man Ausschläge von über 10 000 mm pro Volt erhält. Im allgemeinen ist jedoch der Gebrauch derartig hoher Empfindlichkeiten nicht zu empfehlen, weil die Schwingungsdauer der Nadel unter diesen Umständen mehrere Minuten beträgt und demgemäſs die natürlichen

---

[1]) F. Dolezalek, Zeitschr. f. Instrumentenkunde, Dez. 1901, p. 345.

Rutherford-Aschkinass, Radioaktivität. 7

Ladungsverluste der Versuchsapparate sowie elektrostatische und sonstige Störungen einen zu starken Einfluſs gewinnen. Hat man aber gelegentlich Ströme von auſserordentlich geringer Intensität zu messen, so soll man für solche Zwecke lieber ein Elektroskop von der im Paragraph 56 beschriebenen Form benutzen; denn in jenen Fällen sind Elektroskope viel zuverlässiger als Elektrometer.

Für die meisten Untersuchungen über Radioaktivität kommt man übrigens mit Elektrometerempfindlichkeiten von 100 Skalenteilen pro Volt vollkommen aus, so daſs es in der Regel zwecklos ist, mit höheren Empfindlichkeiten zu arbeiten.

62. Justierung und Schutzvorrichtungen. Bei der Aufstellung eines Elektrometers muſs man dafür sorgen, daſs die Nadel eine symmetrische Lage zu den Quadranten einnimmt. Um zu prüfen, ob diese Bedingung erfüllt ist, erteilt man der Nadel ein beliebiges Potential, während gleichzeitig beide Quadrantenpaare mit der Erde verbunden werden; es darf dann kein Ausschlag erfolgen. Bei den meisten Elektrometern läſst sich, behufs Justierung des Instrumentes in dem bezeichneten Sinne, der eine Quadrant verstellen. Befindet sich die Nadel schlieſslich in der richtigen Stellung, so bleibt sie stets auf dem Nullpunkte stehen, wenn lediglich ihr eigenes Potential sich ändert, und es ergeben sich gleiche und entgegengesetzte Ausschläge, wenn man den Quadranten gleiche Mengen positiver und negativer Elektrizität zuführt.

Die Stützen, auf denen die Quadranten ruhen, müssen vorzüglich isolieren. Stäbe aus Ebonit erfüllen diesen Zweck in der Regel in vollkommenerer Weise als solche aus Glas. Zur Prüfung der Isolation der Quadranten und ihrer weiteren Verbindungen erteilt man dem Systeme eine Ladung, so daſs ein Ausschlag von etwa 200 Skalenteilen erfolgt. Falls dann binnen einer Minute ein Rückgang der Nadel um nicht mehr als einen bis zwei Skalenteile eintritt, kann die Isolation als durchaus befriedigend gelten. In das Innere des gut schlieſsenden Elektrometergehäuses bringt man zweckmäſsigerweise noch ein geeignetes Trockenmittel; dann sollte das Isolationsvermögen der Quadrantenstützen monatelang unverändert bleiben. Läſst die Isolation aber schlieſslich nach, so muſs man die Oberflächen der Ebonitstäbe — am besten auf der Drehbank — erneuern.

Besonders beim Arbeiten mit hoch empfindlichen Elektrometern, z. B. dem Dolezalekschen, muſs man sowohl das Meſsinstrument selbst als auch die übrigen Versuchsapparate vollständig in einen zur Erde abgeleiteten Drahtnetzkäfig einschlieſsen, um elektrostatische Störungen fernzuhalten. Längere Verbindungsdrähte zwischen den einzelnen Teilen der Versuchsanordnung schützt man am besten durch geerdete Metallröhren. Sämtliche isolierende Stützen sollen möglichst klein sein, da ihre Elektrisierung sonst gleichfalls zu Störungen Veranlassung gibt.

Drittes Kapitel. Mefsmethoden. 99

In feuchten Klimaten wähle man als Isoliermaterial statt Ebonit lieber Paraffin, Bernstein oder Schwefel. Gegen die Verwendung von Paraffin spricht freilich bei empfindlichen Mefsapparaten der Umstand, dafs sich oberflächliche Ladungen dieser Substanz nur sehr schwer vollständig beseitigen lassen. Hat ein Stück Paraffin nämlich einmal eine Ladung angenommen, so kann man zwar versuchen, die letztere mittels einer Flamme zu entfernen, es bleibt dann aber doch stets ein Rückstand, der nur ganz allmählich entweicht. Alle isolierenden Teile müssen unelektrisch gemacht werden, indem man sie mit einer Spiritusflamme bestreicht, oder besser noch, indem man etwas Uran in ihrer Nähe liegen läfst. Man mufs sich auch hüten, die Isolatoren wieder mit den Fingern zu berühren, nachdem sie unelektrisch geworden sind.

Bei genauen Messungen vermeide man es, Gasflammen (etwa solche von Bunsenschen Brennern) in die Nähe des Elektrometers zu bringen; denn alle Flammengase sind stark ionisiert, und es dauert längere Zeit, bis sie ihre Leitfähigkeit völlig verlieren. Befinden sich radioaktive Substanzen in dem Versuchsraume, so ist es unerläfslich, die Zuführungsdrähte zum Elektrometer in ziemlich enge, zur Erde abgeleitete Röhren einzuschliefsen. Unterläfst man diese Vorsichtsmafsregel, so wird man sehen, dafs sich die Nadel nicht mit konstanter Geschwindigkeit immer weiter bewegt, sondern dafs sie sich schnell in eine bestimmte abgelenkte Ruhelage begibt, die einem Gleichgewichtszustande entspricht, in welchem der zu messende Strom durch den Ladungsverlust kompensiert wird, den das Elektrometer und die Zuleitungen infolge der Ionisation der umgebenden Luft beständig erleiden. Unter allen Umständen mufs man die Apparate hiergegen schützen, wenn man Versuche mit γ-Strahlen ausführen will, da diese ja selbst durch gewöhnliche Metallbleche leicht hindurchdringen. Aus demselben Grunde lassen sich auch in Räumen, in denen radioaktive Präparate hergestellt worden sind, niemals genaue Messungen von Ionisationsströmen geringer Intensität ausführen. Verstreute Staubteilchen und radioaktive Emanationen bewirken nämlich, dafs Wände und Fufsboden des Zimmers allmählich selbst radioaktiv werden [1]).

63. Elektrometerschlüssel. Für Messungen mit hochempfindlichen Elektrometern bedarf es eines Schlüssels besonderer Konstruktion, der

---

[1]) Man vermeide sorgfältigst, gröfsere Mengen Radiumemanation offen im Laboratorium zu entwickeln. Dieses Gas wird durch Luftströmungen fortgeführt und verbreitet sich daher leicht in dem ganzen Gebäude. Abgesehen davon, dafs seine eigene Aktivität ziemlich langsam abklingt, hinterläfst es dann allenthalben einen aktiven Niederschlag, der eine aufserordentlich langsame Aktivitätsabnahme aufweist (vergl. Kap. XI). Neuerdings hat Eve darauf aufmerksam gemacht (Nature, 16. März 1905), wie schwierig es unter solchen Umständen wird, genaue Aktivitätsmessungen auszuführen.

100   Drittes Kapitel. Meſsmethoden.

es ermöglicht, die Erdverbindung der Quadranten aus gröſserer Entfernung zu schlieſsen und zu unterbrechen, damit nicht gerade im Momente der Beobachtung elektrostatische Störungen auftreten. Fig. 16 zeigt eine einfache Vorrichtung, die sich für jenen Zweck gut eignet.

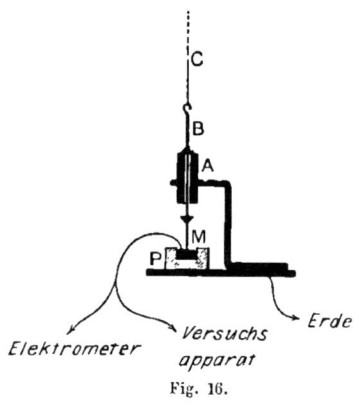

Fig. 16.

Auf einem zur Erde abgeleiteten Metallwinkel sitzt, in starrer Verbindung, ein vertikales Messingröhrchen A. In diesem kann ein an einer Schnur hängender Messingstift BM auf- und niedergleiten. Wird die Schnur hinuntergelassen, so taucht das untere Ende des Stiftes in ein mit Quecksilber gefülltes Metallnäpfchen M, das in einen Ebonitklotz P eingelassen ist. Dadurch wird das Elektrometer und der Versuchsapparat, die beide mit dem Quecksilber verbunden sind, geerdet. Indem man dann die Schnur mit dem Stifte in die Höhe zieht, unterbricht man diese Erdverbindung. So kann man die Kontakte störungsfrei aus beliebiger Entfernung betätigen.

64. Die Versuchskondensatoren. Eine für vielerlei Messungen auf dem Gebiete der Radioaktivität sehr brauchbare Anordnung ist in

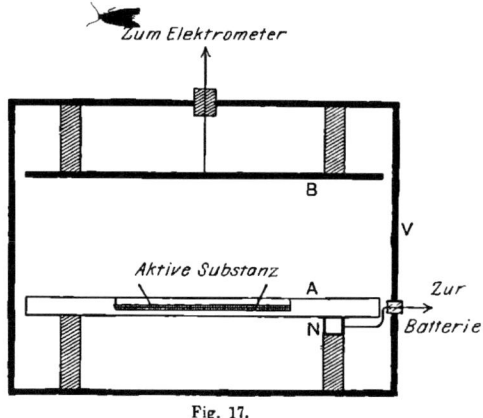

Fig. 17.

Fig. 17 wiedergegeben. In dem mit einer Seitentür versehenen Metallkasten V befinden sich zwei parallele Metallplatten A und B. A steht mit dem einen Pol einer Batterie kleiner Akkumulatoren in Verbindung, deren anderer Pol zur Erde abgeleitet ist. Die Platte B wird mit dem Elektrometer verbunden und der Kasten V gleichfalls geerdet. Die schraffierten Teile der Figur bezeichnen Ebonitisolatoren. Die zu untersuchende radioaktive Substanz liegt, gleichförmig ausgebreitet, in einer flachen Vertiefung der Messingplatte A und bildet so eine Schicht von etwa 2 mm Höhe und 5 qcm Oberfläche. Um die Batterieverbindung nicht jedesmal, wenn die Platte A aus dem Kasten herausgenommen wird, unterbrechen zu müssen, ist auf eine der Ebonitstützen ein Metallstück N aufgesetzt, das mit dem Batteriepole dauernd in Verbindung bleibt. Ein Überkriechen der Elektrizität von der unteren zur oberen Platte wird durch die geerdete Hülle V vollständig verhindert.

Mit dem soeben beschriebenen Apparate kann man z. B. in sehr bequemer Weise die Absorption der Strahlen in festen Stoffen untersuchen; ebenso eignet er sich dazu, die Aktivitäten verschiedener Körper miteinander zu vergleichen. Wenn nicht gerade sehr starke Radiumpräparate geprüft werden sollen, genügt im allgemeinen eine Batterie von 300 Volt, um bis zu Plattenabständen von 5 cm den Sättigungsstrom zu erhalten. Hat man Substanzen zu untersuchen, die radioaktive Emanationen abgeben, so kann man die ionisierende Wirkung der letzteren dadurch beseitigen, daſs man einen gleichmäſsigen Luftstrom durch den von den Platten begrenzten Raum hindurchbläst. Die Emanation wird dann ebenso schnell, wie sie entsteht, wieder fortgeschafft.

Auch wenn bei A eine blanke, inaktive Metallplatte liegt und sich keine radioaktiven Substanzen in der Nähe befinden, macht sich infolge der natürlichen Ionisation der Luft stets eine schwache Bewegung der Elektrometernadel bemerkbar. Diesem Effekte hat man erforderlichenfalls durch eine kleine Korrektion Rechnung zu tragen.

65. Oft handelt es sich darum, die Aktivität der Emanation von Thorium und Radium oder die von diesen Emanationen auf Stäben

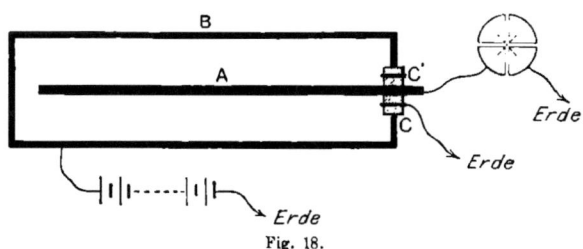

Fig. 18.

oder Drähten erregte Aktivität zu messen. Für diesen Zweck eignet sich der in Fig. 18 dargestellte Apparat. Hier sehen wir einen geschlossenen Zylinder B, in dessen Mitte sich ein stabförmiger Leiter A befindet. Der letztere wird mit dem Elektrometer, der Zylinder in üblicher

Weise mit der Batterie verbunden. Zur Isolierung des axialen Stabes A gegen den äufseren Mantel B dient ein Ebonitstück, das durch einen zur Erde abgeleiteten Metallring CC' in zwei Teile geteilt ist. Dieser Metalleinsatz wirkt als Schutzring und verhindert einen direkten Elektrizitätsübergang von B nach A. Der Ebonitpfropf braucht offenbar nur für die geringen Potentiale, die während eines Versuches bei A auftreten, genügend zu isolieren. Es empfiehlt sich, einen solchen Schutzring bei allen genauen Aktivitätsmessungen zu verwenden, da durch ihn eine gute Isolation gewährleistet wird. Mit Schutzring wird das Isolationsvermögen des Ebonits eben nur auf einen Bruchteil eines Volts beansprucht, während es ohne einen solchen mehrere hundert Volt aushalten müfste.

66. Um Aktivitätsmessungen mit Hilfe des Elektrometers ausführen zu können, mufs eine konstante Spannung von wenigstens 300 Volt zur Verfügung stehen. Als Spannungsquelle benutzt man für diesen Zweck am besten eine Batterie kleiner Sekundärelemente, die man sich in einfacher Weise aus Bleistreifen, die in verdünnte Schwefelsäure eingesenkt werden, leicht selbst herstellen kann. Empfehlenswerter sind freilich kleine Akkumulatoren der gewöhnlichen Art, da diese einer geringeren Wartung bedürfen und die Konstanz ihrer Spannung noch vollkommener ist. Solche kleinen Akkumulatoren von etwa $1/2$ Amperestunden Kapazität sind heutzutage schon zu mäfsigem Preise käuflich zu erhalten.

Von grofsem Nutzen ist ferner ein Satz abgestufter Kapazitäten, damit man die Stromstärkenbestimmung innerhalb eines weiten Mefsbereiches vornehmen kann. Die Kapazität des Elektrometers samt dem mit ihm verbundenen Versuchskondensator beträgt in der Regel ungefähr 50 elektrostatische Einheiten oder 0,000056 Mikrofarad. Verfügt man etwa über einen der handelsüblichen unterteilten Glimmerkondensatoren, deren Kapazität sich zwischen 0,001 und 0,2 Mikrofarad variieren läfst, und aufserdem über eine weitere, zwischen 0,000056 und 0,001 Mikrofarad gelegene Kapazität — eine solche von etwa 200 elektrostatischen Einheiten läfst sich aus einem Platten- oder besser einem Zylinderkondensator herstellen —, so kann man beispielsweise leicht innerhalb eines Mefsbereiches von 3×10^{-14} bis 3×10^{-8} Ampere arbeiten. Die zu messenden Stromintensitäten können dann also im Verhältnisse $1 : 1\,000\,000$ variieren. Will man noch stärkere Ströme untersuchen, so mufs man, falls keine gröfseren Kapazitäten mehr zur Verfügung stehen, die Empfindlichkeit des Elektrometers verringern.

In einem Raume, in welchem elektrometrische Aktivitätsbeobachtungen ausgeführt werden sollen, dürfen sich aufser der gerade zu untersuchenden Substanz keine anderen radioaktiven Stoffe befinden. Man

Drittes Kapitel. Meſsmethoden. 103

sorge auch dafür, daſs die Luft daselbst möglichst staubfrei sei. Ein geringer Staubgehalt kann nämlich schon zu beträchtlichen Störungen Veranlassung geben (vergl. Paragraph 31). Indem sich Ionen an Staubteilchen anlagern, tritt in solchen Fällen erst bei einer höheren elektromotorischen Kraft Sättigung ein als unter normalen Bedingungen. Ferner macht sich in staubhaltiger Luft der Einfluſs elektrischer Felder auf die Verteilung der erregten Aktivität oft in unregelmäſsiger Weise bemerkbar (s. Paragraph 181).

67. Die Messung der Stromstärke. Zur Bestimmung der Stromstärke im Elektrometerkreise aus der Wanderungsgeschwindigkeit der Elektrometernadel bedarf es der Kenntnis der Empfindlichkeit des Meſsinstrumentes sowie derjenigen der Kapazität des Kreises.

Es sei C die Kapazität des Elektrometers und seiner Verbindungen, d die Anzahl der Skalenteile, an denen die Nadel binnen einer Sekunde vorbeiwandert, D die Elektrometerempfindlichkeit, d. h. der Ausschlag in Skalenteilen für 1 Volt Potentialdifferenz zwischen den Quadranten.

Die Stromstärke i stellt sich dar als Produkt aus der Kapazität des Systems und dem Potentialzuwachs pro Zeiteinheit. Somit ergibt sich

$$i = \frac{Cd}{300\,D} \text{ elektrostatische Einheiten}$$

oder

$$i = \frac{Cd}{9 \times 10^{11}\,D} \text{ Ampere.}$$

Angenommen, es wäre beispielsweise
$$C = 50,\quad d = 5,\quad D = 1000,$$
so entspräche dies dem Werte
$$i = 2,8 \times 10^{-13} \text{ Ampere.}$$

Die Beobachtungen sind aber noch sehr wohl brauchbar, wenn die Wanderungsgeschwindigkeit nur einen halben Skalenteil pro Sekunde beträgt; dann wäre der zugehörige Wert von i rund 3×10^{-14} Ampere. Auf elektrometrischem Wege lassen sich demnach noch wesentlich geringere Stromintensitäten messen, als es mit den empfindlichsten Galvanometern möglich ist.

Was die Eigenkapazität des Elektrometers selbst betrifft, so ist ihr für die Messungen in Betracht kommender Wert keineswegs identisch mit derjenigen Kapazität, die das aus den Quadranten und der Nadel bestehende System im Ruhezustande besitzt. Durch die Bewegung der geladenen Nadel wird die wahre Kapazität sehr bedeutend erhöht. Um dies einzusehen, nehmen wir an, die Nadel würde, nachdem sie auf ein hohes negatives Potential geladen worden wäre, durch eine äuſsere Kraft in ihrer Nulllage festgehalten. Dem Elektrometer und seinen Verbindungen werde ferner eine positive Elektrizitätsmenge Q mitgeteilt. Das ganze System nimmt dann ein Potential V an, wobei $Q = CV$ sein mufs, wenn C die Kapazität des Systems bedeutet. Erlaubt man nun der Nadel, sich frei zu bewegen, so wird sie in das geladene Quadrantenpaar hineingezogen. Es wird also ein negativ geladener Körper in diese Quadranten eingeführt, und infolgedessen mufs das Potential des Systems auf einen kleineren Wert V' sinken. In dem Falle, dafs sich die Nadel bewegt, besitzt das System daher eine höhere Kapazität als vorher, und zwar ergibt sich ihr jetziger Wert C'' aus der Beziehung

$$C'V' = CV.$$

Wir sehen demnach, dafs die Kapazität eines Elektrometers keine konstante Gröfse darstellt, sondern dafs ihr Wert von dem Nadelpotential, also von der Empfindlichkeit des Instrumentes abhängt.

Aus dieser Tatsache ergibt sich eine interessante, praktisch wichtige Folgerung: falls die äufsere mit dem Elektrometer verbundene Kapazität klein ist gegen die Eigenkapazität des letzteren, so wird die Wanderungsgeschwindigkeit der Nadel in gewissen Fällen unabhängig von der Empfindlichkeit. Hat man dann die Nadel einmal geladen, so erhält man lange Zeit, auch wenn ihr Potential allmählich sinkt, für eine und dieselbe Stromstärke stets den gleichen Ausschlag; man kann das Elektrometer unter diesen Umständen mehrere Tage, ja selbst Wochen lang gebrauchen, ohne die Nadelladung erneuern zu müssen. Die Empfindlichkeit nimmt in diesem Falle nahezu in dem gleichen Mafse wie die Kapazität des Instrumentes im Laufe der Zeit ab, so dafs sich die Gröfse der Ablenkung für eine gegebene Stromstärke nur sehr wenig ändern kann. Die Theorie der Erscheinung ist von J. J. Thomson[1]) entwickelt worden.

68. Mit Rücksicht auf das oben erwähnte Verhalten kann man zur experimentellen Bestimmung der Kapazität des Elektrometers und seiner Verbindungen keine der bekannten Kommutatormethoden benutzen, nach denen man sonst wohl kleine Kapazitäten zu messen pflegt; denn dabei würde die Nadel in Ruhe bleiben, das System besäfse also gerade bei der Messung nicht die bei den späteren Beobachtungen tatsächlich in Betracht kommende Kapazität. Man gelangt jedoch zum Ziele, wenn man die Methode der Ladungsteilung anwendet.

Es sei C die Gesamtkapazität des Elektrometers nebst seinen Verbindungen, C_1 diejenige eines Normalkondensators.

Man lädt das Elektrometer durch eine Batterie zu einem Potentiale V_1 und beobachtet die Ablenkung d_1 der Nadel. Hierauf wird

---

[1]) J. J. Thomson, Phil. Mag. 46, p. 537. 1898.

Drittes Kapitel. Meſsmethoden. 105

der Normalkondensator mit Hilfe eines gut isolierenden Schlüssels dem Elektrometersystem parallel geschaltet. Das gesamte System nimmt alsdann das Potential V_2 an, und es zeigt sich eine neue Ablenkung d_2. Dabei gilt die Beziehung

$$CV_1 = (C + C_1) V_2,$$

also

$$\frac{C + C_1}{C} = \frac{V_1}{V_2} = \frac{d_1}{d_2},$$

so daſs sich für die gesuchte Kapazität

$$C = C_1 \frac{d_2}{d_1 - d_2}$$

ergibt.

Ein einfacher, für solche Kapazitätsmessung geeigneter Normalkondensator läſst sich aus zwei konzentrischen Messingröhren von genau bestimmbarem Durchmesser herstellen. Der äuſsere Zylinder D (Fig. 19) ruht auf einem hölzernen Grundbrett, das mit einem Metall-

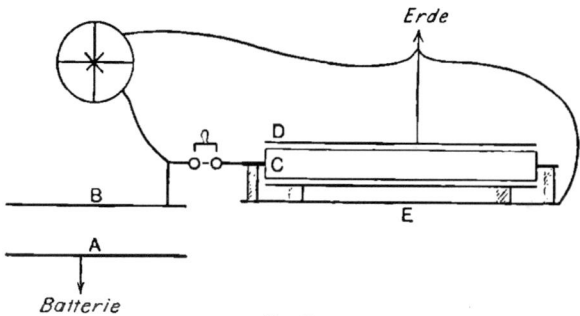

Fig. 19.

blech bedeckt oder mit Stanniol bekleidet ist; die Belegung wird zur Erde abgeleitet. Die innere Röhre C wird an zwei axialen Verlängerungen durch Ebonitstäbe gestützt. Bezeichnet b den inneren Durchmesser von D, a den äuſseren von C und l die gemeinsame Länge der Röhren, so gilt für ihre Kapazität C_1 die Näherungsformel

$$C_1 = \frac{l}{2 \log \text{nat} \frac{b}{a}}.$$

In manchen Fällen kann man sich mit Vorteil auch des folgenden Verfahrens bedienen. Auf die untere Platte A des mit dem Elektrometer verbundenen Versuchskondensators wird eine kleine Menge Uransalz gebracht. Man beobachtet die Wanderung der Elektrometernadel mit und ohne Parallelschaltung der Normalkapazität. Die pro Sekunde abgelesene Anzahl Skalenteile betrage in beiden Fällen d_2 bezw. d_1. Dann ist

$$\frac{C + C_1}{C} = \frac{d_1}{d_2},$$

also

$$C = C_1 \frac{d_2}{d_1 - d_2}.$$

Diese Methode besitzt den Vorteil, dafs die relativen Kapazitäten hier unter den gleichen Bedingungen, unter denen die späteren Messungen selbst ausgeführt werden, als Funktionen der Nadelausschläge erscheinen.

69. Methode der konstanten Ausschläge. Sehen wir von dem galvanometrischen Verfahren ab, das nur für Messungen an aufserordentlich stark aktiven Substanzen in Frage kommen kann, so handelt es sich bei allen bisher beschriebenen Methoden um die Beobachtung der Winkelgeschwindigkeit einer Elektrometernadel oder eines Goldblättchens. Oft wäre es jedoch entschieden zweckmäfsiger, wenn man konstante Ausschläge der Elektrometernadel zur Strommessung verwenden könnte. Das wird vor allem dann wünschenswert, wenn die Substanzen, an denen man Messungen anzustellen hat, schon innerhalb weniger Minuten starke Aktivitätsänderungen aufweisen.

Der soeben bezeichneten Aufgabe kann man offenbar auf folgendem Wege gerecht werden: man verbindet den Versuchskondensator durch einen passend hohen Widerstand mit der Erde, ohne an den übrigen Schaltungen etwas zu ändern. Die Elektrometernadel mufs dann in einer bestimmten abgelenkten Stellung verharren, sobald in jeder Zeiteinheit ebenso viel Elektrizität durch den grofsen Widerstand abfliefst, als gleichzeitig durch das ionisierte Gas zugeführt wird. Gehorcht die Stromleitung in dem letzteren dem Ohmschen Gesetze, so besteht Proportionalität zwischen der Gröfse der Ablenkung und der Intensität des zu messenden Gasstromes.

Wie eine einfache Rechnung erkennen läfst, mufs der Widerstand, den diese Methode verlangt, aufserordentlich grofs sein. Es betrage z. B. die Kapazität des Elektrometersystems 50 elektrostatische Einheiten und das Instrument besitze eine Empfindlichkeit von 1000 Skalenteilen pro Volt. Bei der Messung einer Stromintensität nach der gewöhnlichen Methode fänden wir ferner, dafs die Nadel in jeder Sekunde an 5 Teilstrichen vorbeiwanderte; das würde heifsen, dafs die Stärke des Stromes gleich $2,8 \times 10^{-13}$ Ampere wäre. Wollten wir nun in dem gleichen Falle einen dauernden Ausschlag von 10 Skalenteilen erhalten — dies entspräche einer Potentialerhöhung um $1/100$ Volt —, so müfsten wir einen Widerstand von 36 000 Megohm einschalten, und für einen Ausschlag von 100 Teilen wäre ein noch zehnmal so grofser Widerstand erforderlich.

Von Hrn. Dr. Bronson[1]) wurden kürzlich im Laboratorium des Verfassers Versuche unternommen, in der Absicht, jenes Prinzip zu einer praktisch brauchbaren Meſsmethode auszugestalten. Schwierigkeiten bereitete die Herstellung eines für den vorliegenden Zweck geeigneten hohen und zugleich konstanten Widerstandes. So besaſsen mit Xylol gefüllte Röhren bereits ein zu geringes Leitvermögen; Kohlenwiderstände erwiesen sich nicht als konstant genug. Man gelangte schlieſslich zum Ziele durch Verwendung eines Leiters, den man passend als „Luftwiderstand" bezeichnen kann. Die benutzte Versuchsanordnung ist in Fig. 20 wiedergegeben.

Der Meſskondensator wird auſser mit dem Elektrometer noch mit der oberen Platte A eines Hilfskondensators verbunden, dessen untere,

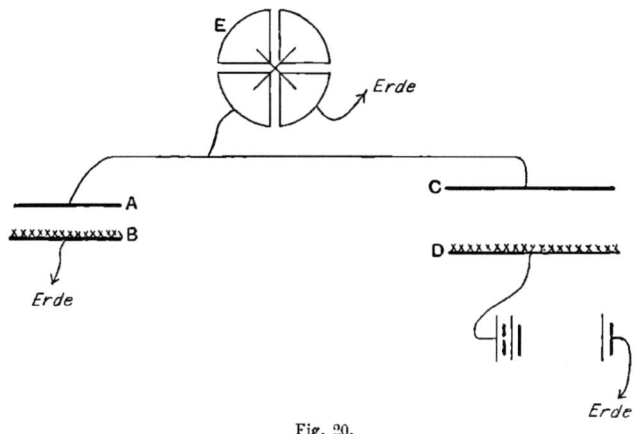

Fig. 20.

zur Erde abgeleitete Platte B mit einer Schicht stark radioaktiver Materie bedeckt ist. Als sehr geeignet erwies sich hierfür eine mit Radiotellur überzogene Wismutplatte, die von der Firma Sthamer in Hamburg bezogen worden war.

Infolge der starken Ionisation zwischen A und B flieſst die auf die obere Platte C des Versuchskondensators und auf das Elektrometer übergehende Ladung allmählich zur Erde, und die Nadel nimmt eine konstante Ruhelage an, wenn die Elektrizitätszufuhr durch diesen Abfluſs aufgewogen wird.

Jener „Luftwiderstand" gehorchte innerhalb eines weiten Meſsbereiches dem Ohmschen Gesetze, die Ablenkungen der Nadel waren also der Stromstärke proportional. Um nach der soeben beschriebenen neuen Methode in bequemer Weise arbeiten zu können, muſs man natürlich jedesmal prüfen, ob jene Proportionalität in dem ganzen Be-

---
[1]) Bronson, Amer. Journ. Science, Feb. 1905.

obachtungsintervalle, das man gerade benutzen will, bestehen bleibt. Diese Kontrollmessung läfst sich leicht folgendermafsen ausführen: Es wird eine Anzahl mit Uranoxyd gefüllter Metallschalen bereitgestellt — Uranoxyd eignet sich für diesen Zweck besonders gut wegen der grofsen Konstanz seiner Aktivität —, und man bestimmt nun die Ausschläge, die man erhält, wenn diese Schalen einzeln und zu Gruppen vereinigt in den Mefskondensator CD eingeschoben werden. Auf diese Weise läfst sich die Skala genau kalibrieren.

Die Platten A B stellt man zur Vermeidung schädlicher Luftströmungen in einen geschlossenen Kasten. Die Kontakt-Potentialdifferenz zwischen A und B, die ja schon an und für sich eine bestimmte Ablenkung der Nadel hervorruft, auch wenn der Kondensator CD keine radioaktive Materie enthält, läfst sich fast vollkommen eliminieren, indem man die Platten A und B mit sehr dünner Aluminiumfolie bedeckt.

Die zuletzt beschriebene Methode gestattet nicht nur sehr genaue und bequeme Messungen für schnell veränderliche Aktivitäten, sondern sie besitzt auch viele Vorzüge gegenüber dem gewöhnlichen Beobachtungsverfahren beim Gebrauch des Elektrometers. Die Nadelausschläge sind nämlich im ersteren Falle unabhängig von der Kapazität des Elektrometersystems, so dafs man Stromstärken miteinander vergleichen kann, ohne genötigt zu sein, jedesmal die Kapazität zu bestimmen.

Statt des Radiotellurs könnte man bei B wohl auch eine dünne Schicht mäfsig aktiven Radiums verwenden, indessen würden dann doch durch die Emanation und die Wirkung der β- und γ-Strahlen leicht Störungen eintreten.

70. Piezoelektrischer Quarz. Um aus Elektrometerbeobachtungen die absoluten Werte der Stromstärken zu erhalten, mufs man die Empfindlichkeit des Instrumentes und die Kapazität des Elektrometerkreises kennen. Es gibt aber eine Methode, nach der sich auch ohne Kenntnis dieser Gröfsen genaue Strommessungen schnell ausführen lassen. Dieses Verfahren wurde von den Brüdern J. und P. Curie[1]) angegeben und gründet sich auf die Benutzung eines piezoelektrischen Quarzes.

Der wesentlichste Teil einer hierfür geeigneten Anordnung besteht aus einer in bestimmter Weise geschnittenen Quarzplatte. Wird diese einem mechanischen Zuge unterworfen, so treten freie Ladungen auf, und zwar wird die eine Seite der Platte positiv, die andere ebenso stark negativ elektrisch. Sie hängt in vertikaler Stellung an einem Träger, und der Zug wird durch Anbringung von Gewichten an ihrem unteren Ende ausgeübt (Fig. 21).

---

[1]) J. und P. Curie, C. R. 91, pp. 38 u. 294, 1880. S. a. Friedel und J. Curie, C. R. 96, pp. 1262 u. 1389, 1883; ferner Lord Kelvin, Phil. Mag. 36, pp. 331, 342, 384, 414, 453. 1893.

Drittes Kapitel. Meſsmethoden. 109

Die optische Achse des Kristalls liegt in der Platte horizontal und senkrecht zur Zeichnungsebene. Die Quarzplatte ist ferner so geschliffen, daſs ihre Flächen A und B auf einer der sekundären (oder elektrischen) Kristallachsen senkrecht stehen. Der Zug muſs stets normal zur Richtung der optischen und elektrischen Achsen erfolgen. Die beiden Oberflächen A und B werden versilbert, die Metallbelegung bleibt aber zum gröſsten Teile elektrisch isoliert, indem in der Nähe des oberen und unteren Endes der Platte je ein schmaler Streifen aus der Silberschicht herausgeschnitten wird. Die eine Seite der Platte ist geerdet, die andere mit dem Elektrometer und dem Versuchsapparate verbunden.

Bezeichnet L die Länge des isolierten Teiles der Platte, b ihre Dicke AB und F das angehängte Gewicht in Kilogrammen, so ergibt

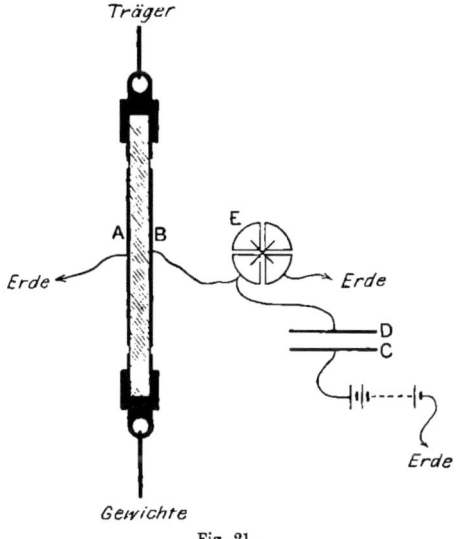

Fig. 21.

sich für die auf jeder Plattenseite frei werdende Elektrizitätsmenge als genauer Wert in elektrostatischen Einheiten der Ausdruck

$$Q = 0{,}063 \, \frac{L}{b} \, F.$$

Es soll nun die Stromstärke in dem Kondensator CD (Fig. 21) bestimmt werden für eine gegebene Potentialdifferenz zwischen C und D, wenn sich auf der Platte C eine radioaktive Substanz befindet. Zur Ausführung der Messung unterbricht man die Erdverbindung der Quadranten des Elektrometers in einem bestimmten Augenblick und unterwirft die Quarzplatte einem allmählich wachsenden Zuge, indem man das angehängte Gewicht in der Hand hält und nur allmählich freigibt. Die bei B dadurch entstehende Ladung mufs entgegengesetztes Vorzeichen wie die auf die Platte D übergehende Elektrizität besitzen. Die Zugkraft wird mit der Hand so reguliert, dafs die Elektrometernadel stets so nahe wie möglich in ihrer Nullstellung verbleibt. Schliefslich läfst man das Gewicht mit seiner vollen Stärke wirken und notiert nun den Zeitpunkt, in welchem die Nadel aus der Nulllage weiter zu wandern beginnt. Die gesuchte Stromstärke zwischen den Platten CD ist dann gleich $\frac{Q}{t}$, wenn t die Länge der Beobachtungszeit bedeutet, und der Wert von Q ist durch die Gröfse des angehängten Gewichtes bestimmt.

Bei dieser Methode dient das Elektrometer nur als Hilfsinstrument, um anzuzeigen, dafs das System auf dem Nullpotentiale verharrt. Es erübrigt sich daher die Kenntnis der Kapazitäten. Mit einiger Übung kann man nach diesem Verfahren ohne grofsen Zeitaufwand sehr genaue Strommessungen ausführen.

Viertes Kapitel.
Die physikalische Natur der Strahlen.

Erster Teil.
Unterschiede im Verhalten der einzelnen Strahlenarten.

71. Die drei verschiedenen Strahlengattungen. Bei allen radioaktiven Körpern finden wir stets zwei Eigenschaften vereinigt: sie schwärzen die photographische Platte und ionisieren die Gase in ihrer unmittelbaren Umgebung. Man kann daher Strahlungsintensitäten sehr leicht durch Beobachtung ihrer photographischen oder elektrischen Effekte miteinander vergleichen; zu dem nämlichen Zwecke läfst sich bei den stark radioaktiven Substanzen auch die Fluoreszenzerregung verwerten. Aus solchen Messungen erhalten wir indessen durchaus keinen Aufschlufs über die Frage, ob die miteinander zu vergleichenden Energiemengen gleichen oder verschiedenen Strahlengattungen angehören; denn bekanntlich finden sich selbst bei so verschiedenen Strahlungsarten, wie den ultravioletten Strahlen kurzer Wellenlänge, Röntgen- und Kathodenstrahlen, gleichfalls alle jene Eigenschaften vor, Gase zu ionisieren, die photographische Platte zu schwärzen und Fluoreszenzschirme zum Leuchten zu bringen. Ebenso wenig lassen sich zur Erkennung des Charakters der Strahlungen die in der Optik üblichen Methoden verwenden, da sich hier keine Spuren einer regelmäfsigen Reflexion, Brechung oder Polarisation zeigen.

Zur Unterscheidung der verschiedenen Strahlen eines und desselben Körpers und ebenso zur Prüfung der Natur der von verschiedenen radioaktiven Substanzen emittierten Strahlungen mufs man vielmehr eine der folgenden Methoden heranziehen:

1. Man untersucht, ob die Strahlen im magnetischen Felde eine merkliche Ablenkung erleiden.
2. Man bestimmt die Absorption der Strahlen in festen Körpern und Gasen.

Aus derartigen Untersuchungen hat sich ergeben, dafs in der Emission der radioaktiven Substanzen drei verschiedene Strahlengattungen vor-

112 Viertes Kapitel. Die physikalische Natur der Strahlen.

kommen, die von dem Verfasser der Kürze und Bequemlichkeit halber als α-, β- und γ-Strahlen bezeichnet wurden.

I. Die α-Strahlen werden schon in dünner Metallfolie und in Luftschichten von wenigen Zentimetern Dicke stark absorbiert. Man hat nachgewiesen, dafs sie aus positiv geladenen und mit ungefähr einem Zehntel der Lichtgeschwindigkeit fortgeschleuderten Teilchen bestehen. Durch starke magnetische und elektrische Kräfte werden sie aus ihrer ursprünglichen Bahn abgelenkt, jedoch in viel geringerem Grade als die Kathodenstrahlen, die man in einer Vakuumröhre erzeugt.

II. Die β-Strahlen besitzen ein weit stärkeres Durchdringungsvermögen als die α-Strahlen und bestehen in weiterem Gegensatze zu diesen aus negativ geladenen Teilchen; ihre Geschwindigkeit ist von der gleichen Gröfsenordnung wie die des Lichtes. Sie lassen sich viel leichter ablenken als die α-Strahlen und sind ihrer Natur nach identisch mit den Kathodenstrahlen.

III. Die γ-Strahlen zeichnen sich durch ein aufserordentlich hohes Durchdringungsvermögen aus und sind magnetisch nicht ablenkbar. Die Frage nach ihrer wahren Natur ist bislang noch nicht endgültig beantwortet worden, sie verhalten sich jedoch im grofsen und ganzen wie sehr harte Röntgenstrahlen.

Die drei am besten erforschten radioaktiven Substanzen, Uran, Thorium und Radium, senden sämtlich sowohl α-, wie β-, als auch γ-Strahlen aus; die Intensität jeder Strahlengattung ist bei jenen drei Körpern ihrer relativen, an der Energie ihrer α-Strahlung gemessenen Aktivität proportional. Polonium nimmt eine Ausnahmestellung ein, indem es lediglich die leicht absorbierbaren α-Strahlen emittiert[1]).

---

[1]) Bei einer Untersuchung über die Aktivität des Urans fand der Verfasser zunächst (Phil. Mag., Jan. 1899, p. 116), dafs in der Gesamtemission dieser Substanz zwei Strahlengruppen von wesentlich verschiedener Absorbierbarkeit vorkommen; diese nannte er α- und β-Strahlen. Später erkannte man, dafs auch Thorium und Radium ähnliche Strahlenarten aussenden; und nachdem man entdeckt hatte, dafs sowohl Uran und Thor als auch Radium aufserdem noch Strahlen von sehr starkem Durchdringungsvermögen liefern, bezeichnete der Verfasser diese letzteren als γ-Strahlen. Der Ausdruck „Strahlen" ist in dem vorliegende Buche beibehalten worden, obwohl man heute weifs, dafs die α- und β-Strahlen aus schnell fliegenden Teilchen bestehen. Das Wort wird hier also in demselben Sinne gebraucht wie von Newton in seiner Optik, da ja dort die Auffassung vertreten wird, dafs auch die Lichterscheinungen durch fortgeschleuderte Teilchen hervorgerufen würden. In einigen neueren Abhandlungen findet sich für die α- und β-Strahlen wohl auch der Ausdruck „α- und β-Emanationen". Diese Bezeichnungsweise mufs aber zu Mifsverständnissen Veranlassung geben, da der Ausdruck „radioaktive Emanation" in der Lehre von der Radioaktivität bereits allgemein in einem anderen Sinne benutzt wird; er dient nämlich zur Bezeichnung jener materiellen Substanz, die aus Thorium- und Radiumverbindungen allmählich entweicht und selbst Strahlen aussendet.

Viertes Kapitel. Die physikalische Natur der Strahlen. 113

72. Ablenkung der Strahlen. Die Strahlen der radioaktiven Körper besitzen nach dem Gesagten sehr ähnliche Eigenschaften wie die verschiedenen Strahlen, die wir beim Durchgang elektrischer Entladungen durch hochevakuierte Röhren beobachten können. Die α-Strahlen entsprechen den von Goldstein entdeckten Kanalstrahlen, von denen bekanntlich Wien nachgewiesen hat, daſs sie aus positiv geladenen und mit groſser Geschwindigkeit fortgeschleuderten Teilchen bestehen (s. Paragraph 51). Die β-Strahlen sind identisch mit den Kathodenstrahlen und die γ-Strahlen ähneln den Röntgenstrahlen. In einer Vakuumröhre ist zur Erzeugung dieser Strahlen ein beträchtlicher Aufwand an elektrischer Energie erforderlich, während die radioaktiven Körper ihre Strahlen beständig ohne äuſsere Energiezufuhr und in einer durch keine chemischen oder physikalischen Agentien beeinfluſsbaren Intensität emittieren. Die α- und β-Strahlen der aktiven Substanzen pflanzen sich überdies mit viel gröſserer Geschwindigkeit als die ihnen entsprechenden Strahlen einer Entladungsröhre fort, und die γ-Strahlen übertreffen die Röntgenstrahlen noch bei weitem an Durchdringungsvermögen.

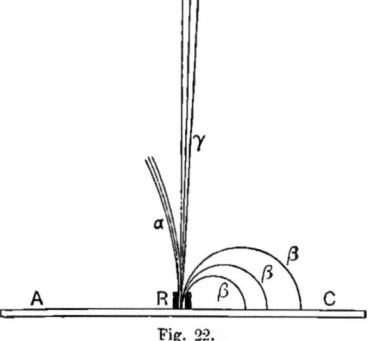

Fig. 22.

Die Wirkung eines magnetischen Feldes auf ein von einer radioaktiven Substanz ausgehendes Strahlenbündel, in welchem alle drei Strahlungsgattungen enthalten sind, wird sehr deutlich durch Fig. 22 veranschaulicht[1]).

Auf dem Boden eines engen Bleizylinders R befindet sich etwas Radium. Durch die obere Öffnung entweicht ein schmales Bündel von α-, β- und γ-Strahlen. Nehmen wir an, es werde ein homogenes starkes Magnetfeld erzeugt, das senkrecht zur Zeichnungsebene von vorn nach hinten gerichtet sei, so werden sich die drei Strahlengruppen voneinander trennen. Die γ-Strahlen erleiden keine Ablenkung, sondern gehen in der ursprünglichen Richtung geradlinig weiter. Die β-Strahlen werden nach rechts hin abgelenkt und beschreiben kreisförmige Bahnen, deren Krümmungsradien innerhalb weiter Grenzen variieren. Legt man eine photographische Platte AC unter den Bleinapf, so entsteht durch die Einwirkung der β-Strahlen rechterseits von R ein breiter verwaschener Fleck. Die α-Strahlen biegen sich

---

[1]) Diese Darstellungsweise ist dem Buche von Frau Curie, Untersuchungen über die radioaktiven Substanzen (übers. von W. Kaufmann. Braunschweig, F. Vieweg und Sohn), entnommen worden.

114 Viertes Kapitel. Die physikalische Natur der Strahlen.

nach der entgegengesetzten Seite längs eines kurzen Stückes eines Kreisbogens von grofsem Krümmungsradius, werden jedoch sehr schnell absorbiert, so dafs sie nur einen Weg von wenigen Zentimetern Länge durchlaufen. Die Ablenkung der α-Strahlen ist viel kleiner als die der β-Strahlen und in der Figur noch stark übertrieben gezeichnet.

73. Die ionisierende Kraft der Strahlen und ihr Durchdringungsvermögen.

Was das Ionisierungsvermögen der drei Strahlengattungen betrifft, so kommt in dieser Beziehung den α-Strahlen die stärkste, den γ-Strahlen die geringste Wirksamkeit zu. Ionisiert man die Luft zwischen zwei 5 cm voneinander entfernten Platten durch eine Schicht unbedeckter radioaktiver Materie, so verhalten sich die Ionisierungs-Intensitäten für die α-, β- und γ-Strahlen wie 10 000 : 100 : 1. Diese Zahlen gelten freilich nur in roher Annäherung, und ihre Unterschiede werden mit zunehmender Dicke der strahlenden Schicht kleiner.

Die folgende Tabelle gibt uns darüber Aufschlufs, wie sich die einzelnen Strahlen hinsichtlich ihrer Absorbierbarkeit zueinander verhalten. Die zweite Kolumne der Tabelle enthält unter d die Schichtdicken von Aluminiumschirmen, durch welche die Intensität jeder Strahlungsart gerade auf den halben Wert geschwächt wird; in der dritten Kolumne finden sich entsprechend die relativen Werte des Durchdringungsvermögens P.

Strahlenart	d	P
α-Strahlen	0,0005 cm	1
β- „	0,05 „	100
γ- „	8 „	10 000

Das relative Durchdringungsvermögen ist also, wie man sieht, ungefähr der relativen Ionisierung umgekehrt proportional. Die obigen Zahlen geben jedoch nur die Gröfsenordnung der Durchdringungswerte an. In Wahrheit variieren die letzteren beträchtlich für die verschiedenen radioaktiven Substanzen.

Von den α-Strahlen besitzen diejenigen des Urans und Poloniums das geringste, diejenigen des Thoriums das gröfste Durchdringungsvermögen. Die von Radium und Thorium ausgesandte β-Strahlung ist durchaus nicht einheitlicher Natur; hier handelt es sich in beiden Fällen um ganze Strahlenkomplexe, innerhalb deren die Absorbierbarkeit in weiten Grenzen variiert. Einigermafsen homogene β-Strahlen liefert das Uran; ihr Durchdringungsvermögen ist von mittlerer Gröfse, indem in der β-Emission des Radiums und Thoriums auch Strahlen enthalten sind, die in viel stärkerem, und andere, die in viel schwächerem Grade als die gleichnamigen Strahlen des Urans absorbiert werden.

Viertes Kapitel. Die physikalische Natur der Strahlen. 115

74. Schwierigkeiten bei vergleichenden Messungen.

Will man quantitative oder auch nur qualitative Messungen über die relative Intensität der drei Strahlenarten ausführen, so hat man mit erheblichen Schwierigkeiten zu kämpfen. Von den drei Mefsmethoden, die uns zur Verfügung stehen, beruht die eine auf der ionisierenden, die andere auf der photographischen und die dritte auf der Fluoreszenz erregenden Wirkung der Strahlen. Bei jedem einzelnen dieser Effekte ist nun der jeweils zur Absorption gelangende Bruchteil der auffallenden Strahlungsintensität, der in eine andere Energieform umgewandelt wird, für jeden Strahlentypus ein anderer. Ja, auch wenn die Beobachtungen sich nur auf eine der drei Strahlungsarten erstrecken, kann schon die Inhomogenität innerhalb dieser Gruppe die Ausführung vergleichender Messungen erschweren. So trägt die β-Strahlung des Radiums durchaus keinen einheitlichen Charakter: die negativ geladenen Teilchen dieser Strahlen besitzen Geschwindigkeiten, die innerhalb weiter Grenzen variieren, und infolgedessen werden sie beim Durchgang durch einen Körper von bestimmter Dicke auch in verschieden starkem Mafse absorbiert. Ferner wird in jedem Falle nur ein Bruchteil der ganzen absorbierten Strahlungsintensität in die Energieform umgewandelt, die — sei es chemische, Licht- oder Ionenenergie — gerade für die Beobachtungen verwertet wird.

Die in elektrischer Beziehung wirksamsten Strahlen rufen die schwächsten photographischen Eindrücke hervor. Die photographischen Wirkungen von Uran, Thorium und Radium sind zum gröfsten Teile dem Einflusse der β-Strahlen zuzuschreiben. Die Existenz der α-Strahlen in der Gesamtemission des Urans und Thoriums hat sich bisher auf photographischem Wege überhaupt noch nicht nachweisen lassen. Nur bei den hochaktiven Substanzen Radium und Polonium erhält man auch von den α-Strahlen deutliche photographische Eindrücke, und was die γ-Strahlen betrifft, so hat man bei diesen eine solche Wirkung nur in dem Falle feststellen können, dafs man Radium als Strahlungsquelle benutzte. Dafs es bisher nicht gelungen ist, auch bei den γ-Strahlen des Urans und Thoriums einen photographischen Effekt zu finden, ist höchstwahrscheinlich nur eine Folge seiner geringen Intensität, zumal es ja bei langdauernden Expositionen sehr schwierig wird, Schwärzungen der Platte durch andere Einflüsse vollständig auszuschliefsen. Wenn wir uns die in allen anderen Beziehungen vorhandene Ähnlichkeit der gleichnamigen Strahlungen verschiedener Substanzen vor Augen halten, so kann es kaum einem Zweifel unterliegen, dafs alle γ-Strahlen photographische Eindrücke hervorbringen, mögen diese auch in manchen Fällen zu schwach sein, um sich in unzweideutiger Weise beobachten zu lassen.

Jene Unterschiede zwischen der photographischen und der ionisierenden Wirkung der Strahlen müssen stets in Betracht gezogen werden,

8*

wenn man Resultate, die nach den beiden verschiedenen Methoden gewonnen worden sind, miteinander vergleichen will. Nicht selten schien es unmöglich, die Angaben verschiedener Beobachter miteinander in Einklang zu bringen; und doch lösten sich die Widersprüche vollständig auf, als sich herausstellte, dafs der eine nach der elektrischen, der andere nach der photographischen Methode gearbeitet hatte.

Für viele Untersuchungen mufs man wissen, wie grofs man die Dicke eines Schirmes zu wählen hat, der alle Strahlen einer bestimmten Gattung zurückhalten soll. Hierzu mögen folgende Angaben dienen. Eine Aluminium- oder Glimmerschicht von 0,01 cm Dicke oder ein Blatt gewöhnlichen Schreibpapiers genügen vollkommen, um alle α-Strahlen total zu absorbieren. Man braucht also den aktiven Körper nur mit einem derartigen Schirme zu bedecken, um die Wirkungen der β- und γ-Strahlen, die unter diesen Umständen nur sehr wenig geschwächt werden, allein untersuchen zu können. Durch ein Aluminiumblech von 5 mm oder eine Bleiplatte von 2 mm Dicke lassen sich ferner die β-Strahlen zum gröfsten Teile beseitigen, so dafs die hindurchdringende Energie in diesem Falle im wesentlichen aus γ-Strahlen besteht. Eine in erster Annäherung gültige Regel, nach der man sich für praktische Zwecke richten kann, lautet: die zur Absorption einer beliebigen Strahlenart erforderlichen Dicken verschiedener Stoffe verhalten sich umgekehrt wie ihre spezifischen Gewichte, d. h. bei gleicher Dicke ist die Absorption der Dichtigkeit proportional. Dieses Gesetz ist jedoch nur für die spezifisch leichten Körper einigermafsen richtig: in schweren Substanzen, wie Blei und Quecksilber, ist die Absorption etwa doppelt so grofs, als nach der Dichtigkeitsregel zu erwarten wäre.

Zweiter Teil.
Die β-Strahlen.

75. Entdeckung der β-Strahlen. Von grofser Bedeutung für unsere Kenntnis von der Strahlung der radioaktiven Substanzen wurde eine Entdeckung, die im Jahre 1899 ziemlich gleichzeitig in Deutschland, Frankreich und Österreich gemacht wurde. Man fand nämlich, dafs einige der von Radiumpräparaten ausgehenden Strahlen in magnetischen Feldern abgelenkt wurden, und zwar in ähnlicher Weise wie Kathodenstrahlen in einer Vakuumröhre. Eine Beobachtung von Elster und Geitel, dafs nämlich die von Radiumstrahlen der Luft erteilte Leitfähigkeit durch ein magnetisches Feld verändert würde, brachte Giesel[1]) auf die Idee, den Einflufs eines Magnetfeldes auf die Strahlung selbst zu untersuchen. Er setzte ein radioaktives Präparat so zwischen

---

[1]) F. Giesel, Wied. Ann. 69, p. 834. 1899.

Viertes Kapitel. Die physikalische Natur der Strahlen. 117

die Pole eines Elektromagneten, dafs er ein nahezu senkrecht zum Felde verlaufendes Strahlenbündel erhielt, das auf einem Leuchtschirm einen kleinen Fluoreszenzfleck hervorrief. Es zeigte sich nun, dafs sich die leuchtende Zone bei Erregung des Elektromagneten nach einer Seite hin verbreiterte. Wurde die Feldrichtung umgekehrt, so sah man eine Verbreiterung in entgegengesetztem Sinne. Die Ablenkung der Strahlen, die sich hierin zu erkennen gab, erfolgte in der gleichen Richtung und war von derselben Gröfsenordnung wie bei Kathodenstrahlen.

St. Meyer und v. Schweidler[1]) erhielten ähnliche Resultate. Sie konnten die Ablenkung der Strahlen aufserdem durch die Änderung der Leitfähigkeit der Luft, die bei der Erregung des magnetischen Feldes eintrat, nachweisen. Bald darauf zeigte Becquerel[2]) die magnetische Ablenkbarkeit der Radiumstrahlen auch auf photographischem Wege. Von P. Curie[3]), der sich der elektrischen Methode bediente, wurde dann der Nachweis erbracht, dafs die Strahlung des Radiums aus zwei Teilen besteht: die Strahlen der einen Art waren leicht absorbierbar und schienen sich nicht ablenken zu lassen (das waren nach der heutigen Bezeichnung α-Strahlen), während die der anderen Art (man nennt sie jetzt β-Strahlen) ein merkliches Durchdringungsvermögen und eine deutliche magnetische Ablenkbarkeit besafsen. Die ionisierende Wirkung der β-Strahlen war im Vergleich zu derjenigen der α-Strahlen sehr gering. Später fand Becquerel mit Hilfe der photographischen Platte, dafs auch Uranstrahlen ablenkbar seien. Aus vorhergegangenen Versuchen[4]) hatte sich bereits ergeben, dafs vom Uran sowohl α- als auch β-Strahlen ausgesandt würden. Die abgelenkten Strahlen, die sich auf den Becquerelschen Aufnahmen markierten, konnten aber lediglich β-Strahlen sein, da ja die α-Strahlung des Urans keine merkliche photographische Wirkung erzeugt. Schliefslich erkannten noch Rutherford und Grier[5]) — diese arbeiteten nach der elektrischen Methode —, dafs auch Thorverbindungen neben α-Strahlen durchdringende, magnetisch ablenkbare β-Strahlen aussenden. Wie beim Radium so war auch beim Uran und Thorium die ionisierende Wirkung der leicht ablenkbaren β-Strahlen viel geringer als die der α-Strahlen.

76. Untersuchung der magnetischen Ablenkung auf photographischem Wege. Von Becquerel wurden nach der photographischen Methode über den Einflufs magnetischer Kräfte auf die β-Strahlen des Radiums sehr gründliche Untersuchungen ausgeführt, aus denen sich

---

[1]) St. Meyer und E. v. Schweidler, Physik. Ztschr. 1, pp. 90, 113. 1899.
[2]) H. Becquerel, C. R. 129, pp. 997, 1205. 1899.
[3]) P. Curie, C. R. 130, p. 73. 1900.
[4]) E. Rutherford, Phil. Mag., Jan. 1899.
[5]) E. Rutherford und S. G. Grier, Phil. Mag., Sept. 1902.

118 Viertes Kapitel. Die physikalische Natur der Strahlen.

ergab, daſs diese Strahlen sich in jeder Beziehung wie Kathodenstrahlen, also wie mit groſser Geschwindigkeit begabte, negativ geladene Teilchen verhalten. Die Bewegungsgesetze eines geladenen Ions, das der Einwirkung eines magnetischen Feldes unterliegt, sind bereits im Paragraph 49 besprochen worden. Wir sahen dort, daſs ein solches Teilchen, wenn es unter einem Winkel α in ein gleichförmiges Magnetfeld hineinfliegt, längs einer Spirale um die magnetischen Kraftlinien herumlaufen muſs; es beschreibt eine schraubenförmige Bahn auf dem Mantel eines Zylinders, dessen Achse parallel zur Feldrichtung liegt und dessen Radius wieder gleich R sein möge. Wir nannten a. a. O. die Masse des Teilchens m, seine Ladung e, seine Geschwindigkeit u und die Intensität des Feldes H. Dann war

$$R = \frac{mu}{He} \sin \alpha.$$

Falls $\alpha = \frac{\pi}{2}$ wird, d. h. wenn die Teilchen normal zum Felde fortgeschleudert werden, beschreiben sie Kreise in senkrecht zum Felde gelegenen Ebenen vom Radius

$$R = \frac{mu}{He}.$$

Wie man sieht, ist der Wert von R bei konstanter Geschwindigkeit u der Feldstärke umgekehrt proportional.

Bringt man eine Strahlenquelle, von der sich nach verschiedenen Seiten Strahlen fortpflanzen, selbst in ein gleichförmiges Feld, so be-

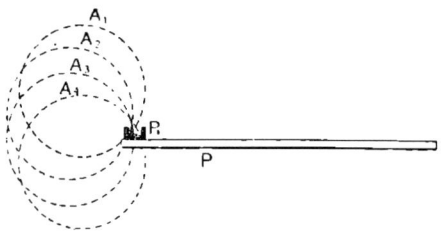

Fig. 23.

schreiben alle Strahlen, die normal zur Feldrichtung verlaufen, kreisförmige Bahnen, und die Richtung, in welcher jeder einzelne seinen Ausgangspunkt verläſst, bildet die Tangente seiner Kreisbahn in diesem Punkte. Diese Folgerung steht im Einklange mit den Beobachtungen von Becquerel über die magnetische Ablenkung der β-Strahlen des Radiums. Er bediente sich dabei einer Versuchsanordnung, wie sie in Fig. 23 angedeutet ist.

Eine in schwarzes Papier eingehüllte photographische Platte P liegt, mit der Schichtseite nach unten, horizontal in dem Felde eines

Viertes Kapitel. Die physikalische Natur der Strahlen. 119

Elektromagneten, das sich gleichförmig in horizontaler Richtung erstreckt. In der Figur denke man sich dieses Feld senkrecht zur Zeichnungsebene verlaufend. Die Platte ist mit einem Bleiblech bedeckt. Mit ihrem einen Ende ragt sie bis in die Mitte des magnetischen Feldes; an dieser Stelle steht auf der Platte ein Bleinäpfchen R, das die radioaktive Substanz enthält.

Erregt man nun den Elektromagneten, und zwar so, dafs die β-Teilchen nach der linken Seite hin abgelenkt werden, so entsteht ein photographischer Eindruck gerade unterhalb des Radiumpräparates, indem die Strahlen unter dem Einflusse des magnetischen Feldes vollständig herumgebogen werden. Die aktive Substanz emittiert gleichmäfsig nach allen Richtungen. Die senkrecht zum Felde verlaufenden Strahlen beschreiben kreisförmige Bahnen, so dafs sie die photographische Platte unmittelbar unter der Strahlungsquelle treffen. Einige dieser Strahlen A_1, A_2, A_3, A_4 sind in der Figur wiedergegeben. Diejenigen Strahlen, welche das Präparat in einer zur Platte senkrechten Richtung verlassen, treffen auch die photographische Schicht nahezu senkrecht, während andere, die nahezu parallel zur Platte emittiert werden, unter schiefer Incidenz die untere Fläche erreichen. Alle Strahlen aber, die nicht normal zum Felde verlaufen, beschreiben Spiralen und schwärzen die photographische Platte längs einer parallel zur Feldrichtung die Strahlungsquelle durchschneidenden Achse. Bringt man daher einen undurchlässigen Schirm irgendwo in den Strahlengang, so liegt sein Schattenbild in allen Fällen in der Nähe des Plattenrandes.

77. Inhomogenität der Strahlen. Die ablenkbaren Radiumstrahlen sind inhomogen, d. h. die fortgeschleuderten Teilchen, aus denen sie bestehen, besitzen sehr verschiedene Geschwindigkeiten. Dies konnte Becquerel[1]) sehr deutlich auf folgende Weise nachweisen.

Wie wir bereits wissen, beschreibt jeder Strahl im magnetischen Felde eine Kurve, deren Krümmungsradius der Geschwindigkeit der betreffenden Bahnkomponente direkt proportional ist. Becquerel legte nun eine ungeschirmte photographische Platte mit der Schichtseite nach oben in ein horizontales homogenes Magnetfeld, das von einem Elektromagneten erzeugt wurde. Auf die Platte stellte er in der Mitte des Feldes eine oben offene Bleikapsel, welche die radioaktive Substanz enthielt. Das Phosphoreszenzlicht des aktiven Körpers konnte demgemäfs die empfindliche Schicht nicht erreichen, und die ganze Anordnung befand sich in einem dunkeln Raume. Das photographische Bild bestand aus einem breiten, diffusen, aber kontinuierlichen Bande von elliptischer Gestalt.

Im vorliegenden Falle traten die Strahlen nach allen möglichen

---

[1]) H. Becquerel, C. R. 130, pp. 206, 372, 810, 979. 1900.

120　Viertes Kapitel. Die physikalische Natur der Strahlen.

Richtungen aus. Unter diesen Umständen mufste das Bild eine derartige Form annehmen, auch wenn die wirksamen Teilchen sämtlich mit gleicher Geschwindigkeit fortgeschleudert worden wären. Es läfst sich nämlich theoretisch beweisen, dafs der Querschnitt eines solchen magnetisch beeinflufsten Strahlenbündels von einer Ellipse begrenzt sein mufs, deren kleine Achse, senkrecht zum Felde verlaufend, gleich $2R$ ist, und deren grofse Achse die Länge πR besitzt. Dient jedoch ein hoher Bleizylinder von kleinem Öffnungsdurchmesser zur Aufnahme der radioaktiven Substanz, und legt man die letztere auf den Boden dieses Gefäfses, so kann man die Strahlen des austretenden Bündels praktisch als parallel betrachten, so dafs nunmehr jede Stelle der photographischen Platte nur von Strahlen einer bestimmten Krümmung getroffen werden kann.

Auch in diesem Falle entstand aber ein breites, diffuses Bild — gewissermafsen ein kontinuierliches Spektrum der Strahlung —, woraus

Fig. 24.

hervorgeht, dafs die Gesamtemission aus Strahlen von sehr verschiedener Ablenkbarkeit besteht.

Bedeckt man die Platte mit Schirmen verschiedener Dicke, so beginnt die Schwärzungszone erst bei einem bestimmten, mit der Dicke der absorbierenden Schicht zunehmenden Abstande von der radioaktiven Substanz. Die Gröfse dieses Abstandes ist offenbar gleich dem doppelten Krümmungsradius der Bahn derjenigen Strahlen, die gerade noch in genügender Intensität den Schirm durchsetzen, um einen merklichen Eindruck auf der Platte hervorzurufen. Das in Fig. 24 abgebildete Negativ zeigt uns eine Aufnahme, wie sie Becquerel mit der geschilderten Anordnung erhielt, als die photographische Platte mit Streifen von Papier, Aluminium und Platin belegt worden war.

Aus diesen Versuchen geht deutlich hervor, dafs diejenigen Strahlen, die im Magnetfelde die gröfste Ablenkung erleiden, in der Materie am stärksten absorbiert werden. Becquerel bestimmte aus seinen photographischen Aufnahmen die unteren Grenzwerte der Gröfse HR für Strahlen, die von Schirmen verschiedener Dicke hindurchgelassen werden.

Viertes Kapitel. Die physikalische Natur der Strahlen.

Seine Resultate sind in der folgenden Tabelle wiedergegeben:

Substanz	Dicke in mm	Untere Grenze von HR für die hindurchgelassenen Strahlen
Schwarzes Papier	0,065	650
Aluminium	0,010	350
„	0,100	1000
„	0,200	1480
Glimmer	0,025	520
Glas	0,155	1130
Platin	0,030	1310
Kupfer	0,085	1740
Blei	0,130	2610

Wäre $\frac{e}{m}$ eine für sämtliche Strahlen konstante Größe, so müßten die Werte von HR der Geschwindigkeit der in Frage kommenden Teilchen proportional sein. Es würde sich dann aus obiger Tabelle z. B. ergeben, daß die durch eine 0,13 mm dicke Bleiplatte hindurchgegangenen und gerade noch photographisch wirksamen Strahlen eine etwa siebenmal so große Geschwindigkeit besitzen wie die langsamsten Strahlen, die noch nach Durchdringung einer Aluminiumschicht von 0,01 mm Dicke einen Eindruck auf der Platte hervorrufen. Tatsächlich ist der Unterschied der Geschwindigkeiten aber nicht so groß, wie man hiernach erwarten sollte; denn die Größe $\frac{e}{m}$ ist, wie wir im Paragraph 82 sehen werden, in Wahrheit nicht für alle Strahlen konstant, sondern wird mit wachsender Geschwindigkeit der geladenen Teilchen immer kleiner.

Die Strahlung des Urans ist viel homogener als die des Radiums. Nach Becquerel beträgt der Wert von HR für alle Uranstrahlen ungefähr 2000.

78. Untersuchung der β-Strahlen nach der elektrischen Methode.

Das Vorhandensein leicht ablenkbarer Strahlen in der Gesamtemission eines aktiven Körpers läßt sich am einfachsten auf photographischem Wege feststellen. Es erwächst nunmehr aber die Aufgabe, auch den Nachweis zu führen, daß jene photographisch wirksamen Strahlen mit denjenigen Strahlen mittlerer Absorbierbarkeit identisch sind, die wir an ihren ionisierenden Wirkungen erkennen. Zu diesem Zwecke eignet sich der in Fig. 25 abgebildete Apparat.

Die radioaktive Substanz A liegt auf einem Bleiblock B'' zwischen den parallelen Bleiplatten $B B'$. Die Strahlen pflanzen sich in der

Viertes Kapitel. Die physikalische Natur der Strahlen.

Richtung AD fort und gelangen zwischen die Platten PP eines Meſskondensators, wo sie das Gas ionisieren. Man erzeugt ein magnetisches Feld senkrecht zur Zeichnungsebene; das punktierte Rechteck $EEEE$ gibt die Stelle an, an der sich die Polschuhe des Elektromagneten befinden. Um die Strahlung von Radium- oder Thorverbindungen untersuchen zu können, muſs man durch Anwendung eines Luftstromes dafür sorgen, daſs keine radioaktiven Emanationen in den Kondensatorraum hineindiffundieren. Befindet sich ein Uran-, Thor- oder Radiumpräparat bei A, so rührt die Ionisation im Meſskondensator wesentlich von der Einwirkung der α- und β-Strahlen her. Durch Bedecken der aktiven Substanz mit 0,01 cm dickem Aluminiumblech wird der Einfluſs der α-Strahlen beseitigt. Die ionisierende Wirkung der γ-Strahlen kann gegen die der β-Strahlen völlig vernachlässigt werden, falls die radioaktive Materie nur in Schichtdicken von wenigen Millimetern zur Verwendung gelangt.

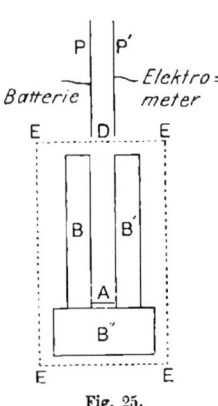

Fig. 25.

Läſst man nun das Magnetfeld einwirken, und zwar so, daſs seine Kraftlinien mit der mittleren Strahlrichtung einen rechten Winkel bilden, so nimmt die Stromstärke in dem Kondensator ab, und zwar um so mehr, je weiter die Intensität des Feldes gesteigert wird. Schlieſslich beträgt die Stärke des Ionisationsstromes nur einen sehr geringen Bruchteil des ursprünglichen Wertes, und hieran erkennt man, daſs sämtliche Strahlen des zu untersuchenden Bündels nunmehr so stark gekrümmt werden, daſs sie nicht mehr in den Kondensatorraum gelangen.

Die nach dieser Methode ausgeführten Beobachtungen führten zu folgenden Resultaten: die β-Strahlung von Uran, Thorium und Radium besteht gänzlich aus magnetisch leicht ablenkbaren Strahlen; dagegen sendet Polonium lediglich α-Strahlen aus, deren Ablenkung nur in sehr starken Magnetfeldern beobachtbare Beträge erreicht.

Es gelangen auch dann hauptsächlich α-Strahlen in dem Kondensatorraume zur Wirkung, wenn man den aktiven Körper ohne Absorptionsschirm strahlen läſst und den Elektromagnet durch starke Ströme erregt. Unter gewöhnlichen Versuchsbedingungen wird dann aber bei weiterer Erhöhung der Feldintensität eben wegen der geringen Ablenkbarkeit der α-Strahlen keine merkliche Abnahme des Ionisationsstromes mehr eintreten.

Die Wirkung magnetischer Kräfte läſst sich mit Hilfe der elektrischen Methode sehr leicht nachweisen, wenn eine stark aktive Substanz, wie Radium, als Strahlungsquelle verwandt wird; denn in diesem Falle sind die ablenkbaren Strahlen in genügender Menge in der Ge-

Viertes Kapitel. Die physikalische Natur der Strahlen. 123

samtemission enthalten, um eine lebhafte Ionisation hervorzurufen. Anders ist es aber bei Körpern von geringer Aktivität, wie Uran oder Thorium, wo die β-Strahlen nur schwache Ionisationsströme erzeugen; hier bedarf es schon eines ziemlich empfindlichen Elektroskops oder Elektrometers, um die geringen Stromänderungen unter der Einwirkung des Magnetfeldes deutlich messen zu können. Das gilt besonders für Thoroxyd, dessen β-Strahlung noch fünfmal so schwach ist wie die einer gleichen Gewichtsmenge Uranoxyd.

79. Beobachtung mittels des Fluoreszenzschirmes. Die β-Strahlen von einigen Milligramm reinen Radiumbromids rufen in Baryumplatincyanür und anderen Stoffen, die unter dem Einflusse der Kathodenstrahlen leuchtend werden, lebhafte Fluoreszenz hervor. Bei Verwendung von einem Zentigramm Radiumbromid kann man diese Lumineszenz schon im zerstreuten Tageslichte beobachten. Es lassen sich daher viele Eigenschaften der β-Strahlen auch mit Hilfe eines Fluoreszenzschirmes untersuchen, und so kann man auch die zusammengesetzte Natur jener Strahlengruppe auf diese Weise leicht demonstrieren. Zu diesem Zwecke legt man eine kleine Menge Radium auf den Boden eines kurzen, engen Bleizylinders, dessen oberes Ende offen bleibt. Diesen Behälter stellt man auf einen Fluoreszenzschirm und bringt das Ganze zwischen die Pole eines Elektromagnets. Bevor das Feld erregt wird, sieht man auf dem Schirme schon ein schwaches Leuchten, das von der Einwirkung der durch den Bleiboden leicht hindurchdringenden γ-Strahlen herrührt. Schliefst man nun aber den magnetisierenden Strom, so entsteht auf der einen Seite des Schirmes ein heller Lichtfleck von elliptischer Gestalt (vergl. Paragraph 77). Wird die Feldrichtung umgekehrt, so rückt der Lichtfleck auf die andere Seite des Bleizylinders. An seiner grofsen Ausdehnung erkennt man die Inhomogenität der erregenden β-Strahlen. Man kann auch leicht die Bahn der Strahlen ermitteln, indem man oberhalb des Schirmes einen metallischen Gegenstand verschiebt und für jede Stellung des Objektes die Lage seines Schattens auf dem Fluoreszenzfleck beobachtet. Achtet man dabei gleichzeitig auf die Tiefe der Schatten an den einzelnen Punkten, so sieht man, dafs die Strahlen gröfster Ablenkbarkeit am stärksten absorbiert werden.

Vergleich der β-Strahlen mit Kathodenstrahlen.

80. Methoden. Um zu beweisen, dafs die β-Strahlen der aktiven Körper ihrer Natur nach mit den Kathodenstrahlen einer Entladungsröhre identisch sind, hat man zu zeigen,
1. dafs die β-Strahlen eine negative Ladung mit sich führen,
2. dafs sie sowohl durch elektrische wie durch magnetische Kräfte abgelenkt werden,

124 Viertes Kapitel. Die physikalische Natur der Strahlen.

3. dafs der Quotient $\dfrac{e}{m}$ für sie denselben Wert besitzt wie für die Kathodenstrahlen.

Die von den β-Strahlen mitgeführte elektrische Ladung. Die Kathodenstrahlen transportieren, wie Perrin und J. J. Thomson gezeigt haben, negative Ladungen. Nach den Versuchen von Lenard behalten sie diese Ladungen auch beim Durchgang durch dünne Schichten materieller Substanzen. Werden sie absorbiert, so geben sie ihre Ladung an den absorbierenden Körper ab. Die gesamte Elektrizitätsmenge, die von den β-Strahlen transportiert wird, ist, auch wenn sie von sehr starken Radiumpräparaten stammen, im allgemeinen klein gegen die Ladung der Kathodenstrahlen, die man in einer Vakuumröhre leicht auffangen kann. Zum Nachweis der Ladung der β-Strahlen bedarf es daher einer sehr empfindlichen Versuchsanordnung.

Ein hochaktives Radiumsalz sei auf einer zur Erde abgeleiteten Metallplatte ausgebreitet; eine zweite, der ersten parallele Platte absorbiere die von der Substanz ausgehenden β-Strahlen und sei mit einem Elektrometer verbunden. Wenn die Strahlen negative Elektrizität mit sich führen, müfste sich die obere Platte unter diesen Umständen allmählich immer stärker negativ laden. Da aber die Luft zwischen den Platten infolge der ionisierenden Wirkung der Strahlung eine hohe Leitfähigkeit besitzt, wird jegliche Ladung, sobald sie erscheint, fast augenblicklich wieder zerstreut. Vielfach beobachtet man zwar, dafs die obere Platte je nach dem Material des Metalles ein bestimmtes positives oder negatives Potential annimmt; das ist jedoch nur eine Folge der elektromotorischen Kontaktkraft zwischen den einander gegenüberstehenden Leitern; dieser Effekt hat daher mit der Frage, ob die Strahlen eine Ladung mit sich führen, nichts zu tun. Die Ionisation des Gases läfst sich durch Bedeckung der aktiven Substanz mit einem dünnen Metallschirm beträchtlich verringern, da hierdurch die α-Strahlen zurückgehalten werden, ohne dafs die β-Strahlung wesentlich geschwächt würde.

Es findet sich aber auch dann noch immer eine zu starke Elektrizitätszerstreuung statt. Man kann sie jedoch zum gröfsten Teile dadurch beseitigen, dafs man entweder den Druck des umgebenden Gases verringert oder die mit dem Elektrometer verbundene Platte in geeignete Isolatoren einschliefst. Die zweite Methode wurde von Herrn und Frau Curie[1]) benutzt, um die Gröfse der von den Radiumstrahlen transportierten Ladung zu bestimmen.

Eine Metallscheibe MM (Fig. 26) steht durch den Draht T mit einem Elektrometer in Verbindung. Scheibe und Draht sind vollständig

---

[1]) P. und S. Curie, C. R. 130, p. 647. 1900.

Viertes Kapitel. Die physikalische Natur der Strahlen.

in ein isolierendes Medium *ii* eingebettet. Das Ganze ist von einer zur Erde abgeleiteten Metallhülle $EEEE$ umgeben. Unterhalb der Scheibe ist die isolierende Schicht und die Schutzhülle sehr dünn. Auf dieser Seite wird das System den Strahlen des Radiumpräparates R, das in einer Vertiefung der Bleiplatte AA liegt, ausgesetzt. Die von der radioaktiven Substanz ausgehenden β-Strahlen durchsetzen die Metallhülle und die dünne isolierende Schicht, ohne dabei erheblich an Intensität zu verlieren; in der Scheibe MM werden sie aber, vollkommen absorbiert. Es zeigte sich nun, dafs die eingebettete Scheibe tatsächlich eine Ladung von negativem Vorzeichen annahm, deren Betrag allmählich immer gröfser wurde, woraus unzweideutig hervorgeht, dafs die β-Strahlen negative Elektrizität mit sich führen. Der Strom, der auf diese Weise entsteht, ist jedoch ungemein schwach. Das Radiumpräparat[1]) bildete eine Schicht von 2,5 qcm Oberfläche und 2 mm Dicke. Das Aluminiumblech der Metallhülle, das die Strahlen durchsetzen mufsten, war 0,01 mm dick, und zwischen ihm und der

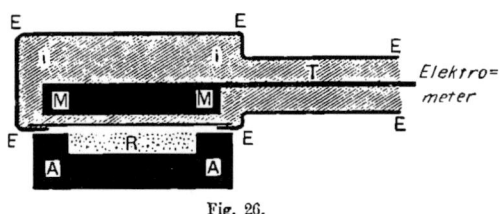

Fig. 26.

Scheibe MM befand sich eine 0,3 mm dicke Ebonitplatte. Unter diesen Umständen war die zur Beobachtung gelangende Stromstärke von der Gröfsenordnung 10^{-11} Ampere, und es war gleichgültig, ob zum Auffangen der Ladung Scheiben aus Blei, Kupfer oder Zink benutzt wurden; der Strom änderte sich auch nicht, als die Ebonitplatte durch eine Paraffinschicht ersetzt wurde.

Herr und Frau Curie zeigten ferner durch einen in analoger Weise angeordneten Versuch, dafs das emittierende Radiumsalz seinerseits eine positive Ladung annimmt. Wird auf dem Wege der Strahlung negative Elektrizität fortgeführt, so mufs ja der Rest positiv geladen zurückbleiben. Wären also die β-Strahlen allein Träger einer Ladung, so würde jedes Körnchen Radiumsalz, das rings von vollkommenen Nichtleitern umgeben wäre, im Laufe der Zeit ein hohes positives Potential annehmen. Da jedoch auch α-Strahlen ausgesandt werden, und da diese eine Ladung von positivem Vorzeichen mit sich führen, so müfste man zunächst wissen, ob die Strahlen der einen oder der anderen Art pro Zeiteinheit eine gröfsere Elektrizitätsmenge trans-

---

[1]) Über die Aktivität des Radiumpräparates finden sich in der Curieschen Abhandlung keine Angaben.

126 Viertes Kapitel. Die physikalische Natur der Strahlen.

portieren, um voraussagen zu können, ob das Radium selbst eine positive oder negative Ladung annehmen wird. Schliefst man das Präparat aber in einen gut isolierten Metallmantel von passender Dicke ein, durch den die β-Strahlen fast ungeschwächt hindurchdringen können, während die α-Strahlen daselbst vollkommen absorbiert werden, so mufs sich die Hülle im Vakuum auf jeden Fall positiv laden.

Auf dieser Erscheinung beruht eine interessante Beobachtung, die von Dorn[1]) beschrieben wurde. Eine kleine Menge Radiumsalz war in ein Glasröhrchen eingeschmolzen worden. Als man die Hülle nach einigen Monaten öffnen wollte und das Glas zu diesem Zwecke mit einer Feile ritzte, entstand in demselben Augenblicke ein heller elektrischer Funke; es bestand also eine hohe Potentialdifferenz zwischen der Innenwand des Glasrohres und der Erde. Offenbar waren hier die α-Teilchen in der Glaswand stecken geblieben, während von den β-Strahlen ein grofser Teil die Röhre verlassen konnte. So hatte sich im Laufe der Zeit allmählich eine beträchtliche positive Ladung angesammelt. Bei diesem Vorgang mufs übrigens ein stationärer Zustand eintreten, sobald die Unvollkommenheit des Isolationsvermögens des Glases bewirkt, dafs in gleichen Zeiten von der angehäuften positiven Elektrizität durch Leitung ebensoviel verloren geht, als negative Elektrizität durch β-Strahlung fortgeführt wird. Die äufsere Oberfläche der Glasröhre befindet sich infolge der starken Ionisation der umgebenden Luft stets auf dem Potential Null.

Noch beweiskräftiger ist ein einfacher Versuch, der kürzlich von Strutt[2]) angegeben wurde. Dieser benutzte zum Nachweise, dafs ein in eine Hülle von geeigneter Dicke eingeschlossenes Radiumpräparat spontan eine positive Ladung annimmt, eine Anordnung, die in Fig. 27 wiedergegeben ist. Das Radium befindet sich in einer zugeschmolzenen Glasröhre AA, die innerhalb eines gröfseren Glasgefäfses von einem isolierenden Quarzstabe B getragen wird. An dem unteren Ende der Radiumröhre sind zwei leichte Goldblättchen befestigt; diese stehen mit dem aktiven Präparate in metallischer Verbindung. Die Innenwand des äufseren Behälters ist mit Stanniol EE belegt, das zur Erde abgeleitet wird, und die Oberfläche des Rohres

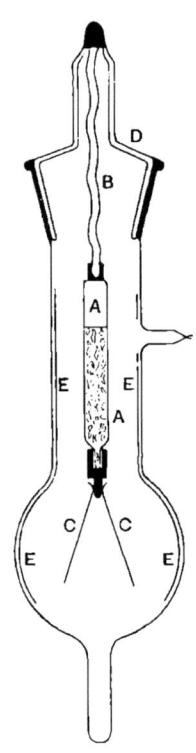

Fig. 27.

---

[1]) E. Dorn, Physik. Ztschr. 4, p. 507. 1903.
[2]) R. J. Strutt, Phil. Mag., Nov. 1903.

Viertes Kapitel. Die physikalische Natur der Strahlen. 127

AA ist durch Bestreichen mit Phosphorsäure leitend gemacht. Um in dem die Elektroskopblättchen umgebenden Raume keine Ionisation aufkommen zu lassen, wodurch ja ihre Ladungen sofort verschwinden würden, wird das äufsere Glasgefäfs mittels einer Quecksilberpumpe so weit als möglich evakuiert. Den Goldblättchen teilt sich nun die positive Ladung mit, die nach dem Austritt der β-Strahlen zurückbleibt, so dafs sie allmählich immer weiter divergieren. Unter Benutzung von $1/2$ g radiumhaltigen Baryumsalzes von der Aktivität 100 (auf Uranmetall als Einheit bezogen) beobachtete Strutt, dafs die Blättchen innerhalb eines Zeitraumes von 20 Stunden ihre volle Divergenz erreichten.

Füllt man das Röhrchen AA mit 30 mg reinen Radiumbromids, so tritt der gleiche Effekt schon im Laufe einer Minute ein, und wenn man noch dafür sorgt, dafs die Blättchen bei einem bestimmten Divergenzwinkel mit einem geerdeten Metall zur Berührung kommen, so arbeitet der Apparat dauernd automatisch: die Blättchen divergieren, berühren den geerdeten Leiter und fallen wieder zusammen. Dieses Spiel wiederholt sich in regelmäfsiger Folge, wenn auch nicht ewig, so doch auf alle Fälle so lange, wie das Radium als solches existiert. Viele Jahre lang mufs die periodische Bewegung in dieser „Radiumuhr" so gleichmäfsig erfolgen, dafs keine Unregelmäfsigkeit ihres Ganges zu bemerken sein wird. Aus Gründen, die wir später kennen lernen werden (s. Parapraph 261), dürfen wir jedoch annehmen, dafs die Zahl der pro Zeiteinheit vom Radium ausgesandten β-Teilchen nach einem Exponentialgesetze allmählich abnehmen wird, derart, dafs sie in etwa 1200 Jahren auf den halben Wert sinkt. Die Periode der Blättchenbewegung müfste demnach im Laufe der Zeit allmählich gröfser werden, und schliefslich würde der ganze Effekt nicht mehr zu beobachten sein.

Das Verhalten dieser Radiumuhr stellt die weitgehendste Annäherung an eine scheinbar unaufhörliche Bewegung dar, wie sie in gleicher Vollkommenheit an einem künstlichen Mechanismus bisher noch niemals beobachtet wurde.

Von W. Wien[1]) wurde die Gröfse der von den β-Strahlen des Radiums fortgeführten Ladung bestimmt. Ein verschlossener Platintiegel, in dem sich eine kleine Menge Radium befand, wurde an einem isolierenden Faden im Innern eines gut evakuierten Glaszylinders aufgehängt. In den letzteren war eine nach aufsen führende Elektrode eingeschmolzen. Mit dieser konnte der Platintiegel durch eine geringe Neigung der Glasröhre in Berührung gebracht werden. Wenn das Vakuum sehr hoch war, konnte Wien an dem Platinbehälter Spannungen von 100 Volt beobachten. Die benutzte Radiumbromidmenge betrug

---

[1]) W. Wien, Physik. Ztschr. 4, p. 624. 1903.

128   Viertes Kapitel. Die physikalische Natur der Strahlen.

4 mg. Unter diesen Umständen entsprach der Elektrizitätstransport durch die β-Strahlung einem Strome von $2{,}91 \times 10^{-12}$ Ampere. Setzt man die Ladung eines jeden β-Teilchens gleich $1{,}1 \times 10^{-20}$ elektromagnetischen Einheiten, so würde daraus folgen, daſs von der benutzten Salzmenge $2{,}66 \times 10^7$, also von 1 g Radiumbromid $6{,}6 \times 10^9$ β-Teilchen in jeder Sekunde fortgeschleudert werden. Die wahre Zahl der ausgestrahlten Träger muſs indessen gröſser sein, da ein Teil der β-Strahlen durch Absorption in den Gefäſswänden und in der aktiven Substanz selbst zurückgehalten wird.

Der Verfasser konnte nachweisen, daſs der zuletzt erwähnte Umstand in der Tat einen erheblichen Einfluſs auf die Beobachtungsresultate ausübt. Er benutzte deshalb zu seinen eigenen Messungen eine Methode, bei welcher die Absorption der β-Strahlung auf ein Minimum beschränkt blieb, und erhielt so für die Zahl der von 1 g Radiumbromid pro Sekunde emittierten negativen Teilchen einen sechsmal so groſsen Wert, als ihn Wien gefunden hatte, nämlich $4{,}1 \times 10^{10}$. Die nähere Beschreibung der dieser Bestimmung zugrunde liegenden Versuche kann zweckmäſsigerweise erst an späterer Stelle erfolgen (s. Paragraph 253).

81. Bestimmung von e/m. Wir sahen, daſs Kathodenstrahlen beim Durchgang durch das elektrische Feld eines Kondensators nach der positiven Platte hin abgelenkt werden. Bald nach der Entdeckung der magnetischen Ablenkbarkeit der β-Strahlen zeigten Dorn[1]) und Becquerel[2]), daſs auch diese Strahlen durch elektrische Kräfte gleichfalls veranlaſst würden, ihre ursprüngliche Fortpflanzungsrichtung zu verlassen.

Becquerel gelang es, durch getrennte Beobachtung der elektrischen und magnetischen Ablenkungen das Verhältnis e/m und die Geschwindigkeit der fortgeschleuderten Teilchen zu bestimmen. Zwei rechteckige, 3,45 cm hohe Kupferplatten standen sich vertikal, auf Paraffinklötzen isoliert, in 1 cm Abstand voneinander gegenüber. Die eine wurde mittels einer Influenzmaschine auf ein hohes Potential geladen, die andere war mit der Erde verbunden. Das aktive Radiumpräparat befand sich in einer schmalen spaltförmigen Vertiefung eines Bleiblocks. Diese lineare Strahlungsquelle lag unter dem Kondensator in der Mittelebene zwischen den beiden Metallscheiben. Oberhalb der letzteren lag horizontal eine in schwarzes Papier gewickelte photographische Platte. Unter der Einwirkung des elektrischen Feldes erschien das breite diffuse Strahlenbündel, das die empfindliche Schicht

---

[1]) E. Dorn, Abhandl. der Naturf. Ges. Halle 22, p. 44. 1900. Physik. Ztschr. 1, p. 337. 1900.
[2]) H. Becquerel, C. R. 130, p. 809. 1900.

Viertes Kapitel. Die physikalische Natur der Strahlen.

erreichte, nach der einen Seite hin abgelenkt. Die Gröfse der Ablenkung betrug indessen nur wenige Millimeter und liefs sich nur schwer einigermafsen genau messen.

Aus diesem Grunde wurde die Anordnung schliefslich dahin geändert, dafs ein dünner Glimmerschirm vertikal zwischen die Kondensatorplatten gestellt wurde, der das Feld in zwei symmetrische Hälften teilte. Solange beide Platten ungeladen bleiben, erhält man auf dem photographischen Bilde einen scharfen rechteckigen Schatten gerade in der Mitte. Wird aber eine Spannung angelegt, so erfolgt eine Ablenkung der Strahlen, und da ein Teil der abgelenkten Strahlen durch den Glimmerschirm aufgehalten wird, erhält man eine Verschiebung des Schattens. Aus der Richtung dieser Verschiebung ergibt sich der Sinn der Ablenkung. Die Lage der Schattengrenze entspricht jetzt offenbar dem Orte der am schwächsten abgelenkten Strahlen, die noch durch schwarzes Papier hindurch photographisch zu wirken vermögen.

Fliegt ein mit der Elektrizitätsmenge e geladenes Teilchen von der Masse m mit der Geschwindigkeit u normal durch ein elektrisches Feld von der Intensität X, so erfährt es eine Beschleunigung a in der Feldrichtung von dem Betrage

$$a = \frac{Xe}{m}.$$

Da diese Beschleunigung in der ganzen Ausdehnung des Feldes konstant und dem letzteren selbst parallel bleibt, so mufs die Bahn des Teilchens übereinstimmen mit derjenigen eines ponderablen Körpers, der in gewisser Höhe über dem Erdboden mit bestimmter Anfangsgeschwindigkeit horizontal fortgeschleudert der Einwirkung der Schwerkraft unterliegt. Die Bahnkurve ist also eine Parabel, deren Achse der elektrischen Kraft parallel läuft und deren Scheitel in dem Punkte liegt, an welchem das Teilchen in das elektrische Feld eintritt. Für die lineare, parallel zum Felde gemessene Ablenkung d_1 ergibt sich, wenn l die Länge des durchstrahlten Feldes bezeichnet, der Ausdruck:

$$d_1 = \frac{1}{2} \frac{Xe}{m} \frac{l^2}{u^2}.$$

Nachdem das Teilchen das elektrische Feld verlassen hat, bewegt es sich in der Richtung der Tangente seiner Bahn im Austrittspunkte geradlinig weiter. Diese Tangente bildet mit der ursprünglichen, unabgelenkten Bahn einen Winkel Θ, für den die Beziehung gilt:

$$\tang \Theta = \frac{eXl}{mu^2}.$$

Die Entfernung zwischen der photographischen Platte und dem äufsersten Ende des Feldes sei gleich h. Dann wird sie von den ankommenden

Teilchen in einem Punkte getroffen, der von der Spur des unabgelenkten Strahles einen Abstand d_2 besitzt, und zwar ist

$$d_2 = h \text{ tang } \Theta + d_1,$$

also

$$d_2 = \frac{X l e}{m u^2} \left(\frac{l}{2} + h\right).$$

In der Becquerelschen Versuchsanordnung war

$$d_2 = 0{,}4 \text{ cm},$$
$$X = 1{,}02 \times 10^{12},$$
$$l = 3{,}45 \text{ cm},$$
$$h = 1{,}2 \text{ cm}.$$

Bestimmt man nun ferner für dieselben Strahlen den Krümmungsradius R ihrer Bahn in einem zu ihrer Fortpflanzungsrichtung senkrechten Magnetfelde von der Intensität H, so gilt ja, wie wir wissen, die Beziehung

$$\frac{e}{m} = \frac{u}{HR};$$

durch Kombination der letzten beiden Gleichungen erhalten wir also für die Geschwindigkeit den Ausdruck

$$u = \frac{X l \left(\frac{l}{2} + h\right)}{H R d_2}.$$

Eine Schwierigkeit ergab sich wieder aus der komplexen Natur der abgelenkten Strahlenbündel. Denn um die obige Formel mit Erfolg anwenden zu können, mußten sich die aus der magnetischen und der elektrischen Ablenkung ermittelten Größen selbstverständlich auf die nämliche Strahlenart beziehen. Becquerel gibt als wahrscheinlichsten Wert des Produktes HR für seine elektrisch abgelenkten Strahlen 1600 C.G.S. — Einheiten an. Danach wäre also

$$u = 1{,}6 \times 10^{10} \text{ cm pro Sek.}$$

und

$$\frac{e}{m} = 10^7.$$

Die Geschwindigkeit dieser Strahlen beträgt mithin mehr als die Hälfte der Lichtgeschwindigkeit, und die scheinbare Masse stimmt nahezu mit der der Kathodenstrahlteilchen überein, d. h. sie ist nicht größer als $^1/_{1000}$ der Masse eines Wasserstoffatoms. Zwischen β-Strahlen und Kathodenstrahlen herrscht also eine vollkommene Analogie; ein Unterschied besteht nur in ihren Geschwindigkeiten. Die β-Teilchen bestehen demnach aus isolierten Einheiten negativer Elektrizität, die identisch sind mit den Elektronen, welche durch elek-

Viertes Kapitel. Die physikalische Natur der Strahlen. 131

trische Entladungen in evakuierten Räumen in Freiheit gesetzt werden. Die Geschwindigkeit der Kathodenstrahlen einer gewöhnlichen Entladungsröhre beträgt im allgemeinen ungefähr 2×10^9 cm pro Sekunde; bei Verwendung sehr starker elektrischer Kräfte kann sie bestenfalls bis auf 10^{10} cm pro Sekunde gesteigert werden. Die vom Radium fortgeschleuderten Elektronen bewegen sich dagegen im Durchschnitt wesentlich schneller: die untere Grenze ihrer Geschwindigkeitswerte liegt bei 0,2 V, die obere bei mindestens 0,96 V, wenn V die Lichtgeschwindigkeit bezeichnet. Kraft ihrer hohen Geschwindigkeit vermögen diese Elektronen viel dickere Schichten materieller Stoffe zu durchdringen als die langsameren Kathodenstrahlteilchen; immerhin handelt es sich dabei nur um einen Unterschied quantitativer Natur. Wir sehen nun, dafs jene Elektronen von enormer Geschwindigkeit unaufhörlich und spontan vom Radium ausgesandt werden; sie müssen also ihre Bewegungsenergie der aktiven Materie selbst entnehmen. Man kann sich jedoch schwer vorstellen, dafs sie plötzlich aus dem Zustande der Ruhe auf jene hohe Geschwindigkeit gebracht würden; denn das würde heifsen, dafs plötzlich eine ungeheure Energiekonzentration auf ein winziges Teilchen erfolgte. Es erscheint daher plausibler, anzunehmen, dafs das Elektron schon, bevor es ausgetrieben wird, innerhalb des Atoms sehr rasche zyklische oder oszillatorische Bewegungen ausführt und dabei auf irgendeine Weise plötzlich die Fähigkeit erlangt, den Atomverband zu verlassen. Nach dieser Auffassung würde also die Bewegungsenergie des Elektrons nicht plötzlich geschaffen, sondern sie träte nur dadurch erst, dafs das Teilchen seine Freiheit erlangt, in die Erscheinung.

82. Abhängigkeit der Gröfse e/m von der Geschwindigkeit des Elektrons. Soeben wurde erwähnt, dafs die Geschwindigkeiten der vom Radium emittierten Elektronen in jedem Bündel β-Strahlen zwischen den Grenzen $1/5\,V$ und $9/10\,V$ variieren. Man kann daher versuchen, durch Beobachtungen an solchen β-Strahlen die Frage zu entscheiden, ob sich der Wert des Quotienten e/m mit der Geschwindigkeit der Elektronen ändert. Dahingehende Untersuchungen wurden von Kaufmann[1]) angestellt.

Nach der Theorie des Elektromagnetismus mufs sich ein in Bewegung begriffener elektrisch geladener Körper so verhalten, als ob er neben seiner mechanischen Masse noch eine weitere, scheinbare Masse besäfse (vgl. Paragraph 48). Für geringe Geschwindigkeiten beträgt diese noch hinzukommende elektrische Masse $\dfrac{2}{3}\dfrac{e^2}{a}$, wenn unter a der Radius

---

[1]) W. Kaufmann, Gött. Nachr. 1901, Heft 2; 1902, Heft 5; 1903, Heft 3. Physik. Ztschr. 4, p. 54. 1902, s. a. Ann. d. Phys. 19, p. 487. 1906.

132 Viertes Kapitel. Die physikalische Natur der Strahlen.

des geladenen Körpers verstanden wird; sie wächst jedoch sehr rasch, wenn sich die Geschwindigkeit derjenigen des Lichtes nähert. Es ist nun offenbar eine Frage von gröfster Wichtigkeit, ob die Masse eines Elektrons zum Teil mechanischen Ursprunges ist oder ob man ihre gesamte Gröfse auf den elektromagnetischen Effekt der bewegten Ladung zurückführen kann, ohne aufserdem noch die Existenz einer gewöhnlichen mechanischen Masse annehmen zu müssen.

Für die Abhängigkeit der scheinbaren Masse eines geladenen Körpers von seiner Geschwindigkeit haben J. J. Thomson, Heaviside und Searle nahezu übereinstimmende Formeln aufgestellt. Auch von Abraham[1]) wurde auf theoretischem Wege eine Beziehung zwischen jenen Gröfsen abgeleitet, und diese Abrahamsche Formel benutzte Kaufmann zur Deutung seiner Versuchsresultate.

Bedeutet: m die scheinbare Masse eines Elektrons bei einer beliebigen Geschwindigkeit,

m_0 die Gröfse seiner Masse für geringe Geschwindigkeiten,

u die Geschwindigkeit des Elektrons,

V die Lichtgeschwindigkeit,

und setzt man $\beta = \dfrac{u}{V}$, so führt die Theorie zu der Gleichung

$$\frac{m}{m_0} = \frac{3}{4} \psi(\beta) \quad (1),$$

worin

$$\psi(\beta) = \frac{1}{\beta^2}\left(\frac{1+\beta^2}{2\beta} \log \operatorname{nat} \frac{1+\beta}{1-\beta} - 1\right) \quad (2)$$

gesetzt ist.

Die Versuchsanordnung, deren sich Kaufmann zur Bestimmung der Gröfsen e/m und u bediente, hat eine gewisse Ähnlichkeit mit der Methode der gekreuzten Spektra. Auf dem Boden eines Messingkästchens befand sich ein Körnchen hochaktiven Radiumsalzes. Die Strahlen gingen von hier aus zwischen zwei wohlisolierten 1.2 mm voneinander entfernten Messingplatten hindurch; sie passierten sodann ein Platindiaphragma, so dafs ein schmales Bündel von etwa 0.5 mm Durchmesser ausgeblendet wurde. Dieses letztere fiel schliefslich auf eine in Aluminiumfolie eingewickelte photographische Platte.

Der Abstand der Strahlenquelle von dem Diaphragma betrug 2 cm, und ebenso weit war das letztere von der photographischen Platte entfernt. Der ganze Apparat stand im Vakuum: so konnten zwischen den Kondensatorplatten, ohne dafs eine Funkenentladung eintrat, Po-

---

[1]) M. Abraham, Physik. Ztschr. 4, p. 57. 1902. Ann. d. Phys. 10, p. 105. 1903.

Viertes Kapitel. Die physikalische Natur der Strahlen. 133

tentialdifferenzen von 2000—5000 Volt hergestellt werden. Indem die Strahlen das elektrische Feld durchsetzen, erfahren sie eine Ablenkung, deren Größe mit ihrer Geschwindigkeit variiert, und dadurch entsteht auf der photographischen Platte ein gerader Strich, gewissermaßen ein „elektrisches Spektrum" des Strahlenbündels.

Läßt man statt der elektrischen Potentialdifferenz das Feld eines Elektromagneten auf die Elektronen einwirken, und zwar so, daß die magnetischen Kraftlinien den elektrischen parallel laufen, so erhält man senkrecht zu dem elektrischen ein magnetisches Spektrum. Durch gleichzeitige elektrische und magnetische Ablenkung entsteht daher auf der Platte das Bild einer krummen Linie. Wird nach Kommutierung des elektrischen Feldes eine zweite Exposition vorgenommen, so erhält man zwei symmetrische Kurvenäste, wie sie nach den Kaufmannschen Beobachtungen in Fig. 28 wiedergegeben sind.

Fig. 28.

Es bedeute y und z bezw. die Größe der elektrischen und magnetischen Ablenkung. Dann läßt sich leicht beweisen, daß unter Vernachlässigung kleiner Korrektionsglieder folgende Beziehungen gelten:

$$\beta = \varkappa_1 \frac{z}{y} \qquad (3)$$

und

$$\frac{e}{m} = \varkappa \frac{z^2}{y} \qquad (4).$$

Aus diesen beiden Gleichungen ergibt sich in Verbindung mit Gleichung (1)

$$\frac{y}{z^2 \, \psi\left(\varkappa_1 \frac{z}{y}\right)} = \varkappa_2 \qquad (5).$$

$\varkappa$, $\varkappa_1$, $\varkappa_2$ bezeichnen konstante Größen.

Die nach Gleichung (5) zu berechnenden theoretischen Werte kann man nun mit der experimentell ermittelten photographischen Kurve vergleichen.

Auf diese Weise fand Kaufmann[1]), daß der Wert von e/m mit wachsender Geschwindigkeit der β-Strahlen abnimmt, daß also, wenn man die Ladung der Elektronen als unveränderlich betrachtet, ihre Masse mit der Geschwindigkeit wächst.

Diese Schlußfolgerung mag durch folgende Daten, die den ersten diesbezüglichen Beobachtungen Kaufmanns entnommen sind, belegt werden:

---

[1]) W. Kaufmann, Gött. Nachr. 1901, Heft 2.

134 Viertes Kapitel. Die physikalische Natur der Strahlen.

Geschwindigkeit des Elektrons in cm pro Sekunde	$\dfrac{e}{m}$
$2,36 \times 10^{10}$	$1,31 \times 10^{7}$
$2,48 \times 10^{10}$	$1,17 \times 10^{7}$
$2,59 \times 10^{10}$	$0,97 \times 10^{7}$
$2,72 \times 10^{10}$	$0,77 \times 10^{7}$
$2,83 \times 10^{10}$	$0,63 \times 10^{7}$

Für Kathodenstrahlen hatte S. Simon[1]) gefunden: $e/m = 1,86 \times 10^{7}$ bei einer mittleren Geschwindigkeit von 7×10^{9} cm pro Sekunde.

In einer späteren Veröffentlichung berichtet Kaufmann[2]) über weitere Versuche, in denen er durch Vervollkommnung der experimentellen Anordnung noch schärfere Ablenkungskurven erhielt, so dafs eine gröfsere Genauigkeit der Messungen erzielt werden konnte. Es ergab sich eine gute Übereinstimmung zwischen den beobachteten Werten und der durch Gleichung (5) dargestellten Kurve.

In der folgenden Tabelle sind für verschiedene Geschwindigkeiten die den Kaufmannschen Beobachtungen entsprechenden Werte von $\dfrac{m}{m_0}$, sowie die prozentischen Abweichungen dieser experimentell ermittelten Zahlen von den auf Grund der Annahme einer rein elektromagnetischen Masse berechneten Werten jenes Quotienten wiedergegeben.

$\beta = \dfrac{u}{V}$	Beobachtete Werte von $\dfrac{m}{m_0}$	Prozentische Abweichungen vom theoretischen Werte
klein	1	—
0,732	1,34	— 1,5 %
0,752	1,37	— 0,9 %
0,777	1,42	— 0,6 %
0,801	1,47	+ 0,5 %
0,830	1,545	+ 0,5 %
0,860	1,65	0
0,883	1,73	+ 2,8 %
0,933	2,05	— 7,8 % ?
0,949	2,145	— 1,2 %
0,963	2,42	+ 0,4 %

[1]) S. Simon, Wied. Ann. 69, p. 589. 1899.
[2]) W. Kaufmann, Physik. Ztschr. 4, p. 54. 1902.

Viertes Kapitel. Die physikalische Natur der Strahlen. 135

Die mittlere prozentische Abweichung der berechneten von den beobachteten Werten beträgt, wie man sieht, nicht mehr als ein Prozent. Bemerkenswerterweise unterscheidet sich die Gröfse $\frac{m}{m_0}$ erst dann in beträchtlichem Mafse von der Einheit, wenn die Geschwindigkeit des Elektrons der des Lichtes schon aufserordentlich nahe kommt. Das geht noch deutlicher aus folgender Zusammenstellung hervor:

$\beta = \frac{u}{V}$	klein	0,1	0,5	0,9	0,99	0,999	0,9999	0,999999
Theoretisch berechneter Wert von $\frac{m}{m_0}$		1,00	1,015	1,12	1,81	3,28	4,96	6,68	10,1

Solange die Geschwindigkeiten nur innerhalb der Grenzen $u = 0$ und $u = {}^1\!/_{10} V$ variieren, kann demnach die Masse des Elektrons als praktisch konstant betrachtet werden. Von $u = {}^1\!/_2 V$ an zeigt sich erst eine deutliche Zunahme der scheinbaren Masse, und nun wächst sie stetig, je mehr sich u der Lichtgeschwindigkeit nähert. Bei Erreichung der Lichtgeschwindigkeit wird die Masse nach der Theorie unendlich grofs. Wenn die Geschwindigkeit des Elektrons aber auch nur um ein Milliontel hinter der des Lichtes zurückbleibt, beträgt der Wert seiner Masse nicht mehr als das Zehnfache des für geringe Geschwindigkeiten gültigen Wertes.

Die Ergebnisse der Kaufmannschen Versuche befinden sich also in guter Übereinstimmung mit der Annahme, dafs die Masse des Elektrons ausschliefslich elektrischen Ursprunges ist; sie läfst sich vollständig auf die Eigenschaften schnell bewegter Ladungen zurückführen. Aus den Beobachtungen ergab sich ferner durch Extrapolation für geringe Geschwindigkeiten $e/m_0 = 1{,}84 \times 10^7$, ein Wert, der mit dem von Simon an Kathodenstrahlen experimentell gefundenen, $1{,}86 \times 10^7$, sehr gut übereinstimmt.

Nimmt man an, dafs die Ladung des Elektrons auf der Oberfläche einer Kugel vom Radius a gleichförmig verteilt sei, so erhält man für die scheinbare Masse m_0 bei langsamer Bewegung den Ausdruck $m_0 = \frac{2}{3} \frac{e^2}{a}$. Folglich wird

$$a = \frac{2}{3} \frac{e}{m_0} e.$$

Setzt man hierin $e = 1{,}13 \times 10^{-20}$, so ergibt sich für a der Wert $1{,}4 \times 10^{-13}$ cm. Der Durchmesser eines Elektrons wäre demnach klein gegen denjenigen eines Atoms.

83. Die Geschwindigkeitsverteilung innerhalb der gesamten β-Strahlung.
Interessante Untersuchungen wurden neuerdings von

136 Viertes Kapitel. Die physikalische Natur der Strahlen.

Paschen[1]) angestellt über die Frage, wie grofs die relativen Mengen der β-Teilchen wären, denen in der Emission des Radiums die verschiedenen Geschwindigkeitswerte zukommen. Seine Versuchsanordnung ist in Fig. 29 dargestellt.

Ein dünnes versilbertes Glasröhrchen b, das 15 mg Radiumbromid enthält, sitzt auf der Achse eines Systems von Bleiflügeln cc, das einen zylindrischen Raum von 2,2 cm Länge und 2 cm Durchmesser erfüllt. Solange das Feld des Elektromagnets NS noch nicht in Wirksamkeit tritt, fliegen die β-Teilchen vom Radium durch die Zwischenräume zwischen den Bleiflügeln hindurch und gelangen so an einen konzentrischen Bleiring aa von 5,5 mm Wandstärke und 37 mm innerem Durchmesser, woselbst sie absorbiert werden. Dieser äufsere Ring ist mit dem inneren Zylinder cc durch Quarzstäbe ii, die zugleich zur Isolation dienen, starr verbunden. Die Bleiflügel sowie das Radium sind dauernd zur Erde abgeleitet. Der Ring a trägt ein Goldblattelektroskop E, und die ganze Anordnung ist in ein Glasgefäfs eingeschlossen, das mittels einer Quecksilberluftpumpe stark evakuiert wird. Der Glasbehälter befindet sich in dem gleichförmigen Felde eines grofsen Elektromagneten NS, dessen Kraftlinien der Achse des Bleizylinders parallel laufen.

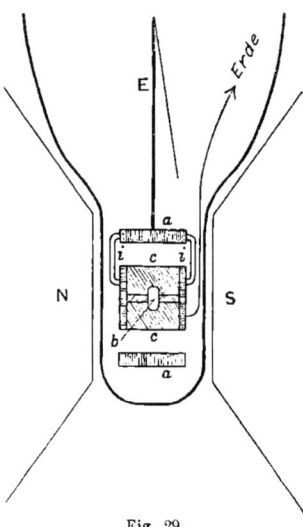

Fig. 29.

Der äufsere Ring erhält durch die in ihm zur Absorption gelangenden β-Teilchen eine negative Ladung, so dafs eine Bewegung des Goldblättchens eintritt. Die übergeführte Elektrizitätsmenge hat aber das Bestreben, wieder zu entweichen, da die vorhandenen Gasreste durch die β-Strahlen ionisiert werden und die erzeugten Ionen eine entladende Wirkung ausüben. Den Einflufs dieser Ionisierung kann man dadurch eliminieren, dafs man dem absorbierenden System abwechselnd ein positives und negatives Anfangspotential erteilt und für beide Fälle die Geschwindigkeit der Blättchenbewegung beobachtet. Dann ist das arithmetische Mittel dieser beiden Beobachtungswerte der gesuchten Zahl der β-Teilchen, die ihre Ladung an den Bleizylinder abgeben, proportional. Denn bei negativer Anfangsladung wirkt die Ionisierung des Gases dem Effekte des Elektrizitätstransportes entgegen, während sie bei positivem Potential die Bewegung des Goldblättchens in dem gleichen Mafse beschleunigt.

---

[1]) F. Paschen, Ann. d. Phys. 14, p. 389. 1904.

Viertes Kapitel. Die physikalische Natur der Strahlen.

Sobald der Elektromagnet erregt wird, verläfst jedes Teilchen seine ursprünglich geradlinige Bahn und beschreibt eine Kurve, deren Krümmungsradius von seiner Geschwindigkeit abhängt. In schwachen Feldern werden nur die langsamsten Strahlen so weit abgelenkt, dafs sie den Bleiring aa nicht mehr erreichen; mit wachsender Feldstärke wird die Zahl dieser Teilchen aber immer gröfser, bis schliefslich kein einziges mehr bis an den äufseren Zylinder gelangt. Es nimmt daher die dem letzteren zugeführte Ladung mit wachsender Intensität des magnetischen Feldes allmählich ab. Diese Abnahme ist in Fig. 30, Kurve I, graphisch dargestellt.

Die Ordinaten der Kurve bezeichnen in willkürlichen Einheiten die von dem Bleizylinder pro Sekunde aufgefangenen Ladungen, dienen

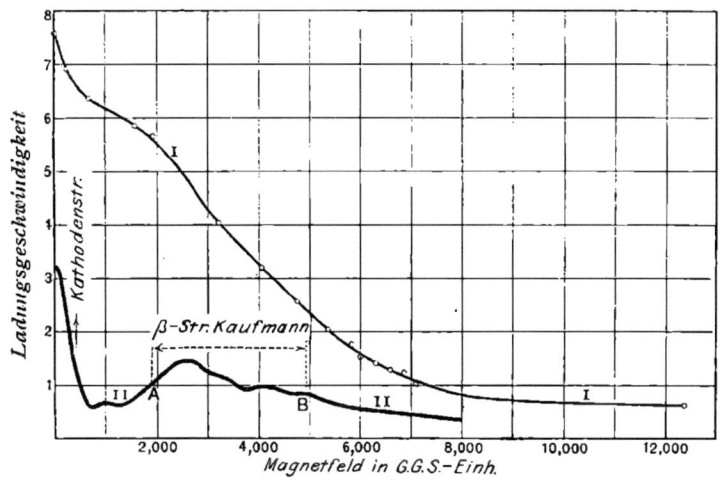

Fig. 30.

also als Mafs für die Zahl der ankommenden β-Teilchen. Aus den Dimensionen des Apparates läfst sich dann unter Zugrundelegung der von Kaufmann ermittelten Werte von e/m für jede Feldstärke die Geschwindigkeit der den Bleizylinder gerade nicht mehr erreichenden Teilchen berechnen.

Die Kurve II der Fig. 30 gibt die Differentialquotienten der Kurve I wieder; ihre Ordinaten entsprechen also den relativen Mengen der β-Teilchen, denen die einzelnen Geschwindigkeitswerte zukommen.

Aus den Angaben Kaufmanns über seine Ablenkungsversuche (s. Paragraph 82) schlofs Paschen, dafs die von ersterem untersuchten Strahlen, deren Geschwindigkeit zwischen den Grenzen $2{,}12 \times 10^{10}$ und $2{,}90 \times 10^{10}$ variierte, der Strahlengruppe zwischen den Punkten A und B der Kurve II entspiachen, d. h. dafs sie identisch waren mit denjenigen β-Teilchen, die in seinen eigenen Versuchen durch magnetische Felder von 1875 bis 4931 C.G.S.-Einheiten von dem Bleiring vollständig ferngehalten wurden. Da sich hier aber ein erhöhter Einfluſs der magnetischen Kraft auf den Effekt der β-Strahlung noch bei Feldstärken von über 7000 Einheiten bemerkbar machte, so muſs man folgern, daſs in der Radiumemission auch noch β-Teilchen von gröſseren Geschwindigkeiten vorkommen, als sie den schnellsten der von Kaufmann untersuchten Strahlen zu eigen sind.

Paschen ist der Ansicht, daſs die schwachen Ladungen, die bei den höchsten Feldstärken auftraten, im wesentlichen von den γ-Strahlen transportiert wurden. Wahrscheinlich rührt indessen der in diesen Fällen beobachtete Effekt nicht von einer den γ-Strahlen eigentümlichen Ladung her, sondern ist lediglich einer sekundären Wirkung der letzteren zuzuschreiben. (Siehe Paragraph 112.)

Deutlich erkennt man jedoch (s. Fig. 30) das Vorhandensein einer Gruppe langsamer β-Strahlen, die sich ungefähr mit der Geschwindigkeit gewöhnlicher Kathodenstrahlen fortpflanzen. Wahrscheinlich rührt die Ionisation, die man in geringen Entfernungen von einem Radiumsalze unter der Einwirkung der β-Strahlung beobachtet, zum groſsen Teile gerade von diesen langsamsten β-Teilchen her; denn es nimmt, wie wir noch sehen werden (Paragraph 103), die Stärke der von einem Elektron pro Längeneinheit seines Weges erzeugten Ionisation stetig ab, wenn seine Geschwindigkeit oberhalb eines gewissen kleinen Grenzwertes wächst.

Bei den Paschenschen Versuchen besaſs die das Radium enthaltende Glasröhre eine Wandstärke von 0,2 mm. Ein erheblicher Bruchteil jener langsamsten β-Teilchen muſste daher von der Glashülle absorbiert werden. Das geht auch in der Tat aus späteren Beobachtungen von Seitz (vgl. Paragraph 85) mit Deutlichkeit hervor.

84. Absorption der β-Strahlen in materiellen Körpern.

Wenn die β-Teilchen durch Gase hindurchfliegen, erzeugen sie in den letzteren Ionen. Dadurch verlieren sie einen Teil ihrer Bewegungsenergie. Dasselbe zeigt sich, wenn sie feste oder flüssige Körper durchsetzen, und wahrscheinlich ist der Mechanismus des Absorptionsvorganges in allen diesen Fällen ein ähnlicher. Einige der β-Teilchen werden beim Durchgang durch die Materie vollständig aufgehalten, die übrigen erleiden nur einen gewissen Geschwindigkeitsverlust. Zugleich findet aber auch eine beträchtliche Zerstreuung oder diffuse Reflexion der Strahlen statt. Der Grad dieser Zerstreuung hängt von der Dichtigkeit der durchstrahlten Substanz sowie von dem Einfallswinkel der ankommenden Teilchen ab. (Näheres hierüber s. im Paragraph 111.)

Absorptionsmessungen für β-Strahlen sind auf zweierlei Weise ausgeführt worden. Nach der einen Methode beobachtet man,

Viertes Kapitel. Die physikalische Natur der Strahlen. 139

wie sich die Stärke des Ionisationsstromes in einem Kondensator ändert, wenn die aktive Substanz mit Schirmen aus verschiedenen Stoffen und von verschiedener Dicke bedeckt wird. Die dabei auftretende Ionisation hängt aber von zwei Größen ab, nämlich von der Zahl der durch den Schirm hindurchgegangenen β-Teilchen und von der Zahl der pro Längeneinheit ihres Weges in dem Gase erzeugten Ionen. Nun fehlt uns aber noch eine genaue Kenntnis darüber, wie sich die Ionisation mit der Geschwindigkeit des Elektrons ändert. Daher lassen sich aus derartigen Messungen vorerst noch keine endgültigen Schlüsse ziehen.

Seitdem es aber gelungen ist, reine Radiumsalze herzustellen, kann man die wahre Menge der in einem Schirme von bestimmter Dicke absorbierten Elektronen dadurch ermitteln, daß man die Größe der von den ankommenden Strahlen mitgeführten negativen Ladung der Messung unterwirft. Nach dieser Methode wurden von Seitz Absorptionsversuche ausgeführt.

Man wird nicht erwarten dürfen, daß sich nach jenen beiden Methoden übereinstimmende Werte für die Absorptionskoeffizienten ergeben werden. Denn die Grundlagen der Messung sind in beiden Fällen durchaus verschieden. Die Frage nach der Absorption der Elektronen in ponderablen Körpern stellt schon an sich ein sehr verwickeltes Problem dar und infolge der Inhomogenität der von radioaktiven Substanzen ausgesandten β-Strahlen treten bei den Messungen noch neue Schwierigkeiten hinzu. Vielfach stimmten daher die Resultate, die nach verschiedenen Beobachtungsmethoden gewonnen wurden, in quantitativer Beziehung sehr wenig miteinander überein, auch wenn sie qualitativ zu den gleichen Schlüssen zu führen schienen. Um zu einem tieferen Einblick in den Mechanismus der Absorptionsvorgänge zu gelangen, wird man vor allen Dingen zunächst die Abhängigkeit der Ionisation von der Elektronengeschwindigkeit in einem weiten Meßbereiche feststellen müssen. Die bisher darüber vorliegenden Versuche sind zur Beantwortung der hier in Betracht kommenden Fragen noch keineswegs ausreichend.

Betrachten wir zunächst die Ergebnisse der nach der Ionisationsmethode angestellten Versuche.

Benutzt man zu den Messungen einen Apparat von der Art des in Fig. 17 abgebildeten und bedeckt die radioaktive Substanz mit Aluminiumfolie von 0,1 mm Dicke, so rührt der zur Beobachtung gelangende Ionisationsstrom so gut wie ausschließlich von der Einwirkung der β-Strahlen her. Dient als Strahlungsquelle eine Uranverbindung, so nimmt der Sättigungsstrom, wie sich gezeigt hat, mit wachsender Schichtdicke des durchstrahlten Körpers nahezu nach einem Exponentialgesetze ab. Nachdem die Strahlen eine Schicht von der Dicke d

durchsetzt haben, ist daher ihre Intensität J gegeben durch einen Ausdruck von der Form

$$J = J_0\, e^{-\lambda d},$$

wenn wir den Sättigungsstrom allgemein als Mafs für die Intensität der Strahlen annehmen. In dieser Formel bedeutet λ die Absorptionskonstante und J_0 die ursprüngliche Strahlungsintensität. Im Falle der Uranstrahlen wird die Sättigungsstromstärke durch Einschalten einer 0,5 mm dicken Aluminiumplatte auf die Hälfte ihres anfänglichen Wertes geschwächt.

Anders gestalten sich die Verhältnisse, wenn die Strahlen von Thor- oder Radiumverbindungen ausgehen. Dann läfst sich der Zusammenhang zwischen Sättigungsstrom J und Schichtdicke d nicht mehr in so einfacher Weise wie durch die obige Gleichung darstellen. Diesbezügliche Versuche von Meyer und v. Schweidler[1]) ergaben für die β-Strahlen des Radiums, dafs das Absorptionsvermögen eines Körpers von bestimmter Dicke um so kleiner erscheint, je dickere Schichten Materie die Strahlen bereits durchsetzt haben, bevor sie in den zu untersuchenden Schirm eindringen. Bei den α-Strahlen gelangt man zu einem gerade entgegengesetzten Resultate. Jenes eigenttümliche Verhalten der β-Strahlen des Radiums findet seine Erklärung in der Tatsache, dafs die gesamte β-Emission sich hier aus verschiedenen Strahlenarten von sehr variablem Durchdringungsvermögen zusammensetzt. Die Strahlen des Urans sind nahezu homogen, d. h. sie besitzen insgesamt ungefähr die gleiche Geschwindigkeit. Radium und Thorium liefern dagegen eine durchaus komplexe Emission, d. h. hier zeigen sich grofse Unterschiede der Geschwindigkeiten und infolgedessen eben auch grofse Unterschiede in der Absorbierbarkeit. In dieser Beziehung stimmen die Resultate von elektrischen und photographischen Messungen miteinander überein.

Aus den Arbeiten Lenards[2]) weifs man, dafs die Absorptionswerte für Kathodenstrahlen der Dichtigkeit der absorbierenden Körper nahezu proportional sind, unabhängig von der chemischen Natur der betreffenden Substanzen. Wenn die leicht ablenkbaren Strahlen der radioaktiven Stoffe ihrem Wesen nach tatsächlich mit den Kathodenstrahlen übereinstimmen, so müfste man erwarten, dafs für sie ein ähnliches Absorptionsgesetz gelten werde. Für die β-Strahlen des Radiums ergab sich denn auch aus den Messungen von Strutt[3]) eine rohe Proportionalität zwischen dem Absorptionsvermögen der Körper und ihrer Dichte, und zwar erwies sich diese Beziehung innerhalb eines Dichtigkeitsintervalls von 0,041 (Schwefeldioxyd) bis 21,5 (Platin)

---

[1]) St. Meyer und E. v. Schweidler, Physik. Ztschr. 1, pp. 90, 113, 209. 1900.
[2]) P. Lenard, Wied. Ann. 56, p. 275. 1895.
[3]) R. J. Strutt, Nature, 1900, p. 539.

Viertes Kapitel. Die physikalische Natur der Strahlen. 141

als gültig. Nur für Glimmer und Kartonpapier waren die Quotienten aus λ und der Dichtigkeit gleich 3,94 bezw. 3,84, während der entsprechende Wert für Platin 7,34 betrug. Die Gröfse der Absorptionskoeffizienten λ wurde dabei unter der Annahme berechnet, dafs die Strahlungsintensität nach einer Exponentialformel mit wachsender Schichtdicke abnähme. In Anbetracht der komplexen Natur der Radiumstrahlung kann diese Beziehung jedoch, wie wir sahen, nur eine sehr angenäherte Gültigkeit beanspruchen.

Viel besser eignen sich daher für derartige Untersuchungen die β-Strahlen des Urans, da diese nahezu homogen sind und zugleich ein ziemlich hohes Durchdringungsvermögen besitzen. Auf Grund dieser Erwägung wurden von mir einige Versuche an Uranstrahlen angestellt, um den Zusammenhang zwischen Absorption und Dichte zu ermitteln. Die gewonnenen Resultate sind in der folgenden Tabelle wiedergegeben, in welcher λ wieder den Absorptionskoeffizienten bedeutet.

Absorbierende Substanz	λ	Dichte	$\dfrac{\lambda}{\text{Dichte}}$
Glas . . .	14,0	2,45	5,7
Glimmer .	14,2	2,78	5,1
Ebonit .	6,5	1,14	5,7
Holz	2,16	0,40	5,4
Kartonpapier .	3,7	0,70	5,3
Eisen . . .	44	7,8	5,6
Aluminium .	14,0	2,60	5,4
Kupfer	60	8,6	7,0
Silber .	75	10,5	7,1
Blei	122	11,5	10,8
Zinn .	96	7,3	13,2

Wie man sieht, ändert sich der Wert des Quotienten aus der Absorptionskonstanten und der Dichtigkeit innerhalb der Gruppe Glas, Glimmer, Ebonit, Holz, Eisen, Aluminium nur aufserordentlich wenig, obwohl sich diese Stoffe in ihrer materiellen Beschaffenheit durchaus nicht ähneln. Erhebliche Abweichungen von dem Dichtigkeitsgesetz zeigen sich aber bei den übrigen der untersuchten Metalle, nämlich Kupfer, Silber, Blei und Zinn. Für Zinn ist der Wert jenes Quotienten 2,5 mal so grofs wie für Eisen und Aluminium. Es ergibt sich demnach, dafs sich ein für alle Substanzen gültiges Absorptionsgesetz der β-Strahlen, das lediglich eine Beziehung zur Dichte enthält, nicht aufstellen läfst. Ordnet man die in der letzten Kolumne der Tabelle aufgeführten Quotienten nach steigenden Werten, so erhält man für die Metalle eine Reihenfolge, die mit Ausnahme von Zinn mit derjenigen ihrer Atomgewichte übereinstimmt.

142 Viertes Kapitel. Die physikalische Natur der Strahlen.

Die Absorbierbarkeit der β-Strahlen nimmt sehr schnell ab, wenn ihre Geschwindigkeit gröfser wird. So sind z. B. die Absorptionskoeffizienten der von Lenard (l. c.) untersuchten Kathodenstrahlen ungefähr 500 mal so grofs wie die entsprechenden Werte für die β-Strahlen des Urans. Die Geschwindigkeit der letzteren beträgt aber nach den Messungen von Becquerel etwa $1{,}6 \times 10^{10}$ cm pro Sekunde, und diejenige der von Lenard benutzten Kathodenstrahlen war sicherlich nicht kleiner als $^1/_{10}$ jener Gröfse. Die Absorbierbarkeit kann demnach einen fünfhundertfachen Betrag erreichen, wenn die Geschwindigkeit auf kaum den zehnten Teil abnimmt.

85. Menge der in den absorbierenden Medien festgehaltenen Elektronen. Wir wenden uns nunmehr zur Besprechung der Seitzschen Versuche[1]), die zum Ziele hatten, die relative Anzahl der beim Durchgang durch Körper von verschiedener Dicke zurückgehaltenen Elektronen zu ermitteln. Die hierzu benutzte Versuchsanordnung ist in Fig. 31 abgebildet.

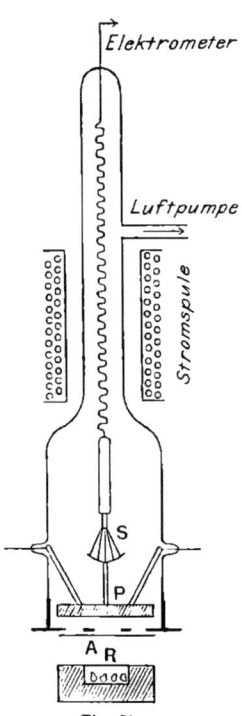

Fig. 31.

Im Innern eines evakuierten Glasgefäfses befand sich eine wohlisolierte Messingplatte P und ein Draht, von dem eine Leitung zu einem Elektrometer führte. Die Platte und der Draht konnten mit Hilfe einer einfachen elektromagnetischen Vorrichtung nach Belieben miteinander verbunden oder voneinander getrennt werden. Aufserhalb des Behälters lag das Radiumpräparat R gegenüber einer das Gefäfs verschliefsenden Messingplatte A. Die letztere enthielt mehrere Öffnungen, die mit dünner Aluminiumfolie überklebt waren. Durch diese Metallblätter hindurch gelangten die β-Strahlen zur Platte P; hier wurden sie absorbiert, so dafs sie ihre Ladung abgaben, deren Gröfse nun durch den Ausschlag der Elektrometernadel gemessen wurde.

Falls das Vakuum eine genügende Höhe erreicht hat, kann die Intensität des zur Beobachtung gelangenden Stromes als Mafs der von der Platte P absorbierten Elektronenmenge gelten[2]). Die zu untersuchenden Substanzen wurden zwischen A und R eingeschaltet. Sind

---

[1]) W. Seitz, Physik. Ztschr. 5, p. 395. 1904.
[2]) Falls die Ionisierung der zurückbleibenden Gasreste noch eine merkliche entladende Wirkung zur Folge hat, müfste diesem Umstande durch

Viertes Kapitel. Die physikalische Natur der Strahlen.

J_0 und J die in gleichen Zeiten vor bezw. nach der Einschaltung eines Schirmes von der Dicke d aufgefangenen Elektrizitätsmengen, so berechnet sich die Absorptionskonstante λ wieder nach der Gleichung $J = J_0 e^{-\lambda d}$. In der folgenden Tabelle sind die Beobachtungsresultate für eine Anzahl Stanniolschichten verschiedener Dicke wiedergegeben.

Dicke d in mm	$\dfrac{J}{J_0}$	λ	Dicke d in mm	$\dfrac{J}{J_0}$	λ
0,00834	0,869	175	0,205	0,230	71,5
0,0166	0,802	132,5	0,270	0,170	65,4
0,0421	0,653	101,5	0,518	(0,065)	(53)
0,0818	0,466	93,5	0,789	(0,031)	(44)
0,124	0,359	82,5	1,585	(0,0059)	(32)
0,166	0,289	74,9	2,16	(0,0043)	(25)

Die durch Einklammerung gekennzeichneten Werte besitzen eine geringere Genauigkeit als die übrigen Zahlen. Man erkennt aber deutlich, dafs der Absorptionskoeffizient mit wachsender Schichtdicke beträchtlich abnimmt, dafs die von dem Radiumpräparat ausgehenden β-Strahlen also sehr inhomogen sind, und dafs ein Teil von ihnen ein recht geringes Durchdringungsvermögen besitzt.

Die Platte P nahm auch bei Zwischenschaltung einer 3 mm dicken Bleiplatte — in dieser wurden die ablenkbarsten Strahlen vollständig absorbiert — noch eine geringe negative Ladung an; ihre Gröfse war etwa gleich 0,29 % des der Gesamtstrahlung entsprechenden Betrages und somit bedeutend kleiner als der unter analogen Bedingungen von Paschen beobachtete Wert. Diese Diskrepanz mag zum Teil daher stammen, dafs das Radium bei den Paschenschen Versuchen in eine 0,2 mm dicke Glasröhre eingeschlossen war, von deren Wandung ein grofser Teil der langsamen Elektronen absorbiert werden mufste.

Seitz untersuchte ferner die Absorption in verschiedenen anderen Substanzen, indem er sie mit derjenigen in Stanniol verglich. Es wurden jedesmal die Schichtdicken bestimmt, die erforderlich waren, um den Ladungstransport in einem bestimmten Verhältnisse zu schwächen. Ein Teil der auf diese Weise gewonnenen Zahlen möge hier wiedergegeben werden:

Anbringung einer Korrektion Rechnung getragen werden. Ich nehme an, dafs dies geschehen ist, obwohl es in der Seitzschen Abhandlung nicht ausdrücklich erwähnt wird.

144   Viertes Kapitel. Die physikalische Natur der Strahlen.

Substanz	Schichtdicke, auf Stanniol als Einheit bezogen
Blei .	0,745
Gold	0,83
Platin .	0,84
Silber	1,00
Stahl .	1,29
Aluminium .	1,56
Wasser .	1,66
Paraffin	1,69

Die zur Schwächung der β-Strahlung auf einen bestimmten Bruchteil erforderlichen Schichtdicken wachsen hiernach zwar mit abnehmender Dichte der Körper, aber das Produkt aus beiden Gröfsen ist keineswegs konstant. Es zeigt sich also keine Übereinstimmung mit dem einfachen, von Lenard für Kathodenstrahlen aufgestellten Absorptionsgesetze, und ebensowenig befinden sich die Seitzschen Zahlen im Einklange mit den oben besprochenen, nach der Ionisationsmethode gewonnenen Resultaten. Es wäre sehr wünschenswert, dafs die ganze Frage durch weitere Versuche geklärt würde.

86. Abhängigkeit der Strahlungsintensität von der Schichtdicke der strahlenden Substanzen. Sämtliche Massenelemente eines radioaktiven Körpers strahlen in gleicher Weise. Offenbar rührt aber die zur Beobachtung gelangende Ionisation nur von denjenigen Strahlen her, die in die umgebende Luft eindringen, und die maximale Tiefe, aus welcher noch Strahlen bis an die Oberfläche gelangen, ist von dem Absorptionsvermögen der aktiven Substanz selbst abhängig.

Es sei λ ihr Absorptionskoeffizient für eine bestimmte, homogene Strahlenart und J_0 die Intensität der Strahlung an der Oberfläche einer sehr dicken Schicht der aktiven Materie. Dann emittiert eine Schicht von der Dicke d, wie sich leicht beweisen läfst, eine Intensität

$$J = J_0 (1 - e^{-\lambda d}).$$

Diese Beziehung fand sich bestätigt, als man die Intensität der von verschieden dicken Schichten Uranoxyds ausgehenden β-Strahlen nach der elektrischen Methode bestimmte. Es war in diesem Falle $J = 1/2 J_0$, wenn auf einem Quadratzentimeter 0,11 g des Oxyds ausgebreitet war. Daraus berechnet sich das Verhältnis von λ zur Dichte der Substanz zu 6,3. Dieser Wert ist nur wenig gröfser als die entsprechende, derselben Strahlenart zugehörige Zahl für Aluminium. Die Substanz, von der die β-Strahlen ausgehen, absorbiert demnach die letzteren nicht wesentlich stärker als ein gewöhnlicher, inaktiver Körper von gleicher Dichte.

Viertes Kapitel. Die physikalische Natur der Strahlen.

Die Gröfse λ besitzt verschieden hohe Werte nicht nur für die einzelnen radioaktiven Substanzen, sondern auch für verschiedene Verbindungen eines und desselben aktiven Elementes.

Dritter Teil.
Die α-Strahlen.

87. α-Strahlen. Die magnetische Ablenkbarkeit der β-Strahlen wurde gegen Ende des Jahres 1899 entdeckt, also bereits in einer verhältnismäfsig frühen Epoche der Geschichte der Radioaktivität. Es vergingen aber noch drei Jahre, ehe man auch über die wahre Natur der α-Strahlen Klarheit gewann. Begreiflicherweise konzentrierte sich das Interesse anfangs in erster Linie auf die β-Strahlen, da man sich dem überraschenden Eindrucke ihres hohen Durchdringungsvermögens und der von ihnen hervorgerufenen lebhaften Phosphoreszenzerscheinungen nicht wohl entziehen konnte. Mit den α-Strahlen beschäftigte man sich verhältnismäfsig wenig, und ihre Wichtigkeit wurde zunächst nicht zur Genüge erkannt. Wie wir später sehen werden, kommt aber gerade den α-Strahlen eine weit höhere Bedeutung zu als den β-Strahlen, und die Intensität ihrer ionisierenden Wirkung läfst darauf schliefsen, dafs der gröfsere Teil der gesamten Strahlungsenergie in ihnen enthalten ist.

88. Das Wesen der α-Strahlen. Es war nicht leicht, sich über die Natur der α-Strahlen Klarheit zu verschaffen. Magnetische Felder, durch welche die β-Strahlen schon sehr stark abgelenkt wurden, hatten keinen merklichen Einflufs auf den Verlauf der α-Strahlen. Mehrfach wurde die Ansicht geäufsert, dafs sie lediglich sekundäre Strahlen seien, die von den β-Strahlen in der emittierenden, aktiven Substanz selbst erzeugt würden. Auf Grund dieser Auffassung liefs sich jedoch die Radioaktivität des Poloniums, das ja ausschliefslich α-Strahlen aussendet, nicht begreifen. Ferner erkannte man aus späteren Untersuchungen, dafs sich der materielle Bestandteil, welcher die β-Strahlen des Urans liefert, auf chemischem Wege von der Muttersubstanz trennen läfst, ohne dafs die Intensität der α-Strahlung dadurch beeinträchtigt würde. Aus diesen und anderen Beobachtungen geht aber hervor, dafs die eigentlichen Quellen der α- und β-Strahlen vollständig unabhängig voneinander sind. Auch eine andere Anschauung, nach der die α-Strahlen eine leicht absorbierbare Gattung von Röntgenstrahlen darstellen sollen, vermag von einer ihrer charakteristischsten Eigenschaften, — dafs nämlich ihre Absorbierbarkeit in einem Körper von gegebener Dicke, wenn man sie nach der elektrischen Methode bestimmt, um so gröfser erscheint, je dickere Schichten Materie schon

146 Viertes Kapitel. Die physikalische Natur der Strahlen.

vorher durchstrahlt worden sind, — keine Rechenschaft zu geben. Ein derartiges Verhalten könnte sich wohl kaum zeigen, wenn man es mit irgendeiner Gattung von Röntgenstrahlen zu tun hätte; es wäre aber sehr wohl zu verstehen, wenn die α-Strahlen aus fortgeschleuderten Teilchen beständen, deren Geschwindigkeit beim Durchgang durch die Materie so weit verringert würde, dafs eine allmählich immer gröfser werdende Anzahl nicht mehr imstande wäre, das Gas zu ionisieren. Vergleichende Untersuchungen über die ionisierende Wirkung der α- und β-Strahlen führten — im Jahre 1901 — Strutt[1]) zu der Annahme, die α-Strahlen beständen aus positiv geladenen und mit grofser Geschwindigkeit fortgeschleuderten Teilchen. Dieselbe Idee wurde im folgenden Jahre von Sir William Crookes[2]) ausgesprochen. Auch Frau Curie[3]) hatte im Anschlusse an ihre Untersuchungen über die α-Strahlen des Poloniums vom Jahre 1900 deren materielle Natur als wahrscheinlich hingestellt.

Unabhängig von den genannten Forschern war auch der Verfasser[4]) zu der nämlichen Auffassung gelangt, da sich eine Menge von ihm beobachteter Erscheinungen auf andere Weise nicht erklären liefs. Er versuchte zunächst ohne Erfolg mit einem Radiumpräparat von der Aktivität 1000, eine magnetische Ablenkung der α-Strahlen zu erhalten. Wenn man sie nämlich durch so enge Spalte hindurchtreten liefs, wie es nötig war, um noch sehr kleine Ablenkungen entdecken zu können, war die ionisierende Wirkung des ausgeblendeten Bündels zu schwach für zuverlässige Messungen. Erst bei Verwendung eines Präparates von der Aktivität 19000 war es möglich, unter der Einwirkung sehr starker magnetischer Kräfte die Ablenkbarkeit jener Strahlen zu beobachten. Wie gering der Einflufs des Feldes auf diese α-Strahlen ist, mag man daran ermessen, dafs, wenn sie in normaler Richtung in ein Magnetfeld von der Intensität 10000 C.G.S.-Einheiten gelangen, der von ihnen durchlaufene Kreis einen Radius von 39 cm besitzt, während die Kathodenstrahlen einer Vakuumröhre unter den gleichen Bedingungen eine Kreisbahn von nur etwa 0,01 cm Radius beschreiben. Unter diesen Umständen kann es nicht wundernehmen, dafs man lange Zeit glaubte, die α-Strahlen seien überhaupt nicht magnetisch ablenkbar.

89. Die magnetische Ablenkung der α-Strahlen. Der Nachweis einer magnetischen Ablenkbarkeit der α-Strahlen gelang im Prinzip nach folgender Methode: man liefs die Strahlen durch ein System

---

[1]) R. J. Strutt, Phil. Trans. A, p 507. 1901.
[2]) W. Crookes, Proc. Roy. Soc. 1902. Chem. News 85, p. 109. 1902.
[3]) S.. Curie, C. R. 130, p. 76. 1900.
[4]) E. Rutherford, Phil. Mag., Feb. 1903. Physik. Ztschr. 4, p. 235. 1902.

Viertes Kapitel. Die physikalische Natur der Strahlen. 147

enger Spalte hindurchtreten, ehe sie auf ein geladenes Elektroskop fielen. Es wurde dann untersucht, ob die Entladungsgeschwindigkeit sich änderte, wenn man ein starkes Magnetfeld einwirken liefs. Fig. 32 zeigt uns die allgemeine Anordnung der Versuche. Bei G befand sich eine gröfsere Anzahl enger, paralleler Spalte; darunter lag eine dünne Schicht des Radiumpräparats von der Aktivität 19000. Durch ein 0,00034 cm dickes Blatt Aluminiumfolie gelangten die Strahlen in das Versuchsgefäfs V. Hier ionisierten sie das vorhandene Gas, und die Stärke der Ionisation wurde durch Beobachtung der zeitlichen Abnahme der Ablenkung eines Elektroskopblättchens B gemessen. Das eigentliche Elektroskop befand sich vollständig innerhalb des Gefäfses V. Zu seiner Isolierung diente ein Bernsteinkügelchen C. Die Elektrizität konnte ihm von aufsen vermittelst eines drehbaren Drahtes D zugeführt werden, der nach erfolgter Ladung wieder zur Erde abgeleitet wurde. Kleine, in der Wand des Gehäuses vorhandene Glimmerfenster gestatteten, die Bewegung des Goldblättchens durch ein mit Okularmikrometer versehenes Mikroskop zu beobachten.

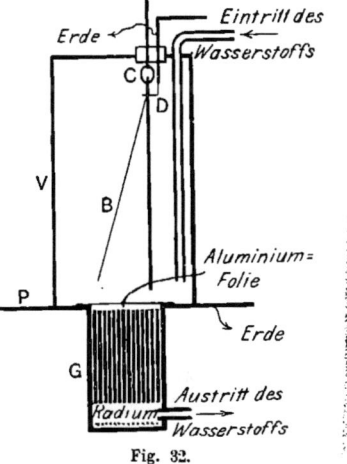

Fig. 32.

Um eine möglichst starke Ionisierung im Versuchsgefäfs zu erzielen, wurde in dem Behälter G eine ziemlich grofse Zahl — 20 bis 25 — nebeneinander angeordneter, gleichweiter Spalte benutzt. Zu dem Ende wurden die Seitenwände in gleichmäfsigen Abständen mit Einschnitten versehen, in die man Messingplatten einschob. Die Spaltbreite variierte bei den verschiedenen Versuchen zwischen 0,042 und 0,1 cm. Das Magnetfeld war senkrecht zur Ebene der Zeichnung und parallel zur Spaltebene gerichtet. Die Ablenkung der Strahlen erfolgt daher senkrecht zur Ebene der Messingplatten. Auch wenn die magnetischen Kräfte die Strahlen nur um sehr geringe Beträge aus ihrer ursprünglichen Bahn hinausdrängen, werden sie unter diesen Umständen von den Metallwänden aufgefangen und in den letzteren absorbiert.

Das Versuchsgefäfs V und der Plattenbehälter G wurden mit einer Bleiplatte P verkittet, so dafs die Strahlen nur durch die Aluminiumfolie in den Elektroskopraum eintreten konnten.

Bei diesen Versuchen war es geboten, beständig einen Gasstrom von oben nach unten zwischen die Platten hindurchzuleiten, damit die Emanation des Radiums nicht in das Versuchsgefäfs hineindiffundieren konnte. Denn schon die kleinsten Mengen dieser unaufhörlich

10*

148   Viertes Kapitel. Die physikalische Natur der Strahlen.

sich entwickelnden Radiumemanation mufsten im Versuchsgefäfse eine starke Ionisation hervorrufen so dafs die Wirkung, die man beobachten wollte, gegebenen Falles vollständig verdeckt worden wäre. Es wurde daher trockener, elektrolytisch gewonnener Wasserstoff in gleichmäfsigem Strome mit einer Geschwindigkeit von etwa 2 ccm pro Sekunde in das Versuchsgefäfs eingeführt; er strich dann durch die Poren der Aluminiumfolie und durch die Zwischenräume der Messingplatten hindurch, indem er die Emanation aus dem Apparate mit sich fortführte. Wasserstoff verdient dabei den Vorzug vor gewöhnlicher Luft, weil die Verwendung jenes Gases gleichzeitig die Ausführung der Messungen selbst wesentlich erleichtert: in Wasserstoff wird die von den α-Strahlen herrührende Ionisation verstärkt und die auf Rechnung der β- und γ-Strahlen zu setzende Wirkung bedeutend geschwächt. Erstens erleiden nämlich die α-Strahlen im Wasserstoff eine viel schwächere Absorption, und zweitens ist die Zahl der von den β- und γ-Strahlen erzeugten Ionen in diesem Gase erheblich kleiner als in Luft. Die Intensität, mit der die ersteren in das Versuchsgefäfs eintreten, mufs daher bei Verwendung von Wasserstoff beträchtlich gröfser sein, und da ferner die Gasschicht in dem Elektroskopbehälter eine genügende Tiefenausdehnung besitzt, um einen erheblichen Bruchteil jener Strahlen zurückzuhalten, so wird die Gesamtmenge der von ihnen erzeugten Ionen in Wasserstoff gröfser sein als in Luft.

Im folgenden sei eine der mit der beschriebenen Anordnung gewonnenen Beobachtungsreihen wiedergegeben:

Fläche der Polstücke = 1,90 × 2,50 cm.
Feldstärke zwischen den Polen = 8370 Einheiten.

Die Anzahl der parallelen Platten betrug 25, ihre Länge 3,70 cm, ihre Breite 0,70 cm. Die Luftschicht zwischen zwei benachbarten Platten war durchschnittlich 0,042 cm dick.

Abstand des Plattensystems vom Radium = 1,4 cm.

	Entladungsgeschwindigkeit des Elektroskops in Volt pro Minute.
1. Ohne Magnetfeld .	8,33
2. Mit Magnetfeld	1,72
3. Radium mit dünner Glimmerplatte bedeckt zur Absorption der gesamten α-Strahlung . . .	0,93
4. Radium mit Glimmerdeckel, bei Einwirkung des Magnetfeldes	0,92

Die Glimmerplatte besafs eine solche Dicke — nämlich von 0,01 cm —, dafs sie die α-Strahlen vollständig absorbierte, ohne die Intensität der β- und γ-Strahlen beim Durchgange merklich zu schwächen. Die Differenz zwischen den Beobachtungswerten 1. und 3., 7,40 Volt pro Minute, liefert uns den Entladungseffekt der α-Strahlen allein, und

Viertes Kapitel. Die physikalische Natur der Strahlen.

die Differenz zwischen den Werten 2. und 4., 0,79 Volt pro Minute, entspricht dem Effekte der bei der benutzten Feldstärke noch nicht abgelenkten α-Strahlen. Der Anteil der letzteren an der gesamten α-Strahlung beträgt also ungefähr 11 %.

Die geringe Differenz zwischen 3. und 4. ist ein Mafs für die von den β-Strahlen herrührende Ionisierung; denn diese mufsten ja in dem magnetischen Felde vollständig abgelenkt werden. Der letzte Wert 4. stellt schliefslich die entladende Wirkung der γ-Strahlen samt dem natürlichen Ladungsverluste des vom Wasserstoff umspülten Elektroskopes dar.

Der Elektromagnet besafs übrigens eine ziemlich starke Streuung, so dafs die Strahlen schon vor ihrem Eintritt in den von den Polstücken begrenzten Raum magnetisch beeinflufst werden mufsten.

Aus den weiteren Messungen ergab sich, dafs die Geschwindigkeitsabnahme der auf Rechnung der α-Strahlen kommenden Entladung der Feldstärke zwischen den Magnetpolen proportional war. Wurden noch höhere Feldintensitäten benutzt, so konnten die α-Strahlen sämtlich abgelenkt werden, woraus hervorgeht, dafs sie ausschliefslich aus fortgeschleuderten Teilchen bestehen.

Um die Richtung der Ablenkung zu bestimmen, liefs man die Strahlen durch 1 mm breite Spalte hindurchtreten, von denen jeder zur Hälfte mit einem Messingstreifen bedeckt war. In diesem Falle ist nämlich bei konstanter Feldstärke die Gröfse der Entladungsgeschwindigkeit von der Richtung des Feldes abhängig und so konnte man feststellen, dafs die Ablenkung der α-Strahlen im entgegengesetzten Sinne wie die der Kathodenstrahlen erfolgt. Da aber die letzteren negative Ladungen mit sich führen, so müssen offenbar die α-Strahlen aus positiv geladenen Teilchen bestehen.

Diese Ergebnisse wurden bald darauf von Becquerel[1]) bestätigt, und zwar durch Untersuchungen nach der photographischen Methode, die insbesondere den Sinn der Ablenkung sehr leicht zu erkennen gestattet. Das Radium befand sich in einer spaltförmigen Vertiefung eines kleinen Bleiblockes. In einem Abstande von 1 cm war ein Metallblech angebracht mit einem der linearen Strahlungsquelle parallelen Spalte. Oberhalb dieses Schirmes lag die photographische Platte. Der ganze Apparat stand in einem starken, dem Spalte parallelen, magnetischen Felde, durch welches die β-Strahlen sämtlich zur Seite abgelenkt wurden, so dafs sie die empfindliche Platte nicht erreichen konnten. Unter diesen Umständen erhielt man einen photographischen Eindruck, der lediglich von den α-Strahlen herrührte und mit wachsender Entfernung zwischen Platte und Metallschirm an Schärfe abnahm. Damit die Intensitätsverluste durch Absorption in der Luft nicht zu grofs

---

[1]) H. Becquerel, C. R. 136, p. 199. 1903.

150 Viertes Kapitel. Die physikalische Natur der Strahlen.

werden, darf jener Abstand nicht mehr als 1—2 cm betragen. Es wurden auf einer und derselben Platte nacheinander zwei Aufnahmen von gleicher Expositionsdauer für beide Feldrichtungen gemacht. Nach der Entwickelung zeigten sich dann zwei nach entgegengesetzten Seiten abgelenkte Bilder. Die Ablenkung war auch in starken Feldern nur klein, war aber doch unzweideutig zu erkennen, und zwar erfolgte sie stets in entgegengesetztem Sinne wie für die β-Strahlen desselben Radiumpräparates.

Nach dergleichen Methode fand Becquerel[1]), dafs die α-Strahlen des Poloniums in derselben Weise wie die gleichnamigen Strahlen des Radiums abgelenkt werden, dafs sie also ebenfalls aus fortgeschleuderten Teilchen positiven Vorzeichens bestehen. In beiden Fällen waren die photographischen Bilder scharf begrenzt; es zeigten sich keine magnetischen Spektra, wie man sie stets erhält, wenn man analoge Versuche mit β-Strahlen ausführt.

90. Elektrostatische Ablenkung der α-Strahlen. Wenn die α-Strahlen aus geladenen Teilchen bestehen, müssen sie sich auch durch starke elektrische Kräfte aus ihrer Bahn ablenken lassen. Das ist tatsächlich der Fall, wie von dem Verfasser festgestellt wurde. Diese Erscheinung ist aber noch viel schwieriger zu beobachten als die magnetische Ablenkung; denn man darf die Feldstärke selbstverständlich nicht so hoch treiben, dafs es zu einer Funkenentladung kommt.

Der Apparat war im wesentlichen der gleiche wie der zur Beobachtung der magnetischen Ablenkung früher benutzte (Fig. 32), nur mit dem Unterschiede, dafs die Metallstützen für die Messingplatten durch solche aus Ebonit ersetzt worden waren. Die Platten wurden wie die Belegungen von Kondensatoren abwechselnd miteinander verbunden und durch eine Hochspannungs-Akkumulatorenbatterie auf ein hohes Potential geladen. Sie waren 4,5 cm hoch und die Luftzwischenräume 0,055 cm weit. Sobald die Spannung angelegt wurde, nahm die Geschwindigkeit, mit der sich das Elektroskop unter dem Einflusse der α-Strahlen entlud, ab. Diese Änderung betrug jedoch bei 600 Volt Potentialdifferenz nur 7 %. Später wurden die Platten in anderer Weise angeordnet und die Luftschlitze auf 0,01 cm Weite reduziert. Nunmehr zeigte sich eine Geschwindigkeitsabnahme von etwa 45 %, wenn das elektrische Feld einem Potentialgradienten von 10 000 Volt pro Zentimeter entsprach.

91. Berechnung der Strahlenkonstanten. Kennt man sowohl die elektrische als auch die magnetische Ablenkbarkeit der Strahlen, so läfst sich ihre Geschwindigkeit und der Wert des Verhältnisses e/m

---

[1]) H. Becquerel, C. R. 136, p. 431. 1903.

Viertes Kapitel. Die physikalische Natur der Strahlen. 151

— Ladung zur Masse eines Teilchens — nach den in Paragraph 50 abgeleiteten Formeln berechnen, wie es zuerst von J. J. Thomson in Anwendung auf die Kathodenstrahlen geschehen ist. Fliegt ein geladenes Teilchen in normaler Richtung durch ein magnetisches Feld von der Intensität H, so gilt für den Krümmungsradius ϱ seiner Bahnkurve die Gleichung

$$H\varrho = \frac{m}{e}V.$$

Der Strahl durchlaufe ein homogenes Feld von der Länge l_1 und werde dabei um die kleine Strecke d_1 aus seiner ursprünglichen Richtung abgelenkt. Dann ist

$$2\varrho d_1 = l_1^2,$$

also

$$d_1 = \frac{l_1^2}{2}\frac{e}{m}\frac{H}{V} \qquad (1)$$

Erhält das Teilchen andererseits in einem gleichförmigen elektrischen Felde von der Intensität X und der Länge l_2 eine Ablenkung d_2, so besteht die Beziehung

$$d_2 = \frac{1}{2}\frac{Xe\,l_2^2}{mV^2}. \qquad (2)$$

Denn $\frac{Xe}{m}$ ist die Beschleunigung, die das Teilchen in transversaler Richtung erfährt, und $\frac{l_2}{V}$ die Zeit, die es braucht, um das elektrische Feld zu durcheilen.

Aus den Gleichungen (1) und (2) folgt aber

$$V = \frac{d_1}{d_2}\frac{l_2^2}{l_1^2}\frac{X}{H}$$

und

$$\frac{e}{m} = \frac{2d_1}{l_1^2}\frac{V}{H}.$$

Die Werte von V und e/m lassen sich demnach aus den Beobachtungen der elektrischen und magnetischen Ablenkung vollständig berechnen. Auf diese Weise ergab sich für die α-Strahlen:

$$V = 2{,}5 \times 10^9 \text{ cm pro sec},$$

$$\frac{e}{m} = 6 \times 10^3.$$

Da die Ablenkungen, zumal im elektrischen Felde, sehr klein waren, können diese Zahlenwerte nur auf eine mäfsige Genauigkeit Anspruch erheben.

152 Viertes Kapitel. Die physikalische Natur der Strahlen.

Die Resultate fanden jedoch eine gute Bestätigung durch photographische Beobachtungen von Des Coudres[1]). Als Strahlungsquelle benutzte dieser reines Radiumbromid. Seine ganze Versuchsanordnung wurde in ein hochevakuiertes Gefäfs eingeschlossen. Dadurch gelang es ihm nicht nur, die photographischen Eindrücke in viel gröfseren Entfernungen von der Strahlenquelle zu studieren, sondern er konnte auch mit stärkeren elektrischen Feldern arbeiten, ohne dafs Funkenentladungen zustande kamen. Er erhielt für die Konstanten der a-Strahlen folgende Werte:

$$V = 1{,}65 \times 10^9 \text{ cm pro sec,}$$

$$\frac{e}{m} = 6{,}4 \times 10^3.$$

Die Zahlen stimmen mit den oben angeführten, die aus elektrometrischen Beobachtungen gewonnen worden waren, sehr gut überein.

Die a-Strahlen des Radiums sind nicht homogen; ihre Geschwindigkeit variiert zwischen gewissen Grenzwerten. Der Betrag der magnetischen Ablenkung mufs daher verschieden grofs ausfallen, je nach der Geschwindigkeit der Teilchen, die man gerade untersucht. Aus den photographischen Beobachtungen Becquerels scheint jedoch hervorzugehen, dafs es sich bei den Strahlen des Radiums nur um ein ziemlich eng begrenztes Geschwindigkeitsintervall handeln kann; denn das Bild auf der photographischen Platte war scharf begrenzt und bei weitem nicht so stark verbreitert wie bei den analogen Versuchen mit β-Strahlen. Nach den Ausführungen des folgenden Paragraphen variieren indessen die Geschwindigkeiten auch bei den a-Teilchen zwischen weiten Grenzen in dem Falle, dafs die Strahlen von einer Radiumschicht von gröfserer Dicke ausgehen.

92. Becquerel[2]) untersuchte in höchst einfacher Weise die magnetische Ablenkbarkeit der a-Teilchen in verschiedenen Entfernungen von der Strahlenquelle. Durch einen engen Spalt fielen die Strahlen als schmales, vertikal verlaufendes Bündel auf eine photographische Platte; diese war ein wenig gegen die Vertikale geneigt, und ihr unterer Rand bildete mit der Spaltrichtung einen rechten Winkel. Die Spur der Strahlen zeichnet sich dann auf der Platte als scharfe gerade Linie ab. Läfst man nun ein starkes Magnetfeld parallel zum Spalt einwirken, so verschiebt sich das Bild nach rechts oder links, je nach der Richtung des Feldes. Man exponiert gleich lange für beide Feldrichtungen und erhält somit nach der Entwickelung auf der Platte zwei feine divergierende Linien. An jeder Stelle ist die Entfernung der beiden

---

[1]) Th. Des Coudres, Physik. Ztschr. 4, p. 483. 1903.
[2]) H. Becquerel, C. R. 136, p. 1517. 1903.

Linien von einander ein Maſs für die doppelte Ablenkung, welche die jenen Punkten entsprechenden Strahlen in dem Magnetfelde erlitten haben. Aus der Messung dieser Abstände an verschiedenen Punkten ergab sich, daſs der Krümmungsradius der Strahlenbahn mit wachsender Entfernung vom Spalte zunimmt. Becquerel erhielt für das Produkt $H\varrho$ aus der Feldstärke und dem Krümmungsradius für verschiedene Entfernungen die folgenden Werte:

Abstand vom Spalt in Millimeter	$H\varrho$
1	$2{,}91 \times 10^5$
3	$2{,}99 \times 10^5$
5	$3{,}06 \times 10^5$
7	$3{,}15 \times 10^5$
8	$3{,}27 \times 10^5$
9	$3{,}41 \times 10^5$

Der Verfasser hatte (loc. cit.) gefunden, daſs das Produkt $H\varrho$ bei vollständiger Ablenkung aller α-Strahlen den Maximalwert 390000 besitzt. In dieser Hinsicht besteht also eine gute Übereinstimmung zwischen den beiderseitigen Versuchen. Da aber $H\varrho = \dfrac{m}{e} V$ ist, so muſs man aus der Veränderlichkeit dieser Gröſse schlieſsen, daſs entweder die Geschwindigkeit V oder e/m für die fortgeschleuderten Teilchen je nach dem Abstande von der Strahlenquelle verschieden groſs ausfällt. Ursprünglich war Becquerel der Ansicht, daſs die α-Strahlen durchaus homogen seien; er glaubte, seine Versuchsresultate durch die Annahme erklären zu können, daſs entweder die Ladung der fortgeschleuderten Teilchen mit wachsender Länge des von ihnen durchlaufenen Weges kleiner würde, oder[1]) daſs ihre Masse allmählich sich vergröſserte; auf diese Weise sollte der Krümmungsradius der abgelenkten Bahnen mit zunehmendem Abstande von der Strahlungsquelle beständig gröſser werden. Wahrscheinlicher dürfte es jedoch sein, daſs in einem α-Strahlenbündel von Anfang an Teilchen von verschiedenen Geschwindigkeiten enthalten sind, von denen die langsameren im Gase leichter absorbiert werden, und daſs in einiger Entfernung von dem aktiven Präparate aus diesem Grunde nur noch die schnelleren Teilchen übrig bleiben[*]).

Diese Auffassung gründet sich auf neuere Versuche von Bragg und Kleeman[2]) über die Absorptionserscheinungen, die beim Durchgang der α-Strahlen durch materielle Körper auftreten. Dabei zeigte

---

[1]) Vgl. H. Becquerel, Physik. Ztschr. 6, p. 666. 1905.
[*] Neuerdings hat sich auch Becquerel dieser Auffassung angeschlossen (vgl. Anm. auf Seite 559).
[2]) Bragg, Phil. Mag., Dez. 1904. Bragg und Kleeman, Phil. Mag., Dez. 1904.

154 Viertes Kapitel. Die physikalische Natur der Strahlen.

sich — auf die Ergebnisse der Arbeit werden wir in Paragraph 103 und 104 noch ausführlicher eingehen —, dafs die von einer dicken Schicht eines Radiumsalzes ausgesandten α-Strahlen komplexer Natur sind, indem ihr Durchdringungsvermögen und vermutlich auch ihre Geschwindigkeit innerhalb weiter Grenzen variiert. Dies läfst sich dadurch erklären, dafs die von dem Präparate fortfliegenden α-Teilchen aus verschiedenen Tiefen der aktiven Substanz hervordringen. Denn wenn sie beim Durchgang durch die höher gelegenen Schichten Geschwindigkeitsverluste erleiden, müssen die in dem gesamten austretenden Strahlenbündel enthaltenen Teilchen sehr verschiedene Geschwindigkeitswerte aufweisen. Diejenigen, die gerade noch imstande sind, die aktive Substanz zu verlassen, werden schon in einer Luftschicht von sehr geringer Dicke stecken bleiben, während die an der Oberfläche emittierten Teilchen mehrere Zentimeter lange Wege in der Luft zurücklegen können, bevor sie ihr Ionisierungsvermögen gänzlich verlieren. So erklärt sich denn auch die Veränderlichkeit der magnetischen Ablenkung durch jene Verschiedenheit der Geschwindigkeiten, indem die schnelleren Teilchen weniger gekrümmte Bahnen im Magnetfelde beschreiben als die langsameren. Der äufsere Rand des von Becquerel photographisch aufgenommenen Linienbildes würde demzufolge den geometrischen Ort derjenigen Punkte darstellen, an denen die photographische Wirkung der α-Teilchen aufhörte. Wie sich ferner ergab, ist ihr Ionisierungsvermögen gerade unmittelbar, bevor es erlischt, am gröfsten. Es scheint, dafs die α-Teilchen ihre Fähigkeit, Gase zu ionisieren, ziemlich plötzlich verlieren und dafs die Ionisation für Strahlen derselben Geschwindigkeit stets nach dem Durchgang durch eine Luftschicht von bestimmter Dicke ein Ende erreicht. Unter der Annahme, dafs auch die photographische Wirkung unmittelbar vor dem Eintritt der totalen Absorption am stärksten ist und gleichfalls ziemlich jäh erlischt, konnte Bragg die Versuchsresultate von Becquerel (vgl. die obige Tabelle) auch numerisch deuten. Aber ganz abgesehen von den speziellen Voraussetzungen, von denen man ausgehen mufs, um in quantitativer Beziehung die Theorie mit der Erfahrung vergleichen zu können, dürfte es kaum einem Zweifel unterliegen, dafs sich jenes Anwachsen der Gröfse $H\varrho$ mit zunehmender Entfernung aus der komplexen Beschaffenheit der α-Strahlung in befriedigender Weise erklären läfst[1]).

Nach den Angaben Becquerels werden die α-Strahlen des Poloniums in einem Magnetfeld von gegebener Intensität ebenso stark abgelenkt wie diejenigen des Radiums. Daraus geht hervor, dafs der Wert von $\dfrac{m}{e} V$ in beiden Fällen die gleiche Gröfse besitzt. Da aber

---

[1]) Die Resultate der neuesten Untersuchungen über diese wichtige Frage findet der Leser in dem Anhange A am Schlufs des Buches.

Viertes Kapitel. Die physikalische Natur der Strahlen.

die Poloniumstrahlen weit stärker absorbiert werden als die α-Strahlen des Radiums, müfste man ferner schliefsen, dafs der Wert von $\dfrac{m}{e}$ für die α-Teilchen des Poloniums gröfser sei als für die des Radiums. Diese Folgerung bedarf aber noch der Bestätigung durch weitere Versuche.

93. Die von den α-Strahlen mitgeführte Ladung. Wie wir sahen, lassen sich die negativen Ladungen, die von den β-Strahlen transportiert werden, ohne Schwierigkeit nachweisen. Gewisse Überlegungen (siehe Paragraph 229) lassen nun darauf schliefsen, dafs bei der Austreibung je eines β-Teilchens zugleich vier α-Teilchen vom Radium fortgeschleudert werden. Man sollte daher erwarten, dafs der Nachweis der positiven Ladungen der letzteren noch viel leichter gelingen müfste. Indessen ergaben anfangs alle diesbezüglichen Versuche ein negatives Resultat; man mufste, um zum Ziele zu gelangen, zunächst eine Reihe sekundärer Wirkungen ausschalten, durch welche die gesuchte Erscheinung anderenfalls vollständig verdeckt wurde.

In Anbetracht der Wichtigkeit dieser Messungen möge etwas ausführlicher auf die zu überwindenden Schwierigkeiten und auf die schliefslich zum Ziele führende Methode der Versuche eingegangen werden.

Zunächst sei daran erinnert, dafs von einer gegebenen Schicht pulverförmigen Radiumbromids nur ein kleiner Bruchteil von sämtlichen frei werdenden α-Teilchen in das umgebende Gas auszutreten vermag. Denn wegen der starken Absorption, die sie beim Durchgang durch einen materiellen Körper stets erleiden, können nur diejenigen α-Strahlen aus der aktiven Substanz austreten, die von nahe der Oberfläche gelegenen Schichten ausgesandt werden; der Rest bleibt schon im Radium selbst stecken. Ferner ist das α-Teilchen in seiner Wirkung auf Gase ein viel stärkerer Ionisator als das β-Teilchen. Dieser Umstand spielt eine wichtige Rolle, wenn man zum Nachweise der positiven Ladung ähnliche Methoden verwenden will, wie für die analogen Versuche mit β-Strahlen (vgl. Paragraph 80). In jenem Falle mufs man nämlich dafür Sorge tragen, dafs der Druck des den zu ladenden Körper umgebenden Gases aufserordentlich klein bleibt, damit der Elektrizitätsverlust infolge der durch die α-Strahlen bewirkten Ionisation des Gasrestes keine in Betracht kommende Höhe erreicht[1]).

Die von dem Verfasser benutzte Versuchsanordnung ist in Fig. 33 dargestellt.

Zur Herstellung eines dünnen Radiumhäutchens liefs man eine Radiumbromidlösung, die eine bekannte Gewichtsmenge des Salzes enthielt, auf einer Platte A verdampfen. Einige Stunden, nachdem sich

---

[1]) Bakerian Lecture, Phil. Trans. A., p. 169. 1904.

die feste Substanz abgesetzt hat, beträgt ihre α-Aktivität ungefähr 25 % des maximalen Wertes, während die β-Strahlen fast vollständig fehlen. Alsbald steigt aber die Intensität sowohl der α- als auch der β-Strahlung wieder langsam in die Höhe und erreicht ihren ursprünglichen Wert nach Ablauf eines Zeitraumes von ungefähr einem Monat (vgl. Kap. XI). Um allen Komplikationen durch gleichzeitige Einwirkung von β-Strahlen aus dem Wege zu gehen, wurden die Messungen in der Anfangsperiode vorgenommen, während die Aktivität der Platte A ihren kleinsten Wert besafs. Die Dicke des Radiumhäutchens war so gering, dafs nur ein sehr kleiner Bruchteil der α-Strahlen in der aktiven Schicht selbst absorbiert werden konnte.

Die Platte A lag isoliert in einem Metallkasten D und war mit einem Pole einer Batterie, deren anderer Pol zur Erde abgeleitet wurde,

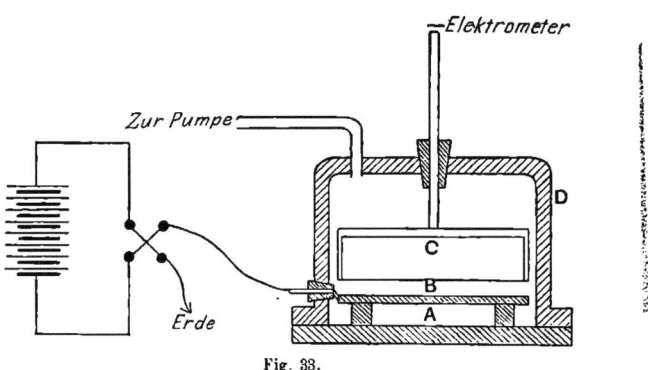

Fig. 33.

verbunden. Oberhalb A befand sich eine zweite, gleichfalls wohlisolierte Elektrode, die mit einem Dolezalekschen Elektrometer in Verbindung stand. Sie bestand aus einem kupfernen Kasten BC von rechteckigem Querschnitt, dessen untere Seite mit dünner Aluminiumfolie bedeckt war. Durch diese Anordnung sollte die an der Oberfläche der bestrahlten Elektrode auftretende sekundäre Ionisierung unschädlich gemacht werden. Die α-Strahlen durchdrangen die Aluminiumfolie und wurden von den Kupferwänden des Kästchens BC absorbiert. Die metallische Hülle D konnte entweder mit A oder B oder mit der Erde verbunden werden. Das ganze Gefäfs wurde mit Hilfe einer Quecksilber-Luftpumpe hochgradig evakuiert.

Falls die Strahlen eine positive Ladung mit sich führten, müfste man erwarten, dafs der vom Elektrometer angezeigte Strom zwischen den beiden Elektroden bei wechselndem Vorzeichen des Potentials von A stärker wäre, wenn die aktive Platte positiv geladen würde. Es zeigte sich jedoch selbst im höchsten Vakuum kein deutlicher Unterschied dieser Art für die beiden Stromrichtungen. Ja, unter Umständen

Viertes Kapitel. Die physikalische Natur der Strahlen. 157

besafs die Stromstärke sogar bei negativem Plattenpotential einen höheren Wert. Aufserdem ergab sich noch ein weiteres unerwartetes Resultat: wenn der Gasdruck allmählich erniedrigt wurde, nahm die Stromstärke zunächst ab, statt, wie erwartet wurde, zu steigen und erreichte bald einen Grenzwert, der sich weiterhin nicht mehr änderte, wie hoch auch die Evakuierung getrieben wurde. So betrug der Strom in einem Falle, bei 3 mm gegenseitigem Elektrodenabstand, anfangs $6{,}5 \times 10^{-9}$ Ampere; er nahm dann in gleichem Mafse, wie der Gasdruck kleiner wurde, ab und sein Grenzwert war 6×10^{-12} Ampere, also ungefähr $1/1000$ des bei Atmosphärendruck beobachteten Wertes. Die Intensität dieses Stromminimums änderte sich nicht wesentlich, wenn die Luft durch Wasserstoff ersetzt wurde.

Versuche ähnlicher Art wurden auch von Strutt[1]) und J. J. Thomson[2]) ausgeführt. Diese verwandten als Strahlungsquelle eine nach Marckwaldscher Methode mit Radiotellur (Polonium) belegte Wismutplatte. Bekanntlich liefern diese Präparate ausschliefslich α-Strahlen, so dafs sie für die hier in Frage kommenden Untersuchungen in besonderem Mafse geeignet erscheinen. Strutt arbeitete nach derselben Methode, die er schon früher zum Nachweis der von den β-Strahlen transportierten Ladungen benutzt hatte (vgl. Fig. 27). Er fand jedoch, dafs sein Elektroskop selbst im höchsten Vakuum sehr rasch entladen wurde, und zwar ohne Unterschied der Entladungsgeschwindigkeit für positives oder negatives Anfangspotential. Dies deckt sich mit den Beobachtungen des Verfassers für den Fall der Radiumstrahlen.

J. J. Thomson stellte seiner Radiotellurplatte eine Metallscheibe, die mit einem Elektroskop verbunden war, in 3 cm Abstand gegenüber. Zur Erzeugung eines sehr hohen Vakuums benutzte er die Dewarsche Methode, die nach dem Auspumpen noch zurückbleibenden Gasreste durch in flüssige Luft eingetauchte Kokosnufskohle absorbieren zu lassen. Wurde die inaktive Elektrode negativ geladen, so entwich die Elektrizität aufserordentlich langsam, bei positivem Potential war dagegen die Entladungsgeschwindigkeit ungefähr hundertmal so grofs wie im ersteren Falle. Das Polonium lieferte demnach sehr viel negative, aber keine nachweisbaren Mengen positiver Elektrizität. Der ganze Apparat wurde hierauf in ein starkes Magnetfeld gebracht. Das hatte zur Folge, dafs die negativen Teilchen nunmehr gehindert wurden die geladene Metallscheibe zu erreichen, so dafs auch bei positivem Potential die Entladung ausblieb.

Aus diesen Beobachtungen ergibt sich, dafs jene negativen Teilchen

---

[1]) R. J. Strutt, Phil. Mag., Aug. 1904.
[2]) J. J. Thomson, Proc. Camb. Phil. Soc. 13, Pt. I, p. 39. 1905; Nature, 15. Dez. 1904.

158 Viertes Kapitel. Die physikalische Natur der Strahlen.

nicht mit genügend hoher Geschwindigkeit fortgeschleudert werden, um die elektrische Abstofsung seitens der gleichnamig geladenen Platte überwinden zu können, und dafs ihre Bahnen sich im magnetischen Felde krümmen. Höchstwahrscheinlich entsendet demnach der radioaktive Belag der Wismutplatte negative Teilchen (Elektronen) von sehr geringer Geschwindigkeit. Solche langsam wandernden Elektronen werden auch vom Uran und Radium emittiert. Wahrscheinlich stellen diese Elektronen eine Art sekundärer Strahlung dar, die an den Oberflächen der von α-Strahlen getroffenen Körper entsteht. Die Teilchen müssen selbst in Gasen einer aufserordentlich starken Absorption unterliegen, so dafs sich ihre Existenz wohl nur im hohen Vakuum konstatieren läfst*).

Zunächst konnte also auch J. J. Thomson keine Anzeichen einer positiven Ladung der vom Polonium ausgehenden α-Teilchen erhalten; erst später, als er den gegenseitigen Abstand der Platten verringerte, gelang es ihm, ein dementsprechendes Resultat aus seinen Beobachtungen abzuleiten.

Ich versuchte nun, ob der Nachweis einer Überführung positiver Elektrizität durch die vom Radium ausgesandten α-Strahlen gelingen würde, wenn die langsam wandernden negativen Teilchen durch ein Magnetfeld verhindert werden, den zu ladenden Körper zu erreichen. Zu diesem Zwecke wurde der Apparat der Fig. 33 zwischen die Pole eines grofsen Elektromagnets gestellt, und zwar so, dafs die Kraftlinien parallel zur Ebene der Elektrodenplatten verliefen[1]). Es zeigte sich jetzt in der Tat eine sehr deutliche Änderung der Stromintensitäten, sowohl für die positive als auch für die negative Stromrichtung. Bei hochgradiger Evakuierung empfing die obere Elektrode eine positive Ladung, unabhängig davon, ob die untere Platte mit dem positiven oder negativen Batteriepol oder mit der Erde in Verbindung stand. Sobald die Gröfse der magnetischen Kraft aber einen gewissen Grenzwert erreicht hatte, übte eine weitere Verstärkung des Feldes keinen merklichen Einflufs auf die resultierende Stromintensität aus.

---

*) *Von Mifs Slater wurde neuerdings nachgewiesen (Phil. Mag., Okt. 1905), dafs solche langsam fliegenden Elektronen auch die von den Emanationen des Radiums und Thoriums ausgehenden α-Teilchen begleiten. Ferner hat Evers (Physik. Ztschr. 7, p. 148. 1906) für die Elektronen des Radiotellurs die Geschwindigkeit v und die Gröfse des Quotienten $\frac{e}{m}$ gemessen. Es ergab sich v = 3,25 × 10⁸ cm pro Sekunde und $\frac{e}{m} = 1,48 \times 10^7$. Ihrer Masse nach unterscheiden sich mithin jene negativen Korpuskeln nicht von den β-Teilchen des Radiums; die Geschwindigkeit, mit der sie davoneilen, beträgt jedoch nur 1/60 von derjenigen der letzteren.*

[1]) E. Rutherford, Nature, 2. März 1905. J. J. Thomson, Nature, 9. März 1905.

Viertes Kapitel. Die physikalische Natur der Strahlen. 159

Folgende Tabelle enthält die Ergebnisse dieser Versuche für den Fall, dafs beide Platten mit Schutzdecken aus dünner Aluminiumfolie versehen waren und ihr gegenseitiger Abstand 3 mm betrug.

Potential der unteren Platte	Stromstärke in willkürlichen Einheiten	
	Ohne Magnetfeld	Mit Magnetfeld
0	—	+ 0,36
+ 2 Volt	2,0	+ 0,46 ⎱ 0,39
− 2 „	2,5	+ 0,33 ⎰
+ 4 „	2,8	+ 0,47 ⎱ 0,41
− 4 „	3,5	+ 0,35 ⎰
+ 8 „	3,1	+ 0,56 ⎱ 0,43
− 8 „	4,0	+ 0,31 ⎰
+ 84 „	3,5	+ 0,77 ⎱ 0,50
− 84 „	5,2	+ 0,24 ⎰

Es sei e die Ladung eines α-Teilchens und n die Zahl der pro Zeiteinheit in der oberen Elektrode zur Absorption gelangenden Teilchen. Ferner bewirke die schwache Ionisierung in dem noch vorhandenen Gasreste einen Strom von der Stärke i_0.

Werden nur niedrige Potentiale an die untere Platte angelegt, so bleibt dieser Ionisationsstrom bei Vertauschung der Batteriepole seinem absoluten Betrage nach unverändert; er wechselt lediglich seine Richtung. Bezeichnen also i_1 und i_2 die Werte des Gesamtstromes, wenn die untere Platte positiv bezw. negativ geladen ist, so gelten die Beziehungen

$$i_1 = n e + i_0,$$
$$i_2 = n e - i_0.$$

Durch Addition der beiden Gleichungen ergibt sich daher

$$n e = \frac{i_1 + i_2}{2}.$$

Wie man aus der dritten Kolumne der obigen Tabelle ersieht, besitzt die Gröfse $\frac{i_1 + i_2}{2}$ für Plattenpotentiale von 2, 4 und 8 Volt bezw. die Werte 0,39, 0,41 und 0,43. Die Zahlen stimmen demnach ziemlich gut miteinander überein. Ähnliche Resultate ergaben sich auch, als die in Fig. 33 abgebildete obere Elektrode durch eine Messingplatte ersetzt wurde.

In Anbetracht dessen, dafs sich der Wert von $n e$ nach Überschreitung eines gewissen kleinen Grenzwertes der magnetischen Feldstärke mit letzterer nicht weiter änderte und dafs er sich auch für verschiedene Spannungen als nahezu konstant erwies, scheint es mir keinem Zweifel zu unterliegen, dafs die in diesen Versuchen an der oberen Elektrode auftretenden Ladungen von den α-Strahlen transportiert wurden. Der Betrag dieser positiven Ladung war durchaus nicht klein, wenn man bedenkt, dafs nur 0,48 mg Radiumbromid benutzt wurden, die unter einer Hülle von Aluminiumfolie auf einer Fläche von 20 qcm ausgebreitet waren. Die Gröfse der von den α-Teilchen dabei übergeführten Ladung entsprach nämlich einem Strome von $8{,}8 \times 10^{-13}$ Ampere, zu dessen Messung dem an das Dolezaleksche Elektrometer angeschlossenen System eine Hilfskapazität von 0,0024 Mikrofarad hinzugefügt werden mufste.

Wie schon erwähnt wurde, war die Dicke des Radiumbromidhäutchens so gering, dafs nur ein sehr kleiner Bruchteil der Strahlungsintensität durch Absorption in der aktiven Substanz selbst verloren gehen konnte. Man kann daher aus den obigen Messungen unter der Annahme, dafs die Ladung eines jeden α-Teilchens ebenso grofs ist wie die eines einwertigen Ions, nämlich $1{,}1 \times 10^{-19}$ Coulomb, die gesamte Zahl N der pro Sekunde von einem Gramm Radiumbromid (im Zustande seiner Minimalaktivität) fortgeschleuderten α-Teilchen berechnen. Dabei ist aber noch zu beachten, dafs die Strahlung, die nach unten gerichtet ist, in unserer Versuchsanordnung nicht zur Beobachtung gelangt, indem die obere Platte nur die eine Hälfte aller fortfliegenden Teilchen auffängt, während die übrigen in der unteren Platte absorbiert werden. Aus zwei voneinander unabhängigen Versuchen, die mit 0,194 bezw. 0,484 mg Radiumbromid angestellt wurden, ergab sich in naher Übereinstimmung für N der Zahlenwert $3{,}6 \times 10^{10}$. Wir werden später sehen, dafs ein Radiumpräparat im Zustande des radioaktiven Gleichgewichtes neben dem Radium noch drei weitere Substanzen enthält, von denen jede wahrscheinlich ebenso viele α-Teilchen entsendet wie jenes Element selbst. Demnach würde die Gesamtzahl der von 1 g Radiumbromid im Zustande des radioaktiven Gleichgewichtes pro Sekunde fortgeschleuderten α-Teilchen $4\,N$, also $1{,}44 \times 10^{11}$ betragen. Nimmt man für die chemische Konstitution des Salzes die Formel $Ra\,Br_2$ als gültig an, so wäre die entsprechende Zahl für 1 g Radium selbst $2{,}5 \times 10^{11}$. Es wird sich zeigen, dafs dieser Wert mit anderen, auf indirektem Wege abzuleitenden Resultaten sehr gut übereinstimmt (s. Kap. XIII). Die Kenntnis des Wertes von N ist von erheblicher Bedeutung, da sich aus ihm noch verschiedene andere Gröfsen, denen wir beim Studium der Radioaktivität begegnen, zahlenmäfsig berechnen lassen.

94. Masse und Energie eines α-Teilchens. Oben war bereits darauf hingewiesen worden, dafs die α-Strahlen des Radiums und Poloniums ihrer Natur nach mit den Goldsteinschen Kanalstrahlen identisch sind: in beiden Fällen hat man es mit magnetisch schwer ablenkbaren Trägern positiver Ladungen zu tun. Nach den Untersuchungen W. Wiens ist die Fortpflanzungsgeschwindigkeit der Kanalstrahlen ab-

Viertes Kapitel. Die physikalische Natur der Strahlen.

hängig von der Natur des in der Entladungsröhre vorhandenen Gases und von der Größe der einwirkenden elektrischen Kräfte; im allgemeinen beträgt sie ungefähr $^1/_{10}$ der Geschwindigkeit der α-Strahlen. Auch der Quotient e/m besitzt für die einzelnen Gase verschieden hohe Werte. Für die α-Strahlen des Radiums hatten wir gefunden:

$$V = 2{,}5 \times 10^9 \text{ und } \frac{e}{m} = 6 \times 10^3.$$

Der Wert von e/m beträgt nun für das elektrolytische Wasserstoffion 10^4. Nehmen wir an, daß die Ladungen beider Trägerarten von gleicher Größe sind, so ergibt sich die Masse eines α-Teilchens als ungefähr doppelt so groß wie die eines Wasserstoffatoms. Unter Berücksichtigung der Unsicherheit, die dem experimentell ermittelten Werte von e/m für die α-Teilchen anhaftet, wird man auf Grund dieses Ergebnisses zu der Vermutung geführt, daß diese Träger, falls ihre Substanz überhaupt aus einem bekannten Stoffe besteht, möglicherweise mit fortgeschleuderten Helium oder Wasserstoffteilchen identisch sind. Diese Auffassung wird auch noch durch andere Tatsachen gestützt (s. Paragraph 268).

Die α-Strahlen sämtlicher radioaktiven Substanzen und ihrer Umwandlungsprodukte unterscheiden sich in ihren charakteristischen Eigenschaften nicht wesentlich voneinander; so ist auch ihre Absorbierbarkeit in allen Fällen nahezu von gleicher Größe. Wahrscheinlich bestehen daher die α-Strahlen jeglicher Herkunft aus positiv geladenen Teilchen von großer Geschwindigkeit. Dies gilt insbesondere auch für sämtliche α-Strahlen, die von einem Radiumpräparate ausgesandt werden, da sie sich ja ausnahmslos durch starke magnetische Kräfte ablenken lassen. Sie entstammen aber in diesem Falle nicht ausschließlich dem Elemente Radium, sondern zum Teil der aufgespeicherten Emanation und der aus dieser Substanz entstehenden Materie der erregten Aktivität.

Die kinetische Energie der einzelnen Teilchen ist in Anbetracht ihrer kleinen Masse außerordentlich groß. Sie berechnet sich für jedes α-Teilchen zu

$$\frac{1}{2} m V^2 = \frac{1}{2}\frac{m}{e} V^2 e = 5{,}9 \times 10^{-6} \text{ Erg}.$$

Setzen wir die Geschwindigkeit einer Flintenkugel gleich 10^5 cm pro Sekunde, so erweist sich die Bewegungsenergie der α-Strahlen, auf gleiche Massen umgerechnet, als 6×10^3 mal so groß wie diejenige eines solchen Geschosses. Wahrscheinlich haben wir in den Wärmemengen, die fortwährend von Radiumpräparaten produziert werden, das Äquivalent jener lebendigen Kräfte vor uns (vgl. Kap. XII).

95. Zerfall der Atome. Die Aktivität der Radioelemente ist eine Eigenschaft ihrer Atome, nicht ihrer Moleküle. Die Intensität der aus-

162   Viertes Kapitel. Die physikalische Natur der Strahlen.

gesandten Strahlungen hängt allein von der vorhandenen Menge des Elementarstoffes ab, während die mit ihm chemisch verbundenen inaktiven Bestandteile ohne Einfluſs sind. Ferner bleibt die Stärke der Emission, wie wir später sehen werden, unverändert, wenn man die Substanz noch so hohen Temperaturänderungen unterwirft oder wenn man irgendwelche chemischen oder physikalischen Kräfte bekannter Art auf sie einwirken läſst. Die Strahlen selbst bestehen nun in der Hauptsache aus positiv und negativ geladenen und mit groſser Geschwindigkeit fortgeschleuderten Massen. Ist das Emissionsvermögen also eine atomistische Eigenschaft, so muſs man notwendigerweise annehmen, daſs die Atome der Radioelemente einen Zerfall erleiden, in dessen Verlauf Teile des Atoms aus dem Atomverbande entweichen. Man wird sich indessen kaum vorstellen dürfen, daſs die α- und β-Teilchen ihre ungeheure Fluggeschwindigkeit plötzlich annähmen unter der Einwirkung irgendwelcher äuſserer oder innerer Kräfte. Befände sich nämlich z. B. ein α-Teilchen ursprünglich in Ruhe, so würde es jene hohe kinetische Energie, mit der es erwiesenermaſsen aus der Substanz austritt, in einem elektrischen Felde etwa erst dann gewinnen, wenn es eine Wegstrecke durchlaufen hat, deren Endpunkte eine gegenseitige Potentialdifferenz von 5,2 Millionen Volt aufweisen. Man wird daher der Annahme den Vorzug geben, daſs die Strahlenteilchen sich nicht plötzlich in Bewegung setzen, sondern daſs sie schon vor dem Austritt aus dem Atom sehr rasche oszillatorische oder zyklische Bewegungen ausführen. Nach dieser Auffassung würde den Teilchen also ihre Energie nicht erst im Momente ihres Austrittes mitgeteilt werden, sondern sie besäſsen sie schon vorher innerhalb des Atomverbandes. Die Idee von dem Aufbau der Atome aus einer gröſseren Zahl von Elektronen, die Schwingungsbewegungen ausführen, ist schon von J. J. Thomson, Larmor und Lorentz weiter ausgebildet worden. Da aber die α-Teilchen atomistische Dimensionen besitzen, werden wir offenbar zu der weiteren Annahme geführt, daſs die Atome der radioaktiven Elemente nicht nur aus schwingenden Elektronen bestehen, sondern daſs sie daneben auch positiv geladene Teilchen enthalten, deren Masse von gleicher Gröſsenordnung ist wie die eines Wasserstoff- oder Heliumatoms.

Wie sich zeigen wird, genügt es, zur Erklärung des Strahlungsvermögens der radioaktiven Stoffe, selbst wenn es sich um ein so hochaktives Element wie Radium handelt, anzunehmen, daſs pro Zeiteinheit stets nur ein winziger Bruchteil ihrer Atome zerfällt. Über die möglichen Ursachen dieses atomistischen Zersetzungsprozesses und seine weiteren Konsequenzen vergl. Kap. XIII.

96. Beobachtungen an einem Zinksulfidschirm. Unter der Einwirkung der α-Strahlen des Radiums und Poloniums leuchtet ein

Viertes Kapitel. Die physikalische Natur der Strahlen.

Schirm aus Sidotscher hexagonaler Blende (phosphoreszierendes kristallisiertes Zinksulfid) hell auf. Betrachtet man die Schirmsubstanz durch ein Vergröfserungsglas, so sieht man, dafs das Leuchten nicht kontinuierlich und gleichförmig auf der ganzen Fläche erfolgt, sondern es zeigen sich zahlreiche einzelne szintillierende Lichtpünktchen, die in raschem Wechsel bald hier, bald da aufblitzen, ohne dafs jedoch eine Fortbewegung der Leuchtzentra zu bemerken wäre. Diese Erscheinung wurde für Radium- und Poloniumstrahlen zuerst von Sir William Crookes[1]) entdeckt. Gleichzeitig fanden Elster und Geitel[2]) dasselbe, als sie einen Zinksulfidschirm einem Drahte exponierten, der sich vorher, negativ geladen, einige Zeit lang in freier Luft oder in einem mit Thoriumemanation beschickten Gefäfse aufgehalten hatte.

Zur bequemen Beobachtung jener Szintillationen hat Sir William Crookes einen einfachen Apparat angegeben, den er „Spinthariskop" nannte. Einige Millimeter vor einem kleinem Zinksulfidschirm befindet sich ein Metallscheibchen, das durch Eintauchen in eine Radiumlösung mit einem aktiven Überzug versehen worden ist. Der Schirm ist an dem einen Ende einer kurzen Messingröhre befestigt, und man betrachtet ihn durch eine Lupe, die von der anderen Seite her in das Röhrchen eingeschoben wird. Der dunkle Hintergrund erscheint dann wie besät mit zahlreichen glänzenden Lichtpünktchen, die in stetem Wechsel an verschiedenen Stellen des Schirmes aufblitzen. Die Flächendichte der Lichtpunkte nimmt mit wachsender Entfernung des Radiums schnell ab; bei einem Abstande von mehreren Zentimetern sieht man nur noch gelegentlich hier und da ein einzelnes Pünktchen aufleuchten. Die Erscheinung gewährt einen aufserordentlich schönen Anblick und erweckt in dem Beschauer den Eindruck, ein Bombardement zahlloser Geschosse vor Augen zu haben, die vom Radium auf den Schirm herunterprasseln, und beim Aufprallen die Lichtblitze erzeugen.

Diese flackernde Lumineszenz wird in der Tat durch den Anprall der α-Teilchen veranlafst. Bedeckt man nämlich das Radium mit einer absorbierenden Schicht von solcher Dicke, dafs alle α-Strahlen zurückgehalten werden, so hört das Funkeln auf. Man beobachtet dann zwar noch eine deutliche Phosphoreszenz, die von der Einwirkung der β- und γ-Strahlen herrührt, aber ein merkliches Szintillieren tritt nicht mehr in die Erscheinung. Sir William Crookes konnte nachweisen, dafs die Zahl der Lichtpünktchen sich nicht ändert, wenn man den Versuch statt in Luft von atmosphärischem Drucke im Vakuum anstellt. Ebensowenig zeigt sich ein Einflufs auf die Stärke des Effektes, wenn das Radium bei konstant gehaltener Schirmtemperatur auf die Temperatur der flüssigen Luft abgekühlt wird. Erniedrigt man jedoch die Temperatur

---

[1]) W. Crookes, Proc. Roy. Soc. 81, p. 405. 1903.
[2]) J. Elster und H. Geitel, Physik. Ztschr. 4, p. 439. 1903.

des Schirmes allmählich bis auf die der flüssigen Luft, so wird die Zahl der Lichtblitze nach und nach kleiner, und schliefslich hört das Szintillieren vollständig auf. Dieser Einflufs erklärt sich durch den Umstand, dafs die Zinkblende bei so tiefen Temperaturen ihr Phosphorenzvermögen fast vollständig einbüfst.

Die Szintillationen werden hervorgerufen sowohl durch Radium, wie durch Aktinium und Polonium, ebenso aber auch durch die Emanationen und andere radioaktive Produkte, sofern sie α-Strahlen emittieren. Ferner fand F. H. Glew[1]), dafs sich die Erscheinung unter der Einwirkung von metallischem Uran, von Thorverbindungen und einzelnen Varietäten der Pechblende gleichfalls beobachten lasse. Von Glew wurde gleichzeitig eine modifizierte und sehr einfache Form des Spinthariskops angegeben: Ein transparenter Schirm erhält auf seiner unteren Seite einen dünnen Überzug von Zinksulfid; er wird unmittelbar auf die aktive Substanz aufgelegt, die man gegebenenfalls zu einer flachen Schicht ausbreitet. Die Szintillationen beobachtet man dann von der unbelegten Schirmseite aus in der gewöhnlichen Weise mit Hilfe einer Lupe. Die Lumineszenz erreicht unter diesen Umständen ihre maximale Helligkeit, da sich ja keine absorbierenden Luftschichten im Strahlengange befinden. Mit dieser Versuchsanordnung kann man auch unmittelbar die Durchlässigkeiten verschiedener Körper für α-Strahlen miteinander vergleichen, indem man die Stoffe zwischen die aktive Substanz und den Leuchtschirm einschaltet.

Wahrscheinlich kommt die Fähigkeit, szintillierende Fluoreszenz hervorzurufen, den α-Strahlen sämtlicher radioaktiver Substanzen zu. Am deutlichsten läfst sich die Erscheinung auf einem Zinksulfidschirm verfolgen. Man kann sie aber auch an Willemit (Zinksilikat), Diamantpulver und Kaliumplatincyanür beobachten (Glew, loc. cit.). Schwer zu erkennen sind die Szintillationen dagegen auf einem Baryumplatincyanürschirm. Das Leuchten ist hier viel kontinuierlicher als beim Zinksulfid; wahrscheinlich wird das Zustandekommen deutlicher Szintillationen in diesem Falle durch das langsame Abklingen der Phosphoreszenz verhindert.

Zweifellos wird das intermittierende Leuchten empfindlicher Phosphore durch das ununterbrochene Bombardement der α-Teilchen hervorgerufen. Ein jedes von ihnen bewegt sich mit ungeheurer Geschwindigkeit und besitzt daher, wenn es ankommt, eine beträchtliche kinetische Energie. Infolge der leichten Absorbierbarkeit der α-Teilchen wird bei ihrem Aufprallen auf die Schirmoberfläche die Energie fast vollständig an diese abgegeben und zum Teil auf irgendwelche Weise in Licht umgewandelt. Man weifs ja, dafs gerade Zinksulfid auf mechanische Einwirkungen sehr leicht reagiert. So leuchtet es hell auf, wenn man

---

[1]) F. H. Glew, Arch. Röntgen Ray, Juni 1904.

Viertes Kapitel. Die physikalische Natur der Strahlen.

mit einem Federmesser über den Schirm streicht oder einen Luftstrom gegen ihn richtet. Die Lichtpünktchen, die unter dem Einflusse der α-Strahlen entstehen, haben übrigens eine merkliche Flächenausdehnung; die Störung, die ein α-Teilchen in der Substanz hervorruft, erstreckt sich jedenfalls über einen Bezirk, der gegenüber den eigenen Dimensionen des auffallenden Teilchens sehr grofs sein mufs. Becquerel[1]) schlofs aus seinen jüngsten Untersuchungen über das Szintillieren verschiedener Substanzen, dafs die Erscheinung in der Weise zustande käme, dafs die einzelnen Kriställchen, aus denen die empfindliche Masse der Schirme besteht, unter der Einwirkung der α-Strahlen zerplatzten. Zerdrückt man einen Kristall, so sieht man ihn auch szintillierend leuchten. Wird ein Zinksulfidschirm, der eine Zeit lang mit Radium bestrahlt worden ist, mehrere Tage lang dem Einflusse der α-Teilchen entzogen, so treten die Szintillationen, wie Tommasina[2]) fand, aufs neue hervor, sobald ihm ein elektrisch geladener Konduktor genähert wird.

Die Zahl der Lichtpünktchen hängt von den kristallinischen Eigenschaften des Zinksulfids ab und variiert mit seinem Gehalte an verunreinigenden Beimengungen. Auch bei den allerempfindlichsten Schirmen ist die Zahl der auftretenden Lichtblitze gewifs nur ein geringer Bruchteil der gesamten Menge der ankommenden α-Teilchen. Es erweckt den Anschein, als ob die Kristalle durch das Bombardement eine Zustandsänderung erlitten und einzelne von ihnen dabei unter gleichzeitiger Ausstrahlung von Licht zerplatzten[3]).

Die Zahl der von einem Körnchen reinen Radiumbromids erzeugten Lichtpunkte ist zwar sehr grofs, doch wäre es wohl möglich, sie einigermafsen genau zu bestimmen. Man müfste ein stark vergröfserndes Mikroskop verwenden, um insbesondere in der unmittelbaren Umgebung des Radiums, wo die Helligkeit sehr grofs ist, die einzelnen Lichtzentra voneinander getrennt wahrnehmen zu können. Dem Resultate einer solchen Zählung würde indessen wohl keine bestimmte physikalische Bedeutung beizumessen sein, da die Zahl der Lichtblitze und diejenige der emittierten α-Teilchen wahrscheinlich keineswegs in einer engen Beziehung zueinander stehen. Man darf vielmehr erwarten, dafs das Verhältnis dieser beiden Zahlen je nach der chemischen Zusammensetzung und dem Kristallisationszustande der bestrahlten Substanz verschieden grofs ausfallen wird.

97. Absorption der α-Strahlen bei ihrem Durchgang durch materielle Substanzen. Die α-Strahlen der verschiedenen radioaktiven

---

[1]) H. Becquerel, C. R. 137, 27. Okt. 1903.
[2]) T. Tommasina, C. R. 137, 9. Nov. 1903.
[3]) Einen interessanten Beitrag zur Deutung der Szintillationserscheinung liefern neuere Versuche, über die im Anhang A am Schlusse dieses Buches berichtet werden wird.

Viertes Kapitel. Die physikalische Natur der Strahlen.

Stoffe lassen sich voneinander unterscheiden durch den verschiedenen Grad ihrer Absorbierbarkeit in Gasen oder in dünnen Schirmen fester Körper. Sorgt man für unveränderliche Versuchsbedingungen, so lassen sich die α-Strahlen verschiedener Herkunft auf Grund solcher Messungen in einer bestimmten Reihe anordnen nach Mafsgabe der Intensitätsschwächung, die sie in einem Körper von gegebener Dicke erleiden.

Untersuchungen dieser Art wurden mit einem Apparate nach dem Muster des in Fig. 17 abgebildeten ausgeführt[1]). Die radioaktiven Substanzen wurden auf einer ungefähr 30 qcm grofsen Fläche in dünner Schicht gleichförmig ausgebreitet, und man bestimmte die Stärke des Sättigungsstromes zwischen zwei 3,5 cm voneinander entfernten Platten. Besitzt die strahlende Materie nur eine geringe Dicke[2]), so rührt ja die gesamte Ionisation fast ausschliefslich von der Einwirkung der α-Strahlen her. Die β- und γ-Strahlen liefern dann zu dem totalen Effekte im allgemeinen nur einen Beitrag von weniger als 1 %.

Aus der folgenden Tabelle ist zu ersehen, wie sich die von den α-Strahlen des Radiums und Poloniums erzeugten Sättigungsströme

Polonium.			Radium.		
Zahl der Aluminiumblätter	Stromstärke	Schwächung durch 1 Aluminiumblatt	Zahl der Aluminiumblätter	Stromstärke	Schwächung durch 1 Aluminiumblatt
—	100	0,41	—	100	0,48
1	41	0,31	1	48	0,48
2	12,6	0,17	2	23	0,60
3	2,1	0,067	3	13,6	0,47
4	0,14		4	6,4	0,39
5	0		5	2,5	0,36
			6	0,9	
			7	0	

ändern, wenn allmählich eine immer gröfsere Zahl von Aluminiumblättern in den Strahlengang eingeschaltet wird. Die Dicke der Aluminiumfolie betrug 0,00034 cm. Um sich von der ionisierenden Wirkung der β-Strahlen zu befreien, wurde das benutzte Radiumchlorid vor der Untersuchung in Wasser gelöst und das Lösungsmittel sodann ver-

---

[1]) E. Rutherford und Miss Brooks. Phil. Mag., Juli 1902.
[2]) Um Schichten von geringer Dicke zu erhalten, zerstöfst man die zu untersuchende Substanz zu einem feinen Pulver und streut dieses durch ein Sieb hindurch gleichförmig auf die eine Kondensatorplatte.

Viertes Kapitel. Die physikalische Natur der Strahlen. 167

dampft. Dadurch verliert das Salz fürs erste fast vollkommen seine Fähigkeit, β-Strahlen auszusenden. Die erste Messung bezieht sich in beiden Beobachtungsreihen auf den Fall, dafs 1 Aluminiumblatt auf der aktiven Substanz lag; die entsprechenden Anfangsstromstärken sind je gleich 100 gesetzt worden.

Wie man sieht, nimmt die Stromstärke bei Einwirkung von Radiumstrahlen durch Einschaltung eines Blättchens stets nahezu um die Hälfte ab, bis der Strom auf ungefähr 6% seines Maximalwertes gesunken ist. Weiterhin erfolgt die Abnahme freilich schneller. Innerhalb ziemlich weiter Grenzen läfst sich mithin der Zusammenhang zwischen Absorption und Schichtdicke angenähert durch eine Exponentialformel darstellen, nämlich durch die Gleichung

$$\frac{i}{i_0} = e^{-\lambda d},$$

wenn i die bei der Dicke d und i_0 die bei der Dicke Null beobachtete Stromstärke bedeutet. Bei den Poloniumstrahlen erfolgt dagegen die Abnahme der Intensität viel schneller, als es dem Exponentialgesetze entsprechen würde. Das erste Blättchen schwächt den Strom im Verhältnis 1 zu 0,41, während bei Einschaltung der dritten Schicht der hindurchgelassene Bruchteil nur 0,17 beträgt. Auch die Strahlung der meisten anderen aktiven Körper nimmt mit wachsender Schichtdicke der absorbierenden Substanz etwas schneller ab, als es der Fall sein würde, wenn das Exponentialgesetz gültig wäre, und zwar macht sich die Abweichung von dem letzteren besonders dann stark bemerkbar, wenn die Schicht bereits so dick geworden ist, dafs nur noch ein sehr kleiner Bruchteil der ausgesandten Strahlung hindurchgelassen wird.

98. Dafs die Absorptionskoeffizienten für Poloniumstrahlen um so gröfser werden, je dicker die schon durchstrahlte Schicht der Körper

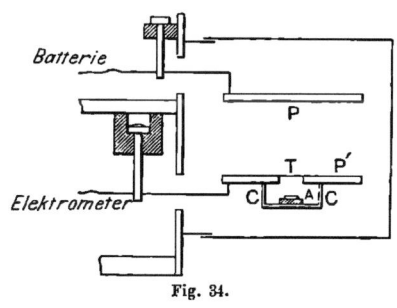

Fig. 34.

ist, geht auch sehr deutlich aus einigen Versuchen von Frau Curie hervor. Sie bediente sich dabei des in Fig. 34 abgebildeten Apparates.

Zwischen zwei parallelen Platten PP', die sich in 3 cm Abstand gegenüberstanden, wurde der Sättigungsstrom gemessen. Das Poloniumpräparat befand sich in einer Metallbüchse CC. Von hier aus gelangten die Strahlen durch eine mit einem Drahtnetz T bedeckte Öffnung in der unteren Platte P' in den Luftraum des Kondensators. Beträgt die Entfernung AT wenigstens 4 cm, so erhält man keinen merklichen

Ionisationsstrom zwischen P und P'. Vermindert man aber den Abstand AT, so beginnt die Stromstärke bei einer bestimmten Entfernung plötzlich zu wachsen; sie nimmt nach Überschreitung jenes kritischen Wertes von AT in hohem Mafse zu, wenn die Entfernung von nun an nur um kleine Beträge verringert wird. Bei weiterer Annäherung des aktiven Körpers an das Drahtnetz T erfolgt die Zunahme der Stromstärke in regelmäfsigerer Weise.

Es wurde bei verschiedenen Abständen AT die Durchlässigkeit von einem und zwei Blättern dünner Aluminiumfolie, die auf das Drahtnetz T gelegt wurden, bestimmt. Die Stromstärke wurde für den Fall, dafs kein Aluminiumschirm eingeschaltet war, jedesmal gleich 100 gesetzt. So ergaben sich folgende prozentische Durchlässigkeitswerte:

Entfernung AT in cm	3,5	2,5	1,9	1,45	0,5
Von einem Blatt durchgelassene Strahlung in Prozenten	0	0	5	10	25
Von zwei Blättern durchgelassene Strahlung in Prozenten	0	0	0	0	0,7

Die Metallfolie schwächt die Strahlung also in einem um so höheren Mafse, je gröfser die zuvor durchmessene Luftstrecke ist. Dasselbe zeigt sich noch deutlicher, wenn die Platten PP' näher aneinander gerückt werden. Wurde das Polonium durch Radium ersetzt, so ergaben sich ähnliche Resultate, wenn auch die Unterschiede der Durchlässigkeitswerte in diesem Falle weniger grofs waren.

Es folgt aus diesen Beobachtungen, dafs die von einer dünnen Schicht radioaktiver Materie in der Volumeneinheit eines Gases hervorgerufene Ionisation mit wachsender Entfernung von der Strahlungsquelle sehr rasch abnimmt. In 10 cm Abstand kommen die α-Strahlen des Urans, Thoriums und Radiums überhaupt nicht mehr zur Geltung, da sie in Luftschichten von solcher Dicke total absorbiert werden; die geringe Ionisation, die dann noch zu beobachten ist, rührt lediglich von der Einwirkung der durchdringenderen β- und γ-Strahlen her. Die Stärke der in einem gegebenen Abstande vorhandenen Ionisierung mufs offenbar mit wachsender Schichtdicke der radioaktiven Substanz zunächst zunehmen, bei einer bestimmten Schichtdicke aber einen maximalen Wert erreichen. Die ionisierende Wirkung eines frei strahlenden Präparates beschränkt sich zum überwiegenden Teile auf ein Luftvolumen von höchstens 10 cm Radius.

99. Die α-Strahlen verschiedener Verbindungen ein und desselben aktiven Elementes unterscheiden sich zwar bezüglich ihrer Intensität,

Viertes Kapitel. Die physikalische Natur der Strahlen. 169

sie besitzen aber sämtlich nahezu ein gleich hohes mittleres Durchdringungsvermögen, wie aus Versuchen des Verfassers[1]) und von Owens[2]) hervorgeht. Um die Absorptionswerte für die Strahlen der einzelnen Radioelemente miteinander zu vergleichen, braucht man daher die Messung nur für je eine Verbindung der Elemente vorzunehmen. Rutherford und Miss Brooks[3]) stellten derartige Untersuchungen an, indem sie die α-Strahlen der verschiedenen aktiven Substanzen durch eine allmählich gröfser werdende Anzahl von je 0,000 34 cm dicken Aluminiumblättern hindurchgehen liefsen. Die Ergebnisse dieser Messungen sind in Fig. 35 graphisch wiedergegeben. Um die gefundenen Werte

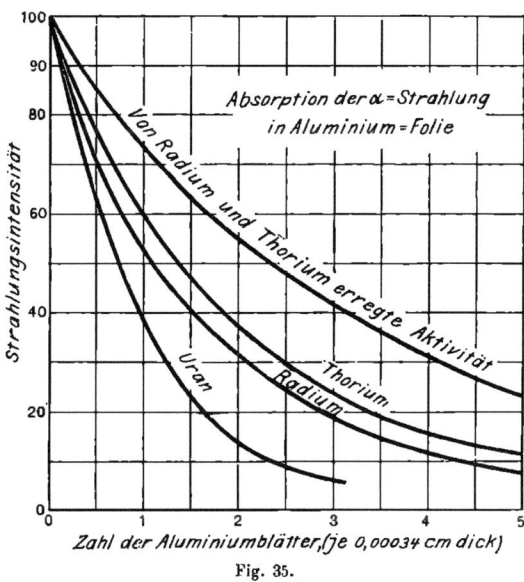

Fig. 35.

bequem miteinander vergleichen zu können, ist die Anfangs-Stromstärke, die sich auf die unbedeckten Präparate bezieht, überall gleich 100 gesetzt worden. Alle aktiven Substanzen wurden in sehr geringen Schichtdicken untersucht. Beim Radium und Thorium war durch Verwendung eines Luftstromes dafür gesorgt, dafs die sich entwickelnden Emanationen nicht in den Mefskondensator eintreten konnten. Die an den letzteren angelegte Potentialdifferenz betrug 300 Volt; das genügte, um in allen Fällen den Sättigungsstrom zu erhalten.

Die Minerale Orangit und Thorit lieferten fast die nämlichen Absorptionskurven wie die Thorverbindungen.

---

[1]) E. Rutherford, Phil. Mag., Jan. 1899.
[2]) R. B. Owens, Phil. Mag., Okt. 1899.
[3]) E. Rutherford und Miss Brooks, Phil. Mag., Juli 1900.

170   Viertes Kapitel. Die physikalische Natur der Strahlen.

Die Messungen erstreckten sich nicht nur auf die Radioelemente Uran, Thor, Radium und Polonium, sondern auch auf die durch die Emanationen des Thoriums und Radiums erregten Aktivitäten. Wie man sieht, lassen sich die α-Strahlen der verschiedenen Substanzen nach abnehmendem Durchdringungsvermögen zu folgender Reihe anordnen:

Erregte Aktivität,
Thorium,
Radium,
Polonium,
Uran.

Die gleiche Reihenfolge ergibt sich auch, wenn man die Durchlässigkeit anderer Substanzen als Aluminium, z. B. die von Blattgold, Stanniol, Papier, Luft und anderen Gasen, untersucht. Die Unterschiede der Absorptionswerte sind für die α-Strahlen der verschiedenen radioaktiven Körper recht beträchtlich. Man muſs daher annehmen, daſs die α-Teilchen verschiedener Herkunft entweder ungleiche Massen oder ungleiche Geschwindigkeiten besitzen, oder daſs beide Gröſsen vom einen zum anderen Falle variieren. Unter diesen Umständen muſs es als ausgeschlossen gelten, daſs jegliche α-Strahlung eine gemeinsame Quelle in einer und derselben, sämtlichen aktiven Körpern als Verunreinigung beigemengten Substanz haben könnte.

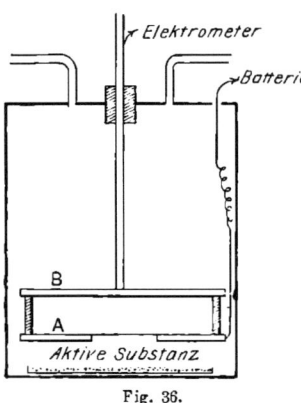

Fig. 36.

100. Absorptionsvermögen der Gase für α-Strahlen. Wie in festen Körpern, so werden die α-Strahlen der verschiedenen radioaktiven Substanzen auch in Luft von Atmosphärendruck stark absorbiert; schon durch wenige Zentimeter dicke Luftschichten wird ihre Intensität bedeutend geschwächt. Infolgedessen erscheint die von den α-Strahlen herrührende Ionisation am stärksten in unmittelbarer Nähe des strahlenden Körpers und nimmt mit wachsender Entfernung sehr schnell ab (vgl. Paragraph 98).

Fig. 36 zeigt eine einfache Versuchsanordnung zur Bestimmung des Absorptionsvermögens der Gase. A und B sind einander parallele Platten, zwischen denen der Sättigungsstrom gemessen wird. Ihr gegenseitiger Abstand bleibt unveränderlich, und zwar gleich 2 cm; gemeinsam lassen sie sich aber mit Hilfe einer Schraube verschieben, so daſs ihre Entfernung von der radioaktiven Substanz variiert werden kann. Die von der letzteren ausgesandten Strahlen gelangen durch einen kreisförmigen, mit dünner Aluminiumfolie bespannten Ausschnitt

Viertes Kapitel. Die physikalische Natur der Strahlen. 171

in der unteren Platte A in den Kondensatorraum; ihre weitere Ausbreitung wird durch die Platte B verhindert. Um die Untersuchungen auch auf andere Gase als Luft erstrecken und den Druck variieren zu können, wird der ganze Apparat in ein gutgedichtetes zylindrisches Gefäfs eingeschlossen.

Es sei der Radius der aktiven Fläche grofs im Vergleich zu ihrem Abstande von der Platte A. Die Intensität der Strahlung ist dann an allen Stellen der Plattenöffnung nahezu gleich grofs und nimmt mit wachsender Entfernung x nach einem Exponentialgesetze ab. Es gilt daher die Beziehung

$$\frac{J}{J_0} = e^{-\lambda x},$$

wenn λ die „Absorptionskonstante" des zu untersuchenden Gases für die α-Strahlen bedeutet[1]).

Es bezeichne weiterhin x den Abstand der unteren Kondensatorplatte von der aktiven Substanz und l die konstante Entfernung der beiden Platten A und B voneinander.

Bei A beträgt dann die ankommende Strahlungsenergie $J_0 e^{-\lambda x}$, an der oberen Platte dagegen nur noch $J_0 e^{-\lambda (l+x)}$. Die gesamte Zahl der in dem Kondensatorraume entstehenden Ionen ist daher proportional der Gröfse

$$e^{-\lambda x} - e^{-\lambda (l+x)} = e^{-\lambda x}\left(1 - e^{-\lambda l}\right).$$

Der Faktor $1 - e^{-\lambda l}$ ist eine konstante Zahl, folglich mufs der Sättigungsstrom zwischen A und B dem ersten Faktor $e^{-\lambda x}$ proportional sein, d. h. nach einem Exponentialgesetze mit wachsender Länge der durchstrahlten Schicht abnehmen.

Die Kurven der Fig. 37 geben die beobachteten Werte des Sättigungsstromes für eine Anzahl Gase wieder. Die Abszissen bezeichnen die Abstände der Platte A von der Strahlungsquelle; als solche diente eine dünne Uranoxyd-Schicht. Der Abszissenwert 0 entspricht einem anfänglichen Abstande von ungefähr 3,5 mm. Die dementsprechenden Anfangswerte der Stromstärke waren für die verschiedenen Gase in Wahrheit von ungleicher Gröfse; sie sind jedoch, um die einzelnen Kurven bequemer miteinander vergleichen zu können, in allen Fällen als Einheit gewählt worden.

---

[1]) Die an irgendeiner Stelle der Gasmasse herrschende Ionisation setzt sich zusammen aus den Einzelwirkungen der von sämtlichen Punkten der ausgedehnten radioaktiven Schicht ankommenden Strahlen. Die Gröfse λ ist daher nicht identisch mit dem Absorptionskoeffizienten, der den Strahlen einer punktförmigen Quelle zukommen würde; indessen werden beide einander proportional sein. In diesem Sinne wird λ als „Absorptionskonstante" bezeichnet.

172   Viertes Kapitel. Die physikalische Natur der Strahlen.

Wie man sieht, stehen die Beobachtungsergebnisse in guter Übereinstimmung mit der oben abgeleiteten einfachen Theorie, da die Abnahme der Stromstärke mit wachsender Entfernung tatsächlich in geometrischer Progression erfolgt. Es seien noch für die einzelnen

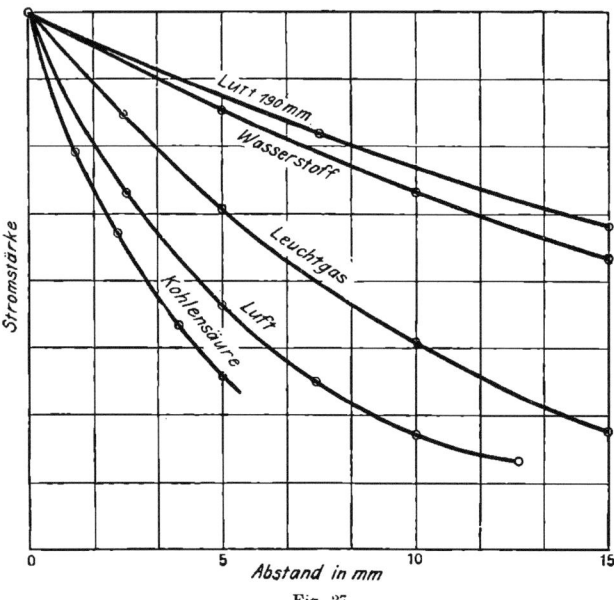

Fig. 37.

Gase die Schichtdicken angegeben, in denen die Strahlungsintensität um 50 % geschwächt wird.

Gas	Schichtdicke, in der die Hälfte der Strahlung absorbiert wird.
Kohlensäure	3 mm
Luft	4,3 „
Leuchtgas	7,5 „
Wasserstoff	16 „

Die für Wasserstoff verzeichnete Zahl ist nur angenähert richtig, da die Absorption in diesem Gase innerhalb des ganzen Meſsbereiches ziemlich gering war.

Vergleicht man die Absorptionskonstanten der einzelnen Gase miteinander, so zeigt sich, daſs sie mit wachsender Dichte der letzteren zunehmen. Demgemäſs besitzt Wasserstoff das geringste, Kohlensäure das höchste Absorptionsvermögen. Für Luft und Kohlensäure ist die Absorption der Dichte proportional, beim Wasserstoff zeigen sich jedoch erhebliche Abweichungen von dieser Regel.

Viertes Kapitel. Die physikalische Natur der Strahlen. 173

Fig. 38 zeigt uns die Durchlässigkeit der Luft für α-Strahlen verschiedener Herkunft. Die Anfangswerte der Strahlungsintensität beziehen sich hier auf eine Schichtdicke von 2 mm; sie sind in jedem Falle willkürlich gleich 100 gesetzt worden. Auch diese Beobachtungen ergeben eine angenäherte Gültigkeit des Exponentialgesetzes. Die In-

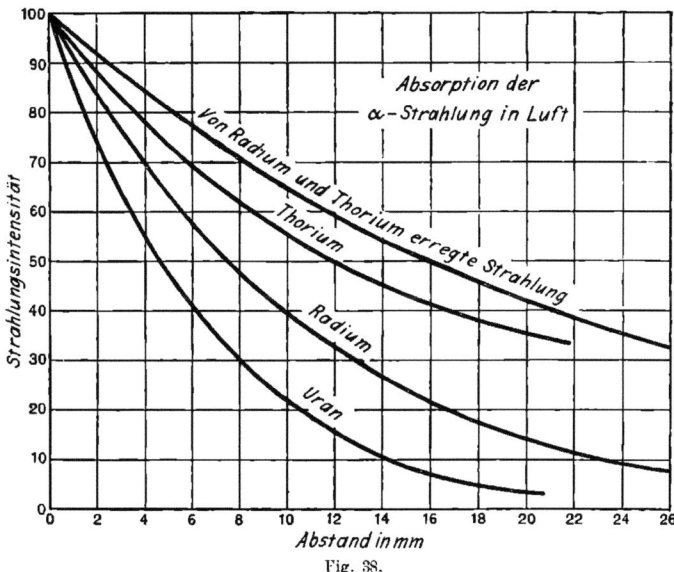

Fig. 38.

tensität der von den einzelnen Stoffen ausgehenden Strahlen sinkt auf die Hälfte in Luftschichten von folgender Dicke:

	Schichtdicke
Uran . .	4,3 mm
Radium .	7,5 „
Thorium	10 „
Erregte Aktivität.	16,5 „

Bezüglich der Absorbierbarkeit der verschiedenen Strahlenarten ergibt sich, wie man sieht, für Luft dieselbe Reihenfolge wie für Metalle und andere feste Substanzen.

101. Beziehung zwischen Absorption und Dichte. Da die Strahlungsintensitäten mit wachsender Länge der durchstrahlten Schicht in allen Fällen anfangs nahezu nach einem Exponentialgesetz abnehmen, so läfst sich die nach dem Durchgange durch eine Schichtdicke x vorhandene Intensität für nicht allzu grofse Werte von x durch den Ausdruck $J = J_0 e^{-\lambda x}$ darstellen; λ bezeichnet die Absorptionskonstante und J_0 die Anfangsintensität.

174 Viertes Kapitel. Die physikalische Natur der Strahlen.

Aus den Beobachtungen berechnen sich, je nach der benutzten Strahlenart, folgende Werte von λ für Luft und Aluminium.

Strahlenart	λ für Aluminium	λ für Luft
Erregte Strahlung	830	0,42
Thorium	1250	0,69
Radium	1600	0,90
Uran	2750	1,6

Die nächste Tabelle enthält die Quotienten aus λ und der Dichte, wie sie sich hiernach für die verschiedenen α-Strahlen ergeben, wenn wir die Dichte der Luft bei 20^0 C und 760 mm Quecksilberdruck — auf Wasser als Einheit bezogen — gleich 0,00120 setzen.

Strahlenart	Aluminium	Luft
Erregte Strahlung	320	350
Thorium	480	550
Radium	620	740
Uran	1060	1300

Vergleichen wir die einander entsprechenden Werte für Aluminium und Luft, so zeigt sich, dafs bei allen Strahlenarten eine rohe Proportionalität zwischen Absorption und Dichte vorhanden ist. Starke Abweichungen von dieser Beziehung machen sich indessen bemerkbar, wenn man zwei verschiedene Metalle, etwa Zinn und Aluminium, miteinander vergleicht. Der Wert von λ ist für Zinn nicht wesentlich gröfser als für Aluminium, während die Dichten beider Stoffe sich ungefähr wie 3:1 verhalten.

Ist die Absorption der Dichte proportional, so müfste sie sich in einem gegebenen Gase im gleichen Mafse ändern wie der Druck; das ist in der Tat der Fall. Einige diesbezügliche Messungen wurden von dem Verfasser (loc. cit.) für Uranstrahlen angestellt in einem Druckbereiche von $^1/_4$—1 Atmosphäre. Analoge Versuche von Owens (loc. cit.) für die α-Strahlen des Thoroxyds, wobei der Luftdruck von 0,5 bis 3 Atmosphären variiert wurde, führten zu dem nämlichen Resultat.

Nach alledem zeigen sich also bezüglich der Absorption der fortgeschleuderten positiven Teilchen durchaus analoge Verhältnisse wie bei den β- und den Kathodenstrahlen. In allen diesen Fällen wird die Absorptionskonstante wesentlich bestimmt durch die Dichte der durchstrahlten Substanz, sie ist jedoch nicht immer der letzteren einfach proportional.

Die Intensitätsverluste, die die α-Strahlen in Gasen erleiden, sind wahrscheinlich der Hauptsache nach dadurch bedingt, dafs auf Kosten der Strahlungsenergie Ionen erzeugt werden. Daher dürfte wohl auch der absorbierenden Wirkung der Metalle ein ähnlicher Vorgang zugrunde liegen.

Viertes Kapitel. Die physikalische Natur der Strahlen. 175

102. Zusammenhang zwischen der Ionisation der Gase und ihrem Absorptionsvermögen. Werden die α-Strahlen in einer Gasmasse vollkommen absorbiert, so ist, wie an früherer Stelle (Paragraph 45) des näheren ausgeführt wurde, die gesamte durch sie bewirkte Ionisation für alle Gase nahezu gleich grofs. Andererseits ist aber das spezifische Absorptionsvermögen der einzelnen Gase verschieden grofs. Daher ist zu erwarten, dafs zwischen den Relativwerten der Ionisierung und der Absorption eine enge Beziehung herrschen werde. Diese Voraussage findet sich bestätigt, sobald man die Ergebnisse der Struttschen Versuche (Paragraph 45) mit den relativen Absorptionskonstanten (Paragraph 100) vergleicht.

Gas	Relative Absorption	Relative Ionisation
Luft . . .	1	1
Wasserstoff .	0,27	0,226
Kohlensäure .	1,43	1,53

In Anbetracht der Schwierigkeiten, die einer genauen Bestimmung der Absorptionskonstanten im Wege stehen, darf man hieraus folgern, dafs die Ionisation in einem Gase seinem Absorptionsvermögen direkt proportional ist. Das bedeutet aber, dafs — innerhalb der Grenzen der Beobachtungsfehler — in Luft, Wasserstoff und Kohlensäure bei der Erzeugung eines Ions allenthalben die gleiche Energiemenge zur Absorption gelangt.

103. Mechanismus des Absorptionsvorganges beim Eindringen von α-Strahlen in materielle Substanzen. Gelangen α-Strahlen von einer ausgedehnten ebenen Schicht einer radioaktiven Substanz in einen gaserfüllten Raum, so läfst sich der Zusammenhang zwischen der Stärke der jeweiligen Ionisierung und der Dicke der durchstrahlten Gasmasse in der Mehrzahl der Fälle angenähert durch eine Exponentialformel darstellen. Dies gilt aber nur, solange noch nicht der gröfste Teil der Strahlungsintensität absorbiert worden ist; denn zuletzt nimmt der Ionisationsgrad viel schneller ab. Ein stärkerer Abfall, als er dem einfachen Exponentialgesetze entsprechen würde, zeigt sich auch stets in dem Falle, dafs Polonium als Quelle der Strahlung dient.

Die Ionen entstehen nun allgemein durch die Zusammenstöfse der schnell dahinfliegenden α-Teilchen mit den Gasmolekülen. Kraft seiner grofsen Masse ist daher ein α-Teilchen ein viel wirksamerer Ionisator als ein mit gleicher Geschwindigkeit ankommendes β-Teilchen. Wie sich aus den Ergebnissen bereits vorliegender Untersuchungen beweisen läfst, vermag jedes fortgeschleuderte α-Teilchen längs einer Wegstrecke von einigen Zentimetern Länge ungefähr 100000 Ionen im Gase zu erzeugen, bevor seine Geschwindigkeit auf einen gewissen

176 Viertes Kapitel. Die physikalische Natur der Strahlen.

Grenzwert gesunken ist, unterhalb dessen sein Ionisierungsvermögen erlischt. Zur Ionenerzeugung ist aber Energie erforderlich, und diese Energie kann nur auf Kosten der lebendigen Kraft des fortgeschleuderten Teilchens verausgabt werden. Daher mufs ein α-Teilchen beim Durchgang durch Gase seine Geschwindigkeit und Bewegungsenergie allmählich verlieren.

Die Werte für die Absorptionskonstanten der Gase wurden aus den Intensitäten der Sättigungsströme in verschiedenen Entfernungen von der Strahlungsquelle berechnet. Um die Beobachtungen vollständig deuten zu können, müfste man wissen, nach welcher Gesetzmäfsigkeit sich das Ionisierungsvermögen der fortgeschleuderten α-Teilchen mit ihrer Geschwindigkeit ändert. Soweit jedoch überhaupt Versuche darüber vorliegen, sind sie zu unvollständig, als dafs sich zur Zeit schon eine erschöpfende Antwort auf diese Frage geben liefse. Townsend[1]) konnte zeigen, dafs ein in Bewegung begriffenes Elektron die Fähigkeit, Ionen in Gasen zu erzeugen, erst erlangt, nachdem seine Geschwindigkeit einen bestimmten Grenzwert überschritten hat. Die Zahl der pro Zentimeter seines Weges entstehenden Ionen nimmt dann mit wachsender Geschwindigkeit zu, aber nur bis zu einem Maximum; weiterhin wird sein Ionisierungsvermögen wieder beständig kleiner. Townsend bestimmte das Ionisierungsvermögen eines Elektrons in elektrischen Feldern verschiedener Stärke. Er fand, dafs die erzeugte Ionenmenge zunächst, solange die beschleunigenden Kräfte klein waren, nur eine geringe Gröfse besafs, dann aber mit wachsender Feldstärke gröfser wurde, bis ein Maximum erreicht war, das einer Erzeugung von 20 Ionen pro Zentimeter Weglänge entsprach, wenn der Druck des Gases — in diesem Falle der Luft — 1 mm betrug. Weitere Untersuchungen von Durack[2]) ergaben, dafs Elektronen einer Vakuumröhre bei einer Geschwindigkeit von 5×10^9 cm pro Sekunde und einem Gasdruck von 1 mm auf je 5 cm Weglänge zwei Ionen erzeugen. In einer späteren Arbeit zeigte derselbe Autor, dafs unter der Einwirkung der Elektronen des Radiums, deren Geschwindigkeit den halben Wert der Lichtgeschwindigkeit übersteigt, eine Ionisierung stattfindet, bei der nur auf eine Strecke von 10 cm je zwei Ionen entfallen. Das aufserordentlich schnell dahinfliegende Elektron des Radiums ist demnach ein sehr schwacher Ionisator; es liefert längs gleicher Wegstrecken nur $^1/_{100}$ derjenigen Ionenmenge, die Townsend im Falle der Einwirkung langsamer Elektronen feststellen konnte.

104. Die letzterwähnten Untersuchungen bezogen sich sämtlich auf Elektronen. Für den Fall, dafs die Gase der Einwirkung der α-Strahlen

---

[1]) J. S. Townsend, Phil. Mag., Feb. 1901.
[2]) J. J. E. Durack, Phil. Mag., Juli 1902; Mai 1903.

Viertes Kapitel. Die physikalische Natur der Strahlen.

unterliegen, fehlt es indessen noch an direkten Messungen über die Abhängigkeit des Ionisierungsvermögens von der Geschwindigkeit der ionisierenden Träger, so dafs man das wahre Absorptionsgesetz der α-Strahlen unmittelbar noch nicht ableiten konnte. Auf indirektem Wege haben jedoch kürzlich Bragg und Kleeman[1]) die Frage zu lösen versucht an Hand einer einfachen Theorie, zu der sie auf Grund ihrer Absorptionsbeobachtungen gelangten. Sie nehmen an, dafs alle α-Teilchen, die von einem und demselben Typus radioaktiver Materie stammen, mit der gleichen Geschwindigkeit fortgeschleudert werden und dafs sie in einem gegebenen Gase eine ganz bestimmte Strecke zurücklegen müssen, um vollständig absorbiert zu werden. In Luft von gewöhnlicher Temperatur und atmosphärischem Druck sei die Länge dieser Strecke gleich a. Ferner wird vorausgesetzt, dafs ihr Ionisierungsvermögen pro Längeneinheit ihrer Bahn in erster Annäherung längs des ganzen durchlaufenen Weges konstant sei und in einem bestimmten Abstande von der Strahlungsquelle ziemlich plötzlich erlösche. Diese Annahme stimmt mit der Erfahrung überein, da die Beobachtung lehrt, dafs die Ionisation in einem Plattenkondensator erst dann rapide zunimmt, sobald man sich der strahlenden Substanz bis auf eine gewisse Entfernung genähert hat. Der Wert der Gröfse a hängt von der Anfangsenergie des α-Teilchens ab, variiert also für die verschiedenen Arten radioaktiver

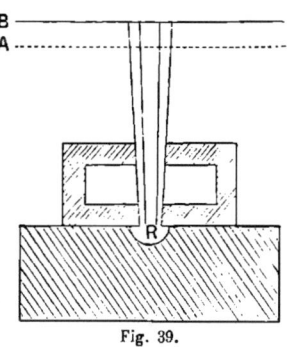

Fig. 39.

Materie. Dient eine dicke Schicht als Strahlungsquelle, so beachte man, dafs der Ionisierungsbereich nur für die von der Oberfläche ausgehenden Teilchen den Wert a erreichen kann. Für die aus einer Tiefe d stammenden Träger verringert sich diese Gröfse um den Betrag ϱd, wenn unter ϱ die auf Luft als Einheit bezogene Dichte des aktiven Körpers verstanden wird, da ja die Absorption erfahrungsgemäfs der Dicke und der Dichte der durchstrahlten Substanz proportional ist. Eine dicke Schicht radioaktiver Materie liefert demgemäfs eine komplexe Strahlung, indem die Geschwindigkeit der forteilenden Teilchen variiert und ihr Aktionsradius alle möglichen Werte zwischen 0 und a besitzt.

Betrachten wir nun ein durch Metalldiaphragmen ausgeblendetes schmales Bündel α-Strahlen, das von einer dicken Schicht radioaktiver Materie ausgesandt werde (s. Fig. 39). Die α-Teilchen mögen durch ein feines Drahtnetz A in einen Kondensator AB gelangen. Es soll

---

[1]) Bragg und Bragg u. Kleeman, Phil. Mag., Dez. 1904.

178 Viertes Kapitel. Die physikalische Natur der Strahlen.

die Stärke der Ionisierung zwischen A und B für verschiedene Entfernungen h des Drahtnetzes A von der Strahlungsquelle R berechnet werden.

Die in den Kondensatorraum gelangenden wirksamen Teilchen stammen aus einer maximalen Tiefe x der strahlenden Substanz, für welche die Beziehung gilt: $h = a - \varrho x$. Die Zahl der längs eines Weges dh zwischen A und B erzeugten Ionen ist gleich $n x dh$, d. h. gleich $n \dfrac{a-h}{\varrho} dh$, wenn n eine konstante Zahl darstellt.

Ist b die Dicke der Luftschicht in dem Kondensatorraume, so ergibt sich für die gesamte Menge der erzeugten Ionen der Ausdruck

$$\int_{h}^{h+b} n \frac{a-h}{\varrho} dh = \frac{nb}{\varrho}\left(a - h - \frac{b}{2}\right).$$

Dies gilt unter der Voraussetzung, dafs die ankommende Strahlung auch wirklich die Luftschicht von der Dicke b noch zu durchsetzen vermag. Ist das nicht der Fall, so tritt an Stelle der letzten Formel der Ausdruck

$$\int_{h}^{a} n \frac{a-h}{\varrho} dh = \frac{n(a-h)^2}{2\varrho}.$$

Mifst man die Stärke des Ionisationsstromes zwischen A und B für verschiedene Abstände h, so müfste die graphische Darstellung der gefundenen Werte demnach im ersten Falle eine gerade Linie, deren Neigungstangente gleich $\dfrac{nb}{\varrho}$ wäre, im zweiten Falle eine Parabel ergeben.

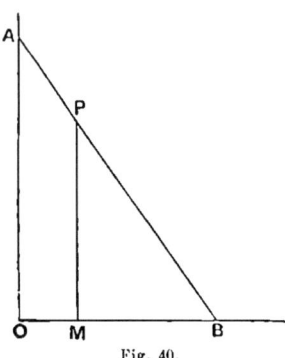
Fig. 40.

In dem Diagramm der Fig. 40 mögen die Ordinaten die Abstände von der Strahlungsquelle, die Abszissen die Stromintensitäten bezeichnen. Die Beziehung zwischen beiden Gröfsen müfste sich also bei Verwendung einer dünnen Schicht radioaktiver Materie und eines Kondensators von geringer Tiefe durch eine geknickte Linie, etwa APM, darstellen lassen. Dabei wäre PM gleich dem Wirkungsbereich der aus der gröfsten Tiefe der aktiven Substanz stammenden α-Teilchen. Für alle Abstände, die kleiner als PM wären, müfste der Strom konstant bleiben.

Besäfse die strahlende Materie andererseits eine grofse Schichtdicke, so müfste man in dem Diagramme eine gerade Linie APB erhalten.

Viertes Kapitel. Die physikalische Natur der Strahlen. 179

Derartige Resultate kann man aber offenbar nur dann erwarten, wenn das ionisierende Strahlenbündel eine verhältnismäfsig kleine Öffnung und der Kondensatorraum eine so geringe Tiefe besitzt, dafs er den ganzen Strahlenkegel aufzunehmen vermag. Denn anderenfalls müfste man noch die Abnahme der Strahlungsintensität mit wachsender Entfernung, nach dem bekannten quadratischen Gesetze, berücksichtigen.

In den früher besprochenen Absorptionsversuchen (Paragraph 99 und 100) war die Gasschicht, in der die Ionisation stattfand, mehrere Zentimeter dick und die radioaktive Substanz, von der die wirksamen Strahlen ausgingen, bedeckte eine ausgedehnte Fläche. Zur Zeit, als jene Versuche ausgeführt wurden, mufste man sich notwendigerweise

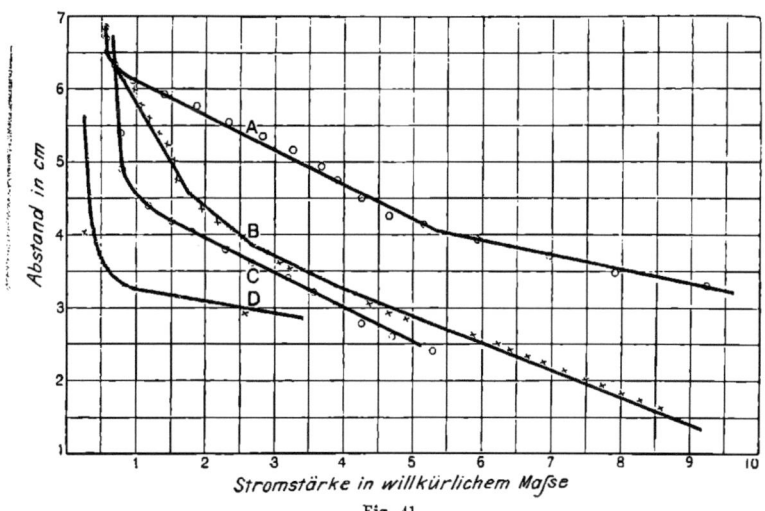

Fig. 41.

einer derartigen Anordnung bedienen, weil damals nur Präparate von schwacher Aktivität zur Verfügung standen. Mit Strahlenbündeln von geringer Öffnung und engen Kondensatoren konnte man keine mefsbaren Ionisationsströme erhalten. Da es aber inzwischen gelungen ist, reine Radiumsalze herzustellen, ist man heutzutage bei ähnlichen Untersuchungen jenes Übelstandes enthoben. Und so erkennt man denn erst aus den neuen Beobachtungen von Bragg und Kleeman, dafs der tatsächliche Verlauf der Kurven in erster Annäherung den theoretischen Überlegungen entspricht.

Die Hauptschwierigkeit bei der Vergleichung ihrer Messungsergebnisse mit der Theorie lag in dem Umstande, dafs die Aktivität des Radiums komplexer Natur ist, indem dieser Körper vier verschiedene radioaktive Substanzen enthält, von denen jede eine Strahlung von anderem Aktionsradius entsendet. Fig. 41 zeigt zunächst den all-

12*

180 Viertes Kapitel. Die physikalische Natur der Strahlen.

gemeinen Verlauf der von Bragg und Kleeman aufgenommenen Ionisierungskurven.

Die Ordinaten bezeichnen die Entfernungen zwischen dem Drahtnetz des Kondensators und dem Radiumpräparate, die Abszissen die Stromstärken in willkürlichen Einheiten. Es gelangten 5 mg Radiumbromid zur Verwendung, und die Dicke der von dem Kondensator umschlossenen Luftschicht betrug ungefähr 5 mm. Kurve A bezieht sich auf einen Strahlenkegel von 20 ^{0} Öffnungswinkel. Sie nimmt zuerst einen parabolischen Verlauf und setzt sich weiterhin aus zwei geradlinigen

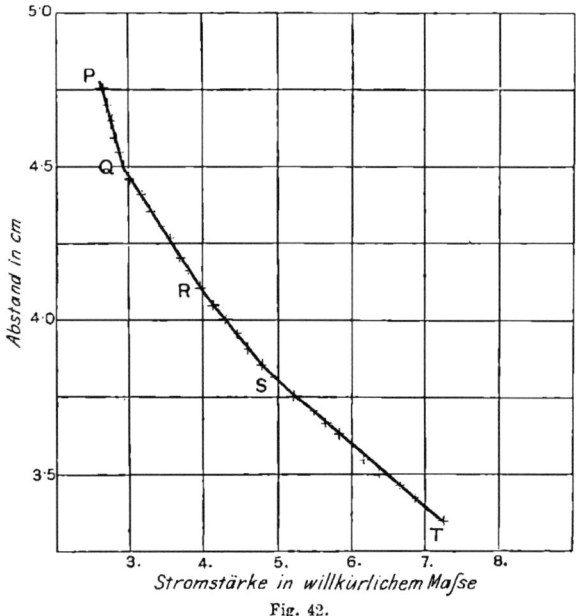

Fig. 42.

Stücken zusammen. In dem maximalen Abstande von 7 cm kommt der Strom nur noch durch die ionisierende Wirkung der β- und γ-Strahlen sowie durch natürliche Ladungsverluste zustande. Kurve B wurde mit einem engeren Strahlenkegel aufgenommen. Für Kurve C galten die nämlichen Bedingungen wie für Kurve A, nur war das Radiumsalz mit einem Goldschlägerhäutchen bedeckt. Dadurch verringerten sich — in Übereinstimmung mit der oben entwickelten Theorie — alle Ordinaten von A um einen konstanten Betrag. Die Aufnahme der Kurve D erfolgte, nachdem das Radium stark erhitzt worden war, so dafs die Emanation und ihre weiteren Umwandlungsprodukte in der strahlenden Substanz fehlten. Die α-Teilchen vom gröfsten Aktionsradius sind hier vollständig verschwunden, und die ganze Kurve hat eine einfachere Gestalt.

Viertes Kapitel. Die physikalische Natur der Strahlen. 181

Der komplexe Charakter der Radiumkurven geht noch deutlicher aus einer genaueren Aufnahme eines kleineren Kurvenstückes bei Abständen von 2—5 cm hervor, wobei die Luftschicht im Kondensator nur 2 mm dick war. Die entsprechenden Messungen sind in Fig. 42 wiedergegeben. Die Kurve besteht, wie man sieht, aus vier geradlinigen Teilen PQ, QR, RS, ST von je einem anderen Neigungswinkel.

Ein derartiger Verlauf läfst sich auf Grund unserer heutigen Kenntnisse voraussagen. Denn wir wissen, dafs ein Radiumsalz im radioaktiven Gleichgewichte vier verschiedene strahlende Substanzen enthält. Ein jeder dieser Stoffe emittiert zwar in der Zeiteinheit die gleiche Menge α-Teilchen, aber der Wirkungsbereich variiert von einer Strahlengruppe zur anderen. Gelangen nun z. B. zwei Strahlengattungen gleichzeitig in den Kondensator AB, deren Aktionsradien bezw. gleich a_1 und a_2 sind, so mufs die Zahl der entstehenden Ionen

$$\frac{nb}{\varrho}\left(a_1 - h - \frac{b}{2}\right) + \frac{nb}{\varrho}\left(a_2 - h - \frac{b}{2}\right) = \frac{nb}{\varrho}\left(a_1 + a_2 - 2h - b\right)$$

betragen. Die Tangente des Neigungswinkels der Ionisierungskurve ist also in diesem Falle gleich $\frac{2nb}{\varrho}$, während sie bei Einwirkung einer einzigen Strahlenart die Gröfse $\frac{nb}{\varrho}$ besitzt. Für drei Strahlengattungen wäre sie gleich $\frac{3nb}{\varrho}$ und für vier $\frac{4nb}{\varrho}$. Diese Schlüsse finden sich nun in der Tat durch die Ergebnisse der Beobachtungen bestätigt. Denn die vier Zweige der in Fig. 42 dargestellten Kurve verlaufen in Richtungen, deren Neigungstangenten sich wie 16 : 34 : 45 : 65, also sehr nahe wie 1 : 2 : 3 : 4 verhalten.

Weitere Versuche wurden mit Radiumbromidschichten von sehr geringer Dicke angestellt. Unsere Theorie läfst unter diesen Umständen einen wesentlich anderen Verlauf der Erscheinungen (vgl. Fig. 40) voraussehen. Es ergaben sich jetzt u. a. die Kurven I, II und III der Fig. 43. Zunächst wurde durch Erhitzung der aktiven Substanz die Emanation ausgetrieben; unmittelbar darauf erhielt man die Kurve I. Mehrere Tage später, nachdem sich wieder gröfsere Mengen der Emanation angesammelt hatten, lieferten die Beobachtungen die Kurven II bezw. III. Das Kurvenstück PQ, das in I fehlt, rührt wahrscheinlich von der „erregten Aktivität" her. Wenn das Präparat nach Austreibung der Emanation sich selbst überlassen bleibt, ändert sich die Gestalt der Kurven regelmäfsig im Laufe der Zeit. Aus diesen zeitlichen Änderungen kann man die Aktionsradien der von den einzelnen aktiven Stoffen emittierten α-Teilchen ermitteln. Für einige Fälle haben Bragg und Kleeman solche Bestimmungen bereits durchgeführt.

182   Viertes Kapitel. Die physikalische Natur der Strahlen.

Wir werden später sehen, dafs die Umwandlungstheorie der Radioaktivität, zu deren Aufstellung ursprünglich Erscheinungen ganz anderer Art Veranlassung gaben, in den Ergebnissen dieser Untersuchungen eine neue Stütze findet.

An der Krümmung der Kurven in Fig. 43 erkennt man, dafs das spezifische Ionisierungsvermögen der α-Teilchen gröfser wird, wenn ihre Geschwindigkeit abnimmt. Dasselbe gilt nach anderweitigen

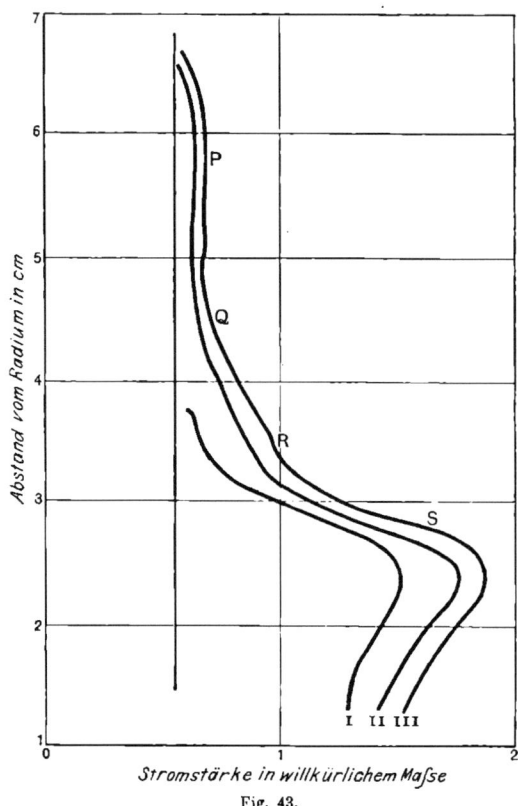

Fig. 43.

Beobachtungen auch für β-Strahlen. In einigen Fällen konnte Bragg ferner feststellen, dafs das Ionisierungsvermögen der α-Teilchen gerade unmittelbar, bevor es vollständig erlischt, den höchsten Betrag erreicht.

Aus den Versuchen, über die in diesem Paragraphen berichtet wurde, ergeben sich nunmehr folgende allgemein gültige Resultate: Die α-Teilchen jeder einfachen radioaktiven Substanz vermögen in Luft von gegebenem Druck und gegebener Temperatur eine ganz bestimmte Strecke a zu durchlaufen, nach deren Zurücklegung ihre ionisierende

Viertes Kapitel. Die physikalische Natur der Strahlen. 183

Wirkung fast unvermittelt erlischt. Bei Einschaltung eines Metallschirmes verringert sich der Ionisationsbereich um eine Strecke $\varrho\, d$, wenn unter d die Dicke und unter ϱ die auf Luft als Einheit bezogene Dichte der Schirmsubstanz verstanden wird. Dicke Schichten einer radioaktiven Elementarsubstanz entsenden α-Strahlen verschiedener Geschwindigkeit, deren Wirkungszonen von Null bis zum Maximalwerte a variieren. Das Ionisierungsvermögen der Teilchen pro Längeneinheit ihres Weges ist am gröfsten am Ende ihres Wirkungsbereiches; in unmittelbarer Nähe der Strahlungsquelle ist es merklich geringer. Radium liefert vier verschiedene Gattungen von α-Strahlen; den Teilchen einer jeden Gruppe kommt ein ganz bestimmter, ihnen eigentümlicher Aktionsradius zu*).

Auf Grund dieser Sätze ist man imstande, die absorbierende Wirkung dünner Metallschirme auch für den Fall angenähert zu berechnen, dafs die radioaktive Substanz — wie in den Versuchen, aus welchen die Kurven der Figuren 35 und 38 gewonnen wurden — auf einer grofsen ebenen Fläche ausgebreitet ist.

Nehmen wir an, die α-Strahlen gingen von einer sehr dünnen Schicht einer radioaktiven Elementarsubstanz aus — z. B. von einer mit Radiotellur bedeckten Wismutplatte oder einer Scheibe aus beliebigem Material, die durch Thor- oder Radiumemanation aktiviert worden wäre — und gelangten in einen Kondensator, in dem sie von der eingeschlossenen Luft vollständig absorbiert würden.

Die strahlende Substanz sei mit einem Metallschirm von der Dicke d und der Dichte ϱ bedeckt; wir betrachten einen Punkt P in der Nähe seiner oberen Fläche. Ist a der normale Ionisierungsbereich der Teilchen in Luft, so wird er für diejenigen Träger, deren Bahn mit der Normalen in P einen Winkel ϑ bildet, nach Durchdringung der Platte gleich $a - \dfrac{\varrho\, d}{\cos \vartheta}$. Es werden daher alle Strahlen in dem Schirme absorbiert werden, deren Ausgangspunkte so gelegen sind, dafs der Cosinus des Neigungswinkels ihrer Bahn kleiner ist als $\dfrac{\varrho\, d}{a}$. Den gesamten

---

*) *Neuere Messungen von Bragg* (Phil. Mag., Sept. 1905) *lassen in den Ionisierungskurven die Knickpunkte, die den vier mit α-Aktivität begabten Radiumprodukten entsprechen, noch deutlicher hervortreten. Aus diesen Beobachtungen ergab sich als Ionisierungsbereich der α-Teilchen für Radium selbst 3,50 cm, für Radium C 7,06 cm, für Radium A und Radiumemanation 4,83 und 4,23 cm. Ob von den beiden letzteren Werten der kleinere der Emanation oder dem Produkte A zuzuordnen ist, liefs sich noch nicht mit Sicherheit feststellen.*

Weitere Untersuchungen von Bragg bezogen sich auf die Geschwindigkeitsverluste, die die α-Teilchen in einfachen und zusammengesetzten Gasen und in Metallen erleiden. In erster Annäherung ist die „Bremswirkung", die eine Substanz ausübt, der Quadratwurzel ihres Atomgewichtes proportional.

184 Viertes Kapitel. Die physikalische Natur der Strahlen.

Ionisierungseffekt erhält man durch Ausführung einer Integration über die unterhalb des Punktes P gelegene Kreisfläche. Man findet so, dafs er proportional sein mufs der Gröfse

$$\int_{\cos\vartheta=1}^{\cos\vartheta=\frac{\varrho d}{a}} 2\pi \sin\vartheta \cos\vartheta \left(a - \frac{\varrho d}{\cos\vartheta}\right) d\vartheta = \pi \frac{(a-\varrho d)^2}{a}.$$

Die Beziehung zwischen der Stromstärke und der Dicke der durchstrahlten Metallschicht müfste sich demnach durch einen parabolischen Kurvenzug darstellen lassen. Für einen einfach aktiven Körper wie Radiotellur ist dies auch in der Tat der Fall. Schwieriger würde sich die Rechnung gestalten für eine dicke Radiumschicht, da die Strahlung einer solchen komplexer Natur ist. Aus den Versuchen wissen wir, dafs die Kurve unter diesen Umständen nahezu einen exponentiellen Verlauf nimmt.

Über einige neuere Untersuchungen, die zum Ziele hatten, das Geschwindigkeitsintervall zu ermitteln, innerhalb dessen den α-Teilchen eine ionisierende Wirksamkeit zukommt, soll im Anhange A berichtet werden. Durch die daselbst mitgeteilten Resultate erhält die oben entwickelte Absorptionstheorie eine wesentliche Stütze.

Vierter Teil.
Die γ-Strahlen.

105. Die drei Substanzen Uran, Thorium und Radium liefern neben den α- und β-Teilchen noch eine Strahlung von aufserordentlich hohem Durchdringungsvermögen. Die Absorbierbarkeit dieser γ-Strahlen ist noch erheblich kleiner als die der von einer harten Röntgenröhre ausgehenden X-Strahlen. In der Emission des hochaktiven Radiums läfst sich ihr Vorhandensein leicht nachweisen; die γ-Strahlen des Urans und Thoriums sind dagegen sehr schwer zu beobachten, selbst wenn man grofse Mengen dieser Substanzen der Prüfung unterwirft.

Zuerst machte Villard[1]) darauf aufmerksam, dafs Radiumpräparate solche Strahlen von hohem Durchdringungsvermögen aussenden, die durch magnetische Kräfte nicht abgelenkt werden. Zu diesen Versuchen benutzte er die photographische Methode. Seine Beobachtungen wurden durch Becquerel[2]) bestätigt.

Stehen einige Milligramm Radiumbromid zur Verfügung, so kann man sich von der Existenz der γ-Strahlen im verdunkelten Zimmer schon durch Beobachtung der Phosphoreszenz, die sie auf einem

---

[1]) P. Villard, C. R. 130, pp. 1010, 1178. 1900.
[2]) H. Becquerel, C. R. 130, p. 1154. 1900.

Baryumplatincyanürschirm oder in dem Mineral Willemit erregen, überzeugen. Um die α- und β-Strahlen fernzuhalten, bedeckt man das Radium mit einer 1 cm dicken Bleiplatte. Die Lumineszenz, die dann noch übrig bleibt, rührt ausschliefslich von der Einwirkung der γ-Strahlen her. Ihr aufserordentlich hohes Durchdringungsvermögen erkennt man leicht daran, dafs die Helligkeit des Lichtflecks auf dem Fluoreszenzschirm bei Zwischenschaltung mehrere Zentimeter dicker Metallplatten nur wenig abnimmt.

Die beste Untersuchungsmethode ist auch für γ-Strahlen die elektrische. Sie teilen nämlich mit den übrigen Strahlenarten die Eigenschaft, Gase zu ionisieren. Mit Hilfe eines Elektroskops und bei Verwendung von 30 mg Radiumbromid läfst sich zeigen, dafs noch ein merklicher Bruchteil der γ-Strahlung durch Eisenplatten von 30 cm Dicke hindurchzudringen vermag.

106. Absorption der γ-Strahlen. Auch in der Emission des Urans und Thoriums sind γ-Strahlen enthalten[1]). Ihr Nachweis gelang dem Verfasser auf elektrometrischem Wege, und es zeigte sich, dafs ihre Intensität der Gesamtaktivität jener Stoffe nahezu proportional war. Als Mefsapparat diente ein Elektroskop von dem in Fig. 12 abgebildeten Typus. Das Instrument wurde auf eine grofse, 0,65 cm dicke Bleiplatte gestellt, und unter dieser lag, in eine Hülle eingeschlossen, die aktive Substanz.

Zunächst wurde die Gröfse des natürlichen Ladungsverlustes festgestellt; hierauf liefs man, unter Zwischenschaltung von Bleiplatten verschiedener Dicke, den aktiven Körper auf das Elektroskop einwirken. Die dabei auftretende Vergröfserung der Entladungsgeschwindigkeit konnte nur von solchen Strahlen herrühren, die durch die Bleiplatten und den Boden des Elektroskopgehäuses hindurchgegangen waren. Es zeigte sich, dafs die Stärke der Ionisierung mit wachsender Dicke der durchstrahlten Bleischicht nahezu nach einem Exponentialgesetze abnahm. Dies mag durch folgende Zahlen belegt werden:

Dicke der Bleischicht.	Entladungsgeschwindigkeit.
0,62 cm	100
0,62 + 0,64 cm	67
0,62 + 2,86 „	23
0,62 + 5,08 „	8

Bei Verwendung von 100 g Uran oder Thorium ist die ionisierende Wirkung der durch 1 cm Blei hindurchgegangenen Strahlen noch sehr deutlich und leicht mefsbar. Gleiche Gewichtsmengen Uran- und Thoroxyd liefern nahezu gleiche Intensitäten der γ-Strahlung. In der Gröfse

---

[1]) E. Rutherford, Physik. Ztschr. 3, p. 517. 1902.

186   Viertes Kapitel. Die physikalische Natur der Strahlen.

des Durchdringungsvermögens zeigen sich keine erheblichen Unterschiede, ob man nun eine der ebengenannten Substanzen oder ein Radiumsalz als Strahlungsquelle benutzt.

Der Verfasser zeigte bereits, daſs das Absorptionsvermögen der Körper für die γ-Strahlen des Radiums in erster Annäherung ihren spezifischen Gewichten proportional ist. In ausführlicher Weise sind die Absorptionserscheinungen neuerdings von Mc. Clelland[1]) untersucht worden. Er bestimmte die Ionisierung, die in einem Kondensator zustande kam, wenn er die β- und γ-Strahlen durch Bleischirme von

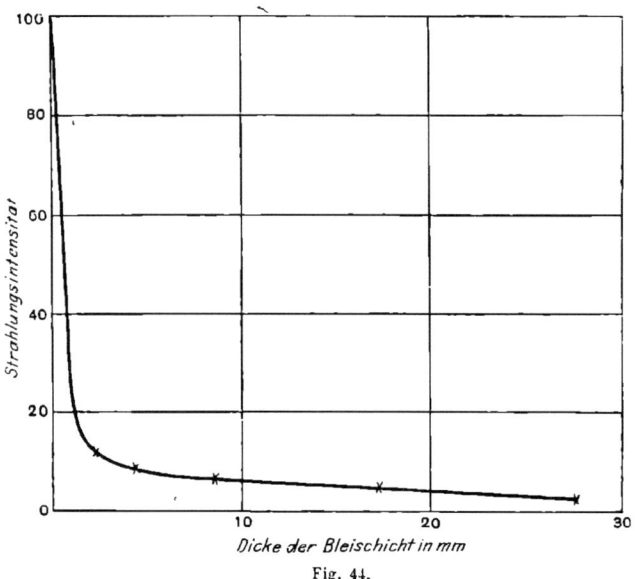

Fig. 44.

allmählich wachsender Dicke hindurchtreten lieſs. Es ergab sich auf diese Weise die Kurve der Fig. 44, aus der man erkennt, daſs eine Bleischicht von 4 mm genügt, um die β-Strahlen so gut wie vollständig zurückzuhalten, so daſs die bei gröſserer Schirmdicke auftretende Ionisierung ausschlieſslich dem Einflusse der γ-Strahlen zuzuschreiben ist.

Bei der Bestimmung der Absorptionskoeffizienten λ blieb das Radiumpräparat dauernd mit einer 8 mm dicken Bleiplatte bedeckt. So konnte man sicher sein, daſs sich keine β-Strahlen an der Ionisierung beteiligten. Es wurde nun die Schwächung der Strahlungsintensität in einer Reihe von Stoffen für verschiedene Schichtdicken gemessen. Zur Berechnung der mittleren Werte von λ wurde die übliche Formel $J = J_0\, e^{-\lambda d}$ benutzt. Die folgende Tabelle A enthält unter I—IV

---

[1]) Mc. Clelland, Phil. Mag., Juli 1904.

Viertes Kapitel. Die physikalische Natur der Strahlen.

die Werte von λ, wie sie sich ergaben, wenn die eingeschaltete Schichtdicke zunächst 2,5 mm betrug (I) — vorher mußten die Strahlen, wie gesagt, die 8 mm dicke Bleiplatte durchsetzen — und dann nacheinander von 2,5 auf 5 mm (II), von 5 auf 10 mm (III) und von 10 auf 15 mm (IV) erhöht wurde.

Tabelle A.

Substanz	I	II	III	IV
Platin . .	1,167	—	—	—
Quecksilber .	0,726	0,661	0,538	0,493
Blei .	0,641	0,563	0,480	0,440
Zink. .	0,282	0,266	0,248	0,266
Aluminium	0,104	0,104	0,104	0,104
Glas .	0,087	0,087	0,087	0,087
Wasser.	0,034	0,034	0,034	0,034

In Aluminium, Glas und Wasser ist die Absorption, wie man sieht, so gering, daß sich eine deutliche Änderung des Koeffizienten λ mit zunehmender Dicke der durchstrahlten Schicht innerhalb des Beobachtungsbereiches nicht erkennen läßt. Bei den schwereren Substanzen nimmt dagegen λ mit wachsender Schirmdicke ab. Daraus folgt, daß die γ-Strahlen des Radiums nicht homogen sind. Die Veränderlichkeit von λ erscheint besonders stark ausgeprägt bei den Körpern von sehr hoher Dichte.

Tabelle B enthält die Quotienten aus den oben angegebenen Werten von λ und den spezifischen Gewichten der betreffenden Substanzen. Wäre die Absorption der Dichte streng proportional, so müßten diese Zahlen sämtlich einander gleich sein.

Tabelle B.
λ : Dichte.

Substanz	I	II	III	IV
Platin . .	0,054	—	—	—
Quecksilber .	0,053	0,048	0,039	0,036
Blei .	0,056	0,049	0,042	0,037
Zink. . .	0,039	0,037	0,034	0,033
Aluminium	0,038	0,038	0,038	0,038
Glas . .	0,034	0,034	0,034	0,034
Wasser.	0,034	0,034	0,034	0,034

188 Viertes Kapitel. Die physikalische Natur der Strahlen.

Die Zahlen der Reihe I variieren recht erheblich; weiterhin wird die Konstanz aber immer besser, und innerhalb der letzten Kolumne zeigen sich nur noch sehr geringe Abweichungen von dem Dichtigkeitsgesetze.

In erster Annäherung ist also das Absorptionsvermögen für alle drei von den radioaktiven Substanzen ausgehenden Strahlenarten der Dichte des durchstrahlten Körpers proportional; derselben Regel folgen nach Lenard auch die Kathodenstrahlen. Dieses Absorptionsgesetz gilt demnach sowohl für die positiv und negativ geladenen Teilchen, die von den aktiven Substanzen fortgeschleudert werden, als auch für die elektromagnetischen Impulse, aus denen vermutlich die γ-Strahlen bestehen. Nichtsdestoweniger finden wir für die Gröfse des Absorptionsvermögens in den einzelnen Fällen aufserordentlich verschiedene Werte. So sind die Koeffizienten für α-Strahlen rund 10 000 mal so grofs wie für γ-Strahlen. Ferner ist die Absorptionskonstante λ des Bleis für die β-Strahlen des Urans (nach Paragraph 84) 122, während sie für die γ-Strahlen des Radiums, wie wir soeben sahen, von 0,64 bis 0,44 variiert. Das Durchdringungsvermögen der letzteren ist also über 200 mal so grofs wie das der β-Strahlen.

107. Wesen der γ-Strahlen. Abgesehen von ihrem hohen Durchdringungsvermögen unterscheiden sich die γ-Strahlen von den α- und β-Strahlen auch dadurch, dafs sie weder durch elektrische noch durch magnetische Kräfte in merklichem Grade abgelenkt werden. Läfst man gleichzeitig β- und γ-Strahlen, nachdem sie ein starkes Magnetfeld durchsetzt haben, auf eine lichtempfindliche Platte fallen, so entstehen zwei vollständig getrennte photographische Eindrücke: die ersteren werden sämtlich zur Seite geworfen; die Richtung der letzteren bleibt dagegen ganz unbeeinflufst. In dem magnetischen Verhalten der beiden Strahlenarten besteht demnach keineswegs ein kontinuierlicher Übergang von der einen zur anderen Gruppe. Paschen[1]) unterwarf ein Bündel γ-Strahlen der Einwirkung sehr starker magnetischer Felder, ohne auch nur die geringste Ablenkung beobachten zu können; daraus berechnete er, dafs, wenn jene Strahlen gleichfalls aus fortgeschleuderten Teilchen beständen, von denen ein jedes die Ladung eines einwertigen Ions besäfse, ihre scheinbare Masse, selbst in dem Falle, dafs ihre Geschwindigkeit diejenige des Lichtes beinahe erreichte, wenigstens 45 mal so grofs sein müfste wie die eines Wasserstoffatoms.

Wir wollen nunmehr die Gründe kennen lernen, die gegen die korpuskulare Natur der γ-Strahlen sprechen und die es wahrscheinlich machen, dafs sie, ähnlich den Röntgenstrahlen, elektromagnetische Impulse im Äther darstellen. Zunächst zeigt sich eine unverkennbare

---

[1]) F. Paschen, Physik. Ztschr. 5, p. 563. 1904.

Ähnlichkeit zwischen diesen beiden Strahlenarten, insofern als sich beide durch ein sehr hohes Durchdringungsvermögen auszeichnen und durch magnetische Kräfte nicht ablenken lassen. Älteren Untersuchungen zufolge schien freilich ein bemerkenswerter Unterschied in ihrem beiderseitigen Verhalten vorhanden zu sein. Bekanntermafsen entfalten nämlich gewöhnliche X-Strahlen in gewissen Gasen, wie Schwefelwasserstoff und Chlorwasserstoff, eine viel stärkere ionisierende Wirkung als in Luft, obwohl sich die Dichtigkeiten jener Stoffe nicht wesentlich von derjenigen der Luft unterscheiden. Es nimmt z. B. Schwefelwasserstoffgas unter dem Einflusse von X-Strahlen eine sechsmal so hohe Leitfähigkeit an wie Luft, während die ionisierende Wirkung der γ-Strahlen in jenem Gase nur wenig gröfser erscheint als in Luft. Über die Ergebnisse der einschlägigen Versuche von Strutt war bereits in Paragraph 45 berichtet worden. Aus den dort angeführten Zahlen geht deutlich hervor, dafs die Leitfähigkeiten der durch γ-Strahlen (und ebenso der durch α- oder β-Strahlen) ionisierten Gase ihren Dichtigkeiten in der Regel nahezu proportional sind, dafs dagegen einige der untersuchten Gase und Dämpfe durch Röntgenstrahlen in sehr viel höherem Mafse als durch γ-Strahlen elektrisch leitend werden. Es ist jedoch zu bedenken, dafs die Struttschen Versuche mit „weichen" X-Strahlen angestellt worden sind, also mit solchen, die ein bedeutend geringeres Durchdringungsvermögen als γ-Strahlen besitzen. Es fragt sich nun aber, ob nicht auch bei den Röntgenstrahlen Ionisierungsvermögen und Absorbierbarkeit Hand in Hand gehen. Darüber hat A. S. Eve[1]) einige Versuche angestellt unter Benutzung einer sehr „harten" Röntgenröhre, die ihm X-Strahlen von aufsergewöhnlich hoher Durchdringungsfähigkeit lieferte.

Seine Messungsergebnisse sind in folgender Tabelle zusammengestellt; für jede Strahlengattung ist hier der zugehörige Wert der auf Luft als Einheit bezogenen Leitfähigkeit angegeben; zum Vergleich sind die früheren Resultate von Strutt für „weiche" X-Strahlen und die Eveschen Zahlen für γ-Strahlen hinzugefügt worden.

Relative Leitfähigkeit verschiedener Gase.

Gas	Relative Dichte	Weiche X-Strahlen	Harte X-Strahlen	γ-Strahlen
Wasserstoff .	0,07	0,11	0,42	0,19
Luft	1,0	1,0	1,0	1,0
Schwefelwasserstoff .	1,2	6	0,9	1,23
Chloroform .	4,3	32	4,6	4,8
Methyljodid	5,0	72	13,5	5,6
Kohlenstofftetrachlorid .	5,3	45	4,9	5,2

[1]) A. S. Eve, Phil. Mag., Nov. 1904.

Viertes Kapitel. Die physikalische Natur der Strahlen.

Wie man sieht, zeigt sich das Dichtigkeitsgesetz für die harten Röntgenstrahlen weit besser erfüllt als für die weichen. Insbesondere erscheinen die Leitfähigkeiten des Chloroform- und Kohlenstofftetrachloriddampfes beträchtlich kleiner als früher und stimmen mit den entsprechenden Werten für γ-Strahlen sehr gut überein. Nur Methyljodid bildet noch eine Ausnahme, indem es mit seinem hohen Werte 13,5 noch nicht der Gesetzmäfsigkeit folgt. Freilich besafsen auch die harten Röntgenstrahlen noch immer eine vierzigmal so grofse Absorbierbarkeit wie die γ-Strahlen, und demgemäfs dürfte wahrscheinlich für X-Strahlen von noch höherem Durchdringungsvermögen eine weitere Abnahme der Leitfähigkeit auch beim Methyljodid eintreten.

Wir werden später sehen (Paragraph 112), dafs die γ-Strahlen die Eigenschaft besitzen, unter geeigneten Bedingungen eine sekundäre Strahlung vom Typus der β-Strahlen zu erzeugen. Dasselbe gilt für Röntgenstrahlen. Es zeigte sich nun in den oben besprochenen Versuchen, dafs die harten X-Strahlen viel mehr Sekundärstrahlen lieferten als die γ-Strahlen; indessen rührt auch dieser Unterschied wahrscheinlich nur von der Verschiedenheit des Durchdringungsvermögens der primären Strahlungen her.

Alles in allem genommen, besteht nach den vorliegenden Untersuchungen eine sehr auffallende Ähnlichkeit zwischen γ- und Röntgenstrahlen. Theoretische Überlegungen führen zu dem Schlufs, dafs die ersteren nichts anderes als eine bestimmte Gattung sehr schwach absorbierbarer X-Strahlen darstellen. Diese bestehen nun vermutlich aus elektromagnetischen Impulsen (vergl. Paragraph 52), die durch die plötzliche Hemmung der Kathodenstrahlteilchen in den Entladungsröhren zustande kommen und eine gewisse Verwandtschaft mit kurzen Lichtwellen besitzen. Andererseits ist aber auch zu erwarten, dafs X-Strahlen ebensowohl entstehen werden, wenn Elektronen sich plötzlich in Bewegung setzen, als wenn sie beim Aufprallen ihre Geschwindigkeit mit einem Schlage verlieren. Da nun die β-Teilchen zum überwiegenden Teile mit viel gröfseren Geschwindigkeiten das Radiumatom verlassen als die Kathodenstrahlteilchen die negative Elektrode der Vakuumröhre, so läfst sich wohl begreifen, dafs die von den ersteren erzeugten X-Strahlen durch ein besonders hohes Durchdringungsvermögen ausgezeichnet sind. Vor allem sprechen aber zugunsten jener Theorie von der Entstehungsweise der γ-Strahlen gewisse Erfahrungen, die man über die gegenseitigen Beziehungen der verschiedenen, von den radioaktiven Substanzen ausgehenden Strahlenarten und über die wahren Quellen dieser Energieformen gesammelt hat. Die gesamte α-Aktivität eines Radiumpräparates setzt sich nämlich zusammen aus den Einzelaktivitäten mehrerer Zerfallsprodukte, die sich allmählich in der Substanz ansammeln. Nur ein einziger von diesen Stoffen, das sogenannte Radium C, liefert aber die β- und γ-Strahlen. Es hat sich nun gezeigt, dafs die γ- und β-

Aktivitäten einander stets proportional bleiben, trotz der bedeutenden Änderungen, die sie ihrem absoluten Betrage nach erleiden können, wenn die verschiedenen Umwandlungsprodukte voneinander getrennt werden.

Die Intensität der γ-Strahlung ist demnach um so größer, je mehr β-Teilchen pro Zeiteinheit fortgeschleudert werden, eine Tatsache, die schon an sich auf einen engen Zusammenhang zwischen beiden Strahlenarten schließen läßt. Jene Proportionalität erscheint aber durchaus verständlich, wenn wir uns vorstellen, daß die β-Teilchen erst selbst die γ-Strahlen erzeugen, indem jedesmal, sobald ein Elektron fortgeschleudert wird, ein schmaler, sphärischer Impuls entsteht, der sich vom Störungszentrum aus mit Lichtgeschwindigkeit ausbreitet.

108. Es möge aber auch eine andere Hypothese bezüglich der Natur der γ-Strahlen nicht unerwähnt bleiben. Wir hatten gesehen (Paragraph 42 und 82), daß die scheinbare Masse eines Elektrons zunimmt, wenn sich seine Geschwindigkeit der des Lichtes nähert; nach der Theorie müßte sie sogar außerordentlich groß werden, sobald sich beide Geschwindigkeiten nur noch sehr wenig voneinander unterscheiden. In diesem Falle würden aber auch sehr starke magnetische oder elektrische Kräfte dem Elektron keine merkliche Ablenkung erteilen.

Demgemäß hat neuerdings Paschen[1]) die Ansicht vertreten, daß die γ-Strahlen aus Elektronen beständen, die sich nahezu mit Lichtgeschwindigkeit bewegten. Er glaubte aus seinen Versuchen schließen zu können, daß sie ebenso wie die β-Strahlen negative Elektrizität mit sich führten. Auch Seitz (vergl. Paragraph 85) hatte ja beobachtet, daß Körper, die von γ-Strahlen getroffen werden, negative Ladungen annehmen; allerdings erhielt er wesentlich kleinere Elektrizitätsmengen als Paschen.

Meines Erachtens kann freilich derartigen Beobachtungen keine erhebliche Beweiskraft beigemessen werden, angesichts der Tatsache, daß beim Durchgange von γ-Strahlen durch ponderable Substanzen stets eine intensive Sekundärstrahlung auftritt, die zum Teil aus Elektronen besteht. Wahrscheinlich erklärt sich daher das Auftreten jener geringen Elektrizitätsmengen durch eine indirekte, auf die von den Oberflächen der getroffenen Körper ausgehenden Sekundärstrahlen zurückzuführende Wirkung, ohne daß unmittelbar ein Ladungstransport seitens der γ-Strahlen stattfände. Gewiß kann als erwiesen gelten, daß z. B. eine dicke Bleihülle, in der sich etwas Radium befindet, eine schwache positive Ladung annimmt. Dieser Effekt muß jedoch

---

[1]) F. Paschen, Ann. d. Phys. 14, p. 114. 1904; 14, p. 389. 1904; Physik. Ztschr. 5, p. 563. 1904.

192 Viertes Kapitel. Die physikalische Natur der Strahlen.

in jedem Falle zustande kommen, welcher Art auch die Natur der γ-Strahlen sein möge, da die sekundäre Strahlung des Bleis aus fortgeschleuderten Teilchen besteht, die negative Elektrizität mit sich führen.

Wäre die Korpuskulartheorie der γ-Strahlen zutreffend, so müfste ein jedes dieser Elektronen eine scheinbare Masse von bedeutender Gröfse besitzen, da anderenfalls in starken Feldern eine merkliche Ablenkung erfolgen würde. Dann würde aber auch die kinetische Energie der Teilchen sehr grofs sein, und es müfste, falls ihre Anzahl von derselben Gröfsenordnung wäre wie die der β-Teilchen, eine intensive Wärmeentwickelung eintreten, wenn γ-Strahlen zur Absorption gelangen. Paschen[1]) gibt auf Grund seiner einschlägigen Messungen an, dafs mehr als die Hälfte der gesamten Wärmewirkung des Radiums auf Rechnung der γ-Strahlen zu setzen sei, und dafs die von ihnen fortgeführte Energie, auf 1 g Radium berechnet, über 100 Grammkalorien pro Stunde betrage. Spätere Versuche von Rutherford und Barnes[2]) führten indessen zu wesentlich anderen Resultaten: es zeigte sich nämlich, dafs die γ-Strahlen tatsächlich nur mit wenigen Prozenten an der totalen Wärmeentwickelung beteiligt sind. (Vergl. Kap. XII.)

Zur Zeit sprechen sowohl theoretische Überlegungen als auch die Ergebnisse der experimentellen Forschung durchaus dafür, dafs die γ-Strahlen ihrem Wesen nach mit den Röntgenstrahlen identisch sind und sich von diesen nur durch ein höheres Durchdringungsvermögen unterscheiden. Bezüglich der X-Strahlen hat aber jene Theorie am meisten Anklang gefunden, die besagt, dafs sie aus Ätherimpulsen bestehen, die keinen periodischen Charakter tragen und durch die plötzliche Hemmung der fortgeschleuderten Elektronen zustande kommen; freilich mag es schwierig sein, experimentelle Beweise dafür zu erbringen, durch welche die Frage endgültig entschieden würde. Ihre kräftigste Stütze erhält jene Theorie durch Versuche von Barkla[3]), aus denen sich ergab, dafs die Intensität der von den X-Strahlen an metallischen Oberflächen erzeugten Sekundärstrahlung von der Orientierung der Röntgenröhre abhängt. Diese Erscheinung läfst auf eine gewisse Einseitigkeit oder Polarisation in der Beschaffenheit der primären Strahlen schliefsen; davon kann aber nur die Rede sein, wenn sie aus wellenartigen Störungen im Äther bestehen.

---

[1]) F. Paschen, Physik. Ztschr. 5, p. 563. 1904.
[2]) E. Rutherford und H. T. Barnes, Phil. Mag., Mai 1905. Nature 1904, 15. Dez., p. 151.
[3]) Barkla, Nature, 17. März 1904.

Fünfter Teil.
Sekundärstrahlen.

109. Erzeugung sekundärer Strahlen. Man weifs schon lange, dafs, wenn Röntgenstrahlen auf feste Hindernisse stofsen, daselbst sekundäre Strahlen von relativ geringem Durchdringungsvermögen entstehen. Die Erscheinung ist zuerst von Perrin beobachtet worden; näher untersucht wurde sie von Sagnac, Langevin, Townsend u. a. Es kann nicht überraschen, dafs auch die Strahlen der radioaktiven Substanzen ähnliche Wirkungen hervorbringen. Über die aus dieser Quelle stammenden Sekundärstrahlungen liegen sorgfältige Untersuchungen von Becquerel[1]) vor, die auf photographischem Wege ausgeführt wurden. Zunächst war ihm aufgefallen, dafs die Radiographieen metallischer Gegenstände stets verwaschene Konturen besafsen. Alsbald erkannte er, dafs diese Eigentümlichkeit der Bilder von der Einwirkung sekundärer Strahlen herrührte, die von den Oberflächen der schattengebenden Objekte ausgingen.

α-Strahlen liefern nur sehr schwache sekundäre Strahlen; sie lassen sich am besten nachweisen, wenn man ein Poloniumpräparat als Energiequelle benutzt, da in diesem Falle Komplikationen durch gleichzeitige Einwirkung von β-Strahlen ausgeschlossen sind; denn bekanntlich werden ja vom Polonium lediglich α-Strahlen ausgesandt.

Starke Sekundärstrahlen entstehen überall da, wo β-Strahlen auftreffen. Wie Becquerel fand, hängt die Intensität des Sekundäreffektes in hohem Mafse von der Geschwindigkeit der ankommenden negativen Teilchen ab. Die schnellsten Elektronen liefern die stärkste Sekundärstrahlung, während eine solche kaum noch nachzuweisen ist für die leicht absorbierbaren β-Strahlen. Infolge des Auftretens dieser sekundären Strahlen sind Radiographieen von schattengebenden Objekten, die Löcher enthalten, stets undeutlich. Denn überall lagern sich die photographischen Eindrücke der primären und der sekundären Strahlen übereinander.

Die sekundären Strahlen erzeugen ihrerseits wieder tertiäre Strahlen, und so geht es fort. Im magnetischen Felde werden die Sekundärstrahlen abgelenkt, und zwar stets in stärkerem Grade als die primären Strahlen, aus denen sie entstanden sind; ebenso ist ihre Absorbierbarkeit stets gröfser als die der letzteren.

Auch γ-Strahlen geben zur Entstehung von photographisch stark wirksamen sekundären Strahlen Veranlassung. Wird z. B. etwas Radiumsalz in eine dicke Bleimasse eingebettet, so erhält man nach Becquerel auf der photographischen Platte aufser dem direkten,

---

[1]) H. Becquerel, C. R. 132, pp. 371, 734, 1286. 1901.

194   Viertes Kapitel. Die physikalische Natur der Strahlen.

von den durch das Metall hindurchgegangenen Strahlen herrührenden Eindruck auch eine lebhafte Schwärzung durch die Sekundärstrahlung, die von der Oberfläche des Bleis ausgesandt wird. Die photographische Wirksamkeit der sekundären Strahlen ist so intensiv, dafs die Eindrücke auf der Platte durch Einschaltung eines Metallschirmes in den Strahlengang vielfach noch verstärkt werden.

Aus der Stärke der photographischen Effekte kann man allerdings noch keinen Schlufs auf die relativen Intensitäten der primären und sekundären Strahlen ziehen. Es wird von der gesamten Energie der ankommenden β-Strahlen im allgemeinen nur ein geringer Bruchteil in der empfindlichen Schicht absorbiert. Die sekundären Strahlen sind aber stets viel leichter absorbierbar als die primären, so dafs von ihrer Energie auch in der photographischen Platte ein wesentlich höherer Betrag verausgabt wird. Es kann daher nicht überraschen, dafs die durch β- oder γ-Strahlen erzeugten Sekundärstrahlen bisweilen ebenso intensive, ja selbst noch stärkere photographische Eindrücke hervorrufen wie ihre Primärstrahlen.

Man versteht nun auch, warum mit β-Strahlen aufgenommene Radiographieen die wohlbekannte Schärfe der Röntgenbilder im allgemeinen vermissen lassen. Es sind eben stets sekundäre Strahlen an der gesamten Wirkung beteiligt, und dadurch werden alle Konturen verwaschen.

110. Die von α-Strahlen erzeugte Sekundärstrahlung. Dafs die α-Strahlen des Poloniums sekundäre Strahlen zu erzeugen imstande sind, wurde zuerst nach der elektrometrischen Methode von Frau Curie[1]) festgestellt. Dabei wurde folgendes Verfahren eingeschlagen: Bevor die α-Strahlen in den Versuchskondensator gelangten, mufsten sie zwei übereinandergelegte Schirme aus verschiedenem Metall abwechselnd in der einen und in der anderen Reihenfolge durchsetzen. Es zeigte sich nun, dafs die Intensität der Ionisationsströme davon abhing, welcher der beiden Schirme zuerst von den α-Strahlen durchdrungen wurde. Daraus folgt, dafs die letzteren beim Durchgange durch die Materie eine partielle Umwandlung erleiden. Wie sich ferner ergab, ist die Stärke der auf diese Weise entstehenden Sekundärstrahlungen noch von dem Material der Schirmsubstanz abhängig.

Für die β-Strahlen des Radiums konnte Frau Curie nach derselben Methode einen analogen Effekt nicht beobachten. Auf photographischem Wege läfst sich indessen die Entstehung von Sekundärstrahlen auch in diesem Falle ohne Schwierigkeit nachweisen.

---

[1]) Mme. S. Curie, Untersuchungen über die radioaktiven Substanzen. Übers. v. W. Kaufmann. 3. Aufl., p. 74. (Braunschweig 1904.)

Viertes Kapitel. Die physikalische Natur der Strahlen.

Benutzte Schirme	Dicke in mm	Beobachtete Stromstärke
Aluminium .... Messing.	0,01 0,005	17,9
Messing. ...... Aluminium	0,005 0,01	6,7
Aluminium . ... Zinn	0,01 0,005	150
Zinn .... .. Aluminium	0,005 0,01	125
Zinn .. .. Messing.	0,005 0,005	13,9
Messing. . .. Zinn	0,005 0,005	4,4

Wir hatten früher gesehen (Paragraph 93), daſs die α-Strahlung dünner Radium- und Radiotellur-Schichten von einer Emission sehr langsam sich bewegender Elektronen begleitet ist. Auch hierbei handelt es sich wahrscheinlich um eine Sekundärstrahlung, indem die α-Teilchen an den Stellen, wo sie aus einer materiellen Substanz austreten oder in einen Körper eindringen, Elektronen in Freiheit setzen. Die Intensität dieser Sekundärstrahlen hängt von der chemischen Natur der getroffenen Körper ab. So erklärt sich die von Frau Curie beobachtete Erscheinung — ihre Versuchsresultate sind in obiger Tabelle wiedergegeben —, daſs sich bei Vertauschung je zweier Schirme die Intensität der austretenden Strahlen ändert.

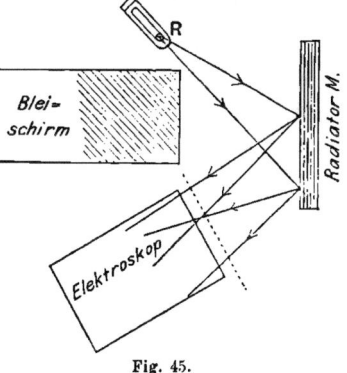

Fig. 45.

111. Die von β- und γ-Strahlen erzeugte sekundäre Strahlung. Mit Hilfe der in Fig. 45 dargestellten Anordnung sind neuerdings von A. S. Eve[1]) Versuche über die Umwandlung der β- und γ-Strahlen in Sekundärstrahlen angestellt worden. Es sollten die physikalischen Eigenschaften und die relative Stärke dieser sekundären Emission für verschiedene Substanzen ermittelt werden.

Bei R (Fig. 45) befanden sich, in ein Röhrchen eingeschlossen, 30 mg Radiumbromid. Eine 4,5 cm dicke Bleiwand schützte das Elek-

---

[1]) A. S. Eve, Phil. Mag., Dez. 1904.

196 Viertes Kapitel. Die physikalische Natur der Strahlen.

troskop vor der direkten Wirkung der β-Strahlen; auch die γ-Strahlen wurden gröfstenteils in diesem Schirme absorbiert. Befindet sich bei M eine Platte aus einer beliebigen Substanz, so werden von ihr unter dem Einflusse der primären Strahlung nach allen Seiten Sekundärstrahlen ausgesandt, von denen ein Teil in den Elektroskopbehälter gelangt. Der letztere war an der Vorderseite durch 0,05 mm dicke Aluminiumfolie verschlossen. Zunächst wurde die Entladungsgeschwindigkeit bei Abwesenheit des sekundären Radiators M gemessen. Die unter diesen Umständen auftretende Wirkung rührt her von den natürlichen Ladungsverlusten, ferner von den direkt ankommenden γ-Strahlen und von der sekundären Strahlung der Luft. Wurde alsdann der Radiator M an seine Stelle gebracht, so zeigte sich eine bedeutende Zunahme der Entladungsgeschwindigkeit. Die Differenz der mit und ohne Radiator beobachteten Werte galt als Mafs für die Stärke der von M ausgehenden Sekundärstrahlung. Es wurde aufserdem jedesmal die Absorption der Sekundärstrahlen in einer Aluminiumplatte von 0,85 mm Dicke bestimmt, die zu diesem Zwecke unmittelbar vor dem Elektroskop in den Strahlengang eingeschaltet werden konnte.

Die Absorptionskonstante λ wurde nach der gewöhnlichen Gleichung $J = J_0\, e^{-\lambda d}$ berechnet, nachdem sich gezeigt hatte, dafs die Intensität der sekundären Strahlen mit wachsender Dicke der absorbierenden Schicht nach einem Exponentialgesetze abnahm, woraus zugleich hervorgeht, dafs diese Sekundärstrahlen nahezu homogen sind.

Als Radiatoren wurden Substanzen der verschiedensten Art untersucht; sie kamen sämtlich in Form von dicken Platten zur Verwendung, die durchgängig die gleichen Dimensionen besafsen und stets in der nämlichen Weise bei M aufgestellt wurden. Nur für die Messungen an Flüssigkeiten wurde die Versuchsanordnung ein wenig modifiziert. Die gewonnenen Resultate sind in der folgenden Tabelle zusammengestellt. Die in der dritten Kolumne aufgeführten Werte bezeichnen die Anzahl der Skalenteile, an denen das Goldblättchen des Elektroskops innerhalb einer Sekunde vorbeiwanderte.

(Siehe Tabelle auf folgender Seite.)

Wie man sieht, ordnen sich die Körper nach der Stärke ihrer Sekundärstrahlung im grofsen und ganzen in dieselbe Reihenfolge wie nach Mafsgabe ihrer spezifischen Gewichte. Von allen untersuchten Substanzen ergab sich der höchste Wert für Quecksilber. Der Quotient aus Sekundärstrahlung und Dichte ist aber keineswegs konstant und wird besonders grofs für die spezifisch leichten Substanzen. Was die Absorptionskonstante der Strahlen verschiedener Herkunft betrifft, so variiert sie im allgemeinen nur wenig von einem zum anderen Radiator; eine Ausnahme bilden indessen Granit, Schiefer, Ziegelsteine und Zement; diese Stoffe liefern Sekundärstrahlen, die nur ungefähr halb so stark absorbierbar sind wie die der übrigen Körper.

Viertes Kapitel. Die physikalische Natur der Strahlen.

β- und γ-Strahlen.

Radiator	Dichte	Sekundäre Strahlung	Sek. Strahl. / Dichte	Aluminium $d=0{,}085$ cm λ
Quecksilber	13,6	147	10,8	—
Blei	11,4	141	12,4	18,5
Kupfer	8,8	79	9,0	20
Messing	8,4	81	9,6	21
Eisen (bearbeitet)	7,8	75	9,6	20
Zinn	7,4	73	9,9	20,3
Zink	7,0	79	11,3	—
Granit	2,7	54	20,0	12,4
Schiefer	2.6	53	20,4	12,1
Aluminium	2,6	42	16,1	24
Glas	2,5	44	17,6	24
Zement	2,4	47	19,6	13,5
Ziegelstein	2,2	49	22,3	13,0
Ebonit	1,1	32	29,1	26
Wasser	1,0	24	24,0	21
Eis	0,92	26	28,2	—
Paraffin, fest	0,9	17	18,8	21
„ flüssig	0,85	16	18,8	—
Mahagoniholz	0,56	21,4	38,2	23
Papier	0,4?	21,0	52	22
Pappe	0,4?	19,4	48	20,5
Papiermâché	—	21 9	—	—
Lindenholz	0,36	20,7	57	22
Kiefernholz	0,35	21,8	62	21
Röntgenschirm	—	75,2	—	23,6

Die sekundäre Emission entsteht nicht ausschliefslich an der Oberfläche der getroffenen Körper; die Wirkung erstreckt sich vielmehr bis auf eine beträchtliche Tiefe. Denn die Intensität der sekundären Strahlen nimmt mit wachsender Dicke des Radiators zu; praktisch erreicht sie aber bei einer bestimmten Schichtdicke, die für Glas und Aluminium etwa 3 mm beträgt, ein Maximum.

Die Zahlen der obigen Tabelle beziehen sich auf die gemeinsame Wirkung der β- und γ-Strahlen. Wurden die β-Strahlen durch eine zwischen Radiumpräparat und Radiator M eingeschaltete Bleiplatte von 6,3 mm Dicke beseitigt, so sank die Entladungsgeschwindigkeit auf weniger als 26 % ihres früheren Wertes; die β-Teilchen lieferten demnach über 80 % der gesamten Sekundärstrahlung. Die nächste Tabelle enthält die relativen Intensitäten der einerseits von β- und γ-Strahlen zusammen, andererseits von den letzteren allein an verschiedenen Körpern erzeugten Sekundärstrahlung. Zum Vergleiche

198 Viertes Kapitel. Die physikalische Natur der Strahlen.

sind auch die von Townsend für weiche Röntgenstrahlen in analoger Weise bestimmten Werte angegeben. In jeder der drei Zahlenreihen ist die Sekundärstrahlung des Bleis als Vergleichsmafs gleich 100 gesetzt worden.

Sekundäre Strahlung.

Radiator	β- und γ-Strahlen	γ-Strahlen	Röntgenstrahlen
Blei	100	100	100
Kupfer.	57	61	291
Messing ..	58	59	263
Zink....	57	—	282
Aluminium.	30	30	25
Glas ..	31	35	31
Paraffin .	12	20	125

Für die Relativwerte des Sekundäreffektes ergibt sich kein wesentlicher Unterschied, ob nun der Radiator allein von γ-, oder von γ- und β-Strahlen zugleich getroffen wird. Betrachten wir dagegen die Intensitäten der durch X-Strahlen erzeugten Sekundäremission, so zeigt sich hier ein ganz anderes Bild: die Reihenfolge der einzelnen Stoffe stimmt mit der früheren durchaus nicht mehr überein und die Wirksamkeit des Bleis wird von derjenigen anderer Metalle erheblich übertroffen. Bezüglich des Durchdringungsvermögens wäre zu erwähnen, dafs die γ-Strahlen allein ein wenig stärker absorbierbare Sekundärstrahlen liefern als β- und γ-Strahlen gemeinsam; das Durchdringungsvermögen der von den Röntgenstrahlen erzeugten sekundären Strahlung ist aber bedeutend kleiner.

Fast unabhängig ist die Intensität der durch die β- und γ-Strahlen hervorgerufenen Sekundäremission von der Oberflächenbeschaffenheit des Radiators. Auch bleibt die Stärke des Effektes so gut wie ungeändert, ob man nun massives Eisen oder Eisenfeilicht, flüssiges oder festes Paraffin, Eis oder Wasser[1]) als Radiator benutzt.

---

[1]) In einer kürzlich erschienenen Abhandlung (Phil. Mag., Feb. 1905) berichtet Mc. Clelland gleichfalls über Messungen an Sekundärstrahlen, durch welche die von Eve erhaltenen Resultate im wesentlichen bestätigt werden. Als Mefsinstrument diente ein Elektrometer. Mc Clelland findet überdies, dafs die Intensität der resultierenden sekundären Strahlung von dem Einfallswinkel der primären Strahlen abhängt, und zwar bei 45° Incidenz am gröfsten wird. In einem Briefe an die Nature (p. 390, 23. Feb. 1905) erwähnt er ferner, es habe sich aus weiteren Versuchen ergeben, dafs für die Stärke der von verschiedenen Stoffen ausgesandten Sekundärstrahlung viel eher das Atomgewicht als die spezifische Dichte mafsgebend sei. Waren die beiden Gröfsen auch nicht einander proportional, so nahm doch der Betrag der einen ausnahmslos mit wachsendem Werte der anderen zu.

Becquerel zeigte, daſs die Sekundärstrahlen, die entstehen, wenn ein Körper von β-Strahlen getroffen wird, magnetisch ablenkbar sind und aus negativ geladenen Teilchen (Elektronen) bestehen. Wie in Paragraph 52 erwähnt wurde, erleiden Kathodenstrahlen an metallischen Oberflächen eine diffuse Reflexion. Diese sekundäre Strahlung besteht einesteils aus Elektronen, die sich nahezu ebenso schnell bewegen wie die primären Strahlen, und anderenteils aus negativen Elementarteilchen von erheblich geringerer Geschwindigkeit. Die von den β-Strahlen des Radiums erzeugten Sekundärstrahlen besitzen im Durchschnitt ein schwächeres Durchdringungsvermögen, also auch eine kleinere Geschwindigkeit als die zugehörigen Primärstrahlen. Die β-Strahlung des Radiums ist freilich, wie wir wissen, auſserordentlich inhomogen; es sind in ihr Elektronen von sehr verschiedenen Geschwindigkeiten vertreten, und sicherlich besitzen die sekundären Strahlen im Mittel ein höheres Durchdringungsvermögen als der am leichtesten absorbierbare Anteil der vom Radium ausgesandten β-Strahlung; die Geschwindigkeit jener sekundären Elektronen ist wahrscheinlich ungefähr halb so groſs wie diejenige des Lichtes.

Vorderhand ist es noch eine offene Frage, ob diese sekundären Strahlen in Wahrheit von den ankommenden primären Strahlen in der Materie neu erzeugt werden, oder ob in ihnen die primären Strahlen selbst wieder in die Erscheinung treten, nachdem sie etwa beim Durchgang durch die Materie eine andere Bewegungsrichtung angenommen und einen Geschwindigkeitsverlust erlitten haben.

112. Magnetische Ablenkung der von den γ-Strahlen erzeugten sekundären Strahlen. Die Ähnlichkeit in dem Charakter der beiden Sekundärstrahlungen, die ein Körper aussendet, wenn wir einmal γ-, das zweite Mal β-Strahlen auf ihn fallen lassen, zeigt sich nach weiteren Beobachtungen von Eve auch darin, daſs die Sekundärstrahlen der erstgenannten Gattung ebenso wie die der zweiten Art in magnetischen Feldern ziemlich stark abgelenkt werden.

In der von Eve benutzten Versuchsanordnung (s. Fig. 46) befand sich ein Radiumpräparat im Zentrum eines mit einer Bohrung versehenen Bleizylinders von 10 cm Höhe und 10 cm Durchmesser. Auf dem letzteren lag eine 1,2 cm dicke Scheibe, die gleichfalls aus Blei bestand und um ein beträchtliches Stück über den Zylinder hinausragte. Nahe ihrem einen Rande stand ein kleines Elektroskop.

Lieſs man ein starkes Magnetfeld, senkrecht zur Zeichnungsebene, auf die von der Bleiplatte ausgehenden Sekundärstrahlen einwirken, so trat für die eine Feldrichtung eine erhebliche Vergröſserung der Entladungsgeschwindigkeit ein. Kommutierung des magnetisierenden Stromes hatte dann eine beträchtliche Verminderung der Ionisation am Orte des Elektroskops zur Folge. Daraus geht hervor, daſs die

200   Viertes Kapitel. Die physikalische Natur der Strahlen.

Sekundärstrahlen sich ihrem Charakter nach von den primären γ-Strahlen wesentlich unterscheiden; denn diese selbst erleiden ja im Magnetfelde keine Ablenkung. Die Beobachtungen führten ferner zu dem Resultate, dafs jene sekundären Strahlen aus fortgeschleuderten Elektronen bestehen; ihre Geschwindigkeit ist, wie sich aus ihrem Durchdringungsvermögen berechnen läfst, ungefähr halb so grofs wie die des Lichtes. Durch die sekundäre Emission dieser Elektronen von seiten der durchstrahlten Substanzen findet auch in Übereinstimmung mit unseren früheren Angaben das Auftreten negativer Ladungen, wie sie von Paschen

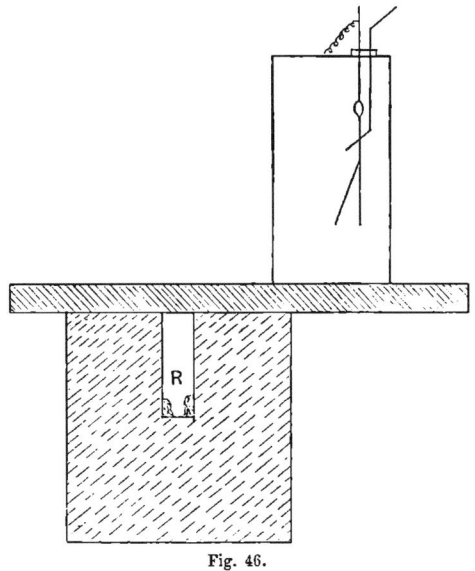

Fig. 46.

beobachtet worden sind, eine ausreichende Erklärung, ohne dafs man nötig hätte anzunehmen, dafs die γ-Strahlen selbst negative Elektrizität mit sich führten.

Auch die Sekundäremission der Röntgenstrahlen besteht zum Teil aus fortgeschleuderten Elektronen; wie es scheint, kommt den β-, γ- und X-Strahlen sämtlich ungefähr in gleichem Mafse die Fähigkeit zu, aus den von ihnen durchsetzten Körpern negative Korpuskeln auszutreiben. Die Röntgen- und γ-Strahlen bestehen aber aller Wahrscheinlichkeit nach aus elektromagnetischen Impulsen, die dadurch zustande kommen, dafs Elektronen plötzlich sich in Bewegung setzen bezw. in ihrem Fluge aufgehalten werden. Es handelt sich dabei augenscheinlich um einen Vorgang von reversiblem Charakter. Man kann daher schon aus theoretischen Gründen erwarten, dafs auch die β-Strahlen beim Durchgang durch materielle Substanzen zur Entstehung von X-Strahlen Veranlassung geben werden.

Sechster Teil.

113. Vergleichende Untersuchungen über das Ionisierungsvermögen der α- und β-Strahlen. Fallen die Strahlen eines von jeglicher Hülle befreiten radioaktiven Präparates auf eine in üblicher Weise von zwei Kondensatorplatten begrenzte Gasmasse, so rührt der Ionisierungseffekt, der unter diesen Umständen zur Wahrnehmung gelangt, im wesentlichen von der Wirkung der α-Strahlen her. Infolge ihres geringen Durchdringungsvermögens erreicht die Stärke der von ihnen hervorgerufenen Ströme praktisch schon für ziemlich dünne Schichten der radioaktiven Materie einen maximalen Betrag. So erhält[1]) man z. B. für verschiedene Dicken von Uranoxyd folgenden Verlauf der Sättigungsstromwerte:

Oberfläche der Uranoxydschichten = 38 qcm.

Gewichtsmenge der strahlenden Substanz in Gramm pro Quadratzentimeter	Sättigungsstrom in Ampere pro Quadratzentimeter
0,0036	$1,7 \times 10^{-13}$
0,0096	$3,2 \times 10^{-13}$
0,0189	$4,0 \times 10^{-13}$
0,0350	$4,4 \times 10^{-13}$
0,0955	$4,7 \times 10^{-13}$

Bei den dieser Tabelle zugrunde liegenden Beobachtungen war das Uranoxyd auf der unteren zweier Kondensatorplatten ausgebreitet, deren gegenseitiger Abstand so groß gewählt wurde, daß die α-Strahlen in der zwischenliegenden Gasschicht vollständig absorbiert werden mußten. Die Stromstärke erreicht bereits für eine Gewichtsmenge von 0,0055 g pro Quadratzentimeter den halben Betrag ihres maximalen Wertes.

Werden die α-Strahlen durch Einschaltung eines Metallschirmes abgeschnitten, so ist die übrigbleibende Ionisation der Hauptsache nach dem Einflusse der β-Strahlen zuzuschreiben; die Wirkung der γ-Strahlen kommt demgegenüber nicht wesentlich in Betracht. Schon früher war erwähnt worden (s. Paragraph 86), daß die Stromstärke in diesem Falle, d. h. für die β-Strahlen des Uranoxyds, bei einer der Menge 0,11 g pro Quadratzentimeter entsprechenden Schichtdicke die Hälfte des Maximalwertes erreicht.

Meyer und Schweidler[2]) fanden, daß die Strahlung einer

---

[1]) E. Rutherford und R. K. Mc. Clung, Phil. Trans. A, p. 25. 1901.
[2]) St. Meyer und E. v. Schweidler, Wien. Ber. 113, Juli 1904.

wässrigen Urannitratlösung in weiter Annäherung dem Urangehalte der Flüssigkeit proportional ist.

Infolge der ungleichen Absorbierbarkeit der α- und β-Strahlen hängt das Verhältnis der von jeder einzelnen der beiden Strahlenarten erzeugten Stromintensitäten von der jeweiligen Schichtdicke der radioaktiven Substanz ab. Die folgenden Zahlen ergaben sich[1]) für sehr dünne Schichten von Uranoxyd, Thoriumoxyd und Radiumchlorid (von der Aktivität 2000). Von jeder dieser Substanzen wurde $^1/_{10}$ g, fein gepulvert, möglichst gleichmäfsig auf einer 80 qcm grofsen Fläche ausgebreitet. Es wurde stets der Sättigungsstrom zwischen parallelen Platten beobachtet. Der Plattenabstand — 5,7 cm — genügte, um eine fast vollkommene Absorption der α-Strahlen eintreten zu lassen. Zur Beseitigung der letzteren diente ein Aluminiumschirm von 0,009 cm Dicke.

	Stromstärke für α-Strahlen	Stromstärke für β-Strahlen	Verhältnis der Stromstärken β/α
Uranium	1	1	0,0074
Thorium	1	0,27	0,0020
Radium	2000	1350	0,0033

Die Sättigungsstromstärken für Uranoxyd sind in den ersten beiden Kolumnen der Tabelle als willkürliche Einheit gewählt worden. Die dritte Kolumne enthält die Werte für das Verhältnis der von gleichen Gewichtsmengen produzierten Ströme. Die angegebenen Zahlen sind lediglich als Näherungswerte zu betrachten, da der Ionisierungseffekt einer gegebenen Substanzmenge auch noch davon abhängt, in wie feiner Verteilung die strahlende Materie zur Verwendung gelangt. Immerhin kann als erwiesen gelten, dafs die β-Strahlen ein viel schwächeres Ionisierungsvermögen besitzen als die α-Strahlen, und zwar ist dieser Unterschied am gröfsten für die Emission des Thoriums und am kleinsten für diejenige des Urans. Werden die Schichtdicken der aktiven Substanzen allmählich vergröfsert, so nimmt das Verhältnis der Stromstärken β/α anfangs zu, es erreicht aber bald einen konstanten Grenzwert.

114. Verhältnis der in Form von α- und β-Strahlen emittierten Energiemengen. Es ist bisher noch nicht gelungen, unmittelbar die Energie der α- und β-Strahlung zu messen. Das Verhältnis der von diesen beiden Strahlenarten mitgeführten Energiemengen läfst sich indessen auf indirektem Wege, und zwar auf zweierlei Weise, ermitteln.

---

[1]) E. Rutherford und S. G. Grier, Phil. Mag., Sept. 1902.

Viertes Kapitel. Die physikalische Natur der Strahlen. 203

Nach der einen Methode bestimmt man zu dem Ende das Verhältnis der Ionenmengen, die unter der Einwirkung der ankommenden positiven und negativen Teilchen in einem Gase in Freiheit gesetzt werden. Hieraus erhält man für die gesuchte Gröfse einen Näherungswert, wenn man annimmt, dafs zur Erzeugung eines Ions in beiden Fällen gleiche Energiebeträge erforderlich sind, und dafs die α- und β-Strahlen bei vollkommener Absorption den nämlichen Bruchteil ihrer Gesamtenergie zur Ionisierung verbrauchen.

Ist nämlich λ der Absorptionskoeffizient der Luft für β-Strahlen und bedeutet q_0 die Zahl der am Orte der Strahlenquelle pro Sekunde in der Volumeneinheit von ihnen erzeugten Ionen, so ergibt sich für die entsprechende Zahl in der Entfernung $x : q_0 \, e^{-\lambda x}$. Bei totaler Absorption wird daher die gesamte Ionenmenge:

$$N_\beta = \int_0^\infty q_0 \, e^{-\lambda x} \, dx = \frac{q_0}{\lambda}.$$

Leider läfst sich die Gröfse λ für Luft nicht genau genug messen. Man kann sie jedoch schätzungsweise auf Grund der angenähert gültigen Beziehung zwischen Absorptionsvermögen und Dichtigkeit ermitteln.

Für Aluminium hatten die Versuche mit β-Strahlen des Urans den Wert $\lambda = 14$ ergeben, und der Quotient aus λ und spezifischem Gewicht war gleich 5,4. Mithin erhalten wir für Luft, indem wir ihre Dichte gleich 0,0012 setzen,

$$\lambda = 0,0065.$$

Die totale Menge N_β der von den β-Strahlen in Luft erzeugten Ionen beträgt also $154 \, q_0$.

Bezeichnen wir ferner mit n_β die Zahl der in einer 5,7 cm dicken Luftschicht von den β-Strahlen des Urans erzeugten Ionen, und mit N_α die analoge Zahl für den Fall, dafs α-Strahlen wirksam sind — diese werden unter den gleichen Bedingungen bereits vollständig absorbiert —, so folgt aus den Angaben der letzten Tabelle:

$$\frac{n_\beta}{N_\alpha} = 0{,}0074.$$

Demgemäfs ergibt sich in erster Annäherung:

$$\frac{N_\beta}{N_\alpha} = \frac{0{,}0074}{5{,}7} \, 154 = 0{,}20.$$

Auf die β-Strahlen oder Elektronen entfällt demnach etwa $^1/_6$ der gesamten Energie, die von dünnen Uranschichten ausgestrahlt wird. Die entsprechenden Verhältniszahlen berechnen sich für Thorium zu $^1/_{20}$ und für Radium zu $^1/_{12}$, wenn man stets denselben Durchschnittswert von λ zugrunde legt.

204 Viertes Kapitel. Die physikalische Natur der Strahlen.

Bei dieser Betrachtung wurde lediglich die durch Ausstrahlung an das umgebende Gas tatsächlich abgegebene Energie in Rechnung gezogen. Im ganzen muſs indessen eine viel beträchtlichere Energiemenge in Form von α-Strahlen produziert werden, da die letzteren ja zum gröſsten Teile schon in der radioaktiven Substanz selbst zur Absorption gelangen; genügt doch bereits eine Aluminiumfolie von 0,0005 cm Dicke, um die Intensität der α-Strahlen des Thoriums und Radiums auf die Hälfte des ursprünglichen Wertes zu schwächen. Das Absorptionsvermögen der radioaktiven Substanzen muſs aber in Anbetracht ihrer hohen spezifischen Gewichte noch wesentlich höher sein. Unter diesen Umständen kann man behaupten, daſs der gröſste Teil der von den aktiven Körpern in die umgebende Luft ausgestrahlten Energie nur einer dünnen Oberflächenschicht entstammt, deren Dicke nicht mehr als 0,0001 cm betragen dürfte.

Betrachten wir ferner eine dicke Schicht einer radioaktiven Substanz, so können wir zu einer Schätzung der auf die α- und β-Strahlen entfallenden relativen Energiemengen auf folgende Weise gelangen: Wir nehmen der Einfachheit halber an, die Substanz sei auf einer groſsen ebenen Fläche gleichmäſsig ausgebreitet. Nun scheint es keinem Zweifel zu unterliegen, daſs jede Masseneinheit die gleiche Strahlungsintensität emittiert; man kann daher die in dem umgebenden Gase zustande kommende Ionisierung als die Gesamtwirkung aller einzelnen Strahlenbündel berechnen, die aus verschiedenen Tiefen bis an die Oberfläche gelangen.

Wir bezeichnen mit λ_1 den mittleren Absorptionskoeffizienten der radioaktiven Substanz selbst für ihre eigenen α-Strahlen und mit σ ihr spezifisches Gewicht. Es bedeute ferner E_1 die gesamte α-Energie, die ohne Rücksicht auf Absorptionsverluste von der Masseneinheit der Substanz pro Sekunde ausgestrahlt wird. Die aktive Masse besitze die Dicke d. In einer beliebigen Tiefe x befinde sich eine Elementarschicht von der Dicke dx und der Einheit der Fläche. Von diesem Volumenelemente gelangt pro Sekunde an die obere Fläche der aktiven Schicht die Strahlungsintensität

$$\frac{1}{2} E_1 \sigma e^{-\lambda_1 x} dx.$$

Im Ganzen erhält daher die Oberfläche pro Quadratzentimeter und Sekunde die Energiemenge

$$W_1 = \frac{1}{2} \int_0^d E_1 \sigma e^{-\lambda_1 x} dx = \frac{E_1 \sigma}{2 \lambda_1} (1 - e^{-\lambda_1 d}).$$

Folglich ergibt sich für diese Gesamtenergie, da $\lambda_1 d$ groſs ist,

$$W_1 = \frac{E_1 \sigma}{2 \lambda_1}.$$

Viertes Kapitel. Die physikalische Natur der Strahlen.

In analoger Weise findet man für die Energie W_2, die von den β-Strahlen bis an die Oberfläche transportiert wird, den Ausdruck

$$W_2 = \frac{E_2\,\sigma}{2\,\lambda_2},$$

wenn E_2 und λ_2 für die β-Strahlen eine analoge Bedeutung besitzen, wie E_1 und λ_1 für die α-Strahlen. Mithin wird schliefslich

$$\frac{E_1}{E_2} = \frac{\lambda_1\,W_1}{\lambda_2\,W_2}.$$

Die Werte der Koeffizienten λ_1 und λ_2 lassen sich zwar nicht gut unmittelbar für die radioaktiven Stoffe bestimmen, allein wir dürfen wohl annehmen, dafs das Verhältnis $\dfrac{\lambda_1}{\lambda_2}$ in diesem Falle ebenso grofs sein wird wie für andere, inaktive Substanzen, also wie z. B. für Aluminium. Denn es gilt ja allgemein der Satz, dafs das Absorptionsvermögen der Körper, sowohl für α- als auch für β-Strahlen, ihrer Dichte proportional ist. Was insbesondere die Durchlässigkeit der Uranverbindungen für ihre eigenen β-Strahlen anbelangt, so konnte durch an anderer Stelle bereits mitgeteilte Messungen die Gültigkeit jener Beziehung für diesen Fall noch ausdrücklich bewiesen werden.

Es mögen nun die Strahlen unserer dicken radioaktiven Schicht in der umgebenden Gasmasse vollständig absorbiert werden. Das Gas wird demzufolge ionisiert, und wir wollen wieder mit N_α und N_β die gesamte Menge der von den α- bezw. β-Strahlen erzeugten Ionen bezeichnen. Dann ist offenbar

$$\frac{W_1}{W_2} = \frac{N_\alpha}{N_\beta}.$$

Wurde eine dicke Uranoxydschicht, die eine 22 qcm grofse Fläche bedeckte, als Strahlungsquelle benutzt, und in einem Kondensator bei 6,1 cm Plattenabstand die Sättigungsstromstärke i_α für α-Strahlen und i_β für β-Strahlen bestimmt, so ergab sich für das Verhältnis i_α/i_β der Wert 12,7. Nun ist aber

$$\frac{N_\alpha}{N_\beta} = \frac{6{,}1}{154}\frac{i_\alpha}{i_\beta},$$

also

$$\frac{W_1}{W_2} = \frac{6{,}1 \times 12{,}7}{154} = 0{,}5.$$

Ferner ist für Aluminium $\lambda_1 = 2740$ und $\lambda_2 = 14$. Folglich ergibt sich in runder Zahl

$$\frac{E_1}{E_2} = \frac{\lambda_1\,W_1}{\lambda_2\,W_2} = 100.$$

Demnach würde die Energie der β-Strahlen einer radioaktiven Substanz von grofser Schichtdicke nur ungefähr 1 % der Energie ihrer gleichzeitigen α-Strahlung betragen.

Mit diesem Ergebnisse stimmt das Resultat einer zweiten Berechnungsweise, bei der man von ganz anderen Grundsätzen ausgeht, recht gut überein. Es seien m_1 und m_2 bezw. die Massen eines α- und eines β-Teilchens, v_1 und v_2 ihre Geschwindigkeiten, ε_1 und ε_2 ihre Energieen. Dann ist

$$\frac{\varepsilon_1}{\varepsilon_2} = \frac{m_1 v_1^2}{m_2 v_2^2} = \frac{\frac{m_1}{e} v_1^2}{\frac{m_2}{e} v_2^2}.$$

Für die α-Strahlen des Radiums hatten nun die Messungen ergeben:

$$v_1 = 2{,}5 \times 10^9$$

$$\frac{e}{m_1} = 6 \times 10^3.$$

Ferner war für die β-Strahlen derselben Materie

$$\frac{e}{m_2} = 1{,}8 \times 10^7$$

und

$$v_2 = 1{,}5 \times 10^{10},$$

wenn wir für ihre bekanntlich variable Geschwindigkeit einen mittleren Wert einsetzen.

Daraus folgt

$$\frac{\varepsilon_1}{\varepsilon_2} = 83,$$

d. h. die Energie eines α-Teilchens ist 83 mal so grofs wie die eines β-Teilchens. Würden also pro Zeiteinheit gleiche Mengen positiver und negativer Teilchen vom Radium fortgeschleudert werden, so müfsten sich auch die Gesamtenergieen der α- und β-Strahlen wie 83 : 1 verhalten.

Wir werden indessen später sehen (Paragraph 253), dafs wahrscheinlich stets viermal so viel α- wie β-Teilchen aus der Substanz ausgetrieben werden, so dafs die Energie der α-Strahlung die der β-Strahlung in noch erheblicherem Mafse übertrifft. In jedem Falle kommt also hinsichtlich der Energieabgabe seitens der radioaktiven Substanzen den α-Strahlen eine viel gröfsere Bedeutung zu als den β-Strahlen. Zu analogen Schlufsfolgerungen gelangt man auch auf Grund anderer Überlegungen. In Kapitel XII und XIII wird nämlich der Nachweis erbracht werden, dafs bei den subatomistischen Umwandlungen, die in den radioaktiven Körpern vor sich gehen, den

Viertes Kapitel. Die physikalische Natur der Strahlen. 207

α-Teilchen die bei weitem wichtigste Rolle zufällt, während die β-Teilchen lediglich in den letzten Phasen des Umwandlungsprozesses auftreten.

Was die Energie der γ-Strahlen betrifft, so läfst sich aus vergleichenden Beobachtungen über die Absorbierbarkeit und das Ionisierungsvermögen der β- und γ-Strahlen beweisen, dafs sie ungefähr von gleicher Gröfse sein mufs wie die der β-Strahlen.

Eine weitere Bestätigung dessen, was an dieser Stelle über die Energieverhältnisse ausgeführt worden ist, liefern direkte Messungen über die thermische Wirkung des Radiums (s. Kap. XII).

Fünftes Kapitel.
Wirkungen der Strahlen.

115. Die Strahlen der radioaktiven Körper schwärzen die photographische Platte und erzeugen Ionen in Gasen. Aufserdem rufen sie aber auch in verschiedenen anderen Substanzen charakteristische Veränderungen physikalischer und chemischer Natur hervor. Die Mehrzahl dieser Effekte beschränkt sich auf einen Einflufs der α- und β-Strahlen; den γ-Strahlen kommt ihnen gegenüber nur eine verhältnismäfsig geringe Wirksamkeit zu.

Da sich die β-Strahlen in jeder Hinsicht wie Kathodenstrahlen von hoher Geschwindigkeit verhalten, so läfst sich von vornherein erwarten, dafs sie zu ähnlichen Erscheinungen Veranlassung geben werden, wie sie uns aus Beobachtungen an Vakuumröhren bekannt sind.

Lumineszenzerregung.

Die Fluoreszenzerscheinungen, die unter dem Einflusse der Radiumstrahlen in verschiedenen Körpern zustande kommen, wurden von Becquerel[1] näher untersucht. Die zu prüfenden Substanzen wurden in Pulverform auf einer dünnen Glimmerplatte ausgebreitet, unter der sich das aktive Präparat befand. Die Beobachtungen erstreckten sich auf die Sulfide des Calciums und Strontiums, Diamant, Rubin, verschiedene Spate, Phosphor und hexagonale Blende. Einige Körper, wie Rubin und Flufsspat, die unter der Einwirkung von sichtbarem Licht deutlich fluoreszieren, werden durch Radiumstrahlen nicht zum Leuchten gebracht. Andere Stoffe dagegen, die durch ultraviolette Strahlen zur Lumineszenz erregt werden, fluoreszieren auch, wenn sie von Radiumstrahlen getroffen werden. Merkliche Unterschiede zeigen sich oft in den Wirkungen der Radium- und Röntgenstrahlen. Die ersteren bringen z. B. manche Diamanten zu sehr hellem Leuchten,

---

[1] H. Becquerel, C. R. 129, p. 912. 1899.

während sich die letzteren in diesem Falle als gänzlich unwirksam erweisen. Auch Calciumsulfid liefert unter dem Einflusse der Radiumstrahlen ein ziemlich starkes blaues Licht, dagegen reagiert es kaum merklich auf X-Strahlen. Diese erregen ferner das Urankaliumsulfat zu wesentlich intensiverer Fluoreszenz als hexagonale Blende; Radiumstrahlen gegenüber verhalten sich diese Stoffe aber gerade umgekehrt.

Folgende Tabelle enthält einige Angaben über die relativen Lumineszenzhelligkeiten verschiedener Körper: die unter A aufgeführten Werte gelten für die freie Strahlung des Radiums, die unter B verzeichneten beziehen sich auf den Fall, daſs ein Schirm aus schwarzem Papier in den Strahlengang eingeschaltet ist. Die Zahlen der zweiten Kolumne sind in jeder Reihe auf diejenigen der ersten als Einheit bezogen.

Substanz	A	B
Hexagonale Blende	13,36	0,04
Baryumplatincyanür	1,99	0,05
Diamant	1,14	0,01
Urankaliumsulfat	1,00	0,31
Calciumfluorid	0,30	0,02

Die Einfügung des Papiers hat, wie man sieht, eine beträchtliche Abnahme der Fluoreszenzhelligkeit zur Folge. Daraus geht hervor, daſs der gröſste Teil der Lichterregung bei freier Bestrahlung in der Mehrzahl der Fälle der Wirkung der α-Strahlen zuzuschreiben ist.

Nach weiteren sehr ausführlichen Untersuchungen Barys[1]) über die chemische Natur der fluoreszenzfähigen Körper gehört bei weitem die Mehrzahl der durch Radiumstrahlen erregbaren Substanzen zur Gruppe der Alkali- und Erdalkalimetallverbindungen. Dieselben Verbindungen leuchten auch, wenn sie von X-Strahlen getroffen werden. Sehr intensiv ist die Fluoreszenz des kristallisierten Zinksulfids (der Sidotschen Blende), vor allem, wenn es mit Radium oder anderen hochaktiven Substanzen bestrahlt wird. Hierauf haben zuerst Curie und Debierne aufmerksam gemacht, die das Phänomen im Laufe ihrer Untersuchungen über die Radiumemanation und die erregte Aktivität beobachteten. Auch Giesel bediente sich vielfach der Sidotschen Blende zum direkten, optischen Nachweis der Emanationen in der Umgebung hochaktiver Körper. Besonders empfindlich ist die Substanz für α-Strahlen, unter deren Einfluſs jene charakteristischen Szintillationserscheinungen zu Tage treten, von denen bereits früher (Paragraph 96) die Rede war. Will man die Fluoreszenzerregung eines

---

[1]) P. Bary, C. R. 130, p. 776. 1900.

Zinksulfidschirmes durch α-Strahlen deutlich erkennen, so mufs man den aktiven Körper ziemlich nahe an ihn heranbringen, da die Strahlen anderenfalls in der Luft zu stark absorbiert werden. Die Sidotsche Blende leuchtet auch unter dem Einflusse der β-Strahlen; in diesem Falle zeigt sich aber nicht jenes lebhafte Scintillieren.

Glänzende Lichteffekte treten ferner auf, wenn man grofse Platincyanürkristalle den Radiumstrahlen exponiert. Dabei fluoreszieren die lithiumhaltigen Kristalle in lebhaft rosenroter Farbe. Die Platincyanüre des Calciums und Baryums leuchten tiefgrün, das des Natriums zitronengelb. Noch empfindlicher als die Verbindungen dieser Gruppe ist nach neueren Beobachtungen von Kunz das Mineral Willemit (Zinksilikat). Sein Fluoreszenzlicht besitzt eine prächtig grüne Farbe. Kleine Stücke des Minerals leuchten gleichmäfsig in ihrer ganzen Masse, wenn sie von den wirksamen Strahlen getroffen werden. Die Kristalle des Baryum- und Lithium-Platincyanürs eignen sich vor anderen Substanzen, um insbesondere die fluoreszenzerregende Wirkung der γ-Strahlen nachzuweisen; in dieser Hinsicht sind sie auch dem Willemit überlegen.

Recht bemerkenswert ist sodann das Verhalten des Kunzits, einer von Kunz[1]) entdeckten neuen Varietät des Spodumens. Dieses Mineral bildet durchsichtige Kristalle, die oft eine beträchtliche Gröfse besitzen, und fluoresziert unter der Einwirkung von β- oder γ-Strahlen in prachtvoll rötlicher Farbe, während es für α-Strahlen unempfindlich zu sein scheint. Das Leuchten erstreckt sich durch die ganze Masse des Kristalls, ohne indessen so intensiv zu sein, wie das des Willemits oder der Platincyanüre. Der Sparteit[2]), ein manganhaltiger Calcit emittiert nach Ambrecht ein tief orangerotes Licht, wenn er von β- oder γ-Strahlen getroffen wird; hier scheint die Farbennuance des Lumineszenzlichtes von der Intensität der ankommenden Strahlen abhängig zu sein, denn sie wird um so gesättigter, je mehr man das Mineral dem Radiumpräparate nähert.

Kunzit und Sparteit fluoreszieren auch unter der Einwirkung von Kathodenstrahlen. Die Farbe ist dann aber eine andere als für Radiumstrahlen. Der Kunzit liefert in jenem Falle nicht mehr ein rotes, sondern ein tiefgelbes Licht.

Die verschiedene Wirkungsweise der Radiumstrahlen auf die einzelnen der genannten Stoffe läfst sich in sehr schöner und einfacher Weise folgendermafsen demonstrieren. In einer kleinen U-Röhre werden die fluoreszierenden Substanzen in einzelnen Lagen übereinandergeschichtet. Das Gefäfs wird mit der Emanation von etwa 30 mg Radiumbromid beschickt und in ein Bad von flüssiger Luft getaucht. Dadurch wird die Emanation zunächst kondensiert. Entfernt man nun

---

[1]) C. F. Kunz und Ch. Baskerville, Amer. Journ. Science XVI, p. 335. 1903.
[2]) S. Nature, 1904, p. 523, 31. März.

die flüssige Luft, so verdampft die Emanation und verteilt sich alsbald gleichförmig in dem ganzen Rohrinnern. Man erkennt dann deutlich, wie einige der Substanzen mehr oder weniger leuchtend werden, während die anderen dunkel bleiben.

Bei diesem Versuche kann man ferner beobachten, dafs die Helligkeit des Fluoreszenzlichtes bei sämtlichen Kristallen während mehrerer Stunden allmählich zunimmt. Dieses Verhalten erklärt sich dadurch, dafs aus der Emanation im Laufe der Zeit eine neue Substanz entsteht, die das Auftreten der erregten Aktivität bedingt. Demgemäfs zeigt sich die Erscheinung auch am deutlichsten beim Kunzit, der lediglich auf β- und γ-Strahlen reagiert. Die Radiumemanation liefert selbst ja nur α-Strahlen; erst von einem ihrer weiteren Umwandlungsprodukte werden auch β- und γ-Strahlen ausgesandt. Die Intensität der letzteren ist daher anfangs sehr klein und erreicht nach Verlauf von einigen Stunden einen maximalen Betrag; in entsprechender Weise variiert denn auch die Helligkeit des vom Kunzit ausgestrahlten Fluoreszenzlichtes.

Sir William Crookes[1]) untersuchte den Einflufs der Radiumstrahlen auf Diamanten bei langdauernder Exposition. Ein durchsichtiger Diamant von blafsgelber Farbe wurde mit etwas Radiumbromid zusammen in ein Röhrchen eingeschlossen. Nach 78 Tagen war der Kristall undurchsichtig geworden und hatte eine bläulichgrüne Färbung angenommen. Er wurde nun 10 Tage lang, in Kaliumchlorat eingebettet, auf 50° erhitzt. Dadurch verlor er seine dunkle Oberflächenfarbe und wurde wieder klar durchsichtig, seine ganze Masse erschien aber schwach blaugrün. Es wird durch die Bestrahlung augenscheinlich eine doppelte Veränderung im Diamanten hervorgerufen: erstens werden die oberflächlichen Schichten durch die relativ stark absorbierbaren β-Strahlen geschwärzt, indem sie eine Umwandlung in Graphit erfahren, und zweitens bewirken die β-Strahlen von höherem Durchdringungsvermögen nebst den γ-Strahlen einen Farbenwechsel in der gesamten Masse des Kristalls. Während der ganzen Expositionszeit fluoreszierte der Diamant sehr stark. Nach der Entfernung des Radiums besafs er selbst eine merkliche Aktivität, die noch nach 35 Tagen intensiv genug war, um photographische Eindrücke hervorzurufen, obwohl er inzwischen 10 Tage lang so stark erhitzt worden war, dafs er seine Graphithaut verloren hatte. Diese Restaktivität dürfte auf die Bildung eines langsam zerfallenden Umwandlungsproduktes der Radiumemanation, das sich auf allen von diesem Gase umspülten Körpern niederschlägt, zurückzuführen sein (vgl. Kap. XI).

Marckwald gibt an, dafs auch die α-Strahlen seiner Radiotellurpräparate manche Varietäten des Diamants zu lebhaftem Fluoreszieren veranlassen.

---

[1]) W. Crookes, Proc. Roy. Soc. 74, p. 47. 1904.

Weitere Beobachtungen über Lumineszenzerscheinungen, die sich unter der Einwirkung von Radium- und Aktiniumstrahlen an einer Reihe von Edelsteinen zeigen, wurden von Kunz und Baskerville[1]) mitgeteilt.

Unterwirft man Zinksulfid oder Baryumplatincyanür längere Zeit hindurch der Einwirkung radioaktiver Substanzen, so nimmt die Helligkeit ihres Fluoreszenzlichtes merklich ab. Durch Bestrahlung mit Sonnenlicht kann man einen Baryumplatincyanürschirm dann wieder regenerieren. Von Villard wurden ähnliche Erscheinungen für Röntgenstrahlen beobachtet. In diesem Zusammenhange ist auch eine Mitteilung Giesels erwähnenswert. Dieser stellte sich einen Schirm her aus einem Platincyanür von radiumhaltigem Baryum. Anfangs leuchtete die Masse von selbst sehr intensiv; allmählich nahm die Helligkeit des Phosphoreszenzlichtes aber ab, ungeachtet des Umstandes, daſs die Aktivität des Salzes noch immer gröſser wurde. Dabei nahm es eine braune Färbung an und zugleich wurden die Kristalle dichroitisch.

Viele Substanzen, die von den Strahlen aktiver Körper zum Selbstleuchten veranlaſst werden, verlieren ihr Fluoreszenzvermögen fast vollständig bei tiefen Temperaturen[2]).

116. Lumineszenz der Radiumverbindungen. Alle Radiumverbindungen besitzen die Eigenschaft, dauernd selbst zu leuchten. Besonders stark lumineszieren die Halogensalze im trockenen Zustande. In feuchter Luft tritt zwar eine beträchtliche Abnahme der Lichtstärke ein, durch Trocknen kann man ihnen aber ihre ursprüngliche Leuchtkraft wiedergeben. Bei hochaktiven Radiumchloridpräparaten ändert sich, wie von den Curies festgestellt wurde, die Farbe und Intensität des ausgesandten Lichtes im Laufe der Zeit. Wird das Salz dann aufs neue in Lösung gebracht und getrocknet, so leuchtet es wieder in derselben Weise wie früher. Viele Baryumverbindungen lumineszieren selbst bei einem sehr geringen Radiumgehalt aufserordentlich stark. So hatte der Verfasser gelegentlich ein stark verunreinigtes Bromradiumpräparat in Händen, bei dessen Licht man im dunklen Zimmer lesen konnte. Starke Temperaturänderungen haben auf das Leuchtvermögen des Radiums keinen Einfluſs; es strahlt in einem Bade von flüssiger Luft ebenso hell wie bei gewöhnlicher Zimmertemperatur. Die Lösungen der Radiumsalze leuchten ebenfalls ein wenig. Bilden sich dann wieder Kristalle in der Lösung, so geben sie sich während

---

[1]) C. F. Kunz und Ch. Baskerville, Science, XVIII, p. 769. 18. Dez. 1903.

[2]) In einer kürzlich erfolgten Mitteilung an die Royal Society (9. und 23. Febr. 1905) beschäftigt sich Beilby noch etwas eingehender mit dem Mechanismus der Fluoreszenzerregung durch β- und γ-Strahlen. Er entwickelt dort eine Theorie, die allen beobachteten Tatsachen Rechnung tragen soll.

Fünftes Kapitel. Wirkungen der Strahlen. 213

ihres Wachstums durch ihre höhere Leuchtkraft inmitten der umgebenden Flüssigkeit deutlich zu erkennen.

117. Phosphoreszenzspektrum des Radiums und Aktiniums. Radiumverbindungen, die eine beträchtliche Beimengung von Baryum enthalten, sind in der Regel stark selbstleuchtend. Mit zunehmender Reinheit der Präparate wird die Lumineszenz immer weniger intensiv, und reines Radiumbromid sendet nur noch ein sehr schwaches Licht aus.

Spektroskopisch untersucht wurde das Phosphoreszenzlicht des reinen Radiumbromids von Sir William und Lady Huggins[1]).

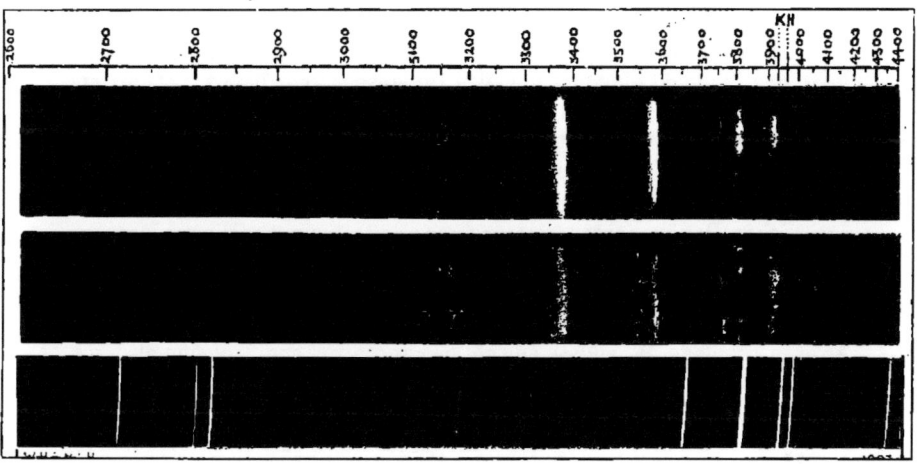

Fig. 47.
1. Phosphoreszenzspektrum des Radiumbromids.
2. Bandenspektrum des Stickstoffs.
3. Funkenspektrum des Radiums.

Bei Benutzung eines Spektroskops à vision directe fanden sie zunächst schwache Andeutungen einer diskontinuierlichen Helligkeitsverteilung im Spektrum. Sie machten dann eine photographische Spektralaufnahme mit Hilfe eines Quarzspektrographen besonderer Konstruktion, der schon früher zu Untersuchungen der Spektra von schwach leuchtenden Gestirnen gedient hatte und ihnen gestattete, die Expositionsdauer auf ein brauchbares Maß zu beschränken. Es wurde drei Tage lang exponiert, bei einer Spaltbreite von 0.056 mm; das photographische Negativ zeigte alsdann eine Anzahl deutlicher Emissionslinien. Ein vergrößertes Bild des gewonnenen Spektrums ist in Fig. 47 wieder-

[1]) Huggins, Proc. Roy. Soc. 72, pp. 196 und 409, 1903; 76, p. 488, 1905; 77, p. 130, 1905.

gegeben. Es stimmt sowohl hinsichtlich der Lage der hellen Spektralstreifen als auch ihrer Intensitätsverteilung nach mit dem Bandenspektrum des Stickstoffs überein. Letzteres, sowie das Funkenspektrum [1]) des Radiums ist in derselben Figur zur Darstellung gebracht.

Bald darauf zeigten Sir William Crookes und Prof. Dewar, daſs man von dem Phosphoreszenzlicht des Radiums kein Stickstoffspektrum erhält, falls sich der aktive Körper im hohen Vakuum befindet. Es scheint demnach, daſs das Auftreten jenes Spektrums unter gewöhnlichen Bedingungen einem sekundären Einflusse zuzuschreiben ist, nämlich einer Wirkung der Radiumstrahlung auf den in der umgebenden Atmosphäre vorhandenen oder in der Substanz selbst okkludierten Stickstoff*).

Immerhin ist es sehr auffallend, daſs das normale Phosphoreszenzlicht des Radiumbromids ein helles Linienspektrum liefert. Daran erkennt man, daſs ein Radiumsalz schon bei gewöhnlichen Temperaturen Strahlungen hervorruft, wie sie sonst nur unter besonderen Bedingungen durch elektrische Entladungen zustande kommen.

Indem Sir William und Lady Huggins das Spektrum des natürlichen Radiumlichtes untersuchten, hofften sie, aus diesen Messungen einigen Aufschluſs über die Vorgänge im Innern des Radiumatoms zu erhalten. Sie meinten, da der wesentliche Teil der Radiumemission aus positiv geladenen und mit groſser Geschwindigkeit fortgeschleuderten Atomen bestände, so müſste sowohl das ausgetriebene Teilchen als auch der zurückbleibende Rest des elementaren Komplexes zum Ausgangspunkte einer Strahlung werden.

Von Giesel[2]) wurde das Phosphoreszenzspektrum des Aktiniums untersucht; er fand in ihm drei helle Linien. Ihre Wellenlängen sind

---

[1]) Das Funkenspektrum des Radiumbromids enthält in unserer Abbildung auch noch schwach angedeutet die stärksten der Baryumlinien und die Linien H und K des Calciums. Die charakteristischen Linien des Radiums von den Wellenlängen 3814,59, 3649,7, 4340,6 und 2708,6, wie sie von Demarçay und anderen beobachtet wurden, treten aber in der Figur deutlich hervor. Die starke Linie der Wellenlänge 2814 gehört gleichfalls dem Radiumspektrum an.

*) *Walter (Ann. d. Phys. 17, p. 367, 1905) wies nach, daſs auch die α-Strahlen des Radiotellurs den Stickstoff zum Leuchten bringen. Die Lumineszenz beschränkte sich nicht auf die Oberfläche der aktiven Substanz, sondern erstreckte sich noch bis auf eine gewisse Entfernung in den umgebenden Raum hinein. Ähnliches beobachteten Himstedt und Meyer (Physik. Zeitschr. 6, p. 688, 1905) für Radiumbromid. Die α-Strahlen besitzen demnach neben ihren sonstigen Eigenschaften auch die Fähigkeit, Gase und insbesondere den Stickstoff zur Fluoreszenz zu erregen; die Stärke dieses Selbstleuchtens hängt dabei von der Intensität der erregenden Strahlung ab, muſs also in unmittelbarer Nähe der aktiven Substanz am gröſsten sein.*

[2]) F. Giesel, Ber. d. D. Chem. Ges. 37, p. 1696. 1904.

von Hartmann[1]) bestimmt worden. Die Lichtstärke war aufserordentlich gering, so dafs sehr lange exponiert werden mufste. Die drei Linien liegen im Rot, Blau und Grün. Für ihre Wellenlängen λ und relativen Intensitäten ergaben sich folgende Werte:

Linie	Intensität	λ		
1	10	4885,4 ± 0,1	Ångström-Einheiten	
2	6	5300 ± 6	„	„
3	1	5909 ± 10	„	„

Die Linie 1 besafs eine beträchtliche Breite; die Intensität der beiden anderen Linien war sehr gering, so dafs es nicht möglich war, die Messungen ihrer Wellenlängen mit grofser Genauigkeit auszuführen. Hartmann gibt der Vermutung Raum, es könnten sich diese Linien des Aktiniumlichtes im Spektrum der neuen Sterne wiederfinden. Mit den Spektren des Radiums oder der Radiumemanation stehen sie in keinerlei Beziehung[2]).

118. Thermolumineszenz. Wie E. Wiedemann und G. C. Schmidt[3]) gezeigt haben, werden gewisse Körper, nachdem sie eine Zeit lang der Einwirkung von Kathodenstrahlen oder dem Lichte elektrischer Funken ausgesetzt worden sind, selbstleuchtend, wenn man sie mäfsig erhitzt. Die Temperatursteigerung braucht dazu bei weitem nicht so hoch zu sein, dafs die Körper ins Glühen kommen. Diese Eigenschaft der Thermolumineszenz findet sich im besonderen Mafse bei einer Reihe von Stoffen, die man dadurch gewinnt, dafs man aus einer Lösung zwei Salze, von denen das eine im Überschufs vorhanden ist, gemeinsam zur Fällung bringt. Man kann erwarten, dafs derartige Substanzen auch unter der Einwirkung von β-Strahlen lumineszieren werden. Es gelang Wiedemann[4]) in der Tat, bei Benutzung eines Radiumpräparates als Strahlenquelle, diesen Effekt nachzuweisen. Ferner zeigte Becquerel, dafs auch mit Radium bestrahlter Flufsspat beim Erhitzen lumineszierт. Glasröhren, in denen Radiumsalze aufbewahrt werden, färben sich in kurzer Zeit dunkel. Erwärmt man dann das Glas, so zeigt sich eine intensive Thermolumineszenz; gleichzeitig verschwindet gröfstenteils seine Färbung.

Bei vielen dieser Substanzen hat man beobachtet — und das ist vor allem bemerkenswert —, dafs sie die Fähigkeit, durch mäfsige

---

[1]) J. Hartmann, Physik. Ztschr. 5, p. 570. 1904.
[2]) In einer neueren Arbeit (Ber. d. D. Chem. Ges. 1905, p. 775) weist Giesel nach, dafs die drei hellen Linien dem Spektrum des Didyms angehören, das als Verunreinigung in seinem Präparate enthalten war. Exponiert man Didym den Strahlen eines Radiumsalzes, so kommen gleichfalls jene Linien zum Vorschein.
[3]) E. Wiedemann und G. C. Schmidt, Wied. Ann. 59, p. 604. 1895.
[4]) E. Wiedemann, Physik. Ztschr. 2, p. 269. 1901.

Temperaturerhöhung selbstleuchtend zu werden, noch lange Zeit, nachdem man mit der Bestrahlung aufgehört hat, in unvermindertem Mafse bewahren. Die Strahlen rufen in jenen Körpern wahrscheinlich chemische Umsetzungen hervor, die durch Erwärmung erst wieder rückgängig gemacht werden, und dabei verwandelt sich ein Teil der aufgespeicherten chemischen Energie in Licht.

Physikalische Wirkungen.

119. Einige Erscheinungen elektrischer Natur. Durch ultraviolettes Licht sowie durch Röntgenstrahlen wird der Funkenübergang zwischen zwei einander gegenübergestellten Konduktoren erleichtert. Die nämliche Wirkung wird nach Elster und Geitel[1]) auch durch Radiumstrahlen hervorgebracht. Man benutzt zur Demonstration der Erscheinung am zweckmäfsigsten ein kleines Induktorium von geringer Schlagweite. Die Elektroden werden so weit auseinander geschoben, dafs der Funke gerade nicht überzuspringen vermag. Nähert man nun der Funkenstrecke ein Radiumpräparat, so setzen sofort die Entladungen ein. Man kann den Effekt, wie die Curies angeben, auch noch beobachten, wenn das Radium in eine 1 cm dicke Bleihülle eingeschlossen wird. Es kommen dann allein die γ-Strahlen am Orte der Funkenstrecke zur Geltung.

Diese Wirkung der Strahlen gibt sich besonders deutlich zu erkennen, wenn man zwei einander parallel geschaltete Funkenstrecken mit dem Induktionsapparate verbindet, deren Längen so reguliert werden, dafs die Entladung gerade die Bahn der einen bevorzugt. Bringt man etwas Radium in die Nähe der anderen Funkenstrecke, so treten die Funken nunmehr in dieser auf, während sie in der nicht bestrahlten erlöschen[2]).

Nach Hemptinne[3]) setzt die elektrodenlose Entladung in einer Vakuumröhre unter der Einwirkung der Strahlen eines starken Radiumpräparates schon bei einem höheren Gasdrucke ein als unter normalen Bedingungen. So betrug dieser Anfangsdruck in einem Falle ohne Strahlen 51 mm und mit Strahlen 68 mm. Dabei änderte sich auch die Farbe der leuchtenden Entladung.

Himstedt[4]) fand, dafs der elektrische Leitungswiderstand des Selens durch Radiumstrahlen in derselben Weise wie durch gewöhnliches Licht erniedrigt wird.

F. Henning[5]) untersuchte das Leitungsvermögen einer Lösung

---

[1]) J. Elster und H. Geitel, Wied. Ann. 69, p. 673. 1899.
[2]) Willons und Peck (Phil. Mag., März 1905) finden, dafs die Strahlen des Radiums unter gewissen Bedingungen den Übergang der Funken erschweren, zumal wenn diese einigermafsen lang sind.
[3]) A. de Hemptinne, C. R. 133, p. 934. 1901.
[4]) F. Himstedt, Physik. Ztschr. 1, p. 476. 1900.
[5]) F. Henning, Ann. d. Phys. 7, p. 562. 1902.

von radiumhaltigem Baryumchlorid (von der Aktivität 1000), konnte aber keinen Unterschied gegenüber einer gleichartigen Lösung von reinem Chlorbaryum nachweisen. Die Leitfähigkeit einer Baryumsalzlösung erleidet also unter der Einwirkung der Radiumstrahlen keine merkliche Änderung.

Kohlrausch und Henning[1]) bestimmten neuerdings noch durch sorgfältige Messungen die Leitfähigkeit einer Anzahl Lösungen von reinem Radiumbromid. Es ergaben sich durchaus normale Werte, die denjenigen gleichkonzentrierter Baryumsalzlösungen vollkommen entsprachen.

Kohlrausch[2]) ließ die Strahlen eines Radiumpräparates auf destilliertes Wasser einwirken. Unter diesen Umständen wuchs das Leitungsvermögen der Flüssigkeit im Laufe der Zeit schneller, als wenn sie nicht bestrahlt wurde. Der Effekt kann entweder darin seine Ursache haben, daß die Strahlen unmittelbar im Wasser selbst allmählich ein erhöhtes Leitungsvermögen hervorrufen, oder daß sie die Auflösung der Glaswand des Widerstandsgefäßes beschleunigen.

Präparate von hoher Aktivität hat man gelegentlich auch zur Messung von Luftpotentialen an einzelnen Punkten der Atmosphäre benutzt. Die ionisierende Wirkung stark aktiver Substanzen ist nämlich so groß, daß die Körper, von denen sie getragen werden, sehr schnell das Potential der umgebenden Luft annehmen. In dieser Hinsicht — was die Schnelligkeit ihrer Einstellung anbelangt — sind die radioaktiven Substanzen sogar den üblichen Flammen- oder Tropfelektroden überlegen. Die starke Ionisation der Luft bedingt allerdings eine Störung des elektrischen Feldes am Orte der Beobachtung; darum ist die Zuverlässigkeit der Messungen wahrscheinlich größer bei Benutzung des Wasserkollektors.

120. Wirkung der Strahlen auf flüssige und feste Dielektrika.

Flüssige Dielektrika werden unter der Einwirkung von Radiumstrahlen zu schwachen Leitern der Elektrizität. Die Kenntnis dieser wichtigen Tatsache verdanken wir P. Curie[3]), dessen einschlägige Versuche folgendermaßen angestellt wurden: Die zu untersuchende Flüssigkeit befand sich in einem Hohlraum, der von zwei ineinandergesetzten konzentrischen Kupferzylindern gebildet wurde. Der innere dünnwandige Zylinder diente zur Aufnahme eines in eine Glasröhre eingeschlossenen Radiumpräparates und wurde gleichzeitig als eine Elektrode benutzt, während der äußere Metallbehälter die Stelle der zweiten Elektrode vertrat. Es wurde nun eine konstante hohe Potentialdifferenz angelegt

---

[1]) F. Kohlrausch und F. Henning, Verh. d. D. Physik. Ges. 6, p. 144. 1904.
[2]) F. Kohlrausch, Verh. d. D. Physik. Ges. 5, p. 261. 1903.
[3]) P. Curie, C. R. 134, p. 420. 1902.

und die Stärke des die Flüssigkeit durchsetzenden Stromes auf elektrometrischem Wege gemessen.

Folgende Tabelle enthält die Beobachtungsergebnisse:

Substanz	Leitfähigkeit in reziproken Ohm pro Kubikzentimeter
Schwefelkohlenstoff	20×10^{-14}
Petroläther	15×10^{-14}
Amylen	14×10^{-14}
Chlorkohlenstoff	8×10^{-14}
Benzin	4×10^{-14}
Flüssige Luft	$1,3 \times 10^{-14}$
Vaselinöl	$1,6 \times 10^{-14}$

Von den untersuchten Substanzen sind flüssige Luft, Vaselinöl, Petroläther, Amylen unter normalen Bedingungen fast vollkommene Isolatoren. Die Temperatur besitzt keinen sehr grofsen Einflufs auf die Stärke des von den Strahlen hervorgerufenen Leitungsvermögens. So waren die Werte für Amylen und Petroläther bei -17^0 nur um $^1/_{10}$ kleiner als bei $+10^0$ C.

Die in der obigen Tabelle verzeichneten Zahlen wurden unter Verwendung eines sehr stark aktiven Radiumsalzes als Strahlungsquelle gewonnen. In diesem Falle bestand Proportionalität zwischen Stromstärke und Spannung. Als aber ein Präparat benutzt wurde, dessen Aktivität 150 mal schwächer war als die des ersteren, lehrten die Versuche, dafs das Ohmsche Gesetz nicht mehr erfüllt wurde. Es ergaben sich nämlich die folgenden Wertepaare:

Volt	Stromstärke
50	109
100	185
200	255
400	335

Während die Spannung also im Verhältnis 1 : 8 variiert wurde, wuchs die Stromstärke nur auf das Dreifache ihres Wertes. Die Stromintensität in jenen dielektrischen Flüssigkeiten strebt demnach gerade wie in einem ionisierten Gase einem „Sättigungswerte" zu. Diese Tatsache ist von nicht zu unterschätzender Bedeutung; denn sie scheint zu beweisen, dafs die wirksamen Strahlen gleich wie in Gasen so auch in Flüssigkeiten Ionen erzeugen.

Aus weiteren Versuchen Curies ergab sich, dafs auch Röntgenstrahlen den dielektrischen Flüssigkeiten ein Leitungsvermögen erteilen, und zwar ungefähr in dem gleichen Mafse wie Radiumstrahlen.

Auch feste Isolatoren können unter der Einwirkung von β- und γ-Strahlen schwach leitend werden. Becquerel[1]) zeigte dies für den Fall des Paraffins, auf das er ein Radiumpräparat einwirken ließ. Wurde die Bestrahlung unterbrochen, so nahm die Leitfähigkeit allmählich wieder ab und zwar in derselben gesetzmäßigen Weise, wie man dies für ionisierte Gase beobachten kann. Wir sehen also, daß das Ionisierungsvermögen der Radiumstrahlen sich nicht auf gasförmige Dielektrika beschränkt, sondern sich ebensowohl auch in festen und flüssigen Körpern dokumentiert.

121. Einfluß der Temperatur auf das Strahlungsvermögen. Becquerel[2]) stellte durch elektrometrische Beobachtungen fest, daß das Emissionsvermögen des Uraniums für β-Strahlen — die α-Strahlen konnten den Meßapparat nicht erreichen, da sie vorher absorbiert wurden — bei der Temperatur der flüssigen Luft um kaum 1 % von der β-Aktivität bei Zimmertemperatur abweicht. Ebenso fand P. Curie[3]), daß eine Abkühlung der Radiumsalze auf die Temperatur der flüssigen Luft auf die Intensität ihres Eigenlichtes und ihre Fähigkeit, andere Körper zum Fluoreszieren zu bringen, keinen Einfluß ausübt. Zu dem gleichen Resultat, daß die Aktivität des Radiums von der Temperatur unabhängig ist, gelangte er auch auf Grund elektrischer Messungen.

Wenn man eine Radiumverbindung indessen in einem offenen Gefäße erhitzt, so sinkt die Intensität ihrer α-Strahlung auf etwa 25 % des ursprünglichen Wertes. Das rührt jedoch nicht von einer wirklichen Abnahme der Aktivität selbst her, sondern erklärt sich dadurch, daß die in der Substanz aufgespeicherte radioaktive Emanation bei der hohen Temperatur entweicht. Es tritt daher auch keine Änderung der Strahlungsintensität ein, wenn die Erhitzung in einem geschlossenen Behälter vorgenommen wird.

122. Bewegungen radioaktiver Stoffe im elektrischen Felde. Joly[4]) beobachtete folgende Erscheinung: Eine Scheibe, deren eine Seite mit einer kleinen Menge Radium belegt ist, wird an einem Faden aufgehängt. Nähert man ihr dann einen elektrisierten Körper, so bewegt sie sich in ganz anderer Weise, als es eine inaktive Platte tun würde. Es erfolgt nämlich stets eine Abstoßung des beweglichen Systems, wenn man den elektrisierten Körper, einerlei ob er positiv oder negativ geladen ist, der Radiumbelegung gegenüberstellt, während die Scheibe von der anderen Seite her angezogen wird.

---

[1]) H. Becquerel, C. R. 136, p. 1173. 1903.
[2]) H. Becquerel, C. R. 133, p. 199. 1901.
[3]) P. Curie, Société Franç. d. Phys., 2. März 1900.
[4]) J. Joly, Phil. Mag., März 1904.

Zur Beobachtung der Erscheinung eignet sich sehr gut eine Vorrichtung von der Art eines Radiometers. Ein feiner Glasfaden von etwa 6 cm Länge trägt an seinen Enden zwei Deckgläschen, deren Flächen in einer Ebene liegen. Das Ganze ruht, frei drehbar, auf einem Zapfen und ist in einen Glasbehälter eingeschlossen. Von den beiden Flügeln ist der eine auf der Vorder-, der andere auf der Rückseite mit Radiumbromid belegt. Nähert man dem Apparate eine geriebene Ebonit- oder Siegellackstange, so beginnt das bewegliche System sich zu drehen; durch Erniedrigung des Luftdruckes bis auf 50—60 mm Quecksilber kann man den Effekt verstärken. Um eine dauernde Rotation zu erhalten, stellt man das Instrument zwischen zwei Metallplatten und verbindet diese mit den Polen einer Elektrisiermaschine. Der Drehungssinn entspricht stets einer abstofsenden Wirkung der elektrisierten Körper auf die mit Radium bedeckten Seiten der Glasflügel.

Zur weiteren Untersuchung der Erscheinung wurden die beiden Flügel an dem Glasbalken einer Coulombschen Drehwage befestigt. Vor der mit Radium bedeckten Seite des einen Flügels stand eine Metallkugel, die von aufsen geladen werden konnte. Unter diesen Umständen trat stets eine Abstofsung ein, aufser wenn das Potential der Kugel sehr hoch und ihr Abstand von dem Flügel sehr klein war. Waren aber beide Flügel durch einen feinen Draht miteinander verbunden und war aufserdem der ersten Kugel eine zweite gleichartige diametral gegenüber angeordnet, so beobachtete man eine Anziehung, wenn man nur einer der letzteren eine Ladung erteilte, während gleichzeitige Ladung beider Kugeln wieder eine Abstofsung zur Folge hatte. Dieselben Erscheinungen zeigten sich auch, wenn man statt der Glasflügel solche aus Aluminiumblech benutzte.

Nach Jolys Ansicht lassen sich die von ihm beobachteten Effekte auf einen unmittelbaren Einflufs der Ionenbewegung im elektrischen Felde nicht zurückführen. Viel zu schwach wäre ferner der Rückstofs, den die Scheibchen beim Fortfliegen der α-Teilchen erleiden, als dafs er für jene Drehungen verantwortlich gemacht werden könnte.

Meines Erachtens erklärt sich die Erscheinung sehr einfach durch die Unterschiede, die in dem elektrischen Leitungsvermögen des Gases auf den beiden Seiten der Flügel auftreten müssen. Man denke sich, ein Flügel von der Art, wie er in den obigen Versuchen benutzt wurde, sei beiderseits gleichförmig mit Radium belegt und werde, an einem isolierenden Halter befestigt, in die Nähe eines zu konstantem Potential geladenen Konduktors gebracht. Da ein solches aktives Scheibchen wie ein Wasserkollektor wirkt, wird es sehr schnell nahezu dasselbe mittlere Potential annehmen, das vorher an der betreffenden Stelle der Luft herrschte. In diesem Falle wird daher nur eine geringe mechanische Kraft auf den Flügel ausgeübt. Ist der letztere aber nur auf der dem geladenen Körper zugewandten Seite mit Radium bedeckt, so wird die Ionisation, also die Leitfähigkeit des Gases zwischen ihm und dem Konduktor, wesentlich gröfser sein als in dem Raume hinter dem Flügel. Infolgedessen wird sich das Scheibchen sofort mit dem Konduktor gleichnamig laden und einen höheren Potentialwert erreichen, als ihn die Luft an derselben Stelle besafs, bevor sie der Einwirkung des Radiums unterlag. Es mufs daher in diesem Falle eine Abstofsung erfolgen. In analoger Weise erklärt sich auch die Anziehung, die in dem einen Versuche mit der Coulombschen Drehwage beobachtet wurde. Nehmen wir an, die eine der beiden Kugeln sei positiv geladen, die andere zur Erde abgeleitet, und die zwei Flügel seien miteinander metallisch verbunden. Das dem geladenen Körper benachbarte Scheibchen wird dann zwar gleichfalls positiv elektrisch werden; die Ionisation in der Umgebung des zweiten Flügels bewirkt aber eine rasche Zerstreuung der aufgenommenen Elektrizitätsmengen und dieser Ladungsverlust wird in der Regel so beträchtlich sein, dafs das Flügelpotential das normale Potential an der betreffenden Stelle des Feldes nicht erreichen kann. Infolgedessen mufs eine Anziehungskraft auftreten, die den Flügel nach der Kugel hintreibt.

Die von Joly beobachtete Abstofsungserscheinung ist demnach nichts anderes als eine sekundäre Wirkung der durch die Anwesenheit des Radiums bedingten Ionisation der Luft. Der Effekt müfste sich auch in anderen Fällen beobachten lassen, in denen auf irgendwelche Weise eine ähnliche unsymmetrische Verteilung der Ionenkonzentration zustande käme*).

In Radiumsalzen findet bekanntlich fortwährend eine ziemlich beträchtliche Wärmeentwicklung statt. Es müfsten sich daher Radiometerflügel, die auf einer Seite nicht, wie sonst, berufst, sondern mit Radium belegt wären, bei geringem Gasdrucke beständig drehen, ohne dafs eine Bestrahlung von seiten einer Lichtquelle stattzufinden brauchte. Denn offenbar mufs die mit Radium bedeckte Fläche des Radiometerscheibchens eine etwas höhere Temperatur als die Rückseite aufweisen. Die Temperaturdifferenzen scheinen aber zu klein zu sein, um die Flügel in Rotation zu versetzen. Denn diesbezügliche Versuche sind bisher erfolglos gewesen.

Chemische Wirkungen.

123. Sauerstoff wird durch die Strahlung starker Radiumpräparate in Ozon verwandelt [1]). Diese Wirkung wird von den α- und β-Strahlen hervorgebracht, nicht etwa von dem sichtbaren Lumineszenzlichte.

---

*) *Ähnliche Bewegungen zeigen sich in der Tat auch unter der Einwirkung von Kathoden- und Röntgenstrahlen. Graetz (Ann. d. Phys. 1, p. 648, 1900) erklärte das Zustandekommen dieser Effekte bereits in der nämlichen Weise.*

[1]) S. und P. Curie, C. R. 129, p. 823. 1899.

Man kann die Ozonbildung durch den Geruch wahrnehmen oder durch die Färbung von Jodkaliumpapier leicht nachweisen. Bei der Ozonisierung des Sauerstoffs findet stets ein Verbrauch von Energie statt; im vorliegenden Falle geschieht dies auf Kosten der Energie der Strahlung.

Herr und Frau Curie bemerkten ferner, dafs das Glas durch Radiumstrahlen schon nach kurzer Zeit gefärbt wird. Präparate von mäfsiger Aktivität rufen eine violette, solche von gröfserer Reinheit eine gelbe Färbung hervor. Durch langdauernde Einwirkung der Strahlen wird das Glas, auch wenn es nicht bleihaltig ist, schwarz. Der Effekt erstreckt sich nach und nach durch die ganze Masse der bestrahlten Substanz hindurch, und die Art der Färbung hängt bis zu einem gewissen Grade von der Zusammensetzung der benutzten Glassorte ab.

Giesel[1]) fand, dafs Steinsalz und Flufsspat durch Radiumstrahlen ebenso stark gefärbt werden wie durch Kathodenstrahlen in einer Vakuumröhre. Im ersteren Falle dringt die Färbung aber viel tiefer ins Innere der Substanzen ein. Das ist offenbar eine Folge des Umstandes, dafs die Radiumstrahlen, entsprechend ihrer grofsen Geschwindigkeit, in weit schwächerem Mafse als die Kathodenstrahlen absorbiert werden.

Wie Goldstein beobachtete, entstehen die Farben wesentlich schneller und werden viel intensiver, wenn man die Salze schmilzt oder bis zur Rotglut erhitzt. Geschmolzenes Kaliumsulfat nahm unter der Einwirkung eines hochaktiven Radiumpräparates binnen kurzer Zeit eine intensiv grünblaue Färbung an, die dann allmählich in ein Dunkelgrün überging.

Nach Salomonsen und Dreyer[2]) wird auch der Quarz durch Radiumstrahlen gefärbt. Senkrecht zur optischen Achse geschnittene Quarzplatten liefsen bei näherer Untersuchung ein System von Linien und Furchen erkennen, die an unmittelbar nebeneinander liegenden Stellen bedeutende Unterschiede in der Intensität der Färbung aufwiesen — ein deutliches Zeichen der Heterogenität der Kristallstruktur.

Für die vielerörterte Frage nach der Ursache jener Salzfärbungen erscheint eine Beobachtung von Elster und Geitel[3]) bemerkenswert, dafs nämlich durch Radiumstrahlen grün gefärbtes Kaliumsulfat in hohem Mafse „photoelektrisch wirksam" ist, indem es negative Ladungen schon unter dem Einflusse gewöhnlichen, sichtbaren Lichtes schnell verliert. Auch die durch Kathodenstrahlen gefärbten Substanzen liefern starke photoelektrische Effekte. Da diese Eigenschaft nun in besonders hohem Grade den Metallen Kalium und Natrium zukommt, so meinen Elster und Geitel, dafs jene Färbungen durch ausgeschiedene

---

[1]) F. Giesel, Verh. d. D. Physik. Ges., 5. Jan. 1900.
[2]) Salomonsen und Dreyer, C. R. 139, p. 533. 1904.
[3]) J. Elster und H. Geitel, Physik. Ztschr. 4, p. 113. 1902.

Metallteilchen veranlaßt würden, mit denen die Salze feste Lösungen bildeten*).

Werden die Salze nach der Bestrahlung dem Lichte ausgesetzt, so verschwinden die Farben wieder. Ungeachtet der größeren Tiefe, bis zu welcher sich die durch Radiumstrahlen hervorgerufenen Färbungen erstrecken, erfolgt die Ausbleichung in diesem Falle nahezu ebenso schnell, als wenn die Substanzen mit Kathodenstrahlen behandelt worden sind.

Weißer Phosphor verwandelt sich, wie von Becquerel[1]) beobachtet wurde, unter der Einwirkung von Radiumstrahlen in die rote Modifikation. Diese Zustandsänderung wird im wesentlichen von den β-Strahlen hervorgebracht; sie läßt sich auch deutlich nachweisen für den Fall, daß man Sekundärstrahlen einwirken läßt. Ferner bewirken Radiumstrahlen — gerade wie gewöhnliches Licht — eine Zersetzung von Calomel in Gegenwart von Oxalsäure.

Hardy und Miß Wilcock[2]) fanden, daß eine Lösung von Jodoform in Chloroform sich purpurn färbte, wenn man sie 5 Minuten lang mit 5 mg Radiumbromid bestrahlte, indem freies Jod ausgeschieden wurde. Beobachtungen über die Schwächung des Effektes durch in den Strahlengang eingeschaltete Schirme verschiedener Dicke ergaben, daß diese chemische Reaktion hauptsächlich von den β-Strahlen hervorgerufen wird. Eine ähnliche Färbung tritt auch ein, wenn man die Lösungen mit Röntgenstrahlen behandelt.

Von Hardy[3]) wurde ferner eine Beeinflussung der Globulin-Koagulation durch Radiumstrahlen beobachtet. Es kamen zwei Lösungen von Globulin, das aus Rinderserum gewonnen worden war, zur Verwendung; der einen war etwas Ammoniak, der anderen Essigsäure zugesetzt worden; so besaß diese elektropositiven, jene elektronegativen Charakter. Die Substanzen wurden in freihängenden Tropfen dem Radium exponiert. War der Abstand von der Strahlungsquelle klein, so wurde die Opaleszenz der elektropositiven Lösung alsbald schwächer, die Löslichkeit nahm also durch die Bestrahlung zu; die elektronegative Lösung verwandelte sich dagegen in kurzer Zeit in eine undurchsichtige gallertartige Masse. Als wirksam erwiesen sich hierbei lediglich die α-Strahlen.

Dieser Effekt liefert eine weitere Bestätigung unserer Auffassung, daß wir die α-Strahlen als fortgeschleuderte positiv geladene Teilchen von atomistischen Dimensionen anzusehen haben. Denn eine ähnliche

---

*) *Nach neueren Untersuchungen von Siedentopf (Physik. Zeitschr. 6, p. 855, 1905) scheint die Färbung des Steinsalzes durch Ausscheidung ultramikroskopischer Natriumkristalle zustande zu kommen.*
[1]) H. Becquerel, C. R. 133, p. 709. 1901.
[2]) W. B. Hardy und Miß Wilcock, Proc. Roy. Soc. 72, p. 200. 1903.
[3]) W. B. Hardy, Proc. Physiolog. Soc., 16. Mai 1903.

koagulierende Wirkung zeigt sich auch, wenn man Metallionen flüssiger Elektrolyte in Globulinlösungen eintreten läfst, und für diesen Fall hat W. C. D. Wetham[1]) nachgewiesen, dafs die Erscheinung durch die von den Ionen mitgeführten elektrischen Ladungen veranlafst wird.

124. Entwickelung von Gasen. Schliefst man ein Radiumsalz in eine luftleer gepumpte Röhre ein, so wird das Vakuum allmählich immer schlechter[2]). Curie und Debierne konnten im Spektrum des entwickelten Gases, das stets zum Teil aus Emanation bestand, neue Linien nicht entdecken. Giesel[3]) beobachtete eine ähnliche Gasentbindung in Lösungen von Radiumbromid. Auf seine Veranlassung übernahmen es Runge und Bodländer, das Spektrum dieses Gases zu untersuchen. Sie gewannen aus 1 g eines 5 %igen Radiumpräparates in 16 Tagen 3,5 ccm Gas. Es enthielt hauptsächlich Wasserstoff, nur 12 % bestanden aus Sauerstoff. Spätere Versuche von Ramsay und Soddy[4]) ergaben, dafs von 50 mg Radiumbromid etwa 0.5 ccm Gas pro Tag geliefert wird. Das entspricht einer ungefähr doppelt so starken Entwickelung, als sie von Runge und Bodländer beobachtet worden war. Die ersteren analysierten das von ihnen aufgefangene Gas und fanden in ihm 28,9 % Sauerstoff; der Rest bestand aus Wasserstoff. Wahrscheinlich rührt die Gasentwickelung von einer unter der Einwirkung der Radiumstrahlen vor sich gehenden Wasserzersetzung her. Dieser Prozefs liefert zwar ein Gasgemisch von einem etwas höheren Sauerstoffgehalte, als ihn das analysierte Gas besafs. Der geringe Überschufs an Wasserstoff über den aus erwarteten Wert erklärt sich jedoch nach Ramsay und Soddy dadurch, dafs das Fett an den Hähnen ihres Apparates von dem entbundenen Sauerstoff angegriffen wurde. Die Strahlung der Radiumemanation beförderte dabei noch die Oxydation der Kohlenstoffverbindungen zu Kohlensäure.

Nach den angeführten Beobachtungen von Ramsay und Soddy würde 1 g Radiumbromid pro Tag ungefähr 10 ccm Knallgas liefern. Dazu müfsten 20 Grammkalorieen pro Tag vom Radium abgegeben werden, was einem Betrage von etwa 1 % der in Form von Wärme entwickelten Energiemenge entspricht.

Aus den Ramsay-Soddyschen Untersuchungen (l. c.) ergab sich ferner das wichtige Resultat, dafs die aus Radiumbromidlösungen gewonnenen Gase Helium enthalten. Hierüber s. Näheres in Paragraph 267.

---

[1]) W. C. D. Wetham, Phil. Mag., Nov. 1899; Theory of Solution, Cambridge 1902, p. 396.
[2]) P. Curie und A. Debierne, C. R. 132, p. 768. 1901.
[3]) F. Giesel, Ber. d. D. Chem. Ges. 35, p. 3605. 1902.
[4]) W. Ramsay und F. Soddy, Proc. Roy. Soc. 72, p. 204. 1903.

Physiologische Wirkungen.

125. Die Strahlen des Radiums können auf der menschlichen Haut schwere Verletzungen hervorrufen. Es zeigen sich verbrennungsartige Erscheinungen von ähnlicher Art, wie sie nach längerer Einwirkung von Röntgenstrahlen auftreten. Diese Eigenschaft der Radiumstrahlen wurde zuerst von Walkhoff entdeckt. Weitere Beobachtungen über denselben Gegenstand stammen von Giesel, Curie, Becquerel u. a. Die Erfahrungen aller Autoren stimmen darin überein, daſs sich zunächst eine schmerzhafte Reizung der Haut an der bestrahlten Stelle bemerkbar macht, dann entsteht eine Entzündung, die etwa 10—20 Tage lang anhält. Für diese zerstörende Wirkung der radioaktiven Substanzen sind wahrscheinlich in erster Linie die α- und β-Strahlen verantwortlich zu machen.

Will man sich nicht der Gefahr schwerer Verwundungen aussetzen, so muſs man beim Arbeiten mit starken Radiumsalzen groſse Vorsicht walten lassen. Es kann unter Umständen schon genügen, sich eine Kapsel, die ein hochaktives Radiumpräparat enthält, einige Minuten lang auf den Finger zu legen, um eine erhebliche Verletzung davonzutragen: die Haut bleibt etwa 14 Tage lang entzündet und schält sich dann ab, die Schmerzen bleiben aber noch zwei Monate lang bestehen.

Danysz[1]) stellte fest, daſs sich die Wirkung im wesentlichen auf die Haut allein erstreckt, ohne daſs zugleich die tiefer liegenden Gewebsschichten angegriffen würden.

Raupen, die der Einwirkung der Strahlen ausgesetzt wurden, konnten sich nach wenigen Tagen nicht mehr bewegen und gingen schlieſslich zugrunde.

In gewissen Fällen hat man bei der Behandlung von Krebskranken mit Radiumstrahlen günstige Erfolge erzielt. Ähnlich wirken ja auch Röntgenstrahlen. Die Radiumbehandlung besitzt aber den groſsen Vorzug, daſs sie die Möglichkeit bietet, die Strahlungsquelle selbst an den Ort der Erkrankung zu verlegen, indem man das Präparat in ein Röhrchen einschlieſst und in den Organismus einführt.

Es hat sich ferner gezeigt, daſs die Radiumstrahlen auch das Wachstum von Bakterien hemmen und unter Umständen vollständig verhindern[2]).

Über die Wirkung der von Radium und anderen radioaktiven Substanzen ausgesandten Strahlen auf verschiedene Lebewesen, wie Raupen, Mäuse und Meerschweinchen, sind von Physikern und Physiologen zahlreiche Versuche angestellt worden, auf die jedoch in diesem Buche nicht näher eingegangen werden kann. Die Literatur auf

---

[1]) J. Danysz, C. R. 136, p. 461. 1903.
[2]) E. Aschkinass und W. Caspari, Arch. d. ges. Physiologie, 86, p. 603. 1901.

diesem neuen Gebiete der Forschung ist bereits stark angeschwollen. Mehrfach hat man auch das Verhalten der Tiere in einer mit Radiumemanation geschwängerten Atmosphäre studiert. Ein Aufenthalt von mehreren Tagen oder Wochen in emanationshaltiger Luft erwies sich in allen Fällen als schädlich und führte oft zum Tode der Tiere.

Eine andere interessante Wirkung der Radiumstrahlen auf den lebenden Organismus wurde zuerst von Giesel festgestellt. Bringt man im dunklen Zimmer ein Radiumpräparat in die Nähe des geschlossenen Auges, so gewinnt man den Eindruck einer diffusen Helligkeit. Himstedt und Nagel[1]) zeigten, dafs dieser Effekt von der unter dem Einflufs der Strahlung stattfindenden Fluoreszenz der Augenmedien herrührt. Demgemäfs können auch Blinde mit intakter Retina zu dieser Lichtempfindung gelangen; falls jedoch ihre Blindheit auf einer Netzhauterkrankung beruht, ist auch die Wahrnehmung jenes Fluoreszenzlichtes für sie ausgeschlossen.

Hardy und Anderson[2]) stellten später weitere Untersuchungen an, um über einzelne Punkte der Erscheinung noch näheren Aufschlufs zu erhalten. Sie kamen dabei zu folgenden Ergebnissen: Die Lichtempfindung kann sowohl von β- als auch von γ-Strahlen hervorgerufen werden. Beobachtet man aber mit geschlossenem Auge, so kommen lediglich die γ-Strahlen in Betracht, da das Augenlid die β-Strahlen so gut wie vollständig absorbiert. Durch beide Strahlenarten werden Linse und Netzhaut zu lebhafter Fluoreszenz veranlafst. Hält man das Auge geöffnet — das Eigenlicht des Radiums mufs in diesem Falle durch ein dazwischengeschaltetes Blatt schwarzen Papiers ferngehalten werden —, so rührt die Lichtempfindung grofsenteils von der Lumineszenz der vorderen Augenmedien her. Die Netzhaut wird vorwiegend von den γ-Strahlen affiziert.

Nach Angabe von Ashworth soll die Luft, die der Mensch ausatmet, reicher an Ionen sein als gewöhnliche atmosphärische Luft und demgemäfs die Entladung eines elektrisierten Körpers beschleunigen. Elster und Geitel, die den Versuch wiederholten, konnten indessen diese Beobachtung nicht bestätigen. Als sie jedoch die Atemluft von Dr. Giesel aus Braunschweig untersuchten, der sich fortgesetzt mit der Herstellung radioaktiver Präparate beschäftigt, fanden sie einen über den normalen beträchtlich erhöhten Wert der elektrischen Leitfähigkeit. Die gesteigerte Entladungsgeschwindigkeit, die in diesem Falle am Elektroskop zu beobachten war, dürfte wohl durch die Gegenwart von Radiumemanation veranlafst gewesen sein, die sich beim Einsaugen der mit Emanation beladenen Laboratoriumsluft in den Atmungswegen aufgespeichert hatte.

---

[1]) F. Himstedt und W. Nagel, Ann. d. Phys. 4, p. 537. 1901.
[2]) W. B. Hardy und H. K. Anderson, Proc. Roy. Soc. 72, p. 393. 1903.

Sechstes Kapitel.
Kontinuierliche Erzeugung radioaktiver Materie.

126. Die Versuche, zu deren Besprechung wir nunmehr übergehen wollen, haben wesentlich dazu beigetragen, unsere Einsicht in das Wesen jener eigenartigen Vorgänge, durch welche das Strahlungsvermögen der radioaktiven Substanzen aufrecht erhalten wird, mächtig zu fördern, sowie die Frage nach dem Ursprunge der von diesen Körpern emittierten Energie einer Lösung entgegenzuführen. Der Einfachheit halber soll in diesem Kapitel nur von den radioaktiven Eigenschaften des Urans und denen des Thoriums die Rede sein; denn, wie wir später sehen werden, sind die Prozesse, die sich in diesen beiden abspielen, als typisch anzusehen für die Vorgänge in allen übrigen radioaktiven Substanzen.

Wie an anderer Stelle bereits ausgeführt worden war (s. Paragraph 23), bestehen noch einige Zweifel darüber, ob das Thorium selbst zu den radioaktiven Elementen gehört, oder ob es sein Strahlungsvermögen nur einem fremden, ihm beigemengten aktiven Bestandteile verdankt. Diese Ungewißheit führt indessen bei der Deutung der in Betracht kommenden Erscheinungen zu keinen erheblichen Schwierigkeiten, da die allgemeinen Folgerungen, die sich ergeben werden, größtenteils nicht davon abhängig sind, ob wir das Thorium als einen primär aktiven Körper ansehen oder nicht. Vorläufig nehmen wir an, das Thorium sei selbst ein radioaktives Element. Sollten uns künftige Untersuchungen nötigen, die aktiven Eigenschaften gewöhnlicher Thorpräparate endgültig einem anderen in ihnen enthaltenen Elementarstoffe beizulegen, so hätte man eben alles, was wir von den radioaktiven Prozessen im Thorium aussagen werden, auf jenes neue Element zu beziehen [*].

---

[*] *O. Hahn gelang es, aus einem auf Ceylon vorkommenden Mineral, dem Thorianit, einige Milligramm einer hochaktiven Substanz abzuscheiden, die er „Radiothorium" nannte (Proc. Roy. Soc., März 1905; Jahrb. d. Radioaktivität 2, p. 233, 1905). Aus diesem neuen Stoffe bilden sich Thor X und*

127. Uran X. Die Versuche von Frau Curie schienen zu beweisen, daſs die Radioaktivität des Urans und Radiums als eine Eigenschaft der einzelnen Atome dieser Elemente anzusehen sei. Denn wie groſs die Aktivität einer beliebigen Uranverbindung war, das hing lediglich von ihrem Gehalte an Uran ab. Durch die chemische Vereinigung mit anderen Stoffen wird das Strahlungsvermögen ebenso wenig beeinfluſst wie durch noch so starke Temperaturänderungen. Wenn die Aktivität des Urans aber eine spezifische Eigenschaft dieses Elementes ist, so muſs man es für unwahrscheinlich halten, daſs man ihm seine Aktivität durch chemische Eingriffe sollte rauben können.

Im Jahre 1900 wurde indessen von Sir William Crookes[1]) nachgewiesen, daſs es durch ein einfaches chemisches Verfahren gelingt, photographisch gänzlich unwirksames Uran zu gewinnen und die gesamte photographische Aktivität in einer kleinen Menge eines uranfreien Rückstandes zu konzentrieren. Dieser neuen Substanz gab Crookes den Namen „Uran X". Sie wirkt, auf gleiche Gewichtsmengen berechnet, mehrere hundert mal so stark auf die photographische Platte ein wie das ursprüngliche Uransalz, aus dem sie gewonnen wird. Die Abscheidung kann in der Weise vorgenommen werden, daſs man eine Uransalzlösung mit Ammoniumkarbonat versetzt und den entstehenden Niederschlag in einem Überschusse des Fällungsmittels wieder löst. Es bleibt dann eine kleine Menge unlöslicher Substanz zurück, die sich durch Filtration von der Flüssigkeit trennen läſst, und dieser Rückstand bildet eben das aktive Uran X. Er besteht freilich noch zum gröſsten Teile aus inaktiven Stoffen, durch die das Uransalz ver-

---

Thoremanation; ferner nehmen neutrale Körper unter seiner Einwirkung eine erregte Aktivität an von derselben Art, wie man sie aus der Thoremanation gewinnt. Das Radiothor ist etwa 200 000 mal so stark aktiv wie gewöhnliches Thorium. Es verliert sein Strahlungsvermögen auſserordentlich langsam: während eines Zeitraumes von mehreren Monaten war keine merkliche Abnahme seiner Wirksamkeit zu konstatieren. Wahrscheinlich ist die neue Substanz ein Zwischenprodukt, das seinen Platz in der Umwandlungsreihe des Thoriums zwischen diesem Radioelemente selbst und dem Thor X erhalten dürfte.

Isoliert man das Radiothor von seinen Umwandlungsprodukten, so liefert es ausschlieſslich α-Strahlen. Vermutlich wird sich später herausstellen, daſs der Zerfall des Thoriums selbst ohne jede Strahlung vor sich geht. Ist dies tatsächlich der Fall, so muſs es möglich sein, durch Abscheidung des Radiothors zeitweise inaktives Thorium herzustellen. Dadurch würden sich dann auch gewisse Beobachtungen von Elster und Geitel, Blanc und Dadourian erklären lassen. Diese fanden nämlich, daſs die Sedimente gewisser Thermalquellen beträchtliche Mengen Thoremanation entwickelten, obwohl sich in ihnen durch chemische Analyse kein Thorium nachweisen lieſs. Hier mag lediglich Radiothor in der emanierenden Substanz wirksam gewesen sein. Neuere Versuche von Blanc und von Elster und Geitel scheinen dies in der Tat zu beweisen. Inzwischen ist es auch gelungen, aus käuflichen Thoriumsalzen das Radiothor partiell abzuscheiden. (Vgl. J. Elster und H. Geitel, Physik. Ztschr. 7, p. 445, 1906; G. A. Blanc, ebenda, p. 620.)

[1]) W. Crookes, Proc. Roy. Soc. 66, p. 409. 1900.

unreinigt war, während die echte radioaktive Substanz wahrscheinlich nur in aufserordentlich geringer Menge in ihm enthalten ist. Neue Linien konnten in seinem Spektrum nicht aufgefunden werden. Ein anderes Trennungsverfahren besteht darin, dafs man kristallisiertes Urannitrat in Äther löst. Dabei wird das Kristallwasser frei, und so bilden sich zwei Flüssigkeitsschichten: eine ätherische und eine wässerige Uranlösung. Die erstere enthält die Hauptmasse des Salzes. Dennoch übt das aus der ätherischen Lösung wieder gewonnene Urannitrat fast gar keine Wirkung auf die photographische Platte aus, während sich die gesamte photographische Aktivität so gut wie vollständig in dem Salze der wässerigen Lösung wieder findet. Diese nackten Tatsachen nötigen uns zu der Schlufsfolgerung, dafs die Uranaktivität nicht an das chemische Element Uranium selbst gebunden sein kann, sondern irgendeiner anderen Substanz entstammen mufs, die sich zwar in der Regel mit jenem vereinigt findet, aber doch ein charakteristisches chemisches Verhalten zeigt.

Ähnliche Erscheinungen wurden zur selben Zeit von Becquerel[1]) beobachtet. Als er zu einer Uranlösung Baryumchlorid hinzusetzte, erhielt er durch Fällung ein Baryumsulfat, das sich bei der photographischen Prüfung als stark radioaktiv erwies. Wiederholte man die Fällung mehrere Male, so blieb ein photographisch fast völlig unwirksames Uransalz zurück; die gesamte Aktivität war auf das Baryumsulfat übergegangen.

Das aktive Baryum und das inaktiv gewordene Uran blieben nun längere Zeit sich selbst überlassen. Nach Verlauf eines Jahres ergab eine erneute Prüfung der Präparate, dafs die Aktivität des Baryums vollständig verschwunden war, während das Uran seine ursprüngliche Aktivität wieder gewonnen hatte. Durch die chemische Behandlung war also nur eine vorübergehende Änderung eingetreten.

Bei den soeben beschriebenen Versuchen wurden die Aktivitätsprüfungen stets nach der photographischen Methode vorgenommen. Dabei kommt aber fast ausschliefslich nur die β-Strahlung zur Geltung; die α-Strahlen entziehen sich unter diesen Umständen der Beobachtung. Die Emission des Uran X besteht nun lediglich aus β-Strahlen und wirkt daher sehr energisch auf die photographische Platte ein. Würde man aber die Aktivitäten auf elektrometrischem Wege messen, und zwar ohne dafs sich absorbierende Schirme im Strahlengange befänden, so würde man bekanntlich bei Verwendung von Uransalzen Ionisationsströme beobachten, die zum überwiegenden Teile von der α-Strahlung erzeugt wären. In diesem Falle würde sich zeigen, dafs die Stromstärke durch die Abscheidung des Uran X keine sehr erhebliche Ab-

---

[1]) H. Becquerel, C. R. 131, p. 137. 1900; 133, p. 977. 1901.

230 Sechstes Kapitel. Kontinuierliche Erzeugung radioaktiver Materie.

nahme erleidet. Mit dem Uran X wird nämlich nur derjenige Bestandteil abgetrennt, welcher die α-Strahlen liefert. Auf diesen wichtigen Punkt wird in Paragraph 205 noch ausführlicher eingegangen werden.

128. Thorium X. Wie von Rutherford und Soddy[1]) festgestellt wurde, läfst sich auch vom Thorium durch einen einfachen chemischen Prozefs ein stark radioaktiver Bestandteil abspalten. Fügt man Ammoniak zu der Lösung einer Thorverbindung hinzu, so wird das Thorium niedergeschlagen, ein grofser Teil der Radioaktivität bleibt aber an der Lösung haften, obwohl sich auf chemischem Wege kein Thorium mehr in der Flüssigkeit nachweisen läfst. Das Filtrat wurde zur Trockene eingedampft und der Rückstand, damit die Ammoniumsalze verjagt würden, geglüht. Die geringe Substanzmenge, die auf diese Weise übrig blieb, war bisweilen pro Gewichtseinheit mehrere tausendmal so stark radioaktiv wie das Ausgangsmaterial. Die Aktivität des niedergeschlagenen Thoriums war dagegen kaum halb so grofs wie die des ursprünglichen Salzes. Jener hochaktive Bestandteil wurde, in Analogie zu dem Crookesschen Uran X, Thorium X genannt.

In der Hauptsache besteht der aktive Rückstand wieder aus Verunreinigungen der Thorverbindung; von dem Thor X selbst finden sich in ihm nur winzige Mengen. Aus diesem Grunde versagen alle chemischen Methoden, um die Existenz des Thor X nachzuweisen.

Durch längeres Schütteln von Thoroxyd mit Wasser läfst sich gleichfalls ein radioaktiver Begleiter des Thoriums teilweise isolieren. Wird das Wasser nämlich nach dem Filtrieren verdampft, so erhält man einen stark aktiven Rückstand, der sich in jeder Beziehung wie Thor X verhält.

Als die Trennungsprodukte nach einem Monate aufs neue untersucht wurden, war die Aktivität des Thor X verschwunden, das Thorium hatte dagegen sein volles Strahlungsvermögen wiedergewonnen. Es wurden hierauf längere Messungsreihen ausgeführt, um den zeitlichen Verlauf dieser Vorgänge — der Abnahme bezw. Zunahme der Aktivitäten — kennen zu lernen.

In Fig. 48 sind die Resultate der Beobachtungen graphisch wiedergegeben. Die Abszissen bezeichnen die verflossene Zeit in Tagen, die Ordinaten die durch Messung der Ionisationsströme bestimmten Aktivitäten. Sowohl die Endaktivität des Thoriums als auch die Anfangsaktivität des Thor X ist in jeder der beiden Kurven gleich 100 gesetzt worden. Wie man sieht, nehmen die Kurven I und II für die ersten zwei Tage einen unregelmäfsigen Verlauf. Die Aktivität des Thor X wird zunächst gröfser und die des Thoriums gleichzeitig kleiner.

---

[1]) E. Rutherford und F. Soddy, Phil. Mag., Sept. und Nov. 1902; Trans. Chem. Soc. 81, pp. 321 und 837. 1902.

Sechstes Kapitel. Kontinuierliche Erzeugung radioaktiver Materie. 231

Lassen wir einstweilen diese anfänglichen Unregelmäfsigkeiten auf sich beruhen — wir werden im Paragraph 208 darauf zurückkommen —, so erkennen wir, dafs nach Ablauf der ersten beiden Tage das Thorium die Hälfte seiner Aktivität nahezu in der gleichen Zeit wiedergewinnt, während welcher diejenige des Thor X auf den halben Wert gesunken ist. Die Länge dieser Zeit beträgt in jedem Falle ungefähr vier Tage.

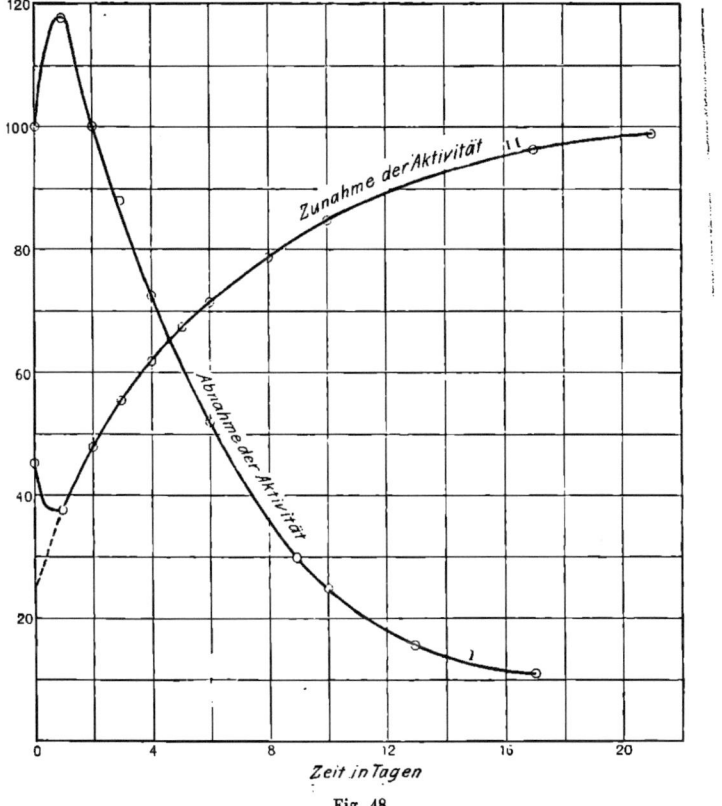

Fig. 48.

Innerhalb eines beliebigen Zeitintervalles wächst ferner die Aktivität des Thoriums angenähert um den gleichen Bruchteil, um den die Aktivität des Thor X abnimmt.

Wenn man die Kurve II rückwärts verlängert, bis sie die vertikale Achse schneidet, so besitzt der Schnittpunkt den Ordinatenwert 25 %. Nehmen wir an, dieser Wert entspräche tatsächlich der Anfangsaktivität, so ergibt sich eine noch strengere Gültigkeit der oben angeführten Sätze. Das erkennt man deutlich an dem Verlauf der Kurven in Fig. 49. Hier ist in Kurve II die gesamte Aktivitätszunahme, von jenem

232 Sechstes Kapitel. Kontinuierliche Erzeugung radioaktiver Materie.

Minimalwerte 25 an gerechnet, gleich 100 % gesetzt worden, und die Ordinaten der einzelnen Punkte bezeichnen demgemäfs die Prozentzahlen der Aktivitätssteigerung in der entsprechenden Einheit. Die Kurve *I* stellt den zeitlichen Abfall der Aktivität des Thor *X* vom dritten Tage an dar, indem die Zeit 2 der vorigen Figur hier gleich Null gesetzt wurde.

Wie man sieht, nimmt die Aktivität des Thor *X* nach einem Exponentialgesetze mit der Zeit ab; nach etwa 4 Tagen ist sie auf

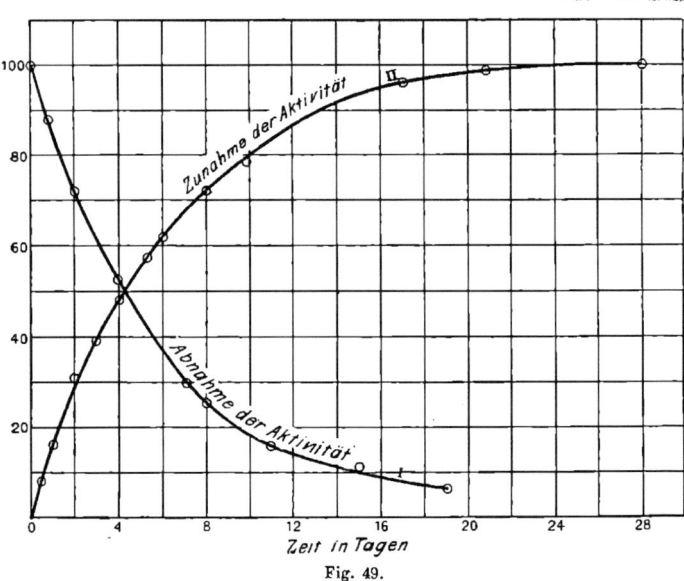

Fig. 49.

den halben Wert gesunken. Bezeichnen wir also mit J_0 die Anfangsaktivität des Thor *X* und seine Aktivität nach Verlauf der Zeit *t* mit J_t, so ist

$$\frac{J_t}{J_0} = e^{-\lambda t},$$

wenn λ eine konstante Zahl und *e* die Basis der natürlichen Logarithmen bedeutet.

In analoger Weise läfst sich die Kurve der Aktivitätszunahme beim Thorium durch eine Exponentialformel darstellen, nämlich durch die Gleichung

$$\frac{J_t}{J_0} = 1 - e^{-\lambda t},$$

in der J_0 den maximalen Grenzwert der Aktivität, der schliefslich erreicht wird, und J_t den Aktivitätszuwachs, den die Substanz nach

Sechstes Kapitel. Kontinuierliche Erzeugung radioaktiver Materie. 233

Ablauf der Zeit t aufweist, bezeichnet; die Konstante λ hat hier den nämlichen Wert wie in der vorigen Gleichung.

129. Uran X. Zu ähnlichen Ergebnissen führten analoge Messungen am Uran und Uran X. Die Trennung der Substanzen geschah nach der von Becquerel angegebenen Methode, also durch mehrmals wiederholte Fällung mit Baryum. Die allmähliche Zunahme bezw. Abnahme der Uran- und Uran X-Aktivitäten wird durch die Kurven der Fig. 50 veranschaulicht. Diese Kurven zeigen denselben Charakter wie die des Thoriums und des Thor X und lassen sich daher auch durch die nämlichen Gleichungen darstellen. Nur ist die Zeitkonstante λ im vor-

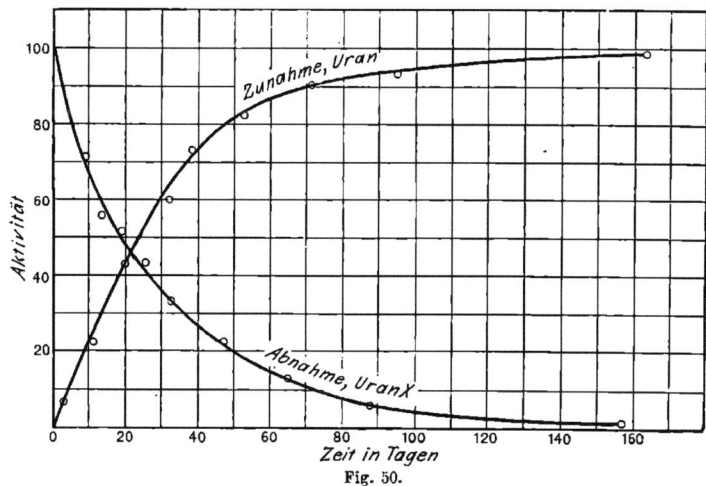

Fig. 50.

liegenden Falle wesentlich kleiner, da die Aktivität des Uran X erst in ungefähr 22 Tagen auf die Hälfte sinkt. Eine ausführlichere Diskussion der Beobachtungsresultate wird im Paragraph 205 folgen.

Aus den Radioelementen lassen sich noch zahlreiche andere radioaktive Spaltungsprodukte gewinnen. In allen diesen Fällen ergibt sich ein ähnlicher Verlauf der Aktivitätsänderungen wie beim Uran und Thorium. Daher genügt einstweilen die Kenntnis des Verhaltens dieser beiden Elemente, um sich eine Vorstellung von den innerhalb der radioaktiven Substanzen sich abspielenden Prozessen zu bilden.

130. Theorie der radioaktiven Erscheinungen. Jene zeitlichen Änderungen der Aktivität, sowohl die Zunahme im einen, wie die Abnahme im anderen Falle, erfolgen stets genau nach der gleichen Gesetzmäfsigkeit, auch wenn sich die beiden zusammengehörigen Trennungsprodukte nicht in der gegenseitigen Wirkungssphäre befinden. Ebenso

234 Sechstes Kapitel. Kontinuierliche Erzeugung radioaktiver Materie.

bleibt der Verlauf der Erscheinungen ungeändert, wenn man die Substanzen einzeln in Bleihüllen oder in Vakuumgefäße einschließt. Es erscheint auf den ersten Blick höchst merkwürdig, daß zwei getrennte Vorgänge, das allmähliche Wachsen und Erlöschen der Aktivitäten zweier Substanzen, in einem so nahen Zusammenhange miteinander stehen, auch wenn eine gegenseitige Beeinflussung ausgeschlossen ist. Die Tatsachen lassen sich jedoch vollkommen erklären, wenn man von folgenden Hypothesen ausgeht:

1. In einem radioaktiven Körper wird fortwährend eine gesetzmäßig bestimmte Menge neuer radioaktiver Materie erzeugt.
2. Die Aktivität der auf diese Weise entstandenen Materie nimmt von dem Augenblicke ihrer Entstehung an in geometrischer Progression mit der Zeit ab.

Es werde angenommen, daß eine gegebene Menge der Substanz pro Sekunde q_0 Teilchen neuer Materie erzeuge. Im Augenblick ihrer Entstehung emittieren die innerhalb einer Zeit dt erzeugten Teilchen eine Energiemenge, die wir gleich $K q_0 dt$ setzen können, indem wir mit K eine Konstante bezeichnen.

Es handelt sich nun darum, die Aktivität der gesamten neugebildeten Materie, die sich innerhalb einer endlichen Zeit T angesammelt hat, zu berechnen.

Zu einer beliebigen Zeit t sei während des unendlich kleinen Zeitintervalles dt eine gewisse Menge neuer Materie aus der gegebenen Substanzmenge entstanden. Ihre Aktivität sei zur Beobachtungszeit T gleich dJ. Zu Anfang betrug sie $K q_0 dt$. Während der inzwischen verflossenen Zeitspanne $T-t$ hat die Aktivität aber nach dem Exponentialgesetze abgenommen, so daß sich die Beziehung ergibt:

$$dJ = K q_0 e^{-\lambda(T-t)} dt.$$

Darin bedeutet λ wieder die „Abklingungskonstante" der betrachteten radioaktiven Substanz.

Für die Aktivität J_T der gesamten, während der Zeit T neugebildeten Materie (zur Zeit T) erhalten wir daher den Ausdruck

$$J_T = \int_0^T K q_0 e^{-\lambda(T-t)} dt,$$

also wird

$$J_T = \frac{K q_0}{\lambda}(1 - e^{-\lambda T}).$$

Demnach erreicht die Aktivität für sehr große Werte von T einen maximalen Betrag J_0, und zwar wird

$$J_0 = \frac{K q_0}{\lambda},$$

Sechstes Kapitel. Kontinuierliche Erzeugung radioaktiver Materie. 235

folglich ist
$$\frac{J_T}{J_0} = 1 - e^{-\lambda T}.$$

Diese Gleichung stimmt mit der Erfahrung durchaus überein; sie entspricht vollkommen der Gesetzmäfsigkeit, nach der die Regenerierung der Aktivität tatsächlich stattfindet. Eine andere Ableitung der Formel wird im Paragraph 133 gegeben werden.

Ein Gleichgewichtzustand mufs offenbar eintreten, wenn der Aktivitätsverlust der bereits entstandenen Materie gerade durch den Aktivitätszuwachs aufgewogen wird, der durch die Neubildung radioaktiver Substanz erfolgt. Nach dieser Auffassung sind die radioaktiven Körper also in einer fortwährenden Umwandlung begriffen; ihre Aktivität bleibt aber dessenungeachtet konstant, weil zwei entgegengesetzt verlaufende Prozesse einander das Gleichgewicht halten.

Wird die aufgespeicherte neue Materie aber zu irgendeiner Zeit von der Muttersubstanz getrennt, so mufs die Aktivität des abgeschiedenen Stoffes nunmehr nach einem Exponentialgesetze mit der Zeit abnehmen; denn dieses Gesetz wird von jedem einzelnen Elementarquantum der Materie erfüllt und gilt für jede Phase ihres Alters. Nennen wir also J_0 die Anfangsaktivität des abgetrennten Bestandteiles und J_t die nach Ablauf einer Zeit t noch vorhandene Aktivität, so ist
$$\frac{J_t}{J_0} = e^{-\lambda t}.$$

Unsere beiden Annahmen — gleichförmige Neubildung radioaktiver Materie und exponentieller zeitlicher Abfall ihrer Aktivität vom Momente ihrer Entstehung an — liefern demnach eine ausreichende Erklärung für den engen Zusammenhang, der erfahrungsgemäfs zwischen zusammengehörigen Abklingungs- und Regenerierungskurven besteht.

131. Experimentelle Belege der Theorie. Zur Stütze unserer Hypothesen lassen sich noch weitere experimentell erwiesene Tatsachen anführen. Die Grundannahme der Theorie besagt, dafs die radioaktiven Körper imstande sein sollen, aus sich heraus Materie zu erzeugen von anderen chemischen Eigenschaften, als sie die Muttersubstanz aufweist, und dafs dieser Prozefs ununterbrochen in gleichförmiger Weise vor sich gehe. Die neugebildete Materie ist anfangs radioaktiv, allmählich verliert sie aber diese Eigenschaft nach einer bestimmten Gesetzmäfsigkeit.

Wie oben auseinandergesetzt wurde, läfst sich von der normalen Aktivität des Urans und Thoriums je ein Teil in einer kleinen Menge aktiver Materie, dem Uran X bezw. Thor X, konzentrieren. Daraus folgt allerdings noch nicht ohne weiteres, dafs bei diesem Prozefs tatsächlich eine chemische Trennung eines für die Aktivität unmittelbar verantwortlichen materiellen Bestandteiles stattfindet. In dem Falle der Abscheidung des Thor X aus dem Thorium könnte man z. B. annehmen, dafs jener Teil der Lösung, der nicht aus Thorium bestand, nur durch die innige Vereinigung mit dem Thorium vorübergehend radioaktiv geworden wäre, und dafs er diese Eigenschaft durch alle jene Prozesse der Fällung, des Abdampfens und Ausglühens hinübergerettet hätte, so dafs sie sich noch in dem zuletzt übrigbleibenden Rückstande offenbaren konnte. Nach dieser Auffassungsweise müfste man indessen erwarten, dafs man auch bei Verwendung anderer Fällungsmittel als des Ammoniaks nach Abscheidung des Thoriums radioaktive Lösungsrückstände gewinnen würde. Das ist nun aber keineswegs der Fall. Man kann z. B. das Thoriumnitrat auch durch Natrium- oder Ammoniumkarbonat niederschlagen. Wenn man dann aber wieder wie früher das Filtrat eindampft und den Rückstand ausglüht, so erweist sich der zurückbleibende Rest als vollkommen inaktiv; das als Karbonat gefällte Thorium besitzt dagegen nunmehr seine normale, unverminderte Aktivität.

Man hat in der Tat neben dem Ammoniak bisher kein anderes Mittel gefunden, durch welches das Thor X vom Thorium vollständig getrennt werden könnte. Eine partielle Trennung erzielt man freilich, wie bereits erwähnt wurde, auch auf dem Wege, dafs man Thoroxyd mit Wasser schüttelt, da das Thor X im letzteren etwas leichter löslich ist als das Thorium.

Sowohl auf Ammoniak als auch auf Ammoniumkarbonat reagieren die beiden Substanzen Uran und Thorium in durchaus verschiedener Weise. Durch Ammoniumkarbonat wird das Uran X vom Uran getrennt, während Thor X und Thorium auf diese Weise nicht voneinander geschieden werden. Andererseits bleibt das Uran bei der Fällung durch Ammoniak mit dem Uran X verbunden, ohne dafs in diesem Falle ein aktiver Bestandteil in dem Filtrate anzutreffen wäre. Uran X und Thor X zeigen demnach ein durchaus individuelles Verhalten, sie besitzen wohldefinierte chemische Eigenschaften, die sie mit ihren Muttersubstanzen keineswegs teilen. Bei der Abscheidung des Uran X durch Fällung von Baryumsalzen dürfte es sich jedoch kaum um eine direkte chemische Wirkung handeln. Wahrscheinlich wird das Uran X in diesem Falle von dem dichten Baryumniederschlag mechanisch mitgerissen. Sir William Crookes beobachtete derartige mechanische Ausscheidungen von Uran X auch in anderen Fällen, in denen von Unlöslichkeit keinesfalls die Rede sein konnte. Ein solcher Vorgang läfst sich auch sehr wohl begreifen, wenn so überaus winzige Substanzmengen in Frage kommen. Denn man mufs bedenken, dafs der Gehalt der Uran- und Thorverbindungen an Uran X und Thor X allem Anschein nach nur ein ganz minimaler ist. Die Rückstände, in denen sich diese aktiven Bestandteile später konzentriert vorfinden, bestehen zum weitaus gröfsten Teile aus Verunreinigungen, die in den ursprünglichen Salzen und den hinzugesetzten Substanzen von vornherein enthalten waren.

132. Geschwindigkeit, mit der sich die Materie Thor X aus der Muttersubstanz bildet. Nach unserer Annahme soll im Uran und Thorium fortwährend neue aktive Materie gebildet werden. Wenn das tatsächlich der Fall ist, so mufs sich dieser Erzeugungsprozefs auch direkt experimentell verfolgen lassen. Für den Fall des Thoriums sind in dieser Richtung von Rutherford und Soddy[1]) längere Versuchsreihen durchgeführt worden, deren Ergebnisse unmittelbar erkennen lassen, dafs ohne Unterbrechung in gleichen Zeiten gleiche Mengen Thor X erzeugt werden. Zunächst stellten sie fest, dafs es genügt, drei aufeinanderfolgende Fällungen vorzunehmen, um das Thor X nahezu vollständig vom Thorium zu trennen. In der Regel wurde als Ausgangsmaterial eine Lösung von 5 g Thornitrat benutzt. Der Niederschlag, der durch Zusatz von Ammoniak entstand, wurde aufs neue in Salpetersäure gelöst, worauf die zweite Fällung in derselben Weise wie vorher erfolgte. Der ganze Trennungsprozefs wurde so schnell als möglich durchgeführt, damit die Neubildung von Thor X während der Zeit, in welcher die einzelnen Fällungen stattfanden, keinen merklichen Einflufs auf die Versuchsresultate gewinnen konnte. Nachdem das Thor X abgeschieden worden war, wurden die Rückstände aus den drei Filtraten auf ihr Strahlungsvermögen hin untersucht. Ihre Aktivitäten verhielten sich wie 100 : 8 : 1,6. Diese Zahlen beweisen, dafs man tatsächlich mit drei Fällungen auskommt, um das Thor X so gut wie vollständig zu extrahieren.

Das vom Thor X befreite Thoriumsalz wurde nun eine bestimmte Zeit lang sich selbst überlassen. Hierauf wurde das in ihm inzwischen neugebildete Thor X wiederum abgeschieden und die Aktivität des abgetrennten Produktes gemessen.

Nach der Theorie ist die Aktivität J_t des während einer Zeit t gebildeten Thor X gegeben durch die Gleichung

$$\frac{J_t}{J_0} = 1 - e^{-\lambda t},$$

wenn J_0 seine Maximalaktivität im Zustande radioaktiven Gleichgewichtes bezeichnet. Für kleine Werte von λt wird

$$\frac{J_t}{J_0} = \lambda t.$$

Da die Aktivität des Thor X in 4 Tagen auf die Hälfte ihres ursprünglichen Betrages sinkt, so ist der Wert von λ, wenn man die Zeit

---

[1]) E. Rutherford und F. Soddy, Phil. Mag., Sept. 1902.

238 Sechstes Kapitel. Kontinuierliche Erzeugung radioaktiver Materie.

nach Stunden rechnet, gleich 0,0072. Wartet man also 1 Stunde lang bis zur zweiten Trennung, so müfste die Aktivität des nach Ablauf dieser Zeit abgeschiedenen Thor X $^1/_{140}$ der maximalen Aktivität betragen, und nach 1 Tag bezw. 4 Tagen müfsten die entsprechenden Bruchteile $^1/_6$ und $^1/_2$ werden. Die Beobachtungsergebnisse stimmten mit den auf solche Weise berechneten Werten so gut überein, wie man es nur erwarten konnte.

Liefs man das Thornitrat, nachdem es vom Thor X vollständig befreit worden war, einen Monat lang unberührt stehen, und wurde es dann aufs neue dem gleichen Trennungsprozesse unterworfen, so war die Aktivität des frisch extrahierten Thor X ebenso grofs wie die des zuerst gewonnenen Produktes, falls in beiden Fällen gleich viel Substanz verarbeitet wurde. In einem Monat hatte sich also wieder die maximale Menge Thor X angesammelt. Der Prozefs kann beliebig oft wiederholt werden. Man lasse dem Thorpräparate jedesmal genügend Zeit, seine Aktivität vollständig wiederzugewinnen, so wird jede neue Fällung die gleiche maximale Menge Thor X liefern. Dabei ist es gleichgültig, ob man das gewöhnliche, käufliche Thornitrat als Ausgangsmaterial benutzt oder ein Salz von allergröfster Reinheit: von gleichen Gewichtsmengen Thornitrat erhält man stets gleich viel Thor X. Der ganze Verlauf der Vorgänge, um die es sich bei der Bildung und Abscheidung des Thor X handelt, scheint also von dem Grade der Reinheit der Substanz unabhängig zu sein[1]).

Die Bildung von Thor X geht unaufhörlich vor sich. Die Ausbeute bei seiner Abscheidung ist nach einer Wartezeit von gegebener Dauer stets die gleiche, so oft man auch das Verfahren wiederholen mag. So wurde z. B. 23 mal nach je neun Tagen eine Trennung vorgenommen, und jedesmal erhielt man die gleiche Menge Thor X.

Alle diese Beobachtungen stehen mit unseren Annahmen völlig im Einklange. Die Substanzmengen, die man von jedem Gramm des Ausgangsmaterials erhält, sind freilich aufserordentlich gering; die elektrischen Effekte, zu denen ihre Aktivität Veranlassung gibt, ermöglichen es aber, den Entstehungsprozefs schon während sehr kurzer Zeitperioden deutlich zu verfolgen. Bei Benutzung eines empfindlichen Elektrometers erhält man bereits sehr starke Nadelausschläge, wenn man nur die während einer Minute von 10 g Thornitrat erzeugte Thor X-Menge auf den Mefskondensator einwirken läfst. Man mufs dann schon Zusatzkapazitäten verwenden, um mit demselben Instrumente noch beobachten

---

[1]) An unseren Betrachtungen würde im Prinzip nichts geändert werden, wenn es sich herausstellen sollte, dafs für die Radioaktivität des Thoriums nicht dieses Element selbst verantwortlich zu machen wäre, sondern eine andere Substanz, von der sich stets eine konstante Menge als Verunreinigung im Thor vorfände.

zu können, falls man die Messungen auf längere Zeitperioden ausdehnen will.

133. Das Abklingen der Aktivität. Die Aktivität von Uran X und Thor X nimmt, wie wir sahen, nach einem Exponentialgesetze mit der Zeit ab. Diese Gesetzmäfsigkeit gilt allgemein für jede radioaktive Materie, soweit lediglich ihre eigene Aktivität in Frage kommt und sekundäre aktive Stoffe, die unter Umständen von ihr selbst erzeugt werden können, ausgeschlossen werden. In Fällen, in denen sich das Gesetz nicht erfüllt zeigt, läfst sich stets nachweisen, dafs sich die Aktivitäten zweier oder mehrerer Substanzen übereinanderlagern, von denen aber jede einzeln dem Exponentialgesetze entsprechend im Laufe der Zeit abklingt. Wir wollen uns nun die physikalische Bedeutung dieses Gesetzes klar zu machen suchen.

In Uran- und Thorverbindungen spielt sich beständig ein Vorgang ab, durch den das radioaktive Gleichgewicht in der Substanz aufrecht erhalten wird: es wird fortwährend neue aktive Materie erzeugt. Die Zustandsänderungen, die zu ihrer Entstehung führen, müssen offenbar chemischer Natur sein, da die fertig gebildeten Produkte andere chemische Eigenschaften besitzen als die Substanzen, in denen der Prozefs vor sich geht. Der Umstand, dafs jene Stoffe nach ihrer Entstehung radioaktiv sind, verschafft uns die Möglichkeit, den zeitlichen Verlauf des Umwandlungsprozesses zu verfolgen. Welcher Zusammenhang besteht nun aber zwischen den Momentanwerten der Aktivität und der Gröfse der zur gleichen Zeit in Umwandlung begriffenen Substanzmengen?

Zunächst hat die Erfahrung gelehrt, dafs der Sättigungsstrom i_t, den das neugebildete Produkt liefert, nachdem seine Aktivität während der Zeitdauer t abgeklungen ist, mit dem Anfangswerte i_0 des Sättigungsstromes, wenn unter λ wieder die Abklingungskonstante verstanden wird, in folgender Beziehung steht:

$$\frac{i_t}{i_0} = e^{-\lambda t}.$$

Die Intensität des Sättigungsstromes ist aber der gesamten Zahl der pro Sekunde in dem Versuchsapparate erzeugten Ionen proportional. Wie wir wissen, sind es die α-Strahlen — die mit grofser Geschwindigkeit dahineilenden positiv geladenen Massenteilchen —, die bei weitem den gröfsten Teil jener Gas-Ionen in Freiheit setzen. Wir können der Einfachheit halber annehmen, dafs von jedem Atom der aktiven Materie während seiner Umwandlung nur ein einziges α-Teilchen fortgeschleudert werde. Jeder dieser Träger wird längs seiner Bahn, ehe er zur Ruhe kommt, eine gewisse durchschnittliche Zahl von Ionen im Gase erzeugen. Nach der soeben gemachten Annahme ist die Zahl der pro Sekunde fortgeschleuderten Teilchen gleich der Zahl der Atome, die während derselben Zeit eine Umwandlung erleiden. Infolgedessen mufs, wenn sich

240 Sechstes Kapitel. Kontinuierliche Erzeugung radioaktiver Materie.

zu Anfang des Prozesses n_0 Atome und zur Zeit t n_t Atome pro Sekunde umwandeln, zwischen diesen beiden Zahlen die Beziehung gelten:

$$\frac{n_t}{n_0} = e^{-\lambda t}.$$

Im Rahmen unserer Theorie besagt demnach das der Erfahrung entnommene Abklingungsgesetz, daſs die Zahl der in der Zeiteinheit sich verwandelnden Atome nach einem Exponentialgesetze mit wachsender Zeit abnimmt.

Für die Zahl N_t der zur Zeit t noch unverändert gebliebenen Atome ergibt sich offenbar:

$$N_t = \int_t^\infty n_t \, dt,$$

also

$$N_t = \frac{n_0}{\lambda} e^{-\lambda t}.$$

Nennen wir noch N_0 die gesamte Zahl der ursprünglich vorhandenen Atome, so wird, da ja

$$N_0 = \frac{n_0}{\lambda},$$

$$\frac{N_t}{N_0} = e^{-\lambda t} \qquad \qquad 1)$$

Mit anderen Worten: die Aktivität eines Stoffes ist in jedem Momente der Zahl der zu dieser Zeit noch unverwandelt gebliebenen Atome proportional.

Ein analoges Gesetz gilt bekanntlich in der Chemie für jede monomolekulare Reaktion. Demnach ergibt sich die Schluſsfolgerung, daſs an der radioaktiven Verwandlung nur eine einzige chemische Komponente beteiligt sein kann. Das Abklingungsgesetz würde anders lauten, wenn dem radioaktiven Prozesse eine Wechselwirkung zwischen zwei Komponenten zugrunde läge; denn dann müſste der Aktivitätsabfall von den relativen Konzentrationen der beiden sich gegenseitig umsetzenden Bestandteile abhängen. Das ist jedoch noch niemals beobachtet worden; in keinem der bisher untersuchten Fälle wird die Geschwindigkeit des Aktivitätsabfalles von der Konzentration der strahlenden Materie beeinfluſst.

Aus der lezten Gleichung (1) folgt weiter:

$$\frac{dN_t}{dt} = -\lambda N_t,$$

d. h. die Zahl der Atome, die in der Zeiteinheit eine Umwandlung erleiden, ist der Zahl der gerade vorhandenen unverwandelten Atome proportional.

Sechstes Kapitel. Kontinuierliche Erzeugung radioaktiver Materie. 241

Setzen wir nun ferner den Fall, das aktive Produkt sei zunächst aus der Substanz vollständig abgeschieden worden, und diese habe ihr Strahlungsvermögen allmählich zurückgewonnen. Sobald wieder radioaktives Gleichgewicht eingetreten ist, wird die Zahl der elementaren Massensysteme, die während der Zeiteinheit eine Umwandlung erfahren, gleich λN_0 und diese Größe muß auch gleich der Zahl q_0 der pro Zeiteinheit neuentstehenden Massensysteme sein. Es besteht aber die Beziehung

$$q_0 = \lambda N_0,$$

folglich ist

$$\lambda = \frac{q_0}{N_0}.$$

Durch diese Betrachtung gewinnt die Konstante λ eine bestimmte physikalische Bedeutung: sie gibt uns an, ein wie großer Bruchteil der insgesamt vorhandenen Systeme sich innerhalb einer Sekunde umwandelt. Für verschiedene Typen radioaktiver Materie hat sie verschiedene Werte, für eine bestimmte Substanz ist sie aber unter allen Umständen unveränderlich. Aus diesem Grunde wollen wir die Größe λ als „Radioaktivitätskonstante" bezeichnen.

In einem Thorpräparate, aus dem der gesamte Vorrat an Thor X abgeschieden worden ist, sammelt sich eine gewisse maximale Menge Thor X allmählich wieder an. Wir sind jezt in der Lage, diesen Vorgang noch etwas eingehender zu analysieren. Das Thorium möge pro Sekunde q_0 Thor X-Teilchen erzeugen, und die Zahl der zu einer beliebigen Zeit t nach dem Beginn der Erholungsperiode gerade vorhandenen Thor X-Teilchen sei N. In jeder Sekunde erfahren λN Thor X-Teilchen eine Umwandlung, wenn λ die Radioaktivitätskonstante des Thor X bezeichnet. Während des Regenerierungsprozesses wächst die Zahl der Thor X-Teilchen zu irgendeiner Zeit offenbar um die Differenz der gerade neu entstehenden und der gleichzeitig sich umwandelnden Mengen. Es ist also

$$\frac{dN}{dt} = q_0 - \lambda N.$$

Das Integral dieser Gleichung lautet

$$N = a\,e^{-\lambda t} + b,$$

worin a und b Konstanten bezeichnen.

Für sehr große Werte von t erreicht die Zahl der vorhandenen Thor X-Teilchen einen maximalen Betrag N_0. Also wird $N = N_0$ für $t = \infty$, folglich ist

$$b = N_0.$$

Für $t = 0$ ist ferner $N = 0$, so daß

$$a + b = 0,$$

Rutherford-Aschkinass, Radioaktivität. 16

242 Sechstes Kapitel. Kontinuierliche Erzeugung radioaktiver Materie.

also
$$b = -a = N_0$$
wird, und somit ergibt sich als Lösung der obigen Gleichung:
$$\frac{N}{N_0} = 1 - e^{-\lambda t}.$$

Dieser Ausdruck ist aber gleichbedeutend mit der in Paragraph 130 abgeleiteten Formel, da die Strahlungsintensität stets der Zahl der vorhandenen Teilchen proportional sein muſs.

134. Unabhängigkeit der Abfallsgeschwindigkeit von äuſseren Bedingungen. Die momentane Aktivität einer Substanz kann als Gradmesser der jeweilig in ihr vor sich gehenden chemischen Veränderung dienen. Durch Aktivitätsmessungen kann man daher darüber Aufschluſs erlangen, inwiefern jene chemischen Vorgänge durch äuſsere Umstände beeinfluſst werden. Eine Beschleunigung oder Verzögerung des Prozesses müſste sich dadurch zu erkennen geben, daſs die Radioaktivitätskonstante einen gröſseren bezw. kleineren Wert annähme, d. h. daſs die Form der Abklingungskurve sich änderte.

Niemals hat man jedoch etwas derartiges beobachtet, falls dafür gesorgt war, daſs keines der Umwandlungsprodukte entweichen konnte. Die Geschwindigkeit des Aktivitätsabfalls wird durch keinerlei äuſsere Eingriffe, seien sie physikalischer oder chemischer Natur, beeinfluſst. Dadurch unterscheiden sich die Umwandlungsvorgänge, die in radioaktiven Substanzen stattfinden, auffallend von gewöhnlichen chemischen Prozessen. Für die Abklingungskonstante ergibt sich stets derselbe Wert, mag man die aktiven Präparate im Hellen oder im Dunkeln untersuchen, mögen sie sich im Vakuum, in Luft oder anderen Gasen aufhalten. Ebensowenig zeigt sich ein Unterschied, wenn man sie in dicke Bleihüllen einschlieſst, so daſs von auſsen keine Strahlung irgendwelcher Art zu ihnen gelangen kann. Man kann die Substanzen sogar zur hellen Glut erhitzen oder auf die Temperatur der flüssigen Luft abkühlen, ohne daſs ihre Aktivität dadurch geändert würde. Auch eine chemische Behandlung, der man sie unterwirft, erweist sich als wirkungslos. Man mag sie in Säuren lösen und die Flüssigkeit später eindampfen: der aktive Körper, der zurückbleibt, hat zum Schluſs wieder seine alte Aktivität. Man untersuche die strahlende Materie einmal in festem Zustande, das andere Mal, nachdem man sie in Lösung gebracht hat: in beiden Fällen wird man für die Konstante λ den gleichen Wert erhalten. Hat andererseits ein Trennungsprodukt seine Aktivität verloren, so mag man es erhitzen oder auflösen: es wird sein Strahlungsvermögen niemals wiedererlangen.

Man kennt heutzutage schon eine groſse Zahl verschiedener Typen aktiver Materie. In keinem dieser Fälle hat man je eine bemerkbare Änderung der Abklingungskonstanten durch irgendwelche physikalischen oder chemischen Eingriffe herbeiführen können.

135. Unabhängigkeit der Anstiegsgeschwindigkeit von äufseren Bedingungen. Die Zeit, die ein Radioelement nach der Abscheidung eines aktiven Umwandlungsproduktes zur Regenerierung braucht, hängt davon ab, wie schnell sich wieder neue aktive Materie bildet und wie schnell die Aktivität der neu entstandenen Substanzmengen abklingt. Die Abfallsgeschwindigkeit ist nun, wie wir soeben sahen, unabhängig von äufseren Bedingungen. Der zeitliche Verlauf des Aktivitätsanstieges könnte sich daher nur dann ändern, wenn die Produktion frischer Materie Schwankungen unterworfen wäre. Nach allen bisherigen Untersuchungen verläuft indessen auch der Prozefs der Neubildung vollkommen unabhängig von den äufseren physikalischen und chemischen Bedingungen. Allerdings lassen sich in gewissen Fällen scheinbare Ausnahmen von dieser Regel beobachten. So kann man z. B. leicht auf die Vermutung kommen, dafs die in Radium- und Thorpräparaten entstehenden Mengen radioaktiver Emanationen von Temperatur- und Feuchtigkeitseinflüssen abhingen und dafs sie sich änderten, wenn man die Muttersubstanzen in Lösung bringt. Bei näherer Untersuchung hat sich jedoch stets herausgestellt, dafs alle Erscheinungen, welche diese Schlufsfolgerungen zu rechtfertigen schienen, in Wahrheit dem Gesetze der Unveränderlichkeit der radioaktiven Prozesse gehorchten. Hiervon wird im nächsten Kapitel noch ausführlicher die Rede sein. Jene scheinbaren Abweichungen von der allgemeinen Regel kommen dadurch zustande, dafs je nach den äufseren Bedingungen verschieden grofse Mengen der Emanationen in den umgebenden Raum austreten. Aus diesem Grunde ist es gewöhnlich nicht leicht, für solche Substanzen, welche, wie die Thorverbindungen, gasförmige Emanationen entwickeln, die aufgeworfene Frage mit aller Strenge zu prüfen.

Nur wenn man lange Messungsreihen ausführt, die sich über die ganze Zeitdauer der Aktivitätszunahme erstrecken, kann man in derartigen Fällen den strikten Nachweis für die Einflufslosigkeit der Temperaturverhältnisse, des Molekularzustandes usw. erbringen. Will man feststellen, ob die Aktivität eines Radioelementes sich ändert, wenn man es aus einer chemischen Verbindung in eine andere überführt, so mufs man sehr vorsichtig zu Werke gehen. Man könnte zunächst glauben, dafs man sich zu diesem Zwecke darauf beschränken dürfe, die Aktivitäten gleicher Gewichtsmengen der betreffenden beiden Substanzen durch Strommessung in einem Kondensator miteinander zu vergleichen. Dann zeigt sich aber vielfach eine starke Abhängigkeit der gesuchten Relativwerte von den jeweiligen physikalischen Bedingungen, denen die untersuchten Präparate gerade unterliegen, obwohl ihre Gesamtaktivitäten in Wahrheit gleich grofs sind.

Die Frage, ob die pro Zeiteinheit neu entstehende Menge aktiver Materie vom Molekularzustande des primären Körpers abhängt, läfst sich nach einer einfachen und zuverlässigen Methode[1]) folgendermaßen entscheiden: Eine gegebene Substanz wird chemisch in eine beliebige andere Verbindung desselben Radioelementes übergeführt. Die Aktivitäten der beiden Präparate werden nach dem üblichen Verfahren in einem Plattenkondensator mehrere Tage oder auch Wochen lang mit derjenigen eines Normal-Uranpräparates verglichen, bis die Maximalwerte der Sättigungsströme erreicht sind. Die Endwerte müßten verschieden groß ausfallen, wenn die aktive Materie in der einen Verbindung schneller entstände als in der anderen. Denn im stationären Zustande hält ja der spontane Aktivitätsabfall der Neubildung das Gleichgewicht. Diese Methode läßt sich allgemein auf Uranverbindungen anwenden, da diese keine Emanationen entwickeln, die zu Komplikationen Veranlassung geben können. Oft kann man jedoch auch andere Substanzen in derselben Weise prüfen, z. B. gewisse Thorverbindungen, wenn man sie zunächst auf Weißglut erhitzt; nach dieser Behandlung können nämlich nur unbedeutende Mengen Emanation entweichen. So wurde z. B. das Thornitrat mit dem Thoroxyd verglichen; dabei wurde das letztere aus dem salpetersauren Salze durch Behandlung mit Schwefelsäure und längeres Glühen gewonnen. Auch das Thorsulfat hat man mit dem Oxyd verglichen.

In keinem Falle hat man jedoch Unterschiede in den Anstiegskurven gleicher Radioelemente beobachten können; es ist völlig belanglos, mit welchen anderen Elementen sie chemisch verbunden sind.

136. Die Hypothese vom Zerfall der Atome. Unsere bisherigen Betrachtungen über die Umwandlungsvorgänge in radioaktiven Körpern beschränkten sich auf die Entstehung der beiden Substanzen Uran X und Thor X. Das sind aber nur zwei Vertreter einer großen Klasse von aktiven Produkten ähnlichen Ursprungs. Die Radioelemente erzeugen noch viele andere Arten aktiver Materie. Ein jedes dieser verschiedenartigen Umwandlungsprodukte besitzt charakteristische chemische und radioaktive Eigenschaften, durch die es sich ebensowohl von den übrigen Umwandlungsprodukten wie von den Muttersubstanzen unterscheidet.

In allen diesen Fällen stehen die Ergebnisse der Forschung ausnahmslos im Einklange mit der Hypothese, daß die Radioaktivität eine Begleiterscheinung gewisser eigentümlicher chemischer Zustandsänderungen der Materie darstellt, und daß die Konstanz des Strahlungsvermögens der Radioelemente durch zwei gleichzeitig verlaufende Prozesse bedingt ist, die im stationären Gleichgewichte miteinander stehen: es wird neue aktive Materie erzeugt, und die bereits vorhandene erleidet ihrerseits eine weitere Umwandlung.

---

[1]) E. Rutherford und F. Soddy, Phil. Mag., Sept. 1902.

Sechstes Kapitel. Kontinuierliche Erzeugung radioaktiver Materie.

Was mögen es nun für Vorgänge sein, die zur Folge haben, daſs fortwährend in konstanter Menge neue Arten aktiver Materie in den Radioelementen zur Entstehung gelangen? Wie wir am Thor X und Uran X sahen, besitzt die neue Materie andere chemische Eigenschaften als die Muttersubstanz. Es müssen daher gewisse Umwandlungsprozesse in den Radioelementen stattfinden. Diese tragen jedoch einen durchaus anderen Charakter als die molekularen Umsetzungen, mit denen sich die Chemie beschäftigt. Denn wir kennen keinen chemischen Prozeſs, der nicht durch irgendwelche physikalischen und chemischen Wirkungen zu beeinflussen wäre, und dessen Reaktionsgeschwindigkeit so wenig von der Temperatur abhinge, daſs sie beim Erhitzen der Substanz bis zur Rotglut und beim Abkühlen in einem Bade von flüssiger Luft sich als gleich groſs ergäbe. Nur wenn wir annehmen, daſs jene Umwandlungen, die zur Bildung aktiver Materie Veranlassung geben, nicht in den Molekülen, sondern innerhalb der Atome selbst vor sich gehen, können wir von vornherein erwarten, daſs die Temperaturänderungen keinen erheblichen Einfluſs ausüben werden. Denn nach allen Erfahrungen der Chemie ist es nicht möglich, durch Abkühlung oder Erhitzung Elementarstoffe ineinander überzuführen; dies beweist uns, daſs die Stabilität der chemischen Atome auch durch starke Temperaturänderungen nicht merklich beeinträchtigt wird.

Nach der von Rutherford und Soddy aufgestellten Theorie befinden sich die Atome der Radioelemente in einem Zustande des allmählichen Zerfalls, erleiden sie eine spontane „Desaggregation". Wesentlich gestützt wurde diese Hypothese durch die Entdeckung der materiellen Natur der α-Strahlen; denn wir müssen, wie bereits an früherer Stelle (Paragraph 95) ausgeführt wurde, annehmen, daſs die α-Teilchen aus den Atomen der Radioelemente stammen: sie werden fortgeschleudert, wenn diese Atome zerfallen.

Man mag sich folgendes Bild von den Vorgängen machen, die sich in einem solchen Atom — nehmen wir als Beispiel den Fall des Thoriums — abspielen: Wir denken uns die Thoratome als zusammengesetzte, aber nicht dauernd stabile Gebilde. In jeder Sekunde zerplatzt ein im Durchschnitt konstanter Bruchteil der vorhandenen Systeme, und zwar genügt es, anzunehmen, daſs nur ein einziges von 10^{16} Atomen pro Sekunde zerfällt. Bei diesen Explosionen fliegen ein oder mehrere α-Teilchen mit groſser Geschwindigkeit davon. Der Einfachheit halber mag angenommen werden, daſs jedes zerfallende Atom nur ein α-Teilchen fortschleudere. Von den α-Teilchen des Radiums war nachgewiesen worden, daſs ihre Masse etwa doppelt so groſs wie die eines Wasserstoffatoms ist. Dasselbe dürfte auch für die positiven Teilchen des Thoriums gelten, da die α-Strahlen beider Substanzen die nämlichen Eigenschaften aufweisen. Die beim Zerplatzen der Thoratome zu-

Sechstes Kapitel. Kontinuierliche Erzeugung radioaktiver Materie.

stande kommende Emission von α-Teilchen bildet die sogenannte „nicht trennbare Aktivität" des Thoriums, die ungefähr 25 % seiner gesamten maximalen α-Strahlung ausmacht. Nachdem ein α-Teilchen fortgeflogen ist, suchen sich die zurückgebliebenen Bestandteile des Systems, deren Gesamtmasse nun etwas kleiner ist als diejenige des ursprünglichen Thoratoms, wieder zu einem neuen zeitweilig stabilen Gebilde zusammenzuschliefsen, und dieses wird naturgemäfs andere chemische Eigenschaften aufweisen als das Thoratom, aus dem es entstanden ist. Hiernach wäre das Atom der Substanz Thor X anzusehen als der Rest, der übrig bleibt, wenn ein Thoratom ein α-Teilchen verloren hat. Die Thor X-Atome sind aber noch viel weniger stabil als die Thoratome; und so wird wieder eines nach dem andern zerplatzen, wobei aufs neue je ein α-Teilchen fortgeschleudert wird. Diese letzteren stellen die Strahlung des Thor X dar. Die Aktivität dieser Substanz sinkt bekanntlich in etwa vier Tagen auf die Hälfte ihres Anfangs-

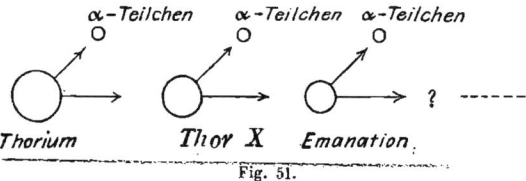

Fig. 51.

wertes. Daher ist nach vier Tagen die Hälfte der ursprünglich vorhandenen Thor X-Atome zerfallen, da die Zahl der pro Sekunde zerplatzenden Systeme stets der gerade vorhandenen Menge proportional ist. Die Absonderung eines α-Teilchens aus dem Thor X-Atom hat nun wiederum zur Folge, dafs ein System von kleinerer Masse und anderen chemischen Eigenschaften zurückbleibt. Wir werden später (Paragraph 154) sehen, dafs in der Tat aus dem Thor X die Thoremanation als radioaktive gasförmige Substanz entsteht, und dafs sich diese weiter in eine andere Form der Materie umwandelt, welche, indem sie sich auf festen Körpern niederschlägt, die Erscheinungen der erregten Aktivität hervorruft. So erleidet das Thorium eine Reihe stufenweise aufeinanderfolgender Umwandlungen. Die ersten Phasen dieses Prozesses sind schematisch in Fig. 51 dargestellt.

Jedes der einzelnen Umwandlungsprodukte, die bei dem allmählichen Zerfall des Thoratoms entstehen, besitzt ein ihm eigentümliches chemisches Verhalten. Ferner sind fast alle diese labilen Formen der Materie radioaktiv und in jedem Falle nimmt die Aktivität mit einer für das betreffende Produkt charakteristischen Abfallsgeschwindigkeit im Laufe der Zeit ab. Das Element Thorium besitzt das Atomgewicht 237; das Gewicht eines α-Teilchens ist, auf dieselbe Einheit bezogen, ungefähr gleich 2. Wenn also bei jeder Umwandlung immer nur ein

Sechstes Kapitel. Kontinuierliche Erzeugung radioaktiver Materie. 247

α-Teilchen fortgetrieben wird, so kann augenscheinlich eine ganze Anzahl aufeinanderfolgender Desaggregationen stattfinden, ohne daſs die am Ende des ganzen Prozesses zurückbleibende Masse von anderer Gröſsenordnung zu sein brauchte als die des ursprünglich vorhandenen Atoms.

Ein solcher spontaner Zersetzungsprozeſs, wie wir ihn soeben für den Fall des Thoratoms beschrieben haben, muſs auch im Uran, Aktinium und Radium vor sich gehen. In eine erschöpfende Behandlung des Gegenstandes können wir aber erst eintreten, wenn wir zwei der wichtigsten Umwandlungsprodukte des Thors, des Radiums und Aktiniums näher kennen gelernt haben werden, nämlich ihre radioaktiven Emanationen und die Materie, welche die mitgeteilte Aktivität hervorruft.

137. Menge der zerfallenden Atome. Mehrere voneinander unabhängige Rechnungsmethoden (s. Paragraph 246) führen zu dem übereinstimmenden Resultate, daſs in jedem Gramm Thorium pro Sekunde 3×10^4 Atome zerfallen müssen, um die Aktivität der Substanz aufrecht zu erhalten. Bekanntlich enthält nun (vgl. Paragraph 39) 1 ccm Wasserstoff bei gewöhnlichem Druck und normaler Temperatur $3{,}6 \times 10^{19}$ Moleküle. Daraus folgt, daſs in einem Gramm Thorium $3{,}6 \times 10^{21}$ Atome enthalten sind. Der pro Sekunde zerfallende Bruchteil beträgt demnach ungefähr 10^{-17}, ist also auſserordentlich gering. Und darum muſs es offenbar sehr lange dauern, bis der Umwandlungsprozeſs so weit vorgeschritten ist, daſs man die neugebildete Materie auf spektroskopischem Wege oder mit Hilfe der Wage nachweisen könnte. Einen merklichen elektroskopischen Effekt erhält man aber schon durch die von 10^{-5} g Thorium ausgesandte Strahlung; das Elektroskop reagiert also bereits auf die Ionisierung, die entsteht, wenn pro Sekunde nur ein einziges Thoratom zerfällt. Mit Hilfe dieses Apparates sind wir demnach in der Lage, auſserordentlich geringfügige Veränderungen in der chemischen Konstitution der Körper zu erkennen, vorausgesetzt, daſs es sich um radioaktive Substanzen handelt, d. h. um solche, die während ihrer Umwandlung elektrisch geladene Teilchen mit groſser Geschwindigkeit fortschleudern. Das winzige Quantum Thor X, das von 1 g Thorium in einer Sekunde erzeugt wird, ruft durch seine Strahlung schon eine deutliche Ionisierung hervor; erst nach Tausenden von Jahren würde sich aber so viel Thor X gebildet haben, daſs sein Nachweis durch Wägung oder mittels der Spektralanalyse gelänge. Bei der radioaktiven Verwandlung des Thoriums handelt es sich also um Substanzmengen von ganz anderer Gröſsenordnung, als wie wir sie bei gewöhnlichen chemischen Umsetzungen antreffen. Es kann daher nicht wundernehmen, daſs jene Zerfallsprodukte auf direktem chemischen Wege noch niemals beobachtet worden sind.

Siebentes Kapitel.
Radioaktive Emanationen.

138. Einleitung. Radium, Thorium und Aktinium entwickeln fortwährend eine materielle Emanation, die in den umgebenden Raum austritt und sich in jeder Beziehung wie ein radioaktives Gas verhält. Diese höchst wichtige und merkwürdige Eigenschaft kommt nur den drei eben genannten Radioelementen zu, Uran und Polonium besitzen sie dagegen nicht. Die Emanation diffundiert sehr schnell durch Gase und durch poröse Substanzen hindurch. Durch starke Abkühlung läfst sie sich kondensieren, und so kann man sie von anderen, beigemengten Gasen trennen. Da sie bei gewöhnlicher Temperatur gasförmig ist, hat man ihre Eigenschaften viel genauer untersuchen können als die der anderen aktiven Umwandlungsprodukte. Weiter mag schon an dieser Stelle erwähnt werden, dafs die Emanation das verbindende Glied darstellt zwischen der eigenen Aktivität der Radioelemente und der erregten Aktivität, die auf allen Körpern in ihrer Umgebung zu entstehen pflegt. Das Radium übertrifft bekanntlich an Aktivität bei weitem alle übrigen Radioelemente. Demgemäfs sind auch die Wirkungen seiner Emanation am deutlichsten zu erkennen. Im übrigen sind jedoch die radioaktiven Eigenschaften der drei verschiedenen Emanationsarten einander ziemlich ähnlich.

Die Thoremanation.

139. Entdeckung der Emanation. Verschiedenen Beobachtern war es bei ihren Untersuchungen über die Strahlung des Thoriums aufgefallen, dafs die Aktivität gewisser Verbindungen dieses Elementes, vor allem des Oxyds, starken Schwankungen unterlag, wenn die Substanzen nach der elektrometrischen Methode in offenen Gefäfsen geprüft wurden. Owens[1]) erkannte, dafs diese Unregelmäfsigkeiten durch

---

[1]) R. B. Owens, Phil. Mag., Okt. 1899, p, 360.

Siebentes Kapitel. Radioaktive Emanationen.

Luftströmungen hervorgerufen wurden. Er arbeitete dann mit geschlossenen Gefäſsen, und in diesem Falle wuchs der Ionisationsstrom unmittelbar nach der Einführung des aktiven Körpers allmählich zu immer höheren Werten, bis er schlieſslich eine konstante Maximalintensität erreichte. Sobald man nun Luft durch den Apparat hindurchsaugte, wurde die Stromstärke wieder erheblich kleiner. Dicke Papierschichten, in denen die α-Strahlen vollkommen absorbiert werden muſsten, schienen dabei für die wirksame Strahlung durchlässig zu sein.

Alsbald konnte der Verfasser[1]) zeigen, daſs diese eigentümlichen Erscheinungen dadurch zustande kommen, daſs von den Thorverbindungen radioaktive Teilchen besonderer Art emittiert werden. Diese „Emanation", wie das wirksame Agens der Bequemlichkeit halber genannt wurde, besitzt die Eigenschaft, Gase zu ionisieren und die photographische Platte zu schwärzen; sie vermag ferner, durch poröse Substanzen, z. B. Papier, leicht hindurch zu diffundieren.

Man kann die Emanation, wie ein Gas, am Entweichen vollkommen verhindern, indem man das aktive Präparat mit einer dünnen Glimmerplatte bedeckt. Durch einen Luftstrom wird diese gasartige Materie fortgeführt; sie vermag einen Wattepfropf zu passieren und kann durch Flüssigkeiten hindurchperlen, ohne daſs sie dabei einen Aktivitätsverlust erleidet. In dieser Hinsicht verhält sie sich also ganz anders als ein durch Bestrahlung ionisiertes Gas; denn die Gasionen würden unter den gleichen Bedingungen ihre Ladungen vollständig verlieren.

Man könnte vermuten, daſs die Emanation aus Staubteilchen bestände, die von der aktiven Materie abgegeben würden. Das ist jedoch von vornherein nicht wahrscheinlich, da selbst dicke Pappdeckel und festgestopfte Wattefilter für die Emanation noch durchlässig sind. Zur weiteren Prüfung dieser Frage wurden aber noch besondere Versuche nach der Methode von Aitken und Wilson angestellt. Das Thoroxyd befand sich, in eine Papierhülle eingeschlossen, in einem Glasgefäſs. Die in letzterem enthaltene Luft grenzte an eine Wasserschicht und wurde mehrmals schwach expandiert, um den anfangs vorhandenen Staub fortzuschaffen. Die Staubteilchen wirken ja als Kondensationskerne und sinken mit den Wassertröpfchen, der Schwere folgend, zu Boden. Zuletzt hörte die Nebelbildung auf, so daſs man die Luft als staubfrei betrachten durfte. Nachdem man einige Zeit gewartet hatte, damit sich eine genügende Menge der Thoremanation ansammeln konnte, wurden weitere Expansionen vorgenommen. Nebelbildung trat aber niemals ein, woraus hervorgeht, daſs die Emanationsteilchen zu geringe Dimensionen besitzen, um bei den schwachen Expansionen, die in Frage kamen, Kondensationskerne zu bilden. Die Emanation kann daher nicht aus Thoriumstaub bestehen.

---

[1]) E. Rutherford, Phil. Mag., Jan. 1900, p. 1.

Es gibt eine chemische Verbindung, das Wasserstoffsuperoxyd, die gleichfalls die Fähigkeit besitzt, die photographische Platte zu affizieren und durch poröse Stoffe schnell hindurchzuwandern. Man konnte versucht sein, in der Emanation eine Substanz von ähnlicher Art zu erblicken. Dieser Auffassung widersprachen indessen die Ergebnisse weiterer Untersuchungen, aus denen hervorging, daſs Wasserstoffsuperoxyd durchaus nicht radioaktiv ist, und daſs die photographischen Eindrücke, die es hervorruft, auf rein chemischen Ursachen beruhen, während es andererseits nicht die Emanation selbst, sondern erst ihre Strahlung ist, welche die photographische Platte schwärzt und Gase ionisiert.

140. Untersuchungsmethoden. Nur äuſserst geringe Mengen der Emanation werden von Thorpräparaten entwickelt. Bringt man eine emanierende Verbindung in ein Vakuumgefäſs, so läſst sich keine Er-

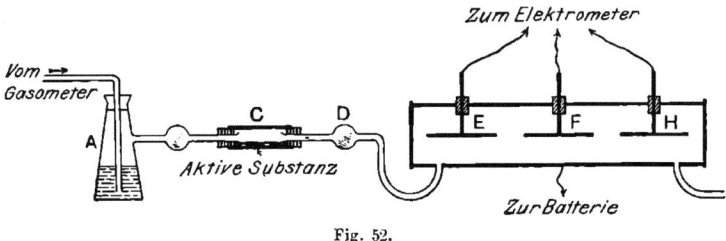

Fig. 52.

höhung des Gasdruckes konstatieren; ebensowenig hat man ein charakteristisches Spektrum der Emanation beobachten können.

Ein Apparat, der sich zum Studium der Eigenschaften der Emanation eignet, ist in Fig. 52 abgebildet.

In dem Glasrohre C befindet sich die Thorverbindung; sie kann in eine Papierhülle eingeschlossen sein. Von einem Gasometer gelangt ein Luftstrom, den man zunächst durch ein Wattefilter, um Staubteilchen zu entfernen, hindurchgehen läſst, in die mit Schwefelsäure gefüllte Waschflasche A. Er durchsetzt dann einen fest gestopften Wattepfropf, damit Flüssigkeitströpfchen zurückgehalten werden, und streicht über die aktive Substanz in C hinweg. Er führt nun die Emanation mit sich fort, durchsetzt einen dritten Wattepfropf D, der die in C entstandenen Ionen beseitigt, und so gelangt die Emanation schließlich in ein zylindrisches Messinggefäſs von 75 cm Länge und 6 cm Durchmesser, das in gewöhnlicher Weise mit einer Akkumulatorenbatterie verbunden ist. Längs der Achse des Zylinders sind drei gleich lange, wohlisolierte Elektroden E, F, H angeordnet, die von Messingdrähten getragen werden. Die letzteren sind durch in die Zylinderwand eingelassene Ebonitstopfen hindurchgeführt. Die Emanation erzeugt in dem Apparate einen Ionisationsstrom; ein Elektrometer dient zur Messung seiner Intensität.

Mit Hilfe eines passend konstruierten Schlüssels kann man eine der drei Elektroden, E, F oder H, mit dem einen Quadrantenpaare des Elektrometers und gleichzeitig die anderen beiden mit der Erde verbinden. Das Gas verdankt seine Leitfähigkeit lediglich der ionisierenden Wirkung der Emanation, die mit dem Luftstrom in das Versuchsgefäfs gelangt. Wird nämlich das Thorpräparat durch eine Uranverbindung ersetzt, so kommt niemals ein elektrischer Strom zustande. Wenn man Versuche mit der Thoremanation anstellt, mufs man die Luft etwa zehn Minuten lang durch den Apparat hindurchstreichen lassen, ehe die Stromstärke einen konstanten Wert annimmt.

Mit der Spannung ändert sich die Stromstärke in ähnlicher Weise, wie wenn das Gas durch Bestrahlung mit radioaktiven Substanzen ionisiert wird: zunächst wächst der Strom mit zunehmender Potentialdifferenz, schliefslich erreicht er aber einen Sättigungswert.

141. Zeitliche Abnahme der Emanationsaktivität. Die Emanation verliert ihre Aktivität sehr schnell im Laufe der Zeit. Das läfst sich mit Hilfe des in Fig. 52 abgebildeten Apparates leicht nachweisen. Verbindet man nämlich die drei Elektroden E, F, H der Reihe nach mit dem Elektrometer, so erkennt man, dafs die Stromstärke längs des Zylinders allmählich immer kleiner wird, und ferner zeigt sich, dafs es von der Geschwindigkeit des Luftstromes abhängt, wie schnell die Stromwerte von der einen zur anderen Elektrode abnehmen.

Kennt man die Geschwindigkeit des Luftstroms, so läfst sich aus solchen Messungen das Abklingungsgesetz für die Aktivität der Emanation ableiten. Das kann auch in der Weise geschehen, dafs man den Luftstrom in einem bestimmten Momente unterbricht, die Öffnungen des Zylinders verschliefst und nun die zeitliche Abnahme des Sättigungsstromes bestimmt. In dieser Weise wurde die folgende Beobachtungsreihe gewonnen; die einzelnen Messungen wurden, nachdem man den Luftstrom abgestellt hatte, so schnell als möglich nacheinander ausgeführt.

Zeit in Sekunden.	Sättigungsstrom.
0	100
28	69
62	51
118	25
155	14
210	6,7
272	4,1
360	1,8

Graphisch ist die Beziehung zwischen Stromstärke und Zeit durch die Kurve A der Fig. 53 dargestellt. Die Werte der Ordinaten sind

Siebentes Kapitel. Radioaktive Emanationen.

hier auf die unmittelbar vor der Unterbrechung des Luftzuflusses gemessene Stromstärke als Einheit bezogen. Man erkennt, daſs die Aktivität der Emanation nach einem Exponentialgesetze mit wachsender Zeit abnimmt. Die Emanation zeigt also ein den Umwandlungsprodukten Uran X und Thor X analoges Verhalten. Die Abfallsgeschwindigkeit ist jedoch im vorliegenden Falle beträchtlich gröſser: die Emanationsaktivität sinkt nämlich schon innerhalb einer Minute auf die Hälfte ihres Anfangswertes. Im Rahmen unserer, in Paragraph 136 entwickelten Theorie bedeutet das: in einer Minute erleidet

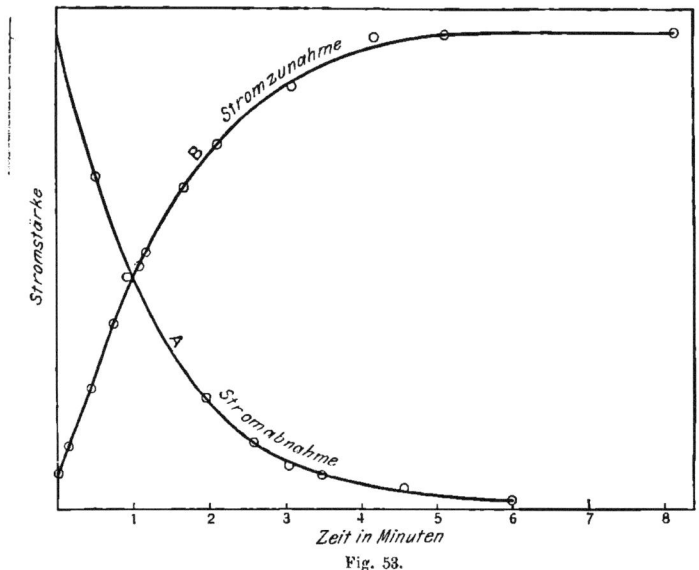

Fig. 53.

die Hälfte der vorhandenen Emanationsteilchen eine Umwandlung. Ist die Emanation 10 Minuten alt geworden, so liefert sie nur noch einen auſserordentlich schwachen Ionisationsstrom; nach Ablauf dieser Zeit sind demnach so gut wie keine unverwandelten Emanationsteilchen mehr vorhanden.

Nach den genauen Messungen von Rossignol und Gimingham[1] nimmt die Aktivität in 51 Sekunden auf die Hälfte ihres Anfangswertes ab. In naher Übereinstimmung fand Bronson[2] unter Benutzung der Methode der konstanten Elektrometerausschläge (vgl. Paragraph 69) für die entsprechende Zeit den Wert 54 Sekunden.

Es mag noch betont werden, daſs die zeitliche Abnahme der Strom-

---

[1] C. Le Rossignol und C. T. Gimingham, Phil. Mag., Juli 1904.
[2] H. L. Bronson, Amer. Journ. Science, Febr. 1905.

stärke tatsächlich ein strenges Maſs für den Aktivitätsabfall darstellt. Die erzeugten Ionen gebrauchen zwar auch eine gewisse Zeit, um an die Elektroden hin zu wandern. Dieser Umstand spielt aber bei den hier in Betracht kommenden Messungen keine Rolle. Denn wenn man die Luft mit einer Uranverbindung ionisiert, behält sie ihre Leitfähigkeit bei Anlegung der Sättigungsspannung nur während eines Bruchteils einer Sekunde.

Von der Gröſse der auf das Gas einwirkenden elektromotorischen Kraft ist die Geschwindigkeit des Abfalls der Emanationsaktivität unabhängig. Es findet also keine Zerstörung radioaktiver Teilchen im elektrischen Felde statt. Man erhält auch, wenn man nach Unterbrechung des Luftzuflusses jedesmal eine bestimmte Zeit verstreichen läſst, stets den gleichen Wert der Stromintensität, einerlei, ob die Potentialdifferenz dauernd oder nur während der Messung selbst an die Elektroden angelegt wird.

Selbst starke elektrische Felder lassen die Emanation unbeeinfluſst; sie kann daher ihrerseits nicht geladen sein. Lieſs man die Emanation durch einen aus zwei langen konzentrischen Zylindern gebildeten und auf ein hohes Potential geladenen Kondensator hindurchstreichen, so ergab sich deutlich aus Aktivitätsmessungen, daſs sie keine Beschleunigung in Richtung des Feldes erfuhr; wenigstens war die transversale Geschwindigkeit für einen Potentialgradienten von 1 Volt pro Zentimeter keinesfalls gröſser als 0,00001 cm pro Sekunde. Auch aus Versuchen von Mc Clelland[1]) geht hervor, daſs die Emanation keine elektrische Ladung mit sich führt.

Was die Menge der während eines gegebenen Zeitintervalls sich entwickelnden Emanation betrifft, so ist sie unabhängig von der Natur des Gases, in dem sich der aktive Körper befindet. Ersetzt man die Luft in dem Apparate der Fig. 52 durch Wasserstoff, Sauerstoff oder Kohlensäure, so ändert sich die Stromstärke lediglich in dem Maſse, wie es den Unterschieden des Absorptionsvermögens der einzelnen Gase für die Strahlung der Emanation entspricht.

Die Stärke des von der Emanation hervorgerufenen Sättigungsstromes ist dem Gasdrucke direkt proportional. Davon kann man sich leicht überzeugen, wenn man einen luftdichten Kondensatorbehälter benutzt und in diesen ein Thorpräparat einführt, nachdem man es, um seine eigene α-Strahlung fernzuhalten, in Papier eingewickelt hat. Da nun die Stärke der Ionisation bei konstanter Strahlungsquelle dem Gasdrucke proportional ist, so beweist dieser Versuch, daſs die Gröſse des Gasdruckes auf die Emanationsentwickelung keinen Einfluſs ausübt. (Näheres hierüber siehe in Paragraph 157.)

---

[1]) J. A. Mc Clelland, Phil. Mag., April 1904.

142. Einfluſs der Schichtdicke.

Der Betrag der von einer Thorverbindung emittierten Emanationsmengen hängt, bei gegebener Flächenausdehnung der Substanz, von ihrer Schichtdicke ab. Benutzt man eine sehr dünne Schicht, so rührt die Ionisierung, die sich in einem Plattenkondensator der üblichen Anordnung geltend macht, hauptsächlich von der α-Strahlung des aktiven Körpers selbst her, und wegen der leichten Absorbierbarkeit der α-Strahlen erreicht dieser Effekt bereits ein Maximum, wenn die eine Kondensatorplatte nur mit einem dünnen Überzug der radioaktiven Materie versehen ist. Anders ist es, wenn man den von der Emanation erzeugten Ionisationsstrom betrachtet: dieser wächst stetig, bis die wirksame Schicht mehrere Millimeter dick geworden ist. Eine weitere Zunahme tritt auch hier aus dem Grunde nicht ein, weil die aus der Tiefe hervordringende Emanation mehrere Minuten braucht, um durch die ganze Schicht hindurch zu diffundieren und während dieser Zeit den gröſsten Teil ihrer Aktivität einbüſst.

Ionisiert man die Luft mit einer dicken Schicht Thoroxyd in einem geschlossenen Behälter, so ist der auftretende Strom zum groſsen Teile der Wirkung der zwischen den Kondensatorplatten befindlichen Emanation zuzuschreiben.

Die Stromstärke sinkt allmählich, wenn man das Thoroxyd mit einer wachsenden Zahl dünner Papierblätter bedeckt. Dieser Einfluſs äuſsert sich aber in verschiedener Weise, je nachdem, ob die aktive Schicht eine geringe oder groſse Dicke besitzt. Das mag durch folgende Tabellen belegt werden.

Tabelle I. Dünne Schicht.
Dicke eines Papierblatts: 0,0027 cm.

Zahl der Papierblätter	Stromstärke
0	1
1	0,37
2	0,16
3	0,08

Tabelle II. Dicke Schicht.
Dicke eines Papierblatts: 0,008 cm.

Zahl der Papierblätter	Stromstärke
0	1
1	0,74
2	0,74
5	0,72
10	0,67
20	0,55

In beiden Zahlenreihen ist die vom unbedeckten Präparate gelieferte Stromstärke gleich Eins gesetzt worden. Wie Tabelle I zeigt, nimmt der Strom bei geringer Dicke der aktiven Schicht mit wachsender Zahl der eingeschalteten Papierblätter sehr schnell ab. Hier kommen fast ausschlieſslich die α-Strahlen des Oxyds zur Geltung. In Tabelle II hat die Einschaltung der ersten Papierschicht ein Sinken des Stromes auf den Wert 0,74 zur Folge. Bei grofser Schichtdicke sind also nur ungefähr 26 % der gesamten Wirkung dem Einflusse der vom Thorium selbst ausgehenden α-Strahlen zuzuschreiben; diese werden in dem 0,008 cm dicken Papier so gut wie vollständig absorbiert. Weiterhin nimmt die Stromstärke nur noch langsam ab, woraus hervorgeht, dafs die Emanation durch mehrere Papierblätter so schnell hindurch diffundiert, dafs sie auf ihrem Wege nur wenig an Aktivität verliert. Immerhin macht sich der Aktivitätsabfall während der Zeit, die das Gas braucht, um 20 Blätter zu durchdringen, schon deutlich bemerkbar. Die Einschaltung einer 1,6 mm dicken Pappscheibe schwächt den Strom auf den fünften Teil seines ursprünglichen Wertes.

In geschlossenen Gefäfsen variiert der von der Emanationsaktivität herrührende Anteil des Gesamtstromes nicht allein mit der Dicke der strahlenden Schicht, sondern auch mit dem gegenseitigen Abstande der Kondensatorplatten. Einen bedeutenden Einflufs hat ferner die chemische Natur der zur Verwendung gelangenden Thorverbindung. So ist jener Stromanteil viel gröfser, wenn man mit dem Hydroxyd, als wenn man mit dem Nitrat arbeitet. Aus dem letzteren entweicht die Emanation nämlich bei weitem langsamer als aus dem Hydroxyd.

143. Allmähliche Zunahme der Stromintensität.
Man bringe eine emanierende Substanz in ein geschlossenes Gefäfs. Dann ist der von der Emanation gelieferte Ionisierungseffekt zunächst nur schwach und erreicht erst allmählich seine volle Stärke.

Aus der folgenden Tabelle ersieht man, wie die Stromstärke im Laufe der Zeit wächst. Die Zahlen wurden in der Weise gewonnen, dafs für nahe aufeinanderfolgende Zeitpunkte die Werte des Sättigungsstromes zwischen konzentrischen Zylindern von 5,5 cm Länge und 0,8 cm Durchmesser bestimmt wurden; in diesem Kondensator befand sich ein in Papier eingewickeltes Thoroxydpräparat. Unmittelbar vor dem Beginn der Versuchsreihe wurde ein kräftiger Luftstrom durch den Apparat hindurchgetrieben, um die bereits vorhandene Emanation hinauszuschaffen. Vollständig konnte aber die Leitfähigkeit des Gases dadurch nicht beseitigt werden, so dafs auch zur Zeit Null schon ein schwacher Strom vorhanden war.

Zeit in Sekunden.	Stromstärke.
0	9
23	25
53	49
96	67
125	76
194	88
244	98
304	99
484	100

Graphisch sind diese Beobachtungen durch Kurve B, Fig. 53, dargestellt. Zwischen den beiden Vorgängen, die durch die Kurven A und B veranschaulicht werden, besteht ein ähnlicher Zusammenhang, wie wir ihn beim Uran X und Thor X zwischen dem spontanen Aktivitätsabfall und der Regenerierung gefunden hatten.

Auch im vorliegenden Falle lautet die Gleichung der Abklingungskurve

$$\frac{J_t}{J_0} = e^{-\lambda t}$$

und die der ansteigenden Kurve

$$\frac{J_t}{J_0} = 1 - e^{-\lambda t}$$

Die Größe λ bezeichnet die Radioaktivitätskonstante der Emanation.

Auch hier sind es zwei verschiedene Prozesse, die den Erscheinungen zugrunde liegen. Wie in den früheren analogen Fällen werden nämlich erstens neue radioaktive Teilchen fortwährend in konstanter Menge erzeugt und findet zweitens ein spontaner Aktivitätsverlust statt, indem das Strahlungsvermögen der vorhandenen Teilchen nach einem Exponentialgesetze mit wachsender Zeit abnimmt.

Im Gegensatze zum Thor X und Uran X, die sich stets nur da vorfinden, wo sie durch Umwandlung der Muttersubstanzen entstanden sind, pflegt ein Teil der radioaktiven Emanation in den umgebenden Raum zu entweichen. Dient jedoch ein geschlossener Behälter zur Aufnahme der emanierenden Thorverbindung, so erreicht die Emanationsaktivität, die zur Beobachtung gelangt, einen maximalen Betrag, sobald die Effekte der Neubildung radioaktiver Materie und des spontanen Aktivitätsabfalles im stationären Gleichgewichte miteinander stehen. Die Zeit, innerhalb welcher die Aktivität auf die Hälfte ihres endgültigen Wertes steigt, beträgt ungefähr 1 Minute; sie muß ja, gemäß den obigen Formeln, mit der entsprechenden Abklingungszeit übereinstimmen.

Ist q_0 die Zahl der pro Sekunde in den Raum eindringenden Emanationsteilchen und N_0 diejenige der im Zustande radioaktiven Gleichgewichtes schließlich vorhandenen Teilchen, so gilt nach Paragraph 133 die Beziehung

$$q_0 = \lambda N_0.$$

Da die Thoremanation in 1 Minute die Hälfte ihrer Aktivität einbüßt, ergibt sich für ihre Radioaktivitätskonstante

$$\lambda = 1/87,$$

folglich wird

$$N_0 = 87\, q_0$$

Im stationären Zustande ist also die Zahl der vorhandenen Emanationsteilchen 87 mal so groß wie die pro Sekunde geförderte Menge.

Radiumemanation.

144. Entdeckung der Emanation. Die Versuche, die zur Entdeckung der Thoremanation geführt hatten, wurden von Dorn[1]) wiederholt. Bald darauf gelang ihm der Nachweis, daſs auch Radiumverbindungen radioaktive Emanationen entwickeln. Er erkannte ferner, daſs die abgegebenen Mengen des aktiven Gases viel gröſser werden, wenn man die Substanz erhitzt, und daſs das Strahlungsvermögen der Radiumemanation erheblich langsamer als das der Thoremanation abklingt. Im übrigen zeigt sich eine weitgehende Übereinstimmung in dem Verhalten der beiden Emanationen. Auch diejenige des Radiums ruft photographische Eindrücke hervor und ionisiert die Gase, denen sie beigemengt ist; sie diffundiert leicht durch poröse Substanzen hindurch, vermag dagegen noch so dünne Glimmerplatten nicht zu durchdringen. Mit einem Worte, sie verhält sich gleichfalls wie ein temporär aktives Gas.

145. Zeitlicher Abfall der Emanationsaktivität. Im festen Zustande läſst das Radiumchlorid nur sehr wenig Emanation entweichen; die Ausbeute wird aber bedeutend gröſser, wenn man die Substanz erhitzt oder in Wasser löst. So kann man sich ziemlich beträchtliche Quantitäten der Emanation verschaffen, indem man Luft durch eine Radiumchloridlösung hindurchperlen oder über eine stark erhitzte Radiumverbindung hinwegstreichen läſst. Auf diese Weise erhält man ein Gemisch aus Emanation und Luft, das in einem geeigneten Behälter aufgefangen werden kann.

Sorgfältige Untersuchungen über den spontanen Aktivitätsabfall sind für die Radiumemanation von P. Curie[2]) sowie von Rutherford und Soddy[3]) ausgeführt worden. Die letzteren sammelten zunächst einen Vorrat an Emanation, mit Luft gemischt, in einem gewöhnlichen Gasometer; Quecksilber diente als Sperrflüssigkeit. Von Zeit zu Zeit wurden mittels einer Gaspipette gleiche Mengen des Gasgemisches entnommen und in den Meſsapparat übergeführt. Dieser bestand aus einem luftdicht schlieſsenden Hohlzylinder aus Messing mit einer axial angeordneten, isolierten Elektrode. Die letztere wurde mit einem Elektrometer, dem eine passende Kapazität parallel geschaltet war, und der Zylinder mit einer Spannungsquelle verbunden. Die Messung des Sättigungsstromes geschah unmittelbar nach der Einführung der Gasproben in den Versuchsapparat; die so ermittelten Werte galten als Maſs für die Aktivität der vorhandenen Emanation. Läſst man nämlich erst eine kurze Zeit vor der Messung verstreichen, so erhält man

---

[1]) E. Dorn, Abh. d. Naturforsch. Ges., Halle a. S., 1900.
[2]) P. Curie, C. R. 135, p. 857. 1902.
[3]) E. Rutherford und F. Soddy, Phil. Mag., April 1903.

wesentlich höhere Stromstärken, da die Gefäfswände eine erregte Aktivität annehmen. (Näheres hierüber s. in Kapitel VIII.)

Die ganze Beobachtungsreihe erstreckte sich über eine Zeit von 33 Tagen. Dabei ergaben sich die folgenden relativen Werte für die Aktivität der Radiumemanation.

Zeit in Stunden.	Relative Aktivität.
0	100
20,8	85,7
187,6	24,0
354,9	6,9
521,9	1,5
786,9	0,19

Es zeigt sich wiederum ein exponentieller Abfall im Laufe der Zeit. Die Aktivität sinkt auf die Hälfte ihres Anfangswertes in 3,71 Tagen. Hieraus berechnet sich nach der üblichen Formel

$$\frac{J_t}{J_o} = e^{-\lambda t}$$

die Radioaktivitätskonstante zu

$$\lambda = 2{,}16 \times 10^{-6} = 1/463000.$$

P. Curie bediente sich bei seinen Messungen einer anderen Methode. Er schlofs etwas Radiumsalz in ein aus zwei Teilen bestehendes Glasrohr ein. Es sammelte sich nun die Emanation allmählich im Innern des Rohres an, und nach einiger Zeit wurde der Rohrteil, der die Radiumverbindung enthielt, abgeschmolzen. Der andere Teil des Glases, in welchem sich die Emanation befand, wurde in einen Kondensator gebracht. Zur Ermittelung des Aktivitätsabfalls wurden zu bestimmten Zeiten Strommessungen vorgenommen. Dabei konnte offenbar nur die ionisierende Wirkung der von den Glaswänden hindurchgelassenen Strahlen zur Geltung kommen. Fig. 54 stellt die Versuchsanordnung dar und bedarf kaum einer Erläuterung. Der Strom fliefst durch die von den Elektroden BB und CC begrenzte Gasmasse hindurch. AA ist die Glasröhre, in der sich die Emanation befindet.

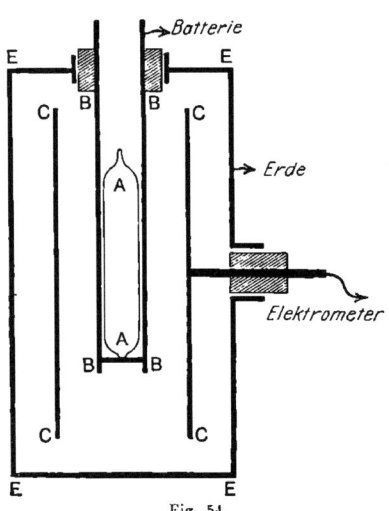
Fig. 54.

Nun werden freilich, wie sich später zeigen wird, von der Emana-

Siebentes Kapitel. Radioaktive Emanationen.

tion ausschließlich α-Strahlen ausgesandt, und diese sind nicht imstande, die Glaswand zu durchsetzen. Die zur Beobachtung gelangende Ionisierung kann daher keineswegs von der Emanationsstrahlung selbst herrühren, vielmehr sind es die β- und γ-Strahlen der auf der inneren Glaswand der Röhre erregten Aktivität, die das Gas in dem Kondensator leitend machen. Von Curie wurde demnach unmittelbar nicht der Abfall der Emanationsaktivität, sondern das Abklingen der von der Emanation erregten Aktivität gemessen. Da die letztere jedoch, sobald ein stationärer Zustand eingetreten ist, jederzeit der ersteren proportional ist, ergibt sich auf diesem Wege mittelbar auch das Abklingungsgesetz für die Emanation selbst. Damit die erregte Aktivität ihren maximalen Wert annimmt — nur in diesem Falle gilt jene einfache Proportionalität —, muß man, nachdem das Röhrchen AA mit der Radiumemanation beschickt worden ist, noch vier bis fünf Stunden warten, ehe man mit den Beobachtungen beginnen darf.

Die Ergebnisse der Curieschen Messungen stimmen mit den von Rutherford und Soddy nach der direkten Methode gewonnenen Resultaten gut überein. Auch Curie fand, daß die Aktivität in geometrischer Progression mit der Zeit abnimmt und erhielt für die Zahl der Tage, in der sie sich um die Hälfte vermindert, den Wert 3,99.

Man kann die äußeren Versuchsbedingungen mannigfach variieren, ohne daß die Abfallsgeschwindigkeit dadurch geändert würde. So ist es gleichgültig, aus welchem Material das Gefäß besteht, in welchem sich die Emanation befindet; ebensowenig kommt es auf die chemische Natur oder den Druck des Gases, dem sie beigemengt wird, an. Der Wert der Konstanten λ ist ferner unabhängig von der Menge der zur Verfügung stehenden Emanation und von der Länge der Zeit, während welcher sie mit dem Radium in Berührung bleibt. Auch die Temperatur spielt keine Rolle: Curie[1]) erwärmte das Glasrohr AA bis auf $+450^\circ$ C. und kühlte es ab bis auf -180° C.; die Abfallsgeschwindigkeit blieb innerhalb des ganzen Temperaturintervalles stets unverändert.

In dieser Hinsicht verhält sich die Emanation des Thoriums ebenso wie die des Radiums. Es scheint unmöglich zu sein, den Abklingungsvorgang durch irgendwelche physikalischen oder chemischen Kräfte zu beeinflussen. Wir treffen hier also auf dieselben Verhältnisse, wie sie uns bei den Umwandlungsprodukten Uran X und Thor X begegnet waren. Die Radioaktivitätskonstante λ ist für jede der beiden Emanationen eine fest bestimmte, unveränderliche Größe; sie besitzt freilich im einen Falle einen 5000 mal so großen Wert wie in dem anderen.

---

[1]) P. Curie, C. R. 136, p. 223. 1903.

Aktiniumemanation.

146. Debierne[1]) fand, daſs auch das Aktinium beständig eine radioaktive Emanation entwickelt. Diese verliert ihre Aktivität noch wesentlich schneller als die Thoremanation; schon nach 3,9 Sekunden ist ihr Strahlungsvermögen auf den halben Wert gesunken. Indem sie aus dem aktiven Präparate in die Luft hineindiffundiert, hat sie demzufolge schon nach Zurücklegung einer kurzen Wegstrecke den gröſsten Teil ihrer Aktivität eingebüſst.

Die von Giesel hergestellte radioaktive Substanz dürfte, wie wir früher sahen (Paragraph 18), mit Debiernes Aktinium identisch sein. Es fiel Giesel sofort auf, daſs seine Präparate groſse Mengen Emanation abgaben, und aus diesem Grunde nannte er den neuen Stoff „Emanationssubstanz" und später „Emanium". Seine stark verunreinigten Präparate lassen auch unter gewöhnlichen Bedingungen die Emanation sehr leicht entweichen; darin unterscheiden sie sich von der Mehrzahl der Thorverbindungen. Auch die Aktiniumemanation erzeugt eine erregte Aktivität auf allen Körpern, die von ihr umspült werden; doch sind ihre Eigenschaften noch nicht so gründlich erforscht worden wie die der Radium- und Thoremanation.

Versuche mit groſsen Mengen Radiumemanation.

147. Aus hochaktiven Radiumpräparaten lassen sich groſse Mengen Emanation gewinnen, die demgemäſs sehr intensive elektrische und photographische Wirkungen sowie deutliche Fluoreszenzerscheinungen hervorrufen können. Die Thoremanation erzeugt stets nur schwache Effekte, und diese können nach der Entstehung des Gases nur wenige Minuten lang beobachtet werden: die Aktivität des Thoriums ist eben an und für sich ziemlich gering und die Abklingungskonstante seiner Emanation sehr groſs. Die Aktivität der Radiumemanation nimmt dagegen relativ langsam ab; daher kann man von letzterer gröſsere Mengen, mit Luft gemischt, zunächst in einem gewöhnlichen Gasometer aufspeichern und braucht ihre Eigenschaften erst später zu untersuchen, nachdem man sie auf diese Weise von dem Radiumsalze, aus dem sie gewonnen wurde, vollkommen getrennt hat. Noch nach mehreren Tagen, ja selbst Wochen, erhält man dann deutliche photographische und elektrische Wirkungen.

Die Emanation erzeugt fortwährend auf den Wänden der Gefäſse, in denen sie sich aufhält, eine neue Aktivität von sekundärem Charakter. Darum ist es im allgemeinen schwierig, die Strahlung der Emanation allein zu untersuchen. Jene erregte Aktivität erreicht einige Stunden nach der Einführung der Emanation in den Behälter einen

---

[1]) A. Debierne, C. R. 136, p. 146. 1903.

maximalen Betrag. Weiterhin nimmt sie mit derselben Geschwindigkeit wie die Aktivität der Emanation selbst ab, solange sich die letztere in dem Gefäfse aufhält; sie sinkt also in ungefähr vier Tagen auf die Hälfte des Anfangswertes. Wird die Emanation aber ausgeblasen, so verliert die auf den Wänden zurückbleibende sekundäre Materie ihr Strahlungsvermögen in sehr kurzer Zeit; schon nach wenigen Stunden ist es zum gröfsten Teile erloschen.

Ausführlich werden diese Erscheinungen und ihre Beziehungen zur Emanation in Kapitel VIII behandelt werden.

Über die Wirkung der Radiumemanation auf einen Zinksulfidschirm hat Giesel[1]) interessante Beobachtungen veröffentlicht. Er legte einige Zentigramm feuchten Radiumbromids auf einen solchen Phosphoreszenzschirm; dann sah er, dafs jeder Lufthauch ein Hin- und Herwandern des Lichtfleckes zur Folge hatte. Durch einen schwachen Luftstrom konnte die helle Zone in jeder gewünschten Richtung verschoben werden. Noch deutlicher trat die Erscheinung hervor, als das aktive Präparat in ein Röhrchen gelegt und die Luft durch dieses hindurch gegen den Schirm geblasen wurde. Baryumplatincyanür und Balmainsche Leuchtfarbe konnten durch Radiumemanation nicht zum Fluoreszieren gebracht werden.

Die Lichterscheinung auf dem Zinksulfidschirm wurde durch ein Magnetfeld nicht beeinflufst, wohl aber durch elektrische Kräfte: bei negativer Ladung des Schirmes wurde der Fleck heller und gleichzeitig war eine eigentümliche, ringförmige Verteilung der Helligkeit zu bemerken. Wahrscheinlich kommt aber hierbei nicht die Fluoreszenzerregung durch die Emanation selbst in Frage, sondern es handelt sich wohl um eine Wirkung, die das elektrische Feld auf die erregte Aktivität ausübt. Es ist nämlich bekannt, dafs die Substanz, die zum Auftreten dieser erregten Aktivität Veranlassung gibt, sich im elektrischen Felde hauptsächlich auf der negativen Elektrode konzentriert (vgl. Kap. VIII).

Im Paragraph 165 wird ein weiterer Versuch beschrieben werden, der geeignet ist, die Phosphoreszenzerregung durch die Strahlung grofser Mengen Emanation zu veranschaulichen.

148. Auf die Emanation des Radiums und die von ihr erregte Aktivität beziehen sich auch einige Beobachtungen von Curie und Debierne[2]). Unter anderem wurden Versuche angestellt über die Emanationsabgabe bei sehr geringen Gasdrucken. Zu diesem Zwecke wurde das Radium in ein Glasrohr eingeschlossen und dieses mittels einer Quecksilberluftpumpe stark evakuiert. Es zeigte sich, dafs sich

---

[1]) F. Giesel, Ber. d. Deutsch. Chem. Ges., 1902, p. 3608.
[2]) P. Curie und A. Debierne, C. R. 132, pp. 548 und 768. 1901.

aus dem festen Präparate ein Gas entwickelte, das aufserordentlich stark aktiv war und der Innenwand des Rohres eine sekundäre Aktivität mitteilte. Auch aufserhalb des letzteren wurde eine photographische Platte sehr schnell geschwärzt. Das Glas fluoreszierte und färbte sich in kurzer Zeit schwarz. Die Aktivität des Gases war noch nach zehn Tagen deutlich zu beobachten. In seinem Spektrum zeigten sich keine neuen Linien; gewöhnlich sah man nur die Spektra von Kohlensäure, Wasserstoff und Quecksilber. Aus den in Paragraph 124 angeführten Tatsachen darf man schliefsen, dafs die vom Radium abgegebenen Gase wahrscheinlich im wesentlichen aus inaktivem Wasserstoff und Sauerstoff bestanden, denen nur ein winziges Quantum radioaktiver Emanation beigemengt war. Wir werden später (Paragraph 242) sehen, dafs die von der Emanation ausgestrahlte Energie im Vergleich zu der Substanzmenge, der sie entstammt, ungeheuer grofs genannt werden mufs.

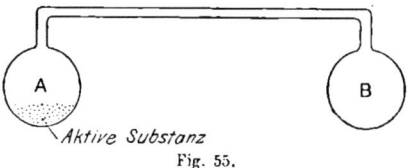

Fig. 55.

In der Regel werden die Erscheinungen, die man beobachtet, von geradezu unendlich kleinen Mengen hervorgerufen.

Weitere Versuche von Curie und Debierne[1]) ergaben, dafs viele Substanzen unter der Einwirkung der Radiumemanation und der von ihr erregten Aktivität fluoreszieren. Es wurden zwei Kugeln A und B (Fig. 55) aus Glas benutzt, die durch ein Glasrohr kommunizierten. In A befand sich das aktive Präparat, in B die zu untersuchende Substanz.

Im allgemeinen leuchteten solche Substanzen, die auch durch gewöhnliches Licht zur Fluoreszenz erregt wurden. Besonders glänzende Effekte lieferte das Zinksulfid; es strahlte so hell, als ob es von intensivem Lichte getroffen würde.

Sobald man die Körper in die Kugel B eingeführt hatte, wurde die Helligkeit der Fluoreszenz zunächst immer gröfser, um nach einiger Zeit einen konstanten Wert zu erreichen. Der gesamte Effekt rührt nämlich nur zu einem Teile von der Strahlung der Emanation selbst her; zum anderen Teile handelt es sich um eine Wirkung der erregten Aktivität, die an der Oberfläche der lumineszierenden Körper zu Tage tritt.

Auch Glas fluoresziert unter denselben Bedingungen, und zwar besonders stark das Thüringer Glas. So leuchtete das ganze Gefäfs,

---

[1]) P. Curie und A. Debierne, C. R. 133, p. 931. 1901.

in dem die Versuche angestellt wurden; dabei erschienen die beiden Kugeln A und B gleich hell, das Verbindungsrohr leuchtete dagegen stärker. Das letztere konnte sehr eng sein, ohne dafs dadurch die Lichtemission der Kugeln geändert worden wäre.

Es wurde ferner eine gröfsere Anzahl phosphoreszierender Platten in das Versuchsgefäfs hineingestellt; alle waren in einer Reihe hintereinander angeordnet, wobei der gegenseitige Abstand je zweier benachbarter Schirme variierte. Der geringste Abstand betrug 1 mm. Hier trat nur ein sehr schwaches Leuchten auf; es wurde um so stärker, je weiter die Platten auseinanderrückten und war bei 3 cm Abstand sehr intensiv.

Die von Curie und Debierne beobachteten Erscheinungen erklären sich leicht folgendermafsen: In jeder Zeiteinheit wird eine konstante Menge Radiumemanation frei, die sich durch Diffusion in dem ganzen Volumen des Behälters ausbreitet. Durch Röhren von mäfsigen Dimensionen diffundiert die Emanation so schnell hindurch, dafs die Abnahme ihrer Aktivität während der dazu erforderlichen Zeit nicht in Betracht kommt. Daher wird sowohl das aktive Gas als auch die erregte Aktivität in dem ganzen Gefäfse gleichmäfsig verteilt sein. Das ist selbst noch der Fall, wenn die beiden Kugeln nur durch ein Kapillarrohr miteinander in Verbindung stehen, und so erklärt es sich auch, dafs die Fluoreszenz an beiden Enden des Behälters gleich stark war.

Unmittelbar nach der Einführung des Radiumpräparates nimmt der Emanationsgehalt des eingeschlossenen Gasvolumens langsam zu. Für diese Periode gilt ja die Gleichung

$$\frac{N_t}{N_0} = 1 - e^{-\lambda t},$$

in der N_0 die im Zustande radioaktiven Gleichgewichtes und N_t die zur Zeit t vorhandene Zahl Emanationsteilchen, λ die Radioaktivitätskonstante der Emanation bezeichnet. Die Lumineszenz mufs daher gleichfalls anfänglich zunehmen, indem ihre Intensität in vier Tagen auf die Hälfte des maximalen Betrages steigt, und in drei Wochen erst ihren Grenzwert erreicht. Auch nach Ablauf dieser Zeit mufs die Leuchtkraft einer neu eingeführten fluoreszierenden Substanz zunächst in derselben Weise wachsen, da seine eigene Oberfläche eine allmählich stärker werdende erregte Aktivität annimmt, die sich neben der Strahlung der Emanation selbst und der erregten Aktivität der Gefäfswände an der Fluoreszenzerzeugung beteiligt.

Die Abhängigkeit der Lichtstärke von dem gegenseitigen Abstand der Schirme in dem letzten der oben erwähnten Versuche findet gleichfalls eine einfache Erklärung. Der Betrag der erregten Aktivität ist nämlich stets der Menge der vorhandenen Emanation proportional. Aus der Emanation, die den Raum zwischen je zwei Schirmen erfüllt, entsteht aber die Materie der erregten Aktivität, die sich auf den Oberflächen der letzteren niederschlägt. Die Stärke der erregten Strahlung muſs daher überall dem gegenseitigen Abstande der Schirme proportional sein, solange dieser klein bleibt gegenüber ihren Dimensionen, da die Emanation im ganzen Gefäſse gleichmäſsig verteilt ist. Dieselbe Beziehung würde auch gelten, wenn nur die Strahlen der Emanation selbst fluoreszenzerregend wirkten, und man durch Erniedrigung des Gasdruckes dafür sorgte, daſs sie in den Zwischenräumen zwischen den einzelnen Schirmen keine Absorption erlitten.

Bestimmung des Emanationsvermögens.

149. Das Emanationsvermögen. Wie groſs die von einer festen Thorverbindung unter normalen Bedingungen in Freiheit gesetzten Emanationsmengen sind, hängt von der chemischen Zusammensetzung der emanierenden Substanz ab. In dieser Hinsicht zeigen sich zwischen den einzelnen Verbindungen beträchtliche Unterschiede. Es empfiehlt sich, den Begriff des „Emanationsvermögens" einzuführen. Darunter soll die von einem Gramm des aktiven Stoffes pro Sekunde abgegebene Emanationsmenge verstanden werden. Wir haben freilich kein Mittel an der Hand, die absolute Gröſse eines gegebenen Quantums Emanation zu bestimmen. Es kann sich daher stets nur um vergleichende Messungen des Emanationsvermögens handeln. Als Einheitsmaſs dient dann zweckmäſsigerweise das Emanationsvermögen einer bestimmten Gewichtsmenge eines gegebenen Thorpräparates. Man muſs nur dafür sorgen, daſs die äuſseren Bedingungen, denen die Normalsubstanz unterworfen ist, möglichst konstant bleiben.

Auf diese Weise haben Rutherford und Soddy[1]) das relative Emanationsvermögen einer Anzahl Thorverbindungen bestimmt. Sie benutzten dabei eine ähnliche Versuchsanordnung, wie sie in Fig. 52 abgebildet ist.

Eine bekannte Gewichtsmenge der zu untersuchenden Substanz wurde in einer flachen Schale ausgebreitet und das gefüllte Gefäſs in das Glasrohr C hineingeschoben. Man leitete alsdann einen Strom trockener staubfreier Luft, dessen Geschwindigkeit während der ganzen Versuchsdauer konstant gehalten wurde, über die aktive Substanz hinweg, und dieser führte die Emanation in den Zylinderkondensator hinein. Nach zehn Minuten wurde die Stromstärke gemessen, nachdem sie inzwischen konstant geworden war. Die untersuchte Substanz wurde nun durch das Normalpräparat ersetzt, und zwar gelangten stets gleiche Gewichtsmengen der beiden Körper zur Verwendung.

---

[1]) E. Rutherford und F. Soddy, Trans. Chem. Soc. 1902, p. 321. Phil. Mag., Sept. 1902.

Siebentes Kapitel. Radioaktive Emanationen.

Nachdem der Gleichgewichtszustand eingetreten war, wurde wiederum die Stärke des Sättigungsstromes ermittelt. Das Verhältnis der beiden Stromintensitäten lieferte dann unmittelbar das gesuchte relative Emanationsvermögen.

Besondere Versuche ergaben, daſs der Sättigungsstrom bei den in Frage kommenden Luftgeschwindigkeiten der Gewichtsmenge der in C enthaltenen Thorverbindung proportional war, solange diese den Betrag von 20 g nicht überstieg. Eine solche Proportionalität wäre zu erwarten, wenn man annimmt, daſs die Emanation aus dem Innern der Substanz ebenso schnell, wie sie sich bildet, von dem Luftstrom fortgeführt wird.

Nennen wir i_1 den Sättigungsstrom, den eine Gewichtsmenge w_1 des Normalpräparates, i_2 den Sättigungsstrom, den eine Gewichtsmenge w_2 der zu prüfenden Substanz liefert, und ε_1, ε_2 bezw. das Emanationsvermögen der beiden aktiven Stoffe, so ist

$$\frac{\varepsilon_2}{\varepsilon_1} = \frac{i_2}{i_1} \frac{w_1}{w_2}.$$

Diese Formel gestattet, auch durch Messungen an ungleichen Gewichtsmengen das relative Emanationsvermögen zu bestimmen.

Die Unterschiede im Emanationsvermögen der einzelnen Thorverbindungen sind oft auſserordentlich groſs, auch wenn ihr Prozentgehalt an Thorium selbst nicht erheblich differiert. So ist das Emanationsvermögen des Hydroxyds im allgemeinen 3—4 mal so groſs wie das der gewöhnlichen handelsüblichen Thorerde; und diese emaniert ungefähr 200 mal so stark wie festes Thornitrat. Präparate von Thoriumkarbonat liefern auch unter sich stark differierende Emanationswerte, indem deren Gröſse durch geringe Modifikationen des Herstellungsverfahrens merklich beeinfluſst wird.

150. Einfluſs äuſserer Umstände auf die Gröſse des Emanationsvermögens. Die Geschwindigkeit, mit der die Aktivität der Emanationen abklingt, ist, wie wir wissen, vollkommen unabhängig von äuſseren Bedingungen. Im Gegensatze hierzu wird das Emanationsvermögen der Radium- und Thorverbindungen, d. h. die pro Zeiteinheit aus ihnen in das umgebende Gas entweichende Emanationsmenge, durch Änderungen ihres physikalischen oder chemischen Zustandes in erheblichem Grade beeinfluſst.

So spielt die Feuchtigkeit eine wesentliche Rolle. Diese Tatsache wurde zuerst von Dorn (loc. cit.) festgestellt. Eingehendere Untersuchungen von Rutherford und Soddy ergaben, daſs das Emanationsvermögen des Thoroxyds in feuchter Atmosphäre zwei- bis dreimal so groſs ist wie in trockener. Es wurde jedoch nicht viel kleiner als in gewöhnlicher trockener Luft, als die Substanz selbst scharf getrocknet wurde, indem man sie längere Zeit mit Phosphorpentoxyd zusammen in ein Glasrohr einschloſs. Auch beim Radiumchlorid ist die Emanationsabgabe in trockenen Gasen sehr gering und wird viel gröſser, wenn man das feste Salz in eine feuchte Atmosphäre bringt.

Löst man die aktiven Substanzen, so werden bedeutend gröſsere Mengen Emanation abgegeben. Thornitrat emaniert z. B. in Lösung 3—4 mal so stark wie Thoroxyd, während es im festen Zustande nur den zweihundertsten Teil der vom Thoroxyd gelieferten Menge abgibt. Ähnlich verhalten sich nach Curie und Debierne die Radiumsalze.

Von sehr groſsem Einfluſs ist die Temperatur. Erhitzt man gewöhnliche Thorerde in einem Platinrohr auf dunkle Rotglut[1]), so steigt ihr Emanationsvermögen auf den drei- bis vierfachen Betrag und behält diesen erhöhten Wert, solange die Temperatur konstant gehalten wird; nach Abkühlung auf Zimmertemperatur zeigt sich dann wieder der ursprüngliche Wert. Wird die Substanz aber bis zur Weiſsglut erhitzt, so vermindert sich ihr Emanationsvermögen sehr bald in beträchtlichem Maſse und beträgt auch nach der Abkühlung nur noch 10 % des ursprünglichen Wertes. Wenn sich die aktive Verbindung in diesem Zustande befindet, sagt man, sie sei „entemaniert".

In noch viel stärkerem Grade macht sich der Einfluſs einer Temperaturerhöhung auf das Emanationsvermögen der Radiumpräparate bemerkbar. Durch Erhitzung auf dunkle Rotglut kann es hier momentan auf den 10 000 fachen Betrag steigen. Dieses hohe Emanationsvermögen bleibt jedoch bei dauernder Erwärmung nicht bestehen, da der Effekt nur dadurch zustande kommt, daſs die in dem Präparate lange Zeit aufgespeicherte Emanation infolge der Temperatursteigerung plötzlich entweicht. War die Substanz einmal sehr stark erhitzt worden, so hat sie fortan ihr Emanationsvermögen eingebüſst. Sie erlangt es erst wieder, wenn man das Salz löst und aufs neue auskristallisieren läſst.

Durch Abkühlung wird das Emanationsvermögen des Thoroxyds stark vermindert[2]). Bei der Temperatur der festen Kohlensäure ist es auf 10 % des normalen Wertes gesunken, doch erreicht es sofort wieder seine ursprüngliche Gröſse, sobald man das Kältebad entfernt.

Erwärmung von — 80° C. bis auf dunkle Platin-Rotglut hat demnach eine Erhöhung des Emanationsvermögens auf den 40 fachen Betrag zur Folge. Man kann diesen Prozeſs mit einem und demselben Präparate beliebig oft mit gleichem Erfolge wiederholen, vorausgesetzt, daſs die Temperatur niemals so hoch getrieben wird, daſs Entemanierung eintritt. Diese beginnt oberhalb der Rotglut und hat eine dauernde Erniedrigung des Emanationsvermögens zur Folge. Indessen hört die

---

[1]) E. Rutherford, Physik. Ztschr. 2, p. 429. 1901.
[2]) E. Rutherford und F. Soddy, Phil. Mag., Nov. 1902.

Emanationsabgabe niemals vollständig auf, selbst dann nicht, wenn die aktive Substanz lange Zeit auf Weißglut erhitzt worden ist.

151. Regenerierung des Emanationsvermögens. Es entsteht nun die Frage, ob die Entemanierung der Radium- und Thorverbindungen darauf beruht, daß die Substanz, aus welcher die Emanation sich bildet, verschwindet, bezw. sich verändert, oder ob das starke Glühen nur den Austritt der Emanation in den umgebenden Raum beeinträchtigt.

Man kann sich leicht davon überzeugen, daß die physikalischen Eigenschaften des Thoroxyds durch intensive Erhitzung verändert werden. Seine ursprünglich weiße Farbe geht in ein Rosenrot über; seine Dichte wächst, und es wird in Säuren weniger leicht löslich.

Es ließ sich vermuten, daß die Substanz ihr ursprüngliches hohes Emanationsvermögen wiedergewinnen würde, wenn sie nach dem Glühen einem chemischen Kreisprozeß unterworfen wird. Zur Prüfung dessen wurde entemaniertes Thoroxyd gelöst, als Hydroxyd gefällt und hierauf in das Oxyd zurückverwandelt. Gleichzeitig wurde eine Menge gewöhnlichen, emanierenden Thoroxyds in genau derselben Weise behandelt. Tatsächlich besaßen dann die beiden auf diese Weise gewonnenen Endprodukte das gleiche Emanationsvermögen, und zwar emanierten sie zwei- bis dreimal so stark wie gewöhnliches Thoroxyd.

Eine Thorverbindung verliert also durch starkes Glühen keineswegs für immer die Fähigkeit, Emanation abzugeben, vielmehr erleidet sie nur eine Zustandsänderung, derart, daß nach der Entemanierung nicht mehr so große Mengen des aktiven Gases wie vorher aus der Substanz entweichen.

152. Gleichmäßige Erzeugung der Emanationen seitens der aktiven Substanzen. Das Emanationsvermögen radioaktiver Körper ist eine stark veränderliche Größe; Temperatur, Feuchtigkeit usw. sind dabei oft von ausschlaggebender Bedeutung. Im allgemeinen kann man sagen, daß das Emanationsvermögen der Radium- und Thorverbindungen wächst, wenn man die Substanzen erwärmt oder in Lösung bringt.

Alle diese Unterschiede rühren nur davon her, daß die Emanation unter verschiedenen Bedingungen nicht in dem gleichen Maße befähigt ist, aus der aktiven Substanz in das umgebende Gas zu entweichen. Darauf deutet schon der Umstand, daß gerade die Auflösung eines festen aktiven Körpers eine so große Steigerung seines Emanationsvermögens zur Folge hat. Und offenbar muß ja wegen des schnellen Abklingens der Emanationsaktivität — vor allem beim Thorium — bereits eine sehr geringe Verzögerung in der Abgabe aktiven Gases das Emanationsvermögen der Substanz in hohem Maße beeinträchtigen. Andererseits ist aber der Verlauf des im Innern der Substanzen sich abspielenden Prozesses, der zur Entstehung der Emanation Veranlassung gibt, von äufseren Bedingungen unabhängig. Das scheint vor allem daraus hervorzugehen, dafs entemanierte Verbindungen, wenn sie gelöst und in geeigneter Weise chemisch behandelt werden, ihr ursprüngliches Emanationsvermögen wiedererlangen, gerade als wenn sich auch inzwischen aktives Gas in unvermindertem Mafse gebildet hätte.

Doch abgesehen von diesen Wahrscheinlichkeitsschlüssen läfst sich die Frage, ob innerhalb gleicher Zeiten in einer emanierenden Verbindung ebensoviel Emanation erzeugt wird wie in einem entemanierten Präparate, auch einer streng quantitativen Prüfung unterwerfen. Im festen Zustande läfst eine Radium- oder Thorverbindung nur sehr wenig Emanation entweichen, dagegen gibt sie in Lösung wahrscheinlich die gesamte gerade vorhandene Menge ab. Wenn aber tatsächlich in beiden Fällen gleichviel Emanation zur Entstehung gelangt, so mufs in der festen Substanz eine Okklusion des Gases erfolgen, und die ganze okkludierte Menge mufs plötzlich frei werden, sobald man den festen Körper in Lösung bringt. Radiumverbindungen müfsten diesen Effekt in besonders ausgesprochenem Mafse zeigen, da die Aktivität ihrer Emanation nur sehr langsam abklingt.

Wie wir sahen, läfst sich der Aktivitätsabfall durch eine Exponentialformel darstellen. Wenden wir nun die in Paragraph 133 entwickelte Theorie auf den Fall der Emanationserzeugung an, so folgt hieraus, dafs zwischen der Zahl N_t der zur Zeit t noch nicht umgewandelten Emanationsteilchen und der zur Zeit Null vorhandenen Teilchenzahl N_0 die Beziehung gilt

$$\frac{N_t}{N_0} = e^{-\lambda t}.$$

Sobald der stationäre Zustand eingetreten ist, wird die Zahl q_0 der pro Zeiteinheit neu gebildeten Emanationsteilchen gerade so grofs wie die Zahl der in der gleichen Zeit sich umwandelnden Teilchen. q_0 ist also ein bestimmter Bruchteil der fertig gebildeten Menge N_0, und zwar besteht die Gleichung

$$q_0 = \lambda N_0.$$

In dem vorliegenden Falle stellt N_0 die in der festen Radiumverbindung „okkludierte" Emanationsmenge dar. Setzen wir nun für λ den in Paragraph 145 angegebenen Wert der Radioaktivitätskonstante der Radiumemanation ein, so ergibt sich

$$\frac{N_0}{q_0} = \frac{1}{\lambda} = 463\,000.$$

Die in einer nicht emanierenden Radiumverbindung aufgespeicherte Emanationsmenge müfste demnach ungefähr 500 000 mal so grofs sein wie die pro Sekunde in der Substanz neu entstehende Menge. Diese

Siebentes Kapitel. Radioaktive Emanationen.

Konsequenz der Theorie wurde an der Erfahrung auf folgende Weise geprüft[1].

In eine Waschflasche wurden 0,03 g Radiumchlorid von der Aktivität 1000 — die Aktivität metallischen Urans gleich Eins gesetzt — hineingeschüttet und so viel Wasser hinzugesetzt, dafs die ganze Salzmenge sich vollständig löste. Ein Luftstrom beförderte die freiwerdende Emanation in einen kleinen Gasbehälter und weiter in einen Zylinderkondensator, woselbst die Ionisierung bestimmt wurde. Der Sättigungsstrom war unter diesen Umständen proportional der Gröfse N_0. Hierauf liefs man eine Zeit lang einen starken Luftstrom durch die Radiumlösung hindurchstreichen, um sie auch von den letzten Emanationsresten, die vorher zurückgeblieben sein konnten, vollständig zu befreien. Die Waschflasche wurde dann luftdicht verschlossen und blieb nun eine bestimmte Zeit t lang unberührt stehen. Mittlerweile konnte sich wieder eine gewisse Menge Emanation ansammeln. Diese wurde alsdann in derselben Weise wie vorher mittels eines Luftstromes in den Kondensator hineingeblasen und erzeugte dort einen Strom, dessen Intensität der Emanationsmenge N_t proportional war, die sich während der Zeit t aus dem Radiumsalze gebildet hatte.

Es war nun
$$t = 105 \text{ Minuten},$$
und die Messungen ergaben
$$\frac{N_t}{N_0} = 0{,}0131.$$

Würde die Aktivität der Emanation während der Beobachtungszeit konstant geblieben sein, so wäre
$$N_t = 105 \times 60 \times q_0,$$
also
$$\frac{N_0}{q_0} = 480\,000.$$

Der Aktivitätsabfall erfordert jedoch noch eine kleine Korrektion, nach deren Einführung sich ergibt
$$\frac{N_0}{q_0} = 477\,000.$$

Auf theoretischem Wege hatten wir aber vorher gefunden
$$\frac{N_0}{q_0} = \frac{1}{\lambda} = 463\,000.$$

Die Übereinstimmung zwischen Theorie und Experiment ist so gut, wie man nach Lage der Dinge nur erwarten kann. Die Versuche beweisen also, dafs ein aktives Salz im festen Zustande eben-

---

[1] E. Rutherford und F. Soddy, Phil. Mag., April 1903.

soviel Emanation erzeugt, als wenn es gelöst ist. Der Unterschied besteht nur darin, daſs die Emanation im ersteren Falle okkludiert wird, während sie aus der Lösung ebenso schnell, wie sie sich bildet, entweicht.

Die Emanationsmengen, die in trockener Atmosphäre aus festem Radiumchlorid austreten, sind im Vergleich zu dem aufgespeicherten Vorrate auſserordentlich klein. Ein Versuch ergab, daſs das Emanationsvermögen des festen Salzes noch nicht $^1/_2$ % von demjenigen der Lösung betrug. Da aber das aufgespeicherte Quantum nahezu 500 000 mal so groſs ist wie die pro Sekunde erzeugte Menge, so folgt hieraus, daſs der aus der festen Verbindung pro Sekunde entweichende Bruchteil der okkludierten Emanationsmenge noch kaum den Wert 10^{-8} erreicht.

Ist ein festes Radiumchloridpräparat von einer feuchten Atmosphäre umgeben, so nähert sich sein Emanationsvermögen demjenigen seiner Lösung. Unter diesen Umständen sind daher auch die okkludierten Mengen wesentlich kleiner.

Die Okklusion der Radiumemanation steht wahrscheinlich in gar keinem Zusammenhange mit ihrer Radioaktivität, wenngleich unsere nähere Kenntnis der Erscheinung gerade auf Aktivitätsmessungen beruht. Eine nahezu vollständige Analogie zeigt sich bei gewissen Mineralien, in denen sich Helium okkludiert vorfindet. Aus dem Fergusonit kann man z. B. durch Erhitzung einen Teil des in ihm enthaltenen Heliums austreiben, und ebenso wird die gesamte okkludierte Menge abgegeben, wenn man das Mineral löst.

153. Ähnlich wie die Radiumsalze verhalten sich auch die Verbindungen des Thoriums. Nur bewirkt der rasche Aktivitätsabfall der Thoremanation, daſs die okkludierten Mengen in diesem Falle sehr viel kleiner sind. Immerhin muſs auch bei der Auflösung einer festen, nicht emanierenden Thorverbindung im ersten Momente wesentlich mehr Emanation entbunden werden als in den folgenden Zeiten, nachdem sich alles gelöst hat, sofern wenigstens auch hier die pro Zeiteinheit entstehende Menge nicht von den jeweiligen Bedingungen abhängt.

Haben N_0 und q_0 analoge Bedeutung wie vorher, so ergibt sich für die Thoremanation

$$\frac{N_0}{q_0} = \frac{1}{\lambda} = 87.$$

Versuche wurden mit Thornitrat angestellt, dessen Emanationsvermögen nur $^1/_{200}$ von dem des gewöhnlichen Oxyds beträgt. Zunächst ließ man das feingepulverte Salz in eine Waschflasche, die heiſses Wasser enthielt, langsam hineinrieseln und sorgte, daſs die

Siebentes Kapitel. Radioaktive Emanationen.

dabei frei werdende Emanation unverzüglich durch einen starken Luftstrom in den Versuchsapparat entführt wurde. Die Intensität des elektrischen Stromes stieg dann schnell auf einen maximalen Wert, sank aber nach kurzer Zeit auf einen kleineren konstanten Betrag. Auf diese Weise liefs sich deutlich erkennen, dafs während der Auflösung des Thornitrats eine stärkere Emanationsabgabe als in der späteren Epoche erfolgte.

Wegen des rapiden Aktivitätsabfalles der Thoremanation gestaltet sich eine quantitave Prüfung der Theorie beim Thorium ungleich schwieriger als beim Radium. Dennoch gelang es, durch eine geringe Änderung der Versuchsbedingungen den strengen Beweis dafür zu erbringen, dafs auch Thorverbindungen im festen Zustande ebenso viel Emanation erzeugen wie in gelöster Form. Unmittelbar nach der Herstellung einer Thornitratlösung wurde 25 Sekunden lang ein starker Luftstrom durch die Flüssigkeit in das Versuchsgefäfs hineingeblasen. Die Luftzufuhr wurde dann unterbrochen und sofort die Ionisierung bestimmt. Nachdem die Lösung 10 Minuten lang gestanden hatte, liefs man wiederum während 25 Sekunden Luft hindurchstreichen; wie vorher wurde unverzüglich die Stromstärke im Kondensator gemessen. Während jenes Zeitraumes von 10 Minuten war wieder ein stationärer Zustand eingetreten, d. h. es hatte sich inzwischen wieder die maximale Menge Emanation in der Waschflasche angesammelt. Die Strommessungen ergaben nun in beiden Fällen einen Ausschlag der Elektrometernadel von 14,6 Skalenteilen pro Sekunde.

In dem festen Nitrat bildet sich also ebensoviel Emanation wie in der Lösung. Dessenungeachtet ist das Emanationsvermögen der letzteren mehr als 600 mal so grofs wie das des festen Salzes.

Liefs man die Luft dauernd durch die Lösung hindurchstreichen, so erhielt man einen endgültigen Elektrometerausschlag von 7,9 Skalenteilen pro Sekunde; der erste Luftstofs erzeugte also einen etwa doppelt so starken Strom.

Von äufseren Bedingungen scheint die Emanationsbildung im Thorium gänzlich unabhängig zu sein. Die Veränderlichkeit des Emanationsvermögens von einer zur anderen Verbindung sowie seine Schwankungen unter verschiedenen Temperatur- und Feuchtigkeitsverhältnissen dürften daher lediglich darauf zurückzuführen sein, dafs der Austritt der Emanation aus der Substanz im einen Falle leichter als im anderen erfolgt; es entstehen jedoch in gleichen Zeiten stets die nämlichen Emanationsmengen.

Von diesem Standpunkte aus versteht man nun auch leicht, dafs das Herstellungsverfahren unter Umständen einen erheblichen Einflufs auf das Emanationsvermögen der Substanzen ausüben kann. In solchen Fällen kommen eben geringe Unterschiede im physikalischen Zustande der Präparate zur Geltung.

Die gleiche Unabhängigkeit des Erzeugungsprozesses bei der Entstehung radioaktiver Materie von jeglichen äufseren Bedingungen hatten wir auch schon früher für die Umwandlungsprodukte Uran X und Thor X feststellen können.

Ursprung der Thoremanation.

154. Im folgenden mögen einige Versuche von Rutherford und Soddy[1]) besprochen werden, die zu dem Ergebnis geführt haben, dafs die Thoremanation nicht unmittelbar aus dem Thorium selbst, sondern aus seinem Umwandlungsprodukte Thorium X entsteht.

Wird das Thor X durch Ammoniakzusatz von dem salpetersauren Salze getrennt, so besitzt das frisch gefällte Thoriumhydroxyd anfangs kein merkliches Emanationsvermögen. In diesem Falle rührt der Effekt indessen nicht, wie nach der Entemanierung des Oxyds, davon her, dafs die Emanation nur verhindert wird, aus der Substanz auszutreten. Denn, wenn das Hydroxyd wieder gelöst wird, emaniert es noch ebensowenig wie zuvor. Dafür besitzt aber die nach der Fällung zurückbleibende Lösung, in der das Thor X enthalten ist, ein ziemlich beträchtliches Emanationsvermögen. Allmählich beginnt jedoch das Hydroxyd wieder, Emanation abzugeben, und zugleich wird das Emanationsvermögen des Thor X immer schwächer. Nachdem ungefähr vier Wochen verstrichen sind, ist das Emanationsvermögen des Thor X so gut wie vollständig verschwunden, während dasjenige des Hydroxyds nahezu den Maximalwert wieder erreicht hat.

Der zeitliche Verlauf dieser Vorgänge stimmt mit dem der Aktivitätsabnahme des Thor X und dem der Aktivitätszunahme des gefällten Hydroxyds genau überein: in graphischer Darstellung erhält man also für die zeitlichen Änderungen des Emanationsvermögens Kurven, die mit denen der Fig. 48 völlig identisch sind. Das Thor X verliert die Hälfte sowohl seines Emanationsvermögens wie seiner Aktivität in vier Tagen, und in derselben Zeit wachsen beide Gröfsen beim Hydroxyd auf die Hälfte ihrer maximalen Beträge.

Es ergibt sich demnach, dafs zwischen dem Emanationsvermögen und der Aktivität des Thor X eine einfache Proportionalität besteht, dafs also die Zahl der pro Sekunde erzeugten Emanationsteilchen der Zahl der pro Sekunde vom Thor X fortgeschleuderten α-Teilchen stets proportional ist. So stellt sich die Strahlung des Thor X als eine Begleiterscheinung seiner Umwandlung in die Thoremanation dar. Man könnte zunächst versucht sein, diese Emanation lediglich für Thor X-Dampf anzusehen. Dem widerstreitet aber die Tatsache, dafs ihre chemischen Eigenschaften sich von denen

---

[1]) E. Rutherford und F. Soddy, Phil. Mag., Nov. 1902.

Siebentes Kapitel. Radioaktive Emanationen.

des Thor X deutlich unterscheiden, und dafs ihre Aktivität eine nur ihr eigentümliche Abklingungskonstante besitzt. Die Thoremanation ist also in der Tat eine neue chemische Substanz, die bei der Umwandlung des Thor X entsteht. In Verfolg der in Paragraph 136 entwickelten Anschauungen müssen wir sagen: das Emanationsatom besteht aus dem Reste des Thor X-Atoms, der nach der Austreibung eines oder mehrerer α-Teilchen zurückbleibt. Die Atome der Emanation sind aber auch ihrerseits instabile Gebilde; sie stofsen selbst α-Teilchen aus, und hierin besteht die Strahlung der Emanation, deren Intensität uns als Mafs der jeweils vorhandenen Emanationsmenge dient. Schon in einer Minute sinkt die Aktivität der Thoremanation auf die Hälfte ihres Anfangswertes; beim Thor X beträgt jedoch die entsprechende Zeit vier Tage. Daraus folgt, dafs die Emanationsatome nahezu 6000 mal so schnell wie die Atome des Thor X zerfallen.

Ursprung der Radium- und Aktiniumemanation.

155. Ein Radium X, d. h. ein dem Thor X analoges Zwischenprodukt zwischen dem Radium und seiner Emanation, hat sich bisher nicht nachweisen lassen. Wahrscheinlich entsteht daher die Emanation des Radiums unmittelbar aus diesem Elemente selbst. Sie nimmt also dem letzteren gegenüber dieselbe Stellung ein wie das Thor X gegenüber dem Thorium.

Die Aktiniumemanation bildet sich dagegen, wie in Kapitel X bewiesen werden wird, nicht unmittelbar aus der Stammsubstanz, sondern aus einem Zwischenprodukte Aktinium X, das in physikalischer und chemischer Beziehung dem Thor X sehr nahe steht.

Die Strahlung der Emanationen.

156. Es bedarf besonderer Methoden, um den Charakter der von den Emanationen ausgesandten Strahlung zu erforschen, da jedes Volumenelement des Gases, dem eine Emanation beigemengt ist, ein Strahlungszentrum darstellt. Der Verfasser verfuhr bei seinen Untersuchungen über die Strahlen der Thoremanation folgendermafsen:

Ein in Papier eingewickeltes, stark emanierendes Thorpräparat Th befand sich in einer ungefähr 1 cm hohen Bleikapsel B (s. Fig. 56); ihr Deckel enthielt eine Öffnung, die durch ein aufgekittetes Glimmerblättchen von sehr geringer Dicke verschlossen war. Durch die Papierhülle hindurchdiffundierend verbreitete sich die Emanation in kurzer Zeit in dem eingeschlossenen Raume, und nach 10 Minuten

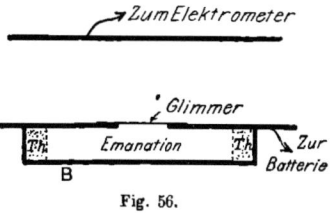

Fig. 56.

war daselbst radioaktives Gleichgewicht eingetreten. In der üblichen Weise wurde durch Einschaltung dünner Aluminiumfolie das Durchdringungsvermögen der aus dem Glimmerfenster austretenden Emanationsstrahlen auf elektrometrischem Wege festgestellt. Die Beobachtungsresultate sind in folgender Tabelle wiedergegeben:

Dicke des Glimmerfensters . 0,0015 cm,
Dicke eines Aluminiumblattes 0,00034 cm.

Zahl der Aluminiumblätter	Stromstärke
0	100
1	59
2	30
3	10
4	3,2

Offenbar rührt der Ionisierungseffekt wie bei der Einwirkung der Radioelemente so auch im vorliegenden Falle der Hauptsache nach von α-Strahlen her. Das Absorptionsvermögen des Aluminiums ist für diese Emanationsstrahlen ungefähr ebenso grofs wie für die gleichnamige Strahlung der radioaktiven Substanzen. Ein exakter Vergleich ist indessen nicht möglich, da die α-Strahlen der Emanation charakteristischerweise um so stärker absorbiert werden, je dickere Schichten Materie sie bereits durchsetzt haben. Demgemäfs mufs auch der Einflufs des Glimmerfensters, in welchem die Strahlen eine bedeutende Schwächung erleiden, ihr Durchdringungsvermögen herabsetzen.

Es war keine Änderung der Strahlungsintensität zu bemerken, als ein isoliert in die Bleikapsel eingeführter Draht zu einem hohen positiven oder negativen Potential geladen wurde. Als aber ein Luftstrom durch den Behälter geblasen wurde, der die Emanation ebenso schnell, wie sie entstand, fortführte, sank die Intensität der Strahlung auf einen geringen Bruchteil ihres früheren Wertes.

β-Strahlen waren in der Gesamtemission zunächst nicht vorhanden; bei der hohen Empfindlichkeit der Versuchsanordnung wären auch schwache Effekte einer β-Strahlung der Beobachtung nicht entgangen. Nach einigen Stunden begannen sich indessen solche Effekte zu zeigen. Allein es handelte sich hierbei nicht um eine von der Emanation selbst ausgesandte Strahlung, sondern um eine Wirkung der erregten Aktivität, die auf den Wänden des Behälters von der Emanation hervorgerufen wurde.

Auch die Radiumemanation sendet ausschliefslich α-Strahlen aus. Davon überzeugte man sich auf folgende Weise[1]:

Eine ziemlich grofse Menge der Emanation wurde in ein zylindrisches Gefäfs eingeschlossen. Dieses war aus 0,005 cm starkem

---

[1] E. Rutherford und F. Soddy, Phil. Mag., April 1903.

Kupferblech verfertigt, in welchem die α-Strahlen vollkommen absorbiert wurden, während β- und γ-Strahlen, falls solche vorhanden, fast ungeschwächt die Wandung durchsetzen konnten. Es wurde nun von Zeit zu Zeit die Stärke der Ionisierung außerhalb des Zylinders bestimmt. Die erste Messung wurde ungefähr 2 Minuten nach der Füllung des Gefäßes vorgenommen. Anfangs waren die Strahlungseffekte außerordentlich schwach; erst nach einiger Zeit nahm ihre Intensität rasch zu, und nach 3—4 Stunden war praktisch ein Maximum der Ionisierung erreicht. Aus diesen Beobachtungen geht hervor, daß die Radiumemanation selbst lediglich α-Strahlen aussendet, indem β-Strahlen erst allmählich zum Vorschein kommen in dem Maße, wie sich die erregte Aktivität auf den Gefäßwänden bildet. Damit steht auch die weitere Tatsache im Einklange, daß die Intensität der nach außen gelangenden Strahlung nicht sofort abnahm, nachdem die Emanation durch einen Luftstrom aus dem Zylinder wieder hinausgeschafft worden war.

Auf ähnliche Weise ließ sich zeigen, daß von der Emanation auch keine γ-Strahlen ausgehen; diese kommen erst allmählich, gleichzeitig mit den β-Strahlen, zum Vorschein.

Wir sind auf diese Versuche zur Analyse der Emanationsstrahlung etwas ausführlicher eingegangen, weil ihre Resultate für spätere prinzipielle Fragen eine wesentliche Bedeutung besitzen. Wir werden darauf zurückkommen (Kap. X und XI), wenn von dem Zusammenhange zwischen der Strahlung der radioaktiven Stoffe und den in ihnen stattfindenden Umwandlungsvorgängen die Rede sein wird. Es kann keinem Zweifel unterliegen, daß die Emanationen an und für sich, d. h. wenn man die Wirkungen der erregten Aktivität ausschließt, nur α-Strahlen liefern; diese bestehen aber höchstwahrscheinlich aus positiv geladenen und mit großer Geschwindigkeit begabten Massenteilchen.

Unabhängigkeit der zur Entstehung gelangenden Emanationsmengen vom Drucke des umgebenden Gases.

157. Es war bereits erwähnt worden, daß die Größe der von der Thoremanation hervorgerufenen Leitfähigkeit dem Gasdrucke proportional wäre, und daß man hieraus schließen dürfe, daß die Menge der entstehenden Emanation von dem Drucke des umgebenden Gases ebensowenig abhängig sei wie von seiner chemischen Beschaffenheit. Die Richtigkeit dieser Schlußfolgerung konnte mit Hilfe des in Fig. 56 abgebildeten Apparates direkt bestätigt werden. Wurde der Gasdruck innerhalb der Bleikapsel langsam erniedrigt, so nahm die Strahlungsintensität vor dem Fenster zunächst bis zu einem Grenzwerte zu, blieb dann aber innerhalb eines weiten Druckbereiches konstant. Die anfängliche Intensitätssteigerung macht sich für Luft viel stärker als für

Wasserstoff bemerkbar und erklärt sich dadurch, dafs die α-Strahlen der Emanation im Innern des Gefäfses eine partielle Absorption erleiden, wenn dieses mit einem Gase von Atmosphärendruck gefüllt ist. Als der Druck auf 1 mm Quecksilberhöhe gesunken war, zeigte sich eine Abnahme der Strahlungsintensität. Auch dieser Effekt war indessen nicht einem Einflusse auf die Emanationsentwickelung zuzuschreiben; er kam vielmehr, wie besondere Versuche lehrten, dadurch zustande, dafs ein Teil des aktiven Gases durch die Pumpe fortgeschafft wurde. Die Thorverbindungen besitzen nämlich die Eigenschaft, Wasserdampf sehr leicht zu absorbieren; dieser wird nun bei niedrigen Gasdrucken allmählich wieder abgegeben und führt einen Teil der Emanation mit sich fort.

Zu erwähnen sind ferner Versuche von Curie und Debierne[1]) über die erregte Aktivität, die sich in geschlossenen Gefäfsen in Gegenwart von Radiumpräparaten bildet. Sie fanden sowohl für die Stärke dieser erregten Aktivität als auch für die Länge der Zeit, in der sie einen Maximalwert erreicht, völlige Unabhängigkeit von der Natur und dem Druck des vorhandenen Gases. Die Resultate waren stets die gleichen, ob man zur Aktivierung eine Lösung benutzte, die unter dem Druck ihres gesättigten Dampfes stand, oder feste Radiumsalze bei beliebig geringen Gasdrucken. Wenn die Pumpe bei Drucken von der Gröfsenordnung 0,001 mm Quecksilber dauernd in Tätigkeit blieb, trat allerdings eine erhebliche Schwächung der erregten Aktivität ein. Indessen änderte sich wohl auch jetzt nicht die Menge der pro Zeiteinheit aus dem Radiumsalze austretenden Emanation, sondern es wurde nur ein gewisses Quantum stetig von der Pumpe fortgesaugt.

Bekanntlich ist die Stärke der erregten Aktivität, sobald radioaktives Gleichgewicht eingetreten ist, der Menge der Emanation, von der sie erzeugt wird, proportional. Daher ergibt sich auch aus den Versuchen von Curie und Debierne, dafs die Gleichgewichtsmenge der Emanation — d. h. die Menge, die gerade vorhanden ist, wenn pro Zeiteinheit ebensoviel neu gebildet wird, wie durch Zerfall verschwindet — vom Druck und der Natur des Gases unabhängig ist.

Dieselben Verfasser fanden ferner, dafs es bezüglich der Länge der Zeit, die bis zum Eintritt des radioaktiven Gleichgewichtes verstreicht, weder auf die Dimensionen des Gefäfses noch auf die Substanzmenge des aktiven Präparates ankommt. Daraus folgt, dafs die Emanation keinen merklichen Dampfdruck besitzt, der für den Gleichgewichtszustand mafsgebend wäre; denn sonst müfste jene Zeit von der Gefäfsgröfse und der jeweiligen Substanzmenge abhängen. Die beobachteten Tatsachen stehen indessen durchaus im Einklange mit der Vorstellung, dafs die Emanation stets nur in winzigen Quantitäten

---

[1]) P. Curie und A. Debierne, C. R. 133, p. 931. 1901.

vorhanden ist, und dafs für den Eintritt des Gleichgewichtes einzig und allein die Radioaktivitätskonstante λ, die Abklingungskonstante der Emanationsaktivität, in Frage kommt. Diese Gröfse behält aber, wie wir wissen, stets denselben Wert, mögen sich auch die Temperaturen, Drucke und Konzentrationen ändern, und so mufs auch die Zeitdauer der Anstiegsperiode bis zum Gleichgewichtszustande, vorausgesetzt, dafs sich die Emanationsentwickelung selbst nicht ändert, unter allen Umständen die gleiche sein, unabhängig von den Gefäfsdimensionen, dem Druck und der Temperatur des umgebenden Gases.

Die chemische Natur der Emanationen.

158. Wir kommen jetzt zur Besprechung einiger Versuche über das physikalische und chemische Verhalten, das die Emanationen unabhängig von ihren Stammsubstanzen aufweisen. Es galt, die Frage zu beantworten, ob eine Ähnlichkeit zwischen den materiellen Eigenschaften der Emanationen und denen irgendeines anderen Stoffes bekannter Art vorhanden wäre.

Schon frühzeitig hatte man gefunden, dafs die Thoremanation sich nicht verändert, wenn man sie durch Säurelösungen hindurchperlen läfst; dasselbe gilt, wie sich später zeigte, auch für die Radiumemanation, und es haben sich neben den Säuren auch alle anderen chemischen Reagenzien, die man geprüft hat, als wirkungslos erwiesen.

Thoremanation, die in der üblichen Weise, indem man einen Luftstrom über Thoroxyd hinwegstreichen liefs, gewonnen wurde, blieb unverändert, als man sie durch ein Platinrohr hindurchtrieb, das von einem elektrischen Strome auf helle Weifsglut erhitzt wurde[1]). Auch als das Rohr mit Platinschwarz gefüllt und seine Temperatur allmählich bis zu den höchsten Werten gesteigert wurde, zeigte sich niemals ein Unterschied in der austretenden Emanationsmenge. Man liefs die Emanation ferner durch rotglühendes Bleichromat, das sich in einer Glasröhre befand, hindurchstreichen; ein Wasserstoffstrom führte sie durch rotglühendes Magnesiumpulver oder Palladiumschwarz, ein Kohlensäurestrom durch rotglühenden Zinkstaub hindurch: in keinem Falle war ein Einflufs dieser Reagenzien wahrzunehmen. Höchstens zeigte sich bisweilen eine geringe Zunahme der austretenden Emanationsmenge, indem die Geschwindigkeit des Gasstromes beim Durchgang durch die heifsen Röhren etwas gröfser und der Aktivitätsabfall infolgedessen längs des ganzen Weges etwas kleiner wurde. Die einzigen uns bekannten Gase, die von allen jenen Reagenzien nicht angegriffen werden, sind die in neuerer Zeit entdeckten Glieder der Argonfamilie.

---

[1]) E. Rutherford und F. Soddy, Phil. Mag., Nov. 1902.

Siebentes Kapitel. Radioaktive Emanationen.

Man könnte die Erscheinungen indessen noch auf eine andere Weise zu deuten versuchen. Es liefse sich denken, dafs sich in der Emanation nur eine besondere Art erregter Aktivität zu erkennen gäbe, die in der das aktive Präparat umgebenden Atmosphäre zustande käme. In diesem Falle hätten die Versuche offenbar zu dem gleichen Ergebnisse führen müssen, da man ja genötigt war, zum Transporte der Emanation jedesmal ein Gas zu benutzen, das von dem gerade in Frage kommenden Reagens nicht angegriffen wurde. Rotglühendes Magnesium würde auch eine Emanation, die aus radioaktivem Wasserstoff bestände, unverändert lassen und ebensowenig würde radioaktive Kohlensäure von rotglühendem Zinkstaub angegriffen werden. Gleichwohl lassen sich die Erscheinungen auf diese Weise nicht erklären. Das geht aus folgendem Versuche hervor: Man liefs Kohlensäure über Thoroxyd hinwegstreichen und leitete das Gas in ein T-Rohr, wo es mit einem Luftstrom zusammentraf. Das Gemisch aus Kohlensäure und Luft strömte dann durch ein langes, mit Natronkalk gefülltes Rohr. Hier wurde die gesamte Kohlensäure zurückgehalten, und schliefslich gelangte der Gasstrom in einen Zylinderkondensator, in dem die Aktivität gemessen wurde. Es zeigte sich nun, dafs die Menge der ankommenden Emanation unter diesen Umständen genau die gleiche war wie bei Benutzung der einfachen Versuchsanordnung, d. h. wenn man die Emanation mit einem Luftstrom von gleicher Geschwindigkeit unmittelbar in den Mefsapparat hineinblies. Es ist demnach ausgeschlossen, dafs eine erregte Aktivität der Gase den Emanationserscheinungen zugrunde liegen könnte.

In ähnlicher Weise wurde das Verhalten der Radiumemanation untersucht. Ein gleichmäfsiger Gasstrom wurde durch eine Radiumchloridlösung hindurchgeleitet; er passierte dann eines der chemischen Reagenzien und gelangte schliefslich in den Ionisierungsraum, der ein ziemlich kleines Volumen besafs, so dafs sich sehr geringe Änderungen der ankommenden Emanationsmengen noch deutlich nachweisen liefsen. Es war aber niemals ein Einflufs, selbst nicht der stärksten chemischen Reagenzien, zu bemerken.

In späteren Versuchen von Ramsay und Soddy[1]) wurde die Radiumemanation noch stärkeren Angriffen unterworfen. Die Emanation war über Ätzkali mit Sauerstoff zusammen in eine Glasröhre eingeschlossen, durch die man mehrere Stunden lang Funken hindurchschlagen liefs. Der Sauerstoff wurde dann durch erhitzten Phosphor beseitigt, ohne einen sichtbaren Rückstand zu hinterlassen. Mittels eines Stromes eines anderen Gases wurde die winzige Emanationsmenge, die sich noch in der Röhre befand, in einen Kondensator übergeführt: ihre Aktivität hatte sich nicht geändert. In einem anderen

---

[1]) W. Ramsay und F. Soddy, Proc. Roy. Soc. 72, p. 204. 1903.

Falle liefs man die Emanation drei Stunden lang mit rotglühendem Magnesiumkalk in Berührung. Nach dieser Behandlung war ihr Ionisierungsvermögen noch ebenso grofs wie zuvor.

Man kann demnach sagen, dafs die Emanationen des Thoriums und Radiums chemischen Angriffen in einer Weise widerstehen, wie es bisher nur an den Gasen der Argongruppe beobachtet worden ist.

159. Ramsay und Soddy (loc. cit.) geben einen interessanten Versuch an, der deutlich erkennen läfst, dafs sich die Emanation wie eine gasförmige materielle Substanz verhält. Sie sammelten eine grofse Menge Radiumemanation in einem kleinen Glasrohr, das an eine Töplersche Pumpe angeschmolzen, zunächst jedoch durch einen Hahn gegen diese abgesperrt war. Die Strahlen der Emanation brachten das Glasrohr zu lebhafter Fluoreszenz. Öffnete man nun den Hahn, so konnte man im dunklen Zimmer an dem Fortschreiten der Lichterregung auf den einzelnen Glasteilen des Apparates die allmähliche Ausbreitung des Emanationsgases deutlich verfolgen. So sah man, wie die Emanation langsam durch die Kapillarröhre hindurchglitt, dann schnell durch die weiteren Rohrteile hindurchströmte, beim Durchgang durch einen Phosphorpentoxydpfropf aufgehalten wurde und sich zuletzt mit grofser Geschwindigkeit in dem Reservoir der Pumpe ausdehnte. Durch Kompression liefs sich die Helligkeit steigern, und die Fluoreszenz wurde aufserordentlich lebhaft, als das Gas, in welchem die Emanation enthalten war, zu einem kleinen Bläschen zusammengeprefst und dann plötzlich durch die enge Kapillare hindurchgedrückt wurde.

Diffusion der Emanationen.

160. Die Emanationen des Thoriums und Radiums verhalten sich also in jeder Hinsicht wie radioaktive Gase; sie bilden jedoch stets nur einen winzigen Bestandteil der Gasgemische, in welchen man sie zu untersuchen pflegt. Wegen der geringen Quantitäten, die uns von aktiver Materie zur Verfügung stehen, ist es bisher nicht möglich gewesen, genügende Mengen Emanation zu sammeln, um ihre Dichte auf direktem Wege zu bestimmen. Auch chemische Methoden versagen vorläufig, um ihr Molekulargewicht festzustellen. Dennoch kann man auf indirekte Weise zu einem Näherungswerte gelangen, indem man ihre Diffusionsgeschwindigkeit in Luft oder anderen Gasen ermittelt. Man kennt ja die Diffusionskoeffizienten für eine grofse Zahl von Gasen, und, wie man weifs, ist der Koeffizient der gegenseitigen Diffusion zweier einfacher Gase nahezu der Quadratwurzel aus dem Produkte ihrer Molekulargewichte umgekehrt proportional. Man lasse also die Emanation z. B. in Luft hineindiffundieren und bestimme die Geschwindigkeit des Vorganges; findet man dann für ihren Diffusionskoeffizienten einen

Wert, der zwischen den Koeffizienten zweier anderer Gase A und B gelegen ist, so darf man schliefsen, dafs auch ihr Molekulargewicht zwischen denen von A und B liegt.

Solche Messungen lassen sich sehr wohl ausführen, trotz der Kleinheit der zur Verfügung stehenden Emanationsmengen, da ein Gas, selbst wenn es nur sehr wenig Emanation aufgenommen hat, doch bereits eine beträchtliche Leitfähigkeit aufweist.

Demgemäfs wurde von Miss Brooks und dem Verfasser[1]) die Geschwindigkeit bestimmt, mit der die Radiumemanation in Luft hineindiffundiert. Die von ihnen benutzte Versuchsanordnung basierte auf einer von Loschmidt[2]) im Jahre 1871 zur Messung von Diffusionskoeffizienten angegebenen Methode.

Ein Messingzylinder AB (Fig. 57) von 73 cm Länge und 6 cm Durchmesser war in der Mitte mit einem beweglichen Metallschieber S

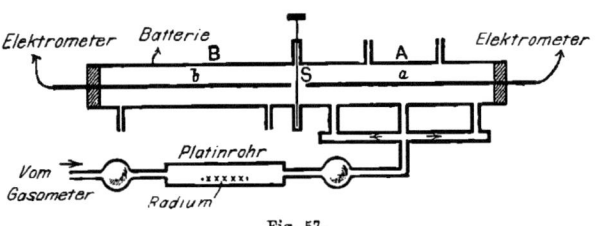

Fig. 57.

versehen, der den Innenraum in zwei gleichgrofse Kammern teilte. An den Enden war der Zylinder durch Ebonitstopfen verschlossen. Durch diese waren zwei Messingstäbe a und b, je von der halben Länge des Rohres, hindurchgeführt, die in axialer Lage auf isolierenden Stützen ruhten. An den gleichfalls isolierten Zylinder war der eine Pol einer Batterie von 300 Volt angelegt; der andere Pol war zur Erde abgeleitet. Die Metallstäbe a und b konnten mit einem empfindlichen Quadrantelektrometer verbunden werden. Das äufsere Rohr war mit einer dicken Filzschicht umkleidet und lag, in Watte verpackt, in einem Metallkasten, damit die Temperaturverhältnisse möglichst konstant blieben.

Nachdem die beiden Rohrhälften durch den Schieber S gegeneinander abgeschlossen worden waren, wurde in die Kammer A Radiumemanation eingeleitet, indem man aus einem Gasometer trockene Luft durch ein Platinrohr hindurchströmen liefs, in welchem sich etwas Radiumsalz befand. Um genügende Mengen der Emanation zu gewinnen, wurde das Platinrohr schwach erhitzt. Wie die Figur zeigt, liefs man

---

[1]) E. Rutherford und Miss Brooks, Trans. Roy. Soc. Canada 1901; Chem. News 1902.

[2]) J. Loschmidt, Sitzungsber. d. Wien. Akad. 61, II, p. 367. 1871.

die mit Emanation beladene Luft gleichzeitig durch drei Ansatzrohre in den Zylinder eintreten, damit sich das aktive Gas vor dem Beginn der Messung möglichst gleichmäfsig in der ersten Kammer verteilte. Nachdem eine genügende Menge Emanation eingeführt worden war, wurde der Luftstrom unterbrochen, und die seitlichen Ansatzrohre wurden verschlossen. Hierzu dienten enge Kapillarröhren, die einerseits verhinderten, dafs merkliche Emanationsmengen durch Diffusion entwichen, und andererseits keine Druckunterschiede zwischen dem in A eingeschlossenen Gase und der äufseren Atmosphäre aufkommen liefsen.

Man wartete nun zunächst mehrere Stunden, damit Temperaturgleichgewicht eintrat. Als dann der Schieber geöffnet wurde, begann die Emanation in die Kammer B hinüberzudiffundieren. Um den Vorgang zu verfolgen, wurde zu bestimmten Zeiten die Intensität der elektrischen Ströme in A und B mittels eines Elektrometers, dem passende Kapazitäten parallelgeschaltet werden konnten, gemessen. Die Stromstärke in B war im ersten Momente noch Null, nahm dann aber stetig zu, während der Strom in A gleichzeitig schwächer wurde. Nach mehreren Stunden wurden die Elektrometerausschläge für beide Zylinderhälften nahezu gleichgrofs. Die Emanation hatte sich also inzwischen nahezu gleichmäfsig in dem ganzen Raume verteilt.

Es sei

K der Diffusionskoeffizient der Emanation gegen Luft,

t die Zeit, während welcher die Diffusion vor sich geht, in Sekunden,

a die Länge des ganzen Zylinders,

S_1 der Partialdruck der Emanation in der Kammer A zur Zeit t,

S_2 der Partialdruck der Emanation in der Kammer B zur Zeit t.

Wie sich leicht beweisen läfst[1]), gilt dann die Beziehung

$$\frac{S_1 - S_2}{S_1 + S_2} = \frac{8}{\pi^2}\left(e^{-\frac{\pi^2 K t}{a^2}} + \frac{1}{9} e^{-\frac{9 \pi^2 K t}{a^2}} + \cdots \right).$$

Die Werte der Gröfsen S_1 und S_2 sind nun den Sättigungsströmen proportional, die der ionisierenden Wirkung der Emanation in den beiden Zylinderhälften entsprechen. Man braucht nur das Verhältnis der Werte S_1 und S_2 zu einer bestimmten Zeit t zu ermitteln, so kann man den Diffusionskoeffizienten K aus der obigen Gleichung berechnen.

Die genaue experimentelle Bestimmung von S_1 und S_2 wird freilich erschwert durch das Auftreten der erregten Aktivität auf den Gefäfswänden. Diese entsteht bekanntlich erst aus der Emanation und

---

[1]) Vgl. J. Stefan, Sitzungsber. d. Wien. Akad. 63, II, p. 82. 1871.

ihre materiellen Träger werden im elektrischen Felde an die Elektroden geführt. Sie liefert einen gewissen Beitrag zu dem Gesamtstrome, der für jede Zylinderhälfte in Rechnung gezogen werden mufs. Das Verhältnis der betreffenden Partialströme — Ionisierungseffekt der erregten Aktivität zu dem der Emanation — hängt von der Expositionszeit ab und wird der letzteren erst nach mehreren Stunden proportional.

Es gelang auf folgende Weise, den Einflufs der erregten Aktivität zu eliminieren: Der Schieber wurde bei den einzelnen Versuchen jedesmal eine bestimmte Zeit lang, die von 15 bis 120 Minuten variiert wurde, aufgezogen. Währenddessen hielt man die Elektroden a und b auf negativem Potential, so dafs sich auf ihnen der gröfste Teil der erregten Aktivität konzentrierte. Am Ende der Versuchszeit wurden sie, nachdem man den Schieber heruntergelassen hatte, durch frische Stäbe ersetzt, und hierauf wurde unverzüglich die Messung des Stromes in A und B vorgenommen. Unter diesen Umständen werden die ermittelten Stromstärken den Gröfsen S_1 bezw. S_2, d. h. den in den beiden Zylinderhälften vorhandenen Emanationsmengen, proportional.

Die Werte, die sich aus verschieden langen Diffusionszeiten für den Koeffizienten K ergaben, stimmten untereinander gut überein. Sie schwankten in den ersten Versuchsreihen zwischen den Grenzen 0,08 und 0,12. Später wurde noch gröfsere Sorgfalt auf möglichste Konstanz der Temperaturverhältnisse verwandt, und da ergaben die Beobachtungen: $K = 0{,}07$ bis $0{,}09$. Da Temperaturschwankungen die Tendenz haben, den Diffusionskoeffizienten zu grofs erscheinen zu lassen, so kommt wahrscheinlich $K = 0{,}07$ der Wahrheit am nächsten. Die Gröfse des Koeffizienten hing übrigens nicht davon ab, ob die Luft feucht oder trocken war, und änderte sich auch nicht, wenn das Gas dem Einflusse eines elektrischen Feldes unterlag.

161. Weitere Versuche über den gleichen Gegenstand sind später von Curie und Danne[1]) ausgeführt worden. Befindet sich die Emanation in einem geschlossenen Gefäfse, so nimmt die Aktivität, die uns ja als Mafs der vorhandenen Emanationsmenge dient, wie wir wissen, nach einer Exponentialformel mit der Zeit ab. Läfst man den Behälter aber durch ein Kapillarrohr mit der äufseren Luft kommunizieren, so diffundiert die Emanation langsam heraus, und es zeigt sich, dafs ihre Konzentration zwar noch immer in geometrischer Progression, aber merklich schneller als vorher abnimmt. Curie und Danne bestimmten nun diese Aktivitätsabnahme für Röhren von verschiedener Länge und Weite und stellten fest, dafs der Diffusionsvorgang im vorliegenden Falle denselben Gesetzen gehorcht wie bei einem gewöhnlichen Gase. So konnten sie aus ihren Versuchen gleichfalls den Diffusions-

---

[1]) P. Curie und J. Danne, C. R. 136, p. 1314. 1903.

Siebentes Kapitel. Radioaktive Emanationen. 283

koeffizienten der Emanation gegen Luft berechnen und erhielten als Resultat $K = 0{,}100$. Dieser Wert ist ein wenig gröfser als der kleinste der von Rutherford und Miss Brooks gefundenen Werte 0,07. Curie und Danne bemerken indessen nicht, dafs sie besondere Vorsichtsmafsregeln zur Vermeidung von Temperaturschwankungen getroffen hätten, und so mag sich die Diskrepanz wohl erklären.

Die genannten Autoren fanden ferner, dafs sich die Emanation, wie ein gewöhnliches Gas, auf zwei miteinander kommunizierende Behälter im Verhältnisse der Volumina der letzteren verteilte. Auch als das eine Gefäfs auf einer Temperatur von 10^0 C., das andere auf 350^0 C. gehalten wurde, war das Verhältnis der in ihnen enthaltenen Emanationsmengen dasselbe, wie es sich zeigen würde, wenn ein gewöhnliches Gas den gleichen Bedingungen unterläge.

162. Im folgenden seien zum Vergleiche die Diffusionskoeffizienten einiger Gase zusammengestellt; die Daten sind den Tabellen von Landolt und Börnstein entnommen.

Gas oder Dampf	Diffusionskoeffizient gegen Luft	Molekulargewicht
Wasserdampf	0,198	18
Kohlensäuregas . .	0,142	44
Alkoholdampf	0,101	46
Ätherdampf	0,077	74
Radiumemanation . . .	0,07	?

Reichen die Zahlen auch nicht recht aus, um hiernach mit Sicherheit das Molekulargewicht der Emanation bestimmen zu können, so geht doch aus ihnen deutlich hervor, dafs die Diffusionskoeffizienten mit wachsendem Molekulargewichte abnehmen. Für die Radiumemanation ist der Wert von K noch etwas kleiner als für Ätherdampf. Wir dürfen daher schliefsen, dafs ihr Molekulargewicht gröfser als 74 ist. Voraussichtlich liegt der wahre Wert in der Nähe der Zahl 100; ja, wahrscheinlich ist diese Zahl noch zu klein, da auch die Äther- und Alkoholdämpfe höhere Diffusionskoeffizienten im Vergleich zur Kohlensäure besitzen, als nach der Theorie zu erwarten wäre. Berechnet man das Molekulargewicht der Radiumemanation aus dem der Kohlensäure unter der Voraussetzung, dafs, ebenso wie bei den einfachen Gasen, auch im vorliegenden Falle der Diffusionskoeffizient der Quadratwurzel aus dem Molekulargewichte umgekehrt proportional wäre, so erhält man den Wert 176. So schlossen auch Bumstead und Wheeler[1]), welche die Geschwindigkeiten, mit denen Radiumemana-

---

[1]) H. A. Bumstead und L. P. Wheeler, Amer. Journ. Science, Febr. 1904.

tion und Kohlensäure durch eine Platte aus porösem Material hindurchdiffundierten, unmittelbar miteinander verglichen, aus ihren Versuchen auf ein Molekulargewicht von 180. Nach der Desaggregationstheorie besteht das Atom der Emanation aus dem Rest, der von dem Radiumatom übrigbleibt, nachdem ein α-Teilchen fortgeflogen ist. Hiernach müfste ihr Molekulargewicht den Wert 200 noch übersteigen.

Wie früher erwähnt wurde (Paragraph 37), hat Townsend die Diffusionskoeffizienten der durch Bestrahlung mit einer Röntgenröhre oder einer radioaktiven Substanz erzeugten Gasionen bestimmt. Er fand für die positiven Ionen in trockener Luft von normalem Druck und mittlerer Temperatur $K = 0,028$ und für die negativen unter gleichen Bedingungen $K = 0,043$. Vergleichen wir diese Zahlen mit dem für die Radiumemanation ermittelten Wert $K = 0,07$, so sehen wir, dafs die letztere wesentlich schneller diffundiert als eines jener durch Bestrahlung entstandenen Gasionen. Sie verhält sich also gerade so, als wenn die Masse ihrer Elementarteilchen kleiner wäre als die der Luftionen, aber beträchtlich gröfser als die der Luftmoleküle.

Wir hatten uns bereits früher klargemacht, dafs die Emanation keinesfalls aus den gewöhnlichen, mit dem aktiven Körper ursprünglich in Berührung befindlichen Gasen bestehen könne, indem diese lediglich eine vorübergehende Zustandsänderung erführen. Einer solchen Auffassung würden auch die Ergebnisse der Diffusionsversuche widersprechen. Denn aus der Kleinheit des Koeffizienten K geht mit Sicherheit hervor, dafs wir in der Emanation ein Gas von hohem Molekulargewichte vor uns haben.

Vor kurzem hat Makower[1]) die Frage nach dem Molekulargewichte der Radiumemanation noch nach einer anderen Methode einer Prüfung unterzogen. Er liefs die Emanation sowie Sauerstoff, Kohlensäure und Schwefeldioxyd durch einen porösen Gipspfropf hindurchdiffundieren und bestimmte das Verhältnis ihrer Diffusionsgeschwindigkeiten. Es zeigte sich zunächst, dafs hier das Grahamsche Gesetz, nach welchem der Diffusionskoeffizient K der Quadratwurzel aus dem Molekulargewichte M umgekehrt proportional sein soll, nicht genau erfüllt war. Der Wert des Produktes $K\sqrt{M}$ erwies sich nicht als konstant für die genannten Gase, sondern nahm mit wachsendem Molekulargewichte ab. Die graphische Darstellung der Werte $K\sqrt{M}$ für O, CO_2 und SO_2 als Ordinaten der Abszissen K lieferte aber eine gerade Linie, so dafs man durch lineare Extrapolation einen Schlufs auf das Molekulargewicht der Radiumemanation ziehen konnte. Auf diese Weise ergaben sich aus den Beobachtungen an drei verschiedenen Gipspfropfen die Werte 85,5, 97 und 99. Hiernach wäre also das Molekulargewicht der Radiumemanation ungefähr gleich 100. Man mufs jedoch bedenken,

---

[1]) W. Makower, Phil. Mag., Jan. 1905.

dafs bei allen diesen Diffusionsversuchen die radioaktive Emanation nur eine winzige Beimengung eines anderen Gases bildet, während ihre Diffusionsgeschwindigkeit mit derjenigen dritter Gase, von denen man grofse Quantitäten benutzt, verglichen wird. Die Molekulargewichtsbestimmungen sind daher ziemlich erheblichen Fehlerquellen ausgesetzt, denen man nicht leicht durch Korrektionen Rechnung tragen kann.

Diffusion der Thoremanation.

163. Zur Ermittelung des Diffusionskoeffizienten der Thoremanation lassen sich die oben beschriebenen Methoden nicht verwenden, da die Aktivität jener Substanz zu schnell abklingt. Dem Verfasser gelang die Bestimmung der Gröfse K in diesem Falle auf folgendem Wege: Ein hoher vertikal gestellter Messingzylinder P (Fig. 58) enthielt in der Nähe seines Bodens eine horizontale Platte C, die mit einer Schicht Thoroxyd bedeckt war. Die von der Substanz freigegebene Emanation diffundierte nach oben längs des Zylinders.

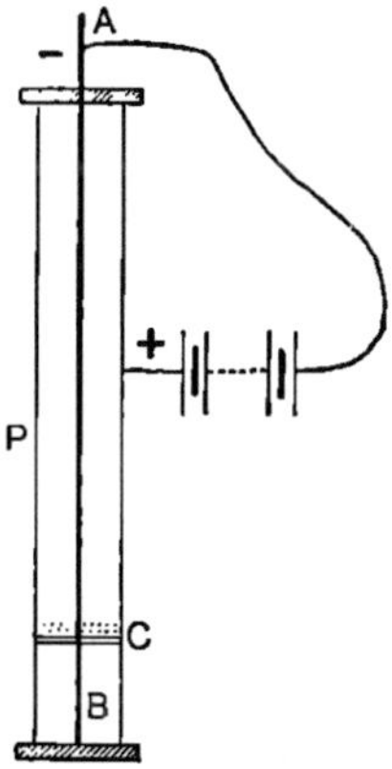

Es sei p der Partialdruck der Emanation in einem beliebigen Abstande x von C. Innerhalb eines jeden Zylinderquerschnittes dürfen wir p als nahezu konstant betrachten. Für den Partialdruck gilt aber nach den allgemeinen Diffusionsgesetzen die Gleichung

$$K \frac{d^2 p}{d x^2} = - \frac{dp}{dt}.$$

Fig. 58.

Die Emanation schleudert, während sie zerfällt, beständig α-Teilchen fort. Die zurückbleibende Materie nimmt eine positive Ladung an und entweicht im elektrischen Felde aus der Masse des Gases, indem sie an der negativen Elektrode haften bleibt.

Die Aktivität der Emanation ist zu jeder Zeit der gerade vorhandenen Zahl der noch nicht zerfallenen Teilchen proportional und klingt allmählich nach einer Exponentialformel ab. Es ist daher $p = p_1 e^{-\lambda t}$, wenn p_1 den Wert von p zur Zeit $t = 0$ und λ die Radioaktivitätskonstante der Emanation bedeutet. Folglich wird

$$\frac{dp}{dt} = - \lambda p,$$

und

$$K \frac{d^2 p}{d x^2} = \lambda p,$$

also

$$p = A e^{-\sqrt{\frac{\lambda}{K}} x} + B e^{\sqrt{\frac{\lambda}{K}} x}.$$

Da für $x = \infty$ $p = 0$ wird, so ist $B = 0$.

Ferner ist $A = p_0$, wenn wir für $x = 0$ $p = p_0$ setzen.

Es ergibt sich daher schließlich folgender Ausdruck:

$$p = p_0\, e^{-\sqrt{\tfrac{\lambda}{K}}\, x}.$$

Zur Ausführung der Versuche erwies es sich nicht als zweckmäßig, die Emanationsaktivität selbst von Punkt zu Punkt längs des Zylinders zu messen. Man bestimmte vielmehr, da diese Methode zum gleichen Ziele führte, die Verteilung der erregten Aktivität auf einem axial angeordneten, negativ geladenen Stabe AB. Die Stärke der erregten Aktivität ist ja an jedem Punkte der daselbst vorhandenen Emanationsmenge stets proportional (vgl. Paragraph 177), so daß sich aus ihrer Verteilung längs der axialen Elektrode zugleich die räumliche Variation des Partialdruckes p für die Emanation ergibt.

Der Zylinder wurde mit trockener Luft von Atmosphärendruck gefüllt und auf konstanter Temperatur gehalten. Ein bis zwei Tage lang wurde dann der negativ geladene Stab AB der Emanation ausgesetzt. Hierauf nahm man ihn aus dem Zylinder heraus und bestimmte die Verteilung der erregten Aktivität längs seiner Oberfläche nach der elektrometrischen Methode. In Übereinstimmung mit der oben entwickelten Theorie ergab sich eine exponentielle Abnahme der erregten Aktivität mit wachsendem Abstande x; in einer Entfernung von ungefähr 1,9 cm war sie auf den halben Wert gesunken.

Da sich die Emanationsaktivität in einer Minute um die Hälfte verringert, ist $\lambda = 0{,}0115$. Mehrere Versuche lieferten im Mittel das Resultat $K = 0{,}09$. Der Wert ist zwar ein wenig größer als der des für die Radiumemanation gewonnenen Koeffizienten, $K = 0{,}07$; jedenfalls ergibt sich aber, daß die Molekulargewichte der beiden Emanationen nicht stark voneinander differieren.

Auch Makower (loc. cit.) zog aus vergleichenden Messungen der Geschwindigkeiten, mit denen die Thorium- und Radiumemanationen durch poröse Platten hindurchdiffundieren, den Schluß, daß ihre Molekulargewichte nahezu miteinander übereinstimmen, und bestätigte somit die Resultate der oben beschriebenen Versuche.

Diffusion der Emanation durch Flüssigkeiten.

164. Von Wallstabe[1]) wurde die Diffusion der Radiumemanation durch flüssige Medien untersucht. Die zu prüfende Flüssigkeit befand sich in einem Glaszylinder unter einem Rezipienten, in dem sich die Emanation ausbreiten konnte. Der Zylinder war mit einem außer-

---

[1]) Fr. Wallstabe, Physik. Ztschr. 4, p. 721. 1903.

halb des geschlossenen Behälters endigenden Ansatzrohre nebst Abflufshahn versehen, so dafs sich die einzelnen Flüssigkeitsschichten bequem abzapfen liefsen. Der Emanationsgehalt der entnommenen Mengen wurde dann durch Strommessung in einem Kondensator bestimmt. Der maximale Wert, den die Stromstärke nach mehreren Stunden erreichte, diente als Mafs der von der Flüssigkeit absorbierten Emanationsmenge.

Der Diffusionskoeffizient K der Emanation für Flüssigkeiten läfst sich an Hand derselben Gleichung, die oben für die Diffusion in Luft benutzt wurde, berechnen. Wir setzen also wieder

$$p = p_0\, e^{-\sqrt{\frac{\lambda}{K}}\,x},$$

indem wir mit λ die Konstante des Aktivitätsabfalls der Radiumemanation und mit x die Tiefe der untersuchten Flüssigkeitsschicht unter der Oberfläche bezeichnen.

Aus den Messungen ergab sich

$$\text{für Wasser } \sqrt{\frac{\lambda}{K}} = 1{,}6,$$

$$\text{für Toluol } \sqrt{\frac{\lambda}{K}} = 0{,}75.$$

Der Wert von λ beträgt, auf einen Tag als Zeiteinheit bezogen, ungefähr 0,17.

Demnach erhält man für den Diffusionskoeffizienten der Radiumemanation im Falle des Wassers

$$K = 0{,}066\ \frac{\text{cm}^2}{\text{Tag}}.$$

Nach Stefan[1]) ist der Koeffizient der Diffusion der Kohlensäure in Wasser $1{,}36\ \frac{\text{cm}^2}{\text{Tag}}$. Wir finden hier also das Resultat der früheren Versuche über die Diffusion in Luft bestätigt: die Radiumemanation verhält sich wie ein Gas von hohem Molekulargewicht.

Kondensation der Emanationen.

165. Kondensation der Emanationen. Bei ihren Untersuchungen über das Verhalten der Thoremanation gegen physikalische und chemische Einflüsse hatten Rutherford und Soddy[2]) gefunden, dafs man das aktive Gas durch bis zur Weifsglut erhitzte oder auf die Temperatur der festen Kohlensäure abgekühlte Röhren hindurchtreiben

---

[1]) J. Stefan, Wien. Ber. 2, p. 371. 1878.
[2]) E. Rutherford und F. Soddy, Phil. Mag., Nov. 1902.

konnte, ohne daſs seine Menge sich dabei geändert hätte. Später wurden noch tiefere Temperaturen auf ihre Wirkung hin geprüft, und da zeigte sich, daſs bei der Temperatur der flüssigen Luft eine Kondensation beider Emanationen erfolgte[1]).

Läſst man einen langsamen Strom von Wasserstoff, Sauerstoff oder Luft über ein emanierendes Thor- oder Radiumpräparat hinweg- und dann durch eine in flüssige Luft eingetauchte Metallrohrspirale, die mit einem Kondensatorraum — etwa wie in Fig. 52 — kommuniziert, hindurchstreichen, so bemerkt man, daſs unter diesen Umständen keine Spuren von Emanation in den Meſsapparat gelangen. Hebt man dann das Schlangenrohr aus der flüssigen Luft heraus und hüllt es in Watte ein, so dauert es zunächst noch einige Minuten, bevor ein Ausschlag der Elektrometernadel erfolgt; alsbald verflüchtigt sich aber die kondensierte Emanation sehr rasch und es tritt, zumal wenn es sich um die Emanation des Radiums handelt eine auſserordentlich starke Ionisierung ein. Wird der Versuch mit einer einigermaſsen groſsen Menge Radiumemanation ausgeführt, so erhält man unter den genannten Bedingungen schon wenige Augenblicke nach den ersten Anzeichen einer Stromleitung eine Wanderung der Elektrometernadel von mehreren hundert Skalenteilen pro Sekunde. Dabei ist es nicht erforderlich, den Gasstrom nach der Entfernung des Kältebades noch länger über die emanierende Substanz hinwegzuführen; man kann die Radium- oder Thorverbindung aus der Versuchsanordnung gänzlich ausschalten und den Gasstrom unmittelbar in die Spiralröhre eintreten lassen. Naturgemäſs werden dann aber die Effekte, falls ein Thorpräparat benutzt worden war, wesentlich schwächer infolge des schnellen zeitlichen Aktivitätsabfalls der Thoremanation; ihre Abklingungskonstante ist nämlich bei der Temperatur der flüssigen Luft noch genau ebenso groſs wie bei gewöhnlicher Temperatur.

Kondensiert man eine beträchtliche Menge Radiumemanation in einem U-förmigen Glasrohr, so kann man den Kondensationsprozeſs mit bloſsem Auge verfolgen, indem man die von den Strahlen der aktiven Materie erregte Fluoreszenz des Glases beobachtet. Man sieht dann, nachdem man die Öffnungen des U-Rohres verschlossen hat und die Temperatur gestiegen ist, wie sich das Leuchten allmählich in der ganzen Röhre verbreitet und an einer beliebigen Stelle der Glaswand durch lokale Kühlung mit flüssiger Luft verstärken läſst.

166. Demonstration der Erscheinung. Eine einfache Versuchsanordnung, die sich zur Demonstration des Kondensationsprozesses und der Verflüchtigung der Emanation gut eignet und zugleich einige ihrer charakteristischen Eigenschaften zu zeigen gestattet, ist in Fig. 59

---

[1]) Phil. Mag., Mai 1903.

wiedergegeben. Aus einigen Milligramm Radiumbromid extrahiert man die Emanation, indem man die Substanz in Lösung bringt oder erhitzt. Das aktive Gas wird in einem U-förmigen Glasrohr T, das in flüssige Luft eintaucht, kondensiert. Dieses U-Rohr steht mit einer gröfseren Glasröhre V in Verbindung, in deren oberem Teile sich ein Zinksulfidschirm Z befindet und auf deren Boden ein Stück Willemit W liegt. Nach Schliefsung des Hahnes A werden T und V durch den Hahn B mit einer Pumpe verbunden und bis auf einen mäfsigen Verdünnungsgrad evakuiert. Durch diese Druckerniedrigung erreicht man, dafs die Emanation nach der Verflüchtigung schneller diffundiert. Sie selbst kann jedoch aus dem Rohre T nicht entweichen, solange man dieses mit flüssiger Luft kühlt. Der Hahn B wird nunmehr geschlossen und das Kältebad entfernt. Während der ersten Minuten findet bei Z und W noch keine Fluoreszenzerregung statt, da die Temperatur in T zunächst den Verflüchtigungspunkt der Emanation erreichen mufs. Dann aber wandert die Emanation rasch in das Gefäfs V hinüber, einesteils durch Diffusion, anderenteils infolge der mit steigender Temperatur wachsenden Expansion des in der Röhre T enthaltenen Gases, und nun beginnen Zinksulfidschirm und Willemit unter der Einwirkung der Emanationsstrahlung lebhaft zu leuchten.

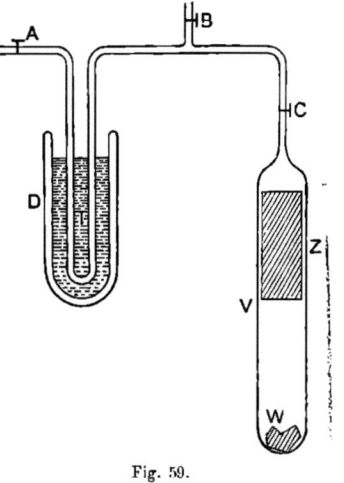

Fig. 59.

Senkt man hernach das untere Ende des Gefäfses V in flüssige Luft, so kondensiert sich in ihm die Emanation aufs neue. Zugleich wird die Fluoreszenz des Willemits noch weit heller als zuvor. Diese Helligkeitszunahme hat nicht etwa darin ihre Ursache, dafs die spezifische Fluoreszenzfähigkeit des Minerals durch die Temperaturerniedrigung gesteigert würde, vielmehr ist sie lediglich eine Folge der Kondensation des aktiven Gases in seiner Umgebung. Andererseits wird die Lumineszenz des Zinksulfidschirms allmählich immer schwächer und nach Verlauf von einigen Stunden ist sie so gut wie vollständig erloschen, falls das untere Rohrende dauernd gekühlt wird. Nach Entfernung der flüssigen Luft verflüchtigt sich die Emanation aufs neue und bringt den Schirm wiederum zur Fluoreszenz. Es dauert dann jedoch gleichfalls mehrere Stunden, bis die Helligkeit des Willemits auf ihren ursprünglichen Wert herabgesunken ist. Dafs die einmal erregte Lumineszenz sowohl beim Zinksulfid wie beim

Willemit so langsam verblafst, ist durch das Auftreten der langsam abklingenden erregten Aktivität bedingt. Diese entsteht ja aus der Emanation auf allen Körpern, die mit ihr in Berührung kommen (Kap. VIII), und demgemäfs rührt die Fluoreszenz der Leuchtsubstanzen nur zu einem Teile von der Strahlung der Emanation selbst her, während sie zum anderen Teile von der erregten Aktivität hervorgerufen wird. Wenn die Emanation nun durch Abkühlung aus dem oberen in den unteren Teil des Gefäfses befördert worden ist, wird die erregte Aktivität bei Z allmählich schwächer, während sie bei W an Stärke zunimmt.

Da auch die Emanation ihre Aktivität allmählich verliert, nimmt die Intensität der Fluoreszenzwirkungen im Laufe der Zeit ab; ein merklicher Effekt bleibt indessen noch mehrere Wochen lang bestehen.

Eine ähnliche Anordnung, wie sie hier beschrieben wurde, hat auch P. Curie[1]) zur Demonstration der Verdichtung der Radiumemanation angegeben.

167. Bestimmung der Kondensationstemperatur. Weitere Versuche von Rutherford und Soddy (loc. cit.) dienten zur Bestimmung

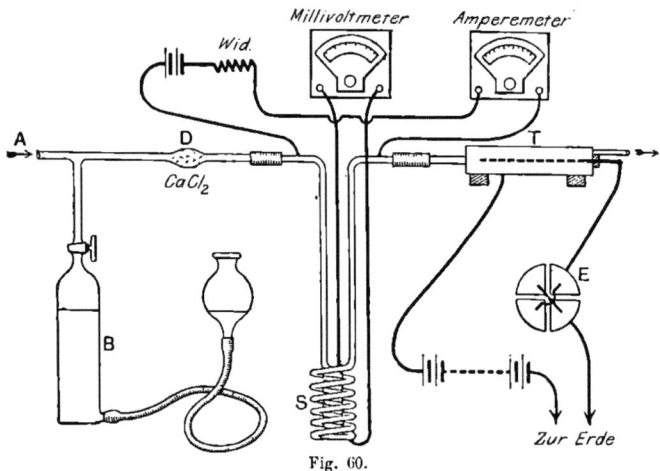

Fig. 60.

der Temperaturen, bei welchen die Verdichtung und Verflüchtigung der Emanationen beginnt. Die Anordnung, deren sie sich bei der zuerst von ihnen benutzten Methode bedienten, ist aus der Abbildung in Fig. 60 deutlich zu erkennen.

In einem Bade von flüssigem Äthylen stand eine Kupferspirale S,

---

[1]) P. Curie, Société de Physique, 1903.

Siebentes Kapitel. Radioaktive Emanationen.

die über 3 m lang war. Durch diese wurde ein Gasstrom, der bei A in den Apparat eintrat, mit mäfsiger, aber konstanter Geschwindigkeit hindurchgeleitet. Die Temperatur der Spirale bestimmte man aus ihrem elektrischen Widerstande; sie diente also gewissermafsen als ihr eigenes Thermometer. Zur Eichung des letzteren wurden Widerstandsmessungen ausgeführt bei $0°$, beim Siedepunkt des Äthylens ($-103,5°$), beim Gefrierpunkt des Äthylens ($-169°$) und bei der Temperatur der flüssigen Luft. Der Siedepunkt der flüssigen Luft wurde den Balyschen Tabellen entnommen, woselbst die Siedepunkte für verschiedene Sauerstoffkonzentrationen verzeichnet sind. Die graphische Darstellung des Widerstandes als Funktion der Temperatur zwischen den Werten $0°$ und $-192°$ ergab eine nahezu gerade Linie, deren Verlängerung die Temperaturachse bei $-273°$ schnitt. Der Widerstand der benutzten Spirale war also ziemlich genau der absoluten Temperatur proportional. Zur Widerstandsmessung wurde ein konstanter Strom durch das Kupferrohr hindurchgeschickt und die Spannung zwischen den Enden des letzteren an einem sorgfältig geeichten Westonschen Millivoltmeter abgelesen. In dem Äthylen befand sich ein Rührer, der durch einen Elektromotor kräftig gedreht wurde. Durch flüssige Luft liefs sich das Bad auf jede beliebige Temperatur abkühlen.

Die Ausführung der Messungen gestaltete sich bei den Versuchen mit Radiumemanation folgendermafsen. Dem bei A eintretenden Gasstrome wurde eine geeignete Menge Emanation aus dem Reservoir B zugeführt. Diese verdichtete sich in der Kupferspirale, deren Temperatur zunächst noch unter dem Kondensationspunkte lag. Hierauf liefs man, während sich die Spirale erwärmte, elektrolytischen Wasserstoff oder Sauerstoff durch den Apparat hindurchströmen und bestimmte den Widerstand, sobald bei E die erste Bewegung der Elektrometernadel eintrat. In diesem Moment mufsten die ersten Spuren Emanation in dem Kondensator T angelangt sein. Aus der Widerstandsmessung ergibt sich — nach Anbringung einer kleinen Korrektion für die während der Überführung des aktiven Gases aus S nach T stattfindende Erwärmung — die Temperatur, bei der die Verflüchtigung der Emanation einsetzt. Der Ionisationsstrom erreicht sehr schnell einen maximalen Wert. Man sieht also, dafs eine sehr geringe Temperatursteigerung genügt, um eine vollständige Vergasung der Radiumemanation herbeizuführen.

Die folgende Tabelle enthält einige Beobachtungsdaten, wie sie mit einem Wasserstoffstrom gewonnen wurden, dessen Geschwindigkeit 1,38 ccm pro Sekunde betrug:

Temperatur	Elektrometerausschlag in Skalenteilen pro Sekunde
— 160°	0
— 156°	0
— 154,3°	1
— 153,8°	21
— 152,5°	24

Es seien ferner die Messungsresultate für Wasserstoff- und Sauerstoffströme verschiedener Geschwindigkeit wiedergegeben:

	Geschwindigkeit des Gasstroms	T_1	T_2
Wasserstoff	0,25 ccm pro Sekunde	— 151,3	— 150
„	0,32 „ „ „	— 153,7	— 151
„	0,92 „ „ „	— 152	— 151
„	1,38 „ „ „	— 154	— 153
„	2,3 „ „ „	— 162,5	— 162
Sauerstoff	0,34 „ „ „	— 152,5	— 151,5
„	0,58 „ „ „	— 155	— 153

In dieser Tabelle bedeutet T_1 die Temperatur, bei welcher die Verflüchtigung beginnt, T_2 die Temperatur, bei welcher die kondensierte Emanationsmenge zur Hälfte in den gasförmigen Zustand übergegangen ist. Solange sich der Wasserstoff und Sauerstoff relativ langsam bewegt, stimmen die einzelnen Werte von T_1 und T_2 untereinander gut überein. Für einen Wasserstoffstrom von 2,3 ccm pro Sekunde Geschwindigkeit werden die gemessenen Temperaturen jedoch wesentlich niedriger als im ersteren Falle. Das kann indessen nicht überraschen; denn, wenn das Gas zu schnell durch den Apparat hindurchströmt, kann es sich nicht bis auf die Temperatur der Kupferspirale abkühlen, und so gelangt ein Teil der Emanation scheinbar bereits bei einer tieferen Temperatur in den Kondensator. Beim Sauerstoff macht sich dieser Einfluß schon bei einer Geschwindigkeit von 0,58 ccm pro Sekunde bemerkbar.

Zu den analogen Messungen für die Emanation des Thoriums mußte — mit Rücksicht auf den raschen Abfall ihrer Aktivität — die Versuchsmethode ein wenig variiert werden. Man ließ den konstanten Gasstrom in diesem Falle dauernd über eine emanierende Thorverbindung hinwegstreichen und bestimmte wieder die Temperatur der Spirale in dem Augenblicke, in welchem der erste merkliche Ausschlag der Elektrometernadel erfolgte. Der Unterschied gegenüber der oben auseinandergesetzten Methode bestand darin, dafs man hier die Temperatur ermittelte, bei welcher sich ein kleiner Teil der Emanation gerade eben der Kondensierung entziehen konnte, während sich dort diejenige Temperatur ergab, bei welcher die ersten Quantitäten der bereits vorher verdichteten Emanation gasförmig wurden.

Man erhielt nach jenem Verfahren für die Thoremanation folgende Resultate:

	Geschwindigkeit des Gasstroms	Temperatur
Wasserstoff	0,71 ccm pro Sekunde	-155^0
„	1,38 „ „	-159^0
Sauerstoff	0,58 „ „	-155^0

Vergleicht man diese Zahlen mit denen für die Radiumemanation, so sieht man, dafs für gleiche Geschwindigkeiten kaum ein Unterschied zwischen den entsprechenden Werten zu bemerken ist. Diese scheinbare Übereinstimmung zwischen den beiden Messungsreihen war indessen eine rein zufällige. Denn, wie spätere, genauere Versuche lehrten, besteht in Wahrheit ein sehr ausgesprochener Unterschied in dem Verhalten der beiden Emanationen bei tiefen Temperaturen.

Es zeigte sich, dafs die Verflüchtigung der Radiumemanation sehr nahe bei der Verdichtungstemperatur beginnt, und dafs es sich dabei um ziemlich scharf bestimmbare Punkte der Temperaturskala handelt. Bei der Thoremanation erstreckt sich dagegen der Kondensationsprozefs über ein Temperaturintervall von mehr als 30^0: die Verdichtung beginnt in diesem Falle bei ungefähr -120^0 C. und ist erst bei -155^0 C. nahezu vollständig beendet. Fig. 61 gibt uns ein Bild von dem Verlauf des Vorganges auf Grund von Beobachtungen, bei denen ein Sauerstoffstrom von 1,38 ccm pro Sekunde Geschwindigkeit benutzt wurde. Die Ordinaten der Kurve stellen in Prozenten des gesamten Emanationsvorrates die bei den einzelnen Temperaturen unverdichtet gebliebenen Emanationsmengen dar.

Zur besseren Einsicht in diese Verhältnisse wurden noch weitere Beobachtungen nach einer zweiten, statischen Methode unternommen, welche gestattete, das Verhalten der beiden Emanationen unter direkt vergleichbaren Bedingungen zu untersuchen. Das aktive Gas wurde, mit etwas Wasserstoff oder Sauerstoff gemischt, in die Kupferspirale eingeführt, die zuvor mit einer Quecksilberpumpe evakuiert und auf eine tiefe Temperatur abgekühlt worden war. Nach einer bestimmten Zeit wurde dann die noch unverdichtet gebliebene Emanation vermittels der Pumpe schnell abgesaugt und mit Hilfe eines gleichmäfsigen Gasstromes in den Mefskondensator getrieben.

Auf diese Weise ergab sich für die Verflüchtigungstemperatur der Radiumemanation nahezu derselbe Wert, wie früher, nämlich —150° C. Auch zeigte sich wieder, dafs die Verdichtung der Thoremanation bei etwa —120° C. begann und erst bei ungefähr —150° C. beendet war. Ferner liefs sich aber feststellen, dafs die relative Menge der bei irgendeiner Temperatur zur Kondensation gelangenden Thoremanation, obwohl die Verdichtung in allen Fällen bei demselben Punkte, —120° C., einsetzt, von mancherlei Bedingungen abhängt. Es spielt dabei die Natur und der Druck des inaktiven Gases eine Rolle, ferner die Konzentration der Emanation und die Länge der Zeit,

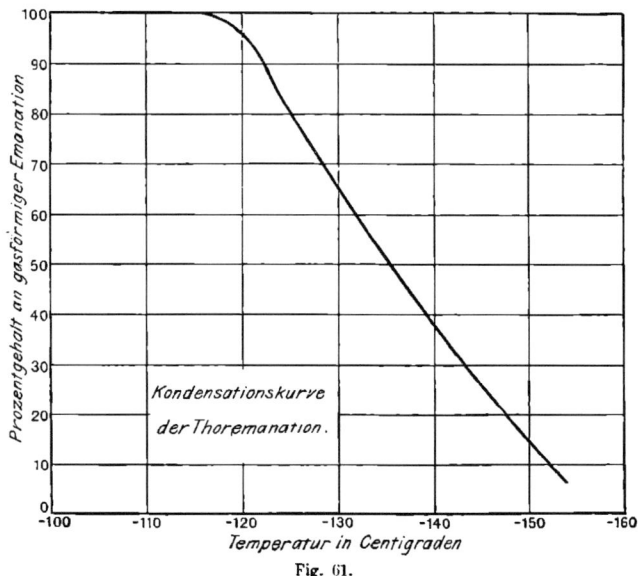

Fig. 61.

während welcher sie sich in der Spirale aufhält. Bei gegebener Temperatur wird relativ um so mehr kondensiert, je kleiner der herrschende Gasdruck ist und je länger die Emanation in der Kühlschlange verbleibt. Unter im übrigen gleichen Bedingungen erfolgt die Verdichtung in Wasserstoff schneller als in Sauerstoff.

168. Es kann offenbar keinem Zweifel mehr unterliegen, dafs die Kondensation der Thoremanation bereits bei einer höheren Temperatur beginnt als die der Radiumemanation. Das eigenartige Verhalten der ersteren wird aber leicht verständlich, wenn man bedenkt, dafs die Zahl der in dem Gase vorhandenen Emanationsteilchen gerade in diesem Falle besonders klein sein mufs. Wir wissen, dafs beide Emanationen ausschliefslich α-Strahlen emittieren. Wahrscheinlich unterscheiden

Siebentes Kapitel. Radioaktive Emanationen. 295

sich die von ihnen fortgeschleuderten Partikel ihrer Natur nach nicht wesentlich voneinander. Wir dürfen daher annehmen, daſs jedes α-Teilchen bei seinem Durchgang durch ein Gas in beiden Fällen die gleiche Zahl von Ionen erzeugt, und zwar beträgt diese Zahl, falls seine Energie vollständig verbraucht wird, ungefähr 70 000 (vgl. Paragraph 252).

Mit dem zu den obigen Versuchen benutzten Elektrometer konnte ein Strom von 10^{-3} elektrostatischen Einheiten pro Sekunde noch bequem gemessen werden. Zur Erzeugung eines solchen Stromes müssen in dem Kondensator, da die Ladung eines Ions $3{,}4 \times 10^{-10}$ elektrostatische Einheiten beträgt, pro Sekunde ungefähr 3×10^6 Ionen in Freiheit gesetzt werden. Dazu sind etwa 40 α-Teilchen erforderlich; so viele müssen also in jeder Sekunde davonfliegen. Von jeder strahlenden Partikel muſs nun wenigstens ein α-Teilchen fortgeschleudert werden. Es mögen deren zwar noch mehr sein, doch darf man als wahrscheinlich annehmen, daſs ein Atom der Thoremanation nahezu ebensoviel α-Teilchen entsendet wie ein Atom der Radiumemanation.

In Paragraph 133 war gezeigt worden, daſs die Zahl der pro Sekunde sich umwandelnden Atome, wenn N die gerade vorhandene Menge bezeichnet, gleich λN ist. Damit also 40 α-Teilchen entstehen, kann λN höchstens gleich 40 sein. Für die Thoremanation besitzt nun λ den Wert $1/87$, folglich kann hier N nicht gröſser sein als 3500. Das Elektrometer gab uns demnach bereits Kunde von dem Vorhandensein von 3500 Atomen der Thoremanation; da die Kupferspirale, in der die Kondensation vorgenommen wurde, ein Volumen von 15 ccm besaſs, so entspricht jene Zahl einer räumlichen Konzentration von ungefähr 230 Emanationsteilchen pro Kubikzentimeter. Ein gewöhnliches Gas enthält jedoch bei Atmosphärendruck und normaler Temperatur etwa $3{,}6 \times 10^{19}$ Moleküle im Kubikzentimeter. Es lieſs sich also in der Spirale noch eine Emanationsmenge nachweisen, die einen Partialdruck von weniger als 10^{-17} Atmosphären besaſs.

Unter diesen Umständen kann es nicht überraschen, daſs der Kondensationspunkt der Thoremanation keine scharf bestimmte Lage auf der Temperaturskala einnahm. Es ist viel eher bemerkenswert, daſs bei einer derartig feinen Verteilung der Emanationsteilchen in dem gasgefüllten Raume überhaupt eine so lebhafte Verdichtung eintrat. Denn damit es zu einer Kondensation kommt, muſs doch wohl zunächst eine Annäherung der Teilchen bis in ihre gegenseitige Wirkungssphäre erfolgen.

Was nun andererseits die Emanation des Radiums betrifft, so ist ihre Abklingungskonstante ungefähr 5000 mal so groſs wie die der Thoremanation. Damit also in beiden Fällen gleichviel Ionen pro Sekunde erzeugt werden, muſs die Zahl der vorhandenen Radiumemanationsteilchen rund 5000 mal so groſs sein wie der oben berechnete

Wert von N. Dieser Schluſs entspricht lediglich unserer Annahme, daſs ein Emanationsatom in beiden Fällen die gleiche Zahl von α-Teilchen liefert, und daſs die fortgeschleuderten Teilchen bei ihrem Durchgang durch das Gas hier wie dort die nämliche Menge Ionen in Freiheit setzen. Die in unseren Versuchen mit Hilfe des Elektrometers noch nachweisbare Zahl von Emanationsteilchen war demnach im zweiten Falle 5000×3500, d. h. ungefähr 2×10^7.

Der Unterschied in dem Verhalten der beiden Emanationen erklärt sich also sehr einfach, wenn man bedenkt, daſs zur Hervorbringung gleich starker elektrischer Effekte die Zahl der Emanationsteilchen viel gröſser sein muſs, wenn man es mit Radium, als wenn man es mit Thorium zu tun hat. Die Wahrscheinlichkeit dafür, daſs die Teilchen in ihre gegenseitige Wirkungssphäre geraten, wächst ja sehr rasch mit ihrer Konzentration; und so werden sich, wenn es sich um die Emanation des Radiums handelt, sämtliche der vorhandenen Teilchen bis auf einen geringen Rest schon in sehr kurzer Zeit kondensieren, sobald die Verdichtungstemperatur erreicht ist. Von der Thoremanation kann dagegen ein beträchtlicher Teil noch weit unterhalb der eigentlichen Verdichtungstemperatur ziemlich lange gasförmig bleiben.

Durch diese Überlegungen werden uns auch die übrigen Beobachtungstatsachen durchaus verständlich. Offenbar muſs sich unter im übrigen gleichen Bedingungen ein um so gröſserer Betrag der Emanation kondensieren, je länger die Einwirkung der tiefen Temperatur dauert. Die Verdichtung geht ferner in Wasserstoff schneller als in Sauerstoff vor sich, weil die Emanation in jenem Gase rascher diffundiert. Aus demselben Grunde wird die Kondensation durch Erniedrigung des Gasdruckes befördert. Sie wird dagegen erschwert, wenn die Emanation in einem konstanten Gasstrom durch den Kühlapparat hindurchstreicht, weil ihre Konzentration pro Volumeneinheit unter diesen Umständen geringer ist.

Möglicherweise kondensiert sich die Emanation nicht innerhalb des gaserfüllten Raumes selbst, sondern nur an den Wänden des Gefäſses. Die genauen Temperaturbestimmungen sind bisher nur in Kupferspiralen vorgenommen worden; in Blei- und Glasröhren erfolgt die Verdichtung indessen zweifellos bei den nämlichen Temperaturen wie dort.

169. Als man nach der zweiten der oben beschriebenen Methoden mit sehr bedeutenden Mengen Radiumemanation arbeitete, zeigte sich, daſs ein kleiner Teil der kondensierten aktiven Materie schon mehrere Grade unterhalb derjenigen Temperatur, bei welcher die Hauptmasse flüchtig wurde, aus dem Kühlgefäſse entwich. Das konnte nicht überraschen, da unter den gegebenen Versuchsbedingungen schon ein aufserordentlich winziger Bruchteil des gesamten zur Verfügung stehenden Emanationsvorrates einen merklichen elektrometrischen Effekt hervorbringen mufste.

Die Erscheinung wurde dann noch etwas näher verfolgt. Bei diesen Versuchen befand sich die Spirale, die mit einer grofsen Menge Emanation beschickt worden war, in einem Bade von stark kochendem Stickoxyd. Die Verflüchtigung begann in einem Falle bei $-155°$ C. Nachdem die Temperatur in 4 Minuten auf $-153,5°$ gestiegen war, erhielt man eine viermal so grofse Menge gasförmiger Emanation wie vorher. In weiteren $5\frac{1}{2}$ Minuten war die Erwärmung bis auf $-152,3°$ vorgeschritten, und jetzt hatte sich so gut wie alles verflüchtigt; die Menge des aktiven Gases war mindestens fünfzigmal so grofs wie bei $-153,5°$.

Hiernach kann man annehmen, dafs wahrscheinlich der gesamte Emanationsvorrat schon bei $-155°$ C. allmählich gasförmig geworden wäre, wenn man die Temperatur auf diesem Punkte konstant gehalten und von Zeit zu Zeit die inzwischen freigewordenen Gasmengen fortgeschafft hätte. So beobachteten auch Curie, Dewar und Ramsay, dafs die kondensierte Emanation aus einem in flüssige Luft eintauchenden U-Rohr langsam entweicht, falls man das Gefäfs mit einer dauernd arbeitenden Pumpe verbindet. Diese Erscheinungen deuten darauf hin, dafs der kondensierten Emanation wahrscheinlich eine bestimmte Dampfspannung zukommt. Es bedarf indessen noch einer erheblichen Vervollkommnung der Untersuchungsmethoden, ehe man diese Frage endgültig beantworten kann.

Die wahre Kondensationstemperatur dürfte für die Thoremanation ungefähr $-120°$ C. und für die Radiumemanation etwa $-150°$ C. betragen. Es besteht in dieser Beziehung zweifellos ein deutlicher Unterschied zwischen beiden Emanationen, gerade so wie in Hinsicht ihrer radioaktiven Eigenschaften, wenn sie auch beide zur Klasse der chemisch trägen Substanzen gehören. Aus einem Vergleich ihrer Kondensationstemperaturen mit denen anderer, inaktiver Gase lassen sich aber keine weiteren Schlüsse ziehen, da man noch nicht weifs, wie weit sich jene Temperatur bei den letzteren erniedrigt, wenn derartig geringe Drucke, wie in dem vorliegenden Falle, in Frage kommen.

170. Die Aktivität der Thoremanation klingt nach der Kondensation in einem Bade von flüssiger Luft mit derselben Geschwindigkeit ab wie bei gewöhnlicher Temperatur[1]. Diese Tatsache steht in Übereinstimmung mit den Ergebnissen der Beobachtungen von P. Curie über das Verhalten der Radiumemanation (Paragraph 145) und zeigt

---

[1] E. Rutherford und F. Soddy, Phil. Mag., Mai 1903.

uns wieder, daſs der Wert der Radioaktivitätskonstante innerhalb noch so weiter Temperaturgrenzen stets konstant bleibt.

Die Menge der erzeugten Emanationen.

171. In Paragraph 93 hatten wir aus experimentellen Daten abgeleitet, daſs 1 g Radiumbromid im Zustande seiner schwächsten Aktivität ungefähr $3{,}6 \times 10^{10}$ α-Teilchen pro Sekunde emittiert. Wenn radioaktives Gleichgewicht eingetreten ist, entfällt von seiner gesamten Aktivität etwa der vierte Teil auf die in ihm aufgespeicherte Emanation, und dieser Teilbetrag ist gerade so groſs wie die Minimalaktivität des Radiumsalzes. Die Emanation von 1 g Radiumbromid liefert demnach pro Sekunde ungefähr $3{,}6 \times 10^{10}$ α-Teilchen. Nun wissen wir ferner (s. Paragraph 152), daſs der maximale Emanationsgehalt einer Radiumverbindung 463 000 mal so groſs ist wie die pro Sekunde erzeugte Menge des aktiven Gases. Die Zahl dieser neu entstehenden Emanationsatome ist aber im radioaktiven Gleichgewichte gerade ebenso groſs wie die Zahl der gleichzeitig zerfallenden Teilchen. Nehmen wir also an, daſs jedes Emanationsatom beim Zerfall ein α-Teilchen fortschleudert, so ergibt sich für die Gleichgewichtsmenge der in 1 g Radiumbromid enthaltenen Emanationsatome die Zahl $463\,000 \times 3{,}6 \times 10^{10}$, d. h. $1{,}7 \times 10^{16}$. Bekanntlich ist nun die Zahl der Wasserstoffmoleküle in 1 ccm des Gases bei Atmosphärendruck und normaler Temperatur $3{,}6 \times 10^{19}$ (Paragraph 39); folglich besitzt die Emanation von 1 g Radiumbromid unter den gleichen Bedingungen ein Volumen von $4{,}6 \times 10^{-4}$ ccm. Hieraus berechnet sich, unter der Annahme, daſs die Konstitutionsformel des aktiven Salzes $RaBr_2$ lautet, das entsprechende Emanationsvolumen für 1 g Radium zu 0,82 cmm. Unabhängig von jeder Rechnung hatte man schon frühzeitig erkannt, daſs es sich bei der Emanationsentwickelung nur um auſserordentlich kleine Gasmengen handeln konnte, und man bemühte sich lange vergeblich, eine Volumbestimmung auszuführen. Neuerdings ist es jedoch gelungen, unter Verwendung bedeutender Quantitäten Radiumsalz, Emanationsmengen von meſsbarem Volumen zu gewinnen.

Noch ungünstiger liegen die Verhältnisse beim Thorium. Hier erhält man maximal eine noch wesentlich geringere Menge Emanation. Denn erstens ist die Aktivität des Körpers an und für sich sehr gering und zweitens zerfällt die Thoremanation nach ihrer Entstehung viel schneller. Eine nicht emanierende Thorverbindung enthält im Gleichgewichtszustande nur 87 mal so viel Emanation, als in einer Sekunde erzeugt wird. Beim Radium ist die entsprechende Verhältniszahl dagegen 463 000. Ferner bildet sich aus diesem Elemente pro Zeiteinheit ungefähr 1 Million Mal so viel Emanation wie aus Thorium. Folglich kann man aus 1 g Thorium günstigsten Falles nur den 10^{-10} fachen

Betrag der von 1 g Radium gelieferten Emanationsmenge gewinnen, also ein Volumen von höchstens 10^{-13} ccm bei normalen Druck- und Temperaturverhältnissen. Es dürfte daher kaum gelingen, das Volumen der Thoremanation jemals direkt zu messen.

172. Volumen der Radiumemanation. Die schon besprochenen Tatsachen nötigten uns zu dem Schlusse, dafs der Emanation alle Eigenschaften eines chemisch trägen Gases von hohem Molekulargewichte zukommen.

Dieses Gas unterliegt fortwährend einer spontanen Zersetzung. Dabei verwandelt es sich in eine neue Form der Materie, die sich als feste Substanz auf allen benachbarten Körpern niederschlägt. Trennt man die Emanation von ihrer Muttersubstanz, so müfste demgemäfs ihr Volumen ebenso schnell wie ihre Aktivität allmählich abnehmen; bei der Emanation des Radiums müfste es sich mithin in etwa vier Tagen um die Hälfte verringern. Von einem gegebenen Quantum Radium erhält man eine maximale Menge Emanation, sobald der infolge der Umwandlung eintretende Substanzverlust durch die Neubildung aktiven Gases gerade aufgewogen wird. Dieser Zustand tritt stets ein, wenn sich die Emanation wenigstens einen Monat lang in dem festen Salze ansammeln kann. Die ersten Berechnungen für die wahrscheinliche Gröfse des aus 1 g Radium maximal zu gewinnenden Emanationsvolumens lieferten einen Wert von 0,06 bis 0,6 cmm[1]); diese Zahlen waren vom Verfasser auf Grund gewisser Annahmen aus den damals noch unvollkommenen Beobachtungsdaten abgeleitet

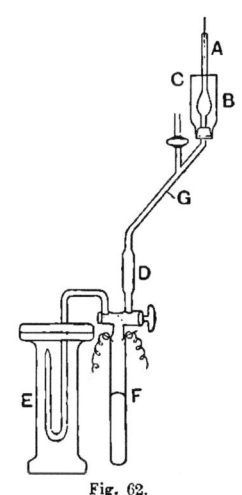

Fig. 62.

worden; der höhere Grenzwert war indessen der wahrscheinlichere. Aus den neuesten Versuchsresultaten berechnet sich jenes Volumen, wie im letzten Paragraphen ausgeführt wurde, zu etwa 0,82 cmm bei 0° und 760 mm Druck. Die Ausbeute, die man günstigsten Falles zu erwarten hat, ist demnach sehr gering; doch müfste sich das Volumen gleichwohl noch messen lassen, sofern mehrere Zentigramm Radium zur Verfügung stehen. Und in der Tat ist es Ramsay und Soddy[2]) trotz der Schwierigkeit der Aufgabe neuerdings gelungen, derartige Volumbestimmungen auszuführen. Sie verfuhren bei diesen Versuchen folgendermafsen:

60 mg Radiumbromid wurden in Wasser gelöst. Die Lösung liefs

---

[1]) E. Rutherford, Nature, 20. Aug. 1903.
[2]) W. Ramsay und F. Soddy, Proc. Roy. Soc. 73, No. 494, p. 346. 1904.

man zunächst acht Tage lang stehen. Das Gas, das sich inzwischen angesammelt hatte, wurde dann mittels des umgekehrten Hebers E (Fig. 62) in die Bürette F übergeführt. Es bestand der Hauptsache nach aus Wasserstoff und Sauerstoff, die sich unter dem Einflusse der Strahlung aus dem Wasser entwickelt hatten; daneben enthielt es aber auch die freigewordene Emanation. In F wurde das Gasgemisch zur Explosion gebracht. Es blieb dann neben der Emanation ein kleiner Überschufs von Wasserstoff übrig. Diesen Gasrest liefs man einige Zeit in Berührung mit etwas Ätznatron, das sich im Innern der Bürette befand, damit jede Spur von Kohlensäure beseitigt würde. Inzwischen wurde der ganze obere Teil des Apparates sorgfältig evakuiert. Nun liefs man den Wasserstoff und die Emanation, nachdem die Verbindung C mit der Pumpe abgesperrt worden war, in den leeren Raum eintreten. Dabei mufste das Gas in D eine Phosphorpentoxydschicht passieren. A ist ein Kapillarrohr, dessen unteres Ende kugelförmig erweitert und von einem mit flüssiger Luft gefüllten Glasbecher B umgeben ist. Hier kondensierte sich die aufsteigende Emanation, was sich durch die lebhafte Fluoreszenz des Glases zu erkennen gab. Das Quecksilber der Bürette wurde hierauf bis G gehoben und der ganze Raum oberhalb G aufs neue vollständig evakuiert. Nunmehr wurde das zur Pumpe abzweigende Rohr wieder verschlossen, die flüssige Luft entfernt und die verflüchtigte Emanation in die enge Kapillare A emporgedrückt. Es folgten nun tägliche Messungen des Volumens dieser Emanationsmenge, und dabei ergaben sich folgende Resultate:

	Volumen in Kubikmillimetern
Anfangswert . . .	0,124
Nach 1 Tag . . .	0,027
„ 3 Tagen	0,011
„ 4 „	0,0095
„ 6 „	0,0063
„ 7 „	0,0050
„ 9 „	0,0041
„ 11 „	0,0020
„ 12 „	0,0011
„ 28 „	0,0004

Das Volumen wurde demnach allmählich immer kleiner und nach einem Monat war nur noch ein sehr geringer Rest übrig geblieben. Das winzige Gasbläschen behielt aber bis zum Schlufs seine Fähigkeit, die Glaswand der Röhre zum Leuchten zu bringen. Die Kapillare färbte sich tief purpurn, so dafs es nur bei starker Beleuchtung möglich war, Ablesungen vorzunehmen. Die starke Volumenabnahme während des ersten Tages mag davon herrühren, dafs das Quecksilber zunächst an den Wänden des engen Röhrchens haften blieb.

Bei der Wiederholung des Versuchs mit einem anderen Kapillarrohr erhielt man zunächst ein Volumen von 0,0254 cmm. Diese Zahl bezieht sich auf den normalen Druck von 760 mm Quecksilber; es zeigte sich übrigens, daſs das Gas, innerhalb der Versuchsfehler, längs eines beträchtlichen Druckbereiches dem Boyleschen Gesetze gehorchte. Im Gegensatze zu dem in der ersten Versuchsreihe beobachteten Verhalten nahm aber sein Volumen im Laufe der Zeit nicht ab, vielmehr wurde es allmählich immer gröſser. Während der ersten Stunden war die Zunahme recht bedeutend; dann erfolgte sie langsamer und schlieſslich war das Volumen nach 23 Tagen auf 0,262 cmm, also etwa auf den zehnfachen Betrag des Anfangswertes, gewachsen. Störend war bei diesen Messungen das Auftreten von Gasblasen auf der Höhe der Quecksilbersäule. Es ist schwer zu verstehen, warum die Resultate der einen Versuchsreihe sich von denen der anderen so wesentlich unterscheiden. Vielleicht läſst sich indessen folgende Erklärung aufrecht erhalten: Wie man weiſs, entwickelt sich aus der Emanation fortwährend Helium. Daher läſst der Ausfall des ersten Versuches darauf schlieſsen, daſs das Heliumgas in diesem Falle von den Wänden des Röhrchens absorbiert wurde. Beim zweiten Versuche konnte es dagegen nicht in das Glas der Kapillare eindringen, vermutlich infolge eines Unterschiedes der verwandten Glassorten. Im Einklange mit dieser Auffassung lieferte das Gas am Ende der Beobachtungsreihe in der Tat ein glänzendes Heliumspektrum.

Es spricht, wie wir später sehen werden, sehr viel zugunsten der Annahme, daſs die von radioaktiven Substanzen fortgeschleuderten α-Teilchen nichts anderes als Heliumatome sind. Da diese Teilchen mit groſser Geschwindigkeit davonfliegen, so läſst sich wohl erwarten, daſs sie zunächst in die Wände des Behälters eindringen, dann aber allmählich wieder herausdiffundieren werden, und zwar mag gerade der Verlauf dieses Diffusionsvorganges von der Qualität des Glasmaterials abhängen. Nun entsenden nicht nur die Emanation selbst, sondern auch zwei ihrer weiteren schnell vergänglichen Umwandlungsprodukte α-Teilchen. Daher müſste die gesamte Menge des erzeugten Heliums ein dreimal so groſses Volumen besitzen wie die Emanation unmittelbar vor dem Beginn des Umwandlungsprozesses. Wenn also kein Helium in den Glaswänden zurückgehalten würde, müſste das Gasvolumen in der Kapillare innerhalb eines Monats auf den dreifachen Betrag seines Anfangswertes wachsen, da sich die Emanation selbst während dieser Zeit in eine neue Form der Materie umwandelt, die sich als feste Substanz auf der Rohrwandung niederschlägt.

Ramsay und Soddy schlossen noch aus ihren Versuchen, daſs man aus 1 g Radium im Maximum ungefähr 1 cmm Emanation von 0^0 und 760 mm Druck erhalten kann, und daſs von derselben Menge Radium pro Sekunde 3×10^{-6} cmm aktiven Gases erzeugt werden. Diese Zahlen stehen in sehr guter Übereinstimmung mit den oben berechneten Werten; sie bestätigen daher in bemerkenswerter Weise die Grundlagen unserer Theorie.

173. Spektrum der Radiumemanation. Im Anschluſs an ihre Volumbestimmungen bemühten sich Ramsay und Soddy auch, das Spektrum der Emanation festzustellen. In ihren ersten diesbezüglichen Versuchen sahen sie eine Anzahl heller Linien, die aber sehr schnell wieder verschwanden, während die Linien des Wasserstoffs in überwiegender Stärke auftraten. Später gelang es Ramsay und Collie[1]), ein glänzendes Spektrum zu erhalten, das wenigstens so lange bestehen blieb, daſs man die Wellenlängen noch rasch bestimmen konnte. Die Linien waren sehr hell und durch vollkommen dunkle Zwischenräume voneinander getrennt. In seinem allgemeinen Charakter besaſs das Spektrum eine auffallende Ähnlichkeit mit den Spektren der der Argonfamilie angehörigen Gase. Allein es dauerte nicht lange, so verblaſste es, und nun erschien das Spektrum des Wasserstoffs.

Folgende Tabelle enthält die Wellenlängen der beobachteten Linien. Nach der guten Übereinstimmung einiger der gemessenen Werte mit Wellenlängen bekannter Linien zu schlieſsen, dürften die Fehler kaum fünf Ångström-Einheiten betragen.

Wellenlänge	Bemerkungen
6567	Wasserstoff C; wahrer Wert 6563; jederzeit vorhanden.
6307	Nur anfangs zu beobachten; verschwindet allmählich.
5975	„ „ „ „ „ „
5955	„ „ „ „ „ „
5805	Jederzeit vorhanden; Intensität konstant.
5790	Quecksilber; wahrer Wert 5790.
5768	„ „ „ 5769.
5725	Nur anfangs zu beobachten; verschwindet allmählich.
5595	Jederzeit vorhanden; Intensität sehr groſs und konstant.
5465	Quecksilber; wahrer Wert 5461.
5105	Zuerst nicht vorhanden; erscheint nach einigen Sekunden; Intensität bleibt nun konstant; ist auch bei der zweiten Prüfung sichtbar.
4985	Jederzeit vorhanden; Intensität sehr groſs und konstant.
4865	Wasserstoff F; wahrer Wert 4861.
4690	Nur anfangs zu beobachten.
4650	Bei der zweiten Untersuchung nicht vorhanden.
4630	„ „ „ „ „ „
4360	Quecksilber; wahrer Wert 4359.

Als die Versuche mit einem frischen Quantum Emanation wiederholt wurden, zeigten sich einige der stärksten Linien an denselben Stellen des Spektrums wie zuvor; auſserdem kamen aber noch einige neue Linien zum Vorschein. Ramsay und Collie halten die helle

---

[1]) Proc. Roy. Soc. 73, No. 495, p. 470. 1904.

Linie 5595 für identisch mit einer von Pickering[1]) im Spektrum des Blitzes beobachteten Linie, die sich im Spektrum keines der bekannten Gase wiederfinden läfst.

Bevor nicht gröfsere Quantitäten Radium zur Verfügung stehen, dürfte es schwierig sein, die Wellenlängenmessung noch erheblich zu verfeinern und mit Sicherheit festzustellen, wie viele der beobachteten Linien dem Spektrum der Emanation selbst angehören. Doch schon die bisherigen Resultate bieten ein hervorragendes Interesse; zeigen sie doch, dafs die Emanation ein charakteristisches neues Spektrum besitzt von demselben Typus, wie ihn die Spektren der Edelgase aufweisen, die der Emanation ja auch in chemischer Beziehung nahe stehen.

Zusammenfassung der Resultate.

174. Die Untersuchungen über die Natur der radioaktiven Emanationen haben zu folgenden Ergebnissen geführt: Die Radioelemente Thorium, Radium und Aktinium erzeugen fortwährend aus ihrer eigenen Substanz radioaktive Emanationen. Die pro Zeiteinheit entstehende Menge ist unter allen Umständen konstant. Je nach der Beschaffenheit der aktiven Verbindungen, in denen die Emanationen sich bilden, entweichen sie durch Diffusion in den umgebenden Raum oder bleiben in der Muttersubstanz okkludiert; im letzteren Falle kann man sie nur durch Auflösen oder Erhitzen der aktiven Stoffe extrahieren.

Die Emanationen verhalten sich in jeder Beziehung wie radioaktive Gase. Sie diffundieren durch gasförmige, flüssige und poröse feste Substanzen hindurch, und einige feste Körper besitzen die Fähigkeit, Emanationen durch Okklusion festzuhalten. Unter wechselnden Bedingungen des Drucks, des Volumens und der Temperatur verteilen sie sich im Raume stets in derselben Weise und nach denselben Gesetzen wie gewöhnliche, inaktive Gase.

Ferner lassen sich die Emanationen durch starke Abkühlung kondensieren. Davon kann man Gebrauch machen, um sie von anderen Gasen, denen sie in der Regel beigemengt sind, zu trennen. Ihre Strahlung ist materieller Natur: es entströmen ihnen beständig positiv geladene Massenteilchen, die mit grofser Geschwindigkeit davonfliegen.

Die Emanationen sind in chemischer Hinsicht auffallend träge; darin ähneln sie den Gasen der Argongruppe. In allen Fällen entstehen von ihnen nur äufserst geringfügige Mengen; von der Radiumemanation hat man jedoch bereits ein genügendes Quantum sammeln können, um eine Volumenbestimmung auszuführen und das Spektrum zu untersuchen. Hinsichtlich ihrer Diffusionsgeschwindigkeiten ver-

---

[1]) Pickering, Astrophys. Journ., Vol. 14, p. 368. 1901.

halten sich die Emanationen des Thoriums und Radiums wie Gase von hohen Molekulargewichten.

Die Entdeckung der Emanationen und die weitere Erforschung ihrer Eigenschaften war nur dadurch möglich, dafs sie beständig eine besondere Art von Strahlung aussenden. Ihre Emission besteht ausschliefslich aus α-Strahlen, d. s. die positiv geladenen Teilchen, von denen oben die Rede war, deren Masse ungefähr doppelt so grofs wie die eines Wasserstoffatoms ist. Das Strahlungsvermögen ist aber nicht konstant, sondern nimmt im Laufe der Zeit nach einer Exponentialformel in gesetzmäfsiger Weise ab, und zwar sinkt es auf den halben Wert beim Aktinium in vier Sekunden, beim Thorium in einer Minute und beim Radium in rund vier Tagen. Die Gröfse der Abklingungskonstante scheint durch irgendwelche physikalischen oder chemischen Eingriffe niemals beeinflufst werden zu können.

Allmählich zerfallen die Emanationsatome; dabei schleudert ein jedes von ihnen ein geladenes Teilchen fort. Nachdem die Strahlung der Emanation erloschen ist, hört diese auf, als solche zu existieren; sie wandelt sich in eine neue Form der Materie um, die sich als Niederschlag auf der Oberfläche benachbarter Körper absetzt und so die Erscheinungen der erregten Aktivität hervorruft.

Von dieser erregten Aktivität und ihrer Beziehung zur Emanation soll in dem nächsten Kapitel die Rede sein.

Achtes Kapitel.
Erregte Radioaktivität.

175. Erregte Radioaktivität. Eine der interessantesten und bemerkenswertesten Eigenschaften der Radioelemente Thorium, Radium und Aktinium besteht darin, auf allen Körpern, die sich in ihrer Nähe befinden, eine vorübergehende Aktivität zu „erregen" oder zu „induzieren". Eine Substanz, die eine Zeit lang in der Nachbarschaft eines Radium- oder Thorpräparates gelegen hat, verhält sich gerade so, als ob ihre Oberfläche mit einer unsichtbaren Schicht einer stark radioaktiven Materie überzogen worden wäre. Der „erregte" Körper sendet Strahlen aus, die eine photographische Platte zu schwärzen und Gase zu ionisieren imstande sind. Im Gegensatze zu dem Verhalten der oben genannten Radioelemente selbst bleibt die Aktivität, die der Körper angenommen hat, nicht dauernd bestehen; nachdem man ihn dem Einflusse der erregenden aktiven Substanz entzogen hat, wird er allmählich wieder inaktiv. Es dauert mehrere Stunden, bis er seine Aktivität so gut wie vollständig verloren hat, wenn er durch Radium, und mehrere Tage, wenn er durch Thorium erregt worden war.

Diese Erscheinungen wurden zuerst von Herrn und Frau Curie[1]) für Radium und unabhängig von ihnen von dem Verfasser[2]) für Thorium festgestellt[3]).

---

[1]) P. und S. Curie, C. R. 129, p. 714. 1899.
[2]) E. Rutherford, Phil. Mag., Jan. und Febr. 1900.
[3]) Nach Maſsgabe der Publikationsdaten gebührt Herrn und Frau Curie die Priorität der Entdeckung der „erregten Aktivität". Es erschien von ihnen in den Comptes Rendus vom 6. Nov. 1899 eine kurze Mitteilung über diesen Gegenstand unter dem Titel „Sur la radioactivité provoquée par les rayons de Becquerel". In einer Bemerkung zu dieser Arbeit sprach dann Becquerel die Ansicht aus, daſs es sich bei den dort beschriebenen Erscheinungen um eine Art von Phosphoreszenz handle. Ich selbst hatte gleichzeitig, im Juli 1899, beobachtet, daſs Thorverbindungen eine Emanation entwickeln, und daſs diese das Auftreten einer erregten Aktivität veranlaſst. Ich verschob indessen eine Veröffentlichung meiner Versuchsresultate auf einen späteren Termin, um zunächst die Eigenschaften jener Emanation und

306   Achtes Kapitel. Erregte Radioaktivität.

Setzt man einen beliebigen festen Körper in ein geschlossenes Gefäſs, in dem sich eine emanierende Radium- oder Thorverbindung befindet, so wird er an seiner Oberfläche radioaktiv. Unter der Einwirkung von Thorverbindungen ist diese erregte Aktivität im allgemeinen um so stärker, je kleiner der Abstand zwischen der primär aktiven Substanz und dem der letzteren exponierten Körper gewählt wird. Benutzt man jedoch ein Radiumpräparat, so ist die Stärke der erregten Aktivität nach mehrstündiger Exposition in weiten Grenzen unabhängig von dem Orte, an dem sich der Körper im Innern des Gefäſses aufhält. Dabei handelt es sich augenscheinlich nicht um eine Wirkung der von den aktiven Präparaten ausgesandten Strahlung; denn das Zustandekommen des Effektes wird nicht verhindert, wenn man dicke Schirme in den Strahlengang einschaltet. Das geht in unzweideutiger Weise aus Versuchen von P. Curie hervor.

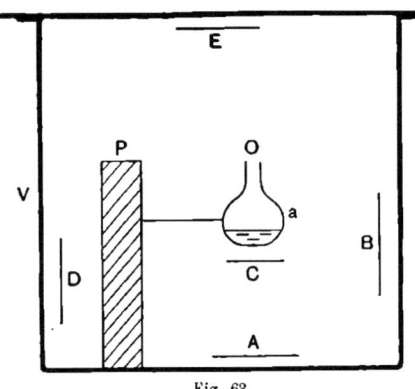

Fig. 63.

Ein offenes Fläschchen a (Fig. 63), das eine Radiumlösung enthält, steht in einem gröſseren, verschlossenen Kasten V. In diesem befinden sich an verschiedenen Stellen die Platten A, B, C, D, E. Nach eintägiger Exposition erweisen sie sich sämtlich als radioaktiv, auch diejenigen von ihnen, die von den Radiumstrahlen nicht getroffen werden konnten. So wird die Platte D hinter der dicken Bleiwand P ebenso stark aktiv wie die Platte E, zu welcher die Strahlen freien Zutritt haben. Gleichgültig ist ferner das Material der exponierten Körper. Die Aktivierung von Platten aus Glimmer, Pappe, Ebonit, Kupfer usw. hängt bei konstanter Expositionszeit nur von der Flächenausdehnung der Scheiben und von der Gröſse des freien Raumes in ihrer Umgebung ab. Erregbar sind überdies nicht nur feste Körper, sondern auch Flüssigkeiten.

176. Konzentrierung der erregten Radioaktivität auf negativen Elektroden. Unter gewöhnlichen Umständen wird die gesamte innere

---

der erregten Aktivität sowie ihre gegenseitigen Beziehungen noch näher zu erforschen. Eine Publikation erfolgte in zwei Abhandlungen, die im Januar und Februar 1900 unter den Titeln „A radio-active substance emitted from thorium compounds" und „Radio-activity produced in substances by the action of thorium compounds" im Philosophical Magazine erschienen.

Wandung eines Behälters, der eine emanierende Verbindung umschließt, stark radioaktiv. In einem kräftigen elektrischen Felde beschränkt sich die Aktivierung indessen, wie der Verfasser fand, ausschließlich auf die negative Elektrode. Dadurch wird es möglich, den gesamten Effekt, der sich anderenfalls auf eine große Fläche verteilt, auf ein kleines Metallstück zu konzentrieren, indem man dieses auf ein negatives Potential lädt. Für diesen Zweck eignet sich die in Fig. 64 abgebildete Versuchsanordnung.

V ist ein Metallkasten, der mit dem positiven Pole einer Batterie von etwa 300 Volt Spannung verbunden wird. Auf seinem Boden liegt eine große Menge Thoroxyd. In der einen Seitenwand ist ein kurzes Metallrohr D befestigt, in welches ein Ebonitpfropf eingeschoben ist. Durch diesen ist ein dicker Metallstab CB hindurchgeführt, an

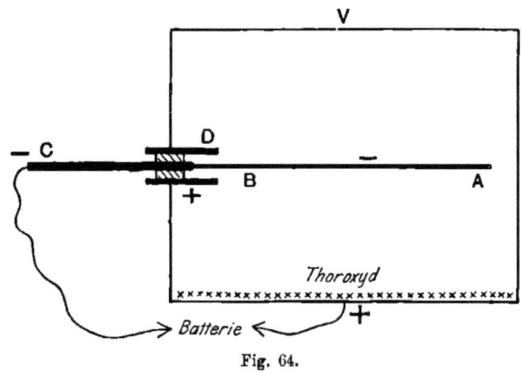

Fig. 64.

den der zu aktivierende Draht BA angelötet ist. C wird mit dem negativen Batteriepol verbunden. Der Draht AB ist, wie man sieht, der einzige dem Thoroxyd exponierte Leiter, der eine negative Ladung trägt, und so konzentriert sich auf ihm die gesamte erregte Aktivität.

Man kann auf diese Weise erreichen, daß ein kurzer, dünner Metalldraht pro Quadratzentimeter Oberfläche mehr als 10 000 mal so stark aktiv wird wie das Thoroxyd, dem er seine Aktivität verdankt. Ebenso läßt sich auch die erregte Aktivität, die von Radiumverbindungen erzeugt wird, zum größten Teile auf einer negativen Elektrode konzentrieren. Während aber der Draht AB bei Benutzung von Thorpräparaten keine merkliche Aktivität annimmt, falls er positiv geladen ist, wird bei Einwirkung von Radium ein schwacher Effekt auch auf die positive Elektrode übertragen. In der Regel beträgt jedoch die Aktivität des positiv geladenen Körpers höchstens 5 % von derjenigen, die bei negativer Ladung zustande kommt. Im übrigen ist die Stärke der erregten Aktivität auch an Elektroden von gegebener

Gröfse unabhängig von ihrem Material, so dafs in gleichen Zeiten alle Metalle gleich stark aktiv werden.

Läfst man kein elektrisches Feld einwirken, so ist es völlig gleichgültig, ob die zu aktivierenden Körper aus Leitern oder Isolatoren (Glas, Glimmer usw.) bestehen.

177. Beziehung zwischen erregter Aktivität und Emanationsvermögen. Wie sich aus einer Reihe von Tatsachen ergibt, besteht ein sehr inniger Zusammenhang zwischen der Emanationsentwickelung und dem Auftreten erregter Aktivität. Man kann eine Thorverbindung mit mehreren Blättern Papier umhüllen, so dafs ihre α-Strahlen vollkommen absorbiert werden, ohne dafs die Bildung erregter Aktivität in der Umgebung aufhört, wenn nur die Emanation noch in den Raum hinauszudiffundieren vermag. Schliefst man die aktive Substanz aber in eine Kapsel ein, die mit einem noch so dünnen Glimmerdeckel versehen ist, wodurch ein Entweichen der Emanation verhindert wird, so findet auch keine Aktivierung mehr aufserhalb des Behälters statt. Der Effekt fehlt ferner vollständig in der Umgebung von Uran- und Poloniumpräparaten, die ja bekanntlich keine Emanation entwickeln.

Erregte Aktivität entsteht nur da, wo Emanation vorhanden ist. Doch noch mehr: die Stärke der erregten Aktivität ist stets der vorhandenen Emanationsmenge proportional. Demgemäfs besteht auch eine direkte Proportionalität zwischen der ersteren und dem Emanationsvermögen der erregenden Substanzen. So kann man leicht beobachten, dafs Thoroxyd, nachdem es entemaniert worden ist, viel weniger erregte Aktivität erzeugt als vorher.

Läfst man die Emanation zunächst durch ein elektrisches Feld hindurchstreichen, so verliert sie ihr Aktivierungsvermögen in demselben Mafse, wie sich ihr Strahlungsvermögen verringert. Dies lehrte der folgende Versuch: Aus einem Gasometer wurde ein langsamer, gleichmäfsiger Luftstrom, den man zunächst, um ihn von Staub zu befreien, einen Baumwollepfropf passieren liefs, durch eine 70 cm lange Holzröhre von rechteckigem Querschnitt hindurchgeleitet. In dieser waren übereinander vier gleich grofse isolierte Metallplatten $ABCD$ in gleichen Abständen voneinander angebracht. Alle vier waren mit dem negativen Pole einer Batterie von 300 Volt verbunden. Ferner lag auf dem Boden der Röhre ein Metallblech, das mit dem positiven Batteriepole in Verbindung stand und mit einer Schicht Thoroxyd bedeckt wurde. Man bestimmte nun erstens an jeder der vier Platten die Ionisierung, die von der direkten Einwirkung der Emanation herrührte, und dann liefs man den Luftstrom mit einer Geschwindigkeit von 0,2 cm pro Sekunde 7 Stunden lang durch die Röhre hindurchstreichen. Hierauf wurden die Platten herausgenommen und auf elektrometrischem Wege

Achtes Kapitel. Erregte Radioaktivität.

die Stärke der auf ihnen erregten Aktivität gemessen. Dies führte zu folgenden Resultaten:

	Ionisierende Wirkung der Emanation (relative Stromstärken)	Erregte Aktivität (relative Stromstärken)
Platte A	1	1
„ B	0,55	0,43
„ C	0,18	0,16
„ D	0,072	0,061

Innerhalb der Grenzen der Versuchsfehler ist also in der Tat die Stärke der erregten Aktivität der Intensität der von der Emanation ausgehenden Strahlung, also der jeweilig vorhandenen Emanationsmenge proportional. Dasselbe gilt auch dann, wenn das aktive Gas von Radiumsalzen geliefert wird. In diesem Falle läfst sich die Entstehung der erregten Aktivität selbst bei völliger Abwesenheit der primär aktiven Substanz verfolgen. Denn da die Radiumemanation sehr langsam zerfällt, kann man sie, mit Luft gemischt, in einem Gasometer aufbewahren, um die Aktivitätserregung erst nach längerer Zeit zu untersuchen. Man erhält dann noch nach mehr als vier Wochen eine deutliche Wirkung, und stets sind die von der Emanation selbst und andererseits von der erregten Aktivität hervorgerufenen Ionisationsströme einander proportional.

Wenn man während einer solchen Versuchsreihe zu irgendeiner Zeit einen beliebigen Teil der Emanation aus dem Gasometer in einen noch unbenutzten verschlossenen Kondensator überführt, so beobachtet man, dafs die Stromstärke sofort zu wachsen beginnt; nach 4—5 Stunden ist sie auf das Doppelte des Anfangswertes gestiegen. Das ist eben eine Wirkung der erregten Aktivität, die auf den Wänden des Kondensators entsteht. Bläst man dann einen Luftstrom durch den Apparat hindurch, so wird die Emanation wieder hinausgeführt, die erregte Aktivität bleibt aber zurück und klingt nun allmählich ab. Die Emanation besitzt in jeder Phase ihres Alters noch die Fähigkeit, andere Körper zu aktivieren.

Wir müssen demnach sagen, dafs es die Emanationen sind, die zur Entstehung der erregten Aktivität Veranlassung geben, und dafs die Stärke dieses Effektes stets der vorhandenen Emanationsmenge proportional ist.

Unmöglich kann man die erregte Aktivität als eine Art Phosphoreszenz auffassen, die von den Strahlen der Emanation in den ihr exponierten Körpern erzeugt würde. Denn wir sahen ja, dafs sie sich in starken elektrischen Feldern auf der negativen Elektrode konzentrieren läfst, auch wenn die letztere vor der Strahlung der emanierenden Substanz vollkommen geschützt ist. Die Stärke der erregten Aktivität scheint auch durchaus nicht mit der Ionisation des emanationshaltigen Gases in einem Zusammenhange zu stehen. Das geht z. B. aus folgendem Versuche hervor: In einem geschlossenen Behälter befindet sich ein Kondensator aus zwei grofsen, isolierten Metallplatten; die untere ist mit einer Schicht Thoroxyd bedeckt, die obere wird dauernd negativ geladen. Es zeigt sich dann die Stärke der erregten Aktivität, die von der letzteren angenommen wird, unabhängig von dem Plattenabstande, mag dieser auch von 1 mm bis 2 cm variiert werden; hierbei wächst aber die Ionisierung auf den zehnfachen Betrag. Die Stärke der erregten Aktivität hängt demnach lediglich von der Emanationsmenge ab, die von der primär aktiven Substanz abgegeben wird.

178. Die Aktivität, die ein Platindraht unter der Einwirkung der Thoremanation annimmt, kann wieder zum Verschwinden gebracht werden, indem man den Draht mit gewissen Säuren behandelt[1]). So gehen über 80 % verloren, wenn man ihn in verdünnte oder konzentrierte Lösungen von Schwefelsäure oder Salzsäure eintaucht. Fast ganz unwirksam sind dagegen heifses oder kaltes Wasser und Salpetersäure. Im ersteren Falle wird die Aktivität jedoch keineswegs vernichtet, sondern sie zeigt sich nunmehr an der betreffenden Lösung. Wird die Flüssigkeit durch Abdampfen verjagt, so bleibt die Aktivität auf der Schale zurück.

Diese Tatsachen nötigen uns zu dem Schlusse, dafs die erregte Aktivität von einem besonderen Typus **radioaktiver Materie** herrührt, die sich auf der Oberfläche der von der Emanation umspülten Körper niederschlägt. Diese aktive Materie ist es, die nur in bestimmten Säuren löslich ist und nach dem Verjagen der Flüssigkeit in der Abdampfschale zurückbleibt. Sie läfst sich zum Teil auch dadurch von der Oberfläche des aktivierten Körpers entfernen, dafs man diesen mit einem Tuche abreibt; fast vollständig kann man sie mit Sand- oder Schmirgelpapier abwischen.

Ein negativ geladener Draht wird in einer Atmosphäre, die sehr viel Radiumemanation enthält, aufserordentlich stark aktiv. Streicht man dann mit einem solchen Drahte über einen Schirm von Zinksulfid oder Willemit, so hinterläfst er eine Lichtspur, indem ein Teil der aktiven Materie an der Schirmsubstanz haften bleibt.

Die Substanzmengen, von denen die erregte Strahlung ausgeht, sind stets aufserordentlich klein. An einem noch so stark aktivierten Drahte hat sich niemals eine Gewichtszunahme erkennen lassen. Auch

---

[1]) E. Rutherford, Phil. Mag., Febr. 1900.

unter dem Mikroskop zeigt sich keine Spur einer fremden Substanz. Die Materie, die das Auftreten der erregten Aktivität bedingt, muſs demgemäſs pro Gewichtseinheit viele Tausend Mal so stark aktiv sein wie das Element Radium.

Es dürfte sich empfehlen, für jene radioaktive Materie einen besonderen Namen einzuführen. Durch den Ausdruck „erregte Aktivität" wird ja nicht die Materie selbst, sondern nur die Strahlung, die von ihr ausgeht, gekennzeichnet. Wir wollen daher künftig jene Substanz als „radioaktiven Niederschlag" bezeichnen. Man kennt drei verschiedene aktive Niederschläge, nämlich den des Thoriums, Radiums und Aktiniums, von denen sich ein jeder aus der betreffenden Emanation bildet. Alle drei lassen sich auf negativen Elektroden konzentrieren und verhalten sich wie nicht flüchtige Substanzen, die sich aus den Emanationsgasen auf der Oberfläche der exponierten Körper abscheiden. Gemeinsam ist ihnen ferner die Löslichkeit in starken Säuren; im übrigen unterscheiden sie sich aber deutlich in ihren chemischen Eigenschaften voneinander.

Zweckmäſsigerweise werden wir uns jenes Ausdruckes nur dann bedienen, wenn von der zur Abscheidung gelangenden Substanz als Ganzem die Rede sein soll. Es wird sich nämlich zeigen, daſs diese Materie nicht einheitlicher Natur ist, sondern sich unter gewöhnlichen Bedingungen aus mehreren Bestandteilen zusammensetzt, die sich sowohl in physikalischer und chemischer Beziehung als auch hinsichtlich ihrer Umwandlungsgeschwindigkeit recht merklich voneinander unterscheiden. Nach der in Paragraph 136 entwickelten Theorie haben wir uns vorzustellen, daſs die Emanation des Radiums, Thoriums und Aktiniums je eine labile Form der Materie repräsentiert, deren Atome unter Absonderung eines α-Teilchens allmählich zerfallen. Der Atomrest wandert dann durch Diffusion an die Gefäſswände oder lagert sich, falls ein elektrisches Feld vorhanden ist, auf der negativen Elektrode ab. Dieser aktive Niederschlag ist aber auch seinerseits nicht stabil, sondern zerfällt noch weiter, indem er selbst eine Reihe aufeinanderfolgender Umwandlungen erleidet.

Die eigentliche „erregte Aktivität" ist nichts anderes als die Strahlung, die der aktive Niederschlag infolge der in ihm sich abspielenden Umwandlungsprozesse aussendet. Und die Emanation ist die Muttersubstanz des aktiven Niederschlages gerade so, wie z. B. das Thor X das der Thoremanation unmittelbar vorhergehende Glied der Entwickelungsreihe darstellt. Damit erklärt sich nun auch ohne weiteres die Erfahrungstatsache, daſs die Emanationsaktivität der zugehörigen erregten Aktivität stets proportional ist.

179. Abnahme der durch Thorium erregten Aktivität. Die erregte Aktivität, die ein Körper nach langer Exposition unter der Einwirkung der Thoremanation angenommen hat, klingt im Laufe der Zeit nach einem Exponentialgesetze ab; sie sinkt in ungefähr 11 Stunden auf die Hälfte des ursprünglichen Wertes. Diese Beziehung geht z. B. aus folgender Beobachtungsreihe hervor, die mit einem aktivierten Messingstabe gewonnen wurde.

Zeit in Stunden	Stromstärke
0	100
7,9	64
11,8	47,4
23,4	19,6
29,2	13,8
32,6	10,3
49,2	3,7
62,1	1,86
71,4	0,86

Die Werte sind in Fig. 65 durch die Kurve A graphisch dargestellt.

Die zu irgendeiner Zeit t vorhandene Strahlungsintensität J er-

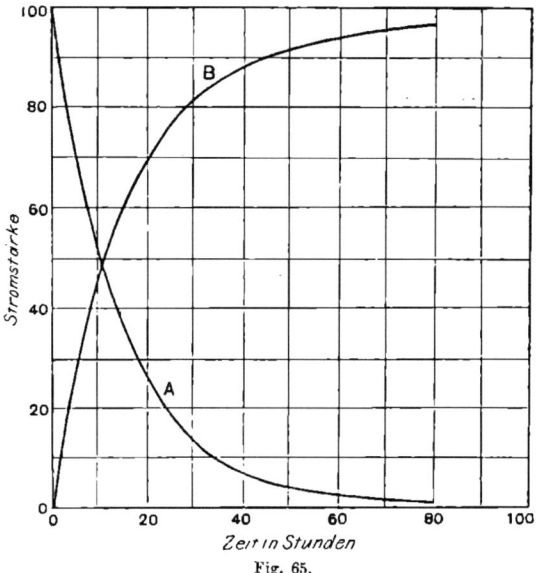

Fig. 65.

gibt sich demnach aus der Formel $J = J_0\, e^{-\lambda t}$, wenn λ die Radioaktivitätskonstante bezeichnet.

Wir hatten schon wiederholt in früheren Fällen erkannt, daß die Geschwindigkeit, mit der die Aktivität eines zerfallenden Umwandlungsproduktes abnimmt, von äußeren Zustandsänderungen unbeeinflußt bleibt. Dasselbe gilt nun auch für die erregte Aktivität. So ist ihre

Achtes Kapitel. Erregte Radioaktivität. 313

Abklingungsgeschwindigkeit unabhängig von ihrer Konzentration und von dem Material des Körpers, auf dem die Ablagerung des Niederschlages stattgefunden hat. Ebensowenig kommt es auf die Natur oder den Druck des umgebenden Gases an. Auch ist es gleichgültig, ob die Abscheidung unter normalen Bedingungen oder im elektrischen Felde vor sich gegangen war.

Im Laufe einer längeren Expositionszeit nimmt die Stärke der erregten Aktivität anfangs zu, nach einigen Tagen hat sie aber einen maximalen Betrag erreicht. Zum Beweise dessen diene die folgende Tabelle. In den betreffenden Versuchen wurde ein Stab als Kathode in einem geschlossenen, mit Thoroxyd beschickten Gefäfse aktiviert. Von Zeit zu Zeit nahm man ihn heraus und bestimmte möglichst schnell seine augenblickliche Aktivität.

Zeit in Stunden	Stromstärke
1,58	6,3
3,25	10,5
5,83	29
9,83	40
14,00	59
23,41	77
29,83	83
47,00	90
72,50	95
96,00	100

In graphischer Darstellung sind diese Beobachtungen durch die Kurve B der Fig. 65 wiedergegeben. Die allmähliche Abnahme und Zunahme der Aktivitäten läfst sich, wie man sieht, angenähert durch folgende Formeln ausdrücken:

Aktivitätsabfall, Kurve A: $\dfrac{J}{J_0} = e^{-\lambda t}$,

Aktivitätsanstieg, Kurve B: $\dfrac{J}{J_0} = 1 - e^{-\lambda t}$.

Die beiden Kurven sind einander komplementär; sie stehen zueinander in derselben gegenseitigen Beziehung wie die entsprechenden Kurven für die Aktivitätsänderungen von Uran und Uran X. Demgemäfs lassen sie sich auch in ähnlicher Weise wie diese deuten. So wird man insbesondere sagen können, dafs die Stärke der erregten Aktivität dann einen Maximalwert erreicht, wenn der Aktivitätsverlust infolge der Umwandlung der bereits zur Abscheidung gelangten Materie durch den Zugang neuer aktiver Teilchen gerade aufgewogen wird.

180. Erregte Aktivität nach kurzer Expositionszeit. Der erste Teil der Kurve B, Fig. 65, entspricht nicht genau der obigen Gleichung. Während der ersten Stunden wächst die Aktivität nämlich langsamer,

314 Achtes Kapitel. Erregte Radioaktivität.

als man nach jener Formel erwarten müfste. Dieses eigentümliche Verhalten erklärt sich indessen vollkommen durch die Ergebnisse späterer Untersuchungen. Wie der Verfasser[1]) fand, nimmt die erregte Aktivität eines Körpers, der nur kurze Zeit der Thoremanation exponiert und dann aus dem Aktivierungsgefäfse herausgenommen wird, nicht sofort in gewöhnlicher Weise ab, sondern sie nimmt während der ersten Stunden zu. Bisweilen wächst sie dabei auf den drei- bis vierfachen Betrag des ursprünglichen Wertes, und erst nach Ablauf

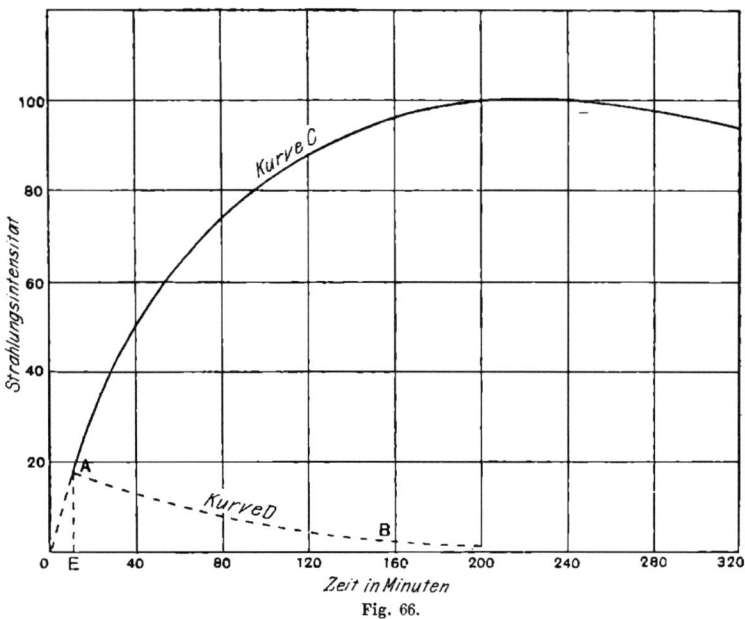

Fig. 66.

dieser mehrstündigen Anfangsperiode setzt der normale Aktivitätsabfall ein.

Hat man z. B. 41 Minuten lang exponiert, so strahlt der aktivierte Körper nach weiteren drei Stunden, wenn er inzwischen dem Einflusse der Emanation entzogen blieb, dreimal so stark wie am Ende der Expositionszeit. Damit hat die Aktivität ihren Maximalwert erreicht und nunmehr sinkt sie in normaler Weise binnen 11 Stunden auf die Hälfte.

Nach längeren Expositionen tritt die anfängliche Zunahme der Aktivität weniger deutlich in die Erscheinung. Läfst man den Körper einen ganzen Tag lang mit der Emanation in Berührung, bevor man Messungen anstellt, so findet man überhaupt keine Zunahme mehr,

---

[1]) E. Rutherford, Physik. Ztschr. 3, p. 254. 1902. Phil. Mag., Jan. 1903.

sondern es beginnt sofort der Aktivitätsabfall. Unter diesen Umständen reicht offenbar die Aktivitätszunahme der während der letzten Stunden abgeschiedenen Materie nicht aus, um die gleichzeitige Aktivitätsabnahme der gesamten Substanzmenge zu kompensieren. Durch jenen spontanen Anstieg des Strahlungsvermögens erklären sich nun die Unregelmäfsigkeiten im ersten Teile der Kurve B. Denn die abgeschiedene Materie erreicht erst nach mehreren Stunden ihre maximale Aktivität, so dafs die Ordinaten der Kurve im Anfangsstadium kleiner ausfallen müssen, als man nach der oben angegebenen Formel erwarten sollte.

Weitere Untersuchungen über die spontane Aktivitätszunahme sind von Miss Brooks angestellt worden. Kurve C in Fig. 66 zeigt, wie sich die erregte Aktivität eines Messingstabes, der 10 Minuten lang in staubfreier thoremanationshaltiger Luft exponiert worden war, allmählich änderte, nachdem man ihn aus dem Aktivierungsgefäfse herausgenommen hatte. Sie stieg innerhalb 3,7 Stunden auf das Fünffache ihres Anfangswertes, um von da an wieder in normaler Weise abzunehmen. Die punktierte Kurve D stellt dagegen den Aktivitätsabfall dar, wie er nach der Exponentialformel hätte eintreten müssen.

Zur näheren Erklärung der hier besprochenen Erscheinungen sei auf die eingehenden Ausführungen in Paragraph 207 verwiesen.

181. Einflufs von Staub auf die Verteilung der erregten Aktivität.

Miss Brooks[1]) bemerkte bei ihren Untersuchungen im Cavendish-Laboratorium, dafs die erregte Aktivität bei der Aktivierung durch Thoremanation im elektrischen Felde bisweilen auf der Anode auftrat, und dafs sie sich manchmal in ganz unregelmäfsiger Weise auf den exponierten Körpern zu verteilen schien. Schliefslich zeigte sich, dafs diese Erscheinungen auf Störungen zurückzuführen waren, die durch Staubteilchen in der Luft des Aktivierungsraumes verursacht wurden. Man beobachtete z. B., dafs die Stärke der erregten Aktivität, die ein Stab nach jedesmal fünf Minuten langer Exposition annahm, davon abhing, wie lange die Luft in dem Aktivierungsgefäfse vorher ruhig gestanden hatte. Je länger man die Luft stehen liefs, desto stärker wurden zunächst die Effekte, und erst nach einer Ruhezeit von 18 Stunden erhielt man einen maximalen Betrag der erregten Aktivität. Dieser höchste Wert war ungefähr 20 mal so grofs wie derjenige, der sich unmittelbar nach dem Einfüllen frischer Luft ergab. In jenem Falle nahm die erregte Aktivität auch nicht wie sonst nach Ablauf der fünf Minuten langen Expositionszeit zu, während sie bei Verwendung frischer Luft auf das Fünf- bis Sechsfache des Anfangswertes zu wachsen pflegte.

---

[1]) Miss Brooks, Phil. Mag., Sept. 1904.

Diese Anomalien sind, wie gesagt, durch die Anwesenheit von Staub in der Luft des Aktivierungsgefäfses bedingt. Die Staubteilchen werden nämlich in Gegenwart der Emanation gleichfalls radioaktiv. Wird nun ein negativ geladener Metallstab in das Gefäfs eingeführt, so setzt sich ein Teil des Staubes auf seiner Oberfläche ab. Es addiert sich demnach die Aktivität dieses Staubes zu der normalerweise von dem Körper selbst angenommenen Aktivität. Wenn man ferner die Luft samt der Emanation zunächst so lange stehen läfst, dafs jedes einzelne Staubteilchen in den Zustand radioaktiven Gleichgewichtes gelangt, und erst dann mit der Exposition im elektrischen Felde beginnt, so werden sich alle positiv geladenen Staubteilchen sofort an die negative Elektrode begeben. Untersucht man die letztere alsdann aufserhalb des Gefäfses, so kann es nicht überraschen, dafs ihr Strahlungsvermögen sogleich zu sinken beginnt, da die normale anfängliche Zunahme ihrer eigenen Aktivität von dem Aktivitätsabfall der Staubteilchen vollständig verdeckt wird.

Auch an die Anode wandert ein Teil des radioaktiv gewordenen Staubes, und zwar um so mehr, je länger die Luft ruhig gestanden hat. Auf diese Weise gewinnen beide Elektroden eine fremde Aktivität, und dabei kann die der Anode bis zu 60 % von derjenigen der Kathode betragen.

Alle diese Störungen werden vermieden, wenn man die Luft von ihrem Staubgehalte befreit, indem man sie vor ihrem Eintritt in das Aktivierungsgefäfs durch einen Glaswollepfropf hindurchtreibt oder die aktivierten Teilchen durch ein starkes elektrisches Feld beseitigt.

182. Abklingen der vom Radium erregten Aktivität. Ebenso wie durch Thoremanation kann man einen Körper auch durch die Emanation des Radiums aktivieren. In diesem Falle klingt seine erregte Aktivität aber viel schneller ab. Für kurze Expositionszeiten[1] nimmt die Abklingungskurve einen sehr unregelmäfsigen Verlauf, wie man aus Fig. 67 erkennt.

Während der ersten 10 Minuten sinkt die Strahlungsintensität — als Mafs dient stets die ionisierende Wirkung der α-Strahlen — sehr rasch; nach weiteren fünf Minuten hat sie einen Wert erreicht, auf dem sie von nun an ungefähr 20 Minuten lang konstant bleibt. Hierauf folgt eine Periode langsamer Abnahme, die zuletzt nach Mafsgabe eines Exponentialgesetzes vor sich geht. In diesem letzten Stadium sinkt die Aktivität in 28 Minuten auf die Hälfte. Für längere Expositionszeiten verlaufen die Kurven weniger unregelmäfsig.

Derartige Abklingungskurven sind kürzlich von Miss Brooks für verschieden lange Expositionszeiten aufgenommen worden. Ge-

---

[1] E. Rutherford und Miss Brooks, Phil. Mag., Juli 1902.

Achtes Kapitel. Erregte Radioaktivität. 317

messen wurde stets die α-Strahlung der von einer konstanten Menge Radiumemanation erregten Aktivität. Die Beobachtungsresultate sind in Fig. 68 wiedergegeben. Die Anfangsordinaten entsprechen hier den wahren Aktivitäten, die der Versuchskörper am Ende der einzelnen Expositionszeiten angenommen hatte. Wie man sieht, erfolgt in allen Fällen zunächst eine rapide Aktivitätsabnahme, die um so lebhafter in die Erscheinung tritt, je kürzer die Expositionszeit gewählt wird. Erst mehrere Stunden nach Beendigung des Aktivierungsprozesses zeigt sich wieder ausnahmslos ein exponentieller Verlauf des Ab-

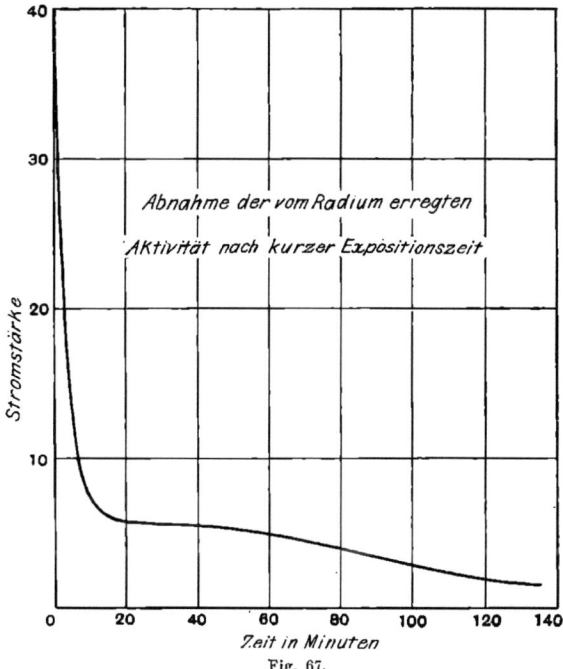

Fig. 67.

klingungsvorganges, indem die Strahlungsintensität nunmehr in je 28 Minuten auf den halben Wert sinkt.

Der Verlauf der Abklingungskurven hängt jedoch im vorliegenden Falle, wo es sich um die von der Radiumemanation erregte Aktivität handelt, nicht allein von der Länge der Expositionszeiten ab. Es kommt aufserdem noch darauf an, für welche Strahlenart die Messungen vorgenommen werden. Für β- und γ-Strahlen erhält man zwar identische Kurven, woraus hervorgeht, dafs diese beiden Strahlengattungen stets vereinigt und in gleichen Intensitätsverhältnissen auftreten. Ein erheblicher Unterschied zeigt sich aber, zumal für kurze

318   Achtes Kapitel. Erregte Radioaktivität.

Expositionszeiten, wenn man diese Kurven mit den bisher betrachteten, die sich auf α-Strahlen bezogen, vergleicht. In Fig. 69 sind einige solcher Beobachtungsreihen für β- und γ-Strahlen graphisch wiedergegeben; sie gelten für Expositionszeiten von 10 Minuten, 40 Minuten und 1 Stunde, sowie für den Grenzfall, der nach 24 stündiger Exposition erreicht wird.

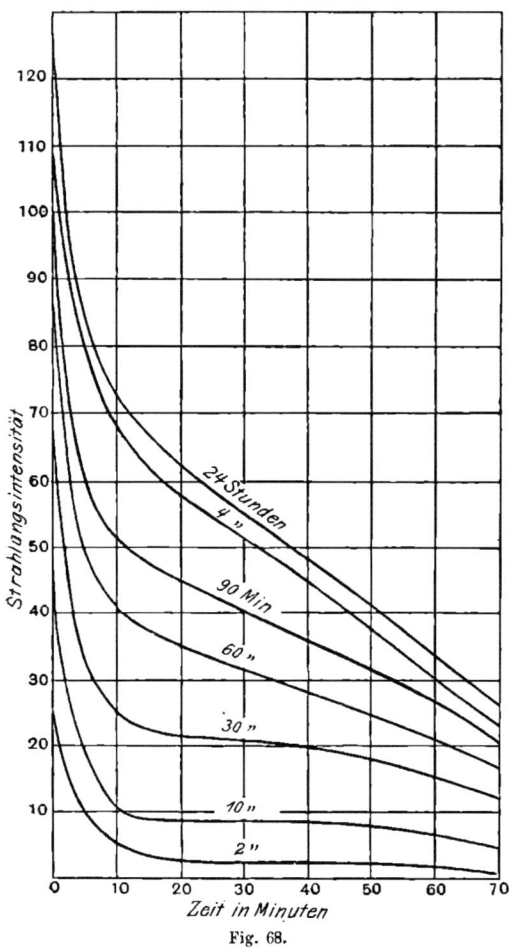

Fig. 68.

Sobald nach Beendigung des Aktivierungsprozesses 25 Minuten verstrichen sind, nimmt die Aktivität in allen Fällen nahezu mit der gleichen Geschwindigkeit ab. Um die Darstellung übersichtlicher zu gestalten, sind die Kurven in Fig. 69 sämtlich durch einen gemeinsamen Punkt hindurchgelegt worden. Es wird sich später freilich zeigen, daſs die Abklingungsgeschwindigkeiten in Wahrheit erst nach Ablauf mehrerer Stunden völlig übereinstimmen; es handelt sich indessen vorher nur um geringe Unterschiede, die sich in unserer Figur nicht gut zur Darstellung bringen lieſsen. Deutlich erkennt man jedoch den Verlauf während der Anfangsperiode. So ist die Aktivität nach einer Exposition von 10 Minuten zunächst ziemlich schwach, sie steigt aber sofort und erreicht nach etwa 22 Minuten einen maximalen Betrag, von dem aus sie weiterhin allmählich auf Null herabsinkt. Niemals zeigt sich an den Kurven für die β-Strahlung ein so rapider Abfall unmittelbar nach Beendigung des Aktivierungsprozesses, wie er in allen Fällen auftritt, wenn man die Intensität der α-Strahlen der Messung zugrunde legt.

Achtes Kapitel. Erregte Radioaktivität. 319

Auch von Curie und Danne[1]) sind Abklingungskurven der erregten Aktivität nach Einwirkung von Radiumemanation für verschieden lange Expositionszeiten aufgenommen worden. Bei diesen Versuchen wurde aber, wie es scheint, nicht dem Umstande Rechnung getragen, daſs die Resultate ganz verschieden ausfallen, je nachdem, ob man die α- oder β-Strahlung der Messung unterwirft. Einige der von Curie und Danne mitgeteilten Kurven beziehen sich offenbar

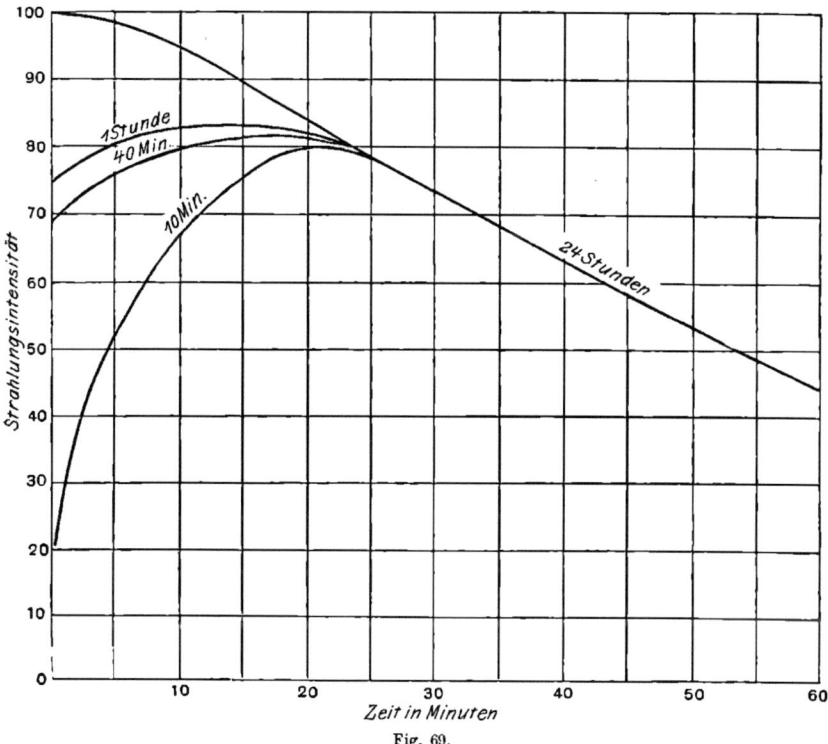

Fig. 69.

auf α-Strahlen, andere auf β-Strahlen. Immerhin konnten sie die wichtige Tatsache feststellen, daſs sich die Abklingungskurve, die man für lange Expositionszeiten erhält — in diesem Falle wird sie identisch mit der Kurve der β-Strahlung — durch eine empirische Gleichung von der Form

$$\frac{J_t}{J_0} = a e^{-\lambda_1 t} - (a-1) e^{-\lambda_2 t}$$

darstellen läſst. In dieser Formel bedeutet J_0 die zu Anfang, J_t die

---

[1]) P. Curie und J. Danne, C. R. 136, p. 364. 1903.

zur Zeit t vorhandene Strahlungsintensität; ferner ist $\lambda_1 = {}^1/_{2420}$, $\lambda_2 = {}^1/_{1860}$ und der Zahlenfaktor $a = 4{,}20$. Erst nach Verlauf von 2,5 Stunden erhielt man bei logarithmischer Darstellung der Intensitätswerte (als Funktion von t) eine gerade Linie, d. h. nunmehr nahm die Aktivität nach einer Exponentialformel ab, und zwar sank sie auf die Hälfte in ungefähr 28 Minuten.

Die theoretische Bedeutung der obigen Gleichung und des eigentümlichen Verlaufs der in diesem Paragraphen wiedergegebenen Abklingungskurven soll in Kapitel XI näher erörtert werden.

So gut wie unabhängig ist die Abfallsgeschwindigkeit der erregten Aktivität von der materiellen Natur der exponierten Körper. Das gilt ebensowohl für die Aktivierung durch Radium wie für die durch Thorium. Soweit man Abweichungen von dieser Regel konstatieren konnte, dürfte es sich nur um scheinbare Ausnahmen handeln. Curie und Danne (loc. cit.) bemerkten z. B., dafs aktivierte Körper vielfach eine Emanation abgeben, die ihrerseits wieder in der Umgebung erregte Aktivität hervorzubringen vermag. Gewöhnlich verlieren sie diese Eigenschaft aber ziemlich schnell, so dafs der Effekt schon nach zwei Stunden nicht mehr zu konstatieren ist. Bei gewissen Substanzen, wie Zelluloid und Kautschuk, klingt ferner die erregte Aktivität beträchtlich langsamer ab als bei Metallen. Die Unterschiede werden um so gröfser, je länger exponiert worden ist, und während der ganzen Abklingungsperiode findet seitens solcher Körper eine Emanationsabgabe statt. Dieselbe Erscheinung, wenn auch in weniger ausgesprochenem Mafse, zeigt sich am Blei.

Wahrscheinlich erklären sich alle diese Abweichungen von dem normalen Verhalten dadurch, dafs jene Substanzen während der Exposition Emanation okkludieren. Diese diffundiert hernach langsam aus ihnen heraus, ohne ihr Aktivierungsvermögen inzwischen verloren zu haben, und so kommt es, dafs die erregte Aktivität in solchen Fällen viel langsamer abzuklingen scheint.

183. Aktiver Niederschlag von sehr geringer Umwandlungsgeschwindigkeit. Läfst man einen Körper sehr lange mit Radiumemanation in Berührung, so scheint er seine Aktivität überhaupt nicht mehr vollständig zu verlieren[1]. Nach den Curieschen Beobachtungen zeigt sich dann zwar zunächst der normale starke Abfall, indem das Strahlungsvermögen in 28 Minuten auf die Hälfte sinkt, doch es bleibt dauernd eine Restaktivität zurück, die ungefähr $^1/_{20000}$ der Anfangsaktivität beträgt. Eine ähnliche Erscheinung ist auch von Giesel

---

[1] Mme. Curie, Untersuchungen über die radioaktiven Substanzen. Übers. v. W. Kaufmann. 3. Auflage, p. 105. Braunschweig 1904.

beschrieben worden. Der Verfasser untersuchte die zeitlichen Veränderungen jener Restaktivität; er fand, daſs sie mehrere Jahre lang zunimmt. Wir werden im elften Kapitel auf diese Messungen noch ausführlicher zu sprechen kommen; dort wird der Nachweis erbracht werden, daſs in jenem langsam zerfallenden aktiven Niederschlage die radioaktiven Bestandteile des Poloniums, Radiotellurs und Radiobleis enthalten sind.

184. Die vom Aktinium erregte Aktivität. Auch aus der Emanation des Aktiniums entsteht eine erregte Aktivität, die sich gleichfalls auf

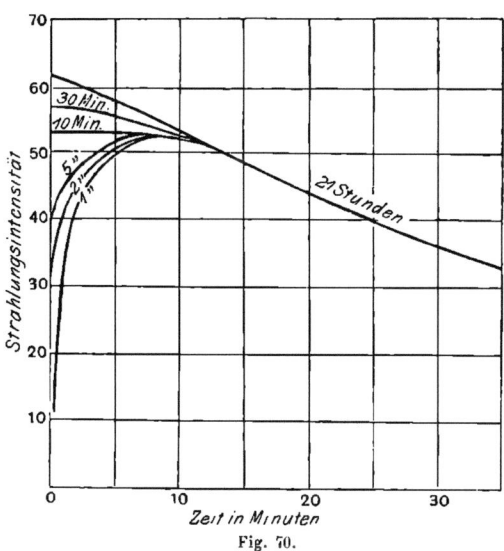

Fig. 70.

negativ geladene Körper konzentrieren läſst. Nach den Angaben von Debierne[1]) nimmt sie in geometrischer Progression mit der Zeit ab und sinkt in 41 Minuten auf den halben Betrag. Aus Giesels[2]) Untersuchungen über die Aktivierung durch „Emanium", dessen radioaktiver Bestandteil, wie wir sahen, wahrscheinlich mit dem des Aktiniums identisch ist, ergab sich für den analogen Fall eine Periode von 34 Minuten. Von Miss Brooks[3]) wurde ferner nachgewiesen, daſs der Verlauf der Abklingungskurven für die erregte Aktivität, die aus Gieselschem Emanium entsteht, von der Expositionszeit abhängt. Ihre Beobachtungen sind in Fig. 70 wiedergegeben. Die Kurven beziehen sich auf Aktivierungsperioden von 1, 2, 5, 10 und 30 Minuten

---

[1]) A. Debierne, C. R. 138, p. 411. 1904.
[2]) F. Giesel, Ber. d. D. Chem. Ges. No. 3, p. 775. 1905.
[3]) Miss Brooks, Phil. Mag., Sept. 1904.

sowie auf eine lange Expositionszeit von 21 Stunden. Nach Verlauf von 10 Minuten erhält man in allen Fällen nahezu die gleichen Abklingungswerte. Der Übersichtlichkeit halber sind die Ordinatenmafse so gewählt worden, dafs sämtliche Kurven in einem Punkte zusammenfallen. Nach sehr kurzer Expositionszeit ist die Aktivität zunächst ziemlich schwach, sie wächst dann aber schnell bis zu einem Maximum, das nach 9,5 Minuten erreicht wird, und nimmt schliefslich auf einer Exponentialkurve bis auf Null ab.

Sehr genaue Messungen derselben Art sind für kurze Expositionszeiten von Bronson ausgeführt worden. Eine Darstellung der von diesem gewonnenen Resultate findet der Leser in Fig. 85. Nach diesen Untersuchungen sinkt die Aktivität am Ende der Abklingungszeit, sobald das Exponentialgesetz in Geltung tritt, binnen 36 Minuten auf den halben Wert.

Eine nähere Diskussion dieser Gesetzmäfsigkeiten folgt in Kap. X, Paragraph 212.

185. Physikalische und chemische Eigenschaften der aktiven Niederschläge. Der Niederschlag der Thoremanation verliert seine Aktivität viel langsamer als der der Radiumemanation. Darum konnte das physikalische und chemische Verhalten des ersteren bisher am genauesten untersucht werden. Wir erwähnten bereits, dafs er in gewissen Säuren löslich sei. Nach den Untersuchungen des Verfassers[1]) kommen als wirksame Lösungsmittel vor allem konzentrierte oder verdünnte Schwefelsäure, Salzsäure und Fluorwasserstoffsäure in Frage. Sehr gering ist die Löslichkeit dagegen in Wasser und Salpetersäure. Man kann das Lösungsmittel später wieder verdampfen, um die aktive Materie in ihrer ursprünglichen Form als Rückstand wiederzugewinnen. Die Geschwindigkeit, mit der ihre Aktivität abklingt, wird durch die Auflösung nicht beeinflufst. Davon überzeugte man sich durch folgenden Versuch: Nachdem man auf einem Platindrahte einen aktiven Niederschlag erzeugt hatte, löste man die Materie in Schwefelsäure. Es wurden dann zu verschiedenen Zeiten gleiche Mengen der Flüssigkeit in einer Platinschale verdampft und die Aktivitäten der einzelnen Rückstände auf elektrometrischem Wege bestimmt. Hieraus ergab sich eine Abklingungsgeschwindigkeit, die genau mit derjenigen übereinstimmte, die man erhielt, wenn die aktive Materie auf dem Drahte verblieb. Die Konstante änderte sich auch dann nicht, als man den aktivierten Platindraht durch Elektrolyse einer Kupfersulfatlösung mit einer dünnen Kupferhaut überzog.

Zu weiteren wichtigen und interessanten Resultaten führte eine

---

[1]) E. Rutherford, Physik. Ztschr. 3, p. 254. 1902.

eingehende Untersuchung von F. v. Lerch[1]). Dieser studierte gleichfalls das physikalische und chemische Verhalten des aktiven Niederschlages der Thoremanation. Er löste die aktivierten Metalle und fällte sie wieder durch geeignete Reagentien. Dann wurde in der Regel auch die aktive Materie gleichzeitig niedergeschlagen. So wurde z. B. aktiviertes Kupfer in Salpetersäure gelöst und durch Kalilauge gefällt: der Niederschlag war stark radioaktiv. Dasselbe war der Fall, als aktiviertes Magnesium in Salzsäure gelöst und als Phosphat gefällt wurde. Bei allen diesen Niederschlägen nahm die Aktivität in normaler Weise ab, d. h. sie sank auf den halben Wert in 11 Stunden.

Im Anschluſs an diese Versuche wurde ferner die Löslichkeit der aktiven Materie in verschiedenen Flüssigkeiten geprüft. Ein Platinblech wurde, nachdem es durch Thoremanation aktiviert worden war, eine Zeit lang mit dem betreffenden Lösungsmittel behandelt; hierauf bestimmte man den Aktivitätsverlust, den es dadurch erlitten hatte. Es zeigte sich, daſs neben den schon erwähnten Säuren noch eine groſse Zahl anderer Stoffe die Fähigkeit hat, den aktiven Niederschlag in höherem oder geringerem Grade zu lösen. Als gänzlich unwirksam erwiesen sich jedoch u. a. Äther und Alkohol. Viele Substanzen konnte man dadurch aktiv machen, daſs man sie einer jener Lösungen zusetzte und wieder ausfällte. Z. B. wurde der aktive Niederschlag von einem Platindrahte durch Salzsäure entfernt, die Flüssigkeit sodann mit Baryumchlorid versetzt und das Baryum als Sulfat gefällt. Das auf diese Weise gewonnene schwefelsaure Salz war stark radioaktiv, es hatte also die aktive Materie mitgerissen.

186. Elektrolyse von Lösungen. Dorn hatte gezeigt, daſs bei der Elektrolyse radiumhaltiger Baryumchloridlösungen an beiden Elektroden eine temporäre Aktivität auftritt; die Anode wird jedoch stärker aktiv als die Kathode. F. von Lerch untersuchte nun die Elektrolyse von solchen Lösungen, die nur den aktiven Niederschlag der Thoremanation enthielten. Aktivierte Platinbleche wurden mit Salzsäure behandelt und die so gewonnene Lösung zwischen reinen Platinelektroden elektrolysiert. Die Kathode wurde hierbei stark aktiv, die Anode blieb vollkommen inaktiv. Auch amalgamiertes Zink nahm als Kathode lebhafte Aktivität an, deren Abfall in normaler Weise erfolgte. Merklich schneller erlosch indessen das Strahlungsvermögen der Platinkathode. Aktive kathodische Ausscheidungen aus aktivierter Salzsäure erhielt man bereits mit Spannungen, die kleiner als die Zersetzungsspannung des Lösungsmittels waren. Die Aktivität dieser Niederschläge sank in 4,75 Stunden, anstatt in 11 Stunden, auf die Hälfte. Hieraus scheint hervorzugehen, daſs die aktive Materie nicht einheitlicher Natur ist, sondern aus zwei

---

[1]) F. von Lerch, Ann. d. Phys. 12, p. 745. 1903.

Teilen besteht, die sich durch Elektrolyse voneinander trennen lassen und verschiedene Abklingungskonstanten besitzen.

Unter Umständen gelang es auch, auf der Anode eine Aktivität zu erhalten, nämlich dann, wenn das Anion bei der Elektrolyse an die Anode gebunden wurde. Wenn man z. B. eine aktivierte Salzsäurelösung unter Verwendung einer Anode aus Silber elektrolysierte, war das entstehende Chlorsilber stark radioaktiv und zeigte den normalen Abfall. Sehr ungleich war die Aktivität, die sich auf Elektroden aus verschiedenen Metallen bildete. So wurde ein gewöhnliches Zinkblech und eine amalgamierte Zinkplatte gleich lange in zwei genau gleiche Teile derselben aktiven Salzsäurelösung getaucht. Beide Elektroden besitzen das gleiche Potential gegen Salzsäure; dennoch wurde das reine Zink siebenmal so stark aktiv wie das amalgierte. Durch Eintauchen einer Zinkplatte wurde der größte Teil der gelösten Aktivität schon in wenigen Minuten ausgefällt. Wurden Platin, Palladium, Silber in eine aktivierte Lösung eingetaucht, so blieben sie inaktiv; andere Metalle, wie Kupfer, Zinn, Blei, Nickel, Eisen, Zink, Kadmium, Magnesium und Aluminium, wurden im gleichen Falle aktiv. Alle diese Tatsachen liefern eine Bestätigung unserer Anschauung, daß die erregte Aktivität an eine besondere aktive Materie von charakteristischen chemischen Eigenschaften gebunden sei.

G. B. Pegram[1]) untersuchte die elektrolytischen Ausscheidungen aus Lösungen reiner und gewöhnlicher Thoriumsalze. Handelsübliches Thornitrat, das von der Firma P. de Haën bezogen worden war, lieferte einen aktiven Niederschlag von Bleisuperoxyd an der Anode; sein Aktivitätsabfall erfolgte in normaler Weise wie bei Körpern, die der Thoremanation exponiert worden sind. Aus Lösungen von reinem Thornitrat erhält man zwar keine sichtbare Ausscheidung an der Eintrittsstelle des Stromes, aber trotzdem wird die Anode aktiv. Ihr Strahlungsvermögen erlischt in diesem Falle sehr schnell, indem es sich schon binnen einer Stunde um die Hälfte verringert. Weitere Versuche bezogen sich auf den Einfluß, den Zusätze von Metallsalzen auf die Elektrolyse der Thorlösungen ausüben. Die Oxyd- und Metallniederschläge, die unter diesen Umständen an den positiven und negativen Elektroden auftraten, erwiesen sich als radioaktiv; der Abfall auf den halben Wert erfolgte jedoch schon binnen weniger Minuten. Auch die gasförmigen elektrolytischen Zersetzungsprodukte besaßen eine merkliche Aktivität; diese rührte jedoch von der Aufnahme von Thoremanation her.

Wir werden in Paragraph 207 auf die Beobachtungen von Pegram und v. Lerch noch zurückzukommen haben.

---

[1]) G. B. Pegram, Phys. Review, Dez. 1903, p. 424.

187. Einfluſs der Temperatur. Ein durch Thoremanation aktivierter Platindraht verliert sein Strahlungsvermögen fast gänzlich, wenn man ihn zur Weiſsglut erhitzt. Miss Gates[1]) konnte aber feststellen, daſs die Aktivität keineswegs durch die hohe Temperatur zerstört wird: sie entfernt sich nur von dem Platindraht und tritt dafür an den benachbarten Körpern auf. Vollzieht sich die Erhitzung auf elektrischem Wege in einem geschlossenen Behälter, so geht die Aktivität von dem Drahte an die Gefäſswände über und kommt hierselbst in unverminderter Stärke wieder zum Vorschein. Auch die Abklingungsgeschwindigkeit erleidet dabei keine Veränderung. Bläst man aber während des Glühens einen Luftstrom durch den Behälter hindurch, so wird ein Teil der aktiven Materie entführt. Ein analoges Verhalten zeigt die durch Radium erregte Aktivität.

F. von Lerch (loc. cit.) bestimmte den Betrag der Aktivitätsabnahme bei verschiedenen Glühtemperaturen. In folgender Tabelle sind einige seiner Beobachtungen wiedergegeben. Die Zahlen beziehen sich auf einen durch Thoremanation aktivierten Platindraht[2]).

	Temperatur	Aktivitätsabnahme in Prozenten
2 Min. geglüht .	800° C.	0
sodann noch ½ „ „	1020° C.	16
„ ½ „ „	1260° C.	52
„ „ ½ „ „ .	1460° C.	99

Die Verflüchtigung des aus der Radiumemanation entstehenden aktiven Niederschlages bei hohen Temperaturen ist von Curie und Danne eingehend untersucht worden. Diese Beobachtungen führten gleichfalls zu wichtigen Resultaten (vgl. Kap. XI, Paragraph 226).

188. Einfluſs der elektromotorischen Kraft auf die Stärke der durch Thorium erregten Aktivität. Wir sahen, daſs sich die Aktivierung in starken elektrischen Feldern auf die negative Elektrode beschränkt. In schwächeren Feldern verteilt sich die erregte Aktivität sowohl auf die Kathode als auch auf die Gefäſswände. Zu weiteren diesbezüglichen Versuchen[3]) diente der in Fig. 71 abgebildete Apparat.

A ist ein zylindrisches Gefäſs von 5,5 cm Durchmesser, B die negative Elektrode, die durch isolierende Stopfen C, D hindurchgeführt ist. Bei einer Potentialdifferenz von 50 Volt erschien fast die gesamte

---

[1]) Miss F. Gates, Phys. Review, 1903, p. 300.
[2]) Ausführlichere Messungen derselben Art wurden von Miss Slater ausgeführt (s. Paragraph 207).
[3]) E. Rutherford, Phil. Mag., Febr. 1900.

erregte Aktivität auf B. Bei 3 Volt aktivierten sich die Gefäfswände gerade ebenso stark wie der Stab in der Zylinderachse. Welchen Wert die Spannung aber auch haben mochte, es war die Summe der Aktivitäten auf A und B, nachdem ein stationärer Zustand eingetreten war, stets konstant. Wurde überhaupt keine Potentialdifferenz angelegt, so konnte lediglich die Diffusion mafsgebend sein; in diesem Falle wurden ungefähr 13 % des gesamten Niederschlages auf B abgeschieden.

Das elektrische Feld bestimmt demnach nur den Konzentrationsgrad an der negativen Elektrode; es hat dagegen keinen Einfluſs auf den gesamten Betrag der zur Entstehung gelangenden Aktivität.

In diesem Zusammenhange wären noch die Versuche von F. Henning[1]) zu erwähnen, die in ähnlicher Weise angestellt wurden. Henning fand, dafs die Stärke der Aktivierung bei Benutzung hoher Feldintensitäten von dem Durchmesser des Stabes B unabhängig war; dabei variierte die Stabdicke von 0,59 bis 6,0 mm. Nur bei niedrigen Spannungen änderte sich die Menge des aktiven Niederschlags an der

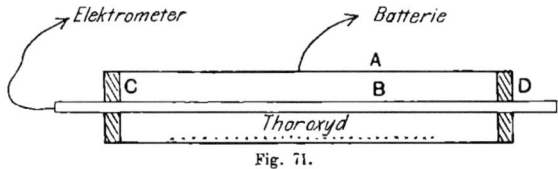

Fig. 71.

negativen Elektrode mit dem Durchmesser der letzteren. Allgemein ergaben sich bei der graphischen Darstellung der Aktivierungsstärke als Funktion der Spannung Kurven, welche eine grofse Ähnlichkeit mit denen besafsen, die man für die Abhängigkeit der Stromintensität in ionisierten Gasen von der Gröfse der angelegten Potentialdifferenz erhält. So erreicht die erregte Aktivität einen maximalen Betrag, wenn die aktive Materie ebenso schnell, wie sie in dem Gase entsteht, zur Abscheidung gelangt. In schwächeren Feldern vermag aber ein Teil an die Gefäfswände zu diffundieren, und auf diese Weise wird gegebenenfalls auch die Anode aktiviert.

189. Einfluſs des Gasdruckes auf die Verteilung der erregten Aktivität. In elektrischen Feldern von hoher Intensität ist die Stärke der an der Kathode auftretenden Aktivierung unabhängig von dem Druck des umgebenden Gases bis herab zu Drucken von etwa 10 mm Quecksilber. Zu diesem Resultate führten Versuche des Verfassers[2]), bei welchen ein zylindrisches Gefäſs von 4 cm Durchmesser benutzt wurde, in dem sich eine emanierende Thorverbindung befand. Axial

---

[1]) F. Henning, Ann. d. Phys. 7, p. 562. 1902.
[2]) E. Rutherford, Phil. Mag., Febr. 1900.

war wieder ein isolierter Draht hindurchgeführt, der mit dem negativen Pole einer Batterie von 50 Volt in Verbindung stand. Verringerte man den Gasdruck auf weniger als 10 mm Quecksilber, so wurde die Aktivierung der Kathode schwächer, und bei einem Drucke von $^1/_{10}$ mm sank sie auf einen kleinen Bruchteil des ursprünglichen Betrages. In diesem Falle hatte auch die Innenwand des Zylinders etwas Aktivität angenommen. Bei niedrigen Drucken aktiviert sich also selbst in starken elektrischen Feldern nicht nur die Kathode, sondern auch die Anode*). Eine mögliche Erklärung dieser Erscheinung geben die Ausführungen im nächsten Paragraphen.

Curie und Debierne[1]) verfolgten den Aktivierungsprozefs in einem Behälter, der mit einer emanierenden Radiumverbindung beschickt worden war und mit einer dauernd arbeitenden Pumpe in Verbindung stand. Bei hochgradiger Evakuierung sank die Stärke der erregten Aktivität der Gefäfswände auf einen sehr kleinen Betrag. Hierbei wurde aber die Emanation zusammen mit den übrigen Gasen, die sich aus der Radiumverbindung entwickelten, von der Pumpe ständig fortgeschafft. Und so konnte nur sehr wenig erregte Aktivität entstehen, zumal die Aktivität der Radiumemanation beim Hindurchstreichen durch den Behälter nur um ein geringes abnahm.

190. Übertragung der erregten Aktivität. Die erregte Aktivität hat ihren Sitz in einer besonderen radioaktiven Materie, die sich auf der Oberfläche der exponierten Körper niederschlägt. Da sich diese Materie in starken elektrischen Feldern vollständig auf die Kathode konzentrieren läfst, so müssen ihre Träger positiv geladen sein. Aus Versuchen von Fehrle[2]) geht auch unmittelbar hervor, dafs die Träger der erregten Aktivität im elektrischen Felde längs den Kraftlinien wandern. Wurde nämlich eine kleine negativ geladene Metallplatte inmitten eines metallischen Gehäuses der Thoremanation exponiert, so wurde sie an den Rändern und Ecken stärker aktiv als in der Mitte.

Woher stammen nun die positiven Ladungen jener Träger? Diese Frage ist nicht ganz leicht zu beantworten. Nach unserer Auffassung (vgl. Paragraph 136 sowie Kap. X und XI) entsteht ja die Materie, die den aktiven Niederschlag darstellt, aus der Emanation. Die radio-

---

*) *Mackower (Phil. Mag., Nov. 1905) beobachtete bei der Aktivierung durch Radiumemanation unter niedrigen Gasdrucken ähnliche Erscheinungen. Die Stärke der an der Kathode auftretenden erregten Aktivität war in diesen Fällen abhängig von den Dimensionen des Emanationsbehälters und von dem Drucke des eingeschlossenen Gases. Eine theoretische Deutung der von Mackower gewonnenen Resultate gab Jackson (Phil. Mag., Nov. 1905).*

[1]) P. Curie und A. Debierne, C. R. 132, p. 768. 1901.
[2]) K. Fehrle, Physik. Ztschr. 3, p. 130. 1902.

aktiven Emanationen des Thoriums und Radiums senden aber bekanntlich lediglich α-Strahlen, d. h. positiv geladene Teilchen, aus. Der nach der Ausstofsung eines α-Teilchens übrigbleibende Rückstand, in welchem wir eben den elementaren Bestandteil des aktiven Niederschlages erblicken, sollte daher negativ geladen sein, also im elektrischen Felde an die Anode wandern, während in Wahrheit gerade das Gegenteil der Fall ist. Man könnte nach Lage der Dinge wohl zunächst versucht sein, die von der Emanation fortfliegenden, positiv geladenen α-Teilchen selbst für die Erscheinungen der erregten Aktivität verantwortlich zu machen. Dem widerspräche aber die Erfahrung, dafs ein Körper keine Aktivität annimmt, wenn er, ohne mit der Emanation selbst in Berührung zu kommen, ihrer α-Strahlung exponiert wird.

Hier scheint sich demnach ein Widerspruch zwischen Theorie und Erfahrung geltend zu machen. Allein es wäre unstatthaft, diesem Umstande ein allzu grofses Gewicht beizulegen. Nicht darin liegt die Schwierigkeit, für das Auftreten jener positiven Ladungen überhaupt eine plausible Erklärung zu finden, als vielmehr unter vielen möglichen Ursachen die richtige Wahl zu treffen. Es dürfte kaum einem Zweifel unterliegen, dafs die Ausstofsung eines positiven α-Teilchens den wichtigsten Faktor beim Zerfallen des Atoms bildet; wahrscheinlich mufs aber der dann übrigbleibende Atomrest noch eine ganze Reihe verwickelter Prozesse durchmachen, bevor er an die negative Elektrode gelangt. Gewisse Erscheinungen deuten darauf hin, dafs gleichzeitig mit den α-Teilchen stets ein Elektron oder mehrere dieser negativen Träger mit geringer Geschwindigkeit aus dem Atom entweichen. Man hat nämlich neuerdings gefunden, dafs die α-Teilchen, die vom Radium stammen, auch wenn die gewöhnlichen β-Strahlen fehlen, und ebenso diejenigen des Poloniums von langsam sich bewegenden und infolgedessen leicht absorbierbaren Elektronen begleitet werden. Wenn auch nur zwei Elektronen gleichzeitig mit einem α-Teilchen entweichen, mufs der Atomrest positiv geladen sein und somit an die negative Elektrode wandern. Hierzu kommt eine weitere Tatsache, die in diesem Zusammenhange von Wichtigkeit zu sein scheint: wenn keine elektrischen Kräfte einwirken, verbleiben die Träger zunächst längere Zeit in der Masse des umgebenden Gases und erleiden ihre weitere Umwandlung an ihrem ursprünglichen Platze. Ja, gewisse Erscheinungen sprechen dafür (s. Paragraph 227), dafs die Träger des aktiven Niederschlags auch im elektrischen Felde nicht unmittelbar nach dem Zerfall der Emanationsatome an die Kathode heranfliegen, sondern dafs sie sich noch eine Zeit lang in dem Gase aufhalten, bevor sie ihre positive Ladung annehmen. Man bedenke ferner, dafs die Atome des aktiven Niederschlages ja nicht im Gaszustande existieren und daher das Bestreben haben dürften, sich auf dem Wege der Diffusion zu gröfseren

Aggregaten zu vereinigen. Diese Aggregate verhalten sich dann wohl wie winzige Metallteilchen und würden sich, falls sie ihrer Natur nach gegen das umgebende Gas elektropositiv wären, in diesem positiv laden.

Sicherlich sind die Vorgänge, die sich in dem Zeitraume zwischen dem Zerfall der Emanationsteilchen und der Ablagerung der Atomreste auf der Kathode abspielen, sehr verwickelter Natur, und es wird noch mannigfacher sorgfältiger Untersuchungen bedürfen, ehe wir über die einzelnen Phasen des Prozesses genügend unterrichtet sein werden.

Lassen wir die Frage nach der Herkunft jener positiven Ladungen einstweilen auf sich beruhen, so kann man doch jedenfalls behaupten, dafs beim Zerfall eines Emanationsatoms durch die Ausstofsung des schnell davonfliegenden α - Teilchens auch der zurückbleibende Bestandteil in Bewegung gesetzt werden mufs. Da dieser Atomrest aber eine relativ grofse Masse besitzt, wird seine Geschwindigkeit im Vergleich zu der des α - Teilchens nur klein sein, und so wird er, falls er sich in einem Gase von Atmosphärendruck bewegt, infolge der Zusammenstöfse mit den Gasmolekülen schon nach sehr kurzer Zeit zur Ruhe kommen. Bei geringen Drucken erfolgen die Zusammenstöfse dagegen so selten, dafs das restierende Teilchen die Gefäfswände erreichen kann. Ein elektrisches Feld wird die Bewegung einer so grofsen Masse nur dann in erheblichem Mafse beeinflussen, wenn diese ihre anfängliche Geschwindigkeit durch Zusammenstöfse mit den Gasmolekülen nahezu vollständig verloren hat. So erklärt es sich, warum sich die aktive Materie bei niedrigen Drucken nicht vorzugsweise auf der Kathode ablagert. Mit dieser Auffassung stehen Beobachtungen von Debierne über die Eigenschaften der von Aktinium erregten Aktivität im Einklange (vgl. Paragraph 192).

191. Der Verfasser[1]) unterwarf die positiven Träger der vom Radium und Thorium erregten Aktivität der Einwirkung eines elektrischen Wechselfeldes, um ihre spezifischen Geschwindigkeiten zu bestimmen. Er verfuhr dabei folgendermafsen (s. Fig. 72): Die Emanation sei in dem Raume zwischen zwei parallelen Platten A und B gleichförmig verteilt. Wird eine alternierende Spannung E_0 an A und B angelegt, so entsteht auf beiden Elektroden ein gleicher Betrag erregter Aktivität. Es werde nun eine Batterie von der elektromotorischen Kraft E_1 in Serie mit dem Generator der Wechselspannung geschaltet, und es sei E_1 kleiner als E_0. Dann ist das elektrische Feld, in dem sich die positiven Träger bewegen, während einer Periodenhälfte stärker als während der anderen, und da die Geschwindigkeit der Teilchen der Feldintensität proportional ist, so legen sie bei verschiedener

---

[1]) E. Rutherford, Phil. Mag, Jan. 1903.

330   Achtes Kapitel. Erregte Radioaktivität.

Richtung des Feldes ungleiche Wegstrecken zurück. Infolgedessen wird sich die erregte Aktivität nunmehr ungleichartig auf die beiden Elektroden verteilen. Bei genügend hoher Frequenz der Wechselspannung werden an die eine der beiden Platten nur solche Träger gelangen können, die in einer angrenzenden Luftschicht von einer bestimmten geringen Dicke enthalten sind, während alle übrigen im Laufe

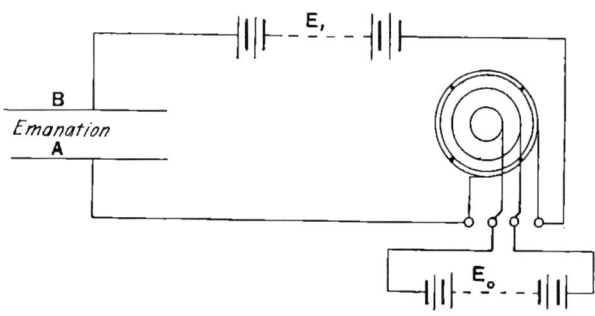

Fig. 72.

mehrerer aufeinanderfolgender Perioden an die andere Platte herangeführt werden.

Bei negativer Ladung von B ist die Potentialdifferenz zwischen den Platten $E_0 - E_1$ und bei positiver Ladung derselben Elektrode $E_0 + E_1$.

Es bezeichne d den Plattenabstand,

T die Zeit einer halben Periode,

ϱ das Verhältnis der auf B erregten Aktivität zur Summe der auf A und B zusammen erregten Aktivitäten,

K die Geschwindigkeit der positiven Träger bei einem Potentialgefälle von 1 Volt pro Zentimeter.

Unter der Annahme, daß das Feld zwischen den Platten gleichförmig und die Geschwindigkeit der Teilchen der Feldstärke proportional sei, wird die Geschwindigkeit, mit der sich die positiven Träger nach B hin bewegen, gleich

$$\frac{E_0 - E_1}{d} K.$$

Während der nächsten halben Periode wandern sie in entgegengesetzter Richtung, also nach A hin, mit der Geschwindigkeit

$$\frac{E_0 + E_1}{d} K.$$

Achtes Kapitel. Erregte Radioaktivität.

Für die maximalen Strecken x_1 und x_2, die von den Trägern in beiden Richtungen zurückgelegt werden können, ergibt sich daher

$$x_1 = \frac{E_0 - E_1}{d} KT \quad \text{und} \quad x_2 = \frac{E_0 + E_1}{d} KT.$$

Dabei werde vorausgesetzt, dafs x_1 kleiner sei als d.

Wir nehmen ferner an, dafs in jeder Sekunde pro Längeneinheit des Plattenabstandes q neue Träger gebildet werden. Die gesamte Zahl der während einer halben Periode an B herangeführten Träger setzt sich nun offenbar aus zwei Teilen zusammen: erstens aus der Hälfte derjenigen, die während dieser Zeit innerhalb des Abstandes x_1 von der Platte B neu entstehen — dieser Betrag ist gleich

$$\frac{1}{2} x_1 q T$$

— und zweitens kommen noch sämtliche Träger in Betracht, die innerhalb derselben Distanz x_1 am Ende der vorhergegangenen Periodenhälfte vorhanden waren. Ihre Menge ist, wie man leicht einsieht, gleich

$$\frac{1}{2} x_1 \cdot \frac{x_1}{x_2} q T.$$

Nach Ablauf einer vollen Periode wird von den zwischen A und B unterdessen neu erzeugten Trägern ein gewisser Teil in dem Luftraume zurückgeblieben sein. Dieser Rest gelangt während der nächsten Oszillationen allmählich an die zweite Platte A, falls keine Wiedervereinigung stattfindet. Denn obwohl die Teilchen in dem Wechselfelde hin und her schwingen, findet doch jedesmal eine stärkere Bewegung nach A hin statt als in entgegengesetzter Richtung.

Im ganzen werden während einer vollen Periode zwischen den Platten $2 d q T$ Träger erzeugt. Das Verhältnis ϱ zwischen der Zahl derer, die an B herangeführt werden, und der gesamten erzeugten Menge ist demnach

$$\varrho = \frac{\frac{1}{2} x_1 q T + \frac{1}{2} x_1 \frac{x_1}{x_2} q T}{2 d q T} = \frac{1}{4} \frac{x_1}{d} \frac{x_1 + x_2}{x_2}.$$

Durch Einsetzung der für x_1 und x_2 gefundenen Werte ergibt sich hieraus

$$K = \frac{2(E_0 + E_1)}{E_0(E_0 - E_1)} \frac{d^2}{T} \varrho.$$

Bei der Ausführung der Messungen wurden die Gröfsen E_0, E_1, d und T variiert. Die Versuchsergebnisse standen im Einklange mit der obigen Gleichung.

Für Thorium ergaben sich u. a. folgende Resultate:

Plattenabstand 1,30 cm.

$E_0 + E_1$	$E_0 - E_1$	Periodenzahl pro Sekunde	ϱ	K
152	101	57	0,27	1,25
225	150	57	0,38	1,17
300	200	57	0,44	1,24

Plattenabstand 2 cm.

$E_0 + E_1$	$E_0 - E_1$	Periodenzahl pro Sekunde	ϱ	K
273	207	44	0,37	1,47
300	200	53	0,286	1,45

Eine grofse Zahl von Messungen lieferte für die Beweglichkeit K den Mittelwert 1,3 cm pro Sekunde bei Atmosphärendruck und normaler Temperatur. Nahezu ebenso grofs, nämlich 1,37 cm pro Sekunde, ist die Beweglichkeit der positiven Ionen, die unter der Einwirkung von Röntgenstrahlen in Luft entstehen.

Die Resultate, die man mit Radiumemanation erhielt, waren weniger genau, da in diesen Fällen auch eine schwache Aktivierung der positiven Elektrode eintrat. Immerhin liefs sich so viel erkennen, dafs sich die Beweglichkeit der hier in Betracht kommenden positiven Träger von dem mit Thorium gewonnenen Werte nicht wesentlich unterscheidet.

Wir sehen somit, dafs sich die Träger der aktiven Niederschläge ungefähr mit derselben Geschwindigkeit im Gase bewegen wie die Ionen, die durch Bestrahlung entstehen. Entweder — so kann man schliefsen — vereinigen sich die Teilchen der aktiven Materie allmählich mit positiven Gasionen, oder sie umhüllen sich, nachdem sie auf die eine oder andere Weise eine positive Ladung erworben haben, mit einer Wolke aus neutralen Molekülen, die nun mit ihnen zusammen wandert.

192. Die Träger der von Aktinium und „Emanium" erregten Aktivität. Von den Gieselschen „Emanium"-Präparaten werden bedeutende Mengen Emanation abgegeben[1]). Im Zusammenhange damit steht eine eigentümliche Erscheinung, die Giesel veranlafste, die Existenz einer besonderen Art von Strahlen anzunehmen, die er *E*-

---

[1]) F. Giesel, Ber. d. D. Chem. Ges. 36, p. 342. 1903.

Strahlen nannte. Die aktive Substanz befand sich in einem zur Erde abgeleiteten engen Metallzylinder, der an seinem unteren Ende offen war. Ungefähr 5 cm unterhalb dieses Rohres lag ein Zinksulfidschirm, der von einer Elektrisiermaschine auf ein hohes negatives Potential geladen wurde. Unter diesen Umständen erscheint auf dem Schirme ein Lichtfleck, der am Rande heller als im Zentrum ist. Nähert man dem Schirme einen geerdeten Leiter, so wird der Lichtfleck scheinbar abgestofsen. Ein Isolator übt dagegen keine derartige Wirkung aus. Entfernt man die radioaktive Substanz, so bleibt die Lumineszenz des Zinksulfids noch eine Zeit lang bestehen, wahrscheinlich unter Einflufs der erregten Aktivität, die der Schirm inzwischen angenommen hat.

Die Beobachtungen Giesels sprechen augenscheinlich zugunsten der Auffassung, dafs die Träger der durch Emanium erregten Aktivität positiv geladen sind. In starken elektrischen Feldern wandern sie in Richtung der Kraftlinien an die Kathode, und so entsteht die erregte Aktivität auf dem Fluoreszenzschirme. Die Bewegung des Lichtflecks bei Annäherung eines Leiters erklärt sich durch die hierdurch bedingte Störung des elektrischen Feldes.

Debierne[1]) fand, dafs auch seine Aktiniumpräparate aufserordentlich viel Emanation entwickelten. Die Aktivität des Gases nahm sehr schnell im Laufe der Zeit ab; sie sank bereits binnen 3,9 Sekunden auf den halben Wert. Auch diese Emanation aktiviert alle Körper in der Umgebung, und bei vermindertem Drucke verteilt sich die erregte Aktivität gleichmäfsig auf den Wänden des Emanationsbehälters.

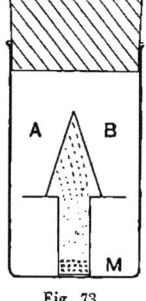

Fig. 73.

Das Strahlungsvermögen der aktivierten Körper verringert sich im vorliegenden Falle in 41 Minuten um den halben Betrag.

Die Verteilung der erregten Aktivität ändert sich nach Debierne unter der Einwirkung starker magnetischer Kräfte. Das schien aus Versuchen hervorzugehen, zu welchen die in Fig. 73 dargestellte Anordnung benutzt wurde. Bei M befand sich das emanierende Aktiniumpräparat. Symmetrisch zu diesem standen die beiden zu aktivierenden Platten A und B. Liefs man nun senkrecht zur Zeichnungsebene ein kräftiges Magnetfeld wirken, so nahmen die zwei Platten eine verschieden starke Aktivität an, und zwar lehrten die Beobachtungen, dafs die Träger in entgegengesetzter Richtung wie Kathodenstrahlen abgelenkt wurden; sie mufsten also positive Ladungen mit sich führen. In einigen Fällen erhielt man freilich den entgegengesetzten Effekt. Debierne hält die Entstehung der vom Aktinium erregten Aktivität für eine Wirkung „aktivierender Ionen", und er schliefst aus weiteren

---

[1]) A. Debierne, C. R. 136, pp. 446 und 671. 1903; 138, p. 411. 1904.

Versuchen, daſs die magnetischen Kräfte keineswegs die Emanation selbst, sondern nur jene „aktivierenden Ionen" beeinflussen.

Aus diesen Beobachtungen würde folgen*), daſs die Träger der erregten Aktivität von der Emanation abstammen und mit beträchtlicher Geschwindigkeit fortgeschleudert werden. Die Ergebnisse stehen im Einklange mit einer Schluſsfolgerung, die schon oben (Paragraph 190) ausgesprochen wurde, daſs nämlich durch die Ausstoſsung von α-Teilchen aus den Emanationsatomen auch die zurückbleibenden Atomreste in lebhafte Bewegung geraten müssen.

Von ähnlichen Untersuchungen über die Aktivierung der Körper durch Emanium und Aktinium unter wechselnden äuſseren Bedingungen dürfte man weitere Aufschlüsse über die Umwandlungsprozesse zu erwarten haben, die zur Bildung der aktiven Niederschläge Veranlassung geben.

---

*) *Meyer und v. Schweidler (Wien. Ber. 1905) konnten bei Wiederholung der Debierneschen Versuche keinen Einfluſs des Magnetfeldes auf die räumliche Verteilung der erregten Aktivität konstatieren. Sie führen die von Debierne wahrgenommene Erscheinung auf eine Unsymmetrie in seiner Versuchsanordnung zurück.*

Neuntes Kapitel.
Theorie der Umwandlungsreihen.

193. Einleitung. Nach unseren bisherigen Darlegungen können wir die Radioaktivität der Radioelemente stets als Begleiterscheinung eines Umwandlungsprozesses auffassen, bei welchem eine Reihe neuer Substanzen von charakteristischen physikalischen und chemischen Eigenschaften zur Entstehung gelangt. So formt das Thorium aus seiner eigenen Materie einen neuen, hochaktiven Stoff, das Thorium X, dessen Löslichkeit in Ammoniak seine Trennung von der Muttersubstanz ermöglicht. Aufserdem entsteht aus dem Thorium ein gasförmiges Produkt, die Thoremanation, und ferner eine weitere Substanz, die sich auf allen Körpern in der Umgebung des primär aktiven Präparates niederschlägt und sich daselbst durch die sogenannte „erregte Aktivität" zu erkennen gibt.

Forscht man näher nach dem Ursprung dieser verschiedenen Stoffe, so zeigt sich, dafs sie keineswegs gleichzeitig zur Entstehung gelangen, sondern einzelne Glieder einer kontinuierlichen Entwickelungsreihe darstellen, an deren Spitze das Radioelement steht. Zunächst erzeugt das Thorium das Umwandlungsprodukt Thor X. Aus dem Thor X bildet sich sodann die Thoremanation, und diese verwandelt sich ihrerseits in eine nichtflüchtige Substanz, den aktiven Niederschlag. Eine ähnliche Entwickelungsreihe liefert das Element Radium; nur fehlt in diesem Falle ein Glied, das dem Thor X entspräche. Demgemäfs erzeugt das Radium unmittelbar die Radiumemanation, und diese verwandelt sich wiederum in eine nichtflüchtige Substanz. Was das Uran betrifft, so hat man hier nur ein einziges Umwandlungsprodukt feststellen können, das Uran X; dieses Radioelement liefert nämlich keine Emanation und somit auch keine erregte Aktivität.

Erinnern wir uns, durch welche Überlegungen wir genötigt wurden, stets das eine Produkt als Muttersubstanz des anderen anzusehen, und betrachten wir als typisches Beispiel einer solchen Beweisführung nochmals den Fall des Thor X und der Thoremanation: Man kann das Thor X von dem Thorium trennen, indem man einer Thorsalzlösung Ammoniak zusetzt (s. Paragraph 154). Das hierdurch niedergeschlagene Thorhydroxyd besitzt dann fast gar kein Emanationsvermögen mehr. Dabei wird das radioaktive Gas nicht etwa nur am Entweichen verhindert, sondern es ist überhaupt sehr wenig Emanation vorhanden; denn wenn man das Hydroxyd wieder in Lösung bringt und einen Luftstrom durch die Flüssigkeit hindurchtreibt, erhält man keine merkliche Verstärkung des Effektes, obwohl doch der größte Teil der vorhandenen Emanation auf diese Weise entführt werden müfste. Andererseits werden aber grofse Mengen aktiven Gases von der nach der Fällung zurückgebliebenen Lösung, die das Thor X enthält, abgegeben, woraus man erkennt, dafs die Thoremanation unmittelbar dem Thor X entstammt. Es zeigt sich nun ferner, dafs die von dem Thor X abgeschiedenen Emanationsmengen, nachdem die Trennung der Produkte stattgefunden hat, allmählich immer kleiner werden, und zwar geschieht dies nach einem Exponentialgesetze, indem das Emanationsvermögen in je vier Tagen auf den halben Betrag sinkt. Die Emanationsentwickelung nimmt demnach in der nämlichen Weise und mit derselben Geschwindigkeit ab wie die Aktivität des Thor X, wenn wir als Mafs der letzteren die Intensität der α-Strahlung betrachten. Diese Übereinstimmung ist aber gerade eine notwendige Konsequenz unserer Annahme, dafs das Thor X die Muttersubstanz der Emanation darstelle; denn seine Aktivität ist in jedem Augenblick seiner Umwandlungsgeschwindigkeit proportional, d. h. der pro Zeiteinheit aus dem Thor X entstehenden Menge neuer Materie. Da aber die Umwandlungsgeschwindigkeit der Emanation (entsprechend einer Abnahme um die Hälfte binnen einer Minute) sehr grofs gegen die des Thor X ist, so mufs auch die jeweilig vorhandene Emanationsmenge stets der Aktivität des Thor X, d. h. der noch unverwandelt gebliebenen Thor X-Menge proportional sein. Wie die Beobachtungen lehren, nimmt das gefällte Hydroxyd im Laufe der Zeit sein ursprüngliches Emanationsvermögen wieder an, da das Thorium allmählich wieder neues Thor X produziert, gerade so wie das letztere die Emanation erzeugt.

In ähnlicher Weise entsteht auf Körpern, die mit der Thoremanation in Berührung kommen, eine erregte Aktivität, deren Stärke der Aktivität des Gases, also der jeweilig vorhandenen Emanationsmenge, proportional ist. Daraus folgt, dafs der aktive Niederschlag, der die Erscheinung der erregten Aktivität hervorruft, seinerseits ein Umwandlungsprodukt der Emanation darstellt.

So lassen die Beobachtungen den Schlufs gerechtfertigt erscheinen, dafs wir das Thor X als Muttersubstanz der Thoremanation und diese als Muttersubstanz des aktiven Niederschlages anzusehen haben.

194. Chemische und physikalische Eigenschaften der aktiven Produkte.

Jedes einzelne jener radioaktiven Produkte besitzt charakteristische physikalische und chemische Eigenschaften, durch die es sich von den vorhergehenden und folgenden Gliedern der Entwickelungsreihe deutlich unterscheidet. So verhält sich Thor X wie ein fester Körper, der in Ammoniak löslich ist, während sich Thorium nicht in Ammoniak löst. Die Thoremanation ist dagegen bei gewöhnlicher Temperatur gasförmig, gehört zur Klasse der chemisch trägen Substanzen und kondensiert sich erst bei -120^0 C. Der aktive Niederschlag dieser Emanation befindet sich wiederum im festen Aggregatzustande, ist leicht löslich in Schwefelsäure und Salzsäure und nur sehr wenig löslich in Ammoniak.

Auch das Verhalten des Radiums und seiner Emanation zeigt uns sehr deutlich, daſs ein aktives Produkt in chemischer und physikalischer Beziehung seiner Muttersubstanz durchaus nicht ähnlich zu sein braucht. Das Radium ist als Element dem Baryum in jeder Hinsicht so nahe verwandt, daſs es sich auf chemischem Wege von diesem kaum unterscheiden läſst; das einzige Trennungsmittel beruht auf geringen Löslichkeitsdifferenzen ihrer Chloride und Bromide. Gleich dem Baryum ist das Radium bei gewöhnlicher Temperatur nicht flüchtig. Auch sein Spektrum — es besteht aus einer Anzahl charakteristischer heller Linien — hat eine groſse Ähnlichkeit mit den Spektren der alkalischen Erden. Andererseits ist die fortwährend von dem Radium erzeugte radioaktive Emanation ein chemisch träges Gas, dessen Kondensationstemperatur bei -150^0 C. liegt. Hinsichtlich ihres Spektrums und ihrer geringen chemischen Affinität ähnelt die Radiumemanation den sogenannten Edelgasen (Argon, Helium usw.), von denen sie sich allerdings wieder in anderen Beziehungen deutlich unterscheidet.

Dieses aktive Gas ist eine instabile Substanz, die sich allmählich durch Zerfall in eine nichtflüchtige Form der Materie umwandelt. Bei diesem Prozeſs werden gleichzeitig materielle Atome von beträchtlicher Masse (α-Teilchen) ausgestoſsen und mit groſser Geschwindigkeit fortgetrieben. Soweit die bisherigen Erfahrungen reichen, wird die Geschwindigkeit, mit der jener Zerfall vor sich geht, durch noch so starke Temperaturänderungen nicht beeinfluſst. Bleibt ein bestimmtes Volumen der Emanation sich selbst überlassen, so wird es allmählich immer kleiner; nach einer Frist von einem Monat ist es auf einen geringen Bruchteil der ursprünglichen Gröſse zusammengeschrumpft.

Am auffälligsten ist die enorme Energieentwickelung, die in der Radiumemanation vor sich geht; diese Erscheinung ist, wie sich zeigen wird (s. Kap. XII), eine unmittelbare Folge ihrer Radioaktivität. Während die Emanation allmählich immer weiter und weiter zerfällt, entwickelt sie eine Energiemenge, die ungefähr drei Millionen Mal so groſs ist wie diejenige, die bei der Explosion eines gleichen Volumens

Knallgas in Freiheit gesetzt wird; und dabei ist die Wärmetönung im letzteren Falle gröfser als bei irgendeiner anderen chemischen Reaktion.

Die beiden Emanationen sowie das Uran X und Thor X verlieren ihre Aktivität im Laufe der Zeit: das Strahlungsvermögen erlischt nach einem einfachen Exponentialgesetze. Dies geschieht in jedem Falle mit einer bestimmten Geschwindigkeit, deren Gröfse von jeglichen äufseren Bedingungen unabhängig ist. Daher kann man etwa diejenige Zeit, in welcher die Aktivität auf die Hälfte des ursprünglichen Betrages sinkt, als eine charakteristische, zur Unterscheidung der einzelnen Substanzen voneinander geeignete physikalische Konstante betrachten.

Ein derartiges einfaches Gesetz gilt dagegen auch nicht angenähert für die zeitlichen Änderungen der von den Emanationen erregten Aktivitäten. Hier hängt die Abklingungsgeschwindigkeit nicht allein von der Expositionsdauer ab, sondern unter Umständen — bei der Aktivierung durch Radium — auch von der Strahlenart, die zu den Aktivitätsmessungen benutzt wird. So erhält man denn für die erregten Aktivitäten je nach den Versuchsbedingungen Abklingungskurven von verschiedener und teilweise recht komplizierter Gestalt. Wie sich später zeigen wird, beruhen diese Abweichungen von dem einfachen exponentiellen Verlauf auf dem Umstande, dafs die Materie der aktiven Niederschläge nacheinander mehrere Umwandlungen erleidet. Die Erscheinungen lassen sich nämlich vollständig erklären, wenn wir annehmen, dafs es sich bei den Niederschlägen der Aktinium- und Thoremanationen um zwei und bei demjenigen der Radiumemanation um sechs solcher aufeinanderfolgender Umwandlungen handelt.

195. Bezeichnungen. Wünschenswert erscheint es nunmehr, für jedes der zahlreichen radioaktiven Produkte, soweit dies bisher noch nicht geschehen ist, eine besondere und — was durchaus nicht unwichtig ist — möglichst zweckmäfsige Bezeichnung einzuführen. Die Wahl geeigneter Namen pflegt aber in solchen Fällen wie dem vorliegenden nicht ganz leicht zu sein. Es gibt wenigstens sieben verschiedene Substanzen, die sich vom Radium, und wahrscheinlich je fünf, die sich vom Thorium und Aktinium ableiten. Es dürfte sich daher empfehlen, die einzelnen Stoffe möglichst in der Weise zu bezeichnen, das schon aus dem Namen ihre Stellung in der Entwickelungsreihe der Substanzen hervorgeht. Das hat sich insbesondere bei der Betrachtung der komplizierten Verwandlungen der radioaktiven Niederschläge als wünschenswert erwiesen. Manche Bezeichnungen, die sich bereits eingebürgert haben, stammen allerdings aus einer Zeit, in der man über die Stellung der betreffenden Substanzen in den Umwandlungsreihen noch keine Klarheit erlangt hatte. Damals entstanden z. B. die Namen Uran X und Thor X für die aktiven Rückstände, die man durch geeignete chemische Behandlung von Uran- und Thorverbindungen gewinnt. Da diese Substanzen aber aller Wahrscheinlichkeit nach die ersten Umwandlungsprodukte der beiden Radioelemente darstellen, so mag es ratsam erscheinen, jene Bezeichnungen beizubehalten, zumal sie sich durch ihre Kürze empfehlen.

Der Name „Emanation" wurde ursprünglich nur dem vom Thorium abgegebenen radioaktiven Gase beigelegt; später benutzte man aber denselben Ausdruck für die analogen gasförmigen Produkte des Radiums und Aktiniums.

Sir William Ramsay[1]) hat kürzlich als Ersatz für den Ausdruck „Radiumemanation", der ihm etwas lang und schwerfällig erscheint, den Namen „Ex-radio" vorgeschlagen. Diese Bezeichnung hätte gewifs den Vorzug der Kürze, und sie enthält auch einen Hinweis auf die Herkunft der Substanz. Allein es gibt noch wenigstens sechs andere Ex-radios, die dann unbenannt blieben, obschon sie ebenso gewifs wie die Emanation dem Radium entstammen. Überdies wären wir dann genötigt, die entsprechenden Namen „Ex-thorio" und „Ex-aktinio" für andere aktive Gase einzuführen, die im Gegensatze zu der Radiumemanation nicht die ersten, sondern wahrscheinlich die zweiten Glieder in den Entwickelungsreihen der betreffenden Radioelemente darstellen. In diesen Fällen müfsten daher die ersten Umwandlungsprodukte andere Namen erhalten. Es wäre vielleicht nicht unzweckmäfsig, für die Emanation eine neue, speziellere Bezeichnung einzuführen, da dieses Umwandlungsprodukt am eingehendsten untersucht und als erstes chemisch isoliert worden ist; andererseits rechtfertigt sich aber auch die Beibehaltung des Namens „Radiumemanation" aus historischen Gründen, und zudem enthält er einen Hinweis auf die gasförmige, flüchtige Natur der in Frage kommenden Materie.

Die Ausdrücke „erregte" oder „induzierte" Aktivität beziehen sich lediglich auf das Strahlungsvermögen der aktivierten Körper. Es bedarf daher noch einer besonderen Bezeichnung für die strahlende Materie selbst. In der ersten (englischen) Auflage dieses Buches hatte der Verfasser zu diesem Zwecke den Namen „Emanation X" eingeführt[2]), in Analogie mit den Ausdrücken Uran X und Thor X, um anzudeuten, dafs jene aktive Materie ein Produkt der Emanation sei. Diese Bezeichnungsweise hat sich indessen weiterhin nicht recht bewährt, zumal sie lediglich auf die unmittelbar aus der Emanation abgeschiedene Substanz, nicht aber auf die weiteren Umwandlungsprodukte der letzteren Anwendung finden kann. Viel praktischer ist es, vor allem für die mathematische Darstellung der Theorie von den stufenweise verlaufenden radioaktiven Umwandlungsprozessen, die einzelnen Bestandteile der aktiven Niederschläge durch Buchstaben voneinander zu unterscheiden:

---

[1]) W. Ramsay, Proc. Roy. Soc., 4. Juni 1904, p. 470; C. R. 138, 6. Juni 1904.
[2]) Phil. Mag., Febr. 1904.

zunächst wird aus der Emanation die Materie A abgeschieden, A verwandelt sich sodann in B, B in C, C in D, usw. Demgemäfs werde ich mich der Bezeichnung Emanation X künftig nicht mehr bedienen, sondern die Ausdrücke Radium A, Radium B usw. benutzen. Analoge Bezeichnungen sollen auch für die einzelnen aufeinanderfolgenden Zersetzungsprodukte der Thor- und Aktiniumemanation Verwendung finden. Spreche ich dagegen allgemein von der Materie, welche das Auftreten der erregten Aktivität veranlafst, ohne Rücksicht auf ihre einzelnen Bestandteile, so werde ich mich, wie bisher, des Ausdruckes „aktiver Niederschlag" bedienen.

Somit ergibt sich für die Namen der bisher bekannten Formen radioaktiver Materie folgendes einfache Schema, das zugleich den Vorzug besitzt, sich sehr bequem erweitern zu lassen, falls späterhin noch andere Substanzen dieser Art entdeckt werden sollten:

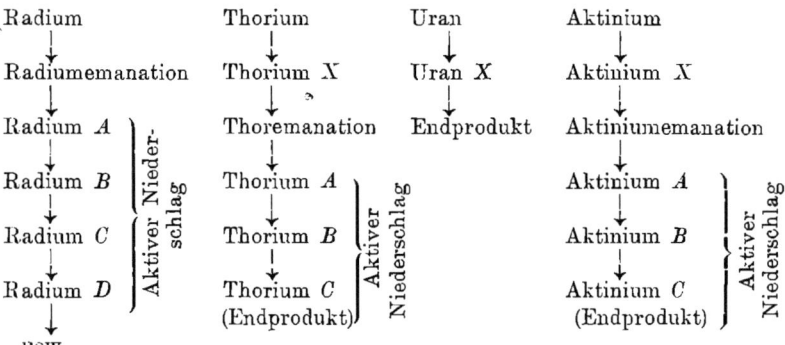

In diesen Reihen stellt jedes Glied die Muttersubstanz des folgenden Gliedes dar. In den aktiven Niederschlägen des Thoriums und Aktiniums hat man nur je zwei verschiedene Formen der Materie feststellen können; unter Thorium C und Aktinium C sind daher die betreffenden inaktiven Endprodukte zu verstehen. Dafs zwischen dem Aktinium und seiner Emanation noch ein Zwischenprodukt existiert — das Aktinium X, wie es in Analogie mit dem Thor X und Uran X genannt worden ist —, wird erst im nächsten Kapitel nachgewiesen werden.

196. Theorie der stufenweise verlaufenden Umwandlungsprozesse.

Die Erfahrungen nötigen uns zu der Annahme, dafs der Zerfall der radioaktiven Substanzen stufenweise vor sich geht, indem sich die einzelnen Stoffe allmählich immer weiter umwandeln. Bevor wir die Erscheinungen, die zu dieser Schlufsfolgerung geführt haben, noch näher ins Auge fassen, wird es sich empfehlen, die Theorie derartiger komplizierterer Umwandlungsprozesse zu entwickeln.

Neuntes Kapitel. Theorie der Umwandlungsreihen. 341

Es werde angenommen, daſs sich eine Materie A in B verwandle, B in C, C in D, usw., und daſs für jede einzelne Phase des Prozesses das Gesetz der monomolekularen chemischen Reaktionen gültig sei. Es soll also in jedem Falle die Zahl N der zur Zeit t noch unverwandelt gebliebenen Teilchen durch die Gleichung $N = N_0\, e^{-\lambda t}$ gegeben sein, indem wir mit N_0 die zur Zeit Null vorhandene Teilchenzahl und mit λ die Umwandlungskonstante bezeichnen.

In diesem Gesetze ist die Beziehung $\dfrac{dN}{dt} = -\lambda N$ enthalten; d. h. die Umwandlungsgeschwindigkeit ist jederzeit der vorhandenen Menge unverwandelter Materie proportional. So ist also das bekannte Abklingungsgesetz für die Aktivität der einzelnen Produkte nichts anderes als ein Ausdruck der Tatsache, daſs die radioaktive Umwandlung einen Prozeſs von der Art einer monomolekularen chemischen Reaktion darstellt.

Es bezeichne P, Q, R bezw. die Zahl der zu einer beliebigen Zeit t vorhandenen Teilchen der Materien A, B, C und λ_1, λ_2, λ_3 die zugehörigen Umwandlungskonstanten derselben Substanzen. Wir nehmen ferner an, daſs jedes Atom der Materie A je ein Atom der Materie B erzeugt, jedes Atom von B je ein Atom von C, usw.

Was die fortgeschleuderten Teilchen oder „Strahlen" anbelangt, so kommen sie für die folgende Theorie nicht in Betracht, da sie ja selbst nicht radioaktiv sind.

Es wäre nicht schwierig, den allgemeinen mathematischen Ausdruck für die zu einer bestimmten Zeit t vorhandenen Atomzahlen P, Q, R .... beliebig vieler Materien A, B, C .... abzuleiten, wenn die Anfangswerte von P, Q, R .... als bekannt gegeben sind. Wir können uns indessen darauf beschränken, drei spezielle Fälle der allgemeinen Theorie, die einstweilen allein von Wichtigkeit sind, zu behandeln. Dies genügt z. B. zum Verständnis der Umwandlungen, die sich auf einem aktivierten Drahte abspielen, der einer konstanten Menge Radiumemanation exponiert worden ist und sich dann selbst überlassen bleibt. Jene drei Fälle sind folgendermaſsen gekennzeichnet:

1. die Expositionszeit sei auſserordentlich kurz im Vergleich zur Dauer des Umwandlungsprozesses;
2. die Expositionszeit sei so lang, daſs die Menge eines jeden Produktes einen konstanten Grenzwert erreicht;
3. die Expositionszeit sei beliebig lang.

Es gibt noch einen vierten wichtigen Fall, der praktisch die Umkehrung von 3. darstellt: eine primäre Substanz liefere andauernd pro Zeiteinheit konstante Beträge der Materie A; zur Zeit Null sei aber noch keines der Produkte vorhanden; es sollen die Mengen der Materien A, B, C für beliebige Zeiten berechnet werden. Die Lösung dieser

Aufgabe ergibt sich fast ohne jede Rechnung unmittelbar aus dem dritten der obengenannten Fälle.

197. Erster Fall. *Es sei zunächst nur die Materie A in bestimmter Menge gegenwärtig. Diese verwandle sich in B und B in C. Nach einer gewissen Zeit t sind bezw. P, Q, R Teilchen der drei Materien A, B, C vorhanden. Wie grofs ist P, Q und R?*

Betrug die Zahl der Teilchen von A zur Zeit Null n, so ist $P = n e^{-\lambda_1 t}$. In der Zeiteinheit wächst die Zahl der Teilchen der Materie B um dQ. Diese Gröfse mufs gleich sein der durch Umwandlung von A entstehenden vermindert um die durch Umwandlung von B verschwindende Teilchenzahl. Folglich ist

$$\frac{dQ}{dt} = \lambda_1 P - \lambda_2 Q \qquad (1).$$

Und ebenso wird

$$\frac{dR}{dt} = \lambda_2 Q - \lambda_3 R \qquad (2).$$

Setzen wir nun in (1) den oben angegebenen Wert von P ein, so ergibt sich

$$\frac{dQ}{dt} = \lambda_1 n e^{-\lambda_1 t} - \lambda_2 Q.$$

Die Lösung dieser Gleichung hat die Form

$$Q = n \left(a e^{-\lambda_1 t} + b e^{-\lambda_2 t} \right) \qquad (3).$$

Durch Einführung dieses Ausdruckes erhält man für a den Wert

$$a = \frac{\lambda_1}{\lambda_2 - \lambda_1},$$

und da $Q = 0$ für $t = 0$, so wird

$$b = -\frac{\lambda_1}{\lambda_2 - \lambda_1}.$$

Folglich wird

$$Q = \frac{n \lambda_1}{\lambda_1 - \lambda_2} \left(e^{-\lambda_2 t} - e^{-\lambda_1 t} \right) \qquad (4).$$

Diesen Wert setzen wir in Gleichung (2) ein. Dann findet man leicht als Lösung dieser Gleichung den Ausdruck

$$R = n \left(a e^{-\lambda_1 t} + b e^{-\lambda_2 t} + c e^{-\lambda_3 t} \right) \qquad (5).$$

Hierin haben die Konstanten folgende Werte:

$$a = \frac{\lambda_1 \lambda_2}{(\lambda_1 - \lambda_2)(\lambda_1 - \lambda_3)}, \qquad b = \frac{-\lambda_1 \lambda_2}{(\lambda_1 - \lambda_3)(\lambda_2 - \lambda_3)},$$

$$c = \frac{\lambda_1 \lambda_2}{(\lambda_1 - \lambda_3)(\lambda_2 - \lambda_3)}.$$

Die Abhängigkeit der Größen P, Q, R von der Zeit t — für den hier betrachteten Fall, daß von der Zeit Null an kein Ersatz der zerfallenden Materie A stattfindet — ist in Fig. 74 bezw. durch die Kurven A, B, C graphisch dargestellt. Dieses Diagramm gilt speziell für die drei ersten Stufen des Zerfalls der Materie Radium A. Demgemäß sind der Berechnung die Werte $\lambda_1 = 3{,}85 \times 10^{-3}$, $\lambda_2 = 5{,}38 \times 10^{-4}$, $\lambda_3 = 4{,}13 \times 10^{-4}$ zugrunde gelegt worden; die entsprechenden Zeiten, in denen sich die Substanzen Radium A, B und C zur Hälfte umwandeln, betragen demnach 3, 21 und 28 Minuten.

Die Ordinaten der Kurven stellen die relativen Atomzahlen dar. Die einzelnen Kurvenpunkte zeigen uns also, wieviel Atome der

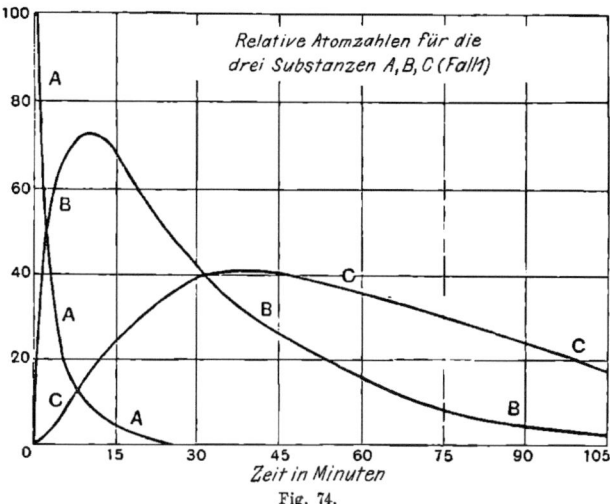

Fig. 74.

Materien A, B und C zu den durch ihre Abszissen angegebenen Zeiten existieren. Dabei ist die ursprüngliche Atomzahl der Materie A gleich 100 gesetzt worden. Die Atomzahl der Materie B ist zunächst Null; sie wächst dann auf einen maximalen Betrag, der im vorliegenden speziellen Falle nach 10 Minuten erreicht ist, und wird weiterhin allmählich kleiner und kleiner. In ähnlicher Weise erreicht die Materie C nach Verlauf von 37 Minuten einen maximalen Betrag. Wenn mehrere Stunden verflossen sind, nehmen die Mengen von B und C fast genau in geometrischer Progression mit der Zeit ab, indem sie sich nunmehr binnen je 21 bezw. 28 Minuten um die Hälfte verringern.

198. Zweiter Fall. *Eine primäre Substanz liefere fortdauernd und in gleichmäßiger Menge die Materie A. Man lasse den Prozeß so lange vor sich gehen, bis sich von jedem der Produkte A, B, C die betreffende*

Gleichgewichtsmenge gebildet hat. Dann entferne man die Primärsubstanz. Es soll berechnet werden, wieviel Atome (P, Q, R) von jeder der zurückbleibenden Materien A, B, C zu einer beliebigen späteren Zeit t vorhanden sind.

Sobald der Gleichgewichtszustand eingetreten ist, wird die Zahl n_0 der aus der Primärsubstanz pro Sekunde zur Abscheidung gelangenden Teilchen der Materie A gleich der Zahl derer, die sich pro Sekunde aus A in B und aus B in C usw. verwandeln. Es besteht daher die Beziehung

$$n_0 = \lambda_1 P_0 = \lambda_2 Q_0 = \lambda_3 R_0 \quad (6),$$

wenn wir mit P_0, Q_0, R_0 die dem Gleichgewichtszustande entsprechenden Maximalwerte von P, Q, R bezeichnen.

Die zu irgendeiner Zeit t nach Entfernung der Primärsubstanz vorhandenen Atomzahlen lassen sich aus Gleichungen von derselben Form wie Gl. (3) und (5) berechnen. Unter Berücksichtigung der Anfangsbedingungen

$$t = 0, \; P = P_0 = \frac{n_0}{\lambda_1},$$
$$Q = Q_0 = \frac{n_0}{\lambda_2},$$
$$R = R_0 = \frac{n_0}{\lambda_3}$$

findet man nämlich leicht die Ausdrücke

$$P = \frac{n_0}{\lambda_1} e^{-\lambda_1 t} \quad (7),$$

$$Q = \frac{n_0}{\lambda_1 - \lambda_2} \left(\frac{\lambda_1}{\lambda_2} e^{-\lambda_2 t} - e^{-\lambda_1 t} \right) \quad (8),$$

$$R = n_0 \left(a \, e^{-\lambda_1 t} + b \, e^{-\lambda_2 t} + c \, e^{-\lambda_3 t} \right) \quad (9)$$

mit den Beziehungen

$$a = \frac{\lambda_2}{(\lambda_1 - \lambda_2)(\lambda_1 - \lambda_3)}, \quad b = \frac{-\lambda_1}{(\lambda_1 - \lambda_2)(\lambda_2 - \lambda_3)},$$
$$c = \frac{\lambda_1 \lambda_2}{\lambda_3 (\lambda_1 - \lambda_3)(\lambda_2 - \lambda_3)}.$$

In den Kurven A, B, C der Fig. 75 sind die relativen Atomzahlen P, Q, R wieder als Funktion der Zeit graphisch dargestellt. Dabei ist die Zahl R_0 willkürlich gleich 100 gesetzt und für die Konstanten $\lambda_1, \lambda_2, \lambda_3$ sind wie oben die Radiumwerte — den Halbwertsperioden 3, 21 und 28 Minuten entsprechend — benutzt worden. Wie man sieht, nehmen die Kurven hier einen ganz anderen Verlauf als in Fig. 74, die sich auf den Fall kurzer Expositionszeiten bezieht.

Nach langer Exposition sinkt z. B. die Atomzahl R anfangs sehr langsam, weil der Substanzverlust, den die Materie C durch ihren eigenen Zerfall erleidet, zunächst durch den Zerfall von B nahezu ersetzt wird. Nach mehreren Stunden zeigt sich wieder die einfache exponentielle Ab-

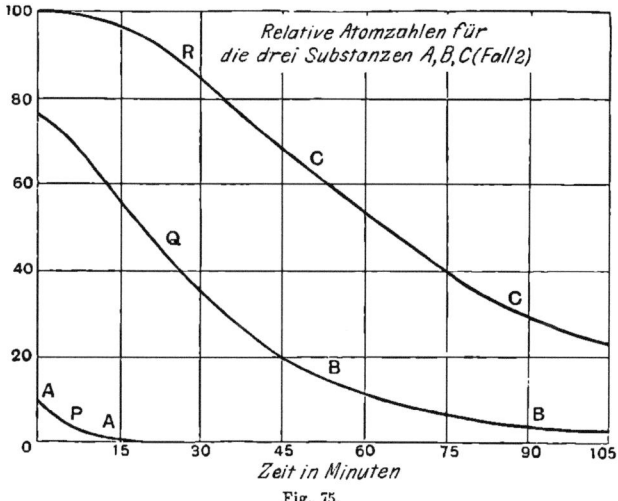

Fig. 75.

nahme der Atomzahlen Q und R nach Maßgabe der Halbwertsperioden 21 und 28 Minuten.

199. Dritter Fall. *Eine primäre Substanz liefere während einer Zeit T in jeder Sekunde eine konstante Menge der Materie A. Alsdann mögen die entstandenen Produkte sich selbst überlassen bleiben. Wie groß sind die Atomzahlen der Substanzen A, B, C zu einer beliebigen späteren Zeit?*

Es mögen pro Sekunde n_0 Teilchen der Materie A abgeschieden werden, so daß am Ende der Expositionszeit T P_T solcher Teilchen vorhanden sind. Dann ist

$$P_T = n_0 \int_0^T e^{-\lambda_1 t} dt = \frac{n_0}{\lambda_1}(1 - e^{-\lambda_1 T}).$$

Man lasse nun eine weitere Zeit t verstreichen; dann werden nur noch P Teilchen der Materie A übrig geblieben sein, und zwar ist

$$P = P_T e^{-\lambda_1 t} = \frac{n_0}{\lambda_1}(1 - e^{-\lambda_1 T}) e^{-\lambda_1 t}.$$

Betrachten wir jetzt die Teilchen der Materie A, die während des Zeitintervalles dt erzeugt wurden; ihre Anzahl ist $n_0 dt$. Aus diesen sind nach einer beliebigen Zeit t durch Umwandlung dQ Teilchen der Materie B entstanden, und zwar ist nach Gl. (4)

$$dQ = \frac{n_0 \lambda_1}{\lambda_1 - \lambda_2}(e^{-\lambda_2 t} - e^{-\lambda_1 t})\, dt = n_0 f(t)\, dt \qquad (10).$$

Am Ende der Expositionszeit T sind im ganzen Q_T Teilchen der Materie B vorhanden. Für diese Zahl erhält man, wie sich ohne Schwierigkeit ergibt, den Ausdruck

$$Q_T = n_0\,[f(T)\,dt + f(T-dt)\,dt + \ldots + f(0)\,dt],$$

also

$$Q_T = n_0 \int_0^T f(t)\, dt.$$

Ebenso ergibt sich für die Atomzahl Q, die zu irgendeinem späteren Zeitpunkte vorhanden ist, nachdem seit der Beendigung der Exposition die Zeit t verstrichen ist, die Formel

$$Q = n_0 \int_t^{T+t} f(t)\, dt.$$

Es mag noch betont werden, daſs es bei dieser Methode der Berechnung der Gröſsen Q_T und Q auf die spezielle Form der Funktion $f(t)$ nicht ankommt. Setzen wir aber für $f(t)$ seinen Wert aus Gl. (10) in unsere Formeln ein, so ergibt sich durch Integration der Ausdrücke die Beziehung

$$\frac{Q}{Q_T} = \frac{a\,e^{-\lambda_2 t} - b\,e^{-\lambda_1 t}}{a - b} \qquad (11)$$

mit folgenden Werten der Konstanten:

$$a = \frac{1 - e^{-\lambda_2 T}}{\lambda_2}, \qquad b = \frac{1 - e^{-\lambda_1 T}}{\lambda_1}.$$

In analoger Weise, durch Substitution des Wertes von $f(t)$, läſst sich aus Gl. (5) die Atomzahl R für die Materie C berechnen. Es mag jedoch auf die Ableitung der betreffenden Formeln verzichtet werden, da sie eine zu komplizierte Gestalt annehmen, um sich bequem mit der Erfahrung vergleichen zu lassen.

200. Vierter Fall. *Seitens einer primären Substanz werde fortdauernd die Materie A in gleichmäſsiger Menge erzeugt. Man berechne die Zahl der Teilchen von A, B, C für eine beliebige Zeit t, wenn zur Zeit $t = 0$ noch keine dieser drei Materien vorhanden war.*

Neuntes Kapitel. Theorie der Umwandlungsreihen.

Die Lösung dieser Aufgabe gestaltet sich sehr einfach durch folgende Überlegung. Wir nehmen an, daſs zunächst die Bedingungen des zweiten Falles erfüllt wären. Es sollen sich also die Produkte A, B, C anfangs im radioaktiven Gleichgewichte befinden; ihre Atomzahlen mögen in diesem Zustande P_0, Q_0, R_0 betragen. Hierauf entferne man die primäre Substanz. Die Werte, die den Gröſsen P, Q, R zu irgendeiner späteren Zeit t zukommen, sind uns dann, wie früher, durch die Gleichungen (7), (8) und (9) gegeben. Nun möge aber die Primärsubstanz auch nach der Trennung von ihren Umwandlungsprodukten noch weiterhin in der gleichen Weise wie zuvor Materie von dem Typus A liefern, so daſs sich in ihrer Umgebung alsbald wieder alle drei Materien A, B, C vorfinden; die zugehörigen Atomzahlen dieser neu entstandenen Mengen seien zur Zeit t: P_1, Q_1, R_1. Bekanntlich wird die Umwandlungsgeschwindigkeit jedes einzelnen Produktes von äuſseren Bedingungen nicht beeinfluſst; sie hängt insbesondere durchaus nicht davon ab, ob die betreffende Materie mit ihrer Muttersubstanz vereinigt bleibt, oder ob sie von dieser getrennt worden ist. Die Werte P_0, Q_0, R_0 entsprechen aber einem stationären Zustande, der dadurch gekennzeichnet ist, daſs in der Zeiteinheit von jeder der drei Materien ebensoviel neugebildet wird, wie durch Zerfall verloren geht. Im vorliegenden Falle setzt sich der gesamte Vorrat von A, B, C aus zwei Teilen zusammen: der eine ist mit der Primärsubstanz vereinigt, der andere ist, nachdem der Gleichgewichtszustand eingetreten war, von ihr getrennt worden. Es muſs demnach die Summe der Atomzahlen beider Teile jederzeit bezw. gleich P_0, Q_0, R_0 sein. Anderenfalls wäre ja eine Zerstörung oder Neubildung von Materie lediglich infolge der Trennung der primären Substanz eingetreten. Nach unserer Voraussetzung sollten aber weder der Erzeugungsprozeſs noch die weiteren Umwandlungsvorgänge dadurch irgendwie beeinfluſst werden. Es bestehen somit folgende Beziehungen:

$$P_1 + P = P_0$$
$$Q_1 + Q = Q_0$$
$$R_1 + R = R_0.$$

Hieraus folgt durch Einführung der Werte von P, Q, R aus Gl. (7), (8) und (9):

$$\frac{P_1}{P_0} = 1 - e^{-\lambda_1 t},$$

$$\frac{Q_1}{Q_0} = 1 - \frac{\lambda_1 e^{-\lambda_2 t} - \lambda_2 e^{-\lambda_1 t}}{\lambda_1 - \lambda_2},$$

$$\frac{R_1}{R_0} = 1 - \lambda_3 \left(a e^{-\lambda_1 t} + b e^{-\lambda_2 t} + c e^{-\lambda_3 t} \right),$$

worin die Größen a, b, c dieselbe Bedeutung wie in Gl. (9) besitzen. Die letzten Formeln lehren, in welcher Weise die Atomzahlen P, Q, R allmählich zunehmen; in graphischer Darstellung erhält man Kurven, die offenbar zu denen der Fig. 75 komplementär verlaufen, so daß an jeder Stelle die Ordinatensumme der einzelnen Kurvenpaare den Wert 100 ergibt. Beispiele hierfür hatten wir schon früher kennen gelernt in den Erscheinungen des Zerfalls und der Neubildung der Materien Uran X und Thor X.

201. Aktivität eines Gemisches aus mehreren aktiven Produkten. Aus den oben abgeleiteten Formeln erkennt man, wie sich die Atomzahl eines jeden der nacheinander entstehenden Produkte unter verschiedenen Bedingungen im Laufe der Zeit ändert. Welche Beziehungen bestehen nun zwischen diesen Atomzahlen und der Aktivität eines Gemisches aus solchen instabilen Substanzen?

Zu einer bestimmten Zeit seien N Teilchen eines Produktes vorhanden. Die Zahl der pro Sekunde zerfallenden Teilchen ist dann gleich λN, wenn λ die zugehörige Umwandlungskonstante bedeutet. Würde je ein Atom eines jeden Produktes bei seinem Zerfall ein α-Teilchen emittieren, so wäre demnach die gesamte Zahl der pro Sekunde von dem Gemisch fortgeschleuderten α-Teilchen in jedem Moment gleich $\lambda_1 P + \lambda_2 Q + \lambda_3 R + \ldots$, falls P, Q, $R \ldots$ wiederum die Atomzahlen der Materien A, B, $C \ldots$ bezeichnen. Sind nur drei verschiedene Produkte A, B und C vorhanden, so braucht man in diesen Ausdruck nur die für einen der vier oben behandelten Fälle berechneten Werte von P, Q und R einzusetzen, um die Zahl der pro Sekunde emittierten α-Teilchen als Funktion der Zeit zu erhalten.

Vom Standpunkte der Theorie aus betrachtet würde man zur Messung der Aktivität eines radioaktiven Gemisches am besten in der Weise verfahren, daß man unmittelbar die Zahl der pro Sekunde ausgesandten α- oder β-Teilchen ermittelte. Das läßt sich jedoch in praxi nicht gut ausführen, so daß man andere Methoden einschlagen muß.

Will man die Aktivitäten verschiedener Umwandlungsprodukte miteinander vergleichen, so stößt man gleichfalls auf gewisse Schwierigkeiten. Es werden nämlich nicht immer von allen Gliedern einer Entwickelungsreihe α-Strahlen ausgesandt. Manche liefern nur β- und γ-Strahlen, und es gibt sogar Umwandlungsprozesse, die überhaupt von keiner Strahlung begleitet sind; im letzteren Falle hat man es also mit Substanzen zu tun, die beim Zerfallen weder α-, noch β-, noch γ-Strahlen emittieren. So liefert z. B. Radium A lediglich α-Strahlen, Radium B strahlt überhaupt nicht, und Radium C sendet sowohl α- als auch β- und γ-Strahlen aus.

Neuntes Kapitel. Theorie der Umwandlungsreihen.

Im allgemeinen pflegt man zur experimentellen Bestimmung der relativen Aktivitätswerte die Intensität der Sättigungsströme zwischen den Elektroden eines geeigneten Versuchsapparates zu messen, indem man die einzelnen Produkte auf das eingeschlossene Gas einwirken läfst. Es handle sich z. B. um eine Materie, die ausschliefslich α-Strahlen entsendet. Indem die α-Teilchen das Gas durchsetzen, erzeugen sie längs ihrer Bahn eine grofse Zahl von Ionen. Ihre durchschnittliche Geschwindigkeit ist aber unter allen Umständen stets die gleiche, wenn sie einem bestimmten einzelnen Produkte entstammen. Daher liefert uns die relative Stärke des von ihnen erzeugten Ionisationsstromes ein zuverlässiges Mafs der jeweiligen Aktivität, und so sind wir imstande, auch die zeitlichen Aktivitätsänderungen festzustellen. Die α-Teilchen zweier verschiedener Produkte besitzen jedoch niemals die gleiche mittlere Geschwindigkeit. Demgemäfs ist ja auch die Absorbierbarkeit der Strahlen in einem Gase je nach der Strahlungsquelle verschieden grofs. Daher kann man aus den relativen Intensitäten der Sättigungsströme, die von zwei verschiedenen Produkten erzeugt werden, keinen sicheren Schlufs auf die relativen Mengen der von ihnen fortgeschleuderten α-Teilchen ziehen. Das Verhältnis der Stromstärken ist dann im allgemeinen auch von dem Elektrodenabstande abhängig, und so wird man durch solche vergleichenden Messungen nur zu einem angenäherten Werte für die relativen Mengen der ausgesandten α-Teilchen gelangen, es sei denn, dafs die relative Gröfse des Ionisierungsvermögens für die Strahlen der beiden miteinander zu vergleichenden Produkte auf Grund von anderen Beobachtungen bereits bekannt wäre.

202. Die obigen theoretischen Überlegungen setzen uns jedoch in den Stand, den Einflufs der jeweiligen Versuchsbedingungen auf den Verlauf der beobachteten Aktivitätskurven zu verstehen. Einige spezielle Beispiele mögen dies erläutern. Wir betrachten den Fall, dafs ein Körper durch ein in unveränderlichem Grade emanierendes Radiumsalz aktiviert und dann dem Einflusse der Emanation entzogen worden sei, und fragen nach den zeitlichen Änderungen der erregten Aktivität nach verschieden langer Expositionszeit. Der aktive Niederschlag besteht unter diesen Umständen anfangs aus einem Gemisch der drei Produkte Radium A, B und C. Zur näheren Charakterisierung dieser Bestandteile diene die folgende Zusammenstellung, in welcher für jede der drei Substanzen die Art der emittierten Strahlung, ferner die Zeit T, in der sich die vorhandene Menge zur Hälfte umwandelt, und schliefslich der zugehörige Wert der Konstanten λ angegeben ist:

Produkt	Strahlung	T	λ (sec^{-1})
Radium A	α-Strahlen	3 Min.	$3{,}85 \times 10^{-3}$
Radium B	keine Strahlen	21 Min.	$5{,}38 \times 10^{-4}$
Radium C	α-, β-, γ-Strahlen	28 Min.	$4{,}13 \times 10^{-4}$

350 Neuntes Kapitel. Theorie der Umwandlungsreihen.

β- und γ-Strahlen werden nur von der Materie C ausgesandt. Mifst man die Aktivität also durch eine dieser beiden Strahlengattungen, so werden die beobachteten Werte jederzeit der gerade vorhandenen Menge des Produktes C, d. h. dem Werte R, proportional sein. Nach einer langen Exposition wird daher die an der Intensität der β- und γ-Strahlung gemessene Aktivität als Funktion der Zeit durch die Kurve CC der Fig. 75 wiedergegeben werden. In der Tat zeigt die letztere eine grofse Ähnlichkeit mit der für lange Expositionszeiten experimentell ermittelten Kurve, die in Fig. 69 dargestellt ist.

Radium B strahlt überhaupt nicht. Die Zahl der von dem aktiven Niederschlage pro Sekunde fortgeschleuderten α-Teilchen ist daher der

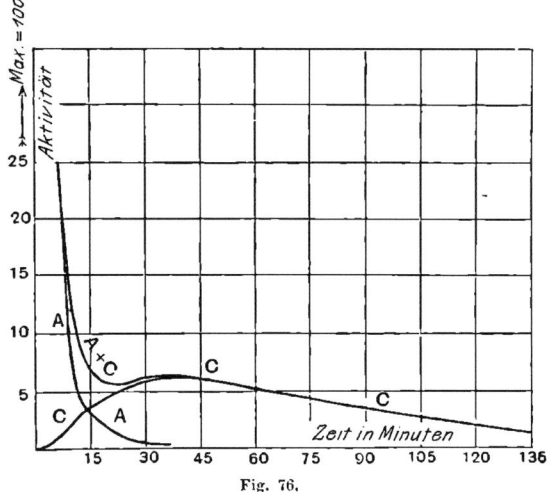

Fig. 76.

Gröfse $\lambda_1 P + \lambda_3 R$ proportional. Dient demnach die ionisierende Wirkung der α-Strahlen als Mafs der Aktivität, so mufs diese stets der Gröfse $\lambda_1 P + K \lambda_3 R$ proportional erscheinen, wenn unter K eine Konstante verstanden wird. K ist dabei gleich dem Verhältnis der Ionenmenge, die in dem Mefskondensator von einem α-Teilchen der Materie C, zu derjenigen, die von einem α-Teilchen der Materie A erzeugt wird.

Wir werden später sehen, dafs diese Ionenmengen in dem besonderen, an dieser Stelle betrachteten Falle einander nahezu gleich sind. Setzen wir demnach $K = 1$, so ist die Aktivität zu jeder Zeit proportional $\lambda_1 P + \lambda_3 R$.

Erster Fall. Wir behandeln zunächst die Aktivitätsänderungen nach kurzer Expositionsdauer. Die diesem Fall entsprechenden Werte der Atomzahlen P und R sind in ihrer Abhängigkeit von der Zeit in Fig. 74 dargestellt. Die Summe der Einzelaktivitäten von A und C ergibt für

Neuntes Kapitel. Theorie der Umwandlungsreihen. 351

jeden Zeitpunkt die der α-Strahlung entsprechende Gesamtaktivität des Gemisches.

Die Kurve AA (Fig. 76) stelle die Aktivität der Materie A dar. Der Abfall erfolgt in exponentieller Weise mit einer Halbwertsperiode von drei Minuten. Um die schwache Aktivität der Materie C deutlich hervortreten zu lassen, ohne dafs die Dimensionen des Diagramms allzu grofs würden, beginnt die Kurve AA erst bei dem Abszissenwerte sechs Minuten, wenn die Ordinate bereits auf 25 % des Maximalbetrages gesunken ist. Die Aktivität von C ist der Gröfse $\lambda_3 R$ proportional; um die betreffenden Werte in dem gleichen Mafsstabe wie die der Kurve A darzustellen, mufsten daher die Ordinaten der Kurve CC der Fig. 74 im Verhältnis $\dfrac{\lambda_3}{\lambda_1}$ verkleinert werden.

Auf diese Weise erhält man für die Aktivität der Materie C die Kurve CCC der Fig. 76. Die gesamte Aktivität des Gemisches wird

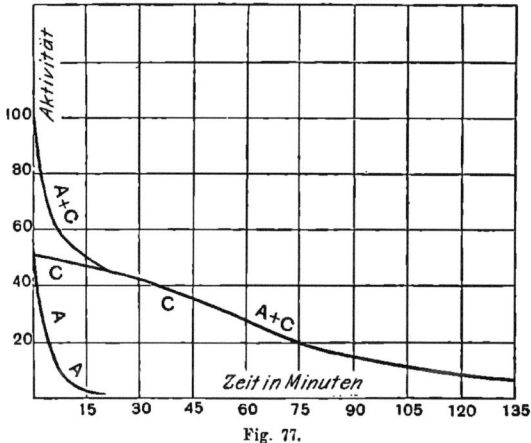

Fig. 77.

demnach durch die Kurve $A + C$ dargestellt, deren Ordinaten durch Summation der Ordinaten von A und C entstanden sind.

Diese theoretische Aktivitätskurve stimmt, wie man sieht, in ihrem allgemeinen Verlaufe sehr gut mit der experimentell ermittelten Kurve der Fig. 67 überein, die durch Messungen der α-Strahlung nach kurzer Expositionszeit gewonnen wurde.

Zweiter Fall. An zweiter Stelle betrachten wir die Aktivitätsänderungen nach langdauernder Exposition. Nachdem der Niederschlag von der Emanation getrennt worden ist, wird die Aktivität von A und C dem Ausdruck $\lambda_1 P + \lambda_3 R$ proportional; die Werte von P und R sind hier der Fig. 75 zu entnehmen. Unmittelbar nach der Trennung ist $\lambda_1 P_0 = \lambda_3 R_0$, da sich A und C im radioaktiven Gleichgewichte be-

352 Neuntes Kapitel. Theorie der Umwandlungsreihen.

finden und von jedem der beiden Produkte gleichviel Teilchen pro Sekunde zerfallen. Die Aktivität, die vom Radium A allein geliefert wird, ist durch Kurve AA in Fig. 77 dargestellt; sie klingt nach einem Exponentialgesetze ab und sinkt in je 3 Minuten auf den halben Betrag. Die Aktivität der Materie C ist in jedem Augenblicke der Größe R proportional und zur Zeit Null ebenso groß wie die von A. Die Kurve CC gibt den Verlauf für jenes Produkt wieder; sie stimmt mit der Kurve CC der Fig. 75 überein. Durch Summation der Ordinaten erhält man wie zuvor für die Gesamtaktivität die Kurve $A + C$ (Fig. 77). Dem vorliegenden Falle entsprechen die Verhältnisse, die der für lange Expositionszeit experimentell ermittelten Kurve der Fig. 68 zugrunde lagen und, wie man sieht, zeigt sich auch hier eine vortreffliche Übereinstimmung zwischen Theorie und Erfahrung.

203. Einfluß von Umwandlungen, die von keiner Strahlung begleitet sind, auf die Gestalt der Aktivitätskurven. Von besonderem Interesse sind noch diejenigen Fälle, in denen von einem der Produkte in der Umwandlungsreihe eines Radioelementes keine Strahlen ausgesandt werden. Es entzieht sich dann zwar der unmittelbaren Beobachtung, doch läßt sich die Existenz einer solchen ohne Strahlung verlaufenden Umwandlung leicht nachweisen an ihrem Einfluß auf die Aktivität des nächstfolgenden Produktes.

Es sei z. B. von vornherein lediglich eine inaktive Materie A vorhanden, und diese verwandle sich in die strahlende Materie B. Während die Substanz A zerfällt, befolge sie die nämlichen Gesetze wie ein radioaktives Produkt. In diesem Sinne mögen λ_1 und λ_2 bezw. die Umwandlungskonstanten von A und B bezeichnen. Sind zur Zeit $t = 0$ n Teilchen der Materie A vorhanden, so beträgt die Zahl der Teilchen von B zu irgendeiner Zeit t, nach Gleichung (4), Paragraph 197:

$$Q = \frac{n\lambda_1}{\lambda_1 - \lambda_2}(e^{-\lambda_2 t} - e^{-\lambda_1 t}).$$

Man setze nun den Differentialquotienten dieser Funktion gleich Null, so erkennt man, daß die Größe Q zu einer gewissen Zeit T einen maximalen Wert erreicht, und zwar ergibt sich der Wert von T aus der Gleichung

$$\lambda_2 e^{-\lambda_2 T} = \lambda_1 e^{-\lambda_1 T}.$$

Betrachten wir als spezielles Beispiel eines solchen Falles die während einer sehr kurzen Expositionszeit von der Thoremanation erregte Aktivität in ihrer Abhängigkeit von der Zeit. Der aktive Niederschlag besteht unter diesen Umständen aus Thorium A, Thorium B und Thorium C: A und C sind inaktiv, während B α-, β- und γ-Strahlen entsendet.

Neuntes Kapitel. Theorie der Umwandlungsreihen. 353

Die Materie A wandelt sich in 11 Stunden, B in 55 Minuten zur Hälfte um. Demgemäfs ist $\lambda_1 = 1{,}75 \times 10^{-5}\,(\text{sec.})^{-1}$ und $\lambda_2 = 2{,}08 \times 10^{-4}$ $(\text{sec.})^{-1}$.

Da die Aktivität des gesamten Niederschlages lediglich von der Anwesenheit des Produktes B herrührt, so ist das Strahlungsvermögen stets der vorhandenen Menge dieser Materie, d. h. der Gröfse Q, proportional. Demnach wird die Strahlungsintensität als Funktion der Zeit durch die in Fig. 78 wiedergegebene Kurve dargestellt. Die Aktivität wächst hier von Null bis zu einem Maximum, das nach 220 Minuten erreicht wird. Der Abfall jenseits dieses Maximums erfolgt zuletzt nach einem Exponentialgesetze mit einer Halbwertsperiode von 11 Stunden.

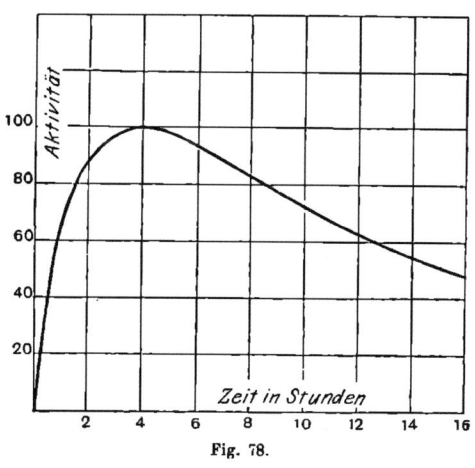

Fig. 78.

Dieser theoretisch berechnete Verlauf der Aktivität steht durchaus im Einklange mit den Resultaten der Beobachtung, wie ein Vergleich der einander entsprechenden Kurven, Fig. 78 und Fig. 66, deutlich erkennen läfst.

Bei solchen und ähnlichen Aktivitätskurven stimmt die Abklingungskonstante des Strahlungsvermögens, sobald der Abfall nach dem Exponentialgesetze vor sich geht, bemerkenswerterweise nicht mit der Umwandlungskonstante des strahlenden Produktes B, sondern mit derjenigen des ersten, nicht strahlenden Produktes A überein. Dasselbe Verhalten mufs sich stets zeigen, wenn die inaktive Substanz A langsamer zerfällt als B. Hat man in einem gegebenen Falle auf experimentellem Wege eine Aktivitätskurve erhalten, deren Charakter mit dem der in Fig. 78 dargestellten Kurve übereinstimmt, so folgt hieraus zwar mit Notwendigkeit, dafs die erste Umwandlung ohne Strahlung vor sich geht; ja, man kann auch aus dem Verlauf der Kurve die Werte beider Umwandlungskonstanten berechnen; allein es gelingt nicht, lediglich auf Grund der beobachteten Aktivitätsänderung anzugeben, welche der beiden Umwandlungskonstanten dem aktiven, und welche dem inaktiven Produkte zukommt. Denn die Form der Kurve ändert sich nicht, wenn wir die Werte von λ_1 und λ_2 miteinander vertauschen, da ihre Gleichung in bezug auf diese beiden Konstanten symmetrisch gebaut ist. In dem speziellen Falle des aktiven Niederschlages der Thoremanation kann man also ohne weitere Kenntnisse unmöglich entscheiden, ob sich die erste Umwandlung mit einer Halbwertsperiode von 55 Minuten oder mit einer solchen von 11 Stunden vollzieht. Um diese Frage zu beantworten, muſs man in allen solchen Fällen durch physikalische oder chemische Methoden die Materien A und B voneinander trennen und dann jedes der beiden Trennungsprodukte für sich gesondert untersuchen. Oft gelingt die Trennung auf elektrolytischem Wege; vielfach wird sie auch dadurch ermöglicht, daſs die eine Materie flüchtiger ist als die andere. Hat man dann aus dem Gemische $A + B$ einen Bestandteil abgeschieden, dessen Aktivität in geometrischer Progression binnen 55 Minuten um die Hälfte abnimmt — dieser Fall entspricht dem experimentellen Befunde für die durch Thorium erregte Aktivität —, so folgt hieraus, daſs die Halbwertperiode von 55 Minuten dem aktiven Produkte B zukommt.

Das charakteristische Maximum der Aktivitätskurven vom Typus der Fig. 78 wird um so flacher, je länger der zu aktivierende Körper der Emanation exponiert worden war. Die Kurvenform wird schlieſslich eine ganz andere, wenn der Niederschlag bereits im Momente der Trennung eine beträchtliche Menge der Materie B enthält. Exponiert man insbesondere so lange, daſs sich die Produkte A und B am Ende der Aktivirungsperiode im radioaktiven Gleichgewichte befinden, so ist die Aktivität hernach (s. Gleichung 8, Paragraph 198) proportional der Gröſse

$$Q = \frac{n_0}{\lambda_1 - \lambda_2} \left(\frac{\lambda_1}{\lambda_2} e^{-\lambda_2 t} - e^{-\lambda_1 t} \right).$$

In diesem Falle zeigt der Wert von Q auch anfangs keine Zunahme; die Kurve beginnt vielmehr sofort zu fallen. Die Abnahme der Strahlungsintensität erfolgt jedoch zunächst langsamer als in geometrischer Progression. Erst in ihrem späteren Verlaufe entspricht die Kurve einer Exponentialformel, und in diesem Endstadium vermindert sich die Aktivität wieder wie zuvor in 11 Stunden um die Hälfte.

Bisher hatten wir angenommen, daſs sowohl das aktive als auch das inaktive Produkt verhältnismäſsig schnell zerfallen. Es gibt jedoch Fälle — und wir begegnen solchen in den Entwickelungsreihen, die sich vom Aktinium und Radium ableiten —, in denen die Umwandlung der inaktiven Materie gegenüber derjenigen des strahlenden Produktes auſserordentlich langsam vor sich geht. Unter diesen Umständen wird die aktive Materie B in konstanter Menge aus dem vorhandenen Vorrate von A ersetzt. Man erhält dann Aktivitätskurven, die ihrer Form nach mit denen übereinstimmen, die das allmähliche Anwachsen der Strahlung beim Thor X und Uran X darstellen. Mit anderen Worten, für die Aktivität J_t zu irgendeiner Zeit t gilt die Gleichung $J_t = J_0 (1 - e^{-\lambda_2 t})$, wenn J_0 den Maximalwert von J_t und λ_2 die Umwandlungskonstante des Produktes B bezeichnet.

Neuntes Kapitel. Theorie der Umwandlungsreihen.

204. In diesem Kapitel beschäftigte uns die Frage: wie ändern sich die Atomzahlen der einzelnen Produkte unter verschiedenen Bedingungen im Laufe der Zeit? Dabei wurden die Umwandlungskonstanten und die Anzahl der in Frage kommenden Produkte als bekannt vorausgesetzt. Für diese Fälle liefsen sich die Aktivitätskurven ohne Schwierigkeit aus der Theorie im voraus berechnen. In praxi sieht sich jedoch der Forscher vor die weit schwierigere umgekehrte Aufgabe gestellt, aus den experimentell ermittelten Aktivitätskurven die Anzahl und die charakteristischen Eigenschaften der beteiligten Produkte sowie ihre Umwandlungskonstanten abzuleiten.

Beim Radium, dessen Umwandlungsreihe wenigstens sieben verschiedene Glieder enthält, war die Lösung dieses Problems mit recht erheblichen Schwierigkeiten verknüpft. Die vollständige Unterscheidung und Charakterisierung der einzelnen Produkte war schliefslich nur dadurch möglich, dafs es gelang, einige von ihnen durch besondere physikalische und chemische Methoden von den übrigen zu isolieren.

Wie sich später noch zeigen wird, existieren in der Reihe des Thoriums eine und in der des Radiums und Aktiniums je zwei Umwandlungsphasen, die von keiner Strahlung begleitet werden. Es mufs auf den ersten Blick aufserordentlich überraschen, dafs man imstande ist, lediglich durch Aktivitätsmessungen das Vorhandensein einer Substanz, die überhaupt keine Strahlen aussendet, nachzuweisen und ihre spezifischen Eigenschaften zu erforschen. Das gelingt auch nur dann, wenn sich jenes inaktive Produkt in eine andere Substanz umwandelt, die ihrerseits Strahlen emittiert. In solchen Fällen kann man aus der zeitlichen Änderung der Aktivität dieser letzteren nicht nur die Umwandlungskonstante, sondern auch die physikalischen und chemischen Eigenschaften der inaktiven Muttersubstanz ermitteln.

In den beiden folgenden Kapiteln soll gezeigt werden, dafs uns die Theorie der Umwandlungsreihen von den komplizierten Vorgängen, die sich in den Radioelementen abspielen, in befriedigender Weise Rechenschaft zu geben vermag.

Zehntes Kapitel.

Die Umwandlungsprodukte von Uran, Thorium und Aktinium.

205. In dem letzten Kapitel haben wir die mathematische Theorie der stufenweise verlaufenden Umwandlungsprozesse kennen gelernt. Wir wollen auf Grund der dort gewonnenen Resultate nunmehr versuchen, die radioaktiven Erscheinungen, die sich am Uran, Thorium, Aktinium und Radium sowie an den Umwandlungsprodukten dieser Elemente beobachten lassen, zu erklären.

Umwandlungsprodukte des Urans.

Vom Uran läfst sich nach verschiedenen Methoden ein radioaktiver Bestandteil, das Uran X, abtrennen (s. Paragraph 127 und 129). Die Aktivität des abgeschiedenen Uran X klingt allmählich ab, sie sinkt in etwa 22 Tagen auf den halben Betrag. Gleichzeitig nimmt das Uran, das infolge der Extrahierung des Uran X einen grofsen Teil seiner Aktivität verloren hat, nach und nach sein ursprüngliches Strahlungsvermögen wieder an. Die Abnahme und Zunahme der Aktivität erfolgt in beiden Fällen in gesetzmäfsiger Weise, nach Mafsgabe folgender Gleichungen:

$$\frac{J_t}{J_0} = e^{-\lambda t} \quad \text{und} \quad \frac{J_t}{J_0} = 1 - e^{-\lambda t}.$$

Darin bedeutet λ die Radioaktivitätskonstante des Uran X. Die Substanz Uran X wird fortwährend in konstanter Menge vom Uran erzeugt. Die Unveränderlichkeit der Uranaktivität, die man für gewöhnlich beobachtet, entspricht einem Gleichgewichtszustande der Art, dafs die Neubildung aktiver Materie durch die Umwandlung des bereits vorhandenen Vorrates an Uran X gerade aufgewogen wird.

In mancher Beziehung unterscheidet sich das radioaktive Verhalten des Urans von dem des Thoriums und Radiums. Vor allem entwickelt das Uran keine Emanation und erzeugt infolgedessen auch keine erregte Aktivität auf fremden Körpern. Man hat bei diesem Radioelemente bisher nur ein einziges Umwandlungsprodukt, das Uran X, entdecken können. Diese Substanz unterscheidet sich vom Thor X und von den Emanationen unter anderem dadurch, dafs ihre Strahlung so gut wie ausschliefslich aus β-Teilchen besteht. Dieser Umstand brachte es mit sich, dafs man den wahren Sinn der nach der Trennung des Uran X von seiner Muttersubstanz zutage tretenden Erscheinungen zuerst nicht recht verstand. Als man nämlich nach der photographischen Methode arbeitete, erwies sich das vom Uran X befreite Uranium als inaktiv, während das Uran X eine sehr starke Wirksamkeit besafs. Andererseits erhielt man bei Benutzung der elektrometrischen Methode ein gerade entgegengesetztes Resultat: Die Aktivität des Urans hatte sich nach der Trennung vom Uran X nur um einen sehr geringen Betrag vermindert, während nunmehr das Uran X sehr wenig aktiv zu sein schien. Nach Soddy[1]), Rutherford und Grier[2]) erklärt sich dieses merkwürdige Verhalten folgendermafsen: Die α-Strahlen des Urans sind photographisch fast gänzlich unwirksam, dagegen liefern sie den wesentlichsten Beitrag zur Ionisierung der Gase. Auf der anderen Seite rufen die β-Strahlen starke photographische Effekte hervor, während ihr Ionisierungsvermögen im Vergleich zu dem der α-Strahlen sehr gering ist. Hat man das Uran X von dem Uran getrennt, so entsendet dieses letztere zunächst keine β-Strahlung. Im Laufe der Zeit bildet sich aber aus dem Radioelemente wieder neues Uran X, so dafs nach kurzer Frist wiederum β-Strahlen zum Vorschein kommen; ihre Intensität wächst dann allmählich bis auf den ursprünglichen Betrag, der vor der Abscheidung des Uran X vorhanden war.

Um die wahre Aktivitätskurve des Urans während dieses Regenerierungsprozesses genau bestimmen zu können, mufste man daher die Intensität der β-Strahlung von Zeit zu Zeit messen. Zu diesem Zwecke wurde das Uranpräparat mit einer Aluminiumhülle versehen, die so dick war, dafs sie die gesamte α-Strahlung absorbierte; so konnte man dann mit einem geeigneten Apparate (s. Fig. 17) die ionisierende Wirkung der durchdringenden β-Strahlen allein beobachten.

Niemals erscheint das Uran inaktiv, wenn man es nach der elektrischen Methode untersucht. Becquerel[3]) hat zwar gelegentlich angegeben, dafs er auch elektrisch inaktives Uran erhalten habe; allein bei diesen Versuchen war das Präparat mit einer Schicht schwarzen Papiers bedeckt, so dafs die α-Strahlen vollständig absorbiert werden mufsten. Unterwirft man das Uran selbst einer chemischen Behandlung, so wird

---

[1]) F. Soddy, Trans. Chem. Soc. 81, p. 460. 1902.
[2]) E. Rutherford und S. G. Grier, Phil. Mag., Sept. 1902.
[3]) H. Becquerel, C. R. 131, p. 137. 1900.

Zehntes Kapitel. Die Umwandlungsprodukte von Uran, Thorium usw.

nach allen bisherigen Erfahrungen weder die Qualität noch die Stärke seiner α-Strahlung dadurch irgendwie beeinflufst. Das Vermögen, α-Strahlen auszusenden, scheint eine unverlierbare Eigenschaft dieses Radioelementes zu sein. Später wird sich zeigen, dafs nicht nur das Uran, sondern auch das Thorium und Radium eine nicht trennbare Aktivität besitzen, die ausschliefslich aus α-Strahlen besteht. Der Zerfall des Urans vollzieht sich somit in zwei Stufen: bei der ersten Umwandlung entstehen α-Strahlen und das Produkt Uran X, und die zweite Umwandlung, die sodann das Uran X erleidet, ist von einer Emission von β-Strahlen begleitet.

Da sich das Uran X von dem Uran vollständig trennen läfst, so müssen die α- und die β-Strahlen durchaus unabhängig voneinander erzeugt werden, und jede der beiden Strahlengruppen mufs in einer besonderen chemischen Substanz ihre Quelle haben.

Im Anschlusse an unsere früheren Betrachtungen (vgl. Paragraph 136) können wir annehmen, dafs in jeder Sekunde einige von den Uran-

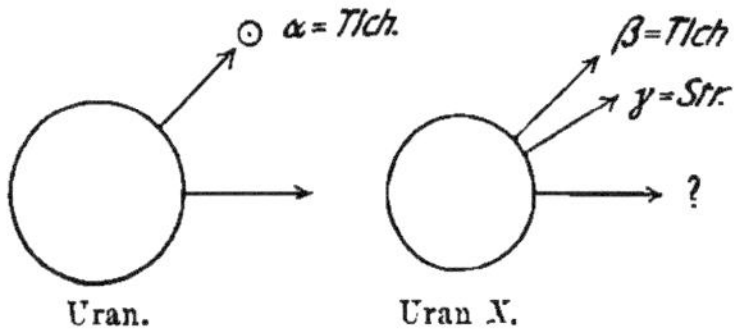

Fig. 79.

atomen — es genügt bereits ein sehr geringer Bruchteil der jeweils vorhandenen Atomzahl —, indem sie instabil werden, zerfallen und dabei je ein α-Teilchen ausstofsen, das dann mit grofser Geschwindigkeit davonfliegt. Der Atomrest (= Uranatom minus ein α-Teilchen) wird zum Atom einer neuen Substanz, des Uran X. Dieses ist aber auch seinerseits instabil, es zerfällt weiter, indem es ein β-Teilchen fortschleudert und zugleich zur Entstehung der γ-Strahlung Veranlassung gibt.

Fig. 79 enthält eine schematische Darstellung dieser Umwandlungsvorgänge.

Demnach wäre in dem vorliegenden Falle die α-Aktivität als eine dem Uran innewohnende Eigenschaft aufzufassen, die man ihm auf keine Weise, weder durch physikalische noch chemische Eingriffe, rauben kann. Die β- und γ-Aktivität ist dagegen nur dem Uran X eigentümlich, einer Materie von spezifischen chemischen Eigenschaften, die aus dem Uran entsteht, aber jederzeit von der Muttersubstanz vollkommen getrennt werden kann. Das Endprodukt, in das sich das Uran X umwandelt, besitzt, wie es scheint, keine oder höchstens eine minimale Radioaktivität; wenigstens hat sie sich bisher der Beobachtung vollständig entzogen. Gewisse Umstände lassen indessen die Ver-

Zehntes Kapitel. Die Umwandlungsprodukte von Uran, Thorium usw. 359

mutung gerechtfertigt erscheinen (s. Kap. XIII), dafs der gesamte Umwandlungsprozefs mit dem Zerfallen des Uran X noch keineswegs sein Ende erreicht, sondern sich noch weiter fortsetzt und schliefslich zur Bildung von Radium führt. Hiernach hätte man also das Radium als ein Zerfallsprodukt des Urans anzusehen.

In einer kürzlich erschienenen Mitteilung von Meyer und Schweidler[1]) findet sich die Angabe, dafs die Aktivität von Uranpräparaten in geschlossenen Gefäfsen etwas höhere Werte aufweist als in offenen Räumen. Es blieb jedoch keine merkliche Aktivität in dem Behälter zurück, wenn die Substanz wieder entfernt wurde. Meyer und Schweidler meinen, dafs die von ihnen beobachtete Erscheinung durch eine Uranemanation von sehr kurzer Lebensdauer hervorgerufen würde.

206. Einflufs des Kristallisationsprozesses auf die Aktivität der Uransalze. Meyer und Schweidler[2]) beobachteten aufserdem, dafs die Intensität der β-Strahlung von Urannitrat unter gewissen Umständen merkwürdige Schwankungen aufweist. Die α-Aktivität bleibt dagegen unter denselben Bedingungen konstant. Eine wässrige Lösung von Urannitrat wurde mit Äther geschüttelt. Die beiden Flüssigkeiten wurden hierauf voneinander getrennt und man liefs aus einer jeden den gelösten Bestandteil auskristallisieren. Die älteren Untersuchungen von Crookes hatten gelehrt, dafs die nach diesem Verfahren aus der ätherischen Lösung gewonnenen Urankristalle keine Wirkung auf die photographische Platte ausüben. Diese Tatsache findet eine einfache Erklärung, wenn man annimmt, dafs Uran X im Äther unlöslich ist und daher in der wässrigen Fraktion zurückbleibt. Im Einklange mit den früheren Erfahrungen ergaben auch die Beobachtungen von Meyer und Schweidler, dafs die β-Aktivität des vom Äther aufgenommenen Urans allmählich wieder zunahm, und zwar mit einer Zeitkonstante von 22 Tagen, so wie man es erwarten mufste, wenn Uran in konstanter Menge stetig Uran X produziert. Ein abweichendes Verhalten zeigten indessen die aus der wässrigen Lösung abgeschiedenen Kristalle bei der elektrometrischen Untersuchung. Ihre β-Aktivität sank zunächst sehr rasch, nämlich in etwa vier Tagen, auf die Hälfte ihres ursprünglichen Betrages und blieb von nun an konstant, ohne dafs während eines Zeitraums von einem Monat noch eine weitere Änderung zu bemerken war.

Andere Versuche bezogen sich auf Urannitratkristalle, die nicht zuvor mit Äther behandelt worden waren. Das Salz wurde in Form von Platten aus wässriger Lösung auskristallisiert. Die β-Aktivität

---

[1]) St. Meyer und E. v. Schweidler, Wien. Ber., 1. Dez. 1904.
[2]) St. Meyer und E. v. Schweidler, Wien. Ber. 113, Juli 1904.

dieser Präparate nahm zunächst schnell ab und sank in ungefähr fünf Tagen auf ein Minimum, doch variierte der Gang ein wenig von einer zur anderen Platte. Nachdem der Minimalwert erreicht war, nahm die Aktivität wieder langsam zu, und dieses Wachstum hielt während mehrerer Monate an.

Der rapide Abfall in der Anfangsperiode schien zunächst darauf hinzudeuten, daſs die Aktivität des Urans durch den Kristallisationsprozeſs in irgendwelcher Weise verändert worden wäre.

Die Versuche von Meyer und Schweidler wurden später im Laboratorium des Verfassers von Dr. Godlewski*) wiederholt. Dieser erhielt zwar im groſsen und ganzen ähnliche Resultate, doch bemerkte er, daſs die Stärke und der zeitliche Verlauf des anfänglichen Aktivitätssturzes von Fall zu Fall variierte. Das Verhalten der Salze war auf den ersten Blick vollkommen rätselhaft, und die Erscheinungen schienen sich mit allen sonstigen Erfahrungen kaum vereinbaren zu lassen, zumal die Aktivität der nach der Ausscheidung der Kristalle zurückbleibenden Mutterlauge nicht in entsprechender Weise im Anfangsstadium zunahm; das hätte doch aber der Fall sein müssen, wenn die Veränderlichkeit des Strahlungsvermögens durch die partielle Trennung eines aus dem Uran entstehenden neuen Produktes bedingt gewesen wäre.

Durch eine Reihe wohldurchdachter Versuche gelang es jedoch Godlewski, die wahre Ursache jenes merkwürdigen Verhaltens der Urankristalle festzustellen. Er löste Urannitrat in heiſsem Wasser und ließ das Salz in einer flachen Schale unter dem Elektroskopgehäuse auskristallisieren. Anfangs war die β-Aktivität konstant, sie stieg aber in wenigen Minuten auf den fünffachen Betrag des ursprünglichen Wertes, sobald sich die ersten Kristalle auf dem Boden der Schale aus der Lösung ausgeschieden hatten. Nachdem ein Maximum der Strahlungsintensität erreicht worden war, sank die Aktivität wieder sehr langsam bis auf den normalen Wert. Wurde die Kristallplatte aber umgedreht, so war die β-Aktivität zunächst viel schwächer als im Normalfalle, alsbald nahm sie jedoch mit derselben Geschwindigkeit zu, mit der sich das Strahlungsvermögen der anderen Plattenseite verringerte.

Die Erscheinung erklärt sich einfach folgendermaſsen: Uran X ist in Wasser sehr leicht löslich; im Anfangsstadium scheidet sich daher nur das Uran beim Kristallisieren aus, während sein Umwandlungsprodukt noch in der Lösung verbleibt. Infolgedessen werden die oberen Flüssigkeitsschichten, wenn die Kristallisation am Boden des Gefäſses beginnt, reicher an Uran X. β-Strahlen werden nun allein vom Uran X, nicht vom Uran selbst, ausgesandt. Es muſs daher eine wesentlich gröſsere Menge β-Strahlen in den Raum hinaustreten, wenn das Uran X vor-

---

*) *M. T. Godlewski, Phil. Mag., Juli 1905.*

wiegend in den oberen Schichten enthalten ist, als wenn es sich auf die gesamte Masse der wirksamen Substanz verteilt. Wenn die hinzugesetzte Wassermenge gerade ausreicht, um das erforderliche Kristallisationswasser zu liefern, so diffundiert das Uran X aus den oberen Kristallschichten nach unten durch die ganze Masse der Substanz hindurch, und so kommt es, daſs die Aktivität an der oberen Seite einer Platte abnimmt, während sie an der unteren Seite wächst.

In ähnlicher Weise lassen sich nun auch die Beobachtungen von Meyer und Schweidler erklären. Die wässerige Lösung enthielt, nachdem sie mit Äther behandelt worden war, die gesamte Menge der Substanz Uran X. Die Kristalle, die sich zuerst ausschieden, besaſsen aber nur in ihren obersten Schichten einen merklichen Gehalt an Uran X. Indem diese Materie alsbald nach unten diffundierte, machte sich in der Anfangsperiode eine Abnahme der β-Aktivität bemerkbar. In dem ersten Versuche befand sich das Uran X im radioaktiven Gleichgewicht mit der vorhandenen Uranmenge. Darum blieb die β-Aktivität nach dem ersten starken Abfall weiterhin konstant. In der zweiten Versuchsreihe enthielten aber die zuerst abgeschiedenen Kristalle weniger Uran X, als dem Gleichgewichtszustande entsprach. Infolgedessen muſste die Aktivität in diesem Falle, nachdem sie zunächst auf ein Minimum gesunken war, langsam wieder zunehmen, bis sich schlieſslich die Gleichgewichtsmenge aufs neue gebildet hatte.

Diese Erscheinungen lassen wieder aufs deutlichste erkennen, wie sehr sich die Eigenschaften des Urans von denen seines Umwandlungsproduktes unterscheiden. Bemerkenswert erscheint vor allem die Tatsache, daſs das Uran X durch die Masse der Kristalle hindurchzudiffundieren vermag. Aus den Änderungen der β-Aktivität im Laufe der Zeit müſste man übrigens die Geschwindigkeit dieses Diffusionsvorganges ableiten können.

Umwandlungsprodukte des Thoriums.

207. Analyse des aktiven Niederschlags. Viel komplizierter als beim Uran liegen die Verhältnisse beim Thorium. Zunächst bildet sich aus diesem Radioelemente fortwährend ein radioaktives Produkt Thor X (vgl. Kap. VI). Indem das letztere zerfällt, entsteht sodann die radioaktive Emanation. Diese Emanation erzeugt aus ihrer eigenen Substanz eine weitere Form aktiver Materie, die sich auf fremden Körpern niederschlägt und hier zum Auftreten der erregten oder induzierten Aktivität Veranlassung gibt. Die Materie jenes aktiven Niederschlags besitzt charakteristische physikalische und chemische Eigenschaften, die sich von denen des Thor X und der Emanation wohl unterscheiden. Das Strahlungsvermögen des Niederschlages erlischt allmählich, doch hängt die Art und Weise, in der sich seine

362 Zehntes Kapitel. Die Umwandlungsprodukte von Uran, Thorium usw.

Aktivität im Laufe der Zeit ändert, wie wir wissen (s. Paragraph 180), davon ab, wie lange man den zu aktivierenden Körper der Emanation exponiert. Die folgenden Darlegungen sollen zur Erklärung der Erscheinungen dienen, welche jenen eigenartigen, mit der Expositionszeit wechselnden Verlauf der Aktivitätskurven bedingen.

Die zeitliche Änderung der Strahlungsintensität nach einer kurzen Exposition von 10 Minuten war bereits in Fig. 66 dargestellt worden. In diesem Falle ist die Aktivität zunächst ziemlich gering, dann wächst sie schnell bis zu einem Maximum, das nach ungefähr 4 Stunden erreicht wird, und nimmt schließlich in geometrischer Progression mit der Zeit ab, indem sie binnen 11 Stunden auf den halben Betrag sinkt.

Dieses merkwürdige Verhalten läßt sich vollständig erklären[1]), wenn man annimmt, daß der aktive Niederschlag aus zwei verschiedenen Substanzen besteht. Man denke sich, daß aus der Emanation zunächst eine Materie, die wir Thorium A nennen wollen, abgeschieden werde, und daß sich diese dann in eine andere Substanz, das Thorium B, verwandle. Die Umwandlung von A in B erfolgt nach dem gewöhnlichen Exponentialgesetze, der Prozeß ist aber nicht von einer Emission ionisierender Strahlen begleitet. Alle drei Strahlengattungen werden dagegen ausgesandt, wenn nun die Materie B weiter zerfällt, so daß Thorium C entsteht. Nach dieser Auffassung entspricht die Aktivität des Niederschlages der Thoremanation jederzeit der jeweilig vorhandenen Menge der Substanz B, da nicht nur A, sondern auch C so gut wie inaktiv ist.

Wenn die Materie A tatsächlich zwei aufeinanderfolgende Umwandlungen erleidet, von denen die erste mit keiner Strahlung verknüpft ist, so muß die Aktivität J_t zu einer beliebigen Zeit t nach Ablauf der Expositionszeit proportional sein der Größe Q_t, d. i. der Zahl der zu dieser Zeit vorhandenen Teilchen der Materie B. Nach Paragraph 197, Gl. (4) ist aber

$$Q_t = \frac{\lambda_1 n}{\lambda_1 - \lambda_2}(e^{-\lambda_2 t} - e^{-\lambda_1 t}).$$

Diese Größe erreicht ein Maximum Q_T zu einer Zeit T, für welche die Beziehung gilt:

$$\frac{\lambda_2}{\lambda_1} = e^{-(\lambda_1 - \lambda_2)T}.$$

Proportional mit Q_T ist die Maximalaktivität J_T, so daß sich ergibt:

$$\frac{J_t}{J_T} = \frac{Q_t}{Q_T} = \frac{e^{-\lambda_2 t} - e^{-\lambda_1 t}}{e^{-\lambda_2 T} - e^{-\lambda_1 T}}.$$

Durch eine Gleichung von dieser Form läßt sich in der Tat, wie wir noch sehen werden, die Aktivität eines nicht zu lange exponierten

---

[1]) E. Rutherford, Phil. Trans. A. 204, pp. 169—219. 1904.

Körpers in ihrer Abhängigkeit von der Zeit darstellen. Es sind nun aber noch die Werte von λ_1 und λ_2 zu bestimmen. Da die obige Gleichung jedoch in bezug auf diese beiden Konstanten symmetrisch gebaut ist, läfst sich durch Vergleichung der theoretischen und experimentellen Kurve nicht erkennen, welcher Wert von λ der ersten bezw. zweiten Umwandlung entspricht; die Gestalt der Aktivitätskurve ändert sich nicht, wenn man die Werte von λ_1 und λ_2 miteinander vertauscht.

Durch messende Versuche hat man gefunden, dafs die erregte Aktivität 5—6 Stunden nach Beendigung der Exposition mit weiter wachsender Zeit sehr angenähert nach einem Exponentialgesetze abklingt, indem sie nunmehr binnen 11 Stunden auf den halben Wert sinkt. Dies entspricht der normalen Abfallsgeschwindigkeit, die man im Falle der Aktivierung durch Thoremanation für beliebig lange Expositionszeiten stets erhält, falls man jedesmal erst mehrere Stunden nach Ablauf der Aktivierungsperiode mit den Messungen beginnt.

Hieraus ergibt sich aber der Zahlenwert für eine der beiden Umwandlungskonstanten. Wir wollen vorläufig willkürlich annehmen, dafs dadurch die Gröfse λ_1 bestimmt sei. Dann ist

$$\lambda_1 = 1{,}75 \times 10^{-5} \text{ (sec)}^{-1}.$$

Da die Maximalaktivität zu einer Zeit $T = 220$ Minuten erreicht wird (vgl. Fig. 66), so brauchen wir die Werte von λ_1 und T nur in unsere Gleichung einzusetzen, um auch den Wert von λ_2 zu finden. Auf diese Weise erhält man

$$\lambda_2 = 2{,}08 \times 10^{-4} \text{ (sec)}^{-1}.$$

Dieser Wert von λ_2 entspricht einem Prozesse, bei dem sich die vorhandene Materie zur Hälfte in 55 Minuten umwandelt.

Führen wir nun die Werte von λ_1, λ_2 und T in die oben für J_t/J_T angegebene Gleichung ein, so wird

$$\frac{J_t}{J_T} = 1{,}37 \left(e^{-\lambda_2 t} - e^{-\lambda_1 t} \right).$$

Folgende Tabelle zeigt, wie gut die nach dieser Formel berechneten Zahlen mit den beobachteten Werten übereinstimmen:

Zeit in Minuten	Berechneter Wert $\dfrac{J_t}{J_T}$	Beobachteter Wert $\dfrac{J_t}{J_T}$
15	0,22	0,23
30	0,38	0,37
60	0,64	0,63
120	0,90	0,91
220	1,00	1,00
305	0,97	0,96

Nach Verlauf von 5 Stunden begann die exponentielle Abnahme der Aktivität mit einer Halbwertsperiode von 11 Stunden.

Das anfängliche Wachstum der Aktivität, das man nach kurzen Expositionszeiten stets beobachten kann, findet, wie man sieht, durch unsere Annahme, dafs in dem aktiven Niederschlage zwei verschiedene Umwandlungen vor sich gehen, von denen die erste ohne Strahlung erfolgt, eine durchaus befriedigende Erklärung.

Bisher blieb aber noch die Frage offen, welche der beiden Umwandlungskonstanten auf die Materie A und welche auf B zu beziehen sei. Um hierüber Klarheit zu gewinnen, mufs man eines der Umwandlungsprodukte isolieren und seine Aktivitätskurve gesondert bestimmen. Fände man dann z. B., dafs die Aktivität eines solchen abgetrennten Produktes sich in 55 Minuten um die Hälfte verringerte, so würde daraus folgen, dafs die zweite Umwandlung mit der gröfseren Geschwindigkeit vor sich ginge. Pegram[1]) gelang es, durch Elektrolyse von Thorsalzlösungen eine partielle Trennung der Produkte herbeizuführen. Als er die Aktivität der abgeschiedenen Substanzen untersuchte, erhielt er zwar je nach den Versuchsbedingungen verschiedene Werte für die Abklingungskonstante; in mehreren Fällen zeigte sich jedoch eine auffallend rasche Abnahme der Strahlungsintensität, einer Halbwertsperiode von ungefähr 1 Stunde entsprechend. Aller Wahrscheinlichkeit nach führt der elektrolytische Prozefs nicht zu einer vollkommenen Trennung, sondern es werden mit der aktiven Materie wohl noch Spuren des anderen Produktes abgeschieden. Gibt man dies zu, so folgt aus jenen Beobachtungen, dafs die zweite Umwandlung, die von einer Strahlung begleitet wird, schneller als die erste vonstatten geht.

Zu demselben Resultate führten auch die jüngst veröffentlichten eingehenden Untersuchungen von Miss Slater[2]) über den Einflufs hoher Temperaturen auf den aktiven Niederschlag der Thoremanation.

Ein Platindraht wurde durch langdauernde Exposition aktiv gemacht und hierauf durch einen elektrischen Strom einige Minuten lang auf eine bestimmte Temperatur erhitzt. Während des Stromdurchgangs befand er sich im Innern eines zylindrischen Bleirohres; dieses sollte die gesamte Materie, die von dem heifsen Drahte abgegeben wurde, auffangen. Sodann wurden unabhängig voneinander die Aktivitätskurven des Platindrahtes und des Bleizylinders aufgenommen. Eine Erhitzung auf schwache Rotglut hatte zunächst keine merkliche Verringerung der Drahtaktivität zur Folge, doch machte sich schon in diesem Falle eine Erhöhung der Abklingungsgeschwindigkeit über den normalen Betrag hinaus bemerkbar. Die Aktivität des Bleizylinders

---

[1]) G. B. Pegram, Phys. Rev. 17, p. 424, Dezember 1903.
[2]) Miss Slater, Phil. Mag. 1905.

war anfangs sehr gering, wuchs aber dann bis auf einen maximalen Wert, der nach ungefähr 4 Stunden erreicht war, und nahm weiterhin in normaler Weise ab.

Ein derartiges Verhalten wäre zu erwarten, falls sich etwas Thorium A verflüchtigt hätte und dadurch von dem Drahte auf den Zylinder übergegangen wäre. Denn jener ansteigende Ast, den die Aktivitätskurve des letzteren aufweist, verläuft in ganz ähnlicher Weise wie bei einem Körper, der sich kurze Zeit in einer thoremanationshaltigen Atmosphäre aufgehalten hat, also anfangs nur mit Thorium A bedeckt ist.

Wurde der Platindraht auf über $700\,^{\circ}$ C erhitzt, so sank seine Aktivität sofort auf einen geringeren Betrag: es hatte sich offenbar nunmehr auch etwas Thorium B verflüchtigt. Steigerte man die Temperatur während einiger Minuten auf ungefähr $1000\,^{\circ}$ C, so wurde nahezu der gesamte Vorrat an Thorium A von dem Drahte fortgeführt. Seine Aktivität nahm in diesem Falle in geometrischer Progression mit der Zeit ab und sank in etwa 1 Stunde auf den halben Wert. Bei $1200\,^{\circ}$ C wurde der Draht binnen einer Minute vollkommen inaktiv. Aus diesen Beobachtungen geht hervor, daſs Thorium A flüchtiger ist als Thorium B, und daſs von diesen beiden Produkten das aktive, also B, eine Halbwertsperiode von etwa 55 Minuten besitzt.

Weitere Versuche wurden mit einer aktivierten Aluminiumscheibe ausgeführt, die als Elektrode in eine Vakuumröhre eingesetzt war. Die Luftverdünnung war so groſs, daſs Kathodenstrahlen entstehen konnten. Lieſs man eine Zeit lang Entladungen durch das Rohr hindurchgehen, so verlor die Scheibe einen Teil ihrer Aktivität. Dieser Verlust betrug bei halbstündiger Exposition gewöhnlich 20—60 %, falls die aktivierte Platte Anode war. Diente sie als Kathode, so war die Wirkung wesentlich intensiver, denn es trat schon binnen 10 Minuten ein Verlust von etwa 90 % ein. Die von der Aluminiumscheibe entweichende aktive Materie wurde zum Teil von einer in der Nähe angebrachten zweiten Platte aufgefangen. Bei der Aktivitätsprüfung zeigte die letztere einen viel schnelleren Abfall, als man ihn unter normalen Verhältnissen zu beobachten pflegt. Auch für die erste Scheibe hatte sich nach dem Durchgang der elektrischen Entladungen die Abklingungsgeschwindigkeit geändert. Hier nahm die Aktivität sogar bisweilen zu, nachdem man den Strom unterbrochen hatte. Man könnte daraus schlieſsen, daſs die Flüchtigkeit der Materie B in diesen Fällen gröſser gewesen wäre als die des Produktes A; denn offenbar war von dem letzteren eine kleinere Menge entwichen als vom Thorium B. Wahrscheinlich sind diese Effekte indessen auf die bekannte Zerstäubung der Elektroden in Entladungsröhren zurückzuführen. Jedenfalls zeigen die Versuche, daſs die Abklingungsgeschwindigkeiten unter der Einwirkung elektrischer Entladungen eine Änderung erleiden, und die gewonnenen

Resultate lassen sich in befriedigender Weise erklären, wenn man annimmt, daſs die Konzentrationen der Materien A und B in dem Oberflächenbelag der Scheiben nach dem Stromdurchgang andere waren als zuvor.

Die Erscheinungen, die v. Lerch[1]) bei der Elektrolyse von Lösungen des aktiven Niederschlages beobachtet hat, lassen eine ähnliche Deutung zu. Die an den Elektroden abgeschiedenen Produkte besaſsen nämlich je nach den Versuchsbedingungen verschiedene Abklingungsgeschwindigkeiten. Die Zeit, in der ihre Aktivität auf den halben Betrag sank, variierte von 1 Stunde bis zu 5 Stunden. Diese Veränderlichkeit war offenbar dadurch bedingt, daſs die beiden Produkte A und B in den einzelnen Fällen in verschiedenen Mischungsverhältnissen auftraten.

Aus der Gesamtheit aller vorliegenden Beobachtungen können wir nunmehr mit ziemlicher Gewiſsheit schlieſsen, daſs der aktive Niederschlag der Thoremanation nacheinander zwei Umwandlungen erleidet, nämlich

1. eine Umwandlung, die von keiner Strahlung begleitet wird und für welche $\lambda_1 = 1{,}75 \times 10^{-5}$ ist — d. h. es verwandelt sich die Hälfte der vorhandenen Materie in 11 Stunden —,

2. eine weitere Umwandlung, bei welcher α-, β- und γ-Strahlen entstehen; für diese ist $\lambda_2 = 2{,}08 \times 10^{-4}$, d. h. die Materie verwandelt sich zur Hälfte ihres Betrages in 55 Minuten[2]).

Es erscheint auf den ersten Blick etwas seltsam, daſs die aus Strahlungsmessungen im letzten Stadium des Aktivitätsabfalls gewonnene Abklingungskonstante des aktiven Niederschlages nicht der Umwandlungsgeschwindigkeit des zweiten Produktes entspricht, sondern gerade mit der Umwandlungskonstante des zuerst entstehenden Produktes, das überhaupt keine Strahlen aussendet, übereinstimmt. Einem ähnlichen Fall werden wir in Paragraph 212 begegnen, wo von dem Abfall der durch Aktinium erregten Aktivität die Rede sein wird.

Betrachten wir nun die Erscheinungen, die nach einer langen Exposition eintreten, wenn während der Aktivierung pro Zeiteinheit konstante Mengen Thoremanation geliefert werden. Unter diesen Bedingungen erhält man aus Gl. (8), Paragraph 198, folgenden Ausdruck für die erregte Aktivität in ihrer Abhängigkeit von der Zeit:

$$\frac{J_t}{J_0} = \frac{Q}{Q_0} = \frac{\lambda_2}{\lambda_2 - \lambda_1} e^{-\lambda_1 t} - \frac{\lambda_1}{\lambda_2 - \lambda_1} e^{-\lambda_2 t},$$

---

[1]) F. von Lerch, Ann. d. Phys. 12, p. 745. 1903.

[2]) Es kann als sicher erwiesen gelten, daſs die eine Umwandlung keine α-Strahlen liefert; wie besondere Versuche gezeigt haben, findet in derselben Phase des Prozesses auch keine merkliche Emission von β-Strahlen statt. Andererseits entstehen aber auf der zweiten Stufe des Zerfalls alle drei Strahlengattungen.

Zehntes Kapitel. Die Umwandlungsprodukte von Uran, Thorium usw. 367

oder
$$\frac{J_t}{J_0} = \frac{\lambda_2 \, e^{-\lambda_1 t}}{\lambda_2 - \lambda_1} \, (1 - 0{,}084 \, e^{-1{,}90 \times 10^{-4} t}).$$

Ungefähr 5 Stunden nach Beendigung des Aktivierungsprozesses ist der Wert des zweiten Gliedes in der Klammer verschwindend klein geworden, so daſs die Aktivität weiterhin nahezu in einfacher geo-

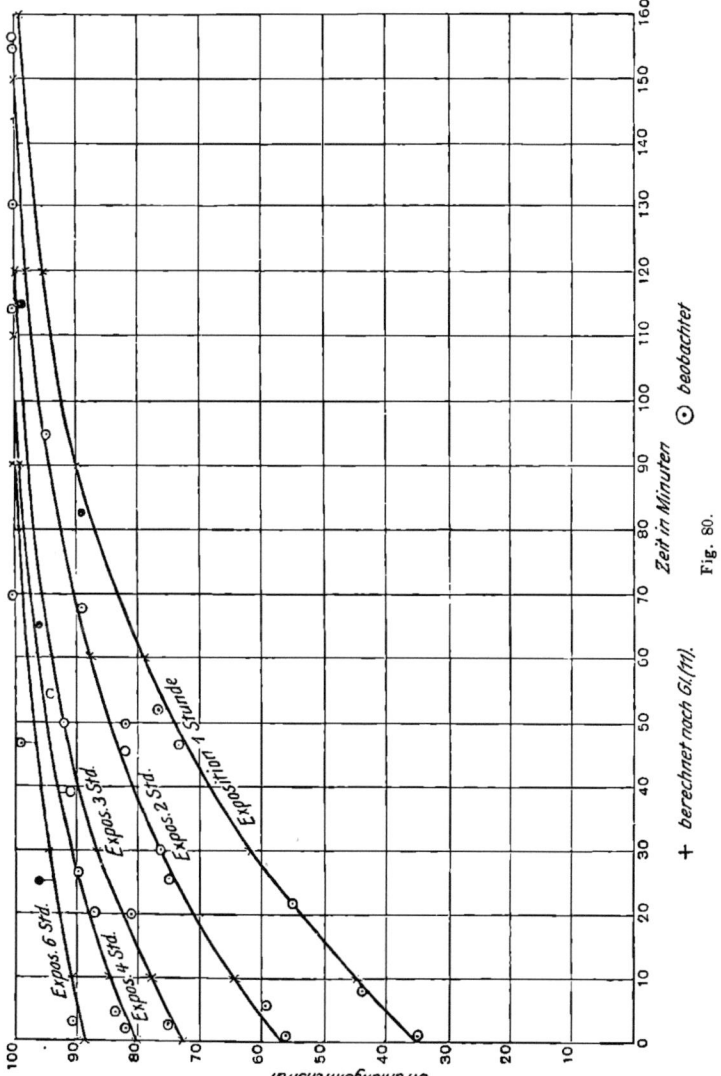

Fig. 80.

metrischer Progression mit wachsender Zeit abnimmt, indem sie sich in je 11 Stunden um die Hälfte verringert.

Für eine beliebig lange Expositionszeit T erhält man die momentane Aktivität J_t zur Zeit t aus Gl. (11), Paragraph 199. Es ist nämlich

$$\frac{J_t}{J_0} = \frac{Q}{Q_T} = \frac{a e^{-\lambda_2 t} - b e^{-\lambda_1 t}}{a - b},$$

wenn unter J_0 der Aktivitätswert zur Zeit $t = 0$, d. h. unmittelbar nach der Trennung des aktivierten Körpers von der Emanation, verstanden wird und die Konstanten a und b folgende Bedeutung haben:

$$a = \frac{1 - e^{-\lambda_2 T}}{\lambda_2}, \quad b = \frac{1 - e^{-\lambda_1 T}}{\lambda_1}.$$

Aus diesen Gleichungen lassen sich die Aktivitätswerte genau berechnen, wenn man für λ_1 und λ_2 die bekannten Zahlen einsetzt. Die diesbezüglichen Versuche von Miss Brooks[1]) über die Abhängigkeit der erregten Aktivität von der Zeit t für verschiedene Werte der Expositionsdauer T ergaben eine gute Übereinstimmung zwischen Theorie und Erfahrung. Die Resultate ihrer Beobachtungen sind nebst den theoretisch berechneten Werten in Fig. 80 graphisch wiedergegeben. In jeder dieser Kurven ist der maximale Aktivitätswert gleich 100 gesetzt worden.

208. Analyse der Aktivitätskurven von Thorium und Thor X.
Die Kurven A und B der Fig. 48 (p. 231) gaben uns ein Bild von den Aktivitätsänderungen, die sich am Thor X und Thorium nach der Trennung der beiden Substanzen voneinander beobachten lassen. In jeder der beiden Kurven zeigen sich anfangs gewisse Unregelmäßigkeiten, die wir nunmehr vollständig zu erklären imstande sind.

Wird das Thor X aus der Lösung einer Thorverbindung durch Fällung mit Ammoniak von seiner Muttersubstanz getrennt, so nimmt sein Strahlungsvermögen, wie wir sahen, während des ersten Tages um ungefähr 15 % zu, erreicht damit ein Maximum und klingt weiterhin, indem es sich in je vier Tagen um die Hälfte verringert, nach einem Exponentialgesetze ab. Gleichzeitig nimmt die Aktivität des anderen Trennungsproduktes, des Thoriumhydroxyds, während des ersten Tages bis auf einen Minimalwert ab, wächst dann aber wieder langsam und erreicht nach Verlauf von etwa einem Monat den ursprünglichen Wert, den die Substanz vor der Zerlegung besessen hatte.

In einer Thorverbindung, die den Zustand radioaktiven Gleichgewichtes angenommen hat, befinden sich die einzelnen Atome in ver-

---

[1]) Miss Brooks, Phil. Mag., Sept. 1904.

schiedenen Stadien des Zerfalls, so dafs gleichzeitig Thor X, Emanation, Thorium A und Thorium B erzeugt werden. Das radioaktive Gleichgewicht erstreckt sich aber auf jedes einzelne Glied dieser Reihe. Daher wird von jedem Produkte die Menge, die pro Zeiteinheit durch Zerfall verschwindet, infolge der gleichzeitigen Umwandlung seiner Muttersubstanz gerade wieder ersetzt. Nun löst sich im Ammoniak nur das Thor X, nicht aber die Materie A noch B. Durch die Behandlung mit Ammoniak wird demnach wohl das Thor X abgetrennt, Thorium A und B bleiben dagegen mit dem Thorium vereinigt. Der aktive Niederschlag entsteht aber aus der Emanation, und diese ist ihrerseits ein Zerfallsprodukt des Thor X. Folglich mufs die Strahlung des aktiven Niederschlages nach der Trennung vom Thor X schwächer werden, da der Substanzverlust jetzt nicht mehr durch die Bildung frischer Materie völlig ersetzt wird. Vernachlässigen wir die Unregelmäfsigkeiten, die sich beim Abklingen der erregten Aktivität anfangs bemerkbar machen, so müfste das Strahlungsvermögen des vom Thor X getrennten Niederschlages in 11 Stunden auf die Hälfte und in 22 Stunden auf den vierten Teil des ursprünglichen Wertes sinken. Allein, sobald die Trennung stattgefunden hat, bildet sich aus dem Radioelemente neues Thor X. Die Menge des letzteren wird allerdings zunächst nicht ausreichen, um den Aktivitätsverlust, der durch die Umwandlung des aktiven Niederschlages entsteht, zu kompensieren. Und so mufs denn der gesamte Prozefs schliefslich dazu führen, dafs die Strahlungsintensität anfangs abnimmt, ein Minimum erreicht und dann erst wieder wächst.

Die Richtigkeit dieser Überlegung konnten Rutherford und Soddy[1]) folgendermafsen beweisen: Nach der ersten Trennung wurde das abgeschiedene Thorhydroxyd noch mehrere Male kurz hintereinander mit Ammoniak behandelt. Dadurch wurde jedesmal das Thor X, das sich inzwischen neu gebildet hatte, wieder entfernt und gleichzeitig mufste die Aktivität der in der Substanz zurückgebliebenen Materie Thorium B allmählich erlöschen. Nach jeder Fällung entnahm man eine Probe des Hydroxyds und bestimmte deren Aktivität in der üblichen Weise. Diese Messungen führten zu folgenden Resultaten:

	Aktivität des Hydroxyds in Prozenten
Nach 1 Fällung	46
3 weitere Fällungen nach je 24 Stunden	39
3 weitere Fällungen nach je 24 Stunden und hierauf 3 Fällungen nach je 8 Stunden	22
3 weitere Fällungen nach je 8 Stunden	24
6 weitere Fällungen nach je 4 Stunden	25

---

[1]) E. Rutherford und F. Soddy, Trans. Chem. Soc. 81, p. 837. 1902. Phil. Mag., Nov. 1902.

370 Zehntes Kapitel. Die Umwandlungsprodukte von Uran, Thorium usw.

Wegen der Schwierigkeit, die Versuchsbedingungen bei den einzelnen Fällungen vollständig konstant zu halten, kommt solchen vergleichenden Messungen nur eine beschränkte Genauigkeit zu. Daher sind auch die Unterschiede zwischen den letzten drei Zahlen als bedeutungslos zu betrachten. Jedenfalls geht aus diesen Versuchen unzweideutig hervor, dafs die Aktivität durch wiederholte Fällung auf ein Minimum von ungefähr 25 % erniedrigt wird.

Nachdem das Hydroxyd 19 mal gefällt worden war, blieb es sich selbst überlassen. Fig. 81 zeigt, in welcher Weise seine Aktivität unter diesen Umständen wieder zunahm. Wie man sieht, fehlt nun-

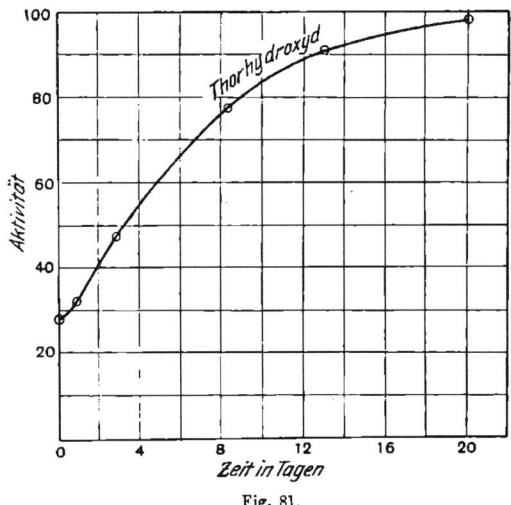

Fig. 81.

mehr der anfängliche Aktivitätsabfall; die Kurve beginnt mit einem Minimum von 25 %, und ihr Verlauf stimmt mit dem der in Fig. 49 dargestellten Kurve, durch welche die Aktivitätszunahme vom dritten Tage an veranschaulicht wurde, praktisch vollkommen überein. Jene Restaktivität von etwa 25 % des maximalen Wertes läfst sich dem Thorium auf keine Weise entziehen; wenigstens haben sich bisher alle chemischen Eingriffe in dieser Beziehung als unwirksam erwiesen.

Was nun, zweitens, die anfängliche Erhebung in der Abklingungskurve des Thor X betrifft, so erklärt sich diese Anomalie in analoger Weise wie die soeben betrachtete Senkung der Hydroxydkurve. Das abgetrennte Thor X erzeugt Emanation, und aus dieser bilden sich die Materien Thorium A und B. Zunächst überwiegt der Strahlungszuwachs, der von dem Produkte B geliefert wird, den natürlichen Aktivitätsverlust, den das Thor X selbst erleidet. Die gesamte Aktivität wächst daher anfangs bis auf einen maximalen Betrag und klingt erst dann nach einem Exponentialgesetze allmählich bis auf Null ab.

Die Aktivitätskurve für das abgetrennte Thor X läfst sich nach unserer Theorie der Umwandlungsreihen (s. Kap. IX) berechnen. Im vorliegenden Falle handelt es sich um einen vierstufigen Prozefs: es verwandelt sich, und zwar gleichzeitig, Thor X in Emanation, Emanation in Thorium A, A in B und B in inaktive Materie. Da sich jedoch die Umwandlung der Emanation — sie zerfällt zur Hälfte schon binnen einer Minute in Thorium A — viel schneller als die der übrigen Produkte vollzieht, so können wir, ohne einen merklichen Fehler zu begehen, zur Vereinfachung der Rechnung annehmen, dafs der aktive Niederschlag unmittelbar aus dem Thor X gebildet werde. Aus demselben Grunde dürfen wir auch die letzte Umwandlungsstufe, deren Halbwertsperiode 55 Minuten beträgt, vernachlässigen.

Es bleibt dann also nur der Zerfall von Thor X und von Thor A zu betrachten. Die zugehörigen Umwandlungskonstanten mögen bezw. λ_1 und λ_2 genannt werden. Die entsprechenden Halbwertsperioden sind 4 Tage und 11 Stunden, folglich ist $\lambda_1 = 0{,}0072$ und $\lambda_2 = 0{,}063$, wenn 1 Stunde als Zeiteinheit gewählt wird.

Das Problem reduziert sich nunmehr auf die Behandlung folgender Aufgabe: *Gegeben sei eine Materie A (Thorium X) von einheitlicher Beschaffenheit; diese verwandle sich allmählich in die Materie B (Thorium B). Wie grofs ist die gesamte Aktivität von $A + B$ zu irgendeiner späteren Zeit t?* Dies entspricht vollkommen unserem „ersten Fall" in Paragraph 197. Für die zur Zeit t vorhandene Menge Q der Materie B fanden wir damals:

$$Q = \frac{\lambda_1 n_0}{\lambda_1 - \lambda_2} (e^{-\lambda_2 t} - e^{-\lambda_1 t}).$$

Nun ist ferner die Gesamtaktivität J beider Produkte proportional der Gröfse $\lambda_1 P + K \lambda_2 Q$, wenn die Konstante K das Verhältnis der von B zu der von A hervorgerufenen spezifischen Ionisation bedeutet. Bezeichnen wir noch mit J_0 die Anfangsaktivität, die dem Vorhandensein von n_0 Teilchen der Materie Thor X zur Zeit $t = 0$ entspricht, so ergibt sich demnach folgende Beziehung:

$$\frac{J_t}{J_0} = \frac{\lambda_1 P + K \lambda_2 Q}{\lambda_1 n_0} = e^{-\lambda_1 t} \left[1 + \frac{K \lambda_2}{\lambda_2 - \lambda_1} (1 - e^{-(\lambda_2 - \lambda_1) t}) \right].$$

Vergleicht man diese Formel mit der experimentell gewonnenen Aktivitätskurve des Thor X (Kurve I der Fig. 48), so erhält man für die Konstante K den Wert 0,44. Man beachte jedoch, dafs die Aktivität der Materie A in dieser Darstellung nicht nur die Strahlung des Thor X, sondern auch die der Emanation umfafst. Der Wert $K = 0{,}44$ bedeutet also, dafs die α-Teilchen dieser beiden Produkte

372 Zehntes Kapitel. Die Umwandlungsprodukte von Uran, Thorium usw.

zusammen die Luft ungefähr doppelt so stark ionisieren wie diejenigen, die vom Thorium B ausgesandt werden.

Folgende Tabelle enthält in der zweiten Kolumne die nach obiger Formel für verschiedene Zeiten t berechneten Werte des Quotienten $\dfrac{J_t}{J_0}$ und in der dritten Kolumne die entsprechenden beobachteten Werte.

Zeit in Tagen	Theoretischer Wert	Beobachteter Wert
0	1,00	1,00
0,25	1,09	—
0,5	1,16	—
1	1,15	1,17
1,5	1,11	—
2	1,04	—
3	0,875	0,88
4	0,75	0,72
6	0,53	0,53
9	0,315	0,295
13	0,157	0,152

Die Abweichungen der gemessenen Werte von den berechneten Zahlen liegen innerhalb der Grenzen der Beobachtungsfehler. In Fig. 82

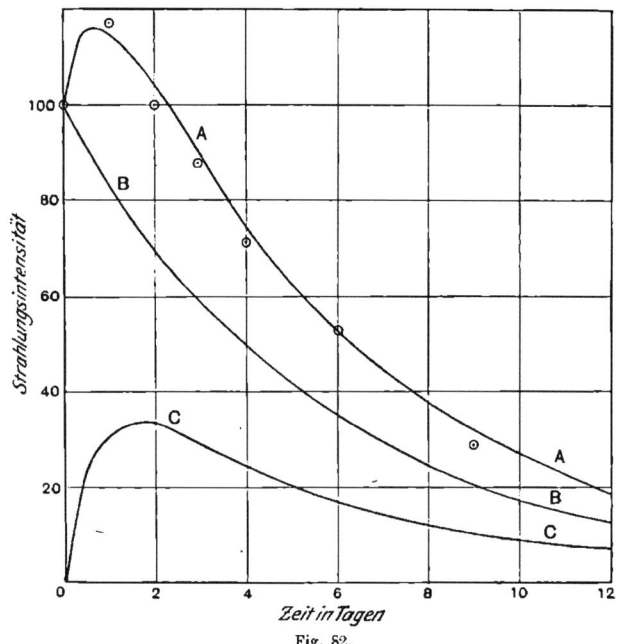

Fig. 82.

Zehntes Kapitel. Die Umwandlungsprodukte von Uran, Thorium usw. 373

ist die Aktivität als Funktion der Zeit, wie sie sich aus der theoretischen Formel ergibt, durch die Kurve A dargestellt; zum Vergleich sind auch die beobachteten Werte eingetragen. Kurve B zeigt uns, wie die Aktivität des Thor X und der Emanation gemäfs der Theorie abklingen würde, falls keine Umwandlung in eine weitere aktive Materie stattfände. Die Ordinaten der dritten Kurve C bezeichnen schliefslich die Differenzen der Ordinaten von A und B. Durch diese Kurve wird also die Intensität der Strahlung, die der aktive Niederschlag allein zu den verschiedenen Zeiten aussendet, veranschaulicht. Wie man sieht, wächst seine Aktivität in ungefähr zwei Tagen nach der Trennung des Thor X auf einen maximalen Betrag; weiterhin klingt sie allmählich ab, und zwar nach der nämlichen Gesetzmäfsigkeit wie die Aktivität des Thor X selbst, d. h. sie sinkt in je vier Tagen auf den halben Wert.

Dafs für den Abfall der Gesamtaktivität nach Überschreitung des Maximums das einfache Exponentialgesetz gelten mufs, geht auch aus unserer theoretischen Formel hervor. Denn wenn t gröfser wird als 4×24 Stunden, wird die Gröfse $e^{-(\lambda_2-\lambda_1)t}$ so klein, dafs sie gegen 1 vernachlässigt werden kann, so dafs unsere Gleichung übergeht in:

$$\frac{J_t}{J_0} = \left(1 + \frac{K\lambda_2}{\lambda_2-\lambda_1}\right) e^{-\lambda_1 t}.$$

209. Die Strahlung der verschiedenen Thorprodukte. Wird Thorium mehrere Male hintereinander durch Ammoniak gefällt, so sinkt seine Aktivität, wie wir soeben sahen, schliefslich auf einen Grenzwert von etwa 25 % des ursprünglichen Betrages. Diese „nicht trennbare" Aktivität liefert ausschliefslich α-Strahlen; β- und γ-Strahlen fehlen vollständig. Im Sinne der Desaggregationstheorie bedeutet dies, dafs ein Thoratom in der ersten Phase des Zerfalls lediglich α-Teilchen fortschleudert. In Paragraph 156 war aber nachgewiesen worden, dafs auch die Thoremanation nur α-Strahlen emittiert, und von den Bestandteilen des aktiven Niederschlages strahlt Thorium A überhaupt nicht; erst vom letzten Produkt, dem Thorium B, werden also alle drei Strahlenarten ausgesandt.

Allerdings erhält man auch von einem Thor X-Präparate, sobald mehrere Stunden seit der Trennung verstrichen sind, neben den α-Strahlen merkliche Mengen β- und γ-Strahlen. Die letzteren stammen dann aber wahrscheinlich von dem inzwischen neu gebildeten Thor B her. Zugunsten dieser Ansicht spricht die Tatsache, dafs die β- und γ-Aktivität einer Thor X-Lösung erheblich herabgesetzt wird, wenn man ständig einen Luftstrom durch die Flüssigkeit hindurchsaugt, der die Emanation fortschafft. Könnte man die letztere ebenso schnell, wie sie sich bildet, beseitigen und dadurch die Entstehung von Thorium B

374 Zehntes Kapitel. Die Umwandlungsprodukte von Uran, Thorium usw.

in der Substanz vollständig verhindern, so würde wahrscheinlich auch gealtertes Thor X stets nur α-Strahlen aussenden. In Anbetracht der enormen Geschwindigkeit, mit der gerade die Thoremanation zerfällt, dürfte es jedoch schwierig sein, jene Bedingung streng zu erfüllen.

210. Die Umwandlungsprodukte des Thoriums. Fig. 83 veranschaulicht in schematischer Weise den allmählichen Zerfall eines Thoratoms und die mit diesem Vorgange verknüpfte Strahlung der einzelnen Umwandlungsprodukte.

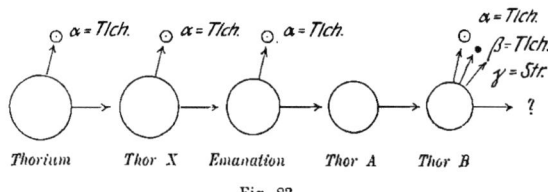

Fig. 83.

Hieran schließe sich eine tabellarische Zusammenstellung der wichtigsten physikalischen und chemischen Eigenschaften jener instabilen Substanzen*).

---

*) *Von Dr. Hahn ist inzwischen noch ein neues Thorprodukt, das sogenannte „Radiothorium" entdeckt worden, das in der Umwandlungsreihe zwischen Thorium und Thor X einzuschalten wäre (vgl. Fußnote, p. 227). Vor kurzem haben weitere Untersuchungen von Herrn Hahn (Physik. Ztschr. 7, p. 412 und 456. 1906) ergeben, daß auch das Thorium B nicht, wie bisher angenommen wurde, einfacher Natur ist, sondern aus zwei, α-Teilchen emittierenden Substanzen besteht, deren Ionisierungsbereiche verschieden groß sind. Für das eine Produkt beträgt der Ionisierungsbereich in Luft 8,6, für das andere 5,0 cm. Der Nachweis, daß es sich hier um zwei verschiedene Arten Materie handelt, wurde in der Weise geführt, daß nach der von Bragg und Kleeman (p. 177) und von Mc. Clung (Anhang A) benutzten Methode Ionisierungskurven für einen durch Thoremanation aktivierten Draht aufgenommen wurden. Das neue Produkt, das den Namen Thorium C erhielt, scheint sehr schnell zu zerfallen; doch ist es bisher noch nicht gelungen, diese Substanz vom Thorium B zu trennen.*

Über die Trennungsmethoden für Thoriumprodukte hat v. Lerch neuerdings systematische Versuche angestellt (Wien. Ber., März 1905). Danach läßt sich das Thor X aus alkalischen, nicht aber aus sauren Lösungen elektrolytisch abscheiden auf Kathoden aus amalgamiertem Zink, Kupfer, Quecksilber oder Platin. Das so gewonnene Thor X verwandelte sich zur Hälfte in 3,64 Tagen. Aus saurer Lösung schlug sich auf Nickelblechen Thorium B nieder; das eingetauchte Metall verlor seine Aktivität nämlich nach Maßgabe einer Halbwertsperiode von 1 Stunde. Nach Schlundt und Moore (Journ. Phys. Chem., Nov. 1905) kann man das Thor X auch durch Fumarsäure und Pyridin aus Thoriumlösungen abscheiden.

Produkt	Zeit, in der sich die Materie zur Hälfte umwandelt	λ (sec)$^{-1}$	Strahlung	Sonstige Kennzeichen
Thorium ↓	—	—	α-Strahlen	Unlöslich in Ammoniak.
Thorium X ↓	4 Tage	$2{,}00 \times 10^{-6}$	α-Strahlen	Löslich in Ammoniak.
Emanation ↓	54 Sekunden	$1{,}28 \times 10^{-2}$	α-Strahlen	Träges Gas. Kondensationstemperatur -120^0 C.
Thorium A	11 Stunden	$1{,}75 \times 10^{-5}$	keine Strahlen	⎱ Löslich in starken Säuren. Verflüchtigt sich bei Weifsglut. A und B haben verschiedenen Grad der Flüchtigkeit; dadurch oder mittels Elektrolyse läfst sich B von A trennen.
Thorium B	55 Minuten	$2{,}1 \times 10^{-4}$	α-, β-, γ- Strahlen	⎰
↓ ?	—	—	—	—

(Aktiver Niederschlag)

211. Umwandlungsprodukte des Aktiniums.

Es war schon wiederholt darauf hingewiesen worden, dafs in dem Debierneschen Aktinium und dem Gieselschen Emanium der nämliche radioaktive Bestandteil enthalten sei (vgl. Paragraph 17 und 18). Herrn Dr. Giesel in Braunschweig ist es zu danken, dafs neuerdings Emaniumpräparate auch in den Handel gekommen sind. Die meisten der im folgenden zu beschreibenden Untersuchungen sind demgemäfs mit dieser Substanz ausgeführt worden.

Aktinium X. Das Aktinium steht bezüglich seiner radioaktiven Eigenschaften dem Thorium sehr nahe. Gleich diesem letzteren erzeugt es eine radioaktive Emanation, und in beiden Fällen besitzt das entwickelte Gas eine sehr kurze Lebensdauer. Die Umwandlung der Aktiniumemanation erfolgt aber noch wesentlich schneller als die der Thoremanation: ihre Aktivität sinkt nämlich bereits in 3,7 Sekunden auf den halben Betrag. Miss Brooks[1]) analysierte den aktiven Niederschlag der Aktiniumemanation. Aus diesen Untersuchungen ergab sich, dafs seine Umwandlung in zwei Stufen vor sich geht und in ganz ähnlicher Weise wie der Zerfall des Niederschlages der Thoremanation. Es lag daher nahe, aus Analogiegründen zu schliefsen, dafs auch ein dem Thor X entsprechendes Zwischenprodukt in der vom Aktinium sich ableitenden Reihe existieren würde[2]). Neuere Untersuchungen haben diese Annahme bestätigt. Giesel[3]) und God-

---

[1]) Miss Brooks, Phil. Mag., Sept. 1904.
[2]) E. Rutherford, Phil. Trans. A., p. 169. 1904.
[3]) F. Giesel, Ber. d. D. Chem. Ges., 1905, p. 775.

376   Zehntes Kapitel. Die Umwandlungsprodukte von Uran, Thorium usw.

lewski[1]) fanden nämlich unabhängig voneinander, dafs sich von dem Emanium eine hochaktive Substanz abtrennen läfst, die sich in physikalischer und chemischer Beziehung ähnlich verhält wie das Thor X. Jenes Produkt mag daher auch in analoger Bezeichnungsweise „Aktinium X" genannt werden. Seine Trennung vom Aktinium gelingt nach derselben Methode, deren sich Rutherford und Soddy zur Abscheidung des Thor X bedient hatten. Man versetzt also eine Aktiniumlösung mit Ammoniak; dadurch wird das Radioelement gefällt, während das Aktinium X in Lösung bleibt. Das Filtrat hinterläfst dann nach dem Abdampfen und Ausglühen einen stark aktiven Rückstand. Gleich-

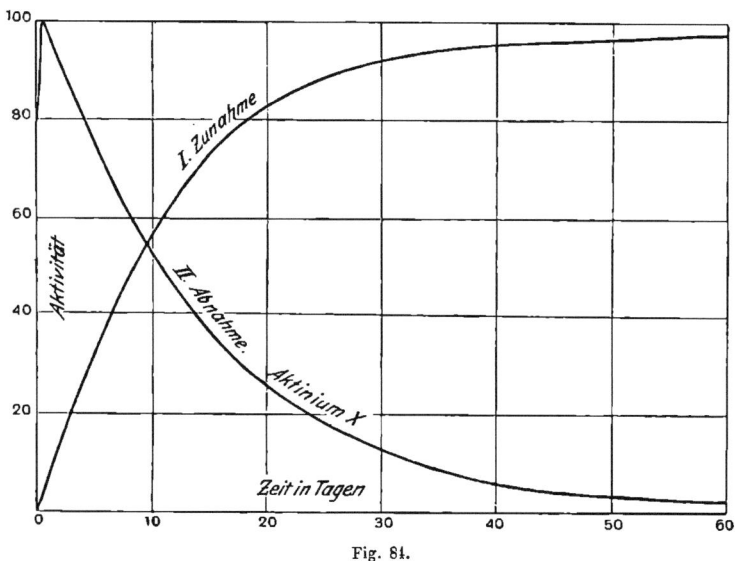

Fig. 81.

zeitig bemerkt man, dafs die Aktivität des gefällten Aktiniums gegenüber der des Ausgangsmaterials in erheblichem Mafse abgenommen hat.

Giesel beobachtete die Strahlung des abgeschiedenen Produktes mit Hilfe eines Fluoreszenzschirmes. Näheren Aufschlufs über die Eigenschaften des Aktinium X brachten die eingehenden Untersuchungen Godlewskis, die im Laboratorium des Verfassers ausgeführt wurden.

Während des ersten Tages nach der Trennung wächst die Aktivität des aus dem Filtrat gewonnenen Produktes — mag man seine α- oder seine β-Strahlung der Messung zugrunde legen — um ungefähr 15 %; dann nimmt sie nach einem Exponentialgesetze ab, nämlich in je 10,2 Tagen um den halben Betrag. Die Aktivität des gefällten Aktiniums

---

[1]) M. T. Godlewski, Nature, 19. Jan. 1905, p. 294. *Phil. Mag.*, Juli 1905.

ist zunächst sehr gering, nimmt dann aber im Laufe der Zeit beständig zu und erreicht nach 60 Tagen praktisch einen maximalen Grenzwert. Vom zweiten Tage an verlaufen die beiden Kurven, welche die zeitlichen Aktivitätsänderungen für die beiden Produkte darstellen, einander komplementär; s. Kurve I und II in Fig. 84.

Nach weiteren Beobachtungen Godlewskis entwickelt eine Aktiniumlösung, wenn das Aktinium X von der Muttersubstanz getrennt worden ist, sehr wenig Emanation, während eine Lösung von Aktinium X grofse Mengen des aktiven Gases liefert. Zur Messung der abgegebenen Emanationsmengen liefs man einen konstanten Luftstrom durch die betreffende Lösung hindurchstreichen und bestimmte mit einer ähnlichen Anordnung, wie Fig. 52 sie zeigt, den Ionisierungseffekt in einem Kondensator. Das Emanationsvermögen von Aktinium X nahm in geometrischer Progression mit wachsender Zeit ab, und zwar mit derselben Geschwindigkeit wie die Aktivität des Produktes. Gleichzeitig regenerierte sich die Aktiniumlösung auch hinsichtlich ihres Emanationsvermögens; nach etwa 60 Tagen war dieses schliefslich eben so grofs wie vor der Trennung der Produkte. Aktinium und Thorium zeigen demnach ein ganz analoges Verhalten, und somit erklären sich auch die durch Fig. 84 veranschaulichten spontanen Änderungen der Aktivität in derselben Weise wie die entsprechenden Erscheinungen, die sich am Thorium beobachten lassen.

In jeder Sekunde erzeugt das Aktinium eine bestimmte, konstante Menge Aktinium X; das letztere zerfällt dann allmählich nach Mafsgabe eines Exponentialgesetzes. Die Umwandlungskonstante ist $\lambda = 0{,}068$ (Tag)$^{-1}$; durch diesen Wert wird das Produkt Aktinium X charakterisiert.

Aus den oben erwähnten Versuchen folgt, dafs die Emanation unmittelbar nicht aus dem Aktinium selbst, sondern aus dem Aktinium X entsteht. Analoge Verhältnisse fanden wir auch in dieser Beziehung beim Thorium. Eine weitere Ähnlichkeit zeigt sich nun ferner darin, dafs die Aktiniumemanation, indem sie ihrerseits zerfällt, gleichfalls zur Bildung eines aktiven Niederschlages Veranlassung gibt.

212. Analyse des aktiven Niederschlages der Aktiniumemanation.

Von Debierne[1]) wurde zuerst angegeben, dafs die vom Aktinium erregte Aktivität in etwa 41 Minuten auf die Hälfte ihres Anfangswertes sinkt. Miss Brooks[2]) zeigte jedoch, dafs der Verlauf der Abklingungskurven von der Expositionsdauer abhängig sei. Ihre Beobachtungsresultate sind bereits in Fig. 70 wiedergegeben worden.

Unter Verwendung der Methode der konstanten Elektrometer-

---

[1]) A. Debierne, C. R. 138, p. 411. 1904.
[2]) Miss Brooks, Phil. Mag., Sept. 1904.

ausschläge (vgl. Paragraph 69) bestimmte Bronson durch sehr genaue Messungen die zeitlichen Aktivitätsänderungen insbesondere für kurze Expositionszeiten. Er erhielt für diesen Fall die in Fig. 85 dargestellte Kurve. Wie man sieht, besitzt sie eine grofse Ähnlichkeit mit der entsprechenden Kurve für den aktiven Niederschlag der Thoremanation und ist daher auch in analoger Weise wie diese letztere zu deuten. Bezeichnen wir mit J_t die Aktivität zu einer beliebigen Zeit t, mit J_T die zur Zeit T vorhandene Maximalaktivität und mit λ_1 und λ_2 zwei Konstanten, so gilt daher auch für die Kurve der Fig. 85 die Beziehung

$$\frac{J_t}{J_T} = \frac{e^{-\lambda_2 t} - e^{-\lambda_1 t}}{e^{-\lambda_2 T} - e^{-\lambda_1 T}}.$$

Nach 20 Minuten beginnt der exponentielle Abfall mit einer Halbwertsperiode von 35,7 Minuten. Demgemäfs ist $\lambda_1 = 0{,}0194$ (min)$^{-1}$.

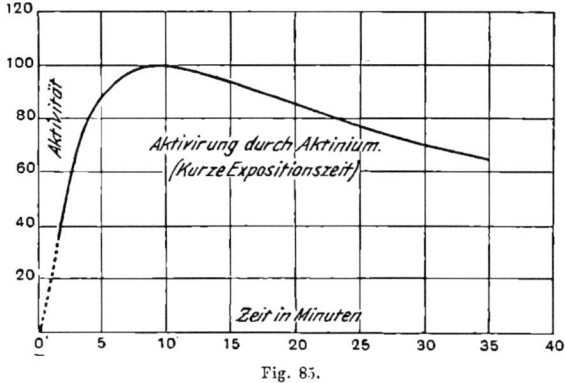

Fig. 85.

Für die andere Konstante liefert die Kurve den Wert $\lambda_2 = 0{,}317$ (min)$^{-1}$; dies entspricht einer Umwandlung, bei der die Materie in 2,15 Minuten zur Hälfte zerfällt. In derselben Weise wie in dem analogen Falle der vom Thorium erregten Aktivität läfst sich nachweisen, dafs auch hier die unmittelbar zur Ausscheidung gelangende Materie nacheinander zwei Umwandlungen erleidet, von denen die erste mit keiner Strahlung verknüpft ist. Wiederum war es aber zunächst fraglich, welchen der beiden Werte von λ man der ersten bezw. zweiten Umwandlung zuordnen sollte. Die Entscheidung brachte ein Versuch, der von Miss Brooks (loc. cit.) ausgeführt wurde: das inaktive Produkt besitzt die kleinere Umwandlungsgeschwindigkeit. Ein Platindraht wurde in Gegenwart von Aktiniumemanation aktiviert, der Niederschlag in Lösung gebracht und die letztere elektrolysiert. Dadurch wurde die Anode radioaktiv, und ihr Strahlungsvermögen nahm exponentiell in ungefähr 1,5 Minuten um den halben Betrag ab. In

Anbetracht der Schwierigkeit, so grofse Abklingungsgeschwindigkeiten genau zu messen, darf man hieraus schliefsen, dafs dem strahlenden Produkte die Halbwertsperiode 2,15 Minuten zukommt. Somit ergibt sich aus der Analyse des aktiven Niederschlages der Aktiniumemanation folgendes:

1. Die Materie, die sich zunächst aus der Emanation abscheidet, das Aktinium A, sendet keine Strahlen aus und wandelt sich zur Hälfte in 35,7 Minuten um.

2. Aus dem Produkte A entsteht das Aktinium B; von diesem verwandelt sich die Hälfte der vorhandenen Menge in 2,15 Minuten, und hierbei werden α- und β- (und wahrscheinlich auch γ-)Strahlen ausgesandt.

Wie Godlewski*) fand, läfst sich der aktive Niederschlag des Aktiniums sehr leicht verflüchtigen. Man braucht den aktivierten Körper nur wenige Minuten lang auf 100° C. zu erwärmen, um den gröfsten Teil der wirksamen Materie zu verjagen**). Der Niederschlag ist ferner leicht löslich in Ammoniak und in starken Säuren.

213. Die Strahlung des Aktiniums und seiner Umwandlungsprodukte.

Aktiniumpräparate entsenden im Zustande radioaktiven Gleichgewichtes α-, β- und γ-Strahlen. Wie von Godlewski festgestellt wurde, unterscheiden sich aber die β- und γ-Strahlen des Aktiniums in mehrfacher Hinsicht von den gleichnamigen Strahlen des Radiums. Erstens scheinen die β-Strahlen des Aktiniums homogen zu sein. Elektrometrische Messungen ihrer Absorbierbarkeit ergaben nämlich, dafs ihre Intensität mit wachsender Schichtdicke der durchsetzten Materie genau nach einer Exponentialformel abnimmt. Das bedeutet, dafs die β-Teilchen in diesem Falle sämtlich mit gleicher Geschwindigkeit fortgeschleudert werden. Ganz anders verhält sich bekanntlich das Radium: die Geschwindigkeit der von dieser Substanz emittierten β-Teilchen variiert zwischen weiten Grenzen. Zur Beurteilung der Stärke des Durchdringungsvermögens diene die Angabe, dafs die β-Strahlung des Aktiniums in einer 0,21 mm dicken Aluminiumschicht einen Intensitätsverlust von 50 % erleidet.

Wird ein Schirm von genügender Dicke vor ein Aktiniumpräparat geschaltet, so dafs die β-Strahlen vollständig zurückgehalten werden, so beobachtet man andere Strahlen von stärkerem Durchdringungsvermögen. Diese entsprechen wahrscheinlich den γ-Strahlen, wie sie

---

*) *M. T. Godlewski, Phil. Mag., Sept. 1905.*
**) *Diese Angabe ist unzutreffend. Nach neueren, von Dr. Levin im Laboratorium des Verfassers ausgeführten Messungen beginnt die Verflüchtigung von Aktinium A erst bei 400° C. und die von Aktinium B zwischen 700 und 800° C.*

auch von anderen Radioelementen ausgesandt werden. Die γ-Strahlen des Aktiniums sind indessen viel stärker absorbierbar als die des Radiums. Ihre Intensität sinkt auf die Hälfte beim Durchgang durch eine 1,9 mm dicke Bleiplatte, während die γ-Strahlung des Radiums erst in einer Bleischicht von 9 mm in dem gleichen Mafse geschwächt wird.

Der aktive Niederschlag liefert, wie schon erwähnt, α- und β- (und wahrscheinlich auch γ-) Strahlen. Was das Aktinium X betrifft, so läfst sich vorläufig noch nicht mit Sicherheit sagen, ob dieses Produkt neben den α-Strahlen auch β-Strahlen aussendet. Erhitzt man das Aktinium X bis zur Rotglut, so verringert sich seine β-Aktivität vorübergehend um die Hälfte des ursprünglichen Betrages. Dieser Verlust ist augenscheinlich dadurch bedingt, dafs die leichtflüchtige Materie des aktiven Niederschlages bei der hohen Temperatur entweicht. Sollte eine weitere Verringerung jener β-Aktivität unmöglich sein, so würde daraus folgen, dafs neben dem Aktinium B auch das Aktinium X β-Strahlen emittiert. Bisher ist diese Frage jedoch noch nicht endgültig entschieden*).

Wie man aus dem Diagramm der Fig. 84 ersieht, wächst die Aktivität des Aktinium X während des ersten Tages nach der Abscheidung, bevor sie stetig abzuklingen beginnt. Diese Unregelmäfsigkeit erklärt sich ungezwungen aus der Flüchtigkeit des aktiven Niederschlags. Bemerkenswerterweise entspricht jener Erhebung in der für die Materie X beobachteten Kurve kein gleichzeitiger Abfall der Aktiniumaktivität (Kurve I). Das erscheint auch durchaus verständlich, wenn man bedenkt, dafs der aktive Niederschlag, da er gleichfalls in Ammoniak löslich ist, sich in der gefällten Substanz nicht vorfindet. Es bleiben demnach die Produkte A und B mit dem Aktinium X vereinigt. Freilich stehen alle drei unmittelbar nach der Trennung von dem Radioelemente miteinander im radioaktiven Gleichgewichte. Man sollte daher auch zunächst keine Zunahme ihrer Aktivität erwarten dürfen im Gegensatze zu dem Verhalten der Thorprodukte, bei denen eine solche Zunahme eintreten mufs, weil die Materien A und B nach der Behandlung mit Ammoniak nicht mit dem Thor X vereinigt bleiben. Allein, man pflegt das aus der ammoniakalischen Lösung gewonnene Produkt zu erhitzen, um das Aktinium X von Ammoniumsalzen zu befreien, und dabei verflüchtigt sich ein Teil des aktiven Niederschlages. Hat sich die Substanz dann wieder abgekühlt, so entsteht neues Aktinium A und B, indem der Verlust allmählich nahezu vollkommen ersetzt wird, und dieser Neubildung entspricht die anfängliche Zunahme der zur Beobachtung gelangenden Strahlungsintensität.

---

*) *Das ist inzwischen geschehen.* Vgl. *Anmerkung auf p. 381.*

214. Die Umwandlungsprodukte des Aktiniums.

Es besteht noch ein weiterer wichtiger Unterschied in dem Verhalten der beiden Radioelemente Thorium und Aktinium. Das letztere besitzt nach der Trennung vom Aktinium X nur noch 5 % seiner ursprünglichen Aktivität. Die Restaktivität des Thoriums beträgt dagegen 25 % des maximalen Wertes. Vermutlich — so wird man hieraus schliefsen dürfen — würde das Aktinium selbst, wenn man ihm seine Umwandlungsprodukte gänzlich entzöge, vollkommen inaktiv erscheinen, d. h.

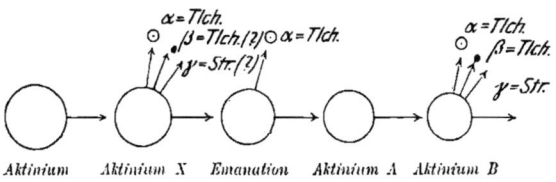

Fig. 86.

die erste Umwandlung vollzieht sich hier wahrscheinlich ohne jegliche Strahlung*).

Fig. 86 stellt in schematischer Weise den allmählichen Zerfall des Aktiniums dar, und die folgende Tabelle enthält eine Zusammenstellung der für diese Substanz charakteristischen Daten.

---

*) *Neuerdings hat Dr. Hahn noch ein weiteres, α-Strahlen emittierendes Produkt in Aktiniumpräparaten nachgewiesen (Nature, April 1906. Ber. d. D. Chem. Ges. 1906, p. 605). Diese von ihm als „Radioaktinium" bezeichnete Substanz steht in der Umwandlungsreihe zwischen Aktinium und Aktinium X. Sie zerfällt zur Hälfte binnen 20 Tagen und läfst sich durch Zusatz von Natriumthiosulfat zu salzsauren Lösungen vom Aktinium trennen. Dadurch wird nämlich amorpher Schwefel ausgefällt, der das Radioaktinium mit sich reifst. Die Aktivität des abgeschiedenen Produktes nimmt zunächst im Laufe der Zeit zu, da sich allmählich Aktinium X und die weiteren Umwandlungsprodukte bilden. Nach drei Wochen erreicht das Strahlungsvermögen einen maximalen Wert und schliefslich klingt es mit einer Halbwertsperiode von 20 Tagen in exponentieller Weise ab.*

Ferner fand Dr. Levin (Physik. Ztschr. 7, p. 513. 1906) im Laboratorium des Verfassers, dafs das Aktinium, auch wenn es vom Aktinium X völlig befreit worden ist, noch eine beträchtliche α-Aktivität besitzt. Diese Strahlung stammt jedoch in Wahrheit von dem zweiten Produkte, dem Radioaktinium. Zweifellos hatte schon Godlewski bei seinen Untersuchungen, ohne es zu wissen, Radioaktinium abgeschieden. So erklärt es sich, dafs er durch wiederholte Fällung fast ganz inaktives Aktinium erhielt. Nach weiteren Versuchen von Dr. Levin sendet Aktinium X keine β-Strahlen aus. Erhitzt man es nämlich unter geeigneten Bedingungen auf hohe Temperaturen, so verliert es seine β-Aktivität nahezu vollständig. In der Umwandlungsreihe des Aktiniums kommt somit lediglich das Produkt B als Quelle von β-Strahlen in Betracht.

382 Zehntes Kapitel. Die Umwandlungsprodukte von Uran, Thorium usw.

Produkt	Zeit, in der sich die Materie zur Hälfte umwandelt	Strahlung	Sonstige Kennzeichen
Aktinium ↓	?	Keine Strahlen	Unlöslich in Ammoniak.
Aktinium X ↓	10,2 Tage	α-, (β-, γ-)Strahlen	Löslich in Ammoniak.
Emanation ↓	3,9 Sekunden	α-Strahlen	Verhält sich wie ein Gas.
Aktinium A ↓	35,7 Minuten	Keine Strahlen	Löslich in Ammoniak und starken Säuren. Verflüchtigt sich bei 100°C. B läfst sich durch Elektrolyse von A trennen.
Aktinium B	2,15 Minuten	α-, β-, γ-Strahlen	

Elftes Kapitel.
Die Umwandlungsprodukte des Radiums.

215. Die Radioaktivität des Radiums. Das Radium besitzt eine aufserordentlich viel stärkere Aktivität als irgend eines der übrigen Radioelemente. Dessenungeachtet zeigt es in seinen radioaktiven Eigenschaften doch eine Reihe auffallender Analogieen zum Thorium und Aktinium. So entwickelt auch Radium eine Emanation, aus der dann weiter eine „erregte Aktivität" entsteht. Es fehlt jedoch in diesem Falle ein dem Thor X entsprechendes Zwischenprodukt, das in der Entwickelungsreihe zwischen dem Radioelemente selbst und seiner Emanation stände.

Giesel machte zuerst darauf aufmerksam, dafs die Aktivität eines frisch bereiteten Radiumpräparates allmählich immer stärker wird und erst nach Verlauf eines ganzen Monats einen konstanten Endwert erreicht. Läfst man die wässerige Lösung einer Radiumverbindung eine Zeit lang sieden oder einen Luftstrom durch die Flüssigkeit hindurchstreichen, so bemerkt man nach dem Abdampfen des Lösungsmittels, dafs das Strahlungsvermögen der Substanz in erheblichem Mafse zurückgegangen ist. Dasselbe zeigt sich, wenn die feste Verbindung an freier Luft erhitzt worden ist. In beiden Fällen ist der Austritt der gasförmigen Emanation die Ursache des Aktivitätsverlustes.

Aus einer Radiumlösung werde die feste Substanz, nachdem sie ihren Gehalt an Emanation verloren hat, ausgeschieden. Die gasförmige Materie, die sich dann neu bildet, wird nunmehr okkludiert, und so addiert sich jetzt die Strahlung der Emanation samt der ihres aktiven Niederschlages zu der Strahlung des Radioelementes selbst. Infolgedessen wächst die Gesamtaktivität allmählich und erreicht schliefslich einen maximalen Wert, sobald in jeder Zeiteinheit der Gewinn an neuer aktiver Materie durch den infolge der Umwandlung des vorhandenen Produktes eintretenden Substanzverlust gerade aufgewogen wird. Wird die Radiumverbindung nun aufs neue gelöst oder erhitzt,

384　Elftes Kapitel. Die Umwandlungsprodukte des Radiums.

so entweicht die okkludierte Emanation. Die Materie des aktiven Niederschlages bleibt indessen zurück, da sie weder flüchtig noch in Wasser löslich ist. Ihr Strahlungsvermögen muſs jedoch nach der Abtrennung ihrer Muttersubstanz sofort abnehmen und ist in der Tat schon nach Verlauf von wenigen Stunden so gut wie vollständig erloschen. Die dann noch übrig bleibende Radiumaktivität beträgt ungefähr 25 % des ursprünglichen Wertes. Sie besteht ausschlieſslich aus α-Strahlen. Diese Restaktivität läſst sich auf keine Weise beseitigen, noch auch in merklichem Grade weiter herabdrücken. Wenn man eine Radiumchloridlösung selbst drei Wochen lang unausgesetzt durchlüftet, sinkt das Strahlungsvermögen niemals unter jenen Betrag. Derartige Versuche sind von Rutherford und Soddy[1]) durchgeführt worden. Es zeigte sich, daſs die Aktivität bereits in wenigen Stunden bis auf 25 % abnahm, sich aber während der ganzen einundzwanzigtägigen Versuchsdauer nicht weiter verringerte. Das Radiumsalz wurde sodann zur Trockene eingedampft, und nun stieg seine Aktivität allmählich wieder in die Höhe. Dies geschah in regelmäſsiger Weise, wie aus den in folgender Tabelle wiedergegebenen Beobachtungsdaten hervorgeht. In der zweiten Kolumne sind die gemessenen Werte verzeichnet, indem der Endwert willkürlich gleich 100 gesetzt wurde; die dritte Kolumne enthält die zugehörigen Zahlen für die prozentische Aktivitätszunahme.

Zeit in Tagen	Aktivität	Prozentische Aktivitätszunahme
0	25,0	0
0,70	33,7	11,7
1,77	42,7	23,7
4,75	68,5	58,0
7,83	83,5	78,0
16,0	96,0	95,0
21,0	100,0	100,0

Graphisch sind diese Versuchsergebnisse in Fig. 87 (Kurve A) dargestellt. Dasselbe Diagramm enthält zugleich die Abklingungskurve der Radiumemanation (Kurve B). Das entemanierte Radium erholt sich, wie man sieht, in derselben gesetzmäſsigen Weise wie das Uran oder Thorium, wenn diese Substanzen ihrer Umwandlungsprodukte Uran X, bezw. Thor X beraubt worden sind. Demgemäſs gilt auch für die Zunahme der Radiumaktivität die Formel $\dfrac{J_t}{J_0} = 1 - e^{-\lambda t}$,

---

[1]) E. Rutherford und F. Soddy, Phil. Mag., April 1903.

Elftes Kapitel. Die Umwandlungsprodukte des Radiums. 385

wenn wir mit J_0 ihren Grenzwert, mit J_t den zu irgendeiner Zeit t vorhandenen Wert und mit λ die Radioaktivitätskonstante der Emanation bezeichnen. Auch hier sind die Kurven A und B einander komplementär.

Kennt man also die Gröfse der Abklingungsgeschwindigkeit für die Radiumemanation, so kann man ohne weiteres auch den Gang der Aktivitätszunahme für das entemanierte Radium berechnen, vorausgesetzt, dafs die gesamte Menge des neugebildeten Gases in der Verbindung okkludiert wird.

Die β-Strahlung eines Radiumpräparates, das nach einer der üblichen Methoden von seiner Emanation befreit worden ist, ist anfangs

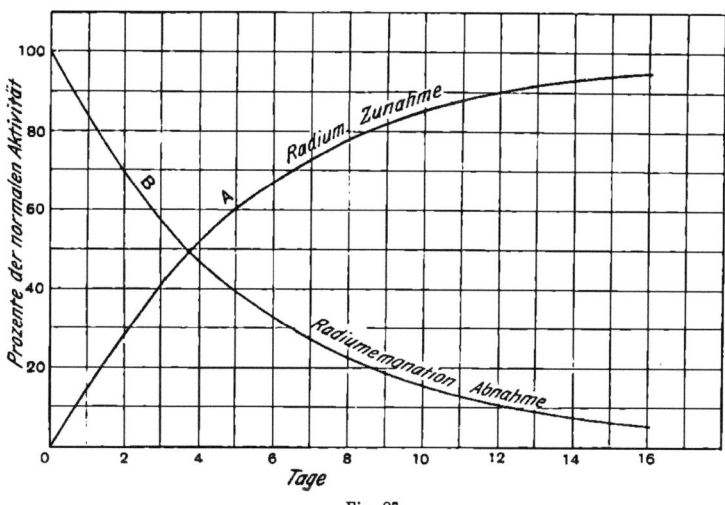

Fig. 87.

nahezu vollständig verschwunden, ihre Intensität wächst dann aber im Laufe eines Monats auf den ursprünglichen Wert. Für die Abhängigkeit der β- und γ-Aktivität von der Zeit erhält man eine Kurve, die mit der Kurve A in Fig. 87 praktisch identisch ist, d. h. die Intensität der β- und γ-Strahlen wächst in derselben Weise wie diejenige der α-Strahlen. Diese Tatsache erklärt sich dadurch, dafs die ersteren lediglich von der Materie des aktiven Niederschlages ausgesandt werden, und dafs die nicht trennbare Aktivität ausschliefslich α-Strahlen liefert. Nach der Abscheidung der Emanation verschwindet nämlich zunächst binnen kurzem der Gehalt an aktivem Niederschlag und somit auch die β- und γ-Strahlung fast vollständig. Allmählich sammelt sich aber neue Emanation in der festen Substanz an, aus dieser bildet sich wieder

der aktive Niederschlag, und so kommen nach einer Pause von einigen Stunden aufs neue β- und γ-Strahlen zum Vorschein. Ihre Intensität mufs dann offenbar in derselben Weise zunehmen wie die Aktivität der Emanation.

216. Abhängigkeit der Aktivitätszunahme von den zur Okklusion gelangenden Emanationsmengen. Wir setzen den Fall, dafs beständig ein Teil der Emanation aus dem Radium in die umgebende Luft austrete. Dann wird die Kurve A der Fig. 87 nicht mehr dem tatsächlichen Verlauf der Aktivitätszunahme entsprechen. Es möge z. B. von der jeweilig vorhandenen Emanationsmenge pro Sekunde ein konstanter Bruchteil α entweichen. Die Radiumverbindung enthalte zur Zeit t n Emanationsteilchen; ferner sei λ die Abklingungskonstante der Emanationsaktivität. Dann ist die Zahl der in der Zeit dt zerfallenden Teilchen gleich $\lambda n\,dt$. Werden nun in jeder Sekunde q neue Emanationsteilchen erzeugt, so ergibt sich für die Gröfse dn — um welche die Teilchenzahl in der Zeit dt wächst — der Ausdruck

$$dn = q\,dt - \lambda n\,dt - \alpha n\,dt;$$

folglich wird

$$\frac{dn}{dt} = q - (\lambda + \alpha)\,n.$$

Wenn keine Emanation entweichen kann, erhält man eine Gleichung von der nämlichen Form, nur mit dem Unterschiede, dafs an die Stelle von $\lambda + \alpha$ die Konstante λ tritt. Im stationären Zustande ist $\frac{dn}{dt}$ gleich Null, der maximale Wert von n wird demnach gleich $\frac{q}{\lambda + \alpha}$. Bleibt dagegen das gesamte Gas okkludiert, so wird der Maximalwert von n gleich $\frac{q}{\lambda}$.

Durch den Austritt von Emanation verringern sich also die Aktivitätswerte im Verhältnis $\frac{\lambda}{\lambda + \alpha}$. Nennen wir n_0 den Grenzwert von n, d. h. die maximale Zahl der in der Substanz sich ansammelnden Emanationsteilchen, so führt die Integration der obigen Gleichung zu der Formel

$$\frac{n}{n_0} = 1 - e^{-(\lambda + \alpha)t}.$$

Die Kurve für die Aktivitätszunahme besitzt mithin dieselbe Form wie in dem Falle, dafs keine Emanation entweicht, nur ist die charakteristische Konstante λ durch $\lambda + \alpha$ zu ersetzen.

Es sei z. B. $a = \lambda = 1/463\,000$. Die obige Gleichung geht dann über in $\frac{n}{n_0} = 1 - e^{-2\lambda t}$, d. h. die Aktivität steigt jetzt in viel kürzerer Zeit auf ihren maximalen Betrag, als wenn die Emanation vollständig okkludiert bleibt. Es brauchen also nur sehr geringe Mengen der letzteren zu entweichen, um den Verlauf der Aktivitätskurve und die Höhe ihrer Endordinate bereits in erheblichem Maſse zu beeinflussen.

Frau Curie beschreibt in ihrer Dissertation („Untersuchungen über die radioaktiven Substanzen") eine Reihe von Versuchen über den Aktivitätsverlust, den Radiumsalze durch Auflösung und Erhitzung erleiden. Ihre Resultate stimmen im wesentlichen mit den obigen Angaben überein. Sie findet gleichfalls, daſs 75 % der gesamten Radiumstrahlung von der Emanation und der erregten Aktivität herrühren. Wurde das Salz in Lösung gebracht, so daſs die aufgespeicherte Emanation ganz oder teilweise austrat, so zeigte sich eine entsprechende Verringerung seiner Aktivität. Hernach nahm das Strahlungsvermögen aber von selbst wieder zu, indem sich neue Emanation bildete; schlieſslich trat dann ein Zustand radioaktiven Gleichgewichtes ein, sobald die erzeugten Emanationsmengen den Verlust, der durch die Umwandlung der Materie zustande kam, kompensierten. Die Kurven für die Aktivitätszunahme stimmten nicht völlig miteinander überein, wenn die Versuchsbedingungen variiert wurden. Diese Unregelmäſsigkeiten dürften sich dadurch erklären, daſs in den einzelnen Fällen ungleiche Mengen der Emanation entwichen.

217. Soweit unsere Erfahrung reicht, weisen alle Tatsachen darauf hin, daſs auch beim Radium ein gegebenes Quantum aktiver Substanz pro Zeiteinheit eine konstante, von äuſseren Bedingungen völlig unabhängige Menge Emanation erzeugt. Es ist insbesondere gleichgültig, ob sich der emanierende Körper in festem oder in gelöstem Zustande befindet (vgl. § 152). Das Radium besitzt, gleich dem Thorium, eine nicht trennbare Aktivität, die gänzlich als α-Strahlung in die Erscheinung tritt und 25 % der maximalen Aktivität ausmacht. Die β- und γ-Strahlen haben ihre Quelle lediglich in dem aktiven Niederschlag; denn auch die Emanation sendet selbst nur α-Strahlen aus (§ 156). Offenbar werden wir hier dieselben Vorstellungen beibehalten können, die früher (§ 136) zur Deutung der Aktivität des Thoriums entwickelt wurden: Von den Radiumatomen zerfällt pro Zeiteinheit ein konstanter Bruchteil unter Ausstoſsung von α-Teilchen. Der Atomrest wird dann zum Elementarteilchen der Emanation. Dieses ist aber selbst noch instabil und zerfällt weiter, indem es ein α-Teilchen fortschleudert. So verwandelt sich von einer gegebenen Menge Radiumemanation die Hälfte in vier Tagen und das Produkt dieses letzteren Umwandlungsprozesses erscheint in einem aktiven Niederschlage. Der

388 Elftes Kapitel. Die Umwandlungsprodukte des Radiums.

ganze Vorgang läfst sich also bis zu dieser Entwickelungsstufe durch folgendes Schema versinnbildlichen.

$$\text{Radiumatom} \xrightarrow{\alpha\text{-Teilchen}} \text{Atom der Emanation} \xrightarrow{\alpha\text{-Teilchen}} \text{Atom des aktiven Niederschlages}$$

218. Analyse des aktiven Niederschlages der Radiumemanation.
Wir sahen bereits im Kap. VIII, dafs die erregte Aktivität, die ein Körper unter der Einwirkung eines Radiumpräparates annimmt, von der Bildung eines dünnen Häutchens aktiver Materie auf seiner Oberfläche herrührt. Die Substanz dieses aktiven Niederschlages bildet sich nicht etwa infolge einer spezifischen Wirkung der Strahlung auf den exponierten Körper, sondern stellt ein Zersetzungsprodukt der Radiumemanation dar.

Bestimmt man die Intensität der von dem Niederschlage ausgehenden Strahlung in ihrer Abhängigkeit von der Zeit, so begegnet man ziemlich verwickelten Verhältnissen. Die Form der Aktivitätskurven hängt sowohl von der Expositionsdauer ab als auch von der Art der zur Messung benutzten Strahlengattung. Von der erregten Aktivität erlischt zwar der gröfste Teil im Laufe von 24 Stunden, es bleibt indessen eine schwache Reststrahlung übrig, die nur sehr langsam abklingt.

Aus den folgenden Darlegungen wird sich ergeben, dafs die Umwandlung des aktiven Niederschlags der Radiumemanation in wenigstens sechs Stufen erfolgt. Zunächst erzeugt die Emanation eine Materie, die wir Radium A nennen wollen; die folgenden Produkte sollen durch die Buchstaben B, C, D, E, F unterschieden werden. Die allgemeinen Gleichungen zur Berechnung der zu einer beliebigen Zeit vorhandenen Mengen aller einzelnen Produkte werden hier offenbar eine sehr komplizierte Gestalt annehmen. Um die Theorie mit den Beobachtungen zu vergleichen, kann man die Formeln indessen wesentlich vereinfachen, indem man je nach den in Frage kommenden Umständen gewisse Glieder vernachlässigt. So verwandeln sich z. B. die Materien A, B, C aufserordentlich viel schneller als das Produkt D; in der Regel kann man die Aktivität von $D + E + F$ gegenüber derjenigen von A oder C vollständig vernachlässigen, da sie für gewöhnlich noch nicht $1/_{100\,000}$ von der Anfangsaktivität eines der letzteren Produkte beträgt. Es ist daher gestattet, die Analyse des aktiven Niederschlages der Radiumemanation in der Weise durchzuführen, dafs man seine sechs Bestandteile in zwei Gruppen anordnet und jede von diesen für sich allein untersucht. Die erste Gruppe umfasse die Produkte von grofser Umwandlungsgeschwindigkeit, nämlich Radium A, B und C, und die zweite diejenigen, die nur langsam zerfallen, d. h. Radium D, E und F.

Elftes Kapitel. Die Umwandlungsprodukte des Radiums. 389

219. Die aktiven Niederschläge von großer Umwandlungsgeschwindigkeit. Zu den im folgenden zu beschreibenden Versuchen diente als Aktivierungsgefäß ein geschlossener Glasbehälter, in dem sich eine Radiumlösung befand. So konnte sich in der abgesperrten Luft oberhalb der Flüssigkeit Emanation ansammeln. Der zu aktivierende Draht wurde durch einen Stopfen in das Gefäß eingeführt und eine bestimmte Zeit lang exponiert. Sollte alsdann seine α-Strahlung untersucht werden, so wurde er als axiale Elektrode, der in Fig. 18 dargestellten Anordnung entsprechend, in einen Metallzylinder eingesetzt, und man bestimmte nun mit Hilfe eines Elektrometers die Intensität des Sättigungsstromes als Funktion der Zeit. Unter Umständen war die erregte Aktivität so stark, daß die Strommessung auch auf galvano-

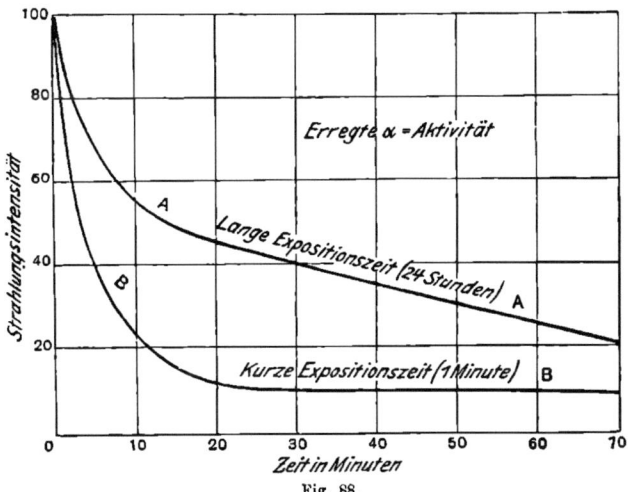

Fig. 88.

metrischem Wege erfolgen konnte; in diesen Fällen bedurfte es einer sehr hohen Spannung, um den Sättigungszustand in dem ionisierten Gase zu erzielen. Durch den Zylinderkondensator ließ man beständig einen langsamen Strom staubfreier Luft hindurchstreichen, um Spuren des Emanationsgases, die möglicherweise an dem Drahte haften geblieben waren, zu beseitigen. Für die Versuche mit β- und γ-Strahlen wurde an Stelle des Elektrometers zweckmäßigerweise ein Elektroskop von der in Fig. 12 abgebildeten Form benutzt. Der aktivierte Draht wurde dann unter das Elektroskop gelegt, und man schaltete in den Weg der Strahlen, um die letzteren zu filtrieren, Schirme von geeigneter Dicke ein. Um die β-Strahlung zu untersuchen, bedurfte es nur dünner Metallhäutchen, die für α-Strahlen undurchlässig waren. Eine Bleiplatte von 0,6 cm Dicke wurde dagegen benutzt, wenn sowohl die α- als auch die β-Strahlen vollständig absorbiert und die Entladungseffekte

390 Elftes Kapitel. Die Umwandlungsprodukte des Radiums.

der γ-Strahlen allein bestimmt werden sollten. Das Elektroskop ist für derartige Messungen ein sehr geeignetes Instrument, mit dem sich bequem und zugleich recht genau arbeiten läfst.

Fig. 88, *BB*, gibt uns nun zunächst ein Bild der Abklingungskurve der erregten α-Aktivität für eine Expositionsdauer von 1 Minute.

Es lassen sich hier drei Phasen des Abklingens unterscheiden:

1. Während der ersten 15 Minuten sinkt die Strahlungsintensität sehr schnell auf ungefähr 10 % ihres Anfangswertes, den sie unmittelbar nach Beendigung der Exposition besitzt.

2. Es folgt eine Periode von 30 Minuten, während der sich die Aktivität kaum ändert.

3. Weiterhin nimmt die Aktivität allmählich bis zum völligen Verschwinden ab.

Der starke Abfall im ersten Stadium gehorcht ziemlich streng einem Exponentialgesetze mit einer Halbwertsperiode von 3 Minuten.

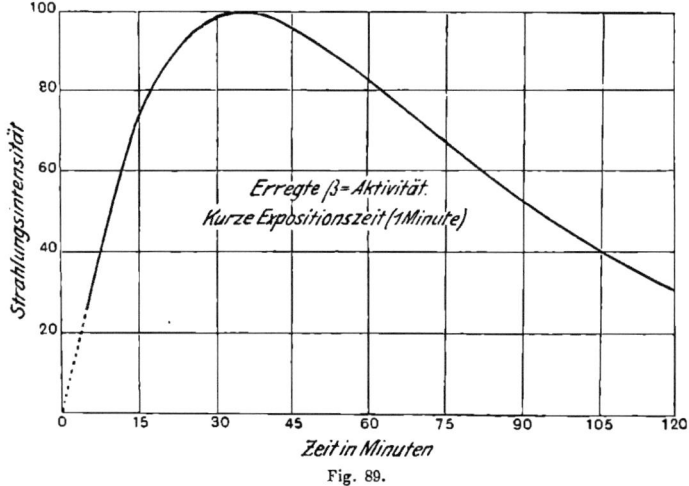

Fig. 89.

Drei bis vier Stunden später beginnt die Aktivität wiederum in geometrischer Progression mit der Zeit abzunehmen, sinkt aber jetzt erst in 28 Minuten auf den halben Betrag.

Für Expositionszeiten von etwas längerer Dauer erhält man andere Kurven, von denen eine gröfsere Anzahl bereits in Fig. 68 wiedergegeben wurde. Auch in diesen Fällen läfst sich

1. eine Anfangsperiode erkennen, in der sich die Materie binnen 3 Minuten zur Hälfte umwandelt, und

2. ein Endzustand, der durch eine Halbwerts-Zeitkonstante von 28 Minuten gekennzeichnet ist.

Elftes Kapitel. Die Umwandlungsprodukte des Radiums.

Ehe wir die mittleren Teile jener Kurven einer näheren Betrachtung unterziehen, dürfte es sich empfehlen, erst noch von weiteren Beobachtungsresultaten Kenntnis zu nehmen.

Fig. 88, Kurve AA, veranschaulicht den Aktivitätsabfall nach einer ziemlich langen Exposition (24 Stunden). Hier verringert sich die Strahlungsintensität innerhalb der ersten 15 Minuten um 50 %, dann nimmt sie langsamer ab, und nach etwa 4 Stunden tritt wieder das Exponentialgesetz mit der Halbwertsperiode von 28 Minuten in Kraft.

Wir kommen nun ferner zu den analogen Messungen für die erregte β-Aktivität. Hierauf beziehen sich die Figuren 89 und 90.

Fig. 89 gilt für eine kurze Expositionsdauer von 1 Minute, Fig. 90

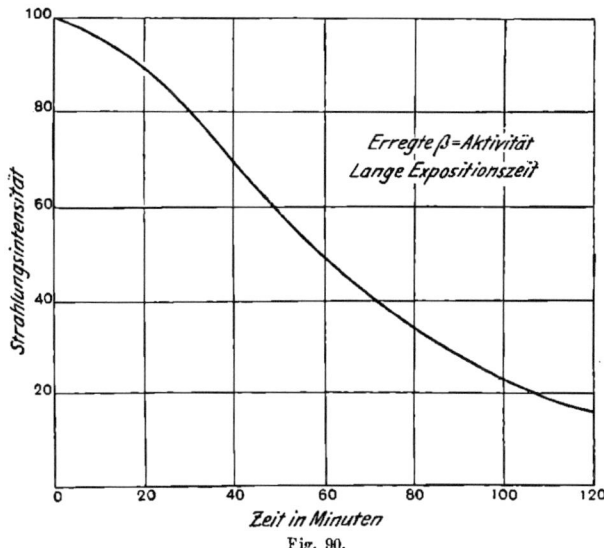

Fig. 90.

entspricht dem Aktivitätsabfall, der nach einer langen, 24 stündigen Exposition eintritt.

Diese Kurven der β-Strahlung unterscheiden sich wesentlich von denen, die man für α-Strahlen erhält. Nach einer kurzen Expositionszeit ist die β-Aktivität zunächst sehr schwach, sie wächst aber sofort und erreicht nach etwa 36 Minuten einen maximalen Betrag. Weiterhin klingt sie allmählich ab und, wenn mehrere Stunden verstrichen sind, gehorcht die Erscheinung wieder einem Exponentialgesetze; nunmehr verringert sich die Aktivität, wie in den übrigen Fällen, in je 28 Minuten um den halben Wert.

Die Kurve der Fig. 90 zeigt zu Anfang nicht den rapiden Abfall wie die entsprechende Kurve AA der Fig. 88. Weiterhin sehen sich aber beide Kurven sehr ähnlich; abgesehen von jener Anfangsperiode von 15 Minuten klingt die Intensität der β-Strahlung im vorliegenden Falle genau nach derselben Gesetzmäfsigkeit ab wie die der α-Strahlung.

Die Kurven der γ-Strahlung sind mit denen der β-Strahlung vollkommen identisch. Diese beiden Strahlenarten treten demnach stets vereinigt auf, und ihre Intensitäten stehen zueinander in einem konstanten Verhältnis.

Die Figuren 89 und 90 stellen zwei typische Grenzfälle dar. Die Aktivitätskurve geht aber stetig von der einen in die andere Form über, wenn die Expositionsdauer allmählich von 1 Minute bis zu 24 Stunden variiert wird. Für eine Anzahl solcher Expositionszeiten von mittlerer Dauer sind die zugehörigen Kurven bereits in Fig. 69 wiedergegeben worden.

220. Deutung der Aktivitätskurven. Aus den obigen Darlegungen geht deutlich hervor, dafs der Umwandlungsvorgang, der dem steilen Abfall in den Kurven A und B der Fig. 88 entspricht, mit einer Emission von α-Strahlen verknüpft ist, und dafs hierbei von der jeweils vorhandenen Materie die Hälfte in ungefähr 3 Minuten zerfällt. β-Strahlen werden indessen in diesem Falle nicht ausgesandt, da ja die Kurven der Fig. 89 und 90 jenen starken anfänglichen Abfall nicht aufweisen; sonst müfste sich eben die β-Aktivität in derselben Weise ändern wie die α-Aktivität.

Mehrere Stunden nach Beendigung des Aktivierungsprozesses erfolgt der Abfall unter allen Umständen, mag die Expositionszeit kurz oder lang sein, und mag die Intensität der α-, β- oder γ-Strahlen gemessen werden, nach einem einfachen Exponentialgesetze mit einer Halbwertsperiode von 28 Minuten. Daraus ist zu schliefsen, dafs während der letzten Umwandlungsphase alle drei Strahlengattungen ausgesandt werden.

Die vorliegenden Beobachtungen lassen sich vollkommen erklären, wenn man annimmt, dafs die Materie des aktiven Niederschlags nacheinander drei verschiedene Umwandlungen erleidet und zwar in folgender Weise [1]):

1. Zunächst wird Radium A aus der Emanation abgeschieden. Von diesem zerfällt die Hälfte in je 3 Minuten, wobei gleichzeitig α-Strahlen, aber nur diese, ausgesandt werden.

2. Auf der zweiten Entwickelungsstufe verwandelt sich Radium B in Radium C. Dies geschieht mit einer Halbwertsperiode von 21 Minuten, aber ohne Emission einer Strahlung.

3. Drittens zerfällt das Radium C, zur Hälfte in 28 Minuten. Hierbei werden α-, β- und γ-Strahlen entsandt.

---

[1]) E. Rutherford, Phil. Trans. A., p. 169. 1904. P. Curie und J. Danne, C. R., p. 748. 1904.

Elftes Kapitel. Die Umwandlungsprodukte des Radiums.

221. Die Kurven der β-Aktivität. Die theoretische Behandlung der Umwandlungsvorgänge wird wesentlich vereinfacht, wenn man die erste Phase des Prozesses einstweilen vernachlässigt. Es verwandeln sich ja auch schon binnen 6 Minuten dreiviertel der Materie A in B, und nach Verlauf von 20 Minuten ist nur noch 1 % von A übrig geblieben. Bemerkenswerterweise ergibt die Berechnung der Atomzahlen von B und C für beliebige Zeiten sogar eine bessere Übereinstimmung mit der Theorie, wenn man die Umwandlung von A gänzlich unberücksichtigt läfst. Auf diesen Punkt werden wir später noch zurückkommen (s. Paragraph 228).

Für sehr kurze Expositionszeiten ist die β-Aktivität zunächst sehr gering, dann steigt sie in 36 Minuten auf einen maximalen Betrag, um weiterhin mit wachsender Zeit gleichmäfsig abzuklingen. Die Kurve der Figur 89, die diesen Fall graphisch veranschaulicht, stimmt ihrer Form nach mit den entsprechenden Kurven für Thorium und Aktinium sehr nahe überein. Demgemäfs müssen wir annehmen, dafs die Umwandlung der Materie B in C keine β-Strahlung liefert, sondern dafs solche Strahlen nur dann entstehen, wenn sich C in D verwandelt. Unter diesen Umständen mufs aber die ganze β-Aktivität jederzeit der gerade vorhandenen Menge des Produktes C proportional sein. Es kann daher zur Berechnung der zu einer beliebigen Zeit t auftretenden Aktivität J_t eine Gleichung von der nämlichen Form dienen, wie wir sie früher (Paragraph 207) beim Thorium und Aktinium gefunden hatten, d. h. es ist

$$\frac{J_t}{J_T} = \frac{e^{-\lambda_3 t} - e^{-\lambda_2 t}}{e^{-\lambda_3 T} - e^{-\lambda_2 T}},$$

wenn T die Zeit bedeutet, zu der die Aktivität ihr Maximum J_T erreicht. In der Endperiode verringert sich die Strahlungsintensität in je 28 Minuten um die Hälfte; folglich ist eine der beiden Umwandlungskonstanten gleich $4{,}13 \times 10^{-4}$. Wie in früheren analogen Fällen ist aber wiederum aus der Aktivitätskurve allein nicht zu ersehen, ob dieser Wert der Gröfse λ_2 oder λ_3 zukommt. Aus weiteren Beobachtungen (s. Paragraph 226) geht indessen hervor, dafs jene Zahl der letztgenannten Gröfse zuzuordnen ist. Demgemäfs wird also $\lambda_3 = 4{,}13 \times 10^{-4}$ (sec)$^{-1}$.

Aus der Aktivitätskurve ergibt sich dann ferner: $\lambda_2 = 5{,}38 \times 10^{-4}$ (sec)$^{-1}$.

Die Versuche, deren Resultate in Fig. 89 wiedergegeben sind, wurden in folgender Weise ausgeführt: Der zu aktivierende Körper bestand aus einem dünnen Aluminiumblatt; dieses wurde in ein Glasrohr eingesetzt und das letztere sodann evakuiert. Das Rohr konnte durch einen Hahn mit dem Emanationsreservoir in Verbindung gesetzt werden; hier herrschte gewöhnlicher atmosphärischer Druck. Man öffnete nun den Hahn, und so strömte eine grofse Menge Radiumemanation rasch in das Aktivierungsgefäfs. Nach 1,5 Minuten wurde die Emanation durch einen starken Luftstrom fortgeblasen, das Aluminium herausgenommen und der elektroskopischen Prüfung (Fig. 12) unterworfen. Zur Eliminierung der α-Strahlen diente ein Aluminiumschirm von 0,1 mm Dicke.

Folgende Tabelle enthält eine Zusammenstellung der auf diese Weise beobachteten und der nach der obigen Formel berechneten Werte. Die Maximalaktivität J_T (für $T = 36$ Minuten) ist willkürlich gleich 100 gesetzt worden. Die Zeit $t = 0$ bedeutet 45 Sekunden vor dem Austritt der Emanation aus dem Aktivierungsgefäfse.

Zeit in Minuten	Aktivität	
	berechnet	beobachtet
0	0	0
10	58,1	55
20	88,6	86
30	97,3	97
36	100	100
40	99,8	99,5
50	93,4	92
60	83,4	82
80	63,7	61,5
100	44,8	42,5
120	30,8	29

Man erhält demnach, wie ersichtlich, eine gute Übereinstimmung zwischen Rechnung und Beobachtung für die Intensitäten dieser β-Strahlung. Die Erscheinungen lassen sich also vollkommen erklären durch die Annahmen:

1. dafs bei der Umwandlung von B in C (Halbwertsperiode $= 21$ Minuten) keine β-Strahlung entsteht,

2. dafs β-Strahlen ausgesandt werden, wenn sich C in D verwandelt (Halbwertsperiode $= 28$ Minuten).

222. In bester Übereinstimmung mit diesen Schlufsfolgerungen stehen die Beobachtungen über den Abfall der β-Aktivität für lange Expositionszeiten. Die betreffende Abklingungskurve ist in Fig. 90 sowie — in etwas anderem Mafsstabe — in Fig. 91 I wiedergegeben.

P. Curie und Danne kamen zu der wichtigen Erkenntnis, dafs sich diese Kurven sehr genau durch folgende empirische Formel darstellen lassen:

$$\frac{J_t}{J_0} = a\, e^{-\lambda_3 t} - (a-1)\, e^{-\lambda_2 t}.$$

Elftes Kapitel. Die Umwandlungsprodukte des Radiums. 395

Hierin ist $\lambda_2 = 5{,}38 \times 10^{-4}$ (sec)$^{-1}$, $\lambda_3 = 4{,}13 \times 10^{-4}$ (sec)$^{-1}$ und die numerische Konstante $a = 4{,}20$.

Auch meine eigenen Beobachtungen ergaben, dafs diese Gleichung innerhalb der Versuchsfehler dem Abfall der vom Radium erregten β-Aktivität entspricht, falls lange genug exponiert worden ist. Die Formel für den Abfall der α-Aktivität lautet dagegen, zumal im Bereiche der Anfangsperiode, wesentlich anders.

Mehrere Stunden nach Beendigung des Aktivierungsprozesses erlischt die Strahlung, wie die Versuche lehrten, nach einem Exponentialgesetze, indem sich ihre Intensität in je 28 Minuten um die Hälfte verringert. Dadurch bestimmt sich der Wert von λ_3. Die Werte der

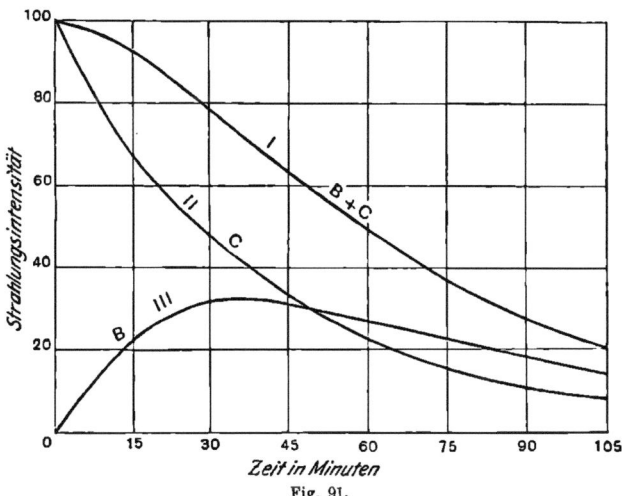

Fig. 91.

anderen Konstanten, a und λ_2, erhält man sodann durch Ausprobieren aus der experimentell ermittelten Kurve.

Nun hatte bekanntlich die Analyse des aktiven Niederschlages der Thoremanation zu dem Resultate geführt (Paragraph 207), dafs diese Materie nacheinander zwei Umwandlungen erleidet — nach Mafsgabe der beiden Umwandlungskonstanten λ_2 und λ_3 —, von denen nur die zweite zum Auftreten einer Strahlung Veranlassung gibt. Die Strahlungsintensität nach langer Expositionszeit liefs sich in jenem Falle durch folgenden Ausdruck darstellen (vgl. Gleichung (8), Paragraph 198):

$$\frac{J_t}{J_0} = \frac{\lambda_2}{\lambda_2 - \lambda_3} e^{-\lambda_3 t} - \frac{\lambda_3}{\lambda_2 - \lambda_3} e^{-\lambda_2 t}.$$

Diese Relation ist in der Form offenbar identisch mit der empirischen

Elftes Kapitel. Die Umwandlungsprodukte des Radiums.

Gleichung von Curie und Danne. Setzt man für λ_2 und λ_3 die von den letzteren ermittelten Werte ein, so wird

$$\frac{\lambda_2}{\lambda_2 - \lambda_3} = 4{,}3 \text{ und } \frac{\lambda_3}{\lambda_2 - \lambda_3} = 3{,}3.$$

Unsere theoretische Gleichung stimmt mithin nicht nur der Form nach mit den Ergebnissen der Versuche gut überein, sondern sie liefert auch nahezu die nämlichen Werte für die konstanten Koeffizienten.

Wäre auch die erste Umwandlung, gerade so wie die zweite, mit einer Strahlung verknüpft, so würde die entsprechende Gleichung zwar dieselbe Gestalt wie vorher annehmen, die Koeffizienten müfsten dann aber andere Werte besitzen, da sie in diesem Falle noch von dem spezifischen Ionisierungsvermögen der beiden Strahlengruppen abhingen. Nehmen wir z. B. an, es lieferten beide Umwandlungen gleich viel β-Strahlen, so würde die Gleichung, wie sich leicht ableiten läfst, folgendermafsen lauten:

$$\frac{J_t}{J_0} = \frac{0{,}5\,\lambda_2}{\lambda_2 - \lambda_3}\, e^{-\lambda_3 t} - 0{,}5 \left(\frac{\lambda_3}{\lambda_2 - \lambda_3} - 1 \right) e^{-\lambda_2 t}.$$

Man erhielte so, unter Benutzung derselben Zahlen für λ_2 und λ_3 wie vorher, für die Koeffizienten die Werte 2,15 statt 4,3 und 1,15 statt 3,3. Durch diese hypothetische Formel würden sich also die Beobachtungen nicht darstellen lassen.

Schon die Gültigkeit der von Curie und Danne auf Grund ihrer Messungen aufgestellten Formel führt notwendigerweise zu dem Schlufs, dafs die erste Umwandlung von keiner Strahlung begleitet sein kann. Das läfst sich folgendermafsen beweisen: In Fig. 91 entspricht die Kurve I den unmittelbar beobachteten Aktivitätswerten. In dem Momente der Trennung des exponierten Körpers von der Emanation mufs die niedergeschlagene Substanz — die erste rasche Umwandlung soll wieder unberücksichtigt bleiben — von beiden Produkten, sowohl von B als auch von C, eine gewisse Menge enthalten. Bestände der Niederschlag nach Beendigung der Exposition ausschliefslich aus der Materie C, so würde er nach einem Exponentialgesetze zerfallen, und zwar würde sein Strahlungsvermögen in je 28 Minuten um die Hälfte abnehmen.

Als Aktivitätskurve erhielte man dann die Kurve II. Werden nun in demselben Diagramm die Differenzen der Ordinaten von I und II zu allen Abszissenwerten aufgetragen, so ergibt sich die Kurve III. Diese ist aber ihrer Form nach identisch mit der Kurve der Fig. 89, welche uns die Änderung der β-Aktivität für kurze Expositionszeiten veranschaulichte. Insbesondere liegt das Maximum in beiden Fällen an derselben Stelle, nämlich bei $t = 36$ Minuten. Eine derartige Kurve läfst sich nicht anders deuten als durch die Annahme, dafs die erste Umwandlung ohne Strahlung erfolgt. Die Ordinaten der

Elftes Kapitel. Die Umwandlungsprodukte des Radiums.

Kurve III stellen demnach diejenigen Beträge dar, um die man die Aktivitätswerte der Kurve II wegen der Umwandlung der Materie B in C vergröfsern mufs. Die zur Beobachtung gelangende Strahlung rührt aber unmittelbar nur von der Umwandlung des Produktes C in D her.

Die Kurve III würde offenbar die wahren Aktivitätswerte darstellen, wenn der Niederschlag anfangs nur aus der Substanz B bestände. Folglich müfste sie mit der Aktivitätskurve für kurze Expositionszeiten übereinstimmen, und das ist eben tatsächlich der Fall.

Inwieweit die Theorie hier den Beobachtungen gerecht wird, ersieht man aus folgender Tabelle. Die Zahlen der ersten Kolumne sind nach der Formel

$$\frac{J_t}{J_0} = \frac{\lambda_2}{\lambda_2 - \lambda_3} e^{-\lambda_3 t} - \frac{\lambda_3}{\lambda_2 - \lambda_3} e^{-\lambda_2 t}$$

berechnet worden unter Zugrundelegung der Werte $\lambda_2 = 5{,}38 \times 10^{-4}$ und $\lambda_3 = 4{,}13 \times 10^{-4}$. Die beobachteten Aktivitäten beziehen sich auf eine Expositionsdauer von 24 Stunden.

Zeit in Minuten	Aktivität	
	berechnet	beobachtet
0	100	100
10	96,8	97,0
20	89,4	88,5
30	78,6	77,5
40	69,2	67,5
50	59,9	57,0
60	49,2	48,2
80	34,2	33,5
100	22,7	22,5
120	14,9	14,5

Läfst man einen Luftstrom an dem aktivierten Körper vorbeistreichen, so werden die beobachteten Zahlen sämtlich etwas kleiner als die theoretischen Werte. Dies mag daran liegen, dafs sich die Materie Radium B vermutlich schon bei gewöhnlicher Temperatur in geringem Mafse verflüchtigt.

223. Die Kurven der α-Aktivität. Wir wenden uns ferner zur näheren Betrachtung der erregten α-Aktivität. Zur Aufnahme der Kurven wurde ein Platinblech zunächst mehrere Tage lang in ein Glasrohr eingeschlossen, in dem sich eine grofse Menge Radiumemanation befand, und hierauf in einen aus zwei Bleiplatten gebildeten Kondensator übergeführt. Zur Messung des Sättigungsstromes konnte hier,

398 Elftes Kapitel. Die Umwandlungsprodukte des Radiums.

indem eine Spannung von 600 Volt angelegt wurde, ein empfindliches Galvanometer von hohem Widerstande benutzt werden. Nachdem der aktivierte Körper aus dem Emanationsbehälter herausgenommen worden war, wurde so schnell als möglich mit den Ablesungen begonnen. Die Kurven, die man dann für die Stromstärke als Funktion der Zeit erhielt, wurden rückwärts verlängert, bis sie die Ordinatenachse trafen. Der Schnittpunkt entsprach einer Stromstärke von 3×10^{-8} Ampere. Dieser Anfangswert ist in folgender Tabelle, in der die relativen Werte der Stromintensität nach den Beobachtungen wiedergegeben sind, gleich 100 gesetzt worden.

Zeit in Minuten	Stromstärke	Zeit in Minuten	Stromstärke
0	100	30	40,4
2	80	40	35,6
4	69,5	50	30,4
6	62,4	60	25,4
8	57,6	80	17,4
10	52,0	100	11,6
15	48,4	120	7,6
20	45,4		

Zur graphischen Veranschaulichung dieser Beobachtungsreihe dient die oberste Kurve der Fig. 92. Die Aktivität beginnt hiernach zu-

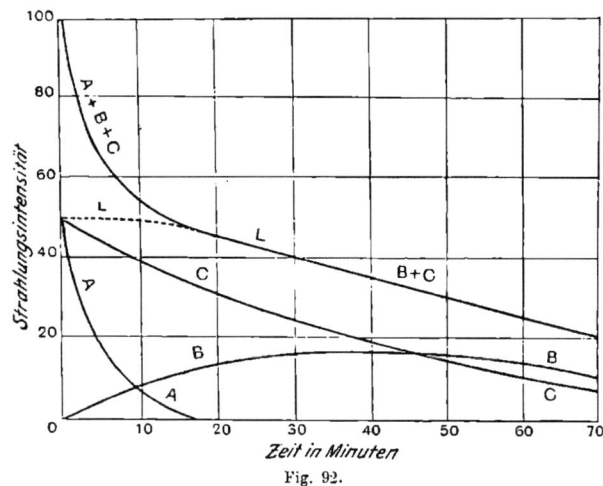

Fig. 92.

nächst sehr rasch zu sinken. Diese rapide Abnahme ist durch den Zerfall der Materie A bedingt. Jenes erste Stück $(A + B + C)$ der Kurve endigt bei dem Abszissenwerte 20 Minuten. Man verlängere

Elftes Kapitel. Die Umwandlungsprodukte des Radiums.

nun den letzten Teil der Kurve rückwärts bis zum Schnittpunkte mit der Ordinatenachse, so entsteht das Kurvenstück LL mit einer Anfangsordinate von ungefähr 50. Die Differenzen der Ordinaten von $A + B + C$ und LL sind als Kurve AA eingezeichnet. Diese letztere stellt somit den Beitrag dar, den die Umwandlung der Substanz Radium A zur Gesamtstrahlung liefert. Die Kurve LL stimmt in ihrem ganzen Verlauf mit der früher betrachteten Kurve für den Abfall der β-Aktivität nach langer Expositionsdauer überein (s. Fig. 90). Zum Beweise dessen diene die folgende Tabelle. Sie enthält einerseits die nach der Formel

$$\frac{J_t}{J_0} = \frac{\lambda_2}{\lambda_2 - \lambda_3} e^{-\lambda_3 t} - \frac{\lambda_3}{\lambda_2 - \lambda_3} e^{-\lambda_2 t}$$

unter Benutzung der früher für λ_2 und λ_3 angegebenen Werte berechneten Gröfsen und andererseits die Aktivitätswerte der auf Grund der Beobachtungen konstruierten Kurve LL. Beide Zahlenreihen stimmen miteinander gut überein.

Zeit in Minuten	Aktivität	
	berechnet	beobachtet
0	100	100
10	96,8	97,0
20	89,4	89,2
30	78,6	80,8
40	69,2	71,2
50	59,9	60,8
60	49,2	50,1
80	34,2	34,8
100	22,7	23,2
120	14,9	15,2

Die Formel, aus der die Werte der ersten Kolumne berechnet wurden, gilt für den Fall, dafs zwei Umwandlungen in Frage kommen, von denen nur die zweite von einer Strahlung begleitet wird. Die gute Übereinstimmung zwischen den theoretischen Werten und denen der Kurve LL liefert somit den Beweis, dafs bei der Umwandlung des Produktes Radium B in Radium C keine α-Strahlen entstehen. Die Kurve LL läfst sich nun in analoger Weise wie die Kurve I der Fig. 91 in zwei Komponenten zerlegen, nämlich in die Kurven CC und BB (Fig. 92). Die erstere stellt diejenigen Aktivitätswerte dar, die dem Zerfall der ursprünglich vorhandenen Menge der Materie C allein entsprechen. Die andere Kurve BB veranschaulicht dagegen den Beitrag, den die Umwandlung der aus B neu gebildeten Substanz C liefert; sie ist, wie man sieht, identisch mit der ent-

400   Elftes Kapitel. Die Umwandlungsprodukte des Radiums.

sprechenden Kurve der Fig. 91. Wenden wir dieselbe Betrachtungsweise wie früher an, so ergibt sich auch aus dieser Kurvenzerlegung wiederum das Resultat, daſs die Verwandlung von B in C ohne Emission von α-Strahlen vor sich geht. Auf dieser Stufe des Umwandlungsprozesses werden mithin überhaupt keine Strahlen ausgesandt. Denn oben war bereits gezeigt worden, daſs in jenem Falle auch keine β-Strahlung zustande kommt, und es fehlen ebenso die γ-Strahlen, da ja die Kurven der γ-Aktivität mit denen der β-Aktivität zusammenfallen. Erst bei der Umwandlung von Radium C in Radium D entstehen alle drei Strahlengattungen.

Die Analyse der Aktivitätskurven hat somit zu dem Ergebnis geführt, daſs der Niederschlag der Radiumemanation nacheinander drei verschiedene Umwandlungen erleidet, die sämtlich ziemlich schnell verlaufen:

1. Zunächst entsteht unmittelbar aus der Emanation die Materie A. Sie zerfällt zur Hälfte binnen 3 Minuten unter Aussendung von α-Strahlen.

2. Von der Materie B verwandelt sich die Hälfte in 21 Minuten, ohne daſs dabei irgendwelche ionisierenden Strahlen erzeugt würden.

3. Das dritte Glied der Reihe haben wir in der Materie C vor uns. Diese verwandelt sich zur Hälfte in 28 Minuten, und hierbei entstehen α-, β- und γ-Strahlen.

4. Es folgt nunmehr ein weiteres Produkt von sehr geringer Umwandlungsgeschwindigkeit; von diesem soll aber erst später die Rede sein.

224. Die Gleichungen der Aktivitätskurven. Der Übersichtlichkeit halber mögen im folgenden die Gleichungen für die Abhängigkeit der Aktivität von der Zeit zusammengestellt werden. In allen Fällen hat man zu setzen:

$$\lambda_1 = 3{,}8 \times 10^{-3}, \quad \lambda_2 = 5{,}38 \times 10^{-4}, \quad \lambda_3 = 4{,}13 \times 10^{-4}.$$

1. β-Aktivität; kurze Expositionszeit.

$$\frac{J_t}{J_T} = 10{,}3\, (e^{-\lambda_3 t} - e^{-\lambda_2 t}).$$

J_T bedeutet die maximale Aktivität.

2. β-Aktivität; lange Expositionszeit.

$$\frac{J_t}{J_0} = 4{,}3\, e^{-\lambda_3 t} - 3{,}3\, e^{-\lambda_2 t}.$$

J_0 bedeutet die Anfangsaktivität.

Elftes Kapitel. Die Umwandlungsprodukte des Radiums.

3. β-Aktivität; beliebig lange Expositionszeit T.

$$\frac{J_t}{J_0} = \frac{a\, e^{-\lambda_3 t} - b\, e^{-\lambda_2 t}}{a-b}.$$

Hierin ist

$$a = \frac{1-e^{-\lambda_3 T}}{\lambda_3}, \quad b = \frac{1-e^{-\lambda_2 T}}{\lambda_2}.$$

4. α-Aktivität; lange Expositionszeit.

$$\frac{J_t}{J_0} = \frac{1}{2} e^{-\lambda_1 t} + \frac{1}{2} (4{,}3\, e^{-\lambda_3 t} - 3{,}3\, e^{-\lambda_2 t}).$$

Die Gleichung für die Intensität der α-Strahlung nach beliebig langer Expositionsdauer läfst sich ebenfalls ohne Schwierigkeit ableiten. Man gelangt dabei aber zu einem ziemlich komplizierten Ausdruck.

225. Allmähliche Zunahme der erregten Aktivität während des Aktivierungsprozesses. Die Stärke der erregten Aktivität, die ein

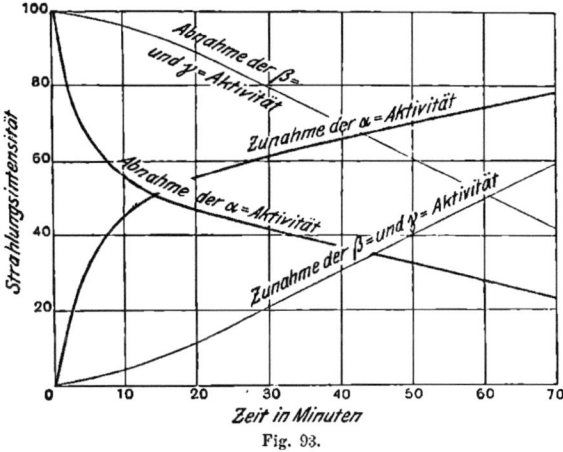

Fig. 93.

Körper annimmt, wenn man ihn längere Zeit einer konstanten Menge Radiumemanation exponiert, wächst allmählich von Null bis auf einen maximalen Betrag. Die graphische Darstellung der Strahlungsintensität als Funktion der Zeit liefert in diesem Falle Kurven, die denen des Aktivitätsabfalls für lange Expositionsdauer komplementär verlaufen. Es ist, mit anderen Worten, die Summe der Ordinaten je zweier einander zugeordneter Kurvenpunkte für alle Zeiten konstant. Das ist eine notwendige Folgerung unserer Theorie und läfst sich a priori leicht einsehen (s. Paragraph 200).

In Fig. 93 sind die einander entsprechenden Kurvenpaare sowohl für die α- als auch für die β-Aktivität dargestellt. Wie man sieht,

402 Elftes Kapitel. Die Umwandlungsprodukte des Radiums.

hängt auch die Gestalt der ansteigenden Kurven wesentlich davon ab, ob man die α- oder die β-Strahlung der Messung unterwirft. Die Gleichungen für die Zunahme der Aktivitäten lauten folgendermaßen:

1. β- und γ-Aktivität:

$$\frac{J_t}{J_{max}} = 1 - (4{,}3\, e^{-\lambda_3 t} - 3{,}3\, e^{-\lambda_2 t}).$$

2. α-Aktivität:

$$\frac{J_t}{J_{max}} = 1 - \tfrac{1}{2} e^{-\lambda_1 t} - \tfrac{1}{2} (4{,}3\, e^{-\lambda_3 t} - 3{,}3\, e^{-\lambda_2 t}).$$

226. Einfluß der Temperatur. Es fehlte bisher noch der Nachweis, daß die Umwandlung der Materie C tatsächlich mit einer Halbwertsperiode von 28 Minuten und nicht mit einer solchen von 21 Minuten erfolgt. Zugunsten dieser Annahme sprechen wertvolle neuere Untersuchungen von P. Curie und Danne[1]) über die Flüchtigkeit der aus der Emanation sich abscheidenden aktiven Materie. Schon früher hatte Miss Gates[2]) erkannt, daß sich diese Substanz bei hoher Temperatur verflüchtigt; als Träger diente ein dünner Platindraht; wurde dieser zu starker Rotglut erhitzt, so schlug sich ein Teil der aktiven Materie auf der kalten Wandung eines ihn umgebenden Metallzylinders nieder. Curie und Danne verfuhren in der Weise, daß sie einen aktivierten Platindraht kurze Zeit lang auf verschiedene Temperaturen brachten, die von 15° C. bis 1350° C. variiert wurden, und sodann bei Zimmertemperatur die Abklingungskurven bestimmten, sowohl für den verflüchtigten Teil der Materie als auch für den Rückstand, der auf dem Drahte verblieben war. Wie sich aus den Beobachtungen ergab, wuchs die Aktivität des überdestillierten Teiles in allen Fällen zunächst bis auf einen maximalen Wert und nahm schließlich nach einem Exponentialgesetze mit einer Halbwertsperiode von 28 Minuten ab. Nach einer Erhitzung auf ungefähr 630° C. hatte die Abklingungskurve für die auf dem Drahte zurückgebliebene Substanz die nämliche Gestalt, d. h. die Aktivität der letzteren verringerte sich in diesem Falle gleichfalls in je 28 Minuten um die Hälfte. Es zeigte sich aber ferner, daß die Materie B flüchtiger war als Radium C. Die erstere verschwand nämlich vollkommen bei etwa 600° C., während von Radium C selbst noch bei einer Temperatur von 1300° C. ein Teil zurückblieb. Da nun die Aktivität des Drahtes, nachdem er so stark erhitzt worden war, daß sich die Materie B vollkommen verflüchtigt hatte, in 28 Minuten um die Hälfte abnahm,

---

[1]) P. Curie und J. Danne, C. R. 138, p. 748. 1904.
[2]) Miss Gates, Phys. Rev. 1903, p. 300.

so folgt hieraus, dafs diese Zeitkonstante für Radium C und nicht für B charakteristisch ist.

Aus den Versuchen von Curie und Danne ergab sich ferner für die Abklingungsgeschwindigkeit der Drahtaktivität nach dem Erkalten eine Abhängigkeit von der Glühtemperatur. Während der Abfall nach einer Erhitzung auf 630° C. noch in normaler Weise erfolgte, betrug die Halbwertsperiode für eine Glühtemperatur von 1100° C. 20 Minuten und für eine solche von 1300° C. 25 Minuten.

Ich selbst gelangte zu ganz ähnlichen Resultaten, als ich die Versuche von Curie und Danne wiederholte. Zwar hielt ich es für denkbar, dafs jene Abhängigkeit der Abklingungskonstante von dem Grade der vorangegangenen Erhitzung dadurch veranlafst sein könnte, dafs die Flüchtigkeit der Materie C bei gewöhnlicher Temperatur von selbst allmählich stärker würde. Dieser Erklärungsversuch hat sich indessen nicht als haltbar erwiesen. Die Abklingungsgeschwindigkeiten, die man erhält, sind nämlich, wie besondere Versuche lehrten, unabhängig davon, ob sich der Draht während der Aktivitätsmessungen in einer fest verschlossenen Röhre befindet oder in einem offenen Behälter, durch den man beständig Luft hindurchströmen läfst.

Wir müssen somit die höchst bemerkenswerte Tatsache verzeichnen, dafs die Umwandlungsgeschwindigkeit der Materie Radium C keine von äufseren Bedingungen unabhängige, konstante Gröfse darstellt. Zum ersten Male begegnen wir hier also einem merklichen Einflufs der Temperatur auf den Verlauf der Umwandlungserscheinungen in einer radioaktiven Substanz *).

---

*) *Nach neueren Versuchen von Bronson (Phil. Mag., Jan. 1906) lassen sich die Beobachtungen von Curie und Danne anders deuten, ohne dafs man nötig hätte, einen Einflufs der Temperatur auf die Umwandlungsgeschwindigkeit anzunehmen. Ein aktivierter Draht wurde kurze Zeit lang auf 700 bis 1100° C. erhitzt, und zwar nachdem man ihn in ein Glasrohr luftdicht eingeschmolzen hatte, so dafs keine flüchtigen Produkte bei den hohen Temperaturen entweichen konnten. Unter diesen Umständen war keine Veränderlichkeit der Abklingungskonstanten mehr wahrzunehmen. Die Tatsache, dafs Curie und Danne einen Einflufs der Temperatur auf die Gestalt der Aktivitätskurve feststellen konnten, erklärt sich dadurch, dafs in ihrer Versuchsanordnung ein Teil der aktiven Substanz fortdestillieren konnte. Daher variierten, je nach dem Grade der vorangegangenen Erhitzung, die Mengenverhältnisse, in denen die Produkte B und C in dem aktiven Niederschlage enthalten waren. Nach Bronsons Messungen sind die richtigen Werte der Halbwertsperioden für Radium B und C 26 und 19 Minuten und nicht, wie oben angegeben, 28 und 21 Minuten. Ferner zeigte sich, dafs die kleinere Periode (von 19 Minuten) dem Radium C, nicht dem vorhergehenden Produkte B, beizulegen ist. Denn als man das Radium B einem aktivierten Drahte vollständig entzogen hatte, nahm die restierende Aktivität des letzteren in je 19 Minuten um die Hälfte ab. (Vgl. auch Anm. auf pag. 408.)*

227. Flüchtigkeit des Produktes Radium B bei gewöhnlicher Temperatur. Zum besseren Verständnis des Folgenden müssen wir zunächst von einer weiteren Tatsache Kenntnis nehmen, die unlängst von Miss Brooks[1]) entdeckt wurde: Ein durch Radiumemanation aktivierter Körper ist imstande, auch bei gewöhnlicher Temperatur eine sekundäre Aktivität auf die Wände des Gefäſses, in dem er sich aufhält, zu übertragen. Die Intensität dieser neuen Strahlung beträgt in der Regel ungefähr $1/1000$ der Gesamtaktivität; sie wird aber noch erheblich gröſser, wenn man den aktivierten, erregenden Körper zuvor mit Wasser abspült und über einer Gasflamme trocknet, — ein Verfahren, dessen man sich vielfach zu bedienen pflegt, um die letzten Spuren adhärierender Emanation zu beseitigen. Am intensivsten tritt der Effekt unmittelbar nach der Aktivierung des erregenden Körpers auf; zehn Minuten später ist seine Wirksamkeit in dieser Hinsicht fast gänzlich erloschen.

Besonders deutlich zeigte sich die Erscheinung bei Benutzung einer Kupferplatte, die durch Eintauchen in eine Lösung des aktiven Niederschlages aktiviert worden war. Die Lösung verschaffte man sich dadurch, daſs man einen durch Radiumemanation aktivierten Platindraht in verdünnte Salzsäure legte. Das Kupferblech lieſs man dann einige Minuten lang in einem geschlossenen Behälter stehen. Nachdem man es wieder herausgenommen hatte, konnte man eine intensive Strahlung der Gefäſswände wahrnehmen: ihre Aktivität betrug unter diesen Umständen 1 % von derjenigen der Kupferplatte.

Durch die Abgabe einer Emanation seitens des erregenden Körpers lieſs sich die Erscheinung nicht erklären; sie konnte vielmehr nur dadurch zustande kommen, daſs die Substanz Radium B schon bei gewöhnlicher Temperatur eine merkliche Flüchtigkeit besaſs. Dies bestätigte sich durch Beobachtungen über die Abhängigkeit der Strahlungsintensität von der Zeit. Die Aktivität der auf den Gefäſswänden abgeschiedenen Materie war nämlich zunächst ziemlich gering, stieg dann aber innerhalb eines Zeitraums von ungefähr 30 Minuten auf ein Maximum und nahm weiterhin allmählich bis auf Null ab. Der Aktivitätsanstieg verlief ganz ähnlich wie in Fig. 89. Demgemäſs hat man sich folgendes Bild von den hier in Betracht kommenden Vorgängen zu machen: Ein Teil der inaktiven Materie Radium B geht an die Gefäſswandung über und setzt sich dort in Radium C um; die Strahlung dieses letzteren Produktes ist es dann, die zur Beobachtung gelangt.

Das Entweichen der Materie B von dem aktivierten Körper findet nur während eines kleinen Zeitintervalls nach Abschluſs der Expositionsperiode statt. Offenbar geht also die scheinbare Verflüchtigung jener Substanz aus irgendwelchen Gründen nur in Gegenwart des rasch zer-

---

[1]) Miss Brooks, Nature, 21. Juli 1904.

Elftes Kapitel. Die Umwandlungsprodukte des Radiums. 405

fallenden Produktes Radium A vor sich. Sobald ein Atom dieser Materie A aufhört, als solches zu existieren, schleudert es bekanntlich ein α-Teilchen fort. Dabei mag das Restatom, das den elementaren Bestandteil vom Radium B bildet, so stark beschleunigt werden, dafs es in die umgebende Gasmasse austritt und von hier durch Diffusion an die Gefäfswände gelangt.

Jene sekundär erregte Aktivität läfst sich nach den Beobachtungen von Miss Brooks auf negative Elektroden nicht konzentrieren, sondern sie verteilt sich auch im elektrischen Felde gleichmäfsig auf alle im Aktivierungsraume vorhandenen Körper. Dieser Umstand ist von Wichtigkeit für die Erklärung der im folgenden Paragraphen zu besprechenden anomalen Effekte.

228. Die erste Umwandlungsstufe des aktiven Niederschlages.

Bisher hatten wir die erste Umwandlungsphase (mit der Halbwertsperiode von drei Minuten) vollständig vernachlässigt. Dennoch führte die Anwendung der Theorie zu einer recht befriedigenden Übereinstimmung mit den Messungen über den Abfall der β- und γ-Aktivität. Immerhin mufs sich aber die Existenz jener ersten Umwandlung durch genaue Aktivitätsmessungen nachweisen lassen. Das geht schon aus der allgemeinen Theorie (Paragraph 197 und 198) sowie aus den graphischen Darstellungen in Fig. 74 und 75 deutlich hervor. Der experimentelle Beweis für das Vorhandensein jener ersten Umwandlung würde zugleich eine Antwort auf die wichtige Frage liefern, ob die Produkte A und B unabhängig voneinander erzeugt werden, oder ob A die Muttersubstanz von B darstellt. Im letzteren Falle würde sich die Materie A allmählich in B verwandeln; es wäre dann also der Gehalt an B nach dem Zerfall von A etwas gröfser, als wenn die Entstehung von B nicht an die Existenz von A gebunden wäre; und dieser Effekt müfste sich am deutlichsten im ersten Teile der Kurve ausprägen, da die Umwandlung von A relativ schnell vonstatten geht.

Es wurde daher der Anstieg der erregten β-Aktivität unmittelbar, nachdem die Exposition begonnen hatte, sorgfältig bestimmt. Die Kurve der Aktivitätszunahme verläuft unter diesen Umständen stets komplementär zu derjenigen des Aktivitätsabfalls nach langer Expositionsdauer. Es empfiehlt sich jedoch, vornehmlich die ansteigende Kurve aufzunehmen, weil sich ihr Verlauf viel genauer festlegen läfst. So wird es beispielsweise ziemlich schwierig, mit Sicherheit festzustellen, ob die Intensität der Strahlung innerhalb einer gegebenen Zeit von 100 auf 99 oder auf 98,5 gesunken ist, während es sich leicht entscheiden läfst, ob die entsprechende Aktivitätszunahme 1 oder 1,5 % des maximalen Wertes beträgt.

406   Elftes Kapitel.   Die Umwandlungsprodukte des Radiums.

Kurve I in Fig. 94 zeigt uns auf Grund solcher Messungen, wie die β-Aktivität während der ersten 30 Minuten nach dem Beginn der Exposition ansteigt, indem ihre Ordinaten die Momentanwerte der Strahlungsintensität in Prozenten der maximalen Endaktivität darstellen.

Kurve III derselben Figur veranschaulicht den Verlauf, wie er sich nach Gleichung (9) in Paragraph 198 berechnet, wenn man annimmt, daſs A die Muttersubstanz von B sei, und für λ_1, λ_2, λ_3 die früher angegebenen Werte einsetzt.

Die Punkte der Kurve II sind schließlich unter der Annahme berechnet, daſs die Substanzen A und B unabhängig voneinander er-

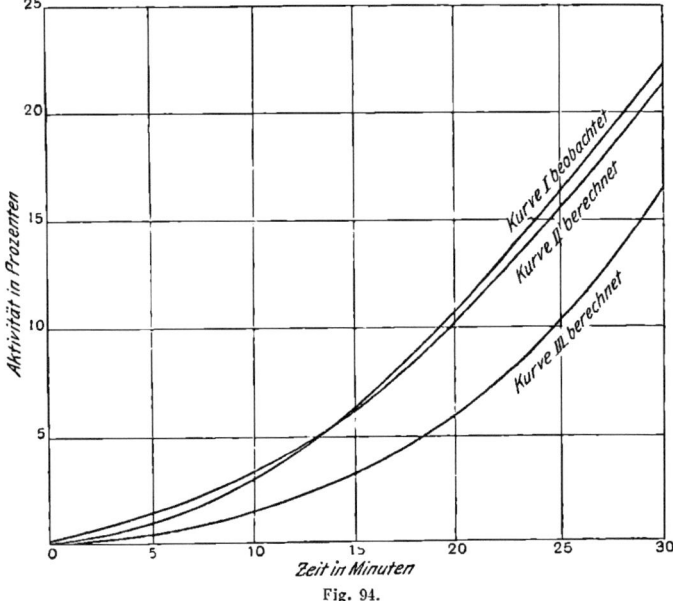

Fig. 94.

zeugt würden. Dazu bediente man sich einer Gleichung von der Form der Gl. (8) in Paragraph 198.

Wie man sieht, stimmt die beobachtete Kurve am besten mit der theoretischen Kurve II überein. Das würde heißen, Radium A und B entständen unabhängig voneinander. Allein man wird einen Schluſs von solcher Tragweite erst dann zu ziehen berechtigt sein, wenn man sich vollständig davon überzeugt hat, daſs auch die Bedingungen der Theorie in den in Frage kommenden Versuchen durchaus erfüllt waren. Nun liegt aber unseren Formeln zunächst schon die Annahme zugrunde, daſs sich die Träger der erregten Aktivität unmittelbar nach ihrer Entstehung auf dem zu aktivierenden Körper niederschlagen. Im Gegensatze hierzu sprechen jedoch manche Tatsachen dafür, daſs sich einige von jenen Trägern, bevor sie zur Abscheidung gelangen, eine beträchtliche Zeit lang in dem umgebenden Gase aufhalten. So hat man gewisse Anomalieen beobachtet, wenn die Radiumemanation in dem Aktivierungsgefäfse mehrere Stunden lang ruhig gestanden hatte und hierauf erst eine Exposition von kurzer Dauer, etwa eine Minute lang, vorgenommen wurde. Die Intensität der erregten α-Strahlung war dann nämlich nach dem ersten rapiden Abfall (s. Fig. 86, Kurve B) erheblich gröfser, als wenn schon vorher längere Zeit elektrische Kräfte gewirkt hatten. Es scheint sich also unter normalen Bedingungen eine gewisse Menge von Teilchen der Materien B und C in dem Gase anzusammeln; erst im elektrischen Felde werden diese Träger dann mit einem Schlage an die Elektrode geführt. Ich bemerkte ferner, dafs die Kurven der Aktivitätszunahme und -abnahme einander nicht mehr komplementär verlaufen, wenn man die Radiumemanation zunächst eine Zeitlang ruhig stehen und dann erst in das Aktivierungsgefäfs eintreten läfst; das Gas enthält in diesem Falle offenbar neben der Emanation schon ziemlich grofse Quantitäten von Radium B und C. Aus den oben erwähnten Versuchen von Miss Brooks geht übrigens hervor, dafs die Atome des Produktes B keine Ladungen tragen; daher kann diese Materie auch nicht durch elektrische Kräfte dem Gase entzogen werden. Ebenso gelang es Dr. Bronson, nachzuweisen — die betreffenden Versuche wurden im Laboratorium des Verfassers ausgeführt —, dafs selbst nach Einwirkung starker elektrischer Felder noch bedeutende Mengen von Radium B in der Gasmasse zurückbleiben.

Wenn nun aber in der Tat von vornherein Radium B in dem wirksamen Gase vorhanden war, so erklärt sich leicht der Unterschied zwischen der beobachteten Kurve I und der für drei Umwandlungsstufen berechneten theoretischen Kurve III. Denn dann mufste nach der Überführung der Emanation in das Aktivierungsgefäfs bereits von Anfang an die beigemengte Materie B zu Radium C zerfallen, und somit wäre ein Teil der gesamten Strahlung, die zur Beobachtung gelangte, diesem störenden Einflusse zuzuschreiben.

Zugunsten der Vorstellung, dafs die Materie C von dem Produkte A abstammt, spricht auch der Umstand, dafs sich die gesamte Aktivität im Zustande radioaktiven Gleichgewichtes zu gleichen Beträgen auf die Substanzen A und C verteilt (vgl. Fig. 92). Denn im Gleichgewichtszustande müssen sich pro Sekunde ebensoviel Teilchen von A wie von B und C umwandeln. Wenn nun jedes zerfallende Atom sowohl von A als auch von C ein α-Teilchen fortschleuderte, und dieses letztere in beiden Fällen die nämliche Masse und die gleiche durchschnittliche Geschwindigkeit besäfse, so müfste die Aktivität von A ebenso grofs sein wie die von C; das ist aber, wie gesagt, tatsächlich der Fall.

Elftes Kapitel. Die Umwandlungsprodukte des Radiums.

Fehlt es somit einstweilen auch noch an einwandsfreien Versuchen, die eine endgültige Entscheidung der Frage gestatten, so kann es nach meinem Dafürhalten doch kaum zweifelhaft sein, daſs wir in dem Radium B ein Umwandlungsprodukt von Radium A vor uns haben. Sicherlich spielen sich nach dem Zerfallen der Emanationsatome ziemlich verwickelte Vorgänge ab, bevor der aktive Niederschlag auf den exponierten Körpern erscheint. Es bedarf indessen noch weiterer gründlicher Untersuchungen, um über diese Erscheinungen völlige Klarheit zu gewinnen*).

229. Die Verteilung der α-Aktivität auf die einzelnen Umwandlungsprodukte des Radiums. In der Umwandlungsreihe des Radiums gibt es vier verschiedene Produkte, von denen α-Strahlen ausgesandt werden, nämlich das Element Radium selbst, seine Emanation, Radium A und Radium C. Befinden sich diese Substanzen im radioaktiven Gleichgewichte miteinander, so verwandelt sich von jedem Produkte pro Sekunde die gleiche Zahl von Atomen, und es müſste ein jedes pro Sekunde dieselbe Zahl von α-Teilchen liefern, falls die Umwandlung eines Atoms in allen Fällen von der Emission je eines α-Teilchens begleitet wäre.

Die Aktivität, die wir ja nach der Stärke des Ionisationsstromes zu beurteilen pflegen, kann indessen nicht für alle Produkte gleich groſs sein, da die α-Teilchen der einzelnen Materien verschiedene Geschwindigkeiten besitzen. Bestimmt man den Sättigungsstrom in einem Plattenkondensator von solchen Dimensionen, daſs die α-Strahlen in der Gasmasse vollständig absorbiert werden, so ist die auf diese Weise gemessene Aktivität stets der Energie der eintretenden α-Teilchen proportional.

---

*) *Neuere Untersuchungen von H. W. Schmidt (Physik. Ztschr. 6, p. 897, 1905) brachten weiteren Aufschluſs über die Frage, warum die Kurven I und III sich nicht decken. Es zeigte sich, daſs die Umwandlung des Produktes B nicht, wie von uns angenommen wurde, ohne Strahlung erfolgt, sondern daſs von dem Radium B β-Strahlen emittiert werden, deren Durchdringungsvermögen etwas gröſser ist als das der α-Strahlen, die aber weit stärker absorbiert werden als die β-Strahlen des Radium C. Wird diesem Umstande Rechnung getragen, so dürfte unsere Theorie, daſs die Produkte Radium A, B und C stufenweise auseinander entstehen, in ihren Konsequenzen vollkommen mit den Versuchsergebnissen übereinstimmen. Dies wird durch folgende Beobachtung Schmidts wahrscheinlich gemacht: Wird die Intensität der erregten β-Strahlung nach kurzer Expositionsdauer als Funktion der Zeit bestimmt, so steigt die Aktivitätskurve nur dann binnen 36 Minuten (vgl. Fig. 89) auf ein Maximum, wenn man durch Einschaltung eines Schirmes von geeigneter Dicke dafür sorgt, daſs die vom Radium B ausgehenden β-Strahlen nicht zur Wirksamkeit gelangen. Werden dünnere Schirme benutzt, die für diese Strahlen noch zum Teil durchlässig sind, so wird das Maximum schon zu einem früheren Zeitpunkte erreicht. α-Strahlen werden von Radium B jedenfalls nicht emittiert; die oben entwickelte Theorie der Umwandlung des aktiven Niederschlages behält daher strenge Gültigkeit für die α-Aktivität.*

Elftes Kapitel. Die Umwandlungsprodukte des Radiums. 409

Nach der Austreibung der Emanation besitzt ein Radiumpräparat eine Minimalaktivität von 25 % des maximalen Betrages. Die übrigen 75 % entfallen auf die α-Strahlung der weiteren Umwandlungsprodukte. Ferner wissen wir (Paragraph 228), dafs Radium A und C nahezu gleich stark aktiv sind. Läfst man die Emanation in ein zylindrisches Gefäfs von ungefähr 5 cm Durchmesser eintreten, so wächst die Aktivität allmählich auf etwa das Doppelte des Anfangswertes, indem sich die Produkte A und C auf den Wänden des Behälters ablagern. Die Aktivität der Emanation ist demnach ungefähr von derselben Gröfsenordnung wie die der Materien A oder C. Eine genaue Bestimmung dieses Verhältnisses ist indessen mit Schwierigkeiten verknüpft, da sich die Emanation in der ganzen Masse des Gases verteilt, während das Radium A und C an den Gefäfswänden haftet. Aufserdem kennt man nicht die relative Absorbierbarkeit der Emanationsstrahlung und der Strahlung der Produkte A und C.

Der Verfasser suchte jenes Aktivitätsverhältnis dadurch zu bestimmen, dafs er die Aktivitätsabnahme an einem Radiumpräparat untersuchte, unmittelbar nachdem es so weit erhitzt worden war, dafs es keine Emanation mehr enthielt. Durch die Erhitzung änderte sich zwar die Gröfse der strahlenden Oberfläche; immerhin liefs sich aber aus diesen Versuchen schliefsen, dafs die Aktivität der Emanation sich zu derjenigen vom Radium A oder C ungefähr wie 70 : 100 verhält. Daraus wäre weiter zu folgern, dafs die α-Teilchen der Emanation eine geringere Geschwindigkeit besitzen als die gleichnamigen Teilchen, die vom Radium C ausgesandt werden.

Folgende Zusammenstellung enthält einige Näherungswerte für die Beträge, mit denen sich die einzelnen Produkte des Radiums im Gleichgewichtszustande an der Gesamtaktivität beteiligen.

Produkt	Relative Aktivität in Prozenten der Gesamtaktivität
Radium . .	25
Emanation	17
Radium A	29
Radium B	0
Radium C	29

Eine schematische Darstellung dieser Umwandlungsstufen findet sich in Fig. 97.

230. Aktiver Niederschlag der Radiumemanation von geringer Umwandlungsgeschwindigkeit. Es war bereits erwähnt worden (Paragraph 183), dafs ein durch Radiumemanation aktivierter Körper sein Strahlungsvermögen erst nach sehr langer Zeit vollständig einbüfst. Nachdem es zunächst relativ schnell bis auf einen gewissen Wert gesunken ist, bleibt eine geringe Restaktivität übrig, die sich nur sehr langsam ändert. Die Gröfse dieser Restaktivität hängt sowohl von der zur Aktivierung benutzten Emanationsmenge ab als auch von der Expositionsdauer. Nach einer Expositionszeit von mehreren Stunden beträgt sie kaum ein Milliontel der Anfangsaktivität.

Über die Natur dieser Restaktivität und über die chemischen Eigenschaften der Materie, von welcher jene Strahlung ausgeht, hat der Verfasser[1]) einige Untersuchungen angestellt. Es sollte vor allen Dingen der Nachweis erbracht werden, dafs die ganze Erscheinung durch einen radioaktiven Niederschlag besonderer Art hervorgerufen wurde und nicht etwa von einer eigentümlichen Wirkung der intensiven Strahlungen herrührte, denen der aktivierte Körper vorher unterworfen gewesen war.

Die Innenwand eines langen Glasrohres wurde mit einer Anzahl dünner Metallbleche belegt. Diese besafsen sämtlich gleiche Dimensionen und bestanden aus Aluminium, Eisen, Kupfer, Silber, Blei und Platin. Nachdem eine beträchtliche Menge Radiumemanation eingeführt worden war, wurde die Röhre verschlossen. Nach sieben Tagen nahm man die Metallplatten heraus, um ihre Aktivität zu untersuchen. Zunächst liefs man aber noch zwei Tage verstreichen, damit die erregte Aktivität gewöhnlicher Art zum gröfsten Teile verschwinden konnte. Alsdann bestimmte man auf elektrometrischem Wege die Restaktivitäten der einzelnen Platten. Es zeigte sich nun eine Abhängigkeit der Strahlungsintensität von dem Material der letzteren. Die Aktivität des Kupfers und Silbers war am stärksten, die des Aluminiums am schwächsten; Kupfer emittierte doppelt so stark wie Aluminium. Nach einer Pause von einer Woche wurden die Platten aufs neue untersucht. Die Aktivität war allenthalben etwas schwächer geworden, die Unterschiede zwischen den einzelnen Metallen waren aber bei weitem nicht mehr so grofs wie zuvor. Allmählich sank die Strahlungsintensität auf einen Minimalwert und nahm von nun an langsam, aber stetig und für jede Platte in dem gleichen Mafse zu. Nach Verlauf von einem Monat emittierten alle Metalle nahezu gleich stark; die Strahlungsintensität war jetzt mehr als dreimal so grofs wie im Zustande der Minimalaktivität.

Die anfänglichen Unregelmäfsigkeiten in den Abklingungskurven der verschiedenen Metalle rührten aller Wahrscheinlichkeit nach davon her, dafs etwas Radiumemanation wenn auch nur in geringer, so doch in ungleicher Menge von den einzelnen Platten absorbiert worden war. Kupfer und Silber besitzen offenbar das stärkste, Aluminium das schwächste Absorptionsvermögen. Indem das okkludierte Gas allmählich entwich, bezw. seine Aktivität einbüfste, sank das Strah-

---

[1]) E. Rutherford, Phil. Mag., Nov. 1904. Nature, 9. Febr. 1905, p. 341.

lungsvermögen auf einen unteren Grenzwert. Dafs die Radiumemanation z. B. von Blei, Paraffin und Kautschuk tatsächlich in merklichem Grade absorbiert wird, ist übrigens von Curie und Danne ausdrücklich festgestellt worden (vgl. Paragraph 182).
Jene Restaktivität bestand sowohl aus α- wie auch aus β-Strahlen. Die letzteren waren ausnahmslos in ungewöhnlich hoher Intensität vertreten. Alle Metalle emittierten zuletzt nicht nur qualitativ, sondern auch quantitativ in der gleichen Weise. Es mufs daher eine besondere Art von Materie sein, die sich auf den exponierten Platten niederschlägt und durch ihre spontane Umwandlung die Strahlung hervorruft. Wollte man nämlich jene Aktivität einer eigentümlichen Strahlenwirkung zuschreiben, so müfste man doch wohl annehmen, dafs sie bei verschiedenen Metallen in ungleicher Stärke auftreten, und dafs auch die

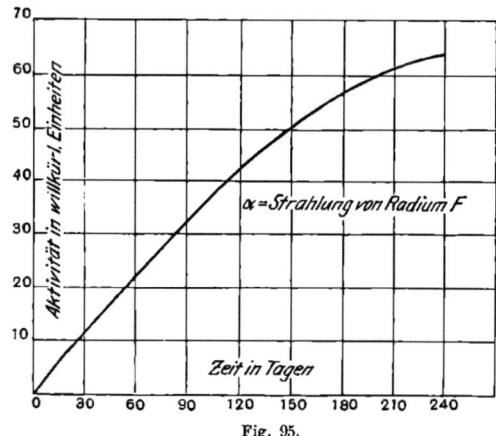

Fig. 95.

Qualität der Strahlung von einem zum anderen Material variieren würde. Schliefslich gelang es überdies, die aktive Materie von Platinblechen abzulösen, indem man diese in Schwefelsäure eintauchte; auch hat man weitere physikalische und chemische Kennzeichen an ihr feststellen können.

Was nun die zeitliche Änderung jener Restaktivität anbelangt, so möge zunächst von der Veränderlichkeit ihrer α-Strahlung die Rede sein. Zur Aufnahme der Aktivitätskurve wurde ein Platinblech sieben Tage lang der Emanation exponiert, und zwar diente zur Aktivierung die gesamte Menge des in 3 mg reinen Radiumbromids okkludierten Gases. Die Intensität des Sättigungsstromes, den die Metallplatte unmittelbar nach Beendigung der Exposition in einem Plattenkondensator lieferte, betrug $1,5 \times 10^{-7}$ Ampere; die Messung konnte daher im Anfang mit Hilfe eines Galvanometers vorgenommen werden. Einige Stunden später begann die Aktivität nach einem Exponentialgesetze

412   Elftes Kapitel. Die Umwandlungsprodukte des Radiums.

mit wachsender Zeit abzunehmen: sie verringerte sich jetzt in je 28 Minuten um den halben Betrag. Nach weiteren drei Tagen ergab die elektrometrische Messung für den Sättigungsstrom den Wert 5×10^{-13} Ampere; die Aktivität war also auf $1/300000$ des ursprünglichen Betrages gesunken. Von nun an zeigte sich aber eine stetige Zunahme mit wachsender Zeit. Die weiteren Beobachtungsresultate sind in Fig. 95 wiedergegeben. In diesem Diagramm liegt der Anfangspunkt der Abszissenachse in der Mitte der Expositionszeit.

Während der ganzen Beobachtungsdauer, die sich über einen Zeitraum von acht Monaten erstreckte, nahm die Aktivität zu. Die Kurve verläuft anfangs nahezu geradlinig, nachdem sie den Nullpunkt des Koordinatensystems verlassen hat. Das letzte Stück zeigt aber eine deutliche Krümmung nach der Abszissenachse hin; hier wächst die Aktivität also nicht mehr proportional mit der Zeit.

Andere Messungsreihen erstreckten sich über ein noch längeres Zeitintervall. Der aktive Niederschlag wurde dabei zunächst isoliert. Dies konnte auf verschiedene Weise geschehen. Unter anderem verfuhr man folgendermaßen: Aus 30 mg Radiumbromid wurde die gesamte Emanationsmenge extrahiert und in einem Glasrohr verdichtet. Das letztere wurde sodann fest verschlossen. Nach einem Monat wurde der aktive Niederschlag, der sich inzwischen gebildet hatte, in Schwefelsäure gelöst. Nachdem die Lösung zur Trockne eingedampft worden war, blieb ein radioaktiver Rückstand übrig. Die α-Aktivität dieser Materie wuchs stetig während eines Zeitraums von 18 Monaten. Die Aktivitätskurve wurde aber allmählich immer flacher und strebte offenbar einem Maximum zu.

Die Theorie der hier in Frage kommenden Umwandlungsvorgänge soll weiter unten in Paragraph 236 entwickelt werden.

231. Veränderlichkeit der β-Aktivität. Wie schon erwähnt wurde, enthält die restierende Emission des aktiven Niederschlages neben den α-Strahlen auffallend viel β-Strahlen. Das Verhältnis der α- zur β-Aktivität beträgt für ein aktiviertes Platinblech einen Monat nach Beendigung der Exposition höchstens ein Fünfzigstel des Wertes, der für eine dünne Schicht Radiumbromid im Zustande radioaktiven Gleichgewichtes gilt. Im Gegensatze zur α-Aktivität bleibt die Stärke der β-Strahlung, sobald der Niederschlag ein Alter von einem Monat erreicht hat, konstant. Wenigstens läßt sich während eines Zeitraumes von 18 Monaten kaum eine Intensitätsänderung wahrnehmen. Das Verhältnis der α- zur β-Aktivität nimmt infolgedessen beständig zu. Die beiden Strahlengattungen müssen daher von verschiedenen Produkten ausgesandt werden; denn anderenfalls wären ihre Intensitäten einander proportional. Es ist in der Tat gelungen — von diesen Ver-

Elftes Kapitel. Die Umwandlungsprodukte des Radiums.

suchen wird später die Rede sein —, auf physikalischem und chemischem Wege jene zwei Produkte voneinander zu trennen.

Beginnt man mit den Beobachtungen schon kurze Zeit nach der Entstehung des Niederschlages, so findet man zunächst eine sehr geringe β-Aktivität; alsbald wird sie aber immer stärker, um nach ungefähr 40 Tagen praktisch einen maximalen Wert zu erreichen. Zu den betreffenden Versuchen wurde ein Platinblech 3,75 Tage lang mit Radiumemanation zusammen in ein Gefäfs eingeschlossen. 24 Stunden später wurden die Messungen begonnen. Die Resultate der Beobachtungen sind in Fig. 96 wiedergegeben. Die Zahl der Tage ist wieder von der Mitte der Expositionszeit an gerechnet. Eine zweite Versuchs-

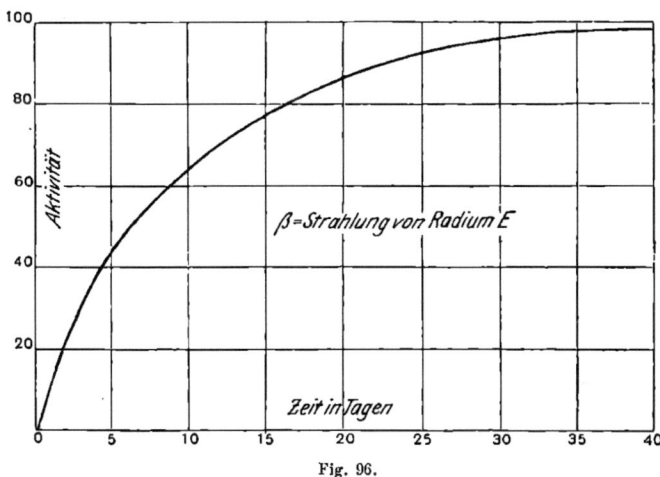

Fig. 96.

reihe, die für einen während der Exposition negativ geladenen Draht ausgeführt wurde, lieferte ähnliche Ergebnisse.

Wird die Aktivitätskurve rückwärts bis zum Anfangspunkt des Koordinatensystems verlängert, so sieht man, dafs sie ganz ähnlich verläuft, wie die Kurven des vom Uran X befreiten Urans und anderer aktiver Produkte, deren Strahlungsvermögen stetig zunimmt. Sie läfst sich daher durch die Gleichung $J_t = J_0 (1 - e^{-\lambda t})$ darstellen, wenn unter J_0 wie früher die Maximalaktivität verstanden wird. In ungefähr sechs Tagen erreicht die Strahlungsintensität die Hälfte ihres konstanten Endwertes, d. h. im vorliegenden Falle ist $\lambda = 0{,}115$ (Tage)$^{-1}$.

Aus dem Charakter der Kurve ist nach den Ausführungen in Paragraph 203 zu schliefsen, dafs die Materie, von welcher jene β-Strahlung ausgesandt wird, sich fortdauernd in konstanter Menge aus einer primären Substanz bildet. Bevor wir aber die Umwandlungsvorgänge, die hier

414   Elftes Kapitel. Die Umwandlungsprodukte des Radiums.

in Frage kommen, im einzelnen betrachten, wollen wir zunächst noch einige andere, aus weiteren Versuchen erschlossene Tatsachen kennen lernen.

232. Einfluſs der Temperatur auf die Aktivität. Ein Platinblech, das in der oben geschilderten Weise aktiviert worden war, wurde in einem elektrischen Ofen auf verschiedene Temperaturen erwärmt; hierauf bestimmte man seine Aktivität bei Zimmertemperatur. Eine je 4 Minuten dauernde Erwärmung auf 430° und im Anschluſs daran auf 800° C. hatte keine oder höchstens eine sehr geringe Änderung des Emissionsvermögens zur Folge. Wurde der aktivierte Körper aber vier Minuten lang einer Temperatur von 1000° C. ausgesetzt, so nahm seine Aktivität um ungefähr 20 % ab, und als er hierauf noch weitere acht Minuten lang auf 1050° C. erwärmt worden war, war seine α-Strahlung fast vollständig verschwunden. Bei diesen Temperaturen blieb dagegen die β-Aktivität ungeändert; sie verringerte sich erst, nachdem das Platinblech noch stärker erhitzt worden war. Diese Tatsachen beweisen, daſs die aktive Materie aus zwei verschiedenen Teilen besteht. Das eine Produkt, das die β-Strahlung liefert, ist bei 1000° C. noch nicht flüchtig. Bei derselben Temperatur verflüchtigt sich dagegen der andere Bestandteil, von dem die α-Strahlen ausgehen, fast vollständig.

Es zeigte sich nun ferner, daſs die Intensität der β-Strahlen nach der Erhitzung auf 1000° nicht, wie zuvor, allmählich gröſser wurde, bez. konstant blieb: sie nahm nunmehr nach einem Exponentialgesetze mit der Zeit ab. Dabei betrug die Halbwertsperiode 4,5 Tage, während nach dem Verlauf der Kurve in Fig. 96 eine Periode von sechs Tagen zu erwarten gewesen wäre. Vielleicht machte sich hier ein Einfluſs der vorangegangenen starken Erwärmung bemerkbar, indem sich die Abklingungskonstante des Produktes Radium E bei der hohen Temperatur tatsächlich geändert haben konnte. Der Wert von sechs Tagen dürfte jedoch der richtige sein. Alles in allem ergeben sich somit folgende Schlüsse:

1. Dasjenige Produkt, das die β-Strahlung liefert, entsteht dauernd in konstanter Menge aus einer Stammsubstanz von sehr geringer Umwandlungsgeschwindigkeit.

2. Diese Stammsubstanz verflüchtigt sich bei einer Temperatur von etwa 1000° C. Ihr Umwandlungsprodukt bleibt dann allein zurück, und dessen β-Strahlung beginnt alsbald in der für diese Materie charakteristischen Art und Weise abzuklingen, d. h. es sinkt die Aktivität in ungefähr sechs Tagen auf den halben Betrag.

233. Trennung der Bestandteile durch metallisches Wismut. In ein Glasrohr wurde die Emanation von 30 mg Radiumbromid eingefüllt. Nach einem Monat wurde die aktive Materie von geringer Umwandlungsgeschwindigkeit, die sich inzwischen auf den Rohrwänden niedergeschlagen hatte, mit verdünnter Schwefelsäure behandelt. Die Lösung, die man so erhielt, war stark radioaktiv und lieferte nicht nur α-, sondern auch auffallend viel β-Strahlen.

Man ließ nun ein poliertes Wismutblech mehrere Stunden lang in der Lösung stehen. Dadurch wurde es gleichfalls stark radioaktiv. Die Materie, die sich auf ihm niedergeschlagen hatte, sandte aber ausschließlich α-Strahlen aus, und es gelang, den Bestandteil, der im vorliegenden Falle die Quelle der α-Strahlung bildete, nahezu vollkommen aus der Lösung zu extrahieren, indem man nacheinander mehrere Wismutscheiben in die Flüssigkeit eintauchte. Als die Lösung nämlich zum Schlusse eingedampft wurde, erhielt man einen Rückstand, dessen α-Aktivität auf ungefähr 10 % des ursprünglichen Wertes abgenommen hatte, ohne daß die Intensität der β-Strahlung geringer geworden war.

In der geschilderten Weise wurden drei Wismutplatten aktiviert und dann 200 Tage lang fortlaufenden Aktivitätsprüfungen unterzogen. Während dieser Zeit nahm ihr Strahlungsvermögen in geometrischer Progression mit der Zeit ab; die Halbwertsperiode betrug für die drei untersuchten Bleche im Mittel 143 Tage.

Inzwischen erholte sich auch allmählich wieder die α-Aktivität der Lösung. Die Materie, von der die α-Strahlen ausgehen, wird somit fortgesetzt aus der in der Lösung verbleibenden Substanz erzeugt.

234. Deutung der Erscheinungen. Die genauere Analyse des aktiven Niederschlages von geringer Umwandlungsgeschwindigkeit läßt nach unseren letzten Ausführungen auf die Existenz dreier verschiedener Bestandteile dieser Materie schließen. Wir erkennen

1. ein Produkt, das die β-Strahlung liefert und dessen Umwandlung in ungefähr sechs Tagen zur Hälfte vor sich geht;

2. ein Produkt, das wir als Quelle der α-Strahlung betrachten müssen; es schlägt sich auf Wismut nieder, verflüchtigt sich bei $1000°$ C. und verliert die Hälfte seiner Aktivität binnen 143 Tagen;

3. eine Stammsubstanz, von welcher das erste jener beiden Umwandlungsprodukte in konstanter Menge erzeugt wird.

Die Umwandlung der Stammsubstanz geht offenbar sehr langsam vonstatten. Denn die Menge seines ersten Zerfallsproduktes erreicht schon binnen kurzem einen Gleichgewichtswert, der sich während eines Zeitraums von mehr als einem Jahre nicht merklich ändert. Nach den vorliegenden Beobachtungen muß man die gesamte β-Aktivität diesem ersten Zerfallsprodukte zuschreiben. Die Stammsubstanz emittiert also keine β-Strahlen. Ebensowenig liefert sie aber auch α-Strahlen; denn die β-Aktivität des Niederschlages ist ja, wie oben erwähnt, anfangs sehr schwach und wächst erst allmählich während eines Zeitraums von mindestens 18 Monaten. Die Stammsubstanz gehört demnach zu jenen instabilen Formen der Materie, deren Umwandlung von keiner Strahlung begleitet wird.

Mit den drei ersten Umwandlungsprodukten der Radiumemanation, nämlich dem Radium A, B und C, hatten wir uns bereits früher ausführlich beschäftigt. Insbesondere war nachgewiesen worden, dafs diese drei Materien aufeinanderfolgende Glieder einer Entwickelungsreihe darstellen. Es liegt daher nahe, anzunehmen, dafs der aktive Niederschlag von geringer Umwandlungsgeschwindigkeit durch den allmählichen Zerfall des dritten Produktes Radium C entsteht. In der Tat lassen sich alle Erscheinungen vollkommen erklären, wenn man von der Annahme ausgeht, dafs aus dem Radium C nacheinander drei weitere Produkte gebildet werden, Radium D, E und F, aus denen sich die gesamte Materie jenes Niederschlages zusammensetzt. Diesen drei neuen Substanzen kämen dann folgende Eigenschaften zu:

Radium D ist ein Produkt, das keine Strahlen liefert und aufserordentlich langsam zerfällt. Wir werden später beweisen, dafs es sich erst in ungefähr 40 Jahren zur Hälfte umwandelt. Es verflüchtigt sich noch unterhalb 1000^0 C. und ist in starken Säuren löslich.

Radium E entsteht aus dem Radium D. Beim Zerfall seiner Atome werden β- (und wahrscheinlich auch γ-)Strahlen, aber keine α-Strahlen emittiert. In etwa sechs Tagen wandelt sich die Substanz zur Hälfte um; sie ist weniger leicht flüchtig als Radium D und F.

Radium F entsteht aus dem Radium E. Es sendet ausschliefslich α-Strahlen aus, und seine Umwandlung vollzieht sich zur Hälfte binnen 143 Tagen. Aus Lösungen schlägt sich das Radium F auf blankem Wismut nieder, und es verflüchtigt sich bei ungefähr 1000^0 C.

Die Analyse jenes langsam zerfallenden aktiven Niederschlages erweitert somit wesentlich unsere Kenntnis von der allmählichen Umwandlung des Radiumatoms. Doch abgesehen davon besitzen diese Resultate auch eine wichtige Bedeutung für die Frage nach dem Ursprung einiger anderer wohlbekannter radioaktiver Substanzen, die man aus der Pechblende abscheiden konnte. Wie wir später sehen werden, ist nämlich der radioaktive Bestandteil des Radiotellurs und wohl auch der des Poloniums nichts anderes als das Produkt Radium F. Aufserdem läfst sich fast streng beweisen, dafs in dem von Hofmann dargestellten radioaktiven Blei alle drei Produkte, Radium D, E und F, zugleich enthalten sind.

Elftes Kapitel. Die Umwandlungsprodukte des Radiums. 417

Fig 97 gibt in schematischer Darstellung ein Bild von den Umwandlungen, die das Radiumatom im Laufe der Zeit erleidet, soweit sie bisher erforscht worden sind. Möglicherweise werden indessen spätere Untersuchungen lehren, dafs in der vollständigen Entwickelungsreihe dem Produkte F noch weitere Glieder folgen.
Oben war gezeigt worden, warum wir das Radium D als Muttersubstanz von E ansehen müssen. Es fehlte aber noch an einem zwingenden Beweise dafür, dafs auch die Produkte E und F in einem gleichartigen Verhältnisse zueinander stehen. Zu diesem Schlusse nötigt die folgende Beobachtung: Ein in der früher geschilderter Weise aktiviertes Platinblech wurde in einem elektrischen Ofen vier Minuten lang auf eine Temperatur von ungefähr 1000° C. erhitzt. Dadurch wurden die Produkte D und F zum gröfsten Teile verflüchtigt, während E allein zurückblieb. Die β-Aktivität des letzteren begann nun so-

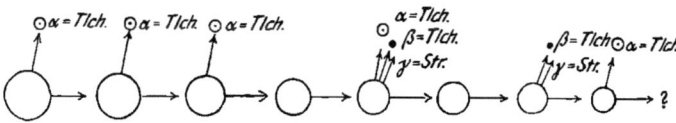

Radium   Emanation   Radium A   Radium B   Radium C   Radium D   Radium E   Radium F

Fig. 97.

fort zu verschwinden, da eben die Muttersubstanz D fehlte. Gleichgleizig wuchs aber die α-Aktivität des Bleches, die anfangs sehr gering war, zunächst rasch, dann langsamer zu immer höheren Werten. Diese α-Strahlung konnte nur dem Radium F entstammen, und so beweist dieser Versuch, das E tatsächlich die Muttersubstanz von F darstellt.

235. Umwandlungsgeschwindigkeit von Radium D. Die Beobachtungen hatten ergeben, dafs jedes Umwandlungsprodukt des Radiums, das α-Strahlen emittiert, nahezu den nämlichen Bruchteil der im radioaktiven Gleichgewichte vorhandenen Gesamtaktivität liefert. In diesem Zustande müssen aber von jedem der aufeinanderfolgenden Produkte gleich viel Teilchen pro Sekunde zerfallen. Folglich wird beim Zerfall eines Atoms eines jeden Produktes eine gleichgrofse Zahl von α-Teilchen (wahrscheinlich je eins) fortgeschleudert. Nun entsteht das Radium D unmittelbar aus dem Radium C. Da aber die Umwandlungsgeschwindigkeit von D sehr klein gegenüber derjenigen von C ist, so mufs die Zahl der anfangs vorhandenen Teilchen von D sehr nahe mit der totalen Anzahl der während der Entstehung von D zerfallenen Teilchen von C übereinstimmen. Von D selbst werden keine Strahlen ausgesandt, sondern erst von dem nächsten Produkte E. Vier Wochen nach der Isolierung von D tritt aber

418   Elftes Kapitel. Die Umwandlungsprodukte des Radiums.

zwischen den Materien D und E radioaktives Gleichgewicht ein, so dafs man die Veränderlichkeit der β-Aktivität von E von diesem Zeitpunkte an als Mafs der Umwandlungsgeschwindigkeit der Muttersubstanz D betrachten kann.

Nehmen wir an, es werde ein Behälter mit einer beträchtlichen Menge Radiumemanation gefüllt. Nach mehreren Stunden findet sich dann daselbst ein maximaler Gehalt an Radium C, und es nimmt die β-Aktivität des letzteren weiterhin in demselben Mafse ab, wie die Emanation ihr Strahlungsvermögen verliert, d. h. mit einer Halbwertsperiode von 3,8 Tagen. Ist N_1 gleich derjenigen Zahl von β-Teilchen, die das Produkt Radium C pro Sekunde fortschleudert, wenn es sich in maximaler Menge vorfindet, so ergibt sich für die gesamte Zahl Q_1 der während der ganzen Lebensdauer der Emanation von ihm emittierten β-Teilchen angenähert folgender Ausdruck:

$$Q_1 = \int_0^\infty N_1 \, e^{-\lambda_1 t} \, dt = \frac{N_1}{\lambda_1}.$$

Darin bezeichnet λ_1 die Umwandlungskonstante der Emanation.

Nachdem die Emanation verschwunden und zwischen den späteren Produkten D und E radioaktives Gleichgewicht eingetreten ist, mögen vom Radium E in jeder Sekunde N_2 β-Teilchen ausgesandt werden, und es sei Q_2 die gesamte Zahl dieser Teilchen, die während der ganzen Lebensdauer von $D + E$ in Freiheit gesetzt werden. Dann ist wieder angenähert $Q_2 = \dfrac{N_2}{\lambda_2}$, wenn λ_2 die Umwandlungskonstante von Radium D bezeichnet. Wenn aber, wie es wahrscheinlich ist, jedes Teilchen von C und von E je ein β-Teilchen liefert, wird sein, also

$$Q_1 = Q_2$$

$$\frac{\lambda_2}{\lambda_1} = \frac{N_2}{N_1}.$$

Zur Bestimmung des Quotienten $\dfrac{N_2}{N_1}$ wurden die β-Aktivitäten der Produkte C und E in einem und demselben Mefsapparate miteinander verglichen. So liefs sich, da der Wert von λ_1 bekannt ist, die Umwandlungskonstante λ_2 für Radium D berechnen. Das Resultat war: die Materie D zerfällt zur Hälfte in ungefähr 40 Jahren.

Dieser Berechnungsweise liegt offenbar die Annahme zugrunde, dafs sich die β-Strahlen von C und E mit der gleichen mittleren Geschwindigkeit fortpflanzen. Das wird zwar wahrscheinlich nicht genau zutreffen, dennoch wird der so berechnete Wert von λ_2 sicherlich der Gröfsenordnung nach richtig sein. Eine Bestätigung unseres Resultates

Elftes Kapitel. Die Umwandlungsprodukte des Radiums. 419

ergibt sich auch aus Beobachtungen über die Mengenverhältnisse, in denen sich die Produkte D und E in gealterten Radiumpräparaten vorfinden; auf diese Versuche wird an anderer Stelle noch näher eingegangen werden.

Nach einem dem Obigen ähnlichen Verfahren kann man auch die Umwandlungsgeschwindigkeit für Radium F berechnen. Der Verfasser führte diese Rechnung aus, noch ehe die betreffende Gröfse durch Versuche bestimmt worden war, und erhielt, wie nicht unerwähnt bleiben mag, für die Halbwertsperiode einen Wert von etwa einem Jahre. Der Gröfsenordnung nach stimmt hiermit der später aus den Beobachtungen abgeleitete Wert von 143 Tagen wohl überein. Auch in diesem Falle war der Rechnung die Annahme zugrunde gelegt worden, dafs die α-Teilchen der beiden in Betracht kommenden Produkte, nämlich Radium C und F, die gleiche Geschwindigkeit, also das nämliche spezifische Ionisierungsvermögen besäfsen. Inzwischen hat sich jedoch gezeigt, dafs die α-Teilchen von C eine doppelt so grofse Flugweite besitzen wie diejenigen von F, dafs diese also nur halb so

Produkt	Zeit, in der sich die Materie zur Hälfte umwandelt	Strahlung	Sonstige Kennzeichen
Radium ↓	1200 Jahre	α-Strahlen	—
Emanation ↓	3,8 Tage	α-Strahlen	Chemisch träges Gas; verdichtet sich bei -150^0 C.
Radium A ↓	3 Minuten	α-Strahlen	Verhält sich wie eine feste Substanz; tritt als Niederschlag an der Oberfläche der exponierten Körper auf; konzentriert sich im elektrischen Felde auf der Kathode.
Radium B ↓	21 Minuten	Keine Strahlen	Löslich in starken Säuren; flüchtig bei Weifsglut. B verflüchtigt sich leichter als A und C.
Radium C ↓	28 Minuten	α-, β-, γ-Strahlen	
Radium D ↓	ca. 40 Jahre	Keine Strahlen	Löslich in starken Säuren und unterhalb 1000^0 C. flüchtig.
Radium E ↓	6 Tage	β- (u. γ-) Strahlen	Bei 1000^0 C. noch nicht flüchtig.
Radium F	143 Tage	α-Strahlen	Flüchtig bei 1000^0 C.; schlägt sich aus Lösungen auf metallischem Wismut nieder.

(Die mittleren Klammern: Aktiver Niederschlag von grofser Umwandlungsgeschwindigkeit — Akt. Niederschl. von geringer Umwandlungsgeschwindigkeit)

viel Ionen erzeugen wie die ersteren. Unter Berücksichtigung dieses Umstandes berechnet sich die Halbwertsperiode auch in besserer Übereinstimmung mit der Erfahrung zu sechs Monaten.

Im folgenden seien wieder für sämtliche Umwandlungsprodukte des Radiums die charakteristischen Daten tabellarisch zusammengestellt.

(Siehe Tabelle auf Seite 419.)

236. Änderung der Aktivität innerhalb langer Zeitperioden. Wir sind nunmehr in der Lage, die Intensitäten der von dem aktiven Niederschlage ausgehenden α- und β-Strahlung auch für grofse Werte der Zeit aus der Theorie zu berechnen.

Es werde angenommen, dafs die wirksame Materie anfangs ausschliefslich aus Radium D bestehe. Zu einer beliebigen späteren Zeit t seien dann bezw. P, Q, R Atome der Produkte D, E, F vorhanden. Die Werte dieser Atomzahlen lassen sich aus den in Paragraph 197 abgeleiteten Gleichungen (3), (4), (5) bestimmen.

Da sich jedoch die Substanzen D und F weitaus langsamer umwandeln als das Zwischenprodukt E, ist es ohne wesentliche Beeinträchtigung der Genauigkeit statthaft, die allgemeinen Formeln für den vorliegenden Fall noch zu vereinfachen. Wir können nämlich den Zerfall von E vollständig vernachlässigen, indem wir annehmen, dafs statt dessen die Materie D eine β-Aktivität besäfse und sich unmittelbar in Radium F, die Quelle der α-Strahlung, verwandelte.

Die Radioaktivitätskonstanten von D und F mögen bezw. λ_1 und λ_2 genannt werden, und es sei n_0 die Zahl der zur Zeit $t = 0$ vorhandenen Teilchen von D. Dann wird die Zahl der Atome von D für eine beliebige Zeit t:

$$P = n_0 \, e^{-\lambda_1 t}.$$

Zur selben Zeit ist für Radium F

$$Q = \frac{n_0 \lambda_1}{\lambda_1 - \lambda_2} (e^{-\lambda_2 t} - e^{-\lambda_1 t}).$$

Nach Verlauf von einigen Monaten werden also in jeder Sekunde von $D + E$

$$\lambda_1 \, n_0 \, e^{-\lambda_1 t}$$

β-Teilchen und von Radium F

$$\frac{\lambda_1 \lambda_2 \, n_0}{\lambda_1 - \lambda_2} (e^{-\lambda_2 t} - e^{-\lambda_1 t})$$

α-Teilchen ausgesandt.

Nach diesen Formeln sind die Kurven EE und FF' der Fig. 98 berechnet worden. Ihre Ordinaten bezeichnen also die Mengen der β- und α-Teilchen, die bezw. von den Produkten E und F pro Sekunde entsandt werden. Die Theorie lehrt nun, dafs die Zahl der β-Teilchen sehr bald einen Maximalwert erreicht und dann nahezu nach einer Exponentialformel mit wachsender Zeit abnimmt, indem sie sich in je 40 Jahren um die Hälfte verringert. Die Kurve der α-Strahlung steigt andererseits weniger steil an, erreicht ein Maximum nach 2,6 Jahren und fällt schließlich gleichfalls nach Maßgabe eines einfachen Exponentialgesetzes mit einer Halbwertsperiode von 40 Jahren ab.

Die experimentell ermittelten Werte für die Zunahme der α-Aktivität, wie sie in Fig. 95 wiedergegeben wurden, liegen, soweit die Beobachtungen reichen, vollständig auf jener theoretischen Kurve, wenn

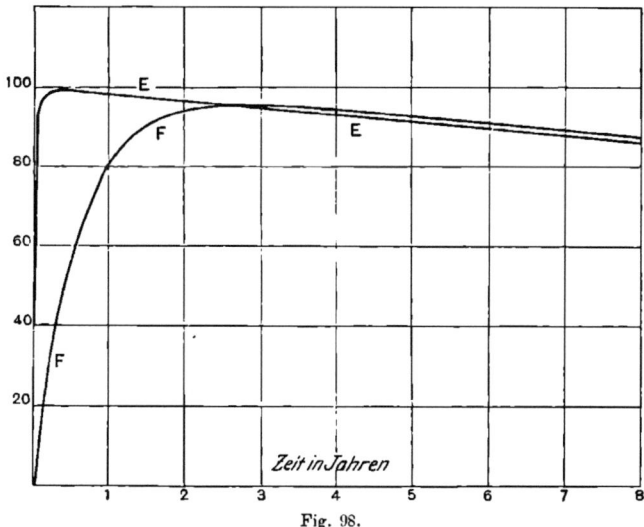

Fig. 98.

man die beobachtete Maximalordinate mit derjenigen des entsprechenden berechneten Punktes zur Deckung bringt.

237. Versuche mit gealtertem Radium. Mit zunehmendem Alter eines Radiumpräparates muß sein Gehalt an Radium D allmählich wachsen, da diese Materie lange Zeit hindurch in gleichförmiger Menge neu zur Entstehung gelangt. Der Verfasser verdankt dem freundlichen Entgegenkommen der Herren Elster und Geitel eine kleine Quantität unreinen Radiumchlorids, die sich seit vier Jahren in seinem Besitze befindet. Der Gehalt dieses Präparates an Radium D wurde folgendermaßen festgestellt: Eine wäßrige Lösung der Substanz wurde sechs Stunden lang ununterbrochen zum Sieden erhitzt, so daß die Emanation ebenso schnell, wie sie entstand, entweichen mußte und die β-Aktivität des Produktes Radium C somit nicht mehr zur Geltung kommen konnte. Ein frisch bereitetes Radiumbromidpräparat verliert seine β-Aktivität durch eine solche Behandlung bis auf 1 % des ursprünglichen Betrages. Das gealterte Radium behielt aber einen wesentlich höheren Bruchteil seines Strahlungsvermögens: die Intensität seiner β-Strahlen war unmittelbar nach der Erhitzung nur auf etwa 8 % des Anfangswertes gesunken und ließ sich nicht weiter verringern, mochte man die Lösung auch noch längere Zeit hindurch kochen oder einen Luftstrom durch sie hindurchsaugen. Diese nicht mehr zu beseitigende Restaktivität stammt von dem im Radiumpräparate aufgespeicherten Umwandlungsprodukte Radium E. Die Intensität der von dieser Substanz herrührenden β-Strahlung beträgt demnach ungefähr 9 % von der seitens des Produktes Radium C gelieferten β-Aktivität. Würden die beiden Strahlengruppen nahezu in gleicher Stärke absorbiert werden, so müßte die β-Aktivität der Substanz E, sobald sie ihren Maximalwert erreicht hat, ebenso groß sein wie die des Produktes C. Die Muttersubstanz D zerfällt nun zur Hälfte innerhalb eines Zeitraums von 40 Jahren. Es müßten sich daher binnen vier Jahren etwa 7 % jener maximalen Menge im Radiumsalze angesammelt haben; d. h. die β-Aktivität von D sollte zu dieser Zeit ungefähr 7 % von derjenigen des Produktes C betragen. Somit führt die Theorie zu einem Resultate (7 %), das der Größenordnung nach mit dem beobachteten Werte (9 %) gut übereinstimmt. Eine weitere Messung ergab für die β-Aktivität des Produktes E in einem ungefähr ein Jahr alten Präparate aus reinem Radiumbromid einen Betrag von 2 % der gesamten β-Strahlung.

Um den Gehalt eines gealterten Präparates an Radium F zu bestimmen, ließ man eine Wismutplatte mehrere Tage lang in einer Lösung des Salzes stehen. Aus der Größe ihrer Aktivität ergab sich dann die Menge des Produktes F. Auch in diesem Falle zeigte sich eine befriedigende Übereinstimmung zwischen Theorie und Beobachtung. Aus einer reinen wäßrigen Radiumbromidlösung schlägt sich übrigens das Radium F nicht in merklichem Grade auf metallischem Wismut nieder. Die Ausscheidung erfolgt indessen ohne weiteres, wenn man der Lösung eine Spur Schwefelsäure zusetzt. Dadurch werden nämlich die Produkte D, E und F vom Radium selbst getrennt, indem das letztere als Sulfat gefällt wird, während jene Umwandlungsprodukte in der Lösung verbleiben; man braucht die Flüssigkeit alsdann nur durch ein Filter laufen zu lassen, um die Substanzen D, E und F so gut wie vollständig zu isolieren.

238. Die Aktivität des Radiums in ihrer Abhängigkeit von der Zeit.
Die Aktivität eines frisch bereiteten Radiumpräparates nimmt in der ersten Zeit ziemlich rasch zu und erreicht nach Ablauf von einem Monat einen scheinbar konstanten, maximalen Grenzwert. Die genaueren Untersuchungen, von denen oben die Rede war, haben indessen

gelehrt, dafs die Intensität der Strahlung in Wahrheit auch noch weiterhin langsam wächst, und zwar gilt dies sowohl für die α- als auch für die β-Aktivität. Später soll gezeigt werden, dafs sich das Element Radium wahrscheinlich in etwa 1000 Jahren zur Hälfte umwandelt. Daraus läfst sich in einfacher Weise berechnen, dafs ungefähr 200 Jahre verstreichen müssen, bis sich die Produkte D, E und F in maximaler Menge angesammelt haben. Sobald aber dieser Zustand eingetreten ist, zerfallen in jeder Sekunde ebenso viele Atome von C wie von E. Nimmt man an, dafs dabei von jedem dieser zerfallenden Atome die gleiche Zahl von β-Teilchen (wahrscheinlich je eins) fortgeschleudert würde, so müfste die Zahl der pro Sekunde emittierten β-Teilchen, wenn das Radiumpräparat ein Alter von 200 Jahren erreicht hat, doppelt so grofs sein wie einige Monate nach seiner Bereitung. Anfangs würde diese langsame Zunahme der β-Aktivität ungefähr 2 % pro Jahr betragen.

Ähnliche Überlegungen lassen sich auch für die Änderung der α-Aktivität anstellen. Dabei ist jedoch zu beachten, dafs neben dem Radium selbst noch vier andere Produkte vorhanden sind, von denen α-Strahlen ausgehen. Infolgedessen kann die Zahl der pro Sekunde emittierten α-Teilchen nicht in demselben Mafse wie die der β-Teilchen im Laufe der Zeit zunehmen. Die α-Aktivität eines gealterten Radiumpräparates kann diejenige eines wenige Monate alten höchstens um 25 % übersteigen. Wahrscheinlich sind die wirklichen Unterschiede aber noch geringer, da die α-Teilchen der Materie Radium F ein schwächeres Ionisierungsvermögen besitzen als die der übrigen in Frage kommenden Produkte. Immerhin wird auch die α-Aktivität eines Radiumpräparates erst nach 200 Jahren einen Maximalwert erreichen, um dann weiterhin langsam zu erlöschen.

239. Vorkommen jener letzten Umwandlungsprodukte im Uranpecherz.

In der Pechblende müssen die Substanzen Radium D, E und F stets anzutreffen sein, und zwar in einer dem Gehalt des Erzes an Radium proportionalen Menge. Nach geeigneten chemischen Methoden müfste sich offenbar eine Trennung jener Produkte von dem Mineral ausführen lassen. Sie würden dann im reinen Zustande folgende Eigenschaften aufweisen:

Würde zunächst das Radium D abgeschieden, so hätte man anfangs nur eine sehr schwache α- und β-Strahlung zu erwarten. Die β-Aktivität würde aber alsbald rasch zunehmen und binnen sechs Tagen einen maximalen Wert erreichen. Die α-Aktivität müfste andererseits zuerst proportional mit der Zeit wachsen und nach drei Jahren auf einem Maximum angelangt sein. Zuletzt müfsten beide Aktivitäten langsam abklingen, indem sie sich in je 40 Jahren um die Hälfte verringerten. Es betragen nun die Halbwertsperioden für Radium

1200 Jahre und für Radium D 40 Jahre; die maximale β-Aktivität von Radium D müfste daher pro Gewichtseinheit 30mal so grofs sein wie die vom Radium selbst.

Die α-Aktivität müfste sich jederzeit durch Eintauchen einer Wismutplatte in eine Lösung der Substanz isolieren lassen.

Radium F würde nach seiner Isolierung lediglich α-Strahlen liefern. Seine Aktivität würde sofort nach Mafsgabe einer Exponentialformel, mit einer Halbwertsperiode von 143 Tagen, abnehmen. Radium F müfste in der Zeiteinheit 800mal so viel α-Teilchen emittieren wie eine gleiche Gewichtsmenge frisch bereiteten Radiums, das sich im radioaktiven Gleichgewichte befände, da ein Radiumpräparat in diesem Zustande neben dem Mutterelemente nicht weniger als vier Umwandlungsprodukte, die α-Strahlen liefern, enthält. Die α-Teilchen vom Radium F besitzen indessen nur ein halb so grofses Ionisierungsvermögen wie die der übrigen Produkte, so dafs die Aktivität jener Substanz, nach der elektrometrischen Methode gemessen, nur ungefähr 400mal so grofs wie die des Radiums erscheinen würde.

240. Ursprung der Aktivität des Radiotellurs und des Poloniums. Es drängt sich nun die Frage auf, ob wir in den letzten Umwandlungsprodukten des Radiums nicht Substanzen vor uns haben, die schon früher unmittelbar aus der Pechblende isoliert, aber seinerzeit mit anderen Namen belegt worden sind.

Betrachten wir daraufhin zunächst das Radium F. Augenscheinlich besteht eine grofse Ähnlichkeit zwischen diesem Produkte einerseits und dem Marckwaldschen Radiotellur sowie dem Polonium der Frau Curie andererseits. Denn jeder dieser drei Stoffe sendet ausschliefslich α-Strahlen aus und schlägt sich aus Lösungen auf metallischem Wismut nieder. Es liegt daher die Vermutung nahe, dafs der aktive Bestandteil des Radiotellurs mit dem Radium F identisch sei. Offenbar müfsten dann aber die Radioaktivitätskonstanten beider Substanzen miteinander übereinstimmen. Auf Grund sorgfältiger vergleichender Messungen fand der Verfasser[1]), dafs die Abklingungsgeschwindigkeiten in der Tat für Radium F und für Radiotellur innerhalb der Grenzen der Versuchsfehler gleich grofs sind: beide Substanzen verlieren die Hälfte ihrer Aktivität in ungefähr 143 Tagen[2]). Nahezu denselben Wert hatten auch Meyer und Schweidler[3]) für Radiotellur erhalten.

Die Präparate, die zu meinen Versuchen dienten, stammten aus

---

[1]) E. Rutherford, Nature, p. 341, 9. Febr. 1905.
[2]) W. Marckwald (Ber. d. D. Chem. Ges. 1905, p. 591) fand neuerdings für die Halbwertsperiode seines Radiotellurs den Wert 139 Tage.
[3]) St. Meyer und E. v. Schweidler, Wien. Ber., 1. Dez. 1904.

der Fabrik von Dr. Sthamer in Hamburg. Sie bestanden aus aktivierten Wismutblechen und waren nach Marckwalds Vorschrift hergestellt worden.

Einen weiteren Beweis[1]) für die Identität der beiden Substanzen lieferten vergleichende Messungen der Absorbierbarkeit ihrer α-Strahlen in Aluminiumfolie. Die Absorptionskoeffizienten materieller Körper sind ja für Strahlen ungleichartiger Stoffe verschieden grofs, da die Geschwindigkeit der α-Teilchen von der Natur der strahlenden Materie abzuhängen pflegt. Für die vom Radiotellur und vom Radium F ausgehenden Strahlen stimmten die Absorptionswerte dagegen sehr gut miteinander überein.

Es kann somit keinem Zweifel unterliegen, dafs der aktive Bestandteil des Marckwaldschen Radiotellurs mit dem Produkte Radium F identisch ist. Man erkennt hieraus, wie eine gründliche Erforschung der in den radioaktiven Körpern sich abspielenden Umwandlungsvorgänge uns über die Herkunft der verschiedenen in der Pechblende vorhandenen Substanzen Aufschlufs zu geben vermag.

Wie an einer früheren Stelle (Paragraph 21) erwähnt worden war, gelang es Marckwald, aus zwei Tonnen Pechblende auf chemischem Wege mehrere Milligramm seiner hochaktiven Substanz zu extrahieren. Wir wissen ferner (s. Paragraph 239), dafs diese Materie im reinen Zustande etwa 400 mal so stark aktiv sein mufs wie Radium. Aus vergleichenden Messungen der Aktivität beider Substanzen kann man daher einen Schlufs auf den Grad der Reinheit des Radiotellurs ziehen. Dieses Verfahren dürfte sich empfehlen, wenn man das Produkt Radium F möglichst rein darstellen will, um sein bisher noch nicht beobachtetes Spektrum kennen zu lernen.

241. Polonium. Man hat eine Zeit lang darüber gestritten, ob das Marckwaldsche Radiotellur und das Polonium einen und denselben aktiven Bestandteil enthielten. Zweifellos ähneln die beiden Substanzen einander in ihren radioaktiven und chemischen Eigenschaften. Marckwald hatte freilich in einer seiner ersten Veröffentlichungen ausdrücklich betont, dafs an seinen starken Präparaten im Laufe eines Zeitraumes von sechs Monaten keine merkliche Aktivitätsabnahme zu konstatieren wäre. Darin lag der Haupteinwand gegen die Annahme, dafs die Marckwaldschen und Curieschen Präparate ihr Strahlungsvermögen dem nämlichen aktiven Bestandteile verdanken. Nunmehr sind diese Bedenken indessen hinfällig geworden, da sich inzwischen herausgestellt hat, dafs auch das Radiotellur in Wahrheit seine Aktivität ziemlich schnell einbüfst. Schon frühzeitig hatte man erkannt, dafs die nach der Curieschen Methode aus der Pechblende

---

[1]) E. Rutherford, Phil. Trans. A, p. 169, 1904.

gewonnenen Poloniumpräparate ihr Strahlungsvermögen allmählich verlieren. Die Abklingungskonstante ist zwar bisher noch nicht sehr genau bestimmt worden, doch wird von Frau Curie angegeben, daſs einige ihrer Präparate die Hälfte ihrer Anfangsaktivität binnen sechs Monaten einbüſsten, während andere eine etwas geringere Abklingungsgeschwindigkeit besaſsen. Möglicherweise rühren die Unterschiede, die man bezüglich der Abklingungskonstanten an verschiedenen Poloniumpräparaten beobachtet hat, von einem anfänglich noch vorhanden gewesenen Gehalt an Radium D her. Ich selbst besaſs ein Poloniumpräparat, das sein Strahlungsvermögen ziemlich schnell verlor: nach vier Jahren war seine Aktivität auf einen kleinen Bruchteil ihres Anfangswertes gesunken. Aus rohen, von Zeit zu Zeit wiederholten Messungen lieſs sich entnehmen, daſs seine Aktivität in ungefähr sechs Monaten um die Hälfte zurückging. Falls das Polonium mit dem Radiotellur identisch wäre, müſste seine Halbwertsperiode 143 Tage betragen. Meines Erachtens dürften sorgfältigere Messungen eine genaue Übereinstimmung mit diesem Werte ergeben.

Obwohl es demnach noch weiterer Versuche bedarf, um die Richtigkeit dieser Auffassung völlig einwandsfrei zu beweisen, so wird man doch, wie mir scheint, vernünftigerweise nicht länger daran zweifeln können, daſs im Polonium und im Radiotellur ein und derselbe aktive Bestandteil enthalten sei, und daſs wir in dem letzteren das siebente Umwandlungsprodukt des Radiums vor uns haben. Marckwald hat zwar auf einige Unterschiede in dem chemischen Verhalten der beiden Substanzen aufmerksam gemacht, indessen kann dieser Umstand nicht allzuschwer ins Gewicht fallen. Denn es ist zu bedenken, daſs die zur Beobachtung gelangenden chemischen Eigenschaften der Präparate durch die Gegenwart von Verunreinigungen stark beeinfluſst werden, zumal im Polonium sowohl wie im Radiotellur von der aktiven Materie nur winzige Mengen enthalten sind. Der einzige zuverlässige Identitätsbeweis kann daher nur geführt werden durch Untersuchungen über die Qualität der ausgesandten Strahlung und über die Gröſse ihrer charakteristischen Abklingungskonstanten*).

241 A. Ursprung der Aktivität des Radiobleis. Das sogenannte Radioblei wurde zuerst von Hofmann aus der Pechblende abgeschieden (s. Paragraph 22). Aus den im folgenden zu besprechenden Ver-

---

*) *Neue Versuche von Frau Curie (C. R. 142, p. 273, 1906; Physik. Ztschr. 7, p. 146, 1906) ergaben, daſs die Aktivität der Poloniumpräparate in je 140 Tagen um die Hälfte abnimmt. Dadurch ist die Identität der radioaktiven Bestandteile des Radiotellurs und Poloniums endgültig bewiesen (s. a. W. Marckwald, Physik. Ztschr. 7, p. 369, 1906). Diese Substanz ist aber wieder nichts anderes als Radium F.*

suchen geht hervor, daſs die Produkte Radium D, E und F in dieser Substanz enthalten sind. Hofmann hatte zunächst beobachtet, daſs die Aktivität seiner Präparate im Laufe mehrerer Jahre keine merkliche Abnahme erfuhr. Eingehende chemische Untersuchungen, die neuerdings von ihm in Gemeinschaft mit Gonder und Wölfl[1]) ausgeführt wurden, weisen darauf hin, daſs in dem Radioblei zwei verschiedene aktive Bestandteile enthalten sein müssen, die mit den Produkten Radium E und F identisch sein dürften. Leider wurden aber dabei die Aktivitätsmessungen nicht mit groſser Genauigkeit durchgeführt, und es fehlt insbesondere an exakten Bestimmungen der Umwandlungskonstanten für die einzelnen Trennungsprodukte.

Es wurden verschiedene Substanzen mit Radioblei zusammen in Lösung gebracht und nach einiger Zeit durch geeignete Fällungsmittel abgeschieden. Man ließ kleine Mengen von Iridium, Rhodium, Palladium und Platin als Chloride drei Wochen lang in der Lösung und fällte sie dann durch Formalin oder Hydroxylamin. Alle diese Substanzen lieferten nach der Fällung sowohl α- als auch β-Strahlen, doch war die Aktivität des Rhodiums am stärksten, die des Platins am schwächsten. Die β-Aktivität verschwand zum gröſsten Teile innerhalb sechs Wochen, die α-Aktivität erst nach einem Jahre. Wahrscheinlich sind diese Beobachtungen so zu deuten, daſs bei der Fällung der Metalle zugleich ein Teil der Produkte Radium E und F aus dem Radioblei abgeschieden wurde. Bekanntlich gehen vom Radium E β-Strahlen aus, deren Intensität sich binnen sechs Tagen um die Hälfte verringert; Radium F liefert andererseits ausschlieſslich α-Strahlen und besitzt eine Halbwertsperiode von 143 Tagen. Zugunsten unserer Auffassung sprechen auch die weiteren Beobachtungen über den Einfluſs der Temperatur auf das Strahlungsvermögen der gefällten Substanzen. Bei heller Rotglut verschwand die α-Aktivität schon in wenigen Sekunden. Das steht durchaus im Einklange mit der Erfahrung (s. oben Paragraph 232), daſs sich Radium F bei $1000°$ C. verflüchtigt, während Radium E bei dieser Temperatur noch nicht entweicht.

Gold-, Silber- und Quecksilbersalze besaſsen nach der Fällung aus Radiobleilösungen lediglich eine α-Aktivität. Zur Erklärung dieses Verhaltens braucht man nur anzunehmen, daſs diese Substanzen allein das Radium F mit sich reiſsen. Wismutsalze lieferten andererseits zunächst sowohl α- als auch β-Strahlen, die letzteren verschwanden aber ziemlich schnell. Daſs frisch bereitete Poloniumpräparate eine merkliche β-Aktivität besitzen, war bereits von Frau Curie beobachtet worden. Das Radioblei selbst erlitt durch die Wismut-

---

[1]) K. A. Hofmann, L. Gonder und V. Wölfl, Ann. d. Phys. 15, p. 615. 1904.

fällung einen erheblichen Aktivitätsverlust, indem sich die Intensitäten beider Strahlengattungen wesentlich verringerten. Allmählich stellte sich indessen das ursprüngliche Strahlungsvermögen wieder ein. Auch dieser Umstand entspricht vollkommen unserer Annahme, daſs Radium D, E und F im Radioblei enthalten seien. Radium E und F scheiden sich nämlich zusammen mit dem Wismut aus, die Muttersubstanz D bleibt dagegen zurück, und aus ihr bildet sich dann allmählich neues Radium E und F.

Wohl wird es noch weiterer Versuche bedürfen, um den endgültigen Beweis für die Richtigkeit unserer Auffassung zu erbringen, indessen kann es auch ohnedies kaum einem Zweifel mehr unterliegen, daſs die aktiven Bestandteile des Radiobleis mit dem Radium E und F identisch sind*). Dafür sprechen auch einige Tatsachen, die ich selbst an einem solchen Radiobleipräparate feststellen konnte. Die Substanz, die mir von Hrn. Boltwood aus New Haven freundlichst überlassen wurde, besaſs bei den ersten Messungen ein Alter von vier Monaten. Sie lieferte α- und β-Strahlen; die letzteren waren in auffallend hoher Intensität in der Gesamtstrahlung vertreten. Während der folgenden sechs Monate blieb die β-Aktivität merklich konstant, während die α-Aktivität stetig zunahm. Ein solches Verhalten wäre durchaus zu erwarten, wenn das Präparat Radium D enthielte. Denn wenn zunächst dieses Produkt mit dem Blei abgeschieden worden wäre, müſste sich schon nach 40 Tagen die maximale Menge von Radium E angesammelt haben, und andererseits müſste die α-Aktivität, die an dem Radium F haftet, erst nach 2,6 Jahren ihren Maximalwert erreichen (vgl. Paragraph 236).

Es fragt sich allerdings noch, ob das Blei unmittelbar nach seiner

---

*) *Inzwischen hat diese Auffassung durch genaue Messungen von Meyer und v. Schweidler (Wien. Ber., 6. Juli 1905) eine vorzügliche Bestätigung erfahren. Wurden Palladiumbleche in eine Radiobleilösung eingetaucht, so nahmen sie eine Aktivität an, die sowohl aus α- wie aus β-Strahlen bestand. Jede der beiden Teilaktivitäten nahm in exponentieller Weise ab. Die β-Aktivität besaſs eine Halbwertsperiode von 6,2 Tagen, sie stammte demnach von einem Produkte, das mit Radium E identisch war. Als Quelle der α-Strahlung konnte andererseits nur Radium F in Betracht kommen, da sich ihre Intensität in 135 Tagen um die Hälfte verringerte. Meyer und v. Schweidler untersuchten ferner den aktiven Niederschlag von geringer Umwandlungsgeschwindigkeit und gelangten dabei zu Resultaten, die mit denen des Verfassers sehr gut übereinstimmen. Es kann daher nunmehr als definitiv erwiesen gelten, daſs im Radioblei für gewöhnlich die drei Radiumprodukte D, E und F enthalten sind, so daſs man diesen Körper auch als Muttersubstanz des Poloniums ansehen kann.*

Vor kurzem hat Giesel (Ber. d. D. Chem. Ges. 1906) unmittelbar aus der Pechblende ein β-Strahlen lieferndes Produkt abgeschieden, dessen Halbwertsperiode er zu 6,1 Tagen bestimmte. Offenbar ist auch diese Substanz mit Radium E identisch.

Elftes Kapitel. Die Umwandlungsprodukte des Radiums.

Abscheidung aus der Pechblende ausschliefslich Radium D enthält, oder ob schon von vornherein zugleich das Produkt E in ihm auftritt. Wahrscheinlich bleiben aber die Materien E und F beide an dem ursprünglich in der Lösung vorhandenen Wismut haften, so dafs der Gehalt der Radiobleipräparate an diesen Produkten lediglich von dem nach der Trennung vor sich gehenden Zerfall der Muttersubstanz Radium D herrühren dürfte.

Wünschenswert wäre es, das Radium D einmal im reinen Zustande aus der Pechblende zu extrahieren. Seine β-Aktivität würde dann nämlich nach Verlauf von einem Monate 30 mal so stark sein wie die einer gleichen Gewichtsmenge Radium. Ferner müfste sich durch Eintauchen einer Wismutplatte in eine Lösung der Substanz das Radium F (Polonium) gewinnen lassen, und wenn man jedesmal lange genug wartete, müfste man immer wieder neue Mengen dieses Produktes zur Abscheidung bringen können. Dabei würde die Abnahme des vorhandenen Vorrates an Radium D lange Zeit keine wesentliche Rolle spielen, da ja die Umwandlung dieser Substanz sehr langsam (mit einer Halbwertsperiode von 40 Jahren) vor sich geht.

Nach dem Gesagten hätten wir also für die im Radioblei enthaltenen Produkte folgendes Schema aufzustellen:

Gealtertes Radioblei enthält
- Radium D. Einziger aktiver Bestandteil frisch hergestellter Radiobleipräparate; liefert keine Strahlung und zerfällt zur Hälfte in 40 Jahren.
↓
- Radium E. Sendet β-Strahlen aus und läfst sich durch Wismut, Iridium und Platin abtrennen. Halbwertsperiode = 6 Tage.
↓
- Radium F. Aktiver Bestandteil des Poloniums und Radiotellurs. Sendet ausschliefslich α-Strahlen aus. Halbwertsperiode = 143 Tage.

242. Temporäre Aktivität ursprünglich inaktiver Stoffe nach der Abscheidung aus radioaktiven Substanzen. Wir erwähnten soeben, dafs die Platinmetalle und ebenso Wismut eine vorübergehende Aktivität annehmen, wenn sie einer Radiobleilösung beigemischt werden, und dafs sich diese Erscheinungen leicht erklären lassen, wenn man annimmt, dafs gewisse Umwandlungsprodukte des Radiobleis jene Substanzen bei der Fällung begleiten. Ganz ähnliche Effekte hatten auch Pegram und von Lerch (Paragraph 186) beobachten können, wenn sie der Lösung eines Thorsalzes oder des aktiven Niederschlages der Thoremanation inaktive Substanzen zusetzten. Sicherlich handelt es sich wohl auch in diesen Fällen um ähnliche Vorgänge, indem sich Umwandlungsprodukte des Thoriums mit der inaktiven Materie zusammen abscheiden. Beispiele solcher Art liefsen sich noch leicht häufen; von einigen besonders interessanten und wichtigen Fällen wird noch später kurz die Rede sein.

Zur Erklärung jenes nach einiger Zeit wieder verschwindenden Strahlungsvermögens ursprünglich inaktiver Materie sind zwei verschiedene Auffassungen vertreten worden. Die einen nehmen an, daſs die Moleküle der inaktiven Substanzen durch „radioaktive Induktion" in den Lösungen zeitweilig aktiv würden. Dieser Deutung liegt also die Vorstellung zugrunde, es könnten einige Moleküle eines inaktiven Stoffes lediglich durch die innige Mischung mit einer aktiven Substanz die Fähigkeit erlangen, Strahlen auszusenden. Gemäſs der hier vertretenen Desaggregationstheorie müssen wir aber sagen, daſs die Aktivität eines ursprünglich inaktiven Körpers niemals von einer Veränderung seiner eigenen Materie herrühren kann, sondern nur von Beimengungen eines oder mehrerer jener zahlreichen radioaktiven Umwandlungsprodukte. Es gibt kein entscheidendes Experiment, durch das die Annahme von dem Vorhandensein einer „radioaktiven Induktion" gestützt würde; wohl aber sprechen viele Tatsachen mittelbar gegen die Realität einer solchen Erscheinung.

Im Rahmen der Desaggregationstheorie sind die beobachteten Effekte folgendermaſsen zu deuten: Ein gealtertes Radiumpräparat — um nur von diesem Körper zu reden — enthält neben dem Radium selbst die sieben Umwandlungsprodukte, die nacheinander durch den fortschreitenden Zerfall der Materie entstehen. Jede dieser Substanzen unterscheidet sich in ihrem physikalischen und chemischen Verhalten von den übrigen. Wird nun z. B. ein Wismutstab in eine Lösung des Präparates eingetaucht, so schlägt sich eines oder eine gröſsere Zahl jener Produkte auf dem Metall nieder. Aller Wahrscheinlichkeit nach handelt es sich hierbei um einen wesentlich elektrolytischen Vorgang, der durch das elektrochemische Verhalten des Wismuts gegenüber dem der gelösten Umwandlungsprodukte bestimmt wird. So wird eine elektronegative Substanz das Bestreben haben, elektropositive Produkte an sich zu reiſsen, und auf diese Weise erklärt es sich leicht, daſs verschiedene Metalle je nach ihrer Stellung in der elektrischen Spannungsreihe verschieden stark aktiviert werden.

Wahrscheinlich vollzieht sich die Aktivierung einer inaktiven Substanz durch Fällung nur, während sie sich aus der aktiven Lösung ausscheidet. Ob sich dies tatsächlich so verhält, könnte man leicht dadurch prüfen, daſs man untersuchte, ob die Länge der Zeit, während welcher die inaktive Materie sich in der Lösung aufhält, einen Einfluſs auf die Stärke der von ihr angenommenen Aktivität ausübt.

Bedenkt man, daſs in der Pechblende sämtliche Radioelemente, Uran, Thorium, Radium und Aktinium, nebst ihren zahlreichen Umwandlungsprodukten enthalten sind, so kann es nicht wundernehmen, daſs auch viele der inaktiven Substanzen, die sich aus diesem Mineral gewinnen lassen, nach der Abscheidung eine beträchtliche Aktivität aufweisen; sie verdanken ihr Strahlungsvermögen dann einer Beimengung aktiver Produkte. Herr und Frau Curie beobachteten bei der Herstellung ihrer Radiumpräparate aus dem Uranpecherz, daſs die aktiven Substanzen im Anfangsstadium des Reinigungsprozesses nahezu vollkommen vereinigt blieben. Kupfer, Antimon und Arsenik waren nach der Abscheidung so gut wie inaktiv; andere Stoffe, wie Blei und Eisen, wiesen freilich stets ein gewisses Strahlungsvermögen auf. Wenn die Fraktionierung aber weiter fortgeschritten war, zeigte sich an allen Substanzen, die man durch Fällung isolierte, eine merkliche Aktivität.

Eine der ersten hierher gehörigen Beobachtungen stammt von Debierne. Dieser fand, daſs Baryum radioaktiv wurde, wenn man es mit Aktinium zusammen in Lösung brachte. Das aktivierte Baryum behielt sein Strahlungsvermögen noch lange Zeit, nachdem es vom Aktinium wieder getrennt worden war. Man konnte auf diese Weise Baryumchloridpräparate herstellen, die 6000 mal so stark aktiv waren wie metallisches Uran. Die Aktivität dieses Salzes lieſs sich nach demselben Verfahren wie die von radiumhaltigem Baryumchlorid anreichern. Dennoch zeigte es bei der spektroskopischen Prüfung keine einzige der Radiumlinien; es konnte seine Aktivität also nicht einer Beimengung von Radium verdanken. Das Strahlungsvermögen des Baryums blieb überdies nicht konstant, sondern nahm, wie Debierne angibt, binnen drei Monaten auf ungefähr den dritten Teil seines ursprünglichen Wertes ab. Wahrscheinlich hatte das Baryum bei der Fällung das Produkt Aktinium X und wohl auch etwas von dem Aktinium selbst mit sich gerissen. Der beobachtete Aktivitätsabfall wäre demnach durch allmähliche Umwandlung des Aktinium X herbeigeführt worden. Es ist bemerkenswert, daſs gerade Baryum die Eigenschaft besitzt, sehr viele von den Umwandlungsprodukten der verschiedenen Radioelemente an sich zu ketten; wahrscheinlich hängt dies mit seiner Stellung in der Spannungsreihe zusammen; Baryum ist nämlich stark elektropositiv.

Im Jahre 1900 zeigte ferner Giesel, daſs man metallisches Wismut durch Eintauchen in eine Radiumlösung aktivieren könne; er meinte daher, daſs auch Polonium nichts anderes sei als Wismut, das durch „Induktion" aktiv geworden wäre. Später fand er noch, daſs die Emission solcher Wismutstücke ausschlieſslich aus α-Strahlen besteht, und daſs somit das Radium selbst als Quelle dieser Aktivität nicht in Betracht kommen kann. Wie wir nunmehr wissen, entstammt die Strahlung des Wismuts in diesen Fällen einem Überzuge aus Radium F.

Frau Curie erkannte sodann, daſs das Wismut auch aktiv wurde, wenn man es mit Radiumsalzen zusammen in Lösung brachte; es gelang ihr, die Substanz nach demselben Verfahren, dessen sie sich zur Herstellung ihrer Poloniumpräparate bediente, durch Fraktionierung

Elftes Kapitel. Die Umwandlungsprodukte des Radiums.

abzuscheiden. Auf diese Weise erhielt sie Wismutpräparate, die 2000 mal so stark aktiv waren wie Uran; ihr Strahlungsvermögen nahm aber gleich dem des Poloniums allmählich ab. Im Hinblick auf die seither erworbene Kenntnis von den Umwandlungsprodukten des Radiums liefern jene älteren Beobachtungen von Frau Curie offenbar eine weitere Bestätigung unserer Auffassung, dafs die Substanz, die sich aus Radiumlösungen auf Wismut niederschlägt, also das Radium F, mit dem unmittelbar aus der Pechblende gewonnenen Polonium identisch ist.

Zwölftes Kapitel.
Die Energieentwickelung.

243. Schon frühzeitig erkannte man, dafs die radioaktiven Substanzen vermöge ihrer Strahlung beträchtliche Energiemengen abgeben müssen. Man versuchte zunächst, die Gröfse dieser Energiebeträge aus der Zahl und der lebendigen Kraft der fortgeschleuderten Teilchen zu berechnen. Die ersten Schätzungen lieferten indessen viel zu kleine Werte. Man übersah nämlich (s. Paragraph 114), dafs der gröfste Teil der von den radioaktiven Körpern emittierten Energie, soweit sie sich durch Ionisierungseffekte zu erkennen gibt, in den α-Strahlen enthalten ist, während auf die β-Strahlen nur ein verhältnismäfsig sehr geringer Bruchteil entfällt.

Um zu einem angenäherten Wert der von einer dünnen Schicht aktiver Materie ausgestrahlten Energie zu gelangen, bestimmten Rutherford und Mc. Clung[1]) zunächst die gesamte Zahl von Ionen, die bei vollkommener Absorption der α-Strahlen in einem Gase entstehen. Die zur Erzeugung eines Ions erforderliche Energiemenge wurde sodann dadurch gemessen, dafs man die Wärmewirkung eines Bündels Röntgenstrahlen und die bei vollständiger Absorption der letzteren in Luft entstehende Ionenzahl ermittelte. Auf diese Weise ergab sich für die zur Erzeugung eines Luftions aufzuwendende Energie der Wert $1{,}90 \times 10^{-10}$ Erg. Diese Zahl ist wahrscheinlich etwas zu hoch geschätzt (s. Anhang A), dürfte aber doch in der richtigen Gröfsenordnung liegen. Es liefs sich hieraus berechnen, dafs von einem Gramm pulverförmigen Uranoxyds, wenn die Substanz in dünner Schicht auf einer Unterlage ausgebreitet wird, pro Jahr 0,032 Grammkalorieen an die umgebende Luft abgegeben werden. Das ist zwar ein sehr kleiner Betrag; für eine hochaktive Substanz wie Radium, dessen Strahlungsvermögen ungefähr zwei Millionen Mal so grofs ist wie das des Urans,

---

[1]) Phil. Trans. A, 1901, p. 25.

wäre die entsprechende Energieabgabe aber 69 000 Grammkalorieen pro Jahr; und die gesamte Energieentwickelung ist offenbar noch wesentlich gröfser, da sich jene Zahl nur auf die in die umgebende Luft austretende Strahlung bezieht, ein Teil der α-Strahlen aber bereits in der aktiven Materie selbst zur Absorption gelangt.

Wir werden alsbald sehen, dafs die vom Radium und von seinen Umwandlungsprodukten hervorgerufenen Wärmeeffekte ein zuverlässiges Mafs für die Energie der fortgeschleuderten α-Teilchen abgeben.

244. Wärmeentwickelung in Radiumsalzen. P. Curie und Laborde[1]) waren die ersten, denen der Nachweis gelang, dafs Radiumverbindungen dauernd eine höhere Temperatur besitzen als die umgebende Luft; der Temperaturunterschied kann unter Umständen mehrere Grade betragen. Die Energieabgabe seitens eines Radiumpräparates läfst sich daher ebensogut auf thermometrischem wie auf photographischem oder elektrischem Wege erkennen.

Zur quantitativen Bestimmung der entwickelten Wärmemengen bedienten sich Curie und Laborde zweier verschiedener Methoden. In einen Falle verfuhren sie folgendermafsen: Von zwei vollkommen gleichartig gestalteten Glasröhren enthielt die eine 1 Gramm radiumhaltigen Baryumchlorids, dessen Aktivität ungefähr gleich $1/6$ von derjenigen des reinen Radiumsalzes war, die andere eine gleiche Gewichtsmenge reinen Baryumchlorids. Ein Thermopaar aus Eisen-Konstantan diente dazu, den Unterschied der Temperaturen beider Behälter zu messen. Es zeigte sich eine konstante Temperaturdifferenz von 1,5° C. Hierauf wurde in das inaktive Baryumsalz eine Drahtspule von bekanntem Widerstande eingebettet. Diese erwärmte man durch einen elektrischen Strom, bis beide Röhrchen die gleiche Temperatur aufwiesen. Aus der Stärke des dazu erforderlichen Heizstromes und der zuvor gemessenen Temperaturdifferenz ergab sich dann die vom Radium pro Zeiteinheit entwickelte Wärmemenge. Bei der zweiten Methode diente ein Bunsensches Eiskalorimeter zur Aufnahme des mit dem aktiven Baryumsalze gefüllten Röhrchens. Vor dem Beginn des Versuches wurde so lange gewartet, bis das Quecksilber in dem Skalenrohr eine konstante Einstellung angenommen hatte. Das Präparat wurde unterdessen in schmelzendem Eise gekühlt. Sobald es sich in dem Kalorimeter befand, war eine gleichförmige Bewegung des Quecksilberfadens zu bemerken; nach der Entfernung des Radiumröhrchens erhielt man aber wieder eine konstante Einstellung.

Die Messungen führten zu dem Resultate, dafs von einem Gramm der Substanz, die ungefähr $1/6$ ihres Gewichtes an reinem Radiumchlorid enthielt, 14 Grammkalorieen pro Stunde entwickelt wurden.

---

[1]) P. Curie und A. Laborde, C. R. 136, p. 673. 1903.

Zwölftes Kapitel. Die Energieentwickelung.

Weitere Beobachtungen wurden an einem anderem Präparate ausgeführt, das aus 0,08 g reinem Radiumchlorid bestand. Als Endergebnis ihrer Untersuchungen geben Curie und Laborde an, dafs 1 g Radium in jeder Stunde eine Wärmemenge von ungefähr 100 Grammkalorieen entwickele. In guter Übereinstimmung hiermit stehen die Werte, die später von Runge und Precht[1]) und von anderen Forschern gefunden wurden.

Alle bisher vorliegenden Erfahrungen lassen darauf schliefsen, dafs diese Wärmeproduktion fortwährend und in unveränderlicher Stärke vor sich geht. Von 1 g Radium werden demnach während eines Tages 2400 und im Laufe eines Jahres 876 000 Grammkalorieen geliefert. Bekanntlich werden bei der Vereinigung von Wasserstoff und Sauerstoff zu 1 g Wasser 3900 Grammkalorieen in Freiheit gesetzt. Von 1 g Radium wird also pro Tag nahezu ebensoviel Energie abgegeben, wie zur Dissoziation von 1 g Wasser aufgewendet werden mufs.

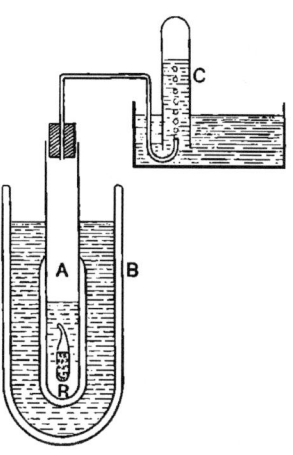

Fig. 99.

Später konnte P. Curie[2]) die Wärmewirkung schon mit Hilfe eines gewöhnlichen Quecksilberthermometers beobachten: 0,7 g eines reinen Radiumbromidpräparates zeigten gegenüber der umgebenden Luft einen Temperaturüberschufs von 3° C. an. Ebenso erhielt Giesel für 1 g Radiumbromid eine Temperaturerhöhung von 5° C. Die Gröfse der zur Beobachtung gelangenden Erwärmung hängt selbstverständlich in jedem einzelnen Falle von den Dimensionen und dem Material des die aktive Substanz umschliefsenden Gefäfses ab.

Als Herr und Frau Curie sich im Jahre 1903 in England aufhielten, um vor der Royal Institution über ihre Entdeckungen zu berichten, untersuchten sie jene Wärmeeffekte in Gemeinschaft mit Professor Dewar insbesondere bei sehr tiefen Temperaturen. Dabei wurde in der Weise verfahren, dafs man ein Radiumpräparat in ein verflüssigtes Gas einsenkte und die Menge des infolge der Erwärmung sich verflüchtigenden Gases bestimmte. Fig. 99 zeigt die Einrichtung eines solchen Kalorimeters.

Zur Aufnahme der Flüssigkeit dient eine kleine Dewarsche Flasche A. Das Radiumsalz befindet sich in dem Glasröhrchen R.

---

[1]) C. Runge und J. Precht, Sitzungsber. d. Ak. d. Wiss. Berlin 1903, No. 38.

[2]) P. Curie, Société de Physique, 1903.

A ist zur Wärmeisolation von einem weiteren Dewarschen Gefäße B umgeben, das mit der nämlichen Flüssigkeit wie A gefüllt ist. Die durch Verdampfung frei werdenden Gasmengen werden in der üblichen Weise über Wasser oder Quecksilber in C aufgefangen; man hat dann nur ihr Volumen zu bestimmen. Die Messungen wurden für Kohlensäure, Sauerstoff und Wasserstoff ausgeführt. In allen drei Fällen war die Wärmeentwickelung gleich groß. Es erscheint vor allem bemerkenswert, daß die Wärmeerzeugung selbst noch im flüssigen Wasserstoff in unveränderter Weise vor sich geht, da chemische Reaktionen gewöhnlicher Art bei so tiefen Temperaturen auszubleiben pflegen. Mittelbar geht hieraus wiederum hervor, daß die Menge der vom Radium fortgeschleuderten α-Teilchen von der Temperatur nicht beeinflußt wird. Es wird sich nämlich zeigen, daß jene Wärmeeffekte unmittelbar durch das Bombardement der α-Teilchen hervorgerufen werden.

Bei Verwendung von flüssigem Wasserstoff tritt die enorme Wärmeproduktion in kleinen Mengen Radium sehr augenfällig in die Erscheinung. So konnten nach Einführung von 0,7 g Radiumbromid, das überdies erst 10 Tage alt war, pro Minute 73 ccm Gas aufgefangen werden.

Wie von P. Curie (loc. cit.) festgestellt wurde, hängt die von einer bestimmten Quantität Radium pro Zeiteinheit abgegebene Wärmemenge im allgemeinen von dem Alter des Präparates ab. Sie ist unmittelbar nach dessen Herstellung zunächst ziemlich gering, wird aber allmählich immer größer und erreicht nach einem Monat einen maximalen Grenzwert. Bringt man die Lösung eines Radiumsalzes in eine fest verschlossene Glasröhre, so wird die Wärmeabgabe, die man beobachtet, zuletzt ebenso groß, als wenn man eine gleiche Gewichtsmenge der aktiven Substanz in fester Form benutzt.

245. Zusammenhang zwischen Wärmeentwickelung und Strahlung.

Wie soeben erwähnt wurde, ist die Stärke der Wärmeentwickelung nach den Beobachtungen Curies von dem Alter der Radiumpräparate abhängig. Daraus ist zu schließen, daß jene Wärmeproduktion mit der Aktivität des Radiums zusammenhängen muß. Man weiß ja längst, daß die Strahlungsintensität während des ersten Monats nach der Herstellung der Radiumpräparate beständig zunimmt, bevor der stationäre Grenzzustand eintritt. Diese Aktivitätszunahme rührt aber (Paragraph 215) davon her, daß von dem Radium beständig radioaktive Emanation erzeugt wird; diese bleibt in der festen Substanz okkludiert, und so tritt allmählich zu der Aktivität des Radioelementes selbst die Strahlung der Emanation hinzu. Mithin erscheint der Schluß naheliegend, daß die Wärmeeffekte mit dem Gehalt an Emanation in irgendeinem Zusammenhange stehen werden.

Zwölftes Kapitel. Die Energieentwickelung.

Auf Grund dieser Erwägung haben Rutherford und Barnes[1]) eine Reihe von Versuchen angestellt. Es mufsten dabei sehr geringe Wärmeeffekte noch deutlich gemessen werden können. Zu diesem Zwecke wurde eine Art Differential-Luftkalorimeter benutzt, wie es in Fig. 100 abgebildet ist. Es bestand aus zwei gleich grofsen Glasflaschen von je 500 ccm Inhalt, in denen sich trockene Luft von Atmosphärendruck befand. Die beiden Gefäfse kommunizierten mit einem U-Rohr, dessen unterer Teil mit Xylol gefüllt war. Dieses Manometer diente zur Messung der Druckänderungen. In jede der beiden Flaschen war aufserdem ein unten geschlossenes Glasröhrchen eingesetzt, das bis in die Mitte des Kolbens hineinragte. Brachte man nun eine konstante Wärmequelle in eines der beiden Röhrchen, so stieg die Temperatur und somit auch der Druck der umgebenden Luft, bis wieder ein konstanter Zustand erreicht war. Die Druckerhöhung wurde dann an dem Manometer mittels eines mit Okularmikrometer versehenen Mikroskops gemessen. Wurde die Wärmequelle in das Röhrchen der anderen Flasche eingeführt, so entstand ein Druckunterschied von entgegengesetztem Vorzeichen. Der ganze Apparat stand in einem Wasserbade, das dauernd gerührt wurde, so dafs die Temperatur im äufseren Raume konstant blieb.

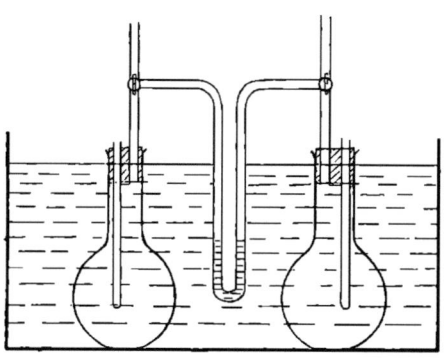

Fig. 100.

Zunächst wurden als Energiequelle 30 mg Radiumbromid benutzt. Um die Wärmeabgabe quantitativ bestimmen zu können, mufste der Apparat noch geeicht werden. Dies geschah in der Weise, dafs man das Radium durch eine kleine Drahtspule von bekanntem Widerstande ersetzte und sie durch einen elektrischen Strom erwärmte. Die Stärke des letzteren wurde so reguliert, dafs die gleiche Druckdifferenz wie vorher am Manometer zu beobachten war. Es ergab sich auf diesem Wege für die Wärmeentwickelung in 1 g Radiumbromid der Wert von 65 Grammkalorieen pro Stunde. Setzt man das Atomgewicht des Radiums gleich 225, so würden demzufolge von 1 g metallischen Radiums pro Stunde 110 Grammkalorieen abgegeben werden.

Die in den 30 mg Radiumbromid okkludierte Emanation wurde

---

[1]) E. Rutherford und H. T. Barnes, Nature, 29. Okt. 1903. Phil. Mag., Febr. 1904.

nun durch Erhitzen des Präparates (s. Paragraph 215) ausgetrieben. Das entweichende Gas sammelte man in einer kleinen Glasröhre. Die letztere befand sich in einem Bade von flüssiger Luft und wurde abgeschmolzen, nachdem sich das aktive Gas vollständig kondensiert hatte. Die gesamte Emanation war dann in einem Röhrchen von 4 cm Länge vereinigt. Von Zeit zu Zeit wurden hierauf die Wärmeeffekte des „entemanierten" Radiums und der radioaktiven Emanation gemessen. Die Wirksamkeit des Radiums nahm im Laufe der ersten Stunden bis zu einem Minimum ab, bei dem die Wärmeabgabe nur noch 25 %/o des ursprünglichen Wertes betrug; dann aber erholte es sich allmählich, und nach einem Monat entwickelte es wieder eben-

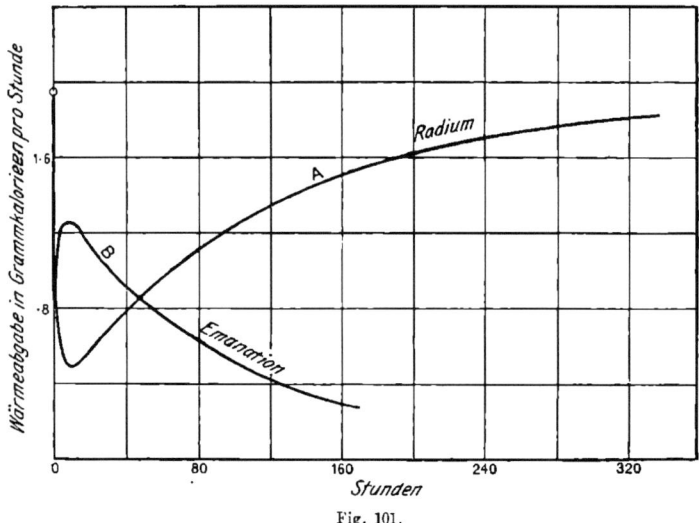

Fig. 101.

soviel Wärme wie vor der Entemanierung. Der Thermoeffekt des mit der Emanation gefüllten Röhrchens wuchs andererseits während der ersten Stunden, erreichte ein Maximum und nahm alsbald nach einem einfachen Exponentialgesetze mit wachsender Zeit ab; in diesem letzten Stadium verringerte sich der Effekt um die Hälfte in je vier Tagen. Der absolute Betrag der von der Emanation produzierten Wärme wurde wie früher durch elektrische Strommessung bestimmt, indem man das Emanationsröhrchen durch eine Stromspule von gleicher Länge ersetzte.

In Fig. 101 ist die Wärmeabgabe als Funktion der Zeit graphisch dargestellt: Kurve A bezieht sich auf das Radium selbst, Kurve B auf seine Emanation. Die Summe der Einzeleffekte war zu allen Zeiten konstant und gleich demjenigen des noch nicht entemanierten Präparates. Im Maximum lieferte das mit der Emanation der 30 mg Radiumbromid

Zwölftes Kapitel. Die Energieentwickelung.

gefüllte Röhrchen 1,26 Grammkalorieen pro Stunde. Die Emanation von einem Gramm des aktiven Salzes würde demnach im Verein mit ihren weiteren Umwandlungsprodukten in jeder Stunde 42 Grammkalorieen abgeben. Von der gesamten Wärmemenge, die man von einem festen Radiumpräparate erhält, rühren mithin mehr als zwei Drittel von der okkludierten Emanation her.

Unmittelbar nach der Abscheidung der Emanation nimmt die Wärmewirkung des Radiums zunächst bis auf ein Minimum ab. Wie sich alsbald zeigen wird, hängt dieses Verhalten mit dem natürlichen Abfall der erregten Aktivität zusammen. Ebenso wird der anfängliche Anstieg der Kurve B durch die auf den Wänden des Emanationsröhrchens erregte Aktivität hervorgerufen. Jenseits des Maximums gilt aber für den Abfall der Energiekurve die nämliche Gesetzmäfsigkeit wie für die Abnahme der Emanationsaktivität, d. h. der von der Emanation nebst ihren weiteren Umwandlungsprodukten herrührende Wärmeeffekt sinkt auf den halben Wert in je vier Tagen. Bezeichnen wir also mit Q_{max} den maximalen und mit Q_t den zu einer beliebigen späteren Zeit t vorhandenen Wärmeeffekt, so ist

$$Q_t = Q_{max}\, e^{-\lambda t},$$

wenn unter λ die Umwandlungskonstante der Radiumemanation verstanden wird.

Auch die Kurve A stimmt jenseits des Minimums mit der entsprechenden Kurve für die spontane Zunahme der α-Aktivität entemanierter Radiumpräparate vollkommen überein. Jener Minimaleffekt beträgt nun 25 % der im Gleichgewichtszustande vorhandenen Wärmewirkung, deren Betrag Q_{max} genannt wurde. Folglich ergibt sich die Stärke des Wärmeeffektes Q_t für jede beliebige Zeit t nach dem Eintritt des Minimums aus der Gleichung

$$Q_t = Q_{max}\,[0{,}25 + 0{,}75\,(1 - e^{-\lambda t})].$$

Hierin bedeutet λ, wie oben, die Umwandlungskonstante der Radiumemanation.

Die Übereinstimmung der Wärmekurven mit den entsprechenden Aktivitätskurven beweist, dafs die Wärmeabgabe mit dem Strahlungsvermögen der in Frage kommenden Substanzen — des Radiums und seiner Umwandlungsprodukte — in einem unmittelbaren Zusammenhange steht. Die Gröfse des Wärmeeffektes ist, wie man sieht, zu den verschiedenen Zeiten der Intensität der α-Strahlung nahezu proportional. Eine solche Proportionalität besteht dagegen nicht mit der β- oder γ-Aktivität. So ist ja die β- und γ-Strahlung des Radiums einige Stunden nach der Entemanierung nahezu vollkommen erloschen, während die α-Aktivität, ebenso wie die Wärmeproduktion, zur selben Zeit noch 25 % des maximalen Wertes beträgt. Durch diese Tat-

440   Zwölftes Kapitel. Die Energieentwickelung.

sachen wird man zu der Vorstellung geführt, daſs die Wärmeentwickelung im Radium eine Begleiterscheinung der Emission der α-Teilchen darstelle, und daſs die Stärke des Wärmeeffektes der Zahl der fortgeschleuderten Partikel proportional sei. Bevor dieser Schluſs als gesichert angesehen werden kann, bedarf es aber noch des Nachweises, daſs auch für den aktiven Niederschlag der Emanation Proportionalität zwischen Wärmeproduktion und α-Aktivität besteht. Zu diesem Zwecke wurden besondere Versuche unternommen, die im folgenden Paragraphen besprochen werden sollen.

246. Wärmewirkung des radioaktiven Niederschlags. In nicht zu alten Radiumpräparaten sind nach dem Eintritt des radioaktiven Gleichgewichtes vier verschiedene Stoffe enthalten, deren Zerfall von einer Emission von α-Teilchen begleitet ist: das Element Radium selbst, seine Emanation, Radium A und Radium C. Die Materie B liefert nämlich überhaupt keine Strahlung und die Aktivität der letzten Produkte D, E und F kann vernachlässigt werden, falls das Präparat, wie wir annehmen wollen, höchstens ein Jahr alt ist.

Es ist zwar schwierig, die relativen Werte der α-Aktivität für jedes einzelne Produkt im radioaktiven Gleichgewichtszustande genau zu bestimmen, indessen dürften sich jene vier Substanzen, wie im Paragraph 229 nachgewiesen wurde, in dieser Beziehung nicht erheblich voneinander unterscheiden. Allerdings liefert das Radium A und C α-Strahlen von etwas höherem Durchdringungsvermögen als das Radium selbst und die Emanation. Auch ergibt sich aus den vorliegenden Beobachtungen, daſs der Ionisierungseffekt der Emanation kleiner als der der übrigen Produkte sein muſs. Augenscheinlich besitzen daher die α-Teilchen der Emanation eine geringere Geschwindigkeit als die der anderen Substanzen.

Angenommen, das Radiumpräparat werde, indem man es erhitzt oder in Lösung bringt, plötzlich von der gesamten okkludierten Emanation befreit. Es bleiben dann die Produkte A, B und C zurück; ihre Konzentration beginnt aber sofort abzunehmen, da ja nun die Muttersubstanz fehlt, und nach etwa drei Stunden ist von ihnen nur noch ein sehr kleiner Vorrat übrig geblieben. Geht der thermische Effekt also tatsächlich mit der α-Aktivität Hand in Hand, so müſste auch die Wärmeentwickelung in entemaniertem Radium rasch bis zu einem Minimum abklingen.

Die Emanation werde andererseits in ein geschlossenes Gefäſs übergeführt. Alsdann kommen in dem letzteren auch die Produkte A, B und C zum Vorschein, und zwar nimmt ihre Menge bis zu einem Maximum, das nach etwa drei Stunden erreicht wird, stetig zu. Der Wärmeeffekt eines mit der Emanation gefüllten Röhrchens müſste demnach gleichfalls während der ersten Stunden wachsen.

Zur Messung dieser rasch veränderlichen Effekte verwandten Rutherford und Barnes (loc. cit.) zwei Metallthermometer, die als Differentialapparat geschaltet waren. Ein jedes bestand aus einem dünnen, 35 cm langen Platindraht, der zu einer Spule von 3 cm Länge aufgewickelt war. Die Spulen steckten in dünnwandigen, 5 mm weiten Glasröhren. Das Radium und die Emanation waren gleichfalls in Glasröhrchen eingeschlossen. Die letzteren waren sorgfältig ausgesucht worden, so daſs sie bequem in die Spulen hineingeschoben werden konnten und der Draht doch überall die Glaswand berührte. Es wurde nun an den Platinthermometern die Widerstandsänderung gemessen,

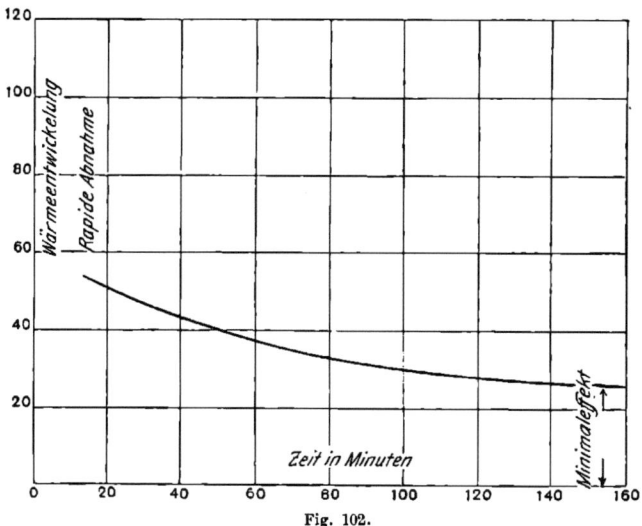

Fig. 102.

die eintrat, wenn man das Radium- oder das Emanationsröhrchen aus der einen in die andere Spule brachte.

Man begann zunächst mit einer sorgfältigen Bestimmung des Wärmeeffektes für das ursprünglich gegebene Radiumsalz, so lange es sich noch im radioaktiven Gleichgewichte befand. Hierauf wurde die Emanation durch Erhitzen der Substanz ausgetrieben und unverzüglich in einem Glasrohr von 3 cm Länge und 3 mm innerem Durchmesser zur Kondensation gebracht. Nachdem die Temperaturverhältnisse stationär geworden waren, wurde sobald als möglich mit den Messungen begonnen. Fig. 102 zeigt die gewonnenen Resultate für Radium in graphischer Darstellung. Bei der ersten Beobachtung waren bereits 12 Minuten seit der Abtrennung der Emanation verflossen. Die Wärmeproduktion betrug jetzt nur noch 55 % des ursprünglichen maximalen Wertes. Weiterhin nahm sie stetig ab und erreichte nach mehreren Stunden einen Minimalwert von 25 %.

442   Zwölftes Kapitel. Die Energieentwickelung.

Die Versuche gestatten offenbar nicht, den Einfluß der Emanation von dem des Produktes Radium A zu trennen. Denn die Materie A zerfällt schon binnen 3 Minuten zur Hälfte; nach 12 Minuten war sie also bereits zum größten Teile verschwunden. Der weitere Abfall der Kurve ist daher im wesentlichen auf die Umwandlung der Produkte B und C zurückzuführen.

Deutlicher erkennt man die Wärmewirkung des aktiven Niederschlags in ihrer Abhängigkeit von der Zeit aus den Beobachtungen an dem Emanationsröhrchen, wenn man sowohl die Zunahme des Effektes nach der Einführung des aktiven Gases verfolgt als auch die Abnahme, die sich zeigt, nachdem die Emanation wieder entfernt worden

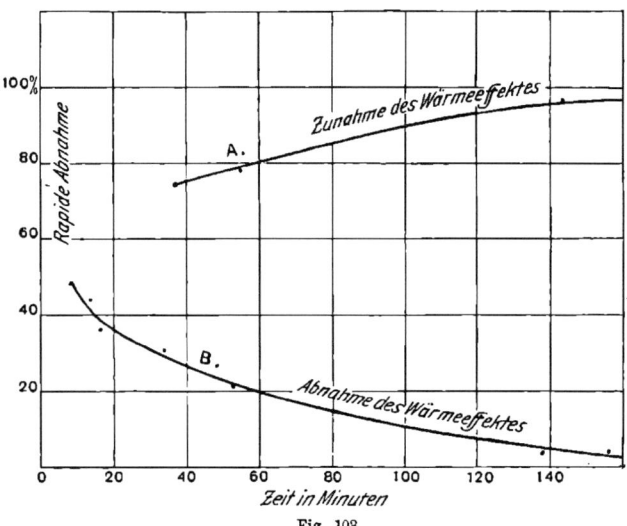

Fig. 103.

ist. Kurve A in Fig. 103 enthält die Messungsresultate für die spontane Zunahme der Wärmeproduktion. Die Abszisse Null bezeichnet hier die Zeit, zu welcher die Emanation in das Röhrchen eingelassen wurde. 40 Minuten später war der Wärmeeffekt bis auf 75 % seines maximalen Wertes gestiegen; das Maximum wurde nach ungefähr 3 Stunden erreicht.

Die Emanation wurde beseitigt, nachdem der Maximaleffekt eingetreten war; sobald als möglich begann man dann, das Abklingen der Wärmeproduktion zu untersuchen. Als Resultat dieser zweiten Versuchsreihe ergab sich die Kurve B der Fig. 103. Wie man sieht, sind die zusammengehörigen Kurven A und B einander komplementär. 10 Minuten nach der Entfernung der Emanation, als die erste Messung vorgenommen wurde, war der Wärmeeffekt auf 47 % seines ursprünglichen Wertes gesunken. Dieser rapide Abfall rührt zum einen Teile davon her, dafs die Emanation fortgeschafft worden war, zum anderen Teile aber von dem raschen Zerfall der Materie Radium A. Die Kurve B stimmt in ihrem ganzen Verlaufe fast vollkommen überein mit der früher ermittelten Kurve (s. Fig. 88) für den Abfall der erregten Aktivität nach langer Expositionsdauer. In dem ganzen untersuchten Bereiche ist also die Wärmewirkung der α-Aktivität direkt proportional; sie nimmt im Laufe der Zeit nach derselben Regel und in dem nämlichen Mafse ab wie die Intensität der α-Strahlung.

Zwanzig Minuten nach Beseitigung der Emanation ist das zurückgebliebene Radium A so gut wie vollständig zerfallen. Die Aktivität ist dann weiterhin der vorhandenen Menge der Materie C proportional, da ja das Zwischenprodukt B keine Strahlung liefert. Wegen der nahen Übereinstimmung der Aktivitäts- und Wärmekurven mufs daher auch die thermische Wirkung dem Vorrate an Radium C proportional sein. Wir dürfen demnach schliefsen, dafs die Materie B keinen oder höchstens einen sehr geringen Beitrag zu der beobachtbaren Wärme liefert. Anderenfalls würde nämlich der Verlauf der Wärmekurve in beträchtlichem Grade von dem der Aktivitätskurve abweichen.

Bei der Umwandlung der Substanz Radium B werden also nicht so grofse Wärmemengen frei wie beim Zerfall der übrigen Produkte. Dafs dem so ist, war von vornherein zu erwarten, falls die produzierte Wärme tatsächlich der Bewegungsenergie der fortgeschleuderten α-Teilchen entstammt.

Folgende Tabelle enthält einige Angaben über die relativen Beträge der von den einzelnen Radiumprodukten entwickelten Wärmemengen. Die Zahl für Radium C wurde durch Vergleichung mit der entsprechenden Aktivitätskurve gewonnen.

Produkt	Strahlung	Wärmeentwickelung im Zustande radioaktiven Gleichgewichtes, in Prozenten der Gesamtwärme
Radium .	α-Strahlen	25
Emanation	α-Strahlen	44
Radium A	α-Strahlen	
Radium B	keine Strahlen	0
Radium C.	α-, β-, γ-Strahlen	31

Bekanntlich ist die Aktivität der Produkte A und C nahezu gleich grofs. Daher dürfte dasselbe auch für die Wärmeabgabe der Fall sein. Unter dieser Voraussetzung würde der thermische Effekt der Emanation selbst 13 % der Gesamtwirkung ausmachen.

247. Wärmewirkung der β- und γ-Strahlen. Die kinetische Energie der vom Radium ausgesandten β-Teilchen beträgt wahrscheinlich höchstens 1 % von derjenigen der α-Teilchen (vgl. Paragraph 114). Bleiben wir bei unserer Annahme, dafs die thermischen Effekte durch das Bombardement der emittierten Teilchen zustande kommen, so läfst sich demnach voraussehen, dafs die β-Strahlen des Radiums im Vergleich zu seinen α-Strahlen nur sehr wenig Wärme erzeugen werden. Dieser Voraussage entsprechen durchaus die vorliegenden experimentellen Ergebnisse. Curie bestimmte die Wärmeentwickelung an einem Radiumsalze, das einmal nur in ein dünnwandiges Gefäfs eingeschlossen, das andere Mal noch von einer 2 mm dicken Bleihülle umgeben war. Im ersten Falle mufste ein grofser Teil der β-Strahlung entweichen, im zweiten wurde sie nahezu vollständig absorbiert. Dennoch nahm die Wärmewirkung im zweiten Falle nur um 4 % zu, und dieser Betrag ist wahrscheinlich noch zu hoch gegriffen.

Der gesamte Ionisierungseffekt der γ-Strahlen ist ungefähr ebenso grofs wie der der β-Strahlen. Daher werden auch die γ-Strahlen nur relativ sehr wenig Wärme erzeugen können. Einige diesbezügliche Versuche wurden zuerst von Paschen angestellt. Er bestimmte die Wärmewirkung eines Radiumsalzes in einem Bunsenschen Eiskalorimeter, wobei das Präparat von einem 1,92 cm dicken Bleimantel umgeben war, so dafs die γ-Strahlen zum grofsen Teil zur Absorption gelangten. In seiner ersten Mitteilung[1]) gibt er an, dafs die γ-Strahlen noch stärkere Wärmeeffekte lieferten als die α-Strahlen. Bei der Wiederholung der Versuche nach der nämlichen Methode konnte er dieses Resultat indessen nicht bestätigen[2]). Er vermutet, dafs bei den ersten Beobachtungen Störungen aufgetreten waren, und dafs sich das Eiskalorimeter nicht gut zur Messung so geringer Wärmemengen gebrauchen lasse.

Nach einer anderen Methode wurde die Frage alsbald von Rutherford und Barnes[3]) untersucht. Als Mefsapparat diente ein Luftkalorimeter von der in Fig. 100 abgebildeten Form, mit dem sich durchaus störungsfreie Beobachtungen ausführen liefsen. Man bestimmte die thermische Wirksamkeit eines Radiumpräparates, wenn die Substanz einmal von einem Aluminiumzylinder, das andere Mal von einem gleichdimensionierten Bleimantel umgeben war. Das Aluminium absorbierte nur einen geringen Bruchteil der γ-Strahlung, während die Bleihülle ihre Intensität um mehr als die Hälfte schwächte. Ein deutlicher Unterschied der thermischen Wirkung konnte in den beiden Fällen

---

[1]) F. Paschen, Physik. Ztschr., 5, p. 563. 1904.
[2]) F. Paschen, Physik. Ztschr., 6, p. 97. 1905.
[3]) E. Rutherford und H. T. Barnes, Nature, 18. Dez. 1904; Phil. Mag., Mai 1905.

nicht nachgewiesen werden. Nach den ersten Angaben von Paschen hätte man eine Differenz von wenigstens 50 % erwarten müssen. So ergibt sich denn aus den Versuchen der Schluſs, daſs die β- und γ-Strahlen insgesamt nur einen sehr geringen Beitrag zur Wärmewirkung des Radiums leisten, und zu demselben Resultate gelangt man auch auf rechnerischem Wege, wenn man die Unterschiede der von den drei Strahlengattungen erzeugten Ionenmengen in Betracht zieht.

248. Die Quelle der Wärmeenergie. Die Wärmewirkung des Radiums ist, wie wir oben sahen, ziemlich genau seiner α-Aktivität proportional. Zu den Aktivitätsmessungen diente im allgemeinen ein Kondensator, dessen Platten so weit voneinander entfernt waren, daſs die α-Teilchen in der zwischenliegenden Gasschicht so gut wie vollständig absorbiert wurden. Demzufolge können wir auch sagen, daſs die Wärmeentwickelung der Energie der ausgesandten α-Teilchen proportional sei. Aus der Zerfallstheorie folgt übrigens ohne weiteres, daſs eine starke Wärmeentwickelung im Radium stattfinden muſs. Jene Wärme stammt nämlich, wie man anzunehmen genötigt ist, nicht aus einer äuſseren Quelle, sondern aus dem Energievorrate, der im Innern der Radiumatome angehäuft ist. Ein solches Atom stellt nach unserer Auffassung ein aus vielen elektrisch geladenen und in sehr rascher Bewegung befindlichen Teilen zusammengesetztes System dar. Es ist daher eine groſse Menge latenter Energie in ihm aufgespeichert, und diese kann nur dann in die Erscheinung treten, wenn das Atom zerfällt. Verliert das System nun aus irgendwelchen Ursachen seine Stabilität, so entweicht ein α-Teilchen. Das letztere führt ein gewisses Quantum Bewegungsenergie mit sich, und seine Masse ist doppelt so groſs wie die eines Wasserstoffatoms. Zur praktisch vollkommenen Absorption der α-Teilchen genügt aber eine Radiumschicht von kaum 0,001 cm Dicke. Die fortgeschleuderten positiven Teilchen müssen daher zum überwiegenden Teile schon in der aktiven Substanz selbst aufgehalten werden, und so wird sich ihre kinetische Energie hierselbst in Wärme verwandeln. Wenn sich das Radium also selbsttätig erwärmt und eine höhere Temperatur als die der umgebenden Luftmasse annimmt, so geschieht dies infolge des Bombardements, das es von seinen eigenen α-Teilchen erleidet. Wahrscheinlich geht allerdings die gesamte Wärmeentwickelung nicht ausschlieſslich auf Kosten dieser Bewegungsenergie vor sich. Denn offenbar muſs die gewaltsame Ausstoſsung eines geladenen Massenteilchens zu starken elektrischen Störungen im Atom Veranlassung geben. Zugleich werden sich die zurückbleibenden Atombestandteile zu einem neuen, dauernd oder zeitweilig stabilen System zusammenschlieſsen, und während dieses Prozesses wird wahrscheinlich gleichfalls eine gewisse Energiemenge frei werden, die auch wieder im Radium selbst als Wärme in die Erscheinung treten dürfte.

Eine vorzügliche Bestätigung unserer Auffassung, daſs die Quelle der im Radium entwickelten Wärme im wesentlichen in der kinetischen Energie der fortgeschleuderten α-Teilchen zu suchen ist, ergibt sich, wenn man die Gröſse des nach dieser Annahme zu erwartenden Effektes aus vorliegenden Daten berechnet. Wir hatten früher gesehen (Paragraph 93), daſs von 1 g Radiumbromid ungefähr $1{,}44 \times 10^{11}$ α-Teilchen in jeder Sekunde emittiert werden. Für 1 g Radium (Ra = 225) ist die entsprechende Zahl $2{,}5 \times 10^{11}$. Aus experimentellen Ergebnissen war ferner in Paragraph 94 berechnet worden, daſs die mittlere kinetische Energie eines jeden ausgesandten α-Teilchens $5{,}9 \times 10^{-6}$ Erg beträgt. Es muſs demnach bei der Absorption der gleichnamigen Strahlung, — die zum einen Teil in der aktiven Substanz selbst, zum anderen Teil in der undurchlässigen Hülle stattfindet — insgesamt eine Energiemenge von $1{,}5 \times 10^{6}$ Erg pro Sekunde entwickelt werden. Dies entspricht einer Wärmeproduktion von 130 Grammkalorieen pro Stunde. Die Beobachtungen hatten nun einen Effekt von 100 Grammkalorieen pro Stunde ergeben. Beide Werte stimmen so gut miteinander überein, wie man der Natur der Sache nach nur irgend erwarten kann, und so dürfen wir in dem Ergebnis dieser Rechnung eine unmittelbare Bestätigung unserer Auffassung über den Mechanismus der Wärmeproduktion erblicken.

249. Wärmewirkung der Radiumemanation. Wie auſserordentlich groſs die Wärmemengen sind, die bei den radioaktiven Verwandlungen frei werden, falls zugleich eine Emission von α-Teilchen stattfindet, ersieht man insbesondere aus der thermischen Wirksamkeit der Radiumemanation.

Die Gleichgewichtsmenge der in 1 g Radium enthaltenen Emanation entwickelt — im Verein mit ihren weiteren Umwandlungsprodukten —, wie wir sahen, 75 Grammkalorieen in jeder Stunde. Die Wärmemenge, die dasselbe Quantum Emanation während seiner gesamten Lebensdauer abgibt, berechnet sich zu

$$\int_0^\infty 75\, e^{-\lambda t} dt = \frac{75}{\lambda} = \text{ca. } 10\,000 \text{ Grammkalorieen.}$$

Dieser Ausdruck ergibt sich offenbar, wenn man bedenkt, daſs die thermische Wirkung in geometrischer Progression mit der Zeit abnimmt, und daſs die Halbwertsperiode im vorliegenden Falle vier Tage beträgt, also λ gleich $0{,}0072$ (Stunden)$^{-1}$ ist. Wir wissen ferner, daſs die Emanation aus 1 g Radium unter normalen Bedingungen des Druckes und der Temperatur ein Volumen von 1 Kubikmillimeter einnimmt

(Paragraph 172). 1 Kubikzentimeter Radiumemanation würde also während des Zerfalls im ganzen 10^7 Grammkalorieen entwickeln. Wenn sich andererseits 1 ccm Wasserstoff und Sauerstoff zu Wasser vereinigen, werden nur ungefähr 2 Grammkalorieen in Freiheit gesetzt; und doch ist die Wärmetönung bei dieser Reaktion gröfser als bei irgendeinem anderen chemischen Prozesse. Während der Umwandlung der Radiumemanation wird also 5×10^6 mal so viel Energie entwickelt, als wenn ein Gemisch aus Wasserstoff und Sauerstoff von gleichem Volumen explodiert.

1 ccm Radiumemanation würde in jeder Sekunde 21 Grammkalorieen erzeugen. Wäre eine solche Menge des aktiven Gases in ein Glasrohr eingeschlossen, so würden die Rohrwände unter dem Einflufs der entwickelten Wärme rotglühend werden, wenn nicht gar schmelzen.

Nehmen wir an, das Molekulargewicht der Emanation sei 100 mal so grofs wie das des Wasserstoffs, so würden 100 ccm der ersteren ungefähr 1 g wiegen. Es betrüge dann die von 1 g Radiumemanation insgesamt erzeugte Wärme 10^9 Grammkalorieen.

1 kg derselben Substanz würde demnach während seiner maximalen Wirksamkeit ungefähr 20 000 Pferdestärken liefern. Die Gröfse der Leistung nähme zwar allmählich ab, doch würde man bis zum vollständigen Zerfall der Materie aus 1 kg eine Energiemenge von insgesamt 10^{12} Kilogrammmetern gewinnen.

250. Thermische Wirkung der übrigen Radioelemente.

Wir dürfen jetzt als erwiesen betrachten, dafs die Wärmeentwickelung im Radium unmittelbar durch das Bombardement der fortgeschleuderten α-Teilchen zustande kommt. Demgemäfs läfst sich voraussehen, dafs auch alle übrigen Radioelemente, die α-Strahlen aussenden, Wärme produzieren werden, und zwar mufs die Stärke des Effektes ihrer α-Aktivität direkt proportional sein.

Reines Radium dürfte etwa zwei Millionen mal so stark aktiv sein wie Uran und Thorium. 1 g von einer dieser Substanzen müfste daher pro Stunde 5×10^{-5} oder pro Jahr 0,44 Grammkalorieen erzeugen. Es handelt sich also in diesem Falle um sehr geringe Wärmemengen; gleichwohl müfste sich der Effekt bei Benutzung beträchtlicher Substanzmengen nachweisen lassen. Diesbezügliche Versuche sind für Thorium von Pegram[1]) unternommen worden. Eine Dewarsche Flasche, die in schmelzendes Eis eingebettet war, enthielt 3 kg Thoroxyd. Man bestimmte mittels eines Eisen-Konstantan-Thermoelementes die Temperaturdifferenz zwischen der aktiven Substanz und dem Kältebad. Es zeigte sich ein maximaler Temperaturunterschied von $0,04\,^\circ$ C,

---

[1]) B. G. Pegram, Science, 27. Mai 1904.

und aus dem Gang der Temperatur liefs sich berechnen, dafs von 1 g Thoroxyd pro Stunde $8 \cdot 10^{-5}$ Grammkalorieen entwickelt werden. Genauere Bestimmungen sind zur Zeit im Gange; die bisher gewonnenen Resultate lassen bereits darauf schliefsen, dafs die Stärke des Effektes der Gröfsenordnung nach mit dem vorausberechneten Werte gut übereinstimmt.

251. Menge der von einem aktiven Produkte ausgestrahlten Energie. Aus der Tatsache, dafs die Wärmeentwickelung ein Mafs der Energie der fortgeschleuderten α-Teilchen darstellt, kann man noch eine wichtige Folgerung ziehen. Falls nämlich jedes einzelne Atom eines jeden Produktes α-Teilchen aussendet, läfst sich berechnen, wie grofs die gesamte Energiemenge ist, die von der Gewichtseinheit der Substanz ausgestrahlt wird. Die α-Teilchen der verschiedenen Produkte besitzen nahezu gleich grofse Geschwindigkeiten, demgemäfs transportieren sie auch nahezu gleich grofse Energiemengen. Nun hatten die Untersuchungen am Radium ergeben, dafs die Energie eines jeden seiner α-Teilchen $5,9 \times 10^{-6}$ Erg beträgt. Das Atomgewicht dürfte aber für die meisten der aktiven Produkte in der Nähe der Zahl 200 liegen. In 1 g eines Produktes sind daher $3,6 \times 10^{21}$ Atome enthalten, da die Zahl der Moleküle in 1 ccm Wasserstoff bekanntlich $3,6 \times 10^{19}$ beträgt. Falls also von jedem Atom der Materie ein α-Teilchen entsandt wird, wäre die gesamte Energiestrahlung, die von 1 g des Produktes ausgeht, gleich 2×10^{16} Erg oder 8×10^8 Grammkalorieen. Ein Produkt, das lediglich β-Strahlen emittiert, würde dagegen nur den hundertsten Teil dieser Energiemenge abgeben.

Soweit beschränkte sich die Betrachtung auf den Fall, dafs nur ein einzelnes aktives Produkt in Frage kommt. Zumeist entstehen jedoch durch den Zerfall des einen noch weitere Formen aktiver Materie. So haben wir im Radium eine Substanz vor uns, aus der sich nacheinander noch vier andere Produkte bilden, die gleichfalls α-Strahlen liefern. 1 g Radium würde daher im Gleichgewichtszustande im ganzen das Fünffache der oben berechneten Energiemenge, d. h. 4×10^9 Grammkalorieen, entwickeln.

Weitere Bemerkungen über die Energieabgabe siehe in Paragraph 266.

252. Zahl der von einem α-Teilchen erzeugten Ionen. In der ersten (englischen) Auflage dieses Buches war die Menge der von 1 g Radium pro Sekunde emittierten α-Teilchen auf theoretischem Wege ermittelt worden. Mehrere voneinander unabhängige Rechnungsmethoden hatten in naher Übereinstimmung für jene Gröfse die Zahl 10^{11} ergeben. Dieses Resultat konnte inzwischen durch experimentelle Bestimmung der von den α-Strahlen transportierten Ladung bestätigt

Zwölftes Kapitel. Die Energieentwickelung.

werden (s. Paragraph 93). Es erscheint daher angemessen, nunmehr umgekehrt jene Zahl zu benutzen, um die Werte gewisser Konstanten, auf die sich die theoretischen Betrachtungen stützten, mit größerer Genauigkeit zu bestimmen.

So läßt sich jetzt z. B. durch folgende einfache Überlegung die Menge der von einem α-Teilchen erzeugten Gasionen ermitteln: Eine wässerige Lösung von 0,484 mg Radiumbromid wurde in gleichförmiger Schicht auf ein Aluminiumblech aufgegossen. Nach dem Abdampfen des Lösungsmittels betrug die Stärke des Sättigungsstromes — während sich das Radium im Zustande seiner Minimalaktivität befand — $8,4 \times 10^{-8}$ Ampere. Zur Messung dieses Ionisationsstromes diente ein Kondensator von so großem Plattenabstande, daß die α-Strahlen in der Gasschicht vollkommen absorbiert werden mußten. Für die Zahl der pro Sekunde in das Gas eintretenden α-Teilchen ergibt sich aus den Beobachtungen der Wert $8,7 \times 10^6$. Setzen wir die Ladung eines Ions gleich $1,13 \times 10^{-19}$ Coulomb (Paragraph 36), so war die gesamte Zahl der pro Sekunde erzeugten Gasionen gleich $7,5 \times 10^{11}$. Folglich erzeugt jedes α-Teilchen, bevor es zur Absorption gelangt, im Durchschnitt 86 000 Gasionen.

Nach den Untersuchungen von Bragg (Paragraph 104) besitzen die α-Teilchen, die das Radium im Zustande seiner Minimalaktivität aussendet, in Luft eine scheinbare Flugweite von 3 cm. Das Ionisierungsvermögen der Teilchen nimmt zwar, wie aus derselben Arbeit hervorging, mit wachsender Entfernung von der Strahlungsquelle etwas ab. In erster Annäherung dürfen wir aber die Ionisation längs des ganzen durchmessenen Weges als gleichförmig betrachten. Unter dieser Annahme würde jedes α-Teilchen längs eines Zentimeters seiner Bahn 29 000 Ionen erzeugen. Bei einem Luftdruck von 1 mm Quecksilber wäre die entsprechende Zahl — da ja die Ionisation dem Drucke direkt proportional ist — gleich 38. Townsend hatte nun gefunden (Paragraph 103), daß von einem Elektron in Luft von 1 mm Druck im günstigsten Falle 20 Ionen pro Längeneinheit seines Weges erzeugt werden, sofern nämlich bei jedem Zusammenstoß mit einem Gasmolekül ein neues Ionenpaar entsteht. Demnach muß man annehmen, daß von den α-Teilchen, die eine viel größere Masse als die Elektronen besitzen, kraft ihrer größeren Wirkungssphäre etwa doppelt so viel Moleküle ionisiert werden wie besten Falles von jenen negativen Korpuskeln. Das Ionisierungsvermögen der Elektronen ist aber erwiesenermaßen (s. Paragraph 103) am größten, wenn ihre Geschwindigkeit einen bestimmten, relativ kleinen Wert annimmt. Bewegen sie sich ebenso schnell wie die α-Teilchen des Radiums, so erzeugen sie pro Längeneinheit des Weges sehr viel weniger Ionen als die letzteren. Daß dem so sein muß, erklärt sich (s. Bragg, loc. cit.) leicht auf

Grund der Vorstellung, daſs jedes α-Teilchen aus einer groſsen Zahl von Elektronen zusammengesetzt ist.

Im Anhang A wird noch gezeigt werden, wie man die Gröſse der zur Erzeugung eines Ions erforderlichen Energie berechnen kann.

253. Menge der von 1 g Radium fortgeschleuderten β-Teilchen.

Nach der Theorie muſs die Zahl der β-Teilchen, die von 1 g Radium im Zustande radioaktiven Gleichgewichtes ausgesandt werden, mit der Zahl der fortgeschleuderten α-Teilchen in einer bestimmten Beziehung stehen. Ein frisches Radiumpräparat enthält, wenn es den Gleichgewichtszustand erreicht hat, vier verschiedene Bestandteile, von denen α-Strahlen ausgehen, nämlich die Elementarsubstanz Radium selbst, die Emanation, Radium A und Radium C. Nur das letztgenannte Produkt liefert dagegen β-Strahlen. Von jedem dieser Stoffe zerfällt im Gleichgewichtszustande die gleiche Zahl von Atomen in der Zeiteinheit. Wir nehmen an, daſs beim Zerfall eines jeden Atoms ein α-Teilchen in Freiheit gesetzt wird; ebenso möge je ein β-Teilchen bei der Umwandlung der C-Atome entsandt werden. Dann muſs das Radium im aktiven Gleichgewichte offenbar viermal so viel α-Teilchen wie β-Teilchen liefern.

Die in Paragraph 80 besprochenen Versuche von W. Wien, aus denen sich die Zahl der von einer bestimmten Radiummenge ausgesandten β-Teilchen ableiten läſst, ergaben für diese Gröſse zweifellos einen erheblich zu niedrigen Wert. Denn nach Maſsgabe der dort benutzten Beobachtungsmethode muſsten sich die leicht absorbierbaren β-Strahlen (s. Paragraph 85), die durch die aktive Substanz selbst und die umgebende Hülle nicht hindurchdringen konnten, der Messung entzogen haben.

Um diese Fehlerquelle so weit als möglich zu beseitigen, benutzte der Verfasser in seinen eigenen diesbezüglichen Untersuchungen als strahlende Substanz statt eines Radiumsalzes den aktiven Niederschlag der Radiumemanation. Zu diesem Zwecke wurde ein Bleidraht von 4 cm Länge und 4 mm Durchmesser 3 Stunden lang als negative Elektrode dem radioaktiven Gase exponiert. Unmittelbar darauf bestimmte man am Elektroskop die ionisierende Wirkung seiner γ-Strahlung im Verhältnis zu der Stärke des Effektes, den die gleichnamige Strahlung einer bekannten Gewichtsmenge Radiumbromid, das sich im aktiven Gleichgewichtszustande befand, unter den nämlichen Versuchsbedingungen lieferte. Bekanntlich sind die Intensitäten der β- und γ-Strahlung einander stets proportional, und der aktive Niederschlag enthält eben das Produkt Radium C, von dem allein die Strahlen ausgehen. Folglich entsendet der Bleidraht pro Zeiteinheit ebensoviel β-Teilchen wie diejenige Gewichtsmenge Radiumbromid, deren Wirk-

Zwölftes Kapitel. Die Energieentwickelung.

samkeit auch hinsichtlich der Intensität der γ-Strahlung seiner eigenen gleichkommt.

Der aktivierte Körper wurde alsdann mit einer Hülle aus Aluminiumfolie versehen, deren Dicke — 0,0053 cm — gerade so grofs war, dafs die α-Strahlen in ihr vollkommen absorbiert werden mufsten, und wohlisoliert als axiale Elektrode in einen Metallzylinder eingesetzt. Der letztere wurde so schnell wie möglich stark evakuiert. Man bestimmte dann von Zeit zu Zeit mit Hilfe eines Elektrometers die Stärke des Ionisationsstromes für beide Stromrichtungen. Bezeichnen wir mit n die Zahl der von dem Bleidrahte pro Sekunde ausgesandten β-Teilchen und mit e die Ladung eines einzelnen Teilchens, so ist die algebraische Summe jener beiden Stromintensitäten nach Paragraph 93 dem Produkte $n\,e$ proportional. Da man die Gesetzmäfsigkeit kennt, nach welcher die Aktivität im vorliegenden Falle abzuklingen pflegt, konnte man schliefslich aus den beobachteten Stromstärken denjenigen Wert berechnen, den das Produkt $n\,e$ unmittelbar nach Beendigung der Exposition besessen hatte.

Für die Gröfse der Ladung e wurde wieder der Wert $1,13 \times 10^{-19}$ Coulomb eingesetzt. Berücksichtigte man dann noch, dafs von der gesamten β-Strahlung des aktiven Niederschlages die Hälfte in der Bleiunterlage absorbiert wurde, so ergaben zwei voneinander unabhängige Bestimmungen für die Menge der von 1 g Radium im aktiven Gleichgewichte pro Sekunde ausgesandten β-Teilchen die Zahlen $7,6 \times 10^{10}$ und $7,0 \times 10^{10}$. Im Mittel hätten wir dieser Gröfse also den Wert $7,3 \times 10^{10}$ beizulegen.

Was nun die Menge der α-Teilchen betrifft, die von 1 g Radium ausgesandt werden, so hatten wir früher (Paragraph 93) für diese Zahl den Wert $6,2 \times 10^{10}$ erhalten für den Fall, dafs sich die Substanz im Zustande ihrer Minimalaktivität befindet. Die beiden Zahlen für die positiven und die negativen Teilchen stimmen also sehr nahe miteinander überein, und diese Übereinstimmung liefert wieder eine starke Stütze für die Grundlagen unserer Theorie. Dafs der für die β-Teilchen gewonnene Wert etwas zu grofs ausfällt, kann nicht wundernehmen, da bei den der Rechnung zu Grunde gelegten Beobachtungen auch die Sekundärstrahlung zur Geltung kommen mufste, die von den primären β-Strahlen an dem Bleidrahte hervorgerufen wurde. Diese besteht nämlich gleichfalls aus negativ geladenen Teilchen, die sich mit grofser Geschwindigkeit bewegen, so dafs sie durch die Aluminiumfolie hindurchdringen und die Ionisation verstärken mufsten.

Jedenfalls dürfen wir aber schliefsen, dafs in der Tat, so wie es die Theorie verlangt, im Gleichgewichtszustande viermal so viel α- wie β-Teilchen vom Radium fortgeschleudert werden.

Dreizehntes Kapitel.
Radioaktive Prozesse.

254. Theorieen der Radioaktivität. In den vorhergehenden Kapiteln hatten wir uns zunächst mit dem physikalischen Charakter und den mannigfachen Eigenschaften der von den radioaktiven Körpern ausgehenden Strahlungen näher vertraut gemacht. Es folgte dann eine ausführliche Schilderung der in diesen Substanzen sich abspielenden verwickelten Prozesse. Wir sahen, daſs jedes Radioelement allmählich von Stufe zu Stufe zerfällt, und lernten bei der näheren Analyse dieser Vorgänge die zahlreichen Umwandlungsprodukte der aktiven Elementarstoffe kennen. Im folgenden soll die Desaggregationstheorie der Radioaktivität noch zur Beantwortung einiger Fragen von allgemeinerem Charakter verwertet und in ihren logischen Konsequenzen weiter verfolgt werden.

Vorangestellt werden mag eine Übersicht über die verschiedenen Arbeitshypothesen, von denen man sich bei der Erforschung des neuen Erscheinungsgebietes leiten lieſs. Die theoretischen Anschauungen, die diesen Hypothesen zugrunde lagen, muſsten freilich mit fortschreitender Erkenntnis vielfach modifiziert und erweitert werden.

Frau Curie hatte bereits aus ihren ersten Untersuchungen den Schluſs gezogen, daſs die Radioaktivität eine Eigenschaft sei, die an den Atomen und nicht an den Molekülen der wirksamen Substanzen hafte. Die Entdeckung des Radiums und die Abscheidung des neuen Elementes aus der Pechblende brachte alsbald eine glänzende Bestätigung für die Richtigkeit dieser Hypothese, die dann weiterhin noch näher präzisiert werden konnte.

Einen wesentlichen Fortschritt bezeichnete der Nachweis, daſs die β-Strahlen der Radioelemente ihrer physikalischen Natur nach mit den Kathodenstrahlen der Vakuumröhren zu identifizieren wären. Diese Erkenntnis gab zur Aufstellung einer Reihe weiterer Theorieen Veranlassung. Im Jahre 1901 entwickelte J. Perrin[1]) in Fortführung der von J. J. Thomson und anderen Forschern ausgesprochenen Ideen die Ansicht, dafs die Atome der materiellen Körper aus kleineren Bestandteilen zusammengesetzt seien, und dafs ein jedes von ihnen gewissermafsen einem Planetensystem in einem Mikrokosmos gliche. In den Atomen der Radioelemente sollten die vom Attraktionszentrum relativ weit entfernten Teilchen die Fähigkeit haben, unter Überwindung der Anziehungskräfte dem Atomverbande zu entschlüpfen, und so sollte die Strahlung jener Substanzen zustande kommen.

Becquerel[2]) hatte sich, wie er im Dezember desselben Jahres angab, bei seinen Forschungen von folgenden Ideen leiten lassen. Die radioaktive Materie, so meinte er im Anschlufs an die von J. J. Thomson vertretene Auffassung, besteht aus positiv und negativ geladenen Teilchen. Die Masse der ersteren ist ungefähr 1000 mal so grofs wie die der negativen Teilchen, und die Masse dieser letzteren beträgt ungefähr $1/1000$ von derjenigen der Wasserstoffatome. Die negativen Träger (β-Strahlen) werden mit sehr grofser Geschwindigkeit fortgeschleudert. Die Teilchen vom entgegengesetzten Vorzeichen bewegen sich jedoch, entsprechend ihrer relativ grofsen Masse, wesentlich langsamer und bilden eine Art gasförmiger Materie (Emanation), die sich auf festen Körpern niederzuschlagen pflegt. Hier tritt dann eine weitere Zerteilung ein, wobei aufs neue Strahlen entstehen (erregte Aktivität).

In einer im Juni 1900 der Royal Society vorgelegten Abhandlung gelangten Rutherford und Mc. Clung[3]) zu einer Schätzung der Energiemengen, die von aktiven Substanzen in Form ionisierender Strahlung an das umgebende Gas abgegeben werden. Für ein Radiumpräparat von der Aktivität 100 000 (auf diejenige von Uranmetall als Einheit bezogen) fanden sie einen Wert von 3000 Grammkalorieen pro Jahr und Gramm. Setzt man die Aktivität von reinem Radiumsalz nach den neuesten Bestimmungen gleich 2 000 000 Uraneinheiten, so würde dies pro Gramm aktiver Substanz einer Energieabgabe von ungefähr 60 000 Grammkalorieen pro Jahr entsprechen. Die Verfasser gaben der Vermutung Ausdruck, dafs diese Energie dadurch frei würde, dafs die Bestandteile der Atome sich zu neuen Elementarsystemen anordneten. Es wurde ferner darauf hingewiesen, dafs insbesondere bei einer Verdichtung der Atome bedeutend mehr Energie entwickelt werden könnte als bei irgendwelchen molekularen Reaktionen.

Schon vorher war die Emanation des Thoriums und die von ihr erregte Aktivität entdeckt worden. Bereits in den ersten Veröffent-

---

[1]) J. Perrin, Revue Scientifique, 13. April 1901.
[2]) H. Becquerel, C. R. 133, p. 979. 1901.
[3]) E. Rutherford und R. K. Mc. Clung, Phil. Trans. A, p. 25, 1901.

lichungen[1]) über den Gegenstand ging man davon aus, daſs die hierbei zu beobachtenden Erscheinungen an das Auftreten neuer aktiver Substanzen gebunden seien. Die Emanation verhielt sich wie ein Gas; dagegen haftete die Materie, von der die erregte Strahlung auszugehen schien, an festen Körpern und war in ganz bestimmten Säuren löslich. Aus Versuchen von Rutherford und Miss Brooks ging ferner hervor, daſs die Emanation des Radiums nach Art eines Gases von hohem Molekulargewicht durch Luft hindurch diffundiert. Für beide Emanationen zeigten dann später Rutherford und Soddy, daſs sie in chemischer Beziehung auſserordentlich träge sind, da sie selbst von den stärksten Reagentien nicht angegriffen werden.

P. Curie stellte in Gemeinschaft mit Debierne Untersuchungen über die Radiumemanation an. Er vermochte sich jedoch zunächst der vom Verfasser vertretenen Auffassung nicht anzuschlieſsen[2]). Es schien ihm nicht hinlänglich erwiesen zu sein, daſs die Emanation materieller Natur wäre: man habe ja auch kein charakteristisches Spektrum dieser vermeintlichen Substanz beobachten können, und auffallend sei es, daſs sie selbst aus festverschlossenen Gefäſsen allmählich verschwinde. Der Verfasser[3]) konnte hierauf erwidern, daſs der Nachweis von Spektrallinien wahrscheinlich bloſs aus dem Grunde nicht gelänge, weil nur so auſserordentlich winzige Mengen des aktiven Gases zur Verfügung ständen, mochten auch seine elektrischen Wirkungen und die von ihm hervorgerufenen Fluoreszenzerscheinungen der Beobachtung zugänglich sein. Späterhin hat denn auch P. Curie seinen Widerspruch aufgegeben. Anfangs meinte er aber, die Emanation sei nicht materieller Natur, sondern sie bestände aus Zentren kondensierter Energie, die an die Gasmoleküle gebunden wären und sich mit diesen gemeinsam bewegten.

Herr und Frau Curie beschränkten sich, ohne eine bestimmte Theorie aufzustellen, auf gewisse allgemeine Vorstellungen von dem Wesen der radioaktiven Erscheinungen. Als Wegweiser dienten ihnen auf ihrem Forschungspfade — laut einer Mitteilung vom Januar 1902[4]) — folgende Annahmen: Die Radioaktivität ist eine Eigenschaft der Atome, und jedes einzelne Atom stellt eine konstante Energiequelle für die Strahlung der Körper dar. Entweder stammt die ausgestrahlte Energie unmittelbar aus dem Vorrate an potentieller Energie, der in den einzelnen Atomen enthalten ist, oder es besitzen die aktiven Atome die spezifische Eigenschaft, die Energiemengen, die sie verlieren, sofort wieder zu ersetzen. Vermutlich entnehmen sie die letzteren auf irgend-

---

[1]) E. Rutherford, Phil. Mag., Jan. und Febr. 1900.
[2]) P. Curie, C. R. 136, p. 223. 1903.
[3]) E. Rutherford, Phil. Mag., April 1903.
[4]) P. und S. Curie, C. R. 134, p. 85. 1902.

welche Weise der umgebenden Luft, wobei es sich um einen Vorgang handeln dürfte, der nicht dem Carnotschen Prinzipe unterworfen ist.

Im Verlaufe ihrer eingehenden Untersuchungen über die Aktivität des Thoriums sahen sich Rutherford und Soddy[1]) zu der Annahme genötigt, daſs dieses Radioelement aus seiner eigenen Substanz neue Formen aktiver Materie erzeuge, deren chemische Eigenschaften sich von denen der Muttersubstanz deutlich unterscheiden und deren Strahlungsvermögen allmählich erlischt. Die Konstanz der Thoriumaktivität wurde als Kennzeichen eines stationären Gleichgewichtszustandes aufgefaſst, der dann eintreten sollte, wenn in jeder Zeiteinheit gleich groſse Mengen aktiver Materie erzeugt und zerstört würden. Es wurde damals ferner die Hypothese aufgestellt, daſs die Neubildung aktiver Materie durch den Zerfall der primären Atome zustande käme. Auf dieselbe Weise lieſs sich auch das Verhalten des Urans und Radiums erklären, deren radioaktive Eigenschaften im folgenden Jahre gründlich erforscht wurden[2]). Bald folgte die Entdeckung, daſs sich die aktiven Emanationen bei tiefen Temperaturen kondensieren lassen[3]), wodurch die Auffassung von ihrer materiellen, gasähnlichen Beschaffenheit eine weitere Stütze erhielt. Inzwischen war von dem Verfasser[4]) festgestellt worden, daſs die α-Strahlen aus positiv geladenen und mit groſser Geschwindigkeit fortgeschleuderten Teilchen von atomistischen Dimensionen beständen. Die Erkenntnis dieser Tatsache konnte als eine wichtige Bestätigung für die Theorie des Atomzerfalls angesehen werden; nunmehr war auch die Möglichkeit gegeben, den Zusammenhang zwischen den Umwandlungsprozessen, die sich in den Radioelementen abspielen sollten, und dem Auftreten der Strahlung zu verstehen. In einer Abhandlung, die alsbald unter dem Titel „Radioaktive Umwandlung" veröffentlicht wurde, zeigten Rutherford und Soddy[5]) dann im einzelnen, wie sich die Erscheinungen der Radioaktivität an Hand der Desaggregationstheorie erklären lassen; es wurden auch sogleich die wichtigsten Folgerungen, die sich aus dieser Theorie ergaben, erörtert.

P. Curie und Laborde[6]) entdeckten die Wärmeentwickelung im Radium. In ihrer ersten Mitteilung über den Gegenstand bemerken sie, man könne entweder annehmen, daſs jene Wärme durch einen Zerfall der Radiumatome zustande käme oder daſs sie von einem

---

[1]) E. Rutherford und F. Soddy, Trans. Chem. Soc. 81, pp. 321, 837. 1902. Phil. Mag., Sept. und Nov. 1902.
[2]) E. Rutherford und F. Soddy, Phil. Mag., April 1903.
[3]) E. Rutherford und F. Soddy, Phil. Mag., Mai 1903.
[4]) E. Rutherford, Physik. Ztschr. 4, p. 235. 1903. Phil. Mag., Febr. 1903.
[5]) E. Rutherford, Phil. Mag., Mai 1903.
[6]) P. Curie und A. Laborde, C. R. 136, p. 673. 1903.

Energievorrate herrührte, der von aufsen in das Radium hineingekommen und in der Substanz absorbiert worden wäre.

J. J. Thomson[1]) bekannte sich zu der Auffassung, dafs die Quelle der Wärmeenergie in irgendwelchen Zustandsänderungen innerhalb der Atome zu suchen sei; so müfste, wie er hervorhob, z. B. bei einer Kontraktion der letzteren eine sehr bedeutende Energiemenge frei werden.

Nach einer im Jahre 1899 von Sir William Crookes[2]) aufgestellten Theorie sollen die radioaktiven Elemente die Eigenschaft besitzen, den umgebenden Gasen fortwährend Energie zu entziehen. Sehr schnell heranfliegende Gasmoleküle sollten einen Geschwindigkeitsverlust erleiden, wenn sie von der aktiven Substanz abprallen, und auf diese Weise einen Teil ihrer Energie an die letztere abgeben. Diese Vorstellung wurde später noch weiter entwickelt, um auch die starken Wärmeeffekte erklären zu können.

Vor kurzem hat F. Re[3]) eine ganz allgemeine Theorie der Materie mit spezieller Anwendung auf die radioaktiven Substanzen aufgestellt. Er denkt sich, dafs die Bestandteile der Atome ursprünglich frei beweglich waren; in diesem Zustande bildeten sie einen Nebelhaufen von aufserordentlich geringer Dichte. Allmählich wurden sie aber zu Kondensationskernen, um die sich die übrigen Teilchen herumlagerten, und so entstanden die Atome der chemischen Elemente. Ein gewöhnliches Atom wäre hiernach einer erloschenen Sonne zu vergleichen. Die radioaktiven Atome befinden sich dagegen in einem Übergangsstadium, indem ihre Entwickelung vom Nebelhaufen zum stabilen chemischen Atom noch nicht abgeschlossen ist; während sie sich noch beständig weiter kontrahieren, entsteht die Wärme, die man an ihnen beobachtet.

Lord Kelvin sprach in einem Vortrage vor der British Association (1903) die Vermutung aus, die Energie des Radiums könnte äufseren Strahlungsquellen entstammen. Legt man nämlich ein Stück weifses und ein Stück schwarzes Papier in je einen von zwei genau gleichartig gestalteten Behältern und setzt beide Gefäfse dem Lichte aus, so nimmt dasjenige, in welchem sich das schwarze Papier befindet, eine höhere Temperatur an als das andere. In ähnlicher Weise, meint Lord Kelvin, könne die Temperatursteigerung im Radium zustande kommen, indem noch unbekannte Strahlungsarten von der Substanz absorbiert würden.

Richarz und Schenck[4]) vermuten schliefslich einen Zusammen-

---

[1]) J. J. Thomson, Nature, 1903, p. 601.
[2]) William Crookes, C. R. 128, p. 176. 1899.
[3]) F. Re, C. R. 136, p. 1393. 1903.
[4]) F. Richarz und R. Schenck, Berl. Ber. 1903, p. 1102. R. Schenck, Berl. Ber. 1904, p. 37.

hang zwischen der Radioaktivität und der Ozonbildung, die unter dem Einflufs von Radiumsalzen stattzufinden pflegt.

255. Kritik der Theorieen. Wie man aus dieser Zusammenstellung sieht, lassen sich die verschiedenen Hypothesen und Theorieen der Radioaktivität in zwei Klassen einreihen: einesteils wird nämlich angenommen, die von den Radioelementen verausgabte Energie stamme aus dem Innern der Atome, und andernteils, es sei ihr Ursprung aufserhalb der aktiven Substanzen zu suchen, indem die letzteren selbst nur befähigt wären, die ihnen von aufsen zugeführte Energie in andere Formen besonderer Art umzuwandeln. Von diesen beiden Annahmen hat die erstere die gröfsere Wahrscheinlichkeit für sich. Auch die experimentellen Ergebnisse sprechen durchaus zu ihren Gunsten, während bisher keine einzige Tatsache beobachtet worden ist, durch welche die andere Auffassung gestützt werden könnte.

J. J. Thomson äufsert sich (loc. cit.) über die Frage folgendermafsen:

„Man hat behauptet, das Radium entnähme seine Energie der umgebenden Luft. Seine Atome sollen die Fähigkeit haben, den Luftmolekülen, die sehr grofse Geschwindigkeiten besitzen, einen Teil ihrer kinetischen Energie zu entziehen, während sie beim Zusammenstofs mit solchen Molekülen, die sich langsam bewegen, ihre eigene Energie ungeschmälert behalten. Ich vermag indessen nicht einzusehen, wie man das eigentümliche Verhalten des Radiums auf Grund solcher Annahmen erklären könnte. Man denke sich einen Eisblock mit einer Höhlung im Innern; dort bringe man etwas Radium hinein; dann wird das Eis in der Umgebung der aktiven Substanz schmelzen. Woher stammt die hierzu erforderliche Energie? Nach der angeführten Hypothese findet in dem vom Eise umschlossenen System Luft-Radium insgesamt keine Veränderung statt, denn das Radium hat die Energie, die es seinerseits gewann, lediglich der Luft entzogen. Von aufsen kann aber keine Wärme in die Höhlung hineingeflossen sein, da das Schmelzwasser daselbst eine höhere Temperatur als die umgebende Eismasse besitzt."

Im Widerspruche zu der Annahme, dafs die Luft die Quelle der Aktivitätsenergie darstelle, stehen auch neuere Beobachtungen des Verfassers, nach denen die Aktivität eines Radiumpräparates keine Änderung erleidet, wenn es in eine dicke Bleimasse eingebettet wird. Aus Blei wurde ein Zylinder gegossen von 10 cm Höhe und 10 cm Dicke. Er erhielt eine Bohrung, die von einem Ende bis zur Mitte reichte. Dort wurde das Radium — die Substanz befand sich in einem Glasröhrchen — hineingeschoben und hierauf die Öffnung im Zylinder luftdicht verschlossen. Durch die Bleimasse hindurch konnte die γ-Strahlung beobachtet werden. Man bestimmte ihre entladende Wirkung auf elektroskopischem Wege; während eines vollen Monats war aber eine Änderung der Entladungsgeschwindigkeit nicht zu konstatieren.

Herr und Frau Curie meinten unter anderem auch, man könne sich vorstellen, daſs der Raum beständig von einer Art Röntgenstrahlung durchsetzt werde, die von den Radioelementen absorbiert und dabei in radioaktive Energie umgewandelt würde. Aus neueren Untersuchungen (Paragraph 279) hat sich in der Tat ergeben, daſs an der Erdoberfläche allenthalben eine noch nicht näher bekannte Strahlung vorhanden sein muſs. Freilich besitzt sie ein auſserordentlich hohes Durchdringungsvermögen, ähnlich wie die γ-Strahlung des Radiums. Wenn man aber selbst annimmt, daſs die Radioelemente die Eigentümlichkeit hätten, jene allgegenwärtigen Strahlen stark zu absorbieren, so ist doch die Intensität der letzteren viel zu gering, als daſs sie die Quelle der Radioaktivitätsenergie darstellen könnten; selbst bei so schwachen Aktivitäten, wie sie den Uranverbindungen eigentümlich sind, kommen bereits weitaus gröſsere Energiemengen in Frage. Auſserdem müssen wir aber erwarten, daſs, wenn es sich um eine Art von γ-Strahlen handelte, ihre Absorbierbarkeit lediglich durch die Dichte der von ihnen durchsetzten Körper bestimmt wäre. Diese Regel gilt ja für alle Strahlen der Radioelemente, und es folgen ihr auch die radioaktiven Substanzen selbst (vgl. Paragraph 86). Es bliebe also nur die Annahme übrig, daſs man es mit einer noch unbekannten Art von Strahlen zu tun hätte, die durch gewöhnliche Materie leicht hindurchdringen könnte, in den aktiven Körpern dagegen stark absorbiert würde. Auch damit wäre aber für das Verständnis der Erscheinungen nicht viel gewonnen; denn es bliebe noch die wichtigste Frage zu beantworten: wie kommt die eigentümliche Strahlung der Radioelemente zustande, und auf welche Weise entstehen die Umwandlungsprozesse, die wir an ihnen beobachten? Es genügt auch nicht, nur für die Wärmeentwickelung eine Erklärung zu finden; denn, wie wir wissen (Kap. XII), steht die thermische Wirkung in einem unmittelbaren Zusammenhange mit der Radioaktivität.

Es dürfte ferner auſserordentlich schwierig sein, auf Grund der Annahme, daſs die Aktivitätsenergie des Radiums einer äuſseren Quelle entstammt, die eigenartige Verteilung des Wärmeeffektes auf die einzelnen aktiven Produkte zu erklären. Mehr als zwei Drittel der gesamten im Radium entwickelten Wärmemenge wird von der Emanation im Verein mit dem aktiven Niederschlage geliefert. Wird die Emanation vom Radium getrennt, so nimmt ihre Wärmeproduktion, nachdem sie zunächst eine maximale Stärke erreicht hat, nach einer Exponentialformel im Laufe der Zeit ab. Im Rahmen der Absorptionshypothese müſste man also von vornherein behaupten, daſs der gröſste

Teil der unter normalen Bedingungen in die Erscheinung tretenden Wärme nicht vom Radium selbst geliefert wird, sondern von einem Agens, das sich erst aus dem Radium bildet und dessen Absorptionsvermögen für äufsere Energie allmählich immer kleiner wird. Ähnliches müfste auch für den aktiven Niederschlag gelten, da sich seine Wärmewirkung gleichfalls im Laufe der Zeit ändert.

Wie im letzten Kapitel bewiesen wurde, kommt die Wärmeentwickelung im wesentlichen durch das Bombardement der α-Teilchen zustande. Wir hatten aber bereits darauf hingewiesen (Paragraph 136), dafs die Teilchen wohl kaum aus dem Zustande der Ruhe heraus ihre enormen Geschwindigkeiten plötzlich annehmen dürften. Denn man kann sich nicht gut einen Mechanismus vorstellen, in dem eine unvermittelte Geschwindigkeitssteigerung von solcher Gröfse möglich sein sollte; und das gilt ebensowohl, wenn äufsere wie wenn innere Kräfte dabei die mafsgebende Rolle spielen. Wir sehen uns daher zu der Annahme genötigt, dafs die α-Teilchen schon von vornherein sich in schneller Bewegung befinden, also eine aufserordentlich grofse kinetische Energie besitzen, und dafs sie aus irgendwelchen Ursachen dann plötzlich, aber mit ihrer ursprünglichen Geschwindigkeit, aus dem Atomverbande entweichen.

Gänzlich unberücksichtigt läfst die Absorptionstheorie — und das ist der schwerwiegendste Einwand, den man gegen sie erheben mufs — die Tatsache, dafs in allen Fällen das Auftreten der Radioaktivität mit Umwandlungsvorgängen Hand in Hand geht, die zur Bildung neuer Produkte mit charakteristischen chemischen Eigenschaften führen. Gerade aus diesem Grunde kann daher nur eine Art „chemischer" Theorie in Frage kommen. Freilich spielen sich jene Umwandlungsvorgänge nicht in den Molekülen, sondern in den Atomen der radioaktiven Körper ab.

256. Die Theorie der radioaktiven Verwandlung. Die Prozesse, denen wir in den Radioelementen begegnen, sind von gänzlich anderer Art als alle übrigen chemischen Reaktionen. Wir erkannten als Ursache der Radioaktivität stets eine spontane und kontinuierliche Neubildung aktiver Materie. Für diesen Vorgang gelten aber durchaus andere Gesetze als in der Chemie der gewöhnlichen Körper. So gelingt es auf keine Weise, die Schnelligkeit, mit der sich ein Produkt aus der Muttersubstanz bildet oder mit der es sich nach seiner Entstehung weiter umwandelt, durch irgendwelche Mittel zu beeinflussen. In der gewöhnlichen Chemie pflegt die Reaktionsgeschwindigkeit in erheblichem Mafse von der Temperatur abzuhängen. Für den Verlauf der radioaktiven Prozesse ist die Temperatur dagegen vollständig bedeutungslos. Ferner werden bei keinem chemischen Vorgange gewöhnlicher

Art gleichzeitig elektrisch geladene Atome mit grofser Geschwindigkeit fortgeschleudert.

Armstrong und Lowry[1]) wollten in der Radioaktivität eine besondere Art aufserordentlich langsam erlöschender Phosphoreszenz erblicken. Man kennt jedoch bisher keinen einzigen Fall von Phosphoreszenz, in welchem Strahlen von der Art derer, die uns bei den Radioelementen begegnen, ausgesandt würden. Von einer annehmbaren Theorie der Radioaktivität mufs man aber verlangen, dafs sie auch von der Entstehung jener eigenartigen Strahlen Rechenschaft gibt, ebenso wie sie uns einen Einblick in die Umwandlungsvorgänge und in den Mechanismus der unaufhörlichen Energieabgabe gewähren soll.

In chemischer Hinsicht zeigen die Radioelemente im grofsen und ganzen kein aufsergewöhnliches Verhalten, durch das sie sich von den übrigen inaktiven Elementen wesentlich unterschieden. Bemerkenswert ist nur die Höhe ihrer Atomgewichte. Diese sind für die Radioelemente gröfser als für irgendeinen der übrigen Elementarstoffe. Die Werte sind für Radium 225, Thorium 232,5, Uran 240.

Sofern ein hohes Atomgewicht als Zeichen für einen komplizierten Bau des Atoms betrachtet werden kann, läfst sich wohl erwarten, dafs schwere Atome eher zerfallen werden als leichte. Die Elemente von höchstem Atomgewichte brauchen jedoch nicht notwendig die stärkste Aktivität zu besitzen; in der Tat ist auch das Radium weitaus aktiver als Uran, obwohl das letztere in der Reihe der Atomgewichte an der allerersten Stelle steht. Dasselbe sehen wir bei den radioaktiven Produkten: z. B. ist die Radiumemanation, wenn wir gleiche Gewichtsmengen miteinander vergleichen, aufserordentlich viel stärker aktiv als das Mutterelement Radium selbst, und doch haben wir allen Grund, zu vermuten, dafs ihr Atom leichter als das des Radiums ist.

Nach der Theorie von Rutherford und Soddy sind die Erscheinungen der Radioaktivität dadurch zu erklären, dafs die Atome der Radioelemente einen spontanen Zerfall erleiden, wobei ein jedes von ihnen ganz bestimmte Entwicklungsstadien zu durchlaufen hat; gleichzeitig findet auf den einzelnen Umwandlungsstufen in der Regel eine Emission von α-Strahlen statt.

Auf die wesentlichsten Punkte dieser Hypothese war bereits in Paragraph 136 eingegangen worden. Sie führte uns dann zu einer mathematischen Theorie der Umwandlungsreihen (s. Kap. IX), an Hand derer in Kap. X und XI die einzelnen Umwandlungsvorgänge besprochen wurden, die zur Entstehung der zahlreichen aktiven Produkte im Uran, Thor, Aktinium und Radium Veranlassung geben.

Die Grundannahmen unserer Theorie lauteten folgendermafsen:

---

[1]) H. E. Armstrong und T. M. Lowry, Proc. Roy. Soc., 1903. Chem. News, 88, p. 89. 1903.

Dreizehntes Kapitel. Radioaktive Prozesse.

Zu einer gegebenen Zeit wird im Durchschnitt ein bestimmter geringer Bruchteil der gerade vorhandenen Atome einer radioaktiven Substanz labil. Diese Instabilität führt dann zum Zerfall der betreffenden Atome, einem Vorgange, der für gewöhnlich mit explosionsartiger Heftigkeit eintritt. Dabei wird in der Regel aus jedem Atom ein α-Teilchen ausgestoßen, das mit großer Geschwindigkeit davonfliegt. In einigen Fällen werden aber sowohl α- wie β-Teilchen oder auch nur Teilchen der letzteren Art fortgeschleudert. Schließlich gibt es noch Fälle, in denen weder positive noch negative Partikel entweichen, in denen also überhaupt keine Strahlung stattfindet (vgl. Paragraph 259); der Atomzerfall scheint hier mit geringerer Heftigkeit vor sich zu gehen. Sobald das α-Teilchen, dessen Masse ungefähr doppelt so groß ist wie die eines Wasserstoffatoms, ausgetreten ist, haben wir in dem Atomrest ein neues System vor uns, das leichter als das ursprüngliche sein muß und sich von diesem in chemischer und physikalischer Hinsicht wesentlich unterscheidet. Auch das neue System verliert allmählich seine Stabilität, es zerfällt und stößt ein weiteres α-Teilchen aus. So schreitet der Zerfall des Atoms, nachdem er einmal begonnen hat, von Stufe zu Stufe weiter fort, und in jeder einzelnen Phase verläuft der Prozeß mit einer bestimmten, meßbaren Geschwindigkeit.

Im allgemeinen zerfallen die Radioelemente selbst, z. B. das Radium, so langsam, daß sich die Umwandlung selbst im Laufe mehrerer Jahre nur auf einen sehr geringen Bruchteil der jeweils vorhandenen Atome erstreckt. Der größere Teil der Materie befindet sich daher noch lange Zeit in dem ursprünglichen Zustand, so daß eine aktive Substanz von mäßigem Alter nur eine geringe Beimengung an umgewandelter Materie enthält. Demgemäß hat man auch niemals beobachten können, daß in dem Spektrum des Radiums eine allmähliche Veränderung einträte. Freilich muß man erwarten, daß ein Radiumpräparat von sehr hohem Alter neben dem eigentlichen Radiumspektrum auch die Spektra einzelner Umwandlungsprodukte liefern werde.

Wir können uns zur Bezeichnung irgendeines jener in Umwandlung begriffenen Atome des Namens „Metabolon" bedienen. Jedes Metabolon hat offenbar eine begrenzte mittlere Lebensdauer. Es sei uns ein Haufen solcher Atome gegeben; sie seien zunächst alle von gleicher Art. N_0 bezeichne die Zahl der anfangs vorhandenen und N diejenige der zur Zeit t noch unverwandelt gebliebenen Metabola. Dann ist $N = N_0 e^{-\lambda t}$, folglich $\frac{dN}{dt} = -\lambda N$. λ ist also gleich demjenigen Bruchteil der vorhandenen Metabola, der sich in der Zeiteinheit umwandelt.

Die Größe $1/\lambda$ bedeutet nichts anderes als die mittlere Lebensdauer eines Metabolons bestimmter Gattung. Das geht aus folgender Überlegung hervor: Zu einer beliebigen Zeit t ist die Zahl der Atome, die sich innerhalb des Zeitteilchens dt umwandeln, gleich $\lambda N dt$ oder gleich $\lambda N_0 e^{-\lambda t} dt$. Jedes einzelne Metabolon dieser Gruppe besitzt eine Lebensdauer t. Im ganzen sind aber N_0 umwandelbare Atome vorhanden, so daſs sich für die mittlere Lebensdauer aller ergibt:

$$\int_0^\infty \lambda\, t\, e^{-\lambda t} dt = \frac{1}{\lambda}.$$

Die Metabola der Radioelemente unterscheiden sich von den Atomen gewöhnlicher Materie durch ihre auſserordentlich geringe Stabilität, d. h. mit anderen Worten, dadurch, daſs sie in sehr rascher Umwandlung begriffen sind. Die Aktivität eines Körpers ist stets ein Zeichen seines spontanen Zerfalls. Daher kann auch die Substanz der aktiven Produkte, z. B. des Thor X oder der Emanationen, nicht aus einer Materie bekannter Art bestehen. Denn nach allem, was wir wissen, erscheint es ausgeschlossen, daſs inaktive Materie eine eigene Radioaktivität erwerben, oder daſs ein und dasselbe Element in zwei Formen, einer aktiven und einer inaktiven, existieren könnte. Wir charakterisieren die aktiven Produkte vornehmlich durch die Gröſse ihrer Umwandlungsgeschwindigkeiten. So ist die Emanation des Radiums eine Substanz, die sich zur Hälfte in vier Tagen umwandelt. Es erweckt zwar den Eindruck, als ob sie innerhalb einer Frist von etwa vier Wochen von selber fast vollkommen verschwindet; in Wahrheit verwandelt sie sich aber nur stufenweise in andere Formen der Materie, die eine gröſsere Stabilität besitzen, so daſs sie sich durch Aktivitätsmessungen schlieſslich nur schwer nachweisen lassen.

Bemerkenswert sind ferner die spezifischen chemischen und physikalischen Eigenschaften der einzelnen Umwandlungsprodukte. In dieser Beziehung unterscheiden sie sich vielfach auffallend sowohl voneinander als auch von den zugehörigen primär aktiven Substanzen (vgl. Kap. IX). Einige Produkte zeigen ein charakteristisches elektrochemisches Verhalten, so daſs sie sich durch Elektrolyse aus Lösungen abscheiden lassen. Andere unterscheiden sich voneinander durch den Grad ihrer Flüchtigkeit; auch diesen Umstand hat man verwerten können, um eine partielle Trennung zu erzielen. Zweifellos haben wir in jedem einzelnen jener Produkte eine neue chemische Substanz zu erblicken. Wären wir imstande, uns von einer solchen Materie genügende Mengen zu verschaffen, um ihre Eigenschaften nach gewöhnlichen chemischen Methoden untersuchen zu können, so lieſse sich gewiſs erkennen, daſs sie sich wie ein bestimmtes chemisches Element verhielte. Freilich würde sich das Produkt von einem gewöhnlichen Elemente dadurch unterscheiden, daſs es nur eine kurze Lebensdauer besäſse und sich kontinuierlich in eine andere Substanz verwandelte.

Wie wir bald sehen werden (Paragraph 261), ist auch das Radiumatom höchstwahrscheinlich ein Metabolon im wahren Sinne des Wortes, indem es nicht nur selbst allmählich zerfällt, sondern auch seinerseits aus dem Atome einer Muttersubstanz sich bildet. Der Hauptunterschied zwischen dem Radium und seinen Abkömmlingen läge dann nur darin, daſs seine eigene Umwandlung relativ langsam vor sich geht. Dies ist auch der Grund, warum die Pechblende vom Radium wesentlich gröſsere Mengen enthält als von seinen späteren Umwandlungsprodukten. Bekanntlich hat man reine Radiumsalze in genügenden Quantitäten aus dem Mineral gewinnen können, um das Verhalten dieses Elementes auch nach gewöhnlichen chemischen Methoden zu untersuchen.

Viel geringer ist der Gehalt der Pechblende an Emanation, da dieses Produkt eine sehr kurze Lebensdauer besitzt. Immerhin ist es gelungen, auch die Emanation chemisch zu isolieren und eine Volumenbestimmung auszuführen. Dieses merkwürdige Gas erfreut sich zwar nur eines kurzen Daseins; solange es aber existiert, haben wir zweifellos in ihm ein neues Element vor uns, das in chemischer Beziehung zur Gruppe der Edelgase, Argon, Helium usw., gehört.

In allen Radioelementen findet tatsächlich vor unseren Augen eine spontane Umwandlung der Materie statt. Der Prozeſs vollzieht sich stets in ganz bestimmten Bahnen, und die einzelnen Produkte, die dabei zum Vorschein kommen, bezeichnen gewissermaſsen die Haltestellen, an denen die Atome einige Zeit zu verweilen pflegen, bis ihr Zerfall weiter fortschreitet.

257. Die radioaktiven Produkte. Die folgende Tabelle enthält eine Übersicht über sämtliche aktiven Produkte, die beim Zerfall der vier Radioelemente entstehen. In der zweiten Kolumne ist für jedes Metabolon der Wert seiner Radioaktivitätskonstante λ angegeben, einer Gröſse, die den pro Sekunde zerfallenden Bruchteil der jeweils vorhandenen Substanzmenge bezeichnet. In der dritten Kolumne finden wir unter T die Zeit, in der die Aktivität sich um die Hälfte verringert, d. h. in der die Hälfte eines gegebenen Vorrates an aktiver Materie ihre Umwandlung erleidet; in der vierten Vertikalreihe ist die Art der hierbei auftretenden Strahlung gekennzeichnet, und in der fünften sind einige Angaben über die wichtigsten physikalischen und chemischen Eigenschaften eines jeden Metabolons enthalten.

Eine schematische Darstellung der einzelnen Umwandlungsreihen zeigt Fig. 104.

Beim Uran kennt man nur ein Zerfallsprodukt, beim Thorium deren vier, beim Aktinium gleichfalls vier und beim Radium sieben. Es ist jedoch nicht unwahrscheinlich, daſs sich bei näherer Untersuchung noch weitere Übergangsformen feststellen lassen werden. Offenbar werden sich solche Umwandlungsprodukte, die aufserordentlich rasch wieder

Produkt	λ sec^{-1}	T	Strahlung	Physikalische und chemische Eigenschaften
Uran ... ↓	—	—	α	Unlöslich in Äther, löslich in Ammoniumkarbonat im Überschufs.
Uran X ... ↓ ?	$3,6 \times 10^{-7}$	22 Tage	β und γ	Unlöslich in Ammoniumkarbonat, löslich in Äther und Wasser.
Thorium ↓	—	—	α	Unlöslich in Ammoniak.
Thorium X ... ↓	$2,0 \times 10^{-6}$	4 Tage	α	Löslich in Ammoniak und Wasser.
Emanation ↓	$1,3 \times 10^{-2}$	53 Sekunden	α	Chemisch träges Gas von hoh. Molekulargewicht. Kondensationstemperatur -120^0 C.
Thorium A	$1,74 \times 10^{-5}$	11 Stunden	keine Strahlen	Erscheint als Niederschlag der Emanation; konzentriert sich im elektrischen Felde auf der Kathode. Löslich in gewissen Säuren; zeigt ein charakteristisches elektrochemisches Verhalten; Th. A ist flüchtiger als Th. B.
Thorium B ... ↓ ?	$2,2 \times 10^{-4}$	55 Minuten	α, β, γ	
Aktinium ... ↓	—	—	keine Strahlen	Unlöslich in Ammoniak.
Aktinium X ... ↓	$7,8 \times 10^{-7}$	10,2 Tage	α (und β?)	Löslich in Ammoniak.
Emanation ↓	0,17	3,9 Sekunden	α	Verhält sich wie ein Gas.
Aktinium A ...	$3,2 \times 10^{-4}$	36 Minuten	keine Strahlen	Erscheint als Niederschlag der Emanation; konzentriert sich im elektrischen Felde auf der Kathode. Löslich in Ammoniak und starken Säuren. Verflüchtigt sich bei 100^0 C. A und B durch Elektrolyse voneinander trennbar.
Aktinium B . ↓ ?	$5,4 \times 10^{-3}$	2,15 Minuten	α, β, γ	
Radium ... ↓	—	1300 Jahre	α	Chemisch dem Baryum verwandt.
Emanation ↓	$2,1 \times 10^{-6}$	3,8 Tage	α	Chemisch träges Gas von hoh. Molekulargewicht. Kondensationstemperatur -150^0 C.
Radium A ⎫	$3,85 \times 10^{-3}$	3 Minuten	α	Erscheint als Niederschlag der Emanation; konzentriert sich im elektrischen Felde auf der Kathode. Löslich in starken Säuren. B verflüchtigt sich bei etwa 700^0 C., A und C bei etwa 1000^0 C.
Radium B ⎬ Rasch zerfallender aktiver Niederschlag	$5,38 \times 10^{-4}$	21 Minuten	keine Strahlen	
Radium C ⎭	$4,13 \times 10^{-4}$	28 Minuten	α, β, γ	
Radium D ⎫ Langsam zerfallender aktiver Niederschlag	—	ca. 40 Jahre	keine Strahlen	Löslich in Säuren. Verflüchtigt sich unterhalb 1000^0 C.
Radium E ⎬	$1,3 \times 10^{-6}$	6 Tage	β und γ	Nicht flüchtig bei 1000^0 C.
Radium F ⎭ ↓ ?	$5,6 \times 10^{-8}$	143 Tage	α	Scheidet sich aus Lösungen auf Wismut ab. Flüchtig bei ungefähr 1000^0 C. Gleiche Eigenschaften wie Radiotellur und Polonium.

Dreizehntes Kapitel. Radioaktive Prozesse.

zerfallen, nur sehr schwer nachweisen lassen. So würde der Übergang der Substanz Thor X in die Emanation wahrscheinlich kaum entdeckt worden sein, wenn das Zersetzungsprodukt in diesem Falle nicht gerade gasförmig wäre. Über die wichtigsten Umwandlungsstufen der uns bekannten Radioelemente sind wir jedoch bereits recht gut unter-

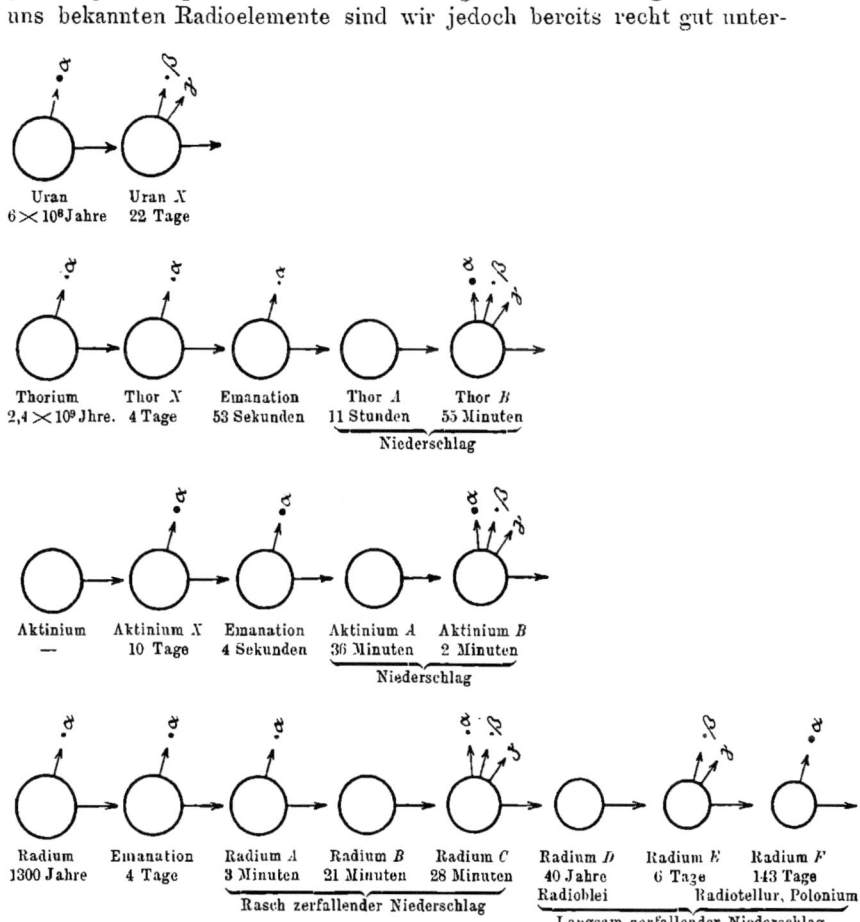

Fig. 104.

richtet, und es dürfte wohl keines der relativ langsam zerfallenden Produkte übersehen worden sein. Freilich erscheint es nicht ausgeschlossen, daß manche Produkte in Wahrheit aus zwei verschiedenen Materien bestehen, die sich zu gleicher Zeit aus den betreffenden Muttersubstanzen bilden. Auf diese Frage wird in Paragraph 260 noch näher eingegangen werden. Weitere Aufschlüsse dürften vor allem von dem elektrolytischen Trennungsverfahren zu erwarten sein.

Die Desaggregationstheorie erweist sich, wie man zugeben wird, als aufserordentlich brauchbar, um den Verlauf der komplizierten radioaktiven Erscheinungen unserem Verständnisse näher zu bringen. Das tritt uns besonders deutlich vor Augen in dem Falle des Radiums. Ohne jene Theorie wäre es wohl kaum gelungen, die verwickelten Umwandlungsprozesse, denen wir hier begegnen, näher zu analysieren. Z. B. konnte nur mit ihrer Hilfe der Nachweis erbracht werden, dafs die aktiven Bestandteile der Substanzen Polonium, Radiotellur und Radioblei in Wahrheit Abkömmlinge des Radiums sind.

Hat eine radioaktive Substanz eine der oben skizzierten Umwandlungsreihen vollständig durchlaufen, so gelangt sie schliefslich in einen Endzustand, in dem ihre Atome dauernd stabil bleiben oder doch so langsam weiter zerfallen, dafs keine merkliche Aktivität mehr in die Erscheinung tritt. Wahrscheinlich stellen aber die in unserer Tabelle aufgeführten Endglieder noch nicht die letzten instabilen Formen der betreffenden Atome dar.

Allem Anschein nach stehen die Elemente Uran, Radium und Aktinium in einem innigen Zusammenhange miteinander. Wahrscheinlich sind die beiden letztgenannten nichts anderes als Zerfallsprodukte des Urans. Zugunsten dieser Auffassung lassen sich bereits so manche Tatsachen anführen (s. Paragraph 262); immerhin bedarf es noch vieler Untersuchungen, ehe die Kluft vollständig überbrückt sein dürfte, die jene Elemente zur Zeit noch voneinander trennt.

In jeder radioaktiven Substanz müssen sich im Laufe der Zeit die inaktiven Endprodukte der Umwandlungsreihen ansammeln. Aufserdem werden sich daselbst die α-Teilchen vorfinden, die in den einzelnen Phasen des Zerfalls emittiert wurden, aber in der Substanz stecken geblieben sind. Denn diese, ihrer Qualität nach materiellen, Strahlenteilchen sind ja selbst nicht radioaktiv. Wahrscheinlich besteht ihre Substanz aus Helium (s. Paragraph 268).

Die Halbwertsperiode T, d. h. die Zeit, die ein Produkt braucht, um sich zur Hälfte umzuwandeln, kann als relatives Mafs der Stabilität seiner Atome betrachtet werden. Demnach variiert die Stabilität der verschiedenen Metabola innerhalb sehr weiter Grenzen. So beträgt der Wert von T für Radium D 40 Jahre, für die Aktiniumemanation dagegen 3,9 Sekunden. Das entspricht einem Stabilitätsverhältnis vom Betrage $3,2 \times 10^8$. Der gesamte Stabilitätsbereich wird aber noch viel gröfser, wenn man auch die Atome der Radioelemente selbst mit berücksichtigt, da diese Substanzen noch weitaus langsamer zerfallen als die Materie Radium D.

Es gibt nur zwei Atome verschiedener Gattung, die nahezu die gleiche Stabilität besitzen: das Thor-X-Atom und das der Radiumemanation. In beiden Fällen vollzieht sich die Umwandlung der Materie zur Hälfte in etwa vier Tagen. Es handelt sich jedoch meines Erachtens hierbei blofs um eine zufällige Übereinstimmung; im übrigen dürften die beiden Substanzen nichts miteinander gemein haben. Wäre nämlich das Metabolon der einen mit dem der anderen identisch, so müfste man erwarten, dafs die weiteren Umwandlungen hier wie dort in gleicher Weise und mit der nämlichen Geschwindigkeit vor sich gingen. Das ist jedoch keineswegs der Fall. Überdies unterscheiden sich das Thor X und die Radiumemanation auch ganz deutlich in physikalischer und chemischer Beziehung voneinander.

Eine sehr auffallende Ähnlichkeit macht sich aber zwischen den drei radioaktiven Substanzen Radium, Thorium und Aktinium bemerkbar, wenn man die Aufeinanderfolge ihrer Umwandlungsprodukte betrachtet. Das Atom eines jeden dieser Radioelemente entwickelt in einem gewissen Stadium seines Zerfalls ein radioaktives Gas, und dieses letztere verwandelt sich in allen drei Fällen in eine feste Substanz, die sich auf fremden Körpern niederschlägt. Es erweckt den Eindruck, als ob die Atome jener drei Stoffe, wenn ihre Umwandlung einmal begonnen hat, eine ähnliche Entwicklung durchmachen müssen, wobei in jeder Phase des Prozesses neue Atomformen von verwandten physikalischen und chemischen Eigenschaften zur Entstehung gelangen. Vielleicht liegt hierin ein Hinweis auf den Ursprung der Periodizität der Atomeigenschaften, wie sie in dem periodischen System der chemischen Elemente zum Ausdruck kommt. Besonders grofs ist die Ähnlichkeit zwischen Thorium und Aktinium; sie zeigt sich in der übereinstimmenden Zahl ihrer Umwandlungsstufen und in den charakteristischen Eigenschaften der einzelnen Produkte; auch steigt und fällt der Wert der Halbwertsperioden — trotz der Unterschiede in den absoluten Beträgen — in beiden Reihen in ganz analoger Weise. Man darf hieraus wohl auf eine Ähnlichkeit in der Konstitution der Atome dieser beiden Elemente schliefsen.

258. Gleichgewichtsmengen radioaktiver Produkte. Aus der Theorie der Umwandlungsreihen läfst sich näherungsweise berechnen, in welchen Gewichtsmengen sich die einzelnen aktiven Produkte in den verschiedenen Radioelementen vorfinden müssen, sobald der stationäre Zustand eingetreten ist.

Von jedem Radioatom wird nur ein α-Teilchen fortgeschleudert, und dieses ist ungefähr ebenso schwer wie ein Wasserstoff- oder Heliumatom. Daher werden sich die Atomgewichte der Zwischenprodukte nicht wesentlich von dem des Radioelementes unterscheiden.

Wir wollen berechnen, wie grofs die Gewichtsmengen der einzelnen Produkte sind, die sich in 1 g Radium ansammeln. Es mögen daselbst, wenn radioaktives Gleichgewicht eingetreten ist, bezw. N_A, N_B, N_C Atome der Produkte A, B, C vorhanden sein. Die zugehörigen Umwandlungskonstanten sollen mit λ_A, λ_B, λ_C bezeichnet werden, und

468 Dreizehntes Kapitel. Radioaktive Prozesse.

q sei die Zahl der Stammatome, die pro Gramm Substanz in jeder Sekunde zerfallen. Dann ist

$$q = \lambda_A N_A = \lambda_B N_B = \lambda_C N_C.$$

Für den Fall des Radiums ist nun $q = 6{,}2 \times 10^{10}$ (Paragraph 93). Da außerdem auch die Werte von λ bekannt sind, können wir die Atomzahlen N ohne weiteres berechnen. Daraus erhält man dann die entsprechenden Gewichte, wenn man beachtet, daß in 1 g einer Substanz vom Atomgewicht 200 etwa 4×10^{21} Atome (Paragraph 39) enthalten sind. Auf diese Weise ergeben sich die Zahlen der folgenden Tabelle:

Produkt	λ (sec)$^{-1}$	Atomzahl N pro Gramm Radium	Gewichtsmenge in Milligramm pro Gramm Radium
Radiumemanation .	$2{,}0 \times 10^{-6}$	$3{,}1 \times 10^{16}$	8×10^{-3}
Radium A . .	$3{,}8 \times 10^{-3}$	$1{,}6 \times 10^{13}$	4×10^{-6}
Radium B .	$5{,}4 \times 10^{-4}$	$1{,}1 \times 10^{14}$	3×10^{-5}
Radium C	$4{,}1 \times 10^{-4}$	$1{,}5 \times 10^{14}$	4×10^{-5}

Offenbar sind die Mengen der Produkte A, B, C in den uns zur Verfügung stehenden Radiumvorräten zu gering, als daß sie sich durch Wägung nachweisen ließen. Nicht unmöglich wäre es jedoch, sich auf spektroskopischem Wege von ihrer Anwesenheit zu überzeugen.

Noch ungünstiger liegen die Verhältnisse beim Thorium. Fragen wir z. B. nach dem maximalen Gehalt an Thor X! Für dieses Produkt hat die Größe λ nahezu den gleichen Wert wie für die Radiumemanation. Andererseits ist aber q für Radium etwa 2×10^6 mal so groß wie für Thorium. Infolgedessen enthält 1 g Thorium günstigstenfalls nur 4×10^{-12} g Thor X. Selbst in 1 Kilogramm ließe sich daher der Gehalt an Thor X noch keineswegs durch Wägung nachweisen.

In derselben Weise lassen sich die Gleichgewichtsmengen der aktiven Produkte in allen Fällen berechnen, wenn die zugehörigen Werte von λ bekannt sind. Das Uran zerfällt, wie wir später noch sehen werden, zur Hälfte in etwa 6×10^8 Jahren und erzeugt dabei das Radium. Für dieses selbst beträgt die Halbwertsperiode 1300 und für Radium D 40 Jahre. Hieraus ergeben sich folgende Gleichgewichtsmengen pro Gramm Uran: für Radium 2×10^{-6} g und für Radium D 7×10^{-8} g. In einem Mineral, das eine Tonne reinen Urans enthielte, müßten sich daher 1,8 g Radium und 0,063 g Radium D vorfinden. Neuere Untersuchungen (s. Paragraph 262) haben gezeigt, daß die wahren Werte ungefähr halb so groß sind.

259. Umwandlungen, die ohne Strahlung vor sich gehen. Ein besonderes Interesse verdienen jene Umwandlungsstufen, auf denen weder α- noch β-Teilchen emittiert werden. In diesen Fällen — wir begegnen ihnen sowohl beim Radium als auch beim Thorium und Aktinium — hat der Übergang aus der einen in die andere Form der Materie keine Ionisation der umgebenden Gasmasse im Gefolge. Hier versagen daher die gewöhnlichen Beobachtungsmethoden; es gelingt jedoch auf indirektem Wege, auch für solche instabilen Substanzen die Umwandlungsgeschwindigkeiten zu ermitteln. Man findet die gesuchte Gröfse aus der zeitlichen Änderung der Aktivität des neu entstehenden Produktes. Wie sich gezeigt hat, gilt für den Verlauf dieser Umwandlungen dieselbe Gesetzmäfsigkeit wie in dem normalen Falle, dafs gleichzeitig α-Strahlen ausgesandt werden. Jene Prozesse besitzen demnach eine gewisse Ähnlichkeit mit den monomolekularen chemischen Reaktionen. Freilich besteht zwischen beiden der Unterschied, dafs im ersteren Falle das Atom zerfällt, während im letzteren eine Zersetzung des Moleküls in einfachere Moleküle oder in seine atomistischen Bestandteile stattfindet.

Wenn eine Umwandlung ohne Emission von Strahlen vor sich geht, so erfolgt sie, wie man annehmen mufs, mit geringerer Heftigkeit, als wenn gleichzeitig α- oder β-Teilchen fortgeschleudert werden. Man mag sich vorstellen, dafs unter jenen Umständen nur eine Neugruppierung der Atombestandteile stattfindet, oder dafs die Geschwindigkeit der fortgeschleuderten Teilchen nicht ausreicht, um beim Zusammenstofs mit den Gasmolekülen Ionen zu erzeugen. Wenn sich die letztere Annahme bestätigen sollte, müfste man mit der Möglichkeit rechnen, dafs Umwandlungen ähnlicher Art, die nur der Beobachtung nicht zugänglich sind, auch in den inaktiven Elementen vor sich gehen; es könnte, mit anderen Worten, jegliche Materie einer langsamen Umwandlung unterworfen sein. Man mufs eben bedenken, dafs der allmähliche Zerfall der Radioelemente ebensowenig erkannt worden wäre, wenn nicht gewisse Bruchstücke ihrer Atome mit sehr grofser Geschwindigkeit fortgeschleudert würden. Wie aus neueren Versuchen (s. Anhang A) hervorgeht, sind die α-Teilchen des Radiums nicht mehr imstande, ein Gas zu ionisieren, wenn ihre Geschwindigkeit weniger als 10^9 cm pro Sekunde beträgt. Es könnte also der Fall wohl eintreten, dafs sich Umwandlungsvorgänge dem elektrometrischen Nachweis gänzlich entziehen, auch wenn dabei Strahlen von einer noch ziemlich hohen Geschwindigkeit ausgesandt werden.

260. Die Strahlung der einzelnen Produkte. Weitaus die meisten der radioaktiven Produkte entsenden, indem sie zerfallen, α-Teilchen. Die β-Teilchen erscheinen mit den sie begleitenden γ-Strahlen in der Regel nur auf der letzten Umwandlungsstufe. So emittieren in der Reihe des Radiums, das wegen seiner ungemein starken Aktivität bisher am genauesten untersucht worden ist, das Radioelement selbst, die Emanation und das Radium A ausschließlich α-Teilchen; Radium B strahlt überhaupt nicht, und erst das Radium C liefert alle drei Strahlengattungen. Ob die Produkte Thor X und Aktinium X lediglich α-Teilchen oder neben diesen auch noch β-Teilchen aussenden, läßt sich zwar noch nicht mit Sicherheit entscheiden*); jedenfalls treten die β- und γ-Strahlen aber hier wie dort in der letzten Umwandlungsphase des aktiven Niederschlages auf, beim raschen Zerfall der Materien B. In dieser Hinsicht zeigen jene beiden Radioelemente eine gewisse Ähnlichkeit mit dem Radium.

Bekanntlich finden sich in der Gesamtemission des Radiums auch Elektronen von sehr geringer Geschwindigkeit (Paragraph 93). Diese können hier außer Betracht bleiben, da sie wahrscheinlich sekundären Ursprungs sind, indem sie wohl erst dem Anprall der α-Teilchen gegen die absorbierende Materie ihre Entstehung verdanken. Sie bewegen sich überdies außerordentlich viel langsamer als die β-Strahlen des Produktes Radium C.

Daß die β- und γ-Strahlen nur in den letzten, rasch verlaufenden Umwandlungsphasen auftreten, erscheint höchst bemerkenswert und kann kaum auf einem zufälligen Zusammentreffen beruhen. Nachdem zum Schluß ein β-Teilchen das Atomsystem verlassen hat, entsteht stets ein Produkt von großer Stabilität; auch im Falle des Radiums ist die Materie, die sich dann bildet, das Radium D, viel stabiler als eines der vorangegangenen Produkte. Der allmähliche Zerfall eines Radioelementes scheint also stets in der Weise vor sich zu gehen, daß zunächst immer nur ein α-Teilchen fortgeschleudert wird; sobald aber das β-Teilchen aus dem System ausgetreten ist, begeben sich die Bestandteile des Atomrestes in eine ziemlich stabile Gleichgewichtslage, von der aus die weitere Umwandlung sehr langsam erfolgt. Somit stellt vermutlich das erst am Ende des Prozesses ausgestoßene β-Teilchen das wirksame Agens dar, das den Zerfall des Radioatoms von Stufe zu Stufe veranlaßt. Auf diesen Punkt soll später (Paragraph 270) noch näher eingegangen werden, wenn von den allgemeinen Stabilitätsbedingungen der Atome die Rede sein wird.

Sehr bezeichnend ist auch der weitere Umstand, daß gerade die letzte Umwandlung, bei welcher alle drei Strahlenarten zum Vorschein kommen, in besonders stürmischer Weise verläuft. Die α-Teilchen entweichen hier nämlich wesentlich schneller als auf irgendeiner anderen Stufe des Zerfalls, und die gleichzeitig fortgeschleuderten β-Teilchen erreichen beinahe die Lichtgeschwindigkeit.

Möglicherweise werden bei so heftigen Explosionen unter Um-

---

*) Vgl. hierzu die Anm. auf p. 381.

ständen nicht allein α- und β-Teilchen aus dem Atom ausgestofsen, sondern es mag auch bisweilen dazu kommen, dafs seine ganze Masse in einzelne Bruchstücke zersprengt wird. Setzen wir den Fall, es entständen auf diese Weise gleichzeitig mehrere Umwandlungsprodukte, doch sei bei weitem der gröfste Teil der neugebildeten Materie von einer und derselben Art. Dann wird es offenbar schwierig sein, die Existenz der übrigen Bestandteile, zumal wenn sie relativ schnell wieder zerfallen, durch Messungen der Abklingungsgeschwindigkeit nachzuweisen. Auf elektrolytischem Wege wird sich aber in gewissen Fällen eine partielle Trennung der einzelnen Produkte bewerkstelligen lassen, vorausgesetzt, dafs sich die letzteren in ihrem elektrochemischen Verhalten merklich voneinander unterscheiden. Ein solcher Fall scheint in der Tat beim Thorium B vorzuliegen. Dieses Produkt läfst sich, wie aus den Untersuchungen von Pegram und von Lerch (Paragraph 207) hervorgeht, durch Elektrolyse von seiner Muttersubstanz, dem Thorium A, trennen. Pegram konnte jedoch neben dem Thorium B noch ein anderes Produkt feststellen, dessen Aktivität in sechs Minuten auf den halben Wert sank. Man gewinnt es elektrolytisch aus Lösungen von reinem Thoriumsalz, wenn man den letzteren etwas Kupfernitrat zusetzt. Es entsteht dann ein schwach aktiver Kupferniederschlag, dessen Strahlungsvermögen mit einer Halbwertsperiode von 6 Minuten allmählich erlischt.

Das Auftreten derartiger radioaktiver Produkte, die sich nicht in das normale Umwandlungsschema einordnen lassen, weist darauf hin, dafs in einem gewissen Stadium des Zerfalls gleichzeitig zwei oder mehrere Substanzen entstehen. Ein solcher Fall wird gerade dann leicht eintreten können, wenn die Umwandlung in so ungestümer Weise erfolgt wie beim Radium C oder Thorium B. Denn unter diesen Umständen wird es vermutlich mehr als eine Art der Gruppierung geben, in der die Bestandteile des Atoms ein relativ stabiles System bilden können. Im allgemeinen dürften dann aber ungleiche Mengen der einzelnen Zerfallsprodukte entstehen, deren Trennung in der Regel auf Schwierigkeiten stofsen wird, falls sie nicht gerade verschiedene Strahlenarten emittieren.

261. Lebensdauer des Radiums. Auch die Atome der Radioelemente selbst sind als Metabola anzusehen; denn sie sind gleichfalls in fortwährender Umwandlung begriffen. Sie unterscheiden sich in dieser Beziehung von den unbeständigen Atomen der Emanationen des Thor X usw. lediglich durch ihre verhältnismäfsig hohe Stabilität, so dafs sie aufserordentlich kleine Radioaktivitätskonstanten besitzen. Nichts deutet aber darauf hin, dafs der oben skizzierte Umwandlungsprozefs unter den zur Zeit herrschenden Bedingungen auch umkehrbar sei. Eine gegebene Menge Radium, Uran oder Thorium mufs daher, sich selbst überlassen, im Laufe der Zeit in andere Formen der Materie übergeben. Diesem Schluſs wird man sich nicht entziehen können.

Betrachten wir z. B. das Verhalten des Radiums. Aus seiner eigenen Substanz erzeugt es fortwährend Radiumemanation, und zwar ist die pro Zeiteinheit entstehende Emanationsmenge stets der vorhandenen Radiummenge proportional. Zuletzt muſs sich das ganze Radium in Emanation umgewandelt haben, und man würde an seiner Stelle ein radioaktives Gas vor sich sehen, wenn nicht das letztere gleichfalls nach und nach in andere Formen der Materie überginge. Das Radium und seine Emanation haben als zwei chemisch durchaus verschiedene Substanzen zu gelten. Die eine entsteht aber aus der anderen, denn sonst müſste man annehmen, daſs die Materie der Emanation ihrerseits neu geschaffen würde. Demgemäſs muſs die vorhandene Radiummenge notwendigerweise allmählich abnehmen, und zwar in demselben Maſse, wie die Emanation sich bildet.

Die Umwandlungskonstante des Radiums läſst sich angenähert auf zweierlei Weise berechnen: erstens aus der Anzahl der pro Sekunde zerfallenden Radiumatome und zweitens aus der Menge der binnen einer Sekunde erzeugten Emanation.

1 g Radium entsendet im Zustande seiner Minimalaktivität in jeder Sekunde $6{,}2 \times 10^{10}$ α-Teilchen. Das ist ein Resultat der Beobachtung (s. Paragraph 93). Wir hatten schon wiederholt angenommen, daſs die Atome eines jeden Produktes, wenn sie zerfallen, je ein α-Teilchen emittieren. Unter dieser Voraussetzung ergaben sich auf rechnerischem Wege richtige Werte für die Wärmeentwickelung im Radium und für das Volumen seiner Emanation. Wir wollen jene Annahme daher auch hier beibehalten. Dann folgt aber, daſs vom Radium $6{,}2 \times 10^{10}$ Atome in jeder Sekunde zerfallen.

Nun enthält 1 ccm Wasserstoff bei normalem Druck und gewöhnlicher Temperatur nach den vorliegenden Beobachtungen $3{,}6 \times 10^{19}$ Moleküle (Paragraph 39). Folglich ist die Atomzahl in 1 g Radium vom Atomgewichte 225 gleich $3{,}6 \times 10^{21}$. Der zerfallende Bruchteil λ ist demnach pro Sekunde $1{,}72 \times 10^{-11}$ oder $5{,}4 \times 10^{-4}$ pro Jahr. Von je 1 g Radium zerfällt also innerhalb eines Jahres ungefähr $^{1}/_{2}$ mg. Die mittlere Lebensdauer dieses Radioelementes beträgt ferner 1800 Jahre, und es verwandelt sich zur Hälfte binnen 1300 Jahren.

Die andere Berechnungsweise geht aus von der Beobachtung von Ramsay und Soddy, daſs die Gleichgewichtsmenge der von 1 g Radium erzeugten Emanation ein Volumen von 1 cmm besitzt. Diffusionsmessungen hatten für das Molekulargewicht der Radiumemanation den Wert 100 ergeben. Nach der Desaggregationstheorie dürfte sich ihr Atom freilich von dem des Radiums nur dadurch unterscheiden, daſs es ein α-Teilchen weniger als dieses enthält. Das Molekulargewicht der Radiumemanation sollte demnach wenigstens 200 betragen. Diese

Zahl dürfte wohl der Wahrheit näher kommen als der experimentell ermittelte Wert, da die Methode, nach welcher er aus den Beobachtungen abgeleitet wurde, doch immerhin auf etwas unsicheren Voraussetzungen beruht. Das Molekulargewicht werde daher zu 200 angenommen; dann ergibt sich für das Gewicht von 1 cmm Emanation der Wert $8{,}7 \times 10^{-6}$ g. Soviel wiegt also die Gleichgewichtsmenge der von 1 g Radium abgegebenen Emanation. Diese Gleichgewichtsmenge bestehe aus N_0 Emanationsatomen, und es bezeichne λ' die Umwandlungskonstante des aktiven Gases. Dann werden bekanntlich in der Zeiteinheit $\lambda' N_0$ Emanationsatome neu gebildet, und somit wird das Gewicht der von 1 g Radium pro Sekunde erzeugten Emanationsmenge gleich $\lambda' \times 8{,}7 \times 10^{-6} = 1{,}83 \times 10^{-11}$ g.

Die letztere Größe muß nun ziemlich genau gleich dem Gewichte der pro Sekunde zerfallenden Radiumatome sein. Folglich erhalten wir, da die zur Verfügung stehende Menge des Radiums 1 g betrug, für den pro Sekunde zerfallenden Bruchteil λ den Wert $1{,}83 \times 10^{-11}$, der mit dem oben gefundenen Werte gut übereinstimmt.

Wir dürfen somit schließen, daß die Halbwertsperiode des Radiums 1300 Jahre beträgt.

Was das Uran betrifft, so läßt sich seine Umwandlungskonstante angenähert berechnen, wenn man bedenkt, daß die Aktivität des reinen Radiums etwa zwei Millionen mal so groß ist wie die des Urans, und daß es bei diesem Elemente nur eine einzige Umwandlungsstufe gibt, auf welcher α-Strahlen entsandt werden, während deren vier in der Reihe des Radiums auftreten. Demgemäß findet man der Größenordnung nach für den pro Jahr zerfallenden Bruchteil den Wert 10^{-9}, das Uran würde sich mithin zur Hälfte in ungefähr 6×10^8 Jahren umwandeln.

Das Thorium ist nahezu ebenso stark aktiv wie das Uran, es enthält jedoch im Gleichgewichtszustande vier verschiedene Produkte, die α-Strahlen emittieren. Demnach würde das Thorium, vorausgesetzt, daß es ein echtes Radioelement ist, in ungefähr $2{,}4 \times 10^9$ Jahren zur Hälfte zerfallen. Verdankt es sein Strahlungsvermögen indessen nur einer radioaktiven Beimengung, so müßte man freilich die primär wirksame Substanz zunächst isolieren, um auf Grund einer Aktivitätsmessung ihre Lebensdauer schätzen zu können.

262. Herkunft des Radiums. Nach den Ausführungen des letzten Paragraphen geht die spontane Umwandlung des Radiums noch verhältnismäßig schnell vor sich. Eine gegebene Radiummenge, die sich selbst überlassen bleibt, muß den größten Teil ihrer Aktivität im Laufe von wenigen tausend Jahren verlieren. Sie zerfällt, wenn λ nach unserer obigen Schätzung gleich $5{,}4 \times 10^{-4}$ (Jahre)$^{-1}$ gesetzt wird, zur Hälfte in 1300 Jahren, und nach 26 000 Jahren kann nur noch ein Milliontel aktiver Substanz übrig geblieben sein. Hätte also die ganze Erde ursprünglich aus reinem Radium bestanden, so wäre ihre spezifische Aktivität (pro Gewichtseinheit) schon nach 26 000 Jahren nicht gröfser gewesen, als man sie heutzutage an einem guten Stück Pechblende beobachten kann. Selbst wenn die Lebensdauer des Radiums von uns zu niedrig geschätzt worden wäre, würde doch die Zeit, in der es so gut wie vollständig von der Erde hätte verschwinden müssen, auf jeden Fall sehr klein sein gegenüber dem wahrscheinlichen Alter unseres Planeten. Man kann daher nicht umhin, anzunehmen, dafs auf der Erde fortwährend frisches Radium erzeugt wird. Anderenfalls bliebe nur die höchst unwahrscheinliche Hypothese übrig, dafs dieses Element erst vor relativ kurzer Zeit auf irgendwelche Weise plötzlich entstanden wäre.

Schon vor geraumer Zeit sprachen Rutherford und Soddy[1]) die Vermutung aus, das Radium sei ein Umwandlungsprodukt eines der übrigen in der Pechblende vertretenen Radioelemente. Als Muttersubstanz kann offenbar sowohl das Uran wie das Thorium in Betracht kommen; denn jeder dieser beiden Bestandteile des Uranpecherzes zerfällt viel langsamer als Radium, und ihre Atomgewichte sind gröfser als das des letzteren. Die gröfsere Wahrscheinlichkeit spricht nun aber dafür, dafs sich das Radium aus dem Uran und nicht aus dem Thorium bildet. In denjenigen Varietäten der Pechblende, die den höchsten Radiumgehalt haben, findet sich nämlich auch besonders viel Uran; ein solcher Parallelismus besteht dagegen nicht bei den Thorerzen.

Bemerkenswerterweise ist das Strahlungsvermögen der aktivsten Pechblenden, die bisher untersucht worden sind, fünf- bis sechsmal so grofs wie das des Urans. Das letztere hat eine weitaus längere Lebensdauer als Radium. Wenn unsere Annahme richtig ist, mufs daher die Menge des in ihm enthaltenen Radiums nach mehreren Tausend Jahren einen maximalen Betrag erreichen, und in diesem Stadium wird in jeder Zeiteinheit ebensoviel Radium neu gebildet werden, wie durch Zerfall verschwindet; dabei wäre die Bildungsgeschwindigkeit dieses Produktes zugleich ein Mafs der Umwandlungsgeschwindigkeit des Urans. Insoweit mufs der Prozefs in ganz analoger Weise verlaufen wie die Entstehung der Emanation aus Radium, nur mit dem Unterschiede, dafs in diesem Falle das Radium das langsamer zerfallende Produkt darstellt. Das Radium besitzt nun seinerseits wenigstens fünf Umwandlungsstufen, auf denen α-Strahlen zustande kommen. Seine (α-) Aktivität müfste demnach die des Urans, wenn beide Substanzen im radioaktiven Gleichgewichte miteinander stehen, um ungefähr das Fünffache übertreffen. Die Aktivität der besten Pechblenden erscheint nun in der Tat — wenn man noch den Einflufs des gleichzeitig vor-

---

[1]) E. Rutherford und F. Soddy, Phil. Mag., Mai 1903.

handenen Aktiniums berücksichtigt — ziemlich genau ebenso grofs, wie sie sein müfste, wenn das Radium nichts anderes wäre als ein Zerfallsprodukt des Urans. Wollte man diese Deutung ablehnen, so hätte jene Übereinstimmung sicherlich als ein merkwürdiger Zufall zu gelten.

Unserer Annahme gemäfs mufs offenbar der Radiumgehalt eines Erzes der in ihm vorhandenen Uranmenge proportional sein, es sei denn, dafs das Radium durch einsickerndes Wasser fortgeschwemmt worden wäre. Die experimentelle Prüfung dieser Frage wurde unlängst von Boltwood[1], Mc. Coy[2] und Strutt[3] in Angriff genommen. Mc. Coy bestimmte auf elektroskopischem Wege die relativen Aktivitäten pulverisierter Mineralien und durch chemische Analyse den Urangehalt eines jeden dieser Erze. Er fand eine ziemlich genaue Proportionalität zwischen Urangehalt und Gesamtstrahlung. Da allenthalben auch Aktinium vorhanden war, so würde dies heifsen: die Radium- und Aktiniummengen sind insgesamt den Uranmengen proportional.

Zweckmäfsiger war das Verfahren, das von Boltwood und von Strutt eingeschlagen wurde. Diese bestimmten unmittelbar die relativen Mengen Radiumemanation, die von den einzelnen Mineralien entwickelt wurden. Zu diesem Zwecke lösten sie die Substanz und liefsen die Lösung alsdann in einem geschlossenen Gefäfse stehen. Hier sammelte sich dann im Laufe eines Monats eine maximale Menge Emanation an. Das Gas wurde hierauf in einen luftdichten Behälter übergeführt, in dem sich ein Goldblattelektroskop von der in Fig. 12 abgebildeten Form befand. Die Geschwindigkeit der Blättchenbewegung war der vorhandenen Emanationsmenge und diese wieder der gelösten Radiummenge proportional. Nach dieser zuverlässigen Methode untersuchte Boltwood eine grofse Anzahl verschiedener Pechblenden und anderer radiumhaltiger Erze. Es zeigte sich dabei, dafs viele von den Mineralien bereits im festen Zustande einen erheblichen Teil der Emanation in die Luft entweichen liefsen. In folgender Tabelle ist unter II angegeben, wieviel Prozente der gesamten Emanationsmenge auf diese Weise verloren gehen. Kolumne I enthält in willkürlichen Einheiten die maximalen Mengen, die von einem Gramm der einzelnen Stoffe geliefert werden, wenn von dem Gase nichts entweichen kann. Die Zahlen der Kolumne III bezeichnen den Urangehalt in Grammen pro Gramm Substanz. und durch Division der unter I und III aufgeführten Werte sind die Zahlen der Kolumne IV gewonnen worden. Die letzteren

---

[1] B. B. Boltwood, Nature, 25. Mai 1904, p. 80. Phil. Mag., April 1905.
[2] H. N. Mc. Coy, Ber. d. D. Chem. Ges., 1904, p. 2641.
[3] R. J. Strutt, Nature, 17. März und 7. Juli 1904. Proc. Roy. Soc., 2. März 1905.

müssen offenbar konstant sein, wenn zwischen Radium- und Urangehalt tatsächlich Proportionalität bestehen soll.

Substanz	Fundort	I	II	III	IV
Uraninit	Nord-Karolina	170,0	11,3	0,7465	228
Uraninit	Kolorado	155,1	5,2	0,6961	223
Gummit	Nord-Karolina	147,0	13,7	0,6538	225
Uraninit	Joachimsthal	139,6	5,6	0,6174	226
Uranophan	Nord-Karolina	117,7	8,2	0.5168	228
Uraninit	Sachsen	115,6	2,7	0,5064	228
Uranophan	Nord-Karolina	113,5	22,8	0,4984	228
Thorogummit	Nord-Karolina	72,9	16,2	0,3317	220
Carnotit	Kolorado	49,7	16,3	0,2261	220
Uranothorit	Norwegen	25,2	1,3	0,1138	221
Samarskit	Nord-Karolina	23,4	0,7	0,1044	224
Orangit	Norwegen	23,1	1,1	0,1034	223
Euxenit	Norwegen	19,9	0,5	0,0871	228
Thorit	Norwegen	16,6	6,2	0,0754	220
Fergusonit	Norwegen	12,0	0,5	0,0557	215
Aeschynit	Norwegen	10,0	0,2	0,0452	221
Xenotim	Norwegen	1,54	26,0	0,0070	220
Monazit (Sand)	Nord-Karolina	0,88	—	0,0043	205
Monazit (krist.)	Norwegen	0,84	1,2	0,0041	207
Monazit (Sand)	Brasilien	0,76	—	0,0031	245
Monazit (derb)	Connecticut	0,63	—	0,0030	210

Abgesehen von einigen Monazitarten stimmen die Werte der letzten Vertikalreihe überraschend gut untereinander überein. Dabei schwankt der Urangehalt der verschiedenen Mineralien innerhalb sehr weiter Grenzen, und die Fundorte liegen weit auseinander. Durch die Beobachtungen wird somit die Gültigkeit des Proportionalitätsgesetzes in überzeugender Weise bewiesen.

In einigen Monazitarten konnte Boltwood zunächst nach keiner der üblichen analytischen Methoden einen Urangehalt feststellen, obwohl die Erze sehr reich an Radium waren. Schließlich gelang ihm aber auf neuen Wegen der Nachweis, daß auch diese Monazite Uran enthielten und zwar gerade so viel, wie nach der Theorie zu erwarten war. Die üblichen Trennungsmethoden versagten in diesen Fällen, weil sich Phosphate gebildet hatten.

Von Strutt[1]) sind kürzlich ähnliche Resultate mitgeteilt worden.

Wie man sieht, muß jedes Mineral pro Gramm Uran eine und dieselbe Gewichtsmenge Radium enthalten. Es handelt sich hier offenbar um eine charakteristische Konstante, der eine große praktische

---

[1]) R. J. Strutt, Proc. Roy. Soc., 2. März 1905.

Bedeutung zukommt. Ihr Zahlenwert ist neuerdings von Boltwood bestimmt worden durch Vergleich der Emanationsmengen, die von bekannten Gewichtsmengen Uraninit und reinem Radiumbromid abgegeben werden. Das Radiumsalz war für diese Versuche von seiten des Verfassers zur Verfügung gestellt worden. Es stammte aus einem größeren Vorrate, an welchem zuvor die Stärke des Wärmeeffektes gemessen worden war; es wurden pro Gramm Radium in jeder Stunde etwas mehr als 100 Grammkalorieen entwickelt, so daß die Substanz als rein gelten konnte. Sie wurde in Wasser gelöst, und durch allmähliche Verdünnung verschaffte man sich eine Normallösung, die pro Kubikzentimeter 10^{-7} g aktiven Salzes enthielt. Unter der Annahme, daß das Radiumbromid nach der Formel $Ra\,Br_2$ konstituiert sei, ergab sich als Resultat der Versuche, daß die Mineralien pro Gramm Uran $8{,}0 \times 10^{-7}$ g Radium enthalten. Auf eine Tonne Urangehalt würden demnach nur 0,8 g Radium entfallen*).

Strutt (loc. cit.) erhielt für diese Konstante einen nahezu doppelt so großen Wert; er war jedoch nicht in der Lage, die Reinheit seines Radiumsalzes zu prüfen.

Die experimentell ermittelte Zahl stimmt der Größenordnung nach recht gut mit dem Werte überein, der sich aus der Desaggregationstheorie ergibt, wenn man das Uran als die Muttersubstanz des Radiums betrachtet. Leider läßt sich die Theorie in diesem Punkte noch nicht in sehr exakter Weise an der Erfahrung prüfen, da das Verhältnis der Aktivitäten von reinem Radium und Uran hierzu noch nicht genau genug bekannt ist. Es kann daher vorderhand noch nicht als endgültig erwiesen gelten, daß das Radium ein Zerfallsprodukt des Urans darstellt, wenn auch die oben geschilderten Versuche in hohem Maße zugunsten dieser Auffassung sprechen. Und so erscheint es wünschenswert, sich von der Entstehung des einen Elementes aus dem anderen durch unmittelbare Beobachtung zu überzeugen.

---

*) *Inzwischen haben neue Bestimmungen von Rutherford und Boltwood ergeben, daß der wahre Wert erheblich kleiner ist. Der Radiumgehalt der Mineralien beträgt pro Gramm Uran nicht $8{,}0 \times 10^{-7}$, sondern nur $3{,}8 \times 10^{-7}$ g, also pro Tonne 0,38 und nicht 0,80 g. Die früheren Messungen waren mit einem nicht vorauszusehenden Fehler behaftet gewesen. Als nämlich die Normallösung zwei Monate lang in der Vorratsflasche gestanden hatte, bemerkte man, daß sich etwa die Hälfte des in ihr enthaltenen Radiums aus unbekannten Ursachen auf den Gefäßwänden niedergeschlagen hatte. Die dem Vorrat zur Ausführung der Messungen entnommene Probe enthielt daher in Wahrheit nur etwa halb so viel Radium als man geglaubt hatte. Aus diesem Grunde wiederholten Rutherford und Boltwood die Versuche mit einer frisch bereiteten Normallösung.*

Eve bestimmte den Radiumgehalt von Uranerzen, indem er die Intensität der von derben Stücken der letzteren ausgesandten γ-Strahlung untersuchte. Die Resultate, die er auf diesem Wege erhielt, stimmten mit denen, die sich aus der Messung der Emanationsmengen ergaben, vortrefflich überein.

Auf Grund der Desaggregationstheorie kann man leicht einen Näherungswert angeben für die Radiummenge, die sich in der Zeiteinheit bilden müfste. Auf rechnerischem Wege war oben (Paragraph 261) für den pro Jahr zerfallenden Bruchteil des Urans der Wert 10^{-9} gefunden worden. Diese Zahl ist offenbar gleich der Gewichtsmenge Radium, die in einem Jahre von 1 g Uran erzeugt werden würde. Die Emanation von jenen 10^{-9} g Radium würde ein gewöhnliches Goldblattelektroskop in etwa einer halben Stunde entladen. In 1 kg Uran müfste sich bereits die während eines einzigen Tages entstehende Radiummenge ohne Schwierigkeit nachweisen lassen.

Dahingehende Versuche sind denn auch schon von mehreren Seiten unternommen worden. Zunächst wären die Beobachtungen von Soddy[1]) zu erwähnen. Dieser bereitete sich eine Lösung von 1 kg Urannitrat; zuvor war das Salz von den geringen Spuren Radium, die es von vornherein enthielt, auf chemischem Wege befreit worden. Die Lösung wurde in einem geschlossenen Gefäfse aufbewahrt, so dafs die Emanation, die sich gegebenenfalls entwickelte, nicht entweichen konnte. Von Zeit zu Zeit wurde nun die vorhandene Menge des aktiven Gases durch Aktivitätsmessung bestimmt.

Die ersten Beobachtungen zeigten, dafs die Radiumerzeugung jedenfalls viel langsamer vor sich gehen mufste, als nach der Theorie vorauszusehen war; ja, zunächst schien der erwartete Effekt vollständig auszubleiben. Nachdem die Uranlösung aber 18 Monate ruhig gestanden hatte, war deutlich wahrzunehmen, dafs nunmehr eine gröfsere Menge Emanation als zu Anfang vorhanden war. Zu dieser Zeit enthielt die Flüssigkeit ungefähr $1{,}5 \times 10^{-9}$ g Radium. Daraus ergibt sich für den pro Jahr zerfallenden Bruchteil des Urans die Zahl 2×10^{-12}, während der Wert nach der Theorie gleich 10^{-9} sein sollte.

Auch Whetham[2]) fand, dafs der Radiumgehalt einer gegebenen Menge Urannitrat im Laufe eines Jahres merklich gröfser wurde. Für die Bildungsgeschwindigkeit erhielt er höhere Werte als Soddy, doch war die Substanz vor dem Beginn seiner Messungen nicht vollständig vom Radium befreit worden.

Zur definitiven Beantwortung der vorliegenden Frage wird es noch weiterer Versuche bedürfen, die sich über Jahre hinaus erstrecken müssen; handelt es sich doch bei diesen Untersuchungen darum, aus der Stärke der Emanationsentwickelung genau festzustellen, wie grofs die entsprechenden, aufserordentlich winzigen Radiummengen sind. Die Lösung dieser Aufgabe ist augenscheinlich mit erheblichen Schwierigkeiten verknüpft, und dies um so mehr, da die Beobachtungen lange Zeit hindurch fortgeführt werden müssen.

---

[1]) F. Soddy, Nature, 12. Mai 1904; 19. Jan. 1905.
[2]) W. C. D. Whetham, Nature, 5. Mai 1904; 26. Jan. 1905.

Der Verfasser legte sich die Frage vor, ob vielleicht Aktinium oder Thorium Muttersubstanzen des Radiums seien. Es erschien insbesondere möglich, daſs sich bei der Umwandlung des Urans in Radium Aktinium als Zwischenprodukt bildete. Radiumfreie Lösungen jener aktiven Stoffe wurden ein Jahr lang aufbewahrt; eine Anreicherung an Radium konnte jedoch während dieses Zeitraumes nicht beobachtet werden.

Das eine scheint aus den bisherigen Untersuchungen schon mit ziemlicher Sicherheit hervorzugehen: im Anfangsstadium entsteht das Radium aus dem Uran weitaus langsamer als nach der einfachen Theorie erwartet werden muſs. Dieser Umstand erklärt sich aber leicht, wenn man bedenkt, daſs doch wahrscheinlich zwischen dem ersten Uranprodukte, dem Uran X, und dem Radium noch mehrere Umwandlungsstufen liegen werden. So begegnet man ja auch in der vom Radium selbst sich ableitenden Reihe einer Anzahl langsam zerfallender Produkte, die erst zum Schlusse auf jene rasch zerfallenden Übergangsformen, mit denen man es für gewöhnlich zu tun hat, folgen. Wegen der schwachen Aktivität, die das Uran besitzt, muſs es schwierig sein, derartige Umwandlungen, falls sie existierten, bei diesem Radioelemente direkt nachzuweisen. Es könnten z. B. zwischen dem Uran X und dem Radium solche Produkte auftreten, die keine Strahlen aussenden, die aber vom Uran durch denselben chemischen Prozeſs getrennt werden, der zur Reinigung des letzteren von beigemengtem Radium benutzt zu werden pflegt. Dann würde offenbar die Geschwindigkeit, mit der sich das Radium aus der Stammsubstanz bildet, anfangs sehr klein erscheinen, im Laufe der Zeit jedoch wachsen in dem Maſse, wie sich die Zwischenprodukte in der Substanz ansammelten. Wie dem aber auch sein mag: die Tatsache, daſs in den radioaktiven Mineralien Uran- und Radiumgehalt einander stets proportional sind, liefert in Verbindung mit den Beobachtungen über das Zutagetreten einer Anreicherung des Urans an Radium fast schon einen sicheren Beweis dafür, daſs jenes Element in der einen oder anderen Weise als Muttersubstanz des letzteren fungiert.

Dieselben Überlegungen, die uns zu dem Schlusse nötigten, daſs fortwährend eine Neubildung von Radium aus einer anderen Materie stattfinden müsse, lassen sich auch auf das Aktinium anwenden. Die spezifische Aktivität dieser Substanz ist von derselben Gröſsenordnung wie die des Radiums. Gleich letzterem findet sich das Aktinium in der Pechblende; es dürfte somit gleichfalls vom Uran abstammen. Damit soll indessen nicht gesagt sein, daſs es unmittelbar von diesem Radioelemente erzeugt würde; es kann sich auch erst aus dem Radium bilden oder als Zwischenprodukt bei der Umwandlung des Urans in Radium auftreten. Um jenen Schluſs auf seine Richtigkeit zu prüfen, müſste man wieder wie beim Radium untersuchen, ob zwischen dem

Aktinium- und Radiumgehalt radioaktiver Mineralien eine einfache Proportionalität vorhanden sei. Leider lassen sich die hierzu erforderlichen Messungen nicht so leicht ausführen wie in jenem anderen Falle, da die Emanation des Aktiniums eine allzu kurze Lebensdauer besitzt. Man müfste daher die früher beim Radium benutzte Untersuchungsmethode wesentlich modifizieren, um den Aktiniumgehalt der Mineralien bestimmen zu können.

Was den primär aktiven Bestandteil des Thoriums betrifft, so läfst sich über seinen Ursprung einstweilen noch nicht viel aussagen. Nach den Beobachtungen von Hofmann und anderen scheinen allerdings aus uranhaltigen Erzen abgeschiedene Thorverbindungen stets um so stärker aktiv zu sein, je mehr Uran die Rohmaterialien enthalten. Möglicherweise ist also auch das Thorium, bezw. sein aktiver Bestandteil, ein Abkömmling des Urans.

Bedarf es auch noch mannigfacher weiterer Untersuchungen, um den vollständigen Stammbaum der Radioelemente aufstellen zu können, so ist doch bereits ein verheifsungsvoller Anfang in dieser Richtung gemacht worden. Man kennt bereits genau den Zusammenhang zwischen dem Radium einerseits und dem Polonium, Radiotellur und Radioblei anderseits. Nunmehr tritt auch das Radium selbst in eine Beziehung zu einem anderen Radioelemente, und das Aktinium dürfte binnen kurzem folgen.

Dafs zwischen dem Uran- und Radiumgehalt der gewöhnlichen aktiven Minerale ein bestimmter Zusammenhang besteht, kann nach den vorliegenden Versuchen als sicher erwiesen gelten. Neuerdings hat jedoch Danne[1]) auf einige interessante Fälle aufmerksam gemacht, die eine Ausnahme von dieser Regel zu bilden scheinen. Bei Issy-l'Évêque im Departement Saône-et-Loire finden sich an gewissen Stellen beträchtliche Mengen Radium, obwohl Uran daselbst vollständig fehlt. Radiumhaltig ist dort vor allem Pyromorphit (Bleiphosphat) und bleihaltiger Ton, dann aber auch Pegmatolith. Der Pyromorphit kommt in Adern vor, die das Quarz- und Feldspatgestein durchsetzen. Diese Adern sind stets nafs, da in der Nähe Quellen vorhanden sind. Die relative Menge aktiver Substanz schwankt zwar im Pyromorphit beträchtlich, im Mittel dürfte aber nach Danne pro Tonne ungefähr 1 cg Radium in ihm enthalten sein. Wahrscheinlich hat man es hier nur mit verschlepptem Radium zu tun, das sich — vielleicht schon in vergangenen Zeitepochen — aus dem Quellwasser an jenen Stellen abgelagert hat. In einer Entfernung von 40 km hat man Autunitkristalle gefunden; in dieser Gegend werden also wohl gröfsere Uranlager anzutreffen sein, in denen das Radium ursprünglich entstanden sein mag. Es könnte im fliefsenden Wasser den Ort seiner

---

[1]) J. Danne, C. R., 140, p. 241. 1905.

Entstehung verlassen haben und auf physikalischem oder chemischem Wege an jenen weit entfernten Punkten wieder ausgeschieden worden sein.

Wie wir im nächsten Kapitel sehen werden, ist die Verbreitung des Radiums auf der Erde aufserordentlich grofs; man findet es fast überall, wenn auch zumeist nur in sehr winziger Menge.

263. Ist die Aktivität des Radiums von seiner Konzentration abhängig?
Die Radioaktivitätskonstante eines aktiven Produktes ist unabhängig von seiner Konzentration. Dieses Gesetz hat sich innerhalb weiter Grenzen für viele Substanzen und insbesondere für die Radiumemanation als gültig erwiesen. Eine Änderung der Abklingungskonstante war niemals zu beobachten, obwohl der Emanationsgehalt der Luft in einzelnen Versuchsreihen um das Millionenfache variiert wurde.

Nach J. J. Thomson[1]) könnte jedoch die Zerfallsgeschwindigkeit des Radiums durch die eigene Strahlung der Substanz beeinflufst werden. Von vornherein mag diese Annahme durchaus gerechtfertigt erscheinen. Denn jedes Massenteilchen einer reinen Radiumverbindung ist einem lebhaften Bombardement ausgesetzt infolge der intensiven Strahlung, die von ihm selbst geliefert wird. Im Hinblick auf die physikalische Natur dieser Strahlen hätte es nichts Überraschendes, wenn sie den Atomzerfall in der von ihnen durchsetzten Materie befördern würden. Dann müfste aber die Aktivität einer gegebenen Radiummenge eine Funktion ihrer Konzentration sein; ein reines Radiumsalz müfste z. B. in fester Form aktiver erscheinen als in Lösung, da es im letzteren Falle inmitten eines grofsen Quantums inaktiver Materie fein verteilt bliebe.

Zur Prüfung dieser Frage wurde vom Verfasser der folgende Versuch ausgeführt: In dem einen von zwei durch ein kurzes Querrohr miteinander kommunizierenden Glasfläschchen befanden sich einige Milligramm reinen Radiumbromids; das andere enthielt eine Lösung von Baryumchlorid. Das aktive Salz war im radioaktiven Gleichgewichte. Zu den Strahlungsmessungen wurde das Radiumfläschchen an einer bestimmten Stelle in die Nähe eines Elektroskops (Fig. 12) gebracht und der Entladungseffekt der austretenden β- und γ-Strahlen beobachtet. Durch Einschaltung einer 6 mm dicken Bleiplatte konnte die Wirkung der γ-Strahlen allein ermittelt werden. Die erste Messung geschah unmittelbar nach der Füllung der Glasbehälter. Alsdann wurde durch vorsichtiges Neigen des Apparates bewirkt, dafs die Baryumlösung zum Radium hinüberflofs; dieses ging nunmehr gleichfalls

---
[1]) J. J. Thomson, Nature, 30. April 1903, p. 601.

Dreizehntes Kapitel. Radioaktive Prozesse.

in Lösung. Hierauf wurde noch gut geschüttelt, damit sich das Radium gleichmäfsig in der ganzen Flüssigkeit verteilte. Die γ-Aktivität war unter diesen Umständen noch ebenso grofs wie zuvor, und sie blieb auch weiterhin während der ganzen Beobachtungszeit — einen Monat lang — konstant. Die Gesamtintensität der β- und γ-Strahlen war allerdings etwas geringer geworden. Dies hatte jedoch nur darin seinen Grund, dafs die β-Strahlen beim Durchgang durch die Lösung stärker absorbiert wurden als vorher; die Radioaktivität selbst hatte keineswegs abgenommen. Da das Volumen der Flüssigkeit wenigstens 1000 mal so grofs war wie das des festen Radiumsalzes, so unterlag die aktive Substanz im zweiten Falle der Einwirkung einer viel schwächeren Strahlung als beim ersten Versuche. Da dennoch keine Aktivitätsänderung stattfand, so mufs man schliefsen, dafs die Eigenstrahlung keinen oder höchstens einen sehr geringen befördernden Einflufs auf den Zerfall der Radiumatome ausübt.

Versuche, über die unlängst von Voller[1]) berichtet wurde, schienen allerdings zu beweisen, dafs die Lebensdauer des Radiums in aufserordentlich starkem Mafse von seiner Konzentration abhängig sei. Radiumbromidlösungen von bekannter Konzentration wurden auf 1,2 qcm grofsen Glasplatten zur Trockne eingedampft; man bestimmte sodann von Zeit zu Zeit die Aktivitäten der auf diese Weise entstandenen Häutchen. Bei allen Platten nahm die Strahlungsintensität zunächst in normaler Weise — entsprechend der Emanationsentwickelung — zu, blieb jedoch, nachdem ein Maximum erreicht war, nicht konstant, sondern begann alsbald wieder abzuklingen, und schon nach kurzer Zeit war kein Ionisierungseffekt mehr wahrzunehmen. So war die Aktivität einer Schicht, die aus 10^{-6} mg Radiumbromid bestand, bereits 26 Tage nach dem Eintritt des Maximums vollständig verschwunden. Die scheinbare Lebensdauer wuchs ferner beträchtlich bei Vermehrung der Radiummenge. Verglich man die Maximalaktivitäten verschiedener Platten miteinander, so zeigte sich keineswegs eine Proportionalität mit den vorhandenen Mengen strahlender Substanz. Die Radiummengen variierten von 10^{-9} bis 10^{-3} mg, also um das Millionenfache, während sich die zugehörigen Aktivitäten nur im Verhältnis 1 : 24 erhöhten.

Spätere Versuche von Eve[2]) brachten indessen keine Bestätigung der Vollerschen Resultate. Es zeigte sich vielmehr, dafs die Aktivität in dem ganzen Beobachtungsbereiche auch für so geringe Substanzmengen innerhalb der Grenzen der Versuchsfehler dem Radiumgewichte proportional war. Folgende Tabelle enthält die Ergebnisse dieser Messungen:

---

[1]) A. Voller, Physik. Ztschr. 5, p. 781. 1904.
[2]) A. S. Eve, Physik. Ztschr. 6, p. 267. 1905.

Dreizehntes Kapitel. Radioaktive Prozesse.

Radiummenge in Milligramm	Aktivität in willkürlichen Einheiten
10^{-4}	1000
10^{-5}	106
10^{-6}	11,8
10^{-7}	1,25

Wenn die Radiummenge also auf das Tausendfache vergrößert wurde, stieg die Aktivität auf den 800 fachen Betrag, während sie nach Voller nur auf den 3- bis 4 fachen Wert hätte zunehmen müssen.

Eve verfuhr bei seinen Versuchen folgendermaßen: die aktive Substanz wurde in Platinschalen von 4,9 qcm Grundfläche eingedampft; die letzteren stellte er dann auf den Boden eines geschlossenen Goldblattelektroskops und beobachtete die Geschwindigkeit, mit der sich das System entlud. Radiummengen von 10^{-8} und von 10^{-3} mg konnten nicht untersucht werden, da die Entladung im einen Falle zu langsam und im anderen zu schnell erfolgte. Die von Voller benutzte Beobachtungsmethode erschien andererseits gerade zur Messung so geringer Aktivitäten wenig geeignet.

Eve zeigte sodann, daß die Aktivität keineswegs von selber verschwindet, wenn die dünnen Radiumhäutchen in geschlossenen Behältern aufbewahrt werden. 10^{-6} mg Radiumbromid wurden durch Abdampfen einer wässrigen Lösung der Substanz auf der 76 qcm großen Bodenfläche einer versilberten Glasflasche niedergeschlagen. In den Hals der Flasche war mittels eines Ebonitstopfens ein Goldblattsystem eingesetzt. Die Aktivität blieb unter diesen Umständen, nachdem das Maximum erreicht war, während 100 Tagen — so lange wurden die Messungen fortgesetzt — vollständig konstant.

Aus den Versuchen von Eve geht unzweideutig hervor, daß die Aktivität eines Radiumsalzes der jeweilig vorhandenen Substanzmenge proportional ist, und daß in geschlossenen Gefäßen keine Abnahme des Strahlungsvermögens stattfindet. Andererseits kann es jedoch als erwiesen gelten, daß sehr dünne Radiumniederschläge in der freien Luft ihre Aktivität ziemlich schnell verlieren. Diese Erscheinung hat aber durchaus nichts mit der Lebensdauer des Radioelementes zu tun; sie kommt vielmehr dadurch zustande, daß die aktive Substanz von ihrer Unterlage in die umgebende Luft entweicht. Werden z. B. 10^{-9} mg Radiumbromid auf einer Fläche von 1 qcm eingedampft, so ist die Substanzmenge viel zu klein, um auch nur eine Schicht von molekularer Dicke zu bilden. Wahrscheinlich wird sich das Radium während des Verdampfungsprozesses zu kleinen Partikeln zusammenballen, bevor das Lösungsmittel vollkommen entweicht. Diese Teilchen haften vermutlich nur sehr lose auf ihrer Unterlage, so daß sie schon von schwachen Luftströmungen fortgeführt werden dürften. Daß so winzige Radiummengen leicht verschwinden, kann jedenfalls nicht überraschen. Jede andere Materie würde sich in derartig feiner Verteilung wohl ebenso verhalten, und darum kann von einer Veränderlichkeit der Lebensdauer des Radiums durchaus nicht die Rede sein.

Die Gesamtaktivität eines gegebenen Quantums Radium hängt also nur von der Substanzmenge selbst, nicht aber von ihrer Konzentration ab. Das ist sehr wichtig zu wissen; denn wenn es anders wäre, würden wir nicht imstande sein, den Radiumgehalt der Mineralien und des Erdbodens in zuverlässiger Weise zu bestimmen; dort pflegt das Radium ja stets nur in sehr feiner Verteilung vorzukommen.

264. Die Konstanz der Aktivitäten. Nachdem man die merkwürdigen Eigenschaften des Urans und Thoriums kennen gelernt hatte, fand man, daß ihre Aktivität Jahre hindurch vollkommen konstant blieb. Später gelang es, aus diesen Substanzen die aktiven Produkte Uran X und Thor X abzuscheiden; deren Strahlungsvermögen nahm aber ziemlich schnell im Laufe der Zeit ab. Das schien zunächst mit jenen früheren Ergebnissen im Widerspruche zu stehen. Alsbald zeigte sich jedoch, daß die Gesamtaktivität zusammengehöriger Trennungsprodukte durch die chemischen Prozesse, die zu ihrer Isolierung führen, keineswegs verändert wird; denn sowohl das Uran als auch das Thorium gewinnt nach der Abscheidung der umgewandelten Materie sein Strahlungsvermögen allmählich von selbst wieder zurück, und die Summe der Aktivitäten je zweier zusammengehöriger Trennungsprodukte ist jederzeit ebenso groß wie die Aktivität der ursprünglich gegebenen Substanz. Dieses Gesetz ergab sich ohne weiteres aus den Beobachtungen über die Abhängigkeit der Aktivitäten von der Zeit; es gilt zunächst in allen Fällen, in denen das Strahlungsvermögen des abgeschiedenen Produktes — wie z. B. beim Uran X und der Radiumemanation — nach einer Exponentialformel abklingt. Ist nämlich seine Aktivität zu einer Zeit t nach erfolgter Trennung gleich J_1 und der entsprechende Anfangswert gleich J_0, so besteht bekanntlich zwischen beiden Größen die Beziehung: $J_1 = J_0 e^{-\lambda t}$. Für die Aktivität J_2, die der andere Bestandteil zur nämlichen Zeit t besitzt, gilt aber die Gleichung $J_2 = J_0 (1 - e^{-\lambda t})$, in welcher der Konstanten λ derselbe Wert wie in der vorhergehenden Formel zukommt. Folglich ist stets $J_1 + J_2 = J_0$. Diese Beziehung zeigt sich ferner ausnahmslos erfüllt, nach welcher Gesetzmäßigkeit auch die Aktivität des abgeschiedenen Produktes abklingen mag (vgl. Paragraph 200). So findet man z. B., daß die Strahlung des Thor X unmittelbar nach der Trennung zunächst wächst. Gleichzeitig nimmt aber die Emission der vorher mit dem Produkte vereinigten Thorverbindung ab und zwar in der Weise, daß die Summe der Aktivitäten beider Bestandteile stets ebenso groß ist wie die Aktivität der unzerlegten Substanz.

Dreizehntes Kapitel. Radioaktive Prozesse.

Diese Unveränderlichkeit der Gesamtstrahlung ist eine notwendige Konsequenz der allgemeingültigen Tatsache, dafs äufsere Kräfte irgendwelcher Art den Verlauf der radioaktiven Prozesse niemals beeinflussen. Es mag nochmals daran erinnert werden, dafs die Abklingungskonstante eines radioaktiven Produktes unter allen Umständen einen und denselben eindeutig bestimmten Wert besitzt. Ihre Gröfse hängt weder von dem Konzentrationsgrad der aktiven Materie ab noch von dem Druck oder der sonstigen Beschaffenheit des umgebenden Gases, und ebensowenig spielt die Temperatur eine Rolle. Ebenso gelingt es auf keine Weise, die Geschwindigkeit, mit der sich aktive Materie aus Radioelementen bildet, zu beeinflussen, und in keinem einzigen Falle hat man bemerkt, dafs in einem aktiven Elemente Radioaktivität zerstört oder in einem inaktiven neu geschaffen worden wäre.

Bisweilen macht es zwar auf den ersten Blick den Eindruck, als ob unter Umständen eine Zerstörung der Aktivität stattfände. So verschwindet die erregte Aktivität von einem Platindrahte, wenn dieser bis über Rotglut hinaus erhitzt wird. Nach den Untersuchungen von Miss Gates (Paragraph 187) wird die Aktivität indessen auch in diesem Falle keineswegs vernichtet; vielmehr findet sie sich in der Umgebung des glühenden Drahtes in unverminderter Stärke wieder vor, indem die strahlende Materie bei der hohen Temperatur zu kälteren Körpern überdestilliert. Ein anderes Beispiel bildet das Thoroxyd: dieses verliert durch Erhitzen auf Weifsglut den gröfsten Teil seines Emanationsvermögens. Allein es werden nach wie vor die gleichen Mengen aktiven Gases erzeugt, nur bleiben sie jetzt in der festen Substanz okkludiert.

Von der gesamten Aktivität, die einer gegebenen Menge eines Radioelementes entstammt, haften zwar bestimmte Beträge an verschiedenen, nacheinander entstehenden Umwandlungsprodukten, und diese kann man auch von der Stammsubstanz trennen; die Summe aller einzelnen Strahlungsintensitäten ist aber eine ein für allemal bestimmte, durchaus unveränderliche Gröfse. Man kann daher in diesem Sinne mit Recht von einem Prinzip der „Erhaltung der Radioaktivität" reden. Dieses Prinzip hat sich bisher in allen Fällen als gültig erwiesen; dennoch ist es sehr wohl möglich, dafs es künftig einmal bei den extremsten Temperaturen eine Einschränkung erfährt.

Beim Uran hat man während eines Zeitraumes von fünf Jahren keine Änderung der Aktivität konstatieren können. Streng genommen mufs allerdings aus theoretischen Gründen (Paragraph 261) doch eine gewisse Abnahme des Strahlungsvermögens im Laufe der Zeit eintreten. Ihr Betrag wird jedoch beim Uran so gering sein, dafs sich der Effekt hier erst nach Ablauf von Millionen von Jahren wird nachweisen lassen. Abnehmen wird die Aktivität indessen nur für ein isoliertes Quantum radioaktiver Materie; sie kann sich dagegen nicht ändern, falls die Masse des betreffenden Radioelementes konstant bleibt. Beim Radium dürfte während mehrerer Jahrhunderte nach der Isolierung der Substanz sowohl die Intensität der α- als auch die der β-Strahlung ansteigen (Paragraph 238). Schließlich muß aber auch in diesem Falle eine allmähliche Abnahme eintreten, und in diesem Stadium wird sich die Aktivität exponentiell in je 1300 Jahren um die Hälfte verringern.

Das Prinzip von der Erhaltung der Radioaktivität gilt nicht nur für die Gesamtstrahlung, sondern auch für jede einzelne Strahlengattung. Hat man z. B. ein Radiumsalz seines Emanationsgehaltes beraubt, so beginnt seine β-Aktivität sofort abzunehmen. Dafür senden nun aber die Wände des Gefäßes, in welchem man die Emanation aufbewahrt, in allmählich wachsender Stärke β-Strahlen aus, und zu jeder Zeit ist die Summe der β-Aktivitäten beider Strahlungsquellen ebenso groß wie die gleichnamige Aktivität, die das Radiumsalz vor dem Austritt der Emanation besessen hatte.

Dasselbe trifft auch für die γ-Strahlung zu, wie die folgenden Versuche des Verfassers beweisen. Aus einem festen Radiumbromidpräparate wurde die Emanation durch Hitze ausgetrieben; das Gas wurde in einem Glasröhrchen kondensiert und das letztere hierauf zugeschmolzen. Die entemanierte Substanz sowie das Emanationsröhrchen legte man nebeneinander unter das Gehäuse eines Elektroskops; durch Zwischenschaltung eines Bleischirmes von 1 cm Dicke war aber dafür gesorgt, daß nur γ-Strahlen zur Wirksamkeit gelangen konnten. Es wurde drei Wochen lang beobachtet. Während dieser ganzen Zeit blieb die Summe der γ-Aktivitäten beider Strahlenquellen konstant, und zwar war sie stets ebenso groß wie die gleichnamige Aktivität des Radiumsalzes vor der Entemanierung. Dabei nahm aber die Intensität der γ-Strahlung, die vom Radiumsalze ausgesandt wurde, zunächst bis auf wenige Prozente des ursprünglichen Wertes ab, wuchs dann wieder langsam und erreichte am Ende der drei Wochen nahezu die anfängliche Höhe. Das entgegengesetzte Verhalten zeigte die mit der Emanation gefüllte Röhre: ihre γ-Aktivität nahm von Null an bis zu einem Maximalwerte zu, um dann langsam wieder zu sinken. Demnach ist auch die Intensität der einer bestimmten Radiummenge entstammenden γ-Strahlung eine konstante Größe, mögen sich auch die Aktivitäten der einzelnen Produkte, wenn diese voneinander getrennt worden sind, im Laufe der Zeit ändern.

Bekanntlich führen die Strahlen der radioaktiven Substanzen stets Energie in stark konzentrierter Form mit sich; diese wird zerstreut, wenn die Strahlen in undurchlässigen Körpern zur Absorption gelangen. Es ließe sich nun denken, daß gegebenenfalls in der Umgebung der aktiven Stoffe eine besondere Art von Aktivitätserregung stattfände, indem die Strahlen bei ihrer Absorption in inaktiven Substanzen die Atome der letzteren zum Zerfallen veranlassen könnten. Man hat sich denn auch schon mehrfach bemüht, einen solchen Effekt nachzuweisen, und Ramsay und Cooke [1]) glauben, die Erscheinung in der Tat beobachtet zu haben. Sie setzten ein Glasgefäfs, in das sie 1 dcg Radium eingeschmolzen hatten, in ein weiteres Glasrohr und liefsen das Ganze mehrere Wochen lang stehen. Während dieser Zeit unterlag also der äufsere Zylinder der Einwirkung der β- und γ-Strahlen. Nach Beendigung der Exposition hatte seine Aufsen- und Innenwand eine merkliche Aktivität angenommen, die einer in Wasser löslichen Materie entstammte. Die Strahlungsintensität war sehr gering, nicht gröfser als die von 1 mg Uran. Versuche der nämlichen Art sind auch schon wiederholt von dem Verfasser unternommen worden; sie ergaben indessen stets ein negatives Resultat. Man mufs bei derartigen Experimenten mit äufserster Sorgfalt darauf achten, dafs keine fremden Aktivitätsquellen zur Wirksamkeit gelangen, da man anderenfalls nur zu leicht Täuschungen ausgesetzt ist. Das gilt vor allen Dingen, wenn man in Laboratorien arbeitet, in deren Räume man Radiumemanation hat entweichen lassen. In diesen Fällen trägt nämlich jeder Körper eine Oberflächenschicht, die aus den langsam zerfallenden Umwandlungsprodukten Radium D, E und F besteht, und so erlangen ursprünglich inaktive Körper oft eine recht bedeutende Aktivität. Solche Infektionen durch Radiumemanation machen sich dann in dem ganzen Gebäude bemerkbar, da sich das aktive Gas durch Konvektion und Diffusion überallhin verbreitet. Eve[2]) fand z. B., dafs alle Gegenstände in dem Laboratorium des Verfassers, die er untersuchte, eine merkliche Aktivität besafsen; damals wurde in dem Gebäude seit zwei Jahren mit Radium gearbeitet.

265. Abnahme des Gewichtes der Radioelemente. Von den Radioelementen werden fortwährend in Form von α-Strahlen Massenteilchen ausgesandt, die atomistische Dimensionen besitzen. Eine aktive Substanz mufs daher ständig an Gewicht abnehmen, vorausgesetzt, dafs die α-Teilchen entweichen können. Falls der Körper also in ein Gefäfs eingeschlossen ist, müfste dessen Wandung aufserordentlich dünn sein, wenn der Effekt eintreten soll. Aber auch in diesem Falle wird der Gewichtsverlust im allgemeinen sehr gering sein, da die α-Strahlen zum gröfsten Teile schon in der Masse der aktiven Substanz selbst stecken bleiben. Man müfste ein Radiumpräparat in sehr dünner Schicht auf einer gleichfalls sehr dünnen Unterlage ausbreiten; dann

---

[1]) W. Ramsay und W. T. Cooke, Nature, 11. Aug. 1904.
[2]) A. S. Eve, Nature, 16. März 1905.

würde sich der Gewichtsverlust wohl nachweisen lassen. Für das α-Teilchen ist bekanntlich $\dfrac{e}{m} = 6 \times 10^3$ und $e = 1{,}1 \times 10^{-20}$ (elektromagnetische Einheiten); pro Gramm Radium werden aber in jeder Sekunde $2{,}5 \times 10^{11}$ solcher Teilchen ausgestoſsen. Folglich müſste der Gewichtsverlust für 1 g Radium pro Sekunde $4{,}6 \times 10^{-13}$ oder pro Jahr 10^{-5} g betragen. In einem Falle würde der Effekt jedoch erheblich gröſser werden, nämlich dann, wenn man eine Radiumlösung benutzt und einen Luftstrom über sie hinwegstreichen läſst, der die Emanation, die sich bildet, unverzüglich mit sich fortführt. Das Atom der Emanation ist wahrscheinlich nicht viel leichter als das des Radiums. Daher müſste sich die Masse unter den genannten Bedingungen nahezu in demselben Maſse verringern, wie das Radium zerfällt. Binnen einem Jahre müſste demnach 1 g Radium einen Gewichtsverlust von ungefähr $^1/_2$ mg (Paragraph 261) erleiden.

Durch die β-Strahlung verringert sich das Gewicht der radioaktiven Substanzen — sofern man den β-Teilchen überhaupt ein Gewicht zuschreiben darf — in noch viel schwächerem Maſse als durch die α-Strahlung. Von 1 g Radium werden pro Sekunde 7×10^{10} β-Teilchen fortgeschleudert (Paragraph 253). Dem entspräche ein Gewichtsverlust von nur 10^{-9} g pro Jahr. Man wird daher kaum erwarten dürfen, diesen Effekt der β-Strahlung jemals nachweisen zu können.

Nicht ausgeschlossen erscheint es jedoch, daſs eine Gewichtsänderung beim Radium einträte, auch ohne daſs radioaktive Produkte oder Strahlen entweichen. Käme die Gravitation z. B. durch Kräfte zustande, die ihren Sitz im Atom haben — man könnte eine solche Hypothese aufstellen —, so wäre es wohl möglich, daſs nach seinem Zerfall das Gesamtgewicht aller einzelnen Teile sich von demjenigen des ursprünglichen Atoms unterschiede.

Man hat bereits vielfach versucht, an Radiumpräparaten, die in Glasröhren eingeschmolzen wurden, einen Gewichtsverlust experimentell festzustellen. Die Radiummengen, über die man zur Zeit verfügt, sind jedoch zu klein, als daſs sich der gesuchte Effekt mit Sicherheit hätte nachweisen lassen. H e y d w e i l l e r gibt zwar an, die Erscheinung tatsächlich beobachtet zu haben, und auch D o r n will schwache Anzeichen einer Gewichtsänderung bemerkt haben. Diese Angaben sind indessen niemals bestätigt worden. F o r c h hat sich später vergeblich bemüht, eine Abnahme des Gewichtes festzustellen.

Versuche von J. J. T h o m s o n [1] galten der Frage, ob beim Radium das Verhältnis des Gewichts zur Masse ebenso groſs sei wie bei inaktiven Körpern. Nach Paragraph 48 besitzt eine in Bewegung begriffene

---

[1] J. J. Thomson, International Electrical Congress, St. Louis, Sept. 1904.

Elektrizitätsmenge eine sogenannte scheinbare Masse; diese ist konstant, solange die Bewegung relativ langsam vor sich geht, sie nimmt aber zu, wenn die Geschwindigkeit derjenigen des Lichtes nahe kommt. Die vom Radium emittierten Elektronen besitzen nun derartig hohe Geschwindigkeiten, und vermutlich befinden sie sich bereits vor ihrem Austritt aus den Atomen in so rapider Bewegung. Es wäre daher denkbar, dafs man beim Radium für das Verhältnis des Gewichts zur Masse einen von dem normalen abweichenden Wert erhielte. Um jene Gröfse zu messen, wurden Schwingungsbeobachtungen an einem Pendel ausgeführt; dieses bestand aus einem Seidenfaden, an dem ein Radiumpräparat, in ein dünnwandiges Röhrchen eingeschlossen, befestigt war. Die Versuche ergaben innerhalb der Fehlergrenzen genau denselben Wert wie für gewöhnliche inaktive Körper. Es scheint daher, dafs im Radium gegenüber der gesamten Elektronenzahl nur wenige vorhanden sind, die sich nahezu mit Lichtgeschwindigkeit bewegen.

266. Totale Energieabgabe während der gesamten Lebensdauer eines Radioelementes. Wie wir gesehen hatten, entwickelt 1 g Radium 100 Grammkalorieen pro Stunde oder 876000 Grammkalorieen pro Jahr. Allmählich mufs sich aber die Energieabgabe verringern, und zwar in demselben Mafse wie die Radioaktivität der Substanz. Die Wärmeproduktion beträgt daher zur Zeit t nur noch $q e^{-\lambda t}$ Grammkalorieen, wenn λ die Radioaktivitätskonstante bezeichnet und zur Zeit Null q Grammkalorieen pro Zeiteinheit geliefert wurden. Für die gesamte Energieentwickelung ergibt sich demnach der Ausdruck

$$\int_0^\infty q e^{-\lambda t} dt = \frac{q}{\lambda}.$$

Nach Paragraph 261 ist für Radium $\lambda = 1/1850$, auf 1 Jahr als Zeiteinheit bezogen. 1 g Radium liefert also während seiner ganzen Lebensdauer insgesamt $1,6 \times 10^9$ Grammkalorieen. Bei der Bildung von 1 g Wasser aus Wasserstoff und Sauerstoff werden nur 4×10^3 Grammkalorieen frei, und doch ist die Wärmetönung bei diesem Prozefs stärker als bei irgendeiner anderen chemischen Reaktion. Während der Umwandlung des Radiums entsteht demnach ungefähr eine Million mal so viel Energie wie bei irgendwelcher molekularen Umsetzung. So kann die Materie also unter Umständen enorme Energiemengen produzieren. Dies zeigt sich auch deutlich beim Zerfall der Radiumemanation, wie aus den Darlegungen in Paragraph 249 hervorging.

Die Wärmemengen, die insgesamt vom Uran und Thorium entwickelt werden, können sich der Gröfsenordnung nach nicht wesentlich von der oben für Radium berechneten Zahl unterscheiden. Ihre Aktivität ist zwar geringer, die Lebensdauer aber dafür um so gröfser.

Man hat sich demnach zu denken, dafs in den Atomen aller Radioelemente ein ungeheuerer Energievorrat aufgespeichert sei. Man würde davon aber nichts bemerken, wenn die Atome nicht im Zerfallen begriffen wären. Die Energie, die von den aktiven Körpern emittiert wird, stammt also in letzter Linie aus dem Innern der Atome. Von einem Widerspruch zum Gesetz von der Erhaltung der Energie braucht daher keine Rede zu sein; denn man hat nur nötig anzunehmen, dafs sich nach Beendigung des Umwandlungsprozesses in den Atomen der Endprodukte weniger Energie vorfindet als in denen der aktiven Radioelemente. Der Unterschied zwischen beiden Gröfsen wäre offenbar ein Mafs für die gesamte Menge der inzwischen frei gewordenen Energie.

Aller Wahrscheinlichkeit nach ist die Atomenergie bei sämtlichen Elementen von ähnlicher Gröfsenordnung wie in den eben betrachteten Fällen. Denn abgesehen von der Höhe ihrer Atomgewichte besitzen die Radioelemente keine charakteristischen chemischen Kennzeichen, durch die sie sich von den inaktiven Elementen in aufsergewöhnlichem Grade unterschieden. Die Vorstellung, dafs in den Atomen der Körper ein beträchtlicher Vorrat an latenter Energie enthalten sei, ist überdies eine notwendige Konsequenz der modernen Auffassung von der Konstitution dieser elementaren Gebilde, wie sie von J. J. Thomson, Larmor und Lorentz entwickelt wurde. Nach den Anschauungen dieser Autoren ist jedes Atom ein vielfach zusammengesetztes System elektrisch geladener Teilchen, die sich gegeneinander lebhaft bewegen, indem sie geradlinige Schwingungen ausführen oder kreisförmige Bahnen beschreiben. Die Energie, die im Atom enthalten ist, mag zum Teil kinetischer, zum Teil potentieller Natur sein; doch ist schon dadurch, dafs sich die geladenen Teilchen des Systems in aufserordentlich geringen Abständen voneinander befinden, das Vorhandensein eines ungeheuer grofsen Energievorrates bedingt, gegen den die Energieverluste, die während der Umwandlung des Radiums stattfinden, kaum in Betracht kommen.

Im allgemeinen bleibt uns jene latente Energie gänzlich verborgen, da wir nicht imstande sind, durch physikalische oder chemische Eingriffe den Zerfall der Atome willkürlich herbeizuführen. Durch die enorme Gröfse des Energieinhaltes erklärt es sich auch, dafs auf gewöhnlichem chemischen Wege niemals eine Umwandlung der Atome zustande kommt, und dafs die Reaktionsgeschwindigkeit der radioaktiven Prozesse durch äufsere Kräfte nicht beeinflufst werden kann. So ist es auch auf keine Weise möglich gewesen, die Energieproduktion der Radioelemente willkürlich zu verändern. Sollte es aber einmal gelingen, den Zerfall der Radioelemente nach Belieben zu beschleunigen, so würden sich aus kleinen Substanzmengen aufserordentlich grofse Quantitäten Energie gewinnen lassen.

267. Entstehung von Helium aus Radium und Radiumemanation.

Von den inaktiven Endprodukten, die durch Umwandlung der Radioelemente entstehen, müssen sich im Laufe geologischer Epochen merkliche Mengen angesammelt haben, und sie müssen in den natürlichen Mineralien als Begleiter der Radioelemente auftreten. Als solche stabilen Formen der Materie kommen nun erstens die in den Körpern stecken gebliebenen α-Teilchen in Betracht und zweitens jene Substanzen, die auf der letzten Umwandlungsstufe gebildet werden.

Die Radioelemente finden sich in der Natur hauptsächlich in der Pechblende. In diesem Mineral sind aber in geringen Quantitäten die meisten aller bekannten Elemente enthalten. Fragt man sich, ob es vielleicht ein Zerfallsprodukt gäbe, das allen Radioelementen gemeinsam wäre, so erscheint die Tatsache bemerkenswert, daſs das Helium lediglich in radioaktiven Erzen und als ständiger Begleiter der Radioelemente vorkommt. Von jeher fiel es auf, daſs in natürlichen Mineralien ein so leichtes, chemisch träges Gas, wie es das Helium ist, anzutreffen war. Durch den Nachweis, daſs sich aus Radium und Thorium radioaktive Emanationen bilden, die sich wie Edelgase verhalten, wurde der Gedanke nahegelegt, es könnte eines der stabilen Umwandlungsprodukte gleichfalls aus einem trägen Gase der Argon-Helium-Gruppe bestehen. Gestützt wurde diese Ansicht, als man bald darauf die materielle Natur der α-Strahlen erkannte und für die hier in Frage kommenden Träger den Wert des Verhältnisses e/m bestimmte. Die Resultate der betreffenden Messungen wiesen darauf hin, daſs die Substanz der α-Teilchen, sofern sie überhaupt mit einer Materie bekannter Art zu identifizieren wäre, entweder aus Wasserstoff oder aus Helium bestehen müſste. Auf Grund solcher Überlegungen sprachen Rutherford und Soddy[1]) im Jahre 1902 die Vermutung aus, daſs man im Helium ein Zerfallsprodukt der Radioelemente vor sich habe.

Im Jahre 1903 unternahmen es Ramsay und Soddy, die Eigenschaften der Radiumemanation in gründlicher Weise zu erforschen. Sie gingen vor allem darauf aus, gegebenenfalls die Bildung einer neuen Substanz auf spektroskopischem Wege nachzuweisen. Zunächst bestätigten sie die früheren Beobachtungen von Rutherford und Soddy, daſs sich die Emanation wie ein chemisch träges Gas verhalte, und führten diese Untersuchungen noch weiter fort, indem sie die stärksten Reagentien auf die aktive Materie einwirken lieſsen (Paragraph 158). In allen Fällen trat die Ähnlichkeit zwischen der Emanation und den Gasen der Argongruppe deutlich zutage.

---

[1]) E. Rutherford und F. Soddy, Phil. Mag. 4, p. 582, 1902; 5, pp. 453 und 579, 1903.

Hierauf untersuchten Ramsay und Soddy[1]) die Gase, die beim Auflösen von Radiumsalzen in Wasser frei werden, auf einen etwaigen Gehalt an Helium. Sie benutzten dazu 20 mg eines drei Monate alten Präparates aus reinem Radiumbromid. Aus der Lösung der Substanz entwickelten sich beträchtliche Mengen von Wasserstoff und Sauerstoff (vgl. Paragraph 124). Diese Gase beseitigte man, indem man sie über eine rotglühende, oberflächlich oxydierte Kupferspirale hinwegstreichen ließ; der entstehende Wasserdampf wurde in einem mit Phosphorpentoxyd beschickten Trockengefäß absorbiert. Den Gasstrom ließ man sodann in eine kleine Vakuumröhre eintreten, die mit einem U-Rohr kommunizierte. Das letztere war in flüssige Luft getaucht, so daß die Emanation und die gleichfalls noch vorhandene Kohlensäure daselbst zur Kondensation gelangten. Als man nun den Gasrest in der Entladungsröhre spektral untersuchte, zeigte sich die charakteristische Heliumlinie D_3.

Der Versuch wurde in genau derselben Weise mit einem anderen Präparate wiederholt, das vom Verfasser für diesen Zweck zur Verfügung gestellt wurde; es war vier Monate alt und bestand aus 30 mg Radiumbromid. Man erhielt ein fast vollständiges Heliumspektrum, in dem die Linien der Wellenlängen 6677, 5876, 5016, 4972, 4713 und 4472 Å-E vertreten waren. Daneben waren noch drei andere Linien vorhanden, die bisher noch nicht identifiziert werden konnten; ihre Wellenlängen waren 6180, 5695 und 5455.

Des weiteren wurde die Emanation von 50 mg Radiumbromid, mit Sauerstoff gemischt, in ein kleines evakuiertes U-Rohr geleitet und vermittels flüssiger Luft kondensiert. Hierauf wurde frischer Sauerstoff eingelassen und das Gefäß aufs neue leer gepumpt. Mit dem U-Rohr stand eine kleine Spektralröhre in Verbindung. Als die flüssige Luft entfernt wurde, waren zunächst noch keine Heliumlinien zu erkennen; es zeigte sich vielmehr ein neues Spektrum, das nach Ramsay und Soddy wahrscheinlich von der Emanation selbst geliefert wurde. Nach vier Tagen erschien dann aber das Heliumspektrum mit seinen sämtlichen bekannten Linien, und außerdem erhielt man drei neue Linien, die nicht aufzutreten pflegen, wenn man das Gas auf anderem Wege als durch Auflösen von Radium gewinnt.

Die gesamte Helium- und Emanationsmenge, die von 50 mg Radiumbromid abgegeben wird, ist außerordentlich gering. Daher war die Ausführung jener Versuche, die zu so überraschenden und überaus wichtigen Resultaten geführt haben, ungemein schwierig. Man mußte vor allen Dingen die übrigen Gase, die anfangs noch zugegen waren, aufs sorgfältigste entfernen, da sich anderenfalls das Spektrum des

---

[1]) W. Ramsay und F. Soddy, Nature, 16. Juli 1903, p. 246; Proc. Roy. Soc. 72, p. 204, 1903; 73, p. 346, 1904.

Heliums der Beobachtung entzogen hätte. Die experimentellen Schwierigkeiten konnten nur überwunden werden mit Hilfe der verfeinerten gasanalytischen Methoden, die Sir William Ramsay schon einige Jahre früher ersonnen und in so vollendeter Weise dazu benutzt hatte, die seltenen Gase Xenon und Krypton aus der atmosphärischen Luft zu isolieren. Da das Spektrum des Heliums nicht sofort erschien, sondern erst dann zu sehen war, als sich die Emanation einige Tage lang in der Spektralröhre aufgehalten hatte, mufste sich jenes Gas allmählich erst aus der Emanation gebildet haben. Die Emanation selbst konnte nämlich kein Helium sein. .Denn erstens besitzt das letztere keine Radioaktivität, und zweitens war sein Spektrum gerade im Anfang, als sich die Emanation in maximaler Menge in der Röhre befand, nicht zu erkennen. Überdies geht aus den früher besprochenen Diffusionsversuchen hervor, dafs die Emanation ein hohes Molekulargewicht besitzen mufs. Es kann mithin keinem Zweifel unterliegen, dafs das Helium aus der Radiumemanation entstanden war infolge irgendwelcher Umwandlungen, die das aktive Gas inzwischen erlitten hatte.

Die Beobachtungen von Ramsay und Soddy sind unterdessen auch von anderen Seiten bestätigt worden. Curie und Dewar[1]) brachten 0,42 g Radiumbromid in ein Quarzrohr und evakuierten dieses so lange, bis sich keine Gase mehr entwickelten. Die aktive Substanz wurde sodann geschmolzen, wobei noch weitere 2,6 ccm Gas frei wurden. Hierauf schmolzen sie die Röhre ab und liefsen einige Wochen später das Spektrum des Gases, das sich inzwischen aus der aktiven Substanz entwickelt hatte, von Deslandres untersuchen. Es zeigte sich das vollständige Spektrum des Heliums. Das während des Erhitzens abgegebene Gas war für sich aufgefangen worden. Obwohl man es durch zwei hintereinander geschaltete Röhren, die in flüssige Luft tauchten, hindurchgeleitet hatte, enthielt es noch eine beträchtliche Menge Emanation. Die Glasröhre, in der es sich befand, leuchtete sehr hell und färbte sich binnen kurzem violett; dabei wurde die Hälfte des Gasvolumens in den Wandungen des Behälters absorbiert. Das Spektrum jenes Lumineszenzlichtes war diskontinuierlich; es bestand aus drei Stickstoffbanden. Heliumlinien waren nicht zu sehen, obwohl doch sicherlich Helium vorhanden gewesen war.

Himstedt und Meyer[2]) füllten 50 mg Radiumbromid in ein U-förmiges Glasrohr, das an eine kleine Spektralröhre angesetzt war. Diese wurde sorgfältig evakuiert und nach einiger Zeit abgeschmolzen. Während der ersten drei Monate zeigte sich lediglich das Spektrum

---

[1]) P. Curie und J. Dewar, C. R. 138, p. 190. 1904. Chem. News, 89, p. 85. 1904.

[2]) F. Himstedt und G. Meyer, Ann. d. Phys. 15, p. 184. 1904 [s. a. *17*, p. 1005. 1905].

des Wasserstoffs sowie eine Anzahl Kohlensäurebanden; nach weiteren zwei Monaten war jedoch die rote, gelbe, grüne und blaue Heliumlinie zu sehen. In diesem Falle dauerte es ziemlich lange, bis das Heliumspektrum zum Vorschein kam, weil von Anfang an viel Wasserstoff in der Röhre enthalten war. Zu einem anderen Versuche benutzten Himstedt und Meyer Radiumsulfat. Sie erhitzten das Salz in einem Quarzgefäfs, das wieder mit einem kleinen Vakuumrohr in Verbindung stand, zu heller Rotglut. Das Ganze wurde schliefslich evakuiert und abgeschmolzen. Nach drei Wochen waren die Heliumlinien deutlich zu sehen, und ihre Helligkeit nahm weiterhin allmählich zu.

268. Das Helium und die α-Teilchen. Aus der Tatsache, dafs sich aus Radiumemanation Helium bildet, folgt, dafs dieses Gas entweder eines der Endprodukte der ganzen Umwandlungsreihe des Radiums darstellt, oder dafs es im letzten Grunde aus den fortgeschleuderten α-Teilchen besteht. Die letztere Auffassung hat zur Zeit die gröfsere Wahrscheinlichkeit für sich. Denn einerseits zeigt das Verhalten der Emanation bei der Diffusion, dafs diese Substanz ein sehr hohes Molekulargewicht besitzt, und vermutlich wird das Atomgewicht des Endproduktes, das aus ihr entsteht, nachdem sie einige α-Teilchen verloren hat, sich nicht wesentlich von dem der Emanation selbst unterscheiden. Andererseits folgt aus der Gröfse des Quotienten e/m für das α-Teilchen, dafs seine Materie aus keinem anderen bekannten Stoffe als aus Wasserstoff oder Helium bestehen kann.

Man hat zwar vielfach der anderen Auffassung den Vorzug gegeben und im Helium das letzte Umwandlungsprodukt des Radiums erblicken wollen. Diese Deutung findet indessen keine Stütze in den uns bekannten Tatsachen. Man weifs ja, dafs die Emanation, nachdem sie die ersten Umwandlungsphasen durchlaufen hat, weiterhin nur sehr langsam zerfällt. Wäre das Helium tatsächlich das Endprodukt, so würden sich von diesem Gase binnen wenigen Tagen oder Wochen nur unmerkliche Mengen ansammeln können. Denn als eines der Zwischenprodukte müfste sich Radium D bilden, und dieses braucht 40 Jahre, um zur Hälfte zu zerfallen. Das Helium kann also keinesfalls das Endprodukt der Reihe darstellen. Da aber alle anderen Produkte allmählich zerfallen, bezw. radioaktiv sind, und wohl zweifellos ziemlich hohe Atomgewichte besitzen, so ist es nicht möglich, dem Helium einen anderen Platz in dem Umwandlungsschema anzuweisen, als dafs man seine Atome mit den fortgeschleuderten α-Teilchen identifiziert.

Freilich ist es nicht leicht, einen definitiven Beweis für die Richtigkeit dieser Auffassung zu erbringen. Auch begegnet es grofsen Schwierigkeiten, den Wert von e/m für das α-Teilchen sehr genau festzustellen, da die α-Strahlung des Radiums inhomogen ist und eine recht geringe Ablenkbarkeit besitzt.

Leichter könnte man möglicherweise zu einer Entscheidung kommen, wenn man durch genaue Messungen das Volumen des Gases in einer ursprünglich mit Radiumemanation beschickten Röhre ermitteln würde. Denn da sowohl die Emanation selbst als auch zwei von ihren rasch zerfallenden Umwandlungsprodukten α-Teilchen emittieren, müfste das Volumen der letzteren, im gasförmigen Zustande, dreimal so grofs sein wie das der Emanation. Diesbezügliche Versuche sind von Ramsay und Soddy (Paragraph 172) ausgeführt worden; indessen haben sie nicht zu eindeutigen Resultaten geführt. Bei der einen Messung schrumpfte das Gasbläschen nahezu bis auf das Volumen Null zusammen, ein anderes Mal vergröfserte sich das Volumen auf das Zehnfache seines anfänglichen Betrages. In dem letzteren Falle zeigte der Gasrest ein glänzendes Heliumspektrum. Wahrscheinlich erklärt sich der Widerspruch dadurch, dafs das Glasmaterial der Röhren in den beiden Versuchen nicht gleich war, und das Helium in verschieden starkem Grade von den Wandungen absorbiert wurde.

Jedenfalls müfste ein grofser Teil des Heliumgases, das sich in einem Glasbehälter aus Radiumemanation bildet, von den Gefäfswänden aufgenommen werden, falls es aus α-Teilchen bestände; denn die Geschwindigkeit, mit welcher diese fortgeschleudert werden, ist so grofs, dafs sie bis zu einer gewissen Tiefe ins Glas eindringen dürften. Entweder bleiben sie hier stecken oder sie werden unter Umständen bald wieder herausdiffundieren. In jedem Falle würde etwas Helium frei werden, wenn man eine starke elektrische Entladung durch den Behälter hindurchgehen liefse. Ramsay und Soddy konnten in der Tat bisweilen beobachten, dafs sich aus den Wandungen eines Glasrohres, in welchem man Radiumemanation eine Zeitlang aufbewahrt hatte, geringe Mengen von Helium entwickelten, wenn das Glas erhitzt wurde.

Unter der Annahme, das α-Teilchen sei ein Heliumatom, läfst sich leicht berechnen, wieviel Helium von 1 g Radium pro Jahr erzeugt werden müfste.

Die Zahl der α-Teilchen, die von 1 g Radium in jeder Sekunde fortgeschleudert werden, beträgt bekanntlich $2{,}5 \times 10^{11}$. Sie nehmen also, da jedes Gas bei 0° und 760 mm Druck im Kubikzentimeter $3{,}6 \times 10^{19}$ Moleküle enthält, einen Raum von 7×10^{-9} ccm ein; dem entspräche pro Jahr ein Volumen von 0,24 ccm. Wie oben bemerkt wurde, müfste sich nach unserer Hypothese aus einem bestimmten Volumen Radiumemanation ein dreimal so grofses Volumen Helium entwickeln. Die in 1 g Radium aufgespeicherte Gleichgewichtsmenge der Emanation müfste demnach ungefähr 3 cmm Helium liefern.

Ramsay und Soddy versuchten die Größe der Heliumproduktion experimentell zu ermitteln. Sie ließen eine Lösung von 50 mg Radiumbromid 60 Tage lang in einer geschlossenen Flasche stehen und füllten alsdann eine Vakuumröhre mit dem Helium, das sich inzwischen gebildet hatte. In ein zweites Spektralrohr von gleicher Form konnten beliebige Mengen desselben Gases eingeführt werden. Beide Rohre wurden hintereinander geschaltet, und die Heliummenge in dem zweiten wurde so reguliert, daß die Spektra beim Durchgang der Entladungen gleich hell erschienen. Auf diese Weise ergab sich, daß das Helium in der ersten Röhre ein Normalvolumen von 0,1 cmm besaß. Hiernach berechnet sich die Heliummenge, die von 1 g Radium in einem Jahre erzeugt wird, zu ungefähr 20 cmm. Nach der Theorie sollte dieser Wert 240 cmm betragen. Wie Ramsay und Soddy meinen, mußte die Anwesenheit von Argon in der einen Röhre zu erheblichen Fehlern Veranlassung geben. Jedenfalls können Messungen solcher Art nicht sehr genau sein; darum ist es nicht ausgeschlossen, daß trotz der abweichenden Beobachtungen der theoretische Wert der Größenordnung nach richtig ist.

Man hat versucht, das Vorkommen von Helium im Radium auf gewöhnliche chemische Vorgänge zurückzuführen, indem man annahm, das Radium sei in Wahrheit kein Element, sondern eine molekulare Verbindung von Helium mit einer anderen bekannten oder unbekannten Substanz. Diese Verbindung sollte sich allmählich zersetzen und das Helium auf diese Weise frei werden. Offenbar hätte man es dann aber mit einem Stoffe zu tun, der sich durchaus anders verhielte als irgendeine der bekannten chemischen Verbindungen. Denn in jenem Falle wird bei der Zersetzung der Substanz wenigstens eine Million mal so viel Energie abgegeben wie bei jedweder bekannten molekularchemischen Reaktion (s. Paragraph 249). Außerdem müßte man annehmen, daß die Geschwindigkeit, mit der die Heliumverbindung zerfiele, von der Temperatur gänzlich unabhängig wäre — eine Erscheinung, die bei molekularen Veränderungen noch niemals beobachtet worden ist. Die Substanz müßte ferner jene eigentümlichen Strahlungen aussenden und sich stufenweise umwandeln — so, wie man es eben beim Radium beobachten kann.

Um die Entstehung von Helium und das Auftreten der Radioaktivität im Rahmen der eben bezeichneten Auffassungsweise erklären zu können, wäre man demnach genötigt, dem Molekül der betreffenden Substanz ganz besondere Eigenschaften zuzuschreiben, nämlich alle die Eigenschaften, die nach der Desaggregationstheorie den Atomen der Radioelemente zukommen sollen. Überdies ist zu bedenken, daß sich das Radium in jeder Beziehung wie ein wahres chemisches Element verhält und alle Merkmale eines solchen besitzt. Insbesondere hat es ein charakteristisches, nur ihm eigentümliches Spektrum, und somit liegt keine Veranlassung vor, an der elementaren Natur des Radiums — im gewöhnlichen Sinne des Wortes — zu zweifeln. Freilich erblickt die Desaggregationstheorie im Helium einen Bestandteil des Radium a t o m s; sie nimmt mit anderen Worten an, daſs dieses Atom aus kleineren Teilchen aufgebaut sei, von denen wenigstens eines ein Heliumatom ist. Solche Vorstellungen sind aber durchaus nicht neu. Schon wiederholt haben hervorragende Chemiker und Physiker die Idee ausgesprochen, es könnten die schwereren Atome sämtlich aus gewissen einfachen Grundeinheiten der Materie zusammengesetzt sein. Es sei nur an die P r o u tsche Hypothese erinnert, nach welcher alle Elemente im letzten Grunde aus Wasserstoff bestehen sollen.

Nach der Desaggregationstheorie führt die radioaktive Umwandlung der Radioatome zu einer wirklichen Veränderung ihrer Substanz. Im Uran und Thorium geht der Prozeſs indessen auſserordentlich langsam vor sich; es müssen wenigstens eine Million Jahre verstreichen, bis aus 1 g dieser Stoffe wägbare Mengen neuer Materie entstanden sind. Radium verwandelt sich zwar eine Million mal so schnell, doch wäre es wohl auch in diesem Falle kaum gelungen, eine merkliche Substanzveränderung auf chemischem Wege nachzuweisen, hätten uns nicht besondere Gründe bewogen, nach derartigen Erscheinungen zu suchen.

Die α-Teilchen der verschiedenen Radioelemente besitzen im wesentlichen gleiche Eigenschaften; man darf daher annehmen, daſs sie auch in ihrer materiellen Beschaffenheit gleichgeartet sein werden. Mithin müſsten alle Radioelemente Helium erzeugen. Da die Mineralien, in denen sich Helium findet, in der Regel viel Thorium enthalten — z. B. Monazitsand oder ein auf Ceylon vorkommendes, von R a m s a y näher untersuchtes Erz —, so scheint es in der Tat auch als Tochterprodukt dieses Elementes in der Natur vorzukommen. S t r u t t[1]) glaubt sogar, daſs die in den radioaktiven Mineralien enthaltenen Heliummengen sich zum überwiegenden Teile nicht aus Uran oder Radium, sondern aus Thorium gebildet haben. Er bemerkte nämlich, daſs solche Mineralien, die besonders reich an Helium sind, stets Thorium enthalten, während manche nahezu thorfreie Uranerze nur wenig Helium aufweisen. Dieser Sachverhalt berechtigt indessen noch nicht zu so weitgehenden Schluſsfolgerungen. Denn die in Frage stehenden Uranerze sind zum Teil sekundären Ursprungs (s. Anhang B); sie können erst vor relativ kurzer Zeit durch Ausscheidung aus Wasser oder auf andere Weise an ihren jetzigen Fundort gelangt sein. Auſserdem handelte es sich vielfach um stark emanierende Gesteinsarten, so daſs die in ihnen entstandenen Heliummengen zum gröſsten Teil bereits entwichen sein muſsten.

Bleiben wir also dabei, daſs die Atome sämtlicher Radioelemente

---

[1]) R. J. Strutt, Proc. Roy. Soc., 2. März 1905.

Verbindungen aus Helium und irgendwelchen anderen Stoffen darstellen. Alle diese Verbindungen, so müssen wir annehmen, zerfallen allmählich von selbst, doch geschieht dies aufserordentlich langsam. Der Zerfall erfolgt in einer Reihe von Stufen, wobei fast jedesmal ein Heliumatom mit grofser Geschwindigkeit davonfliegt; zugleich findet eine enorme Energieentwickelung statt. Durch den letztgenannten Umstand erklärt sich die Konstanz der Umwandlungsgeschwindigkeit und ihre Unabhängigkeit von äufseren Einflüssen. Somit wären also Uran, Thorium und Radium im Grunde nichts anderes als Verbindungen von Helium. Freilich sind die Kräfte, durch welche die elementaren Bestandteile ihrer Atome aneinander gebunden werden, so stark, dafs sich die Verbindungen durch Anwendung chemischer oder physikalischer Methoden nicht weiter zerlegen lassen. Sie verhalten sich daher in chemischer Beziehung durchaus wie gewöhnliche Elemente.

Möglicherweise wird sich einmal herausstellen, dafs noch viele andere Stoffe, die heutzutage als chemische Elemente gelten, in Wahrheit Heliumverbindungen sind, dafs also die Heliumatome zu den primären Bestandteilen der meisten schwereren Atome gehören. In diesem Zusammenhange erscheint es bemerkenswert, dafs die Atomgewichte einzelner Elemente sich vielfach um die Zahl 4 voneinander unterscheiden; 4 ist nämlich gerade das Atomgewicht des Heliums.

Das Uran (238,5) müfste wenigstens drei α-Teilchen, wenn jedes einzelne ein Heliumatom wäre, verlieren, bis sein Atomgewicht in das des Radiums (225) überginge. Wir wissen ferner, dafs während der vollständigen Umwandlung des Radiums fünf α-Teilchen entweichen. Somit müfste sich das Atomgewicht des Endproduktes auf den Wert $225 - 20 = 205$ reduzieren. Diese Zahl stimmt nahezu mit dem Atomgewicht des Bleis — 206,5 — überein. Ich hielt es schon lange für wahrscheinlich, dafs als Endprodukt aus dem Radium Blei entstände. Dieselbe Vermutung ist kürzlich von Boltwood[1]) ausgesprochen worden. Alle Uranerze enthalten nämlich etwas Blei, und die relative Menge, in der sich das Blei und das Helium in den radioaktiven Mineralien vorfindet, entspricht recht gut der Annahme, dafs beide Stoffe durch Zersetzung von Radium entstanden wären. Herr Boltwood machte mich darauf aufmerksam, dafs diejenigen Mineralien, die sehr reich an Helium sind, fast ausnahmslos einen besonders hohen Bleigehalt aufweisen. Gewifs handelt es sich bei diesen Schlufsfolgerungen vorläufig nur um eine Hypothese; doch hat es viel Verlockendes, ihr weiter nachzugehen.

269. Das Alter radioaktiver Mineralien.
Das natürliche Vorkommen des Heliums beschränkt sich ausschliefslich auf radioaktive

---

[1]) B. B. Boltwood, Phil. Mag., April 1905.

Mineralien. Nimmt man hinzu, dafs Radiumpräparate merkliche Mengen dieses Gases unaufhörlich entwickeln, so erscheint der Schlufs unabweisbar, dafs es auch in den Mineralien durch Umwandlung von Radium und anderen radioaktiven Substanzen entstanden ist. Durch Erhitzung eines Minerals kann man ihm vielfach nahezu die Hälfte seines Heliumgehaltes rauben; den Rest gewinnt man durch Auflösung der Substanz. Wahrscheinlich wird das Gas im Innern der aktiven Erze nur mechanisch festgehalten. Demgemäfs entweicht es auch in gröfseren Mengen, wie von Moss[1]) beobachtet wurde, wenn Pechblende im Vakuum zermahlen wird, woraus hervorgeht, dafs es zuvor in Hohlräumen eingeschlossen gewesen sein mufs. Travers[2]) ist freilich der Ansicht, dafs die Minerale mit dem Helium übersättigte, feste Lösungen bilden, und dafs die Gasentwickelung beim Zermahlen durch die Reibungswärme bedingt wird. Die Erscheinungen lassen sich indessen ebensogut deuten, wenn man annimmt, dafs lediglich eine mechanische Bindung vorliegt. Der Umstand, dafs man das Helium auch durch Erhitzung der Substanz austreiben kann, erklärt sich wahrscheinlich dadurch, dafs die Mineralien bei hoher Temperatur für Helium durchlässig werden. Ähnlich verhält sich nämlich nach Jaquerod[3]) auch der Quarz oberhalb 500° C.

Man hat beobachtet, dafs der Fergusonit eine plötzliche Temperaturzunahme erfährt, sobald das in ihm eingeschlossene Helium entweicht. Vielfach zeigt sich jedoch dieselbe Erscheinung auch bei solchen Gesteinsarten, die andere Gase enthalten; sie steht also in keinem Zusammenhange mit den spezifischen Eigenschaften des Heliums. Bisher hatte man angenommen, das Helium sei in den Mineralien chemisch gebunden; diese Vorstellung läfst sich heute keinesfalls mehr aufrecht erhalten.

Wahrscheinlich bleibt das Helium, das in der Natur durch radioaktive Umwandlung entsteht, so gut wie vollständig in den betreffenden Mineralien stecken; denn es pflegt nur zu entweichen, wenn man die Substanzen stark erhitzt oder auflöst. Daher bietet sich die Möglichkeit, das Alter eines solchen Minerals aus der Menge des bei seiner Auflösung frei werdenden Heliums zu bestimmen. Man mufs dazu allerdings die Geschwindigkeit, mit der sich das Gas aus der Muttersubstanz bildet, genau kennen. Leider fehlt es in dieser Beziehung noch an durchaus zuverlässigen Daten, so dafs wir höchstens der Gröfsenordnung nach richtige Werte zu erwarten haben. Mit dieser Einschränkung können wir jedoch berechnen, wie viel Zeit ver-

---

[1]) R. J. Moss, Trans. Roy. Soc. Dublin, 1904.
[2]) M. W. Travers, Nature, 12. Jan. 1905, p. 248.
[3]) A. Jaquerod, C. R. 1904, p. 789.

flossen ist, seitdem sich das Mineral gebildet bezw. so weit abgekühlt hat, dafs kein Helium mehr von selbst entweichen konnte.

Nehmen wir als Beispiel den Fergusonit, der ungefähr 7 % Uran enthält. Aus einem Gramm dieses Gesteins gewinnt man nach Ramsay und Travers[1]) 1,81 ccm Helium. Nun finden sich in Mineralien von hohem Alter pro Gewichtseinheit Uran ungefähr 8×10^{-7} Gewichtseinheiten Radium (s. Paragraph 262). In 1 g Fergusonit wären demnach $5,6 \times 10^{-8}$ g Radium enthalten. Aus der Annahme, das α-Teilchen sei ein Heliumatom, hatte sich aber ergeben, dafs 1 g Radium pro Jahr 0,24 ccm Helium produziert. 1 g Fergusonit müfste also pro Jahr $1,3 \times 10^{-8}$ ccm Helium liefern. Damit von derselben Gewichtsmenge 1,81 ccm des Gases erzeugt würden, wäre mithin ein Zeitraum von ungefähr 140 Millionen Jahren erforderlich, vorausgesetzt, dafs die jährliche Gasproduktion während dieser ganzen Periode konstant bliebe. Ist die mittlere Erzeugungsgeschwindigkeit kleiner, als von uns angenommen wurde, so wäre jenes Zeitintervall in Wahrheit noch gröfser.

Wenn erst die Zahlenwerte, die in diese Berechnung eingehen, genauer bestimmt sein werden, wird man meines Erachtens durch solche Überlegungen zu einer ziemlich sicheren Schätzung des Alters radioaktiver Mineralien, also mittelbar auch der Erdschichten, denen die letzteren angehören, gelangen.

Einen auffallend hohen Heliumgehalt fand Ramsay[2]) in einem auf Ceylon vorkommenden Mineral, dem Thorianit. Nach der Analyse von Dunstan besteht dieses Erz zu 75 % aus Thorium und zu 12 % aus Uran. Aus 1 g der Substanz erhält man nicht weniger als 9,5 ccm Helium. Es scheint daher, dafs die Bildung des Thorianits zu einer wesentlich früheren Epoche als die des Fergusonits auf der Erde vor sich gegangen ist.

270. Hypothesen über die Ursache des Atomzerfalls. Zur Erklärung der radioaktiven Erscheinungen war angenommen worden, dafs in jeder Zeiteinheit ein bestimmter geringer Bruchteil der Radioatome zerfällt. Es fragt sich aber noch, wodurch ihre Instabilität, die den Zerfall bedingt, veranlafst wird. Dafür sind entweder äufsere oder innere Kräfte verantwortlich zu machen, denen die Atome unterworfen sind. Das allgemeine Gesetz, das alle jene Umwandlungserscheinungen beherrscht, lautete folgendermafsen: die Zahl der pro Sekunde zerfallenden Atome ist stets der gerade vorhandenen Atomzahl proportional. Daraus folgt jedoch noch nichts für die hier auf-

---

[1]) W. Ramsay und M. W. Travers, Ztschr. f. Physik. Chem. 25, p. 568. 1898.

[2]) W. Ramsay, Nature, 7. April 1904.

Dreizehntes Kapitel. Radioaktive Prozesse. 501

geworfene Frage; denn ob man sich für die eine oder die andere der oben genannten Annahmen entscheidet, in jedem Falle kann dieses Gesetz zu recht bestehen. Es wäre z. B. denkbar, dafs ganz schwache äufsere Kräfte jenen mit starker Energieentwickelung verbundenen Zerfall der radioaktiven Atome herbeiführten, nämlich in ähnlicher Weise, wie ein Zündmittel die Explosion eines Sprengstoffes einleitet. Wahrscheinlicher dürfte es jedoch sein, dafs die primär wirksame Ursache des Zerfalls im Innern der Atome selbst ihren Sitz hat. Dafür spricht der Umstand, dafs keine bekannten äufseren Kräfte die Umwandlungsgeschwindigkeiten aktiver Materien zu ändern imstande sind; höchstens könnte noch die Gravitation, die sich ja unserer Kontrolle entzieht, die Stabilität der Radioatome beeinflussen.

Nach den neueren Anschauungen über die Konstitution der Atome mufs es im Grunde viel weniger überraschen, dafs manche Atome allmählich zerfallen, als dafs im Gegensatz hierzu die Atome der gewöhnlichen Elemente so stabil sind, wie es den Anschein hat. Mit J. J. Thomson kann man nämlich annehmen, dafs jedes Atom aus einer Anzahl kleinerer Teilchen besteht, die teils positiv, teils negativ elektrisch geladen sind und normalerweise stürmische Bewegungen ausführen; durch ihre gegenseitigen Anziehungs- und Abstofsungskräfte werden sie im Gleichgewicht gehalten. Ist die Zahl der Teilchen grofs, wie es bei den schweren Atomen der Fall sein dürfte, so können sehr viele verschiedene Bewegungszustände innerhalb des Systems eintreten. Dann kann es aber leicht dazu kommen, dafs eines der Teilchen eine aufsergewöhnlich grofse kinetische Energie erlangt, oder dafs die Widerstandskräfte, die seine Bewegung zu hemmen suchen, momentan neutralisiert werden; in diesem wie in jenem Falle wird das Teilchen aus dem Atomverbande entweichen, und zwar mit der Geschwindigkeit, die es im Augenblicke der Gleichgewichtsstörung besafs.

Von Sir Oliver Lodge[1]) wurde die Ansicht geäufsert, die Instabilität eines Atoms sei eine Folge der Energieverluste, die es durch Strahlung erleide. Nach Larmor emittiert ein Elektron nämlich stets Energie, wenn es eine Beschleunigung erfährt, und zwar in einem dem Quadrate dieser Beschleunigung proportionalen Betrage. Bewegt es sich gleichförmig in geradliniger Richtung, so findet keine solche Strahlung statt; wohl aber, wenn es mit konstanter Geschwindigkeit eine Kreisbahn durchläuft; denn dann wird es beständig nach dem Mittelpunkte des Kreises hin beschleunigt. Lodge behandelt den einfachen Fall, dafs ein negatives Elektron um ein Atom von relativ grofser Masse rotiert; das letztere, so nimmt er an, besitze eine Ladung von gleicher Stärke, aber entgegengesetztem Vorzeichen wie das Elektron,

---

[1]) O. Lodge, Nature, 11. Juni 1903, p. 129.

und das Ganze werde durch elektrische Kräfte im Gleichgewicht gehalten. Ein solches System muſs Energie ausstrahlen. Das läuft aber auf dasselbe hinaus, als ob die Bewegung in einem widerstehenden Medium stattfände; das negative Teilchen wird sich daher dem Zentrum zu nähern suchen, und so wird seine Geschwindigkeit wachsen. Dies hat aber wieder zur Folge, daſs die Strahlung beträchtlich stärker wird. Sobald nun die Geschwindigkeit des Elektrons beinahe ebenso groſs geworden ist wie die des Lichtes, macht sich ein weiterer Effekt geltend. Bekanntlich (Paragraph 82) wächst die scheinbare Masse eines Elektrons sehr rasch, wenn seine Geschwindigkeit sich der des Lichtes nähert, und wird im Grenzfalle nach der Theorie sogar unendlich groſs. In jenem Stadium wird daher die Masse des rotierenden Atoms plötzlich stark zunehmen, und infolgedessen das Gleichgewicht des gesamten Systems gestört werden. Unter diesen Umständen, meint Lodge, werden die einzelnen Bestandteile nicht länger vereinigt bleiben können: das System explodiert, seine Teile trennen sich voneinander und entweichen aus den gegenseitigen Wirkungssphären.

Wahrscheinlich liegt in der Tat die primäre Ursache des Atomzerfalls in dem Energieverluste, der durch elektromagnetische Strahlung (Paragraph 52) zu stande kommt. Ein von Larmor[1]) abgeleiteter Satz besagt, daſs ein aus Elektronen zusammengesetztes System, dessen Teile sich mit groſser Geschwindigkeit bewegen, nur dann keine Energie verliert, wenn die Vektorsumme aller nach dem Zentrum hin gerichteten Beschleunigungen zu jeder Zeit gleich Null ist. Nur unter dieser Bedingung ist es also einer dauernden Existenz fähig. Ein einzelnes Elektron, das sich auf einer Kreisbahn bewegt, emittiert sehr viel Energie. Bemerkenswerterweise nimmt aber die Strahlung mit wachsender Zahl der rotierenden Korpuskeln sehr schnell ab. Von J. J. Thomson[2]) wurde kürzlich folgender Fall mathematisch behandelt: eine Anzahl negativ elektrischer Teilchen sei längs des Umfanges eines Kreises angeordnet; die gegenseitigen Abstände der Korpuskeln seien gleichgroſs und das System rotiere in seiner Ebene mit gleichförmiger Geschwindigkeit um den Kreismittelpunkt. Besteht das System dann z. B. aus sechs Teilchen, und ist die Geschwindigkeit gleich $1/10$ von der des Lichtes, so beträgt die Strahlungsintensität weniger als ein Milliontel von derjenigen, die eine einzelne Korpuskel emittiert, wenn sie dieselbe Bahn mit der nämlichen Geschwindigkeit beschreibt. Für $1/100$ Lichtgeschwindigkeit ist die Strahlungsenergie des sechsgliedrigen Systems nur 10^{-16} von der eines einzelnen Teilchens.

Das aus geladenen Teilchen aufgebaute Atom braucht also auch bei hohen Geschwindigkeiten seiner Elementarpartikel keineswegs groſse

---

[1]) J. Larmor, Aether and Matter, p. 223.
[2]) J. J. Thomson, Phil. Mag., Dez. 1903, p. 681.

Dreizehntes Kapitel. Radioaktive Prozesse.

Energiemengen auszustrahlen. Im Gegenteil: Die Intensität seiner Strahlung kann aufserordentlich gering sein, wenn es aus einer grofsen Anzahl rotierender Elektronen besteht. Schliefslich mufs aber der beständige Energieverlust doch dazu führen, dafs seine einzelnen Bestandteile sich zu einem neuen System anordnen, oder dafs einzelne Elektronen, bezw. Gruppen von solchen, davonfliegen und den Atomverband für immer verlassen.

Von Lord Kelvin[1]) wurden einfache Modelle ersonnen, die sich ebenso verhalten wie ein Poloniumatom, wenn es α-Teilchen, oder ein Radiumatom, wenn es β-Teilchen fortschleudert. Es gelang ihm, stabile Anordnungen von positiv und negativ elektrischen Korpuskeln — aus solchen soll ja jedes Atom bestehen — ausfindig zu machen, die unter dem Angriff störender Kräfte zerfallen, wobei ein Teil des Systems mit grofser Geschwindigkeit davonfliegt.

Auch J. J. Thomson[2]) beschäftigte sich mit der Frage, wie sich rotierende Elektronen gruppieren müssen, um stabile Systeme zu bilden. Er denkt sich die Korpuskeln im Innern einer Kugel von gleichförmiger positiver Elektrisierung verteilt. Ein solches Atommodell besitzt sehr merkwürdige Eigenschaften; es bietet unter anderen eine Erklärungsmöglichkeit für die bekannte Periodizität in den Eigenschaften der chemischen Elemente. Bewegen sich die Elektronen sämtlich in einer Ebene, so ordnen sie sich in konzentrischen Kreisen an; im allgemeinen Falle dagegen, wenn ihre Bewegungsfreiheit nicht beschränkt ist, in konzentrischen Kugelschalen, so dafs ein zwiebelartiges Gebilde entsteht.

Die mathematische Behandlung des Problems vereinfacht sich wesentlich, wenn man annimmt, dafs die Elektronen nur in einer Ebene rotieren können und auf jedem der konzentrischen Kreise in gleichen Winkelabständen verteilt sind. Auf diesen Fall bezieht sich die folgende Tabelle. Das Schema zeigt, wie sich eine gegebene Menge von Elektronen — die Rechnung ist für 5—60 Korpuskeln in Intervallen von je 5 durchgeführt — auf die einzelnen aufeinander folgenden Ringe verteilt.

Gesamtzahl aller Elektronen	60	55	50	45	40	35	30	25	20	15	10	5
Zahl der Elektronen auf den einzelnen Ringen	20	19	18	17	16	16	15	13	12	10	8	5
	16	16	15	14	13	12	10	9	7	5	2	
	13	12	11	10	8	6	5	3	1			
	8	7	5	4	3	1						
	3	1	1									

---

[1]) Lord Kelvin, Phil. Mag., Okt. 1904.
[2]) J. J. Thomson, Phil. Mag., März 1904.

In der nächsten Tabelle sind alle diejenigen Konfigurationen angegeben, deren äufserster Ring aus 20 Elektronen besteht.

Gesamtzahl aller Elektronen	59	60	61	62	63	64	65	66	67
Zahl der Elektronen auf den einzelnen Ringen	20	20	20	20	20	20	20	20	20
	16	16	16	17	17	17	17	17	17
	13	13	13	13	13	13	14	14	15
	8	8	9	9	10	10	10	10	10
	2	3	3	3	3	4	4	5	5

Die kleinste Elektronenzahl, bei der ein Aufsenring von 20 Korpuskeln entstehen kann, ist also 59 und die gröfste 67.

Die verschiedenen Systeme lassen sich in einzelne Klassen einteilen, die gewisse gemeinsame Merkmale der Gruppierung aufweisen. So unterscheidet sich das System der 60 Elektronen von dem aus 40 Teilchen aufgebauten nur dadurch, dafs zu den letzteren noch ein äufserer Ring von 20 hinzugetreten ist; ferner geht die Gruppe 40 aus der Gruppe 24 durch Aufnahme eines Aufsenringes hervor und ebenso die letztere aus der Gruppe 11. Auf diese Weise kann man eine ganze Reihe verschiedener Atommodelle konstruieren, von denen ein jedes aus dem vorangehenden durch Hinzufügung eines weiteren Elektronenringes hervorgeht. Derartige Atome würden mancherlei gemeinsame Eigenschaften aufweisen und entsprächen den einzelnen Elementen in einer Vertikalreihe des Mendelejeffschen Systems.

Die Stabilität der verschiedenen Elektronengruppen variiert in weiten Grenzen. Einige können ein bis zwei weitere Korpuskeln aufnehmen, ohne labil zu werden; andere bleiben noch stabil, wenn sie ein Elektron verlieren. Die ersteren dürften den elektronegativen, die letzteren den elektropositiven Atomen entsprechen.

Bei manchen Systemen ist die Stabilität an die Bedingung geknüpft, dafs die Winkelgeschwindigkeit, mit der sich die Elektronen bewegen, einen gewissen Grenzwert übersteigt. So sind z. B. vier Elektronen, die sämtlich in einer Ebene liegen, stabil, wenn sie schnell rotieren; sinkt ihre Geschwindigkeit aber unter einen bestimmten kritischen Wert, so wird die ebene Anordnung instabil, und die vier Teilchen suchen nunmehr die Ecken eines regelmäfsigen Tetraeders einzunehmen. Auf diese Eigenschaft rotierender Elektronensysteme führt J. J. Thomson (loc. cit.) den Zerfall der radioaktiven Atome zurück. Er äufsert sich darüber folgendermafsen:

„Betrachten wir das Verhalten eines Atoms, das ein System solcher Korpuskeln (Elektronen) enthält. Anfänglich möge ihre Geschwindigkeit wesentlich gröfser als die kritische sein. Infolge der Strahlung, die von den rotierenden Teilchen ausgeht, werden sie sich ganz allmählich immer langsamer bewegen, und schließlich wird ihre Geschwindigkeit nach sehr langer Zeit auf den kritischen Wert gesunken sein. In diesem Moment muß eine Art Explosion erfolgen, die Korpuskeln werden sich um ein beträchtliches Stück aus ihrer ursprünglichen Stellung entfernen, ihre potentielle Energie wird dadurch kleiner, während ihre kinetische Energie zunimmt. Dieser Zuwachs an kinetischer Energie kann unter Umständen genügen, um den Atomverband so weit zu lockern, daß, wie beim Radium, ein Teil des Atoms mit großer Geschwindigkeit entweicht. Die Lebensdauer des letzteren muß aber sehr lang sein, da die Zerstreuung der Energie durch Strahlung nur außerordentlich langsam erfolgt. Als Typus eines solchen Gebildes, das, um stabil zu sein, gleich einem Kreisel eine bestimmte minimale Rotationsgeschwindigkeit aufweisen muß, kann ein System aus vier Korpuskeln gelten. Dieser Fall war oben ausführlich behandelt worden. Ebenso muß aber auch jedes andere Elektronensystem, das die nämliche Fundamentaleigenschaft besitzt, Energie durch Strahlung zu zerstreuen, einem Atom, dem es angehört, die charakteristischen Merkmale der Radioaktivität verleihen."

271. Die Sonnenwärme und Erdwärme. Nimmt man an, daß auf der Sonne ein Umwandlungsprozeß vor sich geht von ähnlicher Art, wie er sich in den Radioelementen abspielt, so läßt sich leicht verstehen, warum ihr Wärmevorrat im Laufe langer Zeiten keine merkliche Abnahme erleidet. Darauf wurde zuerst von Rutherford und Soddy[1]) hingewiesen. W. E. Wilson (Nature, 9. Juli 1903) zeigte, daß der Sonnenkörper im Kubikmeter nur 3,6 g Radium zu enthalten brauche, um die Energie, die er heutzutage durch Strahlung verliert, fortdauernd ersetzen zu können. Die Berechnung stützte sich auf die Bestimmungen von Curie und Laborde, nach denen 1 g Radium 100 Grammkalorieen pro Stunde entwickelt; ferner wurden die Beobachtungen Langleys zugrunde gelegt, aus denen sich ergeben hatte, daß von der Sonnenoberfläche pro Quadratzentimeter und Stunde $8{,}28 \times 10^6$ Grammkalorieen ausgestrahlt werden. Da die mittlere Dichtigkeit der Sonne 1,44 beträgt, so müßte sie pro Million Gewichtseinheiten 2,5 Teile Radium enthalten, um den derzeitigen Energieverlust durch Strahlung zu decken.

Im Spektrum der Sonne hat man bisher allerdings keine Radiumlinien entdecken können. Da aber Helium erwiesenermaßen auf ihr vorhanden ist, so läßt sich vermuten, daß auch radioaktive Substanzen auf diesem Weltkörper vorkommen werden. Daß auf der Erde keine Strahlung eines aktiven Bestandteils der Sonne wahrzunehmen ist, beweist

---

[1]) E. Rutherford und F. Soddy, Phil. Mag., Mai 1903.

nichts gegen die Zulässigkeit einer solchen Annahme[1]). Denn selbst wenn der ganze Sonnenball aus reinem Radium bestände, würde doch die Intensität seiner γ-Strahlen an der Oberfläche unseres Planeten verschwindend klein sein, da sie beim Durchgang durch die Atmosphäre fast vollkommen, nämlich ebenso stark wie in einer Quecksilbermasse von 76 cm Dicke, absorbiert werden müfsten.

Von Lord Kelvin wurde (s. Thomson und Tait, Treatise on Natural Philosophy, Anhang E) die Energiemenge berechnet, die bei der fortschreitenden Verdichtung der Sonnenmasse aus einem Zustande unendlich feiner Verteilung im ganzen frei werden konnte. Daraus schlofs er, „dafs wahrscheinlich noch keine 100000000 Jahre vergangen sind, seitdem die Erde von der Sonne erhellt wird; fast mit Bestimmtheit kann man behaupten, dafs dieser Zustand noch nicht 500000000 Jahre lang dauert. Und, wie mit gleicher Gewifsheit folgt, kann es fernerhin kaum noch viele Millionen Jahre währen, dafs künftige Erdbewohner sich des Lichtes und der Wärme, jener zum Leben unentbehrlichen Gaben, erfreuen dürfen — es sei denn, dafs noch unbekannte Energiequellen in den grofsen Vorratskammern der Schöpfung zur Verfügung ständen."

Jene Werte für das Alter der Sonnenwärme sind jedoch möglicherweise viel zu niedrig geschätzt, wenn man bedenkt, dafs es Substanzen gibt, die — wie das Radium — schon in sehr geringer Menge ungeheuer viel Wärme spontan zu liefern vermögen. Auf diesen Punkt hat unlängst G. H. Darwin (Nature, 24. Sept. 1903) die Aufmerksamkeit gelenkt. Gleichzeitig wies er darauf hin, dafs sich aus den Kelvinschen Annahmen in Wahrheit wesentlich kleinere Zahlen als die oben genannten ergeben. Nach seiner Berechnung „beträgt der Energieverlust, den die Sonne im Laufe der Zeiten erlitten hat, wenn angenommen wird, dafs sie eine homogene Kugel von der Masse M und dem Radius a bilde, und wenn unter μ die Gravitationskonstante verstanden wird: $\dfrac{3}{5}\dfrac{\mu M^2}{a}$. Setzt man in diesem Ausdruck für μ und a die diesen Gröfsen zukommenden Zahlenwerte ein, so erhält man als gesamten Energieverlust: $2{,}7 \times 10^7\, M$ Kalorieen, wenn 1 g als Mafseinheit gilt. Wird nun der Langleysche Wert der Solarkonstante als richtig angenommen, so folgt, dafs diese Wärmemenge erst im Laufe der letzten 12 Millionen Jahre abgegeben worden ist. Hätte Lord Kelvin in seiner Ableitung statt des Pouilletschen gleichfalls den Langleyschen Wert benutzen können, so würde er für diesen Zeitraum statt 100 nur 60 Millionen Jahre erhalten haben. Meine eigene Ableitung enthält noch die Annahme, dafs sich der Energieverlust infolge der nach dem Zentrum fortschreitenden Verdichtung der Sonnen-

---

[1]) Vgl. R. J. Strutt und J. Joly, Nature, 15. Okt. 1903.

masse allmählich vergröfsert habe. Dadurch erklärt es sich, dafs sich nach meiner Rechnung statt 40 sogar nur 12 Millionen Jahre ergeben." Nun entwickelt aber 1 g Radium im Laufe seines Daseins bereits eine Wärmemenge von $1,6 \times 10^9$ Grammkalorieen (Paragraph 266), und wir haben allen Grund, anzunehmen, dafs Energiequanten von ähnlicher Gröfse auch in den chemischen Atomen der inaktiven Elemente aufgestapelt seien. Ferner ist es sehr wohl möglich, dafs der Zerfall der Atome auf der Sonne, bei den hohen Temperaturen, die dort herrschen, schneller vor sich geht als auf der Erde. Nimmt man an, dafs auf der Sonne die innere Energie der Atome ausgenützt würde, so erhält man für die Länge der Zeit, während welcher sie auch in Zukunft in dem bisherigen Mafse Wärme ausstrahlen kann, einen wenigstens 50 mal so grofsen Wert, als sich aus der Betrachtung rein dynamischer Vorgänge ergibt.

Ähnliche Überlegungen lassen sich auf die Frage nach dem Alter der Erde anwenden. Lord Kelvin (Thomson und Tait, Treatise on Natural Philosophy, Anhang D) kam bei seiner Schätzung dieser Gröfse aus der säkularen Abkühlungsgeschwindigkeit zu dem Resultate, dafs sich die Erde vor ungefähr 100 Millionen Jahren noch im geschmolzenen Zustande befunden haben müsse, damit infolge der allmählichen Abkühlung durch Strahlung nahe der Oberfläche ein Temperaturgradient von ungefähr $1/30^0$ C. pro Meter, wie man ihn heutzutage beobachtet, entstehen konnte.

Es erscheint jedoch kaum zulässig, die Gröfse des derzeitigen Temperaturgefälles zu einer Schätzung der Zeit, seit welcher sich tierisches und pflanzliches Leben auf der Erde entwickeln konnte, zu benutzen. Denn wahrscheinlich enthält unser Planet so viel radioaktive Materie, dafs deren Energie allein schon ausreichen dürfte, seinen ganzen Wärmeverlust durch Strahlung zu decken. Bezeichnet man mit K die mittlere Wärmeleitfähigkeit des Erdkörpers ($= 0,004$ C. G. S.), mit R seinen Radius und mit T den Temperaturgradienten ($= 0,00037^0$ C. pro Zentimeter) in der Nähe seiner Oberfläche, so wird der letzteren pro Sekunde eine Wärmemenge vom Betrage

$$Q = 4 \pi R^2 K T \text{ Kalorieen}$$

zugeführt.

Es sei nun X gleich derjenigen Wärmemenge, die im Mittel pro Kubikzentimeter des Erdvolumens in jeder Sekunde von der daselbst vorhandenen radioaktiven Materie entwickelt wird. Würde die Erde durch Strahlung ebensoviel Wärme verlieren, wie sie von seiten der aktiven Substanzen gewinnt, so wäre

$$X \cdot \tfrac{4}{3} \pi R^3 = 4 \pi R^2 K T,$$

also

$$X = \frac{3 K T}{R},$$

und wenn wir die numerischen Werte der Konstanten einsetzen:

$$X = 7 \times 10^{-15} \text{ Grammkalorieen pro Sekunde}$$
$$= 2{,}2 \times 10^{-7} \text{ Grammkalorieen pro Jahr.}$$

Damit die Wärmezufuhr diesen Betrag erreichte, brauchten in der Erde pro Einheit des Volumens nur $2{,}6 \times 10^{-13}$ g oder pro Einheit der Masse nur $4{,}6 \times 10^{-14}$ g Radium enthalten zu sein; denn 1 g dieser Substanz entwickelt pro Jahr 876000 Grammkalorieen.

Wie sich im nächsten Kapitel zeigen wird, scheinen radioaktive Stoffe in der ganzen Erde und Atmosphäre nahezu gleichförmig verteilt zu sein. Aufserdem hat man festgestellt, dafs alle Substanzen eine geringe Aktivität aufweisen, von der es allerdings noch fraglich ist, ob sie nicht im wesentlichen von Verunreinigungen durch echte Radioelemente herrührt. Strutt[1]) fand z. B., dafs ein gewöhnliches Platinblech ein Strahlungsvermögen besafs von $^{1}/_{3000}$ desjenigen eines Kristalls aus Urannitrat oder von ungefähr 2×10^{-10}, bezogen auf das des Radiums. Das entspräche einer noch weitaus stärkeren Aktivität, als zum Ersatz des irdischen Wärmeverlustes erforderlich wäre. Zuverlässigere Daten ergeben sich aus Beobachtungen an solchen Substanzen, die unmittelbar dem Erdboden entnommen wurden. Über derartige Messungen haben u. a. Elster und Geitel[2]) berichtet. Sie füllten $3{,}3 \times 10^3$ ccm frischer Gartenerde in eine Schale und setzten diese unter eine Glasglocke von 30 l Inhalt; in demselben Raume befand sich ein Elektroskop, mittels dessen die Leitfähigkeit der abgesperrten Luft gemessen wurde. Im Laufe weniger Tage stieg das Leitungsvermögen bis auf einen maximalen Wert, der drei mal so grofs war wie der normale Betrag. Unter gewöhnlichen Bedingungen besitzt aber die Elektrizitätszerstreuung in abgeschlossenen Luftmengen eine solche Gröfse, dafs man annehmen mufs, es würden pro Kubikzentimeter und Sekunde etwa 30 Ionen erzeugt (s. w. u. Paragraph 284). Die radioaktive Erde lieferte demnach in ihrem Behälter ungefähr 2×10^6 Ionen in jeder Sekunde. Dem entspräche ein Sättigungsstrom von $2{,}2 \times 10^{-14}$ elektromagnetischen Einheiten. Nach der Auffassung von Elster und Geitel rührte der Ionisierungseffekt der Erde im wesentlichen von einem Gehalt an radioaktiver Emanation her, die allmählich in die umgebende Luft austrat. Nun liefert aber die Emanation von 1 g Radium in einem geschlossenen Metallzylinder einen Sättigungsstrom von $3{,}2 \times 10^{-5}$ elektromagnetischen Einheiten. Zur Erzeugung des von Elster und Geitel beobachteten Leitfähigkeitsüberschusses wäre mithin die Emanation von 7×10^{-10} g Radium erforderlich; die Erde müfste also, falls ihr spezifisches Gewicht gleich 2 gesetzt werden

---

[1]) R. J. Strutt, Phil. Mag., Juni 1903.
[2]) J. Elster und H. Geitel, Physik. Ztschr. 4, p. 522. 1903.

darf, in jedem Gramm ihrer Masse ungefähr 10^{-13} g Radium enthalten. Wir hatten aber gesehen, daſs ein Radiumgehalt von $4{,}6 \times 10^{-14}$ g ausreichen würde, um den Wärmeverlust, den unser Planet durch Leitung und Strahlung erleidet, vollständig zu kompensieren. Die Aktivität des Erdbodens ist somit nach den vorliegenden Beobachtungen groſs genug, um mit dieser Hypothese im Einklang zu sein. Dabei ist der Gehalt an Uran- und Thorerzen in unserer Rechnung noch gar nicht berücksichtigt worden; und überdies ist die gesamte Aktivität des Erdreichs wahrscheinlich bei weitem gröſser, als sich nach obiger Schätzung ergibt, weil noch andere radioaktive Stoffe, die keine Emanation entwickeln, in ihm vorhanden sein dürften.

Die Erde müſste im ganzen 270 000 000 t Radium enthalten, um sich im thermischen Gleichgewichte zu befinden; dann würde die Wärmezufuhr durch radioaktive Verwandlung den Verlust durch Strahlung gerade kompensieren. Wäre ihr Radiumgehalt gröſser, so würde der Temperaturgradient einen höheren Wert besitzen, als man ihn tatsächlich heutzutage beobachtet. Jener enorme Wert, der sich aus der Betrachtung des Wärmegleichgewichtes für den gesamten Radiumvorrat ergibt, ist aber keineswegs unwahrscheinlich groſs, in Anbetracht der groſsen Mengen Radiumemanation, die nach neueren Untersuchungen (Paragraph 281) allenthalben in der Atmosphäre enthalten sind. Eve fand nämlich, daſs der Emanationsgehalt der Luft mindestens so groſs ist wie die Gleichgewichtsmenge von 100 t Radium, und aller Wahrscheinlichkeit nach stammt das aktive Gas der Atmosphäre aus der Erde, indem es aus dem Boden und den natürlichen Gewässern in den umgebenden Raum hinaus diffundiert. Es kann aber nur aus verhältnismäſsig geringen Tiefen hervorkommen, da es ja schon binnen vier Tagen die Hälfte seiner Aktivität einbüſst. Angenommen, das Radium wäre in der Erdmasse gleichförmig verteilt, so würde eine Schicht von etwa 13 m Tiefe bereits genügen, um die Atmosphäre mit ihrem normalen Emanationsgehalt zu versorgen.

Somit läſst sich nicht leugnen, daſs die Erde schon seit alten Zeiten in gleichem Maſse wie heutzutage Wärme verloren haben kann, indem durch die Umwandlung radioaktiver Materie stets ausreichender Ersatz geschaffen wurde. Ihre Temperatur mag seit unermeſslichen Zeiten nahezu konstant geblieben sein. Die Abkühlung der Erde wird also wahrscheinlich schon zu einer viel früheren Epoche, als aus Lord Kelvins Schätzung sich ergab, so weit vorgeschritten gewesen sein, daſs tierisches und pflanzliches Leben auf ihr gedeihen konnte.

272. Die Entwickelung der Materie. Schon oft wurde von hervorragenden Physikern und Chemikern die Hypothese aufgestellt, daſs alle Körper aus einer und derselben Urmaterie zusammengesetzt seien.

In dieser Idee lag aber lange Zeit nichts weiter als eine bloſse Spekulation. Erst J. J. Thomson führte in seinen klassischen Untersuchungen über die Natur der Kathodenstrahlen den experimentellen Nachweis, daſs die chemischen Atome noch nicht die kleinsten Einheiten der Materie darstellen. Schon vorher hatte Sir William Crookes, der als erster die merkwürdigen Eigenschaften jener Strahlen erkannte, die Ansicht ausgesprochen, daſs sie aus einem Schwarm elektrisch geladener Massenteilchen beständen, in denen sich — wie er es ausdrückte — ein neuer oder „vierter Zustand der Materie" zu erkennen gäbe.

J. J. Thomson zeigte nach zwei verschiedenen Methoden (Paragraph 50) in einwandsfreier Weise, daſs man es in den Kathodenstrahlen mit negativ geladenen Teilchen zu tun habe, die mit groſser Geschwindigkeit fortgeschleudert würden. Ihr Verhalten lieſs darauf schlieſsen, daſs ihre Masse nur ungefähr $1/1000$ von derjenigen des Wasserstoffatoms — der kleinsten bis dahin bekannten Masseneinheit — betrug. Wie sich später zeigte, werden diese Korpuskeln — wie Thomson sie nannte — auch von glühenden Kohlenfäden und bei Einwirkung ultravioletter Strahlen von blanken Metallplatten ausgesandt. Sie verhalten sich wie isolierte Einheiten negativer Elektrizität und sind identisch mit den Elektronen, deren Eigenschaften auf mathematischem Wege von Larmor und Lorentz erforscht wurden. Solche Elektronen entstehen aber nicht nur unter dem Einflusse von Licht, Wärme und elektrischen Entladungen, sondern sie werden auch spontan von den Radioelementen emittiert; hier besitzen sie jedoch eine viel gröſsere Geschwindigkeit als in den Kathodenstrahlen.

In allen Fällen transportieren die Elektronen eine negative Ladung, und auf welche Weise sie auch entstanden sein mögen, in ihrer physikalischen Natur zeigt sich niemals ein Unterschied. Denn innerhalb der Beobachtungsfehler ergaben die Messungen für das charakteristische Verhältnis e/m, der Ladung zur Masse, ausnahmslos den gleichen Wert. Da sich also aus den verschiedensten Substanzen und unter mannigfach wechselnden Bedingungen stets gleichartige Elektronen bilden, so kann man es für wahrscheinlich halten, daſs sie einen wesentlichen Bestandteil jeglicher Materie darstellen. Nach der Auffassung von J. J. Thomson besteht jedes Atom aus einer Anzahl solcher negativen Elektronen, die auf irgendeine Weise mit entsprechend positiv geladenen Teilchen verbunden sind. Danach würden sich die Atome der einzelnen chemischen Elemente nur durch die Menge und die Anordnung der in ihnen enthaltenen Elektronen voneinander unterscheiden.

Bei der Ionisierung tritt ein Elektron aus dem Atomverbande aus. Dieser Vorgang scheint jedoch die Stabilität des Systems nicht merklich zu beeinflussen; denn nichts deutet darauf hin, daſs der Durchgang starker elektrischer Entladungen durch ein Gas eine dauernde Veränderung der Atomstruktur zur Folge hätte. Andererseits sahen wir, daſs beim Zerfall der Radioelemente positiv geladene Teilchen zu entweichen pflegen, deren Masse ungefähr doppelt so groſs ist wie die des Wasserstoffatoms. Dadurch scheint aber eine dauernde Veränderung der schweren Radioatome herbeigeführt zu werden, da sie nach dem Austritt des positiven Teilchens nicht mehr dieselben physikalischen und chemischen Eigenschaften wie vorher besitzen. Dieser Prozeſs ist übrigens, soweit man es zur Zeit beurteilen kann, nicht reversibel.

Der Austritt eines β-Teilchens von sehr groſser Geschwindigkeit aus einem Radioatom kann gleichfalls zu einer Umwandlung des letzteren Veranlassung geben. So bildet sich aus dem Radium E, das ausschlieſslich β-Strahlen emittiert, eine neue Substanz, das Radium F (Polonium). Hier kommt also eine vollständig neue Gruppierung der Bausteine des Atoms dadurch zustande, daſs ein β-Teilchen mit enormer Geschwindigkeit davonfliegt. Um einen Vorgang von ganz anderer Art handelt es sich wahrscheinlich bei der Ionisierung, da die Elektronen in diesem Falle nur mit geringer Geschwindigkeit aus dem Atom entweichen, ohne daſs seine Stabilität dadurch in merklichem Grade beeinfluſst würde.

Nur bei den radioaktiven Substanzen deuten die Erscheinungen unmittelbar darauf hin, daſs eine Umwandlung chemischer Elementarstoffe stattfinden kann. Ist die Desaggregationstheorie in ihren wesentlichen Punkten richtig, so hat man sich vorzustellen, daſs die Radioelemente unaufhörlich in einer spontanen Zersetzung begriffen sind, indem sie allmählich in neue Formen der Materie übergehen. Beim Uran und Thorium verläuft dieser Prozeſs sehr langsam, beim Radium aber ziemlich schnell. Von einer gegebenen Masse dieses letzteren Stoffes verwandelt sich $1/2000$ innerhalb eines Jahres. Beim Uran und Thorium müſsten hingegen wohl eine Million Jahre verstreichen, bis der Zerfall der Atome im gleichen Maſse fortgeschritten wäre. Hier verläuft der Prozeſs also viel zu langsam, als daſs man das Resultat der Umwandlung innerhalb uns zugänglicher Zeitperioden mit Hilfe der Wage oder des Spektroskops nachweisen könnte; wohl aber läſst sich die Strahlung, die den Vorgang begleitet, leicht beobachten. Ein Radioelement mag indessen noch so langsam zerfallen, stets handelt es sich um einen Prozeſs, der unaufhörlich weiter fortschreitet, und somit wird auch alles Uran und Thorium, das heute auf der Erde vorhanden ist, dereinst im Laufe der Jahrtausende in andere Formen der Materie übergegangen sein.

So weit man bisher an die Möglichkeit dachte, daſs die Atome eines Körpers eine Umwandlung erleiden könnten, glaubte man im allgemeinen, daſs sich die Materie als Ganzes an dem Prozeſs beteiligen würde, indem die gesamte Masse der Substanz allmählich andere physikalische und chemische Eigenschaften annähme. Nach der Desaggregationstheorie liegen die Dinge indessen wesentlich anders. Es zerfällt nämlich in jeder Zeiteinheit nur ein winziger Bruchteil der jeweils vorhandenen Materie, und auf jeder einzelnen der aufeinanderfolgenden Umwandlungsstufen erleidet sie in der Regel eine charakteristische Veränderung ihrer physikalischen und chemischen Eigenschaften. Es handelt sich also um sprungweise vor sich gehende Umwandlungen eines bestimmten Teils der Körper und nicht um stetige Veränderungen der gesamten Substanz. Solange der Prozefs noch nicht vollständig sein Ende erreicht hat, existiert demnach jederzeit ein Teil der Materie noch im ursprünglichen Zustande, wenn auch vermengt mit Umwandlungsprodukten, die aus der übrigen Substanz des Radioelementes entstanden sind.

Naturgemäfs wird man die Frage aufwerfen, ob dieser Verfall der Substanz sich allein auf die Radioelemente beschränkt, oder ob er eine allgemeine Eigenschaft der Materie darstellt. Im nächsten Kapitel wird sich zeigen, dafs alle Stoffe, so weit man sie geprüft hat, eine schwache Aktivität aufweisen. Es läfst sich jedoch sehr schwer entscheiden, ob die Strahlung, die in diesen Fällen zur Beobachtung gelangt, nicht etwa nur von einem geringen Gehalt an einem echten Radioelemente herrührt. Unter allen Umständen müfste die gewöhnliche Materie aber eine wesentlich schwächere Aktivität besitzen als Uran, sich also aufserordentlich langsam umwandeln. Es gibt indessen noch eine andere Möglichkeit, mit der man zu rechnen hat. Die materielle Umwandlung der Radioelemente wäre wahrscheinlich niemals entdeckt worden, wenn nicht eine Emission geladener Teilchen von hoher Geschwindigkeit diesen Vorgang begleiten würde. An und für sich sollte man aber meinen, dafs ein Atom wohl auch zerfallen könne, ohne dafs zugleich ein Teil seiner Substanz mit einer zur Ionisierung ausreichenden Geschwindigkeit fortgeschleudert würde. In der Tat hat man ja auch bei den Radioelementen selbst, sowohl beim Thorium als auch beim Radium und Aktinium, Umwandlungsstufen feststellen können, auf denen keine ionisierenden Strahlen entsandt werden. (Vgl. hierzu die Ausführungen in Anhang A.) Es erscheint daher sehr wohl möglich, dafs sich jegliche Materie langsam verwandelt in ähnlicher Weise, wie es bei den Radioelementen der Fall ist; dafs man einen solchen Vorgang bisher lediglich bei diesen letzteren nachweisen konnte, hätte dann seinen Grund nur darin, dafs hier gleichzeitig eine Emission geladener Teilchen von sehr hoher Geschwindigkeit stattfindet. Wäre der Verfall der Materie tatsächlich eine allgemeine Eigenschaft aller Körper, so müfsten sich im Laufe der Zeiten allmählich immer einfachere und stabilere Atomformen auf der Erde bilden.

Zu den Umwandlungsprodukten des Radiums gehört auch das Helium. Dadurch wird es wahrscheinlich, dafs dieses letztere zu den elementaren

Stoffen gehört, aus denen sich die schwereren Atome aufbauen. In einer interessanten Schrift, betitelt „Inorganic Evolution", hat Sir Norman Lokyer darauf aufmerksam gemacht, dafs die Spektra des Heliums und des Wasserstoffs gerade auf den heifsesten Sternen vorherrschen. Erst auf den kälteren Himmelskörpern finden sich auch die komplizierteren Formen der Materie vertreten. Auf solche Untersuchungen der Sternspektra gründet Lokyer eine Theorie der „Entwickelung der Materie". Er sieht in der Temperatur den wesentlichen Faktor, der beim Zerfall der Atome die ausschlaggebende Rolle spielt. Dieser Auffassung gegenüber ist aber zu bedenken, dafs in den Radioelementen die Umwandlung der Materie spontan erfolgt und von den Temperaturverhältnissen vollständig unabhängig zu sein scheint.

Vierzehntes Kapitel.

Atmosphärische Aktivität. Die Radioaktivität als allgemeine Eigenschaft der Materie.

273. Radioaktivität der Atmosphäre. Im Jahre 1900 zeigten Geitel[1]) und C. T. R. Wilson[2]), daſs positiv und negativ elektrisierte Leiter in abgeschlossenen Räumen ihre Ladungen allmählich verlieren, und zwar infolge eines geringen Ionengehaltes der abgesperrten Luft. Wie ferner von Elster und Geitel festgestellt wurde, erfolgt eine ziemlich rasche Elektrizitätszerstreuung in der freien Atmosphäre; die Geschwindigkeit der Entladung ändert sich in diesem Falle von Ort zu Ort und ist auſserdem abhängig von den meteorologischen Verhältnissen. (Ausführlicher wird von diesen Erscheinungen noch in Paragraph 284 die Rede sein.)

Geitel bemerkte gelegentlich jener ersten Beobachtungen, daſs die Leitfähigkeit der Luft nach dem Schlieſsen des Versuchsgefäſses eine Zeitlang noch ein wenig zunahm. Seiner Meinung nach kam dieser Effekt möglicherweise dadurch zustande, daſs die Luft eine radioaktive Substanz enthielt, die zum Auftreten einer erregten Aktivität auf den Gefäſswänden Veranlassung gab. Elster und Geitel[3]) unternahmen dann im Jahre 1901 den kühnen Versuch, aus der atmosphärischen Luft einen radioaktiven Stoff zu extrahieren. Der Verfasser hatte damals bereits gezeigt, daſs sich die von der Thoremanation erregte Aktivität in einem starken elektrischen Felde auf der negativen Elektrode konzentriert. Die Träger dieser Aktivität muſsten also positive Ladungen mit sich führen. Nach solchen elektropositiven Trägern suchten nun Elster und Geitel auch in

---

[1]) H. Geitel, Physik. Ztschr. 2, p. 116. 1900.
[2]) C. T. R. Wilson, Proc. Camb. Phil. Soc. 11, p. 32, 1900. Proc. Roy. Soc. 68, p. 151. 1901.
[3]) J. Elster und H. Geitel, Physik. Ztschr. 2, p. 590. 1901.

der Atmosphäre. Zu diesem Zwecke exponierten sie ein zylindrisch gebogenes Drahtnetz, das dauernd auf minus 600 Volt gehalten wurde, mehrere Stunden lang der freien Luft. Hierauf brachten sie den Versuchskörper schnell unter eine grofse Glasglocke, die aufserdem ein Elektroskop umschlofs; von aufsen konnte die Zerstreuung beobachtet werden. Es zeigte sich unter diesen Umständen eine geringe Steigerung der Entladungsgeschwindigkeit. Zur Verstärkung des Effektes wurde nunmehr ein Draht von 20 m Länge benutzt. Er wurde in einiger Höhe über dem Erdboden im Freien ausgespannt und durch Verbindung mit dem negativen Pole einer Influenzmaschine auf ein hohes Potential geladen. Nach mehrstündiger Exposition übte der Draht im Zerstreuungsgefäfs eine starke entladende Wirkung aus: der Zerstreuungskoeffizient stieg auf das Vielfache seines ursprünglichen Wertes; die Erscheinung blieb indessen aus, wenn der Draht während der Exposition positiv geladen wurde. Rieb man den Draht im ersteren Falle mit einem Stück Leder ab, so nahm dieses letztere, zumal wenn es vorher mit etwas Ammoniak angefeuchtet wurde, eine starke Aktivität an. Als ein sehr langer Draht benutzt wurde, war die Strahlung des Lederlappens nahezu ebenso grofs wie die von 1 g Uranoxyd. Es scheidet sich demnach auf den exponierten Körpern aus der Luft eine radioaktive Materie ab, und diese läfst sich in derselben Weise wieder entfernen wie nach einer künstlichen Aktivierung durch Thoremanation.

Die Aktivität, die ein Draht in der Atmosphäre annahm, war nicht beständig, sondern verschwand zum grofsen Teile bereits in wenigen Stunden. Dagegen spielte das Material keine Rolle: Drähte aus Blei, Eisen und Kupfer gaben gleich starke Effekte, wenn sie unter den nämlichen Bedingungen exponiert wurden und gleiche Dimensionen besafsen.

Besonders kräftig fiel die Aktivierung negativ geladener Drähte aus in stagnierenden Luftmassen. So erhielten Elster und Geitel sehr hohe Aktivitäten, als sie die Versuche in weiten Kellerräumen in Wolfenbüttel wiederholten. Die Strahlung eines Lederlappens, mit dem der exponierte Draht abgerieben wurde, war unter diesen Umständen so stark, dafs unter ihrem Einflufs eine im Dunkeln deutlich sichtbare Fluoreszenz des Baryumplatincyanürs zustande kam[1]). Auch photographische Eindrücke konnten auf diese Weise erzielt werden, selbst wenn die Platte mit 0,1 mm dickem Aluminiumblech bedeckt worden war.

Diese wichtigen Versuche beweisen, dafs die Aktivitätserregung durch atmosphärische Luft mit derjenigen durch radioaktive Emana-

---

[1]) J. Elster und H. Geitel, Physik. Ztschr. 3, p. 76. 1901.

tionen die gröfste Ähnlichkeit besitzt. Von keiner Seite sind unsere Kenntnisse von der Radioaktivität und Ionisation der Atmosphäre mehr gefördert worden als von den Herren Elster und Geitel. Ihre ersten Beobachtungen, über die im vorstehenden berichtet wurde, bildeten den Ausgangspunkt für eine Reihe weiterer Untersuchungen, die teils von ihnen selbst, teils von anderen Forschern ausgeführt wurden, und denen wir einen tiefen Einblick in jenes wichtige Erscheinungsgebiet verdanken.

Von Rutherford und Allan[1]) wurde die Abklingungskonstante der durch atmosphärische Luft erregten Aktivität bestimmt. Zu diesen Messungen wurde ein 15 m langer Draht in freier Luft ausgespannt und mittels einer Influenzmaschine dauernd auf ein Potential von minus 10000 Volt geladen. Eine einstündige Exposition genügte, um eine starke Aktivierung hervorzurufen. Der Draht wurde alsdann unverzüglich auf einen Rahmen aufgewickelt und das Ganze als zentrale Elektrode in einen weiten Metallzylinder eingesetzt. Zur Messung der Ionisation in diesem Kondensator diente ein empfindliches Dolezaleksches Elektrometer. Die Intensität des Sättigungsstromes, die der Aktivität des Drahtes proportional sein mufste, nahm nun in geometrischer Progression mit der Zeit ab, und zwar verringerte sie sich in je 45 Minuten um die Hälfte. Von Einflufs auf die Abklingungsgeschwindigkeit war weder das Material des Drahtes, noch die Länge der Expositionszeit, noch die Höhe des während der Aktivierung angelegten Potentials.

Weiter wurde die Natur der von dem aktivierten Körper ausgehenden Strahlen untersucht. Hierzu benutzte man einen Bleidraht, der nach der Exposition zu einer flachen Spirale aufgerollt wurde. In erster Linie galt es, die Absorbierbarkeit der Strahlen zu prüfen. Dies geschah durch Strommessung in einem geeigneten Kondensator (s. Fig. 17), und es zeigte sich, dafs die emittierte Energie zum gröfsten Teile aus Strahlen von sehr geringem Durchdringungsvermögen bestand, die aber immerhin noch etwas weniger stark absorbiert wurden als die α-Strahlen eines durch Radium- oder Thoremanation aktivierten Körpers. Aluminiumfolie von 0,001 cm Dicke schwächte ihre Intensität um 50 %. Elster und Geitel hatten aber noch durch 0,1 mm dickes Aluminium hindurch eine photographische Einwirkung feststellen können; es mufsten also auch Strahlen von geringerer Absorbierbarkeit vorhanden sein. Elektrometrische Beobachtungen von Allan bestätigen dies. Wahrscheinlich sind jene Strahlen zweiter Art ihrer physikalischen Natur nach mit den β-Strahlen der Radioelemente identisch.

---

[1]) E. Rutherford und S. J. Allan, Phil. Mag., Dez. 1902.

274. Die Aktivierung eines negativ geladenen Drahtes in freier Luft kann nicht lediglich auf einer Wirkung des starken elektrischen Feldes an seiner Oberfläche beruhen. Denn die erregte Aktivität wird sehr gering, wenn man den Draht mit gleich hohem Potential in einen engen Zylinder einschliefst. Durch Abreiben und Behandeln mit Säuren kann man die Körper eines grofsen Teiles ihrer erregten Aktivität berauben. In dieser und auch in anderer Hinsicht zeigt sich fast dasselbe Verhalten wie nach einer Aktivierung durch Radium- oder Thoremanation. Dies deutet darauf hin, dafs die Atmosphäre selbst eine radioaktive Emanation enthält, wofür noch mancherlei andere Umstände (s. Paragraph 276, 277 und 280) zu sprechen scheinen.

Nimmt man an, dafs eine solche Emanation tatsächlich einen Bestandteil der Luft bilde, so lassen sich die beobachteten Erscheinungen sehr einfach erklären. Durch den allmählichen Zerfall jenes aktiven Gases werden nämlich radioaktive Träger positiver Ladungen entstehen; diese wandern im elektrischen Felde an die negative Elektrode, erleiden hierselbst eine weitere Umwandlung, und so kommt die Strahlung der exponierten Körper zustande. Die Materie dieser erregten Aktivität wäre demnach von derselben Art wie die aktiven Niederschläge der Thor- und Radiumemanation.

Die ganze Erde ist nun gegen die Atmosphäre elektronegativ; daher müssen sich von jenen positiven Trägern fortwährend erhebliche Mengen auf der Erdoberfläche ablagern. Es werden sich also alle Gegenstände, die von der Luft umspült werden, die Mauern der Häuser, das Laub der Bäume, die Wiesen usw., mit einer unsichtbaren Schicht einer radioaktiven Materie überziehen. An Hügeln, Berggipfeln, überhaupt an jeder Bodenerhebung ist die Intensität des Erdfeldes gröfser als in der Umgebung; an solchen Stellen mufs demnach pro Flächeneinheit eine stärkere Aktivierung eintreten als in der Ebene. Auf diese Weise findet nach **Elster** und **Geitel** die Tatsache, dafs gerade in der Nähe der Bergspitzen die Leitfähigkeit der Luft relativ hohe Werte zu besitzen pflegt, eine befriedigende Erklärung.

Würden in gleichen Zeiten gleiche Mengen der radioaktiven Träger in der Atmosphäre erzeugt, so müfste sich der Momentanwert der erregten Aktivität J_t, den ein Körper nach einer beliebigen Expositionszeit t aufweist, nach der Formel $J_t = J_o(1-e^{-\lambda t})$ berechnen lassen, wenn unter J_o seine Maximalaktivität und unter λ die Abklingungskonstante verstanden wird. Da die Halbwertsperiode im vorliegenden Falle 45 Minuten beträgt, ist λ gleich $0{,}92(\text{Stunden})^{-1}$. Nach Versuchen von **Allan**[1]) scheint jene Gleichung in erster Annäherung erfüllt zu werden. Sehr genau lassen sich indessen diesbezügliche

---

[1]) S. J. Allan, Phil. Mag., Febr. 1904.

Messungen nicht ausführen, da die Aktivität der freien Luft beständigen Schwankungen unterliegt. Jedenfalls erreicht die Aktivierung eines Drahtes aber nach mehrstündiger Exposition praktisch einen Maximalwert, der weiterhin, wenn der Körper noch länger in der Luft verbleibt, nicht überschritten wird.

Wie wir wissen (Paragraph 191), bewegen sich die Teilchen der aktiven Niederschläge des Radiums und Thoriums im elektrischen Felde nahezu mit der nämlichen Geschwindigkeit wie Gasionen. Man könnte daher wohl erwarten, daſs ein auf hohes negatives Potential geladener Draht von groſser Länge die in der Luft vorhandenen aktiven Träger aus ziemlich beträchtlicher Entfernung an sich heranziehen würde. Das scheint indessen nicht der Fall zu sein. Eve fand nämlich, daſs der Aktionsradius für ein Drahtpotential von —10 000 Volt noch nicht 1 m beträgt. Die radioaktiven Teilchen scheinen daher nicht frei zu sein; vermutlich haften sie an den feinen Staubpartikeln, die stets in groſser Zahl in der Luft schweben, so daſs ihre Beweglichkeit sehr stark beeinträchtigt ist.

Mit zunehmendem Potential muſs die Aktivierung eines frei über dem Boden ausgespannten Drahtes stetig wachsen; denn je stärker die elektrische Kraft, desto gröſser ist das Luftvolumen, aus dem ihn die radioaktiven Träger erreichen.

Auf den Gehalt der Luft an radioaktiver Materie läſst sich zum groſsen Teile auch die natürliche Ionisation der Erdatmosphäre zurückführen. (Näheres hierüber s. in Paragraph 281).

275. Radioaktivität von frischgefallenem Regen und Schnee.

Versuche von C. T. R. Wilson[1]) sollten darüber Aufschluſs geben, ob der Regen einen Teil der aktiven Materie aus der Luft mit sich herunterführt. Zu diesem Zwecke wurde eine geeignete Menge frisch gefallenen Regenwassers aufgefangen und sofort in einer Platinschale zur Trockne eingedampft. Der Rückstand wurde dann mit einem Elektroskop auf eine etwaige Aktivität hin untersucht; ausnahmslos zeigte sich ein recht erheblicher Effekt. So lieferten 50 ccm Regenwasser eine Aktivität, unter deren Einfluſs die Geschwindigkeit, mit der sich das Elektroskop entlud, auf das Vier- bis Fünffache des normalen Betrages stieg, selbst wenn eine dünne Aluminium- oder Goldschicht in den Strahlengang eingeschaltet war. Die Wirksamkeit nahm aber allmählich ab, und zwar mit einer Halbwertsperiode von ungefähr 30 Minuten. Hatte die aufgefangene Flüssigkeit einige Stunden gestanden, so lieſs sich die Erscheinung nicht mehr beobachten. Leitungswasser hinterlieſs nach dem Eindampfen keinen aktiven Rückstand.

---

[1]) C. T. R. Wilson, Proc. Camb. Phil. Soc. 11, p. 428. 1902.

Vierzehntes Kapitel. Atmosphärische Aktivität.

Die Intensität der Strahlung war für gleiche Flüssigkeitsmengen stets von derselben Größenordnung. Es war insbesondere gleichgültig, ob der Regen in großen oder in kleinen Tropfen, bei Nacht oder bei Tage herniedergefallen war, und ob die zu untersuchende Probe bei Beginn oder am Ende stundenlang anhaltender Niederschläge aufgefangen wurde.

Die Platinschale konnte zur Rotglut erhitzt werden, ohne daß die Aktivität der Rückstände verschwand. In dieser und in anderer Beziehung verhielten sie sich ähnlich wie Drähte, die mit negativer Ladung in freier Luft exponiert worden waren.

Wilson[1]) gelang es auch, radioaktive Niederschläge zu erzeugen, indem er dem Regenwasser etwas Baryumchlorid zusetzte und das Baryum mit Schwefelsäure fällte. Dasselbe bewirkte ein Zusatz von Alaun und Fällung des Aluminiums mit Ammoniak. Die Niederschläge, die man auf diese Weise erhielt, besaßen eine sehr hohe Aktivität. Die Filtrate waren dagegen vollständig inaktiv, woraus hervorgeht, daß die aktive Materie aus dem Wasser extrahiert worden war. Bekanntlich lassen sich nach demselben Verfahren aus Lösungen der Umwandlungsprodukte der Thoremanation aktive Niederschläge gewinnen (vgl. Paragraph 185).

Frisch gefallener Schnee besitzt gleichfalls eine merkliche Radioaktivität. Unabhängig voneinander beobachteten dies C. T. R. Wilson[2]) in England sowie Allan[3]) und Mc. Lennan[4]) in Kanada. Um starke Effekte zu erzielen, wurden die Flocken von der Oberfläche einer Schneeschicht gesammelt und in einem Metallgefäße zur Trockne eingedampft. Die Rückstände besaßen ähnliche radioaktive Eigenschaften wie die von frisch gefallenem Regen. Wilson sowohl wie Allan fanden, daß die Abklingungsgeschwindigkeiten für Regen und für Schnee nahezu gleich groß sind, indem die Aktivität in beiden Fällen sich in je 30 Minuten um die Hälfte verringert. Nach Mc. Lennan zeigt sich nach einem lang anhaltenden Schneefall eine geringere Luftaktivität als vorher.

Wie von Schmauss[5]) beobachtet wurde, nehmen fallende Wassertropfen in durch Röntgenstrahlen ionisierter Luft negative Ladungen an. Man erklärt dies durch den Umstand, daß die negativen Ionen in Luft schneller diffundieren als die positiven. Demnach müssen sich auch die Regentropfen und Schneeflocken beim Herabfallen negativ laden. Infolgedessen wirken sie wie Kollektoren für die elektro-

---

[1]) C. T. R. Wilson, Proc. Camb. Phil. Soc. 11, p. 428, 1902; 12, p. 17, 1903.
[2]) C. T. R. Wilson, Proc. Camb. Phil. Soc. 12, p. 85. 1903.
[3]) S. J. Allan, Phys. Rev. 16, p. 106. 1903.
[4]) J. C. Mc. Lennan, Phys. Rev. 16, p. 184. 1903.
[5]) A. Schmauss, Ann. d. Phys. 9, p. 224. 1902.

positiven aktiven Träger, die in der Luft enthalten sind, und so kommt es, daſs atmosphärische Niederschläge die radioaktive Materie zur Erde hinabführen.

276. Radioaktive Emanation der Erde. Nach Beobachtungen von Elster und Geitel ist die Luft in Höhlen und Kellern in der Regel auffallend stark radioaktiv und in einem abnorm gesteigerten Grade ionisiert. Dies kann entweder davon herrühren, daſs die Luft selbst fortwährend eine radioaktive Emanation erzeugt, von der sich in jenen Räumen allmählich gröſsere Mengen ansammeln, oder daſs eine solche Emanation aus dem Erdboden herausdiffundiert. Elster und Geitel prüften daher zunächst, ob das Stagnieren der Luft allein derartige Erscheinungen im Gefolge hätte, indem sie ein Luftquantum in einem groſsen Kessel mehrere Wochen lang ruhig stehen lieſsen. Sie konnten jedoch in diesem Falle keine Zunahme der Aktivität oder Ionisation bemerken. Sie untersuchten nun, ob die in den kapillaren Spalten des Erdreichs eingeschlossene Luft besonders stark radioaktiv wäre[1]). Zu diesem Zwecke wurde ein tiefes Loch in die Erde gestoſsen, ein langes Rohr hineingesenkt, und die Bodenluft mittels einer Wasserstrahlpumpe in den Meſsapparat eingesaugt.

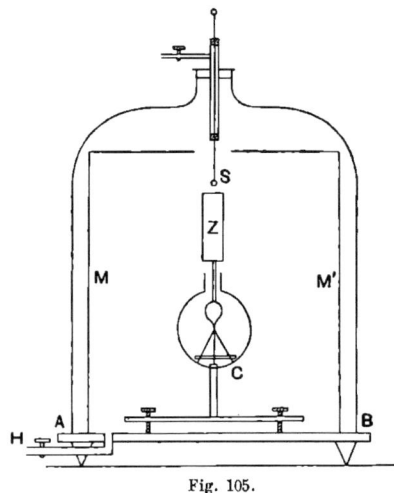

Fig. 105.

Zur Prüfung des Ionengehalts benutzten sie eine Anordnung, die in Fig. 105 abgebildet ist. Das Elektroskop C trägt als Zerstreuungskörper einen Messingzylinder Z und steht auf einer Eisenplatte AB. Darüber ist eine groſse Glasglocke von 27 l Inhalt gestülpt, deren Innenwand mit einem Drahtnetz MM' ausgekleidet ist. Der abgeschlossene Raum kann mit der zu untersuchenden Luft gefüllt werden. Zur Ladung des Elektroskops dient der Draht S.

Es wurde zunächst die Entladungsgeschwindigkeit bestimmt, solange die Glocke noch Zimmerluft enthielt. Dann wurde Bodenluft eingelassen, und sofort zeigte sich eine starke Zunahme der Zerstreuungskoeffizienten. In einer Versuchsreihe stieg die Leitfähigkeit im Laufe weniger Stunden auf das Dreiſsigfache des ursprüng-

---

[1]) J. Elster und H. Geitel, Physik. Ztschr. 3, p. 574. 1902.

lichen Wertes. Auf den Wänden des Behälters entstand unter dem Einfluſs der Emanation eine erregte Aktivität, und es zeigte sich, daſs die Bodenluft sogar noch stärker aktiv war als die von Kellern und Höhlen. Es kann daher als erwiesen gelten, daſs die abnorm hohe Aktivität, die man in solchen Räumen beobachtet, von einer im Erdboden enthaltenen Emanation herrührt, die allmählich herausdiffundiert und sich in der stagnierenden Luft ansammelt.

Ähnliche Erscheinungen wie Elster und Geitel in Wolfenbüttel beobachteten Ebert und Ewers[1]) in München. Sie fanden, daſs die Bodenluft an diesem Orte gleichfalls eine hochaktive Emanation enthielt und bestimmten auſserdem, wie sich die Aktivität einer abgeschlossenen Menge dieser Luft im Laufe der Zeit änderte. Nach der Füllung des Versuchsgefäſses wuchs die Zerstreuung zunächst mehrere Stunden lang, nahm dann aber in exponentieller Weise allmählich ab, indem sie binnen 3,2 Tagen auf die Hälfte sank. Dies entspräche einem rascheren Aktivitätsabfall, als ihn die Emanation des Radiums besitzt, da deren Halbwertsperiode fast vier Tage beträgt. Die anfängliche Zunahme der Zerstreuung dürfte von dem Auftreten einer erregten Aktivität auf den Gefäſswänden herrühren. So beobachtet man ja auch zunächst einen Aktivitätsanstieg, nachdem man Radiumemanation in einen geschlossenen Behälter eingeführt hat. Für den zeitlichen Abfall jener erregten Aktivität haben Ebert und Ewers keine definitiven Messungen angestellt. In einem Falle lieſsen sie die Emanation 140 Stunden lang in dem Behälter stehen und ersetzten sie dann durch gewöhnliche Luft von sehr geringer Leitfähigkeit. Dadurch sank die Aktivität sofort auf etwa die Hälfte ihres vorherigen Wertes; weiterhin erfolgte aber nur ein sehr langsamer Abfall, woraus hervorzugehen scheint, daſs der gesamte Zerstreuungseffekt zur Hälfte von der Strahlung der Emanation selbst und zur anderen Hälfte von der erregten Aktivität herrührt.

Der Apparat, der zu diesen Versuchen benutzt wurde, unterschied sich nicht wesentlich von dem in Fig. 105 abgebildeten von Elster und Geitel. Ebert und Ewers bemerkten, daſs negative Ladungen des Zerstreuungskörpers stets schneller fortgeführt wurden als positive: die Unterschiede betrugen 10—20 %. Ein ähnliches Verhalten wurde von Sarasin, Tommasina und Micheli[2]) beobachtet für den Fall der Ionisierung durch einen in freier Luft aktivierten Draht. Diese Unipolarität der Elektrizitätsleitung erklärt sich wahrscheinlich durch die Anwesenheit suspendierter Staubteilchen oder Wassertröpfchen. Wie nämlich aus Versuchen von Miss Brooks (Paragraph 181) hervorgeht, werden solche Staubpartikel in emanationshaltiger Luft selbst

---

[1]) H. Ebert und P. Ewers, Physik. Ztschr. 4, p. 162. 1902.
[2]) E. Sarasin, T. Tommasina und F. Micheli, C. R. 139, p. 917. 1905.

radioaktiv; dabei erlangen sie aber eine positive Ladung, so daſs sie im elektrischen Felde nach der negativen Elektrode hin wandern. Durch diesen Effekt muſs die Entladung negativer Elektrizität offenbar beschleunigt werden. Später fanden Ebert und Ewers, daſs sich der Sinn der Unipolarität bisweilen, wenn die Luft mehrere Tage lang unter der Glocke gestanden hatte, umkehrte, indem dann die positiven Ladungen schneller zerstreut wurden.

Nach J. J. Thomson[1]) ist übrigens die Intensität eines Ionisationsstromes stets von der Richtung des elektrischen Feldes abhängig, wenn Wassertröpfchen in dem ionisierten Gase suspendiert sind.

Weitere Untersuchungen von Ebert[2]) ergaben, daſs man der Luft durch starke Abkühlung ihre radioaktive Emanation entziehen kann. Ebert entdeckte diese Erscheinung selbständig, ohne Kenntnis der Untersuchungen von Rutherford und Soddy über die Kondensation der Radium- und Thoremanationen. Es gelang ihm durch ein geeignetes Verfahren, den Emanationsgehalt einer gegebenen Luftmenge künstlich zu steigern. Zu diesem Zwecke kondensierte er ein Quantum Bodenluft in einer Luftverflüssigungsmaschine und lieſs das verdichtete Gas zum Teil wieder verdampfen. Der Vergasungsprozeſs wurde jedoch unterbrochen, bevor die Verflüchtigungstemperatur der Emanation erreicht worden war. In derselben Weise verfuhr man mit einer neuen Menge Bodenluft, und durch mehrmalige Wiederholung des Prozesses konnte man, indem die Rückstände vereinigt wurden, die aktive Emanation in einem kleinen Luftvolumen konzentrieren. Als man nun das Ganze in den Zerstreuungsapparat hinein verdampfen lieſs, erhielt man eine intensive Ionisation, die zunächst beträchtlich zunahm, um sodann langsam wieder abzuklingen. Ebert gibt an, daſs der Maximaleffekt in diesem Falle, d. h. wenn die Emanation eine Zeit lang verflüssigt gewesen war, früher eintritt als wenn man mit frischer Luft arbeitet. Die Abfallsgeschwindigkeit ist jedoch in beiden Fällen gleich groſs, und dies gilt bekanntlich auch für die Emanationen der Radioelemente.

J. J. Thomson[3]) fand, daſs die Leitfähigkeit gewöhnlicher Luft beträchtlich zunahm, wenn er sie durch Cambridger Leitungswasser hindurchperlen lieſs. Er saugte die Luft mittels einer Wasserstrahlpumpe in ein groſses Gasometer, in welchem die Stärke des Ionisationsstromes mit einem empfindlichen Elektrometer gemessen wurde. Ein negativ geladener Draht wurde in dieser gut leitenden Atmosphäre radioaktiv; wurde er nach einer Exposition von 15—30 Minuten in ein zweites Gefäſs übergeführt, so stieg der Sättigungsstrom in dem

---

[1]) J. J. Thomson, Phil. Mag., Sept. 1902.
[2]) H. Ebert, Sitzber. Akad. d. Wiss. in München, 33, p. 133. 1903.
[3]) J. J. Thomson, Phil. Mag., Sept. 1902.

letzteren auf etwa das Fünffache des normalen Betrages. Die Wirkung war dagegen sehr gering, wenn der Draht während einer gleich langen Exposition keine oder eine positive Ladung erhielt. Im Laufe der Zeit nahm seine Aktivität ab, mit einer Halbwertsperiode von 40 Minuten. Die Stärke der Aktivierung war unter im übrigen gleichen Bedingungen unabhängig von dem Material des Drahtes. Seine Strahlung wurde bereits in Luftschichten von wenigen Zentimetern Dicke stark absorbiert.

Anfangs glaubte man, diese Effekte auf den Einfluſs der in dem Gase suspendierten Wassertröpfchen zurückführen zu müssen; denn es war wohlbekannt, daſs man der Luft durch rasches Hindurchsaugen durch Wasser eine vorübergehend erhöhte Leitfähigkeit erteilen kann. Durch weitere Versuche ließ sich indessen beweisen, daſs auch in jenem Falle eine radioaktive Emanation, die in dem Cambridger Leitungswasser enthalten war, zur Wirksamkeit gelangte. Diese Erkenntnis gab die Veranlassung, an verschiedenen Orten in England das Wasser tiefer Brunnen näher zu untersuchen. Dabei fand J. J. Thomson mehrfach einen hohen Gehalt an Emanation. Indem man das Wasser zum Sieden erhitzte oder Luft hindurchperlen ließ, konnte die Emanation in Freiheit gesetzt werden. Insbesondere waren die Gase, die aus dem kochenden Wasser aufstiegen, stark radioaktiv. Ein Teil der so gewonnenen Emanation wurde, mit Luft gemischt, zur Kondensation gebracht; das verflüssigte Gas ließ man wieder verdampfen und sammelte die ersten und die letzten Portionen in besonderen Behältern. Es zeigte sich dann, daſs die letzten Verdampfungsprodukte 30 mal so stark aktiv waren wie die zuerst aufgefangenen Gasproben.

Adams[1]) untersuchte ebenfalls die radioaktiven Eigenschaften solcher Brunnengase. Er fand zunächst, daſs die Aktivität der Emanation in exponentieller Weise allmählich abnahm, und zwar mit einer Halbwertsperiode von 3,4 Tagen. Die Abklingungsgeschwindigkeit unterschied sich also nicht wesentlich von derjenigen der Radiumemanation, da deren Aktivität gleichfalls in etwas weniger als vier Tagen auf den halben Wert sinkt. Für den Abfall der erregten Aktivität erhielt Adams eine Halbwertsperiode von 35 Minuten. Aktiviert man einen Körper durch Radiumemanation, so verringert sich seine Strahlungsintensität nach Überschreitung des unregelmäſsigen Anfangsstadiums in je 28 Minuten um die Hälfte. Naturgemäſs waren die Messungen in dem ersterwähnten Falle nicht sehr genau, da in jenen Versuchen stets nur sehr schwache Ionisationsströme zur Beobachtung gelangten. Unter Berücksichtigung dieses Umstandes wird man sagen dürfen, daſs die Emanation des Brunnenwassers in England mit der Radiumemanation identisch ist oder ihr wenigstens sehr ähnelt. Das von Adams unter-

---

[1]) E. P. Adams, Phil. Mag., Nov. 1903.

suchte aktive Gas war in Wasser etwas löslich. War das Brunnenwasser eine Zeitlang zum Sieden erhitzt worden, so stellte sich allmählich wieder ein gewisses Emanationsvermögen ein. Wenn es eine Weile gestanden hatte, war die Menge von aktivem Gas, die man erhalten konnte, niemals gröfser als 10 % des von frischem Wasser abgegebenen Quantums. Das Brunnenwasser enthält demnach, wie es scheint, neben der Emanation auch eine geringe Menge einer in Lösung gegangenen primär aktiven Substanz. Regenwasser und destilliertes Wasser besitzen dagegen keinen Emanationsgehalt.

Auch in New Haven (Connecticut) enthält das Leitungswasser und das Erdreich eine radioaktive Emanation; ihre Eigenschaften wurden von Bumstead und Wheeler[1]) eingehend untersucht. Nachdem die aktiven Gase in einen grofsen zylindrischen Behälter eingeführt worden waren, bestimmte man die Ionisation mit einem empfindlichen Elektrometer. Die Stromstärke nahm zunächst bis zu einem Maximum zu, und zwar in genau derselben Weise, wie man es für die Emanation des Radiums beobachten kann. Die gleiche Übereinstimmung zeigte sich innerhalb der Fehlergrenzen auch bezüglich der Gröfse der Abklingungskonstanten. Hieran schlossen sich Versuche über die Diffusionsgeschwindigkeit beim Durchgang durch poröse Substanzen. Dabei wurde das Verhalten der Wasser- und Bodenemanation unmittelbar mit dem der Radiumemanation verglichen, und es zeigte sich kein Unterschied in der Gröfse ihrer Diffusionskoeffizienten. Aus weiteren Diffusionsversuchen ergab sich ferner, dafs die Dichte der aufgefangenen aktiven Gase ungefähr viermal so grofs war wie die der Kohlensäure, was gleichfalls mit der für die Radiumemanation gefundenen Zahl gut übereinstimmt (Paragraph 161 und 162).

Die atmosphärische Luft in New Haven enthält in beträchtlicher Menge nicht nur Radium-, sondern auch Thoremanation[2]). Nach dreistündiger Exposition eines Drahtes stammten 3 — 5 % seiner erregten Aktivität vom Thorium her und nach zwölfstündiger Exposition bisweilen bis zu 15 %. Die vom Thorium erregte Aktivität klingt nun relativ langsam ab. Daher blieb sie fast allein auf dem Drahte zurück, als nach Beendigung des Aktivierungsprozesses drei bis vier Stunden verstrichen waren. Unter diesen Umständen konnte die Abklingungskonstante der Restaktivität genau gemessen werden, und der nunmehr beobachtete Wert stimmte tatsächlich mit dem für den aktiven Niederschlag der Thoremanation gefundenen überein.

Die Bodenluft besitzt in New Haven gleichfalls einen hohen Ge-

---

[1]) H. A. Bumstead und L. P. Wheeler, Amer. Journ. Science, 17, p. 97. 1904.
[2]) H. A. Bumstead, Amer. Journ. Science, 18, Juli 1904.

halt an Thoremanation[1]). In das Erdreich wurde ein 2 m tiefes und 50 cm weites Loch gegraben. In dieses wurde ein langer Draht hineingehängt, der auf einem Isolierrahmen aufgewickelt war und mit dem negativen Pole einer Influenzmaschine in Verbindung stand. Die Öffnung wurde durch einen Deckel verschlossen. Der Draht nahm dann eine recht beträchtliche Aktivität an. Nach einer ziemlich langen Exposition wurde die Abnahme seines Strahlungsvermögens untersucht. Sie erfolgte in derselben Weise wie bei einem Körper, der durch ein Gemisch von Thor- und Radiumemanation aktiviert worden ist.

Überaus zahlreich sind die Untersuchungen, die sich auf den Emanationsgehalt natürlicher Quellwässer beziehen. Wir müssen uns darauf beschränken, nur auf einige der vielen Veröffentlichungen, die über diesen Gegenstand sowohl in Europa wie in Amerika erschienen sind, mit wenigen Worten einzugehen. H. S. Allen und Lord Blythswood[2]) fanden eine radioaktive Emanation in den Thermen von Bath und Buxton. Bestätigt wurde dies von Strutt[3]), der nachwies, dafs in den austretenden Gasen Radiumemanation vorhanden war, und dafs der Schlamm jener Quellen geringe Spuren von Radiumsalzen enthielt. Diese Tatsache erscheint darum besonders interessant, weil nach den Beobachtungen von Lord Rayleigh in den Gasen, die aus Thermalquellen entweichen, stets Helium anzutreffen ist. Wahrscheinlich bildet sich dieses Helium aus Ablagerungen von Radium bezw. radioaktiven Niederschlägen, die von dem Wasser durchströmt werden. Es enthalten insbesondere viele Mineral- und Thermalquellen, die wegen ihrer Heilkraft berühmt sind, Spuren von Radium und beträchtliche Mengen Radiumemanation. Man hat daher die Vermutung ausgesprochen, dafs ihre Heilwirkung bis zu einem gewissen Grade von ihrem Gehalt an Radium herrühren könne.

Von Himstedt[4]) wurde Radiumemanation in den Thermalquellen von Baden-Baden nachgewiesen. Elster und Geitel[5]) fanden dann in den Sedimenten der Badener Quellen geringe Mengen von Radiumsalzen. Ähnliches wurde für eine Anzahl anderer Mineralwässer in Deutschland von Dorn[6]), Schenk[7]), Mache[8]) u. a. beobachtet.

In Frankreich wurden derartige Untersuchungen von Curie und

---

[1]) H. M. Dadourian, Amer. Journ. Science, 19, Jan. 1905.
[2]) H. S. Allen und Lord Blythswood, Nature, 68, p. 343. 1903; 69, p. 247. 1904.
[3]) R. J. Strutt, Proc. Roy. Soc. 73, p. 191. 1904.
[4]) F. Himstedt, Ann. d. Phys. 13, p. 573. 1904.
[5]) J. Elster und H. Geitel, Physik. Ztschr. 5, p. 321. 1904.
[6]) E. Dorn, Abhandl. d. Naturf. Ges. Halle, 25, p. 107. 1904.
[7]) R. Schenk, Inauguraldiss. Halle 1904.
[8]) H. Mache, Wien. Ber. 113, p. 1329. 1904.

Laborde[1]) angestellt. Sie fanden, daſs bei weitem die meisten der von ihnen geprüften Quellen Radiumemanation enthielten. Bemerkenswert erscheint es, daſs Curie und Laborde in dem Wasser von Salins-Moutiers nur sehr wenig Emanation entdecken konnten, während andererseits von Blanc[2]) später nachgewiesen wurde, daſs das Sediment dieser Quelle eine sehr hohe Aktivität besitzt. Genauere Messungen des letztgenannten ergaben, daſs der Schlamm viel Thorium enthält. Er entwickelt nämlich eine Emanation, die binnen einer Minute die Hälfte ihrer Aktivität einbüſst, und liefert eine erregte Aktivität, die mit einer Halbwertsperiode von 11 Stunden abklingt.

Boltwood[3]) unterzog eine Anzahl Wasserproben aus verschiedenen amerikanischen Quellen einer näheren Prüfung und konnte in vielen von ihnen einen Gehalt an Radiumemanation feststellen.

Leider sind die zahlenmäſsigen Daten bei diesen Untersuchungen über den Emanationsgehalt natürlicher Gewässer vielfach in willkürlichen Einheiten ohne Angabe eines Vergleichsmaſses mitgeteilt worden. Von Boltwood, der auch eine zweckmäſsige Methode zum Auffangen der Gase und zur Messung ihrer Aktivität beschrieben hat, wird vorgeschlagen, man solle die Entladungsgeschwindigkeit in diesen Fällen stets auf die Gröſse desjenigen Effektes als Einheit beziehen, der von der Emanation einer Uraninitlösung bestimmter Konzentration hervorgerufen wird. Ein solches Normalmaſs würde für praktische Zwecke vollkommen ausreichen, da ja in jedem Mineral, soweit die Erfahrung reicht, Uran- und Radiumgehalt einander proportional sind. Einige Zentigramm Uraninit liefern bereits so viel Emanation, daſs die Entladungsgeschwindigkeit einen passenden Wert annimmt. Die Verwendung einer bestimmten Menge Radiumsalz als Normalsubstanz wäre weniger empfehlenswert, da man niemals genau wissen kann, wie groſs die spezifische Aktivität der Präparate ist, die den verschiedenen Experimentatoren zur Verfügung stehen.

277. Radioaktivität einzelner Bestandteile der Erdrinde. In unterirdischen Räumen zeigt sich vielfach ein abnorm hoher Grad der Elektrizitätszerstreuung; gleichwohl variiert auch dort das Leitvermögen der Luft sehr stark je nach der Lage des Ortes[4]). Wie von Elster und Geitel berichtet wird, erhebt sich der Zerstreuungsfaktor z. B. in der Baumannshöhle auf das Neunfache, in der Iberghöhle dagegen nur auf das Dreifache des normalen Wertes. In einem Keller zu Klausthal war ferner die Leitfähigkeit nur sehr wenig erhöht;

---

[1]) P. Curie und A. Laborde, C. R. 138, p. 1150. 1904.
[2]) G. A. Blanc, Phil. Mag., Jan. 1905.
[3]) B. B. Boltwood, Amer. Journ. Science, 18, Nov. 1904.
[4]) J. Elster und H. Geitel, Physik. Ztschr. 4, p. 522. 1903.

ein negativ geladener Draht aktivierte sich aber in diesem Raume bei weitem nicht so stark wie in freier Luft; die Intensität der erregten Aktivität war im letzteren Falle elfmal so grofs wie nach einer Exposition im Keller. Elster und Geitel schlossen aus diesen Versuchen, dafs vermutlich die materielle Beschaffenheit des Bodens für die Stärke der Aktivität an den einzelnen Orten von mafsgebender Bedeutung sei. Sie unterzogen daher die Bodenluft an verschiedenen Stellen Deutschlands einer näheren Prüfung. Der Ton- und Kalksteinboden in Wolfenbüttel erwies sich dabei als stark emanationshaltig, und die aus ihm aspirierte Luft hatte ein Leitvermögen vom 4 bis 16 fachen Betrage des normalen Wertes. Luftproben, die dem Würzburger Muschelkalk und dem Basalt von Wilhelmshöhe entnommen waren, besafsen andererseits eine sehr geringe Aktivität.

Es fragte sich nun, ob etwa im Boden selbst eine radioaktive Substanz enthalten sei. Man füllte daher etwas Erde in eine Schale und setzte diese nebst einem Elektroskop unter eine geräumige Glasglocke (vgl. Fig. 105). Alsbald wuchs die Leitfähigkeit der abgesperrten Luft und zwar innerhalb mehrerer Tage auf das Dreifache ihres normalen Betrages. Dabei machte es nur wenig Unterschied, ob die Erde trocken oder feucht war. Diese Bodenaktivität schien beständig zu sein, denn acht Monate, nachdem die Erde ausgegraben war, besafs sie noch das gleiche Strahlungsvermögen wie zuvor.

Nunmehr wurde versucht, den radioaktiven Bestandteil des Erdbodens auf chemischem Wege zu isolieren. Ein Probe Ton wurde zunächst mit Salzsäure übergossen, so dafs der kohlensaure Kalk vollständig in Lösung ging. Der Rückstand zeigte nach dem Trocknen eine geringere Aktivität als vor der Behandlung, die Substanz erholte sich jedoch wieder von selbst, und ihr Strahlungsvermögen stieg im Laufe einiger Tage auf den ursprünglichen Wert. Wahrscheinlich hatte sich also in der Säure ein aktives Produkt aufgelöst. So schlossen auch Elster und Geitel, dafs sich aus dem primär aktiven Bestandteil des Tons ein Umwandlungsprodukt bilden müsse, das in Salzsäure leichter löslich sei als die Muttersubstanz. Es schien also ein Trennungsvorgang stattgefunden zu haben von analoger Art wie bei der Isolierung von Thor X durch Ammoniak.

Weitere Versuche sollten zeigen, ob neutrale Körper, die ins Erdreich eingebettet werden, daselbst eine merkliche Aktivität annehmen. Zu diesem Zwecke wurden Proben von Töpferton, Schlemmkreide und Schwerspat, in Leinwand eingehüllt, 50 cm tief in die Erde versenkt. Nach einem Monat grub man sie aus und prüfte ihre Aktivität. Der Ton war unter diesen Umständen die einzige Substanz, die ein merkliches Strahlungsvermögen aufwies. Das letztere nahm allmählich ab; es handelte sich also um eine erregte Aktivität, die nur von den im Erdboden enthaltenen Emanationen hervorgerufen sein konnte.

Nach den Angaben von Elster und Geitel[1]) sind grofse Mengen radioaktiver Emanation vornehmlich in natürlichen Tonlagern anzutreffen. In einigen Fällen war der Zerstreuungskoeffizient in Luftproben, die aus solchen Erdschichten abgesaugt wurden, mehr als hundertmal so grofs wie in gewöhnlicher Luft. Ferner entdeckten Elster und Geitel, dafs der sogenannte „Fango" — ein aus einer Sprudeltherme bei Battaglia in Oberitalien gewonnener feiner Schlamm — noch drei- bis viermal soviel Emanation abgibt wie gewöhnlicher Ton. Durch Behandlung mit Salzsäure gelang es, seinen aktiven Bestandteil zu lösen. Der Lösung wurde nun etwas Baryumchlorid zugesetzt und das Baryum als Sulfat gefällt. Der Niederschlag, den man auf diese Weise erhielt, war mehr als hundertmal so stark aktiv wie das Ausgangsmaterial. Aktivierte man Metalldrähte einerseits durch Fangoemanation, andererseits durch Radiumemanation, so ergaben sich für die erregten Aktivitäten innerhalb der Grenzen der Beobachtungsfehler identische Abklingungskurven. Zweifellos verdankt der Fango mithin seine Aktivität einer geringen Beimengung von Radium. Nach den Berechnungen von Elster und Geitel beträgt jedoch pro Gewichtseinheit sein Radiumgehalt nur etwa ein Tausendstel desjenigen der Joachimsthaler Pechblende.

Es haben ferner Vincentini und Levi Da Zara[2]) in einer Anzahl Thermen Oberitaliens und in deren Sedimenten Radiumemanation nachweisen können. Elster und Geitel untersuchten u. a. natürliche Kohlensäure, die aus tiefen Schichten altvulkanischen Bodens hervordrang: sie war gleichfalls radioaktiv. Reich an Emanation war auch das von Burton[3]) geprüfte Petroleum eines tiefen Brunnens in Ontario (Kanada); die Eigenaktivität des Gases sank auf die Hälfte in 3,1 Tagen, die von ihm erregte Aktivität in 35 Minuten; wahrscheinlich handelte es sich also auch in diesem Falle um Radiumemanation. Nach dem Destillieren des Öls erhielt man einen Rückstand, der dauernd aktiv blieb, also wohl eines oder mehrere der Radioelemente enthielt.

Unregelmäfsige Abklingungskurven erhielten Elster und Geitel[4]) für die durch die Sedimente der Quellen von Nauheim und Baden-Baden erregte Aktivität. Das erklärte sich schliefslich dadurch, dafs in diesen Schlammarten sowohl Radium als auch Thorium zugegen war. Durch geeignete chemische Prozesse gelang es, die beiden aktiven Bestandteile voneinander zu trennen und jeden für sich zu identifizieren.

---

[1]) J. Elster und H. Geitel, Physik. Ztschr. 5, p. 11. 1903.
[2]) G. Vincentini und M. Levi Da Zara, Atti d. R. Istit. Veneto d. Scienze, 54, p. 95. 1905.
[3]) E. F. Burton, Phil. Mag., Okt. 1904.
[4]) J. Elster und H. Geitel, Physik. Ztschr. 6, p. 67. 1905.

278. Abhängigkeit der atmosphärischen Aktivität von meteorologischen Einflüssen.

In Kanada wiederholten Rutherford und Allan[1]) die Elster und Geitelschen Versuche über die aktivierende Wirkung der atmosphärischen Luft. Es zeigten sich dabei dieselben Erscheinungen wie in Deutschland: negativ geladene Körper nahmen eine intensive Aktivität an. Dies ließ sich u. a. auch an den kältesten Tagen mitten im Winter beobachten, als das Land tief verschneit war und ein scharfer Nordwind die Luft über weite Schneeflächen einherfegte. Man ersieht hieraus, daß der Feuchtigkeitsgehalt der Atmosphäre ihre Radioaktivität nicht wesentlich beeinflußt; denn während des Winters ist die Luft in Kanada außerordentlich trocken. Die stärksten Effekte wurden bei heftigem Winde beobachtet. Die Aktivierungszahlen waren dann bisweilen zehn- bis zwanzigmal so groß wie unter normalen Bedingungen. Im allgemeinen erhielt man an klaren, kalten Wintertagen höhere Werte als im Sommer bei großer Wärme und Windstille.

Über die Abhängigkeit der atmosphärischen Aktivität von den meteorologischen Bedingungen haben Elster und Geitel[2]) eingehende Untersuchungen angestellt. Während eines Zeitraums von zwölf Monaten sammelten sie ein umfangreiches Beobachtungsmaterial, indem sie für sämtliche Messungen ein einfaches transportables Instrumentarium benutzten. Es zeigte sich zunächst, daß der Gehalt der freien Atmosphäre an radioaktiver Emanation sehr großen Schwankungen unterworfen war. Die extremen Werte der erregten Aktivität standen im Verhältnis 16 : 1. Eine unmittelbare Beziehung der Aktivierungszahlen zur Ionisation der Luft schien nicht vorhanden zu sein. Die höchsten Werte der erregten Aktivität wurden im allgemeinen bei Nebel erhalten, während die Elektrizitätszerstreuung unter diesen Umständen nur gering war. Dessenungeachtet kann aber doch bis zu einem gewissen Grade ein Zusammenhang zwischen der Ionisation der Luft und ihrer Aktivität bestehen. Denn die Versuche von Miss Brooks hatten ergeben, daß suspendierte Teilchen als Träger der erregten Aktivität zu wirken pflegen. Demgemäß muß man von vornherein erwarten, daß auch bei Nebel stärkere Aktivierungen auftreten werden als bei klarer Witterung. Die Wassertröpfchen werden dann eben zu Kernen, auf denen sich die aktive Materie niederschlägt; auf diese Weise werden die elektropositiven Träger festgelegt, so daß sie die Luft nicht verlassen, solange lediglich das schwache Feld der Erde auf sie einwirkt. Erst in starken Feldern werden die Tröpfchen an die negative Elektrode wandern, woselbst sich ihre Aktivität dann zu erkennen gibt. Andererseits werden die Ionen der Luft bei hohem Feuchtigkeitsgehalt rasch verschwinden, indem sie sich auf dem Wege der Diffusion

---

[1]) E. Rutherford und S. J. Allan, Phil. Mag., Dez. 1902.
[2]) J. Elster und H. Geitel, Physik. Ztschr. 4, p. 138, 1902; 4, p. 522, 1903.

mit den Wassertröpfchen vereinigen (vgl. Paragraph 31). Aus diesem Grunde dürfte die Leitfähigkeit der Atmosphäre um so kleiner sein, je dichter der Nebel ist.

Einen merklichen Einfluſs auf das Aktivierungsvermögen hatte die Temperatur der Luft. Die Stärke der erregten Aktivität war unter 0° C. im Mittel 1,44 mal so groſs wie bei Temperaturen oberhalb 0°. Ganz unzweideutig war ferner eine Abhängigkeit vom Barometerstande zu erkennen. Mit abnehmendem Luftdruck wurde die Aktivierung stärker. Dieser Einfluſs des Barometerstandes wird verständlich, wenn man bedenkt, daſs die Luft ihre Aktivität wahrscheinlich zum groſsen Teile den radioaktiven Emanationen verdankt, die fortwährend aus dem Erdboden in die Atmosphäre hinausdiffundieren. Eine Verminderung des Luftdruckes wird offenbar zur Folge haben (vgl. Elster und Geitel, loc. cit.), daſs gröſsere Mengen emanationshaltiger Bodenluft aus den Kapillaren der Erde in den äuſseren Raum eindringen. Das braucht indessen nicht immer der Fall zu sein. Denn es werden unter Umständen gleichzeitig andere Ereignisse eintreten, die den Einfluſs des Luftdruckes neutralisieren, z. B. Änderungen im Stande des Grundwassers oder starke Niederschläge.

An der Ostseeküste war die aktivierende Wirkung der Atmosphäre nur ein Drittel so stark wie im Binnenlande zu Wolfenbüttel.

Sehr wünschenswert wäre es, derartige Messungen auch mitten auf dem Ozean anzustellen. Man würde dann darüber Aufschluſs erlangen, ob die Radioaktivität der Luft ausschlieſslich den aus der Erde aufsteigenden Emanationen entstammt, oder ob daneben noch andere Faktoren in Frage kommen. Als wahrscheinlich kann schon heute gelten, daſs sie für verschiedene Orte sehr stark variiert und in hohem Maſse von der jeweiligen Beschaffenheit des Erdbodens abhängt.

Nach Beobachtungen von Saake[1]) ist der Emanationsgehalt der Luft im Hochtale von Arosa in der Schweiz erheblich gröſser als in der Tiefebene. Ebenso erhielten Elster und Geitel für die Ionisation in beträchtlichen Höhen ungewöhnlich groſse Werte; sie vermuten, daſs die physiologische Wirkung des Höhenklimas ebenso wie die Heilkraft der Thermalquellen mit dem erhöhten Gehalt an radioaktiver Materie zusammenhängt.

Von Simpson[2]) wurden Aktivierungsversuche in Norwegen, bei Karasjoh, in einer Seehöhe von 50 m angestellt. Während der ganzen Beobachtungsperiode stieg dort die Sonne nicht über den Horizont. Die Aktivierungszahlen, die sich ergaben, waren beträchtlich gröſser als die normalen Werte, die von Elster und Geitel in

---

[1]) W. Saake, Physik. Ztschr. 4, p. 626. 1903.
[2]) G. C. Simpson, Proc. Roy. Soc., 73, p. 209. 1904.

Deutschland beobachtet worden waren. Das erscheint um so merkwürdiger, als der Boden in Karasjoh hart gefroren war und eine hohe Schneedecke trug. Schon vorher hatte Allan in Montreal (Kanada) gefunden, dafs sich negativ geladene und der freien Atmosphäre exponierte Körper im Winter nahezu ebenso stark aktivierten wie im Sommer, obwohl das Erdreich im ersteren Falle mit Schnee bedeckt und bis zu grofsen Tiefen fest gefroren war und auch der Wind von Norden blies, so dafs die Luft bereits über verschneite Landgebiete hinweggestrichen war. Man hatte erwartet, dafs die atmosphärische Aktivität unter diesen Umständen schwächer sein würde, da die Emanation aus dem hartgefrorenen Boden langsamer entweichen mufste, sofern überhaupt noch eine Diffusion stattfinden konnte. Denn es sprechen doch zu viele Gründe für die Richtigkeit der Auffassung von Elster und Geitel, dafs die Atmosphäre ihre Emanation von der Erde empfängt.

Von Interesse sind auch die Beobachtungen von Mc. Lennan[1]) über das Aktivierungsvermögen von wasserstaubhaltiger Luft. Die Versuche wurden am Fufse des Niagarafalls angestellt. Es wurde dort ein isolierter Draht frei ausgespannt und die Stärke seiner erregten Aktivität mit derjenigen verglichen, die derselbe Draht bei gleichlanger Exposition in der Stadt Toronto annahm. Die in Toronto gemessenen Werte waren im allgemeinen fünf- bis sechsmal so grofs wie am Niagarafall. Zur Ladung des Drahtes bedurfte es am Niagara keiner Elektrisiermaschine, da das isolierte Metall bereits unter dem Einflufs des zerstäubenden Wassers dauernd ein Potential von — 7500 Volt annahm. Die Tröpfchen besafsen also eine negative Ladung, die sie dem Drahte mitteilten. Dafs dabei die erregte Aktivität so gering war, erklärt sich wohl dadurch, dafs die negativen Wasserteilchen die positiven radioaktiven Träger aus der Luft an sich rissen und nach dem Herabfallen mit ihnen im unteren Flufsbette verschwanden. Freilich erhielt man keinen aktiven Rückstand, als man den Wasserstaub auffing und die Flüssigkeit zum Verdampfen brachte. Das kann aber nicht überraschen; denn die Zahl der aufgefangenen Tröpfchen war aufserordentlich klein im Vergleich zu der gesamten, in der Luft vorhandenen Menge.

279. Existenz einer auf der Erdoberfläche allgemein verbreiteten Strahlung von hohem Durchdringungsvermögen. Mc. Lennan[2]), sowie Rutherford und Cooke[3]) beobachteten unabhängig voneinander, dafs im Innern massiver Gebäude stets eine Strahlung von

---

[1]) J. C. Mc. Lennan, Phys. Rev. 16, p. 184, 1903; Phil. Mag., 5, p. 419. 1903.
[2]) J. C. Mc. Lennan, Phys. Rev., No. 4. 1903.
[3]) E. Rutherford und H. L. Cooke, Americ. Phys. Soc., Dez. 1902.

sehr hohem Durchdringungsvermögen vorhanden ist. Mc. Lennan bestimmte zunächst mit einem hochempfindlichen Elektrometer die natürliche Leitfähigkeit der Luft in einem grofsen verschlossenen Metallzylinder. Der letztere wurde dann in einen weiteren zylindrischen Behälter eingesetzt und der Zwischenraum zwischen beiden mit Wasser angefüllt. Betrug die Dicke der Wasserschicht 25 cm, so sank die Leitfähigkeit der Luft in dem inneren Raume auf 63 % ihres ursprünglichen Wertes. Daraus geht hervor, dafs ein Teil der Ionisation von einer Strahlung herrühren mufste, die, von aufsen eindringend, ganz oder teilweise im Wasser absorbiert wurde.

Ebenso bemerkten Rutherford und Cooke, dafs die Geschwindigkeit, mit der sich ein nach aufsen abgedichtetes Elektroskop entlud, abnahm, sobald das Instrument mit einem Bleimantel versehen wurde. Die Erscheinung wurde dann später von Cooke[1]) noch eingehender untersucht. Eine Bleihülle von 5 cm Dicke bewirkte, dafs die Stärke der Elektrizitätszerstreuung um etwa 30 % abnahm. Noch dickere Schirme hatten keinen weiteren Einflufs. Denn wenn man das Elektroskop in einen Bleiblock von 5 Tonnen Gewicht einsetzte, war die Entladungsgeschwindigkeit noch ebenso grofs, wie bei Verwendung eines 3 cm dicken Blechschirmes aus demselben Material. Ebenso stark wie Blei wirkte Eisen als Schirmsubstanz. Versuche mit Bleiplatten in mannigfach wechselnder Anordnung liefsen erkennen, dafs die Strahlung gleichmäfsig von allen Seiten her ankommen mufste. Ihre Intensität war bei Nacht ebenso grofs wie bei Tage. Um sicher zu sein, dafs die Erscheinung nicht durch radioaktive Substanzen hervorgerufen wurde, die im Laboratorium verstreut sein konnten, wiederholte man die Versuche in anderen Gebäuden, in denen sich solche Stoffe niemals aufgehalten hatten, sowie auf freiem Felde in grofser Entfernung von jeder menschlichen Behausung. In allen Fällen zeigte sich jedoch ausnahmslos ein Rückgang der Zerstreuung, sobald das Elektroskop mit Bleischirmen umgeben wurde*).

Es existiert also tatsächlich allenthalben eine schwach absorbierbare Strahlung, die zum Teil von der Erde, zum Teil von der Atmosphäre ausgehen dürfte. Das erscheint bis zu einem gewissen Grade selbstverständlich. Denn bekanntlich sendet jeder durch Radium- oder Thoremanation aktivierte Körper unter anderem auch γ-Strahlen aus,

---

[1]) H. L. Cooke, Phil. Mag., Okt. 1903.

*) *Von Elster und Geitel (Physik. Ztschr. 6, p. 733. 1905) wurden unlängst Zerstreuungsmessungen inmitten eines Steinsalzbergwerks ausgeführt. Der ganze Mefsapparat war vollkommen luftdicht in eine Hülle eingeschlossen, so dafs keine Kommunikation mit der Aufsenluft bestand. Auf der Sohle des Bergwerks waren die Zerstreuungswerte in diesem Versuchsraume bedeutend kleiner als auf der Erdoberfläche. Die Steinsalzschichten von vielen Metern Dicke schienen also eine beträchtliche Schirmwirkung gegen die universelle Strahlung der Erde auszuüben.*

und die erregte Aktivität der Erde und der freien Luft besitzt eine grofse Ähnlichkeit mit derjenigen der Emanationsniederschläge. Neuere Untersuchungen (Paragraph 286) zeigen indessen, dafs diese Erklärung nicht ausreicht, um von allen hierhergehörigen Beobachtungen Rechenschaft zu geben.

280. Vergleich der atmosphärischen mit der von Radioelementen hervorgerufenen Aktivität. Die radioaktiven Wirkungen des Erdbodens und der Atmosphäre ähneln auffallend den Effekten, die unter dem Einflufs der Elemente Thorium und Radium zustande kommen. In der Luft von Höhlen und Kellern, in natürlicher Kohlensäure und im Wasser tiefer Brunnen finden sich radioaktive Emanationen, und alle Körper, die mit diesen Gasen in Berührung kommen, nehmen eine erregte Aktivität an. Es entsteht nun die Frage, ob sich diese Erscheinungen vollständig auf die Wirkung der bekannten, in der Erde enthaltenen Radioelemente zurückführen lassen, oder ob daneben noch unbekannte Arten radioaktiver Materie zur Geltung kommen. Um hierüber Klarheit zu erlangen, tut man am besten, die Abklingungskurven der aktiven atmosphärischen Produkte mit denen der Radium- und Thorprodukte zu vergleichen. Schon bei flüchtiger Betrachtung des gesammelten Tatsachenmaterials zeigt sich sofort, dafs die aktiven Bestandteile der Atmosphäre mit den Gliedern der Radiumgruppe in viel engerer Beziehung stehen als mit denen der Thorprodukte. Die Emanation, die man aus Brunnenwasser oder durch Absaugen aus dem Erdreich gewinnt, verliert die Hälfte ihrer Aktivität binnen 3,3 Tagen, während die Halbwertsperiode für die Emanation des Radiums zu 3,7 bis 4 Tagen bestimmt worden ist. Im ersteren Falle ist die Unsicherheit der Messungen ziemlich grofs, da stets nur sehr geringe Substanzmengen zur Verfügung stehen; innerhalb der Fehlergrenzen stimmen daher die Werte miteinander überein. In Thermalwässern und in den Sedimenten solcher Quellen ist von sehr vielen Seiten übereinstimmend Radiumemanation nachgewiesen worden. Dasselbe zeigten Bumstead und Wheeler für das Erdreich und das Leitungswasser in New Haven. Sind nun die Emanationen der Erde und des Radiums miteinander identisch, so müssen auch die erregten Aktivitäten in beiden Fällen gleich grofse Abklingungskonstanten besitzen. Beim Brunnenwasser in England zeigt sich diese Bedingung angenähert erfüllt (Paragraph 276); nach einer Beobachtung von Ebert und Ewers (Paragraph 276) scheint freilich in München die durch Absaugen aus der Erde gewonnene Emanation eine erregte Aktivität zu liefern, die viel langsamer abnimmt, als es nach Einwirkung von Radiumemanation der Fall zu sein pflegt.

Einwandsfrei nachgewiesen wurde von Bumstead, daſs die atmosphärische Luft in New Haven sowohl Thorium- wie Radiumemanation enthält, und Dadourian konnte zeigen, daſs beide Gasarten daselbst aus dem Erdboden entweichen. Thorium wurde ferner im Sediment einiger Thermalquellen von Blanc, sowie von Elster und Geitel gefunden.

Bestände die aktive Materie der Luft im wesentlichen aus Radiumemanation, so müſste der aktive Niederschlag auf einem mit negativer Ladung im Freien exponierten Drahte anfangs aus den Produkten Radium A, B und C zusammengesetzt sein. Seine Abklingungskurve würde dann mit derjenigen der durch Radium erregten a-Aktivität übereinstimmen. Es müſste also die Strahlungsintensität zunächst rapid sinken — der ersten Umwandlungsphase von der Halbwertsperiode 3 Minuten entsprechend —, hierauf hätte man ein Stadium langsamer Veränderlichkeit zu erwarten, und nach Verlauf von mehreren Stunden müſste die Aktivität in je 28 Minuten um die Hälfte abnehmen (vgl. Paragraph 222). Der anfängliche rapide Abfall konnte in der Tat von Bumstead für die Luft in New Haven nachgewiesen werden. In Montreal beobachtete ferner Allan[1]), wenn nach der Exposition 10 Minuten verstrichen waren, ein Abklingen mit einer Halbwertsperiode von 45 Minuten. Nahezu denselben Wert erhält man in jenem Stadium auch für den aktiven Niederschlag der Radiumemanation. Aus weiteren Versuchen von Allan ging zudem deutlich hervor, daſs die auf dem Drahte zur Abscheidung gelangte Materie aus mehreren verschiedenen Substanzen bestand. So nahm die Aktivität, die beim Abreiben des Drahtes mit einem mit Ammoniak angefeuchteten Lederlappen auf diesen übergegangen war, in je 38 Minuten um die Hälfte ab; ein Stück Filz, das in der gleichen Weise benutzt wurde, verlor sein Strahlungsvermögen hingegen mit einer Halbwertsperiode von 60 Minuten. Zur selben Zeit erfolgte der normale Abfall des Drahtes selbst, wenn er unberührt blieb, mit einer Halbwertsperiode von 45 Minuten. Diese Unterschiede dürften davon herrühren, daſs von dem Beschlag des Drahtes die Produkte Radium B und C in ungleichen Mengenverhältnissen auf das Reibzeug übergegangen waren. Wird von der Substanz B ein gröſserer Bruchteil abgerieben als von C, so muſs die Aktivität der abgelösten Materie langsamer abklingen als die des ursprünglichen Niederschlages und umgekehrt.

Daſs in der Atmosphäre Radiumemanation enthalten ist, geht auch mit Sicherheit aus dem Verlauf der Abklingungskurven für Regen und Schnee hervor. In diesen Fällen wurde nämlich als Halbwertsperiode eine Zeit von 30 Minuten beobachtet. Die aktive Materie, die mit

---

[1]) S. J. Allan, Phil. Mag., Febr. 1904.

den atmosphärischen Niederschlägen herabfällt, muſs nach kurzer Zeit im wesentlichen aus Radium C bestehen, und für dieses Produkt beträgt die Halbwertsperiode bekanntlich 28 Minuten.

Wahrscheinlich trägt die Thoremanation in Anbetracht der Schnelligkeit, mit der ihr Strahlungsvermögen erlischt — es sinkt schon binnen einer Minute auf den halben Wert —, nur sehr wenig zur Aktivität der Atmosphäre bei. Am ehesten dürfte sich ihr Einfluſs in den untersten Luftschichten nahe dem Erdboden bemerkbar machen.

Jedenfalls verdankt die Atmosphäre ihre radioaktiven Eigenschaften zum groſsen Teile einem Gehalt an Radiumemanation. Überall, wo bisher Beobachtungen angestellt wurden, hat sich eine Aktivität der Luft nachweisen lassen. Aktive Materie muſs daher allenthalben im Boden verteilt sein; ihre Emanationen gelangen ins Freie, indem sie entweder unmittelbar herausdiffundieren oder von Quellen oder unterirdischen Gasen an die Oberfläche der Erde befördert werden. Durch diese Auffassung vom Ursprung der atmosphärischen Aktivität erklärt sich auch die von Elster und Geitel beobachtete Tatsache, daſs das Aktivierungsvermögen der Luft an der Küste viel geringer zu sein pflegt als im Binnenlande.

Man hat wohl gelegentlich daran gedacht, die in der Luft enthaltenen seltenen Gase Helium und Xenon könnten die primär aktiven Bestandteile der Atmosphäre darstellen. Diese Vermutung hat sich indessen nicht bestätigt. Denn als man diese Gase isolierte, erwiesen sie sich als inaktiv.

281. Menge der in der Atmosphäre enthaltenen Radiumemanation.

Es dürfte von erheblichem Interesse sein, über die Gröſse des Emanationsgehaltes der Atmosphäre Aufschluſs zu erlangen. Denn daraus lieſse sich dann berechnen, wieviel Radium in den oberen Schichten der Erdkruste vorhanden sein müſste, um die Luft dauernd mit radioaktivem Gase zu versorgen.

Diesbezügliche Messungen werden zur Zeit im Laboratorium des Verfassers von Eve*) ausgeführt. Die Versuche sind zwar noch nicht abgeschlossen, die bisher gewonnenen Resultate gestatten aber bereits, wenigstens näherungsweise den Emanationsgehalt in den unteren Luftschichten zu bestimmen.

Als Beobachtungsraum diente zunächst ein mächtiges eisernes Becken von 154 × 154 qcm Bodenfläche und 730 cm Tiefe. Es befand sich in einem Gebäude, in das noch niemals radioaktive Substanzen hineingebracht worden waren. In der Mitte des Behälters war eine isolierte Elektrode aufgestellt, die mit einem Elektroskop verbunden wurde, so daſs die Intensität des Sättigungsstromes in dem abgesperrten

---

*) A. S. Eve, Phil. Mag., Juli 1905.

Luftvolumen gemessen werden konnte. Unter der Annahme, daſs die Ionen in dem ganzen Versuchsraume gleichförmig verteilt waren, ergab sich für ihre Menge pro Kubikzentimeter die Zahl 10. Dieser Wert ist beträchtlich niedriger, als man ihn für gewöhnlich in kleinen verschlossenen Gefäſsen beobachtet (vgl. Paragraph 284) hat. Cooke fand jedoch gleichfalls für jene Gröſse die Zahl 10 in einem Messingbehälter, dessen Wände sorgfältig gereinigt und auſsen mit Bleischirmen umstellt worden waren. Auch Schuster erhielt im Laboratorium des Owens College in Manchester als Ionenkonzentration den Wert 12.

Zur Messung der erregten Aktivität wurde nun weiter ein isolierter Draht in die Mitte des Eisenbeckens eingesetzt und mittels einer Influenzmaschine auf minus 10 000 Volt geladen. Nach zweistündiger Exposition nahm man den Draht heraus und wickelte ihn auf einen isolierten Rahmen auf, der mit einem Goldblattelektroskop in leitender Verbindung stand. Die Geschwindigkeit, mit der das Strahlungsvermögen des Drahtes abnahm, war ebenso groſs wie nach einer Aktivierung durch Radiumemanation. Es kam nunmehr darauf an, die gesamte Menge des in dem groſsen Behälter vorhandenen aktiven Gases zu ermitteln. Zu diesem Zwecke wurden besondere Versuche mit einem Becken von geringeren Dimensionen ausgeführt. In dieses ließ man aus einer Radiumbromidlösung von bestimmter Konzentration ein bekanntes Volumen Emanation einströmen, exponierte in derselben Weise wie vorher einen negativ geladenen Draht, der alsdann wieder auf den Rahmen aufgewickelt wurde, und bestimmte schlieſslich den Betrag seiner erregten Aktivität. Wie sich aus diesen Messungen ergab, muſste in dem groſsen Becken an Radiumemanation die Gleichgewichtsmenge von $9{,}5 \times 10^{-9}$ g reinen Radiumbromids vorhanden gewesen sein, um eine erregte Aktivität von der beobachteten Gröſse erzeugen zu können. Der Behälter besaſs ein Gesamtvolumen von 17 cbm. Der Emanationsgehalt der eingeschlossenen Luft entsprach also pro Kubikmeter der Gleichgewichtsmenge von $5{,}6 \times 10^{-10}$ g Radiumbromid.

Es werde nun angenommen, daſs der mittlere Emanationsgehalt der freien Atmosphäre mit diesem Werte übereinstimme. Dann enthielte 1 Kubikkilometer Luft ebensoviel Emanation wie 0,56 g Radiumbromid im aktiven Gleichgewichtszustande.

Es möge weiter vorausgesetzt werden, daſs sich das aktive Gas nur in dem Teile des Luftmeeres aufhalte, der die mit Land bedeckten Gebiete der Erdoberfläche ($= 1/4$ der gesamten Oberfläche) umspült — die Seeluft ist noch nicht auf eine Aktivität hin untersucht worden —, daſs es dort aber gleichförmig verteilt sei bis zu einer mittleren Höhe von 5 km. Unter diesen Bedingungen entspräche der gesamte Emanationsvorrat der Atmosphäre der in 400 Tonnen Radiumbromid aufgespeicherten Menge. Nach unseren Annahmen mufs sich dieser Vorrat fortwährend und gleichmäfsig aus dem Radium der Erde ergänzen, da er im Laufe der Zeit konstant bleibt. Wahrscheinlich entweicht nun die irdische Emanation zum weitaus gröfsten Teile durch Ausdünstung und Diffusion. Sie kann daher nur aus sehr geringen Tiefen bis an die Oberfläche gelangen. Als Emanationsreservoir kommt für die Atmosphäre also nur eine ziemlich dünne Schicht der Erdkruste in Betracht. Ihre Dicke läfst sich schätzen, wenn angenommen wird, dafs die Wärmeverluste der Erde zur Zeit vollständig von der in ihr enthaltenen aktiven Materie gedeckt werden. Hierzu wären aber nach Paragraph 271 ungefähr 300 Millionen Tonnen Radium erforderlich. Dieses Quantum sei gleichförmig in der Erde verteilt. Es würde dann eine Schichtdicke von etwa 13 m genügen, um die Atmosphäre dauernd mit der erforderlichen Emanation zu versorgen, so dafs die gesamte Menge des aktiven Gases in Höhe des oben berechneten Wertes daselbst konstant bliebe. Auch auf Grund allgemeinerer Überlegungen ergibt sich für die wirksame Schichtdicke ein Wert von etwa der gleichen Gröfsenordnung.

Man kann aus diesen Resultaten weiter schliefsen, dafs allein in den oberen Schichten des Erdkörpers bereits grofse Mengen Emanation vorhanden sein müssen.

In einer zweiten Versuchsreihe benutzte Eve an Stelle des eisernen Behälters einen grofsen offenen Zinkzylinder. Hier war der Betrag der erregten Aktivität pro Einheit des Volumens nur ein Drittel so grofs wie in dem Eisenbecken. Danach würde sich auch der Emanationsgehalt der Atmosphäre auf ein Drittel des oben angegebenen Wertes erniedrigen.

Um ein definitives Resultat zu gewinnen, müfste man derartige Messungen freilich noch an verschiedenen anderen Punkten der Erde vornehmen. Die Luft in Montreal besitzt jedoch keineswegs eine abnorm hohe Radioaktivität, so dafs die dort gewonnenen Zahlen jedenfalls in der richtigen Gröfsenordnung liegen dürften.

Ein 0,5 mm dicker Draht aktivierte sich in freier Luft, woselbst er in einer Höhe von 7 m über dem Boden ausgespannt wurde, ebenso stark wie in dem 70 cm weiten Zinkzylinder. In beiden Fällen wurde er auf 10 000 Volt geladen. Bei diesem Potential werden die Träger der erregten Aktivität also höchstens aus einer Entfernung von etwa einem halben Meter angezogen; wahrscheinlich ist der Aktionsradius aber noch kleiner.

Eine wichtige Aufgabe wäre es noch, festzustellen, ein wie grofser Bruchteil der atmosphärischen Ionisation von der Wirkung der in der Atmosphäre enthaltenen aktiven Materie herrührt. Die Versuche von Eve mit dem grofsen Eisenbecken liefsen erkennen, dafs von den dort vorhandenen Ionen jedenfalls ein grofser Teil von der Strahlung aktiver Substanzen erzeugt wurde. Das Verhältnis der erregten Aktivität zur gesamten Ionisation betrug nämlich für den grofsen Behälter ungefähr $7/10$ des entsprechenden Wertes für das kleinere, mit Radiumemanation beschickte Gefäfs.

Analoge Messungen sollte man noch an anderen Stellen der Erde ausführen. Vielleicht wird sich dann zeigen, dafs die natürliche Leitfähigkeit der Luft so gut wie vollständig auf ihren Gehalt an radioaktiven Substanzen zurückgeführt werden mufs. In der Nähe des Bodens hat man an verschiedenen Orten für die Zahl der pro Sekunde im Kubikzentimeter entstehenden Ionen den Wert 30 gefunden. Um eine Ionisierung von diesem Betrage zu liefern, müfste in jedem Kubikzentimeter an Radiumemanation die Gleichgewichtsmenge von $2,4 \times 10^{-15}$ g Radiumbromid enthalten sein. In den oberen Schichten der Atmosphäre scheint allerdings noch eine andere Energiequelle an der Ionisierung beteiligt zu sein. Dort existieren nämlich in der Regel starke positive Ladungen, es mufs also auch in der Höhe eine lebhafte Ionisierung erfolgen. Vermutlich handelt es sich dabei um eine unmittelbare Wirkung der Sonnenstrahlen.

282. Die Ionisation der atmosphärischen Luft. Man hat im Laufe der letzten Jahre ein umfangreiches Beobachtungsmaterial gesammelt über die natürliche Leitfähigkeit und den Ionengehalt der Luft an verschiedenen Orten der Erde und in verschiedenen Meereshöhen. Die ersten Messungen dieser Art wurden von Elster und Geitel ausgeführt. Ihr Apparat bestand aus einem transportablen Elektroskop, auf das ein Metallzylinder aufgesetzt war. Dieser sogenannte Zerstreuungskörper ragte in die Luft hinein und konnte elektrisch geladen werden. Beobachtet wurde die Geschwindigkeit, mit der sich das System entlud. Die Zerstreuungswerte waren im allgemeinen für positives und negatives Potential verschieden grofs, und der Quotient aus je zwei zusammengehörigen Werten beiderlei Vorzeichens hing von der geographischen Lage des Beobachtungsplatzes ab, von seiner Höhe über dem Meeresspiegel, sowie von den meteorologischen Bedingungen. Zu quantitativen Untersuchungen läfst sich der Apparat von Elster und Geitel indessen nicht gebrauchen; die Resultate, die er liefert, sind notwendigerweise etwas unbestimmt.

Ebert[1]) konstruierte daher einen anderen, gleichfalls transportablen Apparat, mit dem sich die Ionenkonzentrationen in der Luft leicht zahlenmäfsig genau bestimmen lassen. Durch den Zwischenraum zwischen zwei konzentrischen Zylindern wird hier die Luft mittels eines durch ein fallendes Gewicht betriebenen Ventilators hindurchgesaugt. Der

---

[1]) H. Ebert, Physik. Ztschr. 2, p. 662. 1901. Ztschr. f. Luftschiffahrt, 4. Okt. 1902.

Vierzehntes Kapitel. Atmosphärische Aktivität usw.

innere Zylinder ist isoliert und steht mit einem Elektroskop in Verbindung. Aus dem Gang der Elektroskopblättchen, der Kapazität des Instrumentes und der Geschwindigkeit des Luftstromes läfst sich die in der Volumeneinheit des vorbeistreichenden Gases enthaltene Ionenzahl berechnen.

Wie die Ebertschen Versuche ergaben, ist der Ionengehalt der Atmosphäre nicht völlig konstant. Da, wo die ersten Beobachtungen stattfanden, enthielt sie durchschnittlich 2600 Ionen pro Kubikzentimeter.

Diese Zahl entspricht einem Gleichgewichtszustande der Art, dafs in jeder Zeiteinheit ebensoviel Teilchen neu erzeugt werden, wie durch Wiedervereinigung verschwinden. Entstehen pro Sekunde und Kubikzentimeter q solcher Ionen und ist n ihre Gleichgewichtsmenge, so mufs $q = \alpha n^2$ sein, wenn α den Koeffizienten der Wiedervereinigung bezeichnet (Paragraph 30).

Schuster[1]) gelang es, mit Hilfe eines etwas modifizierten Ebertschen Apparates auch die Konstante α experimentell zu ermitteln. Die Werte, die er in der Nähe von Manchester für diesen Koeffizienten erhielt, waren zwei- bis dreimal so grofs wie in staubfreier Luft, unterlagen jedoch merklichen Schwankungen. Nach einigen vorläufigen Bestimmungen variierte die Zahl der Ionen im Kubikzentimeter zwischen 2370 und 3660, und die Gröfse q, die Zahl der pro Sekunde in dem gleichen Volumen entstehenden Ionen, zwischen 12 und 38,5.

Rutherford und Allan sowie Ebert zeigten, dafs diesen bereits unter normalen Verhältnissen in der Luft vorhandenen Ionen nahezu die gleiche Beweglichkeit zukommt wie denen, die sich unter der Einwirkung von radioaktiven Substanzen oder Röntgenstrahlen bilden. Neuerdings bestimmten Mache und von Schweidler[2]) die Geschwindigkeit des positiven Ions zu 1,02 cm und die des negativen zu 1,25 cm pro Sekunde — für einen Potentialgradienten von 1 Volt pro Zentimeter.

Es existieren jedoch in der freien Atmosphäre neben diesen relativ leicht beweglichen Ionen noch andere, die aufserordentlich langsam im elektrischen Felde wandern. Sie wurden erst vor kurzem von Langevin[3]) entdeckt. Die Pariser Luft enthält von diesen trägen Teilchen etwa 40mal so viel wie von den Ionen erster Art. In dem Ebertschen Aspirationsapparat entziehen sie sich aber der Beobachtung, da die Intensität des elektrischen Feldes hier nicht aus-

---

[1]) A. Schuster, E. Proc. Manchester Phil. Soc., p. 488, No. 12. 1904.
[2]) H. Mache und E. von Schweidler, Physik. Ztschr. 6, p. 71. 1905.
[3]) P. Langevin, C. R. 140, p. 232. 1905.

540   Vierzehntes Kapitel. Atmosphärische Aktivität usw.

reicht, um sie längs ihres Weges zwischen den beiden Zylindern auf den Elektroden einzufangen.

283. Radioaktivität als allgemeine Eigenschaft der Materie. In den oberen Erdschichten und in der Atmosphäre scheint nach den bisherigen Erfahrungen allenthalben in nahezu gleichförmiger Verteilung radioaktive Materie vorhanden zu sein. Es fragt sich aber, ob die allgemein verbreitete schwache Aktivität von echten Radioelementen bekannter oder noch unbekannter Art herrührt, oder ob vielleicht jeglicher Materie eine geringe Radioaktivität zukommt. Im letzteren Falle würden offenbar aufserordentlich grofse Substanzmengen erforderlich sein, um diese Eigenschaft der Materie in völlig einwandsfreier Weise nachweisen zu können. Einstweilen läfst sich noch keine definitive Antwort auf jene Frage geben. Es unterliegt zwar keinem Zweifel mehr, dafs viele Metalle eine schwache Aktivität besitzen, indessen mufs es noch dahingestellt bleiben, ob dieses Strahlungsvermögen tatsächlich ihrer eigenen Substanz innewohnt. Über die Versuche, die zur Klärung dieser wichtigen Frage unternommen wurden, wird in Paragraph 286 ausführlich berichtet werden.

Schuster[1]) meint, es spräche zugunsten der Auffassung, dafs alle Körper eine eigene Aktivität besitzen, der Umstand, dafs keine physikalische Erscheinung lediglich an einige wenige Substanzen gebunden zu sein pflegt. Schon oft sei es so gewesen, dafs eine bestimmte Eigenschaft der Materie zunächst nur bei einem einzigen chemischen Elemente anzutreffen war; dann habe sich späterhin aber stets herausgestellt, dafs auch die übrigen Elementarstoffe diese Eigenschaft in höherem oder geringerem Grade besafsen. Zum Beispiel galt der Magnetismus lange Zeit als besonderes Kennzeichen der drei Metalle Eisen, Nickel und Kobalt; später fand man jedoch einen schwachen Magnetismus, bezw. Diamagnetismus auch bei allen übrigen Substanzen. Aus diesem Grunde, sagt Schuster, dürfe man erwarten, dafs auch die Radioaktivität eine allgemein verbreitete Eigenschaft der Materie sei. Dazu ist folgendes zu bemerken: Nach unserer Auffassung (Kap. X) ist das Auftreten der Aktivität bei einer Substanz nichts anderes als ein Zeichen dafür, dafs sie eine von einer Emission geladener Teilchen begleitete Umwandlung erleidet; daraus, dafs die Atome eines Elementes im Laufe der Zeit instabil werden und zerfallen, folgt aber keineswegs, dafs dasselbe auch bei allen übrigen Elementen der Fall sein mufs.

Es sei in diesem Zusammenhange nochmals an die umfassenden Untersuchungen von Frau Curie (Paragraph 8) erinnert: fast alle Elemente und eine grofse Zahl ihrer Verbindungen wurden daraufhin

---

[1]) A. Schuster, British Assoc. 1903.

geprüft, ob sie radioaktiv wären. Da die Messungen nach der empfindlichen elektrischen Methode ausgeführt wurden, wäre eine Aktivität von dem hundertsten Teile einer Uraneinheit mit Sicherheit erkannt worden. Von sämtlichen Substanzen besafsen aber nur die spezifischen Radioelemente sowie die uran- und thorhaltigen Mineralien ein merkliches Strahlungsvermögen.

Freilich soll nicht unerwähnt bleiben, dafs unter Umständen auch gewisse andere Stoffe Gase zu ionisieren vermögen. Läfst man Luft über ein Stück Phosphor[1]) hinwegstreichen, so nimmt sie ein nicht unbeträchtliches Leitungsvermögen an. Es hat jedoch nicht den Anschein, als ob dabei ionisierende Strahlen von der Art, wie sie von radioaktiven Substanzen ausgesandt werden, zur Geltung kommen. Der Effekt mag dadurch zustande kommen, dafs infolge chemischer Reaktionen an der Oberfläche der wirksamen Substanz oder in dem mit sogenannter „Phosphoremanation" beladenen Luftstrome freie Ionen entstehen. Ein weiteres Beispiel liefert das Verhalten des Chininsulfats. Dieses Salz strahlt, wie Le Bon (Paragraph 8) entdeckte, nach einer mäfsig starken Erhitzung beim Abkühlen während kurzer Zeit ein helles Phosphoreszenzlicht aus; gleichzeitig wird die umgebende Luft leitend, so dafs die Ladungen elektrisierter Körper in der Nähe schnell zerstreut werden. Diese entladende Wirkung des Chininsulfates wurde unter mannigfach wechselnden Versuchsbedingungen eingehend von Miss Gates[2]) untersucht. Die Ionisierung schien sich lediglich auf die unmittelbare Nähe der Substanz selbst zu beschränken. Umgab man die letztere mit dünner Gold- oder Aluminiumfolie, so waren keine Entladungseffekte mehr zu beobachten. Die Intensität des Ionisationsstromes — zu seiner Messung diente ein Elektrometer — änderte sich stark mit der Richtung des elektrischen Feldes; die positiven und negativen Ionen mufsten also sehr verschiedene Beweglichkeiten besitzen. Wahrscheinlich hängt die entladende Wirkung des Chininsulfats mit chemischen Vorgängen zusammen, oder es handelt sich um eine durch kurzwellige ultraviolette Strahlen hervorgerufene Ionisation; solche Strahlen können in dem Phosphoreszenzlicht enthalten sein, und dann mufs sich die Erscheinung naturgemäfs auf die unmittelbare Umgebung des Salzes beschränken.

Es gehört demnach weder der Phosphor noch das Chininsulfat zur Klasse der radioaktiven Substanzen. Nichts deutet darauf hin, dafs die Ionisation im einen oder anderen Falle durch eine Emission korpuskulärer Strahlen hervorgerufen würde.

Irrtümlich dürfte auch die mehrfach aufgestellte Behauptung sein, es würde jedweder Körper radioaktiv, wenn er von Röntgen- oder

---

[1]) J. J. Thomson, Conduction of Electricity through Gases, p. 324. 1903.
[2]) Miss Gates, Phys. Rev. 17, p. 499. 1903.

Kathodenstrahlen getroffen wird. Exponiert man ein Metall den Strahlen einer Röntgenröhre, so sendet es allerdings sekundäre Strahlen aus, die in Luftschichten von wenigen Zentimetern Dicke bereits stark absorbiert werden und vielleicht in mancher Hinsicht den α-Strahlen der Radioelemente verwandt sein mögen. Diese sekundäre Emission erlischt jedoch augenblicklich, sobald den primären Röntgenstrahlen der Zutritt verwehrt wird. Villard[1]) gibt freilich an, er habe von Wismutblechen, die im Vakuum einer Entladungsröhre den Strahlen der Kathode exponiert worden waren, auch noch einige Zeit nach der Exposition schwache photographische Effekte erhalten. Um aus dieser Beobachtung auf eine Aktivität des Metalls schliefsen zu können, müfste jedoch erst bewiesen werden, dafs unter jenen Umständen vom Wismut Strahlen ausgehen, die denen der radioaktiven Körper wesensgleich sind. Die analogen Versuche von Ramsay und Cooke, nach deren Ergebnissen eine Aktivität auf neutralen Substanzen durch Bestrahlung mit Radium zu entstehen schien, sind bereits an früherer Stelle (Paragraph 264) besprochen worden.

Erst in neuester Zeit haben Untersuchungen über die Leitfähigkeit der Gase in verschlossenen Gefäfsen es wahrscheinlich gemacht, dafs auch Substanzen gewöhnlicher Art eine, allerdings sehr schwache Radioaktivität besitzen. Die Leitfähigkeiten, um die es sich in diesen Fällen handelt, sind aber aufserordentlich gering, und es bedurfte besonderer Methoden, um ihre Gröfse genau messen zu können. Was die Resultate dieser mühsamen Untersuchungen bisher zur Beantwortung der vorliegenden Frage beigetragen haben, darüber soll im folgenden kurz berichtet werden.

284. Die Leitfähigkeit der Luft in abgeschlossenen Räumen. Ein isoliert aufgestellter elektrisierter Leiter pflegt auch in fest verschlossenen Räumen allmählich seine Ladung zu verlieren. Vielfach glaubte man, diese Zerstreuung der Elektrizität durch ein mangelhaftes Isolationsvermögen der den Körper tragenden Stützen erklären zu können. Allein es gab seit Coulombs Zeiten manche Physiker, die diese Deutung der Erscheinung nicht für ausreichend hielten. Schon im Jahre 1850 wies Matteucci darauf hin, dafs die Stärke des Effektes von der Gröfse des Ladungspotentials unabhängig sei. Später beschäftigte sich u. a. Boys mit demselben Problem. Dieser benutzte als Isolatoren Quarzstäbe von verschiedener Länge und Dicke und zog aus seinen Beobachtungen den Schlufs, dafs die Elektrizität wenigstens teilweise durch die Luft hindurch entweichen müsse. Dies sollte geschehen durch Vermittelung der in der Luft suspendierten Staubteilchen.

---

[1]) P. Villard, Société de Physique, Juli 1900.

Ein erneutes Interesse gewann jene Frage, als man entdeckte, daſs die Gase unter der Einwirkung von Röntgenstrahlen oder durch Bestrahlung mit radioaktiven Substanzen vorübergehend elektrisch leitend werden. Die ersten, die nunmehr dem alten Problem ihre Aufmerksamkeit zuwandten, waren Geitel[1]) und C. T. R. Wilson[2]). Beide gelangten unabhängig voneinander zu dem Resultate, daſs die natürliche Zerstreuung der Elektrizität in geschlossenen Räumen von einer stets vorhandenen Ionisation der Luft herrühre. Geitel benutzte zu seinen Versuchen einen Apparat, der im wesentlichen mit dem der Fig. 105 übereinstimmte. Unter einer auf allen Seiten abgedichteten Glasglocke von 30 l Inhalt stand ein Exnersches Elektroskop,

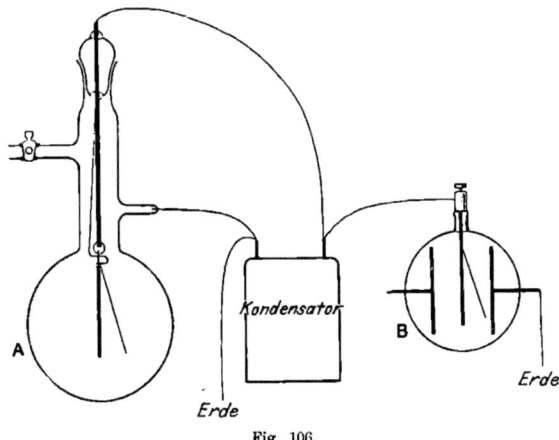

Fig. 106.

das einen zylindrischen Zerstreuungskörper aus geschwärztem Messingblech trug. Gemessen wurde die Abnahme der Ladung innerhalb einer bestimmten Zeit. Die Zerstreuung entsprach einem Potentialabfall von ungefähr 40 Volt pro Stunde, und Kontrollbeobachtungen lehrten, daſs dieser Effekt nicht etwa durch Isolationsfehler hervorgerufen sein konnte.

Wilson zog es vor, mit sehr kleinen Behältern zu arbeiten, um die Luft vor dem Einfüllen vollständig staubfrei machen zu können. Zu den ersten Messungen benutzte er eine versilberte Glasflasche von nur 163 ccm Inhalt. Seine Versuchsanordnung ist in Fig. 106 wiedergegeben.

Der Leiter, dessen Ladungsverluste bestimmt werden sollten, befand sich in der Mitte des Gefäſses A. Er bestand aus einem

---

[1]) H. Geitel, Physik. Ztschr. 2, p. 116. 1900.
[2]) C. T. R. Wilson, Proc. Camb. Phil. Soc. 11, p. 52, 1900. Proc. Roy. Soc. 68, p. 152, 1901.

schmalen Metallstreifen, an dem ein Goldblättchen befestigt war, und war mit einer kleinen Schwefelkugel an einen längeren Draht angekittet. Der letztere stand mit einem Schwefelkondensator und mit einem Exnerschen Elektroskop B in Verbindung. Ferner hing an dem Träger ein dünner Stahldraht, den man von aufsen durch Annäherung eines Magnets mit dem unteren Leiter zur Berührung bringen konnte. Auf diese Weise erhielt der Metallstreifen zunächst das gleiche Potential wie der obere Draht. Dieser wurde aber während der Messungen auf einem etwas höheren Potential gehalten; so konnte man sicher sein, dafs die Entladung des unteren Systems nicht auf dem Wege der Leitung durch das Schwefelkügelchen hindurch erfolgte. Zur Beobachtung der Blättchenbewegung diente ein Mikroskop mit Okularmikrometer.

Die Wilsonsche Methode ist aufserordentlich praktisch und zuverlässig, wenn es sich darum handelt, sehr schwache Entladungseffekte zu untersuchen. Das Elektroskop ist in einer derartigen Anordnung selbst einem empfindlichen Elektrometer weit überlegen.

Geitel sowohl als auch Wilson fanden, dafs in staubfreier Luft positive und negative Ladungen gleich schnell zerstreut wurden. Dabei machte es keinen Unterschied, ob das geladene System im Dunkeln blieb oder von diffusem Tageslichte getroffen wurde. Die Gröfse des Elektrizitätsverlustes war ferner in weiten Grenzen unabhängig von der Höhe des angelegten Potentials. Diese letztere Tatsache beweist, dafs die Erscheinung durch eine konstante Ionisierung der Luft hervorgerufen wird. Sobald nämlich das elektrische Feld im Gase einen bestimmten Wert überschreitet, werden sämtliche Ionen die Elekroden erreichen, bevor eine merkliche Wiedervereinigung stattfindet. Es entsteht dann der Sättigungsstrom, dessen Intensität sich bei weiterer Steigerung der Feldstärke nicht mehr ändert, vorausgesetzt, dafs es zu keiner Funkenentladung kommt.

Wilson gelang es, noch auf anderem Wege nachzuweisen, dafs in staubfreier, äufseren ionisierenden Einflüssen vollkommen entzogener Luft stets Ionen enthalten sind. Expansionsversuche zeigten nämlich, dafs auch in normaler feuchter Luft bei mäfsiger Ausdehnung Nebelbildung stattfindet. Zur Beobachtung der Erscheinung diente ein Glasgefäfs von der Art des in Paragraph 34 beschriebenen, in dem sich zwei grofse Metallplatten befanden, die von aufsen geladen werden konnten. So liefs sich feststellen, dafs die Kondensationskerne auch im vorliegenden Falle elektrische Ladungen mit sich führen; sie verhielten sich in jeder Hinsicht ähnlich wie von Röntgenstrahlen u. dgl. erzeugte Gasionen.

Die Stärke der Elektrizitätszerstreuung im Behälter A war unabhängig von der Lage des Ortes, an dem die Beobachtungen vorgenommen wurden. Auch im Innern eines tiefen Tunnels war die Ent-

Vierzehntes Kapitel. Atmosphärische Aktivität usw.

ladungsgeschwindigkeit ebenso grofs wie an anderen Stellen. Es schien daher eine äufsere Strahlung nicht mit im Spiele zu sein. Allein die in Paragraph 279 beschriebenen Versuche machen es dennoch wahrscheinlich, dafs der beobachtete Effekt teilweise, nämlich zu ungefähr 30 %, durch gewisse Strahlen von sehr hohem Durchdringungsvermögen hervorgerufen wurde. Ihre Intensität war offenbar im Tunnel ebenso grofs wie an der freien Erdoberfläche. Gleichgültig war es ferner, ob sich die abgesperrte Luft in einem Messing- oder Glasgefäfse befand. Aus allen diesen Beobachtungen zog Wilson den Schlufs, dafs fortwährend eine spontane Ionisierung der Luft stattfindet.

Unter Benutzung eines Messingbehälters von 471 ccm Inhalt wurde sodann die Zahl der Ionen bestimmt, die pro Sekunde in der Volumeneinheit entstehen mufsten, damit der Entladungseffekt in der beobachteten Stärke eintreten konnte. Der Zerstreuungskörper besafs eine Kapazität von 1,1 elektrostatischen Einheiten. Der Spannungsverlust pro Stunde betrug 4,1 Volt bei einem Anfangspotential von 210 Volt und 4,0 Volt bei einem solchen von 120 Volt. Daraus ergibt sich, wenn man die Ladung eines Ions zu $3,4 \times 10^{-10}$ elektrostatischen Einheiten annimmt, dafs pro Sekunde 26 Ionen in jedem Kubikzentimeter erzeugt wurden.

Rutherford und Allan[1]) wiederholten die Versuche von Geitel und Wilson nach einer etwas abgeänderten Methode. Sie bestimmten mittels eines Elektrometers die Intensität des Sättigungsstromes zwischen zwei konzentrischen Zinkzylindern von 154 cm Länge und 25,5 bezw. 7,5 cm Durchmesser. Zur Erzielung des Sättigungszustandes bedurfte es einer Potentialdifferenz von nur wenigen Volt. Wenn die Luft mehrere Tage lang ruhig in dem Behälter gestanden hatte, konnte die Spannung noch weiter herabgesetzt werden. Diese spontane Abnahme des Sättigungswertes hatte wahrscheinlich darin ihren Grund, dafs sich die anfangs vorhandenen Staubteilchen allmählich zu Boden senkten.

Später sind quantitative Messungen über die Ionenerzeugung in abgeschlossenen Luftmengen auch noch von Patterson[2]), Harms[3]) und Cooke[4]) ausgeführt worden. Folgende Tabelle enthält eine Zusammenstellung der von den verschiedenen Beobachtern gewonnenen Resultate. In allen Fällen wurde die Ladung eines Ions gleich $3,4 \times 10^{-10}$ elektrostatischen Einheiten gesetzt.

---

[1]) E. Rutherford und S. J. Allan, Phil. Mag., Dez. 1902.
[2]) J. Patterson, Phil. Mag., August 1903.
[3]) F. Harms, Physik. Ztschr. 4, p. 11. 1902.
[4]) H. L. Cooke, Phil. Mag., Okt. 1903.

Material der Gefäßwände	Zahl der pro Sekunde im Kubikzentimeter erzeugten Ionen	Beobachter
Versilbertes Glas . . .	36	C. T. R. Wilson
Messing . . .	26	C. T. R. Wilson
Zink	27	Rutherford und Allan
Glas . .	53 bis 63	Harms
Eisen	61	Patterson
Messing, blank	10	Cooke

Wie sich später zeigen wird, rühren die Abweichungen der einzelnen Zahlen voneinander wahrscheinlich von Unterschieden in der Radioaktivität der Gefäßwände her.

285. Abhängigkeit der Ionisation von dem Druck und der chemischen Natur des Gases. Die Geschwindigkeit, mit der sich ein elektrisierter Leiter von selbst entlädt, ist angenähert dem Drucke der Luft proportional. Diese Beziehung ergab sich aus Messungen von C. T. R. Wilson (loc. cit.), die sich über ein Druckintervall von 43—743 mm Quecksilber erstreckten. Demgemäß müßte ein Körper im hohen Vakuum eine Ladung außerordentlich langsam verlieren. In Übereinstimmung hiermit steht eine Beobachtung von Crookes, nach der ein elektrisierter Leiter im höchsten Vakuum seine Ladung mehrere Monate lang behielt.

Wilson[1]) untersuchte ferner die Elektrizitätszerstreuung in verschiedenen Gasen. Die dabei gewonnenen Resultate sind in folgender Tabelle wiedergegeben. Die Ionisation in Luft ist hier willkürlich gleich eins gesetzt worden.

Gas	Relative Ionisation	$\dfrac{\text{Relative Ionisation}}{\text{Dichte}}$
Luft	1,00	1,00
Wasserstoff	0,184	2,7
Kohlensäure . . .	1,69	1,10
Schwefeldioxyd . .	2,64	1,21
Chloroform . .	4,7	1,09

Abgesehen vom Wasserstoff, erscheint die Stärke der Ionisierung nahezu der Dichte der Gase proportional. Die Relativzahlen stimmen ziemlich genau mit denen überein, die Strutt (Paragraph 45) erhielt

---

[1]) C. T. R. Wilson, Proc. Roy. Soc. 69, p. 277. 1901.

für den Fall, dafs die Gase der Einwirkung von α- und β-Strahlen ausgesetzt werden. Es liegt daher nahe, anzunehmen, dafs auch die normale Ionisation durch eine Strahlung hervorgerufen wird, die entweder von den Gefäfswänden ausgeht oder einer äufseren Energiequelle entstammt.

Jaffé[1]) untersuchte das Verhalten eines sehr schweren Gases, des Nickelcarbonyls, $Ni(CO)_4$; es befand sich in einem kleinen versilberten Glaskolben. Seine Dichte betrug 5,9; die Ionisation war 5,1 mal so grofs wie in Luft von normalem Druck. Auch in diesem Falle war die Zerstreuung dem Gasdrucke nahezu proportional; nur bei niedrigen Drucken entlud sich das Elektroskop etwas schneller, als man nach diesem Gesetze hätte erwarten sollen. Im allgemeinen verhält sich also auch eine so schwere Substanz von kompliziertem Molekularbau gerade so wie ein einfaches und spezifisch leichtes Gas. Dieser Umstand deutet gleichfalls darauf hin, dafs die natürliche Leitfähigkeit der Gase nicht die Folge einer spontanen Ionisierung ist, sondern unter dem Einflufs einer Strahlung der Gefäfswände zustande kommt.

Die Abhängigkeit des Leitvermögens vom Gasdrucke wurde für Luft aufser von Wilson auch von Patterson[2]) geprüft. Als Gefäfs diente ein Eisenzylinder von 20 cm Höhe und 30 cm Weite. Gemessen wurde mit einem Dolezalekschen Elektrometer der Strom, der von einer axialen Elektrode zur Zylinderwand hinüberflofs. Für Drucke oberhalb 300 mm war die Intensität des Sättigungsstromes praktisch unabhängig vom Druck der Luft; unterhalb 80 mm war der Strom dem Druck direkt proportional. Für Luft von Atmosphärendruck wurde sodann der Einflufs der Temperatur untersucht. Bis hinauf zu 450 ° C. blieb die Leitfähigkeit konstant. Bei weiterer Erhöhung der Temperatur begann die Stromintensität zu wachsen und zwar in stärkerem Mafse, wenn die axiale Elektrode negativ, als wenn sie positiv geladen war. Diese Unipolarität dürfte sich dadurch erklären, dafs an der Wandung des eisernen Gefäfses positive Ionen zur Entstehung gelangten. Würde die Luft selbsttätig Ionen produzieren, so müfste sich wohl zweifellos ein stärkerer Einflufs der Temperatur auf das Leitvermögen bemerkbar machen. Andererseits ist ein solcher Effekt von vornherein nicht zu erwarten, wenn die Ionen von einer leicht absorbierbaren Strahlung der Gefäfswände erzeugt werden. Man braucht nur anzunehmen, dafs das Durchdringungsvermögen dieser Strahlen mit dem der α-Strahlen der Gröfsenordnung nach übereinstimmt. Luftschichten von wenigen Zentimetern Dicke würden dann ihre Energie total absorbieren. Mit abnehmendem Drucke müfsten sie

---

[1]) G. Jaffé, Phil. Mag., Okt. 1904.
[2]) J. Patterson, Phil. Mag., Aug. 1903.

aber immer längere Wege zurücklegen können. Ihre gesamte ionisierende Wirkung würde dabei in einigermaßen dicken Luftschichten so lange konstant bleiben, bis der Druck so weit abgenommen hat, daß die Intensität der Strahlen beim Durchgang durch das absorbierende Medium nicht mehr vollständig auf Null herabsinkt. Wird die Luft dann noch weiter verdünnt, so muß die Ionisation, also die Stromstärke, dem Druck proportional abnehmen.

286. Radioaktivität beliebiger Körper. Strutt[1]), Mc. Lennan und Burton[2]) sowie Cooke[3]) beobachteten nahezu gleichzeitig und unabhängig voneinander, daß vielfach auch Substanzen gewöhnlicher Art eine schwache Radioaktivität besitzen. Zunächst bemerkte Strutt, daß die natürliche Leitfähigkeit in einem geschlossenen Raum sich mit dem Material des Behälters änderte. In einem Glasgefäß mit beweglichem Boden wurde die Zerstreuung mittels eines Elektroskops untersucht, wobei die Innenwände nacheinander mit verschiedenen Substanzen belegt wurden. Folgende Tabelle enthält die Ergebnisse dieser Versuche. Als Maß der Zerstreuung diente die Anzahl der Skalenteile im Okularmikrometer, an denen das Goldblättchen binnen einer Stunde vorbeiwanderte.

Material des Wandbelags	Zerstreuung in Skalenteilen pro Stunde
Stanniol	3,3
Stanniol (anderer Herkunft) .	2,3
Phosphorsäure auf Glas	1,3
Chemischer Silberniederschlag auf Glas	1,6
Zink . . .	1,2
Blei	2,2
Kupfer (blank)	2,3
Kupfer (oxydiert)	1,7
Platin (verschiedene Proben)	2,0, 2,9, 3,9
Aluminium	1,4

Wie man sieht, bestehen deutliche Unterschiede nicht nur für verschiedenartige Stoffe, sondern auch für verschiedene Proben ein und desselben Metalls. So bewirkte die eine Platinsorte eine nahezu doppelt so schnelle Entladung wie eine andere Probe derselben Substanz.

---

[1]) R. J. Strutt, Phil. Mag., Juni 1903. Nature, 19. Febr. 1903.
[2]) J. G. Mc. Lennan und E. F. Burton, Phys. Rev. No. 4, 1903. J. J. Thomson, Nature, 26. Febr. 1903.
[3]) H. L. Cooke, Phil. Mag., 6. Aug. 1903. E. Rutherford, Nature, 2. April 1903.

Vierzehntes Kapitel. Atmosphärische Aktivität usw.

Mc. Lennan und Burton benutzten als Mefsinstrument ein empfindliches Elektrometer. Beobachtet wurde der Ionisationsstrom in einem Luftkondensator. Dieser bestand aus einem eisernen Zylinder von 130 cm Höhe und 25 cm Weite mit einer isolierten Elektrode in der Mitte. Er wurde zunächst offen eine Zeit lang an das geöffnete Fenster des Laboratoriums gestellt und hierauf fest verschlossen. Sobald als möglich wurde alsdann mit den Messungen begonnen. In allen Fällen nahm die Intensität des Sättigungsstromes während der ersten zwei bis drei Stunden bis auf ein Minimum ab; sodann erhob sie sich wieder ganz allmählich zu gröfseren Werten. In einer Versuchsreihe z. B. war die Anfangsstromstärke gleich 30 willkürlichen Einheiten; nach vier Stunden wurde ein Minimalwert von 6,6 erreicht, und 44 Stunden später war die Stromintensität wieder auf einen maximalen Grenzwert von 24 Einheiten gestiegen. Die anfängliche Abnahme rührt wahrscheinlich davon her, dafs die eingeschlossene Luft oder die Gefäfswände eine rasch abklingende Radioaktivität besitzen. Es dürfte sich hierbei zum Teil um die erregte Aktivität handeln, die die Innenfläche des Zylinders in Berührung mit der Luft angenommen hatte. Der spätere Anstieg der Stromintensität soll nach Mc. Lennan darauf beruhen, dafs aus der Wandung des Behälters eine radioaktive Emanation austritt, die ihrerseits die Innenluft ionisiert. Wurde der Eisenzylinder nämlich mit Blei, Zinn oder Zink ausgekleidet, so änderten sich sowohl der Minimal- als auch der Maximalwert der Stromstärke in erheblichem Mafse. Für Blei waren die Stromintensitäten doppelt so hoch wie für Zink; dazwischen lagen die Werte für Zinn. Die Resultate dieser Versuche stimmen also im grofsen und ganzen mit den Angaben von Strutt überein.

Mc. Lennan und Burton untersuchten aufserdem noch den Einflufs des Luftdrucks auf die Stärke der Ionisierung. Zunächst wurde die Luft im Zylinder auf sieben Atmosphären zusammengeprefst. Man wartete so lange, bis die Stromstärke einen konstanten Wert angenommen hatte, und verringerte dann den Druck allmählich bis auf 44 mm Quecksilber. In dem ganzen Bereiche war die Stromintensität dem Druck nahezu proportional. Mit diesem Befund stimmen weder die oben erwähnten Beobachtungen von Patterson noch spätere Versuche von Strutt überein. Aus Mc. Lennans Ergebnissen wäre zu schliefsen, dafs die Ionisierung im wesentlichen durch eine aus dem Metall entweichende Emanation hervorgerufen würde. Läfst man einen Teil der Luft rasch aus dem Behälter austreten, so mufs offenbar eine proportionale Menge des Emanationsgases gleichzeitig das Gefäfs verlassen; es wird also durchaus verständlich, dafs sich die Stromstärke dann in demselben Mafse ändert wie der Druck. Sie müfste jedoch unter der genannten Voraussetzung bei geringen Drucken wieder bis auf einen maximalen Wert ansteigen, wenn man genügend

Zeit verstreichen läfst, dafs sich ein frischer Vorrat Emanation ansammeln kann.

Die Versuche von H. L. Cooke — dieser arbeitete wieder mit einem Elektroskop — lieferten im wesentlichen die gleichen Resultate wie die Beobachtungen von Strutt. Cooke fand unter anderem, dafs Ziegelsteine eine ionisierende Strahlung aussenden. In einem Messinggefäfs nahm nämlich die Elektrizitätszerstreuung um 40 bis 50 Prozent zu, als rings um den Apparat eine Wand aus Ziegelsteinen aufgebaut wurde. Die Schirmwirkung verschiedener Stoffe war für diese Strahlen nahezu ebenso grofs wie für diejenigen der radioaktiven Substanzen. So trat totale Absorption ein in einer Bleischicht von 2 mm Dicke. Dieses Verhalten der Ziegelsteine entspricht der früher erwähnten Beobachtung von Elster und Geitel, wonach in der dem Boden entnommenen Tonerde radioaktive Materie enthalten ist.

Weitere Versuche von Cooke ergaben, dafs die Zerstreuung in einem Messingbehälter auf etwa den dritten Teil des normalen Betrages herabgesetzt wird, wenn man die innere Oberfläche des Metalls sorgfältig blank putzt. Die Zahl der pro Kubikzentimeter und Sekunde erzeugten Ionen sank dadurch von 30 auf 10. Diese wichtige Tatsache beweist, dafs die an gewöhnlichen Körpern auftretende Aktivität zum grofsen Teile einem Niederschlage von radioaktiver Materie zuzuschreiben ist. Bekanntlich behält jeder Körper, der einmal mit Radiumemanation in Berührung gekommen ist, eine Restaktivität, die aufserordentlich langsam abklingt. Da nun in der Atmosphäre zweifellos allenthalben Radiumemanation vorhanden ist, so werden sich alle Körper bei ihrem Aufenthalt in der Luft mit einer unsichtbaren Haut von radioaktiver Materie überziehen. Da aber das Strahlungsvermögen dieses Niederschlages sehr langsam abklingt, wird die Aktivität der exponierten Körper während ihres Verweilens in der freien Luft lange Zeit hindurch stetig zunehmen. Auf diese Weise werden die Metalle, selbst wenn sie von vornherein inaktiv waren, allmählich eine ziemlich konstante Aktivität annehmen; es mufs jedoch möglich sein, die letztere zu beseitigen, indem man die Oberfläche des Metalls, sei es auf chemischem oder mechanischem Wege, erneuert. Demgemäfs zeigt sich nach Beobachtungen von Eve[1]) auch in Laboratorien, in denen beträchtliche Mengen Radiumemanation entwickelt worden sind, an allen Körpern eine auffallend hohe Aktivität. Ihre Oberfläche bedeckt sich mit den Umwandlungsprodukten D, E und F. Man kann diese aktive Haut indessen fast vollständig dadurch beseitigen, dafs man den betreffenden Körper in starke Säuren eintaucht.

Auch im Cavendish-Laboratorium beschäftigte man sich mit der

---

[1]) A. S. Eve, Nature, 16. März 1905.

Frage nach dem Ursprung der Radioaktivität gewöhnlicher Substanzen. Versuche, die von J. J. Thomson, N. R. Campbell und A. Wood unternommen wurden, sollten Klarheit darüber verschaffen, ob diese Aktivität als spezifische Eigenschaft der betreffenden Körper zu gelten habe, oder ob sie nur von Verunreinigungen durch Radioelemente herrühre. Auf der Versammlung der British Association zu Cambridge im Jahre 1904 gab Professor J. J. Thomson einen zusammenfassenden Bericht über die von ihm und seinen Mitarbeitern gewonnenen Resultate. Sie sprechen[1]) im grofsen und ganzen zugunsten der Auffassung, dafs jede Substanz eine ihr eigentümliche Strahlung liefert, und dafs es sich dabei um spezifische Eigenschaften der einzelnen Körper handelt.

Die Versuche von J. J. Thomson[2]) bezogen sich insbesondere auf das Absorptionsvermögen verschiedener Substanzen für die von aufsen kommende Strahlung von grofsem Durchdringungsvermögen, deren Existenz von Cooke und Mc. Lennan festgestellt worden war (Paragraph 279). Es zeigte sich, dafs diese Strahlung in einigen Stoffen sehr stark, in anderen so gut wie gar nicht geschwächt wurde. So verringerte sich z. B. die Leitfähigkeit der Luft in einem geschlossenen Behälter um 17 %, wenn das Gefäfs mit einem dicken Bleimantel versehen wurde; in äquivalenter Schichtdicke übte dagegen Wasser oder ein Brei aus Wasser und Sand keine merkliche Schirmwirkung aus.

Bald darauf erkannte Wood[3]), dafs die Schirmwirkung einer bestimmten Substanz verschieden grofs ist, je nach dem Material der Gefäfswände. Bei Benutzung eines äufseren Bleimantels sank der Zerstreuungskoeffizient z. B. in einem Bleibehälter um 10 %, in einem eisernen Gefäfse dagegen um 24 %. Wood schliefst aus seinen Versuchen, dafs die Leitfähigkeit, die man in abgeschlossenen Räumen beobachtet, dreifachen Ursprungs ist: Erstens kommt als Quelle der Ionisierung eine äufsere Strahlung in Betracht, zweitens eine seitens der letzteren erzeugte Sekundäremission, und erst der dritte Teil des gesamten Effektes entsteht durch Einwirkung einer primären Strahlung der Gefäfswände, die von äufseren Vorgängen unbeeinflufst bleibt.

Campbell[4]) bestimmte die Abhängigkeit des Sättigungsstromes in Plattenkondensatoren aus verschiedenen Materialien von der Dicke der leitenden Luftschicht. Die Resultate dieser Messungen sind in Fig. 107 graphisch wiedergegeben. Wie man sieht, nimmt die Stromstärke mit wachsendem Plattenabstande zunächst ziemlich schnell zu, alsdann krümmen sich die Kurven, und zuletzt nehmen sie einen geradlinigen Verlauf. Diejenigen Plattendistanzen, bei denen die

---

[1]) Vgl. Le Radium, No. 3, 15. Sept. 1904, p. 81.
[2]) J. J. Thomson, Proc. Camb. Phil. Soc. 12, p. 391. 1904.
[3]) A. Wood, Phil. Mag., April 1905.
[4]) N. R. Campbell, Nature, p. 511, 31. März 1904. Phil. Mag., April 1905.

552   Vierzehntes Kapitel. Atmosphärische Aktivität usw.

Krümmung eintritt, besitzen für die einzelnen Substanzen verschiedene Größe. Aus der Gestalt der Kurven läfst sich schliefsen, dafs zwei Strahlengattungen zur Wirksamkeit gelangen müssen: die eine wird schon in ziemlich dünnen Luftschichten stark absorbiert, die andere dagegen kommt noch bei den gröfsten Plattenabständen, bei denen beobachtet wurde, zur Geltung. In einer zweiten Versuchsreihe studierte Campbell den Einflufs, den Schirme aus verschie-

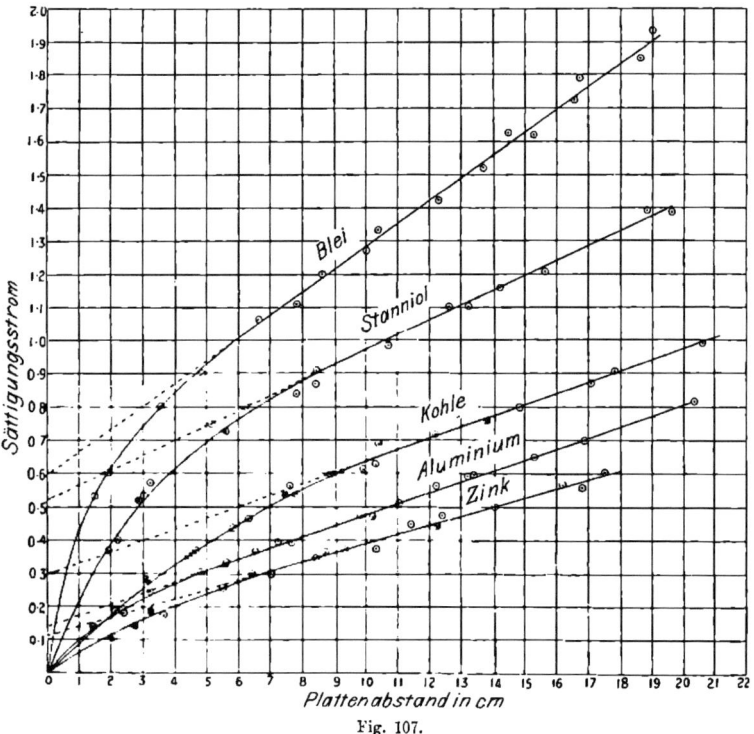
Fig. 107.

denen Materialien auf die Stärke des Ionisationsstromes ausübten, wenn sie von aufsen der einen Kondensatorplatte genähert wurden, die in diesem Falle aus dünnem Aluminiumblech bestand. Eine beträchtliche Verstärkung des Sättigungsstromes wurde durch Bleiplatten hervorgerufen; die Strahlung, die von ihnen ausging, war jedoch leicht absorbierbar, wovon man sich durch Einschaltung dünner Schirme überzeugte. Kohle und Zink lieferten Strahlen, die ein mehr als doppelt so hohes Durchdringungsvermögen besafsen wie die Strahlen des Bleis.

Weitere Versuche galten der Frage, ob gewöhnliche Körper eine

Vierzehntes Kapitel. Atmosphärische Aktivität usw.

radioaktive Emanation entwickeln. Zu diesem Zwecke wurden Lösungen fester Substanzen einige Zeit lang in geschlossenen Behältern aufbewahrt; alsdann wurde durch die Flüssigkeit Luft hindurchgesaugt und die Aktivität der letzteren gemessen. In einigen Fällen liefs sich das Vorhandensein einer Emanation feststellen; doch variierte ihre Menge für verschiedene Proben ein und derselben Substanz. Andere Materialien schienen dagegen kein aktives Gas abzugeben.

Wurde die Innenwand eines geschlossenen Behälters mit verschiedenen Metallen ausgekleidet, so nahm die Stromstärke im Innern in der Regel zunächst ab, erreichte ein Minimum und stieg dann wieder langsam bis auf einen maximalen Betrag. Der Endzustand wurde erreicht mit Blei in 9 Stunden, mit Zinn in 14 und mit Zink in 18 Stunden. Daraus ist zu schliefsen, dafs eine Emanationsentwickelung stattfand, und dafs die Menge des von den einzelnen Metallen abgegebenen Gases innerhalb verschiedener Zeitintervalle einen maximalen Betrag erreichte. Diese Deutung fand eine Bestätigung durch folgende Beobachtung: Ein Stück Blei wurde eine Zeit lang in radiumfreie Salpetersäure gelegt; alsdann war sein Einflufs auf die Leitfähigkeit der Luft zwanzigmal so grofs wie zuvor. Wahrscheinlich war die Porosität des Bleis durch die Einwirkung der Säure gröfser geworden, so dafs nunmehr ein gröfserer Bruchteil der in dem Metall entstehenden Emanationsmengen herausdiffundieren konnte.

Die Aktivität der gewöhnlichen Substanzen ist stets aufserordentlich gering. Der schwächste Effekt, der bisher beobachtet wurde, entsprach einer Erzeugung von 10 Ionen pro Kubikzentimeter und Sekunde. Diese Zahl wurde in einem Messingbehälter ermittelt. Nehmen wir an, es werde eine hohle Messingkugel von 1 l Inhalt als Zerstreuungsgefäfs benutzt. Seine innere Wandung besäfse dann einen Flächeninhalt von 480 qcm, und in der eingeschlossenen Luft würden im ganzen 10^4 Ionen pro Sekunde gebildet werden. Nun wissen wir (Paragraph 252), dafs ein jedes der vom Radium ausgesandten α-Teilchen bis zur totalen Absorption seiner Energie $8{,}6 \times 10^4$ Ionen erzeugt. Es brauchte daher nur ein einziges α-Teilchen alle 8 Sekunden von der gesamten Messingkugel oder binnen einer Stunde von jedem Quadratzentimeter ihrer Oberfläche fortgeschleudert zu werden, damit die schwache Leitfähigkeit, die man normalerweise im Innern beobachtet, zustande käme. Betrachtet man diese Aktivität als Folge einer spontanen Umwandlung des umgebenden Metalls, so würde es genügen, wenn pro Gramm Substanz in jeder Sekunde nur ein einziges Atom zerfiele, um jene schwache Ionisierung in die Erscheinung treten zu lassen.

Die in diesem Paragraphen mitgeteilten Versuchsergebnisse machen es offenbar in hohem Grade wahrscheinlich, dafs auch gewöhnlichen Substanzen eine schwache eigene Radioaktivität zukommt. Immerhin mufs man sich aber vor Augen halten, dafs die Strahlungen, um die es sich in diesen Fällen handelt, selbst im Vergleich zu denen der schwach aktiven Radioelemente Uran und Thorium eine aufserordentlich geringe Intensität besitzen. Dazu kommt noch ein weiterer Umstand, durch den die Deutung der Erscheinungen erschwert wird, nämlich das Vorhandensein von Radiumemanation in der atmosphärischen Luft. Denn das hat zur Folge, dafs sich jeder Körper, der mit der letzteren in Berührung kommt, mit den langsam zerfallenden Umwandlungsprodukten des Emanationsgases überzieht. Ferner wird man bei der aufserordentlichen Verbreitung radioaktiver Materie in der Masse des Erdkörpers stets mit der Möglichkeit rechnen müssen, dafs die gewöhnlichen Substanzen, so sorgfältig sie auch gereinigt sein mögen, doch noch Spuren von Radioelementen enthalten. Wäre aber tatsächlich jegliche Materie radioaktiv, so müfste ihre Umwandlung ungeheuer langsam erfolgen, sofern man nicht annehmen will (vgl. Anhang A), dafs ihr Zerfall im wesentlichen ohne Emission von Strahlen vor sich geht.

Anhang A.
Eigenschaften der α-Strahlen.

Im folgenden soll über die Ergebnisse einiger neuerer Untersuchungen zur Kenntnis des Verhaltens der α-Strahlen berichtet werden, die erst kürzlich zum Abschlufs gebracht worden sind, so dafs sie in den Haupttext des Buches noch nicht aufgenommen werden konnten.

Die Versuche*), von denen zunächst die Rede sein soll, wurden von dem Verfasser ursprünglich in der Absicht unternommen, den Wert von e/m für die α-Teilchen des Radiums möglichst genau zu bestimmen, um eine definitive Entscheidung der Frage, ob sie mit Heliumatomen identisch wären, herbeiführen zu können. Zu den früheren Messungen jenes Quotienten, wie sie vom Verfasser, von Becquerel und von Des Coudres ausgeführt wurden (Paragraph 89, 90 und 91), diente als Strahlungsquelle stets eine dicke Schicht eines in radioaktivem Gleichgewichte befindlichen Radiumsalzes. Unter diesen Umständen sind die α-Strahlen aber, wie von Bragg festgestellt wurde (Paragraph 103), keineswegs homogen, vielmehr variiert die Geschwindigkeit der einzelnen Teilchen innerhalb ziemlich weiter Grenzen. Will man ein wirklich homogenes Strahlenbündel erhalten, so mufs man eine einheitliche aktive Substanz in sehr geringer Schichtdicke als Energiequelle verwenden. Dies liefs sich erreichen, indem man einen dünnen Draht benutzte, der durch mehrstündige Exposition in einem grofsen Quantum Radiumemanation aktiviert worden war und währenddessen auf negativem Potential gehalten wurde, so dafs seine Strahlung sehr intensiv war. Der aktive Niederschlag besteht anfangs aus Radium A, B und C. Die Aktivität des ersten Produktes A verschwindet jedoch praktisch vollkommen binnen 15 Minuten, und so entstammen die α-Strahlen weiterhin ausschliefslich dem Produkte C, da ja Radium B überhaupt keine Strahlen dieser Art aussendet. Die Aktivität von Radium C sinkt innerhalb zwei Stunden auf ungefähr 15 % ihres ursprünglichen Betrages.

---

*) *Phil. Mag., Juli 1905.*

556   Anhang A. Eigenschaften der α-Strahlen.

Magnetische Ablenkung der α-Strahlen. Auf photographischem Wege wurde mit einer in Fig. 108 wiedergegebenen Versuchsanordnung die magnetische Ablenkung der Strahlen untersucht. Der aktivierte Draht lag in einer Kerbe des Holzbrettchens V. Das von ihm ausgehende Strahlenbündel durchsetzt einen engen Spalt S. Oberhalb des letzteren befindet sich in bekanntem Abstande von S eine photographische Platte P, die normal von den α-Teilchen getroffen wird. Der ganze Apparat ist in ein Messingrohr eingeschoben, und dieses steht in Verbindung mit einer Fleufsschen Pumpe, so dafs der innere Raum in kurzer Zeit stark evakuiert werden kann. Zur Ablenkung der Strahlen dient ein homogenes Magnetfeld von grofser Intensität, das sich parallel zur Ebene des Spaltes erstreckt. Alle zehn Minuten wurde die Richtung des Feldes umgekehrt, so dafs beim Entwickeln der Platte zwei getrennte schmale Bilder zum Vorschein kamen. Ihr gegenseitiger Abstand entsprach offenbar der doppelten magnetischen Ablenkung des Strahlenbündels von der Normalen. Die Breite der Bildstreifen war mit und ohne Feld gleichgrofs; die Strahlen waren also tatsächlich homogen, d. h. alle α-Teilchen besafsen die gleiche Geschwindigkeit.

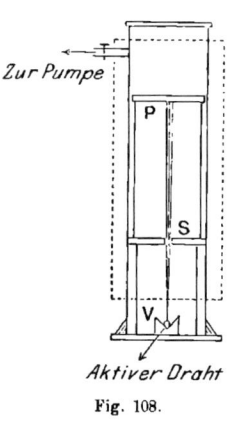

Fig. 108.

Indem man die Entfernung der photographischen Platte vom Spalte variierte, liefs sich der Radius ϱ des Kreises, der von den Strahlen im magnetischen Felde beschrieben wurde, ermitteln. Er war gleich 42,0 cm für ein Feld von der Intensität $H = 9470$ C.G.S.-Einheiten. Der Wert des Produktes $H\varrho$ beträgt also für die α-Teilchen von Radium C 398000. Diese Zahl steht in guter Übereinstimmung mit den gröfsten der früher für Radiumstrahlen gefundenen Werte (s. Paragraph 92).

Die elektrische Ablenkung der von dem aktivierten Drahte ausgehenden Strahlen ist zwar bisher noch nicht genau gemessen worden, indessen läfst sich ein Näherungswert von e/m berechnen, wenn man annimmt, dafs die Wärmewirkung des Produktes Radium C der kinetischen Energie seiner α-Teilchen äquivalent ist. Im radioaktiven Gleichgewichte enthält 1 g Radium eine bestimmte Menge Radium C, von der pro Stunde 31 Grammkalorieen entwickelt werden (Paragraph 246); dies entspricht einer Energieabgabe von $3{,}6 \times 10^5$ Erg pro Sekunde. Wenn sich aber der Gleichgewichtszustand eingestellt hat, entsendet das Radium C pro Zeiteinheit ebenso viele α-Teilchen wie das Radium selbst im Zustande seiner Minimalaktivität. Ihre Zahl beträgt dann pro Sekunde: $n = 6{,}2 \times 10^{-10}$ (Paragraph 93).

Es gilt somit die Gleichung
$$\tfrac{1}{2} m n v^2 = 3{,}6 \times 10^5.$$

Daraus läfst sich die Gröfse $\dfrac{m}{e} v^2$ berechnen, wenn man für n und e (d. i. das Elementarquantum der Elektrizität) die bekannten Werte einsetzt. In Wahrheit wurde jedoch anders verfahren: Man bestimmte auf experimentellem Wege die Stromstärke $i = ne$, die dem Ladungstransporte seitens der α-Teilchen entsprach. Dann ergab die Division der obigen Gleichung durch $\dfrac{i}{2}$ unmittelbar:

$$\frac{m}{e} v^2 = 1{,}03 \times 10^{15}.$$

Nach den Beobachtungen für die magnetische Ablenkbarkeit ist nun
$$\frac{m}{e} v = 3{,}98 \times 10^5.$$

Demnach erhält man aus den beiden letzten Gleichungen:
$$v = 2{,}6 \times 10^9 \text{ cm pro Sek.}$$
$$\frac{e}{m} = 6{,}5 \times 10^3 \text{ elektromagnetische Einh.}$$

Mit den früher vom Verfasser und von Des Coudres (Paragraph 91) gefundenen Werten stimmen diese Zahlen überraschend gut überein; doch kann das hier eingeschlagene Verfahren zur Bestimmung der Konstanten auf keine grofse Genauigkeit Anspruch machen, da die Werte der in diese Rechnung eingehenden Hilfsgröfsen mit erheblicher Unsicherheit behaftet sind*).

---

*) *In jüngster Zeit habe ich die experimentelle Bestimmung der Gröfsen v und e/m für die α-Teilchen des Produktes Radium C zu Ende führen können.*
Aus diesen Messungen ergab sich: $v = 2{,}0 \times 10^9$ cm pro Sec. und $\dfrac{e}{m} = 5 \times 10^3$.
Mackenzie (Phil. Mag., Sept. 1905) hat inzwischen gleichfalls quantitative Untersuchungen über die elektrische und magnetische Ablenkung von α-Teilchen angestellt. Er benutzte aber als Energiequelle ein in aktivem Gleichgewichte befindliches Radiumpräparat von grofser Schichtdicke, so dafs die α-Strahlung in diesem Falle inhomogen war, die einzelnen Teile des Strahlenbündels also in ungleichem Mafse von den elektrischen und magnetischen Kräften beeinflufst wurden. Immerhin liefs sich aus den mittleren Ablenkungen ein Durchschnittswert der Geschwindigkeit berechnen. Dieser betrug $1{,}37 \times 10^9$ cm pro Sec. und e/m war gleich $4{,}6 \times 10^3$.
Bekanntlich ist der Wert von e/m für das Wasserstoffatom gleich 10^4, also doppelt so grofs wie für das α-Teilchen. Demgemäfs lassen sich über die Natur des letzteren folgende Hypothesen aufstellen: Entweder besteht es aus einem Wasserstoffmolekül in Verbindung mit einem elektrischen Elementarquantum oder aus einem zwei Elementarquanta mit sich führenden Heliumatom oder aus einem

Geschwindigkeitsverlust beim Durchgang der α-Teilchen durch feste Substanzen.
Es sollten die Geschwindigkeiten der vom Radium C entsandten α-Teilchen nach ihrem Durchgang durch Aluminiumschichten von bekannter Dicke ermittelt werden. Zu diesem Zwecke wurde die nämliche Versuchsanordnung wie zuvor benutzt; nur wurde der aktivierte Draht mit einer allmählich zunehmenden Zahl von Aluminiumblättern, die eine Dicke von je 0,00031 cm besafsen, bedeckt. Gemessen wurde jedesmal der gegenseitige Abstand der beiden Spaltbilder auf der photographischen Platte. Die Entfernung zwischen P und S (Fig. 108) betrug 2 cm, das Magnetfeld erstreckte sich bis 1 cm unterhalb der Spaltebene. Die zu beobachtende Ablenkung mufste unter diesen Umständen der jeweiligen Geschwindigkeit der Strahlen nach ihrem Durchgange durch das Aluminium umgekehrt proportional sein.

Die Bilder auf der Platte waren vollkommen scharf und hatten in allen Fällen nahezu die gleiche Breite, woraus hervorgeht, dafs die Strahlen auch nach dem Durchgang durch die Metallfolie noch homogen geblieben waren. Nach Einschaltung von 12 Aluminiumschichten entstand noch ein deutlicher photographischer Eindruck; ein solcher war dagegen nicht mehr zu konstatieren, als noch ein weiteres Blättchen hinzugefügt wurde. Die photographische Wirksamkeit der Strahlen erlischt also in analoger Weise wie ihr Ionisierungsvermögen ziemlich unvermittelt.

Die Ergebnisse der Beobachtungen sind in folgender Tabelle zusammengestellt. Die dritte Kolumne enthält die Geschwindigkeiten, mit denen sich die α-Teilchen jenseits der Aluminiumschirme bewegten. Die Zahlen wurden berechnet unter der Annahme, dafs die Gröfse des Quotienten e/m konstant bleibt, und sind auf den Wert V_0 — d. i. die Geschwindigkeit der freien Strahlung — als Einheit bezogen worden *).

---

halben Heliumatom, das mit einem Elementarquantum vereinigt ist. Welche von diesen drei Alternativen zutrifft, läfst sich experimentell schwer entscheiden, doch spricht die Gesamtheit der vorliegenden Tatsachen am meisten zugunsten der zweiten Annahme. Man mag sich vorstellen, dafs das α-Teilchen selbst durch Zusammenstofs mit Gasmolekülen ionisiert wird, d. h., dafs es dabei eins oder mehrere der in ihm enthaltenen Elektronen verliert. Die Tendenz dazu wird sicherlich vorhanden sein, falls die Stabilität des Systems durch diesen Verlust an Elektronen nicht gestört wird. Wenn dem α-Teilchen nun insbesondere zwei Elektronen entrissen worden sind, mufs es eine positive Ladung vom doppelten Betrage des Elementarquantums aufweisen. So liefse sich der beobachtete Wert von e/m in Einklang bringen mit der Vorstellung, dafs die Substanz der α-Teilchen aus Heliumatomen besteht.

*) *Die Veröffentlichung dieser Versuchsergebnisse (Phil. Mag., Juli 1905) gab Anlafs zu einer interessanten Diskussion, über deren Einzelheiten hier nur kurz berichtet werden kann. Becquerel (C. R. 141, 11. Sept. 1905; Physik. Ztschr. 6, p. 666, 1905) gelang es nicht, eine Änderung der magnetischen Ablenkbarkeit*

Anhang A. Eigenschaften der α-Strahlen.

Zahl der Aluminiumblätter	Entfernung zwischen den beiden Spaltbildern	Geschwindigkeit der α-Teilchen
0	1,46 mm	1,00 V_0
5	1,71 „	0,85 „
8	1,91 „	0,76 „
10	2,01 „	0,73 „
12	2,29 „	0,64 „
13	Kein photographischer Eindruck.	

Wie man sieht, hat sich die Geschwindigkeit des α-Teilchens nur um 36 % gegenüber dem ursprünglichen Werte vermindert, wenn es gerade aufhört, photographisch wirksam zu sein*).

Nach den Versuchen von Bragg (Paragraph 104) erzeugt nun jedes α-Teilchen innerhalb seines gesamten Ionisierungsbereiches längs eines jeden Zentimeters seiner Bahn die gleiche Zahl von Gasionen. Die einfachste Annahme, die wir über das Absorptionsgesetz für Aluminium machen können, ist demnach, daſs die Energie der Strahlen beim Durchgang durch jede einzelne Schicht um einen konstanten Betrag geschwächt wurde. Als 12 Aluminiumblätter eingeschaltet waren,

---

der α-Strahlen bei ihrem Durchgang durch absorbierende Substanzen zu beobachten, und so schloſs er, daſs die Versuche von Rutherford Fehler enthalten müſsten, und daſs die Braggsche Theorie unrichtig sei. Für seine eigenen Messungen hatte er jedoch statt eines aktivierten Drahtes ein Radiumbromidpräparat von groſser Schichtdicke als Strahlungsquelle benutzt. Rutherford (Phil. Mag., Jan. 1906; Physik. Ztschr. 7, p. 137, 1906) und Bragg (Phil. Mag., Mai 1906; Physik. Ztschr. 7, p. 143, 1906) konnten daher darauf hinweisen, daſs Becquerels Versuche wegen der Inhomogenität der von seinem Präparate ausgehenden α-Strahlen notwendigerweise zu negativen Resultaten führen müſsten. Becquerel war der Ansicht, es vergröſsere sich die Masse der α-Teilchen beim Durchgang durch materielle Körper. Diese Auffassung erschien aber nicht gerechtfertigt, da die Annahme, von der er ausging, daſs die α-Strahlen des Radiums homogen seien, keineswegs zutraf. Denn ein Bündel solcher Strahlen erleidet in starken Magnetfeldern eine recht merkliche Dispersion; dies wurde sowohl von Mackenzie (Phil. Mag., Sept. 1905) wie von Rutherford nachgewiesen. Schlieſslich wiederholte Becquerel (C. R. 142, p. 365, 1906; Physik. Ztschr. 7, p. 177, 1906; Phil. Mag., Mai 1906) seine Versuche, indem er gleichfalls einen aktivierten Draht, der mit Radium C bedeckt war, als Strahlungsquelle benutzte. Nun konnte auch er den Geschwindigkeitsverlust, den die α-Teilchen in materiellen Substanzen erleiden, konstatieren, und demgemäſs zog er seine Hypothese, daſs dabei die Masse zunehmen solle, zurück.

*) *Mit stärker aktivierten Drähten ist es mir seither gelungen, auf geringe Entfernungen hin eine photographische Wirkung der vom Radium C ausgehenden α-Strahlen auch noch dann nachzuweisen, wenn ihre Geschwindigkeit durch Einschaltung passender Aluminiumschichten auf 0,43 V_0 herabgesetzt worden war. Der Effekt war aber in diesem Falle gegenüber dem eines ungeschirmten Drahtes auſserordentlich gering. Ich konnte ferner feststellen, daſs der Wert von e/m für die α-Teilchen des genannten Produktes keine Änderung erfährt, wenn die Strahlen eine Aluminiumwand durchsetzen, in der sie ebenso stark absorbiert werden wie in einer Luftschicht von 5,5 cm Dicke.*

sank aber die kinetische Energie der Teilchen auf 41 % ihres ursprünglichen Wertes; jede einzelne Schicht absorbierte also 4,9 %. Unter Benutzung dieses Absorptionskoeffizienten erhält man die in der dritten Kolumne der folgenden Tabelle angegebenen Werte für die Energie der aus den einzelnen Aluminiumschichten austretenden α-Teilchen; die zweite Vertikalreihe enthält die entsprechenden Zahlen, wie sie sich unmittelbar aus den beobachteten Geschwindigkeiten ergeben.

Zahl der Aluminiumblätter	Beobachtete Energie	Berechnete Energie
0	100	100
5	73	75
8	58	61
10	53	51
12	41	41

Die beobachteten und berechneten Werte stimmen innerhalb der Grenzen der Versuchsfehler gut miteinander überein, und somit darf man schliefsen, dafs in erster Annäherung tatsächlich in gleichen Schichtdicken ein konstanter Bruchteil der Gesamtenergie zur Absorption gelangt.

Wirkungsbereich der Ionisierung und des photographischen Effektes. Die photographische Wirkung der vom Radium C ausgehenden α-Teilchen erlischt plötzlich, wenn mehr als 12 Aluminiumblätter in den Strahlengang eingeschaltet werden. Bragg hatte früher gefunden, dafs auch das Ionisierungsvermögen in Luft in analoger Weise plötzlich verschwindet. Man konnte vermuten, dafs beide Erscheinungen unmittelbar miteinander zusammenhängen; diese Erwartung hat sich denn auch in der Tat bestätigt.

Wie quantitative Versuche ergaben, war das Absorptionsvermögen jedes einzelnen Aluminiumblattes ebenso grofs wie das einer Luftschicht von 0,54 cm Dicke. Die 12 Metallblätter mufsten die Energie also in gleichem Mafse schwächen wie eine 6,5 cm dicke Luftschicht. Nach den Beobachtungen von Bragg wird die Luft durch die α-Strahlung des Produktes Radium C bis auf eine maximale Entfernung von 6,7 cm noch merklich ionisiert. Aus der Übereinstimmung beider Zahlen folgt, dafs die photographische Wirksamkeit der α-Teilchen bei der gleichen Geschwindigkeit erlischt wie ihr Ionisierungsvermögen. Wahrscheinlich beruht daher der photographische Effekt — so darf man hieraus folgern — auf einer Ionisierung der empfindlichen Silbersalze.

Bragg hat neuerdings die maximale Wirkungssphäre der α-Teilchen in Luft für verschiedene Radiumprodukte gesondert festgestellt. Aus

Anhang A. Eigenschaften der α-Strahlen.

den gewonnenen Zahlen liefsen sich ohne weiteres die relativen Geschwindigkeiten der betreffenden Strahlenarten berechnen:

Produkt	Wirkungsbereich der α-Teilchen in Luft	Geschwindigkeit der α-Teilchen
Radium .	3 cm	$0{,}82\ V_0$
Emanation.	3,8—4,4 cm	$0{,}87—0{,}90\ V_0$
Radium A	4,4—3,8 cm	$0{,}90—0{,}87\ V_0$
Radium C	6,7 cm	$1{,}00\ V_0$

In dieser Tabelle bezeichnet V_0 wieder die Anfangsgeschwindigkeit der vom Radium C ausgehenden Teilchen. Wie man sieht, liefern alle anderen Substanzen langsamere Strahlen als dieses Produkt. Ob den Strahlen der Emanation ein gröfserer oder kleinerer Wirkungsbereich zukommt als denen des Produktes A, läfst sich schwer mit Sicherheit entscheiden.

Die durchschnittliche Geschwindigkeit beträgt $0{,}90\ V_0$; von diesem Mittelwerte unterscheiden sich die einzelnen Zahlen um höchstens 10 %.

Becquerel hatte seinerzeit beobachtet (Paragraph 92), dafs die Krümmung der α-Strahlen eines Radiumsalzes im magnetischen Felde mit wachsender Entfernung von der radioaktiven Substanz abnahm. Diese Erscheinung läfst sich nunmehr ohne Schwierigkeit erklären. Wenn sich das Radium im aktiven Gleichgewichte befindet, so sendet es α-Teilchen aus, deren Wirkungsbereich in Luft von 0—6,7 cm kontinuierlich variiert. Photographisch wirksam sind aber alle Teilchen, deren Geschwindigkeiten zwischen den Werten $0{,}64\ V_0$ und V_0 liegen, und zwar erstreckt sich ihr Wirkungsbereich um so weiter, je höhere Geschwindigkeiten sie besitzen. In kleinen Abständen von der Strahlungsquelle kommen daher durchschnittlich Strahlen von geringerer Geschwindigkeit zur Geltung als in gröfserer Entfernung; demnach mufs die Ablenkung im magnetischen Felde mit wachsender Annäherung an das Radiumsalz zunehmen.

Wirkungsbereich der Fluoreszenzerregung. Zinksulfid, Baryumplatincyanür, Willemit und andere Substanzen werden durch α-Strahlen zum Leuchten gebracht. Um die maximale Entfernung zu bestimmen, bis zu der sich die Lumineszenzerregung erstreckt, wurde ein stark aktivierter Draht auf einem beweglichen Schlitten befestigt und einem mit der zu untersuchenden Substanz bestrichenen Schirme gegenübergestellt. Auf diese Weise konnte man den Abstand, bei dem die Fluoreszenz erlosch, ziemlich genau ermitteln. Gleichartige Messungen wurden sodann ausgeführt, nachdem der Draht mit Aluminiumschichten verschiedener Dicke bedeckt worden war. In Fig. 109 sind die gewonnenen Resultate graphisch wiedergegeben: die Ordinaten bezeichnen den maximalen Abstand der Strahlungsquelle vom Leuchtschirm in

562 Anhang A. Eigenschaften der α-Strahlen.

Zentimetern, die Abszissen die Zahl der eingeschalteten Aluminiumblätter von je 0,00031 cm Dicke.

Die beobachteten Punkte liegen, wie der Augenschein lehrt, auf einer geraden Linie. 12,5 Aluminiumblätter übten eine ebenso starke absorbierende Wirkung aus wie eine Luftschicht von 6,8 cm Dicke; in jeder einzelnen Folie wurden die Strahlen also im gleichen Mafse geschwächt wie längs einer Luftstrecke von 0,54 cm. Die maximale Distanz, bis zu der bei unbedecktem Drahte ein Leuchten des Schirmes noch zu konstatieren war, betrug 6,8 cm; die Fluoreszenzerregung erstreckt sich demnach ebensoweit wie die photographische Wirkung.

Die Versuche mit Baryumplatincyanür und Willemit gestalteten sich nicht so einfach wie die mit Zinksulfid, da in jenen Fällen auch

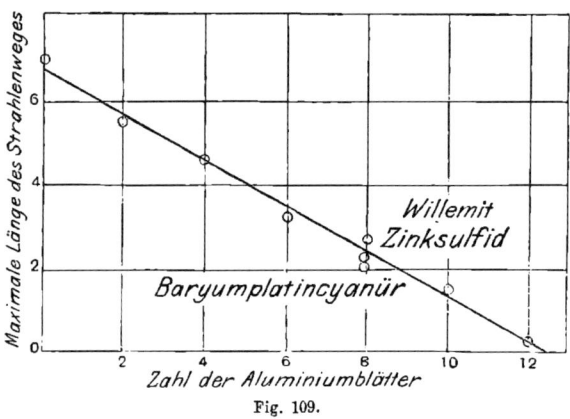

Fig. 109.

die β- und γ-Strahlen eine merkliche Lumineszenz hervorriefen. Die Beobachtungsmethode wurde daher für die erstgenannten Substanzen in der Weise modifiziert, dafs jedesmal ein dünnes Blatt schwarzen Papiers in den Strahlengang eingeschaltet wurde; solange hierbei eine Änderung der Lumineszenzhelligkeit zu bemerken war, rührte offenbar ein Teil des Effektes noch von dem Einflufs der α-Strahlen her, und so liefs sich die Entfernung, in der dieser Einflufs verschwand, wenigstens angenähert bestimmen. Die Resultate, die auf diese Weise gewonnen wurden, stimmten ziemlich gut untereinander sowie mit denen für Zinksulfid überein. Zum Beispiel ergab sich, wenn der Draht mit acht Aluminiumblättern bedeckt war, als Dicke der zur totalen Auslöschung erforderlichen Luftschicht 2,5 cm für Willemit und 2,1 cm für Baryumplatincyanür, während der entsprechende Wert für Zinksulfid 2,40 cm betrug. Acht Aluminiumblätter kommen in ihrer absorbierenden Wirkung einer Luftschicht von 4,3 cm Dicke gleich. Die Wirkungsgrenzen der Fluoreszenzerregung in freier Luft liegen demnach für

Zinksulfid, Baryumplatincyanür und Willemit bezw. bei 6,7, 6,8 und 6,4 cm. Die Abweichungen dieser Zahlen voneinander liegen innerhalb der Grenzen der Beobachtungsfehler.

Folgerungen. Aus diesen Untersuchungen ergibt sich somit folgendes Resultat: wenn die vom Radium C ausgehenden α-Strahlen in Luft einen Weg von bestimmter Länge zurückgelegt haben, verlieren sie gleichzeitig ihr Ionisierungsvermögen, ihre photographische Wirksamkeit und ihre Fähigkeit, Fluoreszenz zu erregen. Dieses Verhalten ist um so merkwürdiger, als ihre Geschwindigkeit nach dem Durchgang durch jene Luftschicht noch wenigstens 60 % des Anfangswertes beträgt. Unmittelbar nach dem Austritt aus der Substanz (Radium C) bewegen sich die α-Teilchen mit einer Geschwindigkeit von $2{,}5 \times 10^9$ cm pro Sekunde. Wenn ihre Wirkungsfähigkeit erlischt, ist die Geschwindigkeit nur auf $1{,}5 \times 10^9$ cm pro Sekunde gesunken, beträgt dann also noch $1/20$ derjenigen des Lichtes, und an kinetischer Energie besitzen die Teilchen in diesem Stadium noch 40 % des ursprünglichen Betrages.

Es gibt also eine bestimmte kritische Geschwindigkeit, bei welcher die α-Strahlen die Fähigkeit verlieren, Gase zu ionisieren, die photographische Platte zu schwärzen und Fluoreszenzerscheinungen hervorzurufen. Unter diesen Umständen erscheint es naheliegend, sämtliche drei Wirkungen auf eine gemeinsame Ursache zurückzuführen. Bei der Absorption der α-Strahlen in Gasen wird ihre Energie im wesentlichen zur Ionisierung verbraucht. Findet totale Absorption statt, so werden stets gleich viel Ionen erzeugt, woraus hervorgeht, dafs die zur Bildung eines Ions erforderliche Energiemenge für alle Gase gleich grofs ist. Andererseits ist bei gegebener Strahlungsquelle die Zahl der pro Volumeneinheit eines Gases entstehenden Ionen der Dichte des letzteren proportional. Das Dichtigkeitsgesetz der Absorption gilt aber angenähert auch für feste und flüssige Körper. Wahrscheinlich kommt daher in allen Fällen die Absorption dadurch zustande, dafs eine Ionisierung des durchstrahlten Mediums unter Verbrauch von Energie stattfindet, wobei zur Erzeugung eines Ions stets die nämliche Energiemenge erforderlich ist, mag sich die Materie nun in festem, flüssigem oder gasförmigem Zustande befinden.

Von diesem Standpunkte aus erscheint es verständlich, dafs die photographische Wirksamkeit und die Fluoreszenzerregung bei der nämlichen Geschwindigkeit erlischt wie das Ionisierungsvermögen. Denn wenn die beiden erstgenannten Erscheinungen im letzten Grunde gleichfalls auf Ionenerzeugung beruhen, mufs jede der drei Wirkungen verschwinden, sobald die Geschwindigkeit der Teilchen nicht mehr ausreicht, um Ionen in Freiheit zu setzen. Möglicherweise hat die

Ionisierung in festen Körpern indessen noch sekundäre Effekte zur Folge.

Bekanntlich zeigen einige fluoreszierende Substanzen, wie Zinksulfid, wenn sie von α-Strahlen getroffen werden, die Erscheinung des Szintillierens. Nach Becquerel soll dieser Effekt dadurch zustande kommen, daſs die Kristalle infolge des Bombardements der α-Teilchen zerplatzen. Wenn die oben entwickelten Anschauungen richtig sind, muſs die wahre Ursache indessen tiefer liegen. Das Bombardement allein kann nicht maſsgebend sein; denn in genügendem Abstande von der Strahlungsquelle verschwinden die Lichtblitze, obwohl die α-Teilchen dann noch sehr viel kinetische Energie besitzen. Wahrscheinlich wird zunächst eine Ionisierung der Leuchtsubstanz stattfinden, und hierauf das Szintillieren durch Wiedervereinigung der vorher voneinander getrennten Ionen zustandekommen. Daſs die Ionisierung ein Zerplatzen der Kristalle zur Folge haben sollte, ist nicht recht einzusehen.

Die photographische und fluoreszenzerregende Wirksamkeit der α-Strahlen steht jedenfalls in einer engen Beziehung zu ihrem Ionisierungsvermögen. Vielleicht beruhen alle Fluoreszenz- und photographischen Effekte in letzter Linie auf der Bildung von Ionen in den betreffenden empfindlichen Substanzen.

Ionisierungskurve für die α-Strahlen des Produktes Radium C.

Bragg hatte früher nach einer geeigneten Methode die ionisierende Wirkung, die von den α-Teilchen des Radiumbromids pro Längeneinheit ihrer Flugbahn hervorgerufen wird, für verschiedene Abstände von der aktiven Substanz bestimmt (Paragraph 104). Analoge Messungen sind kürzlich nach demselben Verfahren für die von Radium C ausgehenden Strahlen im Laboratorium des Verfassers von Mc. Clung*) ausgeführt worden. Als Strahlungsquelle diente dabei ein Draht, der in mehrstündiger Exposition durch Radiumemanation aktiviert worden war. Da die radioaktive Schicht unter diesen Umständen auſserordentlich dünn war, muſsten die Strahlen sehr homogen sein.

Die Ergebnisse der Versuche sind in Fig. 110 wiedergegeben. Die Abszissen bezeichnen in diesem Diagramm die Ionisierungswerte pro Längeneinheit für ein konisches Strahlenbündel von sehr geringer Breite. Es zeigt sich hier derselbe eigentümliche Kurvenverlauf wie in Fig. 43, in der die Beobachtungen von Bragg, soweit sie sich auf Radiumschichten von sehr geringer Dicke bezogen, veranschaulicht wurden. Bis zu einem Abstande von 4 cm nimmt das Ionisierungsvermögen der α-Teilchen langsam zu; dann wächst es schneller bis nahe an die Grenze des Wirkungsbereiches der Strahlung, und weiter hin sinkt es rasch bis auf den Wert Null. In Wahrheit nimmt der

---

*) R. K. Mc. Clung, Phil. Mag., Jan. 1906.

Effekt im letzten Stadium noch wesentlich schneller ab, als es nach Fig. 110 der Fall zu sein scheint, da die beobachteten Werte wegen der Divergenz des Strahlenbündels noch einer Korrektion bedürfen. Die wahre maximale Wirkungssphäre in Luft erstreckte sich bis in eine Entfernung von 6,7 cm, ein Resultat, das mit dem von Bragg für Radiumstrahlen gefundenen Werte vollkommen übereinstimmt.

Das Ionisierungsvermögen eines α-Teilchens nimmt, wie sich aus diesen Messungen ergibt, wenn seine Geschwindigkeit allmählich kleiner

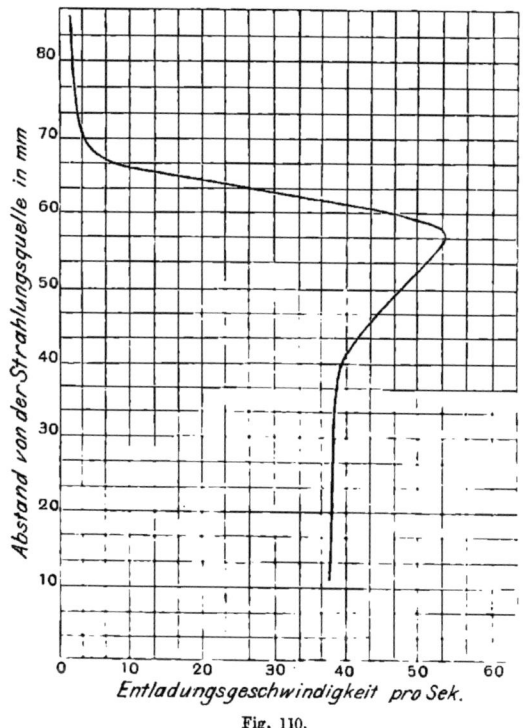

Fig. 110.

wird, zunächst langsam und hierauf ziemlich schnell zu bis zu dem kritischen Punkte, in dem seine Wirksamkeit vollständig erlischt.

Energieverbrauch bei der Erzeugung eines Ions. Aus den oben gewonnenen Daten läfst sich leicht berechnen, wieviel Energie verbraucht wird, wenn durch Zusammenstofs von α-Teilchen mit Gasmolekülen ein Ion entsteht. Die Geschwindigkeit, mit der die α-Teilchen vom Radium selbst fortgeschleudert werden, beträgt $0{,}82\ V_0$, wenn V_0 die entsprechende Anfangsgeschwindigkeit für Radium C bezeichnet. Das Ionisierungsvermögen der Strahlen erlischt, sobald ihre

Geschwindigkeit auf 0,64 V_0 gesunken ist. Daraus folgt, dafs die Radiumstrahlen in diesem Stadium 39 % ihrer ursprünglichen Energie eingebüfst haben. Betrachtet man die Wärmeproduktion des Radiums im Zustande seiner Minimalaktivität — 25 Grammkalorieen pro Stunde und Gramm — als Mafs der kinetischen Energie der von ihm ausgestofsenen α-Teilchen, so berechnet sich die Bewegungsenergie jedes einzelnen Teilchens zu $4{,}7 \times 10^{-6}$ Erg. Bis zum Erlöschen des Ionisierungsvermögens werden also $1{,}8 \times 10^{-6}$ Erg im Gase absorbiert. Es werde angenommen, dafs dieser ganze Betrag ausschliefslich zur Ionisierung verbraucht wird. Da nun ein α-Teilchen des Elementes Radium auf seinem ganzen Wege 86 000 Ionen erzeugt (Paragraph 252), so folgt, dafs zur Bildung eines Ions durchschnittlich $2{,}1 \times 10^{-11}$ Erg erforderlich sind. Dies ist gleich derjenigen Energiemenge, die ein Ion gewinnt, wenn es sich zwischen zwei Punkten frei bewegt, deren Potentiale sich um 19 Volt unterscheiden.

Townsend fand als kleinste Potentialdifferenz, durch die das Ionisierungsvermögen eines Elektrons vergröfsert wird, 10 Volt und Stark erhielt für diesen Spannungswert auf Grund anderer Überlegungen 45 Volt. Nach Langevin soll er im Mittel 60 Volt betragen. Die mit X-Strahlen ausgeführten Messungen von Rutherford und Mc. Clung ergaben für dieselbe Gröfse einen Wert von 175 Volt, der indessen zu hoch sein dürfte.

Umwandlungen, die ohne merkliche Emission von Strahlen vor sich gehen.

Im Mittel übertrifft die Anfangsgeschwindigkeit der von den radioaktiven Substanzen fortfliegenden α-Teilchen nur um 30 % diejenige Minimalgeschwindigkeit, unterhalb deren keine Ionisierungseffekte noch photographische Wirkungen oder Fluoreszenzerscheinungen mehr auftreten. Würden sich die Teilchen nur um ein weniges langsamer bewegen, so wäre demnach das Phänomen der α-Aktivität wahrscheinlich niemals entdeckt worden. Es kann daher Substanzen geben, die gleichfalls unter Ausstofsung von α-Teilchen allmählich zerfallen, ohne dafs dieser Prozefs elektrische Effekte zur Folge hätte. Dazu brauchte die Geschwindigkeit der Teilchen nur unterhalb des kritischen Wertes zu liegen. Die Umwandlung könnte dann sogar noch schneller erfolgen als beim Uran.

Das α-Teilchen des Radiums erzeugt, bevor seine Wirkungsfähigkeit erlahmt, rund 100 000 Gasionen. Die gesamte Elektrizitätsmenge, die es in Freiheit zu setzen vermag, ist also ungefähr 100 000 mal so grofs wie seine eigene Ladung.

Es ist nicht unwahrscheinlich, dafs die mannigfachen Umwandlungsprodukte der Radioelemente, die keine Strahlung liefern, und deren Existenz doch mit Sicherheit nachgewiesen werden konnte, in Wahrheit in ähnlicher Weise zerfallen wie die übrigen, von denen eine deutliche Strahlung ausgeht; d. h. auch die ersteren mögen α-Teilchen fortschleudern, nur müfste deren Geschwindigkeit weniger als $1,5 \times 10^9$ cm pro Sekunde betragen.

Von erheblicher Bedeutung sind diese Überlegungen für die Frage, ob etwa jegliche Materie radioaktiv ist. Nichts hindert uns nunmehr anzunehmen, dafs alle Substanzen in Umwandlung begriffen sind, und dafs sie beim Zerfallen α-Teilchen ausstofsen. Im allgemeinen wären dann aber die Geschwindigkeiten, mit denen die Teilchen die Materie verlassen, relativ gering. Nur wenn die Geschwindigkeit gröfser als die kritische ist, können elektrische und andere Wirkungen in die Erscheinung treten: dieser Fall wäre mithin auf einige wenige Substanzen beschränkt.

Anhang B.
Die radioaktiven Mineralien.

In den natürlichen Mineralien, die eine merkliche Radioaktivität besitzen, hat man ausnahmslos entweder Uran oder Thorium gefunden, und wenigstens eines dieser Elemente ist in ihnen stets in solcher Menge enthalten, daſs man es chemisch abscheiden und mittels der üblichen analytischen Methoden identifizieren kann[1]).

Man kennt zur Zeit eine groſse Anzahl verschiedener Uran- und Thorerze. Die meisten finden sich indessen sehr selten; für manche gibt es sogar nur einen einzigen Fundort. Zur fabrikmäſsigen Gewinnung des Urans werden hauptsächlich Uraninit, Gummit und Carnotit verarbeitet. Anderseits dient zur Darstellung des Thoriums fast ausschlieſslich der Monazit.

Das Studium der natürlichen aktiven Mineralien dürfte uns am ehesten dazu verhelfen, die Beziehungen zwischen den einzelnen radioaktiven Grundsubstanzen und den übrigen chemischen Elementen kennen zu lernen[2]). Denn diese Mineralien enthalten eine groſse Zahl verschiedenartiger Bestandteile, die sich in der Regel seit ungezählten Jahrtausenden durch keine äuſseren Einflüsse verändern konnten. Dabei werden uns die Resultate der geologischen und physikalischen Forschung von wesentlichem Nutzen sein, da sie uns in den Stand setzen, das relative Alter der verschiedenen Substanzen wenigstens in roher Annäherung zu bestimmen. Findet sich z. B. ein bestimmtes Mineral als primärer Bestandteil eines Gesteins, das sich in einer frühen geologischen Epoche gebildet hat, so kann man mit Sicherheit schlieſsen, daſs sein Alter gröſser sein wird als das eines anderen Minerals, das einer jüngeren Formation angehört. Ferner weiſs man, daſs manche

---

[1]) Eine scheinbare Ausnahme von dieser Regel zeigt sich nach Danne an gewissen Bleierzen, die unter auſsergewöhnlichen Verhältnissen bei Issy l'Évêque in Frankreich vorkommen. Vgl. p. 480.
[2]) E. Rutherford und F. Soddy, Phil. Mag. 65, p. 561. 1903.

Anhang B. Die radioaktiven Mineralien.

Bestandteile der Erdrinde erst durch Zersetzung oder Umwandlung primärer Mineralien entstanden sind, indem die letzteren durch einsickerndes Wasser oder durch andere Agentien chemisch verändert wurden; solche Gesteine müssen offenbar jüngeren Datums sein als die primären Minerale, aus denen sie sich gebildet haben. Im grofsen und ganzen dürfte es auf Grund derartiger Überlegungen gelingen, die verschiedenen Mineralien nach ihrem wahrscheinlichen Alter in eine bestimmte Reihenfolge zu ordnen.

Das Uran findet sich in der Natur am häufigsten in dem bekannten Mineral Uraninit — gewöhnlich Pechblende genannt. Seiner chemischen Zusammensetzung nach besteht es im wesentlichen aus Urandioxyd (UO_2), Urantrioxyd (UO_3) und Bleioxyd (PbO) in wechselnden Mengenverhältnissen. Unter den Uraniniten lassen sich primäre und sekundäre Varietäten unterscheiden: jene kommen vor als primäre Bestandteile in Pegmatitgängen und grobkörnigem Granit; diesen begegnet man in metallführenden Gesteinsadern im Verein mit Sulfiden von Silber, Blei, Kupfer, Nickel, Eisen und Zink. Die ersteren haben sehr häufig kristallinische Struktur und enthalten eine grofse Zahl seltener Erden sowie Helium. Ihr spezifisches Gewicht ist höher als das der sekundären Varietäten, die stets in derben botryoidischen Stücken vorkommen.

Die wichtigsten Fundorte der primären Uraninite sind folgende:

1. Nord-Karolina in den Vereinigten Staaten, vor allem die Distrikte Mitchell und Yancey. Hier findet sich das Erz in grobkörnigem Pegmatit, der wegen seines Glimmergehalts gefördert wird. Der zugleich in den Gängen auftretende Feldspat ist durch von aufsen eindringendes Wasser und durch Gase sehr stark zersetzt, und von dem Uraninit selbst hat sich ein grofser Teil durch dieselben Einflüsse in die sekundären Minerale Gummit und Uranophan verwandelt. Zu den primären Bestandteilen des Gesteins gehören Allanit, Zirkon, Kolumbit, Samarskit, Fergusonit und Monazit, zu den sekundären Gummit, Thorogummit, Uranophan, Autunit, Phosphuranylit, Hatchettolit und Cyrtolit. Das geologische Alter dieser Formation läfst sich nicht genau angeben; vielleicht entspricht es der archäischen Periode, möglicherweise auch dem Ende des Ordovician oder dem Perm.

2. Connecticut in den Vereinigten Staaten. Die bekanntesten Fundorte sind Glastonbury und Branchville; an ersterer Stelle tritt der Uraninit im Feldspatgestein auf, an letzterer in albitführendem Granit und hier wie dort vielfach in Form kleiner Kristalle. Die geologische Formation ist sicherlich postcambrisch und praetriassisch; wahrscheinlich entspricht sie dem Ende des Ordovician oder der Steinkohlenzeit. Unter den gemeinsam mit dem Uraninit auftretenden Mineralien wären zu nennen Columbit (primär) sowie Torbernit und Autunit (sekundär).

570   Anhang B. Die radioaktiven Mineralien.

3. **Süd-Norwegen, insbesondere bei Moss.** Die hier vorkommenden Varietäten, der Cleveit und Bröggerit, finden sich im Augit-Syenit und im Pegmatit. Zu den mit Uraninit vereinigten primären Mineralien gehören Orthit, Fergusonit, Monazit und Thorit. Die Formation ist postdevonisch.

4. **Llano County in Texas.** In quarzhaltigem Pegmatit findet sich hier das Urangestein als Nivenit, und zwar zusammen mit den primären Mineralien Gadolinit, Allanit, Fergusonit und den sekundären Cyrtolit, Yttrialit, Gummit und Thorogummit.

Fundorte für sekundäre Uraninite sind Johanngeorgenstadt, Marienberg und Schneeberg in Sachsen, Joachimsthal und Příbram in Böhmen, Cornwall in England, Black Hawk in Colorado und die Black Hills in Süd-Dakota. Das geologische Alter der meisten dieser sekundären Bildungen ist etwas unsicher, doch sind sie zweifellos viel jüngeren Ursprungs als die oben aufgezählten primären Uranmineralien.

Von allgemeinem Interesse dürften einige Angaben über die chemische Zusammensetzung aktiver Gesteinsarten sein. Folgende Tabelle enthält die Ergebnisse der Analysen für je einen typischen primären (Nr. 1) und sekundären (Nr. 2) Uraninit[1]):

	Nr. 1. Glastonbury	Nr. 2. Johanngeorgenstadt
Spez. Gew.	9,59	6,89
UO_3	26,48	60,05
UO_2	57,43	22,33
ThO_2	9,79	—
CeO_2	0,25	—
La_2O_3	0,13	—
Y_2O_3	0,20	—
PbO	3,26	6,39
CaO	0,08	1,00
He	unbestimmt	unbestimmt
H_2O	0,61	3,17
Fe_2O_3	0,40	0,21
SiO_2	0,25	0,50
Al_2O_3	—	0,20
Bi_2O_3	—	0,75
CuO	—	0,17
MnO	—	0,09
MgO	—	0,17
Na_2O	—	0,31
P_2O_5	—	0,06
SO_3	—	0,19
As_2O_3	—	2,34
Unlöslich	0,70	—

---

[1]) Hillebrand, Amer. Journ. Science, 40, p. 384, 1890; 42, p. 390, 1891.

Anhang B. Die radioaktiven Mineralien.

Zum Schlusse mögen noch die Namen der wichtigsten radioaktiven Mineralien zusammengestellt werden unter Angabe ihrer wesentlichen chemischen Bestandteile nebst einigen Bemerkungen über ihr Vorkommen und ihren mutmafslichen Ursprung:

Name	Zusammensetzung	Bemerkungen
Uraninit Cleveit Bröggerit Nivenit Pechblende	Oxyde des Urans und Bleis. Enthalten gewöhnlich Thorium, andere seltene Erden und Helium; 50—80% Uran und 0—10% Thorium.	Vorkommen: primär als Bestandteile derber Gesteinsmassen und sekundär in metallhaltigen Adern zusammen mit Metallsulfiden.
Gummit	$(Pb, Ca) U_3 Si O_{12} \cdot 6 H_2 O$? 50—65% Uran.	Zersetzungsprodukt v. Uraninit, aus dem es unter der Einwirkung von hindurchsickerndem Wasser entsteht.
Uranophan Uranotil	$CaO \cdot 2 U O_3 \cdot 2 Si O_2 \cdot 6 H_2 O$; 44—56% Uran.	Zersetzungsprodukt von Gummit.
Carnotit	Ein Vanadat des Urans und Kaliums; 42—51% Uran.	Sekundäres Mineral als Imprägnation in porösem, sedimentärem Sandstein. Fundorte in Kolorado und Utah.
Uranosphaerit	$Bi_2 O_3 \cdot 2 U O_3 \cdot 3 H_2 O$; 41% Uran.	Zersetzungsprodukt anderer Uranminerale.
Torbernit Cuprouranit	$CuO \cdot 2 U O_3 \cdot P_2 O_5 \cdot 8 H_2 O$; 44—51% Uran.	„ „
Autunit Calciouranit	$CaO \cdot 2 U O_3 \cdot P_2 O_5 \cdot 8 H_2 O$; 45—51% Uran.	„ „
Uranocircit	$BaO \cdot 2 U O_3 \cdot P_2 O_5 \cdot 8 H_2 O$; 46% Uran.	„
Phosphuranylit	$3 U O_3 \cdot P_2 O_5 \cdot 6 H_2 O$; 58—64% Uran.	„
Zunerit	$CuO \cdot 2 U O_3 \cdot As_2 O_5 \cdot 8 H_2 O$; 46% Uran.	„
Uranospinit	$CaO \cdot 2 U O_3 \cdot As_2 O_5 \cdot 8 H_2 O$; 49% Uran.	„
Walpurgit	$5 Bi_2 O_3 \cdot 3 U O_3 \cdot As_2 O_5 \cdot 12 H_2 O$; 16% Uran.	„
Thorogummit	$U O_3 \cdot 3 Th O_2 \cdot 3 Si O_2 \cdot 6 H_2 O$? 41% Uran.	Eine Varietät des Gummits.

Anhang B. Die radioaktiven Mineralien.

Name	Zusammensetzung	Bemerkungen
Thorit Orangit Uranothorit	Th Si O$_4$; 1—10% Uran. 48—71% Thoroxyd.	Primär in Pegmatitgängen.
Thorianit	Oxyde von Thorium, Uran, seltenen Erden und Blei. Enthält relativ grofse Mengen Helium; 9—10% Uran; 73—77% Thoroxyd.	Vorkommen: als primäres Mineral in einem Pegmatitgang auf Ceylon. Formation wahrscheinlich archäisch.
Samarskit	Niobat und Tantalat von seltenen Erden; 8—10% Uran.	Primär in Pegmatitgängen.
Fergusonit	Metaniobat und Tantalat von seltenen Erden; 1—6% Uran.	„
Euxenit	Niobat und Titanat von seltenen Erden; 3—10% Uran.	„
Monazit	Phosphat seltener Erden, hauptsächlich des Cers; 0,3—0,4% Uran.	

Register.

(Die Zahlen beziehen sich auf die Seiten.)

α-Strahlen
 Entdeckung 145.
 Physikalische Natur 145.
 Magnetische Ablenkung 146 f.
 Elektrostatische Ablenkung 150.
 Geschwindigkeit 152.
 Größe des Quotienten e/m 152.
 Mitgeführte Ladung 155.
 Zahl der von 1 Gramm Radium fortgeschleuderten α-Teilchen 160.
 Masse und Energie der Strahlenteilchen 160 f.
 Entstehung durch Zerfall der Atome 161 f.
 Szintillierende Fluoreszenz 163 f.
 Absorption in materiellen Substanzen 165 f.
 Zunahme der Absorbierbarkeit mit wachsender Schichtdicke 167 f.
 Größe des Durchdringungsvermögens von α-Strahlen verschiedenen Ursprungs 169.
 Absorption in Gasen 170 f.
 Beziehung zwischen Absorption und Dichte 173.
 Beziehung zwischen Ionisation und Absorption 175.
 Theorie der Absorption 175 f.
 Ionisierungsbereich 177 f.
 Inhomogenität der α-Strahlung des Radiums 179 f.
 Ihre Sekundärstrahlen 194.
 Einfluß der Dicke der emittierenden Schicht auf die Intensität 201.
 Ionisierungsvermögen der α-Strahlen im Vergleich zu dem der β-Strahlen 202 f.
 Fluoreszenzerregung 209 f.
 Emission von α-Strahlen als Begleiterscheinung der radioaktiven Umwandlung 245, 459 f., 469.

α-Strahlen
 α-Strahlung der Emanationen 273.
 Abgabe von Energie in Form von α-Strahlen 433 f.
 Wärmeproduktion und α-Strahlung beim Radium 436.
 Zahl der von einem α-Teilchen erzeugten Ionen 448.
 Umwandlungen ohne Emission von α-Strahlen 469.
 Strahlung der aktiven Umwandlungsprodukte 469 f.
 Gewichtsverlust infolge der α-Strahlung 487.
 Identifizierung der α-Teilchen mit Heliumatomen 494 f., 557.
 Magnetische Ablenkung der von Radium C ausgehenden Strahlen 556.
 Geschwindigkeit und e/m für Radium C als Strahlungsquelle 557.
 Geschwindigkeitsverlust beim Durchgang durch materielle Substanzen 558.
 Grenzgeschwindigkeit beim Erlöschen des Ionisierungsvermögens 559 f.
 Beziehung zwischen Fluoreszenzerregung, photographischer Wirksamkeit und Ionisierungsvermögen 560 f.
 Energieverbrauch bei der Erzeugung eines Ions durch α-Strahlen 565.
Abraham
 Scheinbare Masse eines in Bewegung begriffenen, elektrisch geladenen Körpers 73, 132.
Abklingen der Aktivität
 Thor X 231.
 Uran X 233.

Abklingen der Aktivität
  Physikalische Bedeutung des Abklingungsgesetzes 239.
  Unabhängigkeit von äufseren Bedingungen 242.
  Thoremanation 251.
  Radiumemanation 257.
  Aktiniumemanation 260.
  Niederschlag der Thoremanation nach langer Exposition 312.
  Niederschlag der Thoremanation nach kurzer Exposition 314.
  Niederschlag der Radiumemanation 316 f.
  Niederschlag der Aktiniumemanation 321.
  Radium A, B und C 389 f., 403.
  Radium D, E und F 409 f.
  Polonium 426.
  Aktiver Niederschlag der Atmosphäre 515, 533 f.
  Regen und Schnee 518.
  Bodenemanation 521 f.
Abklingen der Wärmewirkung
  Emanation 438, 441.
  Aktiver Niederschlag 442.
Absorption
  Absorptionsgesetz für Gase 66 f.
  Relatives Absorptionsvermögen für α-, β- und γ-Strahlen 114.
  Beziehung zur Ionisation 138 f., 175.
  der β-Strahlen in festen Körpern 138 f.
  Dichte und Absorptionsvermögen für β-Strahlen 141.
  der β-Strahlen in radioaktiver Materie 144.
  der α-Strahlen in festen Körpern 166.
  der α-Strahlen in Gasen 170 f., 175 f.
  Dichte und Absorptionsvermögen für α-Strahlen 163.
  Theorie der Absorption 175 f.
  der γ-Strahlen in festen Körpern 185.
  Dichte und Absorptionsvermögen für γ-Strahlen 187.
  der von den Emanationen ausgehenden Strahlen 274.
  der allgemein verbreiteten Strahlung von hohem Durchdringungsvermögen 532.
Adams
  Emanation aus Brunnenwasser; Abklingen ihrer eigenen Aktivität und der von ihr erregten Aktivität 523.
Aktinium
  Trennungsmethoden 21.
  Eigenschaften 21.

Aktinium
  Ähnlichkeit mit Giesels „Emanationskörper" 22.
  Emanation 260.
  Erregte Aktivität 321.
  Einfluss des Magnetfeldes auf die Verteilung der erregten Aktivität 333.
  Trennung von Aktinium X 375.
  Muttersubstanz der Emanation 377.
  Analyse des aktiven Niederschlags 377.
  Strahlung der Umwandlungsprodukte 379.
  Durchdringungsvermögen der β- und γ-Strahlen 379.
  Übersicht der Umwandlungsprodukte 381.
  Radioaktinium 381.
  Tabelle der Umwandlungsprodukte 464.
  Abstammung 479.
Aktinium A
  Trennung und Umwandlungsperiode 378 f.
  Verflüchtigungstemperatur 379.
Aktinium B
  Umwandlungsgeschwindigkeit 379.
  Eigenschaften 379.
  Verflüchtigungstemperatur 379.
Aktinium X
  Trennung und Aktivitätsabfall 375 f.
  Erzeugung der Emanation 377.
  Qualität seiner Strahlung 381.
Allan, S. J.
  Zeitliche Zunahme der von der Atmosphäre erregten Aktivität 517.
  Radioaktivität des Schnees 519.
  Radioaktiver Niederschlag der atmosphärischen Luft 531, 534.
Allan, S. J., und Rutherford
  Abfall der von der Atmosphäre erregten Aktivität 516.
  Atmosphärische Aktivität in Kanada 529.
  Ionisation der Luft in geschlossenen Räumen 545.
Allen, H. S., und Lord Blythswood
  Radiumemanation in den Quellen von Bath 525.
Alter
  des Radiums 471.
  der radioaktiven Mineralien 498 f.
  der Sonne und der Erde 505 f.
Anderson und Hardy
  Wirkung der Radiumstrahlen auf das menschliche Auge 226.

Register.

Armstrong und Lowry
  Radioaktivität als Phosphoreszenz 460.
Arnold
  Strahlung phosphoreszierender Körper 5.
Aschkinass und Caspari
  Wirkung der Radiumstrahlen auf Bakterien 225.
Atmosphäre
  Aktivitätserregung durch atmosphärische Luft 514 f.
  Eigene Aktivität, herrührend von einem Gehalt an Emanationen 517.
  Diffusion der Emanationen aus dem Erdboden in die Luft 520.
  Einfluſs der Temperatur, des Druckes usw. auf die Radioaktivität 529 f.
  Emission einer Strahlung von sehr hohem Durchdringungsvermögen 532.
  Aktivität der Atmosphäre im Vergleich zu der der Radioelemente 533 f.
  Gröſse des Gehalts an Radiumemanation 535 f.
  Natürliche Ionisation als Folge des Gehalts an Radiumemanation 537.
Atom
  Anzahl im Kubikzentimeter 56.
  Zerfall 244 f.
  Komplexe Natur 245.
  In Umwandlung begriffene Atome 459 f.
  Ursachen des Zerfalls 500 f.
  Entwicklung 509.
Atomgewicht
  des Radiums 18.
  Beziehung zum Absorptionsvermögen für α-Strahlen 183.
  der Emanationen 283, 286.
  der Radioelemente und seine Beziehung zur Aktivität 460.
Auge
  Reaktion auf Radiumstrahlen 226.

β-Strahlen
  Entdeckung 116.
  Magnetische Ablenkung 117.
  Inhomogenität 119.
  Untersuchung nach der elektrischen Methode 121.
  Fluoreszenzerregung 123.
  Mitgeführte Ladung 124 f.
  Elektrostatische Ablenkung 128.
  Geschwindigkeit und Wert von e/m 130.
  Abhängigkeit der Gröſse e/m von der Geschwindigkeit 131 f.

β-Strahlen
  Verteilung der Geschwindigkeiten auf die vom Radium emittierten β-Teilchen 135 f.
  Absorption 138 f.
  Absorptionsvermögen und Dichte 141.
  Relative Menge der absorbierten β-Teilchen 142 f.
  Abhängigkeit der Intensität von der Dicke der strahlenden Schicht 144.
  Ihre sekundären Strahlen 195 f.
  Ionisierungsvermögen im Vergleich mit dem der α-Strahlen 202.
  Verhältnis der Energieen der α- und β-Strahlen 202 f.
  Lumineszenzerregung 208 f.
  Physikalische Wirkungen 216 f.
  Chemische Wirkungen 221 f.
  Physiologische Wirkungen 225 f.
  β-Aktivität des Uran X 357.
  β-Strahlung des aktiven Niederschlages der Radiumemanation 388 f.
  Emission von β-Strahlen, auf die letzte Phase des Umwandlungsprozesses beschränkt 470.
  Gewichtsverlust infolge der Emission von β-Strahlen 488.
Barkla
  Sekundärstrahlung eines von Röntgenstrahlen durchsetzten Gases 83.
Barnes und Rutherford
  Wärmeproduktion und Radioaktivität 436.
  Wärmewirkung der Radiumemanation 437.
  Wärmewirkung des aktiven Niederschlages 441.
  Wärmewirkung der β- und γ-Strahlen 444.
Bary
  Fluoreszenzerregung durch Radiumstrahlen 209.
Baryumplatincyanür
  Fluoreszenz unter der Einwirkung von Radiumstrahlen 210.
  Farbenänderung durch Bestrahlung mit Radium 212.
Baskerville
  Aktivität des Thoriums 30.
  Fluoreszenz des Kunzits 210.
Baskerville und Kunz
  Fluoreszenz der Edelsteine 212.
Beattie, Smolan und Kelvin
  Entladungsvermögen der Uranstrahlen 7.

Becquerel
Strahlung des Calciumsulfids 5.
Strahlung des Urans 5.
Beständigkeit der Uranstrahlung 6.
Entladungsvermögen der Uranstrahlen 7.
Photographische Untersuchung der magnetischen Ablenkung der Radiumstrahlen 117 f.
Krümmung der Radiumstrahlen im Magnetfelde 118.
Inhomogenität der Radiumstrahlen 119 f.
Elektrostatische Ablenkung der β-Strahlen des Radiums 128.
Wert von e/m für die β-Strahlen des Radiums 130.
Magnetische Ablenkung der α-Strahlen des Radiums und Poloniums 149, 150.
Bahn der Radiumstrahlen im Magnetfelde 152.
Erklärung der Szintillationen 165.
Die γ-Strahlen des Radiums 184.
Sekundärstrahlen 193.
Fluoreszenzerregung durch Radiumstrahlen 208.
Leitendwerden des Paraffins durch Bestrahlung mit Radium 219.
Einfluß der Temperatur auf das Strahlungsvermögen des Urans 219.
Chemische Wirkung der Radiumstrahlen 223.
Übergang der Aktivität des Urans an hinzugesetztes Baryum 229.
Theorie der Radioaktivität 453.
Geschwindigkeitsverlust der α-Teilchen beim Durchgang durch absorbierende Medien 558.

Bémont und P. und S. Curie
Entdeckung des Radiums 14.

Berndt
Poloniumspektrum 24.

Beweglichkeit
der Ionen 44 f.

Bezeichnung
der Umwandlungsprodukte 338 f.

Blanc
Nachweis von Radiothorium in Quellsedimenten und käuflichen Thoriumsalzen 228.
Thorium in Sedimenten von Thermalquellen 526.

Blei, radioaktives
Darstellung 27.
Strahlung 27.

Blythswood, Lord, und H. S. Allen
Radiumemanation in den Quellen von Bath 525.

Boden
Aktivität, Emanation 520 f.

Bodländer und Runge
Gasentwickelung in Radiumlösungen 224.

Boltwood
Abstammung des Radiums 475.
Menge des Radiums in natürlichen Mineralien 475.
Proportionalität zwischen Uran- und Radiumgehalt der Mineralien 476.
Entstehung von Blei aus Uran 498.
Radiumemanation im Quellwasser 526.
Meßmethode zur Bestimmung des Emanationsgehaltes natürlicher Gewässer 526.

Boltwood und Rutherford
Radiumgehalt der Uranerze 477.

Boys
Elektrizitätszerstreuung in geschlossenen Räumen 542.

Bragg
Ionisierungsbereich der von den Radiumprodukten ausgesandten α-Teilchen 183.
Beziehung zwischen dem Geschwindigkeitsverlust der α-Teilchen und dem Atomgewichte der durchstrahlten Substanzen 183.

Bragg und Kleeman
Theorie der Absorption der α-Strahlen 177 f.
Beziehung zwischen Ionisation und Absorption 179 f.
Ionisierungsbereich der α-Strahlen in Luft 179.
Vier Gruppen von α-Strahlen in der Emission des Radiums 179 f.

Bronson
Strommessung nach der Methode der konstanten Elektrometerausschläge 107.
Abklingen der Aktivität der Thoremanation 252.
Abklingen der vom Aktinium erregten Aktivität 322.
Unabhängigkeit der Radioaktivitätskonstante des Produktes Radium C von der Temperatur 403.
Umwandlungskonstanten von Radium B und Radium C 403.

Brooks, Miss
Zeitliche Änderung der vom Thorium erregten Aktivität nach kurzer Expositionsdauer 315.
Einfluß von Staub auf die erregte Aktivität 315.

Register.

Brooks, Miss
Abklingungskurven der vom Radium erregten α- und β-Aktivität 316 f.
Abklingungskurven der vom Aktinium erregten Aktivität 321.

Brooks und Rutherford
Absorption der α-Strahlen 166.
Absorbierbarkeit der α-Strahlen verschiedener Herkunft 169.
Diffusion der Radiumemanation 280.
Abklingen der vom Radium erregten Aktivität 316.

Bumstead
Thorium- und Radiumemanation in der Atmosphäre 524, 534.

Bumstead und Wheeler
Diffusion der Radiumemanation 283.
Emanation im Leitungswasser und im Erdboden 524, 533.
Identität der Bodenemanation mit Radiumemanation 524, 533.

Burton
Radiumemanation im Petroleum 528.

Burton und Mc. Lennan
Radioaktivität gewöhnlicher Substanzen 548.
Emanationsentwickelung in gewöhnlichen Metallen 549.

Campbell
Radioaktivität gewöhnlicher Substanzen 551.

Caspari und Aschkinass
Wirkung der Radiumstrahlen auf Bakterien 225.

Chemisches Verhalten
der Emanationen 277.
der aktiven Niederschläge 322.

Chemische Wirkungen der Radiumstrahlen
Ozonbildung 321.
Färbung von Glas und Steinsalz 222.
auf Phosphor 223.
auf Jodoform 223.
auf Globulin 223.
Entwickelung von Wasserstoff und Sauerstoff 224.

Child
Potentialgradient zwischen parallelen Elektrodenplatten 68.
Abhängigkeit der Stromstärke von der Spannung bei Oberflächenionisation 69.

Chininsulfat
Entladende Wirkung 541.
Phosphoreszenz 541.

Collie und Ramsay
Spektrum der Emanation 302.

Cooke, H. L.
Allgemein verbreitete Strahlung von hohem Durchdringungsvermögen 532.
Zahl der Ionen pro Kubikzentimeter und Sekunde in geschlossenen Gefäßen 545.
Radioaktivität gewöhnlicher Substanzen 550.

Cooke, W. T. und Ramsay
Aktivitätserregung durch Bestrahlung mit Radium 487.

Crookes, Sir W.
Spektrum des Radiums 17.
Spektrum des Poloniums 24.
Natur der Kathodenstrahlen 75.
Natur der α-Strahlen 146.
Scintillierende Fluoreszenz 163.
Spinthariskop 163.
Unabhängigkeit der Szintillationserscheinung vom Luftdruck; Einfluß der Temperatur 163.
Fluoreszenz des Diamants 241.
Abscheidung von Uran X 228.
Theorie der Radioaktivität 456.

Crookes und Dewar
Lumineszenzspektrum des Radiums im Vakuum 214.

Curie, J. und P.
Piezoelektrischer Quarz 108.

Curie, P.
Magnetische Ablenkung der Radiumstrahlen 117.
Leitendwerden dielektrischer Substanzen durch Bestrahlung mit Radium 217.
Unabhängigkeit der Radioaktivität von der Temperatur 219.
Abnahme der Aktivität der Radiumemanation 257.
Temperaturerhöhung in Radiumpräparaten 433.
Abhängigkeit der thermischen Wirkung vom Alter der Radiumpräparate 434.
Natur der Emanation 454.

Curie, P. und Danne
Diffusion der Radiumemanation 282.
Abklingen der vom Radium erregten Aktivität 319.
Empirische Gleichung für den Aktivitätsabfall 319.
Okklusion der Radiumemanation in festen Substanzen 320.
Umwandlung des Niederschlages der Radiumemanation 392.

Rutherford-Aschkinass, Radioaktivität.

Curie, P. und Danne
Einfluſs der Temperatur auf die Zusammensetzung des aktiven Niederschlags 402.
Curie, P. und Debierne
Gasentwickelung in Radiumpräparaten 224.
Aktive Gase aus Radiumsalzen 261.
Fluoreszenzerregung durch Radiumemanation 262.
Räumliche Verteilung der Fluoreszenz 263.
Unabhängigkeit der Emanationserzeugung vom Druck 276.
Einfluſs des Druckes auf die Stärke der erregten Aktivität 276, 327.
Curie, P. und Dewar
Entstehung von Helium aus Radium 493.
Curie, P. und Laborde
Wärmewirkung des Radiums 434.
Quelle der Wärmeenergie 455.
Radiumemanation in Thermalquellen 526.
Curie, P. und S.
Entdeckung des Radiums 13.
Ladungstransport durch β-Strahlen 124.
Lumineszenz der Radiumverbindungen 212.
Ozonbildung durch Einwirkung von Radiumstrahlen 221.
Färbung von Glas durch Radiumstrahlen 222.
Theorie der Radioaktivität 454.
Curie, S.
Unveränderlichkeit der Uranaktivität 6.
Entdeckung der Thoraktivität 11.
Aktivität der Uran- und Thorerze 12.
Aktivität von Uranverbindungen 12.
Färbung der Radiumkristalle 16.
Atomgewicht des Radiums 18.
Entdeckung des Poloniums 23.
Natur der α-Strahlen 146.
Absorbierbarkeit der Poloniumstrahlen 167.
Sekundärstrahlen 194.
Langsam abklingende Aktivität nach Aktivierung durch Radium 320.
Regenerierung der Radiumaktivität 387.
Aktivierung des Wismuts in Radiumlösungen 431.
Abklingungskonstante der Poloniumaktivität 426.

Dadourian
Thoriumemanation im Erdboden 525.

Danne
Vorkommen von Radium an uranfreien Lagerstätten 480.
Danne und P. Curie
Diffusion der Radiumemanation 282.
Abklingen der vom Radium erregten Aktivität 319.
Empirische Gleichung für den Aktivitätsabfall 319.
Okklusion der Radiumemanation in festen Substanzen 320.
Umwandlung des Niederschlages der Radiumemanation 392.
Einfluſs der Temperatur auf die Zusammensetzung des aktiven Niederschlags 402.
Danysz
Wirkung der Radiumstrahlen auf die Haut 225.
Darwin, G. H.
Alter der Sonne 506.
Debierne
Aktinium 20.
Emanation des Aktiniums 260.
Abklingen der vom Aktinium erregten Aktivität 321.
Einfluſs des Magnetfeldes auf die erregte Aktivität 333.
Aktivierung des Baryums in Aktiniumlösungen 431.
Debierne und P. Curie
Gasentwickelung in Radiumpräparaten 224.
Aktive Gase aus Radiumsalzen 261.
Fluoreszenzerregung durch Radiumemanation 262.
Räumliche Verteilung der Fluoreszenz 263.
Unabhängigkeit der Emanationserzeugung vom Druck 276.
Einfluſs des Druckes auf die Stärke der erregten Aktivität 276, 327.
Demarçay
Spektrum des Radiums 16.
Des Coudres
Magnetische und elektrische Ablenkung der α-Strahlen 152.
Bestimmung von e/m für α-Strahlen 152.
Dewar
Wärmeproduktion des Radiums in flüssigem Wasserstoff 435.
Dewar und Crookes
Lumineszenzspektrum des Radiums im Vakuum 214.
Dewar und P. Curie
Entstehung von Helium aus Radium 493.

Dielektrika
  Leitendwerden durch Bestrahlung mit Radium 217.
Diffusion
  der Ionen 53 f.
  der Radiumemanation in Gasen 279 f.
  der Thoremanation in Gasen 285.
  der Radiumemanation in Flüssigkeiten 286.
Dolezalek
  Elektrometer 97.
Dorn
  Ladungstransport durch β-Strahlen 126.
  Elektrostatische Ablenkung der β-Strahlen 128.
  Entdeckung der Radiumemanation 257.
  Einflufs der Feuchtigkeit auf das Emanationsvermögen 265.
  Elektrolyse von Radiumlösungen 323.
  Gewichtsverlust des Radiums 488.
  Radiumemanation in Quellen 525.
Dreyer und Salomonsen
  Färbung von Quarz durch Radiumstrahlen 222.
Druck
  Einflufs auf die Geschwindigkeit der Ionen 48.
  Einflufs auf die Stromstärke 63.
  Erzeugung der Emanation unabhängig vom Druck 275.
  Einflufs auf die Verteilung der erregten Aktivität 326
  Einflufs auf die natürliche Leitfähigkeit der Luft 546.
Dunston
  Analyse des Thorianits 500.
Durack
  Ionisierung durch den Stofs schnellfliegender Elektronen 176.
Durchdringungsvermögen
  Unterschiede für α-, β- u. γ-Strahlen 114.
  Unterschiede für β-Strahlen verschiedener Geschwindigkeit 138 f.
  der β-Strahlen als Funktion der Dichte 141.
  der α-Strahlen verschiedener Herkunft 169 f.
  der α-Strahlen als Funktion der Dichte 173.
  der γ-Strahlen als Funktion der Dichte 187.

Ebert
  Kondensation der Bodenemanation 522.

Ebert
  Aspirationsapparat zur Bestimmung des Ionengehaltes der Luft 538.
  Geschwindigkeit der Luftionen 539.
Ebert und Ewers
  Emanation des Erdbodens 521.
Elektrolyse
  Abscheidung des Radiotellurs 26.
  von Lösungen des aktiven Niederschlags 323.
  von Radiumlösungen 323.
  von Thoriumlösungen 324.
Elektrometer
  Beschreibung 93 f.
  Gebrauchsanweisungen 94.
  Konstruktionseinzelheiten 95.
  nach Dolezalek 97.
  Justierung und Schutzvorrichtungen 98.
  Schlüssel 99.
  Verwendung zu Aktivitätsmessungen 100 f.
  Bestimmung von Stromstärken 103.
  Kapazität 104.
  Methode der konstanten Ausschläge 106.
  in Verbindung mit piezoelektrischem Quarz 109.
Elektron
  Definition 58.
  Entstehung unter verschiedenen Umständen 79 f.
  Identität d. β-Strahlen mit Elektronen 123 f.
  Abhängigkeit der scheinbaren Masse von der Geschwindigkeit 132.
  Elektromagnetische Natur der Elektronenmasse 134.
  Durchmesser 135.
Elektroskop
  Anordnung nach Curie 88.
  Verwendung zur Messung sehr schwacher Ströme 89.
  nach C. T. R. Wilson 89, 91.
  Verwendung zur Bestimmung der Leitfähigkeit abgesperrter Luftmengen 544.
Elster und Geitel
  Radioaktives Blei 27.
  Einflufs magnetischer Felder auf die durch β-Strahlen erzeugte Leitfähigkeit der Luft 116.
  Scintillierende Fluoreszenz 163.
  Einwirkung der Radiumstrahlen auf die Funkenentladung 216.
  Photoelektrischer Effekt an durch Radiumstrahlen gefärbten Salzen 222.

Elster und Geitel
Nachweis von Radiothorium in Quellsedimenten und käuflichen Thoriumsalzen 228.
Aktive Materie im Erdreich 508.
Entdeckung des Aktivierungsvermögens der Atmosphäre 515.
Emanationen der Erde 520.
Aktivität der Höhlenluft 520.
Aktivität des Erdbodens 527.
Aktivität des Fangos 528.
Abhängigkeit der atmosphärischen Aktivität von meteorologischen Einflüssen 529.
Einfluſs der Temperatur und des Druckes auf die atmosphärische Aktivität 530.
Schirmwirkung natürlicher Steinsalzlager gegen die allgemein verbreitete Strahlung von hohem Durchdringungsvermögen 532.

Emanation
des Thoriums; Entdeckung und Eigenschaften 248.
Untersuchungsmethoden 250.
Abnahme der Aktivität 251.
Einfluſs der Schichtdicke auf die frei werdenden Mengen 254.
Allmähliche Zunahme der Emanationsmenge in geschlossenen Behältern 255.
des Radiums 257 f.
Abnahme der Aktivität 257.
des Aktiniums; Eigenschaften 260.
Fluoreszenzerregung durch Radiumemanation 260.
Das Emanationsvermögen 264.
Abhängigkeit des Emanationsvermögens vom jeweiligen Zustande der emanierenden Substanzen 265.
Regenerierung des Emanationsvermögens 267.
Gleichmäſsige Erzeugung 267.
Ursprung der Thoremanation 272.
Ursprung der Radium- u. Aktiniumemanation 273.
Strahlung 273, 158.
Einfluſs des Gasdruckes auf die Bildungsgeschwindigkeit 275.
Chemische Natur 277.
Gasartiges Verhalten 279.
Diffusionskoeffizient der Radiumemanation 279.
Diffusionskoeffizient der Thoremanation 285.
Diffusion in Flüssigkeiten 286.
Kondensation 287.
Kondensationstemperatur 290.
Volumen pro Gramm Radium und Thorium 298.

Emanation
Bestimmung des Volumens der Radiumemanation 299.
Abnahme des Volumens 300.
Spektrum 302.
Beziehungen zur erregten Aktivität 308.
Änderung der Aktivität des Radiums durch Abtrennung der Emanation 383 f.
Einfluſs der Austrittsgeschwindigkeit auf die Aktivität der emanierenden Substanz 386.
Wärmeeffekt 438, 443, 446.
Zeitliche Änderung der Wärmeproduktion 438 f.
als Quelle der atmosphärischen Radioaktivität 517.
Absaugen aus dem Erdboden 520.
in Höhlen 521.
Aktivitätsabfall der Bodenemanation 521.
Kondensation der atmosphärischen Emanation 522.
aus Brunnenwasser und Quellen 523 f.
aus Fango 528.
Abhängigkeit d. Emanationsgehaltes der Luft von meteorologischen Bedingungen 529 f.
Quantitative Bestimmung des Emanationsgehaltes der Atmosphäre 535.
aus Metallen 553.

Emanationsvermögen
Bestimmung 264.
Abhängigkeit von physikalischen und chemischen Bedingungen 265.
Regenerierung 267.

Emanium oder „Emanationssubstanz" (Giesel) (vgl. Aktinium)
Entdeckung und Eigenschaften 21.
Abscheidung 21.
Verwandtschaft mit Aktinium 22.
Emanation 260.
Erregte Aktivität 321.
Einfluſs elektrischer Kräfte auf die Träger der erregten Aktivität 333.

Energie
eines α-Teilchens 160.
Verhältnis der durch α- und durch β-Strahlen transportierten Energiemengen 202.
In Form von Wärme abgegeben: von Radium 433 f., der Radiumemanation 446, den Umwandlungsprodukten des Radiums 448.
Totale Abgabe pro Gramm eines Radioelementes 489.
Latenter Vorrat in den Atomen der Materie 490.

Register.

Entladung
Wirkung der Strahlen auf Funken und auf die elektrodenlose Entladung 216.

Entwickelung der Materie
Begründung des Prinzips 509.

Erde
Gehalt an Radium 507 f.
Alter 509.
Ablagerung aktiver Niederschläge auf der Erdoberfläche 517.
Konzentration der erregten Aktivität an Berggipfeln 517.
Emanation 520.
Emission einer Strahlung von hohem Durchdringungsvermögen 532.

Erhaltung der Radioaktivität
Einzelne Beispiele 484 f.

Erregte Radioaktivität
Entdeckung u. Eigenschaften 305 f.
Konzentration auf negativen Elektroden 306.
Verhältnis zu den Emanationen 308.
Beseitigung durch Säuren 310.
Abklingen für den Fall der Aktivierung durch Thorium 311.
Abklingen nach kurzer Expositionszeit (Thorium) 313.
Einfluß des Staubes auf die Verteilung 315.
Abklingungskurven für verschiedene Expositionszeiten (Radium) 316 f.
Abklingungskurven der α-Strahlung (Radium) 318.
Abklingungskurven der β-Strahlung (Radium) 319.
von sehr geringer Abfallsgeschwindigkeit (Radium) 320.
Abklingungskurven nach Aktivierung durch Aktinium 321.
Eigenschaften der aktiven Niederschläge 322.
Elektrolyse der aktiven Lösungen 323.
Einfluß der Temperatur 325.
Einfluß der Feldstärke auf die Konzentration an den Elektroden 325.
Einfluß des Druckes auf die Verteilung 326.
Mechanismus der Übertragung 327.
Träger der von Aktinium und Emanium erregten Aktivität 332.
Wärmewirkung 438 f.
nach Aktivierung in der Atmosphäre 514 f.
Abklingen 515 f.
herrührend von der atmosphärischen Emanation 517.
Verteilung auf der Erdoberfläche 517.

Erregte Radioaktivität
Konzentration an Niveauerhebungen 517.
von Regenwasser und Schnee 518.
nach Aktivierung durch Leitungswasseremanation 522.
Einfluß der meteorologischen Verhältnisse 529.
am Niagarafall 531.
Abklingungskonstanten nach Aktivierung durch atmosphärische Luft und durch Radioelemente 533.

Eve
Leitfähigkeit von Gasen bei Einwirkung von Röntgenstrahlen 67.
Leitfähigkeit von Gasen bei Einwirkung von X- und γ-Strahlen 189.
Von β- und γ-Strahlen erzeugte Sekundärstrahlen 195.
Magnetische Ablenkung der von γ-Strahlen erzeugten Sekundärstrahlen 199.
Radiumgehalt der Uranerze 477.
Einfluß der Konzentration auf die Aktivität des Radiums 482.
Infektion durch Radiumemanation 487.
Gehalt der Atmosphäre an Radiumemanation 535 f.
Natürliche Ionisation der Luft als Folge ihres Emanationsgehaltes 537.

Ewers
Geschwindigkeit und e/m für die Elektronen des Radiotellurs 158.

Ewers und Ebert
Emanation des Erdbodens 521.

Exner und Haschek
Spektrum des Radiums 17.

Färbung
radiumhaltiger Baryumkristalle 15.
der Bunsenflamme durch Radiumsalze 15.
von Glas, Steinsalz, Flußspat und Kaliumsulfat durch Radiumstrahlen 222.

Fehrle
Verteilung der erregten Aktivität im elektrischen Felde 327.

Feuchtigkeit
Einfluß auf die Geschwindigkeit der Ionen 44, 47.
Einfluß auf das Emanationsvermögen 265.

Fluorescenz
Erregung durch Radium 19.
Durch Bestrahlung mit Radium und Polonium 208 f.

Fluoreszenz
Unterschiede in der Wirkung der α- und β-Strahlen 209.
des Zinksulfids 209.
des Baryumplatinzyanürs 210.
des Willemits und Kunzits 210.
Erregung durch Radiumemanation 210, 261.
Abnahme des Fluoreszenzvermögens 212.
der Radiumverbindungen 212.
Fluoreszenzspektrum des Radiumbromids 213.
des Stickstoffs unter Einwirkung von α-Strahlen 214.
Fluoreszenzspektrum des „Emaniums" 215.
Bei Erwärmung (Thermolumineszenz) 215.
Demonstration der Verdichtung der Emanation 289.
Beziehung zur Ionisation 561 f.

Forch
Gewichtsabnahme des Radiums 488.

Funkenentladung
Beeinflussung durch Radiumstrahlen 216.

γ-Strahlen
Relative Leitfähigkeit der Gase bei Einwirkung von γ- und X-Strahlen 66, 189.
Entdeckung 184.
Absorption 185 f.
Beziehung zwischen Absorptionsvermögen und Dichte 187.
Physikalische Natur 188 f.
Erzeugung von Sekundärstrahlen 195 f.
Verwendung zu Aktivitätsmessungen 458, 481.
Erhaltung der γ-Aktivität 486.

Gase
Entwickelung aus Radium u. Radiumlösungen 224.
Vorhandensein von Helium in den Radiumgasen 224.

Gates, Miss F.
Einfluß der Temperatur auf die erregte Aktivität 325.
Entladende Wirkung des Chininsulfats 541.

Geitel
Natürliche Leitfähigkeit der Luft in geschlossenen Räumen

Geitel und Elster
Radioaktives Blei 27.
Einfluß magnetischer Felder auf die durch β-Strahlen erzeugte Leitfähigkeit der Luft 116.

Geitel und Elster
Scintillierende Fluoreszenz 163.
Einwirkung der Radiumstrahlen auf die Funkenentladung 216.
Photoelektrischer Effekt an durch Radiumstrahlen gefärbten Salzen 222.
Nachweis von Radiothorium in Quellsedimenten und käuflichen Thoriumsalzen 228.
Aktive Materie im Erdreich 508.
Entdeckung des Aktivierungsvermögens der Atmosphäre 515.
Emanationen der Erde 520.
Aktivität der Höhlenluft 520.
Aktivität des Erdbodens 527.
Aktivität des Fangos 528.
Abhängigkeit der atmosphärischen Aktivität von meteorologischen Einflüssen 529.
Einfluß der Temperatur und des Druckes auf die atmosphärische Aktivität 530.
Schirmwirkung natürlicher Steinsalzlager gegen die allgemein verbreitete Strahlung von hohem Durchdringungsvermögen 532.

Geschwindigkeit
der Ionen im elektrischen Felde 44 f.
Unterschied für positive u. negative Ionen 44 f.
der β-Teilchen 130.
Einfluß auf die Masse der Elektronen 131.
der α-Teilchen 151, 152, 557.
der vom Radiotellur ausgehenden Elektronen 158.
der Träger der erregten Aktivität 329 f.
der normalerweise vorhandenen Luftionen 539.

Geschwindigkeitsverlust
der α-Teilchen beim Durchgang durch absorbierende Medien 183, 558.

Gewicht
Abnahme des Gewichts der Radioelemente 487.
Versuche an Radium, den Verlust zu bestimmen 488.
Verhältnis zur Masse 488.

Giesel
Färbung der Bunsenflamme durch Radiumsalze 16.
Abscheidung des Radiums durch Kristallisation des Bromids 16.
Emanationssubstanz 21.
Radioaktives Blei 27.
Magnetische Ablenkung der β-Strahlen 116.

Giesel
Allmähliche Abnahme der Phosphoreszenz radiumhaltiger Baryumsalze 212.
Lumineszenzspektrum des Emaniums 214.
Färbung von Salzen durch Radiumstrahlen 222.
Gasentwickelung aus Radiumlösungen 224.
Wirkung der Radiumstrahlen auf das Auge 225.
Emanation des Emaniums 260.
Fluoreszenzerregung durch Radiumemanation 261.
Abklingen der vom Emanium erregten Aktivität 321.
Spontane Zunahme der Aktivität frisch bereiteter Radiumpräparate 383.
Abscheidung von Radium E aus Uranpecherz 428.
Aktivierung des Wismuts in Radiumlösungen 431.
Erhöhte Temperatur des Radiumbromids 435.

Gimingham und Rossignol
Abklingen der Aktivität der Thoremanation 252.

Glas
Färbung durch Bestrahlung mit Radium 222.
Fluoreszenz unter dem Einflufs der Emanation 262.

Glew
Einfache Form des Spinthariskops 164.

Globulin
Verhalten gegen Radiumstrahlen 223.

Godlewski
Aktivität frisch ausgeschiedener Urankristalle 360.
Diffusion des Uran X 361.
Abscheidung des Aktinium X 376.
Ursprung der Aktiniumemanation 377.
Flüchtigkeit des Aktiniumniederschlages 377.
Durchdringungsvermögen der β- und γ-Strahlen des Aktiniums 379.
Strahlung der Umwandlungsprodukte des Aktiniums 380.

Goldstein
Kanalstrahlen 81.
Färbung von Salzen durch Radiumstrahlen 222.

Gonder, Hofmann und Wölfl
Radioaktives Blei 28, 427.

Graetz
Ponderomotorische Wirkungen der Kathoden- und Röntgenstrahlen 221.

Grier und Rutherford
Magnetische Ablenkung der β-Strahlen des Thoriums 117.
Ionisation durch α- und β-Strahlen 202.
Qualität der Uran-X-Strahlung 357.

Hahn
Abscheidung des Produktes Radiothorium 227.
Nachweis eines aktiven Produktes Thorium C im Niederschlage der Thoremanation 374.
Ionisierungsbereich der α-Strahlen von Thorium B und C 374.
Abscheidung des Produktes Radioaktinium 381.

Hardy
Koagulation des Globulins 223.

Hardy und Miss Willcock
Färbung von Iodoformlösungen 223.

Hardy und Anderson
Wirkung der Radiumstrahlen auf das Auge 226.

Harms
Zahl der pro Kubikzentimeter und Sekunde erzeugten Ionen in abgesperrten Luftmengen 545.

Hartmann
Lumineszenzspektrum des Emaniums 215.

Haschek und Exner
Spektrum des Radiums 17.

Heaviside
Scheinbare Masse eines in Bewegung begriffenen geladenen Körpers 73, 132.

Helium
Entstehung aus Radium u. Radiumemanation 491 f.
Ursprung 494.
als Substanz der α-Teilchen 494 f., 557.

Helmholtz, R. v. und Richarz
Wirkung von Ionen auf einen Dampfstrahl 48.

Hemptinne
Wirkung der Radiumstrahlen auf die elektrodenlose Entladung 216.

Henning
Leitfähigkeit radiumhaltiger Salzlösungen 216.
Einflufs der Spannung auf die Stärke der Aktivierung 326.

Henning und Kohlrausch
Leitfähigkeit von Radiumbromidlösungen 217.
Hertz
Durchlässigkeit dünner Häutchen für Kathodenstrahlen 76.
Elektrische Ablenkung der Kathodenstrahlen 76.
Heydweiller
Gewichtsabnahme von Radium 488.
Himstedt
Wirkung der Radiumstrahlung auf Selen 216.
Radiumemanation in den Quellen von Baden-Baden 525.
Himstedt und G. Meyer
Lumineszenz des Stickstoffs unter dem Einfluſs der Radiumstrahlen 214.
Entstehung von Helium aus Radium 493.
Himstedt und Nagel
Wirkung der Radiumstrahlen auf das Auge 226.
Hofmann, Gonder und Wölfl
Radioaktives Blei 28, 427.
Hofmann und Straufs
Radioaktives Blei 27.
Hofmann und Zerban
Beziehung der Thoriumaktivität zu der des Urans 29.
Huggins, Sir W. und Lady
Lumineszenzspektrum des Radiumbromids 213.

Induzierte Radioaktivität
(siehe Erregte Radioaktivität).
Jodoform
Färbung durch Radiumstrahlen 223.
Joly
Bewegungen aktiver Körper im elektrischen Felde 219.
Undurchdringlichkeit der Erdatmosphäre für Radiumstrahlen 506.
Ionen
Elektrizitätsleitung in Gasen vermittelst geladener Ionen 32 f.
Entstehung durch Zusammenstoſs 41, 59.
Wiedervereinigung 41 f.
Beweglichkeit 44 f.
Unterschied zwischen den Beweglichkeiten positiver und negativer Ionen 44 f.
als Kondensationskerne 48 f.
Mitgeführte Ladung 52.
Diffusion 53 f.

Ionen
Identität der Ladung eines Gasions mit der eines Wasserstoffatoms 56.
Anzahl pro Volumeneinheit 56.
Gröſse und Konstitution 57 f.
Definition 58.
Geschwindigkeit zwischen zwei Zusammenstöſsen 59.
Energiebedarf zur Bildung eines Ions 60, 565.
Relative Ionisation in verschiedenen Gasen bei Bestrahlung 66.
Einfluſs der Ionenbewegung auf den Potentialgradienten 68.
in Isolatoren 218.
Von einem α-Teilchen erzeugte Menge 448.
Bildungsgeschwindigkeit in abgesperrter Luft 546.
Ionisation, Ionisierung
der Gase; Theorie 32 f.
durch Zusammenstoſs 41, 59.
Abhängigkeit vom Druck 63 f.
Abhängigkeit von der chemischen Natur der Gase 66.
durch α-, β- und γ-Strahlen 114, 201.
in festen und flüssigen Isolatoren 218.
durch 1 g Radium 449.
in abgeschlossenen Räumen 542 f.
Beziehung zur Fluoreszenzerregung und photographischen Wirkung 560 f.
Isolatoren
Leitendwerden durch Bestrahlung mit Radium 217.

Kanalstrahlen
Entdeckung 81.
Magnetische und elektrische Ablenkung 81.
Wert von e/m 81.
Verwandtschaft mit α-Strahlen 113.
Kapazität
der Elektroskope 90.
der Elektrometer 97, 104.
Normale 105.
Kathodenstrahlen
Entdeckung 75.
Magnetische und elektrische Ablenkung 76.
Wert von e/m 78.
Energieverlust durch elektromagnetische Strahlung 82.
Verwandtschaft mit β-Strahlen 123 f.
Absorption 140.
(siehe auch β-Strahlen).
Kaufmann
Bestimmung von e/m für Kathodenstrahlen 78.

Kaufmann
Abhängigkeit des Quotienten e/m von der Geschwindigkeit der Elektronen 130 f.
Kelvin
Theorie der Radioaktivität 456.
Alter der Sonne und der Erde 506, 507.
Kelvin, Smolan und Beattie
Entladungsvermögen der Uranstrahlen 7.
Kleemann und Bragg
Theorie der Absorption d. α-Strahlen 177 f.
Beziehung zwischen Ionisation und Absorption 179 f.
Ionisierungsbereich der α-Strahlen in Luft 179.
Vier Gruppen von α-Strahlen in der Emission des Radiums 179 f.
Kohlensäure
Aktivität natürlicher Kohlensäure 528.
Kohlrausch
Einfluß der Radiumstrahlen auf das Leitungsvermögen des Wassers 217.
Kohlrausch und Henning
Leitfähigkeit von Radiumbromidlösungen 217.
Kondensation
von Wasserdampf an Ionen 48 f.
der Emanationen 287 f.
Demonstrationsversuch 288.
Temperatur 290.
Unterschied der Kondensationstemperaturen für Thor- u. Radiumemanation 293.
der Bodenemanation 522.
Konzentration
der erregten Aktivität an negativen Elektroden 306.
Unabhängigkeit der Aktivität des Radiums von seiner Konzentration 481.
Korpuskel
(siehe Elektron).
Kristallisation
Einfluß auf die Aktivität der Uransalze 359.
Kunz
Fluoreszenz von Willemit und Kunzit 210.
Kunz und Baskerville
Fluoreszenzerregung durch Radiumstrahlen 212.
Kunzit
Fluoreszenz 210.

Laborde und P. Curie
Wärmewirkung des Radiums 434.
Quelle der Wärmeenergie 455.
Radiumemanation in Thermalquellen 526.
Ladung
der Ionen 52.
Transport durch β-Strahlen 124 f.
Transport durch α-Strahlen 155 f.
Langevin
Koeffizient der Wiedervereinigung positiver und negativer Ionen 42.
Geschwindigkeit der Ionen 47.
Energieverbrauch bei der Erzeugung eines Ions 60.
Erzeugung sekundärer Strahlen durch Röntgenstrahlen 193.
Luftionen von sehr geringer Geschwindigkeit 539.
Larmor
Strahlungstheorie 80.
Menge der von einem Elektron bei einer Änderung seiner Geschwindigkeit ausgestrahlten Energie 82.
Konstitution der Atome 162.
Le Bon
Emission von Strahlen nach intensiver Belichtung 5.
Entladende Wirkung des Chininsulfats 9, 541.
Leitfähigkeit
bestrahlter Gase 32 f.
Einfluß des Druckes 63 f.
Abhängigkeit von der chemischen Natur 66.
Unterschiede bei Bestrahlung mit α-, β- und γ-Strahlen 66.
Bei Einwirkung von γ- und X-Strahlen 189.
isolierender Medien 217.
der Luft in Höhlen und Kellern 526.
der Luft in geschlossenen Behältern 542 f.
Lenard
Ionisierung durch ultraviolette Strahlen 10.
Einwirkung von Ionen auf einen Dampfstrahl 48.
Durchdringungsvermögen der Kathodenstrahlen 76.
Transport negativer Ladungen durch Kathodenstrahlen 124.
Beziehung zwischen der Dichte der Körper und ihrem Absorptionsvermögen für Kathodenstrahlen 140.
Lerch, von
Chemische Eigenschaften des aktiven Niederschlags der Thoremanation 323.

Lerch, von
　Elektrolyse von Lösungen des aktiven Niederschlags 323.
　Einfluſs der Temperatur auf die erregte Aktivität 325.
　Elektrolytische Abscheidung von Thorium X und B 374.
　Aktivierung in Lösungen der Thorprodukte 429.

Levin
　Verflüchtigungstemperaturen für Aktinium A und B 379.
　Strahlung der verschiedenen Umwandlungsprodukte des Aktiniums 381.

Lockyer
　Entwickelung in der anorganischen Natur 513.

Lodge, Sir Oliver
　Elektronentheorie 71.
　Instabilität der Atome 501.

Löslichkeit
　des aktiven Niederschlags in Säuren 322.

Lösungen
　Elektrolyse aktiver Lösungen 323.

Lorentz
　Konstitution der Atome 162.

Lowry und Armstrong
　Radioaktivität als Phosphoreszenz 460.

Lumineszenz
　(siehe Fluoreszenz).

Mache
　Radiumemanation in Thermalquellen 525.

Mache und von Schweidler
　Geschwindigkeit der Luftionen 539.

Mackenzie
　Bestimmung der Geschwindigkeit und des Quotienten e/m für die α-Teilchen des Radiums 557.

Makower
　Diffusion der Radiumemanation 284.
　Diffusion der Thoremanation 286.
　Aktivierung im elektrischen Felde bei niedrigen Gasdrucken 327.

Marckwald
　Gewinnung von Radiotellur 26.
　Abklingungskonstante der Radiotelluraktivität 424.

Masse
　Scheinbare Masse d. Elektrons 73, 131.
　des Elektrons in ihrer Abhängigkeit von der Geschwindigkeit 131 f.
　des α-Teilchens 151, 557.

Mattcucci
　Elektrizitätszerstreuung in abgeschlossenen Räumen 542.

Mc. Clelland
　Absorption der γ-Strahlen 186.
　Sekundärstrahlen 198.

Mc. Clung
　Wiedervereinigung der Ionen 42.
　Leitfähigkeit der Gase bei Einwirkung von Röntgenstrahlen 67.
　Ionisierungsvermögen der von Radium C emittierten α-Strahlen 564.

Mc. Clung und Rutherford
　Energieverbrauch bei der Bildung eines Ions 60.
　Ionisierung durch Uranstrahlen; Abhängigkeit der Stromstärke von der Dicke der strahlenden Schicht 201.
　Menge der von den Radioelementen ausgestrahlten Energie 433, 453.

Mc. Lennan
　Absorption der Kathodenstrahlen 67.
　Radioaktivität des Schnees 519.
　Erregte Aktivität an den Niagarafällen 531.
　Allgemein verbreitete Strahlung von hohem Durchdringungsvermögen 531.

Mc. Lennan und Burton
　Radioaktivität gewöhnlicher Substanzen 548.
　Emanationsentwickelung in gewöhnlichen Metallen 549.

Meſsmethoden
　zur Untersuchung der Radioaktivität 85 f.
　Vergleich der photographischen und der elektrischen Methode 86.
　Beschreibung der elektrischen Methoden 87 f.

Metabolon
　Definition 461.
　Tabellarische Übersicht der Metabola 464.
　Radioelemente als Metabola 471.

Meteorologische Einflüsse
　Bedeutung für die atmosphärische Aktivität 529.

Meyer, G. und Himstedt
　Lumineszenz des Stickstoffs unter dem Einfluſs der Radiumstrahlen 214.
　Entstehung von Helium aus Radium 493.

Meyer, St. und von Schweidler
　Magnetische Ablenkung der β-Strahlen 117.

Meyer, St., und von Schweidler
  Absorption der β-Strahlen des
  Radiums 140.
  Proportionalität zwischen Aktivität
    und Konzentration von Uran-
    lösungen 201.
  Räumliche Verteilung der erregten
    Aktivität in magnetischen Feldern
    334.
  Emanation von Uran 359.
  Einfluſs der Kristallisation auf die
    Aktivität von Uransalzen 359.
  Abklingungskonstante der Radio-
    telluraktivität 424.
  Abscheidung von Radium E und F
    aus Radiobleilösungen 428.
Mineralien, radioaktive
  Proportionalität zwischen Uran- und
    Radiumgehalt 475 f.
  Alter 498 f.
  Zusammensetzung u. Fundorte 568 f.
Moleküle
  Anzahl in 1 ccm Wasserstoff 56.
Molekulargewicht
  der Radiumemanation 283.
  der Thoremanation 286.
Moore und Schlundt
  Methode zur Abscheidung von
    Thor X 374.

Nagel und Himstedt
  Wirkung der Radiumstrahlen auf
    das Auge 226.
Nebel
  Aktivierung in der Atmosphäre bei
    Nebel 529.
Nebelbildung
  durch Kondensation von Wasser-
    dampf an Ionen 48 f.
  Verschiedenes Verhalten der posi-
    tiven und negativen Ionen 50.
Niederschlag, aktiver
  Beziehung zur erregten Aktivität 311.
  Physikalische und chemische Eigen-
    schaften 322.
  Elektrolyse 323.
  Einfluſs der Temperatur 325.
  Einfluſs des Druckes 326.
  Überführung durch positive Träger
    327 f.
  Bezeichnung der einzelnen Produkte
    338.
  Theorie seiner Umwandlung 340 f.
  Berechnung von Aktivitätskurven
    348.
  Umwandlungsphasen, in denen keine
    Strahlung emittiert wird 352 f.
  der Thoremanation 311 f., 361 f.
  Analyse 361.

Niederschlag, aktiver
  Umwandlung ohne Strahlung 362.
  Einfluſs der Temperatur 364.
  Umwandlungsperioden 366.
  der Aktiniumemanation 321 f.
  Abklingungskurven 321.
  Analyse 377.
  Umwandlung ohne Strahlung 378.
  Umwandlungsperioden 379.
  Strahlung 379.
  der Radiumemanation 388 f.
  Aktivitätskurven 316 f.
  Zerlegung der Produkte in zwei
    Gruppen 388.
  Analyse der rasch zerfallenden
    Bestandteile 389 f.
  Kurven der α-Aktivität 389.
  Kurven der β-Aktivität 390, 391.
  Gleichungen der Aktivitätskurven
    400.
  Einfluſs der Temperatur 402.
  Flüchtigkeit 404.
  Die langsam zerfallenden Bestand-
    teile 320, 409 f.
  Kurve der α-Aktivität 411.
  Kurve der β-Aktivität 413.
  Abtrennung einzelner Produkte
    414 f.
  Radium D, E und F 415.
  Aktivitätskurven für grofse Zeit-
    perioden 420.
  Vorhandensein in gealterten Ra-
    diumpräparaten 421.
  Die Aktivität der Radiumsalze als
    Funktion der Zeit 422.
  Vorkommen im Uranpecherz 423.
  Beziehung zum Radiotellur 424.
  Beziehung zum Polonium 424,
    425.
  Beziehung zum Radioblei 426.
  Ursprung der „radioaktiven In-
    duktion" 429 f.
  Wärmeproduktion 440 f.
  Zahl der fortgeschleuderten β-
    Teilchen 450.
  Verwendung als Quelle homogener
    α-Strahlen 555 f.
Okklusion
  der Emanation in Radium- u. Thor-
    verbindungen 268.
  der Radiumemanation in festen Sub-
    stanzen 320.
Owens
  Einfluſs von Rauch auf die Stärke
    des Sättigungsstroms 43.
  Unabhängigkeit des Durchdringungs-
    vermögens der Strahlen von der
    Art der chemischen Verbindung
    169.

Owens
Proportionalität zwischen dem Absorptionsvermögen eines Gases für α-Strahlen und seinem Druck 174.
Einfluß von Luftströmen auf die von Thorpräparaten erzeugte Ionisation 248.

Ozon
Erzeugung durch Radiumstrahlen 221.

Paraffin
ungeeignet als Isolator 99.
Leitendwerden bei Bestrahlung mit Radium 219.

Paschen
Verteilung der Geschwindigkeiten auf die einzelnen β-Teilchen 136 f.
Unablenkbarkeit der γ-Strahlen 188.
γ-Strahlen und Elektronen 191.
Wärmewirkung der γ-Strahlen 192, 444.

Patterson
Zahl der pro Kubikzentimeter und Sekunde erzeugten Ionen in abgesperrten Luftmengen 545.
Natürliche Leitfähigkeit der Luft; Erklärung durch die Wirkung einer leicht absorbierbaren Strahlung der Gefäßwände 547.
Einfluß der Temperatur auf die natürliche Leitfähigkeit 547.

Pechblende
Radioaktivität 12.
Abscheidung der Radioelemente 13 f.
Kontinuierliche Erzeugung von Radium 474.
Zusammensetzung 570.

Peck und Willows
Wirkung der Radiumstrahlen auf Funken 216.

Pegram
Elektrolyse der Thoriumlösungen 324.
Aktivierung in Thoriumlösungen 429.

Perrin
Ladungstransport durch Kathodenstrahlen 75.
Theorie der Radioaktivität 453.

Phosphor
Verhalten gegen Radiumstrahlen 223.
Ionisierende Wirkung 541.

Phosphoreszenz
(siehe Fluorescenz).

Photoelektrischer Effekt
an durch Radiumstrahlen gefärbten Salzen 222.

Photographische Untersuchungsmethode
Vorzüge und Mängel 85 f.

Photographische Strahlenwirkung
Unterschiedliches Verhalten der einzelnen Strahlenarten 86.
Beziehung zur Ionisation 560.

Physikalische Wirkungen der Radiumstrahlen
Beförderung elektrischer Entladungen 216.
Verringerung des Widerstandes von Selen 216.
Leitendwerden dielektrischer Medien 217.

Physiologische Wirkungen der Radiumstrahlen
Gewebsentzündungen 225.
Hemmung des Wachstums von Bakterien 225.
Erzeugung einer Lichtempfindung im Auge 226.

Piëzoelektrischer Quarz
Verwendung zu Aktivitätsmessungen 108.

Polonium
Trennungsmethoden 23.
Strahlung 24.
Aktivitätsabnahme 24, 426.
Identität mit Radiotellur 26.
Magnetische Ablenkung seiner α-Strahlen 150, 154.
Emission von Elektronen geringer Geschwindigkeit 158.
Durchdringungsvermögen der ausgesandten Strahlen; Abnahme mit wachsender Schirmdicke 166 f.
Beziehung zum Radium F 425.
Abklingungskonstante 426.

Potential
Sättigungswert 34.
Minimalwert des Potentialgefälles, bei dem Ionen durch Stoß erzeugt werden 60.
Potentialgradient in ionisierten Gasen 68.

Precht und Runge
Spektrum des Radiums 18.
Atomgewicht des Radiums 18.
Thermische Wirkung des Radiums 435.

Produkte, radioaktive
Tabellarische Zusammenstellung 464.
Kennzeichen 464.
Gleichgewichtsmengen pro Gramm Radium 467.
Strahlung 469.

Register.

Quarz, piëzoelektrischer
 Verwendung zu Aktivitätsmessungen 108.
Quellwasser
 Emanationsgehalt 525.

Radioaktinium
 Abscheidung und Qualität seiner Strahlung 381.
 Halbwertsperiode 381.
Radioblei
 Beziehung zum Polonium 427 f.
 Beziehung zum Radium D, E und F 428, 429.
Radiotellur
 Emission von Elektronen geringer Geschwindigkeit 158.
 Abklingungsgeschwindigkeit 424.
 Beziehung zum Radium F 424.
Radiothorium
 Abscheidung aus Thorianit und käuflichen Thoriumsalzen 227, 228.
 Strahlung 228.
 Vorkommen in Quellsedimenten 228.
 Seine Stellung in der Umwandlungsreihe des Thoriums 228, 374.
Radium
 Entdeckung 13.
 Abscheidung 14.
 Spektrum 16.
 Atomgewicht 18.
 Strahlung 19.
 Chemische Verbindungen 20.
 Physikalische Natur der Strahlen 112.
 β-Strahlen 116 f.
 α-Strahlen 145 f.
 γ-Strahlen 184 f.
 Sekundärstrahlen 193 f.
 Fluoreszenzerregung 208 f.
 Phosphoreszenzspektrum 213.
 Physikalische Wirkungen 216 f.
 Chemische Wirkungen 221 f.
 Physiologische Wirkungen 225.
 Emanation 257.
 Chemisches Verhalten der Emanation 277 f.
 Diffusion der Emanation 279.
 Kondensation der Emanation 287.
 Gleichgewichtsmenge der Emanation pro Gramm Radium 298.
 Volumen der Emanation 299.
 Spektrum der Emanation 302.
 Erregte Aktivität 305 f.
 Abklingen der erregten Aktivität 316 f.
 Unterschiede in den Eigenschaften des Radiums und seiner Emanation 337.

Radium
 Bezeichnung der einzelnen Umwandlungsprodukte 338.
 Theorie des Umwandlungsprozesses 340.
 Änderung der Aktivität beim Austritt der Emanation 383.
 Regenerierung der Aktivität 384.
 Unvollkommene Regenerierung beim Entweichen von Emanation 386.
 Unverlierbare Aktivität 387.
 Radium A, B und C 388 f.
 Analyse des rasch zerfallenden aktiven Niederschlags 389 f.
 Zerlegung der β-Kurven 393 f.
 Zerlegung der α-Kurven 397 f.
 Gleichungen der Aktivitätskurven 400.
 Einflufs der Temperatur auf den aktiven Niederschlag 402.
 Verteilung der α-Aktivität auf die einzelnen Produkte 408.
 Langsam zerfallender aktiver Niederschlag 409.
 Einflufs der Temperatur 414.
 Abscheidung von Radium F an Wismut 414.
 Analyse der Produkte 415.
 Radium D, E und F 416.
 Berechnung der Umwandlungsperiode für Radium D 417.
 Änderung der Niederschlagsaktivität im Laufe vieler Jahre 420.
 Konzentration der Produkte D, E und F in gealterten Radiumpräparaten 422.
 Aktivität der Radiumsalze als Funktion der Zeit 422.
 Auftreten der Umwandlungsprodukte im Uranpecherz 423.
 Ursprung des Radiotellurs 424.
 Ursprung des Poloniums 424, 425.
 Ursprung des Radiobleis 426.
 Aktivierung inaktiver Stoffe in Lösungen und im Uranpecherz 429 f.
 Wärmeentwickelung 434 f.
 Wärmewirkung der Emanation 438.
 Wärmewirkung der Umwandlungsprodukte 440 f.
 Theorieen der Radioaktivität 452 f.
 Kritik der Aktivitätstheorieen 457 f.
 Theorie der radioaktiven Verwandlung 459 f.
 Tabellarische Zusammenstellung der Zerfallsprodukte 464.
 Gleichgewichtsmengen der Umwandlungsprodukte 467.
 Lebensdauer 471.

Radium
Umwandlungsgeschwindigkeit 472.
Abstammung 473.
Entstehung aus Uran 474 f.
Gehalt in 1 g Uran 477.
Gehalt in Uranerzen 477.
Unabhängigkeit der Aktivität von der Konzentration 481 f.
Verschwinden bei äufserst feiner Verteilung 483.
Unabhängigkeit der Lebensdauer von der Konzentration 484.
Erhaltung der Aktivität 485.
Gewichtsabnahme 487.
Totale Energieabgabe pro Gramm 489.
Entstehung von Helium 491.
Helium als Zerfallsprodukt 494.
Menge des erzeugten Heliumgases 495.
Ursachen des Zerfalls 500 f.
Radiumgehalt und Wärme der Sonne 505.
Radiumgehalt und Wärme der Erde 507.
Radiumprodukte in der Atmosphäre 533.

Radium A
Abklingungskurve 389.
Strahlung 392.
Einflufs auf die Gestalt der Aktivitätskurven 398.
Beziehung zu den späteren Produkten 405.
Prozentischer Beitrag zur Gesamtaktivität 409.

Radium B
Umwandlung ohne Emission von Strahlen 392.
Einflufs auf die Gestalt der Aktivitätskurven 393 f.
Flüchtigkeit 402.
Umwandlungsgeschwindigkeit 403.
Emission stark absorbierbarer β-Strahlen 408.
Fehlen der Wärmewirkung 443.
Charakter des Umwandlungsprozesses 469.

Radium C
Strahlung 392.
Zerlegung der Kurven der β-Aktivität 393 f.
Zerlegung der Kurven der α-Aktivität 398.
Einflufs der Temperatur 402.
Umwandlungsgeschwindigkeit 403.
Beitrag zur Gesamtaktivität 408.
Wärmewirkung 440.
Verwendung als Quelle von β-Strahlen 450.

Radium C
Explosionsartiger Charakter des Zerfalls 471.
Verwendung als Quelle homogener α-Strahlen 555.
Magnetische Ablenkung der ausgesandten α-Strahlen 556.
Geschwindigkeit und e/m für die α-Teilchen 557.

Radium D
als Teil des aktiven Niederschlags 416.
Umwandlungsperiode 417.
Einflufs auf die langsame Änderung der erregten Aktivität 420.
Vorhandensein in gealterten Radiumpräparaten 421.
Vorkommen in der Pechblende 423.
Beziehung zum Radioblei 428, 429.
Gleichgewichtsmenge pro Gramm Uran 468.

Radium E
Beziehung zur β-Strahlung des aktiven Niederschlags 413, 416.
Einflufs der Temperatur 414.
Beziehung zum Radioblei 427, 428.
Abscheidung aus Uranpecherz 428.

Radium F
Aktivitätsänderung 411.
Einflufs der Temperatur 414.
Abscheidung an Wismutblechen 414.
als Bestandteil des aktiven Niederschlags 415.
Einflufs auf die langsame Änderung der erregten Aktivität 420.
Vorhandensein in gealterten Radiumpräparaten 422.
Einflufs auf die Aktivität von gealtertem Radium 423.
Vorkommen in der Pechblende 423, 428.
Beziehung zum Radiotellur 424.
Beziehung zum Polonium 424, 425.
Beziehung zum Radioblei 426, 428.

Ramsay, Sir W.
Menge des Heliums im Thorianit 500.

Ramsay und Collie
Spektrum der Emanation 302.

Ramsay und Cooke
Aktivierung durch Radiumstrahlen 487.

Ramsay und Soddy
Gasentwickelung aus Radiumsalzen 224.
Entstehung von Wasserstoff und Sauerstoff in Radiumlösungen 224.
Chemisches Verhalten der Emanation 278.

Register.

Ramsay und Soddy
Gasförmiger Aggregatzustand der Emanation 279.
Volumen der Emanation 299.
Entstehung von Helium aus Radiumemanation 491 f.
Menge des von 1 g Radium erzeugten Heliums 496.

Ramsay und Travers
Heliumgehalt des Fergusonits 500.

Re
Theorie der Radioaktivität 456.

Reflexion
Diffuse Reflexion der Strahlen 8.

Regenerierung
der Thoraktivität nach Abscheidung von Thor X 231.
der Uranaktivität nach Abscheidung von Uran X 233.
Ableitung des Regenerierungsgesetzes 234.
Unabhängigkeit von äußeren Einflüssen 243.
des Emanationsvermögens 267.
der Radiumaktivität nach Abscheidung der Emanation 385.
der Wärmeproduktion in Radiumsalzen 438.

Richarz und R. von Helmholtz
Wirkung der Ionen auf einen Dampfstrahl 48.

Richarz und Schenck
Theorie der Radioaktivität 456.

Rossignol und Gimingham
Abklingen der Aktivität der Thoremanation 252.

Runge
Spektrum des Radiums 17.

Runge und Bodländer
Gasentwickelung in Radiumlösungen 224.

Runge und Precht
Spektrum des Radiums 18.
Atomgewicht des Radiums 18.
Thermische Wirkung des Radiums 435.

Russel
Schwärzung der photographischen Platte 86.

Saake
Emanationsgehalt der Luft in großen Höhen 530.

Salomonsen und Dreyer
Färbung von Quarz durch Radiumstrahlen 222.

Sättigungsstrom
Bedeutung 34 f.
Verwendung zu Aktivitätsmessungen 87.
Experimentelle Bestimmung 103 f.

Sauerstoff
Umwandlung in Ozon bei Bestrahlung mit Radium 221.
Entwickelung aus Radiumlösungen 224.

Schenck und Richarz
Theorie der Radioaktivität 456.

Schenk
Radiumemanation in Quellen 525.

Schlundt und Moore
Methode zur Abscheidung von Thor X 374.

Schmidt, G. C.
Entdeckung der Aktivität des Thoriums 11.

Schmidt, G. C. und E. Wiedemann
Thermolumineszenz 215.

Schmidt, H. W.
β-Strahlung des Produktes Radium B 408.

Schnee
Radioaktivität 518.
Abfall der Aktivität 519.

Schuster
Zahl der Luftionen pro Kubikzentimeter in Manchester 539.
Radioaktivität als allgemeine Eigenschaft der Materie 540.

Schweidler und Mache
Geschwindigkeit der Luftionen 539.

Schweidler und St. Meyer
Magnetische Ablenkung der β-Strahlen 117.
Absorption der β-Strahlen des Radiums 140.
Proportionalität zwischen Aktivität und Konzentration von Uranlösungen 201.
Räumliche Verteilung der erregten Aktivität in magnetischen Feldern 334.
Emanation von Uran 359.
Einfluß der Kristallisation auf die Aktivität von Uransalzen 359.
Abklingungskonstante der Radiotellur-Aktivität 424.
Abscheidung von Radium E und F aus Radiobleilösungen 428.

Scintillierende Fluoreszenz
Entdeckung am Zinksulfid 163.
Erregung durch α-Strahlen 163.

Scintillierende Fluoreszenz
Spinthariskop 163.
Ursache 165, 564.
Searle
 Scheinbare Masse eines in Bewegung begriffenen elektrisch geladenen Körpers 73, 132.
Seitz
 Absorption der Elektronen in materiellen Substanzen 142.
Sekundärstrahlen
 Untersuchung auf photographischem Wege 193.
 Untersuchung auf elektrischem Wege 194.
 Erzeugung durch β- und γ-Strahlen 195 f.
 Wirksamkeit verschiedener Substanzen 197.
 Abhängigkeit der Intensität vom Atomgewicht 198.
 Magnetische Ablenkung 199.
Selen
 Widerstandsänderung bei Bestrahlung mit Radium 216.
Siedentopf
 Färbung des Steinsalzes durch Bestrahlung 223.
Simon, S.
 Wert des Quotienten e/m für Kathodenstrahlen 78, 134.
Simpson
 Erregte Aktivität in Norwegen 530.
Slater, Miss
 Elektronen geringer Geschwindigkeit in der Strahlung der Emanationen 158.
 Einfluss der Temperatur auf den aktiven Niederschlag der Thoremanation 364.
Smolan, Beattie und Kelvin
 Entladungsvermögen der Uranstrahlen 7.
Soddy
 Unterschied der photographischen und der elektrischen Wirksamkeit der Uranstrahlen 86.
 Charakter der von Uran X ausgehenden Strahlen 357.
 Entstehung von Radium aus Uran 478.
Soddy und Ramsay
 Gasentwickelung aus Radiumsalzen 224.
 Entstehung von Wasserstoff und Sauerstoff in Radiumlösungen 224.
 Chemisches Verhalten der Emanation 278.
 Gasförmiger Aggregatzustand der Emanation 279.

Soddy und Ramsay
 Volumen der Emanation 299.
 Entstehung von Helium aus Radium und Radiumemanation 492.
 Menge des von 1 g Radium erzeugten Heliums 496.
Soddy und Rutherford
 Abscheidung von Thor X 230.
 Abfall der Aktivität von Thor X 231.
 Regenerierung der Thoraktivität 231.
 Abfall der Aktivität von Uran X 233.
 Regenerierung der Uranaktivität 233.
 Erklärung der zeitlichen Aktivitätsänderungen 234.
 Geschwindigkeit der Thor-X-Bildung 237.
 Theorie des Aktivitätsabfalls 239.
 Unabhängigkeit der Aktivitätskurven von äuseren Einflüssen 242.
 Hypothese des Atomzerfalls 244.
 Abfall der Aktivität der Radiumemanation 257.
 Bestimmung des Emanationsvermögens 264.
 Einfluss der Temperatur und Feuchtigkeit auf das Emanationsvermögen 265 f.
 Regenerierung des Emanationsvermögens 267.
 Unveränderlichkeit der Emanationserzeugung 267.
 Ursprung der Thoremanation 272.
 Strahlung der Emanation 274.
 Chemisches Verhalten der Emanation 277.
 Kondensation der Emanationen 287 f.
 Aktivität des Thoriums nach wiederholter Fällung des Hydroxyds 369.
 Regenerierung der Radiumaktivität 384.
 Theorie der Radioaktivität 455.
 Theorie der radioaktiven Umwandlung 459.
 Erhaltung der Radioaktivität 485.
Sonne
 Radium als Quelle der Sonnenwärme 505.
 Alter 506.
Spektrum
 Funkenspektrum des Radiums 16 f., 213.
 Flammenspektrum des Radiums 18.
 Einfluss des Magnetfeldes auf das Radiumspektrum 18.
 des Poloniums 24.
 Lumineszenzspektrum des Radiumbromids 213.
 der Radiumemanation 302.
 Heliumlinien im Spektrum der Radiumgase 492.

Spinthariskop
  Beschreibung 163.
Stark
  Energieverbrauch bei der Bildung eines Ions 60.
Staub
  Einflufs auf die Wiedervereinigung der Ionen 43.
  Einflufs auf die Verteilung des aktiven Niederschlages 315.
Stoney
  Begriff des Elektrons 79.
Strahlung
  des Urans 5 f.
  des Thoriums 11.
  des Radiums 19.
  des Aktiniums 22.
  des Poloniums 24.
  Mefsmethoden 85 f.
  Unterscheidung der verschiedenen Strahlenarten 111.
  Die drei Strahlengattungen 112.
  Ähnlichkeit mit den in Crookesschen Röhren auftretenden Strahlen 113.
  Ionisierungsvermögen und Absorbierbarkeit 114.
  Schwierigkeiten bei vergleichenden Messungen 115.
  β-Strahlen 116.
  α-Strahlen 145.
  γ-Strahlen 184.
  Sekundärstrahlen 193.
  Ionisierung durch α- u. β-Strahlen 201.
  Fluoreszenzerregung 208 f.
  Physikalische Wirkungen 216 f.
  Chemische Wirkungen 221 f.
  Physiologische Wirkungen 225 f.
  der Emanationen 273, 158.
  des Uran X 357.
  Beziehung zur Wärmeproduktion 436 f.
  der Umwandlungsprodukte 469.
  Konstanz der Aktivitäten 484.
  Allgemein verbreitete Strahlung von hohem Durchdringungsvermögen 531.
Straufs und Hofmann
  Radioaktives Blei 27.
Ströme
  Leitung in Gasen 32 f.
Stromstärke
  Abhängigkeit vom Elektrodenabstand 61.
  Abhängigkeit vom Gasdruck 63.
  Abhängigkeit von der chemischen Natur des Gases 66.
  Messung auf galvanometrischem Wege 87.
  Messung mit dem Elektroskop 88 f.

Stromstärke
  Messung mit dem Elektrometer 93 f.
  Messung mit Hilfe piëzoelektrischer Quarzplatten 108.
Strutt
  Leitfähigkeit verschiedener Gase bei Bestrahlung 66.
  Leitfähigkeit der Gase bei Einwirkung von γ-Strahlen 66, 189.
  Transport negativer Ladungen durch β-Strahlen 126.
  Absorptionsvermögen der Körper für β-Strahlen; Proportionalität mit der Dichte 140.
  Physikalische Natur der α-Strahlen 146.
  Elektrische Ladung der α-Teilchen 157.
  Proportionalität zwischen Uran- und Radiumgehalt der Mineralien 475, 476.
  Beziehung des Thoriums zum Helium 497.
  Radium auf der Sonne; Absorption der Strahlen in der Erdatmosphäre 506.
  Radiumgehalt der Quellen von Bath 525.
  Radioaktivität beliebiger Körper 548.

Temperatur
  Einflufs auf die Lumineszenz des Radiums 212.
  Einflufs auf die Aktivität des Urans und Radiums 219.
  Unabhängigkeit der Aktivitätskonstante der Radiumemanation von der Temperatur 259.
  Kondensationstemperatur der Emanationen 290 f.
  Unabhängigkeit der Aktivitätskonstante der Thoremanation von der Temperatur 297.
  Einflufs auf die erregte Aktivität 325.
  Einflufs auf den aktiven Niederschlag der Thoremanation 365.
  Einflufs auf den aktiven Niederschlag der Aktiniumemanation 379.
  Einflufs auf den rasch zerfallenden Niederschlag der Radiumemanation 402.
  Einflufs auf den langsam zerfallenden Niederschlag der Radiumemanation 414.
  Erhöhte Temperatur des Radiums 434.
  Einflufs auf die erregte Aktivität der Atmosphäre 529.
  Einflufs auf die natürliche Ionisation der Luft 547.

Theorie
　Theorieen der Radioaktivität 452 f.
　Kritik der Aktivitätstheorieen 457 f.
　Desaggregationstheorie 459 f.
Thermolumineszenz
　nach Bestrahlung mit Radium 215.
Thomson, J. J.
　Beziehung zwischen Spannung und Stromstärke in ionisierten Gasen 35.
　Positive und negative Ionen als Kondensationskerne 50.
　Ladung eines Ions 52.
　Magnetisches Feld eines in Bewegung begriffenen Ions 71.
　Scheinbare Masse des Elektrons 73.
　Einfluſs des magnetischen Feldes auf die Flugbahn eines Elektrons 74.
　Bestimmung von e/m für Kathodenstrahlen 76.
　Entstehung der Röntgenstrahlen 83.
　Elektronen geringer Geschwindigkeit in der Emission des Radiotellurs 157.
　Elektrische Ladung der α-Teilchen 158.
　Theorie der Radioaktivität 456.
　Ursache der Wärmeentwickelung in Radiumsalzen 457.
　Verhältnis des Gewichts zur Masse 488.
　Konstitution der Atome 502 f.
　Ursachen des Atomzerfalls 505.
　Natur der Elektronen 510.
　Emanation in Brunnen- und Leitungswasser 522.
　Aktivität beliebiger Substanzen 551.
Thomson, J. J. und Rutherford
　Theorie der Elektrizitätsleitung in Gasen 32 f.
Thorianit
　Gehalt an Radiothorium 227.
Thorium
　Entdeckung der Aktivität 11.
　Emanation 11.
　Inaktives Thorium 30.
　Komplexe Natur der Strahlung 112.
　β-Strahlen 117.
　α-Strahlen 145.
　γ-Strahlen 185.
　Abscheidung von Thor X 230.
　Regenerierung der Aktivität 231.
　Zerfall 245.
　Emanation 248 f.
　Eigenschaften der Emanation 249.
　Diffusion der Emanation 285.
　Kondensation der Emanation 287 f.
　Erregte Radioaktivität 305 f.
　Analyse des aktiven Niederschlags 361 f.

Thorium
　Umwandlung ohne Emission von Strahlen 362.
　Erklärung der Unregelmäſsigkeiten im ersten Teile der Aktivitätskurven 368 f.
　Restaktivität nach wiederholter Fällung des Hydroxyds 369.
　Regenerierungskurve nach wiederholter Fällung 370.
　Unverlierbare Aktivität 373.
　Strahlung der aktiven Produkte 373.
　Schema der Umwandlungsprodukte 374.
　Wärmeentwickelung 447.
　Theorieen der Radioaktivität 452 f.
　Kritik der Aktivitätstheorieen 457 f.
　Quelle der Strahlungsenergie 457.
　Umwandlungstheorie 459.
　Tabellarische Zusammenstellung der Umwandlungsprodukte 464.
　Umwandlungsgeschwindigkeit 473.
　Erhaltung der Radioaktivität 484.
　Energieentwickelung pro Gramm 489.
　Ursachen des Atomzerfalls 500.
Thorium A
　Umwandlungsgeschwindigkeit und Eigenschaften 362 f.
　Zerfall ohne Strahlung 362.
　Einfluſs der Temperatur 364.
Thorium B
　Umwandlungsgeschwindigkeit und Eigenschaften 362 f.
　Einfluſs der Temperatur 364.
　Strahlung 373.
　Ionisierungsbereich seiner α-Strahlen 374.
　Abscheidung aus Lösungen 374.
Thorium C
　Nachweis seiner Existenz 374.
　Ionisierungsbereich seiner α-Strahlen 374.
Thorium X
　Trennungsmethode 230.
　Abklingungs- und Regenerierungskurve 231.
　Theorie der Aktivitätskurven 234.
　Beweise für die materielle Natur 236.
　Kontinuierliche Erzeugung 237.
　Physikalische Bedeutung des Aktivitätsabfalls 239.
　Unabhängigkeit der Abklingungskonstante von äuſseren Bedingungen 242.
　Anwendung der Desaggregationstheorie 244.
　Geringe Gröſse der entstehenden Substanzmengen 247.

Thorium X
  Restaktivität des Thoriums nach wiederholter Abscheidung des Thor X 369.
  Analyse der Aktivitätskurven 369 f.
  Strahlung 373.
  Abscheidung aus Lösungen 374.

Tommasina
  Erregung scintillierender Fluoreszenz durch elektrisierte Körper 165.

Townsend
  Ionisierung durch Stofs 40, 60.
  Koeffizient der Wiedervereinigung 42.
  Diffusion der Ionen 53.
  Ladung eines Gasions 56.
  Zahl der Moleküle im Kubikzentimeter eines Gases 56.
  Ionisierung durch Stofs bei verschiedenen Geschwindigkeiten 176.

Travers und Ramsay
  Heliumgehalt des Fergusonits 500.

Troost
  Strahlung der hexagonalen Blende 5.

Übertragung
  der erregten Aktivität 327 f.

Umwandlung
  Theorie 335 f.
  Bezeichnung der Produkte 338.
  Aktivität eines Gemenges aktiver Produkte in ihrer Abhängigkeit von der Umwandlung der einzelnen Bestandteile 348.
  ohne Emission von Strahlen 352, 566.
  des Urans 356 f.
  des Thoriums 361 f.
  des Aktiniums 375 f.
  des Radiums 383 f.
  Tabelle der Produkte 494.
  Radium als Umwandlungsprodukte 473.
  Helium als Umwandlungsprodukt 491 f.
  Ursachen 500 f.
  Entwickelung der Materie durch Umwandlung der Atome 509 f.

Uran
  Entdeckung der Uranaktivität 5.
  Konstanz des Strahlungsvermögens 6.
  Entladungsvermögen der Uranstrahlen 7.
  Kennzeichen der Strahlen: Reflexion, Brechung und Polarisationsfehlen 8.
  Aktivität der Uranerze 12.
  Aktivität der Uranverbindungen 12.
  Physikalische Natur der Strahlen 111 f.

Uran
  β-Strahlen 116.
  α-Strahlen 145.
  γ-Strahlen 184.
  Abscheidung von Uran X 228.
  Regenerierung der Aktivität 229.
  Zerfall 356 f.
  Unverlierbare Aktivität 357.
  Strahlung des Uran X 358.
  Einflufs der Kristallisation auf die Aktivität der Uransalze 359.
  Energie der Uranstrahlung 433.
  Theorieen der Radioaktivität 452 f.
  Kritik der Aktivitätstheorieen 457 f.
  Quelle der Strahlungsenergie 457.
  Umwandlungstheorie 459.
  Tabelle der Umwandlungsprodukte 464.
  Umwandlungsgeschwindigkeit 473.
  als Muttersubstanz des Radiums 474 f.
  Radiumgehalt der Uranerze 476, 477.
  Entstehung von Radium in frisch bereiteten Uranlösungen 478.
  Erhaltung der Radioaktivität 484.
  Energieentwickelung pro Gramm 489.
  Ursachen des Atomzerfalls 500.

Uran X
  Trennungsmethoden 228, 229.
  Abklingungs- und Regenerierungskurve 233.
  Theorie der Aktivitätskurven 234.
  Beweise für die materielle Natur 236.
  Physikalische Bedeutung des Aktivitätsabfalls 239.
  Zerfall 356 f.
  Strahlung 357.
  Einflufs der starken Löslichkeit auf die Aktivität der Urankristalle 359.
  Diffusion in Urankristallen 361.

Ursprung
  der Thoremanation 272.
  der Radium- und Aktiniumemanation 273.

Villard
  Entdeckung der γ-Strahlen des Radiums 184.
  Nachlassen der Erregbarkeit von Röntgenschirmen 212.
  Aktivierung durch Kathodenstrahlen 542.

Vincentini und Levi Da Zara
  Radiumemanation in Thermalquellen 528.

Voller
  Scheinbare Abnahme der Aktivität sehr dünner Radiumschichten 482.

Volumen
der Radiumemanation nach der Theorie 298.
Abnahme des Volumens der Radiumemanation 300.

Wärmentwickelung
in Radium 434 f.
bei tiefen Temperaturen 435.
Beziehung zur Radioaktivität 436 f.
Quelle der Wärmeenergie 436 f, 457.
nach Austritt der Emanation 437 f.
von seiten der Radiumemanation 438, 446.
Abhängigkeit von der Zeit nach Trennung der Bestandteile 438.
Wärmewirkung des aktiven Niederschlags 440.
Verteilung des gesamten Effektes auf die einzelnen Produkte 443.
Gesamtbetrag während der ganzen Lebensdauer 489.
auf der Sonne und der Erde durch radioaktive Stoffe 505 f.

Walker
Theorie des Elektrometers 93.

Walkhoff
Wirkung der Radiumstrahlen auf die Haut 225.

Wallstabe
Diffusion der Radiumemanation in Flüssigkeiten 286.

Walter
Lumineszenz des Stickstoffs unter dem Einflufs der Radiotellurstrahlen 214.

Wasser
Leitfähigkeit bei Bestrahlung mit Radium 217.
Emanationsgehalt 522 f.
Aktivitätsabnahme der Wasseremanation 523.

Wasserfälle
Natürliche Aktivierung am Niagara 531.
Elektrisierung isolierter Körper 531.

Wasserstoff
Entwickelung aus Radiumlösungen 224.

Watts, Marshall
Atomgewicht des Radiums 18.

Wheeler und Bumstead
Diffusion der Radiumemanation 273.
Emanation im Wasser und im Erdboden 524, 533.
Identität der Bodenemanation mit der des Radiums 524, 533.

Whetham
Wirkung der Metallionen auf kolloidale Lösungen 224.
Entstehung von Radium aus Uran 478.

Wiechert
Geschwindigkeit der Kathodenstrahlen 78.

Wiedemann, E.
Thermolumineszenz 215.

Wiedemann, E., u. G. C. Schmidt
Thermolumineszenz 215.

Wiedervereinigung
der Ionen 41.
Koeffizient 42.

Wien, W.,
Wert des Quotienten e/m für Kanalstrahlen 81.
Positive Ladung der Kanalstrahlenteilchen 81.
Ladungstransport durch β-Strahlen 127.

Willcock, Miss und Hardy
Färbung von Jodoformlösungen durch Radiumstrahlen 223.

Willemit
Fluoreszenz unter Einwirkung von Radiumstrahlen 210.
Verwendung zur Demonstration der Verdichtung der Emanation 289.

Willows und Peck
Wirkung der Radiumstrahlen auf Funken 216.

Wilson, C. T. R.
Ionen als Kondensationskerne 48 f.
Kondensation an positiven und an negativen Ionen 51.
Gleichheit der Ladungen positiver und negativer Gasionen 52.
Elektroskop 89, 92.
Natürliche Ionisation der Luft in abgeschlossenen Räumen 514.
Radioaktivität von Regen und Schnee 518, 519.
Elektrizitätszerstreuung in geschlossenen Behältern 543 f.
Nachweis des normalen Ionengehaltes der Luft durch Nebelbildung 544.
Zahl der pro Sekunde erzeugten Ionen in 1 ccm Luft 546.
Abhängigkeit der normalen Ionisation vom Druck und von der chemischen Natur der Gase 546.

Wilson, H. A.
Ladung eines Ions 53.

Wilson, W. E.
Radium auf der Sonne 505.

Wölfl, Hofmann und Gouder
Radioaktives Blei 28, 427.

Wood, A.
Radioaktivität beliebiger Körper 551.

Zahl
der Moleküle im Kubikzentimeter Wasserstoff 55.
der Ionen in bestrahlten Gasen 56.
der emittierten β-Teilchen pro Gramm Radium 128.
der emmittierten α Teilchen pro Gramm Radium 160.
der Ionen pro Kubikzentimeter und Sekunde in abgeschlossenen Luftmengen 546.

Zara, Levi Da und Vincentini
Radiumemanation in Thermalquellen 528.

Zeemann
Einflufs des Magnetfeldes auf die Lichtemission 79.

Zeleny
Geschwindigkeit der Ionen 44.
Geschwindigkeitsdifferenz für positive und negative Ionen 44.
Potentialgradient in ionisierten Gasen 68.

Zerban und Hofmann
Beziehung der Thoraktivität zu der des Urans 29.

Zerfall
Darstellung der Theorie des Atomzerfalls 161, 244, 335, 459.
Tabelle der Zerfallsprodukte 464.
Geschwindigkeit des Zerfalls der Radioelemente 472, 473.
der Atome als Ursache der Energieentwickelung 489, 490.
Helium als Zerfallsprodukt 491 f.
Ursachen des Atomzerfalls 500 f.
der Materie als allgemeine Erscheinung 509 f., 540, 548.

Zerstreuung der Elektrizität
in Höhlen und Kellern 526 f.
in geschlossenen Gefäfsen 514, 542 f.
in Steinsalzbergwerken 532.
Abhängigkeit vom Druck und von der chemischen Natur der Gase 546.
Abhängigkeit vom Material der Gefäfswände 548 f.

Zinksulfid
Scintillierende Fluoreszenz 162 f.
Zustandekommen des Lumineszenzeffektes 164, 564.

Zusammenstofs
Ionisierung durch Zusammenstofs von Ionen mit Gasmolekülen 41, 59.
eines α-Teilchens mit Gasmolekülen; gesamte Zahl der dabei erzeugten Ionen 449.
von β-Teilchen mit Gasmolekülen; Zahl der entstehenden Ionen pro Wegeinheit 449.